AMERIKANISCHE AUTOS

1945–1990

ROGER GLOOR

Motor
buch
Verlag

Einbandgestaltung: Luis dos Santos unter Verwendung von Motiven aus den Hersteller-Archiven

Bildnachweis: Die zur Illustration dieses Buches verwendeten Aufnahmen stammen – wenn nicht anderes vermerkt ist – aus dem Archiv der Automobil Revue, Bern; Archiv Roger Gloor; Archiv Motorbuch Verlag sowie den Archiven der Hersteller.

ISBN: 978-3-613-04365-7

1. Auflage 2022

Sie finden uns im Internet unter www.motorbuch.de

Lektorat: Joachim Kuch
Innengestaltung: tebitron gmbh, 70839 Gerlingen
Druck und Bindung: Graspo CZ, 76302 Zlín
Printed in Czech Republic

Inhalt

VORWORT

Aus europäischer Sicht verkörperten die in Amerika – genauer gesagt in den Vereinigten Staaten – gebauten Autos eine andere Welt. Sie waren größer und stärker und wirkten moderner. Sie standen für das »Land der unbegrenzten Möglichkeiten«, und sie wurden ebenso bewundert wie man sie auch skeptisch mit den Automobilen der »Alten Welt« verglich.

Das vorliegende Buch schildert sämtliche von 1945 bis 1990 in den USA sowie in Kanada hergestellten Pkw. Die kanadischen Autowerke waren grenzüberschreitend voll in die US-Autoindustrie integriert. Sie umfasste in diesem Zeitraum mindestens 220 Automarken darunter auch Kleinfabrikate, Spezialkarosserien und Projekte.

In Europa wurden US-Fahrzeuge oft als Staatslimousinen eingesetzt, so wie dieser Lincoln anlässlich seines Besuchs 1986 Präsident Kaunda von Sambia am Flughafen Zestienhoven NL von Königin Beatrix empfangen wurde. (Anefo)

Im Buchinhalt finden sich Übersichten auf die zahllosen Modellreihen aller Hersteller einschließlich genauer Informationen über die jährlich vorgenommenen Modelländerungen sowie Tabellen aller relevanten technischen Daten. Es geht hier um ein gründliches Nachschlagewerk, das nicht nur die historisch verankerten und laufend veränderten Firmenstrukturen der amerikanischen Automobilindustrie aufzeigt, sondern ebenso den Werdegang längst verklungener Markennamen und Modellreihen sowie ihrer vielfältigen Konstruktionstechnik. Zudem dient es der Identifikation von Einzelfahrzeugen, denn oft lässt sich der korrekte Jahrgang nur anhand kleinster Eigenheiten an Karosserie und Ausstattung erkennen.

Der US-Automobilindustrie kam in der Wirtschaft des Landes stets eine tragende Rolle zu. Nirgendwo sonst hatte die Motorisierung gleiche Bedeutung erreicht, wie in den 50 ausgedehnten Bundesstaaten der USA. Die individuelle Mobilität trug vor allem außerhalb der großen Stadtzentren wesentlich zum wirtschaftlichen Aufschwung bei. Entsprechend ihrer Bedeutung im täglichen Leben erlangte das Automobil eine Symbolkraft, die weit über seine Nützlichkeit hinaus auch das ästhetische Empfinden und den Wunsch nach Repräsentationswert zu erfüllen hatte. Entsprechend spannungsvoll waren die Entwicklung von Design und Technik der amerikanischen Autos. Dieser Sachverhalt widerspiegelt sich auf jeder einzelnen der folgenden Buchseiten.

Das vorliegende Buch basiert auf folgenden Quellen:
»Alle Autos der 50er Jahre 1945–1960« ursprünglicher Titel: »Nachkriegswagen«, 1. Auflage 1980; überarbeitet unter neuem Buchtitel 2007
»Alle Autos der 60er Jahre«, 1. Auflage 1984, überarbeitet 2006
»Alle Autos der 70er Jahre«, 2005
»Alle Autos der 80er Jahre«, 2012
»Vergessene Autos – 300 untergegangene Marken«, 2014
Autor aller Titel: Roger Gloor – alle erschienen beim Motorbuch-Verlag, Stuttgart

Sämtliche Texte wurden vom Autor von Grund auf überarbeitet und nach jüngsten Erkenntnissen aktualisiert. Seit 2005 gesammelte Ergänzungen und Zusatzinformationen wurden eingearbeitet und der Schreibstil (der älteren Bände) modernisiert.
Mit neuem Bildmaterial! Die in den vier aufgeführten Bänden enthaltenen Schwarz-weiß-Fotos amerikanischer Pkw – zumeist Werkaufnahmen – wurden durch neues Archivmaterial ersetzt. Zumeist handelt es sich dabei um zeitgenössisches Presse- und Werbematerial der Hersteller, oft auch gefunden in verschiedenen Archiven wie der NAHC (Detroit). Sie zeigen die einzelnen Modelle meist in ihrer seinerzeitigen Umgebung und sind zudem in Farbe gehalten. Damit erhält dieses umfassende Nachschlagewerk auch eine optisch ansprechende Dimension. Zudem hat der Verlag die die den gleichen vier Bänden entnommenen technischen Daten sämtlicher Modelle für das vorliegende Werk in einer vereinfachten Tabellendarstellung eingefügt.

Bern, Frühling 2022
Roger Gloor

Die Buch-Vorgeschichte und der Autor

Zwar gab es eine »Illustrierte Automobil Revue« schon in der Zwischenkriegszeit, das systematische Erfassen aller Modellreihen und ihrer technischen Daten begann jedoch erst in der zweiten Hälfte der 40er Jahre, als Ing. **Robert Braunschweig** (1914–2001) die Leitung der Schweizer Wochenzeitung »Automobil Revue« und deren jährlicher, zum Genfer Automobilsalon erschienenen »Katalognummer« übernahm. Diese schuf sich den Ruf eines verlässlichen Kompendiums, in dem alle technischen Daten der weltweiten Automobilindustrie festgehalten wurden. Der neutrale, allen Herstellern offene Marktplatz Schweiz verpflichtete hierzu.

Dass auch sämtliche Marken und Modelle aus den USA Aufnahme fanden – selbst wenn sie nie nach Europa gelangten – war der gründlichen Recherchearbeit von **Ernst Behrendt** (1910–1990) zu verdanken. Er war 1933 aus Berlin über Jugoslawien und Paris nach New York ausgewandert. Zum US-Bürger geworden, arbeitete dieser Vollblutjournalist u.a. für die »Voice of America«. Zudem berichtete er ab der frühesten Nachkriegszeit für die Leser der »Automobil Revue« und deren Jahreskatalog über sämtliche wieder in Betrieb genommenen Automobilwerke wie auch über neugegründete Automarken. Dies zu einer Zeit, da die Public-Relations- und Presseabteilungen noch in keiner Weise so wirksam waren, wie sie später in Erscheinung traten. Den Beweis liefern neben Original-Herstellerdokumenten selbst kleinste Textausschnitte aus amerikanischen Zeitungen, die im »AR«-Archiv Eingang fanden.

Für die enorme Fülle an technischen und später auch statistischen Informationen in den jährlichen »Katalognummern der Automobil Revue« waren im Verlaufe der Jahrzehnte zahlreiche Mitarbeiter zuständig. Ihrer sachverständigen »Registrierarbeit« ist auch das Zustandekommen des vorliegenden Buches über »Amerikanische Autos 1945–1990« zu verdanken.

Der Autor **Roger Gloor,** 1937 in Luzern geboren, war sehr früh »autofixiert«. Er absolvierte seine kaufmännische Lehre in einer Ford-Großgarage. 1959 wurde er als Buchhalter bei der General Motors Suisse SA in Biel aufgenommen. 1961 kam er in die Marktforschungsabteilung dieses einzigen großen Schweizer Montagewerkes. Freizeitfüllend widmete er sich einer dreijährigen betriebswirtschaftlichen Weiterbildung. 1965 erfolgte sein Eintritt in die Redaktion der »Automobil Revue« in Bern. Sein Vorschlag, in der Freizeit ein Buch über die »Nachkriegswagen« zu schreiben, wurde von Chefredaktor Robert Braunschweig unterstützt. Dieses erste Werk erschien 1980…, und das vorliegende ist das zehnte Buch von »Auto-Autor« Gloor; er ist Mitglied der *Guild of Motoring Writers*, erhielt Auszeichnungen der *Society of Automotive Historians* und wurde 2015 mit dem »Goldenen Kolben« des Forums für Fahrzeuggeschichte bedacht.

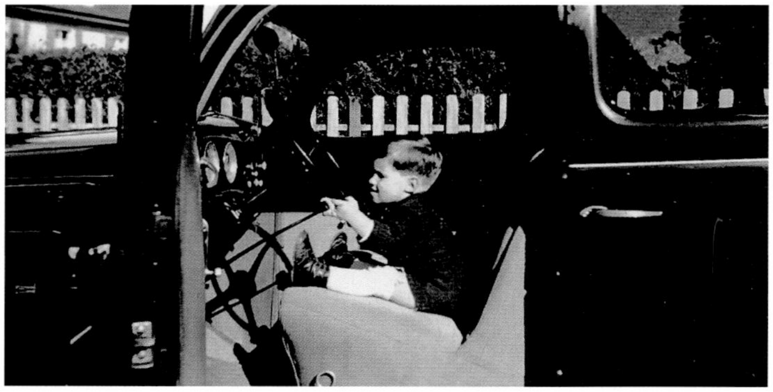

Autor Roger Gloor wurde sehr früh Autofan: Hier am Lenkrad eines in Antwerpen montierten US-Ford V8 (2230 cm³, 60 PS; Wagen wie »Fahrer« mit Jahrgang 1937, aufgenommen 1939) …

… und hier am Lenkrad eines Chrysler Turbine-car der 1. Serie (aufgenommen im September 1963 bei Genf).

Typisch amerikanische Front, hier jene des De Soto von 1961, dem letzten Modelljahr der Marke. Steckt hinter diesem Charaktergesicht abstrakte Kunst? – Nein, ein V8-Motor, wird der Satiriker erwidern.

Im Kampf für Fahrzeugsicherheit und gegen Luftverschmutzung

Amerikas Automobilindustrie 1945–1990

Im Vergleich zu den europäischen Autos waren jene Amerikas stets größer, stärker und schwerer. Schließlich waren auch die Vereinigten Staaten größer, stärker und wogen mehr als jedes andere Land. Amerikanische Automobile waren von einer eigenen Aura umgeben. Manche Europäer bestaunten und bewunderten sie, andere waren ihnen eher abgeneigt. Begeisterung und Ablehnung gingen auch quer durch die Köpfe der Technikfreunde, die einerseits die konstruktiven Fortschritte in Europa als maßgebend empfanden, anderseits ebenso automobile Innovationen von jenseits des Atlantiks bewunderten. So jedenfalls zeigte sich die Lage in der Nachkriegszeit, als die japanische Automobilindustrie noch am Anfang stand und Fachausdrücke wie Design oder Marketing erst Insidern geläufig waren.

Mit dem Ausbruch des Zweiten Weltkriegs im September 1939 kam in Europa alsbald auch die Automobilindustrie zum Stillstand. In den USA hingegen lief die Produktion bis Anfang 1942 weiter. Die großen Automobilwerke mit ihrem Mittelpunkt Detroit im Bundesstaat Michigan wurden auf die Rüstungsindustrie ausgerichtet. Unter der Koordination des *War Production Board* (Kriegsproduktionsbehörde) entstanden Panzerfahrzeuge, Militärlastwagen,

Waffen, Munition und in großem Umfang Flugzeuge.
All diese Kriegsgeräte kamen im Rahmen der Alliierten Kräfte in den europäischen und weiteren Kriegsgebieten zum Einsatz.

Neustart ab 1945: USA mit großem Vorsprung auf Europa

Während die Automobilfabriken Europas beim Kriegsende im Mai 1945 weitgehend in Trümmern lagen, konnten die Werkanlagen in den USA recht bald wieder auf zivile Zwecke umgestellt werden. Die meisten amerikanischen Hersteller basierten ihre Neuproduktion zunächst auf den für den Jahrgang 1942 entwickelten Modellen. Doch wie vereinzelt auch in Europa war selbst zu den Kriegszeiten diskret an möglichen Neukonstruktionen gearbeitet worden. Dies nicht nur in den Entwicklungsbüros der angestammten Automobilindustrie, sondern ebenso durch Newcomers, die sich für die Nachkriegszeit gute Chancen für neue Ideen ausrechneten. So traten ab 1946 nebst den angestammten Marken und Konzernen neue Namen auf den Plan: Kaiser/Frazer, Keller, Playboy, Tucker und eine Reihe weiterer Projekte, die jedoch in der Mehrzahl scheiterten.
Zu einem internationalen Begriff wurde dagegen ein Name, den der Krieg hervorgebracht hatte, nämlich Jeep. Zunächst etablierte sich diese wegweisende Konstruktion im Zivilbereich noch unter der Marke Willys. Ohnehin ergaben sich im Verlaufe der amerikanischen Automobilgeschichte ab 1945 zahlreiche Namensänderungen: Aus Fusionen entstanden neue Konzerne, vormalige Modellbezeichnungen wurden zu Markennamen aufgewertet, ein paar historische Markenbegriffe wurden auferweckt, einige Marken verschwanden und andere neu eingeführt.

US-Industrie als internationaler Trendsetter

Zu Beginn der 30er Jahre hatte sich die kastenförmige Silhouette amerikanischer Automobile noch kaum von ihren europäischen Pendants der oberen Größenklasse unterschieden. Aber bereits Ende der 30er Jahre begann sich in den USA eine neue Stilrichtung abzuzeichnen: Die Karosserieaufbauten wurden rundlicher, vor allem aber fielen die neuartig geformten, tiefgesetzten Kühlergrills auf, die sich alsbald auf voller Breite zwischen den in die Kotflügel versenkten Scheinwerfern ausbreiteten.

Vorreiter für das moderne Erscheinungsbild des Automobils war General Motors, der weltweit größte Hersteller. Bereits 1927 hatte GM eine Abteilung *»to study the question of art and color combination«* gegründet, um den Fragen nach Form und Farbenverbindung nachzugehen. Gleichzeitig wurde Harvey J. Earl engagiert, ein Schöpfer individueller Autokarosserien aus Hollywood. Er wurde zum weltweit ersten »Designchef« eines Autokonzerns. Der Formgebung von Automobilien kam fortan eine völlig neu definierte, kommerziell mitentscheidende Bedeutung zu.
Die amerikanischen Automobilkonturen zeigten sich in der Nachkriegszeit deutlich niedriger. Nahezu aufrechtes Ein- und Aussteigen waren vorbei, das Kopfeinziehen wurde zum Normalverhalten. Dies galt in der Folge auch für die ohnehin meist schon kleiner dimensionierten Autos in Europa.

Von den Kurvenlinien zur Pontonform

Ein weiteres markantes Merkmal, das aus den USA kommend die Autowelt eroberte, bestand in der Pontonform. Erstmals in der Großserie umgesetzt wurde sie 1946 durch die Doppelmarke Kaiser/Frazer. Im Sommer 1948 begann darauf die Produktion der amerikanischen Ford mit ebenfalls perfekter Pontonform, bei der die Kotflügel in keiner Weise mehr angedeutet waren, sondern vollständig in die horizontal durchgezogene Gürtellinie einbezogen waren... Sie wurden damit zu Radhäusern, auch wenn sich dieser Begriff erst später einbürgerte.

Zum Modelljahr 1949 brachte Ford vollkommen neu gezeichnete Modelle in Pontonform auf den Markt: Mit ungewohnt niedriger Silhouette sowie stark verbreiterten, nach vorne zwischen die Achsen gerückten Sitzen..., was zu komfortablem »Mid-Ship-ride« verhalf.

Von den Autokäufern verlangte dieser Stilwandel eine »Umstellung auf die Neuzeit«, und Kritiker bemängelten an der symmetrischen Seitenansicht dieser Karosserien, dass man nun kaum mehr wisse, was vorne und was hinten sei... Doch Ford führte diese neue Grundform ab 1951 unbeirrt auch bei seinen englischen Modellen ein. In die Karosserie einbezogene Kotflügel hatte es bei europäischen Automobilen vereinzelt zwar schon in der Zwischenkriegszeit gegeben, dies jedoch vorwiegend in Verbindung mit strömungsgünstig ausgebildeten Gesamtkarosserien; es handelte es sich meist um Außenseiterfabrikate. Die eigentliche Pontonform aber wurde mehr und mehr zu einer Eigenheit, die aus den USA kommend weltweite Aufnahme fand.

Stete Neuerungen und Modellwechsel

Eine typische Eigenart der amerikanischen Automobilindustrie bestand in den für jeden Jahrgang geänderten Erkennungszeichen: Stets erhielten die nach der Sommerpause eingeführten Modelle des Folgejahrs äußerlich veränderte Merkmale, auch wenn sie oft nur für den Kenner ersichtlich waren. Aber sie symbolisierten jenen Fortschrittsgeist, mit dem die Industrie ihre amerikanischen Kunden stets von neuem zum Kauf motivierte. Gänzlich neu gezeichnete Modelle wurden in der Regel alle drei oder vier Jahre, später auch in Fünfjahresintervallen präsentiert.
Es war im Sommer 1949, als General Motors unter der Bezeichnung Hard Top Convertible die Karosserieart **Faux-Cabriolet** (»falsches Cabriolet«) einführte. Bei ihm entfiel der B-Pfosten bzw. Dachträger zwischen der vorderen und hinteren Seitenscheibe. Wurden beide Seitenscheiben abgesenkt, ergaben sich Frischluftgefühle und ein seitlicher Ausblick wie in einem Cabrio. Die ersten Faux-Cabriolets bzw. Hard-Top Convertibles gab es im General-Motors-Konzern zunächst ausschließlich bei den drei Luxus- und Oberklassemarken Cadillac, Buick und Oldsmobile, doch alsbald wurden sie zu einem Standardangebot aller amerikanischen Hersteller. Und im Jahr 1955 folgten die ersten viertürigen Faux-Cabriolets = Hardtop Sedans.
Dem äußeren Erscheinungsbild der Automobile kam in den USA ein sichtbar höherer Stellenwert zu als in Europa. Man kann sich darüber streiten, ob dies dem damals im Amerika bereits stärker entwickelten Einfluss und Selbstbewusstsein der Frauen mit zu verdanken war.

Antrieb und Fahrwerk in traditioneller Art

Dass sich das Automobil in Europa stärker männerbestimmt gab, mochte diesseits des Atlantiks dem technischen Fortschritt, etwa in der **Motorentechnik**, zugutekommen. Amerikas Autohersteller blieben hingegen während langer Zeit der herkömmlichen OHV-Auslegung mit oben hängenden Ventilen und zentraler Nockenwelle treu, und eine V8-Maschine vermittelte amerikanischen Autofreunden das Höchste der Gefühle. Sie verhalf den US-Wagen zu ihrer – auch für Fans in Europa – betörend sonoren Stimme.
Zur frühen Nachkriegszeit wurden in Amerika sogar noch Achtzylinder-Reihenmotoren hergestellt. Abgesehen von den Luxusmarken, rollten die Basismodelle sämtlicher traditioneller amerikanischer Fabrikate mit Sechszylindermotoren; Vierzylinder wurden nur für Jeep und einige kleine Außenseiterprojekte hergestellt.
Dieser Traditionsbezogenheit stand der rasche Vormarsch der **automatischen Getriebeschaltung** gegenüber. Anders als in Europa, wo die 3- oder 4-Gang-Stockschaltung (mit aus dem Wagenboden ragendem Schalthebel) üblich war, besaßen amerikanische Autos meist eine 3-Gang-Lenkradschaltung. Die 1948 von den beiden GM-Spitzenmarken Cadillac und Buick (mit zwei unterschiedlichen Lösungen) eingeführte Getriebeautomatik wurde jedoch – ganz im Gegensatz zu Europa – binnen weniger Jahre zu einer Selbstverständlichkeit.
Analog zum Motorenbau verfolgten die **Unterbau- und Fahrwerkskonstruktionen** der amerikanischen Hersteller eine konservative Linie: ein grundsolides Kastenrahmenchassis mit Quer- oder Kreuztraversen zählte zum nationalen Standard ebenso wie eine hintere Starrachse und selbstverständlich der Hinterradantrieb. Hintere Einzelradaufhängungen waren genauso abwesend wie selbsttragend konstruierte Aufbauten. Eine komfortbetonte Federung galt mehr als ein sportlich geprägtes tadelloses Kurvenverhalten. Ebenfalls dem Komfort diente die teils noch gegen Mehrpreis erhältliche Servolenkung. Erst in den späteren 50er Jahren begannen Amerikas Autokonstrukteure auch im Bereich Fahreigenschaften und Bremsen aufzuholen.
Gerade im Bereich der Bremsen ergab sich eine widersprüchliche Entwicklung: **Erste Scheibenbremsen** wurden 1946 für den revolutionären Tucker Torpedo vorgesehen, aber nicht verwendet, darauf 1949 von der Kleinwagenmarke Crosley (einem Außenseiter) und kurz darauf für das Modelljahr 1950 bei Chrysler (für das Topmodell Crown Imperial)

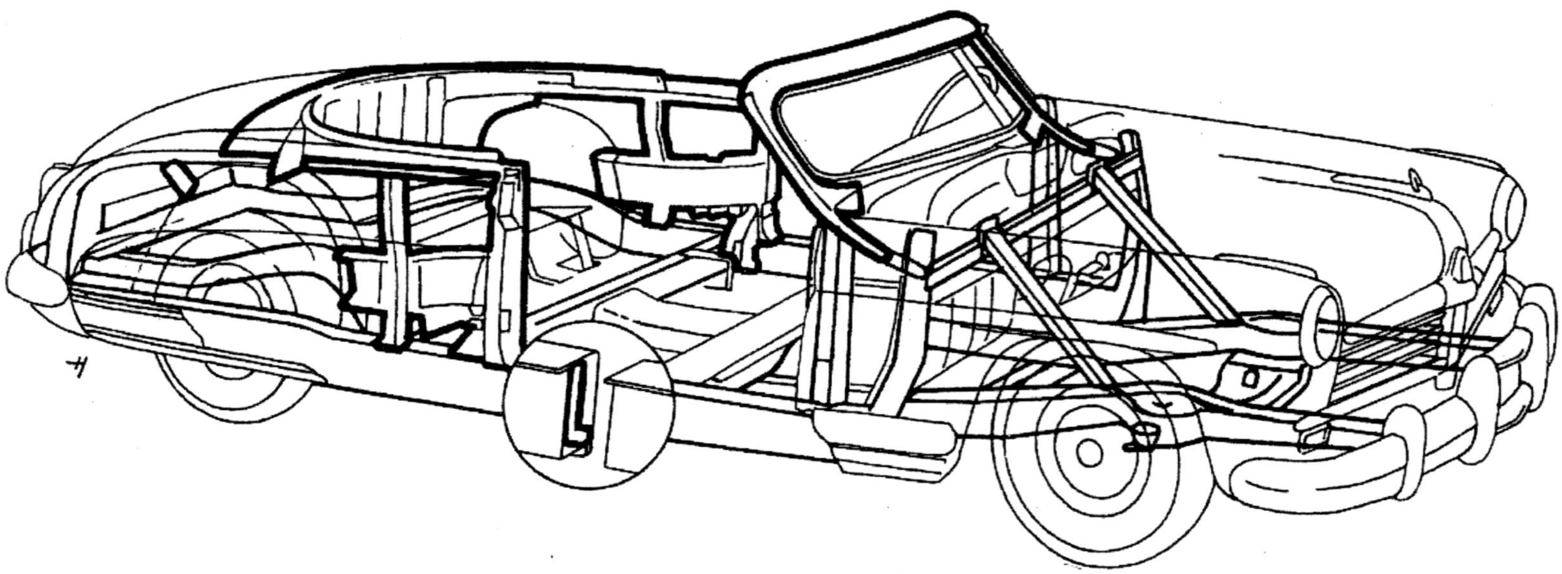

Kastenrahmenchassis entsprachen noch der Norm. Hier die Ende 1947 eingeführte ungewöhnliche Lösung von Hudson: selbsttragendes Fachwerk-Karosseriegerippe mit geschweißten Kastenträgern.

eingeführt..., aber nach kurzer Zeit wieder aufgegeben. Es waren die 1953 beim 24-Stunden-Rennen von Le Mans siegreichen Jaguar XK 120 C, die den Scheibenbremsen zum Durchbruch verhalfen. Auch bei den Serienfahrzeugen zählten englische Hersteller zu den Pionieren. Erst ab Mitte der 60er Jahre sollten Scheibenbremsen auch in den USA Fuß fassen.

Im steten Gleichschritt der Konzerne

Auf die Nachkriegszeit, die eine Epoche des internationalen Wiederaufbaus und Neubeginns verkörperte, folgte eine Periode des industriellen und wirtschaftlichen Aufschwungs. Dies galt nicht nur für die USA und Europa, sondern weltweit. Die bereits international vernetzten US-Großkonzerne General Motors, Ford Motor Company und Chrysler Corporation vermochten ihren Einfluss auszubauen. Bemerkenswert war der technische Gleichschritt, den die »drei Großen« an den Tag legten. Ihm unterzogen sich auch die 1954 entstandene Studebaker-Packard Corporation und die im gleichen Jahr aus dem Zusammenschluss von Nash und Hudson entstandene American Motors Corporation.
Unter dem Einfluss des zunehmenden Erfolgs der weit kleineren Importmodelle setzte sich bei den traditionellen US-Konstrukteuren allmählich die Erkenntnis durch, dass auch bescheidener dimensionierte Autos den Ansprüchen des einheimischen Markts genügen können. Schon 1949 waren in den USA die ersten VW Beetle (Käfer) auf die Straße gekommen, und 1958 begann Toyota mit dem Verkauf des Modells Toyopet Crown. Auf ihn sollten weitere Importwagen aus Japan folgen.
Doch noch rechtzeitig hatten Amerikas einheimische Hersteller diese Warnsignale erkannt und die Entwicklung eigener

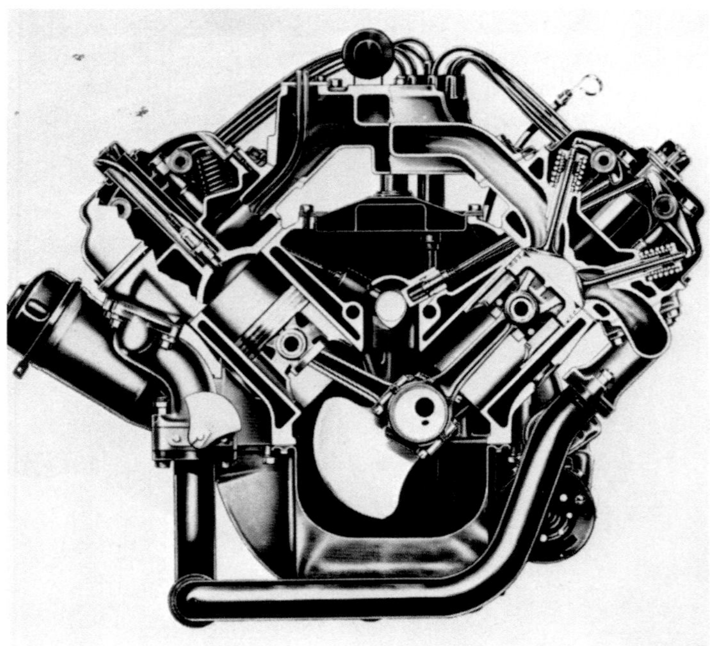

Symbol amerikanischer Motorenkraft: Chrysler Fire Power V8 von 1951 mit schräghängenden Ventilen, zentraler Nockenwelle und (Chrysler-typisch) halbkugelförmigen Brennräumen; mit 182½ PS galt er als stärkster Tourenwagenmotor der Welt!

Paradebeispiel eines amerikanischen Armaturenbretts: Cadillac Fleetwood von 1954; der Getriebewählhebel unter dem Lenkrad ermöglichte die dreisitzige Vordersitzbank; an der Tür die Bedientasten für die elektrischen Fensterheber.

kleinerer Modelle eingeleitet. Weil das Wirken hinter den Kulissen nicht geheim bleiben konnte – denn es sind ja stets auch Zulieferfirmen und ihre zahlreichen, in den Entwicklungsabteilungen ein- und ausgehenden Repräsentanten mitbeteiligt – begannen alle US-Konzerne an verkleinerten Alternativen zu ihren Standardmodellen zu arbeiten; sie gingen als »Compacts« in die Geschichte ein.
Den Anfang machte der im Herbst 1959 vorgestellte Ford Falcon, Anfang Oktober folgte der Chevrolet Corvair und Ende des gleichen Monats der Plymouth Valiant. Während der Falcon konstruktiv ein typisches Amerikaner Automobil war, wies der Valiant wenigstens neue eigenständige Designmerkmale auf. In mehrfacher Hinsicht radikal neu war hingegen der Chevrolet Corvair, der nach dem Muster des VW Beetle einen luftgekühlten Heckmotor besaß und überdies einen richtungsweisenden Karosseriestil zeigte.

1961–1970: Mit viel Schwung in die 60er Jahre

Die USA waren und blieben das führende Autoproduktionsland, und die drei Giganten General Motors, Ford und Chrysler gaben nicht nur in Nordamerika den Ton an, sondern beherrschten zunehmend weite Teile der internationalen Automobilherstellung. Dies galt sowohl in Argentinien und Brasilien wie in Australien, Südafrika und nicht zuletzt in Deutschland und England. In den USA selbst ruhten auf der nun angebrochenen Epoche der Kompaktwagen große Hoffnungen. Sie sollten dem Vormarsch der Importwagen endlich Einhalt gebieten. Allerdings fanden viele Autokäufer durchaus Sympathie für manche dieser »exotischen« Neuankömmlinge, die nebst dem altbekannten VW Beetle auf amerikanischen Straßen mehr und mehr »Fuß fassten«.
Aber so wie die angestammten »Standard-size«-Wagen wuchsen auch die einheimischen Kompaktmodelle schrittweise in die Länge. Von den technischen Entwicklungen in Europa beeinflusst, wandte sich die amerikanische Automobilindustrie im Verlauf der 60er Jahre verbesserten Fahrwerkkonzepten zu; Scheibenbremsen setzten sich allerdings nur zögerlich durch. Hingegen wurden in den USA zahlreiche dem Fahrkomfort dienende Ausrüstungsteile entwickelt, die später auch bei der europäischen und japanischen Automobilindustrie Eingang fanden. Hierzu folgende Zahlen:

Ausstattung Mitte der 60er Jahre der in den USA hergestellten Pkw:

Automatisches Getriebe:	80+ %
Eingebautes Radiogerät:	74 %
V8-Motor	73 %
Servolenkung	60 %
Servobremsen	32 %
Klimaanlage	23 %
Elektrische Fensterheber	14 %
Elektrische Sitzverstellung	7 %

Zwecks Sitzplatzgestaltung diente für die Dodge-Modelle 1960 diese originalgroße Mannsilhouette aus glasklarem Kunststoff. – Von »Dummies« war noch kaum die Rede.

Frühe Dreipunktgurte (»Seat belt and shoulder harness«) in einem Chevrolet 1967. In den 70er Jahren wurde der kombinierte Dreipunkt-Rollgurt zur Grundvoraussetzung aller Sicherheitsbemühungen.

Thema Sicherheit wurde zum Brennpunkt

Die 60er Jahre waren aber auch das Jahrzehnt, das den amerikanischen Autofahrern die Bedeutung der Sicherheit ins Bewusstsein brachte. Neuen staatlichen Sicherheitsnormen war es mit zu verdanken, dass die Autos gerade im Verlauf der 60er Jahre entscheidende Verbesserungen Richtung erhöhten Insassenschutzes erfuhren. Private Initiativen – unter ihnen jene des jungen »Sicherheitsanwalts« Ralph Nader – hatten den Stein ins Rollen gebracht.
Zu den ersten der schrittweise eingeführten Maßnahmen zählte die Entschärfung der Lenksäule. Diese konnte im Falle einer Frontalkollision als Spieß auf den Fahrer einwirken. Daher wurden stoßabsorbierende Lenkräder geschaffen, und man bestückte die Lenksäulen mit Sicherheitsgelenken oder mit zusammenschiebbaren Zwischenteilen.
Systematisch wurde von den Entwicklungsingenieuren der Innenraum entschärft. Die Bedienungselemente wurden versenkt angeordnet oder mit Knöpfen aus weichem Material versehen. Das Armaturenbrett erhielt einen Polsterbelag oder gar eine schlagabfangende, nachgebende Struktur. Der Innenspiegel wurde ausklinkbar montiert, und es wurden zusehends Windschutzscheiben aus Verbundglas verwendet.

Zu den Kompakten sogar Subkompakte

Anfang 1970 stellte General Motors einen subkompakten Chevrolet in Aussicht. Er galt als Antwort auf den fortwährenden Verkaufserfolg des Volkswagen Beetle in den Vereinigten Staaten und in Kanada. Der zum Modelljahr 1971 auf den Markt gebrachte Chevrolet Vega war mit 431 cm Länge in

der Tat wesentlich kleiner als alle bisherigen Modelle der Marke (Chevy Nova: 481 cm). Zudem war er modern und hübsch geformt, und es gab ihn auch als Station Wagon. Ford antwortete gleichzeitig mit dem 414 cm kurzen Pinto, während Chrysler mit Mitsubishi-Derivaten auftrumpfte.
– Diese Subkompakten wurden in Amerika allgemein auch als Kleinwagen bezeichnet; ihre Abmessungen entsprachen jenen der unteren Mittelkasse Europas, z.B. Opel Kadett mit 411 cm, Ford Taunus mit 427 cm, Fiat 124 mit 405 cm oder Renault 12 mit 424 cm.

1970–1980:
Immer sparsamer – sauberer – sicherer

Die internationale Bewegung zur Bekämpfung der Luftverschmutzung durch Motorfahrzeuge hatte ihren Ausgangspunkt eigentlich in der Inversionslage von Los Angeles: In dieser ausgedehnten und politisch einflussreichen Region bleibt die Abluft wegen der geografischen Gegebenheit meist längere Zeit hängen. Dies gab den Anstoß zu einer Limitierung des Schadstoffanteils in den Autoabgasen. Diese galten zunächst nur für Kalifornien, doch alsbald wurden sie, schrittweise verstärkt, für die gesamten USA übernommen. Und sie fanden ihren Widerhall auch in Europa und Japan, wo die abgasgeschwängerte Luft ebenfalls als Problem erkannt wurde.
Auch im passiven Insassenschutz übernahmen die USA eine Pionierrolle. Einzelne Maßnahmen (wie etwa der entschärfte Innenraum) gingen teils auf Eigeninitiative der Hersteller zurück. Es mag aber im Rückblick erstaunen, dass sich ein so freiheitlich orientiertes Land wie die USA von staatlicher Seite durch Vorschriften systematisch auf erhöhte Sicherheit im Straßenverkehr ausrichten ließ.

Schritt um Schritt neue Vorschriften

Gemäß dem 1970 verabschiedeten *Clean Air Act* nahm Ende jenes Jahres die EPA *(Environmental Protection Agency)* ihre Arbeit auf. Ziel war die **Reduktion der Abgasschadstoffe** (wie Kohlenmonoxid und Kohlenwasserstoff) um 90 % bis 1976.
Ebenfalls 1970 entstand die NHTSA *(National Highway Traffic Safety Administration)*. Sie wachte darüber, dass die Hersteller die Sicherheitsvorschriften einhielten. Und diese Kontrollfunktion war zukunftsgerichtet. Denn bereits 1970 war der 1973 geltende obligate **Einbau eines Airbags** (Luftsacks) vorgesehen.
Gleichzeitig plante die EPA bis zum 1. Januar 1975 gut zwanzig weitere Maßnahmen vorzuschreiben, darunter die **Gurttragpflicht** und zahlreiche **Karosserieverstärkungen**, aber auch von außen sichtbare Signale beim Überschreiten von Tempolimiten (was dann allerdings ein Wunschdenken bleiben sollte). Ein allgemeines **Tempolimit** von 55 mph (= 88,5 km/h) galt dann ab Mitte der 70er Jahre tatsächlich flächendeckend.
Anderseits nahmen die ebenfalls von der EPA veranlassten **Rückrufaktionen** ungeahnte Dimensionen an: Als Konstruktionsfehler deklarierte kleine oder größere Mängel an jeglichen Modellen mussten unentgeltlich behoben werden, wozu die Hersteller über ihre Vertretungen die einzelnen Wagenbesitzer in die Werkstätten aufzubieten hatten.

Staatlich geförderte Konstruktion von Sicherheits-Prototypen: Der New York State Safety Sedan von 1967 wurde von der Fairchild Hiller's Republic Aviation Division entwickelt und gebaut.

Die amerikanische Regierung hatte auch die Konstruktion von »richtungsweisenden« **Sicherheitsautos** veranlasst und mitfinanziert. Diese wurden zunächst von außenstehenden Technologiefirmen entwickelt. Bei den ersten Vorstellungen von 1971 wirkten sie als schwerfällige, wuchtige »Knautschzonenträger«. ESV *(Experimental Safety Vehicles)* bzw. Sicherheitsprototypen wurden in der Folge auch von der Automobilindustrie selbst konstruiert und zur Diskussion gestellt, und dies sowohl in den USA wie in Europa und Japan.

Sitzgurte als Basis aller Sicherheit

Im Jahr 1971 wurde die Luftsack- bzw. Airbagvorschrift um zwei Jahre aufgeschoben. – Mitte 1972 erreichte die Zahl der registrierten Rückrufe bereits 26 Millionen.
Der von US-Präsident Richard Nixon zwecks **Verkaufsförderung** im August 1971 gefasste Beschluss, die 7 % Sondersteuer auf Autos aufzuheben und einen Steuerzuschlag von 10 % auf Importgüter zu erheben, zeigte Resultate: Der Anteil ausländischer Autos auf dem US-Markt fiel von 18 auf 12 %, stieg aber 1972 wieder auf gegen 15 %.
In der zweiten Hälfte 1972 erreichte der Anteil der mit Gurten bestückten Pkw in den USA 90 %, doch die Tragquote lag bloß bei 25 bis 30 % (es handelte sich stets noch um 2-Punkt-Gurte).
Während die anderen US-Autohersteller die fristgerechte Einhaltung der EPA-Abgasnormen als unmöglich deklarierten, verhieß GM-Boss Edward N. Cole im Herbst 1972 für das Modelljahr 1976 schadstofffreie Autos mit zwei katalytischen Umwandlern und einem Reaktor (Nachbrenner) oder mit drei katalytischen Umwandlern. Die Lebensdauer dieser Einrichtungen werde 32'000 km erreichen und ihr Ersatz zu Lasten des Wagenhalters gehen, verlautete aus Detroit..

Stoßstangennorm, Erdölkrise, CAFE

Ab 1973 mussten alle in den USA verkauften Pkw-Modelle vorderen Stoßstangen aufweisen, die einen Aufprall mit bis zu 5 mph (8 km/h) schadlos überstehen konnten (hinten bis 2,5 mph, ein Jahr später ebenfalls bis 5 mph). In der Folge wurden die US-Wagen durch massive »Anbauten« noch etwas länger. – Die »Luftsacknorm«, die inzwischen zu einem für das Modelljahr 1976 vorgesehenen passiven bzw. automatischen Rückhaltesystem mutiert war, wurde 1973 seitens der Industrie weiter bekämpft.
Die Erdölkrise von 1973 – manche Tankstellen gaben Benzin nur noch in reduzierter Menge ab – verbannte die Diskussionen über die Abgasnormen in den Hintergrund. Anderseits wurden unter der Administration Nixon als Reaktion auf die Erdölkrise die CAFE-Norm *(Corporate Average Fuel Economy)* eingeführt. Danach durften die von den einzelnen Herstellerkonzernen in den USA insgesamt verkauften Pkw nur noch einen bestimmten Durchschnittsverbrauch erreichen. Dieser lag 1973 bei 19 L/100 (ein-

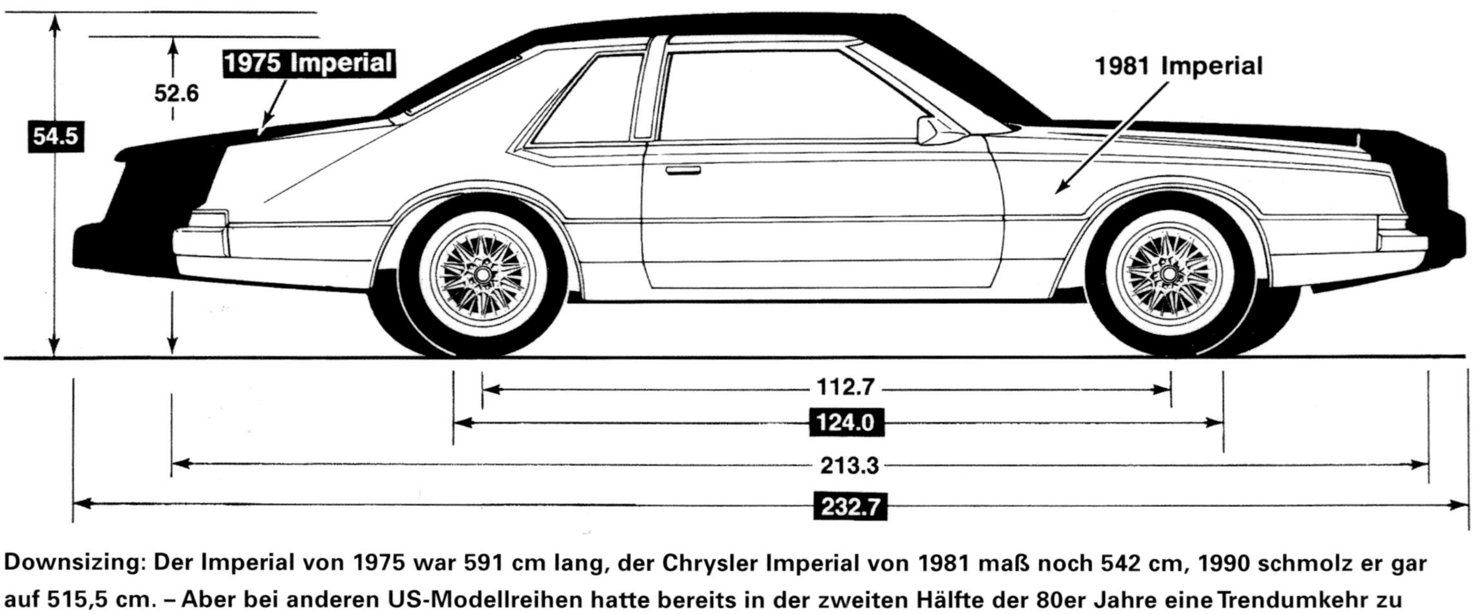

Downsizing: Der Imperial von 1975 war 591 cm lang, der Chrysler Imperial von 1981 maß noch 542 cm, 1990 schmolz er gar auf 515,5 cm. – Aber bei anderen US-Modellreihen hatte bereits in der zweiten Hälfte der 80er Jahre eine Trendumkehr zu wieder deutlich üppigeren Karosserien eingesetzt. Die hier zu sehenden Maße sind in Inches angegeben (1 inch = 2,54 cm).

schließlich Importmodelle). Als Ziele wurden später deklariert: Modelljahr 1977 = 16,8 L; 1980 = 13,83 L; 1985 = 11,2 L/100 km.
Ende 1973 standen in den USA erstmals über 100 Millionen Pkw in Verkehr. Überraschend führte GM Anfang 1974 den Airbag als mehrpreispflichtige Option für die größten Oldsmobile-, Buick- und Cadillac-Modelle ein (mangels Nachfrage wurde dieses Zubehör 1976 wieder von der Liste gestrichen). – Ab 1. Juni 1974 musste jede größere US-Tankstelle bleifreies Benzin anbieten.

Staat und Industrie im Widerspruch

Anfang Oktober 1974 forderte der neue US-Präsident Gerald Ford die Autoindustrie auf, den durchschnittlichen **Treibstoffverbrauch** bis 1980 um 40 % zu senken. Bald darauf verhieß er, diese Forderung mit Maßnahmen durchzusetzen, falls sie nicht freiwillig erfüllt werde.
Infolge der allgemeinen **Wirtschaftskrise** waren Anfang 1975 in Detroit 274'000 Automobilarbeiter arbeitslos. Während 1973 in den USA 11,4 Mio. Autos abgesetzt worden waren (rund 10 Mio. aus einheimischer Produktion), waren es 1974 nur noch 8,8 Millionen.
1974 waren von General Motors in Amerika bloß noch knapp 28'000 **Cabriolets** hergestellt worden. American Motors hatte deren Produktion schon 1968 eingestellt, Chrysler folgte 1971 und die Ford Motor Co. mit dem Ende des Modelljahrs 1973. 1965 waren in den USA noch 511'000 Cabrios gebaut worden, 1972 noch etwas über 70'000. Die Sicherheitsbestimmungen und die Klimaanlage hatten das Offenauto ins Abseits geführt.
1976 kämpfte General Motors gegen noch schärfere Abgasnormen, »die den Käufern Milliarden abverlangen«. Im gleichen Jahr ließ die EPA 208'000 große Chrysler/Plymouth/Dodge-Modelle zurückrufen, weil sie zu viel Schadstoff ausstießen; American Motors musste aus ähnlichem Grund eine Million Dollar Busse bezahlen.
Ebenfalls 1976 verdienten die US-Autobosse an **Gehältern und Tantiemen:** Henry Ford II. und Lee A. Iacocca je 970'000 $, Thomas A. Murphy (GM-Aufsichtsratvorsitzender) 950'000 $, Elliott M. Estes (GM-Präsident) 885'000 $, John J. Riccardo (Chrysler-Aufsichtsratvorsitzender) 700'100 $, Eugene F. Cafiero (Chrysler-Präsident) 627'500 $ (in späteren Jahren lagen ihre Einnahmen wesentlich höher!).

Und der Verbrauch sank deutlich!

Die Bemühungen um eine Verbrauchssenkung trugen mit den Modellen 1977 erste Früchte: Der Durchschnittsverbrauch nach CAFE-Norm erreichte nun 13,1 L/100 km! Doch der neue US-Präsident Jimmy Carter setzte für 1985 ein noch ehrgeizigeres Ziel: 8,55 L/100 km; zudem wurde weiter an noch schärferen Abgasnormen gefeilt. Sie wurden schließlich ein viertes Mal, und zwar auf 1980, verschoben.

Sich von selbst (automatisch) anlegende Sitzgurten beim Oldsmobile Delta 88 Royale Brougham Sedan von 1987… fanden keine Publikumsbegeisterung.

Nach dem Sturz des Schahs von Persien von Ende 1978 stellte der Iran seine Erdöllieferungen vorübergehend ein. Dies führte im Mai 1979 zu »Amerikas erster großen **Benzinkrise**«: Der Benzinpreis schnellte in die Höhe und in Kalifornien durfte je nach Zulassungsnummer nur an geraden oder ungeraden Tagen getankt werden (mehr als die Hälfte des weltweiten Benzinverbrauchs entfiel auf die USA!).
Die Abgas- und Verbrauchsrestriktionen, aber auch der Erfolg der Importmarken, hatten die amerikanische Automobilindustrie im Verlaufe der 70er Jahre nicht nur zur Lancierung von kleineren Modellen veranlasst (die zum Teil vom Markt schlecht aufgenommen wurden), sondern führten zu einem nachhaltigen »Downsizing« (Verkleinern) der bekannten Modellreihen. – Diese spektakuläre Entwicklung geht – im Hauptteil dieses Buches – aus den einzelnen Markenkapiteln und ihren Tabellen hervor.

1981–1990:
Verpöntes Sparen mit dem Dieselmotor

Mit Hinblick auf die 80er Jahre begann sich die amerikanische Automobilindustrie – mehr oder weniger widerwillig – mit dem Dieselmotor zu beschäftigen. Nein, es war nicht der Markt der nach dem »Selbstzünder« rief, sondern die intensive Suche nach Verbrauchssenkung! Denn für 1981er-Modelle galt gemäß CAFE-Norm nun ein Verbrauchslimit von 22 mpg = 10,69 L/100 km. Und diese Limite sollte weiter gesenkt werden. Hierzu wurde der Dieselmotor als ein besonders geeignetes Instrument erkannt. Schließlich hatte er sich in Deutschland sogar in Oberklassewagen bewährt.
Doch bei den amerikanischen Autokäufern ließ sich der Dieselmotor nicht durchsetzen, und die Prognose, dass bis 1990 über 40 Prozent aller Neuwagen mit dieser Antriebsart ausgestattet sein würden, lag völlig daneben. Zwar wurde 1981 bei den Neuzulassungen ein Dieselanteil von 6,1 % erreicht, doch 1984 waren es nurmehr 1,5 %.
Das von General Motors gebaute Dieselmotorenwerk brachte es auf bloß 10 % Kapazitätsnutzung, und Volkswagen setzte vergebens auf seinen Diesel-Rabbit. Als Rabbit (Kaninchen) wurde in den USA der VW Golf bezeichnet, der inzwischen den Importleader Beetle abgelöst hatte. Erschwerend kam hinzu, dass ab 1985 in Kalifornien Grenzwerte für den Partikelausstoß eingeführt wurden. Für das Modelljahr 1986 strich GM alle V6- und V8-Diesel aus dem Pkw-Angebot (ohne SUV), und der Dieselmotor verschwand auch bei den wenigen übrigen Anbietern.
Während 1984 eine CAFE-Norm von 27 mpg = 8,71 L/100 km galt, wurde die Limite für 1987 und 1988 nicht wie vorgesehen auf 27,5 mpg = 8,55 L/100 km verschärft, sondern auf 26 mpg = 9,05 L/100 km gelockert. Dadurch entkamen GM und Ford riesigen Bußbeträgen. 1989 galten 26,5 mpg (8,88 L/100 km), ab 1990 27,5 mpg (8,55 L/100 km). Schon 1978 war zusätzlich ein *»gas guzzler limit«* für »Benzinsäufer« eingeführt worden. Danach war für Wagen mit einem Verbrauch ab 15,7 L/100 km eine Kaufsteuer von 500 Dollar zu entrichten. 1985 wurde bereits ein Verbrauch von 10,94 L/100 km steuerpflichtig.

Der Ruf nach Importbeschränkung

Mitte 1980 forderte Philip Caldwell, der Aufsichtsratsvorsitzende der Ford Motor Company, von der Regierung Carter den Erlass von Einfuhrbeschränkungen. Dies in Anbetracht des zunehmenden Erfolgs der japanischen Autohersteller.
Er verlangte, dass höchstens 15 Prozent aller in den USA verkauften Autos Importwagen sein dürfen. Der Importanteil hatte inzwischen bereits 25 Prozent erreicht, wobei 20 Prozent aus Japan stammten. Caldwell machte Japan für die Krise der amerikanischen Automobilindustrie verantwortlich.
Diese Ansicht teilte auch die Gewerkschaft der Automobilarbeiter UAW. Deren Präsident Douglas A. Fraser warf den Japanern vor, sie bescherten Amerika Autos und Arbeitslose. Deren Zahl hatte inzwischen rund 250'000 erreicht, jene in der Zulieferindustrie nicht mitgezählt. Fraser reiste nach Japan, wo er den Autoherstellern vorschlug, in den USA Produktionsstätten einzurichten. Doch dieses Ansinnen wurde in weiten Kreisen noch als kontraproduktiv eingestuft. Denn in japanischen Werken wurden mit viel weniger Arbeitern weit mehr Autos gebaut, und diese erreichten erst noch ein deutlich höheres Qualitätsniveau. Vordergründig ging es also um eine Frage der Produktivität.
So weit hergeholt war die Idee der Zusammenarbeit USA/Japan allerdings nicht. Denn schon mehrmals hatten Ford- und Toyota-Vertreter – zuletzt Toyota-Präsident Eiji Toyoda und Harold A. Poling, Präsident von Ford Nordamerika – über die Möglichkeit verhandelt, dass Toyota ab 1983 in einem Ford-Werk jährlich 100'000 Kleinwagen herstellen würde. Weil man aber bei Ford von noch größeren Zahlen träumte, war ab Herbst 1980 bereits von 600'000 Kleinwagen pro Jahr die Rede.

Im Frühling 1981 bewirkte eine amerikanische Delegation in Japan ein Abkommen, wonach die japanischen Autolieferungen nach den USA vom 1.4.81 bis zum 1.4.82 auf 1,68 Mio. Exemplare zu beschränken waren, was einem Rückgang um 7,7 % entsprach. Für die zwei nachfolgenden Jahre sollte diese Limite leicht erhöht werden... Indessen baute Honda seit Herbst 1980 in Columbus, Ohio, ein Werk, in dem gegen Ende 1982 die Produktion aufgenommen werden sollte.

»Buy American« als die neue Devise

Mit Aktionen verschiedener Seiten wurde der amerikanische Autofahrer inzwischen zum *»buy American«* aufgerufen. Und alsbald wurde nicht Ford, sondern GM zum Toyota-Partner: Im Februar 1983 unterzeichneten Roger B. Smith von General Motors und Eiji Toyoda für Toyota in Fremont, Kalifornien, einen Vertrag über die gemeinsame Autoherstellung in Kalifornien (→ Chevrolet).

Für das am 1. April 1984 beginnende Fiskaljahr wurde die Ausfuhrlimite nach den USA für die japanischen Hersteller auf 1,85 Millionen Fahrzeuge erhöht. »Im Interesse des freien Welthandels« entschied dann aber Präsident Reagan die Quotenregelung per Ende März 1985 aufzuheben. Japans Regierung beschloss, die freiwillige Beschränkung auf 2,3 Millionen in die USA exportierte Wagen auch 1986 und darauf 1987 beizubehalten.

Elektroautoträume, höhere Tempolimite

Als Voraussetzung für eine von General Motors freiwillig angebotene Reduktion des Durchschnittsverbrauchs bzw. der CAFE-Norm auf 6,7 L/100 km für 1985, nannte GM-Präsident Elliott M. Estes im Jahr 1980 die Bereitschaft der Autokäufer, die für 1985 vorgesehene Produktion von 100'000 Elektroautos abzunehmen! Diese Prognose basierte auf den »äusserst günstigen« Erfahrungen, die bei Versuchen mit der GM-eigenen Zink-Nickeloxid-Batterie gesammelt worden waren. Zudem dachte Estes im Herbst 1980 auch an die Verwendung einer Zink-Chlorid-Batterie von Gulf & Western. Noch im Oktober 1980 wurde die Produktionsaufnahme als um etwa ein Jahr verschoben erklärt...
Knapp ein Jahrzehnt später, im Frühling 1990, sicherte GM-Präsident Roger B. Smith zu, dass sein Konzern mit der Herstellung eines Elektroautos beginnen werde. Aber erst Mitte der 90er sollte GM dann mit dem EV1 in der Tat ein Elektro-Sportcoupé vorübergehend in Serie bringen (im Frühling 2008 versprach GM erneut die Herstellung von Elektroautos). – 1990 erließ die kalifornische Luftreinhaltebehörde CARB ein Gesetz, wonach im Jahr 2002 10 Prozent (bzw. etwa 200'000) der in Kalifornien neu in Verkehr gesetzten Autos Elektroautos bzw. Zero-Emission-Vehicles sein müssten (2003 wurde diese Zukunftsquote auf 24'000 und 2008 für 2014 auf 7500 reduziert)!
Ein von Vertretern der Regierung und der Autoindustrie gebildetes Komitee schlug im Sommer 1980 vor, dass für Neuwagen, deren Verbrauch mindestens 25 Prozent unter dem Limit liegt, eine Höchstgeschwindigkeit von 70 statt der üblichen 55 mph (113 statt 89 km/h) gelten sollte. – Erst ab April 1987 erlaubte die Bundesregierung, die Höchstgeschwindigkeit auf Ausserorts-Autobahnen (Interstate Highways) generell von 55 auf 65 mph (von 89 auf 105 km/h) zu erhöhen; von diesem Recht machten zunächst 38 der 50 Staaten Gebrauch.

Gasohol, Cabrios und Rabattschlacht

Inzwischen wurde über die Möglichkeiten des Gasohol diskutiert: einer Beimischung von 10 Prozent Alkohol zum Benzin, nach brasilianischem Muster. Hierzu hätte die Hälfte der jährlichen amerikanischen Maisernte beigezogen werden müssen. Das wurde zwar von den US-Farmern begrüßt, anderseits wurde eine starke Erhöhung der Nahrungsmittelpreise befürchtet, und so kamen diese Pläne rasch in Verruf.
Nachdem die Tradition der Cabriolets wegen der verschärften Sicherheitsvorschriften, der Klimaanlagen und dem Wunsch nach perfektem Musikgenuss 1980 fast untergegangen war – nur noch einige Spezialbetriebe bauten Coupés zu Cabrios um – wurde zum Herbst 1981 mit dem kommenden neuen Chrysler LeBaron ein *»rag top«* als *»production model«* angekündigt.
Die Rabattwelle hatte 1981 erste Konsequenzen gezeigt: Bei Chrysler hatten Preisnachlässe unterschiedlicher Form den Absatz tatsächlich erhöht, gleichzeitig resultierten aber hohe Verluste. Bei General Motors entschloss man sich daher 1982 zu Preissenkungen, um dem Rabattunwesen einen Riegel zu schieben, ... eine Maßnahme, die sich dann allerdings als vergebliche Liebesmüh' erwies.

Streit um Stossstangen und Airbag

Wie bereits erwähnt wurde, mussten 1973 alle in den USA verkauften Pkw vordere Stoßstangen aufweisen, die einen Aufprall mit bis zu 5 mph (8 km/h) unbeschadet überstehen

konnten, und dies galt ab 1974 auch für die hinteren Stoßstangen. Weil dies zu aufwändigen, teils unförmigen Gebilden und damit zu einem Gewichtsanstieg sowie höheren Kosten geführt hatte, wurde diese Norm 1982/83 auf 2,5 mph (4 km/h) reduziert.
Anfang der 80er Jahre wurde auch um die Einführung des Airbags (Luftsacks) bzw. eines passiven Rückhaltesystems gestritten. Die Autoindustrie erklärte sich noch Ende 1982 außerstande, ab September 1983 in Neuwagen Airbags oder eine Gurtautomatik einzubauen. – Ab 1990 mussten alle Neufahrzeuge mit einer passiven Rückhaltevorrichtung ausgestattet werden, wobei sich der Airbag als die bestgeeignete Lösung erwies. – Bereits ab 1. September 1985 mussten alle neuverkauften Pkw eine dritte Bremsleuchte aufweisen.

Neue Zielgruppen und Topsaläre

Ab dem Modelljahr 1985 bemühte sich die US-Autoindustrie mit sportlicheren und wieder leistungsfähigeren Modellen darum, eine neue Käuferschicht zu gewinnen: die Yuppies. Bei den *young urban professionals* handelte es sich um Ärzte, Anwälte, Ingenieure, Manager zwischen 25 und 39 in den Städten, die zunehmend gut verdienten und sich von den einheimischen Modellen ab- und den Honda Accord, Toyota Camry und Mazda 626 zugewandt hatten. Überdies träumten sie von deutschen und schwedischen Oberklassewagen. Für deren Geschmack hatten Chrom und Zier und Schwerfälligkeit ganz anderen Eigenschaften zu weichen, nämlich straffem Fahrverhalten, flottem Beschleunigungsvermögen und schlichter Eleganz.
1986 verdienten die US-Autobosse entsprechend dem Erfolg ihrer Firmen: Lee A. Iacocca (Chrysler Corpoation) kam auf 23,6 Mio $ (14 Mio an Gehalt, Bonus und Aktien + 9,6 Mio Aktienoptionen), Donald E. Peterson (Ford Motor Co.) brachte es auf 4,3 Mio $ Lohn, Bonus und Aktienoptionsgewinn, und Roger B. Smith (General Motors) bildete mit 1,8 Mio $ das Schlusslicht.
Um bei GM zu bleiben: Im August 1990 trat Roger B. Smith als Aufsichtsratsvorsitzender in den Ruhestand. Er hat den weltgrößten Automobilkonzern während fast den gesamten 80er Jahre geleitet. In diesem Zeitraum war der GM-Anteil an der internationalen Pkw-Produktion von 20 auf unter 10 % gesunken. Dies durfte man Smith gewiss nicht ankreiden. Denn während die US-Jahresproduktion im Verlauf der 80er Jahre zwischen 6 und 8 Mio. pendelte, hatte sie in diesem Zeitraum weltweit von unter 30 auf über 35 Mio. Einheiten zugelegt. Und die Bedeutung der amerikanischen Automobilwirtschaft nahm im internationalen Vergleich weiter ab.

Armaturenbrettdesign als Kompromiss zwischen Zweckmäßigkeit und Stil; von oben nach unten: Chevrolet Camaro Berlinetta, 1984; Cadillac Seville, 1986; Mercury Topaz LS Sport, 1988; Ford Thunderbird Super Coupe, 1989

Wie Amerikas Autoindustrie zum internationalen Trendsetter wurde

(Angaben gemäß seinerzeitigen Hersteller-Informationen) – *) = auf Wunsch gegen Mehrpreis

Neuerungen bis 1960

1946
Cadillac/Oldsmobile 76: Hydramatic = vollautomatisches 4-Stufen-Getriebe (es wurde schon 1940 1.-mals bei Oldsmobile erhältlich)*
Nash: Schon aus der Vorkriegszeit übernommen: zu Betten abklappbare Vordersitzlehnen, neu besonders wirkungsvolle Belüftungsanlage
Packard: Automatischer Schnellgang (beim Loslassen des Gaspedals ab 35 km/h, Wiederbeschleunigen = ausschalten)*
Willys Universal-Jeep: 1. ziviler Geländewagen

1947
Kaiser/Studebaker: Automatischer Schnellgang (→ Packard 1946)*
Studebaker: revolutionäres Karosseriedesign von Raymond Loewy, automatische Nachstellung der hydraulischen Bremsen (andere folgten), elektromagnetische Rückrollsicherung, 1. indirekte Beleuchtung der Anzeigeinstrumente, Liegesitze*

1948
Buick: Dyna-Flow-Getriebe = Drehmomentwandler mit zwei Fahrstufen* (Automatikgetriebe fanden alsbald allgemeine Verbreitung)
Hudson: Kupplungsautomat Drive Matic*
Packard: Cabrio mit elektrohydraulischer Bedienung von Verdeck, 4 Seitenfenstern und vorderer Sitzbankeinstellung (diese 1.-mals), ultraviolette Beleuchtung der Instrumentenzeiger und -ziffern
Pontiac: Hydramatic-Automatikgetriebe*
Tucker: Aerodynamisches Design, Heckmotor, Einzelradaufhängung auch hinten, Torsionsfederung mit doppelt wirkenden Stoßdämpfern, stoßabsorbierendes Armaturenbrett mit Schaumgummibelag, teilentschärfter Innenraum, Sicherheitsfrontscheibe, Sicherheitsgurten

1949
Crosley: Scheibenbremsen Hydra-Disc (ab 1951 wieder herkömmliche Trommelbremsen)
Chrysler: Obere Armaturenbrettkante mit Leder-überzogener Schaumgummipolsterung; kombiniertes Zünd-Anlasserschloss (wurde allmählich zu einer Selbstverständlichkeit), halbautomatisches Getriebe (zwischen 1.+2. und zwischen 3.+4. Gang automatisch)*
Ford/Mercury: Mit Schnellgang (von Warner)*
Kaiser: 1. Modelle mit Heckklappe
Lincoln: Mit Schnellgang Touch-o-matic (= 6 Gangstufen)
Muntz/Kurtis: Karosserie zumindest teilweise aus GfK
Plymouth: 1. Station Wagon ohne Holzbeplankung, kombiniertes Zünd-/Anlassschloss (wurde üblich)

1950
Chrysler Crown Imperial: Scheibenbremsen mit automatischer Servowirkung und Nachstellung (Chrysler ließ es jedoch bei diesem Modell bewenden und kehrte vollumfänglich zu Trommelbremsen zurück).
Lincoln/Nash: Hydramatic-Automatikgetriebe*
Packard: Ultramatic-Getriebe (Drehmomentwandler mit 2 Fahrstufen + 3. Gang mit mechanischer Verbindung*
Plymouth: 1.-mals elektrischer »Choke« (automatische Gemischanreicherung) in der populären Klasse
Studebaker: Automatic Drive mit mechanischem 3. Gang (Borg-Warner)*
Willys Station-Wagon: Motor mit gegengesteuerten Ventilen

1951
Chevrolet: Powerglide = Drehmomentwandler mit 2 Fahrstufen*
Chrysler Crown Imperial: 1. Pkw mit hydraulischer Servolenkung (bei Imperial und New Yorker =*)
Ford: Automatisches 3-Gang-Getriebe (Borg-Warner)*
Glasspar/Wildfire: Vollkarosserie aus GfK
Hudson/Kaiser/Frazer: Hydramatic-Automatikgetriebe
Plymouth: Elektrische Scheibenwischer (statt mit Unterdruck)

1952
Cadillac: Hydraulische Servolenkung* (fand alsbald weitere Verbreitung)
Packard: Unterdruck-Bremshilfe* (Servobremsen fanden weitere Verbreitung)
Plymouth: halbautomatischer Borg-Warner-Schnellgang*
Willys Aero: Selbsttragende Karosserie (bis dahin erst bei Hudson und Nash)

1953
Cadillac/Oldsmobile: Übergang von 6- auf 12-Volt-Anlage (auch für die Topmodelle weiterer US-Marken, **12 Volt wurde alsbald allgemein eingeführt**)
Cadillac/Oldsmobile: Klimaanlage mit Luftkühleinrichtung*
Cadillac Eldorado: Panorama-Windschutzscheibe (fand in den Folgejahren allgemeine Verbreitung)
Kaiser DKF-161: 1. offizielles Serienmodell mit Kunststoffkarosserie
Plymouth: Hy-Drive-Automatikgetriebe*

1954
Ford: 1. Kurzhubmotor mit hängenden Ventilen populärer Klasse
Kaiser: Leistungsteigerung mit McCulloch-Kompressor*
Mercury: Kurzhub-V8 mit hängenden Ventilen, Servolenkung von Bendix*, *Coupé Sun Valley* mit vorderer Dachhälfte aus Plexiglas
Nash: Echte Klimaanlage (Kelvinator All-Season)*
Plymouth: Vollautomatisches Power-Flite-Getriebe

1955
Cadillac Eldorado Brougham: 1. Produktionsmodell mit Doppelscheinwerfern; Luftfederung mit zentraler Druckluftanlage (nur für USA)*
Mercury: Zentralschmierung
Packard: Torsionsstab-Verbundfederung mit zusätzlich regulierbaren Längstorsionsstäben zwischen Vorder- und Hinterachse*
Plymouth: Schlauchlose Reifen (fanden allgemeine Verbreitung, was nicht überall erwähnt wurde)
Studebaker: Klimaanlage*, elektrische Fensterheber, elektrische Sitzverstellung*

1956
Cadillac Eldorado Seville: mit Kunststoffbelag überzogenes Dach = Beginn der Vinyldach-Epoche (gab's schon früher in England)
Chrysler (alle Konzernwagen): Sicherheitstürschlösser (kein ungewolltes Aufgehen bei Aufprall), Sitzgurte*, elektrische statt Vakuum-Scheibenwischer, Power-Flite-Automatikgetriebe nun mit Druckknöpfen bedient
Lincoln: 1. Sicherheitspaket mit versenkter Lenkradnabe, reflexfreien Anzeigearmaturen, gesicherten Türschlössern* und zwei vorderen Hüftgurten*
Oldsmobile: Automatisches Verschieben der vorderen Sitzbank beim Türöffnen
Packard: Elektrische Druckknopfbedienung des Automatikgetriebes, Sperrdifferential (1.-mals für Serien-Pkw)*
Packard Executive: elektrische Türverriegelung
Plymouth: Tastenbedienung für Automatikgetriebe, vakuumverstärkte Servobremsen, Sicherheits-Türschlösser, Hüftgurten* (fanden allgemeine Verbreitung)
Studebaker: Tachometer mit Drehskala*

1957
Chevrolet: Mit V8-Einspritzmotor*
Chrysler/Dodge/Plymouth: Doppelscheinwerfer
Ford: Druckknopfschaltung für automatisches Getriebe, *Thunderbird + Topmodelle* mit Kompressor*, Modell Rectractable mit versenkbarem Metalldach
Imperial: 1. gewölbte Seitenscheiben bei Serienwagen
Lincoln: Übereinander liegende Doppelscheinwerfer
Mercury Turnpike Cruiser: Getriebe-Druckknopfschaltung auf Lenkradnabe, elektrische Sitzverstellung mit 49 Positionen, elektrisch versenkbares Heckfenster
Packard: Druckknopfschaltung für automatisches Getriebe
Pontiac Bonneville: Einspritzmotor mit 300 PS*
Studebaker Golden Hawk: McCulloch-Kompressor*

1958
AMC/Ambassador: Hinterachse-Luftfederung*
Cadillac Eldorado Brougham: 1. 4-Rad-Luftfederung
Chrysler 300 D: mit elektronischer Benzineinspritzung von Bendix
Edsel: Automatikgetriebe mit Drucktasten auf der Lenkradnabe
Ford/Edsel/Mercury/Lincoln: Doppelscheinwerfer
GM, alle fünf Marken: Doppelscheinwerfer
Imperial: Automatische Geschwindigkeitsregulierung (»Tempomat«)*, elektromechanische Türverriegelung*
Lincoln: Selbsttragender Karosserieaufbau
Lincoln Continental Mark III: schräg gestellte, versenkbare Heckscheibe
Mercury: Luftfederung*
Oldsmobile/Pontiac: Hinterachs-Luftfederung*
Rambler: Hinterachs-Luftfederung mit Niveauregulierung*

1959
Cadillac: Cruise Control = Beibehalt einer gewählten Geschwindigkeit (»Tempomat« erst 20 Jahre später auch in Europa)
Cadillac Eldorado Seville Coupé: VinyL-Dachüberzug (wurde später zu einem Trend)

Chrysler/Dodge/Imperial/Plymouth: Automatische Innenspiegel- und Scheinwerferabblendung*, Luftfederung für Hinterachse mit automatischem Niveauausgleich*, ausschwenkbare Vordersitze*
Dodge: Tacho mit wechselnden Farben, von innen verstellbarer Außenspiegel

1960
Cadillac: Vakuumgesteuerte automatische Türschließung*, automatische Abblendung*
Chevrolet Corvair: Selbsttragende Karosserie, luftgekühlter 6-Zylinder-Boxer-Heckmotor
Chrysler (alle Konzernmarken ohne Imperial): Übergang zu selbsttragenden Karosserien!
Ford Falcon (Compact-Modell): Mit selbsttragender Karosserie (bis dahin besaßen unter den US-Fabrikaten nur Hudson und Nash selbsttragende Aufbauten)
Plymouth Valiant: Pionier Wechselstromgenerator!

Neuerungen in den 60er Jahren

Markenübergreifende Entwicklungen:
Viele der Entwicklungen waren eine Folge der verschärften Sicherheitsvorschriften: Versenkte Türgriffe, Scheibenbremsen*, Differentialbremse*, vollsynchronisierte 3- und 4-Gang-Getriebe, seitliche Markierungsleuchten, zudem Fahrwerksverbesserungen und nach außen gewölbte Seitenscheiben. Ab 1962: Für die meisten US-Modelle nun drastisch verlängerte Service-Intervalle: Ölwechsel alle 10'000, Schmierservice alle 50'000 km, Frostschutzmittel alle 2 Jahre zu wechseln. 1968 Einführung zahlreicher Neuerungen zur Erhöhung der Fahrzeug-Sicherheit .1970 kam das elektrische Lenkradschloss mit dreifacher Sperrung: Zündung, Lenkung, Schaltung.

1961
Lincoln: Wartungsfreie Schmierstellen, einziges viertüriges Cabriolet
Pontiac Tempest: Transaxle-Bauweise mit flexibler Kardanwelle und Getriebe an der Hinterachse (»De-Dion-Hinterachse«)
Rambler Classic Six: 1. US-Motorblock in Aluminiumguss

1962
Cadillac: Bremsflüssigkeit in zwei Kreisläufen, automatische Kurvenlampen
Lincoln: Frostschutzmittel für 2 Jahre, Wasserheizung für die automatische Gemischanreicherung, Kontrolllicht für das Schließen der Hintertüren, von innen verstellbarer Außenspiegel*, Innenbedienung für das Öffnen des Kofferdeckels*, Ölwechsel nur alle 10'000 km*, Totalgarantie für 2 Jahre oder 40'000 km
Oldsmobile F-85 Jetfire: 1. US-Modell mit Abgasturbolader (Garrett, 2 Monate vor *Chevrolet Corvair Monza Spider*)

1963
Alle GM-Modelle: Übergang vom Generator zum Alternator; bei weiteren GM-Modellen: In der Neigung verstellbares Lenkrad
Chevrolet: Transistorradio (im Trend)
Imperial: Garantie auf 50'000 Meilen oder 5 Jahre verlängert
Lincoln/Mercury: schwenkbares Lenkrad*, 6-fache elektrische Sitzverstellung*
Mercury Monterey: Einwärts geneigte versenkbare Heckscheibe, Sperrdifferential Equa-Lock*
Plymouth: Garantie 50'000 Meilen oder 5 Jahre, 4-Gang-Getriebe mit Mittelschaltung*

1964
Cadillac: Klimaanlage Comfort mit elektronischer Temperatureinstellung
Lincoln: Vordere Scheibenbremsen
Mercury: Sicherheitsgurten, intermittierende Scheibenwischer, pneumatisch verriegelnde Türen*
Plymouth: Thermostatische Ventilation*
Studebaker Daytona Wagonaire: Station Wagon mit aufmachbarem hinterstem Dachteil
Thunderbird: Parkbremse löste sich beim Einlegen einer Gangstufe (Vakuum), Innenraum-Zwangsentlüftung, Leuchtschrift »fasten seat belts«

1965
Chevrolet Corvette: Scheibenbremsen
Ford Standard-size: Zentralverriegelung*, Notblinkanlage*, Leuchtschrift »fasten seat belts«*
Mercury: Ab 12 km/h automatisch verriegelnde Hintertüren*, höhenverstellbares Lenkrad*, Blinker mit Notblinkfunktion*
Plymouth Barracuda: Drehzahlmesser*
Thunderbird: Vordere Scheibenbremsen in Serie

1966
Cadillac: Elektrische Sitzheizung*, nach allen Seiten schwenkbare Kopfstützen*

Chevrolet: Umfangreiche neue Sicherheitsmerkmale
→ Chevrolet 1966
Chrysler: Flachanliegende Safe Guard-Innentürgriffe
Dodge: Scheibenbremsen (von Budd) nun für alle Modelle verfügbar*, verstellbares Sicherheitslenkrad (auch bei andern)
Dodge Charger Hardtop Fastback: 1. Scheinwerfer unter Klappen
Imperial: Automatischer Abblendschalter
Mercury: Vordere Scheibenbremsen*, zusätzliche hintere Luftfederung*, Kurvenlichter in den Stoßstangenecken*
Oldsmobile: Neues vollsynchronisiertes 3-Gang-Getriebe
Pontiac: OHC-Sechszylindermotor mit Zahnriemenantrieb und automatischer Ventilspielregulierung

1967
Cadillac: Energieabsorbierende Lenkung, Schutzpolsterung, versenkte Schalttasten, ausklinkbarer Innenspiegel
Ford LTD: Automatische Vakuumverriegelung der Türen ab 12 km/h (Ford bot besonders viele Sicherheitsvorkehrungen → Ford 1967)
Oldsmobile Toronado: Vordere Scheibenbremsen (Kelsey-Hayes)*
Oldsmobile Standard-size: Getrennte Bremskreisläufe, vordere Scheibenbremsen*, Transistorzündung für Hochleistungsmotoren*
Plymouth: Zugfreie Lüftung, Lenksäule und Schaltrohr für Gangwahl teleskopisch verformbar (alle US-Wagen erhielten analoge Vorrichtungen!)
Pontiac: Vordere Scheibenbremsen
Pontiac Firebird: Mit Freongas füllbares Reserverad*

1968
Allgemeinem Trend entsprechend, z.B....
Buick: »unfallsichere« Türschlösser, elastische Bedienknöpfe, wirksame Polsterung auch der Frontscheibenpfosten, Summer bei steckengebliebenem Zündschlüssel (April 1968: Concept-car Buick Century Cruiser mit Computerprogramm für gewünschte Fahrroute)
Cadillac: Verlängertes Motorhaubenende deckt die Scheibenwischer ab
Ford: Teils zweistufige Scheibenwischer mit Dusche
Chevrolet Standard-size: Stahlblechplanken in den Türen
Chevrolet Camaro/Corvette: Scheinwerfer-Waschanlage (beim Camaro*)
Lincoln Continental Mark III: 1. US-Modell mit Gürtelreifen
Mercury: Verformbare Lenksäule, Zweikreis-Bremssystem
Mercury Cougar: Markierungsleuchten
Plymouth Fury: Innentemperatur-Konstanthalter
Thunderbird: Vordere Sitzbank mit klappbarer Mittelarmlehne*

1969
Buick: In Serie nun vordere Sitzgurten, Kopfstützen sowie Lenkradschloss, Lenkung mit variierender Untersetzung* (für rascheres Ansprechen bei Kurvenfahrt und Parkieren)
Buick Standard-size: Teleskop-Lenksäule, Flankenschutz in den Türen
Cadillac: Vordere Scheibenbremsen (endlich) serienmäßig, noch wirksamere Prallpolster, neues Belüftungssytem ohne Ausstellfenster, Lenkradschloss, elektrische Türverriegelung
Checker: 1. Dieselmotor bei US-Wagen*
Ford: Teils intermittierend arbeitende Scheibenwischer*
Lincoln: Sure-Track-Bremssystem (intermittierend arbeitend mit Drehzahlfühlern an den Hinterrädern und elektronischer Steuerung = ABS)*
Mercury Cougar: Frischluftanlage Comfort Stream
Oldsmobile: Servolenkung mit variierender Untersetzung
Pontiac: In die Windschutzscheibe integrierte Radioantenne
Pontiac Standard-size: Servolenkung mit variierender Untersetzung

1970
Buick: Letztes 2-Stufen-Automatikgetriebe gestrichen, Zweitürmodelle mit elektrischer Lehnenarretierung (funktionierte beim Türschließen automatisch)
Oldsmobile: Vordere Scheibenbremsen, Gürtelreifen für alle Modelle, Transmission Controlled Spark System (für Abgasentgiftung)
Thunderbird: Antiblockierbremsen (ABS) für die Hinterachse*

Neuerungen in den 70er Jahren

Markenübergreifende Entwicklungen:
Motoren erhielten geschlossene Kühlsysteme und wirkungsvollere Abgasentgiftungen (Beginn der Katalysatortechnik); bei Radio ab Werk: in die Frontscheibe integrierte Antenne. 1971 begann die US-Autoindustrie die Leistungsdaten statt in SAE-HP (PS) in net HP (Netto-PS) anzugeben. Dies bedeutete eine Annäherung an die in Europa gebräuchlichen DIN-PS, mit denen die Leistungsverluste durch die Nebenaggregate (Dynamo, Luftfilter, Wasserpumpe,

Kühlerventilator, Auspuffanlage) berücksichtigt werden; die SAE-PS lagen um 10 bis 20 % höher. 1973 legten wegen vorgeschriebener energieabsorbierender Stoßstangen die Gesamtlängen deutlich zu (vorne bis Aufprall mit 8 km/h schadlos, hinten bis 4 km/h – ab 1974 auch hinten bis 8 km/h). 1975 kam es zur generellen Katalysator-Einführung, 1979 führten verschärfte Verbrauchsnormen zu kräftigen Leistungsverlusten einzelner Modellreihen sowie zu länger übersetzten Hinterachsen bzw. als Overdrive bezeichneter 4. Gangstufe.

1971
Cadillac: Antiblockiervorrichtung für die Hinterräder
Chrysler: Scheibenwischanlage mit 3 Geschwindigkeiten*
Imperial: Four Wheel Sure Brake (ABS-Vorläufer!)

1972
Chevrolet: Alle Motoren auf bleifreies Benzin ausgelegt
Ford-Topmodelle: Neue Klimaanlage hält nebst Temperatur auch die Luftfeuchtigkeit konstant
Imperial: Dreieck-Ausstellfenster entfielen
Lincoln Continental Mark IV: 6-fach elektrisch verstellbare Vordersitze

1973
AMC Ambassador: Scheibenwischer mit Intervallschalter
Chrysler New Yorker Brougham: Feststellbremse löste sich beim Motorstart (Vakuum)
Imperial: Innenausstattung aus feuerfestem Material, elektronische Alarmanlage*
Lincoln Continental Town Car: elektrisch ausstellbare Ventilationsflügel
Thunderbird: Heckscheibenheizung*

1974
Cadillac: Topmodelle mit Airbags erhältlich*
Dodge: Gürtelreifen* (verlangte verbesserte Karosserie-Geräuschdämpfung)
Dodge Coronet: an den Scheibenwischern montierte Waschdüsen
Lincoln Continental: Hydro-Servobremsanlage
Mercury Standard-size: Wieder mit Ventilationsflügeln*

1975
Buick/Cadillac/Oldsmobile/Pontiac-Topmodelle (teils): Rechteckscheinwerfer (zuvor nicht zugelassen)
Chrysler/Dodge: Topmodelle mit Heckscheibenheizung
Ford Maverick: Vordere Scheibenbremsen in Serie
Ford LTD: Tempokonstanthalter (»Tempomat«)
Mercury-Topmodelle: Mit Vierrad-Scheibenbremsen*

1976
Cadillac Eldorado: Vierrad-Scheibenbremsen
Continental Mark IV: Zündsystem CCT = computer controlled timing

1977
Ford (diverse Modelle): Moon-Roof (Glashubdach)*
Mercury (teils): Elektronisches Zündsystem Dura Spark, manuelle statt elektrische Sitzhöhenverstellung
Pontiac Firebird: 1. Stoßschutz-Soft-Face mit Bayflex-Polyurethan-Schaumblock (fand nach Aufprall wieder ursprüngliche Form)

1978
Chrysler (gemäß Trend): Automatikgetriebe in oberster Stufe mit Drehmomentwandler-Überbrückung = Lock-up (kein Schlupfverlust)
GM (Oldsmobile/Cadillac): 1. US-Dieselmotor
Ford Granada: ESS (= European Sport Special)*
Ford Fairmont / Lincoln Zephyr: Zahnstangenlenkung
Lincoln Standard-size: Schließcode statt Türschlüssel*
Lincoln Continental: Beleuchtetes Thermometer im Außenspiegel*, Benzinuhr mit noch möglicher Distanzangabe*

1979
AMC: Platzsparendes Reserverad
Cadillac: Trip-Computer*
Ford: 3-Jahres-Garantie gegen Durchrostung (weitere Hersteller folgten)

1980
GM-Modelle allgemein: Automatikgetriebe mit Lock-up-Funktion der obersten Gangstufe (kein Schlupfverlust)
Cadillac: Neuartiges Diagnosesystem
Ford Mustang: Mit VinyL-Dachüberzug (kam generell zunehmend in Mode)
Ford LTD: Automatic Overdrive (stärker untersetzte vierte Stufe ohne Schlupfverlust)
Lincoln Continental/Mark VI: 4,9-L-V8 mit elektronischer Zentraleinspritzung
Thunderbird: Türnummerncode (statt Schlüssel)*

Neuerungen in den 80er Jahren

Markenübergreifende Entwicklungen:
Zunehmende Verbreitung von Einspritzmotoren, mit denen die Verbrauchsreduktionsvorgaben leichter erreichbar waren.
1986: 3. Bremsleuchte nun Pflicht.

1981
GM allgemein: CCC = Computer Command Control für »optimierte Treibstoffdosierung selbst unter extremen Fahrbedingungen«
Cadillac: 6-L-V8-Motor mit Zylinderabschaltung = V6- oder V4-Funktion
Mercury LN 7: Digitalanzeigen für diverse abrufbare Werte

1982
Chrysler LeBaron Convertible: 1. wieder serienmäßig ab Werk erhältliches Cabriolet
Lincoln: Gasdruckstoßdämpfer, Tempomat und Verbrauchsanzeige
Mercury Lynx mit Automatikgetriebe: Klimaanlage schaltete sich bei Vollgas automatisch aus
Oldsmobile: 4,3-L-V6-Dieselmotor*
Oldsmobile Toronado: Memory-Seat für 2 vorgewählte Positionen

1983
Chrysler: Electronic Voice Alert + Electronic Travel Computer* (im Modell New Yorker serienmäßig)
Chrysler LeBaron: 1. mit Frontantrieb verbundenes US-5-Gang-Getriebe
Vector (noch Prototyp): 1. Head-up-Display für Autos, Kevlar-Karosserie

1984
GM: Allmählicher Übergang zur selbsttragenden Bauweise auch für die Topmodelle; Aufgabe der V8- und V6-Dieselmotoren
Buick Riviera: 1. drahtloses Telefon, sofern in Chicago und Umgebung eingesetzt*
Ford Escort/Tempo / Mercury Lynx: Mit 2-L-Dieselmotor*
Ford Mustang SVO (2,3 L): Abgasturbolader, Ladeluftkühler, elektronische Zündung und Einspritzung, ließ sich mit Schalter am Armaturenbrett auf Normal- oder Superbenzin einstellen
Lincoln Mark VII: elektronisch gesteuertes Luftfederungssystem, vollelektronische Anzeigeeinheit*
Mercury Capri HO: Bei Vollgas ausgekuppelter Alternator

1985
Lincoln: ABS*

1986
Lincoln Mark VII (LSC): Zahnstangenlenkung
Pontiac 6000 STE: 4-Rad-Scheibenbremsen mit ABS*

1987
Chrysler: Automatikgetriebe Torqueflite mit Überbrückungskupplung (Lock-up)
Ford Tempo / Mercury Topaz: Mit AWD (Vierradantrieb)*
Oldsmobile Delta 88 Royale Brougham Sedan: Sich automatisch anlegendes Gurtsystem (später auch für *Buick Electra*)

1988
Chevrolet/Oldsmobile/Pontiac: Quad-4-Motor (DOHC, V16, 2260 cm^3)
Chevrolet Corvette ZR1: V8 mit 2 x DOHC, 32V, 5,7 L, 390 PS, sowie 6-Gang-Getriebe
Chrysler/Dodge/Plymouth: Automatikgetriebe Torqueflite A604 mit elektromechanischer Wandlerüberbrückung (Lock-up/4 Stufen) mit elektronischer Steuerung (über 50 Patente angemeldet); ab Frühjahr rüstete Chrysler als 1. Hersteller einige Topmodelle serienmäßig mit Airbag für den Fahrer aus
Ford Taurus/Thunderbird / Mercury Sable/Cougar: 3,8-V6 mit gegenläufig rotierenden Schwingungsausgleichswellen
Lincoln Continental (3,8-L-V6): Schwingungsausgleichswelle und elektronische Saugrohreinspritzung
Pontiac 6000 AWD: Mit Vierradantrieb

1989
Ford Thunderbird / Mercury Cougar: Hintere Einzelradaufhängung, Rootes-Kompressor (Eaton)*

1990
Chrysler: VNT-Abgasturbolader (variable nozzle turbo = verstellbare Leitschaufeln)
Chrysler Saratoga: Bordcomputer und u.a. 1. elektrisch verstell- und beheizbare Außenspiegel

1990/91: *Buick Park Avenue:* Airbag im Lenkrad-Pralltopf

ERLÄUTERUNG EINIGER FACHBEGRIFFE

Achtzylindermotor: Zylinder in Reihe, nicht V8
A-Pfosten: Dachsäulen beidseits der Frontscheibe, **B-Pfosten** = Mittelträger, C-Pfosten = hintere Dachträger.
Brougham: Sedan höchster Luxusausstattung
Coach: zweitüriger Sedan
Composite: Verbundwerkstoff
Convertible: Cabriolet
Coupe: amerikanische Schreibweise für Coupé
cw-Wert: Luftwiderstandsbeiwert
De-Dion-Hinterachse: Getriebe an Hinterachse
DOHC: zwei obenliegende Nockenwellen (je Zylinderreihe)
Dream-car: phantasievolles Einzelstück, Vorläufer des Concept-cars
Einvolumenform: Karosserie ohne separate Motorhaube und Heckstufe (meist Mnivans)
Fastback: Fließheck
Faux-Cabriolet: Coupé mit durchgehend versenkbaren Seitenfenstern
GfK: Glasfaserverstärkter Kunststoff
GT: Gran Turismo, ursprüngliche Bez. für 2+2-sitzige Sportcoupés
HP: engl. für PS; heutige HP = 1,0139 PS
IAA: Internationale Automobil-Ausstellung in Frankfurt/M
Knife-edge-Stil: typisch englisches Autodesign mit ausgeprägten Kanten
Liftback: mit Heckklappe
LWB: Long Wheel Base = langer Radstand
Mark: heißt so viel wie Typ oder Modell
Minivan: amerik. für Großraumkombi
Mk: Kürzel für Mark
Monocoque: Fahrzeugwanne (bei modernen Sport- und Rennwagen)
Moon roof: Gläserner Dacheinsatz (ev. zur Entlüftung anheben)
mph: miles per hour (100 mph = 161 km/h)
Neoclassic: im Oldtimerstil gehaltene, meist amerik. Luxuswagen
Notchback: Stufenheck, Stummelheck, Heckabsatz
OHC: obenliegende Nockenwelle
OHV: obenhängende Ventile
Opera Window: schmales Fenster an der C-Säule (oft oval)
Roadster: offene Zweisitzerkarosserie
Sedan: amerik. für (viertürige) Karosserie
Seitengesteuert: mit seitlich stehenden Ventilen
Spider/Spyder: ital. für Sportcabriolet
Sportkombi: Sportwagen mit Kombiheck
Standardbauweise: Motor vorne, Hinterradantrieb
Standard-size Sedan: Viertürwagen »traditioneller« Größe
Station Wagon: Kombikarosserie
Super-charged: mit Kompressor
SUV: Sports Utility Vehicle bzw. Geländekombi
SV: side valve bzw. seitlich stehende Ventile
Targadach: herausnehmbares Dachteil
T-roof: Herausnehmbarer Dacheinsatz
Torpedo: offene Tourerkarosserie (hist.)
Town Car: luxuriösen Viertürwagen
Wagon: kurz für Station Wagon bzw. Kombi
Woodie: Kombi mit seitlichem Holzbeschlag

Abkürzungen in den Tabellen (ab 70er Jahre):

St. = Standardbauweise (Motor vorne, Hinterradantrieb)
Fr. = Frontantrieb
H. = Heckmotor
M. = Mittelmotor
K'r. = Kastenrahmenchassis
Pl'r. = Plattformrahmen
R'r. = Rohrrahmenchassis
G'r. = Gitterrohrrahmen
Z'r. = Zentralrohrrahmen
/4 = Vierradantrieb
V = Zylinder in V-Anordnung
B = Zylinder in Boxeranordnung
i = mit Benzineinspritzung
/T = mit Abgasturbolader
/l. = luftgekühlt
2T = Zweitaktmotor
N'w. = Nockenwelle(n)

USA Pkw-Produktion 1950/1955 und 1985/1990

	1950	1955	1985	1990
Chevrolet*	2'015'158	2'223'341	1'625'844	922'567
Pontiac	467'655	581'860	708'227	649'154
Oldsmobile	396'757	643'460	1'164'868	418'905
Buick	552'827	781'296	1'001'105	406'090
Cadillac	110'535	153'334	326'548	252'456
Saturn	–	–	–	4245
General Motors	3'542'932	4'383'291	4'826'592	2'653'417
			–	
Ford*	1'532'920	2'138'421	1'095'853	933'466
Mercury	334'081	434'911	374'191	221'436
Lincoln	35'485	39'995	163'081	222'449
Continental	–	1231	–	–
Ford Motor Company	1'902'486	2'614'558	1'633'125	1'377'351
Plymouth*	569'871	742'991	369'671	212'354
Dodge*	454'418	408'656	482'488	361'769
De Soto	126'664	129'767	–	–
Chrysler	164'697	162'312	416'123	148'759
Imperial	–	13'727	–	–
Chrysler Corporation	1'315'650	1'457'453	1'268'282	722'882
Studebaker*	318'468	131'670	–	–
Packard	72'098	69'667	–	–
Studebaker/Packard	–	201'346	–	–
Nash	189'543	51'315	–	–
Hudson	143'006	26'623	–	–
Rambler		83'852	–	–
American Motors		161'790	–	–
Renault by AMC			115'885	
Kaiser	136'694	1'021	–	–
Frazer	10'217		–	–
Kaiser/Frazer	146'911	1'021	–	–
Willys*	86'958	83'700	–	–
Crosley*	8'121		–	–
Ford Probe (Mazda)	–	–	–	109'000
(Chevrolet) Geo	–	–	58'139	101'723
Eagle (mit Mitsubishi)	–	–	–	42'521
Plymouth Laser (Mits.)	–	–	–	41'990
Zimmer	–	–	251	**
Avanti	–	–	100	**
Excalibur			100	**
Diverse (Nfz.)	276'260	284'758		
Diverse (inkl.**)			350	500
USA /*inkl. Nfz.	8'002'433	9'187'917		
USA ohne Nfz.	6'665'863	7'920'188		
USA - 3 Grosskonzerne	6'761'068	8'455'302	7'727'999	4'753'650
USA inkl. Transplants			8'189'752	6'069'431
Kanada (nur Pkw)	284'076	375'028	1'067'820	931'167
Zum Vergleich:				
Deutschland (Pkw)	219'409	762'205	4'116'058	4'239'356
Japan (Pkw)	1'594	20'268	8'098'434	10'213'113
Pkw-Prod. weltweit	ca. 8'075'000	11'000'000	32'392'587	35'405'868
Anteil USA	82,5 %	72,0 %	25,3 %	17,1 %

USA-Pkw-Produktion 1950–1990

Transplants = Produktionswerke japanischer Hersteller. Die höchsten Produktionszahlen erreichte die Pkw-Herstellung in den USA 1973 mit 9,668 Mio. und 1965 mit 9,335 Mio. Einheiten.

US-Pkw – Standard-size Top-Sedan im Vergleich

Radstand/Länge, cm	1950	1960	1970	1980	1990	2020
Chevrolet	292 / 502	302 / 535	303 / 549	295 / 539	295 / 540	284 / 511
Ford	290 / 500	302 / 543	308 / 544	291 / 531	290 / 536	285 / 487
Chrysler	319/541	320 / 557	315 /571	301 /563	278 / 516	305 / 504
Hubraum / PS maximal						
Chevrolet	3547* / 94	5692 / 340	7443 / 395	5001 / 157	5733 / 198	3564* / 309
Ford	3917 / 101	5766 / 304	7033 / 365	5766 / 142	4942 / 162	1999***/248
Chrysler	5299**/ 136	6769 / 355	7206 / 380	5898 / 132	3301* / 152	3604* / 300

*) 6 Zylinder statt V8 · **) 8-Zyl. in Reihe · ***) 4-Zyl.-Turbo

USA-Pkw – Standard-size Top-Sedan

Zwar wurden mit Compact- und Subcompact-Modellreihen zunehmend kleinere Alternativen zu den in Standardgröße gehaltenen Traditionsmodellen geschaffen, aber auch diese wurden graduell verkleinert. Parallel dazu reduzierte sich die Hubraum- und Leistungsgröße.

Straßenverkehr in New York City in den 1950er Jahren. Einheimische Wagen dominierten, Importfahrzeuge spielten keine Rolle.

Einige führende Köpfe in der US-Autoindustrie

Lee Iacocca (1924–2019), Chrysler

Henry Ford II (1917–1987)

Thomas H. Keating (1895–1983), Chevrolet, 1953

Raymond Loewy (1893–1986), Designer, u.a. Studebaker

(RaymondLoewy.com)

Virgil Exner (1909–1973), Designer, u.a. Chrysler

Henry J. Kaiser (1882–1967), Joseph W. Frazer (1892–1971)

Preston Tucker (1903–1956)

Carroll Shelby (1923–2012)

Robert »Bob« Lutz (* 1932), General Motors

AMERIKAS GROSSE UND KLEINE PKW-MARKEN

a

AMC

Im Jahr 1954 war der Zusammenschluss der traditionellen US-Marken → Nash (gegründet 1917) und → Hudson (seit 1909) zur American Motors Corporation erfolgt. Doch die beiden Automarken bestanden weiter, genauso, wie die drei führenden Autokonzerne der USA, General Motors, Ford Motor Co. und Chrysler Corporation, ihre Modelle in diverse Marken unterteilt verkauften. Es gab übrigens Kräfte, die auch zwei weitere unabhängige Automarken der USA, Studebaker und Packard, unter das Dach von American Motors führen wollten. Doch es entstand kein vierter Großkonzern...

Mit dem Zusammenschluss von Nash und Hudson wurde Rambler als das meistverkaufte Modell zum Basismodell beider Marken, doch mit dem Modelljahr 1956 avancierte → Rambler zur eigenen Marke.

Ambassador Ab 1958 wurde die traditionsreiche Marke Nash aufgegeben... und durch den Ambassador als Markenname ersetzt. Dieser trat gleichzeitig das Erbe von Hudson an. Um nicht ein weiteres neues Markenkapitel zu beginnen – wie dies schon mit dem Rambler der Fall war – wird die Ambassador-Geschichte hier als Nash-Fortsetzung weitergeführt: Der erste nicht mehr als Nash bezeichnete Ambassador des Modelljahrs 1958 besaß eine umstilisierte Rambler-Karosserie mit spitz auslaufenden hinteren Radhäusern und nebeneinander angeordneten Doppelscheinwerfern. Neu stand eine Hinterrad-Luftfederung im Angebot.

AMC-Einheitsmarke Rambler Für 1959 erfuhr die AMC-Marke Ambassador nicht nur einige Dekorationsänderungen, sondern sie figurierte nun als Topmodell der AMC-Einheitsmarke Rambler... womit auf den Schlussabschnitt des Kapitels → Rambler hingewiesen werden kann.

(AMC) Ambassador DPL, 1966

AMC in den 60er Jahren

Zur Erinnerung: Die American Motors Corporation war 1954 aus dem Zusammenschluss der Traditionsmarken → Nash und → Hudson entstanden. 1956 wurde die Basismarke → Rambler eingeführt. 1958 wurde anderseits das Modell Ambassador von Rambler abgezweigt zur Konzern-Spitzenmarke aufgewertet. Dies galt jedoch nur bis 1962. Doch im Herbst 1965 entschloss sich American Motors erneut, den Ambassador ab Modelljahr 1966 als eigene Marke zu positionieren. Gleichzeitig wurde auch das im Frühjahr 1965 lancierte sportliche Fließheckcoupé Marlin von Rambler »abgehalftert« und zur eigenen Marke ernannt. Eine weitere Aufsplitterung in Marken sollte in den nächsten Jahren Schlag auf Schlag erfolgen.

Der Übersicht zuliebe fassen wir alle diese neuen Markennamen hier im Kapitel AMC (American Motors) zusammen. Später wurde übrigens auch vom Hersteller selbst das AM-Signet als Markenoberbegriff akzeptiert. Während Chrysler mit vier und die größeren Ford und General Motors mit je fünf amerikanischen Markennamen operierten, brachte es die vergleichsweise kleine AMC 1970 auf sechs: Ambassador, AMX, Gremlin, Hornet, Javelin und Rebel; vorübergehend gab es zudem den Marlin. *Einzig den Rambler lassen wir in diesem Buch unter eigenem Namen (bis 1968/69) auslaufen (→ Rambler).*

(AMC) Marlin, 1966

Ambassador und Marlin Der Ambassador 1966 als alt-neue AMC-Marke unterschied sich äußerlich vom Rambler Ambassador 1965 durch die an die »zweistöckigen« Scheinwerfer seitlich anschließenden Luftschlitzdekorationen. Es gab ihn mit 3,8-Liter-Sechszylindermotor (sowie selbstnachstellender Kupplung) und verschiedenen V8-Motoren. Diese waren erstmals mit einem 4-Gang-Vollsynchrongetriebe kombinierbar. Daneben standen das 3-Gang-, das 3-Gang-mit-Overdrive- und das Flash-o-Matic-Getriebe zur Verfügung. Neu waren das Faux-Cabriolet DPL, der ebenfalls auf Wunsch lieferbare Geschwindigkeitsregler (»Tempomat«) Cruise Command und die Notblinkanlage. Der wie der Ambassador serienmäßig mit der Frischluft- und Heizanlage Weather Eye ausgerüstete, im Übrigen in ähnlicher Weise aufgewertete Marlin war nicht zuletzt auch an den geänderten Aufschriften erkennbar.
Für das Modelljahr 1967 erfuhr der Radstand des Ambassador eine Verlängerung von 294,6 auf 299,7 cm. Doch nicht nur die Gesamtlänge stieg an, sondern auch in der Breite war ein Zuwachs, und zwar um 10 auf 199 cm, zu verzeichnen. Anstelle der seitlichen Schlitzmotive fanden sich jetzt in die Karosserie verlängerte Stoßstangen-Eckausbuchtungen. Beim Marlin wuchs der Radstand von 284,5 auf 299,7 cm. Der Unterbau des imposanten Fastbackcoupés entsprach somit nicht mehr dem Rambler Classic, sondern dem (seinerseits verlängerten) Ambassador. Wie dieser besaß der Marlin nun übereinander angeordnete Doppelscheinwerfer. Bei beiden Modellen erfolgte die Hinterachsführung jetzt mit vier Längslenkern statt dem traditionellen Schubrohr.

Sinkender Marktanteil *Nach dem Verschwinden der Marke Studebaker war AMC Amerikas kleinster Autohersteller. Aber allen Anstrengungen zum Trotz gelang es nicht mehr, die Produktion auf einem mit Sicherheit rentablen Niveau zu halten. Besonders ab 1967 war es um den Weiterbestand des Unternehmens schlecht bestellt. Daher wurde die AMC-Leitung in jenem Jahr neu besetzt: Das Führungsgremium setzte sich nun aus Roy D. Chapin jr. (Vorsitzender), William von Luneburg (Präsident) und Gerald C. Meyers (Leiter Entwicklung und Herstellung) zusammen. Sie sollten AMC zu neuer Blüte verhelfen und entschieden sich dazu, dieses Ziel unter der Devise »performance« (Leistung) anzupeilen. Zudem entschied das neue Management Konzernbetriebe, die nichts mit Autobau zu tun hatten, abzustoßen, um sich vollumfänglich auf einen einzigen Sektor konzentrieren zu können; so wurde u.a. der Haushaltapparatezweig Kelvinator Appliance Division im Juli 1968 verkauft.*

Rebel und Javelin Bereits zum Modelljahr 1968 wurde aus dem Rambler Rebel der Rebel. Diese neue Marke erkannte man (außer an den geänderten Anschriften) an den jetzt zuvorderst an den Radhäusern wie zuhinterst angebrachten senkrechten seitlichen Markierungsleuchten. Es gab nun auch ein Cabriolet SST. Zu den zusätzlichen Sicherheitsmaßnahmen zählten versenkte Türgriffe. Gänzlich neu konstruiert war ein noch leistungsfähigerer 6,4-Liter-V8, und das 3-Gang-Getriebe war nun vollsynchronisiert. Die gleichen Änderungen fanden sich auch beim Ambassador, der überdies eine serienmäßige Klimaanlage bot.
Der Marlin war hingegen – nach nur drei Jahren Bauzeit und einem Ausstoß von 10'327 Stück 1965, von 4547 Exemplaren 1966 und 2545 im Modelljahr 1967 – aus dem Bauprogramm gestrichen worden. An seine Stelle trat der Javelin (= Speer), ebenfalls ein sportliches, aber weit kleineres Hardtop-Coupé, dessen Fließheck im Gegensatz zum durchgestreckten Marlin-Fastback leicht geschwungen war. Mit dem Javelin zielte AMC in erster Linie auf den ein Jahr zuvor erschienenen Chevrolet Camaro sowie die weiteren zum Verkaufserfolg gekommenen US-Coupés mit langer Motorhaube und kurzem Heck. Gegenüber dem Camaro und dem Ford Mustang bot er einen etwas längeren Radstand und ein Plus an Kofferraum.

(AMC) Javelin, 1968

Wie den Ambassador und den Rebel gab es den Javelin auch in der besonders luxuriösen Version SST, und auf Wunsch war ein Handling-Package (sportliches Fahrwerk) oder ein Go-Package (mit 5,6-Liter-V8) erhältlich. – *Ende 1967 präsentierte AMC den Prototyp eines winzigen, aber wohlgeformten Elektrostadtwagens. Als Energieträger diente in der Amitron genannten Studie eine Kombination von Lithium/Nickelfluorid- und Nickel/Cadmium-Batterien.*

AMX Im Frühjahr 1968 wurde der AMX, der zuvor die Topversion der Baureihe Javelin war, als weitere Eigenmarke präsentiert. Sie gab sich als neue Erscheinung im bunten Bild der amerikanischen Autoproduktion. Ihr Stil glich zwar jenem des Javelin, doch war der neue AMX mit 450 cm (Rambler American: 460 cm) ungewohnt kurz und bloß als Zweisitzer ausgelegt. Als eigentlicher Sportwagen sollte er nicht zuletzt eine Alternative zum → Chevrolet Corvette verkörpern. Gleichzeitig erfüllte AMC-Chefstylist Richard »Dick« Teague mit dem AMX indirekt eine vor Jahren gemachte Prognose, wonach auch die Zukunft dem kompakt gebauten Amerikaner Wagen gehören würde..., trotz der inzwischen bei anderen AMC-Modellen deutlich gewachsenen Gesamtlängen.

Der AMX war ein auf hohe Leistung ausgerichtetes Fastbackcoupé, das mit drei verschiedenen V8-Motoren zu haben war. Es wurde mit 4-Gang-Getrieben oder einer ShiftCommand-Getriebeautomatik ausgerüstet. Wie bei anderen AMC-Modellen waren auch hier vordere Bendix-Scheibenbremsen und eine Twin-Grip-Differentialbremse erhältlich.

Einen AMX hatte AMC als »Sportwagenexperiment« schon Ende 1965 an einem SAE-Kongress vorgestellt. Er nahm die AMX-Serienform weitgehend vorweg, hatte jedoch eine nahtlos mit den (festmontierten) Seitenfenstern verbundene Windschutzscheibe und offene Notsitze im Heck. 1966 waren dann die Stylingexperimente AMX II, Cavalier und Vixen an die Öffentlichkeit gebracht worden, alle mit vorbildlich klaren Karosserielinien und kompakten Abmessungen. Anfang 1967

(AMC) AMX, 1968

folgte der AMX III als hocheleganter fünftüriger Fastback-Kombi. Nicht als Einzelstücke, sondern für geographisch eingegrenzte US-Testmärkte bestimmt waren die fast gleichzeitig erschienenen AM Rambler Rebel Station Wagon Mariner, Briarcliff und Westener.

Der Modelljahrgang 1969 brachte für die Ambassador erneut einen längeren Radstand und ein Anwachsen der Gesamtlänge um 10 auf 524,5 cm. Damit war das AMC-Spitzenmodell beinahe der Intermediate-Klasse entwachsen. Die Karosseriefront war neu gezeichnet und zeigte jetzt wieder parallele Doppelscheinwerfer. Die mit einer breiteren Spur versehenen Radaufhängungen waren modifiziert worden, und zahlreiche Details wiesen auf erhöhte Sicherheit hin. Mit gleichen Fahrwerkverbesserungen wartete der Rebel auf. Die äußeren Scheinwerfer besaßen nun ein separates Rähmchen, die Cabrioletversion wurde gestrichen!

Beim Javelin fanden sich jetzt eine Lufthutze auf der Motorhaube und teils schwarze Radkappen. Auch das 3-Gang-Standardgetriebe hatte nun eine Mittelschaltung. Im AMX gab es neu einen Tourenzähler mit bis 8000/min reichender Skala. Auf Wunsch war ein Go-Package zu haben, das unter anderem verstärkte Federn und Stoßdämpfer umfasste.

(AMC) Ambassador SST, 1969

Im Februar 1969 wurde übrigens der AMX/2, ein Dreamcar mit Mittelmotor und Stummelheck, als Ausstellungsmagnet vorgestellt. *Schon 1968 war im Karosseriewerk Karmann in Rheine, Nordrhein-Westfalen, eine Endemontage des Javelin SST für den deutschen Markt angelaufen; ein größerer Erfolg blieb hier jedoch aus. – Allen Bemühungen zum Trotz sank der AMC-Absatz in den USA 1969 auf noch knapp 240'000 Wagen, was einem Marktanteil von 2,5 % entsprach; 1960 waren es noch 6,4 % gewesen!*

Hornet Als Lösung aus der Krise sah man bei AMC erneut die Lancierung von Kleinwagen. Bereits 1968 war von einem noch kürzeren Modell als dem **AMX,** jedoch als Familienauto konzipiert, die Rede gewesen. Er sollte auf den Ideen jenes 1966 entstandenen Experimentalfahrzeugs namens Cavalier basieren, bei dem möglichst viele identische Karosserieteile verwendet wurden. Im Sommer 1969 wurde dann als Nachfolger des Rambler – aber im Export immer noch als Rambler bezeichnet – der Hornet = Hornisse) angekündigt. Er war wie der Maverick von Ford ein »Subkompakter«, aber bloß 5 cm kürzer als der Rambler. Es gab ihn zwei- und viertürig, und er bestach durch seine schlichte, moderne Form. Wie beim Javelin fielen die verhältnismäßig lange Motorhaube und das kurze Heck auf. Die Technik war durchaus konventionell, wenn man von den Gürtelreifen absieht. Auf Wunsch gab es auch bei diesem kleinen Amerikaner eine Servolenkung mit variierender Untersetzung. Das Modelljahr 1970 brachte bei AMC eine neuausgelegte Vorderradaufhängung und abermals vergrößerte V8-Motoren. Der Ambassador besaß nun längliche Seitenleuchten auf Stoßstangenhöhe. Beim Ambassador wie beim Rebel war das Heck um 5 cm gestreckt worden. Den neuesten Rebel erkannte man zudem an der geänderten Frontgestaltung mit kantigem Kühlergitterrahmen innerhalb der Doppelscheinwerfer. Als sportliches Spitzenmodell gab es den Rebel Machine. Die Javelin hatten eine noch längere Motorhaube mit über die gesamte Wagenbreite reichendem Kühlergitter erhalten. Auch hier fanden sich stärkere Motoren und zusätzliche Sicherheitselemente. Und auf der ebenfalls verlängerten AMX-Motorhaube prangte überdies eine eindrückliche doppelte Lufthutze (die sich auch beim Javelin-Spitzenmodell fand).

Gremlin Anfang 1970 war es so weit: AMC lancierte den in Aussicht gestellten Kleinwagen. Mit 409,5 cm war der Gremlin (= Kobold) nur 6,5 cm länger als der VW-Käfer. Während sein Vorderteil mit der wuchtigen Motorhaube an konventionelle Amerikaner Wagen erinnerte, war das Heck buchstäblich kurzgeschnitten. Mit dem Schrägende und der

(AMC) Hornet SST, 1970

eingebauten Heckklappe gemahnte der Gremlin an europäische Zweckautos, doch war ebendiese Kombination von langen und kurzen Elementen höchst ungewohnt und daher nicht nach jedermanns Geschmack. Die knapp bemessene hintere Sitzbanklehne ließ sich zum Vergrößern des Kofferraums herunterklappen. Die Technik war von herkömmlicher Art und bestand im Wesentlichen aus den bekannten 3,3- und 3,8-Liter-Sechszylindermotoren, die sich mit einem 3-Gang-Getriebe oder dem Getriebeautomaten Shift Command – beide mit Lenkradschaltung – kombinieren ließen.

Zukunftstraum AMX/3 Ende März 1970 überraschte American Motors mit der »Weltpremiere« des AMX/3, einem bulligeleganten Mittelmotorcoupé, von dem eine erste Versuchsserie von 24 Exemplaren geplant war. Das Design war unter Richard »Dick« Teague entstanden, die Herstellung sollte jedoch in Italien erfolgen. Hierzu hatte man sich die Mitarbeit der Firma Autocostruzione SD (= Salvatore Diomante) in Turin gesichert; sie arbeitete mit dem erfahrenen Sportwagenkonstrukteur Giotto Bizzarrini zusammen. Die mit dem 6,4-Liter-Motor direkt verbundene Getriebe/Differential-Einheit stammte von der italienischen Firma OTO Melara. Bereits sprach man von einer Jahresproduktion von 300 AMX/3, doch nach dem Bau von sechs Wagen wurde der Auftrag gestoppt, weil Ford mit dem De Tomaso Pantera eine viel preisgünstigere Konstruktion in petto hatte... Noch 1974 versuchte Bizzarrini die AMX/3-Mittelmotorboliden als Bizzarrini Sciabola (= Säbel) neu zu lancieren!

Immerhin, der zusätzliche Modellaufwand hatte sich gelohnt: 1970 kam AMC in den USA auf einen Marktanteil von 3 %. – Ein Dutzend Jahre später sollten es noch 1,1 % sein, doch da war die Liaison mit Renault bereits auf eine weit engere Basis gestellt ...

AMC, American Motors	Zyl.	cm³	PS	bei 1/min	Gänge	Spitze km/h	Radstand/Länge	ab Jahr	Besonderheiten
Ambassador	6	3799	157	4400	3/3 + S/A	165	295/508	1966	vorher → Rambler
	VB	4706	201	4700	3/3 + S/4/A	175			
		5354	253	4700	3/4/A	180			
			274	4700		185			
	6	3799	147	4300	3/3 + S/A	160	300/515	1967/68	
			157	4400		165			
	V8	47/49	203	4600	3/3 + S/4/A	175			
		5622	238	4400	A	180			
			284	4800	4/A	190			
		6383	319	4600		200		1968	
	6	3799	157	4400	3/A	165	310/526	1969	
	V8	4749	203	4600	A	180			
		5622	238	4400		185			
			284	4800		190			
		6383	319	4600		200			
	6	3799	157	4400	3/A	170	310/529	1970	
	V8	4979	213	4400	A	185			
		5896	248	4400		195			
			294	4800		200			
		6383	330	5000		210			
Marlin	6	3799	147	4300	3/3 + S/A	160	284/496	1966	1965 → Rambler
			157	4400		165			
	V8	4706	201	4700	3/3 + S/4/A	180			
		5354	253	4700	3/4/A	185			
			274	4700		190			
	6	3799	147	4300	3/3 + S/A	160	300/512	1967	
			157	4400		165			
	V8	4749	203	4600	3/3 + S/4/A	180			
		5622	238	4400	A	185			
			284	4800	4/A	190			
Rebel	6	3799	147	4300	3/3 + S/A	165	290/501	1968/69	vorher → Rambler
			157	4400		170			1969: 3/A
	V8	4749	203	4600	3/4/A	185			1969: A
		5622	238	4400	A	190			
			284	4800	A/A	200			1969: A
		6383	319	4600		210		1968	
	6	3799	147	4300	3/A	165	290/506	1970	
			157	4400	A	170			
	V8	4979	213	4400		185			
		5896	248	4400		195			
			294	4800		200			
		6383	330	5000		210			
			345	5100	4/A	215			
Javelin	6	3799	147	4300	3/A	170	277/481	1968/69	
	V8	4749	203	4600	3/4/A	180			
			228	4700	4	190			
		5622	284	4800	4/A	200			
		6383	319	4600		210			
	6	3799	147	4300	3/A	170	277/485	1970	
	V8	4979	213	4400		185			
		5896	248	4400	A	190			
			294	4800	4/A	200			
		6383	330	5000		210			
AMX	V8	4749	228	4700	4/A	200	247/450	1968/69	
		5622	284	4800		210			
		6383	319	4600					
		5896	294	4800		210	247/455	1970	
		6383	330	5000		220			
Hornet	6	3257	130	4400	3/A	160	275/456	1970	Rambler-Nachfolger
		3799	147	4300		170			
			157	4400	A				
	V8	4979	213	4400		185			
Gremlin	6	3257	130	4000	3/A	160	244/410	1970	
		3799	147	4300	A	170			
AMX/3 (Projekt)	V8	6383	345	5100	4	269+	268/446	1970	Mittelmotor

AMC in den 70er Jahren

Zwar hatte die American Motors Corporation Mitte der 60er Jahre begonnen, die Modellreihen ihrer »Alleinmarke« Rambler in Marken aufzuteilen. Hier sind sie aber der besseren Übersicht zu Liebe weiterhin unter AMC zusammengefasst. Ohnehin wurde später wieder das AM-Markensignet als Oberbegriff positioniert. Zur Erinnerung: American Motors war 1954 aus dem Zusammenschluss von Nash und Hudson hervorgegangen. 1971 war AMC hinter General Motors, der Ford Motor Co. und der Chrysler Corporation der vierte – und weitaus kleinste – Autokonzern der USA. Auch → Jeep zählte seit Anfang 1970 zu AMC. Für das Geschäftsjahr 1970 (per 30. September) musste AMC einen Verlust hinnehmen (ein Jahr später resultierte allerdings wieder ein kleiner Gewinn).

Winzling Gremlin 1971 wurden noch die fünf AM-Marken Ambassador, Gremlin, Hornet, Javelin und Matador geführt. Den Rambler gab es nur noch in Argentinien! Der Gremlin war der mit 409,5 cm nur 6,5 cm länger als der VW »Beetle« (Käfer), gegen den er in erster Linie gerichtet war. Er war damit der kleinste in den USA gebaute Pkw. Doch seine eigenwillige Form mit abgeschnittenem Schrägheck vermochte die Amerikaner kaum dazu zu verleiten, dem traditionellen Stufenheck den Rücken zu kehren. Zum Modelljahr 1971 wurde der Hubraum des sowohl als Zwei- wie auch als Viersitzer aufgelegte Gremlin von 3,3 auf 3,8 erhöht, zudem wurde eine 4,2-L-Version dieses Sechszylinders erhältlich.

Hornet und Matador Die Marke Hornet hatte im Sommer 1969 die Rambler abgelöst; der Name Rambler wurde noch für den Export beibehalten. Den subkompakten Hornet gab es zwei- und viertürig und neu als Station Wagon Sportabout. Die zweitürige Topausführung SC/360 besaß einen 5,9-L-V8 mit 248 oder 289 SAE-PS. – Die mittelgroße Marke Matador war zum Modelljahr 1971 in Nachfolge des Rebel herausgebracht worden. Sie wurde als Sedan, Hardtop-Coupé (SST) und Station Wagon gebaut. Die hintere Starrachse war mit Schraubenfedern kombiniert, und die Motorauswahl reichte bis zum 6,6-L-V8. Auch er war mit 4-Gang-Getriebe zu haben. Die mit Machine bezeichneten topmotorisierten Sportversionen wurden serienmäßig mit größeren Rädern und innenbelüfteten vorderen Scheibenbremsen ausgestattet.

Ambassador und Javelin Der erstmals 1959 und dann ab 1966 als eigene Marke geführte Ambassador blieb das Spitzenfabrikat von American Motors. Es wurde in den Ausrüstungslinien DPL, SST und 1971 erstmals als Brougham geführt; die beiden letzteren außer als Sedan auch als Hardtop-Coupé und Station Wagon. Die Ambassador besaßen hinten wie vorne Schraubenfedern, doch vordere Scheibenbremsen waren nur bei den V8-Versionen auf

(AMC) Gremlin, 1971

(AMC) Ambassador Brougham, 1971

Wunsch zu haben (auch Bremshilfe und Servolenkung waren trotz des hohen Fahrzeuggewichts noch nicht in der Grundausrüstung enthalten).

Der Javelin war American Motors im Herbst 1967 gegebene Antwort auf den → Ford Mustang, den Chevrolet Camaro usw. Mit dem Jahrgang 1971 trat er mit ganz neu gezeichneter Karosserie an. Auffallend war die Ausbuchtung der Gürtellinie auch über den Vorderrädern. Radstand und Außenmaße des Fastback-Hardtop-Coupés waren leicht vergrößert worden. Nebst dem Grundmodell und der Version SST gab es neu den Javelin AMX.

Die hintere Starrachse des Javelin war noch an Halbelliptikfedern abgestützt. Das 4-Gang-Getriebe besaß eine Stockschaltung, doch wurde auch der Automatikwählhebel auf Wunsch auf der Mittelkonsole platziert (wie teils bei anderen AMC-Marken, bei denen mitunter auch eine 3-Gang-Stockschaltung augeboten wurde). Die V8-Javelin gab es auf Wunsch mit vorderen Scheibenbremsen samt Bremshilfe.

Technische Fortschritte 1972 wurden bei allen Modellen vordere Scheibenbremsen lieferbar. Es kam ein neuer, wartungsfreier Getriebeautomat mit der Bezeichnung Torque Command zum Einbau. Alle Motoren waren nun auf bleifreies 91-Oktan-Benzin ausgelegt. Die Leistungsangaben erfolgten neu in den DIN-nahen Netto-PS-Werten (1 HP = 1,0139 DIN-PS).

Auch den Gremlin gab es nun mit einem V8-Motor (5 L); ein X-Paket umfasste vordere Einzelsitze und Rallyezier. Der Hornet zeigte ein feinmaschigeres Kühlergitter; der SC/360 war gestrichen worden, doch wurde ein X-Paket angeboten; es gab ein Lenkrad mit verstellbarer Neigung und ein Faltdach. Der Kombi Sportabout war in der Luxusausstattung Gucci zu haben. Den Matador 1972 erkannte man am neuen Kühlergitter mit horizontalen Stäben, und auch beim Ambassador fanden sich leicht geänderte »Gesichtszüge« und größere Schlussleuchten. Im Kühlergrill des Javelin prangte eine Vielzahl von kleinen Rechtecken, und auch dieses Modell hatte technische Verfeinerungen erfahren.

Hatchback 1973 kam als wichtigste AMC-Neuheit der Hornet Hatchback (allgemeine Bezeichnung für zweitürig mit Heckklappe und umklappbarem Hintersitz) hinzu. Wegen der vorgeschriebenen energieabsorbierenden Stoßstangen nahm die Länge deutlich zu, so beim Gremlin um 12 cm, beim Hornet um 16,5 cm (beim Matador jedoch nur um 5 cm). Gremlin: 3-Gang nun mit Stockschaltung (und auch

(AMC) Javelin AMX, 1971

(AMC) Hornet Hatchback, 1973

(AMC) Matador X, 1974

Automat auf Wunsch mit Mittelschaltung), Modell Levi's mit Modeausstattung im Stil der Blue Jeans, Stahlplanken in den Türen (ab Januar 1973). Hornet: Kühlergrill mit einem die Scheinwerfer mitumfassenden Rahmen, ebenfalls Wählhebel in der Mitte. Javelin/AMX: neues feinmaschiges Kühlergitter mit eingesetzten Blinkleuchten, neue Dachlinie (AMX mit Übergang in Spoiler), Türverstärkungen. Matador: neuer Kühlergrill und Stoßstangen mit Gummipuffern. Kombi auf Wunsch mit Similiholzbeplankung. Ambassador: neues Kühlergitter (Stoßstange vorne mit Gummieinfassung in der Mittelpartie), aufgewertete Serienausrüstung mit Servolenkung, Klimaanlage, getönte Scheiben, von innen verstellbarer Außenspiegel, Scheibenwischer mit Intervallschalter, Reifen mit weißem Seitenring. Wie andere Hersteller führte auch AMC für die größeren Motoren ein EGR-Ventil (Exhaust Gas Recirculator ein = Rückführung bis zu 12 % der Abgase in die Ansaugleitungen und damit Reduktion um 50 % des Stickoxidausstoßes).

Matador Coupé Dieses wurde mit dem Modelljahr 1974 präsentiert und gefiel durch seine langgestreckte Fastbackform mit nach oben auslaufendem hinterem Seitenfenster und eigener Front mit leicht vorstehenden Scheinwerferverschalungen. Es gab dieses Coupé in den Versionen Standard, S und Brougham; sein Radstand war um 10 auf 290 cm verkürzt. 1974 brachten neue, teils abstehende Stoßstangen einen Längenzuwachs um 12 cm (Gremlin) bzw. 18 cm (Matador und Ambassador, dies auch wegen neuer, nach vorne auskragender Kühlerfront); die Hornet-Modelle erhielten eine tiefer angeordnete Heckstoßstange (bei allen AMC-Marken nun ebenfalls energieabsorbierend); Javelin und AMX brillierten mit serienmäßigen vorderen Scheibenbremsen. *Weil AMC auf kleinere Modelle spezialisiert war, wurde diese viertgrößte amerikanische Herstellergruppe von den Folgen der Erdölkrise und Benzinverknappung weniger betroffen als etwa General Motors.* Mit dem Jahrgang 1975 wurden der große Ambassador und der sportliche Javelin aus dem Produktionsprogramm gestrichen. Wie die Fahrzeuge der anderen US-Konzerne wurden 1975 die meisten AMC-Modelle mit einem Katalysator ausgerüstet (sowie alle mit elektronischer Zündung; für Kalifornien bestimmte V8 mit zwei Katalysatoren).

Neu war die Einführung eines Overdrive Laycock-de-Normanville für die Sechszylindermodelle Gremlin und Hornet; mit ihm wurde eine Verbrauchsverminderung um bis 20 % in Aussicht gestellt. Der 6,6-L-V8 wurde nur noch für die → Jeep hergestellt. Der Hornet erhielt ein in sechs vertikale Felder unterteiltes Kühlergesicht, und auch die Matador-Front zeigte sich leicht verändert; beide erhielten eine aufgewertete Ausstattung.

Pacer Im Januar 1975 erfolgte die Vorstellung eines hochoriginellen zusätzlichen »Subcompacts«: In Sachen Design war der Pacer in Übersetzung seines Namens ein echter Schrittmacher (auch er galt als eine selbständige Marke der American Motors Corporation). Seine Front mit den in Quadraten versenkten Rundscheinwerfern wirkte spaßig, der Pavillonteil mit dem kurzen verglasten Schrägheck aber war hinsichtlich Konzept verblüffend neuartig: Auf 254 cm Radstand und bei 436 cm Länge (Gremlin: 244/432,5 cm), aber 195,5 cm Breite (Gemlin: 179,5 cm) wurde ein besonders gut nutzbarer Innenraum geboten.

(AMC) Pacer D/L, 1977

Für bequeme Zugänglichkeit auch zu den Hintersitzen sorgte rechts eine Seitentüre, die um 10 cm länger war als jene links. Diese Türen waren überdies stark bombiert bis ins Dach hinein ausgeschnitten. Die bis um die Ecken greifenden hinteren Seitenfenster und die tief verglaste Heckklappe gaben dem Pacer ein lichtes, fast futuristisches Aussehen. Was die Technik anbelangt, wurde kaum Neues geboten: Der 3,8- oder 4,2-L-Sechszylinder war mit einem 3-Gang-Getriebe mit oder ohne Overdrive Laycock Type J oder mit einer 3-Stufen-Automatik Torque Command kombiniert.
Beinahe hätte der Pacer aber auch vom Antrieb her für Aufsehen gesorgt: Ursprünglich wollte man ihn nämlich mit jenem GM-Wankelmotor dotieren, der bereits für den → Chevrolet Vega in Entwicklung stand. Der konventionelle »Reihensechser« ragte nun leicht ins Cockpit hinein. Vorne fanden sich Trapez-Dreieckquerlenker, hinten eine Starrachse mit Blattfedern (vorne und hinten Hilfsrahmen). Vordere (belüftete) Scheibenbremsen, Bremsservo sowie einen Servo für die Zahnstangenlenkung und ein verstellbares Lenkrad gabs gegen Mehrpreis. Der Aufbau soll hinsichtlich Stabilität die damaligen bereits verschärften Sicherheitsvorschriften klar übertroffen haben. Es gab den Pacer außer in Standardausführung in der luxuriöseren Version D/L und als sportlichen X.
VW im Gespräch *1975 verhandelte AMC mit Volkswagen über die Möglichkeit, den 1,9-L-Motor aus dem Audi 100 in die Gremlin- und Pacer-Modelle 1976 einzubauen. Es war auch von einer späteren Eigenfertigung mit aus Deutschland gelieferten Produktionseinrichtungen die Rede. Hierzu wurde im August 1975 in Richmond, Indiana, eine Fabrik gekauft.*

Die Änderungen an dem Gremlin, Pacer, Hornet und Matador umfassenden Modellprogramm 1976 waren minim: neue Kühlergrills oder Ornamente, elektrisch betätigte Kaltstartvorrichtung für die Sechszylindermotoren, auf Wunsch »lange« Hinterachse bei Automatikgetriebe; beim Gremlin fiel der ab 55 mph (88 km/h) in Rot markierte Tachometer auf, womit auf die neue generelle US-Tempolimite aufmerksam gemacht wurde (er fand sich u. a. auch im Hornet); beim Pacer war die 4,2-L-Motorvariante auf 122 PS verstärkt worden, während das PS-Angebot bei Hornet und Matador gestrafft wurde; neues Topmodell war der Matador Brougham Coupé Barcelona.
Während aber die Verkäufe bei den drei großen amerikanischen Herstellern (GM, Ford und Chrysler) im ersten Halbjahr 1976 um durchschnittlich etwa 50 % anzogen, fielen sie bei AMC um rund 20 % zurück. Vor allem das Hauptmodell, der Pacer, war unerklärlicherweise plötzlich nicht mehr gefragt. Es resultierten riesige Verluste und die Leitung der Firma wurde umstrukturiert.
Pacer Station Als wichtige Neuheit für den Jahrgang 1977 wurde schon Ende August 1976 die dreitürige Kombiversion des Pacer vorgestellt. Er war mit 442 cm 10 cm länger und wirkte ebenso kompakt wie ausgewogen; bei umgeklappter Fondbank standen 1,4 m3 Laderaum zur Verfügung. Es gab ihn in einer Luxusausführung mit imitierter Holzbeplankung an der unteren Flankenhälfte.
Der Gremlin erhielt eine neue kürzere Front mit Karomuster, womit er nur noch 423 statt 430,5 cm lang war; das als Zugang zum Kofferraum dienende Heckfenster war vergrößert worden. Der 5-L-V8 war im Gremlin nicht mehr zu haben, dafür ein 4,2-L-Six mit Carter-Doppelvergaser und

(AMC) Pacer Wagon, 1978

etwa gleicher Leistung. Etwas später kam der OHC-Vierzylinder von Audi (VW-Konzern!) hinzu, der mit Solex-Doppelvergaser und bei einer Verdichtung von 8,1:1 auf 81 PS kam. Der zwei Jahre zuvor bei Gremlin und Hornet wahlweise eingeführte Laycock-Schnellgang zum 3-Gang-Getriebe wich einem auf Wunsch lieferbaren 4-Gang-Getriebe.
Auf der Basis der Hornet Hatchback wurde der Name AMX wieder eingeführt, er hob sich durch sportliches Beiwerk ab, so u. a. durch einen Frontspoiler, Radausschnittverbreiterungen und eine Heckscheibenjalousie; den Matador gab es serienmäßig mit Automatikgetriebe sowie Servolenkung und -bremsen, außerdem als Barcelona II, die stärkste Motorvariante war gestrichen worden.
Am 1. Juni 1977 wurde neben dem Aufsichtsratsvorsitzenden Roy D. Chapin Jr. neu Gerald C. Meyers als Präsident von AMC eingesetzt (er hatte u. a. einst bei Chrysler International in Genf gearbeitet). Er sollte den letzten international noch nicht verflochtenen Autohersteller Amerikas wieder auf Vordermann bringen. Mit sechs AMC-Concept-Prototypen ging die AMC-Führung auf eine PR-Tournee in sieben Städten der USA.
Concord: Er ersetzte zum Modelljahr 1978 den Hornet, brachte aber nur ein aufgefrischtes äußeres und inneres Erscheinungsbild; die Überhänge waren um zusammen 6,5 cm verkürzt worden. Es gab ihn als zwei- und viertürige Limousine, als dreitüriges Coupé und fünftürigen Kombi. Vom Hatchback-Coupé abgeleitet gab es weiterhin, nun unter der Modellreihe Concord, den AMX; in seinem dem Gremlin-Design angenäherten Kühlergrill prangten Zusatzlampen.
1978 erhielt der Pacer einen neuen Kühlergrill mit erhöhtem Mittelteil, und er war nun auch mit dem 5-L-V8 erhältlich. Für den Matador wurde diese Motorgröße hingegen gestrichen, auch der Matador Sedan war jetzt in der zweifarbigen Luxusausführung Barcelona erhältlich. Gegen Ende 1977 wurde zudem der Concord ebenfalls mit dem 2-L-Motor aus Deutschland angeboten.
Kurz vor dem Jahreswechsel konnte die AMC-Führung wieder einen Quartalsgewinn melden. Dennoch gab Meyers Anfang 1978 die Suche nach einem Fusionspartner bekannt und ebenso verlautete, dass AMC ab Modelljahr 1980 kleine Vierzylindermotoren von General Motors statt vom VW-Konzern beziehen werde.
Ende März 1978 gaben AMC und Renault überraschend den Abschluss eines Vorvertrages bekannt, der zunächst eine Koordination des Verkaufsnetzes in den USA und in Kanada vorsah. Auch die Montage eines Renault-Modells in einem AMC-Werk und der Jeep-Vertrieb durch Renault auf bestimmten Exportmärkten wurden bereits geplant. Nachdem der Absatz des Matador auf rund 2000/Monat geschrumpft war und hohe Verluste brachte, wurde seine Produktionseinstellung zum Ende des Modelljahrs 1978 beschlossen.
Spirit statt Gremlin Im August 1978 wurde der Gremlin durch den Spirit abgelöst. Nach dem Erscheinen des viel moderneren Pacer hatte die Gremlin-Nachfrage stark nachgelassen. Immerhin wurden von 1970 bis 1978 rund 671'500 Gremlin hergestellt. Den Spirit gab es außer mit dem Steilheck auch als 4 cm längeres Coupé Liftback (Fließheck mit Klappe); dieses war zudem in der aufgewerteten Version AMX zu haben, während der Spirit Sedan (dreitürig) auch als D/L und Limited (mit Farbstreifen) ins Angebot kam.

1979 gab es auch den Pacer und den Concord (neu mit rechteckigen Doppelscheinwerfern) als Limited. Alle AMC wiesen nun Leichtmetall-Stoßstangen und ein platzsparendes Ersatzrad auf; erhältlich waren auch ein anheb- und herausnehmbares Dach, eine Zentralverriegelung und eine sportliche AMX-Aufhängung; zusammen mit dem 5-L-V8 gab es den Lock-up-Wandler (starre Verbindung überbrückte den Drehmomentwandler des Automatikgetriebes).

Deal mit Renault Anfang 1979 wurde das Abkommen mit Renault konkret: Demnach sollte der Le Car, wie der Renault 5 drüben hieß, in den USA und Kanada über das AMC-Händlernetz vertrieben werden. Im zweiten Halbjahr 1980 sollte der Renault 18 hinzukommen. Zudem war vorgesehen, ein eigens für den nordamerikanischen Markt geeignetes Renault-Modell zu schaffen. Renault sollte sich anderseits in südamerikanischen Ländern (und später teils in Europa) um den Vertrieb der Jeep-Modelle kümmern. Kurz darauf gab AMC bekannt, auch das Werk in Kenosha, Wisconsin, in die Jeep-Produktion einzubeziehen.

Zum 25-Jahr-Jubiläum brachte AMC am 1. Mai 1979 einen Concord DL Sedan in Silberlack und mit spezieller Ornamentik heraus.

Eagle Mit dem im August 1979 präsentierten Eagle eröffnete AMC ein neues Marktsegment, das eigentlich erst in den 90er Jahren und nach dem Jahrhundertwechsel so richtig zum Tragen kommen sollte! Die Karosserien des Eagle – viertüriger Sedan (neu mit drittem Seitenfenster), Coupé mit Opera Window und Station Wagon mit Schrägheck – waren von den Concord-Modellen abgeleitet, doch unterschieden

(AMC) Spirit Limited Sedan, 1979

(AMC) Eagle Sedan, 1980

sie sich durch die auffällig hohe Bodenfreiheit (18–20 cm) und den permanenten Vierradantrieb Quadra-Trac! Das Verteilergetriebe ging auf die im Jensen FF als Pionierleistung bekannt gewordene Konstruktion zurück. Der Eagle Station Wagon war (wie schon der Jeep Wagoneer) ein echtes SUV!

Die FF-Rechte (Ferguson Formula) standen inzwischen im Besitz der englischen GKN Ltd, die Chrysler für Nordamerika die Herstelllizenz überlassen hatte. AMC bezog diesen Teil der Eagle-Kraftübertragung somit von Chrysler. Es wurde am Automatikgetriebe angeflanscht. Die Kraftverteilung wurde von einer Flüssigkeitskupplung zwischen Vorder- und Hinterachse übernommen; es gab kein Reduktionsgetriebe. Der Eagle wurde mit dem 4,2-L-Sechszylindermotor ausgestattet und war auch in der Luxusversion Limited erhältlich. Neben einem Niveauausgleich für die Hinterachse gab es auf der Mehrpreisliste für Coupé und Kombi auch ein Sportpaket.

Mit Pontiac Zum Modelljahr 1980 erhielten der Spirit und der Concord als neuen Basisantrieb statt der 2-L-Maschine aus dem VW-Konzern das 2,5-L-Aggregat von → Pontiac; der V8-Motor wurde für alle AMC-Modelle (außer Jeep) gestrichen.

Mitte Oktober 1979 wurde zwischen AMC und Renault ein Vertrag abgeschlossen, wonach Renault schrittweise 22,5 % des AMC-Kapitals übernahm und in den Kenosha-Werkanlagen ein Renault-Modell zu bauen war. Für 1979 vermochte AMC eine Umsatzsteigerung und einen deutlich erhöhten Reingewinn auszuweisen. Doch 1980 sackte Amerikas vierter Autohersteller tief in die roten Zahlen ab und Renault musste noch tiefer in die Tasche greifen.

AMC	Zyl.	cm³	PS	bei 1/min	Gänge	Spitze km/h	Radstand/Länge	ab Jahr	Besonderheiten
Gremlin	6	3800	137*	4000	3/A3		244/410°	1971	
			101	3600				1972-74	
		4235	152*	3800				1971	
			112	3500				1972-74	
	V8	4980	152	4200					
°) 1973: 244/421; 1974: 244/433									
	6	3800	101°/91	36/31	3/OD/A3		244/433	1975*/76	
		4235	112°/96	35/31					
	V8	4980	152°/122	42/32	3/A3				
	4	1984	81	5000	4/A3		244/423	1977/78	
	6	3800	89/87	3400	3/4/A3			1977	
			91					1978	
		4235	116-94	36/32	4/A3				
			101/122						
Spirit	4	1984	81	5000	4/A3		244/424*	1979	
		2471	86	4400				1980	
	6	3800	91	3400	3/4/A3			1979	
		4235	112/101	32/34	4/A3			1979/80	
	V8	4980	127	3200				1979	
°) Coupé /AMX: 244/428									
Pacer	6	3800	101°/91	3600	3/OD/A3		254/436	1975°/76	
			89/87	3400			254/432°	1977	
		4235	112	3500				1975	
			96/122	31/34			254/432	1976	
			116/110	3600			254/432°	1977	
°) Station Wagon: 254/444									
		3800	91	3400	3/4/A3		254/437°	1978	
		4235	122/101	36/34	4/A3				
			112/101	32/34				1979	
	V8	4980	132°/1273200					1978°/79	
°) Station Wagon: 254/450									
	6	4235	112/101	32/34			254/442°	1980	
°) Station Wagon: 254/454									
AMX/3	V8	6383	345*	5100	4		268/446	1971	
Hornet	6	3800	137*	4000	3/A3		275/456°	1971	
			101	3600				1972-75	
		4235	152*	3800				1971	
			112	3500				1972-75	
	V8	4980	213*	4400				1971	
			152	4200				1972-75	
		5896	248/289*	44/48	3/A3/4			1971	
			177	4000	A3			1972-75	
°) 1973: 275/470; 1974: 275/475									
	6	3800	101°/91	36/31	3/OD/A3		275/475	1975°/76	
		4235	112°/96	35/31					
	V8	4980	152°/122	42/32	3/A3				
	6	3800	89/87	3400	3/4/A3		275/473	1977	
		4235	116/110	3600	4/A3				
		4980	123	3450	A3				
Concord	4	1984	81	5000	4/A3		275/466°	1978/79	
		2471	86	4400				1980	
	6	3800	91	3400	3/4/A3			1978/79	
		4235	101/122	34/36	4/A3			1978	
			112/101	32/34				1979/80	
		4980	132°/127	3200	A3			1978°/79	
°) 1979: 275/472									
Eagle	6	4235	112/101	32/34	A3		278/474	1980	

AMC	Zyl.	cm³	PS	bei 1/min	Gänge	Spitze km/h	Radstand/Länge	ab Jahr	Besonderheiten
Javelin	6	3800	137*	4000	3/A3		280/487°	1971	
			101	3600				1972-74	
		4235	152*	3800				1971	
			112	3500				1972-74	
	V8	4980	213*	4400				1971	
			152	4200				1972-74	
		5896	248/289*	44/48	3/A3/4			1971	
			177/198	40/44	A3/4			1972	
			177/223					1973/74	
		6572	335*	5000	4/A3			1971	
			259	4600				1972/73	
			238					1974	
°) 1973: 280/489; 1974: 280/496									
Matador	6	3800	137°	40/36	3/A3		300/524°	1971	
			101	3600				1972-75	
		4235	152*	38/35				1971	
			112	3500				1972-75	
	V8	4980	213*/152	44/42					
		5896	248/289*	44/48	A3/4			1971	
			177-223	40/44				1972-75	
		6572	335*	50/46	4/A3		1971		
			259	4600				1972/73	
			238		A3/4			1974/75	
	6	4235	96	3050	3/A3			1976	
	V8	4980	122	3200					
		5896	142/183	32/36	A3/4				
°) Station Wagon: 300/521; 1973: 300/530 bzw. 300/528									
°) 1974-76: 300/549, Coupé 290/540; 1975/76 Coupé: 290/532									
	6	4235	99	3200			300/549°	1977	
	V8	4980	128	3600					
		5896	131/140	37/36					
°) Coupé: 290/534, Station Wagon: 300/552									
	6	4235	122	3600			300/555°	1978	
	V8	5896	142	3350					
°) Coupé: 290/534, Station Wagon: 300/557									
Ambassador Six	6	4235	152*	3800	A3/4		310/537°	1971	
V8 5 L	V8	4980	213*	4400					
			152	4200				1972-74	
V8 5.9 L		5896	248/289*	44/48				1971	
			177	4000				1972-74	
			198/223	4400					
V8 6.6		6572	335*	5000				1971	
			259	4600				1972/73	
			238					1974	
°) Station Wagon: 310/533; 1973: 310/541 bzw. 310/539									
1974: 310/557 bzw. 310/556									

AMC in den 80er Jahren

Der 1979 zwischen AMC und Renault vereinbarte Kooperationsvertrag begann sich zu Beginn der 80er Jahre auszuwirken: Nachdem die hochoriginelle Pacer-Reihe schon vor der Sommerpause ausgelaufen war, wurde ab Modelljahr 1981 eine mit Benzineinspritzung L-Jetronic von Bosch dotierte Version des Renault 18 über das AMC-Händlernetz vertrieben. Hinzu kam der bereits 1979 eingeführte Le Car, eine ebenfalls stärker abgasentgiftete Version des Renault 5, der für die USA ein wahrer Winzling war.

Doch 1980 war die seit langem an Schwindsucht leidende American Motors erneut tief in die roten Zahlen gesunken. Der Absatz vor allem auch der Jeep-Modelle war um rund einen Drittel zurückgegangen. Um die bereits vorgenommenen Investitionen zu retten, war Renault bereit, gut 200 Millionen Dollar in AMC zu pumpen und seinen Kapitalanteil auf 46,4 Prozent zu steigern. Nur so konnte AMC die Weiterexistenz gesichert werden.

Spirit Basismodell blieb 1981 der Spirit, der 1979 lancierte Nachfolger des ulkig geformten Gremlin. Den Spirit gab es als kompakten dreitürigen Sedan mit Schrägheck – eine in

AMC Spirit DL Liftback, 1981

den USA ganz ungebräuchliche Karosserieform – und als Coupé Liftback, beide 4/5-sitzig. In dem mit üblichem Hinterradantrieb versehenen amerikanischen Kleinwagen standen zwei Motoren zur Wahl: wie schon 1980 der 2,5-L-Vierzylinder mit seitlicher Nockenwelle von Pontiac und der konzerneigene 4,2-L-Reihensechszylinder. Dieser OHV-Maschine hatte man eine von 30 auf 21,5 kg abgemagerte Kurbelwelle verpasst und sie in vielen Belangen auch anderweitig modernisiert, so dass sie nur noch 202 statt 243 kg wog.
Statt des 4-Gang-Getriebes war auch die 3-Stufen-Automatik Torque Command zu haben (auf Wunsch mit Wählhebel auf der Mittelkonsole statt unter dem Lenkrad). Vorne umfasste die Aufhängung obere Trapez-Dreieckquerlenker und untere einfache Querlenker mit elastisch gelagerter Zugstrebe, hinten eine Starrachse mit Halbelliptikfedern. Die Kugelkreislauflenkung erhielt auf Wunsch einen Servo mit variierender Untersetzung. Neu war der in vier Felder eingeteilte Kühlergrill.
Concord Der Concord war mit dem Modelljahr 1978 auf den Hornet gefolgt. Er wurde als viertüriger Sedan mit sechs Seitenfenstern, als coupéartiger zweitüriger Sedan und als fünftüriger Station Wagon gebaut. Die gesamte Technik stimmte mit jener des Spirit überein, und natürlich war der vollständig überarbeitete Sechszylindermotor auch in ihm erhältlich.
Eagle Dieses AMC-Modell hatte sich als Eagle Wagon bzw. fünftüriger Kombi auch in Europa einen Kundenkreis erschlossen. Er wurde ausschließlich mit Vierradantrieb gebaut und diesen bekam er von der Schwestermarke → Jeep. Eagle (Adler) hieß aber nicht nur dieser große Kombi, sondern eine ganze Modellserie, deren Karosserien mit jenen der Spirit und Concord identisch waren: Der Eagle Kammback entsprach dem Spirit Sedan, der Liftback bzw. SX/4 dem Spirit Liftback, und analog entsprachen die Eagle Sedan mit zwei oder vier Türen und der Station Wagon den Concord-Modellen. Die optischen Unterschiede bestanden in der weit höheren Bodenfreiheit (bis 20 cm) und den größeren, schwarz umrandet auskragenden Radhausausschnitten. Mit der Bezeichnung Kammback für das schräg abgeschnittene

AMC Eagle Kammback, 1981

Heck wurde übrigens in Amerika des deutschen Aerodynamikforschers Professor Kamm gedacht.
Die Eagle-Motorisierung war mit jener von Spirit und Concord identisch und dies galt auch für die beiden Getriebe. Hinzu kam hingegen der permanente Vierradantrieb System Quadra-Trac. Der Eagle war somit eine Pionierkonstruktion, ein Vorläufer der zwanzig Jahre später so populär gewordenen beschränkt geländetauglichen Pkw-Ableitungen.

Spirit / Concord 1982 Sie wurden mit neuen 4- oder 5-Gang-Getrieben angeboten, während das 3-Stufen-Automatikgetriebe in Verbindung mit dem 4,2-L-Motor länger untersetzt wurde. Zum Spirit gab es ein attraktives GT-Package, das sich durch eine straffere Abstimmung und Spoiler ergänzen ließ.

Eagle 1982 Auch er wurde mit dem neuen 5-Gang-Getriebe erhältlich, außerdem mit dem neuen Select Drive System, das ein Ausschalten des Vorderradantriebs und damit eine weitere Verbrauchsverminderung erlaubte.
Unter dem Namen Alliance, so wurde bereits im Februar 1982 bekannt, sollte später eine amerikanisierte Version des Renault 9 vom Fließband in Kenosha rollen. *Als starker Minderheitsaktionär nahm Renault inzwischen auch verstärkt Einfluss auf das AMC-Management. Dass es AMC finanziell wirklich nicht gerade gut ging, erhellt aus der Bereitschaft der Angestellten (nicht der Arbeiter), die periodisch zugestandenen Gehaltserhöhungen zu stunden und in den folgenden drei Jahren auf je eine Ferienwoche (von drei oder mehr) zu verzichten. Während AMC 1975 in den USA noch einen Marktanteil von 4 Prozent gehalten hatte, waren es 1982 nur noch 1,6 Prozent.*
1983 waren Spirit und Concord nur noch mit dem 4,2-L-Sechszylindermotor lieferbar, der 2,5-L-Vierzylindermotor von Pontiac stand aber noch in den Eagle-Modellen zur Wahl. – *Nebst der Ausgabe neuer Aktien plante AMC im Frühling 1983 den Verkauf der Tochterfirma AM General, die einen Armeeauftrag für die Lieferung von 2343 Mehrzweckfahrzeugen als Nachfolger für den Jeep erhalten hatte.*

Renault Alliance / Encore Nachdem schon im Mai 1983 der 100'000. Alliance verkauft werden konnte, nahm AMC in das Modellprogramm 1984 auch den Encore, eine amerikanisierte Version des neu hinzugekommenen Renault 11, ins Programm auf. So wie der Alliance zwei- und viertürig gebaut wurde, so gab es den Encore drei- und fünftürig.
1984 wurden die auf Hinterradantrieb ausgelegten Modelle Spirit und Concord gestrichen und beim Eagle verschwand das originelle Liftbackcoupé SX/4. Es gab nur noch die vierradgetriebenen Eagle Sedan und Station Wagon.
Deren bislang von Pontiac bezogener 2471-cm³-Motor wurde durch einen eigenen 2465-cm³-Motor ersetzt, der vom hauseigenen 4,2-L-Sechszylinder abgeleitet war und somit ebenfalls eine seitliche Nockenwelle aufwies. Dieses erste von AMC konstruierte Vierzylinderaggregat war mit 9,2:1 vergleichsweise hoch verdichtet. Es besaß doppelte Quetschspalten in den Brennräumen, eine kontaktlose elektronische Zündung und einen Klopfsensor, der es erlaubte, trotz der hohen Kompression das in den USA übliche Normalbenzin zu tanken.

Renault Alliance Convertible Bedeutendste Modellneuheit von AMC war für 1985 die attraktive Cabrioletversion des vom Renault 9 abgeleiteten Alliance. Sie war knapp 420 cm lang und wog mit just einer Tonne 100 kg mehr als die zweitürige Limousine. Zum Glück wurde im Alliance und Encore nun auch der 1,7-L-Motor angeboten; das Cabrio war nur mit diesem 78 PS leistenden Antriebsaggregat erhältlich. – Cabrios amerikanischer Herkunft waren ja inzwischen

AMC Concord, 1981

(AMC) Renault Alliance, 1985

(AMC) Renault Alliance DL Convertible, 1985

weitgehend verschwunden! 1985 wurden die Eagle Sedan und Station Wagon ausschließlich noch mit dem 4,2-L-Sechszylindermotor ausgestattet.

Nachdem der Absatz von Alliance und Encore im ersten Quartal 1985 um 35 Prozent zurückgefallen war (und andere Modelle wurden nicht mehr gebaut), plante AMC 25 Prozent Einsparungen bei den Betriebskosten und Entlassungen von »white collar workers« (= Angestellten).

1986 baute AMC weiterhin die beiden Eagle- sowie die Alliance- und Encore-Modelle. Zudem wurde der aus Frankreich importierte Sportwagon bzw. 18 Break vertrieben. AMC arbeitete an einer neuen mittelgroßen Limousine mit Code X-58 (später als Premier bezeichnet), die als Modell 1988 im kanadischen Brampton vom Band rollen sollte (wo bereits auch der neue → Jeep gebaut wurde).

Renault Medallion Der im Frühling 1986 angekündigte Medallion galt daher als Zwischenlösung, denn er war nichts anderes als die US-Exportversion des Renault 21. Geplant wurde aber bereits auch der Verkauf des hochsportlichen Renault-Alpine-Coupés über das AMC-Händlernetz.

Der Medallion konnte keine Lösung der ungenutzten Produktionskapazität bringen. Dies vermochte erst ein Abkommen, das Mitte 1986 mit Chrysler getroffen wurde und keinen Präzedenzfall hatte: AMC stellte im Werk Kenosha, Wisconsin, im Auftrag alsbald die Modelle → Chrysler Fifth Avenue, Dodge Diplomat und Plymouth Gran Fury her... Inzwischen stimulierte AMC den Verkauf, indem auf Abzahlungsverträge während 24 Monaten 0 Prozent Zins verlangt wurde.

Renault Alliance 1987 Mit diesem Jahrgang wurden die Renault Encore in das Alliance-Programm integriert. Neu kam eine Version GTA hinzu, die sowohl für die zweitürige wie für die Cabrioletversion angeboten wurde; dem Antrieb diente ein 96 PS leistender 2-L-Motor.

Renault Premier Auf der im Februar 1987 durchgeführten Auto Show von Chicago wurde der Premier bereits vorgestellt: Nachdem in den Car-Clinics (Befragungen eingeladener potenzieller Käufer) der Renault 25 als zu modern eingestuft worden war, hatte man sich bei AMC für eine eigenständige Entwicklung entschieden, die nur technisch auf dem Renault 25 basierte, aber klassische Stufenheckform aufwies und auch im Innenraum dem amerikanischen Geschmack Rechnung trug. Für die Formgebung zeichnete Ital-Design, das von Stardesigner Giorgetto Giugiaro in Turin gegründete Studio, verantwortlich.

Mit seiner gestreckten Silhouette und dem beplankten Flankenunterteil gemahnte der Premier in der Seitenansicht ein wenig an die Mercedes-S-Klasse. Der Radstand lag mit 268 cm zwischen jenen der Renault 21 und 25. Doch übertraf er mit 490 cm die beiden französischen Verwandten längenmäßig um 25 cm. Er erhielt auch ein mit rechteckigen Profilen auf den amerikanischen Geschmack zugeschnittenes Armaturenbrett.

Technisch basierte der Premier auf dem Renault 21, den es sowohl mit längs wie mit quer eingebautem Motor gab. Ab der zweiten Jahreshälfte 1987 kam der Premier wahlweise mit 2,45-L-OHV-Vierzylindermotor oder 3-L-OHC-V6 ins Angebot. Während sich der gusseiserne Vierzylinder (mit Zentraleinspritzung, 113 PS) auch schon in den Jeep bewährt hatte, handelte es sich beim V6 (mit Saugrohreinspritzung, 152 PS) um eine vergrößerte PRV-Maschine (gemeinsame Peugeot/Renault/Volvo-Herstellung). Mit dem Vierzylindermotor konnte zwischen einem 5-Gang- und einem 4-Stufen-Automatikgetriebe gewählt werden, beide von Renault; der V6 wurde ausschließlich mit dem 4-Stufenautomat 4 HP 18 von ZF kombiniert.

(AMC) Renault Medallion, 1987

AMC Eagle Station Wagon, 1985

Von Renault zu Chrysler *Im März 1987 unterzeichneten der neue Renault-Chef Raymond Lévy und Chrysler-Boss Lee A. Iacocca eine Absichtserklärung, wonach Chrysler von der Régie Renault deren 46,4 Prozent Anteil am AMC-Kapital übernahm. Damit konnten die von Renault in den Sand gesetzten US-Investitionen endlich ein Ende nehmen, während Chrysler zu der benötigten zusätzlichen Produktionskapazität kam. Attraktiv waren vor allem das hochmoderne AMC-Bramalea-Werk in Ontario, Kanada, und der Name Jeep, der sich für Chrysler sozusagen mit Gold aufwiegen ließ. Denn der drittgrößte Autokonzern Amerikas baute wohl schwere Dodge-Geländewagen, verfügte aber nicht über jene vielfältige 4x4-Palette, wie sie unter der legendären Marke Jeep hergestellt wurde.*

Durch den Aufkauf weiterer AMC-Aktien kam Chrysler unschwer in den Mehrheitsbesitz von American Motors.

Für die Marke AMC läutete die Übernahme durch Chrysler das Ende ein: Ohnehin waren 1986 von AMC bloß 48'000 Renault und rund 4400 Eagle hergestellt worden. Von dem geplanten Verkaufsstart für den Renault Espace und den Renault Alpine in den USA wollte Chrysler nichts wissen; schließlich baute man seine eigenen Plymouth Voyager und Dodge Caravan, war mit Maserati liiert und übernahm auch noch Lamborghini!

Der Abschied von AMC Mitte 1987 wurde die Produktion des Renault Medallion im Werk Maubeuge ebenso vorübergehend unterbrochen wie jene des Alliance in Kenosha. Mit der Vorstellung des Programms 1988 verlautete im Herbst, dass die Alliance-Produktion eingestellt werde (abgelöst durch die Modelle Dodge Omni und Plymouth Horizon, die nun im Werk Kenosha vom Band liefen), dass der Premier den Markennamen → Eagle erhalte und ebenso der ab Frühjahr aus Europa importierte Medallion (Renault 21). Entsprechend wurde AMC in Jeep-Eagle umbezeichnet. Der nur noch als Four Wheel Drive Station Wagon im Programm verbliebene Eagle wurde noch bis Ende 1987 gebaut.

*

Im Februar 1988 beschloss Chrysler, das Werk Kenosha im Verlaufe des Modelljahrs 1988 zu schließen. Damit verloren 5500 der 6500 Arbeitnehmer ihren Job; nur die 1000 mit der Motorenherstellung verbundenen Arbeitsplätze blieben erhalten. Immerhin musste Chrysler den Entlassenen hohe Entschädigungen zahlen. – Kenosha war eine der ältesten Autofabriken der USA; sie war 1902 für die Herstellung der ersten Rambler errichtet worden!

AMC	Bauart	Mot.	Getr.	R/ L cm	Modelljahre
Spirit	**St.**	**a–c**	**4/A3/5**	**244/424/425**	**1981–83**
Concord				**274,5/470**	
Eagle Kammback/SX-4	**4x4**			**247/418**	
Eagle				**278/474**	**1981/82**
				277,5/459,5/465	**1983–87**
Motoren:	*Zyl.:*	*a–e*	*cm³:*	*PS/'min:*	*Nm/'min:*
a (–1982)	4	N'w.:	2471	89/4000	167/2800
b (*1984)	6	OHV	4235	118/3500/126CH*	285/1800
c (1985–)				114/3000/126CH	285/1600
d (1983–)				101/3400	271/1800
e (1984)	4		2465	106/4800	179/2800
Ren. Alliance/Encore	**Fr.**		**4/5/A3**	**248,5/416/408**	**1982-87**
Motoren:	*Zyl.:*	*a–e*	*cm³:*	*PS/'min:*	*Nm/'min:*
a (1982–84)	4	N'w.:	1397	54,5/5000	100/3000
b (1984/85 +*1985)	4i	OHV		61/5000/	100/3000/
				57*	102/2500
c (1986 *1987–)				52/57*/4200	102/2500
d (1985–)			1721	78/5000	130/3000
e (GTA 1987–)		OHC	1965	96/5250	155/2750
Renault Medallion	**Fr.**		**5**	**266/ca.460**	**1986–87**
Motor:	*4i*	–	*2165*	*105/5000*	*168/3500*

Avanti

Die Entstehung des Avanti war der Initiative des Studebaker-Generaldirektors S. H. Egbert und dem Talent des Designers Raymond Loewy zuzuschreiben. Der stellte mit seinem Team von Mitarbeitern ein völlig ungewohnt geformtes viersitziges Coupé auf die Räder. Das war 1962 (→ Studebaker!). Zwar basierte das Chassis – ein Kastenrahmen mit Kreuzverstrebung – auf einer schon fast zehnjährigen Studebaker-Konstruktion, doch bot der Avanti außer seinem aufsehenerregenden Styling auch eine Reihe technischer Besonderheiten (→ Studebaker). Am ungewöhnlichsten war die Tatsache, dass der Avanti wie der Chevrolet Corvette eine Kunststoffkarosserie trug. In ihrem von Flugzeugcockpits inspirierten Innenraum fand sich eine Dachkonsole, wie sie später für andere sportlich angehauchte Wagen ebenfalls übernommen wurde. *Zwar wurden vom Frühsommer 1962 bis Ende 1963 rund 5000 Studebaker Avanti hergestellt, doch mit der Produktionsverlegung der Marke Studebaker nach Kanada kam für dieses Liebhabermodell das Aus.*

Schritt zum Avanti II Es waren die Studebaker-Händler Altman & Newman, die 1964 die Avanti Motor Corporation gründeten und hierzu nicht nur die Produktionsrechte kauften, sondern auch einen Teil der ehemaligen Studebaker-Produktionseinrichtungen in South Bend, Indiana, übernahmen. Avanti-Enthusiast Nate Altman träumte von einem »American Rolls-Royce« und engagierte den bereits in Pension gegangenen ehemaligen Studebaker-Chefingenieur Eugene Hardig, um den Avanti den neuen Gegebenheiten anzupassen.

Nach 18 Monaten Vorarbeit, während welcher auch ein neues Antriebsaggregat adoptiert werden musste – denn die Herstellung von Studebaker-Motoren war inzwischen eingestellt worden –, konnte die Produktion in niedriger Kadenz wieder aufgenommen werden. Dem Avanti II, wie er fortan hieß, diente ein 5,4-Liter-V8-Motor von Chevrolet mit 304 SAE-PS Leistung. Außer mit 4-Gang-Handschaltgetriebe gab es ihn mit Borg-Warner-Automatik. Der Avanti basierte auf einem Kastenrahmenchassis mit X-Verstrebung. Es umfasste vorne Trapez-Dreieckquerlenker, hinten eine Starrachse mit Halbelliptikfedern und Längslenkern. Bremsen und Lenkung waren servobestückt und die Lenksäule war verstellbar ausgeführt (übrigens hatte der Avanti GT seinerzeit als erstes US-Modell serienmäßig vordere Scheibenbremsen erhalten). Die Karosserie unterschied sich äußerlich nur durch geringfügig kleinere Radausschnitte von den zuletzt gebauten Studebaker Avanti. Wie diese wies der Avanti II quadratische Scheinwerferumrahmungen auf, nur das Studebaker-Signet fehlte. Die Produktion erreichte allmählich einige hundert Exemplare im Jahr.

Feinschliff Mit dem Modelljahr 1969 erfuhr der Avanti II einigen unauffälligen aerodynamischen Feinschliff sowie Detailänderungen im Innenraum. Aber zum Jahrgang 1970 erhielt er einen größeren Motor, und dieser 5,7-Liter-V8 stammte wiederum von Chevrolet. Die Leistung wurde jedoch unverändert mit 304 SAE-PS angegeben. Es standen ein 4-Gang-Getriebe und ein 3-Stufen-Automat Power-Shift von Borg-Warner zur Wahl, und es wurden eine Differenzialbremse Twin-Traction und eine Rückrollsicherung Hill-Holder eingebaut. Nach wie vor erfolgte die Herstellung weitgehend in Handarbeit.

1973 erhielt der Avanti II im Zuge der Abgasvorschriften zwar den größeren 6,6-L-Chevy-Motor, jedoch nur noch mit 172 DIN-PS. Ab Modelljahr 1974 stand neben dem 4-Gang-Handschaltgetriebe der 3-Stufen-Automat Turbo Hydra-Matic von GM zur Wahl; neu waren die energieabsorbierenden Stoßstangen mit nach vorne ragenden Gummihörnern (die durch eine vorgelagerte Stange verbunden waren). 1977 wurde auf den 5,7-L-V8 umgestellt, der immerhin 183 PS lieferte.

Avanti, 1964

Avanti	Zyl.	cm³	PS	bei 1/min	Gänge	Spitze km/h	Radstand/Länge	ab Jahr	Besonderheiten
(Avanti)	V8	5354	304	5000	4/A	190	277/489	1965-68	Chevrolet-Motor
(Avanti) II								1969	Kastenrahmen
	V8	5733	304	4800	4/A3		277/489	1970-72	
		6573	172	3400			277/502	1973	
			182	3800				1974	
			177					1975/76	
		5733	183	4000				1977-79	
			193	4200				1980	

Avanti in den 80er Jahren

Der nun seit 15 Jahren gebaute Avanti wurde weiterhin von Chevrolet-V8-Motoren angetrieben. Ab Modelljahr 1981 war es der kleinere 5-L-V8 LG 4 mit 157 PS Leistung bei 4000/min. Der Käufer konnte zwischen dem 3-Stufen-Turbo Hydra-Matic und einem 4-Gang-Getriebe mit Stockschaltung wählen. Von Haus aus wurden vordere Scheibenbremsen und eine Differenzialbremse Twin-Traction eingebaut. Das bereits bei Studebaker entwickelte Chassis war ein Kastenrahmen mit Traversen und X-Verstrebung. Vorne wurden Trapez-Dreieckquerlenker und Schraubenfedern verwendet, hinten kam eine Starrachse mit Längslenkern und Halbelliptikfedern zum Einbau. Die Schneckenrollenlenkung arbeitete mit Servo. Zur gepflegten Ausrüstung zählte auch eine verstellbare Lenksäule. – *1981 entstanden 162 Avanti, die Produktion pendelte in den folgenden Jahren zwischen 50 und 150 Exemplaren.*
Zum Modelljahr 1982 wurde auf das 4-Stufen-Automatikgetriebe von GM umgestellt (oberste Stufe als Overdrive bezeichnet). Dank kürzerer erster Stufe und knapperer Achsuntersetzung (2,74:1 statt 2,52:1) ergab sich ein verbessertes Beschleunigungsvermögen. Gleichzeitig sorgte aber die Overdrivestufe (0,67:1) für eine Verbrauchsreduktion; ohnehin wurde die Leistung des 5-L-V8 nun mit 152 PS angegeben. Zur Serienausstattung zählten nach jüngster Aufzählung außer dem Automatikgetriebe (von dem 4-Gang-Handschaltgetriebe war nicht mehr die Rede) Doppelauspuff, Servobremen und -lenkung, Klimaanlage, Radio mit Kassettenspieler, elektrische Antenne und getönte Scheiben. Gegen Mehrpreis gab es zudem Recaro-Sitze, Fensterheber, Schiebedach, echte Speichenräder, Weißwandreifen, Heckgepäckträger, Cruise-Control (Tempokonstanthalter) und CB-Funk.
In neuer Hand *Im Herbst 1982 wurde die Avanti Motor Corporation von Stephen H. Blake, einem Geschäftsmann und Immobilienhändler aus Washington, übernommen.*
20th Anniversary Edition Zum Modelljahr 1983 wurde als Jubiläumsmodell diese Spezialauflage geschaffen. Sie war außen ganz in Schwarz gehalten, besaß einen Bugspoiler, rollte auf extrabreiten Reifen und Leichtmetallfelgen und glänzte im luxuriös herausgeputzten Innenraum mit quer abgesteppten Recaro-Schalensitzen. Diese Sonderausführung entstand in 20 (von geplanten 25) Exemplaren. – 1983 wurde ein Spezial-Avanti zum 24-Stunden-Rennen von Daytona an den Start gebracht. Unter den 80 eingesetzten Wagen kam er auf den beachtlichen 27. Gesamtrang. Bei dieser Gelegenheit wurde darauf hingewiesen, dass Avanti Amerikas erster Produktionswagen war, der mit einem eingebauten Überrollschutzbügel und Scheibenbremsen ausgerüstet wurde.
Avanti 1984 Für 1984 (auf die Bezeichnung II wurde inzwischen verzichtet) wurden darauf folgende weitere Eigenheiten ins Feld geführt: aus 108 Teilen bestehende stahlverstärkte Glasfaserkarosserie auf X-förmigem Chassisrahmen, handgefertigt mit zahlreichen Lackschichten, 150 Meilen Fahrtest, Antriebstechnik samt Computersteuerung von GM, orthopädische Recaro-Sitze.
Äußerlich hob sich der Avanti 1984 von den Vormodellen durch einen in der Karosseriefarbe gehaltenen Kevlar-Stoßschutz, Seitenschutzleisten, neue rechteckige Halogen-Scheinwerfer, tiefere Front und in den Stoßschutz integrierte Blinker ab. Vor allem aber unterstrich Stephen H. Blake, dass die Serienausrüstung in dem für 1984 überarbeiteten Innenraum wesentlich aufgewertet worden sei: Sie umfasste ein lederüberzogenes Armaturenbrett mit neuen, rot hinterleuchteten Avanti-Instrumenten, einige Bedienungsschalter wanderten in eine im Flugzeugstil gehaltene Dachkonsole, und neu waren u. a. die automatische Türverriegelung, die direkter ansprechende Lenkung, die belüfteten vorderen Scheibenbremsen (von GM) sowie eine neu abgestimmte Aufhängung. Das gegen Mehrpreis angebotene Touring Coupe Package umfasste in Schwarz gehaltene Zierelemente, Armaturenbrett und Mittelkonsole mit schwarzer Alu-Oberfläche und Avanti-Aluminiumräder mit Breitreifen.
Convertible Bald darauf war von einer in Vorbereitung stehenden Cabrioletversion und einer Ausführung mit 210 PS

Avanti, 1984

Avanti Convertible, 1988

Leistung die Rede. Zum Modelljahr 1985 stieg dann die Leistungsangabe von 183 auf 193 PS, und es kam in der Tat ein formschönes 4/5-sitziges Cabriolet ins Angebot. Vor allem aber stand dem Käufer nun alternativ zum Automatikgetriebe ein 5-Gang-Handschaltgetriebe zur Wahl.

Doch Anfang 1986 geriet das Blake-Unternehmen in Konkurs. Die Produktion wurde eingestellt und 15 der 20 Mitarbeiter entlassen. Neuer Eigner der in New Avanti Motor Corporation umbenannten Firma wurde der aus South Bend gebürtige Michael E. Kelly. Er verhalf dem Avanti im Modelljahr 1987 zu

Avanti Touring Sedan, 1989

einem neuen Armaturenbrett, einem verbesserten Lüftungssystem sowie geänderten Sitzen und Stoßstangen.
Im Geschäftsmann und Oldtimersammler John J. Cafaro aus Youngstown, Ohio, fand Kelly alsbald finanziellen Rückhalt. 1987 wurde die Produktion nach Youngstown verlegt, und ab August 1988 galt J. J. Cafaro als Alleinbesitzer des nun Avanti Automotive Corporation genannten Unternehmens.
Touring Sedan Unter Cafaros Frau Janet, einer ehemaligen Kunststudentin, wurde 1989 eine viertürige Version des Avanti eingeführt. Sie entstand auf dem unverändert übernommenen Kastenrahmenchassis des Chevrolet Caprice mit 294,5 cm Radstand. Dieses als Touring Sedan bezeichnete Modell war 508 cm lang und 186,5 cm breit. Die stilistische Umsetzung in das ursprüngliche Loewy-Design war gut gelungen. Dem Antrieb diente auch im Sedan der 5-L-V8 mit 172 PS von Chevrolet.
Nachdem 1988 rund 150 Avanti gebaut worden waren, wollten John und Janet Cafaro den Ausstoß mit den drei Karosserieformen stark forcieren. Hierzu standen 190 Mitarbeiter und 44 US-Händler zur Verfügung. 1989 wollte man 350 Avanti, 1990 bereits 500 und 1991 sogar 1000 Stück herstellen. *Doch es kam, wie es bei so hochfliegenden Plänen kommen musste..., und 1991 wurde die Produktion ganz eingestellt.*
Aber noch in den 90er Jahren wurde unter anderen Besitzverhältnissen erneut eine Produktion aufgezogen. 2001 erhielt der Avanti ein neues Design (AVX), und ab 2004 entstand er auf der Basis des Ford Mustang; es gab einen neuen Produktionsstandort in Georgia, und 2006 wurde dieser – wieder unter Michael E. Kelly! – sogar ins mexikanische Cancun verlegt...

Avanti	Bauart	Mot.	Getr.	R/ L cm	Modelljahre
II	**K'r.**	**a**	**A3/4**	**277/501,5**	**1980/81**
(*1985–)		**b–e**	**A3/A4/5**	**277/490,5/494***	**1982–90**
Touring Sedan		**e**	**A4**	**294,5/508**	**1989/90**
Motoren:	*Zyl.:*	*N'w.:*	*cm³:*	*PS/'min:*	*Nm/'min:*
a	V8	OHV	5001	157/4000	326/1600
b (*1983)				152/3800/4000*	326/2400
c (1984 *1985/86)				183/4000/193*/4800	326/1600/3200
d (1987/88 *High P.P.)				188/4800/218*	326/3200
e (1989–)				172/4400	346/2400

Baroque

Die von Russel A. Knudsen geführte Knudsen Automotive, Inc., in Omaha, Nebraska, hatte ihr erstes Modell im Mai 1981 lanciert. Es war ein Luxuscoupé im Neoclassic-Stil der 20er/30er Jahre wie → Excalibur, Clénet, Stutz oder Zimmer. Der Baroque, so der treffend gewählte Name, war eine Vermischung von Mercedes-Benz- und Kompressor-Duesenberg-Elementen. Der weitgehend handgebaute Fünfsitzer basierte auf einem GM-Fahrwerk mit Abgasturbolader-bestücktem 3,8-L-V6-Motor, wie er im Buick Regal Sport lieferbar war.
Coupe Die Entwicklung des Baroque hatte bereits 1978 eingesetzt. Der Designer des stilvollen Fahrzeugs mit der klassischen, zwischen langgeschwungene Kotflügel eingebetteten Motorhaube und dem flach abfallenden Heck (mit eingelassener Reserveradabdeckung) war Harry Bradley, der zuvor für Großhersteller tätig gewesen war. Die Karosserie wurde aus Kunststoff hergestellt und auf einem Stahlgerippe montiert, das die Passagierraumstruktur bildete. Zur Ausstattung zählten ein elektrisch aufmachbarer Glasdacheinsatz, Chromspeichenräder, Lederüberzüge, Teakholzeinsätze, eine Musikanlage sowie eine besonders aufwändige Lackierung.
Royale Dem Coupé wurden noch Anfang der 80er Jahre auch ein Cabriolet und eine viertürige Limousine zur Seite gestellt. Letztere wurde als Baroque Royale bezeichnet, und ihr hinten leicht erhöhtes, mit Vinyl überzogenes Dach sorgte für viel Kopffreiheit. Auf wesentlich verlängertem Radstand zeigte auch der Royale einen Kühler in der Art der berühmten Mercedes-Benz der Zwischenkriegszeit und analog dazu aus der Motorhaube geführte Simili-Kompressorrohre.
Nachdem 1982 ein Ausstoß von 14 Wagen erreicht worden war, erhöhte sich die Produktion im Jahr darauf auf 24 Einheiten. R. A. Knudsen wies darauf hin, als einziger Neoclassic-Hersteller eine vollständige Modellpalette anzubieten. Als Kraftquelle war der 3,6-L-Turbo-V6 inzwischen von einem 5-L-V8 abgelöst worden. Auch er stammte wie alle übrigen mechanischen Aggregate von General Motors. Der Turbo-V6 wurde auf Wunsch noch in das Coupé und das Cabriolet eingebaut. Zu den Sonderausstattungen zählten im aufpreispflichtigen Grandeur-Interieur nun u. a. auch exotische Hölzer sowie eine Bar und ein Fernseher, die sich durch Rollläden abdecken ließen. Der grobmaschige Kühlergrill erinnerte nicht mehr an Mercedes. Doch konnte die Baroque-Limousine gemäß Herstellerangaben auch auf Mercedes-Benz- oder Rolls-Royce-Basis geliefert werden. – *Hinsichtlich ihrer handwerklichen Qualität holten sich die in den 80er Jahren gebauten und in weiten Teilen der USA vorgestellten Baroque-Wagen einen guten Ruf.*

Baroque Royale Limousine, 1983

Bricklin

Malcom Bricklin, ein kaufmännisches Naturtalent, schuf ab 1959 eine Eisenwaren-Ladenkette, beglückte die USA samt ihrer Polizeipatrouillen mit 30'000 Lambretta-Rollern und wurde 1968 zum Subaru-Importeur. Auch aus diesem Unternehmen stieg er mit hohem Gewinn aus. Ab 1971 widmete er sich mit zwei Autokonstrukteuren der Entwicklung eines Sportcoupés, des »sichersten, fahraktivsten und modernsten je gebauten Wagens«, wie sein Leitmotiv recht unbescheiden lautete.

Im Stahlrahmenchassis des Bricklin wurde der 5,9-L-V8 von AMC (223 PS) eingebaut, und die stilistisch vom Mercedes-Benz-Forschungsprototyp C 111 inspirierte Karosserie entstand aus Acryl-Kunststoff und erhielt elektrisch aktivierte Flügeltüren. Zu den Sicherheitsmerkmalen zählten u.a. deformierbare Knautschzonen an Front und Heck.

Mit kanadischer Unterstützung konnten in St. John, New Brunswick, großzügige Werkanlagen genutzt werden. Schon im ersten Jahr sollte der im Juni 1974 vorgestellte Bricklin in 10'000 Exemplaren gebaut werden, im folgenden Jahr in 30'000 und darauf in 100'000 Einheiten jährlich. Man sah einen Preis vor, der nur 50 % über jenem des etwa gleich großen Ford Mustang II lag. Von Malcom Bricklins in Arizona niedergelassener General Vehicle Inc. wurde ein zweites Werk in den USA vorgesehen.

1975 erhielt der SV-1 (Safety Vehicle) einen 5,8-L-V8 von Ford (ab ca. 160 PS). Aber die Erdölkrise hatte die Autokauflust gedämpft. Zudem gab es u. a. undichte Flügeltüren. *Wie voraussehbar, war zu hoch gepokert worden, und im September 1975 kam der Konkurs. Von den 2890 gebauten Wagen waren 1100 unverkauft, bekamen aber bald einmal Liebhaberwert. Bricklins US-Import des Kleinwagens Yugo der jugoslawischen Zastava-Werke von Mitte Achtzigerjahre wurde ebenfalls zum Flop... trotz Verkaufstalent!*

Bricklin, 1975

Bricklin	Zyl.	cm³	PS	bei 1/min	Gänge	Spitze km/h	Radstand/Länge	ab Jahr	Besonderheiten
	V8	5896	223	4400	4/A3		244/545	1974/75	
	5770	160	3800	A3			1975	1974/75	

Buick

Die 1903 gegründete Marke Buick gehörte zum Grundstock der 1908 entstandenen General Motors Corporation. Die GM war mit Buick und Oldsmobile gegründet worden, und kurz darauf wurde auch Cadillac in das Unternehmen eingebracht. Dass daraus der weltgrößte Automobilkonzern erwachsen würde, glaubte damals wohl noch niemand. In der GM-Hierarchie belegt zwar Buick hinter Cadillac den zweiten Rang. Doch in den Zeiten nach dem Zweiten Weltkrieg bestand in Konzept, Ausstattung und Preis zwischen Buick und »Olds« eine Konkurrenz auf gleichem Niveau. Es wurde in Amerika sozusagen eine Frage der Weltanschauung, ob man einen Buick oder einen Oldsmobile fuhr.

Die ab 1946 erschienenen Buick-Nachkriegsmodelle basierten auf dem 1942 lancierten Baumuster, das im Detail verbessert worden war. Angeboten wurden die Bauserien 40 Special, 50 Super und 70 Roadmaster, alle mit unterschiedlichem Radstand. Wie bei den anderen GM-Marken wurden sowohl Versionen mit abgestuftem Heck wie auch solche mit fließenden Hecklinien angeboten. Die technischen Besonderheiten der damaligen Buick waren der Reihen-Achtzylindermotor mit hängenden Ventilen (4,1 und 5,2 Liter) und die an Schraubenfedern abgestützte starre Hinterachse. 1948 erschien der Fireball-Motor mit annähernd kugelförmigen Brennräumen, und 1949 kamen hydraulische Ventilstößel hinzu. In diesem Jahr gelangte das automatische Dyna-Flow-Getriebe, ein Drehmomentwandler mit zwei Fahrstufen, der 1948 in den USA herausgekommen war, auch auf die Exportmärkte; die Topserien 80/90 gab es je nach Jahrgang.

Mit Lochsymbolen Diese technisch fortschrittlichen Modelle des Jahres 1949 brachten auch wesentliche Änderungen im Karosserieaufbau. Während die oberen GM-Marken, Cadillac, Buick und Oldsmobile, bis dahin wuchtiger ausgesehen hatten als die populären Chevrolet und Pontiac, hatte man nun zu einem Einheitsstil gefunden. Um den gefällig wirkenden, weit größere Fensterflächen bietenden neuen Aufbauten eine Buick-Identität zu verleihen, führte man seitlich der Motorhauben je eine Reihe ringförmiger Öffnungen ein, bei den kleineren Buick drei, beim Roadmaster vier solcher »Bullaugen«. Sie wurden zu einem bis 1957 beibehaltenen und später bei einigen Modellen noch andeutungsweise weitergeführten Markensymbol.

Die wenig später präsentierten Modelle von 1950 schockten manchen Betrachter durch die über die Stoßstange heruntergezogenen Vertikalstäbe des Kühlergesichtes; die Buick

Buick 80, 1947

Buick 40 Special, 1950

Buick 41 Special, 1953

hatten nun eine Art Haifischmaul. Damals tauchte auch – bei einem Faux-Cabriolet – der Name Riviera auf. Neben dem 4,1-Liter- stand nun ein 4,3-Liter-Motor zur Verfügung. Im Sommer 1950 hatte der Ausstoß von Dyna-Flow-Automatikgetrieben bereits die halbe Million überschritten. Für l951 wurden die »Haifischzähne« verfeinert und wieder hinter die Stoßstange zurückversetzt. Mit einem für den Roadmaster erhältlichen Vierfachvergaser kündigte sich 1952 das große PS-Rennen unter den US-Wagen an ...

Echte Neuerungen brachte das Jahr 1953, ab welchem die Buick nicht nur neue, geräumigere Karosserien erhielten, sondern der V8-Motor auch bei Buick Eingang fand. Er entsprach im Aufbau den übrigen GM-V8, besaß aber einen besonders kurzen Hub. Die 5,3-Liter-Maschine leistete je nach Modell 166 bis 190 PS. Für ihre 1948 begonnene Entwicklung sollen 60 Millionen Dollar investiert worden sein! Der Reihen-Achtzylinder wurde noch im Typ 40 Special eingebaut.

Der Aufbau der Dynaflow-Automatik (nun zusammengeschrieben) erfuhr eine Änderung: Er bestand nun aus einem Pumpenrad, einem Leitrad und zwei Turbinenrädern (bisher 2/2/1). Auch die Bremsen wurden wirkungsvoller (Unterdruck-Bremshilfe beim Roadmaster). Zu den zahlreichen weiteren Neuerungen zählten ferner eine Luftkonditionierungsanlage und die Alligatormotorhaube (Öffnung nicht mehr von der Seite). Als Topmodell wurde der Skylark, ein sechssitziges sportliches Cabriolet, geliefert, der schon im Sommer 1952 als Prototyp vorgestellt worden war. Der kurz darauf kreierte Wildcat blieb hingegen ein Traumwagen-Einzelstück bzw. Concept-car. Die teureren Modelle erhielten ab 1953 generell Drahtspeichen-Radattrappen mit V8-Motiv.

Nur noch V8 Vom Modelljahr 1954 an hatten die Buick nur noch V8-Motoren. Neu war der 152 PS leistende 4,3-Liter-V8 für die kleinste Modellreihe. Hinzu kam die Modellreihe 60. Auch die Buick besaßen jetzt eine Panorama-Frontscheibe, wie sie General Motors zunächst bei seinen Traumwagen eingeführt hatte. Die Armaturenbrettgestaltung erinnerte an den Wildcat-Traumwagen: Mit einer versteckten rot-schwarzen geteilten Rolle wurde die gefahrene Geschwindigkeit auf einer horizontalen Skala angezeigt (ein System, das später auch bei Opel Eingang fand). Die vergrößerten Karosserien zeigten die auch bei den anderen neuen GM-Modellen anzutreffenden Merkmale: Die hinteren Kotflügel waren jetzt nur noch durch einen unauffälligen Knick in der Gürtellinie angedeutet.

Auch dreifarbig Ab 1955 war eine dreifarbige Karosseriebemalung lieferbar, und die senkrechten Chromstäbe des Kühlergitters wurden durch einen feingerasterten Maschengrill ersetzt..., womit ein Buick-Merkmal entfiel. Gleichzeitig wurden die Motorleistungen erhöht und die Dynaflow-Kraftübertragung erneut verbessert: Es besaß nun verstellbare Leitschaufeln zur Erhöhung des Wirkungsgrades. Für 1956 wurde ein zweiter Stator mit festmontierten Schaufeln dazumontiert. Der kleinere V8-Motor wurde im Zuge der allgemeinen Leistungssteigerungen bereits wieder aufgegeben. Eine neue Karosserievariante, die alsbald allgemeine Verbreitung fand, war das viertürige Faux-Cabriolet, eine Limousine ohne mittlere Fensterpfosten, die somit – wie ein offenes Cabrio – freie Seitensicht bot.

Für 1957 schuf GM ein neues Karosseriedesign. Bei den Buick fielen außer der vergrößerten Panorama-Frontscheibe mit zurückfliehenden Pfosten die geschwungenen seitlichen Chromstreifen und die wuchtigen Schlusslichtgehäuse auf. Ebenfalls auffallend war das dreigeteilte Heckfenster einzelner Modelle mit den in die Dachflächen hineingezogenen

Buick 60 Century Convertible, 1955

Sicken. Überarbeitet wurde überdies das Kastenrahmenchassis mit X-Traverse, und schließlich kam nun ein 6-Liter-Motor zum Einbau. 1957 war von einem »Farina Buick« in Kleinserie die Rede, und auf dem Pariser Salon jenes Jahres wurde denn auch ein von Pinin Farina karossiertes Buick-Coupé gezeigt; es blieb jedoch beim Einzelstück. – Zum Modelljahr 1958 erhielten die Buick – wie alle GM-Wagen Amerikas – Doppelscheinwerfer, und es kam eine neue Luxusserie mit 20 cm Zusatzlänge hinzu: der Limited. Auf Wunsch war jetzt eine Luftfederung erhältlich.

Neue Nomenklatur Radikal neu waren jedoch die im September 1958 vorgestellten Buick-Modelle 1959; mit ihnen wurden die Bezeichnungen erstmals geändert! Bei den Buick zeigte sich die neue GM-Karosse mit keilförmiger Front, in der die Doppelscheinwerfer schräg übereinander angeordnet waren, und in keilförmig auslaufenden Heckflossen. Auch hier war die Windschutzscheibe nicht nur um die Ecken, sondern auch ins Dach hinein gebogen, und die viertürige Basislimousine besaß wiederum ein drittes Seitenfenster. Die gesamte Glasfläche war um 40 Prozent

Buick 70 Roadmaster Riviera, 1958

Buick Invicta, 1960

vergrößert, jene der Frontscheibe allein um 50 Prozent! Die neuen überlangen GM-Wagen waren sozusagen rollende Ausstellpavillons... Buick bot nun auch einen 6,6-Liter-Motor, der auf möglichst gute Beschleunigung aus mittlerem Drehzahlbereich ausgelegt war.

Mit dem Modelljahr 1960 erhielten die Buick bereits wieder brav nebeneinander statt schräg übereinander angeordnete Doppelscheinwerfer. Geblieben waren die eigenwilligen seitlichen Karosseriefalten, von denen sich die mittlere, längste von der Scheinwerferüberdachung schräg nach hinten absinkend bis zu den Schlussleuchten hinzog. Diese wurden ihrerseits von kecken flossenartigen Stegen überragt wurden. Neben diesen markanten Stilmerkmalen zeigten sich an den vorderen Flanken ab 1960 wieder die Ventiports-Löcher, scheinbare Motorraum-Entlüftungsöffnungen, wobei die Modelle Le Sabre und Invicta drei, der Electra vier pro Seite besaßen. Zu den weiteren Neuerungen zählten eine Armaturenvision über einstellbaren Spiegel, Mirromagic geheißen, sowie Verbesserungen an Aufhängung (hinten Starrachse mit Schraubenfedern) und Bremsen.

Bemerkenswert war der quer eingebaute Auspufftopf, in dem sich die beidseits eintretenden Gase überschnitten und so für ein äußerst geringes Geräuschniveau sorgten.

In dem massiven Kastenrahmen mit K-Traverse wurde ein 6-Liter-V8 oder der 6,6-Liter-V8 mit der Bezeichnung Wildcat eingebaut. Sie wurden ausschließlich mit dem automatischen Twin-Turbine-Getriebe (hydraulischer Drehmomentwandler mit verstellbaren Leitschaufeln und 2-Gang-Planetengetriebe) kombiniert (Le Sabre auch 3-Gang-Getriebe), das Flight-Pitch-Getriebe war aufgegeben worden. Auf Wunsch war eine Differentialbremse Positive Traction erhältlich. In der Modellreihe Electra gab es auch eine viertürige Luxusausführung Riviera. Zum Jahrgang 1960 wurden die schief angeordneten Doppelscheinwerfer auf eine Linie gebracht und ein konkaver Kühlergrill eingeführt. *Im gleichen Jahr lief der zehnmillionste Buick vom Band.*

Buick	Zyl.	cm³	PS	bei 1/min	Gänge	Spitze km/h	Radstand/Länge	ab Jahr	Besonderheiten
40 Special	8	4067	111	3600	3	135	307/521	1946/47	Kastenrahmenchassis
50 Super							315/539		(hintere Starrachse mit Schraubenfedern)
70 Roadmaster	8	5249	146	3600	3	145	328/552		
					3/A			1948	
40 Special	8	4067	111	3600	3/A	135	307/532	1949	
50 Super			122						
70 Roadmaster		5249	150		A	145	321/540		
40 Special	8	4067	116	3600	3/A	135	309/518	1950	
50 Super		4315	129		3/A	140		1950-52	
70 Roadmaster		5249	154		A	145	321/530	1950/51	
40 Special	8	4315	129		3/A	140	309/520	1951-53	
70 Roadmaster		5249	172	3800	A	160	321/536	1952	
50 Super	V8	5276	166	4000	A/3	155	309/527	1953	
70 Roadmaster			190	4000	A/3	160			
40 Special (CH)	V8	4326	152	4200	A	145	310/524	1954 (/55)	
(US)			145		3/A				
50 Super	V8	5276	179	4100	3/A	155	323/550		
60 Century			197			160	310/524		
70 Roadmaster			202				323/550		
(1955: höhere Leistungen - 40/CH = 187/4800;50/CH = 227/4600)									
40 Special	V8	5276	218+	4400	A/3	160	310/521	1956	
50 Super			251+		A	165	323/549		
60 Century			259+			170	310/521		
70 Roadmaster							323/549		
40 Special	V8	5957	247+	4400	A/3	170	310/529	1957 (/58)	
50 Super			304	4600	A	190	324/547		
60 Century			253	4400	A/3	190	310/529		
70 Roadmaster							324/547		
(1958: Längen 538 und 557 cm, 700 Limited = 577 cm)									
Le Sabre 4400	V8	5957	238+	4400	A/3	170	312/554	1959/60	
Invicta 4600		6572	319+	4400	A/3	180			
Electra 4700			330			190	321/560		
Electra 4800							/573		

Buick in den 60er Jahren

In der Hierarchie von General Motors, dem auch in den 60er Jahren weltgrößten Autohersteller, belegte Buick hinter Cadillac weiterhin Rang 2. Buick ging stets in etwas stärkerem Maße eigene Weg als die übrigen Großserienfabrikate von GM.

Special Im Frühling 1960 war offiziell von den kommenden weiteren Compact-cars von General Motors die Rede. Sie sollten am Erfolg des ungewöhnlichen Chevrolet Corvair mit luftgekühltem Heckmotor anknüpfen, jedoch in konventioneller Weise konstruiert sein. Immerhin erhielt der Pontiac Tempest ein mit der Hinterachse gekoppeltes Getriebe. Beim Oldsmobile F 85 und beim Buick Special, die mit dem Tempest die Karosseristruktur (viertürige Limousine und fünftüriger Kombi mit je drei Fenstern pro Seite) gemein hatten, wurde das Getriebe in üblicher Weise an den Motor anschließend eingebaut.

Die Karosserie des im Herbst 1960 offiziell vorgestellten Buick Special unterschied sich äußerlich durch den markentypisch wabenartigen Kühlergrill und die je drei seitlichen Ventiports von den Oldsmobile- und den Pontiac-Parallelmodellen. Mit 285 cm Radstand und 479 cm Gesamtlänge waren diese Compact-cars wesentlich kürzer als die Standard-size-Wagen von GM. Sie besaßen zudem – in moderner Weise – einen selbsttragenden Aufbau. Die hinteren Starrachsen des Special wie jene des F 85 waren an Schraubenfedern abgestützt. Der von Buick neukonstruier-

Buick Special Station Wagon, 1961

Buick Riviera, 1963

te Leichtmetall-V8-Motor mit 3532 cm³ Inhalt wurde auch von Oldsmobile und Pontiac verwendet. Als Kraftübertragung standen bei Buick ein übliches 3-Gang-Getriebe und eine Automatik Dual Path Turbine Drive mit 2-Gang-Planetengetriebe zur Wahl. Auch beim kleinen Buick war übrigens eine Differentialbremse zu haben.

Im Frühling 1961 wurde das Compact-carAngebot durch Coupés erweitert, bei Buick war es das luxuriöse Skylark-Coupé, für das die Leistung des 3,5-Liter-V8 von 157 auf 188 SAE-PS gesteigert worden war.

Erster US-V6-Motor Gänzlich neu karossiert – und dies im Stile des Special – präsentierten sich die großen Buick des Modelljahrs 1961. Die Linie wirkte nun wesentlich ruhiger, aber noch langgestreckter, auch wenn die Außendimensionen leicht reduziert worden waren. Das Chassis hatte jetzt X-Traversen, und die Kardanwelle war nicht mehr mit einem Schubrohr verbunden.

Mit dem Modelljahr 1962 zeigten die großen Buick einen doppelten Kühlergitterrahmen. Es gab sie nur noch mit dem 6,6-Liter-V8 in verschiedenen Leistungsstufen. Anderseits wurde das Angebot in der Special-Reihe ausgebaut. Dort war jetzt auch ein schmuckes Cabriolet erhältlich. Neben dem 3,5-Liter-V8 in Leichtmetall wurde nun ein rationell herstellbarer 3,2-Liter-V6 in üblicher gusseiserner Konstruktion angeboten; die Fireball geheißene Maschine war der erste amerikanische V6! Der V8 war nun auf Wunsch auch mit einem 4-Gang-Getriebe mit Mittelschaltung lieferbar. Auch die Special besaßen jetzt einen zusätzlichen Kühlergrillrahmen.

Riviera Mit dem Jahrgang 1963 erhielten die Special Senkrechtzierstäbe im Kühlergitter und die großen Buick prägekantenfreie hintere Kotflügel. Zudem kam als Top-Special der Skylark hinzu. Der Invicta wurde ausschließlich noch als Station Wagon geführt, dafür gab es als neue Modellreihen die Wildcat und den Riviera. Letzterer wurde als viersitziges Hardtop-Coupé im »italo-amerikanischen« Stil aufgelegt.

Er war in der Tat schlichter und kürzer als die übrigen großen Buick. Dennoch war er nur etwa 100 kg leichter als der rund zwei Tonnen schwere Electra. Er besaß den 6,6-Liter-Motor in der höchsten Leistungsstufe (330 SAE-PS) und war nur in Verbindung mit dem ebenfalls bereits von den anderen großen Buick bekannten Turbine-Drive-Getriebe lieferbar. Zur luxuriösen Serienausstattung konnte auf Wunsch ein siebenfach verstellbares Lenkrad geordert werden. Mit dem Riviera wuchs das Buick-Angebot auf 26 Modelle an. Bei allen Buick gab es eine neue Klimaanlage mit vereinfachter Bedienung, und bei allen US Modellen von General Motors erfolgte mit dem Modelljahr 1963 der Übergang vom Generator zum Alternator.

2. Special und Skylark Mit dem Modelljahr 1964 präsentierten sich die Modellreihen Special und Skylark (nun nicht mehr mit Vornamen Special) in einem gänzlich neuen Kleid. Mit 292 cm Radstand und 517 cm Länge waren sie beinahe wieder so mächtig wie ein normal großer Buick 40 Special von Mitte der 50er Jahre. Damit rückten die kleinsten Buick von der Klasse der Compact-cars zu den Intermediates auf. Gleichzeitig war man von der selbsttragenden Bauweise zum Kastenrahmenchassis mit Traversen zurückgekehrt. Die hintere Starrachse brillierte anderseits mit Schrauben- statt Halbelliptikfedern.

Der 3,2-Liter-V6-Motor hatte einen halben Liter an Hubraum zugelegt, kam nun also auf 3,7 L, während der Alu-V8 von der Bildfläche verschwand; er sollte später bei Rover in

England wiederauftauchen! An seine Stelle trat ein 4,9-Liter-V8 mit verschiedenen Leistungsstufen. Neues war auch auf dem Gebiet der Automatikgetriebe – wo Buick zu den Pionieren zählte – zu verzeichnen: Der neue Automat mit verstellbaren Leitschaufeln und 2-Gang-Planetengetriebe hieß Super Turbine Drive 300. Unter der Bezeichnung Super Turbine Drive 400 mit 3-Stufen-Planetengetriebe wurde dieser Automat auch in den großen Buick eingebaut; dies ebenfalls als Alternative zu den handgeschalteten 3- und 4-Gang-Getrieben und überdies zum Super Turbine Drive 300.

Kombidach-Extradesign In diesen Standard-size-Buick standen nun 4,9-, 6,6- und 7-Liter Motoren zur Wahl. Die großen Buick besaßen auch in den Vorderradkasten keine Prägekanten mehr. Anfang 1964 wurde – parallel zum Oldsmobile Vista Cruiser – der Skylark Sports Wagon ins Angebot aufgenommen, ein eleganter Kombi auf verlängertem Special/Skylark-Radstand und mit einem Glaseinsatz über den Hintersitzen, ab dem das Dach erhöht nach hinten auslief. Er wurde zu einem Liebhabermodell. – An Stelle des Invicta gab es jetzt einen Le-Sabre-Kombi.

Die Buick Special, Special Deluxe und Skylark 1965 erkannte man unter anderem an dem erst auf Höhe der Vorderradachse beginnenden seitlichen Zierstab. Den Sports Wagon gab es auch auf der Basis des Special. Le Sabre, Wildcat und Electra besaßen eine auf der Höhe der Hinterräder leicht angehobene Gürtellinie. Der Wildcat rollte nun mit dem längeren Electra-Radstand. Zu den technischen Neuerungen zählte der auf 94,5 Liter vergrößerte Treibstofftank. Den Riviera, der jetzt übereinanderliegende, mit oberen und unteren »Augendeckeln« versehene Doppelscheinwerfer besass, gab es nun auch in einer Ausführung Gran Sport. Diese Zusatzbezeichnung fand sich ebenfalls bei einem Anfang 1965 lancierten Skylark des Modelljahrs »65½«. Auch hier wurde höchste Leistung in Verbindung mit verstärkten Aufhängungselementen geboten.

2. Riviera Mit dem Modelljahr 1966 erhielten auch die Special/Skylark eine Gürtellinie mit »Hüftschwung«; die Variantenvielfalt zeigte sich weiter vergrößert. Verbessert wurden u.a. die Aufbauisolation sowie die Schaltübergänge. Die großen Buick zeigten nun schmälere statt pfeilförmige vordere Seitenblinker, und auch sie wiesen Verfeinerungen am Unterbau auf. Hinzu kamen die Modelle Wildcat Gran Sport als zweitüriges Hardtop-Coupé und als Cabriolet. Völlig neu geformt zeigte sich der Riviera: Der Kühlergrill war nun viel niedriger und zwischen den vorkragenden Radhausenden eingebettet. Der Radstand war um 5,5 auf 302,5 cm verlängert worden, die Gesamtlänge um 8,5 auf 536,5 cm angewachsen, während die Breite um 7 auf 201,5 cm zugenommen hatte. Da ein neues Entlüftungssystem entwickelt worden war, wurde beim neuen Riviera auf Ausstellfenster verzichtet.

GS 400 Mit dem Modelljahr 1967 wurde aus dem Skylark Gran Sport die eigene Modellreihe GS 400. Bedeutendste technische Neuerungen betrafen das Bremssystem, nicht nur wurden widerstandsfähigere Beläge und besser gekühlte Trommeln eingeführt, auf Wunsch waren auch Scheibenbremsen an den Vorderrädern lieferbar. Das Motorenangebot wurde erneut nach oben erweitert, wobei sich die Topaggregate durch einen reduzierten Schadstoffanteil in den Abgasen auszeichneten. Die kleineren Modelle besaßen

Buick Skylark Station Wagon, 1964

Buick Wildcat, 1964

jetzt (mit Ausnahme des Skylark) einen aus einem Chromkreuz gebildeten Kühlergrill. Bei den großen Modellen fiel die seitliche Lichtkante auf, die sich von Scheinwerferhöhe zum hinteren Radausschnitt absenkte. Besonders imposant wirkte das Wildcat-Fastbackcoupé. Erst im Frühjahr 1967 kam als Zusatzmodell der Gran Sport 340 mit 5,6- statt 6,6-Liter-Motor hinzu.

Lichtkantenspiele Zum Modelljahrgang 1968 erhielten die kleineren Buick ebenfalls eine auffallende, von der Höhe der Scheinwerfer zum Hinterrad abfallende Lichtkante; sie war zudem leicht bogenförmig geführt. Zudem zeigte sich der Gürtellinienschwung über den Hinterrädern noch viel ausgeprägter. An Stelle des 3,7-Liter-V6 trat ein 4,1-Liter-Reihensechszylinder. Dem allgemeinen Trend zu vermehrtem Insassenschutz entsprachen die »unfallsicheren« Türschlösser, elastische Bedienungsknöpfe, wirksamere Polsterung (auch der Frontscheibenpfosten) sowie ein Summer, der an den steckengebliebenen Zündschlüssel erinnerte. Das Wischerfeld wurde bedeutend vergrößert, was auch für die großen Buick des Jahrgangs 1968 galt. Diese wiesen ebenfalls neue Sicherheitsvorrichtungen auf. Alle großen Buick, einschließlich des Riviera, besaßen neu eine senkrechte Mittelrippe im Kühlergitter. Im Motorenprogramm figurierte ein neuer 5,7-Liter-V8.

»Routenfinder«! Im April 1968 stellte Buick den Dreamcar Century Cruiser vor, der unter anderem über ein Computerprogramm für die gewünschte Route verfügte; verheissungsvolle Zukunftsmusik, also …

Buick Le Sabre, 1967

Buick GS 400, 1968

Der Modelljahrgang 1969 brachte als äußeres Erkennungsmerkmal bei den kleineren Buick einen feinen horizontalen Mittelstab im Kühlergrill (Karomuster beim GS 400) und bei den größeren Modellen neben den Doppelscheinwerfern vorkragende Stoßstangenenden. Vordere Ausstellfenster entfielen nun bei allen Buick. Zur Serienausstattung zählten jetzt auch vordere Sitzgurten und Kopfstützen sowie ein Lenkradschloß. Das Automatikgetriebe Super Turbine wurde je nach Ausführung durch den Typ Turbo-Hydramatic ersetzt. Neu fand sich im Zubehörkatalog für Wildcat/Electra/Riviera eine Servolenkung mit variierender Untersetzung, die rascheres Ansprechen bei Kurvenfahrt und verminderte Kurbelarbeit beim Einparkieren versprach.
Die großen Buick boten überdies eine Teleskoplenksäule, Flankenschutz in den Türen und eine neue Vorderradgeometrie; der Riviera hatte jetzt eine im Benzintank eingebaute elektrische Benzinpumpe. – Schon seit einiger Zeit war bei einzelnen Modellen übrigens eine Niveauregulierung für die Hinterradfederung erhältlich, sie wurde wie die Differentialbremse Positraction teils serienmäßig eingebaut.
Großer Buick-Station Im Modelljahr 1970 gab es von Buick erstmals seit 1964 wieder einen großen Station Wagon (Kombi); er wurde mit Estate Wagon (Kombiwagen in England = Estate Car) bezeichnet und basierte auf dem Fahrwerk des Le Sabre. Der Wildcat hatte jetzt wieder Le-Sabre-Abmessungen! Aufgegeben wurden anderseits die Special (nachdem es schon 1968 nur noch die Reihe Special Deluxe gegeben hatte). Die als Intermediates verbliebenen Skylark, GS und Sports Wagon (nun ohne Glasdacheinsatz) waren neu karossiert. Mit 524 cm Gesamtlänge waren sie abermals gewachsen. Die schräg abfallende Seitenkante war nach hinten auslaufenden Radhausausbuchtungen gewichen. Dem Stil der Zeit entsprachen die langgezogenen Motorhauben und die vergleichsweise kurzen Heckansätze.

Buick Electra 225 Limited, 1970 (© Buick)

Buick Riviera, 1968

Entsprechend verzeichneten auch die Motorgrößen und -stärken einen Zuwachs.
Bei den großen Buick – jetzt mit streng rechteckig gerahmtem Kühlergesicht, Riviera ohne Mittelbalken – reichte die Hubraumauswahl bis 7,4 Liter! Die letzten 2-Stufen-Automatgetriebe wurden aufgegeben. Die Motoren erhielten geschlossene Kühlsysteme und teils wirkungsvollere Abgasentgiftungen. Ab Werk mit Radio bestellte Wagen wiesen eine in die Frontscheibe integrierte Antenne auf, und zu den zahlreichen inzwischen eingeführten und teils gegen Mehrpreis erhältlichen Raffinessen typisch amerikanischer Art zählte bei den zweitürigen Ausführungen eine elektrische Lehnenarretierung, die beim Schließen der Türen automatisch in Funktion trat.

Buick	Zyl.	cm³	PS	bei 1/min	Gänge	Spitze km/h	Radstand/Länge	ab Jahr	Besonderheiten
Le Sabre	V8	5957	253	4400	3/A	175	312/553	1960/61	1961: 312/542 cm
			238	4400	A				(Export)
			304	4400					(Power Package '61)
Invicta		6572	330	4400	A	185	312/553		1961: 312/542 cm
			319	4400					(Export)
Electra (4700)		6572	330	4400	A	185	321/562		1961: 320/557 cm
4800							321/574		
Le Sabre/Invicta		6572	269-	4400	A	185	312/544	1962	
			-330	4400					
Electra			330	4400	A	180	320/559		
Le Sabre/I./Wildcat		6572	269-	4400	3/4/A	190	312/548	1963	
			-330	4400					
Electra			330	4400	A/4	185	320/563		
Riviera					A	190	297/528		
Le Sabre		4923	213	4600	3/A	165	312/556	1964/65	ab '65: 312/551 cm
			253	4800		175			
Le Sabre/Wildcat		6572	330	4400	3/4/A	185		1964-66	Export: 319 PS
		6970	345	4400	4/A	190			ab '65: Wildcat =
			365	4400		195			320/559 cm!
Electra/Riviera		6572	330	4400	A	185	320/566		Riviera: 297/528 cm
		6970	345	4400		185			Export: 319 PS
			365	4400		190			
Le Sabre		5574	223	4400	3/A	175	312/551	1966/67	
			264	4000		180	312/553	1967	
Wildcat		7041	365	5000	A	190	320/560	1967-69	Export: 335 PS
Electra							320/570		
Riviera							303/537		Export: 335 PS
Le Sabre		5724	233	4400	3/A	180	312/553	1968/69	1969: 303/547 cm
			284	4600	A	190			
			264-	4600	3/A	180	315/560	1970	
			-315	4800	A	195			
(Station Wagon)		7468	375	4600	3/A	200	315/567		
Wildcat						210	315/560		
Electra					A	200	323/574		
Riviera						210	303/547		
Special (/Skylark)	V8	3532	157	4600	3/A	160	285/479	1961-63	ab: '63: 3/4/A
(selbsttrag. Kar. !)			193	4800		165		1962/63	ab '63: 203/5000
	V6	3247	137	4600	3/A	156		1962/63	
Special/Skylark	V6	3692	157	4400	3/4/A	165	292/517	1964-67	ab '66: 162/4200
	V8	4923	213	4500		170			Sports Wagon:
Skylark Gran Sport		6572	330	4400		190		1965/66	ab '67: 292/521 cm
Special/Skylark (/GS)		5574	264	4000	3/A	180		1966/67	
			223	4000		170			
Skylark Gran Sport		6554	345	5000	3/4/A	200		1967	
Special/Skylark/GS	6	4093	157	4200	3/A	165	295/520	1968/69	
	V8	5724	233	4400		175			
			284	4600	3/4/A	185			
		6554	345	5000		210			
Skylark/GS	6	4093	157	4200	3/A	165	295/524	1970	
	V8	5724	264-	4600		180			
			-319	4800	3/4/A	195			
		7468	355	4600		220			

Buick in den 70er Jahren

In der GM-Hierarchie belegte Buick, eine der Gründermarken, weiterhin den zweiten Platz hinter Cadillac, zeichnete sich aber stets wieder durch eigene technische Wege aus. Dennoch war auch 1971 weitgehende Parallelität mit den vier anderen amerikanischen GM-Marken (Chevrolet, Pontiac, Oldsmobile und Cadillac) gegeben. Wie bei diesen waren die Motorleistungen zwecks Betriebs mit bleiarmem Benzin reduziert worden (verschärfte Abgasvorschriften); so wurde u. a. auch bei den V8-Motoren die Verdichtung auf 8,5:1 reduziert (zuvor bis 10,25:1). GM-üblich bestand der Unterbau aus einem Kastenrahmen mit Traversen. Für die Radaufhängungen dienten vorne Trapez-Dreieckquerlenker, während hinten eine Starrachse mit Schraubenfedern, unteren Längslenkern und oberen zum Differenzial führenden Schräglenkern zum Einbau kam. In der Regel wurden Trommelbremsen eingebaut, auf Wunsch mit Servo, und ebenso gegen Mehrpreis gab es vordere Scheibenbremsen und eine Servolenkung samt variierender Untersetzung sowie ein verstellbares Lenkrad. Hier eine Übersicht für den Start ins neue Jahrzehnt:

Skylark, Skylark Custom, Sportwagon So hießen 1971 die mittelgroßen Buick-Modelle. Sie wurden als zwei- und viertüriger Sedan, Hardtop-Coupé und -Sedan, Cabriolet und Station Wagon (Sportwagon) aufgelegt. Alle waren sechssitzig, die zweitürigen Modell hatten 284,5 statt 295 cm Radstand. Die Motorisierung begann mit dem 4,1-L-Reihensechszylinder. Es folgten zwei 5,7-L-V8 mit Rochester-Doppel- oder Vierfachvergaser (letzterer auf Wunsch in Kombination mit einem Doppelauspuff). Es standen ein 3-Gang-Handschaltgetriebe und die 3-Stufen-Automatik Turbo Hydra-Matic von GM zur Wahl.

GS Der GS war die Sportversion der Skylark-Reihe. Es gab sie ausschließlich als Hardtop-Coupé und Cabriolet. Nebst der stärkeren 5,7-L-V8-Version mit Doppelauspuff konnten ihn die Käufer mit einem 7,5-L-V8 bestellen, der außerdem in einer Stage-1-Version mit noch mehr Leistung angeboten wurde. Im Gegensatz zur schwächeren Variante, die auch mit 3-Gang-Getriebe (Lenkradschaltung) angeboten wurde, gab es die 7,5-L-Motoren nur mit 4-Gang-Getriebe (Stockschaltung) sowie dem Automatikgetriebe.

Le Sabre Ihn gab es in Standard- und Custom-Ausführung als viertürigen Sedan und Hardtop-Sedan, als zweitüriges

Buick Skylark Custom, 1971

Buick Le Sabre Custom Hardtop, 1971

Buick Riviera, 1971

Hardtop-Coupé und als Cabrio (nur Custom). Für das Modelljahr 1971 erhielten die Le Sabre gänzlich neue Karosserien mit tieferer Gürtellinie, größeren Fensterflächen, mehr Innenraum sowie neuentwickelter Zwangsbelüftung.
Das Kühlergesicht präsentierte sich etwas schlichter. Geblieben waren die drei modellspezifischen kleinen Luftauslassöffnungen seitlich hinten an der Motorhaube. Vordere Scheibenbremsen und Bremshilfe zählten zur Serie; das Fahrwerk war verfeinert worden.
Centurion, Electra, Estate Die ganz großen Buick warteten 1971 ebenfalls mit neuen Karosserien auf (analoge Verbesserungen zum Le Sabre). Mit der neuen Reihe Centurion wurde die Serie Wildcat abgelöst. Centurion, Electra 225 und 225 Custom wurden als Hardtop-Sedan und -Coupé sowie Cabriolet (Centurion) gebaut, während Estate Wagon die Bezeichnung des Kombis war. Dieser hatte eine neue Starrachse mit Längsblattfedern, die auf Wunsch mit einer pneumatischen Niveauregulierung aufgewertet werden konnte. Das Ladevolumen stieg von 2570 auf 3000 L. Der Estate Wagon wurde mit einer dritten, nach hinten gerichteten Sitzreihe angeboten. Beim Electra fanden sich seitlich hinten an der Motorhaube die vier kleinen Luftaustrittsöffnungen (seit Jahrzehnten Symbol der größten Buick-Modelle). Das Fahrwerk war bei allen Modellen ausgefeilt worden. Es gab ausschließlich die 7,5-L-V8-Maschine in zwei Leistungsstufen (höhere nur für Centurion), in der schwächeren Ausführung auch mit 3-Gang-Getriebe (ohne Electra), sonst nur mit Automatikgetriebe. Scheibenbremse, Bremshilfe und Lenkhilfe mit variierender Untersetzung waren Serie (verstellbares Lenkrad auf Wunsch).

Riviera Dieses sportliche Luxuscoupé in »italo-amerikanischem Stil« war erstmals mit dem Jahrgang 1963 erschienen; 1966 erhielt es ein neues Karosseriedesign, doch erst mit dem Modelljahr 1971 wurde es dank des spitz auslaufenden Fließhecks mit gekrümmt einbezogener Heckscheibe (in Parallele zum früheren Chevrolet Corvette Sting Ray) wieder zu einem eigentlichen Liebhaberfahrzeug, das sich von der Masse der amerikanischen Wagen deutlich abhob. Auch bei ihm war das Fahrwerk verbessert worden. Dem Antrieb dienten die beiden gleichen 7,5-L-Varianten wie im Centurion/Electra, doch wurde nur das Automatikgetriebe Turbo Hydra-Matic angeboten. Auch das verstellbare Lenkrad war bei diesem Modell serienmäßig vorhanden; hingegen ließen sich gegen Mehrpreis eine pneumatische Niveauregulierung für die Hinterachse und eine »neuartige Vorrichtung gegen das Durchdrehen der Antriebsräder auf glitschigem Belag« bestellen.
Feilen an der Technik Mit dem Jahrgang 1972 erhielten alle Buick Verbesserungen an den Motoren, Kraftübertragungen, Fahrwerken sowie leichte Karosserieretuschen. Die Motoren wurden den verschärften Abgasbestimmungen angepasst, wobei alle für Kalifornien bestimmten V8 mit einer Luftpumpe für die Nachverbrennung der Abgase im Auslasssammler (Air Injection Reactor) ausgestattet wurden. Zudem erhielten sie einen speziellen Ansaugkollektor, in dem die heißen Abgase zwecks Erwärmung des Benzin/Luft-Gemisches durchgeleitet wurden (Exhaust Gas Recirculation System). Solche Einrichtungen wurden auch bei anderen US-Marken eingeführt.
Für das Hardtop-Coupé des mittelgroßen Skylark wurde eine Option namens Sun Coupe eingeführt, die in erster

Buick Regal Formal Coupe, 1973

Linie ein Faltdach umfasste. Für Electra und Riviera war nun eine hermetisch verschlossene und wartungsfreie Batterie erhältlich. Im Le Sabre mit 5,7-L-V8 kam eine neue Version des Turbo Hydra-Matic (Typ 375B) zum Einbau; sie besaß eine fünfte Kupplung für einen Direktgang (Überbrückung). Die großen Buick erhielten neue elastische Stoßstangen mit Gummiumrandung, außerdem wurden ihre Heckleuchten vergrößert. Neu war beim Riviera ein gegen Mehrpreis lieferbares elektrisches Schiebedach (mit oder ohne Vinylüberzug).

Century, Century GS, Century Luxus, Regal So wurden mit dem Modelljahr 1973 auf den Markt gebrachten neuen mittelgroßen Buick (Intermediates) genannt. Ihre Karosserien waren länger und zeigten dank tieferer Gürtellinie vergrößerte Fensterflächen. Es gab sie in 13 Varianten mit V8-Motoren von 5,7 oder 7,5 L Hubraum. Das versteifte Kastenrahmenchassis trug verfeinerte Aufhängungen.

Allen Buick gemeinsam waren die Energie absorbierenden Stoßstangen (vorne bis 8 km/h schadlos, hinten bis 4 km/h) und die teilweise Abgasrückführung (EGR) samt Luftpumpe (AIR). Das Cabriolet der Reihe Le Sabre entfiel. Beim Riviera gab es neu eine Sonderausführung GS mit einem Total Roadability Package.

Apollo Im Frühjahr 1973 erweiterte Buick das Modellangebot mit dem Apollo nach unten (wie schon Oldsmobile mit dem Omega). Der Apollo wurde vom → Chevrolet Nova abgeleitet. Es gab ihn als Sedan, Coupé und Coupé Hatchback (Heckklappe) sowie in den Ausstattungen Standard und Custom. Markentypisch waren das Kühlergitter und die vorne V-förmig abschließende Motorhaube.

1974 wurden auch die hinteren Stoßstangen vorschriftsgemäß bis 5 mph Energie absorbierend gestaltet. Die mittlere Modellreihe Century/Regal wurde neu gruppiert, und den Regal gab's nun auch viertürig; Handschaltgetriebe entfielen. Der Riviera war nicht mehr ein begeisternd geformtes Hardtop-Coupé mit grandios geformtem Fastback, sondern ein gewöhnlich gestaltetes Stufenheckcoupé mit abgesetztem hinterem Seitenfenster. Bei Electra und Riviera war auf Wunsch ein längsverstellbares Lenkrad zu haben, und für die Spitzenmodelle konnten ab Anfang 1974 Airbags bestellt werden.

Buick Apollo, 1974

Mit Katalysator! 1975 stand im Zeichen der Katalysator-Einführung (teils mit verminderter Leistung). Neu eingeführt wurde ein 3,8-L-V6 mit 90°-Gabelwinkel und zwar für die Modelle Skyhawk, Apollo, Century und Regal. Die großen Buick Le Sabre und Electra erhielten eine Hardtop-Sedan-Karosserie mit zusätzlichem Seitenfenster. Skyhawk, Electra und Riviera wurden mit Rechteckscheinwerfern bestückt, wie sie bis anhin in den USA verpönt waren. Zum erwähnten 3,8-L-V6: *Weil Buick ab 1968 nur noch V8-Modelle anbot, wurden damals die Produktionsanlagen für den 3,8-L-V6 an Kaiser-Jeep verkauft. Mit deren 1970 erfolgten Übernahme kamen sie darauf in die Hand von American Motors (→ AMC). Wegen dringenden Bedarfs kleinerer Motoren als Folge der Erdölkrise hatte sie nun Buick von dort zurückgekauft!*

Skyhawk Der im August 1975 präsentierte Skyhawk wurde parallel mit dem → Chevrolet Monza 2+2 und dem → Oldsmobile Starfire lanciert. Auffallend an dieser Coupéserie waren die deutlich vom → Ferrari 365 GTB Daytona inspirierte Silhouette und Fastbackform; diese glanzvolle Pininfarina-Schöpfung verhalf auch den drei GM-Coupés zu Attraktivität. Vorn wurden Trapez-Dreieckquerlenker, hinten eine Starrachse mit Schraubenfedern, Längslenkern und Panhardstab montiert. Die Servobremsanlage umfasste vorne Scheiben; auf Wunsch gab es eine Servolenkung mit variierender Untersetzung.

Apollo 1975, Skylark Bei gleichen Abmessungen zeigte sich der Apollo neu karossiert (vor allem größere Fensterflächen). Die ebenfalls neu gezeichneten Versionen Coupé und Coupé Hatchback hießen nun Skylark. Es standen der 4,1-L-Reihen-Sechszylinder, der neu eingeführte 3,8-L-V6, ein neuentwickelter 4,3-L-V8 (der ebenfalls in anderen GM-Modellen Dienst tat) sowie zwei 5,7-L-V8 zur Wahl. Das Fahrwerk war im Detail verbessert worden.

1976 wurde der V6-Motor in weiteren Modellen erhältlich; den Skyhawk gab es nun auch mit 5-Gang-Getriebe; der Apollo Sedan hieß jetzt ebenfalls Skylark; der Century erhielt übereinander liegende rechteckförmige Doppelscheinwerfer (auch beim Le Sabre waren sie nun rechteckig, aber weiterhin nebeneinander angeordnet); Regal, Electra und Riviera waren entweder mit Schiebedach oder Hurst Hatch (wegnehmbare Dachteile) erhältlich; mit Motoränderungen und längeren Hinterachsuntersetzungen wurde eine Verbrauchsreduktion erzielt.

Le Sabre und Electra 1977 Mit diesem Jahrgang erhielten auch die großen Buick wie alle Standard-size-Modelle von General Motors gänzlich neue Aufbauten. Sie waren deutlich kleiner und leichter, anderseits aber 5 cm höher und daher gleichwohl stets noch eindrücklich. Der Radstand reduzierte sich beim Le Sabre von 315 auf 294,5 cm, während sich die Außenmaße von 576,5 x 203 x 137 (Coupé 135) cm auf 554 x 189,5 x 141,5 (139,5 cm) veränderten. Beim Electra

Buick Skyhawk, 1976

Buick Electra Park Avenue, 1977

Buick Century Custom, 1978

lauteten die Maße: Radstand zuvor 322,5, neu 302 cm (Station Wagon 294,5 cm), Karosserieabmessungen zuvor 593 (Station Wagon 589) x 203 x 137 (SW 147) cm, neu 564 (SW 550,5) x 196 (203) x 142 (Coupé 140, Station Wagon 143,5) cm. Die Gewichtsskala begann beim Le Sabre nun bei 1620 kg, zuvor waren es 1910 kg gewesen. Mit diesem Abspecken ging teils auch eine Hubraumreduktion einher, wobei der 7,5-L-Motor verschwand. Chassis und Fahrwerk entsprachen dem Vormodell.

Riviera 1977 Auch der Riviera 1977 präsentierte sich kleiner: Radstand 294,5 cm (wie Le Sabre), Karosseriemaße 554,5 x 196 x 140 (vorher 566,5 x 203 x 134,5 cm). Sein Gewicht sank von 2120 auf 1790 kg und das zweite Seitenfenster war kürzer. Man konnte den Riviera nun auch mit hinteren Scheibenbremsen bestellen.

Zum Modelljahr 1977 wurden auch die übrigen Modelle vermehrt auf Sparsamkeit getrimmt: Skylark, Century und Le Sabre gab es überdies mit einem »economy package« (Spar-V6, Turbo Hydra-Matic 350 mit geänderten Schaltpunkten und langer Achse); beim Skylark wurden der 4,3-L-V8 und der Doppelvergaser-5,7-L-V8 durch einen 5-Liter abgelöst.

1978 war das Modelljahr, mit dem GM die Intermediates (mittelgroßen Modelle) einer Abmagerungskur unterzog. Dies geschah bei den Buick Century (viertürig, Coupé und Station Wagon) und Regal (Coupé) parallel zu den Chevrolet Malibu und Monte Carlo, allerdings mit dem wesentlichen Unterschied, dass die viertürigen Limousinen und Coupés der Serie Century nun ein auffallendes Fastbackdesign zeigten (es wurde Plainback genannt), während die Regal-Coupés nach wie vor ein Stufenheck besaßen (zudem waren die Buick-Aufbauten standesgemäß etwas länger als jene von Chevrolet).

Regal Turbo Bereits 1977 war in einigen Buick-Modellen der V6 namens Even firing eingebaut worden: Der 3791-cm³-V6 mit 90° Gabelwinkel hatte eine neuentwickelte, in sechs Ebenen gelagerte Kurbelwelle (wechselweise 90° und 30°) erhalten, was eine regelmäßige Zündfolge (alle 120°) erbrachte. Nun gab es diesen OHV-V6 im Regal Sport Coupé mit Garrett-Abgasturbolader, womit die Leistung von 106 auf 152 PS (mit Doppelvergaser) oder gar 167 PS (mit Rochester-Vierfachvergaser) stieg (Verdichtung wie bei den übrigen V6 8:1). Abgasturbolader in alltagstauglichen Modellen hatte es bereits ab 1959 im Chevrolet Corvair und im Oldsmobile Jetfire und ab 1973 im BMW 2002 gegeben; es folgten viele Rennsportfahrzeuge. Im Bereich der Seriengebrauchswagen verkörperte der Turbo jedoch noch Neuland (ebenfalls zum Modelljahr 1978 lancierte Saab ein erstes Turbomodell).

Riviera 1979 Zu diesem Modelljahr wurde der Riviera erneut abgemagert und gleichzeitig auf die Frontantriebskonstruktion der → Oldsmobile Toronado und → Cadillac Eldorado umgestellt, die ihrerseits stark verkleinert worden waren. Statt 555 war der Riviera somit noch 525 cm lang! Das Kastenrahmenchassis besaß nun vorne Trapez-Dreieckquer-

Buick Skylark Sedan, 1980

Buick Century Turbo Coupe, 1980

Buick Le Sabre Sedan, 1980

lenker und längsliegende Torsionsfederstäbe und eine hintere Einzelradaufhängung mit schräg gestellten Längslenkern und Niveauregulierung. Das Lenkrad war verstellbar und a. W. gabs Vierrad-Scheibenbremsen. Der neue Riviera war mit dem 5,7-L-V8 (von Oldsmobile) oder mit dem hauseigenen 3,8-L-Turbo-V6 lieferbar (wurde in der Regel mit dem straffe-ren S-Fahrwerk kombiniert).

1979 wurden die 3,2- und 3,8-L-V6 u. a. mit größeren Einlass- und strömungsgünstigeren Auslasskanälen ausgerüstet; den Skyhawk (nun mit einfachen Rechteckscheinwerfern) gab es neu als Roadhawk mit Bugspoiler und weiteren sportliche und farblichen Zutaten sowie Sportfahrwerk.

Skylark 1979/80 Im März 1979 wurde die völlig neue X-body-Baureihe von General Motors eingeführt. Der Skylark zeigte sich nicht nur wesentlich kompakter, sondern besaß nun Frontantrieb und Quermotor (alle Details → Chevrolet Citation). Dieser neue Skylark wurde als zweitüriges Coupé und viertüriger Sedan gebaut, beide mit Stufenheck. In den Topausführungen hießen sie Sport und Limited. Mit ihren zahlreichen Chromrahmen wirkten die Buick-Modelle besonders schmuck.

1980 erschien der Century Sedan neu mit Stufenheck; in der Coupéserie Regal (nun mit Doppelscheinwerfern) war eine Ausführung Somerset zu haben; Le Sabre a. W. mit neuem 4,1-L-V6 und Leichtmetall-Motorhaube, neu als Estate Wagon; Le Sabre und Electra mit aerodynamisch verbesser-ten Karosserien (→ Oldsmobile 88/98); Electra-Basismotor war ein neuer 4,1-L-V6, während der 6,6-L-V8 nicht mehr angeboten wurde; anderseits wurde auf Wunsch ein 5,7-L-Dieselmotor eingebaut. Er war vorerst nur für Station Wagons lieferbar... verkörperte aber ebenso ein US-Novum wie der Abgasturbolader (s. Jahrgang 1981)!

Buick Riviera, 1980

Buick	Zyl.	cm³	PS	bei 1/min	Gänge	Spitze km/h	Radstand/Länge	ab Jahr	Besonderheiten
Skyhawk	V6	3791	112	40/38	4/A3		247/456	1975/80	
			106	34/32	4/5/A3			1976-78	
			117	3800				1979	
Skylark	6	4093	112	3600	3/A3		295/527°	1971	
(=4-türig)	V8	5724	157	3800					
			182/198	38/40					
*) Coupé/Cabrio: 285/516; Sportwagen: 295/541									
		5724	152/182	3800				1972	
Apollo	6	4093	101	3600	3/A3		282/509	1973/74	
	V8	5724	152/177	36/38	A4				
Apollo/Skylark	6	4093	106	3800	3/A3			1975	
	V6	3791	112	4000					
	V8	4269	112	3400	A3				
		5724	147-167	32/38					
Skylark	V6	3791	106	34/32	3/A3		282/509	1976-78	
			117	3800				1979	
	V8	4269	112		A3			1976	
		4942	137	4000				1977	
			147/135	38/40				1978	
		5001	132/135	32/40				1979	
		5724	142/157	32/34				1976	
		5737	172°/162	3800				1977°/79	
			172/162					1978	
Skylark	4	2471	91	4000	4/A3		267/462	1980	
	V6	2838	117	4800					
GS	V8	5724	198°/193	4000	3/4/A3		285/516	1971°/72	
		7468	259/279	42/44	4/A3			1971	
			228/274	40/44				1972	
Century/Regal	V6	3791	112	4000	3/A3		295/540°	1975	
			106	34/32				1976/77	
	V8	5724	152-198	36-40				1973/74	
			142-167	32-38	A3			1975-77	
		5737	172	3800				1977	
		6595	188	3600					
		7468	228/274	40/44	A3			1973	
			193-259	36-44				1974	
°) Coupé: 285/530; Station Wagon: 295/550; ab 1974: 295/542, 285/532, 295/554									
Century/Regal	V6	3216	91/96	36/38	3/A3		275/498°	1978	
			107	4000				1979	
		3791	106°/117	3400	4/A3			1978°/79	
			112	3800	3/A3			1980	
nur f. Regal	V6/T		152/167	38/40	A3			1978	
f. Regal/Century			172/177	4000				1979/80	
	V8	4344	122	3600				1980	
		4942	142-157	36/40				1979/80	
		5001	162-137	40/38				1978/80	
		5733	172-162	3800	1978/79				
°) Regal: 275/508									
Le Sabre	V6	3791	106	3400	A3		315/°	1976	
	V8	5724	150-198	36-40	3/A3			1971-74	
			167/162	3800	A3			1975	
			157	3400				1976	
		7468	228-259	40/42				1971-73	
			228/253	4000				1972	
			177-248	34-40				1974	
			208					1975/76	
°) L. 1971: 561; 1972: 564; 1973: 570; 1974: 574; 1975/76: 577									

Buick	Zyl.	cm³	PS	bei 1/min	Gänge	Spitze km/h	Radstand/Länge	ab Jahr	Besonderheiten
Le Sabre	V6	3791	106	3200	A3		295/554	1977/78	
			117°/112	3800			1979°/80		
	V6/T		172	4000					
	V6/T	4128	127					1980	
	V8	4942	137	4000				1977	
			142	36/40				1978-80	
		5001	147/137	3800				1978	
		5724	157/162	3400				1977-79	
nur f. Kalif.		5737	172	3800				1977/78	
-			157/162	34/38				1980	
		6595	188	3600				1977/78	
Centurion	V8	7468	233/269	40/44	3/A3		315/561	1971	
			228/253	4000			315/564	1972	
			264	4400					
		5724	177	3800	A3		315/570	1973	
		7468	228/253	4000					
			264	4400					
Electra/Estate	V8	7468	233/259	40/42	A3		321/575	1971	
			228/253	4000			323/579	1972	
							232/584	1973	
			213-248	36-40			323/588	1974	
			208	3800			323/593°	1975/76	
°) Station Wagon: 323/589									
Electra/Estate	V8	5724	157/162	34/38	A3		302/564°	1977-79	
		5737	172	3800				1977/78	
		6595	188	3600					
			177					1979	
°) Station Wagon: 295/551									
Electra/Estate	V6	4128	127	4000	A3		302/560°	1980	
nur f. Estate	V8	4942	142	4000					
	V8D	5737	106	3200					
-	V8		157/162	34/38					
nur f. Estate	V8D		106	3200					
°) Station Wagon: 295/556									
Riviera	V8	7468	259/269	42/44	A3		310/552	1971	
			253/264	40/44			310/554	1972	
							310/568	1973	
			233/248	38/40			310/575	1974	
			208	3800			310/567	1975/76	
		5724	157	3400			295/555	1977/78	
(nur f. Kalif.)		5737	172	3800					
-		6595	188	3600					
	V6/T	3791	188°/172	4200			290/525	1979°/80	
	V8	5737	162	3800				1979/80	

Buick in den 80er Jahren

Zur Erinnerung: Gegründet 1904 von David Buick (1854–1929) und erste »Division« der 1908 unter William Durant entstandenen General Motors. In der GM-Hierarchie belegte Buick den zweitobersten Platz nach Cadillac. Die meisten Buick-Modelle hatten auch 1981 bei den vier anderen amerikanischen GM-Marken (Cadillac, Oldsmobile, Pontiac, Chevrolet) ihr Parallelmodell. Die größten Unterschiede bestanden in der Frontgestaltung, mit der ein möglichst markentypischer Auftritt angestrebt wurde. Hinzu kamen unterschiedliche Komfortmerkmale bis hin zur Federungsabstimmung. Die Buick galten als besonders komfortorientiert, während sich die Pontiac beispielsweise eher eine sportliche Note gaben. (Allgemeine GM-Entwicklungshinweise sind unter → Chevrolet zusammengefasst.)

Die Baureihe Skyhawk als kleinster Buick wurde für das Modelljahr 1981 nicht mehr aufgeführt, da auf das Frühjahr die ganz neue J-car-Reihe von GM angekündigt worden war. Vorerst gab es noch die Buick-Modellreihen Skylark, Century, Le Sabre, Electra und Riviera.

Skylark Der Skylark zählte zu den im April 1979 auf den Markt gebrachten X-cars. Mit diesen hatte General Motors das für die USA revolutionäre Frontantrieb/Quermotor-Konzept eingeführt. So konnte dem Zug der Zeit entsprechend

gleich viel Raum und Komfort wie bei früheren Modellen bei weit weniger Länge und Gewicht geboten werden. 1981 gab es die Skylark, Skylark Limited und Skylark Sport, alle als jeweils fünfsitzige Sedan und Coupé.
An Motoren standen ein 2,5-L-Vierzylinder mit seitlicher Nockenwelle und ein 2,8-L-V6 mit zentraler Nockenwelle zur Wahl. Beide konnten mit einem 4-Gang-Getriebe oder einer 3-Stufen-Getriebeautomatik Turbo Hydra-Matic kombiniert werden (Letztere mit Wählhebel unter dem Lenkrad). Die Aufhängung umfasste vorne Federbeine und untere Dreieckquerlenker, hinten eine Starrachse mit Längslenkern, Panhardstab und Schraubenfedern. Einen Servo für die Bremsen (vorne belüftete Scheiben) und die Zahnstangenlenkung gab's gegen Aufpreis. 1981 hatten die Skylark feinmaschigere Kühlergrills erhalten. Es wurde auf eine neuartige Scheibenwaschanlage hingewiesen, mit der die Frontscheiben S-förmig beaufschlagt wurde.
Century / Regal Die Auswahl dieser mittelgroßen Buick war für 1981 gestrafft worden, indem nun die Century-Fastbackcoupés entfielen. So wurden die Century nur noch als Sedan, Sedan Limited, Station Wagon und Station Wagon Estate gebaut, während es das Stufenheckcoupé Regal weiterhin in den drei Versionen Regal, Regal Sport und Regal Limited gab. Dieses Coupé hatte eine aerodynamisch verbesserte Karosserie mit schräggestellter Front erhalten, womit der Luftwiderstand um 18 Prozent vermindert wurde. Bei der Century-Limousine war die Dachform strömungsgünstiger gestaltet worden; alle Century und Regal waren sechssitzig. Im Gegensatz zu den Skylark waren diese Buick in Standardbauweise gehalten. Für den Antrieb sorgten ein 3,8-L-V6 oder je ein 4,3- und 4,9-L-V8. Für den Regal Sport erhielt der V6-Motor einen Garrett-Abgasturbolader, der die Leistung von 112 auf 172 PS anhob. Der 4,9-L-V8 von Pontiac mit Rochester-Vierfachvergaser und 142 PS war anderseits nur für die Station Wagons lieferbar. Nur für den Century Sedan gab es ein 3-Gang-Getriebe mit Lenkradschaltung, während ansonsten das 3-Stufen-Automatikgetriebe Turbo Hydra-Matic eingebaut wurde (Wählhebel unter dem Lenkrad, auf Wunsch auf der Mittelkonsole).
Nach althergebrachter Sitte wurden die Century und Regal auf einem Kastenrahmenchassis mit Traversen aufgebaut. Vorn fanden sich Trapez-Dreieckquerlenker, hinten eine Starrachse, unteren Längslenkern und oberen zum Differenzial führenden Schräglenkern sowie ebenfalls Schraubenfedern. Es wurden Servobremsen (vorne belüftete Scheiben) und auf Wunsch eine servobestückte Kugelkreislauflenkung mit variierender Untersetzung eingebaut. Für den Regal gab es eine mit Gran-Touring bezeichnete Aufhängung, die ein europäisches Fahrfeeling vermitteln sollte.
Le Sabre Auch die größere Buick-Baureihe Le Sabre zeigte sich 1981 etwas weniger variantenreich. → Le Sabre war der Name des legendären GM-Concept-cars (damals Traum- und Zukunftswagen) von 1951 gewesen. Es gab die Modelle Le Sabre als Sedan und Coupé und Le Sabre Limited zusätzlich als Station Wagon bzw. Estate Wagon; alle waren sechssitzig.
An Motoren standen 1981 zur Verfügung: 3,8-L-V6, 4,1-L-V6, 5-L-V8 und 5,7-L-Diesel-V8. Buick hatte die Herstellung eigener V8-Triebwerke aufgegeben, und der kleinere V8 stammte von Chevrolet, während es sich beim 5,7-L-Diesel um eine Oldsmobile-Entwicklung handelte. Dieser turbolose, bescheidene 106 PS leistende »Selbstzünder« war für die

Buick Regal Limited Coupe, 1982

Buick Skylark Coupe, 1982

Buick Le Sabre Limited Sedan, 1982

USA noch ein Unikum und diente vor allem dazu, den Durchschnittsverbrauch pro Hersteller zu dämpfen.
In die Le Sabre wurde ausschließlich ein Automatikgetriebe eingebaut, wobei zusammen mit dem (für den Station Wagon nicht lieferbaren) 4,1-L-V6 und mit dem 5-L-V8 auch die neue GM-4-Stufen-Einheit bestellt werden konnte, bei der die oberste Stufe ins Schnelle übersetzt war und daher mit Overdrive bezeichnet wurde (bei den 3-Stufen-Automaten besaß die direkte Stufe in der Regel inzwischen eine Lock-up-Funktion, die den Schlupf unterband und somit ebenfalls einen Spareffekt bot).
Das Kastenrahmenchassis samt Aufhängungen entsprach dem gleichen Konstruktionsprinzip wie jenes des Century und Regal. Beim Kombimodell Estate wurden jedoch hinten Blatt- statt Schraubenfedern verwendet. Auf Wunsch war hinten eine pneumatische Niveauregulierung erhältlich.
Electra Dies war der Name für die großen Standard-size-Buick. Sie waren technisch mit den Le-Sabre-Modellen identisch, erreichten aber bei einem Radstand von 302 cm die beträchtliche Länge von 562 cm. Der Station Wagon bzw. Estate Wagon war mit 294,5/560 cm hingegen gleich lang wie das analoge Modell der Le-Sabre-Serie. Angetrieben wurde der Electra 1981 vom 4,1-L-V6, während der 5,7-L-V8 nur noch als Dieselmotor zu haben war. Den 5-L-V8 gab es ausschließlich im Estate Wagon, wo er mit dem 4-Stufen-Automatikgetriebe kombiniert wurde. Dieses war auf Wunsch (statt mit dem 3-Stufen-Automatikgetriebe ohne Overdrive) auch mit dem 4,1-L-V6 zu haben.
Riviera Das Riviera-Luxuscoupé mit italienischen Stilelementen war mit dem Modelljahr 1963 ins Buick-Programm gekommen. Mit dem Jahrgang 1971 erhielt es eine grandiose Fastback-Karosserie, die sich von allen anderen US-Wagen klar abhob. Doch schon 1974 zeigte sich der Riviera wieder mit einem fast normalen Stufenheck und mit dem Status einer Design-Ikone war's vorbei. Mit dem von den Abgas- und Verbrauchsvorschriften diktierten Down-sizing verlor der Riviera weiter an Eigenständigkeit, und die 1978 eingeführte kleinere Karosserie im Verein mit Frontantrieb stempelte ihn endgültig zum Derivat des Duos Cadillac Eldorado und Oldsmobile Toronado.
Wie diese vereinte der Riviera den Frontantrieb in ungewöhnlicher Weise mit einem Kastenrahmenchassis mit Traversen (vorne Trapez-Dreieckquerlenker und untere längsliegende Torsionsfederstäbe, hinten Einzelradaufhängung mit schräggestellten Längslenkern, Schraubenfedern und pneumatischer Niveauregulierung). Mit dem Jahrgang 1981 war das Motorenangebot neu geordnet worden: 4,1-L-V6 mit 127 PS, 3,8-L-V6 mit Garrett-Abgasturbolader und 183 PS, 5-L-V8 mit 152 PS und 5,7-L-Diesel-V8 mit 106 PS; alle wurden mit dem 3-Stufen-Automatikgetriebe Turbo Hydra-Matic kombiniert. Die Bremsanlage (vorne belüftete Scheiben) arbeitete mit Servo, wobei auf Wunsch auch eine Vierrad-Scheibenbremsanlage eingebaut wurde; die Kugelkreislauflenkung bot einen Servo sowie ein verstellbares Lenkrad. Den Riviera gab es als Coupé und als T-Coupé (bei dem sich die vorderen Dachhälften herausnehmen ließen).
Skylark 1982 Wie die übrigen X-Modelle von GM erhielt auch der Skylark mit dem Modelljahr 1982 eine stark verbesserte Vorderachse. Der von Pontiac stammende 2,5-L-Vierzylindermotor lief nun mit Einspritzung statt Vergaser, und der 2,8-L-V6 von Chevrolet wurde auch in einer High-Output-Version mit Doppelvergaser und 137 PS erhältlich (Normalversion neu mit 114 statt 117 PS). Servobremsen und -lenkung wurden fortan serienmäßig eingebaut.
Zum Modelljahr 1982 erfuhren auch andere Buick-Reihen Änderungen. Die Century-Modelle mit Hinterradantrieb

wurden im Hinblick auf das neue Frontantriebsmodell vorerst aufgegeben. Dem Coupé Regal wurden ein Sedan und ein Station Wagon zur Seite gestellt; gleichzeitig wurde das Motorenprogramm leicht nach unten korrigiert. Der Le Sabre erhielt einen auffallend grobmaschigen Kühlergrill; auch für ihn war auf Wunsch das 4-Stufen-Automatikgetriebe lieferbar. Beim Electra (ohne Diesel) wie beim Riviera zählte dieses Getriebe neu zur serienmäßigen Ausrüstung. Der im Regal Sport Coupé und im Riviera T Type eingebaute 3,8-L-V6-Turbomotor bot einen verbesserten Gaswechsel.
Wie bereits die Skylark erhielten auch die übrigen Buick mit dem Jahrgang 1982 einen Multi-Function-Bedienungshebel; für Electra und Riviera wurde zudem ein Memory-Seat angeboten, mit dem die Sitzposition von zwei Fahrern/ Fahrerinnen gespeichert werden konnte.
Century 1982 Der als viertürige Limousine mit sechs Seitenfenstern sowie als ebenfalls fünfsitziges Stufenheckcoupé gebaute neue Century wurde Ende November 1981 vorgestellt. Er schob sich zwischen Skylark und Regal und wurde parallel mit den nun ebenfalls als A-bodies bezeichneten → Chevrolet Celebrity, Pontiac 6000 und Oldsmobile Cutlass Ciera hergestellt. Diese basierten auf den frontgetriebenen X-body-Modellen und teilten mit diesen auch den Radstand von 266,5 cm. Die Länge erreichte jedoch rund 480 statt 460 cm (Skylark), doch war der neue Century mit 1220 kg wesentlich leichter als der ab 1470 kg wiegende Regal. Die Motorenauswahl begann wie beim Skylark mit dem auf Einspritzung umgestellten 2,5-L-Grauguss-Vierzylinder mit seitlicher Nockenwelle von Pontiac. Darüber rangierten ein neuer 3-L-V6 und der ebenfalls neue 4,3-L-V6-Diesel von Oldsmobile. Für die Kraftübertragung auf die Vorderräder sorgte das 3-Stufen-Automatikgetriebe Turbo Hydra-Matic 125 mit Wählhebel unter dem Lenkrad. Vorn fanden sich Federbeine mit unteren Dreieckquerlenkern, hinten eine Starrachse mit Längslenkern, Schraubenfedern und Panhardstab.
Skyhawk Knapp ein Jahr nachdem General Motors die J-car-Serie als Chevrolet, Pontiac und Cadillac lanciert hatte, wurde diese mit dem Opel Ascona verwandte Frontantriebskonstruktion im Februar 1982 auch als Oldsmobile Firenza und als Buick Skyhawk auf den amerikanischen Markt gebracht. Als Motor wurde zunächst die gleiche OHV-Graugussmaschine mit 1841 cm³ und 89 PS vorgesehen wie sie in den drei bereits bestehenden J-Modellen eingebaut wurde. Doch dann entschloss sich GM für den 1796-cm³-OHC-Motor mit Leichtmetall-Zylinderkopf aus brasilianischer Produktion; mit Einspritzung kam er auf 85 PS. Dank 5-Gang-Getriebe und einer kürzeren Achsuntersetzung verhalf er dennoch zu etwas mehr Lebhaftigkeit. Im Vordergrund aber stand eine neue 2-L-Einspritzversion des US-amerikanischen 1,8-L-Motors, die anfänglich allerdings auf sich warten ließ.
Es gab den Skyhawk als Sedan, Coupé (einschließlich T Type) und Station Wagon (Limited Wagon). Der 1,8-L-Motor wurde auf Wunsch, die 2-L-Maschine ausschließlich mit 3-Stufen-Automatikgetriebe geliefert. Vorne wurden Federbeine und untere Dreieckquerlenker, hinten Längsschwingen verwendet. Die Zahnstangenlenkung erhielt auf Wunsch einen Servo.
Riviera Convertible Im Frühsommer 1982 stellte Buick dem Riviera-Coupé ein ungemein attraktives Cabriolet zur Seite. Ein solches hatte es von Buick seit sieben Jahren nicht mehr gegeben!
T Types Mit dem Modelljahr 1983 führte Buick bei weiteren Modellen sportliche T-Type-Varianten ein. Bei den Skyhawk gab

Buick Electra Estate Wagon, 1982

Buick Skyhawk Limited Wagon, 1983

Buick Century T Type Sedan, 1983

es den T Type F-41 Gran Touring mit straffer abgestimmten Fahrwerk; im Skylark T Type wirkte der High-Output-2,8-L-V6, während die Skylark Custom und Limited sich mit den beiden schwächeren Motoren begnügen mussten. Für den Century wurde zum Frühjahr 1983 ein 4-Stufen-Automatikgetriebe (in Verbindung mit dem 3-L-V6) angekündigt. Century und Regal gab es jetzt ebenfalls als T Type. Der im Regal T Type erhältliche 3,8-L-V6 mit Abgasturbolader kam auf 183 statt 177 PS, dies dank widerstandsärmerer Auspuffanlage, modifiziertem Ladergehäuse und computergesteuerter Abgasrückführung. Hinzu kamen ein verstärkter Kühler und eine kürzere Achse und nicht zuletzt ein 4-Stufen-Automatikgetriebe.

Anfang 1983 integrierte General Motors die auf Karosserien und Teile spezialisierte Tochterfirma Fisher Body in die Buick Division. Die Fisher-Werkanlagen sollten modernisiert, um 3600 Arbeitsplätze reduziert und ab 1986 für die Herstellung von Frontantriebsmodellen genutzt werden.

1984 wurde die kleinste Buick-Modellreihe, der Skyhawk, auch mit Abgasturbolader erhältlich. Hierzu wurde der von GM Brasil stammende 1,8-L-OHC-Vierzylinder außer mit Zentraleinspritzung in den USA auch mit einem Airesearch-Aggregat T2 ausgestattet. Bei einer Verdichtung von 8:1 und einem maximalen Ladedruck von 0,6 bar resultierten 152 PS. Der Skylark erhielt einen etwas grobmaschigeren Kühlergrill; auf Wunsch war er mit elektronischen Anzeigeinstrumenten zu haben. Der Century wurde 1984 (wie die anderen GM-A-cars) zusätzlich als Custom Wagon (Kombi) lieferbar, zudem ließ er sich mit einem 3,8-L-V6 mit Saugrohreinspritzung und 127 PS Leistung ausrüsten.

Buick Riviera Convertible, 1983

Den hinterradgetriebe Regal gab es nicht mehr mit dem 5,7-L-V8-Diesel; anderseits war die Leistung des dem Regal T Type vorbehaltenen 3,8-L-V6-Turbomotors von 183 auf 203 PS angehoben worden. Als Topmodell gab es den T Type Grand National. Beim Le Sabre war der in zwölf Felder unterteilte markante Kühlergrill einem schlichten dunklen Gitter gewichen. Kaum mehr strukturiert gab sich auch der Kühlergrill des Riviera; auch für ihn bot der wahlweise erhältliche Turbo-V6 nun 193 PS Leistung. Übrigens bot GM für das Coupé Buick Riviera, sofern es in Chicago und Umgebung eingesetzt wurde, erstmals ab Werk ein drahtloses Telefon an!

Electra Im März 1984 wurde Buicks nach ganz neuem Konzept konstruierter Top-Sedan Electra, gleichzeitig mit analogen Modellen von Cadillac und Oldsmobile, vorgestellt: Statt eines Kastenrahmenchassis mit Hinterradantrieb besaß er einen selbsttragenden Aufbau mit Frontantrieb samt Quermotor. Weil damit der Radstand des Electra von 302 auf 282 und die Länge von 566 auf 499 cm zusammenschmolz, mutierte der Le Sabre zum größten Buick. Auch wenn das Gewicht um 270 kg auf 1450 bis 1500 kg abgenommen hatte, so war der Electra doch ein für Frontantrieb ungewöhnlich mächtiges Auto. Doch General Motors hatte ja längst einschlägige Erfahrung in der Kombination von Schwergewichten mit angetriebenen

Vorderrädern. Das Design war weiterhin im typischen repräsentativen GM-Stil mit vielen Kanten und Ecken gehalten. Die Front prägte ein schlichter, von rechteckigen Doppelscheinwerfern flankierter Kühlergrill. Angeboten wurde der neue Electra als zwei- und viertüriger Sedan (kein Station Wagon), beide mit fast senkrecht stehender Heckscheibe. Es gab die Ausführungen Electra, Electra Park Avenue und Electra T Type. Basismotor war ein 3-L-V6 mit 112 PS und darüber rangierten ein 3,8-L-V6 mit Bosch-Benzineinspritzung und 127 PS sowie ein 4,3-L-Diesel-V6 mit bescheidenen 86 PS, alle in Verbindung mit dem neuentwickeltem 4-Stufen-Automatikgetriebe THM 440-T4. Vorne wie hinten wurden Feder- bzw. Dämpferbeine mit unteren Dreieckquerlenkern montiert. Die Kugelkreislauf- war nun einer Zahnstangenlenkung gewichen. Die neuen Electra warteten mit einem erheblich reduzierten Verbrauch auf.

Somerset Regal Zum Modelljahr 1985 lancierte General Motors mit der N-bodies-Serie für Pontiac, Oldsmobile und Buick je ein Coupé: Basis war die J-car-Serie mit von 257 auf 262,5 cm verlängertem Radstand, aerodynamisch ausgefeilte Fünfsitzer mit großzügigen seitlichen Fensterflächen, altbekannter 2,5-L-Gusseisenmotor mit seitlicher Nockenwelle zur Tech IV engine aufgewertet (weiterhin 93 PS), alternativ dazu 3-L-V6 von Buick mit einer dank Multiport- bzw. Saugrohreinspritzung auf 127 PS gesteigerten Leistung, 5-Gang-Getriebe oder 3-Stufen-Automatikgetriebe THM 125. Von Buick gab es als Luxusversion zusätzlich den Somerset Regal Limited. Das Coupé Somerset Regal V6 wurde samt Digitalinstrumentierung auch auf dem Genfer Salon 1985 ausgestellt.

1985 wurde der Skylark nur noch als Sedan gebaut und dessen Topmotor war ein 2,8-L-V6 mit Saugrohreinspritzung und 127 PS. Die Century-Reihe besaß jetzt einen sehr feinmaschigen Kühlergrill, und die Motorenpalette wurde um den 2,8-L-V6 erweitert. Der Century Station Wagon konnte ebenfalls im Euro-Look mit strafferem Fahrwerk und Alurädern ohne Weißringreifen bestellt werden. Den Regal gab es (wieder) nurmehr als Coupé. Der 4,1-L-V6 wurde gestrichen, und dies galt auch beim Le Sabre.

Riviera 1986 Im Mittelpunkt des Buick-Jahrgangs 1986 stand der neue Riviera. Mit ihm nahm das GM-Down-sizing (Verkleinern) seinen Fortgang: Der Radstand schmolz von 289,5 auf 274,5 cm und die Länge sogar um rund einen halben Meter auf noch 475,5 cm. Die Front war aerodynamisch schräggestellt, die charakteristische Coupésilhouette jedoch beibehalten worden. Dass der Innenraum bei weitem nicht im Gleichschritt mit dem Äußeren abgenommen hatte, war dem Übergang vom Kastenrahmenchassis mit Längsmotor zur selbsttragenden Bauweise mit quer eingebauten Motor zu verdanken. Bei diesem handelte es sich ausschließlich um den 3,8-L-V6 mit elektronischer Bosch-Einspritzung: V8 und Turbo standen nicht mehr im Angebot. Vorn gab es neu eine Federbeinaufhängung mit Querlenkern, während sich die hintere Einzelradaufhängung aus Querlenkern und quer angeordneten Fiberglas-Blattfedern à la Chevrolet Corvette zusammensetzte. Erhalten geblieben war die pneumatische Niveauregulierung. Alle Riviera erhielten nun Vierrad-Scheibenbremsen eingebaut und nicht nur die sportlich gefederte Ausführung T Type.

Le Sabre 1986 Ebenfalls neu war 1986 der Le Sabre. Er besaß wie der Electra Frontantrieb und Quermotor. Das Kastenrahmenchassis war einer selbsttragenden Bauweise gewichen, Radstand und Länge verminderten sich von 294,5/555 cm auf 281,5/499 cm. Es gab den Le Sabre noch mit V6-Einspritzmotoren von 3 und 3,8 L Inhalt und als sechssitzige Coupé und Sedan. – Von altem Schrot und Korn waren hingegen die als Estate Wagon bezeichneten Kombi der Baureihen Le Sabre und Electra: Kastenrahmen mit Traversen, 294,5 cm Radstand, 562 cm Länge, 5-L-V8-Motor. Ebenfalls 1986 erhielt der mit Kastenrahmen und Hinterradantrieb ausgerüstete Regal in der Version mit 3,8-L-V6-Turbomotor eine Leistungsspritze auf 238 PS, während dem populären Century ein in vier Felder unterteilter, einwärts geneigter Grill verpasst wurde. Beim Somerset-Coupé entfiel die Zusatzbezeichnung Regal, und auf der gleichen Plattform gab es einen neuen Sedan namens Skylark (ein seit 1963 verwendeter Buick-Modellname). Anderseits wurde die kleinste Buick-Reihe, jene der Skyhawk, um ein Fastback-Coupé mit Heckklappe ergänzt.

Buick Park Avenue Sedan, 1985

Buick Skyhawk Sport Hatchback, 1987

1987 erhielt die Skyhawk-Reihe als Basismotor den überarbeiteten, mit Alu-Zylinderköpfen versehenen 1991-cm³-OHV-Vierzylinder (91 statt 89 PS), während die 1,8-L-Motoren durch den von GM Brasil gelieferten 1998-cm³-OHC-Motor ersetzt wurden (auf Wunsch ebenfalls mit Turbo, 103 statt 85 PS bzw. 162 statt 152 PS), neu hinzu kam die Version Sport Hatchback (Klappscheinwerfer); Somerset/Skylark mit 2,5-L-Vierzylinder nun 99 statt 93 PS; Century mit 2,8-L-Motor neu mit Einspritzung (127 statt 114 PS); Regal-Sportmodell T Type durch den Typ Grand National abgelöst, Turbo mit 248 statt 238 PS; Le Sabre und Electra nur noch mit 3,8-L-V6; dieser Motor mit 152 statt 142 PS (u. a. dank rollengelagerter Ventilstößel, auch im Riviera), Le Sabre mit verfeinerter Front und glasüberdeckten Doppelscheinwerfern.

Regal 1988 Auf der Greater Los Angeles Auto Show im Januar 1987 wurde die Coupé-Reihe Regal durch eine Neukonstruktion abgelöst, deren Markteinführung aber erst im Herbst erfolgen sollte. Erwartungsgemäß wurde das Kastenrahmenchassis mit Hinterradantrieb durch eine selbsttragende Konstruktion mit Frontantrieb und Quermotor abgelöst. Damit änderten sich auch die Abmessungen: Radstand um 1,5 auf 273 cm verkürzt, Länge um 21,5 auf 488 cm gekappt, Höhe um 4 auf 134,5 cm abgesenkt (die Breite blieb mit 182 cm gleich). Mit der niedrigen, strömungsgünstigen Front und dem vergleichsweise hohen Stufenheck wirkte der Regal schnittig und neuzeitlich.
Das Leergewicht sank um etwa 75 auf 1380 kg.
Anstelle von 3,8-L-V6 und 5-L-V8 trat beim neuen Regal als Einheitsmotor ein 2,8-L-V6 mit Einspritzung von Chevrolet, der sich mit einer Netto-Leistung von 127 PS begnügte. Zusammen mit dem 4-Stufen-Automatikgetriebe (mit Wählhebel unter dem Lenkrad) wurde ein deutlich abgesenktes Verbrauchsverhalten gesichert. Zu den technischen Merkmalen zählten Vierrad-Scheibenbremsen, Servo-Zahnstangenlenkung, vordere Federbeine mit unteren Längs- und Querlenkern und eine hintere Dreilenkerachse mit Querblattfeder. Gegen Aufpreis wurden eine hintere Niveauregulierung und/oder 15-Zoll-Räder montiert. Es gab den Regal in den Ausführungen Custom und Limited sowie mit Sport-Package, das durch schmucke rote Zierelemente auffiel, oder dem »Exterior Appearance & Gran Turismo Pack«. – *Der neue Regal war bereits dem Jahrgang 1988 zuzurechnen; er eröffnete unter dem Code GM 10 eine neue Modellreihe, die auch für andere GM-Marken angedacht war.*

Moderne Motoren! 1988 wurden beim Skyhawk das dreitürige Coupé gestrichen und nur noch die 2-L-OHC-Motoren eingebaut. Bei den nächstgrößeren Modellen hieß jetzt auch das Coupé Skylark statt Somerset; neu gab es diese Reihe mit dem Quad-4-Motor von Oldsmobile (2,3 L, DOHC, 16 Ventile, 152 PS); die Skylark-Doppelscheinwerfer wurden von durchgehenden Gläsern abgedeckt. In den Modellen Le Sabre T Type (auf Wunsch auch bei den anderen Le Sabre), Electra und Riviera wurde der neue Motor 3800-V6 eingebaut: Mit versetzten Kurbelwellenzapfen (gleichmäßige Zündintervalle trotz 90-Grad-Gabelwinkel) und gegenläufig drehender Schwingungsausgleichswelle kam er auf 167 PS bei kultivierten Laufeigenschaften. Beim Le Sabre Coupe wurden das zweite Seiten- und das Heckfenster verkleinert. Auch der Riviera präsentierte sich 1988 mit Breitband- statt Doppelscheinwerfern.

Kompaktsportler Reatta Im September 1983 hatte General Motors mit dem Pontiac Fiero ein kleines Sportcoupé mit

Buick Regal Custom, 1988

Mittelmotor auf den Markt gebracht. Es wäre denkbar gewesen – und hätte den GM-Gepflogenheiten entsprochen – ihm unter einem der vier weiteren Markennamen ein Schwestermodell nachzuschieben. Doch stattdessen wurde Anfang Februar 1988 der Buick Reatta vorgestellt, ein unaufdringlich geformtes zweisitziges Coupé mit Frontantrieb, das sich größenmäßig zwischen den Fiero und den Firebird/Camaro einschob: just 250 cm Radstand, 464,5 cm Länge (Fiero: 237,5/414 cm, Firebird: 256,5/484 cm). Der Reatta verkörperte aber vor allem eine Alternative zu den diversen, auf dem amerikanischen Markt so erfolgreichen Sportcoupés aus Japan und Europa.

Buick Le Sabre Custom Coupe, 1989

Das Reatta-Design mit seiner wie beim Fiero schlichten, kühlergrillfreien Klappscheinwerferfront und der Panoramaheckscheibe über dem schwungvollen Stufenheck war in den GM-Studios entstanden (cw-Wert 0,34), doch an der technischen Entwicklung war die Londoner Firma Hawtal Whiting maßgeblich beteiligt gewesen (sie hatte auch an der Volvo-700-Serie und am malayischen Proton mitgewirkt). Von ihr waren während drei Jahren 32 kaschierte Reatta-Prototypen auf die Räder gestellt und auch auf europäischen Straßen erprobt worden. Abgesehen vom verkürzten Radstand entsprach das technische Konzept des Reatta jenem des Buick Riviera, und die Herstellung erfolgte im Werk Lansing, Michigan.

Die Karosserieteile bestanden aus beidseits galvanisiertem Blech, mit Ausnahme des Dachs und der Radhäuser; für letztere wurde thermoplastischer Kunststoff verwendet. Auch im Reatta wurde der neue (aber stets noch in Grauguss gefertigte) Motor 3800-V6 eingebaut, der mit seinen 167 PS

Buick Riviera, 1989

Buick Regal Limited Sedan, 1990

ein Leergewicht von immerhin 1520 kg in Schwung zu bringen hatte. Es gab ausschließlich das Automatikgetriebe Turbo Hydra-Matic 440-T4. 100 km/h ließen sich in rund 10 s erreichen, und es wurde eine Spitze von 200 km/h genannt. Die Betonung lag mehr auf Luxus als auf Sport, was sich im Innenraum ebenfalls zeigte. Vorne fanden sich ein Hilfsrahmen, Federbeine und untere Längs- und Querlenker, hinten Querlenker, Dämpferbeine, eine Fiberglas-Querblattfeder sowie eine Niveauregulierung. Nebst Vierrad-Scheibenbremsen wurde ein ABS System Teves eingebaut. – *Die Nachfrage erwies sich als weit größer als erwartet, so dass für 1989 ein Ausstoß von bis zu 9000 Exemplaren geplant wurde.*

Riviera 1989 Weil anderseits das Publikumsinteresse an dem verkleinerten Riviera deutlich nachgelassen hatte, wurde ihm für 1989 ein neues schwungvolles Heck verpasst. Bei unverändertem Radstand von 274,5 cm wuchs die Länge um 26,5 auf 503,5 cm. Gleichzeitig wurde das zweite Seitenfenster stark verkürzt. Das Gewicht stieg um 50 auf 1550 kg. Damit aber der 3,8-L-V6 (LN3 3800) durch gutes Beschleunigungsvermögen brillieren konnte, wurden gleich auch zwei kürzere Achsuntersetzungen angeboten. Die sportliche T-Type-Ausführung gab es hingegen nicht mehr. 1989 war der Skyhawk nur noch mit dem schwächsten Motor erhältlich (OHV, 91 PS). Im Skylark gab es hingegen mehr Leistung: 2,5-L-Vierzylinder mit 112 statt 99 PS, V6 mit 3,3 statt 3 L Inhalt und 162 statt 127 PS (sowie weiterhin 2,3-L-DOHC-16V mit 152 PS). Der Century erhielt eine geänderte Front-, Dach- und Heckpartie einschließlich nur noch vier statt sechs Seitenfenstern; die aufpreispflichtigen V6-Motoren mit 2,8 und 3,8 L Hubraum wurden durch einen 3,3-L-V6 mit 162 PS abgelöst. Für den Regal wurde für den Verlauf des Modelljahrs 1989 ebenfalls ein neuer V6 in Aussicht gestellt: 3,1 L, 142 PS. Im Le Sabre kam ausschließlich noch der neue 3,8-L-V6 mit 167 PS zum Einbau.
Dieses Antriebsaggregat fand sich auch im Electra, der für die Vordersitze ein automatisches Gurtsystem erhielt; für den Frühling wurde zudem der Electra Ultra mit Lederinnenraum, Zweitonlackierung und weiteren Luxusmerkmalen angekündigt. Besser ausgerüstet wurden auch die nach wie vor mit Kastenrahmenchassis und 5-L-V8 gebauten Kombivarianten namens Estate Wagon von Le Sabre und Electra. – Übrigens wurde das schon 1988 eingeführte, aufpreispflichtige Dynaride-Komfortpaket auf die meisten Buick-Modellreihen ausgedehnt: Es umfasste noch bequemere Federungsabstimmungen, geänderte Befestigungspunkte, verminderte Vibrations- und Geräuscheinwirkungen usw.

Buick Reatta Coupe, 1988 (© Buick)

Buick Park Avenue Ultra, 1991

Mit dem Anfang Januar 1989 auf der North American International Auto Show in Detroit gezeigten Konzeptstudie Park Avenue Essence vermittelte Buick einen Ausblick auf das von Aerodynamik und Eleganz geprägte Design der 90er Jahre. Der Innenraum verhieß ein neues Raumgefühl durch schwungvolles Armaturenbrett, automatisch öffnende Türen, elektrisch verstellbare Fußstützen, Navigationssystem GM Delco Navicar, Fernsehbildschirm für hintere Passagiere, drahtlose Kopfhörer für alle Mitfahrer.

Regal Sedan Mit dem Modelljahr 1990 wurde dem Regal-Coupé im Rahmen der mittelgroßen GM-10-Reihe eine elegant und strömungsgünstig geformte Sechsfensterlimousine zur Seite gestellt. Auffallend waren die großzügigen Fensterflächen, die durch die leicht durchhängende Gürtellinie begünstigt wurden. Mit dem in dunklerer Farbe gehaltenen unteren Flankenteil wirkte der Regal Gran Sport Sedan besonders schmuck. Basismotor war nun auch für das Coupé der 3,1-L-V6 mit 137 PS. Alternativ dazu stand ein 3,8-L-V6 mit 172 PS zur Wahl.

Reatta Convertible 1990 wurde der Sportzweisitzer Reatta auch als Cabriolet erhältlich; ebenfalls neu war das Armaturenbrett. – 1990 wurde die Skyhawk-Reihe gestrichen. Der Kühlergrill der Skylark war nun nicht mehr in den Stoßschutz hineingeschnitten, sondern über diesem abgegrenzt. Der große Kombi hieß kurzerhand Estate Wagon.

Park Avenue Der im Januar 1990 in Detroit und Los Angeles gezeigte Park Avenue wurde schon im Monat danach als Nachfolger des Electra zum Modell 1991 deklariert. Er verkörperte stilistisch einen gewaltigen Schritt vorwärts, wurde mit ihm doch das GM-typische Kantendesign verlassen und durch elegante Rundungen und Wölbungen ersetzt, und dies galt ebenso für den prägnanten, aus feinen Senkrechtstäben bestehenden Kühlergrill. Während der Electa just 5 m maß, war der Park Avenue bei gleich gebliebenem Radstand von 281,5 cm nicht weniger als 521,5 cm lang. Breite und Höhe hatten um je 3 cm auf 187 bzw. 141,5 cm zugelegt. Damit verkörperte der Park Avenue zugleich eine Umkehr vom jahrelangen Schrumpfungsprozess. Der Luftwiderstandsbeiwert wurde mit cw 0,31 angegeben, was auf intensive Windkanalarbeit schließen ließ.

Dem Vorderradantrieb diente auch im Park Avenue der 90-Grad-V6 mit 3791 cm³ Inhalt und Schwingungsausgleichswelle. Man hatte ihn aber mit zweistufigem Ansaugsystem und einer geänderten Nockenwelle zu 5 zusätzlichen PS (172 statt 167) und vor allem zu mehr Drehmoment verholfen. So ließ sich das um 100 auf rund 1650 kg erhöhte Leergewicht verkraften. Das 4-Stufen-Automatikgetriebe Turbo Hydra-Matic wurde mit einer elektronischen Steuerung zum Typ 4T60-E aufgewertet; sie reagierte besonders schnell und sanft, zudem schaltete sie situationsgerecht beispielsweise von der dritten direkt in die erste Stufe zurück. Als Sechssitzer besaß der Park Avenue natürlich eine Lenkradschaltung.

Die Ausstattung war umfangreich luxuriös und umfasste auch einen Airbag im Lenkrad-Pralltopf, ABS, Klimaanlage, einen elektrisch verstellbaren Fahrersitz, höhenverstellbares Lenkrad und eine Niveauregulierung der Hinterachse. Bei der Ausführung Park Avenue Ultra kamen u. a. eine für Front und Fond separat regulierbare automatische Klimaanlage und Sitzüberzüge aus besonders weichem Leder hinzu. Gegen Mehrpreis war ein Gran Touring Package mit strafferer Federung, kürzerer Achsuntersetzung und Leichtmetallfelgen samt Breitreifen erhältlich.

Buick	Bauart	Mot.	Getr.	R/ L cm	Modelljahre
Skyhawk	**Fr.**	**a–c**	**4/A3**	**257/446,5/441**	**1982**
		b–d		**257/445/440**	**1983**
		b–f		**257/450,5/445**	**1984–86**
Motoren:	*Zyl.:*	*N'w.:*	*cm³:*	*PS/'min:*	*Nm/'min:*
a (1982)	4	OHV	1841	89/5100	135/2800
b (*T Type 1986–)	4i	OHC	1796	85/5200/89*/4800	138/2800
c (1982)	4	OHV	1991	91/5100	151/2700
d (1983 *1984/85)	4i			87/4900	149/135*/3000
e (1986–)				89/4800	149/2400
f (1984–)	4iT	OHC	1796	152/5600	204/2800
Skyhawk	**Fr.**	**a–c**	**4/5/A3**	**257/460,5/456/445**	**1987**
				257/456/461,5	**1988–89**
a (1987 1989–)	4i	OHV	1991	91/5600	147/3200
b (1987/88 +*1988)		OHC	1998	103/5200/	176/2800/
				97*/5200	160/3600
c (–1988)	4iT			162/5600	217/2800
Skylark	**Fr.**	**a–g**	**4/A3**	**266,5/460**	**1981–85**
Motoren:	*Zyl.:*	*N'w.:*	*cm³:*	*PS/'min:*	*Nm/'min:*
a (*1982: 4i)	4*	OHV	2471	91/4000	182/2400
b (1983 *1984)	4i			91/93*/4000	179/2800
c (1985–)				93/4400	182/2800
d (–1981)	V6		2838	117/4800	197/2000
e (1982–84)				114/5100/137/5400	201/193/197/2400
f (CH 1984–)				109	–
g (1985–)	V6/V6i			114/4800/	197/2100/
				127/4500	224/3600
Somerset Regal	**Fr.**	**b/d**	**5/A3**	**262,5/457,5**	**1985**
Somerset(–'87)/Skylark		**a–e**		**1986–90**	
a (1988/89 *1990–)	4i	D16V	2260	152/5200/	217/4000/
				162*/6200	210/5200
b (–1986 *m.Autom.'85)		OHV	2471	93/95*/4400	182/202/2800
c (1987/88 *1989–)				99/4800/112*/5200	183/3200
d (–1988)	V6i		2966	127/4900	203/2400
e (1989–)			3340	162/5200	251/3200
Century	**K'r.**	**a–c**	**3/A3**	**274,5/498**	**1981**
Regal		**a-d**	**A3**	**274,5/509**	
Motoren:	*Zyl.:*	*N'w.:*	*cm³:*	*PS/'min.*	*Nm/'min*
a			3791	112/3800	258/1600
b	V8		4344	121/4000	277/2000
c (Cent. Estate Wagon)			4942	142/4000	326/1800
d (Regal Sport)	V6T		3791	172/4000	373/2400
Century	Fr.	a–k	A3/A4	266,5/480,5	1982–90
Century Wagon				266,5/485	1984-90
a (*1984)	4i	OHV	2471	91/93*/4000	182/2400
b (1985 *1986)				93/4400	179/182*/2800
c (1987–89 *1990–)				99/4800/112*/5200	183/3200
d (T Type –1985)	V6		2966	112/4800	197/2000/2600
e (CH 1984/85)			2838	109	–
f (1985/86)				114/4800	197/2100
g (1987/88)	V6i			127/4500	217/3600
h (1989–)			3340	162/5200	251/2000
i (1984/85)			3791	127/4400	265/2000
j (1986–88 +*nur 1986)				152/4400/146CH*	271/2000
k (–1985)	V6D		4302	86/3600	224/1600
Regal	**K'r.**	**a–k**	**A3/A4**	**274,5/509,5**	**1982–87**
Regal Estate Wagon		**a/c/g**		**274,5/499,5**	**1982/83**
Motoren:	*Zyl.:*	*N'w.:*	*cm³:*	*PS/'min.*	*Nm/'min*
a	V6	OHV	3791	112/3800	258/1600
b (Europa 1983–85)			2838	114/4800	197/2400
c (Sport 1982)	V6T		3791	177/4000	373/2600

Buick	Bauart	Mot.	Getr.	R/ L cm	Modelljahre
d (T Type '83 *'84/85)				183/203*/4000	380/407/2400
e (T Type 1986)	V6iT			238/4400	448/2800
f (Grand National'87–)				248/4400	482/2000
g (–1984)	V6		4128	127/4000	278/2000
h (1985 *CH/Exp.1984–)	V8		5001	152/4000/167*	326/2400
i (1986–)			5033	142/3200	346/2000
j (–1985)	V6D		4302	86/3600	224/1600
k (–1984)	V8D		5737	106/3200	271/1600
Regal	**Fr.**	**a–c**	**A4**	**273/488**	**1988–90**
Regal Sedan				**273/494**	**1990**
a (1988/89 *nur 1988)	V6i	OHV	2837	127*/4500/	217/231/3600
				132/4800	
b (mid 1989–)			3128	137/4400	244/3600
c (1990–)			3791	172/4800	298/3200
Le Sabre	**K'r.**	**a–d**	**A3/A4**	**294,5/555**	**1981–85**
Le Sabre Estate Wagon		**c/d**		**294,5/560/562**	**1981–83**
Motoren:	*Zyl.:*	*N'w.:*	*cm³:*	*PS/'min:*	*Nm/'min:*
a	V6	OHV	3791	112/3800	258/1600
b (–1984)			4128	127/4000	278/2000
c (–1981 *1982–)	V8		5033	152/142*/3600	332/326/1600
d (*1982–)	V8D		5737	106/3200	278/271*/1600
Le Sabre (*1987–)	**Fr.**	**a–c**	**A4**	**281,5/499/500,5***	**1986–90**
a (1986)	V6i	OHV	2966	127/4900	203/2400
b (*1987/88)			3791	142/152*/4400	271/2000
c (1988/89 *1990–)				167/5200/4800*	285/2000
Electra	**K'r.**	**a–d**	**A3/A4**	**302/562/566**	**1981–84**
Electra Estate Wagon				**294,5/560**	
Motoren:	*Zyl.:*	*N'w.:*	*cm³:*	*PS/'min:*	*Nm/'min:*
a	V6	OHV	4128	127/4000	278/2000
b (–1981)	V8		5033	152/3600	332/1600
c (1982– *CH 1984–)				142/3600/150*	326/1600
d (*1982–)	V8D		5737	106/3200	278/271*/1600
Electra	Fr.	a–e	A4	281,5/500,5	1985–90
a (1985)	V6	OHV	2966	112/4800	197/2600
b (1985)	V6i		3791	127/4400	265/2000
c (1986)				142/4400/135CH	271/2000
d (1987 *1988–)				152/4400/	271/285/2000
				167*/5200	
e (1985)	V6D		4302	86/3600	224/1600
Park Avenue	**Fr.**	**–**	**A4**	**281,5/521,5**	**1991**
Motor:	*V6i*	*OHV*	*3791*	*172/4800*	*298/3200*
Le Sabre Estate Wagon	**K'r.**	**–**	**A4**	**294,5/562/560**	**1986–90**
(Electra) Estate Wagon					
Motor: (*1987–)	V8	OHV	5033	142/3200	346/1600/2000*
Riviera	**K'r./Fr.**	**a–e**	**A3/A4**	**289,5/524,5**	**1981–85**
Motoren:	*Zyl.:*	*N'w.:*	*cm³:*	*PS/'min:*	*Nm/'min:*
a (–1984)	V6	OHV	4128	127/4000	278/2000
b (*1983)	V6T		3791	183/4000	366/393*/2400
c (1984–)				193/4000	
d (*1982–)	V8		5033	152/142*/3600	
e (1982–)	V8D		5737	106/3200	271/1600
Riviera	**Fr.**	**a/b**	**A4**	**274,5/477**	**1986–88**
		b		**274,5/503,5**	**1989/90**
a (*1987)	V6i	OHV	3791	142/152*/4400	271/2000
b (1988/89 *1990–)				167/5200/4800*	285/2000
Reatta	**Fr.**	**–**	**A4**	**250/466**	**1988–90**
Motor: (*1990–)	V6i	OHV	3791	167/5200/4800*	285/2000

Cadillac

Der erste Cadillac war 1902 entstanden. Der Schöpfer dieser Marke, Henry M. Leland, ehrte mit der Namenswahl den Gründer der Stadt Detroit, Antoine de la Mothe Cadillac. 1909 wurde Cadillac als drittes Fabrikat nach Buick und Oldsmobile in die im Vorjahr gegründete General Motors Corporation eingebracht. Cadillac zählte zu den technisch besonders innovativen Herstellern. Zu den Pioniertaten zählten ebenso der serienmäßige elektrische Anlasser (1912) wie die Austauschbarkeit der Teile (schon 1908).
Die neue GM-Marke richtete sich bald auf Wagen von betont hohem Qualitätsniveau aus. Sie war ein Pionier des V8-Motors und konstruierte in den 30er Jahre sogar Modelle mit V16- und V12-Motoren.
Während des Zweiten Weltkriegs stellte Cadillac leichte Tanks und Teile von Flugmotoren her. Ende 1945 wurden die ersten Nachkriegsmodelle vorgestellt. Die Auswahl umfasste vier Serien mit verschiedenen Radständen. Die Serie 61 mit 320 cm Radstand gab es als Coupé und Limousine, beide fünfsitzig, die Serie 62 mit 328 cm Radstand zusätzlich als Cabriolet, die Serie 60 Special mit 338 cm Radstand als fünfsitzige Limousine Fleetwood und die Serie 75 mit 346 cm Radstand als fünf- und siebensitzige Repräsentationslimousinen. Bei allen Modellen diente auf Wunsch das wegweisende automatische Hydramatic-Getriebe für die Kraftübertragung, wie es schon vor dem Krieg bei → Oldsmobile erprobt worden war.

Cadillac 62, 1947

Mit Symbolkraft Wenngleich man sich auf einen einheitlichen V8-Motor von 5,7 Liter Inhalt mit seitlichen Ventilen beschränkte, wurde Cadillac bald wieder als die führende Luxusmarke Amerikas akzeptiert. Ihr Name trug weiterhin Symbolcharakter für Wohlstand und Prestige. *Der Cadillac sollte erneut zum weltweit meistverkauften und bekanntesten Auto der Luxusklasse werden. Schon 1950 wurden mehr als 100'000 Cadillac gebaut..., nachdem Ende 1949 der millionste Cadillac die Montagehalle verlassen hatte.*
Für das Modelljahr 1948 erhielten die Cadillac modernisierte Karosserien mit durchgezogener Gürtellinie (ausgenommen der siebensitzige »75«). Sie hoben sich damit deutlich von den übrigen GM-Marken – Buick, Oldsmobile, Pontiac und Chevrolet – ab. Eine Besonderheit der unter dem GM-Chefdesigner Harley Earl entstandenen neuen Karosserieform waren die in aufwärtsragenden kleinen Flößchen untergebrachten Heckleuchten; dies sollte für viele Jahre ein Erkennungszeichen der Marke Cadillac bleiben. Wie die übrigen GM-Modelle gab es die Cadillac sowohl mit abgestuftem Kofferraum wie auch mit Fließheck.
OHV-V8 Das Jahr 1949 brachte Cadillac – nach eigenen Angaben – den größten technischen Fortschritt seit 45 Jahren, nämlich den ersten obengesteuerten Großserien-V8. Dies nachdem man elf Jahre mit ihm experimentiert und eine Million Testmeilen zurückgelegt hatte. Er war das Resultat der Entwicklungsarbeiten, die Ing. Charles F. Kettering, der Leiter der GM-Forschungsabteilung, und seine Leute auf dem Gebiet der Hochleistungsmotoren geleistet hatten. Als Kurzhubmaschine mit 5,4 Liter Inhalt leistete er 160 PS.

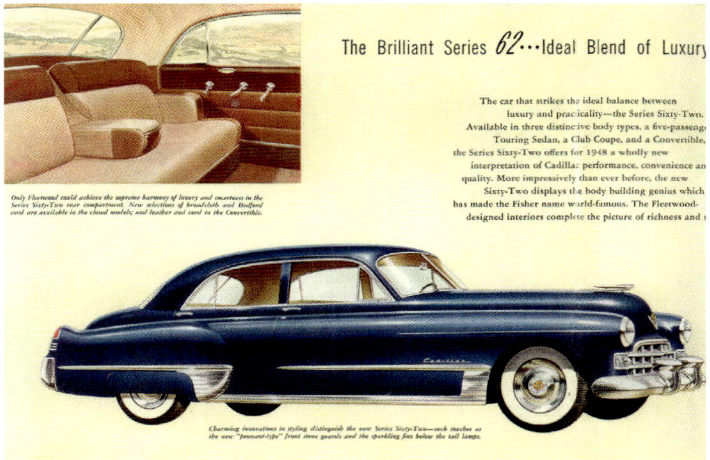

Cadillac 62 Sedan, 1948

Auch Oldsmobile erhielt zu diesem Zeitpunkt einen Motor mit obenhängenden Ventilen. Bei ihm erfolgte jedoch der Antrieb der zentralen Nockenwelle durch eine Kette, während beim Cadillac-Motor Zahnräder eingesetzt wurden. Gegenüber seinem Vorgänger versprach der neue Cadillac V8 15 bis 20 Prozent höhere Wirtschaftlichkeit. Die Cadillac-Karosserien wiesen 1949 eine niedrigere Motorhaube und ein um die Ecken bis zu den Radausschnitten verlängertes Kühlergesicht auf. Der 1948 eingeführte Cadillac-Karosseriestil wurde für sämtliche GM-US-Marken übernommen.
Bemerkenswert war eine Erläuterung, die im September 1949 in der Fachpresse Eingang fand: »Nach Ansicht der leitenden Organe von Cadillac ist mit einer Spitzenleistung von 160 PS das heute erwünschte Maximum für Automobilmotoren erreicht. Die augenblicklichen Forschungsarbeiten gehen vor allem in Richtung einer weiteren Verbrauchsreduktion«. Diese Aussage sollte jedoch erst etwa 30 Jahre später volle Aktualität erhalten!

Cadillac 62 Coupé de Ville, 1954

Neues Merkmal 1950 erhielten die Cadillac einen senkrechten Chromstreifen als Ansatz für die hinteren Radhäuser. Bis 1952, als die Marke endgültig von den Handschaltgetrieben abging und anderseits eine hoch moderne hydraulische Servolenkung lieferbar wurde, blieben die äußeren Aspekte der Cadillac-Modellreihen wenig verändert. Ab 1953 war eine von Frigidaire, der Haushaltgeräteabteilung der General Motors, entwickelte Klimaanlage mit Luftkühlvorrichtung im Kofferraum erhältlich. (Sie war auch in den Oldsmobile zu haben, wie denn in der technischen Evolution dieser beiden Marken etliche Parallelen bestanden.)
Als Spitzenmodell von Cadillac tauchte 1953 der El Dorado auf, ein sportliches Cabriolet mit 213 PS. Damit baute die amerikanische Luxusmarke den stärksten Serienwagen. Getunte OHV-V8-Motoren von Cadillac wurden bereits auch in Rennfahrzeugen von → Cunningham und der englischen Sportwagenmarke Allard eingesetzt und erzielten sogar beim 24-Stunden-Rennen von Le Mans Erfolge. Eine weitere Besonderheit des ersten Cadillac Eldorado – der Name der neuen Topmodellreihe wurde alsbald zusammengesetzt geschrieben – bestand in der Panorama-Windschutzscheibe. Sie war schon eine vielbeachtete Eigenheit des GM-Traumwagens (Concept-cars) Le Sabre und sollte schrittweise bei sämtlichen traditionellen amerikanischen Wagen Eingang finden.
Werkerweiterung Zusammen mit neuen, größeren Karosserien fand sich die Panoramascheibe ab 1954 an allen Cadillac-Modellen. In diesem Jahr wurde das Ausbauprogramm für die Werkanlagen, das eine Kapazitätsausweitung um 40 % zum Ziel hatte, abgeschlossen. Für 1955 erhielt der Eldorado anstatt der in markentypischen Flößchen untergebrachten Schlussleuchten zugespitzte Peilstege mit darunter angeordneten Hecklichtern. Mit 274 PS lag der Eldorado weiterhin an der Spitze im amerikanischen Leistungsrennen. Auch bei den übrigen Cadillac (ausgenommen Serie 75) war jener senkrechte Zierstab vor den Hinterrädern, der die Seitenfläche brach, nur noch von halber Länge. Noch immer täuschte er eine Lufteintrittsöffnung vor.
Brougham Anfang 1955 wurde als Traumwagen der Cadillac Eldorado Brougham, ein extraluxuriöses viertüriges Faux-Cabriolet, vorgestellt. Er sollte 1956 in Kleinserie gehen und damit sowohl dem → Continental Mark II des Ford-Konzerns wie auch Rolls-Royce zur Konkurrenz werden. Ohne Mittelpfosten ausgeführt, wies der Brougham nach hinten öffnende Hintertüren auf. Als erstes Produktionsmodell besaß er

Cadillac 60 Special Fleetwood Sedan, 1954

Doppelscheinwerfer, die innerhalb weniger Jahre allgemeine Verbreitung finden sollten. (Seine Markteinführung fand allerdings erst auf der New Yorker Autoschau im Dezember 1956 statt, und da warteten auch Lincoln und einige Chrysler-Modelle bereits mit Doppelscheinwerfern auf.)

Eine Neuheit für Amerika war jedoch die beim Brougham verwirklichte Luftfederung mit zentraler Druckluftanlage und Zuleitungen zu allen vier Radfederungselementen sowie Niveauregulierung. Der Brougham mit Dach aus gebürstetem Aluminium und Alu-Rädern sowie mit ausgesuchtem Luxus auch im Innenraum war mit 13'000 $ das teuerste US-Modell. Dabei lagen die Selbstkosten angeblich um 10'000 $ höher, doch ging es GM um die Prestigeförderung der Spitzenmarke (einen Cadillac Serie 62 gab es schon für weniger als 5000 $). Der Eldorado Brougham wurde 1957 in just 400 und 1958 in nur 304 Exemplare gebaut.

Ebenfalls bei der GM-Topmarke Cadillac, und zwar schon Ende 1955 beim Coupé Eldorado Seville, hatte das kunststoffüberzogene Dach – wie es früher auch englischen Wagen besaßen – neu Eingang gefunden; später sollte das Vinyldach auch bei anderen amerikanischen wie auch europäischen Modellen weite Verbreitung finden! 1956 erreichte der Cadillac-Hubraum 6 Liter, und *im selben Jahr wurden erstmals über 150'000 Cadillac produziert.* Das weiterentwickelte Hydramatic-Getriebe umfasste nun eine zweite Flüssigkeitskupplung zum 4-Gang-Planetengetriebe. Zum Modelljahr 1957 wurde für die Cadillac generell ein X-Rahmen mit Kastenträgern ohne Längsholme eingeführt, und ab 1958 war die Luftfederung bei allen Modellen erhältlich. Die Karosserien zeigten sich jetzt noch wuchtiger und waren durchwegs mit Doppelscheinwerfern bestückt. 1958 wurde auf dem Genfer Salon ein von Pinin Farina formvollendet karossiertes zweifarbiges Cadillac-Coupé als Einzelstück ausgestellt; im Herbst folgte auf dem Salon von Paris eine Cabrioversion.

Noch mächtiger Im Herbst 1958 sorgten die gewaltigen neuen GM-Karossen des Modelljahres 1959 für Aufsehen. Auch die Cadillac besaßen nun die sphärisch in das Dach hineingewölbten Windschutzscheiben und zudem eine Art Haifischflossen als Auslauf über den hinteren Radhäusern. Die Aufbauten zeigten sich nicht nur gestreckter, sie waren auch niedriger: Ihre Gesamthöhe war je nach Modell um

Cadillac 62 Coupé de Ville, 1957

8 bis 11 cm bis auf 137 cm reduziert worden. Neu war das Cruise Control, eine am Armaturenbrett bedienbare Einrichtung zum Beibehalten der gewählten Geschwindigkeit. Dieses Instrument fand in den USA rasch große Verbreitung; in europäischen Mittelklassewagen wurde es erst zwanzig Jahre später verfügbar.

Auch andere Komforteinrichtungen fanden bei Cadillac-Käufern großen Anklang. So gab es eine elektrische Verstellmöglichkeit der Vordersitzfläche nach vorne und hinten, oben und unten wie auch im Neigungswinkel (auch bei Buick). Ebenfalls 1959 wurden Stoßdämpfer mit Freongas eingeführt. Abgesehen davon, dass das Hydramatic-Getriebe längst zur

Cadillac Eldorado Biarritz Convertible, 1957

Cadillac 62 Coupé de Ville, 1958

Standardausrüstung zählte und auch Servobremsen und -lenkung zu den Selbstverständlichkeiten gehörten, wurden 1959 schon 41 % der Cadillac auch mit Klimaanlage gekauft. Der Hubraum war inzwischen auf 6,4 Liter, die Leistung auf bis zu 350 SAE-PS angestiegen. Am auffälligsten gab sich 1959 mit ihren inzwischen rekordhohen Heckflossen die Cabrioversion Eldorado Biarritz. Besonders in Rosalackierung wurde sie später gleichsam zu einem Symbol für jene von Stilexzessen geprägten amerikanischen Designepoche... Längster Cadillac blieb 1959 mit 622 cm die achtsitzige Chauffeurlimousine der Serie 75.

3 x »Specials« Nachdem Anfang 1959 der flugzeugförmige Cadillac Cyclone als GM-Traumwagen Nr. 38 entstanden war, wurden im Herbst – als bereits im Hinblick auf das Modelljahr 1960 – zwei recht gegensätzliche für die Straße bestimmte Einzelstücke auf Cadillac-Basis verwirklicht: ein extravagant gestylter Zweitürer, der von Amerikas berühmtestem Designer, Raymond Loewy, entworfen und von der französischen Karoseriefirma Pichon Parat verwirklicht wurde, sowie der formvollendete Starlight, ein von Pinin Farina in Turin geschaffenes großräumiges Coupé mit Schiebedach aus vier beliebig verstellbaren Dachpartien. Laufend entstanden in Detroit auch spezielle Repräsentationslimousinen für Fürstenhäuser und Regierungschefs.

Brougham Farina Hinzu kam das 550 cm lange Spitzenmodell Brougham, das jetzt überraschenderweise beim Karosseriewerk Pinin Farina in Turin im Auftrag aufgebaut wurde. Die Hintertüren öffneten nun in üblicher Weise nach vorne. Für die Jahrgänge 1959 und 1960 entstanden je 100 in Italien karossierte Eldorado Brougham.

Vielfalt 1960 Die Serienmodelle 1960 boten eine sich automatisch lösende Parkbremse, und sie besaßen beidseits ein zusätzliches Federblatt an der mit Schraubenfedern versehenen hinteren Starrachse. Die spitz auslaufenden Schwanzflossen ragten im Vergleich zum Vorjahr weniger stark gen Himmel..., womit ein Weg zurück zu vermehrter Nüchternheit eingeschlagen wurde. Das Bauprogramm umfasste 13 verschiedene Modelle. Ihnen gemeinsam blieben das Kastenrahmenchassis mit Kreuzverstrebung und der 6,4-Liter-V8 mit 309 bis 350 SAE-PS. Die Kraftübertragung erfolgte weiterhin mit dem Automatikgetriebe Hydramatic Controlled Coupling, das sich aus zwei Flüssigkeitskupplungen und einem 4-Stufen-Planetengetiebe zusammensetzte.

Es gab die Serien 62 (zwei- und viertürige Hardtops Standard und De Ville, Hardtopcoupé Seville und Cabriolet Biarritz), 60 Special (nur viertürig und drei Fenster je Seite), Fleetwood 75 (Repräsentationslimousinen auf langem Radstand), Fleetwood und Fleetwood Imperial (Letztere mit Trennscheibe) sowie Eldorado (Hardtopcoupè Seville und Cabriolet Biarritz). Bei den Eldorado-Modellen wurde serienmäßig eine Luftfederung eingebaut. Zu den zahlreichen standardmäßigen Komfortmerkmalen, von der Scheibenwaschanlage bis zur Servolenkung, konnte zusätzlich eine automatische Türverriegelung (neuerdings mit leiserer Vakuum- statt elektrischer Steuerung) und die automatische Abblendung Guide-Matic bestellt werden.

Cadillac 62 Sedan, 1959

Cadillac	Zyl.	cm³	PS	bei 1/min	Gänge	Spitze km/h	Radstand/Länge	ab Jahr	Besonderheiten
Serie 61	V8	5675	156	3400	3/A	156	320/550	1946-48	Kastenrahmenchassis,
62							328/554		stehende Ventile
60 Special							338/562		
75						140	346/575		
61/62	V8	5424	162	3800	A/3	155	320/546	1949	nun OHV-Motor
übrige						140	(wie 1946)		
1950: Längen = 310/538, 320/548, 330/571, 373/601									
1952: Leistung = 193/4000 (US) bzw. 182/4000 (CH)									
1953:	212/4150	202/4000							
62 (US)	V8	5424	233	4400	A	170	328/567	1954	
(CH)			218			160			
6019			233			165	338/577		
75						145	380/602		
1955: Leistung = 253/4600 (US) bzw. 233/4600 (CH), 273/4800 (Eldorado)									
62	V8	5972	289	4600	A	170	328/563	1956	(CH: 267 PS)
6019							338/574		
75						160	380/599		
Eldorado			309	4700		180	328/565		
1957: Leistung = 304/4800 (US) bzw. 279/4600 (CH), -330/4800 (Eldorado)									
Eldorado Brougham: Längen = 320/550									
1958 Leistung = 314/4800 (US) bzw. 287/4600 (CH), 340/4800 (Eldorado)									
62/60 Special (US)	V8	6384	330	4800	A	180	330/572	1959/60	
(CH)			309	4600					
75 (dto. US/CH)							380/622		
Eldorado			350	4800		190	330/572		
Eldorado Brougham							320/550		

Cadillac Fleetwood Sixty Special, 1960

Cadillac in den 60er Jahren

Nachdem der Name Packard 1958 untergegangen war, verblieb Cadillac ansehensmäßig Amerikas Autoname Nr. 1. Mit dem Modelljahr 1961 wurden der aus einem feinen Karomotiv bestehende Kühlergrill – der bei keiner anderen amerikanischen Marke derart traditionsbewusst erhalten blieb – samt den Doppelscheinwerfern von einer horizontalen statt gestuften oberen Chromleiste abgegrenzt. Die Panoramascheibenpfosten zeigten sich unten stärker zurückgebogen und die Karosserielängen um bis zu 7 cm reduziert. Die Eldorado-Typen gab es nicht mehr..., und mit ihnen verschwand auch die Luftfederung! Neu war ein mit Fleetwood Sixty bezeichnetes Modell. Nebst der Reihe 62 unterschied man nun auch nach einer Serie 63. – Im Gegensatz zu den vier unteren GM-Marken wurde 1961 bei Cadillac keine kompakte Modellreihe eingeführt.

Unterscheidungsmerkmal für 1962 waren unter anderem eine Cadillac-»Unterschrift« im Kühlergitter, teils an Cabrioverdecke erinnernde Bruchkanten in der Dachlinie, automatische Kurvenlampen, scheinbar weiße Schlussleuchten (Linseneffekt) und – weit bedeutungsvoller – Bremsflüssigkeit in zwei Kreisläufen. Die Ausführungen Town Sedan und Park Avenue waren von 563 auf 542 cm verkürzt worden (Short Deck). Auf dem Pariser Automobilsalon im Oktober 1961 zeigte Pininfarina (neue, zusammengeschriebene Schreibweise) ein Cadillac Jacqueline getauftes Zweisitzercoupé, dessen Linien an den zwei Jahre zuvor kreierten Starlight erinnerten.

Aus für Panoramascheibe Mit dem Modelljahr 1963 wich die Panorama-Windschutzscheibe einer flacheren Ausführung, und außerdem waren die Karosserieflanken von einigen Prägekanten befreit worden. Der 6,4-Liter-V8-Motor war jetzt bei unveränderten Zylinderabmessungen schmäler, kürzer und zudem leichter. Am Fahrwerk gab es ebenfalls zahlreiche technische Verfeinerungen zu registrieren. Mit dem Cabriolet Eldorado Biarritz tauchte eine Namenskombination von neuem auf. Zudem gab es eine Version Park Avenue mit verkürztem Heck; sie war »nur« 546 statt 566 cm lang... und wurde im folgenden Modelljahr bereits nicht mehr angeboten.

Unterbaumodifikationen auch für 1964: Die »Cadi« hatten jetzt sogar einen 7-Liter-Motor; dessen Leistung wurde mit 345 SAE-PS bei 4600/min angegeben (für Europa, z.B. die Schweiz, mit 313 SAE-PS bei 4400/min). Einzelne Modelle wurden mit dem neuen Getriebeautomaten Turbo-Hydramatic (hydraulischer Drehmomentwandler und 3-Gang-Planetengetriebe) ausgerüstet. Neu war die Klimaanlage Comfort Control mit elektronischer Einstellung der gewünschten Temperatur.

Tiefergelegt! Wie es im Modelljahr 1964 bereits die großen Pontiac und auch der Buick Riviera gezeigt hatten, so wiesen 1965 auch die Cadillac übereinander angeordnete Doppelscheinwerfer auf (ausgenommen die Repräsentationslimousinen Fleetwood Seventy-Five). Die wesentliche technische Neuerung bestand im breiteren Kastenrahmenchassis mit Quer statt X-Traversen, wie es auch andere GM Modelle erhielten (ohne »75«). Es ermöglichte ein Tieferlegen des Wagenbodens. Das Auspuffsystem wurde noch weiter Richtung Geräuscharmut verbessert. Das Turbo-Hydramatic-Getriebe fand sich jetzt in allen Modellreihen. Diese hießen

Cadillac Series 75 Fleetwood, 1961

nun 62/ Calais, 63/ De Ville, 60/ Special Fleetwood (mit neuem, mittellangem Radstand) sowie 64/ 67/ Fleetwood (kurzer und langer Radstand). Die Reihen 60 und 64 besaßen eine neue pneumatische Niveauregulierung.
1966 wurde das Angebot durch den jetzt serienmäßig gebauten 61/Fleetwood Brougham auf dem mittleren Radstand bereichert. Auch die langen Seventy-Five (Reihe 67) wiesen jetzt das noch steifere Perimeter-Chassis auf und waren damit länger und niedriger geworden (621 statt 619 bzw. 148 statt 150 cm). Die Positraction-Differentialbremse wurde in den Exportwagen weiterhin teils serienmäßig eingebaut. Auf Wunsch wurden die Cadillac neuerdings mit einer elektrischen Sitzheizung und mit nach allen Seiten schwenkbaren Kopfstützen geliefert. Den Jahrgang 1966 erkannte man an den im Kühlergitter statt in den Stoßstangen untergebrachten Positionslampen.
Eldorado Nachdem Oldsmobile mit dem Modelljahrgang 1966 den aufsehenerregenden Toronado, jenes mächtige, formreine Coupé mit Vorderradantrieb, lanciert hatte, bestätigten sich im Herbst 1966 die Gerüchte, dass Cadillac diesem Beispiel folgen würde. Der Cadillac-Frontantriebswagen übernahm die bisher dem ganz besonders luxuriösen Fleetwood-Cabriolet vorbehaltene Bezeichnung (Fleetwood) Eldorado. Er hatte sogar 3 cm mehr Radstand und war 25,5 cm länger als der Toronado (305/561,5 cm). Anderseits leistete der 7-Liter-Motor im Cadillac 45 PS weniger (345 statt 390 PS). Das Konstruktionsprinzip war jedoch identisch: Motor und Turbo-Hydramatic-Getriebe waren nebeneinander angeordnet, und die Kraftübertragung erfolgte über eine Kette auf das 3-Stufen-Planetengetriebe. Die Vorderradfederung funktionierte mit Längstorsionsstäben, während für die starre Hinterachse Monoblattfedern und beidseits zwei Stoßdämpfer sowie die pneumatische Niveauregulierung vorgesehen wurden. Auf Wunsch wurden die Vorderräder mit Scheibenbremsen dotiert. Die wuchtig-elegante Karosserie besass eine Zwangsentlüftung, und die Scheinwerfer verbargen sich bei Nichtgebrauch unter Klappen, wie dies in jenem Zeitraum bei diversen sportlichen US-Modellen in Mode kam.
Bei den weiteren Cadillac 1967 fanden sich, dem allgemeinen Trend entsprechend, zusätzliche Sicherheitseinrichtungen; sie umfassten nun eine energieabsorbierende Lenkung, Schutzpolsterungen, versenkte Schalter, gesicherte Türen, einen ausklinkbaren Innenspiegel und natürlich Zweikreislauf-

Cadillac Fleetwood Eldorado 1968

Cadillac Calais, 1965

bremsen. Man erkannte den neuen Jahrgang an dem in Stoßstangenmitte fortgesetzten Kühlergrill.

7,7 Liter Hubraum Wieder ein Jahr später zeigten die Cadillac ein besonders feinmaschiges Kühlergitter, wobei dessen oberer Rand über den Positionslampen leicht abgesenkt war. Die Front des Eldorado wies horizontale Gitterstäbe statt des Karomotivs auf. Die Motorhauben waren um 15 cm (Eldorado 10 cm) verlängert worden und deckten an ihrem hinteren Ende die Scheibenwischer ab. Besondere Bedeutung kam dem Motor der Cadillac 1968 zu: einer 7,7-Liter-Maschine mit 380 PS. Sie war nicht nur das größte, sondern auch das stärkste Basisantriebsaggregat der Großserie! Kurbelwellen- und Pleuellager waren um 25 % vergrößert worden, und der mit Warnlampe und Summer verbundene Wärmefühler war im Zylinderkopf statt wie üblich im Kühlwasser platziert. – Auf der Autoausstellung von Chicago im Frühjahr 1968 sorgte ein Eldorado Biarritz Landau mit aufmachbarem Dachmittelteil, goldfarbener Außenfarbe und etlichen Ornamenten aus 14-Karat-Gold als Show-car für Furore.

Noch sicherer... 1969 wurden endlich alle Cadillac serienmäßig mit vorderen Scheibenbremsen ausgerüstet. Während beim Eldorado auf die Abdeckung der Scheinwerfer verzichtet wurde, hatten die übrigen Modelle wieder nebeneinander angeordnete Scheinwerfer. Zu den weiteren Sicherheitsmassnahmen zählten Stahlplanken in den Türen und noch wirksamere Prallpolster; zudem gab es ein neues Belüftungssystem ohne Ausstellfenster, ein Lenkradschloss und eine elektrische Türverriegelung.

Cadillac De Ville, 1969

Mit dem Modelljahr 1970 setzte der Cadillac Eldorado eine neue Hubraum-Rekordmarke: 8194 cm^3! Die Leistung stieg damit auf 406 PS. Die Eldorado-Front zeigte jetzt abgesetzte Rahmen um Kühlergrill und Doppelscheinwerfer, und an den Flanken fand sich ein feiner Längszierstab. Anstatt des aus zahllosen rechteckigen Feldern zusammengesetzten Kühlergitters fanden sich in der Front der Calais, De Ville und Fleetwood neuerdings mehr und stärker betonte Senkrechtstäbe. Zu den zahlreichen Detailverbesserungen zählte eine neukonstruierte Hinterachse – nach wie vor mit Schraubenfedern, unteren Längslenkern und oberen zum Differential führenden Schräglenkern; mit ihr wurde ein noch komfortableres und ruhigeres Abrollen versprochen.

Cadillac	Zyl.	cm^3	PS	bei 1/min	Gänge	Spitze km/h	Radstand/Länge	ab Jahr	Besonderheiten: Kastenrahmenchassis
Series 60 usw.	V8	6384	330	4800	A	180	329/572	1960-62	ab '61: 329/563 cm
			309	4600		175			Exportausführung
Seventy-Five (75)			330	4800		170	380/623		ab '61: 380/616 cm
Eldorado			350	4800		190	329/572	1960	
Eldorado Brougham							320/550		
Series 60 usw.	V8	6384	330	4800	A	190	329/566	1963	auch 546 cm lang
			309	4600					Exportausführung
Seventy-Five (75)			330	4800		180	380/618		
Series 60 usw.	V8	7025	345	4600	A	200	329/568	1964	
67=75						185	380/619	1964-67	ab '66: 380/621 cm
Series 62-64						200	329/569	1965-67	Export: 313/4400
Series 60 usw.							338/578		dto.
Eldorado						195	305/562	1967	dto. Frontantrieb!
Calais/De Ville	V8	7729	380	4400	A	205	329/571	1968-70	
Sixty						200	338/580		Export: 356/4200
Seventy-Five							380/622		dto. (bis '69)
Eldorado							305/562	1968/69	dto.
		8194	406	4400				1970	

Cadillac Fleetwood Sixty Special Brougham, 1973

Cadillac in den 70er Jahren

Mit einem Ausstoß von 276 500 Einheiten war die Cadillac Motor Car Division 1971 der weitaus größte Luxuswagenhersteller der Welt. In jenem Jahr umfasste das Angebot fünf Hauptmodelle einschließlich des frontgetriebenen (Fleetwood) Eldorado.

Calais, De Ville, Fleetwood Die klassischen Cadillac mit Hinterradantrieb erhielten mit dem Modelljahr 1971 gänzlich neue Karosserien. Sie wiesen noch etwas mehr Radstand auf, hatten eine tiefere Gürtellinie mit größeren Fensterflächen und waren entsprechend geräumiger und eleganter geworden. Die Frontpartien waren neugestaltet und zeigten nun kräftige Stoßstangenhörner vor dem Kühlergrill. Neu waren auch die Sitze und das Armaturenbrett. Den Calais und den De Ville gab es als sechssitzige Hardtop-Sedan und -Coupé, die Fleetwood als sechssitzigen Sedan (Sixty) bzw. neunsitzigen Sedan und Chauffeurlimousine (Seventy Five). Im Zuge der strengeren US-Abgasvorschriften (bleiarmes Benzin) waren die Motorleistungen leicht gesenkt worden (geringere Verdichtung). Es wurde ausschließlich der 7,7-L-V8 eingebaut (350 statt 380 SAE-PS). Ebenso wenig bestand eine Alternative zum automatischen 3-Stufen-Getriebe Turbo-Hydra-Matic.

Das Kastenrahmenchassis mit Traversen war für 1971 im Hinblick auf eine verbesserte Geräuschisolation und mehr Komfort überarbeitet worden (vorn Trapez-Dreieckquerlenker und elastisch gelagerte Zugstreben, hinten Starrachse mit Schraubenfedern, unteren Längslenkern und oberen zum Differenzial geführten Schräglenkern). Auf Wunsch gab es hinten eine pneumatische Niveauregulierung (serienmäßig beim Fleetwood Sixty Special Brougham und beim Fleetwood Seventy Five Limousine). Die Saginaw-Lenkung war mit einem Servo und einer variierenden Untersetzung ausgerüstet (verstellbares Lenkrad auf Wunsch). Gemäß Werkangaben wurde das Energieabsorbierungsvermögen des Vorderteils (bei Kollisionen) um 45 % verbessert.

Fleetwood Eldorado Die Modellbezeichnung Eldorado war schon früher verwendet worden. Doch mit dem im Herbst 1966 lancierten Cadillac Fleetwood Eldorado wurde erstmals ein Cadillac mit Vorderradantrieb herausgebracht. Er folgte der Konstruktionsart des Oldsmobile Toronado (Wandler des 3-Stufen-Automatgetriebes Turbo Hydra-Matic hinter, Planetengetriebe links neben dem Motorblock, Drehmomentübertragung mittels Kette). Das Modelljahr 1970 hatte dem V8-Motor mit 8,2 L einen Hubraumrekord gebracht. 1971 wurde die Leistung von 406 auf 370 SAE-PS gesenkt. Gleichzeitig wurde ein neues Karosseriedesign mit deutlich längerem Radstand (321 statt 305 cm) eingeführt. Die Front wies nun markante Stoßstangenhörner auf, und in den hinteren Dachträgern war ein schmales zweites Seitenfenster eingefügt. Nebst dem Coupé gab es jetzt auch ein Cabriolet.

Der Unterbau umfasste nach wie vor einen Kastenrahmen mit Traversen, wobei die hintere Karosseriepartie selbsttragend ausgeführt war; Aufhängung vorne mit Trapez-Dreieckquerlenkern und unterem längs liegenden Torsionsfederstäben, hinten neue Starrachse mit Schraubenfedern,

unteren Längslenkern und oberen Schräglenkern. Eine hintere pneumatische Niveauregulierung gehörte zur Serienausrüstung ebenso wie die Servolenkung mit variierender Untersetzung. Statt des lastabhängigen linksseitigen Bremsdruckbegrenzers war die Antiblockiervorrichtung Trackmaster für die Hinterachse erhältlich (ebenso ein verstellbares Lenkrad).
Dieses ABS namens Trackmaster wurde mit dem Jahrgang 1972 für alle Cadillac lieferbar; sämtliche Modelle zeigten sich mit kräftigeren Stoßstangen (bis 5 mph bzw. 8 km/h ohne Schaden) und leicht geänderten Kühlergrills, Calais, De Ville und Fleetwood zudem mit zentraler Längszierleiste auf der Motorhaube. Die Leistung (der stärker abgasentgifteten Motoren) wurde noch mit 220 Netto-HP für den 7,7-L-V8 und mit 235 Netto-HP (zu 1,0139 DIN-PS) für den 8,2-L-V8 im Eldorado angegeben.
Technik im Vordergrund 1973 fand bei Cadillac die von Delco entwickelte neue Radaufhängung mit hydraulischen Teleskopdämpfern Eingang. Alle Motoren waren zur Verringerung der Stickoxide mit einer Abgasrückführung dotiert, und die Motorhauben war etwas flacher ausgeführt. Für den Brougham kam die Sonderausstattung Brougham d'Elegance hinzu. Außer beim Fleetwood 75 war eine heizbare Heckscheibe erhältlich. Der Wechselintervall für das Öl im Automatikgetriebe wurde auf 160'000 km verlängert. Der Eldorado zeigte ein grobmaschigeres Kühlergitter. – *Bei Cadillac standen inzwischen zwei kleinere Prototypen in Erprobung, mit denen auf die Erfolge von Mercedes-Benz und Jaguar auf dem USA-Markt geantwortet werden sollte. Übrigens wurden im Modelljahr 1973 erstmals über 300'000 Cadillac hergestellt.*

1974 ließen die neuen energieabsorbierenden Stoßstangen (nun auch hinten) die Gesamtlänge auf 586 cm anwachsen. Die Positionslichter waren nicht mehr zwischen, sondern außerhalb der Doppelscheinwerfer platziert. Das Armaturenbrett war neu gestaltet worden, und der De Ville Coupé war nicht mehr pfostenlos, sondern besaß ein in den Vinyldachbelag integriertes zweites Seitenfenster. Komfortbetonte Zusatzausrüstungen hießen d'Elegance (beim De Ville) und Talisman (beim Fleetwood Sixty Special Brougham). Für Topmodelle konnten ab 1974 Airbags bestellt werden.
Katalysatorjahr 1975 wurde – wie bei den anderen GM-Wagen – der Katalysator eingeführt. Mit ihm schrumpfte die Leistung auch bei den Cadillac: noch 193 PS aus 8,2 Liter Hubraum! Bei den Hardtop-Sedan Calais und De Ville brachte ein zusätzliches Seitenfenster noch bessere Rundsicht. Das Modell Eldorado Coupé zeigte ein vergrößerte Opera Window. Auf Wunsch war ein Glasschiebedach mit der Wagenfarbe entsprechender Einfärbung lieferbar. Die Cadillac 1975 erkannte man nicht zuletzt an den rechteckigen Scheinwerfern, wie sie auch die Topmodelle von Buick, Oldsmobile und Pontiac zu jenem Jahrgang erhielten; diese Scheinwerferform war zuvor in den USA nicht zugelassen!
Seville Vom kleinen Cadillac war schon seit einiger Zeit die Rede gewesen, vorgestellt wurde er im April 1975 unter der Modellbezeichnung Seville. Das Design und der Kühlergrill ließen ihn klar als »Cadi« erkennen, doch war er in der Tat deutlich kleiner: Radstand/Gesamtlänge standen mit 290,5/518 cm zu Buche, während es beim De Ville 330/586 cm waren. Mit dem Seville zielte General Motors auf den erfolgreichen Mercedes-Benz 450 SE (Maße in der US-Version: 286,5/522 cm). Allerdings, viel billiger als

Cadillac Seville, 1976

die großen Cadillac war der Seville nicht, dafür wurde er von Haus aus besonders reichhaltig ausgestattet.
Sein 5,7-L-V8 wurde von Oldsmobile übernommen. Er wurde mit einer elektronischen Einspritzanlage bestückt, wie sie bereits den europäischen Topmodellen eigen war und wie sie für die größeren Cadillac seit einigen Monaten ebenfalls angeboten wurde. Der mit dem gewohnten Turbo-Hydra-Matic-Getriebe kombinierte V8 kam auf 182 Netto-PS und galt als sparsam. Die Vorderräder waren mittels Querlenkern an einem über Silentblöcke mit dem Aufbau verbundenen Hilfsrahmen angelenkt, hinten aber fand sich die altehrwürdige Blattfedern-Starrachse. Weitere Eigenheiten: automatische Niveauregulierung für die Hinterachse, Bremskraftverstärker, Servolenkung mit variierender Untersetzung, aufwändige Geräuschisolation, ausgeklügelte Innenbeleuchtung, reiche Auspolsterung sowie Klimaanlage mit automatischer Temperaturregulierung.
Cabrio-Ende 1976 gab es bei den übrigen GM-Marken kein Cabriolet mehr, gleichzeitig trat der Cadillac Eldorado sein letztes Cabriojahr an. Seit Kriegsende waren 353'786 Cadillac-Cabrios gebaut worden (in den vier vergangenen Jahren jeweils 7500 bis 9000), nun sollten gemäß Planung nochmals höchstens 14'000 offene Eldorado hinzukommen. Als Coupé wie als Convertible bot der Eldorado jetzt an allen vier Rädern Scheibenbremsen. – *Im April 1976 rollten dann die letzten 200 Cabriolets des Typs Cadillac Eldorado vom Fließband; sie trugen »patriotische Insignien« und wurden sogleich zum Sammelobjekt.*
De Ville und Fleetwood 1977 Im Verein mit den Standard-size-Modellen der vier anderen angestammten GM-Marken wurden auch die großen Cadillac zum Modelljahr 1977 einer deutlichen Schrumpfung unterzogen. Die Modellreihe Calais war aufgegeben worden (ihren Platz nahm nun der Seville ein). De Ville und Fleetwood Brougham hatten 308,5 cm Radstand und maßen 562 x 194 x 145,5 cm; zuvor waren es 330 und 586 x 202,5 x 138 (Coupé 136,5) cm. Das Leergewicht begann bei 1900 statt 2345 kg! Entsprechend ließen sich kleinere und sparsamere Motoren einbauen: Statt des 8,2-L-V8 reichte ein 7-L-V8. Anstatt mit Rochester-Vierfachvergaser gab es auch ihn auf Wunsch mit elektronischer Benzineinspritzung (198 statt 183 PS).
Die Aufhängungen an dem Kastenrahmen mit Traversen waren wie gehabt: vorne obere Trapez-Dreieckquerlenker und untere einfache Querlenker mit elastisch gelagerter Zugstrebe, hinten Starrachse mit Schraubenfedern, unteren Längslenkern und oberen zum Differenzial führenden Schräglen-

Cadillac Fleetwood Seventy-Five, 1975

kern. Auf Wunsch war für die Hinterachse eine pneumatische Niveauregulierung erhältlich, ebenso umfasste die Mehrpreisliste hintere Scheibenbremsen, eine hintere Antiblockiervorrichtung und ein verstellbares Lenkrad. Die Saginaw-Servolenkung arbeitete mit variierender Untersetzung.
Fleetwood Limousine 1977 Diese neunsitzige Repräsentations- bzw. Chauffeurlimousine zeigte sich ebenfalls »gemäßigter«: Radstand 367 statt 385 cm, Maße 620,5 x 194 x 146 cm statt 640,5 x 202,5 x 146 cm. Die Bezeichnung Seventy-Five entfiel (wie beim Fleetwood Brougham die Zwischenbezeichnung Sixty Special). Die Ausführung mit Trennscheibe wurde nun Formal Limousine (statt bloß Limousine) genannt.
1978 erhielten die großen Cadillac nebst geändertem Wabengrill eine neue Heckstoßstange mit versenkten schmalen Rückleuchten, zudem wurden teils Leichtmetallhauben eingeführt, auf Wunsch gab es ein Astro- oder Sunroof (= Schiebedach, ausgenommen Limousine); beim Seville bestand der Ansaugkrümmer nun aus Aluminium, und es gab dieses Modell in der Superluxusversion Elegante (u. a. Lederpolsterung und auf Wunsch Motorhaube, Dach, Dachpfosten und Kofferdeckel in Kontrastfarbe). Mitte 1978 wurde ein Trip-Computer lieferbar.
Eldorado 1979 Für diesen wie gewohnt im September des Vorjahres präsentierten Jahrgang hatte General Motors die Luxuscoupés Cadillac Eldorado, Oldsmobile Toronado und Buick Riviera in die Schrumpfkur genommen. Es ging auch hier um das Einhalten der staatlich vorgegebenen Verbrauchsvorschriften. Die Reduktion fiel beim Eldorado radikal aus: Radstand und Länge 31 bzw. 51 cm (!) kürzer, Breite 21 cm schmäler (182 cm, Höhe weiterhin 138 cm); Gewicht noch 1770 statt 2290 kg.

Cadillac Eldorado Convertible, 1976

Nach wie vor besaß der Eldorado ein Kastenrahmenchassis mit Traversen sowie als amerikanische Besonderheit Frontantrieb. Neu war die hintere Einzelradaufhängung mit schräg gestellten Längslenkern und pneumatischer Niveauregulierung. Es wurden Vierrad-Scheibenbremsen montiert. Den 5,7-L-V8 (von Oldsmobile) gab's a. W. auch als Diesel! Die Bezeichnung Fleetwood entfiel, die Spitzenausführung hieß weiterhin Biarritz (gebürstetes Stahldach und Leichtmetallräder).
1979 wurde auch der Seville mit dem Dieselaggregat lieferbar; die großen Cadillac-Modelle erhielten Hochdruckreifen (2,3 bar, verringerter Rollwiderstand, Fahrwerkabstimmung angepasst); das Coupe war außer als Elegante auch als Phaeton (Cabrioverdeckimitation bzw. Vinylüberzug) erhältlich; neu war das Astroroof für De Ville und Fleetwood Brougham.

»Knife-edge«-Seville Eindeutig von englischen Edelkarossen der Vor- und Nachkriegszeit inspiriert war das Seville-Heck des Jahrgangs 1980: Es war zweigestuft schräg abfallend und verlieh diesem Amerikaner ein völlig ungewohntes Aussehen. Schräg von hinten gesehen ähnelte der Seville nun dem Daimler DS 420 Limousine als letztem englischem Nachkommen dieser Stilrichtung. Mit der Zweifarbenlackierung der Ausführung Elegante kam dieses Design besonders zu Geltung. Das Design des neuen Seville war sozusagen ein Abschiedsgeschenk *des Ende 1977 in Pension gegangenen GM-Chefstylisten und Vizepräsidenten William (Bill) Mitchell, einer unvergleichlichen Persönlichkeit der automobilen Formgestaltung.*
Als bedeutende technische Neuerung kam beim Seville 1980 der Übergang zum Vorderradantrieb hinzu. Der gegenüber

Cadillac De Ville Coupe, 1977

Cadillac Seville Elegante, 1980.

Cadillac De Ville Coupé, 1980.

Cadillac Fleetwood Limousine, 1980.

dem Vormodell um 1 cm gekürzte Radstand stimmte nun mit jenem des bereits frontgetriebenen Eldorado überein. Auch beim Seville waren Motor und Getriebe zu einer Einheit zusammengefasst (Wandler hinter, Planetengetriebe neben dem Motorblock links, Drehmomentübertragung mit Kette). Selbst mit Frontantrieb war der Seville nach wie vor auf einem Kastenrahmenchassis mit Traversen aufgebaut. Vorne wurden Trapez-Dreieckquerlenker und untere längsliegende Torsionsfederstäbe verwendet.
Doch hinten fand sich nun eine Einzelradaufhängung mit schräggestellten Längslenkern, Schraubenfedern und einer pneumatische Niveauregulierung. Sie sorgte auch für mehr Platz im Fond und im Kofferraum (400 L). Die belüfteten Vierrad-Scheibenbremsen arbeiteten ebenso mit Servo wie die Kugelkreislauflenkung; das Lenkrad ließ sich verstellen. – Und die Kraftquelle? Basismotor war der von Oldsmobile stammende 5,7-L-V8-Diesel mit 106 PS; für den neuen 6-L-Benzinmotor mit 147 PS (neue digitale Zentraleinspritzung) war ein Mehrpreis zu bezahlen (für Kalifornien: 5,7-L-Benzinmotor, 162 PS). Bemerkenswert war ein neuartiges Diagnosesystem.
1980 mussten sich die großen »Cadi« mit dem 6- statt 7-L-V8 oder dem 5,7-L-Diesel begnügen.
2002 lief die Produktion des Eldorado, der stets noch die Position eines besonderen Cadillac hatte halten können, endgültig(?) aus.

Cadillac	Zyl.	cm³	PS	bei 1/min	Gänge	Spitze km/h	Radstand/Länge	ab Jahr	Besonderheiten
Seville	V8i	5737	183	4400	A3		291/518	1975-77	
			172	4200				1978/79	
	V8D		127	3600				1979	
			106	3200			290/522	1980	
	V8i	6045	147	3600					
do. f. Kalif.		5737	162	4400					
Calais/De Ville	V8	7729	223	4000	A3		330/573°	1971-73	
°) 1972: 330/576; 1973: 330/581									
			208	3600			330/586	1974	
		8194	193					1975/76	
	V8i		215					1976	
Fleetwood Sixty	V8i	7729	223	4000	A3		338/588°	1971-73	
°) 1972: 338/584; 1973: 338/588									
			208	3600			338/594	1974	
		8194	193					1975/76	
	V8i		215					1976	
De Ville/Fleetwood	V8i	6966	183	4000	A3		309/562	1977-79	
Brougham	V8i		198	3800					
	V8	6045	152	3800				1980	
	V8i		147	3600					
	V8D	5737	127/106	36/32					
Fleetwood 75	V8	7729	223	4000	A3		385/628°	1971-73	
°) 1972: 385/631; 1973: 385/636									
			208	3600			385/641	1974	
		8194	193					1975/76	
	V8i		215					1976	
Fleetwood Limousine	V8	6966	183	4000			367/621	1977-79	
	V8i		198	3800					
	V8	6045	152	3800				1980	
	V8i		147	3600					
Fleetwood Eldorado	V8	8194	238	3800	A3		321/563°	1971-73	
°) 1972: 321/566; 1973: 321/564									
			213	3600			321/569	1974	
			193					1975/76	
	V8i		215					1976	
	V8	6966	183	4000				1977/78	
	V8i		198	3800					
		5737	172	4200			290/518	1979	
	V8D		127	3600					
	V8i	6045	147				290/520	1980	
do. f. Kalif.		5737	162	4400					
	V8D		106	3200					

Cadillac in den 80er Jahren

Wie schon erwähnt, veranlasste die 1979 eingetretene Erdölkrise Amerikas Autoindustrie zu forcierten Anstrengungen für eine Verminderung des Benzinverbrauchs. Bei Cadillac reifte das Projekt der Zylinderabschaltung, das unter der Bezeichnung Modular Displacement eine indirekte Hubraumreduktion ermöglichte. Hierzu diente der 6-L-V8, der sich durch das Abschalten von zwei oder vier Zylindern auf eine V6- oder V4-Funktion reduzieren ließ. Elektromechanische Solenoide verlagerten zu diesem Zweck die Drehachsen der Ventilkipphebel. Damit konnten Ein- und Auslassventile bestimmter Zylinder geschlossen bleiben. Den leer mitlaufenden Kolben wurde die Benzinzufuhr versperrt. Die maximale Leistung erreichte 142 PS bei 3800/min bzw. 359 Nm bei 1400/min.

Gesteuert wurde dieses System von einem weitgespannten Computerprogramm, das auch die Benzineinspritzung umfasste. Eine einschaltbare Digitalanzeige am Armaturenbrett verriet, wie viele Zylinder jeweils an der Arbeit waren. An der Zylinderabschaltung arbeiteten damals auch die BL Limited (Austin), BMW, Ford USA, Mercedes-Benz und Porsche. – 1981 baute Cadillac die Modellreihen Seville, Eldorado, De Ville und Fleetwood. Der mit V8-6-4 benannte »Zylinderabschaltmotor« war in allen Baureihen erhältlich.

Zum V8-6-4 ein V6 Mit dem Modelljahr 1981 wurde zudem erstmals in einem Cadillac ein V6-Motor angeboten. Dieses 4,2-L-Aggregat leistete mit Rochester-Vierfachvergaser 127 PS. Den Cadillac-6-L-Motor gab es jetzt ausschließlich mit der neu eingeführten Zylinderabschaltung (s. oben) als V8-6-4 mit 142 PS. Zudem war der 5,7-L-Diesel-V8 von Oldsmobile zu haben, der besonders sparsam war, aber nur gerade 106 PS bot. Die Kraftübertragung erfolgte über das 3-Stufen-Automatikgetriebe Turbo Hydra-Matic. Dessen Wählhebel befand sich unter dem Lenkrad oder auf der Mittelkonsole; eine Differenzialbremse wurde serienmäßig eingebaut.

Der De Ville blieb der mit Abstand am meisten verkaufte Cadillac. Es gab ihn als viertürige Limousine und als zweitüriges Coupé, beide sechssitzig. Wie in den USA üblich, lauteten die Karosseriebezeichnungen Sedan Hardtop und Coupe Hardtop, obwohl die Seitenscheiben (aus Stabilitätsgründen) längst nicht mehr pfostenlos ausgeführt wurden. Auch bei den Topausführungen des De Ville zeigten sich die Karosserieflanken wie beim Seville Elegante in Kontrastfarbe. Als Kraftquellen dienten 1981 die gleichen Motoren wie in Seville und Eldorado, auch wenn sie im De Ville in herkömmlicher Art die Hinterachse antrieben. Zur Erinnerung: Das Kastenrahmenchassis des De Ville besaß daher noch ein anderes Fahrwerk, nämlich vorne obere Trapez-Dreieckquerlenker und untere einfache Querlenker mit elastisch gelagerter Zugstrebe und Schraubenfedern, hinten eine Starrachse mit unteren Längslenkern und oberen zum Differenzial führenden Schräglenkern und ebenfalls Schraubenfedern; auf Wunsch kam hinten eine pneumatische Niveauregulierung hinzu. Es wurden nur vorne Scheibenbremsen verwendet (belüftet, mit Servo); die Saginaw-Kugelkreislauf-Servolenkung wies eine variierende Untersetzung auf.

Fleetwood Brougham + Limousine. Der ebenfalls als Sedan und Coupé (dieses mit Opera Window im hinteren Dachträger) gebaute Brougham war die Superluxusvariante des De Ville. Der Fleetwood Limousine war hingegen die Repräsentations-Chauffeurlimousine mit acht oder (als Format Limousine) mit sieben Sitzen. Entsprechend war bei ihm der Radstand von 308,5 auf 367 cm gestreckt (zweiteilige Kardanwelle), während die Länge 620,5 statt 562 cm erreichte. U. a. wurde bei den Fleetwood die pneumatische hintere Niveauregulierung von Haus aus eingebaut und auch eine elektronisch gesteuerte Klimaanlage gehörte zur

Cadillac Seville, 1981

Cadillac Eldorado, 1981

Cadillac Fleetwood Brougham Sedan, 1981

Ausstattung. Auf Wunsch waren zudem Memory-Sitze mit zwei gespeicherten individuellen Sitzpositionen lieferbar.

Cimarron Überraschend hatte sich General Motors entschlossen, die im April 1981 lancierten J-cars außer als → Chevrolet Cavalier und → Pontiac J 2000 gleich auch als Cadillac Cimarron auf den Markt zu bringen. Damit trat die Spitzenmarke erstmals mit einem relativ sehr kleinen Modell an. Es hatte die Größe eines Opel Ascona, der dieser Konstruktion zugrunde lag. Den Frontantrieb besorgte ein quer eingebauter neuer 1,8-L-Motor in Grauguss, mit seitlicher Nockenwelle und 89 PS Leistung. Es gab ein 4-Gang-Getriebe oder ein 3-Stufen-Automatikgetriebe Turbo Hydra-Matic 125. Vorne wurden Federbeine und untere Dreieckquerlenker montiert, hinten Längsschwingen, ebenfalls mit Schraubenfedern. Die Bremsscheiben (vorne) waren belüftet.

Im Gegensatz zu seinen Zwillingsmodellen bei den anderen GM-Marken gab es den Cimarron ausschließlich als viertürige Stufenhecklimousine, und diese wurde ab Werk Cadillac-statusgemäß ausgerüstet: mit Klimaanlage, Servobremsen und -lenkung, Alurädern, elektrisch verstellbaren Außenspiegeln, Stereoradio, Liegesitzen, getönten Scheiben und Halogenscheinwerfern. Mehrpreis kosteten hingegen Getriebeautomatik, Cruise control (Tempofixierung), Zentralverriegelung, Fensterheber, 6-Weg-Sitzverstellung, Kassettenspieler, Glashebedach und höhenverstellbares Lenkrad. Äußerlich hob sich der Cimarron von den anderen J-cars durch den feinmaschigen Cadillac-Kühlergrill ab.

Zwischen Cimarron und Seville klaffte eine große Lücke, denn die X-car-Baureihe (Chevrolet Citation usw.) wurde nie als Cadillac aufgelegt. Und der Cimarron war ein Fehlgriff der Marketingleute; er wurde zum Flop und musste Mitte 1988 wieder vom Markt genommen werden. Dem Prestige der Marke Cadillac fügte er einigen Schaden zu.

4,1-L-V8-Motor Mit dem Modelljahr 1982 führte Cadillac einen neukonstruierten kleinen V8-Motor ein. Im Vergleich zum 6-L-V8-6-4 war er 100 kg leichter. Hierzu trug vor allem der Leichtmetall-Zylinderblock bei. Die Zylinderköpfe (samt eingesetzten Zylinderbüchsen) bestanden aber überraschenderweise weiterhin aus Stahlguss. Die Versorgung erfolgte durch ein digital gesteuertes Einspritzsystem, und bei einer Verdichtung von 8,5:1 resultierten aus 4087 cm³ Hubraum 127 PS bei 4200/min bzw. 258 Nm bei 2000/min. Zusammen mit dem neuen 4-Stufen-Automatikgetriebe (einschließlich Overdrive) durfte aber ein ansprechendes Leistungsvermögen und vor allem ein sparsamerer Verbrauch erwartet werden.

Der neue Motor stand in den Modellen Seville, De Ville, Fleetwood und Eldorado zur Verfügung. Der 6-L-V8-6-4 wurde nur noch – und dort ausschließlich – im Repräsentationsfahrzeug Fleetwood Limousine eingebaut. Alternativ zum 4087-cm³-V8 standen der preisgünstige 4128-cm³-V6 sowie der 5737-cm³-V8-Dieselmotor zur Wahl. Für Seville und Eldorado gab es neu eine straffer abgestimmte Touring

Cadillac Cimarron, 1982

Suspension (Eldorado Touring Coupe = europäisch angehaucht), und im Fond des Cimarron wurde 1982 eine hintere Sitzbank statt der Einzelsitze eingebaut. Seville und Eldorado wurden mit einem falschen Cabriodach erhältlich. Diese »Trompe-l'oeil«-Option bestand aus einem Vinyldachüberzug mit Cabrioverdeck-Knickstellen.

Cimarron 1983 Der kleinste Cadillac erhielt mit dem Modelljahr 1983 den 2-L-Motor mit Einspritzung TBI sowie das 5-Gang-Getriebe (alternativ zum 3-Stufen-Automatikgetriebe). Entsprechend erschien am Heck die Aufschrift 2.0 Liter Fuel Injection. Der Kühlergrill erhielt nur noch zwei- statt dreifach unterteilte Senkrechtstäbe, und es wurden neue Leichtmetallräder montiert.

Der Seville zeigte 1983 ein etwas feineres Oberkanten-Chromband über dem Kühlergrill und bot gegen Aufpreis neu geformte Leichtmetallräder. Der 4,1-L-V8 hatte sich als ein Hit erwiesen; statt des erwarteten Anteils von 65 Prozent wurde er zu 80 bis 95 Prozent gewählt. Mit einer voluminöseren Auspuffanlage resultierte für 1983 ein Plus von 10 PS. Der auch für den De Ville eingeführte alternative 4,1-L-V6 von Buick wurde bereits wieder gestrichen.

Eldorado Biarritz Convertible Mit dem Modelljahr 1984 gab es den Eldorado auch wieder als Cabriolet. Es wog 1770 kg (+ 70 kg) und auch sein Fahrwerk war gegenüber dem Coupé verstärkt worden. Der Cimarron wurde in der besonders luxuriösen Version d'Oro erhältlich. Bei den großen »Cadi« gab es nur Kleinigkeiten (u. a. ein geändertes Lenkrad) zu verzeichnen; erwähnt wurden auch leichter gebaute Katalysatoren, die sich schneller aufheizten.

Anfang 1984 lieferte Cadillac die erste von zwei mächtigen Präsidentenlimousinen an das Weiße Haus in Washington. Auf der Basis des Fleetwood war ein stark verlängerter und deutlich höherer gepanzerter Aufbau entstanden. Mit diesem Auftrag hatte GM die jahrzehntelange Dominanz als Präsidentenlieferant von Fords Pretigemarke Lincoln brechen können.

Cadillac Fleetwood 75 Limo, 1985

De Ville / Fleetwood 1984 Die weiteren GM-Schritte im Down-sizing bzw. im Verkleinern der Modelle machten auch vor Cadillac nicht Halt. Im März 1984 wurden die vollständig umkonstruierten De Ville und Fleetwood (ohne Fleetwood Brougham, aber einschließlich Typ 75 Limousine) vorgestellt. Statt eines Kastenrahmens mit Traversen hatten sie nun einen selbsttragenden Aufbau, und für den Antrieb sorgten nicht mehr die Hinter-, sondern die Vorderräder; die Motoren wurden quer eingebaut. Die mit C-bodies bezeichneten Neukonstruktionen betrafen auch den Buick Electra und den Oldsmobile Ninety-Eight. Radstand, Länge und Leergewicht erreichten noch 281,5 und 495 cm bzw. etwas über 1500 kg (1983 noch 308,5 und 561,5 cm bzw. 1800 kg).

Für die bis achtsitzige Repräsentationslimousine lauteten die Daten 341,5 statt 367 cm, 561,5 statt 620,5 cm und ab 1625 statt 2165 kg.

Der Stil dieser Sedan und Coupé mit dem niedrigeren Cadillac-Kühlergrill war schlichter geworden. Im Gegensatz zu den Buick- und Oldsmobile-Parallelmodellen wurde in ihnen

Cadillac Eldorado Biarritz Convertible, 1984

der 4,1-L-V8 mit 127 PS als Standardmotor eingebaut. Alternativ dazu war ein 4,3-L-Diesel-V6 mit sehr bescheidenen 86 PS zu haben. Der Kraftübertragung diente das neue 4-Stufen-Automatikgetriebe THM 440-T4 mit Lenkradschaltung. Es wurden Feder- bzw. Dämpferbeine mit unteren Dreieckquerlenkern verwendet. Die Kugelkreislauf- war einer Zahnstangenlenkung gewichen. Hinsichtlich Platzangebot waren (abgesehen vom Kofferraum) kaum Abstriche zu machen, und Komfort sowie Ausstattung bewegten sich auf dem gewohnten hohen Cadillac-Niveau..., auch wenn der optional angebotene hintere Niveauausgleich aufgegeben worden war. Der V8-6-4 stand 1985 nicht mehr im Angebot. Ab Herbst 1984 wurden alle Frontantriebs-/Quermotormodelle mit einer dritten Bremsleuchte ausgerüstet, wie sie in den USA ab Modelljahr 1986 vorgeschrieben war. Der Seville erhielt eine Verbundglas-Windschutzscheibe, deren Innenseite ähnlich wie beim Opel Senator mit einer hauchdünnen Kunststoffschicht überzogen war, was das Risiko von Schnittverletzungen bei Unfall verminderte. – Ab Spätherbst 1985 wurde der Cimarron auch mit 2,8-L-V6-Motor lieferbar, womit 131 statt bloß 90 PS zur Verfügung standen.
Im August 1985 konnte Cadillac-Boss John O. Grettenberger stolz die Lieferung von zwanzig speziell karossierten Repräsentationslimousinen an die Volksrepublik China kommentieren: Da sowohl Modelle mit Hinterrad- wie mit Frontantrieb bestellt worden waren, verkörpere diese Sendung »gleichzeitig die reichhaltige Tradition wie den Geist der Neuzeit Chinas«.
Seville + Eldorado 1986 Mit dem Modelljahr 1986 erfuhren der Seville und der Eldorado (dieser parallel zum Buick Riviera und zum Oldsmobile Toronado) ein eklatantes Down-sizing: Bei beiden schrumpften der Radstand von 289,5 auf 274,5 cm und die Länge um 42 auf 478 cm. Die Fahrzeugbreite blieb jedoch mit 180 bzw. 182 cm unverändert, und wenn auch hinten in der Innenlänge ebenfalls eine gewisse Reduktion hinzunehmen war, so ergab sich doch eine erhöhte Schulterbreite. Vor allem aber hatte das Leergewicht abgenommen, nämlich von 1725 auf 1555 kg (Seville) bzw. von rund 1700 auf 1525 kg (Eldorado).
Ende Schägheck Mit der neuen kürzeren Karosserie hieß es für den Seville von dem originellen Design mit schrägem Stufenheck Abschied zu nehmen. Den von 1980 bis 1985 gebauten Seville kam damit endgültig ein besonderer Liebhaberstatus zu. Der neue Seville mit dem schlanken hinteren Dachträger und dem GM-typischen nahezu senkrechten Heckfenster wirkte ebenfalls apart. Dazu trugen auch

Cadillac Seville, 1988

die Aluleisten unten an den Flanken bzw. Zweitonlackierung bei. – Auch wenn es kleiner geworden war, so verriet das Eldorado-Coupé nach wie vor seinen eigenen Stil (u. a. mit vinylüberzogenem hinterem Dachträger). Vor allem dank der wesentlich weniger kantigen Front hatte sich der cw-Wert von 0,51 auf 0,37 verbessert! Das Cabriolet wurde nicht mehr gebaut.
Für den Antrieb der neuen Seville und Eldorado diente der hauseigene 4,1-L-V8-Motor, während des Diesel-V8 nicht mehr angeboten wurde. Die Leistung war leicht zurückgenommen worden (von 137 auf 132 PS; dies galt beispielsweise auch für den noch 122 PS starken 2,8-L-V6 im Cimarron d'Oro). Der Kastenrahmen mit Traversen war einer selbsttragenden Bauweise mit vorderem und hinterem Fahrschemel gewichen. Vorne wurden Federbeine und untere Dreieckquerlenker verwendet, hinten waren es Dämpferbeine und untere Dreieckquerlenker sowie eine quer angeordnete Fiberglas-Blattfeder. Hinzu kamen eine automatische Niveauregulierung und Vierrad-Scheibenbremsen sowie natürlich zahlreiche Luxusmerkmale. – *Übrigens waren seit 1976 über 400›000 Seville und seit Mitte der 50er Jahre gut 900›000 Eldorado (zu 96 Prozent mit Vorderradantrieb) gebaut worden.*
Mit Pininfarina: Allanté Ungewöhnliches geschah im Dezember 1985: Noch bevor der schon seit einiger Zeit erwartete Luxuszweisitzer von Cadillac vorgestellt wurde, erhielten 200 nach Detroit eingeladene Journalisten Informationen über dessen Fabrikationsablauf. Deren Einmaligkeit bestand nämlich in einer Luftbrücke zwischen Turin, wo Pininfarina die Karosserien herstellte, und Detroit. Mit dem Supercabriolet Allanté plante Cadillac ab Herbst 1987 den in den USA so erfolgreichen sportlichen Modellen von Mercedes-Benz und Jaguar Paroli zu bieten.

Cadillac Fleetwood d'Elegance, 1988

Cadillac hatte ja schon früher mit der berühmten Karosseriedesign- und -produktionsfirma Pininfarina zusammengearbeitet. Für das Projekt LTS (luxury two-seater) war Cadillac 1982 an Pininfarina herangetreten. Das Design, abgesehen vom Kühlergrill, war darauf in den Pininfarina-Studios entwickelt worden. Die Herstellung der Karosserieteile, deren Zusammenbau und Lackierung sollte im Pininfarina-Werk in Grugliasco erfolgen, während für den Innenausbau in San Giorgio Canavese, in der Nähe des Turiner Flughafens Caselle, eigens Produktionsanlagen errichtet wurden. Nach dem Überflug nach den USA erhielten die Allanté im neuen GM-Montagewerk von Hamtramck bei Detroit nebst Radaufhängungen und Bremsanlagen die gesamte Antriebseinheit einverleibt. Für den Transport gelangten drei Cargo-Jumbos Boeing 747 von Lufthansa und Alitalia zum Einsatz. Es war vorgesehen, ab Oktober 1986 dreimal wöchentlich einen Jumbo mit 56 fertiggestellten Karosserien in Caselle bei Turin abheben zu lassen. Zusammenklappbare Paletten ermöglichten eine Frachtraumnutzung für den Rückflug mit GM-Komponenten für den Allanté bzw. via Frankfurt für weitere GM-Werke.

Der Fachpresse vorgestellt wurde der Allanté erst im August 1986: ein wuchtig-prächtiges zweisitziges Cabriolet, das auch mit einem Leichtmetall-Hardtop versehen werden konnte. Das Design war elegant und schlicht, und selbst der markentypische Kühlergrill war dezent gehalten. Der Luftwiderstandsbeiwert wurde mit cw 0,34 angegeben. Ja, der Allanté war klar als Alternative zum Mercedes-Benz SL gedacht. Bei 252,5 cm Radstand (SL: 246 cm) maß er 453,5x186,5x132,5 cm (SL: 439x179x130,5 cm). Mit 1585 kg lag er gewichtsmäßig zwischen den SL mit 3-L-Sechszylinder und 4,2-L-V8-Motor. Hinsichtlich Leistungsfähigkeit war der Allanté allerdings nur mit dem 3-L-Mercedes vergleichbar. Der Preis des Allanté lag bei 54'000 $.

Antriebstechnisch lehnte sich dieser amerikanische Zweisitzer eng an die Cadillac Seville, De Ville und Eldorado an, mit denen er die quergestellte Frontantriebseinheit teilte. Diese bestand aus dem 4,1-L-V8-Motor mit zentraler Nockenwelle in Verbindung mit dem 4-Stufen-Automatikgetriebe Turbo Hydra-Matic F7. Immerhin hatte man diesen Motor mit einer elektronisch geregelten Saugrohreinspritzung aufgewertet, mit der die Leistung von 132 auf 172 PS bei 4300/min anstieg, zudem hatte man ihn auch optisch attraktiver gestaltet (im SL standen ab 180 PS zur Verfügung, in den

Cadillac Eldorado, 1989

USA gab's den 560 SL mit 5,5-L-V8 und 230 PS). Die Aufhängung umfasste vorne Federbeine mit unteren Längs- und Querlenkern, hinten eine Einzelradaufhängung mit Querlenkern, einer Fiberglas-Querblattfeder und Niveauregulierung. Die Vierrad-Scheibenbremsen wurden serienmäßig mit einem ABS versehen. Im luxuriös ausstaffierten Cockpit fiel die mit besonders vielen Tasten dotierte Mittelkonsole auf. 100 km/h konnten in 10 s erreicht werden, und als Spitze wurden ebenso runde 200 km/h angegeben.
1987 war der Cimarron nur noch mit 2,8-L-V6 (127 statt 122 PS) erhältlich, und das Handschaltgetriebe bot nun fünf Gänge. Neu gab es den Fleetwood Sixty Special mit von 281,5 auf 294 cm gestrecktem Radstand und von 499 auf 512 cm gewachsener Länge. Der Fleetwood Brougham war auf Wunsch mit 5001-cm³-V8 und 172 PS zu haben (mit 3- statt 4-Stufen-Automatikgetriebe).
1988 wurde der Hubraum des 4087-cm³-V8 durch Vergrößern der Bohrung von 88 auf 92 mm auf 4467 cm³ gebracht. Die Leistung stieg von 132 auf 158 PS. Seville, De Ville und Eldorado konnte man nun binnen 9,9 s auf 60 mph (96,5 km/h) beschleunigen. Seville und Eldorado erhielten einen

Cadillac Fleetwood Coupe, 1990

leicht geänderten Wabengrill, beim Eldorado wurde zudem das Heck um 7,5 cm verlängert.
Der Allanté musste sich weiterhin mit dem 4,1-L-V8 zufriedengeben. Dafür gab es ihn nun außer in Perlweiss oder Silbergrau auch in Schwarz oder Rot. Statt mit der Digitalinstrumentierung war er neu mit herkömmlichen Analogarmaturen erhältlich. Bei verschiedenen Cadillac-Modellen wurde die Ausstattung weiter angehoben und zudem war nun teils

Cadillac Allanté, 1990

ein ABS von Teves lieferbar (beim Allanté wurde weiterhin serienmäßig ein ABS III von Bosch eingebaut). *Im Juni 1988 wurde die Allanté-Produktion wegen Absatzproblemen für zweieinhalb Monate unterbrochen. Der Cimarron aber wurde gleich gänzlich abgesetzt.*

De Ville + Fleetwood 1989. Offenbar war Cadillac in den vorangegangenen Jahren hinsichtlich Down-sizing zu weit gegangen. Nun wurde der umgekehrte Weg eingeschlagen: Nach dem ein Jahr zuvor verlängerten Fleetwood Sixty Special wurden für das Modelljahr 1989 der Radstand der Sedan De Ville, Fleetwood und Sixty Special auf 289 cm vereinheitlicht, jener des De Ville Coupe und des neu hinzugekommenen Fleetwood Coupe hingegen bei 281,5 cm belassen. Zudem wurde vor allem der hintere Überhang wieder verlängert, so dass die Cadillac-Längen wieder stattliche 521,5 cm (Sedan) bzw. 514 cm (Coupe) erreichten. Bei den Sedan gab es mehr Platz im Fond und einen von 455 auf 520 dm3 angewachsenen Kofferraum. Das Leergewicht stieg (beim De Ville) um bescheidene 30 auf 1575 kg, und Tempo 100 ließ sich binnen 10 s erreichen (der große Brougham benötigte 14,5 s).

Allanté 1989 Der Allanté war für 1989 vor allem leistungsmäßig in die Kur genommen worden: Hubraum von 4087 auf 4467 cm³ vergrößert (wie beim Seville usw. schon 1988), Verdichtung 9:1 statt 8,5:1, Ansaugtrakt und Zylinderköpfe überarbeitet, damit 203 statt 172 PS. Hinzu kam eine verkürzte Achsuntersetzung, so dass nun 60 mph (96,5 km/h) binnen 8,5 s erreichbar waren. Die variierend wirkende Servolenkung und die Stoßdämpfer waren dem höheren Leistungsniveau angepasst worden. Die Dämpfung ließ sich in drei Stufen einstellen. – Für den Seville Touring Sedan (STS, mit Lederinnenraum) wurde eine straffe Federung nach europäischer Vorgabe ausgearbeitet.

In limitierte Auflage gab es im Frühling 1989 den Eldorado Spring Special mit Cabriolet-Imitationsdach, Leichtmetallrädern im Speichenlook, Similigoldornamenten und Ledersitzen.

1990 bot der 4,5-L-V8 in Seville, De Ville und Eldorado dank Übergang von der Zentral- zur Saugrohreinspritzung Rochester einen Leistungszuwachs von 157 auf 183 PS. In der Version Touring Coupe wurde dem Eldorado eine kürzere Gesamtuntersetzung verpasst. Der Brougham wurde außer mit den beiden 5-L-V8 auch mit einem 177 PS leistenden 5,7-L-V8 lieferbar. Beim Allanté kam zum ABS eine Antischlupfregelung. – Der Allanté blieb bis1993 im Angebot; er entstand in 22'000 Exemplaren.

Cadillac	Bauart	Mot.	Getr.	R/ L cm	Modelljahre
Cimarron (*1986–)	**Fr.**	**a–c**	**4/A3**	**257/440/451,5***	**1982–88**
Motoren:	*Zyl.:*	*N'w.:*	*cm³:*	*PS/'min:*	*Nm/'min:*
a (1982)	4	OHV	1841	89/5100	136/2800
b (1983–85 *1986)	4i		1991	89/86*/4800	149/2400
c (1985 *1986)	V6i		2838	131/122*/4800	216/210/3600
d (1987–)				127/4500	217/3600
Seville (*1982–)	**K'r./Fr.**	**a–e**	**A3/A4***	**289,5/520**	**1981–85**
Motoren:	*Zyl.:*	*N'w.:*	*cm³:*	*PS/'min:*	*Nm/'min:*
a (1981/*1982)	V6	OHV	4128	127/3800/4000*	285/2000
b (1982 *1983–)	V8i		4087	127/4200/137*/4400	258/2000/271/2000
c (Europa 1983–)				147/4400/139CH	278/2200
d (V8-6-4 –1981)			6045	142/3800	359/1400
e (*1983–)	V8D		5737	106/3200	278/271*/1600
Seville (*1988–)	**Fr.**	**a/b**	**A4**	**274,5/478/484,5***	**1986–90**
a (–1987)	V8i	OHV	4087	132/4200	271/2200
b (1988/89 *1990–)			4467	157/4200/183*/ 4400	326/2800/333/3000
De Ville /	**K'r.**	**a–d/h**	**A3/A4**	**308,5/561,5**	**1981–84**
Fleetwood Brougham		**a–h**			**1981–87**
Brougham					**1988–90**
Motoren:	*Zyl.:*	*N'w.:*	*cm³:*	*PS/'min:*	*Nm/'min:*
a (1981/*1982)	V6	OHV	4128	127/3800/4000*	285/2000
b (1982 *1983–85)	V8i		4087	127/4200/137*/4400	258/2000/271/2200
c (Europa 1983–85)				147/4400/145CH	278/2200
d (1987–)			5001	172/4000	339/2600
e (1986–)			5033	142/3200	346/2000
f (1990–)			5733	177/4200	400/2000
g (V8-6-4 –1981)			6045	142/3300	359/1400
h (*1982–85)	V8D		5737	106/3200	278/271*/1600
De Ville/Fl'w.(*1988–)	**Fr.**	**a–d**	**A4**	**281,5/495,5/499***	**1985–88**
Fleetwood Sixty Spec.				**294,5/512,5**	**1986–88**
De V./Fleetw./Fl.S.Sp.				**289/522,5**	**1989/90**
Fleetwood Coupe				**281,5/515**	
Motoren:	*Zyl.:*	*N'w.:*	*cm³:*	*PS/'min:*	*Nm/'min:*
a (*1986 /CH)	V8i	OHV	4087	127/132*/4200/139*	258/271/2200
b (1987)				132/4200/137/4300	271/2200/278/2300
c (1988/89 *1990–)			4467	157/4200/183*/4400	326/2800/333/3000
d (–1985)	V6D		4302	86/3600	224/1600
Fleetwood Limousine	**K'r.**	**c**	**A3**	**367/620,5**	**1981–84**
(*1987–)	**Fr.**	**a/b**	**A4**	**341,5/561,4/559***	**1985–87**
Motoren:	*Zyl.:*	*N'w.:*	*cm³:*	*PS/'min:*	*Nm/'min:*
a (*1986– /CH)	V8i	OHV	4087	127/132*/4200/139*	258/271/2200
b (1987–)				132/4200	271/2200
c (V8-6-4)			6045	142/3800	359/360/1400
Eldorado	**K'r./Fr.**	**a–e**	**A3/A4**	**289,5/519,5**	**1981–85**
Motoren:	*Zyl.:*	*N'w.:*	*cm³:*	*PS/'min:*	*Nm/'min:*
a (1981/*1982)	V6	OHV	4128	127/3800/4000*	285/2000
b (1982 *1983–)	V8i		4087	127/4200/137*/4400	258/2000/271/2200
c (Europa 1983–)				147/4400/139CH	278/2200
d (V8-6-4 –1981)			6045	142/3800	359/1400
e (*1983–85)	V8D		5737	106/3200	278/271*/1600
Eldorado (*1988–)	**Fr.**	**a/b**	**A4**	**274,5/478/485,5***	**1986–90**
a (–1987)	V8i	OHV	4087	132/4200	271/2200
b (*1990–)			4467	157/4200/183*/4400	326/2800/333/3000
Allanté	**Fr.**	**a/b**	**A4**	**252,5/453,5**	**1987–90**
Motoren:	*Zyl.:*	*N'w.:*	*cm³:*	*PS/'mm:*	*Nm/'min:*
a (*1988)	V8i	OHV	4087	172/4100/4300*	312/319/3200
b (1989–)			4467	203/4400	366/3200

Checker

In der amerikanischen Automobilindustrie belegte die Marke Checker von Anfang an eine Sonderstellung. Seit ihrer Gründung im Jahr 1925 war die Checker Cab Manufacturing Corporation in Kalamazoo, Michigan, nämlich auf die Herstellung von Taxis spezialisiert, die sie teils sogar selber betrieb. Die Checker Taxameter – oder eben Cabs – wurden zu einem marktbeherrschenden Begriff. Sie boten einen geräumigen Wagenfond und eine robuste Konstruktion.

Wenn auch Ende 1946 von einem kleinen Vierzylinder-Personenwagen die Rede war, so wandte sich die Firma Checker doch alsbald wieder ihrem angestammten Gebiet zu. Ihre Nachkriegstaxis glichen äußerlich ebenso einem Chevrolet wie einem Dodge, kurz, sie waren typische Amerikaner Wagen. Sie besaßen einen verstärkten Kastenrahmen mit vorderem Hilfsrahmen und X-Traverse. Vorn und hinten kamen Starrachsen mit Halbelliptikfedern zum Einbau. Der Motor war ein 3,7-Liter-Sechszylinder mit stehenden Ventilen; er stammte von Continental, einer amerikanischen Motorenfabrik, die Auto- und Flugzeughersteller belieferte. Im Innenraum befanden sich zusätzliche Klappsitze. Die Trennwand zum Chauffeur ließ sich ausbauen. Zum Genfer Salon 1950 schuf die Carrosserie Worblaufen bei Bern ein »Großraumcabriolet« als Reisefahrzeug auf Checker-Chassis.

Checker A4, 1951

Modellkonstanz Was Checker allen übrigen amerikanischen Autoherstellern voraus hatte, war die Modellbeständigkeit. Damit entsprach die Marke den Wünschen der Taxifahrer in der Neuen Welt, die im Gegensatz zum breiten Publikum möglichst zuverlässige Fahrzeuge mit altbewährten Elementen haben wollten. So kam denn erst ab 1956 ein neues Checker-Taxi heraus. Es besaß eine Karosserie in

Checker Superba, 1960

Checker	Zyl.	cm³	PS	bei 1/min	Gänge	Spitze km/h	Radstand/Länge	ab Jahr	Besonderheiten
A 2/ A 3	6	3703	81	3200	3/3 + S	120	315/524	1948	verstärktes Kastenrahmenchassis,
A 4/ A 5							315/545	1951	Starrachse vorn; stehende Ventile (Motor Continental)
A 8 Standard	6	3703	91	3000	3	120	305/508	1956	nun vordere Einzelradaufhängung
A 8 Special			114	3300	A	125			
1958: 96 und 127 PS									
A 10 L/Superpa	6	3703	96	3000	3/3+S/A	130	305/507	1959	
A 10/Suberba			127	3900	A	135			

Pontonform, jedoch weiterhin mit sechs Seitenfenstern. Trotz des um 10 cm gekürzten Radstands ergab sich eine verbesserte Raumnutzung. Das Kastenrahmenchassis mit Kreuztraversen wurde zwar beibehalten, doch wurde nun eine unabhängige Vorderradaufhängung mit Trapez-Dreieck-Querlenkern und Schraubenfedern eingeführt. Der Continental-Motor leistete nun 91 statt 80 SAE-PS, und zwar nach wie vor bei einer verblüffend niedrigen Tourenzahl: 3000/min. Immerhin bot das Modell Special eine Leistung von 114 PS bei 3300/min. Dank spezieller Nockenwelle wurde ein Drehmoment von 24,8 mkg zwischen 1000 und 1600/min erreicht.
Während bis dahin ein halbautomatischer Schnellgang von Borg-Warner lieferbar war, wurde der Special jetzt serienmäßig mit einer Getriebeautomatik ausgerüstet. Es handelte sich um das Drivermatic der Detroit Gear Manufacturer Co., das aus einem wassergekühlten hydraulischen Drehmomentwandler und einem 3-Gang Planetengetriebe bestand. Außerdem besaß der Special Servobremsen und Servolenkung sowie – eine erstaunlich praktische Einrichtung – ein vom Fahrersitz aus elektrisch hochklappbares Heckfenster zur guten Belüftung im Sommer. Bei den Checker-Taxis waren die Kotflügel wie auch der mittlere Türpfosten angeschraubt statt festgeschweißt, so dass rascher Ersatz möglich war.
Pkw-Projekt Im Herbst 1958 kündigte Checker die Lancierung eines zeitlosen Personenwagens an, der wie die Taximodelle problemlos 240 000 km (150 000 Meilen) hinter sich bringen könne. In der Tat kam im Frühling 1959 der Checker Superba heraus. Nicht zuletzt weil er sich nur wenig von den Taxi-Modellen unterschied und damit, abgesehen von den Doppelscheinwerfern, eine völlig unmodische und wenig schmucke Form hatte, war ihm kein großer Erfolg beschieden. Dank seiner Geräumigkeit – die er wie die Taxis mit einem Wendekreis-Durchmesser von bloß 11,3 m verband – war er ein recht vernünftiges Familienauto. Inzwischen gab es auch Station-Wagon-Ausführungen und verschiedene Motor-Getriebe Kombinationen.

Checker in den 60er Jahren

Auch zu Beginn der 60er Jahre brillierten die Checker mit ihrer bis acht Sitze umfassenden Geräumigkeit und der mit 11,3 m Wendekreisdurchmesser vergleichsweise guten Manövrierbarkeit. Die vordergründig auf reinen Personentransport ausgerichteten Wagen basierten weiterhin auf einem Kastenrahmenchassis mit Traversen und Kreuzverstrebung, und das Basismodell A-10 L besaß einen Sechszylindermotor mit stehenden Ventilen. Er stammte von Continental, welche Firma früher auch andere kleinere Autohersteller beliefert hatte. Aus 3,7 Litern Hubraum lieferte dieses Antriebsaggregat bei nur 3000/min 81 SAE-PS (anfängliche Angabe: 96 PS). Die bewusste niedrige Leistungsausbeute wies auf die angepeilte möglichst hohe Kilometer- bzw. Distanzleistung hin, wie sie für Taxis dienlich war.
Daneben gab es – im Modell A-10 – den gleichen Sechszylinder mit obenhängenden Ventilen und 125 PS. An Getrieben bestand wie bis anhin die Wahl zwischen 3-Gang, 3-Gang mit Schnellgang, Automatik Drivermatic und (beim A-10) Dual Range. Trotz des Hinterradantriebs hatten die Checker einen völlig flachen Innenboden und keine Bordschwellen, auch ihre mit 159 cm hohe »Gestalt« ermöglichte bequemsten Ein- und Ausstieg.

Checker Aerobus A-12 W8, 1964

Marathon, Aerobus Ab 1961 kam die etwas aufgewertete Ausführung Marathon hinzu, und Anfang der 60er Jahre entstanden verschiedene verlängerte Kombis mit sechs und sogar acht Seitentüren. Mit ihnen konnten neun bzw. ein Dutzend Personen reisen. Wie ihre Bezeichnung Aerobus verrät, waren diese rund 6 bzw. 7 m langen Vehikel, deren Chassis zwei X-Verstrebungen aufwies, nicht zuletzt als Flughafenzubringer gedacht. Die Kraftübertragung erfolgte bei ihnen über das 3-Gang-Getriebe oder die Automatik Single Range. Ab 1963 hießen die Modelle A-11 (als Taxicab) und A-12 (Superba und Marathon). Gleichzeitig wurde die Leistung des OHV-Motors mit einem Doppelvergaser auf 142 PS gesteigert.

Checker Marathon Special, 1968

Zum Modelljahr 1964 gab es neben den eigentlichen Taxameterwagen und der Ausführung Marathon auch eine als Town Custom bezeichnete Version. Die Motoren stammten jetzt von Chevrolet: 3,8-Liter-Sechszylinder mit 142 PS und 4,6-Liter-V8 mit 198 PS. Der Aerobus wurde neu von einem 5,2-Liter-V8 mit 205 PS angetrieben. Dieser wurde zum Jahrgang 1966 durch einen 5,4-Liter-V8 mit 188 PS ersetzt, der – mit 253 PS – auch in den Pkw üblicher Länge lieferbar war. – 1968 schuf Giorgetto Giugiaro, der bis 1965 Chefdesigner bei Bertone war, auf Checker-Basis einen Luxus-Sedan, der völlig von der traditionellen Formgebung des Taxis abwich.

Erster Dieselmotor Nach weiteren kleineren Anpassungen des Motorenprogramms kam Mitte 1968 ein Dieselmotor der englischen Perkins Motors Ltd. hinzu. Diese Vierzylindermaschine mit nicht weniger als 3,9 Litern Inhalt bot eine Leistung von 89 SAE-PS, kam jedoch auf ungefähr gleichviel Drehmoment wie der Sechszylinder-Benzinmotor. Erstmals stand damit im amerikanischen Modellangebot ein Dieselauto zur Wahl. Auf dem Automobilsalon von Paris stellte die italienische Karosseriefirma Ghia eine formschön gestaltete Limousine als Alternative zur altbackenen Checker-Karosserie zur Diskussion; sie hätte es verdient, in Serie zu gehen! 1970 verkörperte ein 4,1-Liter-Sechszylinder mit 157 PS die Standardmotorisierung. Dazu kam ein 5,7-Liter-V8 mit 253 PS (im Aerobus mit 203 PS). Der Dieselmotor war schon wieder aus dem Programm genommen worden... Dafür wurden auf Wunsch vordere Scheibenbremsen eingebaut.

Checker	Zyl.	cm³	PS	bei 1/min	Gänge	Spitze km/h	Radstand/Länge	ab Jahr	Besonderheiten: Kastenrahmenchassis
A-10 L	6	3703	96	3000	3/A	130	305/507	1959/60	SV! Continental Motor
A-10			127	3900		135			(OHV) ab '60: 124/4000
A-10 L			81	3100		130		1960-63	ab '62: A-11/A-12
A-11/A-12			142	4400	3/3+S/A	150		1962/63	
Aerobus A-12 W 6					3/A		392/598		
W8					3		480/675		
A-12/A-11	6	3768	142	4400	3/3+S/A		305/506	1963-69	Chevrolet-Motoren
	V8	4637	198	4800		160		1963-68	auch 327/529 cm
Aerobus		5210	205	4000	3		329/598	1963-65	auch 480/685 cm
		5351	188	4400	3/A			1965-69	
A-12			253	4400	A	175	305/506		auch 327/529 cm
		5025	203	4600	3/A	170		1968/69	
	4	3865	89	2800		130			Perkins-Dieselmotor
A-12/A-11	6	4093	157	4200	A	160		1969-	
	V8	5733	253	4800		185			
Aerobus			203	4000	3/A	170	480/685		

Checker in den 70er Jahren

1971 wurden weiterhin die Checker-Modelle Taxicab A-11 und A-11 E, Marathon A-12, A-12 E und A-12 W gebaut, wobei E (= Extended) auf den von 305 auf 328 cm verlängerten Radstand hinwies, womit acht bis neun statt sechs Sitzplätze zur Verfügung standen; der Buchstabe W bedeutete Station Wagon. Es standen zwei Motoren von Chevrolet bzw. General Motors zur Wahl: 4,1-L-Six und 5,7-L-V8, doch wurde ausschließlich ein Automatikgetriebe von Warner Gear eingebaut. Der Unterbau war eine Kastenrahmenkonstruktion mit Traversen und X-Verstrebung, vorn wurden Trapez-Dreieckquerlenker, hinten eine Starrachse mit Halbelliptikfedern verwendet. Vordere Scheibenbremsen mit Servo waren Serie, eine Servolenkung gabs – ebenso wie eine Differenzialbremse – gegen Mehrpreis.
Als Besonderheit wurde daneben der Checker Aerobus A-12 W8 hergestellt. Er wurde auch als Polizeifahrzeug angeboten, und er war ein Kombi der besonderen Art: Die Ziffer 8 wies darauf hin, dass er vier Türen hatte... pro Seite! Bei 480 cm Radstand brachte es der Aerobus auf 668 cm Länge. Er bot ein Dutzend Sitze und wog leer 2,4 Tonnen. Sein Chassis hatte drei X-Verstrebungen, und in ihn wurde ausschließlich der V8-Motor eingebaut. Hingegen gab es ihn auch mit einem 3-Gang-Getriebe. Auf vordere Scheibenbremsen wurde verzichtet, aber die Servolenkung war serienmäßig. – 1973 konnte sich auch Checker einer Anpassung an die Stoßstangen und Abgasnormen nicht entziehen; beim Einbau eines V8-Motors kam die Servolenkung nun serienmäßig hinzu.
Aerobus 15 Nachdem der Absatz laufend zurückgegangen war, lancierte Checker im Frühling 1976 den 718 cm langen Aerobus 15. Er besaß weiterhin vier Türen pro Seite, kam nun aber auf 15 Sitzplätze (einschließlich drei Klappsitzen, Radstand 503 cm). Anderseits gab es vom Modell Marathon Sonderversionen mit Veloursdachüberzug, diesen auch an Stelle des dritten Seitenfensters.
Mit dem Jahrgang 1977 wurde nebst dem 4,1-L-Six ein 5-L-V8 lieferbar (ebenfalls von Chevrolet). Im September 1977 wurde die Produktion des Aerobus 15 mangels Nachfrage eingestellt.
Schon 1970 war Morris Markin, der das Unternehmen stets noch geführt hatte, im Alter von 77 Jahren verstorben; Anfang 1979 verkaufte sein Sohn David R. Markin die absatzschwach gewordene US-Symbolmarke an die New Yorker Anlagefirma Oppenheimer; gleichzeitig plante er eine völlig neue Taxikonstruktion herauszubringen.

Checker Aerobus, 1971

1980 lösten zwei neue Motoren den 4,1-L-Six ab: ein 3,8-L-V6 und ein 4,4-L-V8, beide ebenfalls von GM bzw. Chevrolet. Auch noch 1981 wurde nach den einfachst ausgerüsteten Taxicab und den etwas komfortableren Marathon unterschieden, die es auch mit Klimaanlage gab. Das Karosseriedesign mit vier Türen und sechs Seitenfenstern war seit 1956 bis auf kleine Details unverändert geblieben.

Zwar geschätzt... Und die Checker hatten das, was Amerikas Taxidriver überaus schätzten: nämlich ein Kastenrahmenchassis, das sogar mit einer Kombination von Traversen und einer X-Verstrebung aufwartete. In traditioneller Bauweise wurden vorne Trapez-Dreieckquerlenker und Schraubenfedern verwendet, während hinten eine Starrachse mit Halbelliptikfedern zum Einbau kam. Die Kugelkreislauflenkung arbeitete immerhin mit Servo und variierender Untersetzung.

Die Motorpalette umfasste 1981 drei Benzinmotoren von Chevrolet und den Dieselmotor von Oldsmobile: 3,8-L-V6, 4,4-L-V8, 5-L-V8 bzw. 5,7-L-V8. Sie wurden ausschließlich mit dem 3-Stufen-Automatikgetriebe Turbo Hydra-Matic 400 mit Lenkradschaltung kombiniert.

...dennoch am Ende *Weil sich aber inzwischen mehr und mehr Taxiunternehmen leichteren und sparsameren Modellen zuwandten, gingen die Checker-Absatzahlen weiter zurück, und die Checker Motors Corporation erlitt 1981 einen hohen Verlust. Der Ausstoß war von 1979 auf 1981 von 4766 auf 2910 Exemplare abgesackt. Im Frühling 1982 verkündete die Firmenleitung die Absicht, die Taxiproduktion im Juli einzustellen, sich aber weiterhin als Zulieferer der Automobilindustrie zu betätigen... Viele der gelben »Oldtimertaxis« sollten noch während langer Jahre im Einsatz stehen.*

Checker Taxicab, 1980

Checker	Zyl.	cm³	PS	bei 1/min	Gänge	Spitze km/h	Radstand/Länge	ab Jahr	Besonderheiten
Taxicab/Marathon	6	4093	147*	42/36	A3		305/518	1971/72	
(A-11/A-12)			101	3600			305/526	1973	
							305/520	1974	
			106	3800				1975/76	
			112/91	38/36				1977-79	
	V8	5001	147	3800					
		5733	248*	4800			305/18°	1971/72	
			157	4000			305/526°	1973	
			147	3800			305/520°	1974-76	
			172					1977	
			162					1978/79	
°) A-11E/A-12E, 1971/72: 328/541, 1973: 328/549, 1974-79: 328/543									
Aerobus	V8	5733	218*	4000	3/A3		480/668	1971/72	
			157		A3			1973	
			162	3800				1974	
Taxicab/Marathon	V6	3751	117	4000	A3		305/512	1980	
	V8	4389	122	3600			°		
		5001	157	4000					
	V8D	5737	127	3600					
°) 305/512, A-11E/A-12E: 328/									

Chevrolet

Louis Chevrolet war am Weihnachtstag 1878 in La Chaux-de-Fonds im Schweizer Jura zur Welt gekommen. Der Name der größten Automarke des größten Autokonzerns – dies galt während vieler Jahrzehnte – ist somit europäischer Herkunft. Chevrolets Familie wanderte nach Frankreich aus, bevor er im Jahre 1900 den Sprung nach Amerika wagte. Nachdem er in Frankreich bereits erfolgreich Fahrradrennen bestritten hatte, wurde er in den USA bald einmal ein berühmter Autorennfahrer. Er fuhr meist auf Buick, und er überstand spektakuläre Unfälle. 1911 wandte sich William C. Durant, Hauptinitiant der 1908 entstandenen General Motors Corporation, an Louis Chevrolet und gründete mit ihm die Chevrolet Motor Car Company. Doch schon 1913 kam es zwischen dem Techniker Chevrolet und dem Geschäftsmann Durant zu Meinungsverschiedenheiten über die Entwicklung eines Billig-Vierzylinders als Konkurrent zum Ford-T-Modell. Daher schied Louis Chevrolet aus dem Unternehmen aus und verschrieb sich erneut der Konstruktion von Rennwagen und dem Rennsport; hierzu gründete er die Marke Frontenac. William C. Durant sicherte sich das Alleinrecht an dem für amerikanische Ohren romantisch-elegant klingenden Namen Chevrolet. Dank großem Verkaufserfolg gelang es ihm, GM-Aktien aufzukaufen und sich 1918 mit dem Einbringen seiner Chevrolet Motor Co. wieder an die General-Motors-Konzernspitze zu setzen.

Zeit aufholen Nach dem Zweiten Weltkrieg verhießen Nachholbedarf und Autohunger, besonders der amerikanischen Bevölkerung, der Autoindustrie einen stürmischen Aufschwung. Längst hatte man auch an neuartige konstruktive Lösungen gedacht. Als aber die Produktion 1946 tatsächlich anlief, sah sich die Fachwelt weitgehend altbewährten Lösungen gegenüber. Auch Chevrolet stellte seine Kleinwagenpläne zurück und baute seine Autos auf Vorkriegsbasis weiter. Die für 1946 vorgestellten Modelle hatten eine ansprechend moderne Karosserieform, wie sie während der Kriegsjahre entwickelt worden war. Ihr Chassis bestand im Wesentlichen aus zwei kräftigen Längsträgern, auf denen die geschweißte Ganzstahlkarosserie unter Einschluß weniger Querträger aufgebaut war. Die vordere Einzelradaufhängung bestand aus zwei Dreieck-Querlenkern, Schraubenfedern und einem Querstabilisator, während hinten eine mit Halbelliptikfedern kombinierte Starrachse verwendet wurde. Gegenüber dem Modell 1939 war die Leistung des obengesteuerten Sechszylindermotors von gut 3½ Liter Inhalt um 6 auf 91 PS gesteigert worden. Das Konstruktionsprinzip dieses Motors war schon Ende der zwanziger Jahre entstanden. Aufschlussreich ist ein Vergleich mit den ersten Nachkriegs-Ford: Diese besaßen auch vorn noch Starrachsen und zudem seitengesteuerte Motoren; dafür gab es sie auch mit dem beliebten V8-Aggregat. Mit 295 cm Radstand und 503 cm Gesamtlänge übertrafen die Chevrolet die Ford geringfügig. Die Chevrolet-Modelle 1948 unterschieden sich vom Vorgänger durch eine senkrechte Mittelrippe über den horizontalen Kühlergitter-Chromstäben.

Chevrolet Fleetmaster Sport Sedan, 1948

1949 völlig neu Im Januar 1949 wurde eine vollständig neue Chevrolet-Modellserie vorgestellt. Sie war die Antwort auf die ein halbes Jahr vorher herausgekommenen Ford in Pontonform. Es gab die Chevrolet 1949 in den Reihen Styleline und Fleetline (bis dahin Stylemaster und Fleetmaster). Wenngleich sie nicht die hochmoderne Pontonform hatten, sondern noch angesetzte hintere Kotflügel und ein sanft abfallendes Heck aufwiesen, wurden sie allgemein als besonders formschön empfunden. Die Fleetline-Modelle

Chevrolet Styleline De Luxe, 1949

besaßen ein stromlinienförmiges Fließheck (einen zweitürigen Fleetline hatte es allerdings schon ab 1946 gegeben). Die Vorderradaufhängung wurde zwar verbessert – Teleskopstoßdämpfer nun in der Mittelachse der Schraubenfedern – doch blieb die übrige Technik weitgehend unverändert. Dafür bot das Interieur Neuerungen in Richtung eines erhöhten Komforts, beispielsweise mit einem wirksameren Entlüftungssystem, vor allem aber mit verbesserter Aussicht und wesentlich mehr Raum: Auch auf der Vordersitzbank konnten nun drei Personen Platz nehmen. Fast ein wenig avantgardistisch wirkten die Fleetline-Limousinen mit stromlinienartig auslaufendem Heck; diese Fastback-Version fand aber keine so große Verbreitung wie die Ausführungen mit abgestuftem Kofferraum.
Ab 1950 waren die Chevrolet in den USA mit dem automatischen 2-Gang-Getriebe Powerglide erhältlich. Es wurde mit einem 3,9-Liter-Sechszylindermotor kombiniert. Gleichzeitig kam ein besonders elegantes Faux-Cabriolet, der Bel-Air, hinzu. Im August 1951 lancierte das Montagewerk General Motors Suisse SA in Biel einen Chevrolet mit 13-Steuer-PS-Motor. Es handelte sich um den 2½-Liter-Sechszylinder des Opel Kapitän. Damit konnte der Marke Chevrolet in der Schweiz eine noch größere Verbreitung gesichert werden. Das Modelljahr 1952 brachte erstmals eine gut sichtbare äußere Veränderung: Der Mittelbalken der schlichten Kühlluftöffnung erhielt fünf kurze Quernocken.

Solche Motive fanden sich auch in der Front der neu gezeichneten Modelle 1953. Sie wiesen nun – bei stets noch angesetzten hinteren Kotflügeln – eine länger durchgezogene Gürtellinie und stark vergrößerte Fensterflächen auf; die Frontscheibe war nun ungeteilt und die Heckscheibe um die Ecken gezogen. Das Topmodell, der viertürige Bel-Air Sedan, besaß einen ausgeprägten seitlichen Zierstreifen. Die Motorleistungen waren gesteigert worden. In den teureren Modellen war auf Wunsch auch eine Saginaw-Servolenkung erhältlich.

Chevrolet Two-Ten, 1953

Chevrolet Corvette, 1954

Corvette Zu der auf drei Serien mit sechzehn Modellen in acht verschiedenen Karosserieausführungen angewachsenen Chevrolet-Auswahl gesellte sich 1953 ein geradezu sensationelles Kleinserienfahrzeug: Ein echter zweisitziger Sportwagen in aufregendem, von vielen als italienisch empfundenem Stil. Er war das erste von der angestammten Automobilindustrie auf den Markt gebrachte amerikanische Sportcabriolet der Nachkriegszeit, denn der bereits 1950 herausgekommene Nash-Healey war ein britisch-italienisches Produkt und den 1952 von Kaiser vorgestellten Kunststoff-Sportwagen DKF-161 gab es nur kurzzeitig.
Treibende Kraft hinter dem Corvette-Projekt war der noch junge GM-Ingenieur Zora Arkus-Duntov. Umgesetzt wurde dessen Philosophie vom amerikanischen Sportwagentraum in Zusammenarbeit mit GM-Designchef Harley Earl und Chevrolet-Chefingenieur Ed Cole. Der Chevrolet Corvette mit seiner schwungvollen Silhouette, der niedrigen Panoramascheibe, den in die Radhäuser versenkten Scheinwerfern, dem futuristischen Armaturenbrett und dem kurzen Fastback wurde von den Autofans begeistert aufgenommen. Für den Antrieb sorgten ein auf 152 SAE-PS gebrachter 3,9-Liter-Sechszylindermotor und das automatische Powerglide-2-Gang-Getriebe. Konventionell waren sein Kastenrahmen mit Kreuzverstrebung, der den »normalen Chevy« ebenso entsprach wie die Aufhängungselemente. Eine große Besonderheit lag jedoch in der aus glasfaserverstärktem Kunststoff bestehenden Karosserie, die damit erstmals in größerer Stückzahl in Serie gehen sollte.

Chevrolet Bel Air, 1955

Chevrolet Corvette, 1956

Allerdings war zunächst bloß von »einigen hundert Exemplaren« die Rede. Doch dank Erfolg kam es anders: Noch unter der Bezeichnung EX-122 war dieser Zweisitzer im Januar 1953 zusammen mit weiteren Traumwagen anlässlich des General Motors Motorama im Hotel Waldorf Astoria in New York erstmals gezeigt worden. Zunächst entstand er in monatlich fünfzig Exemplaren. Der Herstellungsprozess mit dem Kunststoff – anfänglich noch mit etlicher Handarbeit – dauerte ungewohnt lang. Doch bis Ende 1955 erreichte der Ausstoß *der ersten Serie schließlich 4640 Stück. Auch wenn die Nachfrage keineswegs dem vom Publikum gezeigten Interesse entsprach, so erfuhr das Image von Chevrolet dank diesem Sportcoupé doch eine bedeutende Aufwertung!*

Mit V8 Für das Modelljahr 1955 erschienen die Chevrolet mit vollständig neuem Karosseriedesign. Die hinteren Kotflügel waren nicht mehr angesetzt, sondern bloß noch durch einen kleinen Knick in der horizontal durchgezogenen Gürtellinie angedeutet. Die viertürige Limousine zeigte wieder sechs Seitenfenster und allen 14 Ausführungen gemeinsam war die Panorama-Windschutzscheibe. Was der Erzrivale Ford schon lange vor dem Krieg eingeführt hatte, bot nun auch Chevrolet: nämlich einen V8-Motor! Der Chevrolet-V8 hieß Turbo Fire und war eine moderne Kurzhubkonstruktion mit keilförmigen Brennräumen. Aus 4,3 Liter Hubraum resultierten 164 PS Leistung. Daneben war weiterhin der Blue Flame Six erhältlich, und zwar mit 117 bzw. 127 PS Leistung; die stärkere Version in Kombination mit dem Powerglide-Automatikgetriebe. Auf Wunsch war neuerdings auch ein halbautomatischer Schnellgang zu haben. Er reduzierte die Motordrehzahl um 22 Prozent, was sich verbrauchs- und geräuschmindernd auswirkte. Die elektrische Anlage wurde von 6 auf 12 Volt umgestellt. Dank einer neuen Auslegung der vorderen Aufhängungsgeometrie wurde die Tendenz zum »In-die-Knie-Gehen« beim Bremsen verringert. Der fünftürige Station Wagon hieß nun Beauville, der dreitürige weiterhin Handyman.

GM Technical Center *1955 wurde in Warren, Michigan, das GM Technical Center eröffnet, was auch für Chevrolet von großer Bedeutung war!* – Die Ende 1955 vorgestellten Chevrolet 1956 unterschieden sich von ihren Vorgängern in erster Linie durch ein die ganze Breite einnehmendes Kühlergitter. Der 6-Zylinder-Motor wurde in den USA ausschließlich noch in einer 142-PS-Version geliefert. Den V8 gab es hingegen mit 164 und 172 PS und als Super Turbo Fire gar mit 208 PS! Im Chevrolet Corvette, der auf Wunsch schon 1955 mit V8 lieferbar war, leistete diese 4,3-Liter-Maschine sogar 228 PS und verhalf nun zu imposanten Fahrleistungen; den Sechszylinder hatte man aus dem Corvette-Programm gestrichen. Äußerlich war der Corvette – im deutschen Sprachraum von den Fans liebevoll *die* Corvette genannt – in der Ausführung 1956 an den in üblicher Weise auskragenden Scheinwerfern, der keilförmigen Einbuchtung in der Flanke und dem sanft abfallenden Heck erkennbar. Insgesamt wurden 3467 Corvette '56 gebaut.

In der im Oktober 1956 präsentierten Ausführung 1957 wiesen die Chevrolet eine neue Front mit in das Kühlergesicht einbezogenen Stoßstangen und geänderte Seitenverzierungen auf. Nachdem sie schon im Vorjahr die 5-m-Grenze überschritten hatte, wuchs die Gesamtlänge nochmals um 6 cm und erreichte nun 508 cm; und dieses Wachstum sollte weitergehen...

Hinzu kam ein auf 4,6 Liter Inhalt vergrößerter V8, der auf Wunsch mit Benzineinspritzung (ins Saugrohr) erhältlich war. Dieser Ramjet genannte Motor kam bei einer Verdichtung von 10,5:1 auf 287 SAE-PS bei ungewöhnlich hohen 6200/min. Die stärker motorisierten Chevrolet waren nun mit dem Turboglide, einem dreistufigen Drehmomentwandler mit zwei Planetengetriebesätzen, lieferbar. 1957 war der Corvette, der bis dahin mit Powerglide oder 3-Gang-Getriebe ausgestattet wurde, auch mit einem 4-Gang-Getriebe zu haben.

Im Zeittrend Im Herbst 1957 folgten die Chevrolet 1958; ihre Hauptmerkmale: Doppelscheinwerfer in einer breiteren, längeren und niedrigeren Karosserie; X-förmiger, ebenfalls neukonstruierter Chassisrahmen mit Schraubenfedern auch hinten; neuer 5,7-Liter-V8-Motor Turbo Thrust mit Verbrennungsräumen in den Kolben; auf Wunsch Luftfederung. Die Topmodelle, Faux Cabriolet und Cabriolet, hießen nun Bel Air Impala. Auch der Corvette erhielt Doppelscheinwerfer. – *Ende 1958 war erstmals wieder von einem kleinen Chevrolet die Rede. Er solle einen Heckmotor haben und 1960 in Großauflage auf den Markt geworfen werden, hieß es...* Zunächst wurde jedoch im Oktober 1958 abermals ein gänzlich neu entworfener großer Chevrolet vorgestellt. Er zeigte sich mit einer überbreiten Front mit ungewöhnlichen Quersicken über dem jetzt von den Scheinwerfern flankierten Kühlergrill. Die Panoramascheibe war nun auch ins Dach hineingewölbt und das Dach selbst völlig flach nach hinten gezogen. Extrem auffallend waren jedoch die an einen »Schwalbenschwanz« erinnernden, nach außen abgewinkelten Heckflossen. Der Einfluss der GM-Traumwagen bzw. Concept-cars war unverkennbar. Besonders beim Impala Sport Coupé mit seiner ausgedehnten Heckscheibe kam dieses grandiose Design spektakulär zum Ausdruck. Bel Air und Impala traten nun als getrennte Ausstattungsreihen auf. Der Impala hob sich nach wie vor durch sechs statt vier Heckleuchten ab. Zumindest in Europa jedoch fanden diese »Riesenautos« eine zwiespältige Aufnahme. Zu den technischen Verbesserungen zählte die um 27 Prozent vergrößerte Bremsfläche. **Corvair** Zum Modelljahr 1960 wurde den gewohnten großen Modellen der neue kleine Chevrolet zur Seite gestellt, von dem man seit Mai 1959 mehr oder weniger offiziell wusste, dass er einen luftgekühlten Heckmotor mit sechs Zylindern in Boxeranordnung sowie eine hintere Pendelachse haben würde. Der am 2. Oktober 1959 vorgestellte Chevrolet Corvair war der zweite amerikanische Kompaktwagen nach dem kurz zuvor herausgebrachten Ford Falcon. Wie dieser besass er – als erster Chevrolet – eine selbsttragende Karosserie. Der Corvair war sowohl von der Technik her als auch wegen seines wohltuend klaren Designs revolutionär. Seine Fahreigenschaften – übersteuernd wegen der ungünstigen Gewichtsverteilung – sollten ihm später allerdings einen unrühmlichen Prozess einbringen...

Hinsichtlich Stil und Konzept war der Corvair eine der ungewöhnlichsten amerikanischen Konstruktionen der Nachkriegszeit. Er besass ein mit dem üblichen USA-Styling in krassem Gegensatz stehende vorbildlich stilreine Formgebung. Hinzu kam eine mit allen Traditionen brechende Technik: nämlich mit dem im Heck eingebauten luftgekühlten Sechszylinder-Leichtmetall-Boxermotor. Der im Herbst 1959 als Compact-car lancierte Corvair hatte zudem eine selbsttragende Karosserie und hintere Einzelradaufhängung mit Längslenkern und Schraubenfedern. Als Getriebe standen eine 3-Gang-Handschaltung und ein Corvair-Powerglide-Automat mit 2-Gang-Planetengetriebe zur Wahl. Nebst einem sechssitzigen Sedan wurde ein fünfsitziges Coupé (hinten nur zwei

Chevrolet Bel Air, 1957

Chevrolet Impala Sport Coupe, 1958

Chevrolet Impala Sport Sedan, 1959

Plätze) hergestellt. Letzteres wirkte mit seinem langen Heck besonders schwungvoll. Den 2,3-Liter-Motor gab es in zwei Ausführungen: mit 81 und 96 SAE-PS (Turbo Air und Super Turbo Air). Diese Version mit Hochleistungsnockenwelle und Spezialauspuff wurde nicht für den Export vorgesehen. Ein 4-Gang-Getriebe stand in Vorbereitung.

Viele Varianten Für 1960 erhielten die Chevrolet der Standardgröße eine oval eingefasste Kühlerfront ohne obere Quersicken sowie je drei separate Heckleuchten. Die Auswahl an »normal großen« Chevrolet setzte sich nun aus den Modellvarianten Biscayne, Bel Air und Impala (diverse Karosserieformen, einschließlich Cabriolet) sowie den Station Wagons Brookwood, Parkwood und Nomad zusammen. Es gab sie mit 3,9-Liter-6-Zylinder-Motor (Hi-Thrift 6) sowie 4,6- und 5,7-Liter-V8. Die V8 waren in zahlreichen Leistungsversionen (Turbo-Fire, Super Turbo-

Chevrolet Bel Air Sport Coupe, 1960

Chevrolet Corvair, 1960

Fire, Turbo-Thrust und Super Turbo-Thrust) verfügbar. Es standen ein 3-Gang-Getriebe mit und ohne Overdrive sowie die Getriebeautomaten Powerglide (zwei Stufen) und Turboglide (nur V8) zur Wahl. Das ungewöhnliche Turboglide bestand aus einem Dreiphasen-Drehmomentwandler mit 3-Gang-Planetengetriebe unter Zuordnung einer Turbine zu jedem Gang, und zwei Leiträdern, wovon eines mit verstellbaren Schaufeln. Neben der D-Stellung gab es hier die Position Gr = Grade Retarder. Auf Wunsch wurde das selbstsperrende Positraction-Differential ein gebaut. Der Unterbau der großen Chevrol.et bestand aus einem X-förmigen Rahmen mit Kastenträgern. Die starre Hinterachse war an Schraubenfedern abgestützt und umfasste Längsschubarme sowie Drehmomentstütze und Panhard-Seitenstabilisator.

Der Corvette erfreute sich weiterhin zunehmender Beliebtheit: Nachdem vom Modell 1957 bereits 6239 Wagen gebaut worden waren, stieg der Ausstoß in den folgenden Jahren weiter an, zunächst auf 9168, dann auf 9670, und 1960 wurde schließlich die 10'000-Stück-Grenze überschritten. *In der amerikanischen Verkaufsstatistik war die Marke Chevrolet schon 1927/1928, Ford verdrängend, zur Marke Nr. 1 geworden. Und sie war es von 1932 an, mit Ausnahme von 1935 und 1937, in ununterbrochener Reihenfolge bis 1956. Erst 1957 und 1959 sollte sich Ford im Personen- und Lastwagenverkauf vorübergehend den ersten Platz zurückerobern. Um sich einen Begriff von den Größenverhältnissen zu machen:* 1954 wurden *in den USA 5,535 Millionen Personenwagen neu zugelassen, davon waren 1,417 Mio. Chevrolet und 1,4 Mio. Ford.*

Chevrolet	Zyl.	cm³	PS	bei 1/min	Gänge	Spitze km/h	Radstand/Länge	ab Jahr	Besonderheiten
	6	3547	91	3300	3	125	297/503	1946-48	Kastenrahmenchassis
2100	6	3547	91	3300	3	125	292/501	1949	
			94			128		1950	
2200 (Powerglide)	6	3858	106	3600	A	135		1951	
2103 (CH)	6	2473	67	3900	3	120		1952	
(1953: USA div. weitere Kombinationen)									
	6	3858	111-	3700	3	135	292/499	1954	
			127		A				
(CH, 18 PS)		3547	93	3400	3	128			
Corvette		3858	152	4200	A	165	260/425	1954	Kunststoffkarosserie
Six (CH)	6	3858	121-	3800	3/3+S	145	292/497	1955	
(US)			138	4200	3/3+S/A				
V8 (CH)	V8	4342	152	4400	A	156			
(US)			164		3/A	170			
(1956: Six 138/142 PS; V8 153-172 PS; Länge 502)									
Corvette	V8	4342	228	5200	3/A	200	259/427	1956	
Six (CH)	6	3858	138/	4200	3/A	150	292/508	1957	
			142		3/3+S/A				
V8	V8	4342	164	4400	3/3+S	165			
(CH)	V8	4637	172-	4600	3+S/A				
			287	6200	A/3+S/3	-200			
Corvette			223-		A/3		259/430		
			287			-200			
Six/V8	(teils höhere Leistungen						299/531	1958	
+ ("27 CV")	V8	5692	253/	4400	A/3				
			283	4800					
Six	6	3858	137	4000	3/3+S/A	150	302/536	1959	
V8	V8	4637	188	4600					
			294	6200		-190			
		5692	253-	4400					
			315	5600		-200			
Corvette		4637	233-	4800			259/450		
			294	6200		-200			
(1960			-319						
Corvair (CH)	6	2287	81	4400	3/A	135	274/457	1960	selbsttragende Karosserie. Einzelradaufhängung auch hinten; luftgekühlter Boxermotor im Heck!
(US zudem ...)			96	4800					

Chevrolet Corvette, 1959/60

Chevrolet Impala, 1961

Chevrolet in den 60er Jahren

Die Standard-size-Chevrolet des Modelljahrs 1961 hatten wie alle großen GM-Modelle eine neue Karosserie mit deutlich geänderter Front erhalten. Die einst ausladenden »Schmetterlings-Heckflossen« waren jetzt gänzlich an die Karosserieflanken geplättet, und über dem Kühlergitter fand sich ein zusätzlicher »Lufteinlassstreifen«. Als Zusatzmodell gab es neu den Impala Super Sport (SS) mit Topleistung, verstärktem Fahrwerk, verbesserten Bremsen, Mittelschalthebel und zahlreichen sportlichen Gadgets; er wurde im Modelljahr 1961 in nur 453 Exemplaren bestellt. In der Folge wurden die »Chevy SS« aber zu einem Begriff. Wenn die großen Chevrolet 1961 mit einer Klimaanlage dotiert wurden, so erhielten sie übrigens einen Kühlventilator mit Flüssigkeitskupplung.
Chevy II Bereits seit einiger Zeit hatte man von ihm gesprochen, dem Chevy II, einem Modell zwischen Corvair und Chevrolet (der Standardgröße). Er wurde mit den anderen Modellen des Jahrgangs 1962 im Herbst 1961 vorgestellt. Im Gegensatz zum Corvair war der Chevy II ein »ganz gewöhnlicher Amerikaner«. Zwar besaß auch er eine selbsttragende Karosserie, doch die OHV-Reihenmotoren (2,5-Liter-4-Zylinder und 3,2-Liter-6-Zylinder) waren ebenso konventionell wie die starre Hinterachse (trotz neuartiger Einblattfedern). Der Chevy II wurde mit 3-Gang-Getriebe (erster Gang nicht synchronisiert) oder neuer, leichterer Powerglide-Automatik hergestellt, und auf Wunsch war eine Positraction-Differentialbremse erhältlich (wie sie inzwischen in den meisten Chevrolet einschließlich Corvair zu haben war). Den Chevy II gab es gleich auch in vollständiger Karosserieauswahl: Sedan mit

Chevrolet Corvair Monza Spyder, 1963

Chevrolet Chevy II, 1962

zwei oder vier Türen, Hardtop-Coupé, Cabriolet und Station Wagon. Die luxuriöseren Ausführungen trugen die Zusatzbezeichnung Nova. – Die im Herbst 1961 präsentierten großen »Chevy« des Modelljahrs 1962 ließen sich an der abgeschrägten anstatt überlappenden Motorhauben-Vorderkante erkennen. Auf die raffinierte Turboglide-Automatik wurde nun verzichtet. Nach wie vor lieferbar war hingegen (unter zahlreichem weiterem Zubehör) die Power-Touch-Servolenkung.
Turbo-Corvair Jener Herbst von 1961 brachte erneut zwei Chevrolet-Einzelstücke: einen von Kelly präparierten Corvette mit Vignale-Coupékarosserie im Stil eines früheren Ferrari-Rennsportwagens und den Chevrolet-Versuchswagen XP-737, einen offenen Corvair mit zwei nebeneinanderliegenden Einzelcockpits und Paxton-Kompressor. Für den Frühling

Chevrolet Corvette Sting Ray, 1963

1962 wurde das Corvair-Monza-Angebot durch ein Cabriolet und eine leistungsgesteigerte Version mit der etwas verwirrenden Bezeichnung Spyder erweitert. Mit Abgasturbogebläse von Thomson brachte es der Spyder, den es ebenfalls als Cabriolet gab, auf 152 SAE-PS. Dies war eine Pionierleistung, denn bis dahin gab es erst den im Herbst 1961 angekündigten Oldsmobile Jetfire mit Abgasturbolader in einem serienmäßigen Angebot!
Als neues Spitzenmodell gab es den Impala SS 409 (Super Sport 409 HP = 415 SAE-PS aus 6,7 Litern Hubraum. Im Frühjahr 1962 präsentierte Chevrolet-Stylingchef William (»Bill«) Mitchell zwei neue Versuchsfahrzeuge auf Corvette-Basis: den Shark und den Stingray GT (einen Stingray hatte es schon 1957 gegeben, und er bildete die Basis für GM-Rennerfolge). »Traumwagen« war auch der Corvair Monza GT mit Fastback und Heckfensterlamellen, auf den später der Roadster Corvair Super Spyder (SS) folgte.
Corvette Sting Ray Vom Chevrolet Corvette, der nicht nur dem Image der Marke, sondern dem Ansehen der gesamten amerikanischen Autoindustrie zu erhöhtem Ansehen verholfen hatte, waren bis und mit Modelljahr 1962 68'935 Exemplare hergestellt worden. Im Herbst 1962 erschien dieser schrittweise weiterentwickelte Zweisitzer nun in gänzlicher Neuauflage; in der Fachwelt nannte man sie später Generation C2. Mit ihr wurde gleichsam das zehnjährige Bestehen dieser außergewöhnlichen Modellreihe gefeiert. Der neue Corvette erhielt die von Sondermodellen bereits bekannte Zusatzbezeichnung Stingray (nun Sting Ray geschrieben), was Stachelroche bedeutet. Es gab den »Neuen« sowohl als Cabriolet wie auch als Fastbackcoupé mit ins Dach hineinge-

bogenen Türen und längs geteilter Panorama-Heckscheibe. Beibehalten wurden die aufstellbaren Klappscheinwerfer in der aerodynamisch optimierten Front. Hinter dem neuen Design stand Bill Mitchell, der langjährige GM-Designchef und inzwischen ein Vice President. Er hatte den Sting Ray von Larry Shinoda zeichnen lassen.

Nach wie vor bestanden die Corvette-Aufbauten aus Kunststoff. Doch verlief die Dachlinie nun um 5 cm niedriger (126 cm) und die Karosserie war 4 cm kürzer (445 cm) bei um 10 cm verkürztem Radstand (249 cm). Weil außerdem der Motor weiter nach hinten gerückt worden war, erhöhte sich die Hinterachsbelastung auf 52 % des Leergewichts! Damit konnten die Fahreigenschaften deutlich verbessert werden. Eine eigentliche Chassiskonstruktion wurde beibehalten, doch erhielten die Hinterräder nun eine unabhängige Aufhängung. Es handelte sich um eine Doppelgelenk-Hinterachse mit fest am Chassisrahmen montiertem Differential und einer tiefliegenden Querblattfeder. Auch die Bremsen und zahlreiche Details waren verbessert worden. Wiederum gab es verschiedene Leistungsversionen. Die stärksten Ausführungen wurden ausschließlich im Coupé angeboten, das serienmäßig eine verstärkte Aufbaustruktur in Form eines von der Kunststoffhaut kaschierten Stahlkäfigs aufwies. Hinsichtlich seines Designs war der neue Corvette ein äußerst gelungener Wurf, der in jeder Hinsicht Eigenständigkeit ausstrahlte!

Überarbeitet präsentierten sich auch die übrigen Chevrolet des Modelljahrs 1963: der Corvair mit durchgehendem Querstab am kühlerfreien Bug und nun auch verbesserter Vorderradaufhängung, der Chevy II dafür ohne Querstab im Kühlergitter, der Standardsize-Chevrolet mit geradlinig verlaufenden Frontscheibenpfosten (sowie Kunststoff-Dachüberzug beim Impala Sport Coupé). Neu waren auch die Wechselstrom-Alternatoren Delcotron (statt Dynamos), die Transistorradios, die Powerglide-Getriebe der leichteren Ausführung sowie ein um 23 % leichterer Sechszylindermotor in Kurzhubauslegung (142 SAE-PS).

Kurz nach der Präsentation des neuen Corvette wurde von Chefstylist William Mitchell als GT-Prototyp der XP 777 vorgestellt, ein elegantes kleines Coupé mit leichtem Gitterrohrrahmen und Corvair-Mittelmotor. Auf der Pariser Autoausstellung im Herbst jenes Jahres war bereits ein Sonder-Corvair gezeigt worden, nämlich ein Coupe im Pininfarina-Kleid.

Chevelle Ebenfalls im Herbst 1963 erfuhr der Umfang der Chevrolet-Modellreihen abermals eine Ergänzung: mit dem Chevelle, der sich zwischen dem Chevy II und dem Normal-Chevrolet ansiedelte. Er widerspiegelte die Politik der amerikanischen Automobilkonzerne, die Auswahl im unteren bis mittleren Bereich weiter aufzugliedern. Mit den elf Chevelle-Ausführungen dehnte sich das Angebot der Marke auf 43 Modelle! In seinem Erscheinungsbild war der Neuling ein typischer Chevrolet. Er besaß ein Kastenträgerchassis mit hinterer Starrachse und Schraubenfedern, bot aber trotz seiner relativen Kürze etwa gleich viel Innenraum wie die großen Chevrolet. Die teureren Ausführungen hießen Malibu und Malibu Super Sport (je viersitziges Hardtop-Coupé und Cabriolet).

Anderseits wurde für das Modelljahr 1964 das Chevy-II-Angebot gestrafft: Das Sportmodell und das Cabriolet wurden nicht mehr produziert, dafür war erstmals ein V8-Motor

Chevrolet Chevelle Malibu Sport Coupe, 1964

Chevrolet Bel Air, 1964

Chevrolet Corvair, 1965

verfügbar. Der Motor des Corvair wurde ein weiteres Mal, und zwar auf 2,7 Liter, vergrößert (Leistungsstufen nun 95, 110 und 150 HP, zudem Bremsen und Aufhängung verbessert), den großen Chevrolet wurde die Sonderreihe Impala Super Sport beigesellt. Zudem zeigten sie nun einen zwischen den Scheinwerfern leicht abgesenkten Kühlergrill), Dem Corvette-Coupé wurde eine einteilige Heckscheibe verliehen (weshalb dem Vorgänger fortan die Bezeichnung »split-window« zukam).

Auf dem Cabriolet Impala Super Sport basierte eine als »Show-car« präsentierte Hochleistungsversion mit 345 SAE-PS; sie trug die Bezeichnung Chevrolet Toronado, ein Name, der später bei Oldsmobile Eingang finden sollte! Zu den Designstudien zählte das weich geformte Coupé Chevy II Super Nova, das auf der New Yorker Autoschau 1964 gezeigt wurde.

Der im Herbst 1964 präsentierte Jahrgang 1965 des Chevrolet Corvette wies nun Scheibenbremsen auf, und zwar gleich an allen vier Rädern. An den Flanken fanden sich drei senkrechte Luftauslassschlitze, und das Armaturenbrett war neu gestaltet worden. Nach wie vor gab es neben dem 3- und dem 4-Gang-Getriebe auch die 2-Stufen-Powerglide-Automatik. Um sie besser von den Chevelle abzuheben erhielten die großen Chevrolet auf 541 cm verlängerte und auf 202 cm (!) verbreiterte Karosserien. Deren Kühlergitter waren nun nach unten einwärts geneigt. Doch auch den Intermediate-car Chevelle hatte man um 7 cm länger werden lassen, und seine Kühlergitter besaßen nun einen Querbalken. Bei den Chevy II führte neu ein Doppelrähmchen um die Scheinwerfer.

Neuer Corvair Ab Modelljahr 1965 zeigte sich der Corvair erstmals in gänzlich neu gezeichnetem Kleid. Die konsequent von vorne bis hinten durchgezogene und mit einer Kante unterstrichene Gürtellinie, die auch Karosserieentwerfer in Europa inspiriert hatte, war einer Grundlinie mit »Hüftschwung« (über dem Hinterrad nach oben gebogene Gürtellinie) gewichen. Die stärker gewölbte neue Karosserie war auch deutlich länger (466 statt 457 cm) und breiter (177 statt 170 cm) geworden, dies bei unverändertem Radstand (274 cm) und kaum veränderter Höhe (130 statt 131 cm).

Dank dem neuen Design erfuhr der im Bug untergebrachte Kofferraum eine willkommene Vergrößerung. Große Bedeutung kam der neuen Radaufhängung zu, denn sie hatte immer wieder zu Beanstandungen hinsichtlich Fahrsicherheit geführt. Die weniger straffe Vorderradfederung stand mit der neuen hinteren, ähnlich wie beim Corvette konzipierten Radführung (jedoch mit Schraubenfedern) in besserem Einklang als die bis anhin verwendete Auslegung. Hecklastig blieb der Corvair naturgemäß gleichwohl! Neues Spitzenmodell und Nachfolger des Spyder war der Corvair Corsa.

Gleich mehrere Neuheiten präsentierte Chevrolet auf der Automobilausstellung in Chicago im Februar 1965: als neues Topmodell bei den Standard-size-Chevrolet den Caprice Custom Sedan mit eigenen äußeren und inneren Ausschmückungen sowie mit Niveauregulierung und als neuen Motor den 6,5-Liter-V8 Turbo Jet 396, der den 6,7-Liter ablöste. Bei dem neuen Motor waren die Ventile leicht schräg hängend und die Ansaugleitungen strömungsgünstiger angeordnet. Das Leistungspotential reichte bis 425 HP! Mit diesem Motor war auch ein neuer Traumwagen ausgestattet, der im

Chevrolet Biscayne, 1966

Frühling an der New Yorker Schau gezeigte Mako Shark II mit tief abfallender, zugespitzter Motorhaube auf der Basis des Corvette. Eine andere, weniger auffallende Stylingstudie des Jahres 1965 war das Cabriolet Chevrolet Concours mit seiner spitz auslaufenden Hecksilhouette.

Mitte 1965 wurde Semon E. (»Bunkie«) Knudsen – er war auf 1961 von Pontiac gekommen – als General Manager der Chevrolet Division, also der immer noch größten Automarke der Welt, durch Elliott M. (»Pete«) Estes abgelöst. Estes wurde später oberster Leiter der gesamten General Motors. Knudsen hingegen ging zu Ford und schuf sich als Initiant der »Knudson-Nase«, eines vorstehenden Mittelteils in der Wagenfront, einen legendären Namen.

Erhöhte Sicherheit Für das Modelljahr 1966 wurde die Chevrolet-Gesamtauswahl weiter ausgedehnt. Den Caprice gab es in zusätzlichen Karosserieformen. Äußerlich erkannte man die großen Chevrolet an den nach vorne auskragenden Radhausecken. Der 3,8- wurde durch einen 4,1-Liter-Sechszylindermotor ersetzt, und neu waren auch die bis 425 HP starken 7-Liter-V8. Erstmals gab es eine Confortron-Klimaanlage und zudem Turbo-Jet-Sportaufhängungen. Der Chevelle besaß einen in den Karosserieecken fortgesetzten Kühlergrill, und der Malibu Super Sport wurde vom Super Sport 396 abgelöst. Bei den Chevy II fanden sich überdachte Scheinwerfer sowie Motoren mit bis 350 HP. Der Corvair zeigte ein etwas kleineres Frontsignet, und der Corvette brillierte erneut mit noch stärkeren Motoren.

Allen Chevrolet 1966 gemeinsam waren zusätzliche Sicherheitsmerkmale. Zu ihnen zählten Lenksäulen ohne Spießwirkung, Zweikreisbremsen mit Kontrolleuchte, Notblinker, Polsterkissen auf den verformbaren Armaturenbrettern und auf den Sonnenblenden, sicherere Türschlösser, dickere Mehrschicht-Windschutzscheiben, ausklinkbare Innenspiegel, weniger blendende Instrumente und Wischerarme, korrosionsbeständige Bremsleitungen und leistungsfähigere Batterien. Außer beim Corvair waren zudem vordere Scheibenbremsen erhältlich, und es gab auch hintere Sitzgurten. Das 3-Gang-Getriebe der Grundausstattung war jetzt vollsynchronisiert.

Camaro Mit dem im Herbst des Vorjahres vorgestellten Modelljahrgang 1967 kam der Chevrolet Camaro hinzu, die Antwort von General Motors auf den äußerst erfolgreichen Ford Mustang. Der Camaro – und parallel mit ihm der Pontiac Firebird – war ein sportlich aufgezäumtes Coupé, das den wegen Familienanhangs verhinderten Corvette-Fahrer ansprach. Wie der Corvair und der Chevy II bot er einen selbsttragenden Karosserieaufbau (mit vorderem Hilfsrahmen). Seine Technik war jedoch durchaus konventionell und umfasste eine hintere Starrachse mit Einblatt-Halbelliptikfedern. Auf Wunsch waren vordere Scheibenbremsen erhältlich.

Chevrolet Chevy II Series 100, 1967

Der 469 cm lange Camaro – Radstand wie beim Mustang 274,5 cm – war als Hardtop-Coupé und als Cabriolet erhältlich. Die Skala der Motoren reichte vom 3,8-Liter-Sechszylinder bis zum 5,7-Liter-V8, jene der Getriebe von der 3-Gang-Einheit mit Lenkradschaltung über eine solche mit vier Gängen und Stockschaltung bis zur Powerglide-2-Stufen-Automatik. Die attraktive, sportliche Form des Camaro war durch die langgestreckte Motorhaube und das kurze Heck geprägt. Bei den Topausführungen Super Sport sassen die Scheinwerfer unter Klappen.

Die großen Chevrolet erhielten für 1967 ein um die Kotflügelecken gezogenes Kühlergrillmotiv und ein stärker absinkendes Heck. Die Sportcoupés zeigten nun annähernd Fließheckform. Neu abgestimmt waren auch die Aufhängungen. Zu den Chevelle/Malibu – erkennbar an der jetzt durchgezogenen Öffnung in der Frontstoßstange – war der Luxuskombi Concours hinzugekommen. Auffallendste Änderung beim Chevy II war das wieder zweistufige Kühlergitter. Bei den äußerlich unveränderten Corvair war das Topmodell Corsa bereits wieder gestrichen worden. Damit entfielen auch die besonders potenten Ausführungen mit Turbolader und mit vier Fallstrom-Einfachvergasern. Am Corvette schließlich prangten vergrößerte Heckleuchten.

Elektro-Experimente Nachdem jahrelang Traumwagen mit phantasievollen Stylingelementen als »Werbeträger« fungiert hatten, überraschte General Motors im Herbst 1966 mit dem Electrovan mit Brennstoffzellen und dem Electrovair. Dieser war ein Corvair mit Silber-Zink-Batterien im Koffer- wie auch im Motorraum. Bereits hatten auch Ford und Renault Autos mit Elektroantrieb vorgestellt. Der Electrovair beschleunigte binnen 16 Sekunden von 0 auf 60 mph (96 km/h) und erreichte 128 km/h!

Wieder ganz in Richtung Dream-cars ging der Chevrolet Astro I, der 1967 an der New Yorker Ausstellung für die Sensation sorgte. Er war eine bloß 90 cm hohe futuristisch-aerodynamische Studie mit Lenkgriffen statt Lenkrad und Klappdach statt Türen. Für den Antrieb sorgte ein luftgekühlter 2,9-Liter-Sechszylinder-Boxermotor mit je einer obenliegenden Nockenwelle und 240 HP Leistung. Im April 1968 folgten der offene Astro-Vette und das Coupé Astro II.

Chevrolet Camaro Super Sport Convertible, 1967

Chevrolet Chevy II Nova, 1968

Chevrolet Chevelle Concours, 1968

Chevrolet Corvette, 1968

Corvette à la Mako Im September 1967 wurde abermals ein Corvette neuer Formgebung angekündigt. Eindeutig war seine stilistische Verwandtschaft mit dem Traumwagen Mako Shark II von 1965, auch wenn sich die Front weniger zugespitzt zeigte. Die sich zu eine »Wespentaille« verengende Seitenfläche, gefolgt von einem ausgeprägten »Hüftschwung«, wie auch das Schrägheck sorgten für ein spannungsgeladenes Erscheinungsbild, das den Fans der schnellen amerikanischen Modellreihe auf Anhieb imponieren musste; man sprach auch vom »Coke-Bottle-Vette«. *Im Vorgänger-Design der Modelljahre 1963 bis 1967 war der Corvette in 117'963 Exemplaren gebaut worden.* Es gab den neuen Corvette der Generation C3 wiederum als Cabriolet und als Coupé. Bei diesem ließ sich das Dach beidseits über Fahrer und Beifahrer entfernen (sogenanntes T-roof). Die Klappscheinwerfer wurden nicht mehr elektrisch, sondern pneumatisch in Position gebracht. Anstatt mit dem zweistufigen Power-glide wurde der neue Corvette für Automatikfreunde mit dem dreistufigen Turbo-Hydra-matic geliefert. Auffallend beim Chevrolet-Jahrgang 1968 waren bei den großen Modellen die an den Ecken nach oben gezogenen Frontstoßstangen, bei den Chevelle die verlängerten Karosserien mit ausgeprägtem »Hüftschwung« über den hinteren Radausschnitten (zudem nun zwei Radstände), bei den Chevy II die ebenfalls verlängerten Karosserien mit deutlichem »Hüftschwung«, bei den Corvair der Wegfall der viertürigen Modelle und die Wiedereinführung des 4-Vergaser-Motors und bei den Camaro die rechteckigen statt runden inneren Zusatzlampen.

Bei allen Modellen wurden Aufhängungsmodifikationen vermeldet. Das Motorenangebot war abermals erweitert worden. Für den Renneinsatz gab es Spezialmaschinen sowohl im Camaro wie im Corvette (Camaro-5-Liter mit 290 HP, Corvette-7-Liter mit 430 HP und mehr). Ab Anfang 1968 war auch eine Halbautomatik Torque-Drive für die 6-Zylinder-Camaro und -Chevy II erhältlich.

Pläne gegen »Imports« 1968 war das Jahr, in dem Berichte über amerikanische Kleinwagenpläne, mit denen man den erfolgreichen europäischen Importautos Paroli bieten wollte, allmählich an die Öffentlichkeit drangen. Auch von einem kleinen Chevrolet, der den Corvair ersetzen und eine Rückkehr zum Frontmotor bedeuten sollte, war die Rede. Als der Jahrgang 1969 präsentiert wurde, setzte sich das Chevrolet Bauprogramm allerdings immer noch aus den bereits bekannten Modellreihen zusammen.

Die Standard-size-Chevy besaßen nun eine senkrecht stehende statt einwärts geneigte Kühlergitter/Stoßstangen-Einheit sowie eine längere und breitere Karosserie (203 cm!). Die Chevelle zeigten einen durchgehenden Mittelquerstab im Kühlergesicht, bei den Chevy/Nova entfiel die »II« und teils auch die Bezeichnung Chevy. Die Camaro hatten ein grobmaschigeres Kühlergitter und/oder senkrechte Zierstreifen vor dem hinteren Radausschnitt, der Corvair erhielt ein neues Interieur und der Corvette außerdem neue Türgriffe und ein schwarzes Kühlergitter. Beim Corvette war eine Scheinwerferwaschanlage serienmäßig (beim Camaro auf Bestellung), beim Camaro wurde zudem ein Liquid-tire-chain-System angeboten: Mit ihm konnte eine chemische Flüssigkeit auf die Antriebsräder gesprüht und damit die Haftung auf vereister Fahrbahn verbessert werden. Die großen Chevy hatten nun Stahlblechplanken in den Türen zum Schutz gegen Seitenkollisionen, zudem besaßen sie das im Vorjahr im Corvette eingeführte Astro-Ventilationssystem, das Ausstellflügel erübrigte.

In den meisten Modellreihen gab es zudem kräftigere Motoren, eine vermehrte Verwendung des 3-Stufen-Automats und teils eine Servolenkung mit variabler Untersetzung. Das Angebot an Kombiwagen umfaßte bei den großen Chevy inzwischen die Ausführungen Kingswood Estate, Kingswood, Townsman und Brookwood, bei den Chevelle die Typen Concours Estate, Concours, Greenbrier (dieser Name wurde während einiger Jahre von einem Halbfrontlenker auf Corvair-Basis getragen) und Nomad. – Während Chevrolet-Erzrivale Ford 1968 beim 24-Stunden-Rennen von Le Mans und bei weiteren Langstreckenrennen brillierte, ernteten die V8-Motoren von Chevrolet in den Rennzweisitzern der CanAm-Serie Lorbeeren.

Noch im November 1968 kam die Meldung, die Herstellung des Corvair sei unterbrochen worden. Die – nicht unberechtigten – Angriffe des Konsumentenanwaltes Ralph Nader auf die Fahrsicherheit dieses Heckmotorwagens, die mit dem Buch »Unsafe at any Speed« (Unsicher bei jeder Fahrgeschwindigkeit) ihren Ausdruck gefunden hatten, äußerten sich jetzt in sinkenden Absatzzahlen, auch wenn sich der Corvair inzwischen zu einem durchaus akzeptablen Auto durchgemausert hatte. – Im Verlaufe des Jahres 1968 lief die Schweizer Montage von Chevrolet-Modellen aus; fortan wurden durch die General Motors Suisse SA ausschließlich noch Opel und Vauxhall montiert. Seit 1936 waren 26'358 Chevrolet vom Bieler Fließband gerollt, wovon 9318 ab 1960.

Chevrolet Caprice, 1969

Blazer Ende 1968 schuf das Karosseriestudio von Pietro Frua in Turin eine attraktive Spezialkarosserie auf dem Camaro. Eine serienmäßige Neuheit war der Anfang März 1969 präsentierte Chevrolet Blazer, ein hochbeiniger Roadster mit Vierradantrieb und aufsetzbarem Hardtop. GM nannte diese Antwort auf den Ford Bronco ein »Sport-Nutzfahrzeug«... noch ahnte niemand, welche Bedeutung dem Begriff SUV Jahrzehnte später zukommen sollte!

Monte Carlo, neuer Camaro Der Modelljahrgang 1970 brachte als erste Neuheit den auf dem Radstand des Chevelle basierenden Chevrolet Monte Carlo, das Coupé mit der »längsten Motorhaube in der Chevrolet-Geschichte«. Auch hier ging es um das sportliche Image, wie John Z. DeLorean, GM-Vizepräsident und Chevrolet-Generaldirektor, durchblicken ließ. Der Monte Carlo wurde als eigene Modellreihe geführt wie die (Chevy) Nova, die Chevelle (Scheinwerfer nicht mehr überdacht) und die (großen) Chevrolet (Frontstoßstangen nun wieder um die Ecken gebogen). Bei diesen Modellreihen wurden vor allem Fahrwerkverbesserungen verzeichnet.

Die Camaro und die Corvette 1970 wurden etwas später vorgestellt. Während der Corvette ein Gittermotiv statt Schlitze an den Flanken und bereits in der Grundausstattung ein 4-Gang-Getriebe erhielt, wurde das Duo Chevrolet Camaro / Pontiac Firebird vollständig neu karossiert.

Es gab nur noch ein Coupé, was Cabriofreunde bedauern mochten, doch war die Fastbacklinie dieses Viersitzers ein äußerst gelungener Wurf, der das oft etwas zerklüftete amerikanische Styling glatt hinter sich ließ. Wie bis anhin hatte der Camaro eine lange Motorhaube und ein kurzes

Chevrolet Blazer, 1969

Chevrolet Monte Carlo, 1970

Heck, wie es den Vorstellungen für ein Sportauto entsprach. Neben einer Basisausführung gab es den RS (Rallye), den SS (Super Sport) und den für Wettbewerbe bestimmten Z-28. Entsprechend waren auch die Motor/Getriebe/Fahrwerk-Ausführungen abgestimmt. Gegenüber dem Vormodell waren zahlreiche Verbesserungen, nicht zuletzt auch im Sitz- und Fahrkomfort, zu verzeichnen.
Inzwischen verdichteten sich die Gerüchte um den subkompakten Chevrolet, und es war zudem von einem Corvette mit Mittelmotor die Rede. Von diesem Zweisitzer hatte man Ende 1969 die Produktion des 250'000. Exemplares (seit 1953) feiern können, ein ursprünglich kaum erwarteter Erfolg. Im April wurde von dem unter dem Codenamen XP 887 diskutierten Kleinwagen wenigstens die offizielle Bezeichnung bekannt: Vega 2300. Seine offizielle Pressevorstellung sollte jedoch erst im August stattfinden, und es handelte sich folglich bereits um ein Modell 1971.

Chevrolet Camaro, 1970

Chevrolet	Zyl.	cm³	PS	bei 1/min	Gänge	Spitze km/h	Radstand/Länge	ab Jahr	Besonderheiten
Chevrolet Biscayne	6	3856	137	4000	3/3+S/A	150	302/534	1960-62	Kastenrahmenchassis
Bel Air, Impala	V8	4637	172	4200		165			
			233	4800		185		1960/61	
		5692	253	4400	3/4/A	185			auch 284/309/324 PS
			-340	5800		200			
		5354	253	4400		190		1962-65	
			304	5000	190				
		6702	385	5800	3/4	210		1962	
			415	6000		230			
	6	3768	142	4400	3/3+S/A	160		1963-65	
	V8	4637	198	4800		170		1963-67	
		6702	345	5000	3/4/A	200		1963-65	auch 304 PS
			431	6000	3/4	230		1963/64	
+ Caprice		6489	330	4800	3/A	200	302/541	1965-68	Anf. '65 anstatt 6,7 L
			431	6400		220		1965	(alle länger)
	6	4094	157	4200	3/3+S/A	160		1966-70	(3+S bis '68)
	V8	4637	223	4800	3/3+S/4/A	180		1966	
		5354	279	4800	3/4/A			1966-68	
		6974	395	5200		210		1966/67	
			431	5600	3/4	220		1966	
		5025	203	4600	3/3+S/4/A	180	302/546	1968	(alle länger)
		5354	253	4800	3/4/A	200			
		6996	390	5200		220			
		5354	238	4800		190	302/549	1969	(alle länger)
		5733	259	4800		200		1969/70	('70: 253 PS)
			304	4800		210		1969/70	
		6489	269	4800		200		1969	
		6996	340	4800		210			
			395	5400		225			
		6570	269	4400	A	195		1970	
		7443	350	4400		220			
			395	4800		230			
Corvair	B6	2287	81	4400	3/A	135	274/457	1960	luftgek. Heckmotor
			96	4800		140			
		2372	81	4400	3/4/A	135		1961-63	
			99	4600	3/4	145		1961	
			103	4400	3/4/A	150		1962-63	
Spyder			152	4400	3/4	160			Turbolader
		2684	96	3600	3/4/A	140		1964	
			112	4400		150			
Spyder			152	4000	160				Turbolader
		2684	96	3600	3/4/A	140	274/466	1965-69	2. Generation
			112	4400		150			
			142	5200		165		1965/66	
Corsa			142	5200	3/4				
			182	4000		175			Turbolader
			142	5200	3/4/A	170		1968/69	
Chevy II	4	2512	91	4000	3/4	140	279/465	1962-70	
(/Nova)	6	3185	122	4400		155		1962-67	
		3768	157	4400		165		1964	
	V8	4637	198	4800	3/4/A	175		1964-67	
	6	3768	142	4400	3/A	165		1965/66	
	V8	5354	253	4400	3/4/A	185		1965	
			304	5000		200			
		4637	223	4800	3/A	190		1966	
		5354	279	4800	3/4/A	195		1966-69	
			355	5800	3/4	210		1966	
	6	4094	157	4200	3/A	160	282/477	1967-70	
		3768	142	4400		170		1968-70	(alle länger)
	V8	5025	203	4600	3/4/A	190			
		5733	299	4800		200		1968	
			259	4800		195	282/481	1969	(alle länger)
			304	4800		205		1969/70	
			253	4800		195		1970	

Chevrolet	Zyl.	cm³	PS	bei 1/min	Gänge	Spitze km/h	Radstand/Länge	ab Jahr	Besonderheiten
Chevelle	6	3185	122	4400	3/3+S/A	150	292/493	1964-66	
		3768	157	4400		160		1964	
	V8	4637	198	4800	3/3+S/4/A	175		1964-67	
			223	4800		180		1964-66	
	6	3768	142	4400	3/3+S/A	165	292/500	1965-69	(alle länger)
	V8	5354	253	4400	3/4/A	185		1965	(3+S bis '68)
			304	5000		195			
			355	5800	3/4	210			
			279	4800	3/4/A	190		1966-68	
		6489	330	4800		200			
			365	5200		210		1966	
	6	4094	157	4200	3/3+S/A	165		1967-70	
	V8	5354	253	4800	3/4/A	190		1967/68	
			330	5600	3/4	200			
		6489	355	5200	3/4/A	210		1967-70	
		5025	203	4600	3/3+S/4/A	180	285/500	1968-70	(2 Längen)
							+ 295/510		(3+S bis '68)
		5733	259	4800	3/4/A	190		1969/70	
			304	4800		200			
		6489	330	4800		200		1969	
		6570	335	4800	4/A	200		1970	
		7443	365	4400		210			
Corvette	V8	4637	233	4800	4/3/A	190	259/450	1960/61	Chassis, h. E.
			248	5000		200			
			274	6000	4/3	210			
Injection			279	5200		195			(Einspritzung)
			319	6200		220			
		5354	253	4400	3/4/A	180	259/449	1962-65	
			304	5000		200		1962-68	
			345	6000	3/4	225		1962/63	
Injection			365	6000		230			
Sting Ray							249/445	1963-67	(Motoren wie '62)
		5354	370	6200		220		1964/65	
			380	6200		230			(Einspritzung)
			355	5800		210		1964-68	
		6489	431	6400	4	240		1965	
		6974	395	5200		215		1966	
			431	5600		230			
		6996	395	5400	4/A	220		1967-69	
			406	5400		225			
			441	5600		230			Rennausf. Bis 555 PS
							249/463	1968	(neue Karosserie)
		5733	304	4800	3/4/A	200		1969/70	(1970: 4/A)
			355	5600	4	220			
			375	6000		230		1970	
		7443	395	4800	4/A	230			
			466	5700		250			
Blazer	6	4094	157	4200	3/4/A		264/	1969-	Geländewagen
	V8	5025	203	4600					
		5733	259	4800					

Chevrolet in den 70er Jahren

Im Herbst 1970 wurde GM vom 67 Tage dauernden »teuersten Streik der Geschichte« getroffen. Durch ihn erlitten 400'000 Arbeitnehmer Lohnverluste. Wegen dieses Streiks und der Rezession sanken die GM-Verkäufe in den USA und Kanada im Jahre 1970 von 5,76 auf noch 3,88 Millionen Fahrzeuge. Gleichzeitig verlor Chevrolet den Spitzenrang unter den Automarken vorübergehend an Ford.

Für 1971 hatten auch bei Chevrolet viele Motoren eine Leistungsreduktion erfahren. Dies ermöglichte – den neuen amerikanischen Abgasvorschriften entsprechend – den Betrieb mit bleiarmem Benzin. Erstmals wurden neben den üblichen SAE-PS-Angaben (Bruttoleistung ohne Antrieb der

Nebenaggregate) auch die effektiven Netto-HP (hier in DIN-PS umgerechnet) angegeben.

Vega 2300 Schon Anfang 1970 war von einem subkompakten Chevrolet die Rede gewesen, mit dem General Motors dem fortdauernden Erfolg des Volkswagens in Nordamerika endlich einen Riegel schieben wollte. Im April wurde der Name bekannt: Vega 2300. Und im August erfolgte die Pressevorstellung. Mit 430 cm Länge übertraf der harmonisch geformte, in Standardbauweise gehaltene Vega den Käfer bei weitem, und mit 2,3 L Hubraum war sein neu konstruierter OHC-Vierzylinder weit größer als der Käfer-Motor. Er kam auf 91 bzw. 112 SAE-PS (Doppelvergaser). Die Besonderheit bestand darin, dass der Zylinderblock und die Kolben aus Leichtmetall hergestellt wurden, der Kopf aber aus Stahlguss bestand.

Es gab drei Karosserievarianten: Notchback bzw. Stufenheck, Fastback, beide zweitürig, und dreitüriger Kammback bzw. Kombi (diese Bezeichnung in Erinnerung an den deutschen Aerodynamiker Prof. Kamm), und es standen vier Getriebe (3-Gang, 4-Gang, halbautomatisches Torque-Drive mit Zweigang-Planetengetriebe und zweistufige Powerglide-Automatik) zur Wahl. Die Aufhängung setzte sich vorne aus Trapez-Dreieckquerlenkern, hinten aus einer Starrachse mit Schraubenfedern zusammen. Vorne wurden Scheibenbremsen montiert, und auf Wunsch gab es eine Servolenkung. Trotz seiner gelungenen Form mit einer an den Camaro

Chevrolet Chevelle Malibu Sport Coupe, 1971

Chevrolet Kingswood Estate, 1971

erinnernden Frontpartie wurde der Vega 2300 zu keinem Verkaufsschlager, wenngleich GM mit einer superautomatisierten Produktion die Herstellkosten und damit den Verkaufspreis im Kampf gegen die erfolgreichen »Imports« tief zu halten suchte. Ab der Chicago Auto Show im Februar 1971 wurde das Fastback-Coupé auch mit einer Heckklappe lieferbar und wurde somit zum Hatchback.

Chevy Nova Während der Vega 2300 als Subkompakter galt, vertrat das nächstgrößere Modell, der Chevy Nova (ursprünglich Chevy II), weiterhin die amerikanische Kompaktklasse. Es gab ihn als viertürigen Sedan mit sechs Sitzen und als fünfsitziges Coupé. Im Modelljahrgang 1971 wurde der Vierzylindermotor nicht mehr angeboten. Kraftübertragungen ähnlich Vega; ein 4-Gang-Getriebe wurde jedoch nur für das Topmodell mit Rochester-Vierfachvergaser und 274 SAE-PS angeboten. Der Unterbau umfasste vorne einen Hilfsrahmen und Trapez-Dreieckquerlenker, hinten eine Starrachse mit Einblattfedern. Auf Wunsch waren ein Bremsservo, vordere Scheibenbremsen, eine Servolenkung (sowie die übliche Positraction-Differenzialbremse) zu haben (beim Topmodell zählten vordere Scheibenbremsen und Bremsservo zur serienmäßigen Ausrüstung). Auf der Chicago Auto Show im Februar 1971 wurde ein herausgeputzter Rally Nova gezeigt.

Chevrolet Chevelle Laguna Colonnade Coupe, 1973

Chevrolet Monte Carlo, 1973

Camaro Er war mit dem Jahrgang 1967 als Antwort auf das überaus erfolgreiche Sportmodell Ford Mustang auf den Markt gebracht worden. 1970 erschien dieses viersitzige Hardtop-Coupé in Neuauflage, die für 1971 (nebst den jährlich gewohnten kleinen Karosserieretuschen) neue Sitze mit integrierten Kopfstützen und ein neues Lenkrad erhielt. Das Motoren- und Getriebeangebot entsprach weitgehend jenem beim Chevy Nova, allerdings kamen noch eine 5,7-L-Version mit 335 SAE- und ein 6,6-L-V8 mit 304 SAE-PS hinzu, und dieser Topmotor ließ sich mit einem eng gestuften 4-Gang-Getriebe kombinieren. Die hintere Starrachse wies Mehrblattfedern auf. Auf Wunsch gab es eine Bremshilfe, eine Servolenkung mit variierender Untersetzung sowie ein verstellbares Lenkrad. Je nach Motor wurden (außer angepassten Reifen) eine verstärkte Aufhängung und eine direktere Lenkung eingebaut. In Abstimmung mit der Motorisierung gab es die Ausstattungsvarianten RS (Rallye Sport), SS (Super Sport) und Z-28.

Chevelle Die die mittelgroßen Chevrolet gab es weiterhin auch in der luxuriöseren Ausführung Malibu (sechssitzige Sedan und Hardtop-Sedan, fünfsitzige Hardtop-Coupés und Cabriolets) sowie als fünftürige Kombi Nomad, Greenbrier, Concours und Concours Estate (sechs- oder achtsitzig). Das Hardtop-Coupé Malibu wurde auch in einer Ausstattungsvariante SS (Super Sport) angeboten. 1971 wurden die Doppelscheinwerfer durch einfache Rundscheinwerfer in quadratischen Chromgehäusen ersetzt. Auf Wunsch wurden vordere Scheibenbremsen, Bremshilfe, Servolenkung (samt variierender Untersetzung) und ein verstellbares Lenkrad eingebaut. In der SS-Ausführung zählten vordere Scheibenbremsen mit Servo sowie eine verstärke Aufhängung zur Serie. Wesentlich aber war, dass diese mittelgroßen Chevrolet noch auf einem Kastenrahmenchassis mit Traversen basierten. Immerhin war die hintere Starrachse mit Schraubenfedern, unteren Längslenkern und oberen zum Differenzial führenden Schräglenkern kombiniert. Zudem wurden die Chevelle auf zwei unterschiedlichen Radständen aufgebaut! Originell war die Bezeichnung Heavy Chevy für das sportlich aufgemotzte Hardtop-Coupé, das auf der Chicago Auto Show im Februar 1971 vorgestellt wurde.

Monte Carlo Dieses luxuriöse fünfsitzige Hardtop-Coupé basierte auf dem längeren Chassis der Chevelle-Baureihe. Mit diesem 1970 hinzugekommenen Modell, das »die längste Motorhaube der Markengeschichte« erhielt, wollte John Z. DeLorean, Chevrolet-Generaldirektor und GM-Vizepräsident, das sportliche Chevy-Image weiter betonen. Im Modelljahrgang 1971 zeigten sich die Scheinwerfer stärker nach außen versetzt und das Kühlergitter feinmaschiger. Die beiden 7,4-L-Varianten wurden mit einer SS-Ausstattung sowie einer hinteren pneumatischen Niveauregulierung kombiniert. Vordere Scheibenbremsen samt Servo waren beim Monte Carlo serienmäßig, die Servolenkung gab es auf Wunsch.

Chevrolet (Full-size/Standard-size) Die Chevrolet waren eben die »richtigen Chevy«, jene in voller Größe und keine Verkleinerungen (auch bei den anderen amerikanischen Traditionsmarken wurde dies noch so betrachtet). Doch es gab sie 1971 mit neuen, weiter gewachsenen Karosserien (wie bei allen Full-size-Modellen der amerikanischen GM-Marken): Der Radstand wuchs von 302,5 auf 309 cm und die Gesamtlänge von 549 auf 550,5 cm (Sedan; Station Wagon von 550,5 auf 567 cm). Den Chevrolet Six (mit Sechszylindermotor) gab es

in den Ausstattungsserien Biscayne, Bel Air und Impala, die Chevrolet V8 zudem als Caprice und als fünftürige Station Wagon bzw. Kombiwagen Brookwood, Townsman, Kingswood und Kingswood Estate (sechs- und achtsitzig). Biscayne und Bel Air wurden ausschließlich als sechssitzige Sedan gebaut, der Impala zudem als Hardtop-Coupé, Hardtop-Coupé Custom, Hardtop-Sedan und Cabriolet, der Caprice ausschließlich als Hardtop-Coupé und -Sedan.
Zur reichen Auswahl an Motoren und Kraftübertragungen mag erwähnt werden, dass das Powerglide in den Station Wagon nicht erhältlich war. Auf Wunsch gab es die Lenkhilfe mit variierender Untersetzung und ein verstellbares Lenkrad (vordere Scheibenbremsen samt Servo wurden hingegen serienmäßig eingebaut).
Auch die großen Chevy besaßen noch (»wie es sich gehörte«) ein Kastenrahmenchassis mit Traversen (vorne obere Trapez-Dreieckquerlenker, untere einfache Querlenker und elastisch gelagerte Zugstrebe, hinten Starrachse mit Schraubenfedern, unteren Längslenkern und oberen zum Differenzial führenden Schräglenkern; bei den Station Wagons war die Starrachse hingegen noch mit einer Blattfederung kombiniert).
Corvette Dem Chevrolet Corvette (von den Fans mit »die« bezeichnet) kam als Amerikas einzigem echten Seriensportwagen stets eine besondere Position zu. Er wurde seit seiner Lancierung im Jahre 1953 mit einer Kunststoffkarosserie hergestellt, was bei diesen Produktionszahlen ebenfalls höchst ungewöhnlich war. Mit dem Sportwagen Corvette war es General Motors und Chevrolet gelungen, in der amerikanischen Autogeschichte einen großartigen Glanzpunkt zu setzen. Er verkörperte als Zweisitzer mit zunehmendem Leistungsspektrum auch hinsichtlich der angewandten Technologie einen Kontrapunkt zu den europäischen Sportwagen.

Chevrolet Corvette, 1973

Der Corvette, wie er 1971 angeboten wurde, zählte stets noch zu der im September 1967 herausgebrachte Neuauflage C3, die sich durch die ausgeprägten Ausbuchtungen über den Radausschnitten und die dazwischen liegende »Wespentaille« auszeichnete (man sprach ja von »Coke Bottle Shape«). Eine überaus muskulös-männlich-aggressive Form!
Den Chevrolet Corvette gab es 1971 als Coupé und als Cabriolet, und es standen je zwei 5,7- und 7,4-L-V8-Motoren zur Wahl (274, 335, 370 und 431 SAE-PS). Die Gemischaufbereitung erfolgte mit Vierfachvergasern von Rochester (274 PS) bzw. Holley. Der Topmotor besaß Aluminium-Zylinderköpfe und eine Hochleistungs-Nockenwelle. Abgesehen von der 274-PS-Version war auch ein eng gestuftes 4-Gang-Getriebe erhältlich.
Das Corvette-Kastenrahmenchassis mit Traversen besaß vorne Trapez-Dreieckquerlenker, hinten eine Einzelradaufhängung mit Querblattfeder und je zwei Längs- und Querlenker (das Differenzial war am Chassis aufgehängt). Es wurden Vierrad-Scheibenbremsen Delco-Moraine eingebaut. Bremsservo, Lenkhilfe und verstellbares Lenkrad waren auf Wunsch erhältlich.
Blazer / Suburban Der Blazer, wie er ab 1969 zu haben war, galt als Utility (Nutzfahrzeug, noch nicht Sports Utility Vehicle = SUV). Es besaß eine Offenkarosserie, wurde mit Sechszylinder- und V8-Motor angeboten und gegen Mehrpreis mit Vierradantrieb. Neben dem Blazer wurde in den 70er Jahren auch der deutlich längere fünftürige Suburban hergestellt, der mit sechs oder neun Plätzen erhältlich war (und erst recht als Nfz galt). Als paralleles Fabrikat zum Blazer gab es anderseits den Jimmy von → GMC.
Ende 1971 wurde GM von der US-Sicherheitsbehörde dazu verknurrt, im Februar 1972 6'682'000 Besitzer von Chevrolet-Pkw und Chevrolet/GMC-Nutzfahrzeugen in die Vertretungen zu beordern zwecks Überprüfung der V8-Motorhalterungen; ein Rückrufrekord!
1972 wurde das Motorenangebot reduziert, zudem liefen alle Triebwerke mit bleifreiem 91-Oktan-Benzin. Gleichzeitig wurde der Schadstoffausstoß vermindert und die Leistung nunmehr nur noch in Netto- statt SAE-HP angegeben (= 1,0139 DIN-PS). Automatikgetriebe, Servobremsen und -lenkung zählten vermehrt zur Standardausrüstung.
Beim Vega kam eine GT-Ausstattung hinzu. Bei den Nova war das Rally-Paket nun in Verbindung mit allen Motoren lieferbar. Die Camaro warteten mit einem grobmaschigeren Kühlergitter ohne durchgezogene Stoßstange sowie zusätzlichen Scheinwerfern (zwischen den Hauptscheinwerfern und dem

Kühlergrill) auf. Hinzu kam unter all den anderen Detailänderungen ein neues Vierspeichenlenkrad.
Chevelle und Monte Carlo erhielten leicht geänderte Kühlergitter und schwarze Bedienungsknöpfe, und bei den »großen Chevy« reichte der Kühlergrill nun bis unter die Stoßstange. Für den Corvette gab es nur noch zwei 5,7-L-V8 sowie einen einzigen 7,4-L und zwar in der schwächsten Ausführung mit 274 DIN-PS. *Von dem schon vor einiger Zeit verheißenen Mittelmotormodell fand sich weiterhin keine Spur...*

Kein Wankelmotor! *Doch gab der GM-Aufsichtsratsvorsitzende Richard C. Gerstenberg im August 1972 bekannt, dass der Chevrolet Vega ab Ende 1974 auf Wunsch mit einem Wankelmotor zu haben sein werde. General Motors hatte für die Produktionsrechte und die Entwicklung dieser Motorenart seit Ende 1970 große Summen investiert. Die Produktion dieses Motors sollte bei der Hydra-Matic Division in Ypsilanti, Michigan, erfolgen. Im Herbst 1973 wurden Details über die bei der Chevrolet Motor Division entwickelten GMRE (General Motors Rotary Engine) bekannt: Kammervolumen 845 und 1090 cm³ bzw. Hubraumäquivalent 3377 und 4360 cm³; für die IAA Frankfurt 1973 wurde ein Corvette-Prototyp mit Wankel-Mittelmotor bereitgestellt (bei Pininfarina gebaut, »Serienbau ab Herbst 1975, ev. mit Drei- oder Vierscheibenmotor«...). Allerdings wurde das Projekt Vega-Wankel Anfang 1974 auf unbeschränkte Zeit verschoben (wegen Abgas- und Verbrauchsproblemen, man stand ja mitten in der Erdölkrise!). Am 12. April 1977 ließ GM dann verlauten, dass Forschung und Entwicklung am Kreiskolbenmotor aufgegeben wurden.*

Chevelle 1973 Die mittelgroße GM-Modellreihe wurde zum Modelljahr 1973 gänzlich neu karossiert; sie war in 19 Ausführungen lieferbar. Der Kühlergrill war nun von den Scheinwerfern abgesetzt eingerahmt. Die Gürtellinie war zwischen den Radhäusern verstärkt nach unten gezogen, womit sich vergrößerte Fensterflächen ergaben. Bei gleich gebliebenen Radständen hatte die Gesamtlänge um 13 cm zugelegt. Das Kastenrahmenchassis war versteift und die Aufhängungen waren ausgefeilt worden. Vordere Scheibenbremsen wurden nun serienmäßig eingebaut. Neue Topmodelle waren die Laguna und Laguna Estate (anstatt Nomad). Im Coupé gab es auf Wunsch um 90° drehbare vordere Einzelsitze.

Chevrolet Vega GT Estate Wagon, 1975

Monte Carlo 1973 Auch diese Coupéreihe präsentierte sich vergrößert. Das hintere Seitenfenster schloss sich nicht mehr Hardtop-gemäß an das Türfenster an, sondern war separat in den Dachträger integriert. Neu waren die Varianten S (mit sportlich abgestimmter Aufhängung) und Landau (mit Vinylüberzug auf dem Dachhinterteil).
Allen Modellen des Jahrgangs 1973 gemeinsam waren die (vorgeschriebenen) Energie absorbierenden Stoßstangen (vorne schadlos bis 8 km/h, hinten bis 4 km/h) sowie weitere Anpassungen an die verschärften Abgaslimiten (mit EGR- bzw. Abgasrückführungsventilen). Beim Nova kam ein Hatchback-Coupé (mit Heckklappe) hinzu. Den Camaro gab es nun als Standard, LT (für Lusso Turismo) sowie Z-28; anstatt des 6,5-LV-V8 verkörperte nun ein 5,7-L-V8 mit 245 PS die Topmotorisierung. Bei den ein Dutzend Varianten umfassenden großen Chevy gabs neu die Luxusausführung Caprice Classic. Der Corvette erhielt u. a. eine längere, tiefgezogene Frontpartie mit voll integriertem Stoßschutz sowie Schutzplanken in den Türen.

Cosworth Vega Mit dem Modelljahr 1974 wurde ein Cosworth Vega vorgestellt; als Vega Cosworth bezeichnet sollte er dann allerdings erst 1975 in den Verkauf gelangen. Der Leichtmetall-Zylinderkopf stammte von der englischen Rennmotorenfabrik Cosworth. Indem der Hub von 92 auf 80,2 mm reduziert wurde, resultierte ein rennklassentauglicher Hubraum von 2 L. Die beiden obenliegenden, über Zahnriemen angetriebenen Nockenwellen bedienten 16 Ventile; sowas war bereits von Rennmaschinen bekannt, bei »gewöhnlichen« Straßenfahrzeugen hatte eine solche Konfiguration aber noch Seltenheitswert.
Dieser Voll-Alu-Vega-Motor kam mit elektronischer Bendix-Benzineinspritzung auf 137 PS Leistung und wurde ausschließlich mit dem 4-Gang-Getriebe kombiniert; 1975 wurde die Leistung mit 122 und 1976 schließlich mit 112 PS angegeben. Abgesehen von den Breitreifen hob sich der Cosworth Vega äußerlich kaum ab. Es gab ihn nur in der Hatchback-Karosserieform; das war eigentlich schade, denn auch der Vega Wagon mit seiner Sportkombiform wäre in dieser Ausführung reizvoll gewesen! – Im Export, wie etwa

Chevrolet Monza 2+2, 1975

ab 1974 nach der Schweiz, wurde zunächst ausschließlich der Vega mit dem 85 DIN-PS leistenden 2,3-L-Doppelvergasermotor verkauft und zwar als Vega GT Coupé (ab Mai 1975 kam der Kombi hinzu).
1974 musste der Vorschrift nach energieabsorbierenden Stoßstangen (schadlos bis 5 mph = 8 km/h) auch hinten entsprochen werden. Der (auch vorne) stärker abstehende Stoßschutz erbrachte zum Beispiel beim Vega einen Längenzuwachs um 7,5, beim Camaro um 15 cm. Den 5-L-V8 hatte man aufgegeben. Der von der Benzinkrise nun doch zum Erfolg gespülte Vega zeigte eine neue schräg gestellte Front mit vertikal geteiltem Kühlergrill. Auch beim Camaro war der Kühlergrill jetzt nach hinten geneigt. Der Monte Carlo erhielt serienmäßig Gürtelreifen, der minimale Hubraum stieg von 5,7 auf 6,6 L und das Handschaltgetriebe entfiel. Bei den großen Chevrolet wurden die Sechszylindermotoren gestrichen, und das Topmodell Caprice Classic erhielt einen breiten Vinylschutzstreifen an den Flanken. Optisch erneuert zeigte sich auch das »stoßsichere« Corvette-Heck; auf Wunsch gab es eine Gymkhana genannte Spezialaufhängung mit dickeren Stabilisatoren.
Noch kleinere Modelle Mitte 1974 kündete General Motors den Übergang zu kleineren Modellen an. Ausgelöst worden war deren Entwicklung durch die Erdölkrise sowie die dadurch bewirkte Benzinverknappung und Kaufunlust. So wurden in der Größe des Vega zunächst die Modelle Chevrolet Monza 2+2 (s. unten), → Buick Skyhawk und → Oldsmobile Starfire herausgebracht und alsbald der → Pontiac Astre aufgewertet. General Motors hatte als größter Hersteller nicht nur in absoluten Zahlen, sondern überdies prozentual am meisten Boden verloren.
Für den Modelljahrgang 1975 wurden nun generell Abgaskatalysatoren montiert. Sie dienten wohl der Luftverbesserung, steigerten anderseits den Verbrauch wie auch das Gewicht. Durch Kniffe ließen sich diese Nachteile nur teilweise mit einer erhöhten Motorleistung kompensieren (so zum Beispiel beim Vega, dieser neu auf Wunsch mit Servobremse und höhenverstellbarem Lenkrad). Beim Monte Carlo S ergaben sich reduzierte Motorleistungen. Die großen Chevrolet Bel Air, Impala und Caprice erhielten teils neue hintere Dachformen (Hardtop-Sedan mit zusätzlichem dritten Seitenfenster). Beim Corvette entfiel der 7,4-L-V8 mit 274 PS (nur noch 5,7-L-V8 mit 167 und 208 PS, im Vorjahr noch mit 198 und 253 PS).
Monza 2+2 Der im August 1974 präsentierte Monza 2+2 wurde gleich auch als Rennsportcoupé für den in den USA beliebten Stock-Car-Einsatz propagiert. Auffallend an dieser Coupéserie (einschließlich Skyhawk und Starfire) waren die deutlich vom → Ferrari 365 GTB Daytona inspirierte Silhouette und Fastbackform; diese glanzvolle Pininfarina-Schöpfung verhalf auch den drei GM-Coupés zu Attraktivität. Vorn wurden Trapez-Dreieckquerlenker, hinten eine Starrachse mit Schraubenfedern, Längslenkern und Panhardstab montiert. Auf Wunsch gab es einen Bremsservo und eine Servolenkung mit variierender Untersetzung.

Nova 1975 Das Quartett Chevrolet Nova (nun nicht mehr mit der Zwischenbezeichnung Chevy), Pontiac Ventura, Oldsmobile Omega und Buick Apollo zeigte sich bei unveränderten Hauptabmessungen neu eingekleidet (größere Fensterflächen, höhere Kühlergrills, verbessertes Fahrwerk). Nova und Nova Custom wurden durch den Nova LN (Luxury Nova) ergänzt. Zum 4,1-L-Sechszylinder-Basismotor (mit 5 PS Mehrleistung!) kam der neue 4,3-L-V8; vordere Scheibenbremsen und Stahlgürtelreifen wurden nun serienmäßig montiert.

Wegen Erreichens des Pensionsalters (65) wurden der GM-Aufsichtsratsvorsitzende Richard C. Gerstenberg von Thomas A. Murphy und GM-Präsident Edward L. Cole von E. M. Estes abgelöst.

Monza S Im April 1975 wurde dem Monza 2+2 die Stufenheckvariante Monza S zur Seite gestellt. Es gab ihn auch als Towne Coupe mit Opera Window anstatt des zweiten Seitenfensters. Der Monza S verkörperte eine Alternative zum erfolgreichen Ford Mustang II.

Chevette Schon lange war von ihm die Rede gewesen, im September 1975 wurde er vorgestellt, der als Weltauto bezeichnete »T-car«, der in unterschiedlicher Ausgestaltung bereits in Brasilien als Chevrolet Chevette, in Japan als Isuzu Bellett Gemini, in England als Vauxhall Chevette, in Deutschland als → Opel Kadett City und in Argentinien als Opel K 180 hergestellt wurde.

Für amerikanische Verhältnisse war der Chevrolet Chevette, der wie die europäischen Varianten mit dem ganz kurzen Schrägheck (samt Klappe) gebaut wurde, in der Tat ganz ungewöhnlich klein. Er unterschied sich durch die Frontgestaltung mit je zwei in der Mitte unterbrochenen markanten Kühlluftschlitzen und den viereckig schwarz gerahmten Rundscheinwerfern.

Nachdem der Chevette schon im April 1973 in Brasilien lanciert worden war, hatte es eigentlich recht lange gedauert, bis General Motors auch in den USA mit ihm auf die Erdölkrise reagierte. Dem Antrieb diente ein gusseiserner OHC-Vierzylinder, der von dem in Brasilien verwendeten Aggregat abgeleitet war; es gab ihn mit l,4 und 1,6 L Inhalt und 53 bzw. 61 PS. Für die Kraftübertragung standen ein 4-Gang-Getriebe und eine um 17 kg abgespeckte 3-Stufen-Automatik Turbo Hydra-Matic zur Wahl. Der Chevette wurde einerseits auch als Zweisitzer, anderseits mit Rallye-, Sport- und Woody-Zusatzpaketen angeboten.

In den USA war der sub-subkompakte Chevette vor allem als Waffe gegen die zunehmend erfolgreichen Importmodelle

Chevrolet Chevette Hatchback Coupe, 1976

gedacht, die inzwischen einen Marktanteil von 20 % erreicht hatten und vorwiegend aus Japan kamen; für 1976 war ein Ausstoß von bis zu 275'000 Stück geplant. Allerdings erwies sich dann die Nachfrage als nur etwa halb so groß, denn den amerikanischen Käufern stand der Sinn trotz Sparempfehlungen nach größeren Autos.

1976 wurde nurmehr beim schwächeren 2,3-L-OHC-Vierzylinder für Vega und Monza auf den Katalysator verzichtet, anderseits gab es (seit einiger Zeit) auch ein 5-Gang-Getriebe; der Vega erhielt einen verbreiterten Lufteinlass und eine Reaktionsstrebe an der Hinterachse, die LX-Versionen und der Panel Van (Lieferwagen) wurden aufgegeben; den Monza gabs neu als Sport-Coupe mit vergrößertem hinterem Seitenfenster, während der Monza 2+2 in einer Ausführung mit der Bezeichnung Spyder angeboten wurde.

Chevrolet Nova Concours, 1976

Nova, Camaro und Chevelle wurden 1976 mit einem neuen 5-L-V8 angeboten (aus dem 5,7-L abgeleitet, teils als Ersatz für andere V8); beim Nova gabs die neue Luxusversion Concours; der Chevelle Malibu Classic wie der Monte Carlo warteten mit übereinander angeordneten rechteckigen Doppelscheinwerfern auf; bei den »großen Chevy« wurden alle Bel Air und die Cabrioversion des Impala aufgegeben; auch den Corvette gab es nicht mehr als Cabriolet; der Blazer erhielt einen in die Dachkonstruktion integrierten Überrollschutzbügel, zudem wurden seine Bremsanlage und sein Korrosionsschutz verbessert.

Impala und Caprice 1977 Dieses Modelljahr brachte für alle fünf traditionellen GM-Marken völlig neugestaltete Standardsize-Modelle. Sie waren deutlich abgespeckt und präsentierten sich ungefähr gleich groß wie jene der Intermediate-Kategorie. Sie waren zudem um 300 kg leichter (ab 1650 kg)! Sie waren auch deutlich schmäler (nun unter 2 m), anderseits aber höher und damit stattlicher geworden. Bei den Chevrolet Impala und Caprice Classic brachte dieser erste radikale Wechsel nach sechs Jahren eine Reduktion des Radstandes von 308,5 (Station Wagon 317,5) auf 294,5 cm, während sich die Außenmaße von 565,5 (580) x 202 x 137,5 (147,5) cm auf 538,5 (545,5) x 191,5 x 145,5 (150) cm veränderten.

Statt mit V8 mit 5,7 bis 7,4 L Hubraum, begann die Motorenpalette nun wieder mit dem 4,1-L-Six und führte über einen 5-L-V8 zum 5,7-L-V8. Man war für die großen Chevy der Chassisbauweise mit einem Kastenrahmen und Traversen treu geblieben, auch die Aufhängung blieb erhalten: vorn obere Trapez-Dreieckquerlenker, untere einfache Querlenker mit elastisch gelagerter Zugstrebe, hinten Starrachse mit Schraubenfedern, unteren Längslenkern und oberen zum Differenzial führenden Schräglenkern (Station Wagon mit Blattfedern). Das Servobremssystem umfasste vordere belüftete Scheiben und einen hinteren Bremsdruckbegrenzer. Die Servolenkung arbeitete mit einer variierenden Untersetzung und auf Wunsch gab es ein verstellbares Lenkrad.

Auch bei den übrigen Chevrolet-Modelle entfiel der 6,6-L-V8, und der 4,3-L-V8 (des Monza) wie auch der Doppelvergaser-5,7-V8 wichen einem 5-L-V8. »Längere« Hinterachsen sorgten für eine Verbrauchsreduktion. Beim Vega wurde sowohl auf die 3-Gang- wie auf die Cosworth-Variante verzichtet, den Vega GT gab es in auffallend dekorierter wie auf diskrete Art; der Monza Town Coupé mit Vinyldach wurde als Cabriolet bezeichnet; beim Concours wurde das Super-Sportdekor durch eine Version Rally ersetzt; beim Camaro hieß sie Rally Sport.

Wegen der Nähe zu den großen Chevy wurden der Topkombi Malibu Classic Estate und das Coupé Laguna S-3 abgesetzt; beim Corvette gab es eine neue Mittelkonsole, ein um 5 cm nach vorne versetztes (auf Wunsch lederüberzogenes) Lenkrad, mattschwarze Dachpfosten (und einen großen Heckgepäckträger zur Aufnahme der demontablen T-roof-Teile); der Chevette am anderen Ende der Skala wurde als zweisitziges Sparmodell Scooter propagiert.

Nach zweijährigem Unterbruch gelangte Anfang 1977 wieder ein Camaro Z-28 auf den Markt, dessen 5,7-L-V8 auf 172 PS kam. Serienmäßig wurde ein eng gestuftes 4-Gang-Getriebe mit verstärkter Kupplung eingebaut, doch war auf Wunsch auch das Turbo Hydra-Matic zu haben. Fahrwerk samt Lenkung und Bremsen sowie die Karosserie (Farbdreieck auf der Motorhaube) waren ganz auf Sport getrimmt.

Malibu und Monte Carlo 1978 Mit diesem Modelljahr erfuhren die mittelgroßen GM-Modelle, also die Intermediates, eine Schlankheitskur. Die Bezeichnung Chevelle wurde aufgegeben. Limousinen, Kombi und Coupés hatten nun einen einheitlichen Radstand von 274,5 cm, während die Länge 489 cm (Sedan), 491 cm (Station Wagon) bzw. 509 cm (Coupé Monte Carlo) erreichte. Damit waren die neuen Malibu nicht nur kürzer als ihre Vorgänger, sondern sie unterboten sogar den Nova, der unter ihnen rangierte!

Malibu und Malibu Classic wie auch der Monte Carlo gefielen durch klare Formen mit großzügigen Fensterflächen. Dank nach vorne gerücktem Motor hatten sie nur bezüglich Innenbreite an Geräumigkeit eingebüßt. Aus Platzgründen waren die hinteren Seitenfenster fest montiert (das kleine dritte Seitenfenster war jedoch ausschwenkbar, a. W. elekt-

Chevrolet Chevelle Malibu Classic Landau Coupe, 1976

Chevrolet Impala Custom Coupe, 1976

Chevrolet Monza Town Coupe, 1977

Chevrolet Caprice Classic, 1977

Chevrolet Blazer, 1977

Chevrolet Malibu Europa, 1978

risch). Die Anzeigeinstrumente zeigten sich nun auf europäische Weise direkt vor dem Lenkrad gruppiert.
Nach wie vor beruhten Malibu und Monte Carlo (sowie die Pick-up-Ableitung El Camino) auf der Chassisbauweise (Kastenrahmen mit Traversen; vorn ungleich lange Dreieckquerlenker, hinten Starrachse mit zwei Längs- und zwei schräg zum Differenzial führenden Streben, Schraubenfedern). Vorne wurden belüftete Scheibenbremsen montiert, für Bremsen und Lenkung waren Servoaggregate erhältlich. Es gab zwei von Buick stammende V6 und zwei V8 (Monte Carlo nur mit 3,8-L-V6 und 5-L-V8).
Ohne Vega 1978 gab es den vom Opel Kadett City abgeleiteten Chevette auch mit fünf Türen (und sechs Seitenfenstern), der Radstand war hierzu von 239,5 auf 247 cm verlängert worden, der aus Brasilien bezogene 1,4-L-OHC-Motor entfiel (dafür nun 1,6-L-Motor mit 64 und 69 PS); der Vega wurde aufgegeben, dessen Kombiversion mit angepasster Front dafür in die Monza-Baureihe integriert, die Monza gab es weiterhin mit »soft nose« und harter Nase (diese mit rechteckigen Doppelscheinwerfern), der 2,3-L-Leichtmetallmotor aus dem Vega wurde durch ein gusseisernes 2,5-L-Aggregat von Pontiac ersetzt; bei den Nova wurde die Luxusausführung Concours vom einfacheren Custom abgelöst; der Camaro erhielt einen neuen niedrigen Kühlergrill, über den sich der in Wagenfarbe gehaltene Stoßschutz hinzog, auf Wunsch gab es herausnehmbare Dachhälften und Alufelgen. Der Corvette überraschte 1978 mit einer riesigen kuppelartigen Panoramaheckscheibe, womit sich sein Gepäckraum auf 240 Liter erhöhte (Beladung nach wie vor durch die Seitentüren). Neu waren das Armaturenbrett (mit abschließbarem Handschuhfach), die 6,4 statt 5,7 cm breiten Blattfedern (Breitreifen auf Wunsch) und eine kleine Leistungssteigerung. Beim Blazer ließ sich die hintere Sitzbank nach vorne umklappen. – *Bei General Motors fand übrigens altersbedingt ein bedeutsamer Wechsel statt: William M. Mitchell als oberster Designchef wurde von Charles M. Jordan abgelöst.*
1979 bestand die wichtigste Neuerung im 4,4-L-V8 (verwandt mit dem 3,3-L-V6), der vorerst im Malibu und Monte Carlo verfügbar war; beim Vierzylinder und 5-L-V8 (trotz Sparbemühungen) mehr Leistung; teils längere Achsuntersetzungen. Chevette nun mit feinmaschigem Kühlergitter (mit integrierten Rechteckscheinwerfern); Camaro neu als Berlinetta (komfortablere Ausstattung); Malibu auch als Black Sterling (sportliches Fahrwerk und Leistungsniveau, kurze Achse, Karosserieoberteil in dunkler Farbe); Corvette mit kürzerer Achse und leichteren Sitzen.
Citation *Anfang 1979 wurde bekannt, dass General Motors »Milliardeninvestitionen« für die X-body-Reihe bzw. neue Modelle der (US-)Kompaktklasse mit Frontantrieb getätigt habe!* Die im März veröffentlichten Details bestätigten eine radikale technische Neuorientierung, besaßen die Neulinge doch einen Quermotor, waren bis zu einem halben Meter kürzer und bis zu einer halben Tonne leichter. Auch wenn sie überdies mit 173,5 cm auch 10 cm schmäler waren, so war ihr Innenraum kaum kleiner geworden.
Bei Chevrolet hieß der Neuling Citation und er trat an die Stelle der Nova und Monza (Parallelmodelle waren die neuen Pontiac Phoenix, Oldsmobile Omega und Buick Skylark). Den Citation gab es als fünftürigen Fließheck-Sedan, zweitüriges Coupé mit kurz abgesetztem Stufenheck und als dreitüriges

Chevrolet Monte Carlo, 1978

Coupé mit Fließheck und lang gezogenem zweiten Seitenfenster. Es gab auch Luxusausführungen mit in Kontrastfarbe gehaltenem unterem Flankenteil sowie die dreitürige Sportvariante X-11. Abgesehen von den Chromrahmen am Kühlergrill und um die Fenster wirkte das Design nüchtern-elegant. Typisch amerikanisch gab sich vor allem noch das wuchtige, hinter dem Lenkrad ausgebreitete Instrumentarium.
An Motoren standen der 2,5-L-OHV-Vierzylinder von Pontiac (seit 1978 mit Querstromkopf) und ein neuer, von Chevrolet hergestellter 2,8-L-OHV-V6 zur Wahl (60°, Grauguss; beide

Chevrolet Citation Sedan Hatchback, 1980

mit 4-Gang-Getriebe oder 3-Stufen Automat THM 125). Die quer eingebaute Antriebseinheit ruhte auf einem Hilfsrahmen, an dem auch die unteren Dreieckquerlenker der Federbeinaufhängung angelenkt waren. Der hintere starre Achskörper enthielt einen Torsionsstab und wurde von zwei Längslenkern und einem Panhardstab geführt. Das Servoaggregat für die Bremsen wie auch für die neu eingeführte Zahnstangenlenkung kostete Mehrpreis und es gab eine umfangreiche Zusatzausstattungsliste. Die Wartungsanforderungen wurden durch Radlager mit Dauerschmierung, unterbrecherlose Transistorzündung, automatisch nachstellende Kupplung, wartungsfreie Batterie usw. deutlich reduziert.
Anfang 1979 hatte General Motors weltweit mit 826'000 Arbeitskräften die bisher höchste Mitarbeiterzahl erreicht. Weil sich die Nachfrage, besonders nach größeren GM-Modellen, stark abschwächte, wurden im Juli 1979 in den USA rund 12'600 Arbeiter entlassen, und wegen der großen Lagerbestände wurde die Vorstellung der GM-Modelle 1980 um zwei Wochen verschoben.
1980 wurden im Monza-Programm der Station Wagon, der 3,2-L-V6 und der 5-L-V8 aufgegeben; hinzu kam ein neuer 3,75-L-V6 (»amputierter« 5-L-V8, statt 4,1-L-Reihensechszylinder) für Camaro, Malibu, Monte Carlo, Impala und Caprice Classic, teils auch als Ersatz für den nicht mehr hergestellten 3,2-L-V6. Der Camaro Z 28 bot nun wieder bis 193 PS (5,7 L, Rochester-Vierfachvergaser), 4,9-L-Turbo auf Frühling 1980

Chevrolet Camaro Z28, 1980

Chevrolet Corvette, 1980

versprochen (→ Pontiac); Malibu ohne 5,7-L-V8; Monte Carlo mit doppelten Rechteckscheinwerfern und neu auch mit dem 3,8-L-Turbo-V6 des → Buick Century/Regal.

Die Impala und Caprice Classic 1980 präsentierten sich mit im Windkanal ausgefeilten Karosserien (niedrigere Front, höherer Heckansatz, kantiger geformter Dachabschluss = cw-Wert 0,45), 5,7-L-V8 durch 5,7-L-V8-Diesel ersetzt, von 80 auf 95 L erhöhter Tankinhalt. Der Corvette erhielt einen Bugspoiler und eine Abrisskante am Heck (für Kalifornien neu mit 5-L-V8). Der 3-Stufen-Automat der großen Chevrolet-V8-Motoren und teils auch kleinerer Antriebseinheiten wurde mit einer Lock-up-Einrichtung versehen (kein Schlupf im direkten Gang).

Mit dem Ende des Modelljahrs im August 2002 wurde der Camaro – nach knapp 5 Mio. Exemplaren – aus der Produktion genommen... und 2008 neu eingeführt!

Chevrolet USA	Zyl.	cm³	PS	bei 1/min	Gänge	Spitze km/h	Radstand/Länge	ab Jahr	Besonderheiten
Chevette	4	1398	53	5200	4/A3		240/403	1976	
			58					1977	
		1599	61	4800				1978	
			64					1977	
			64/69	48/50			240/406°	1978	
			71/75	5200				1979/80	
°) fünftürig: 247/413, 1980: 240/411 und 247/419									
Vega 2300	4	2287	81/94	44/48	°		247/431	1971	
			81/91		3/4/A2			1972	
			73/86		°		247/438	1973	
			76/86	4400	3/4/A3		247/446	1974	
			79/88	42/44				1975	
			71-85	4400	3-5/A3			1976/77	
Cosworth Vega		1994	122/112	5600	4/5				
°) 1971: 3/4/H2/A2; 1973: 3/4/A2/A3									
Monza 2+2	4	2287	88	4400	4/5/A3		247/456	1975	
	V8	4301	112	3600				1975/76	
	4	2287	71-85	4400	3-5/A3			1976/77	
	V8	5001	142/147	3800	A3				
Monza	4	2471	86	4400	4/5/A3		247/456°	1978	
			91-86	40/44				1979/80	
	V6	3216	91°/106	36/40				1978°/79	
		3791	106-117	3400				1978-80	
	V8	5001	147/137	3800	4/A3			1978	
			132/127	3200				1979	
°) Monza S (ab 1976): 247/452									
Citation	4	2471	91	4000	4/A3		267/449	1980	
	V6	2838	117	4800					
Chevy Nova	6	4093	112	3800	3/H2/A2		282/481	1971/72	
(ab 1975: Nova)			101	3600	3/A2		282/494	1973	
					3/A3		282/500	1974	
			106	3800				1975/76	
			112/91	38/36				1977/78	
			117/91					1979	
	V8	4301	112	3600				1975	
		5001	142/147	3800				1976/77	
			147/137		4/A3			1978	
			132/127	3200				1979	
		5025	142	4400	3/A3		282/481	1971	
			132	4000				1972	
			117	3600			282/494	1973	
		5733	167/213	40/44	3/4/A3		282/481	1971	
			167/203					1972	
			147/177	4000			282/494	1973	
			147/188	38/40			282/500	1974	
			147/157	3800				1975	
			167/172					1976/77	
			162°/167		A3			1978°/79	
Camaro	V6	3751	117	4000	3/A3		275/502	1980	
do. f. Kalif.		3791	112	3800					
-	6	4093	112	3800	3/A2		275/478	1971/72	
			101	3600	3/A3		275/479	1973	
							275/497	1974	
			106	3800				1975/76	
			112					1977	
			112/91	38/36			275/502	1978	
			117/91					1979	
	V8	4389	122	3600	A3			1980	
		5001	142/147	3800	3/A3		275/497	1976/77	
			147/137		4/A3		275/502	1978	
			132/127	3200				1979	
			157/167	4000				1980	

Chevrolet USA	Zyl.	cm³	PS	bei 1/min	Gänge	Spitze km/h	Radstand/Länge	ab Jahr	Besonderheiten
		5025	142	4400	3/A3		275/478	1971	
			132	4000				1972	
			117	3600			275/479	1973	
		5733	167/213	40/44	4/A3		275/478	1971	
			167/203					1972	
			147/177	4000	3/4/A3		275/479	1973	
f. Z-28			279	5600			275/478	1971	
			259					1972	
			247	5200	4/A3		275/479	1973	
f. div.			147-188	38/40	3/4/A3		275/497	1974	
f. Z-28			248	5200	4/A3				
f. div.			147/157	3800	3/4/A3			1975	
			167/172					1976/77	
			172-162		4/A3		275/502	1978/79	
f. Z-28			188	4000				1978	
			177/172					1979	
			193/167	42/40				1980	
f. SS		6590	264	4400			275/478	1971	
			243					1972	
Chevelle 2-türig	6	4093	112	3800	3/A2		285/502	1971/72	
			101	3600	3/A3		285/515	1973	
							285/524	1974	
			106	3800			285/522	1975/76	
			112					1977	
	V8	5001	142/147		A3			1976/77	
		5025	142	4400	3/A2		285/502	1971	
			132	4000				1972	
			117	3600	3/A3		285/515	1973	
		5733	167/177	4000	4/3/A3		285/502	1971/72	
			147/177				285/515	1973	
			147/162	3800	3/A3		285/524	1974	
			147-167				285/522	1975/76	
			172					1977	
		6590	264	4400	3/4A3		285/502	1971	
			243					1972	
		6573	152/182	32/38	A3		285/524	1974	
			177	3800	3/A3		285/522	1975/76	
f. SS		7443	289/330	40/48	4/A3			1971	
			274	4000				1972	
			247				285/515	1973	
			238				285/524	1974	
			218		A3		285/522	1975	
do. 4-türig 1971/72: 295/511; 1973: 285/526; 1974: 295/534; 1975-77: 295/532;									
do. Station Wagon 1971/72: 295/525; 1973: 295/542; 1974: 295/549; 1975-77: 295/547									
Malibu	V6	3292	96°/95	3800	3/A3		275/489	1978°/79	
do. f. Kalifornien		3791	106-117					1978-80	
		3751	117	4000				1980	
	V8	4389	127°/122		4/A3			1979°/80	
		5001	147/137		4/A3			1978	
			162°/157	4000				1979°/80	
f. Stat. Wg. in Kalif.		5733	172°/167					1978°/79	
Monte Carlo	V8	5001	142/147	3800	A3		295/542	1976/77	
		5733	167/177	4000	3/A2/A3		295/525	1971/72	
			147/177		3/A3		295/535	1973	
			147/162	3800			295/541	1974	
			147-167	3800			295/542	1975/76	
			172					1977	
		6590	264	4400	4/A3		295/525	1971	
			243					1972	
		6573	152/182	32/38	A3		295/541	1974	
			177	3800			295/542	1975/76	
		7443	289/330	40/48	A3/4			1971	
			274	4000	A3			1972	
			247				295/535	1973	

Chevrolet USA	Zyl.	cm³	PS	bei 1/min	Gänge	Spitze km/h	Radstand/Länge	ab Jahr	Besonderheiten
			238				295/541	1974	
			218				295/542	1975	
	V6	3292	95	4000	3/A3		275/509	1979	
		3751	117	4000	3/A3			1980	
		3791	106	3400	3/4/A3			1978	
do. f. Kalifornien			117°/112	3800	4/A3			1979°/80	
-	V6/T		172	4000	A3			1980	
	V8	4389	127°/122		4/A3			1979°/80	
		5001	147/137	3800	4/A3			1978	
			162/157	4000	A3/4			1979/80	
Biscayne/Bel Air/ Impala/Caprice									
	6	4093	112	3800	3/A2		309/551°	1971/72	
			101	3600	3		309/564°	1973	
	V8	5733	167/177	4000	3/A2/A3		309/551°	1971	
			167				309/559°	1972	
			147/177		A3		309/564°	1973	
			147/162	3800			309/566°	1974	
			147-167	3800				1975/76	
		6573	172/209	34/44	3/A3		309/551°	1971	
			172/213				309/559°	1972	
			152	3200	A3		309/564°	1973	
			152/182	32/38			309/566°	1974	
			177	3600				1975/76	
		7443	289/217	4000	A3		309/551°	1971	
			274				309/559°	1972	
			247				309/564°	1973	
			238				309/566°	1974	
			218					1975	
			228	3800				1976	
°) Station Wagon: 318/567; 1972: 309/559 bzw. 318/572; 1973: 318/576; 1974-76: 318/580									
Impala/Caprice	V6	3751	117	4000	A3		295/539°	1980	
do. f. Kalifornien		3791	112	3800					
-	6	4093	112/91	38/36				1977/76	
			117/91					1979	
	V8	4389	112	3600				1980	
		5001	147/137	3800				1978	
			132/127	3200				1979	
			157	4000				1980	
		5733	172-162					1978/79	
	V80	5737	106	3200				1980	
°) Station Wagon: 295/546									
Corvette	V8	5733	213/279	44/50	4/A3		249/464	1971	
			203/259	44/56				1972	
			193/253	44/52			249/469	1973	
			198/253	44/52			249/471	1974	
			167/208	38/48				1975	
			183/213	40/52				1976/77	
			188/177	40/38				1978	
ohne Kalif. U.a.			223	5200					
-			198	4000				1979	
ohne Kalif. U.a.			228	5200					
-			193/233	44/52				1980	
do. f. Kalif.		5001	157	4000					
-		7443	289/330	40/48			249/464	1971	
			274	4000				1972	
			279	4400			249/469	1973	
			274				249/471	1974	
Blazer	6	4093	101	3600	U/3/4/A3		271/468	1978/79	
			132	4000				1980	
	V8	5001	142/137	38/42				1978/79	
		5733	167/157	3800					
			178/172	4000				1980	
		6573	177/167	36/38				1979	

Chevrolet in den 80er Jahren

Von der ersten großen Erdölkrise des Jahres 1979 war auch Chevrolet, die Basismarke von General Motors, stark betroffen. Wegen der schon zuvor unter dem Druck der amerikanischen Regierung eingeführten Schadstoff- und Verbrauchsrestriktionen waren die Motoren entgiftet und verkleinert worden, und sie kamen daher auf deutlich weniger Leistung als in früheren Jahren. Zudem hatte auch GM die Entwicklung kleinerer Modelle eingeleitet. Die schlechte Wirtschaftslage führte dazu, dass General Motors 1980 erstmals seit 1921 einen Verlust hinnehmen musste. Doch man sprach bei GM 1980 bereits auch von den kommenden J-Modellen, die dem neuen Markttrend verstärkt entsprechen sollten. Für den im Herbst angekündigten Jahrgang 1981 war aber zunächst von neuen Sparmaßnahmen bei bestehenden Modellen die Rede.

Bereits im Vorjahr war für die Automatikgetriebe der größeren Modelle die Lock-up-Funktion eingeführt worden, die den Schlupf im direkten Gang unterband. Ein elektronisches Abgas- und Benzinkontrollsystem CCC = Computer Command Control optimierte nur zusätzlich die Treibstoffdosierung selbst unter extremen Fahrbedingungen; für den Export nach Europa wurde auf diese Vorrichtung allerdings verzichtet. Die Palette umfasste die Modelle Chevette (kleiner Fastbacksedan und Coupé), Citation, Malibu, Monte Carlo, Impala, Caprice, Camaro, Corvette und Blazer. Die Monza-Baureihe war in der unveränderten Ausgabe 1980 bis zum Erscheinen des J-cars weiterhin erhältlich. – *Da ja Chevrolet die führende US-Marke war, lassen wir ihre Modellreihen zu Beginn der 80er Jahre kurz Revue passieren:*

Chevette In Standardbauweise gehaltene hübsche kleine Fastbacksedans sowie Coupéversion; 1,6-L-Graugussmotor mit obenliegender Nockenwelle, 71 PS; 4-Gang-Getriebe oder 3-Stufen-Automatikgetriebe Turbo Hydra-Matic, Schalt- bzw. Wählhebel in der Mitte; vorn Dreieckquerlenker, hinten Starrachse mit Längslenkern, Panhardstab und ebenfalls Schraubenfedern; Kardanwelle mündete in ein kurzes Schubrohr mit Zentralgelenk Bremsanlage (vorne Scheiben) und Zahnstangenlenkung auf Wunsch servobestückt. In der Topausführung zeigte sich der Chevette in schmucker Zweifarbenlackierung, deren Abgrenzung unterhalb der Gürtellinie verlief.

Citation Im März 1979 hatte GM das radikal neue X-Serie-Quartett Chevrolet Citation, Pontiac Phoenix, Oldsmobile Omega und Buick Skylark lanciert; bis zu einem halben

Chevrolet Citation, 1981

Meter kürzer, 10 cm schmaler und bis zu einer halben Tonne leichter als die von ihnen ersetzten Modelle; dies wurde durch den Übergang von der Standardbauweise zum Frontantrieb mit Quermotor ermöglicht!

Den Citation gab es 1981 als formschöne fünftürige Fließhecklimousine (Sedan Hatchback) und als dreitüriges Fließheckcoupé (das ebenfalls fünfsitzige zweitürige Stufenheckcoupé war gestrichen worden). Der Kühlergrill zeigte sich nun etwas weniger feinmaschig, und die Sitze hatte man verbessert. Die sportliche Version X-11, ein Coupé mit schwarzen statt verchromten Fensterrahmen und ebensolchem Kühlergitter, war jetzt deutlich stärker motorisiert: Der 2,8-L-V6 in Grauguss mit zentraler Nockenwelle leistete nun bei einer von 8,5:1 auf 8,9:1 erhöhten Verdichtung und weiteren Maßnahmen 137 statt 112 PS.

Basismotor war aber der von Pontiac hergestellte 2,5-L-OHV-Vierzylinder mit 85 PS; 4-Gang-Getriebe mit Stockschaltung oder 3-Stufen-Automatikgetriebe Turbo Hydra-Matic mit Lenkradschaltung; Vorderradaufhängung mit Federbeinen und unteren Dreieckquerlenkern, hinten Starrachse mit Längslenkern, Panhardstab und Schraubenfedern; Bremsen (vorne Scheiben) und Zahnstangenlenkung auf Wunsch servobestückt.

Malibu und Malibu Classic waren die seit 1978 hergestellten mittelgroßen Modelle = Intermediates von Chevrolet; viertürige Sedans, zweitürige Coupés und fünftürige Station Wagons; alle sechssitzig und entsprechend Gangschaltung bzw. -wahl mit an der Lenksäule angewinkeltem Hebel (im Coupé bzw. Sport Coupe gab's auf Wunsch den Wählhebel auf der Mittelkonsole).

Bei den Malibu hatten die Abgas- und Verbrauchsvorschriften ebenfalls eine weitere Leistungseinbuße gebracht.

So standen im 3,8-L-V6-Motor noch 112 PS zur Verfügung (für Kalifornien wurde der geringfügig größere, aber gleich starke Buick-V6 eingebaut), während es im 4,4-L-V8 117 und im 5-L-V8 152 PS waren. Alle Motoren wurden mit dem Turbo-Hydra-Matic-Getriebe kombiniert, der V6 auch mit einer 3-Gang- und der 5-L-V8 mit einer 4-Gang-Handschaltung.
Die Malibu beruhten noch (nach alter Väter Sitte) auf einem Kastenrahmenchassis mit Traversen, vorne mit Trapez-Dreieckquerlenkern, hinten mit einer Starrachse, unteren Längslenkern und oberen zum Differenzial führenden Schräglenkern; Schraubenfedern auch hinten; vorne Scheibenbremsen (belüftet); Kugelkreislauflenkung auf Wunsch ebenfalls mit Servo (im Verbund mit variierenden Untersetzung). Für 1981 hatten die Malibu eine neugeformte hintere Dachpartie erhalten, zudem war der Kühlergrill niedriger und moderner.
Monte Carlo, sportlich-luxuriöse Coupéversion der Malibu; bei seinem Design fiel der so genannte Hüftschwung, die über dem hinteren Radausschnitt angehobene Gürtellinie, auf; die angedeuteten Radhaussicken in den Flanken waren für 1981 jedoch aufgegeben worden, und die geglätteten Seitenflächen verhießen eine bessere Aerodynamik und damit einen niedrigeren Verbrauch. Der nach wie vor von markanten rechteckigen Doppelscheinwerfern flankierte Kühlergrill war niedriger und die Hecklichter waren aufrecht in den Ecken platziert statt flach über die Breite gezogen. Das Kastenrahmenchassis und die Motorisierung stimmten mit dem Malibu überein, doch hatte man den 5-L-V8 wieder durch den Buick-V6 mit Abgasturbolader ersetzt, mit dem 172 PS zur Verfügung standen.
Impala / Caprice Classic Sie waren die klassischen großen Chevy und erreichten als Limousine immer noch 538,5 cm und als Kombi 546,5 cm Länge; Breite 191,5 cm, Höhe 143,5 cm bzw. für Station Wagon 201 und 147,5 cm; Kastenrahmenchassis mit Traversen (viele Amerikaner schworen auf diese solide Bauweise); Vorderradaufhängung mit oberen Trapez-Dreieckquerlenkern und unteren einfachen Querlenkern mit elastisch gelagerten Zugstrebe und Schraubenfedern, hinten Starrachse mit unteren Längslenkern und oberen zum Differenzial führenden Schräglenkern; während die Limousinen hinten Schraubenfedern erhielten, waren es beim Station Wagon Blattfedern (was u. a. den Innenraum weniger einschränkte); serienmäßig Kugelkreislauf-Servolenkung mit variierender Untersetzung; auf Wunsch (wie in den meisten größeren GM-Modellen) Positraction-Differenzialbremse.
Sowohl den Impala wie den luxuriöseren Caprice Classic gab es als viertürigen Sedan, als zweitüriges Coupé und als fünftürigen Station Wagon, alle natürlich sechssitzig. Die Motoren (3,8-L-V6, 4,4-L-V8 und 5-L-V8) entsprachen jenem im Malibu. Sie wurden jedoch ausschließlich mit dem Automatikgetriebe Turbo Hydra-Matic kombiniert, wobei in Verbindung mit dem 5-L-V8 neu eine mit Overdrive bezeichnete vierte Stufe hinzukam, mit der die Drehzahl und damit der Verbrauch gesenkt wurden. Wer aufs Sparen aus war, der konnte den Standard-size-Chevy mit dem von Oldsmobile gebauten, 106 PS leistenden 5,7-L-Diesel-V8 bestellen (115 kg Mehrgewicht, leer somit ab knapp 1700 kg). Nach wie vor gab es die Impala und Caprice zweifarbig lackiert.
Camaro Auch unter den europäischen Autoliebhabern war der Camaro als sportlicher Ausdruck amerikanischen Lifestyles zu einem Begriff geworden. Das schwungvolle Design dieses viersitzigen Coupés wirkte nach wie vor elegant und energiegeladen. Doch in Wirklichkeit hatten die strengen US-Vorschriften in der Basisversion mit 3,8-L-V6-Motor eine

Chevrolet Monte Carlo, 1981

Chevrolet Caprice Classic, 1981

Chevrolet Corvette, 1981

weitere Leistungsreduktion auf noch 112 PS gebracht. Für Kalifornien (wo noch restriktivere Bestimmungen galten) wurde der geringfügig größere, aber gleich starke Buick-V6 eingebaut. Mit dem 4,4-L-V8 standen 117 PS zur Verfügung und mit dem 5-L-V8 152 PS bzw. für die Sportversion Z28 167 PS. Nur im Z28 stand zudem der 5,7-L-V8 zur Wahl, der es immerhin auf 177 PS brachte. In den drei stärksten Varianten sorgte ein Rochester-Vierfachvergaser für die Gemischaufbereitung.

Mit dem V6-Motor Wahl zwischen 3-Gang-Getriebe und 3-Stufen-Automatik Turbo Hydra-Matic; 4,4- und 5,7-L-V8 nur mit letzterer Kraftübertragung; bei den mittleren V8 Wahl zwischen 4-Gang- und Automatikgetriebe; vorne Trapez-Dreieckquerlenker und Schraubenfedern, hinten Starrachse mit Mehrblattfedern; zusammen mit den größeren V8-Motoren war auf Wunsch verstärkte Aufhängung; belüftete Scheibenbremsen (nur vorne), Servobremsen und -Lenkung mussten nur für die beiden schwächeren Modelle eigens bestellt werden.

Wie sein Schwestermodell → Pontiac Firebird war der Camaro nicht nur ein Kultauto, sondern er zeichnete sich durch eine für Amerikaner Wagen erstaunliche Designkonstanz aus. Seit seinem Erscheinen mit dem Modelljahrgang 1967 (als Antwort auf den Ford Mustang) waren seine Grundlinien weitgehend beibehalten worden.

Corvette Der noch zu der 1967 gestarteten Generation C3 zählende Corvette, Amerikas legendärer Sportzweisitzer, litt 1981 gleichfalls unter der Fuchtel der »staatlichen Abgaseingriffe«. Es gab ihn nur noch mit dem auf 193 PS gedrosselten 5,7-L-V8; im Vorjahr gab es noch eine 233-PS-Version. Die Gemischaufbereitung besorgte ein Rochester-Vierfachvergaser. Zwar besaßen amerikanische Motoren in der Regel keine Leichtmetall-Zylinderköpfe, beim Corvette bestanden aber immerhin die Ventildeckel aus Magnesium! Es konnte zwischen einem 4-Gang-Getriebe und dem Turbo Hydra-Matic gewählt werden. Die Positraction-Differenzialbremse wurde serienmäßig eingebaut.

Die Corvette-Kunststoffkarosserie wurde nach wie vor von einem Kastenrahmenchassis mit Traversen getragen; vorne Trapez-Dreieckquerlenker und Schraubenfedern, hinten Einzelradaufhängung mit Querblattfeder und je zwei Längs- und Querlenkern. Diese Querblattfeder bestand neuerdings aus Kunststoff statt aus Stahl, was eine Gewichtseinsparung von 15 kg erbrachte. Die Bremsanlage umfasste vorne wie hinten belüftete Scheiben, und die Kugelkreislauflenkung war ebenfalls servobestückt; zudem war das Lenkrad verstellbar.

Blazer Der 1969 eingeführte Blazer war (parallel zum GMC Jimmy) der dreitürige Geländekombi von General Motors. Dies galt allerdings nur unter dem Code K 10, während es ihn als C 10 auch bloß mit Hinterradantrieb gab. Aufbau auf

Kastenrahmenchassis mit fünf Traversen; Typ K 10 vorne und hinten Starrachsen mit Halbelliptikfedern; Version C 10 mit vorderer Einzelradaufhängung; Bremsanlage (vorne belüftete Scheiben) mit Servo, Kugelumlauflenkung nur auf Wunsch servobestückt.
Wahl zwischen 4,1-L-Sechszylinder und zwei V8 mit 5 und 5,7 L (Letzterer für Kalifornien); 3-Gang-Getriebe mit Lenkradschaltung, 4-Gang-Einheit mit Stockschaltung oder 3-Stufen-Automatikgetriebe mit Wählhebel unter dem Lenkrad; zuschaltbarer Vorderradantrieb im K 10 mit zentralem Differenzial samt Bremse und Geländereduktion. 1981 hatte der Blazer ein neues »zweistufiges« Kühlergesicht mit übereinander liegenden rechteckigen Doppelscheinwerfern und horizontaler Teilung der senkrechten Gitterstäbe erhalten. Auch die seitliche Farbaufteilung bei den Topmodellen war geändert worden.

Cavalier Im April 1981 war es soweit: General Motors stellte die vor langem angekündigten J-cars vor, zunächst als Chevrolet Cavalier, Pontiac J 2000 und Cadillac Cimarron. Zwei Jahre nach den X-cars (Citation usw.) trat GM noch einen Stock tiefer gegen die japanische Importkonkurrenz an. Wie die X-cars boten auch die J-cars Frontantrieb mit Quermotor. Der Cavalier trat an die Stelle des Monza, den es allerdings nur als Coupé gegeben hatte. Mit 257 cm Radstand und einer Länge von 438 cm entsprach der Cavalier ziemlich genau dem Opel Ascona, mit dem er auch die konstruktiven Grundzüge teilte.
Ausstattungsmäßig wurde nach Cavalier Cadet, Cavalier und Cavalier CL unterschieden, und sie wurden als viertürige Limousine in konventioneller Stufenheckform, als zweitüriges Coupé gleicher Stilrichtung, als besonders harmonischer, lichtdurchfluteter fünftüriger Kombi bzw. Station Wagon und als dreitüriges Fließheckcoupé hergestellt. Letzteres besaß eine verbreiterte B-Säule und ein zum langgezogenen Dreieck ausgebildetes zweites Seitenfenster. Auffallend waren die in die Schrägfront versenkten Rechteckscheinwerfer der Cavalier.
Die Motorisierung beschränkte sich zunächst auf einen neukreierten 1,8-L-Vierzylindermotor in Graugussbauweise mit seitlicher Nockenwelle, der es mit Doppelvergaser auf 89 PS brachte. Es gab ihn mit einem 4-Gang-Getriebe oder mit einem 3-Stufen-Automatikgetriebe Turbo Hydra-Matic (THM 125). Vorne umfasste die Einzelradaufhängung Federbeine und untere Dreieckquerlenker, hinten Längsschwingen und ebenfalls Schraubenfedern. Die Bremsscheiben (vorne, mit Servo) waren belüftet, und auf Wunsch gab's zur Zahnstangenlenkung einen Servo. Für amerikanische Verhältnisse war die Serienausstattung reichhaltig.

Mit Suzuki Zum Jahresbeginn 1981 wurde in der Fachpresse ein erstes Foto des für den Herbst in Aussicht gestellten kürzeren und um bis zu 300 kg leichteren Camaro veröffentlicht. – *Im August 1981 schloss General Motors mit der Suzuki Motor Company und der Isuzu Motors Limited ein Abkommen, mit dem sich GM u. a. Produktionskapazitäten für einen Kleinstwagen sicherte. Offiziell ging es um die gemeinsame Entwicklung, Herstellung und Beschaffung von Komponenten und den Verkauf mit Export von wirtschaftlichen Kleinautos. Gleichzeitig wurde bekanntgegeben, dass GM 5,5 Prozent des Suzuki-Kapitals erwerben werde und dass Isuzu und Suzuki symbolische Anteile austauschen würden. GM besaß bereits seit 1971 34,2 Prozent des Isuzu-Kapitals.*

Chevrolet Chevette, 1982

Chevrolet Cavalier, 1982

Chevrolet Celebrity Coupe, 1982

Chevette 1982 Das Modelljahr 1982 brachte bei den bereits eingeführten Modellen vor allem Verfeinerungen. Erstaunlicherweise hatte sich der für amerikanische Verhältnisse winzige Chevette zum meistverkauften Chevrolet und US-Modell überhaupt entwickelt; das amerikanische Publikum war also durchaus bereit, kleinere und sparsamere Modelle zu fahren. Für den Jahrgang 1982 wurde der Chevette zusätzlich mit einem 1,8-L-Dieselmotor von Isuzu lieferbar; zudem wurde neu ein 5-Gang-Getriebe angeboten. Die besonders preisgünstige Ausführung Scooter wurde nun auch fünftürig aufgelegt. – Der Cavalier wurde ab März 1982 mit 2-L-Motor lieferbar (89 PS).

Citation 1982 Mehr Änderungen erfuhr der Citation: grundlegend erneuerte Vorderachse, neues Auspuffsystem, von 53 auf 60 Liter vergrößerter Benzintankinhalt, 2,5-L-Motor mit Einspritzung statt Vergaser, was eine Verminderung des Verbrauchs versprach.

Der zweitürige Malibu entfiel, das viertürige Modell und der Kombi erhielten einen vom Caprice inspirierten Kühlergrill mit rechteckigen Doppelscheinwerfern. Im Malibu und Monte Carlo wurden auch der 4,3-L-V6 und der 5,7-L-Diesel-V8 lieferbar. Nicht mehr verfügbar waren das Impala-Coupé und das Caprice-Landau-Coupé. Die 4-Stufen-Overdrive-Automatik wurde nun auch an den kleineren 4,4-L-V8 angeflanscht.

Corvette 1982 Für 1982 erhielt der Corvette statt des Vierfachvergasers eine mit Cross Fire Injection bezeichnete doppelte Zentraleinspritzung. Mit ihr stieg die Leistung von 193 auf 203 PS. Zudem wurde das 4-Stufen-Automatikgetriebe eingebaut (oberste Stufe mit 0,67:1 untersetzt und daher als Overdrive bezeichnet). Eine wesentliche Neuerung für das letzte Produktionsjahr dieses Modells – man sprach längst von einer Neuauflage – war jedoch die ebenfalls auf Wunsch erhältliche Heckklappe: Indem das kuppelartige Heckfenster vollumfänglich nach oben gestemmt werden konnte, ergab sich endlich ein bequemer Zugang zum Kofferraum bzw. zur Ablage hinter den Sitzen.

Blazer 1982 Mit dem Modelljahr 1982 wurde im Blazer-Geländekombi zusätzlich ein 6,2-L-Diesel-V8 mit 132 PS Leistung lieferbar.

Celebrity Ende November 1981 wurde die seit geraumer Zeit erwartete Modellreihe zwischen X-bodies und Malibu vorgestellt. Diese neuen A-bodies wurden parallel als Chevrolet Celebrity, Pontiac 6000, Oldsmobile Cutlass Ciera und Buick Century produziert. Sie basierten auf den frontge-

Chevrolet Malibu Classic Wagon, 1982

triebenen X-body-Modellen und teilten mit diesen den Radstand von 266,5 cm. Die Länge erreichte jedoch 478,5 statt 449 cm (Chevrolet Citation). Der zu den Intermediates zählende Chevrolet Malibu (nun mit Zusatz Classic; bisherige A-bodies neu als G-Modelle bezeichnet) war bei 274,5 cm Radstand 489 cm lang, blieb aber erschwinglicher als die Neukonstruktion, und dies galt analog für die drei weiteren GM-Marken.

Celebrity & Co. waren mit einem Leergewicht ab 1220 kg über 200 kg leichter als die Intermediates. Es gab sie als viertürige Sedans mit sechs Seitenfenstern oder als zweitüriges, ebenfalls fünfsitziges Stufenheckcoupé. Wie beim Citation begann die Motorisierung beim Celebrity mit dem nun auf Einspritzung umgewandelten 2,5-L-Grauguss-Vierzylinder mit seitlicher Nockenwelle von Pontiac. Darüber rangierten der 2,8-L-V6 und der von Oldsmobile beigesteuerte neue 4,3-L-V6-Diesel. Für die Kraftübertragung auf die Vorderräder sorgte das 3-Stufen-Automatikgetriebe Turbo Hydra-Matic 125 mit Wählhebel unter dem Lenkrad. Vorn fanden sich Federbeine mit unteren Dreieckquerlenkern, hinten eine Starrachse mit Längslenkern, Schraubenfedern und Panhardstab (Bremsanlage und Zahnstangenlenkung mit Servo).

Kleiner: Camaro 1982 Intern hießen sie bei General Motors F-cars, doch bei den Fans waren es die Begriffe Chevrolet Camaro und Pontiac Firebird, die gleich nach dem Namen Corvette für sportliches Feeling und Fahrfreude sorgten. Die Camaro-Freunde hatten schon seit geraumer Zeit gespannt auf die in Aussicht gestellte Neuauflage gewartet. Es war sogar von Vorderradantrieb gemunkelt worden, auf jeden Fall aber sollte der Neuling dem Trend der Zeit entsprechend kleiner, leichter und sparsamer sein.

Jene nicht nur auf das Design, sondern auch auf sportliche Leistungsfähigkeit erpichten Fans konnten Anfang Dezember 1981 mit Erleichterung zur Kenntnis nehmen, dass auch der neue Camaro in Standardbauweise gehalten war, also mit Hinterradantrieb aufwartete. Zudem war das Design typisch Camaro geblieben, wirkte jedoch moderner und noch dynamischer. Die Aerodynamik war deutlich verbessert worden und die Panoramaheckscheibe ließ sich nun hochklappen, was den Nutzwert erhöhte. Der Radstand war von 274,5 auf 256,5 cm verkürzt worden, die Länge erreichte noch 477 statt 502 cm. Was das Leergewicht betrifft, begann die Camaro-Auswahl mit 1295 statt 1510 kg. Dennoch war der Innenraum nicht kleiner geworden und vermochte nach wie vor (etwas knapp) vier Erwachsene aufzunehmen.

Erstmals gab es den Camaro mit einem Vierzylindermotor, nämlich dem auf Einspritzung umgestellten 2,5-L-OHV-Graugussmotor mit 91 PS. Im Vergleich zum 112 PS leistenden Minimalmotor des Vormodells ergab sich wegen des geringeren Gewichts eine nur wenig verminderte Leistungsfähigkeit. Mit den 103 PS des nächststärkeren 2,8-L-V6 lag schon mehr Fahrfreude drin als mit der früheren 3,8-L-Version. Doch man hatte auch die unbedingt zum Camaro passenden V8-Maschinen nicht vergessen: Aus 5 Liter Hubraum standen mit Rochester-Vierfachvergaser 147 PS zur Verfügung, und mit Einspritzung (Cross Fire Injection) – wie sie nur für das Topmodell Z28 verfügbar war – waren es 167 PS. Zu allen

Chevrolet Camaro Z28, 1982

vier Motoren standen ein 4-Gang-Getriebe mit Stockschaltung und ein 3-Stufen-Automatikgetriebe Turbo Hydra-Matic 200c mit Bedienhebel unter dem Lenkrad zur Wahl. Überarbeitet worden war auch die Aufhängung: vorne getrennt angeordnete Dämpferbeine und Schraubenfedern sowie untere Querlenker; hintere Starrachse mit Längslenkern und Schrauben- statt Blattfedern sowie Panhardstab. Bremsen und Kugelkreislauflenkung arbeiteten mit Servo. Weiterhin gab es neben einer Grundausführung (nun als Sport Coupe bezeichnet) die Versionen Berlinetta und Z28. Als Zubehör stand u. a. nebst einer elektrischen Sitzverstellung ein T-roof in Aussicht. – Für den Export nach Europa wurde eine Version Z28–E mit dem 5-L-Vergasermotor und 150 PS Leistung vorbereitet. Sie unterschied sich durch ein eigenes Dekor und schmälere Hecklichter (mehr Platz für das Zulassungskennzeichen).

Anfang 1982 wurde Robert Stempel, Generaldirektor der Adam Opel AG, zum General Manager der Chevrolet Division berufen; dieser Ingenieur hatte sich einen Namen als Problemlöser gemacht. Von 1978 auf 1981 war der Absatz der größten GM-Marke von 2,3 auf noch 1,44 Millionen Einheiten abgesackt.

Camaro Z28 Indy Beim 500-Meilen-Rennen von Indianapolis wurde 1982 ein Z28 als Schrittmacherwagen eingesetzt. Er besaß ein T-roof (herausnehmbare vordere Dachhälften) und einen 5,7-L-V8 mit 250 PS (Leichtmetallblock, Verdichtung 11:1). Es gab hierauf eine Sonderauflage von 6000 »Indy-Z28«, allerdings mit dem auf gut 140 PS gebrachten 5-L-V8 (auf Wunsch mit 4-Gang-Getriebe) oder mit dem gleich großen Cross-Fire-Einspritzmotor mit 170 PS. Das T-roof wurde bei den übrigen Camaro ebenfalls erhältlich.

In Hamtramck, einem Stadtteil von Detroit, errichtete General Motors 1982 eine der modernsten Werkanlagen. Sie wurde mit über hundert Robotern ausgerüstet, die für höchste Präzision beim Zusammenbau sorgen sollten. Mit einer elektronischen Überwachung wurde eine qualitativ hochstehende und gleichzeitig rationelle Fertigung angestrebt, wie sie die japanische Konkurrenz hinbrachte. Aufgrund früherer schlechter Erfahrungen wurde jedoch gleichwohl »der Mensch in den Mittelpunkt des Produktionsablaufs gestellt«.

Chevette 1983 General Motors und vor allem Chevrolet mussten sich den wechselnden amerikanischen Markttrends best- und schnellstmöglich anpassen. Die frontgetriebenen kleineren Modelle erreichten nicht mehr den früheren Anklang, ihr Absatz musste mit Preissenkungen stimuliert werden. Anderseits schien sich die Käuferschaft auf leistungsorientierte Modellvarianten zurückzubesinnen. So gab es den Chevette nun als S-Modell mit mattschwarzen und roten Verzierungen und Bugspoiler.

Cavalier 1983 Der Cavalier wurde nur noch mit dem leistungsfähigeren 2-L-Einspritzmotor geliefert. Neu gab es ihn auch mit 5-Gang-Getriebe, und es bestand die Wahl zwischen sportlicher oder auf Sparsamkeit ausgelegter Achsuntersetzung. Auf Anfang 1983 wurde ein besonders reichhaltig ausgestattetes Cavalier-Cabriolet in Aussicht gestellt.

Bei den Citation des Jahrgangs 1983 war der bisher dem Coupé X 11 vorbehaltene 2,8-L-V6 HO (High Output) für alle Modellausführungen zugänglich. Der Celebrity wurde 1983

zusätzlich mit dem 4,3-L-Diesel-V6 von Oldsmobile angeboten. Beim Malibu verschwand die luxuriöse Ausführung Classic; Malibu und Monte Carlo (dieser mit grobmaschiger gewordenem Kühlergrill) erhielten wieder den 5-L-V8 mit Vierfachvergaser statt des 4,4-L-V8. Dieser Motor entfiel auch beim großen Chevy, ebenso das Coupé beim Caprice und der Station Wagon beim Impala; es gab also nur noch den Impala als Sedan und den Caprice als Sedan und Kombi.
Camaro 1983 Im Modelljahr 1983 wurden im Camaro die bisherigen Getriebe nur noch zusammen mit dem 2,5-L-Vierzylindermotor eingebaut. Zu diesem auf Wunsch und zu den größeren Motoren ausschließlich wurden ein 5-Gang-Getriebe oder ein 4-Stufen-Automatikgetriebe (mit Overdrive-Funktion) geliefert; der 5-L-Einspritzmotor wurde nur mit letzterem Getriebe kombiniert (für den Export lautete die Bezeichnung weiterhin Z28-E).

Blazer S / T Mit dem Jahrgang 1983 wurde neben dem traditionellen Blazer auch ein kleinerer Blazer S mit Hinterradantrieb bzw. Blazer T mit zuschaltbarem Vorderradantrieb auf den Markt gebracht. Stilistisch glich dieser Geländekombi dem großen Blazer, doch wirkte er neben dessen wuchtigen Abmessungen geradezu niedlich. Zum Vergleich Radstand und Außenmaße: 255,5:270,5 cm, 433x165x165 zu 471x202x188 cm. Der kleinere Blazer basierte auf der Chevrolet-Pick-up-Reihe S 10 und S 15 (Kastenrahmenchassis mit Traversen, vorne untere und obere Dreieckquerlenker sowie Torsionsstabfedern, hinten Starrachse mit Halbelliptikfedern, Kugelumlauflenkung mit Servo).
Dem Antrieb dienten ein 2-L-Benzinmotor (für Kalifornien 1950 cm³ von Isuzu), ein 2,8-L-V6 oder ein 2,2-L-Dieselmotor (von Isuzu). Es bestand die Wahl zwischen 4- und 5-Gang-Getrieben und einem 4-Stufen-Automatikgetriebe; für dieses

Chevrolet Blazer + Chevrolet Blazer S/T, 1983

befand sich der Wählhebel unter dem Lenkrad. Auf Wunsch wurde eine Differenzialbremse eingebaut. Zusammen mit dem Vierradantrieb besaß das zentrale Differenzial eine Bremsvorrichtung, und es war auch eine Geländereduktion (2,0:1) verfügbar.

Corvette 1983/84 Der längst erwartete neue Corvette wurde im Januar 1983 vorgestellt, galt aber bereits als Modell 1984. Es handelte sich um die vierte Generation (daher Bezeichnung C4). Inzwischen waren von diesem erstmals 1953 noch als Prototyp gezeigten Kunststoffcoupé rund 730'000 Exemplare gebaut worden, für ein zweisitziges Liebhaberauto ein einzigartiger Erfolg! Im Gegensatz zum bisherigen Modell mit seinen vorne wie hinten wuchtig hochragenden Radhäusern zeigte sich der neue Corvette geradezu flach. Immerhin stieg auch bei ihm die Gürtellinie hinten bogenförmig an. Vorne aber herrschte Keilform, und auch unterhalb der Stoßschutzkante war nichts von einem Kühlergrill zu sehen, vielmehr gab es hier nur Ergänzungslampen zu den beibehaltenen Klappscheinwerfern. Die Kante über dem Stoßschutz wurde mit einer Sicke ringsum fortgesetzt. Die riesige Frontscheibe war um gut 64 Grad geneigt, und der flache Dachteil zwischen ihrem oberen Rand und dem hinteren Überrollschutz ließ sich herausnehmen. Im Vergleich zum Vorgänger sank der Luftwiderstandsbeiwert radikal, nämlich von cw 0,44 auf cw 0,34.

Von 249 cm hatte man den Radstand auf 244,5 cm verkürzt, die Länge erreichte 448,5 statt 470,5 cm, die Breite aber war von 175,5 auf 180.5 cm angewachsen, und die Höhe stand noch mit 118,5 statt 123 cm zu Buche; eine gänzlich neue Silhouette, also! Hinzu kam, dass der unter Projektleiter David R. McLellan und Designer Jerry Palmer entstandene, bereits als Modell 1984 bezeichnete Corvette dank modernem Leichtbau um 115 auf 1430 kg abgemagert worden war. Für den Antrieb diente nach wie vor der 5,7-L-V8 Cross Fire Injection, dessen Leistung unverändert mit 203 PS angegeben wurde. Nebst dem 4-Stufen-Automatikgetriebe stand neu ein 4-Gang-Handschaltgetriebe mit computergesteuertem Overdrive zur Wahl. Dieser schaltete sich je nach Gaspedalstellung automatisch zu den Gängen 2 bis 4 hinzu. Zudem bestand die Wahl zwischen drei Achsuntersetzungen. Mit dem neuen Corvette ließen sich Tempo 100 in rund 7 s und eine Spitze von bis zu 230 km/h erreichen. Vom Werk wurde auch auf die bei Kurvenfahrt mögliche Querbeschleunigung von 0,95 g hingewiesen. Neu ausgelegt worden war zudem die Aufhängung, die nun vorne ebenfalls eine Kunststoff-Querblattfeder umfasste, während hinten ein Vierlenkersystem mit übereinanderliegenden Längslenker, Querlenker und Spurstange verwendet wurde.

Chevrolet Citation II X-11, 1984

Aus europäischer Sicht bemerkenswerte Fortschritt: Die Kugelkreislauflenkung war durch eine direkter ausgelegte und natürlich präzisere Zahnstangenlenkung (mit Servo) ersetzt worden. Auch der Corvette 1984 bot eine hochklappbare Heckscheibe; sein reichhaltiges Armaturenbrett war mit Flüssigkristallanzeigen und bunten Leuchtskalen dotiert... Mit diesem Corvette rückte Chevrolet weit stärker ins europäische Konkurrenzumfeld.

Monte Carlo SS Ebenfalls Anfang 1983 brachte Chevrolet unter der neuerweckten Bezeichnung SS (Super Sport) eine stark modifizierte Version dieses Coupés heraus. Die Front zeigte sich deutlich abgesenkt. der Kühlergrill war nur noch halb so hoch und zudem in schlichtem Schwarz gehalten. Unter dem Stoßschutz fand sich eine feine Bugschürze, am Kofferraumende ein Spoiler, und das Wageninnere war durch schmucke Sitze, ein Sportlenkrad und zusätzliche Instrumente aufgewertet worden. Technisch konnte sich der SS ebenfalls sehen lassen: 5-L-V8 mit 177 statt 152 PS, Doppelauspuff, kurze Achsuntersetzung, Chromräder mit Breitreifen, Sport-Aufhängung usw.

Mit Toyota! *Im Februar 1983 unterzeichneten Roger B. Smith für General Motors und Fiji Toyoda für Toyota in Fremont, Kalifornien, einen Vertrag über ein an diesem Ort gemeinsam einzurichtendes Werk mit einer Jahreskapazität von bis zu 500'000 Wagen. Im dortigen stillgelegten GM-Werk sollte Toyota seinem amerikanischen Partner moderne, rationelle Fertigungsmethoden bzw. das Kanban-System beibringen. Die Produktion sollte sich nur noch im Erdgeschoss abwickeln und der Materialtransport nach neuer Logistik ablaufen. Für das neue Werk Fremont wurden ein japanischer Präsident und ein japanischer Generaldirektor bestellt, während die finanzielle Leitung GM überlassen wurde. Das gemeinsame Projekt GM/Toyota wurde allerdings erst kurz vor Ende 1983 durch die Federal Trade Commission genehmigt.*

Chevrolet Astro, 1985

Zum Modelljahr 1984 erhielt der Cavalier (inzwischen meistverkaufter Chevy) eine aerodynamisch verbesserte Front mit höherem, maschenförmigem Kühlergrill und Doppelscheinwerfer; das Cabrio ging endgültig in Produktion. Den Celebrity gab es neu als Station Wagon sowie mit 4-Gang-Getriebe und in einer Version Eurosport samt Zweitonlackierung, wogegen die Modellreihe Malibu gestrichen wurde.
Im Camaro 1984 musste der 5-L-Motor mit Zentraleinspritzung und 177 PS einer HO-Version mit Vierfachvergaser und 193 PS weichen. Dieser Motor war auch mit 5-Gang-Getriebe zu haben. Der Camaro Berlinetta wurde als High-Tech-Modell mit Flüssigkristallanzeigen (wie im Corvette) und Dachkonsole angeboten. Auch der Monte Carlo SS (mit seinem von 0,44 auf 0,375 abgesenkten cw-Wert) erhielt den 193-PS-V8. Wieder aus der Versenkung geholt wurde die Coupéversion des Caprice (inoffiziell wurde für den Caprice 1984 auch der 5,7-L-LM1-Benzinmotor mit 157 PS aufgeführt.)

Chevrolet Sprint Plus, 1986

Astro Nachdem Ford als Antwort auf Chryslers Großraumkombi bereits den Aerostar gezeigt hatte, konnte GM nicht hintanstehen, sondern zeigte auf der Chicago Auto Show im Frühling 1984 den Prototyp des Astro. Der 450 cm lange Astro war wie die Chrysler-Modelle mit einer kurzen, abfallenden Fronthaube ausgeführt. Als Motoren waren ein 2,5-L-Vierzylinder und ein 4,3-L-V6 vorgesehen, und wie Ford setzte Chevrolet auf Hinterradantrieb.
Sprint Unter dieser Modellbezeichnung kam ab Mai 1984 im Westen der USA der kleinste Chevrolet aller Zeiten auf den Markt, nämlich ein umbezeichneter Suzuki SA 310.
Nachdem die Verträge zwischen der Automobilarbeitergewerkschaft UAW einerseits und GM und Ford anderseits abgelaufen waren, forderte die Arbeitnehmerseite mehr Job-Sicherheit und zudem einen Lohn, der fast doppelt so hoch war wie jener anderer Industriearbeiter der USA. GM aber wies beide Forderungen nicht zuletzt mit dem Hinweis zurück, dass 1985 die Einfuhrquoten für Autos aus Japan aufgehoben würden. Dem hielt die von Owen Bieber geführte UAW die Milliardengewinne der Konzerne und die Millionensaläre ihrer Manager entgegen. Sie beschloss im September 1984 einen Teilstreik gegen GM, der dann aber abwendet werden konnte...
1985 stand das Chevrolet-Programm im Zeichen eines Aufbruchs zu wieder mehr Leistung. Denn inzwischen war das Durchschnittsalter der Chevy-Käufer auf über 45 Jahre angestiegen und damit den anderen, elitäreren GM-Marken allzu nahe gerückt. Um mit den eigenen Modellen ebenfalls jüngere Käufer zurückzuholen, wurde der Cavalier 1985 auch

mit dem dank Saugrohreinspritzung 127 PS starken 2,8-L-V6 lieferbar und zwar zunächst als besonders sportlich herausgeputztes Coupé Z24. Ebenfalls auf Saugrohreinspritzung umkonstruiert wurden die 2,8-L-V6 der Modellreihen Citation und Celebrity, wobei die Leistung 132 PS erreichte. Beim Citation wurde das Radiogerät nicht mehr vertikal, sondern in der üblichen Weise montiert.
Erneut einen Leistungssprung, nämlich von 193 auf 218 PS, erfuhr der 5-L-V8 im Camaro, allerdings nur im sportlichen Modell Iroc-Z (International Race of Champions) und in Verbindung mit dem 4-Stufen-Automatikgetriebe. Wer fünf Handschaltgänge wollte, musste sich mit 193 PS begnügen. Die 218 PS wurden mit elektronischer Einspritzung statt dem Rochester-Quadrajet-Vierfachvergaser erzielt. So konnte Tempo 100 in rund 7,5 s erreicht werden. Der »normale« 5-L-V8 leistete ebenfalls 5 PS mehr, doch noch eindrücklicher war das Leistungsplus beim 2,8-L-V6, der 137 statt 107 PS abgab.
Für die Modelle Monte Carlo, Impala und Caprice wurde der Hubraum des V6-Motors von 3,8 auf 4,3 Liter und die Leistung von 112 auf 132 bis 142 PS erhöht; der 5,7-L-Dieselmotor wurde beim Monte Carlo gestrichen.
Beim Corvette standen 233 statt 208 PS zur Verfügung, was dem Übergang von der doppelten Zentraleinspritzung zur Saugrohreinspritzung zuzuschreiben war. Zusammen mit längeren Achsuntersetzungen wurde ein um 10 Prozent niedrigerer Verbrauch moniert. Für 1985 erhielt der kleinere Blazer (der auch mit Vierradantrieb nur noch als Blazer S bezeichnet wurde) als Basismotor einen 2,5-L-Vierzylinder.
Spectrum Weil mit dem altmodischen Chevette kein Staat mehr zu machen war, wurde gegen Ende 1984 im Gegenzug zu dem in westlichen US-Staaten verkauften Chevrolet Sprint alias Suzuki Cultus im amerikanischen Osten alsbald der etwas teurere Chevrolet Spectrum alias Isuzu Gemini lanciert. Dieses in Japan hergestellte Modell wurde dreitürig mit Fastback und viertürig mit Stufenheck angeboten. Auch wegen der japanischen Export-Selbstbeschränkung bot sich ein Verkauf des Spectrum vorerst nur in den Oststaaten an (mit neuem 1,5-L-Motor, 71 PS und Frontantrieb).
Nova statt Corolla Einen Chevrolet Nova hatte es schon früher gegeben. Nun erhielt das im Sommer 1985 lancierte Parallelmodell zum Toyota Corolla diesen Namen. *Herstellerin war, wie angekündigt, die GM/Toyota-Gemeinschaftsfirma New United Motor Manufacturing, Inc., kurz Nummi, im kalifornischen Fremont.* Es gab den Nova fünftürig mit Fließheck und viertürig mit Stufenheck und sechs Seitenfenstern. Dem 1,6-L-Motor wurde schon im Herbst 1985 eine Leistungsspritze von 71 auf 76 Netto-PS verpasst.
1986 wurde der Citation II aufgegeben und durch eine erweiterte Auswahl an Celebrity- und Cavalier-Modelle ersetzt. Ebenfalls fallengelassen wurde der traditionsreiche Name Impala: Bei den großen Chevrolet mit Kastenrahmenchassis wurde neu nach den Reihen Caprice, Caprice Classic und als Topausführung Caprice Classic Brougham unterschieden. Kühlergrill und Doppelscheinwerfer waren getrennt eingerahmt. Der 5,7-L-Diesel-V8 wurde nicht mehr aufgeführt. Bei den Camaro wurde die serienmäßige Ausrüstung aufgewertet. So erhielt die besonders beliebte Version Sport Coupe zu den aufpreispflichtigen V6- und V8-Motoren gleich auch das Sportfahrwerk eingebaut.
Corvette 1986 Ein Sparpotenzial boten sowohl die schmalere Bereifung wie die Schaltanzeige. Neu waren die am Dachende angesetzte dritte Bremsleuchte, gebürstete Leichtmetallfelgen, ein stärker geneigtes LCD-Instrumentenpanel und eine elektronisch gesteuerte Klimaautomatik.
Corvette Convertible Mit Einführung des neuen Corvette mit dem Modelljahr 1984 hatte sich die Produktion auf 51'547 Exemplare verdoppelt (gegenüber 1982, weil es ja offiziell kein Modelljahr 1983 gab). 1985 sank der Ausstoß knapp unter die 40'000-Stück-Grenze. Der im Januar 1986 vorgestellte Corvette Convertible versprach einen neuen Aufschwung. Seit 1976 hatte es kein Vette-Cabrio mehr gegeben. Das Offenmodell 1986 wurde neben dem Coupé in dem neuen Corvette-Werk in Bowling Green, Kentucky, auf die Räder gestellt. Es sah bestechend gut aus!

Chevrolet Corvette Convertible, 1986

Chevrolet Nova 4-door Sedan, 1987

Um dieses Cabrio auch ohne den integrierten Überollbügel ebenso verwindungssteif hinzukriegen, wurde der kräftige Stahlprofilkäfig durch etliche Verstrebungen und Verstärkungen ergänzt. Selbst im Motorraum gab es zusätzliche Kreuzverstrebungen (damit weiterhin 12 cm minimale Bodenfreiheit sichergestellt waren, musste die Karosserie um 1 cm höhergesetzt werden), die Stahlprofile in den Türen wurden verstärkt, und mit Maßnahmen am Armaturenbrett und einer speziellen Lagerung der Lenksäule wurden Diagonalschwingungen unterbunden. Das Verdeck arbeitete wider Erwarten nicht elektrisch, besaß aber einen verblüffend einfach zu bedienenden Mechanismus.
Schon seit langem war auch ein Corvette-V8-Motor mit Leichtmetall- statt Grauguss-Zylinderköpfen erwartet worden. Doch Produktionsprobleme hatten zu Verzögerungen geführt. Für den Jahrgang 1986 fand nun dieser bedeutende Übergang zu Alu-Köpfen statt. Allerdings konnten sie vorerst nur dem Cabriolet spendiert werden. Sie brachten eine Gewichtsverminderung von 20 kg, und gleichzeitig wurden auch die Brennraumform optimiert, die Zündkerzen in zentrale Position gerückt und die Ansaugkanäle erweitert. Die Verdichtung war von 9:1 auf 9,5:1 erhöht und das mit drei Katalysatoren versehene Auspuffsystem ebenfalls überarbeitet worden. Die Leistung des 5,7-L-V8 wurde weiterhin mit 233 Netto-PS bei 4000/min angegeben.
Monte Carlo SS Aerocoupe Um in den prestigevollen Stock-car-Rennen gegen die aerodynamisch ausgefeilten Thunderbird aus dem Ford-Lager besser bestehen zu können, wurde der gleichfalls in dieser Rennsportkategorie verwendete (aber für den Einsatz stark modifizierte) Chevrolet Monte Carlo SS ab Anfang 1986 außer mit Stufenheck auch mit einem Fastbackaufbau erhältlich. Die Änderung bestand aus einer kuppelförmigen Heckscheibe und einer Abrisskante; der Wagenbug war ja bereits strömungsgünstig ausgefeilt. Der cw-Wert sank von 0,375 auf 0,365.
Stellvertretend für General Motors darf hier im Kapitel Chevrolet eingefügt werden, dass sich GM im Januar 1986 eine Mehrheit von 58 % an der englischen Lotus Cars Limited sicherte. Damit ließ sportliches Wissen, Image und Prestige zusätzlich unterstreichen!
Mitte 1986 entschloss sich General Motors die Sparschraube anzuziehen. Deren Drehungen fiel u. a. das Projekt GM-80 zum Opfer, das für 1990 neue Camaro und Firebird mit Kunststoffkarosserien vorgesehen hatte. Zudem beschloss GM, die Zahl der White-Collar-Mitarbeiter bzw. Angestellten (133'000 in den USA, 9000 in Kanada) bis 1989 durch Verzicht auf Neueinstellungen um 25 Prozent abzubauen. – Weil Ende August 1986 bei den GM-Händlern über eine Million Neuwagen lagerten, senkte GM den Zinssatz für Kreditkäufe auf 2,9 Prozent. Diese Aktion brachte zwar den erhofften Erfolg, war aber kostspielig. GM-Präsident F. James McDonald kündete an, in den nächsten Monaten mehrere Werke schließen zu wollen. Später verlautete, dass GM von 1987 bis 1989 etwa 29'000 Stellen abbauen wolle.
1987 entfiel für den Chevette der Dieselmotor; Sprint (Suzuki) und Spectrum (Isuzu) waren neu mit Turbomotoren (70 bzw. 105 PS) lieferbar; der 2-L-Vierzylinder- und der 2,8-L-V6-Motor des Cavalier waren modernisiert worden und besaßen nun Leichtmetall-Zylinderköpfe (91 statt 86 PS bzw. 127 statt 122 PS, im Z24 gar 132 PS); der 2,5-L-Vierzylindermotor im Celebrity leistete neu 99 PS (auf Wunsch mit 5-Gang-Getriebe von Getrag), die Doppelscheinwerfer waren von durchgehenden Scheinwerfergläsern überdeckt; auch der Motor des Corvette-Coupés wurde jetzt mit den Leichtmetall-Zylinderköpfen bestückt.
Camaro 1987 Dessen Karosserielänge wurde um 10 auf 487,5 cm gestreckt. Die große Neuheit war aber die Wiedereinführung eines Cabriolets. Geöffnet verschwand sein Verdeck unter einer Metallabdeckung. Während der schwächliche 2,5-L-Vierzylindermotor aufgegeben wurde, erfuhr das obere Ende der Skala eine Ausweitung, indem der 5,7-L-Motor des Corvette auch dem Camaro eingepflanzt werden konnte, allerdings mit 228 statt 243 PS.
1984 hatte GM von Ross Perot die EDSC (Electronic Data Systems Corporation) übernommen, die auch für die Entwicklung des → Saturn eine Rolle spielte. Damit war Ross Perot (späterer US-Präsidentschaftskandidat) zu einem GM-Großaktionär geworden, und als solcher führte er mit der von Roger Smith geführten GM-Führung scharfe Auseinan-

dersetzungen, die in der Öffentlichkeit für Aufsehen sorgten. U. a. verlangte er eine »Saturnisierung« der gesamten GM. Ende 1986 ließ er sich schließlich gegen eine hohe Abfindung aus dem Aufsichtsrat hinauskomplimentieren, und zudem verkaufte er seinen Aktienanteil.

Corsica / Beretta Deren Vorstellung erfolgte noch Ende 1986, doch ihr Verkaufsstart war auf den 12. März 1987 angesetzt worden. Ungewöhnlich war, dass GM für den Sedan und für das Coupé zwei Modellnamen wählte, und dass dieses Duo einzig unter der Marke Chevrolet auf den Markt gebracht wurde. Es reihte sich zwischen die Modellreihen Cavalier und Celebrity ein. Mit 262,5 cm Radstand und 466 cm Länge (Corsica-Sedan) bzw. 475,5 cm (Beretta-Coupé) erreichten die Neulinge etwa die Größe des Opel Omega. Mit diesen wiesen sie technisch allerdings keinerlei Verwandtschaft auf, basierten sie doch auf der Frontantriebs- und Quermotorkonstruktionsweise, die inzwischen den meisten GM-Modellen eigen war. Die beiden Fünfsitzer zeichneten sich durch gefälliges Design und großzügige Fensterflächen aus. Beim Beretta verlief der untere Fensterabschluss deutlich unterhalb der Gürtellinie. Der Luftwiderstandsbeiwert von cw 0,329 wurde als ein US-Bestwert bezeichnet.

Den Antrieb besorgte der erneuerte 1991-cm³-OHV-Vierzylinder mit Leichtmetall-Zylinderkopf, Zentraleinspritzung und 91 PS oder alternativ der 2,8-L-V6 mit elektronischer Bosch-Einspritzung und 127 PS (beide mit 5-Gang-Getriebe oder 3-Stufen-Automatikgetriebe THM 125). Vorne wurden Federbeine und untere Dreieckquerlenker verwendet, hinten eine Verbundlenkerachse. Für diese beiden neuen Chevrolet waren die Werke in Linden, New Jersey, und Wilmington, Delaware, aufwändig mit Produktionsrobotern und automatischen Transferstraßen ausgerüstet worden. Ab 1988 wurde ein Ausstoß von jährlich einer halben Million Corsica/Beretta angestrebt. – Das Beretta-V6-Coupé fand auch in der Schweiz einen größeren Liebhaberkreis; charakteristisch war sein sonorer Auspuffton.

1987 wurde Charles Jordan, der auch bei Opel tätig gewesen war, als Nachfolger von Irvin Rybicki vierter Designchef von General Motors (nach Harley Earl, 1927–1958, und William Mitchell, 1958–1977). – Neben dem GM-Vorsitzenden Roger B. Smith wurde im Mai 1987 Robert C. Stempel zum neuen Präsidenten der General Motors Corporation ernannt; Vorgänger F. James McDonald trat in den Ruhestand.

Das Modelljahr 1988 brachte für den gemeinsam mit Toyota in Kalifornien gebauten Nova mit dem 1,6-L-DOHC-16V-Motor und 112 PS einen Leistungsschub. Der Cavalier erhielt eine strömungsgünstigere Front mit um die Ecken gezogenen Blinkergehäusen, das Hatchback-Coupé fiel aus dem Angebot, während das zweitürige Coupé einen gerundeten Pavillonabschluss erhielt; der 2,8-L-V6 war neu nicht nur in den Z24-Modellen, sondern auch im Kombi lieferbar. Der Caprice Classic wurde als Coupé nicht mehr hergestellt, während der achtsitzige Station Wagon ausschließlich in der Classic-Ausführung angeboten wurde.

Bei den Camaro gab es nur noch die Modelle Sport Coupé und Iroc-Z, während der LT und der Z28 wegfielen (die Produktion konzentrierte sich fortan auf Van Nuys, Kalifornien). Beim Corvette stieg die Leistung um 5 auf 248 PS (kleine Motorverfeinerungen, 0–96,5 km/h in 5,25 s), zudem gab es die Möglichkeit, 17-Zoll-Breitreifen montieren zu lassen (der Lenkrollradius wurde überdies auf null reduziert). Es gab alsbald eine auf 2000 Exemplare beschränkte 35-Jahr-Jubiläumsversion.

Chevrolet Corsica, 1988

Chevrolet Beretta GTU, 1988

Chevrolet Cavalier Z24, 1989

Im Februar 1988 verkaufte GM der China National Automotive Industry Corporation eine gebrauchte Fließbandanlage für die Motorenherstellung..., der erste Schritt, um in der Volksrepublik Fuß zu fassen.

Blazer S 1988 Ab April 1988 wurde der Blazer S, den es seit Mitte 1987 auch in der Luxusversion High Country gab, zusätzlich mit 4,3-L-V6 und 162 PS angeboten. Man unterschied seit 1987 nach Blazer S für die kleineren und Blazer V für die großen Blazer (die primär zu den Nutzfahrzeugen zählten).

Weil das Publikum offenbar lieber gleich einen Toyota Corolla statt einen Chevrolet Nova wählte, wurde mit dem Modelljahr 1989 auf die Chevrolet-Bezeichnung verzichtet: Alle »Badging-Modelle« aus Japan wurden fortan unter der Marke → Geo verkauft.

Corvette ZR1. Mit der im August 1988 vorgestellten, lang erwarteten Corvette-Topversion ZR1 betrat Chevrolet endgültig die Szene der Supersportwagen: V8 mit 2x2 obenliegenden Nockenwellen, 32 Ventile, 6-Gang-Getriebe, computergesteuerte Stoßdämpferverstellung, Reifendrucküberwachung; da konnte von altbackener Technologie nicht mehr die Rede sein! Dieser neue Motor hatte zwar ebenfalls 5,7 Liter Hubraum, aber er besaß eigene Abmessungen (99x93 mm = 5727 cm^3 statt 101,6x88,39 mm = 5733 cm^3) und zudem einen Leichtmetallblock. Bei einer Verdichtung von 11,25:1 erreichte seine Leistung imposante 390 PS bei 5800/min (statt 243 PS bei 4000/min oder die 370 PS des 4,9-L-V12 von Ferrari im US-Trimm).
Der als LT5 bezeichnete, von Chevrolet und der (damaligen) GM-Tochter Lotus entwickelte neue V8 gab sich auch optisch

Chevrolet Corvette ZR1, 1990

attraktiv. Er besaß zwei Einspritzdüsen je Zylinder, die drehzahlabhängig in Funktion traten: Unter 3500/min beschränkte sich die Frischluftzufuhr auf nur ein Einlassventil, darüber schaltete sich das sekundäre Ansaugsystem hinzu. Mit einem Zusatzschloss in der Mittelkonsole konnte diese obere Leistungsstufe blockiert werden. Übrigens wurden die LT5-V8 weder von Chevrolet noch von Lotus produziert, sondern weitgehend in Handarbeit bei der Bootsmotorenfabrik Mercury Marine in Stillwater, Oklahoma. Der 32-VentiL-V8 war einer eingehend experimentierten Twin-Turbo-V6-Lösung vorgezogen worden. Der ZR1 besaß vier quadratische statt runde Heckleuchten. Sein Auslieferungsbeginn verzögerte sich vom Frühjahr auf den Sommer 1989, womit er zum Modell 1990 mutierte (technische Daten zwischenzeitlich leicht modifiziert).
Beide Corvette-Modelle erhielten 1989 ein 6-Gang-Getriebe von ZF (mit Schaltanzeige für die ersten vier Gänge; OHV-V8 auf Wunsch weiterhin mit 4-Stufen-Automatik). Nach dem 1987/88 gebaute superexklusiven Porsche 959 boten die Corvette übrigens das erste Pkw-6-Gang-Getriebe. Die computergesteuerte Stoßdämpferverstellung von Bilstein (mit drei Programmen) und das Reifendruck-Überwachungssystem waren mehrpreispflichtig.
1989 erhielt der Cavalier u.a. ein neuartiges Sicherheitslenkrad (sechs verformbare Speichen stellten das Lenkrad parallel zum Brustkorb des Fahrers), und den Z24-Ausführungen wurde ein verschönerter Innenraum verpasst. Der Corsica wurde mit einer Heckklappe mit kuppelartiger Rückscheibe erhältlich, wobei das Stufenheck beibehalten wurde (asymmetrisch umlegbare Fondbank); neben einem Corsica LT (mit rotem Zierstreifen) gab es ebenfalls neu einen noch sportlicher abgestimmten LTZ, der dem schon 1988 eingeführten Beretta GTU entsprach. In der Celebrity-Reihe wurde auf das Coupé verzichtet. Der Caprice wurde nur noch mit V8-Motor gebaut. Der Camaro Sport Coupe hieß 1989 RS und zeigte sich durch Anbauteile optisch dem Iroc-Z angenähert; dieser war seinerseits mit 16-Zoll-Rädern aufgewertet worden. Für den 5-L-V8 wurden drei Leistungsstufen angegeben: mit Automat 198 PS, mit 5-Gang-Getriebe 223 PS, mit Doppelauspuff 233 PS; mit dem 5,7-L-Corvette-V8 (nur mit 4-Stufen-Automatik) standen 233 PS bzw. mit Doppelauspuff 243 PS zur Verfügung.
Lumina Im Januar 1989 stellte Chevrolet auf den großen Auto-Shows von Detroit und Los Angeles die neue mittelgroße Modellreihe Lumina vor. Sie setzte sich aus einer Limousine, einem Coupé und einem als APV (All Purpose Vehicle) bezeichneten, bis siebensitzigen Großraumkombi bzw. Minivan zusammen. Lieferbar wurden die meisten Ausführungen allerdings erst mit dem Modelljahr 1990. Die Lumina-Reihe sollte dann die Celebrity-Modelle ablösen. Mit 273 statt 266,5 cm Radstand war der Lumina stattlicher, und die Außenmaße des Sedans waren mit 502x180,5x136 cm generöser als jene des ja ebenfalls viertürigen Celebrity (478,5x176x137,5 cm).
Für den Vorderradantrieb sorgten der 2,5-L-OHV-Vierzylinder mit 112 PS oder der gründlich modernisierte, von 2,8 auf 3,1 l vergrößerte V6 mit 142 PS. Der mit Zentraleinspritzung versehene kleinere Motor wurde mit einem 3-Stufen-Automatikgetriebe (mit Wählhebel in der Mitte oder unter dem Lenkrad) ausgestattet, der V6 wahlweise auch mit 4-Stufen-Automatik. Vorne und hinten wurden Federbeine montiert, vorne untere Dreieckquerlenker, hinten Querlenker und eine Querblattfeder aus Fiberglas. Anfänglich war auch von einem in Entwicklung stehenden Vierradantrieb die Rede.
Lumina APV Die Minivan-Version APV kam in den USA erst in der zweiten Jahreshälfte 1989 in Verkauf, zusammen mit den etwas sportlicher bzw. luxuriöser ausgestatteten Pontiac Trans Sport und Oldsmobile Silhouette. Der Trans Sport war 1986 bereits eine aufsehenerregende Konzeptstudie gewesen, und es mochte erstaunen, dass ein derart futuristisches Gefährt tatsächlich in Serie ging. Zu dem mutigen Schritt sah sich GM nicht zuletzt durch den Großerfolg der Plymouth alias Chrysler Voyager und Dodge Caravan veranlasst. *Es sollte sich dann allerdings erweisen, dass die große Masse der Käufer der spektakulären Einvolumenform weniger zugetan war als dem konventionelleren Voyager-Erscheinungsbild; der nach sieben Jahren herausgebrachte Nachfolger wurde weit einfacher - man kann sagen nüchterner – geformt!*

Chevrolet Lumina Sedan + Chevrolet Lumina APV, 1990

Chevrolet Caprice Classic, 1991

Die APV & Co. waren viertürig, einschliesslich Schiebetüre hinten rechts und Heckklappe, und boten fünf bis sieben Sitze. Sie basierten auf einem Kastenrahmen mit Traversen. Auf diesen wurden geschweißte Stahlbleche aufgebaut, die als Trägerelement für die (wie beim Renault Espace) aus Kunststoff bestehenden äußeren Karosserieflächen montiert wurden. Für die Entwicklung dieser Produktionsmethode war Pininfarina den GM-Ingenieuren beratend zur Seite gestanden. Für den Antrieb diente der quer eingebaute 3128-cm³-V6-Motor mit zentraler Nockenwelle und elektronischer Zentraleinspritzung von Rochester. Dessen 122 PS wurden über das 3-Stufen-Automatikgetriebe THM 125 mit Lenkradschaltung auf die Vorderräder übertragen. Diese wurden mit Federbeinen und Dreieckquerlenkern geführt; hinten fand sich eine Starrachse mit Längslenkern, Panhardstab und Schraubenfedern (auf Wunsch mit Niveauregulierung). Bei 279 cm Radstand und den Abmessungen 493x188x166 cm reihte sich der Lumina APV größenmäßig zwischen den Voyager in der Kurz- und Langversion.

Beretta 1990 Mit diesem Jahrgang wurde der Beretta auch als Cabriolet erhältlich. Dieses war mit einem schwarzen Überrollschutzbügel auf der Höhe der B-Säule versehen. Basismotor war nun beim Beretta wie beim Corsica ein von 2 auf 2,2 l vergrößerter OHV-Vierzylinder mit 99 statt 90 PS, während der 3,1-L-V6 die 2,8-L-Einheit ersetzte und 137 statt 132 PS bot. Neue Sportversionen waren der Beretta GTZ (und es gab auch einen Corsica LTZ) mit dem High-Output-Quad-4-Motor: 2260 cm³, DOHC, 16 Ventile, 183 PS. Bei beiden wurde auf einen Kühlergrill verzichtet, anderseits wiesen Beretta/Corsica 1990 einen breiteren Lufteinlass unterhalb des Stoßschutzes auf.

1990 erhielten die Cavalier die gleichen Motorvergrößerungen wie Corsica und Beretta; das Cabriolet entfiel (zugunsten des offenen Beretta). Die Lumina gab es als Euro Sedan und Euro Coupe, den Celebrity hingegen nur noch als Station Wagon. Beim Camaro wich der 2,8-L- dem 3,1-L-V6 als Basismotorisierung; erst im Januar 1990 kam dann – bereits als Modell 1991 bezeichnet – ein neuer Z28 als Ersatz für den Iroc-Z hinzu: verfeinertes Fahrwerk mit 15-Zoll-Rädern und Vierrad-Scheibenbremsen sowie mächtiger Heckflügel. Der nun vom Lumina APV konkurrenzierte Astro erhielt ein verlängertes Heck und wurde als AWD mit einem von Viscodrive in Europa entwickelten permanenten Vierradantrieb angeboten. Mit dem Lumina SRZ sollte im Frühling 1990 eine werksgetunte Version des Coupés hinzugekommen (auf den für 1991 der Z34 folgte).

Blazer S 1990 Der Blazer S war ab Jahrgang 1990 auch fünftürig zu haben, und er wurde ausschließlich noch mit dem 4,3-L-V6 ausgerüstet. Der Kühlergrill zeigte jetzt einen die Scheinwerfer verbindenden Chrombalken, auf dem das als Bowtie bezeichnete, 1913 eingeführte Markenzeichen prangte. Dieser horizontale Stab, der später zu einem

Chevrolet-Erkennungsmerkmal werden sollte, war schon 1981 beim großen Blazer-Modell eingeführt worden. Das hintere Türfenster und die hinterste Seitenscheibe flossen optisch nahtlos zusammen, was diesem Geländekombi zu besonderer Eleganz verhalf. Für die fünftürige Version stieg der Radstand von 255 auf 272 cm und die Länge wuchs von 432,5 auf 449 cm. Auch diese neue Ausführung war mit Hinterrad- oder Vierradantrieb erhältlich.

Caprice Classic 1991 Er wurde Anfang 1990 auf den beiden Auto-Shows von Detroit und Los Angeles vorgestellt und bereits als Modell 1991 bezeichnet, wenngleich er schon bald einmal in Verkauf kam. Im Vergleich zum vorangegangenen Caprice-Sedan bedeutete die Neuauflage eine stilistische Revolution: Mit ihm wich das betont würdig-kantige Design einer schmissig-aerodynamischen Linienführung, die von intensiver Windkanalarbeit zeugte. Auch so ließ sich schließlich eine Verbrauchssenkung erzielen! Der Radstand von 294,5 cm war ebenso beibehalten worden wie die Kastenrahmen-Chassisbauweise mit raffiniert geführter, mit Schraubenfedern versehener hinterer Starrachse.

Die Außenabmessungen hatten nur unwesentlich zugelegt, von 540x191,5x143,5 cm auf 544x195,5x144 cm. Die stark schräggestellte Heckscheibe brachte Platz für dritte Seitenfenster, und die überaus großzügigen Fensterflächen verhießen optimale Rundsicht. Originell wirkte der leicht nach innen geneigte Karo-Kühlergrill, und auffallend war die über die gesamte Karosserieflanke gezogene Prägekante. Als Antriebseinheit diente unverändert der 5001-cm³-V8 mit 172 PS in Verbindung mit 4-Stufen-Automatikgetriebe samt Lenkradschaltung; denn natürlich war auch dieser große Chevy des neuen Jahrzehnts ein Sechssitzer geblieben.

Im August 1990 trat Roger B. Smith als Aufsichtsratsvorsitzender von General Motors in den Ruhestand. Er hatte GM fast während der gesamten 80er Jahre geleitet. Sein Nachfolger wurde Robert C. Stempel. Während Smith' Zeit war der Anteil des Marktführers an der internationalen Pkw-Produktion von 20 auf unter 15 Prozent gesunken...

*

Epilog: *Mit dem Ende des Modelljahrs im August 2002 wurde der Camaro – nach knapp 5 Mio Exemplaren – aus der Produktion genommen (und 2008 wieder eingeführt). 2006 verlor GM den Platz des weltgrößten Pkw-Herstellers an Toyota. Per 1. Juni 2009 erfolgte der Konkurs von GM, und anschließend wurde eine Neustrukturierung in radikal verkleinertem Rahmen eingeleitet; der Firmenname lautete neu General Motors Company.*

Chevrolet USA	Bauart	Mot.	Getr.	R/ L cm	Modelljahre
Chevette (3-türig)	**St.**	**a/b**	**4/A3/5**	**239,5/411**	**1981–87**
Chevette (5-türig)				**247/419**	
Motoren:	*Zyl.:*	*N'w.:*	*cm³:*	*PS/'min:*	*Nm/'min:*
a (*1982–)	4	OHC	1599	71/66*/5200	111/2400/109/3200
b (1982–86)	4D		1818	52/5000	98/2000
Sprint → Suzuki Swift					**1988–**
Spectrum → Isuzu Gem.				**1988–**	
Nova	**Fr.**	**a/b**	**5/A3**	**243/422,5**	**1986–88**
Motoren:	*Zyl.:*	*N'w.:*	*cm³:*	*PS/'min:*	*Nm/'min:*
a	4	OHC	1587	76/5200	116/2800
b (1988–)	4i	D16V		112/6600	133/4800
→ Geo Prizm					**1989–**
Cavalier	**Fr.**	**a–i**	**4/A3/5**	**257/438/433**	**1982–84**
(*1988–)				**257/443/438/443,5***	**1985–88**
Cavalier Station Wag.				**257/439,5**	**1982/83**
(*1988–)				**257/443,5/452***	**1984–88**
Cavalier / Cav. St.Wg.				**257/454/452**	**1989/90**
Motoren:	*Zyl.:*	*N'w.:*	*cm³:*	*PS/'min:*	*Nm/'min:*
a (1982)	4	OHV	1841	89/5100	135/2800
b (1982)			1991	91/5100	151/2700
c (1983/84 *1985/86)	4i			89/86*/4800	149/2400
d (1987–89)				91/5600	147/3200
e (1990–)			2190	96/5200	135/2800
f (Z 24 1985 *1986)	V6i		2838	127/122*/4800	163/3200
g (1987–89 *Z 24)				127/132*/4500	217/224/3600
h (Wagon 1989)				129	217
i (1990– * Z 24)			3128	137/142*/4500	244/251/3600

Chevrolet USA	Bauart	Mot.	Getr.	R/ L cm	Modelljahre
Citation	**Fr.**	**a–e**	**4/A3**	**266,5/449**	**1981–84**
Citation II					**1985**
Motoren:	*Zyl.:*	*N'w.:*	*cm³:*	*PS/'min:*	*Nm/'min:*
a (–1981)	4	OHV	2471	85/4000	170/2400
b (1982 *1983 **1984)	4i			91/95*/4000	179/183/2300
c (1984 *1985–)				93/4000/4400*	182/2800
c (*1982–)	V6		2838	112/114*/4800	197/2400
d (CH 1984–)				109	–
e (X-11 *1985–)	V6/V6i*			137/5400/132/4800	197/2400/210/3600
Corsica	**Fr.**	**a–e**	**5/A3**	**262,5/466**	**1987–90**
Beretta				**262,5/475,5**	
Motoren:	*Zyl.:*	*N'w.:*	*cm³:*	*PS/'min:*	*Nm/'min:*
a (–1989)	4i	OHV	1991	91/5600	147/3200
b (1990–)			2190	96/5200	163/3200
c (1990–)		D16V	2260	183/6200	217/5200
d (+*1988/89)	V6i	OHV	2838	127/4500/132*/4700	217/3600
e (1990–)			3128	137/4500	244/3600
Celebrity	**Fr.**	**a–g**	**A3/4/A4**	**266,5/478,5**	**1982–89**
Celebrity Station Wag.			**/5**	**266,5/484,5**	**1984–90**
Motoren:	*Zyl.:*	*N'w.:*	*cm³:*	*PS/'min:*	*Nm/'min:*
a (*1983 **1986)	4i	OHV	2471	91/93*/4000/4400**	179/182/2800
b (1987– +*1989–)				99/4800/112*/5200	183/3200
c (*CH'84/85 **'84–86)	V6		2838	114/4800/109*	197/2400/2100**
d (1984)				132/5400	197/2400
e (1985 *1986–89)	V6i			132/4800/127*/4500	210/217/3600
f (1990–)			3128	137/4500	244/3600
g (–1985)	V6D		4302	86/3600	224/1600

Chevrolet USA	Bauart	Mot.	Getr.	R/ L cm	Modelljahre
Lumina	**Fr.**	**a/b**	**A3/A4**	**273/502**	**1989/90**
Motoren:	*Zyl.:*	*N'w.:*	*cm³:*	*PS/'min:*	*Nm/'min:*
a	4i	OHV	2471	112/5200	183/3200
b	V6i		3128	137/4400	244/3600
Malibu *a/b/f/g/m/n	**K'r.**	*****	**3/A3/4**	**274,5/489/491**	**1981–83**
Monte Carlo		**a–n**	**A3/A4**	**274,5/509/514**	**1981–88**
Motoren:	*Zyl.:*	*N'w.:*	*cm³:*	*PS/'min:*	*Nm/'min:*
a (*1984)	V6	OHV	3751	112/4200/4000*	231/258/2000
b (Calif. –1984 +Can.)			3791	112/3800	258/1600
c (1981)	V6T			172/4000	373/2400
d (1985)	V6i		4238	132/3600	285/2000
e (1986 *1987–)			4300	142/4000/147*/4200	305/2000
f (1981/*1982)	V8		4389	117/4000	271/278*/2400
g (1982/83 *Calif.)			5001	152/3800/147*/4000	326/2400
h (1984–)				152/4000	326/2000
i (MC SS 1983)				177/4200	339/2800
j (do. 1984 *1985–87)				183/4800	326/305*/3200
k (1988–)				183/4000	326/2000
l (SS 1988–)				203/4800	305/3200
m (1982/83)	V6D		4302	86/3600	224/1600
n (1982–84)	V8D		5737	106/3200	271/1600
Impala (–'85)/ Caprice	**K'r.**	**a–k**	**A3/A4**	**294,5/538,5–546,5**	**1981–87**
Caprice				**294,5/540/548,5**	**1988–90**
Motoren:	*Zyl.:*	*N'w.:*	*cm³:*	*PS/'min:*	*Nm/'min:*
a (*1984)	V6	OHV	3751	112/4200/4000*	231/2000/
					258/1600
b (Calif. –1984))			3791	112/3800	258/1600
c (1985)	V6i		4238	132/3600	285/2000
d (1986–88 *1990–)			4300	142/4200/4000*	305/2000
e (1981/*1982)	V8		4389	117/4000	271/278*/2400
f (–1981)			5001	152/3800	326/2400
g (1982 *1983/84)				147/152*/4000	326/1600/2400
h (1985/86 *1984–86)				167/4200/163CH*	332/2400
i (1987 *1988)				172/4400	332/2400/
					39*/28'
j (1989–)					346/2400
k (St.Wg.'87/88 *'89–)			5033	142/3200	346/1600/2000*
l (–1985)	V8D		5737	106/3200	271/1600
Caprice '91	**K'r.**	**–**	**A4**	**294,5/544**	**1990=91**
Motor:	*V8i*	*OHV*	*5001*	*172/4200*	*346/2400*
Camaro	**St.**	**a–f**	**3/4/A3**	**274,5/502**	**1981**
Motoren:	*Zyl.:*	*N'w.:*	*cm³:*	*PS/'min:*	*Nm/'min:*
a	V6	OHV	3751	112/4200	231/2000
b (Calif.)			3791	112/3800	258/1600
c	V8		4389	117/4000	271/2400
d			5001	152/3800	326/2400
e (Z 28)				167/4000	332/2400
f (Z 28)			5733	177/4000	373/2400
Camaro	**St.**	**a–n**	**4/A3**	**256,5/477**	**1982**
			4/5/A4		**1983-86**
Motoren:	*Zyl.:*	*N'w.:*	*cm³:*	*PS/'min:*	*Nm/'min:*
a (*1983/84)	4i	OHV	2471	91/93*/4000	179/182/2800
b (1985 *1986–)				89/4400	179/176*/2800
c (*1983/84)	V6		2838	103/108*/4800	193/2400/197/2100
d (1985 *1986–)	V6i			137/5100	224/217*/3600
e (Europa 1984–)	V6			114/5100	202/2100
f (*1983/84)	V8		5001	147/152*/4000	326/2000/2400
g (Z 28 *1983)	V8i			167/177*/4200	326/2400/339/2800
h (Z 28 E = Export'83)	V8			157/4000	325/1600

Chevrolet USA	Bauart	Mot.	Getr.	R/ L cm	Modelljahre
i (Europa, 1983/84)				155/4000/154CH	
j (1985–)				157/4200	332/2000
k (Europa / *CH 1985)				155/4000/154*	325/1600
l (1984–)				193/4800	326/3200
m (1986–)	V8i				387/2800
n (Iroc-Z 1985–)				218/4400	373/3200
Camaro (*1990–)	**St.**	**a–m**	**5/A4**	**256,5/487,5/489***	**1987–90**
a (–1989)	V6i	OHV	2838	137/4900	217/3900
b (1990–)			3128	142/4400	244/3600
c (–1987 *Z 28)	V8		5001	167/172*/4400	332/339/2800
d (1988–)	V8i			172/4000	346/2400
e (Z 28/Iroc-Z 1987)				218/4400	400/3200
f (do. m.Autom. 1987)				193/4000	400/2800
g (Iroc-Z 1988/89)				223/4400	393/3200
h (do. m.Autom.'88/89)				198/4000	400/2800
i (1989)				233/4600	407/3200
j (Z 28 1990=91–)				213/233/4400	387/407/3200
k (Z 28/Iroc-Z –1987)			5733	228/4400	448/2800
l (Iroc-Z '88– +*'98)				233/243*/4400	448/468/3200
m (Z 28 1990=91–)				248/4400	468/3200
Corvette (*1982–)	**K'r.**	**a/b**	**4/A3/A4***	**249/471**	**1981/82**
		c–g	**4OD/A4/6**	**244,5/448,5**	**1983–90**
Motoren:	*Zyl.:*	*N'w.:*	*cm³:*	*PS/'min:*	*Nm/'min:*
a (1981)	V8	OHV	5733	193/4200	380/1600
b (1982)	V8i			203/4200	387/1600
c (1983/84)				208/4200	393/2800
d (1985/86 *1987)				233/243*/4000	448/468/3200
e (1988/89)				243/4000/248/4300	454/461/3200
f (1990–)				248/4000/253/4400	468/475/3200
g (ZR1 1990–)		D32V	5730	380/5800/367	502/4800
Lumina APV	**Fr.**	**–**	**A3**	**279/491**	**1989/90**
Motor:	*V6*	*OHV*	*3128*	*122/4200*	*237/2200*
Blazer S/T	**K'r.(4)**	**a–j**	**4/5/ A3/A4**	**255/432,5**	**1983/84**
Blazer S	**/(+R)**				**1985–90**
Blazer S 5-türig				**272/449**	**1990**
Motoren:	*Zyl.:*	*N'w.:*	*cm³:*	*PS/'min:*	*Nm/'min:*
a (Calif. –1984)	4	OHC	1950	83/4600	137/3000
b (–1984)		OHV	1991	84/4600	146/2400
c (1985 *1986)	4/4i*		2471	93/4400	182/2800
d (1987/88 *1989)	4i			99/4400/4800*	176/3200
e (–1985)	V6		2838	112/4800	197/2100
f (1986)	V6i			127/4800/113CH	204/2200
g (1987/88 *Export)				127/126*/4800	204/2100
h (1989–)				127/4800	204/2400
i (1988–)			4300	162/4000	312/2400
j (–1985)	4D		2238	63/4300	130/2200
Blazer	**K'r.(4)**	**a–i**	**3/4/A3/**	**270,5/469–471**	**1981–86**
Blazer V (1987–)	**/(+R)**				**1987–90**
Motoren:	*Zyl.:*	*N'w.:*	*cm³:*	*PS/'min:*	*Nm/'min:*
a (1981/*1982)	6		4093	117/122*3600	271/291/2000
b (–1981)	V8		5012	132/4000	326/2000
c (1982)				167/4400/152C/4200	
d (1983–86 *1987)	V8/V8i*			162/172*/4400	319/2000/339/2400
e (Calif. –1981)			5733	172/178/4000	366/373/2400
f (Calif. '82 *'83–86)				152/3600/167*/3800	346/2000/373/1600
g (1987)	V8i			198/213/4000	387/2400/407/2800
h (1988–)				213/4000	407/2800
i (1982–89 *1990–)	V8D		6217	132/147*/3600	306/346/2000

Chrysler

Unter den traditionellen großen amerikanischen Automobilkonzernen war Chrysler der jüngste. Walter P. Chrysler, ein Selfmademan mit einer einzigartigen Karriere, hatte 1924 den ersten seinen Namen tragenden Wagen präsentiert. Während Ford die Basismarke der Ford Motor Company blieb, behielt die Marke Chrysler ihre Position als Spitzenprodukt innerhalb der Chrysler Corporation. Diese musste sich zusammen mit den Marken Dodge, Plymouth und De Soto gegen die Großkonkurrenz von General Motors und Ford behaupten.

Die 1946, nach dem Zweiten Weltkrieg, erschienenen Chrysler entsprachen bis auf Karosseriedetails den 1942 lancierten Typen. Eine Sonderstellung nahmen die Spezialausführungen Town & Country ein, im Stil von Station Wagons mit Holz beplankte Limousinen, Coupés und Cabriolets mit Leder- und Cord-Interieur. Die Chrysler 1946 zeichneten sich durch eine im Vergleich zur Konkurrenz recht modern wirkende Karosserielinie aus. Die vorderen Kotflügel gingen nahtlos in die Vordertüren über, und das Kühlergesicht war breit ausladend gestaltet. Es gab die Reihen Royal, Windsor, Saratoga und New Yorker sowie den Crown Imperial, der als Achtsitzer mit verlängertem Radstand aufgelegt wurde. Die Chrysler besaßen den üblichen Kastenrahmen mit Traversen, vordere Einzelradaufhängung mit Dreiecklenkern und Schraubenfedern und eine hintere Starrachse mit Halbelliptikfedern. Im Royal und Windsor sorgte ein Reihen-Sechszylinder mit 4,l Liter Inhalt für den Antrieb, in den größeren Modellen war ein Reihen-Achtzylinder mit 5,3 Liter Hubraum eingebaut. Beide Motoren hatten noch stehende Ventile. Eine Besonderheit verkörperte das halbautomatische 4-Gang-Getriebe, das sowohl eine hydraulische wie eine Einscheiben-Trockenkupplung umfasste. Zwischen dem ersten und zweiten wie zwischen dem dritten und vierten Gang erfolgte das Schalten automatisch. (In der Schweiz fanden die bis 1948 gebauten ersten Nachkriegs-Chrysler als Taxi- und Hotelfahrzeuge große Verbreitung.)

Chrysler Crown Imperial, 1947

Chrysler New Yorker, 1949

In neuem Stil Als Modelle 1949 zeigten sich die Pkw der Chrysler-Gruppe in einem völlig neuen Karosseriestil. Man fand zwar nicht zur eigentlichen Pontonform, denn die hinteren Kotflügel waren immer noch deutlich markiert; doch baute man nun 4-Fenster-Limousinen mit deutlich abgesetztem Heck. Wenngleich mehr Innenraum geboten wurde, waren die neuen Chrysler kleiner geworden; sie boten längere Radstände und kürzere Überhänge. Auffallend am neugestalteten Armaturenbrett war die lederüberzogene Schaumgummipolsterung der oberen Kante, wodurch der Mitfahrer bei einem Zusammenstoß »weich aufgefangen« wurde – ein erster Vorstoß in Richtung passiver Sicherheit! Neu war auch das kombinierte Zünd-Anlasserschloss, eine Einrichtung, die erst nach und nach zur Selbstverständlichkeit werden sollte. Die Motoren und das nun Prestomatic Fluid Drive genannte halbautomatische Getriebe erfuhren lediglich Detailverbesserungen.

Im Herbst 1949 wurde die Höhe der Personenwagen des Chrysler-Konzerns durch kürzere Federn weiter reduziert, und kurz darauf erhielt das Spitzenmodell Crown Imperial Scheibenbremsen mit automatischer Servowirkung und Nachstellung. Sie wurden anstelle üblicher Trommelbremsen mit Unterdruck-Bremshilfe eingebaut und bedeutete eine echte – heute oft vergessene – Pionierleistung! Allerdings handelte es sich nicht um ein System mit Bremszangen, sondern um Doppelscheiben, die von innen auseinandergespreizt an Reibflächen herangeführt wurden... Nach wenigen Jahren wurde der Crown Imperial wieder mit herkömmlichen Trommelbremsen ausgerüstet. Äußerlich waren die Modelle 1950 vor allem an den höhergezogenen hinteren Kotflügeln zu erkennen. Besonders attraktiv wirkte der Windsor Newport Coupe, ein Faux-Cabriolet mit dreiteiliger Panoramaheckscheibe. Ebenfalls dreiteilig war das vergrößerte Heckfenster der Sedan-Karosserien.

Chrysler K 310 (Concept-car Ghia), 1951

Chrysler Saratoga, 1952

V8-Motor Nachdem schon monatelang von seiner Entwicklung die Rede gewesen war, erschien für die Modellserie 1951 der Chrysler-V8-Motor Fire Power. Er war den Modellen Saratoga, New Yorker und Imperial vorbehalten und bot bei 5,4 Liter Inhalt aufsehenerregende 183 PS Leistung. Er war damit der »stärkste Serien-Tourenwagenmotor der Welt«! Gegenüber dem nur geringfügig kleineren Chrysler-8-Zylinder-Reihenmotor war die Leistung um 33 %, das maximale Drehmoment um 16 % angestiegen. Es handelte sich um eine Kurzhubmaschine mit hängenden Ventilen modernster Bauart, wie sie bereits bei den Cadillac, Oldsmobile und Studebaker eingeführt worden war. Der Chrysler-V8 besaß außerdem halbkugelförmige Verbrennungsräume und V-förmig versetzte Ventile, was eine besonders günstige Gasströmung erbrachte. Der Crown Imperial erhielt gleichzeitig als erster Personenwagen serienmäßig eine hydraulische Lenkhilfe Hydraguide; sie war gegen Mehrpreis auch bei Imperial und New Yorker lieferbar. Diese von der Gemmer Manufacturing Co. in Detroit hergestellte Servolenkung stammte aus dem Nutzfahrzeugbau. Auch die viertürigen Chrysler hatten nun eine Panoramaheckscheibe.

Mit Ghia – Im November 1951 überraschte Chrysler mit einem Versuchsfahrzeug, dem K-310. Dieses formvollendete Coupé war nach Plänen des Chrysler-Chefstylisten Virgil Exner bei → Ghia in Italien gebaut worden. Es besaß einen auf 314 PS gebrachten V8-Motor, wobei auch eine mögliche Leistungssteigerung auf 335 PS in Aussicht gestellt wurde. Der K-310-Traumwagen diente sowohl als »Propagandastück« – GM hatte bereits die Konzeptstudie Sabre vorgestellt – wie auch als Testobjekt für den Publikumsgeschmack. Im Frühling 1952 erschien die Cabrioletstudie C 200, und im Verlaufe der nächsten Jahre sollten noch weitere, stets bei Ghia in Turin gebaute Chrysler-Traumwagen dieser Art folgen.

Bei den Chrysler 1952 wurden als Änderungen der vergrößerte Sechszylindermotor, die nun auch im Saratoga lieferbare Lenkhilfe und das automatische Getriebe Fluide-Tor-

Chrysler New Yorker Deluxe, 1954

Chrysler New Yorker St. Regis, 1955

que-Drive, das auf Wunsch in den V8-Modellen erhältlich war, aufgeführt. Ein eigentliches vollautomatische Getriebe sollte jedoch in Form des Power-Flite erst 1953 in Serie gehen. Dessen ungeachtet wurde noch 1952 eine verbesserte Version der halbautomatischen Kraftübertragung, das Fluid-matic, herausgebracht. Der Chrysler-V8-Motor hatte sich inzwischen zu einem Bestseller entwickelt, so dass die Produktion nicht Schritt halten konnte.
Ab 1953 wurde die Modellreihe Saratoga aufgegeben (nachdem der Royal schon 1951 aus dem Programm gestrichen worden war). Der New Yorker erhielt den gleichen Radstand wie das Basismodell Windsor. Die Karosserien zeigten sich deutlich modernisiert und besaßen nun eine einteilige Windschutzscheibe. Zu den technischen Verbesserungen zählte die Einführung einer 12-Volt-Anlage beim Crown Imperial. Bedeutung kam aber auch der neuen Hinterradaufhängung mit schräggestellten Blattfedern zu, die bei allen bis sechssitzigen Personenwagenmodellen der

Chrysler Saratoga, 1957

Chrysler 300 D, 1958

Chrysler Windsor, 1959

Chrysler-Gruppe eingeführt wurde. Sie sollte ein untersteuerndes Kurvenverhalten gewährleisten. Bei den zu Werbezwecken gebauten »Renommierwagen« war Chrysler inzwischen bei 404 PS angelangt. Bemerkenswerterweise schuf Ghia 1953 auch eine achtsitzige Repräsentationskarosserie auf Chrysler-Basis, wenngleich die italienische Karosseriefirma sonst ausschließlich mit sportlichen Aufbaukreationen aufwartete.
Mit 238 PS war der Chrysler Imperial 1954 erneut einer der Stärksten. Ein Jahr später stieg die serienmäßig gebotene Leistung sogar auf 253 PS. 1955 brachte Chrysler gänzlich neu gezeichnete Karosserien mit praktisch durchgehender Gürtel- und niedriger Dachlinie sowie Panoramascheibe. Die Wagen waren jetzt wieder länger und breiter. Es gab nun auch einen neuen zusätzlichen V8-Motor von 4,9 Liter Inhalt mit geänderter, »polysphärischer« Brennraumform. Im Windsor ersetzte er den betagten 6-Zylinder-Reihenmotor mit stehenden Ventilen.
Serie 300 Um die Cadillac- und Packard-Spezialmodelle mit 270 und 275 HP auszustechen, brachte Chrysler Anfang 1955 das Modell 300 heraus. Er wurde als sportlich angehauchtes Faux-Cabriolet aufgelegt, und sein 5,4-Liter-Motor leistete dank zwei Vierfachvergasern 300 HP (= 304 PS). Als Höchstgeschwindigkeit wurden für dieses Coupe 225 km/h genannt!
Für 1956 erhielten auch die Windsor einen auf 5,4 Liter vergrößerten Spitfire-Motor, während New Yorker, Imperial und 300 B mit einer neuen 5,8-Liter-Fire-Power-Maschine bestückt wurden. Bei dem bereits zum Prestigeobjekt gewordenen »300« standen nun bis 360 PS zur Verfügung. Äußerlich zeichneten sich die Chrysler 1956 durch feinmaschigere Kühlergitter aus. Es gab nun auch viertürige Faux-Cabriolets. Zur Hebung der Sicherheit dienten die um 25 Prozent vergrößerte Bremsbelagfläche, die auf Wunsch lieferbaren Sitzgurte, die Unterdruckbremshilfe und die Sicherheitsverriegelung der Türen. Letztere wurde bei allen Chrysler-Produkten eingeführt ebenso wie die elektrischen Scheibenwischer (anstatt Vakuumwischer). Die Power-Flite-Automatik wurde nun über Druckknöpfe bedient.
1956 wurde bei Ghia in Turin einmal mehr ein Chrysler-Traumwagen fertiggestellt. Er hieß Norseman und war in 50'000 Arbeitsstunden entstanden. Das viele Neuerungen enthaltende, auch hinsichtlich Formgebung zukunftsgerichtete Fahrzeug hatte jedoch Amerika nie erreicht: Es ging mit dem Luxusdampfer »Andrea Doria«, der es hinüberbringen sollte, im Meer unter.
Neudesign Für 1957 wurden die Chrysler erneut vollständig überarbeitet. Die Karosserien waren noch länger und ihre Heckflossen noch ausgeprägter. Auch die Fensterflächen

Chrysler New Yorker, 1960

zeigten sich weiter vergrößert. Auffallend waren die Doppelscheinwerfer, wie sie nun in den USA allgemein Mode wurden. Neu waren die Torque-Flite-3-Gang-Automatik mit Tastenwahl und das Chassis mit Torsion-Aire-Aufhängung: Torsionsstabfederung vorn mit in Kugelgelenken gelagerten Achsschenkeln und Anti-Bremsnick-Einrichtung, hintere Blattfedern mit weit vor Blattmitte untergebrachter Achse und damit exakterer Achsführung.

Der Chrysler 300 C war nun zum besonders wuchtigen Coupé angewachsen; er bot 380 SAE-PS und 235 km/h Spitze. Beim 300 D von 1958 wurde dann gar eine elektronische Benzineinspritzung von Bendix mit 395 PS angeboten. Der Windsor unterschied sich nun durch einen kürzeren Radstand von dem 1957 wieder eingeführten Saratoga und den übrigen Chrysler-Modellen. – Für 1957 war der Imperial übrigens zur eigenen, über Chrysler rangierenden Marke aufgestiegen (→ Imperial).

Mit Simca *1958 übernahm Chrysler 10 Prozent des Aktienkapitals des französischen Autoherstellers Simca; das entsprechende Aktienpaket wurde Fiat abgekauft. Doch arbeitete man bei Chrysler bereits auch an einem eigenen Kleinwagen, wobei freilich nicht an die europäischen Dimensionen dieser Kategorie gedacht war. Vielmehr wurde 1960 der → Plymouth Valiant vorgestellt.*

Für 1959 steigerte Chrysler bei den Stammodellen der Marke Hubraum und Leistung ein weiteres Mal. Hierzu wurden neue 6,2- und 6,7-Liter-Motoren eingeführt. Sie hatten keilförmige Verbrennungsräume. Ein besonderer »Gag« war ein automatisch abblendender Rückspiegel. Auch eine Luftfederung der Hinterachse mit automatischem Niveauausgleich figurierte im Mehrpreisangebot. Ein noch ungewöhnlicheres Zubehör waren jedoch die ausschwenkbaren Vordersitze, die auch korpulenten Personen müheloses Ein- und Aussteigen ermöglichten.

Selbsttragend Als bedeutende Neuheit besaßen die Chrysler-Modelle 1960 erstmals eine selbsttragende Karosserie. Dies zu einem Zeitpunkt, da die meisten anderen amerikanischen Fabrikate unverrückbar am Kastenrahmenchassis festhielten. Mit dem geänderten Unterbau kamen auch Fahrwerkanpassungen: Eine Besonderheit war die Vorderradaufhängung mit elastisch gelagerter Längsschubstrebe, längsliegenden Torsionsfederstäben Torsion Air und Kurvenstabilisator. Hinten fand sich jedoch die übliche Starrachse mit Längsblattfedern. Je nach Modell wurden auf Wunsch oder serienmäßig eine Lenkhilfe Constant Control, eine Differentialbremse Sure Grip und ein Kühlerventilator mit Flüssigkeitskupplung Silent-Flite eingebaut.

Den Antrieb besorgten weiterhin ausschließlich hubraumstarke V8-Motoren (6,3 und 6,7 Liter Hubraum). Deren Leistungsspanne reichte von 309 bis 406 SAE-PS. Der Kraftübertragung diente das automatische Torque-Flite-Getriebe mit Drucktastenbedienung statt Wählhebel, doch gab es das sportliche Topmodell 300 F auch mit einem vollsynchronisierten 4-Gang-Getriebe der französischen Firma Pont-a-Mousson, wie es in den luxuriösen Facel-Vega angeboten wurde. Bei der Innenausstattung des New Yorker ging man zu reinem Wollstoff über, und für alle Modelle wurde ein verbesserter Rostschutz eingeführt. Hinsichtlich des Frontdesigns hatten die Chrysler-Limousinen beim Coupé 300 ihr Vorbild gefunden. Gegen Mehrpreis waren vordere Schwenksitze lieferbar, die sich beim Öffnen der Türe zum bequemen Ein- und Aussteigen Richtung Außenseite drehten. Erstmals gab es zudem eine Child Guard genannte Zentralverriegelung. Die Chrysler wurden als viertürige Limousinen mit und ohne Mittelpfosten, als zweitürige Hardtop-Coupés, als Kombi und als Cabriolet gebaut.

»3-Rad-Fahrt« Um die Qualität der selbsttragenden Bauweise unter Beweis zu stellen, wurde mit einem viertürigen Chrysler auf drei Rädern von Chicago nach Detroit gefahren: Man hatte das fehlende rechte Vorderrad durch eine hohe Kofferraumlast »ausgeglichen«. Elektronische Messungen zeigten anschließend keinerlei Materialermüdungen auf.

Chrysler	Zyl.	cm³	PS	bei 1/min	Gänge	Spitze km/h	Radstand/Länge	ab Jahr	Besonderheiten
Royal/Windsor	6	4106	116	3600	4	145	309/529	1946-48	Kastenrahmenchassis
Windsor Sp						135	354/575		halbautom. Getriebe
Saratoga/New Yorker	8	5299	137	3400	4	155	324/544		stehende Ventile
Crown Imperial						140	370/597		
Royal/Windsor	6	4106	117	3600	4	145	319/524	1949/50	
Windsor Sp						135	343/560		
Saratoga/New Yorker/									
Imperial	8	5299	137	3400	4	155	334/540		
Crown Imperial						140	369/585		
Windsor	6	4106	117	3600	4	140	319/526	1951/52	
(spätere Modele 1951)	6	4332	212	3600	4	145			
(nur noch 1951)							354/563		
Saratoga	V8	5425	182	4000	4	170	319/526		
New Yorker/Imperial							334/541		
Crown Imperial					(4 = A)	160	370/583		
Windsor	6	4332	121	3600	4/A/3	145	319/536	1953	
New Yorker	V8	5426	183	4000	4/A	165			
Custom Imperial					4/A/3		339/556		
Crown Imperial					A	155	370/582		
Windsor De Luxe	6	4332	121	3600	A/3	140	319/548	1954	
New Yorker	V8	5426	197	4400	A	165			
New Yorker De Luxe			238			170			
Custom Imperial							339/568		
Crown Imperial						160	370/600		
Windsor De Luxe	V8	4925	191	4400	A/3	160	320/555	1955	
New Yorker De Luxe		5426	254	4600	A/3	175			
Imperial						170	330/566		
»300«			304	5200		210	320/555		
Crown Imperial			254	4600		165	380/616		
Windsor	V8	5424	228	4400	A/3	170	320/568	1956	
New Yorker		5801	284	4600	A/3	180			
Imperial						175	338/583		
300 B			345	5200		225	320/566		
Crown Imperial			284	4600		170	380/618		
Windsor	V8	5801	289	4600	A/3	180	320/557	1957	Imperial nun eigene Marke!
Saratoga			299		A/3				
New Yorker		6423	330	4600		190			
300 C			380	5200	A/3	235			
			395	5400					
Windsor	V8	5801	294	4600	A/3	180	310/554	1958	
Saratoga			314		A/3		320/559		
New Yorker		6423	350	4600		190			
300 D			385	5200		235			
(mit Einspritzung)			395						
Windsor	V8	6277	309	4600	A/3	180	310/550	1959	
Saratoga			330		A/3		320/559		
New Yorker		6769	355	4600		200			
300 E			385	5000		235			
1960: selbsttragende Karosserien; 300 F: bis 406 PS, a.W. 4-Gang-Getriebe									

Chrysler in den 60er Jahren

Für den (damals) drittgrößten Autokonzern, die Chrysler Corporation, brachten die 60er Jahre eine internationale Expansion..., auf die im folgenden Jahrzehnt eine katastrophale Rückbildung folgen sollte. Im Gegensatz etwa zu Ford war die Stammarke bei Chrysler nicht das Basis-, sondern das Spitzenprodukt. Sie rangierte über den Plymouth, den Dodge und den De Soto und wurde nur noch von dem aus der Marke Chrysler abgezweigten Imperial überragt.

Die Chrysler-Palette führte 1961 neu vom Newport (mit 5,9-Liter-V8) über den Windsor (6,3 L.) und den New Yorker (6,7 L.) zum 300 G, der schon als 300 F im Vorjahr als »schnellster Serienwagen der USA« beworben worden war. Der 300 G war das siebente Modell der 1955 begonnenen Serie. Erstmals war er nun mit einem hauseigenen 3-Gang-Handschaltgetriebe zu haben; vom 4-Gang-Getriebe Pont-à-Mousson aus Frankreich war nicht mehr die Rede. Anstatt 14- wurden fortan 15-Zoll-Felgen verwendet, was eine bessere Kühlung der Bremsen ermöglichte. An Stelle des Generators trat ein Alternator. – Die Chrysler des Jahrgangs 1961 erkannte man an den schräggestellten Doppelscheinwerfern und dem Wegfall der Reserveradeinprägung im Kofferdeckel.

Mehr »Fadenkreuze« Für das Modelljahr 1962 war erneut eine Umstellung zu verzeichnen: Es gab nun den Newport, den 300 (statt Windsor), den New Yorker und den 300 H. Die New-Yorker-Modelle trugen jetzt ebenfalls den Kühlergrill mit »Fadenkreuz«, wie es bereits die Hochleistungs-300 prägte. Auffallend war jedoch vor allem das Verschwinden der langgezogenen Heckflossen! Auf dem Automobilsalon von Paris im Herbst ,1961 feierte der von Ghia phantasievoll geformte Turbinenwagen Turbonite seine Europapremiere.

Turbinenlabor Doch hinter der 1953 begonnenen Chrysler-Turbinen-Forschung steckte mehr als nur ein Designexperiment. Es wurde nämlich – mit wirklichkeitsnäherer Karosserie – eine Versuchsserie gebaut, wobei sich 1963 auch Fachjournalisten in Europa anhand von Probefahrten von dieser Antriebsart ein Bild machen konnten! Von 1962 bis 1964 entstand der experimentelle Turbinen-Chrysler in rund 50 Exemplaren, für die der Karosserieaufbau von Ghia in Turin geliefert wurde.

Chrysler New Yorker, 1961

Chrysler 300 J, 1963

Chrysler Corporation Turbine Car, 1963

Neuer Designchef Der Jahrgang 1963 brachte wieder nebeneinander angeordnete Scheinwerfer, neue Kühlergesichter und ein jetzt deutlich abfallendes Heck. Der Chromschmuck war spärlicher geworden. Für das neue Design zeichnete bereits Elwood Engel verantwortlich, der vor wenigen Monaten von Ford abgeworben worden war und die bereits entworfenen Modelle 1963 »umgekrempelt« hatte. Alle Chrysler besaßen neuerdings einen einheitlichen

Chrysler Newport, 1965

Radstand von 310 cm. Detailverbesserungen betrafen Bremsen und Federung sowie den Korrosionsschutz. Während der 5,9-Liter-Motor des mit den größten Dodge-Modellen verwandten Basis-Chrysler Newport den Namen Firebolt trug, hießen die größeren Antriebsaggregate nun Firepower. Verwendet wurde jetzt der Getriebeautomat Torque-Flite Eight. Der Chrysler 300 J, als Nachfolger des 300 H, wurde erst im November vorgestellt. – In der Ausführung 1964 zeigten der New Yorker einen feinmaschigen statt karierten Kühlergrill und die übrigen Modelle hatten teils kräftige Seitenstreifen erhalten.

Zur Gänze neu geformt waren hingegen die Chrysler-Karosserien des Jahrgangs 1965. Der Radstand war um 5, die Gesamtlänge um 7 cm vergrößert und das Angebot um drei Ausführungen erweitert worden: Es gab nun einen viertürigen Town Sedan mit drittem Seitenfenster. Allen Aufbauten gemeinsam war die kräftige Längssicke unterhalb der Gürtellinie. Auch der Newport rollte nun mit dem 6,3-Liter-Motor, allerdings mit gedrosselter Leistung. Die Chrysler-Vorderräder hatten längere und in Gummikissen gelagerte Federstäbe erhalten, und auch die Hinterachsführung war verfeinert worden. Eine Neuheit war die in Armaturenbrettmitte angeordnete Schublade, die nebst Ascher und Anzünder einen Parkuhr-Kleingeldbehälter beherbergte.

Town & Country Den Jahrgang 1966 erkannte man an der horizontal statt leicht gewölbt und somit auch etwas tiefer durchgezogenen Kühlergrillbegrenzung. Die 1965 beim 300 L angelangte Serie der Hochleistungsmodelle wurde nicht mehr fortgesetzt. Anderseits gab es neu eine von Newport und New Yorker separate Kombireihe Town & Country. Der

6,8-Liter-Motor wurde von einer 7,2-Liter-Einheit abgelöst, die vor allem ein Plus an Drehmoment bot. Auf Wunsch waren vordere Scheibenbremsen von Budd erhältlich; Kenner mochten an das schon 1950 von Chrysler vorübergehend eingeführte Scheibenbremssystem zurückdenken! Die Chrysler des Modelljahrs 1966 waren auch hinsichtlich Sicherheit weiter aufgewertet worden; zu den diesbezüglichen Neuerungen zählten flach anliegende Safe-Guard-Innentürgriffe.

Als Experimentalfahrzeug wurde auf der Automobilausstellung von Chicago im Frühjahr 1966 der Chrysler 300 X vorgestellt. Nebst einer von der Serie wenig abweichenden Form besaß dieses Cabriolet neuartige Sitze und vor allem ein elektrohydraulisches Lenksystem mit zwei drehbaren Griffen. Der Rückspiegel war durch einen Fernsehbildschirm ersetzt worden. Bei den Wagen des Modelljahrgangs 1967 fand sich keine dieser Neuerungen, wohl aber die zusätzliche Modellreihe Newport Custom. Die zweitürigen Hardtop-Coupés zeigten eine sanft abfallende Dachlinie, die mit Semifastback bezeichnet wurde.

Chrysler 300, 1968

Erkennungsmerkmal Alle Modelle – nicht nur die »300« – trugen wieder eine ausgeprägte senkrechte Mittelrippe im Kühlergrill. Verbessert wurden der 6,3-Liter-Motor und zahlreiche Einzelheiten. Bei den »300« gab es erneut ein

Chrysler Newport 1970

4-Gang-Getriebe. Zu dem zahlreichen Zubehör zählte die nun siebenfach verstellbare Lenksäule Tilt-A-Scope.

Der Chrysler 300 von 1968 hatte getarnte bzw. ausschwenkbare Scheinwerfer, und alle Modelle wiesen neue Dachlinien auf. Erhältlich war auch eine Speed Control Unit genannte Vorrichtung zum Konstanthalten der gefahrenen Geschwindigkeit (erst später sprach man von »Tempomat«).

Zum Modelljahr 1969 entstanden neu geformte Karosserien mit weichen statt kantigen Radhausabschlüssen und mit die gesamte Front umrahmenden, die Stoßstangen mit umfassenden Kühlergittern. Bei unverändertem Radstand war die Gesamtlänge stark angewachsen: von 557 auf 571 cm! Zu den verschiedenen technischen Neuerungen zählten wirksamere Bremsen.

Der Jahrgang 1970 präsentierte sich traditionsgemäß mit zahlreichen Karosserieretouchen. Zu den technischen Verbesserungen zählten unter anderem Gürtelreifen und ein Lenkradschloss. Außer bei den Cabrios und den Station Wagons war die Aufhängung des vorderen Fahrschemels modifiziert worden; die Iso-Stub genannte Konstruktion bestand aus einer elastischen Lagerung mit Gummikissen. Auch die hinteren Halbelliptikfedern erhielten eine Gummisolation gegen Vibrationen und Geräusche. Das 3-Gang-Basisgetriebe war nun endlich vollsynchronisiert!

Konzernexpansion Inzwischen hatte die Chrysler Corporation die unter ihrem obersten Leiter L. L. Colbert begonnene schrittweise Übernahme von Simca in Frankreich, der Rootes Group in Großbritannien (Hillman, Humber, Sunbeam, Singer) sowie der Firma Barreiros Diesel in Spanien unter Lynn A. Townsend abgeschlossen. Die betreffenden Firmen unterstanden per 1. Juli 1970 dem Chrysler-Konzernnamen.

Chrysler	Zyl.	cm³	PS	bei 1/min	Gänge	Spitze km/h	Radstand/Länge	ab Jahr	Besonderheiten
Windsor	V8	6277	309	4600	A	185	310/547	1960	
Saratoga			330	4600		190	310/556		
New Yorker		6746	355	4600		200	320/557		
300 F			380	5000	A/4	220			a.W. 406/5200
Newport	V8	5907	269	4400	3/A	170	310/547	1961-64	
Windsor		6286	309	4800	A	180	320/557	1961	
New Yorker		6746	355	4600		200		1961/62	62: 345/4600
300 G			380	5000	3/A	220			a.W. 406/5200
300	V8	6286	309	4600	3/A	180	310/547	1962-64	
		6746	345	4600		190		1962/63	a.W. 385/5200
300 H			385	5200	A	220			
300 J			395	4800	3/A			1963	
New Yorker			345	4600	A	190	310/558	1963/64	
300			365	4800	3/4/A	200			
300 K					A/4			1964	a.W. 395/4800
New Yorker			345	4600	A	190			a.W. 365/4800
300 L			365	4800	4/A	200			
Newport	V8	6286	274	4400	3/A	180	315/556	1966/67	a.W. 330/4800
		7206	370	4600		200			67: 380/4600
300		6286	330	4800		190	315/564	1966	
		7206	370	4600		200			
New Yorker			355	4400	A	200	315/556	1966/67	a.W. 370/4600
									('67: 380)
Town & Country		6286	274	4400		190	308/558		a.W. 330/4800
		7206	370	4600		200		1967	67: 355/4400
300		7206	355	4400	4/A		315/568		a.W. 380/4600
Newport/	V8	6286	294	4400	3/A	190	315/557	1968-70	a.W. 335/500
Newport Custom		7206	380	4600		200			
300			355	4400	A	200	315/563		a.W. 380/4600
New Yorker							315/556		a.W. 380/4600
Town & Country		6286	294	4400		190	310/558		ab '69: Länge
		7206	355	4400		200			allg. 571 cm

Chrysler New Yorker Brougham, 1972

Chrysler in den 70er Jahren

Im Modelljahr 1971 umfasste die Chrysler Corporation, Amerikas drittgrößter Autokonzern, weiterhin die Marken Plymouth, Dodge, Chrysler und Imperial. Die Modellauswahl des Konzerns insgesamt erfuhr jedoch eine bedeutsame Erweiterung nach unten: Um dem wachsenden Erfolg der Importautomobile – allen voran dem VW-Käfer – entgegenzuwirken, führte → Plymouth 1971 als kleinstes Modell den Cricket ein. Während Ford mit dem Pinto und Chevrolet mit dem Vega eigens entwickelte Neukonstruktionen auf den Markt brachten, war der Plymouth Cricket ein aus Großbritannien importierter und umgetaufter Sunbeam 1500. Gleichzeitig wurde unter der mittleren Chrysler-Marke → Dodge der aus Japan eingeführte Colt auf den Markt gebracht, ein von Mitsubishi unter dem gleichen Modellnamen produzierter Kleinwagen.

Die 1924 von Walter P. Chrysler ins Leben gerufene Stammmarke Chrysler erfuhr die üblichen kleinen äußeren Modifikationen. Der Innenraum war dagegen deutlich überarbeitet und mit verbesserten Sitzen ausgerüstet worden. Aufgegeben wurde das Cabriolet; als kleiner Ersatz ließen sich die zweitürigen Modelle ab Werk mit einem elektrischen Schiebedach ausrüsten. Wegen der neuen Abgasvorschriften hatte man die Verdichtung einzelner Motoren reduziert, was den Betrieb mit bleiarmem Treibstoff ermöglichte.

Wie bei allen USA-Konstruktionen des Chrysler-Konzerns – an dies sei hier erinnert – bestand die vordere Radaufhängung aus einem oberen Dreieckquerlenker, einem unteren einfachen Querlenker mit elastisch gelagerter Zugstrebe und längsliegendem Torsionsfederstab. Hinten wurde eine Starrachse mit halbelliptischen Längsblattfedern montiert. Die vorderen Trommelbremsen wurden auf Wunsch durch Scheibenbremsen ersetzt; diese waren beim Typ New Yorker und beim Station Wagon gar serienmäßig vorhanden. Dies galt auch für die Servolenkung (übrige Modelle auf Wunsch). Neu war eine ebenfalls gegen Mehrpreis lieferbare Scheibenwischanlage mit drei Geschwindigkeiten.

Die in Amerika verkauften Chrysler gab es ausschließlich als Standard-size-Modelle (traditionelle US-Größe). Sie wurden als Newport, Newport Custom, 300 und New Yorker in den Karosserieformen Sedan, Hardtop-Sedan (je sechssitzig) und Hardtop-Coupé (mit fünf Plätzen) gebaut (300 ohne Sedan) sowie als Station Wagon Town & Country (mit sechs oder acht Sitzen). Es wurden ausschließlich V8-Motoren mit 6,3 und 7,2 L Hubraum eingebaut (vier Leistungsstufen; die Leistungsangaben in SAE-HP waren um 20 bis 52 % höher als jene in Netto- bzw. DIN-PS). Nur die schwächste Version war anstatt mit dem Torqueflite-3-Stufen-Automat auch mit einem 3-Gang-Handschaltgetriebe erhältlich.

1972 wurde der Typ 300 aufgegeben. Neu gab es die Ausführungen Newport Royal und New Yorker Brougham. Der 6,3-L-V8 wurde durch eine 6,6-L-Version ersetzt (verstärkte Abgasentgiftung; Angaben nur noch in Net-HP = 1,0139 DIN-PS). – *Mitte 1972 verlautete aus Detroit, dass Chrysler für 1976 einen »Weltwagen« kreieren wolle, der als Valiant bzw. Dart auch in England, Australien und Südamerika gebaut werde. Dadurch werde die Produktion eines eigenen Sub-*

Chrysler Newport Custom, 1975

Chrysler Cordoba, 1976

kompaktmodells in den Hintergrund gerückt... – 1972 verkaufte die Chrysler Corporation in Nordamerika und Übersee erstmals über drei Millionen Pkw und leichte Nutzfahrzeuge.

Den Jahrgang 1973 erkannte man an den Hörnern mit Gummipuffern der nunmehr vorgeschriebenen energieabsorbierenden Stoßstangen. Vordere Scheibenbremsen samt Servo waren serienmäßig und auf Wunsch wurden Radialreifen montiert. Im Topmodell New Yorker Brougham stand nun eine Feststellbremse zur Verfügung, die sich beim Starten des Motors durch Unterdruck löste. Die Motoren waren mit einer wirkungsvolleren Abgasentgiftung versehen worden, und auf Wunsch gab es eine automatische Alarmanlage.

1974 wurden neue Karosserien eingeführt. Dem US-Trend entsprechend hatten sie eine (um rund 5 cm) abgesenkte Gürtellinie, was höhere Fensterflächen ergab. Der Radstand blieb mit 315 cm unverändert, doch nahm die Länge von 584,5 auf 577 cm ab. Die Vorderspur wurde verbreitert, neu war u. a. die Beleuchtung einiger Bedienknöpfe,

»Kat.-Jahr« 1975 In diesem Jahr erhielten die meisten Modelle der Chrysler-Marken (ebenso wie jene der US-Konkurrenz) Katalysatoren. Um den mit dieser Abgasreinigungsvorrichtung bewirkten Mehrverbrauch wenigstens teilweise zu kompensieren, wurden teils längere Achsuntersetzungen, Automatikgetriebe mit vermindertem Schlupf und (für alle großen Modelle) Stahlgürtelreifen eingeführt. Das Chrysler-Angebot umfasste primär die Modelle Newport, Newport Custom, New Yorker Brougham und St. Regis (der New Yorker entfiel). Auf Wunsch gab es u. a. eine hintere Niveauregulierung und eine Heckscheibenheizung.

Cordoba Mit dem Modelljahr 1975 wurde das Chrysler-Angebot mit dem mittelgroßen sechssitzigen Coupé Cordoba nach unten erweitert. Es war das besonders luxuriöse Parallelmodell zu den ebenfalls neu geformten Dodge Charger und Plymouth-Coupés, und es bestach durch die Ausgewogenheit und Eleganz seiner Proportionen. Im hinteren Träger des Vinyldachs war ein Opera Window eingelassen. Die Motorenauswahl begann bei ihm mit einem 5,2-L-V8.

Sparprogramm *Schon 1970 war die Chrysler Corporation in die roten Zahlen geraten. Darauf hatte der Chrysler-Aufsichtsratsvorsitzende Lynn A. Townsend den Konzern mit Hilfe eines Bankenkonsortiums wieder in die Gewinnzone zurückgelenkt. 1974 hatte Chrysler besonders stark unter der Konjunkturflaute zu leiden; der Absatz war in den USA um einen Viertel bis einen Drittel zurückgegangen. Anfang 1975 verkündete Townsend daher ein tiefgreifendes Sparprogramm in Verbindung mit zahlreichen Entlassungen und Tausenden von vorzeitigen Pensionierungen. Von den 39'000 White-collar-workers (Angestellten) wurden 15'000 »abgebaut«, dies vor allem auf Rationalisierungsdruck der Banken. Die Gewerkschaften ebenso wie die Aktionärsvertreter forderten darauf den Rücktritt Townsends. Dem entsprach er im Juli 1975; seinen Platz übernahm Chrysler-Präsident John J. Riccardo.*

1976 wurden die 6,6- und 7,2-L-V8 nach dem Lean-Burn-System konstruiert: Ein abgemagertes Benzin/Luft-Gemisch mit computergesteuertem Zündzeitpunkt ermöglichte den (zumindest vorübergehenden) Verzicht auf Katalysator (ausgenommen Kalifornien), Luftpumpe und Abgasrückführung. Der Cordoba (dreimal so viel verkauft wie erwartet!) erhielt eine 60/40-%-Vordersitzaufteilung, senkrechte Chromstäbe im Kühlergrill und ein zusammengefaltetes Reserverad; der Newport präsentierte sich nun mit dem Kühlergrill des New Yorker 1975, und diesem wurde die Front des Imperial des Vorjahres zugeteilt (der bis dahin unter eigener Marke kommerzialisierte → Imperial wurde aufgegeben). Damit übertraf der New Yorker den Newport in der Länge um 10 cm.

Chrysler LeBaron Medallion, 1978

Im Modelljahr 1977 zeigte sich das Opera Window des erfolgreiche Cordoba in vergrößertem Format; auf Wunsch gab es ihn mit einem Crown-roof, einem beleuchteten, quer über das Dach gezogenen Zierband oder mit dem Hatch-roof, herausnehmbaren Dachhälften aus Rauchglas. Bei den Newport war der allzu »Mercedes-ähnliche« senkrechte Mittelstab im Kühlergrill verschwunden und sie waren mit einem St-Regis-Dekor erhältlich.

LeBaron Erst im Februar 1977 folgte als Luxuscompact und Antwort auf den → Cadillac Seville der Chrysler LeBaron. Er basierte auf dem Duo → Plymouth Volare und → Dodge Aspen. Es gab ihn als Sedan sowie als Coupé, wobei der Radstand dieser zweitürigen Version (im Gegensatz zu Dodge und Plymouth) identisch blieb und durch ein besonders elegant geformtes Heck auffiel. Die Außenlänge von Volare/Aspen wurde übertroffen. Auffallend war die aus Rechteckkaros bestehende Frontgestaltung des LeBaron; Positions- und Blinkleuchten waren originellerweise oberhalb der rechteckigen Doppelscheinwerfer angeordnet. Beim Coupé fiel das von der Gürtellinie über die B-Säulen und das Dach gezogene Metallband auf.

Chrysler New Yorker, 1979

Chrysler Cordoba, 1980

Medallion Dem Antrieb diente der 5,2-L-V8 mit Lean-Burn-System und mageren 142 PS. Zur Ausstattung zählten nebst 3-Stufen-Automatik Servobremsen und Servolenkung, ferner hochwertige Stoffe und Teppiche, zahlreiche Innenleuchten (auch für den Fußraum) usw. Später wurden wahlweise auch ein 3,7-L-Sechszylindermotor und ein 5,9-L-V8 sowie für die beiden schwächeren Versionen ein 4-Gang-Handschaltgetriebe lieferbar; überdies kam die Luxusvariante Medallion hinzu. Mit dem Jahrgang 1978 wurden die Bemühungen um das Benzinsparen fortgesetzt, so durch leichtere Bauteile oder kleinere Motoren; in diesem Sinne wurde der 7,2-L-V8 teils durch den 6,6-L-V8 verdrängt und es gab nun auch den 5,2-L-V8 in einer leistungsorientierten Version mit Vierfachvergaser. Neben den 4-Gang-Getrieben mit ins Schnelle übersetztem oberstem Gang (daher als Overdrive bezeichnet) hatte die Torqueflite-Automatic nun eine Lock-up-Vorrichtung, mit der in der obersten Stufe der Drehmomentwandler umgangen bzw. eine starre Verbindung zwischen Motor und Kardanwelle hergestellt wurde (keine neue Erfindung, aber eine Maßnahme, die allgemeine Verbreitung finden sollte). Neu war der LeBaron 1978 auch als Station Wagon Town & Country zu haben (mit imitierter Holzbeplankung wie alle früheren großen Chrysler-Kombi); der Cordoba hatte nun übereinander liegende Doppelscheinwerfer; die Reihen Newport und New Yorker wurden nur noch als Hardtop-Limousinen und -Coupés gebaut; die Limousinen mit mittlerem Fensterpfosten und der große Kombi entfielen.
Nachdem sich die finanzielle Situation der Chrysler Corporation wegen dauernder Verluste verschärft hatte, entschloss sich die Konzernführung im August 1978 überraschend, die europäischen Werke in Frankreich (Chrysler France, Simca), Großbritannien (Chrysler United Kingdom) und Spanien (Dodge Espana) an PSA Peugeot-Citroën abzutreten. Im Gegenzug erhielt Chrysler nebst finanzieller Mittel neue Aktien.

Newport und New Yorker 1979 Die großen Chrysler erfuhren 1979 eine vollständige Neuauflage. Sie waren deutlich kürzer und schmäler und vor allem auch leichter, nämlich leer ab 1650 statt ab 2090 kg (allein die verchromten Alu-Stoßstangen waren 25 kg leichter als die Stahlversionen des Vorjahres)! Damit rückten sie den Forderungen nach reduziertem Verbrauch näher. Es gab die trotz Schrumpfung geräumiger gewordenen Newport und New Yorker ausschließlich noch als viertürige Sedan.
Während der neue Newport Rechteckscheinwerfer neben einem nun weniger nach Mercedes-Benz aussehenden karierten Kühlergrill zeigte, hatte das Gesicht des New Yorkers weiterhin Scheinwerfer unter Klappdeckeln; das Kühlergitter selbst war leicht schräg gestellt. Das hintere mit Vinyl überzogene Dachteil umfasste ein Opera Window, das sich an die kurze zweite Seitenscheibe anschloss. Topmodell war der New Yorker Fifth Avenue Edition. Der Motorisierung diente ein 5,9-L-V8, doch der Newport war auch mit einem 3,7-L-Six erhältlich. Zwecks verbessertem Rostschutz bestanden exponierte Karosserieparten nun aus galvanisiertem Blech. Auf Wunsch waren zwei straffere Fahrwerkabstimmungen zu haben.
1979 wurden verschiedene Teile (Einlasskrümmer, Kurbelwellen) leichter gebaut, mit der Drehmomentwandler-Überbrückung wurde ein um 0,5 L verminderter Verbrauch versprochen; zwischen Le Baron und Le Baron Medallion schob sich der Le Baron Salon; auch beim Cordoba musste auf den 6,6- und den 7,2-L-Motor verzichtet werden (der größte Chrysler-Pkw-Hubraum lag jetzt noch bei 5,9 L)!
Ein neuer 300 Nur in Weiß mit rotem Innenraum wurde ein vom Cordoba abgeleiteter Chrysler 300 aufgelegt, der vor Mitte 1979 hinzukam. Er erinnerte an die legendär gewordene 300-Serie, die 1955 gestartet worden war. Der Kühlergrill zeigte ein Fadenkreuz und die Rechteckscheinwerfer waren »doppelstöckig«. Allerdings standen vergleichsweise be-

Chrysler LeBaron Town & Country, 1980

scheidende 200 PS aus 5,9 L Hubraum zur Verfügung.
Trotz des Verkaufs der Europa-Töchter war die Finanzlage von Chrysler weiterhin äußerst kritisch, die Verluste häuften sich und der Marktanteil sank. Im November 1978 anerbot sich Lee A. Iacocca (54), der kurz zuvor von Henry Ford II. gefeuert worden war, Chrysler für einen symbolischen ersten Jahreslohn von einem Dollar aus dem Sumpf zu ziehen. Er bildete mit John Riccardo (53) ein Zweigespann. Doch es kam zu Gerüchten, wonach Volkswagen Chrysler übernehmen würde und ab Mitte 1979 wurde diesbezüglich auch Toyota erwähnt. Es wurden weitere Tochterfirmen abgestoßen, und man versuchte mit Rabattaktionen den Verkauf anzukurbeln. Im September 1979 trat Riccardo wegen angeschlagener Gesundheit zurück. Damit wurde Iacocca auch Generaldirektor von Chrysler.

Cordoba 1980 Das attraktive Cordoba-Coupé zeigte in Neuauflage eine fast 20 cm kürzere und 11 cm schmälere sowie gut 200 kg leichtere Karosserie; das Leergewicht erreichte noch 1525 kg. Die Front blieb ähnlich, aber das Opera Window schloss sich jetzt an ein Hardtop-Seitenfenster an. Die Motorauswahl begann bereits mit einem 3,7-L-Six. Mit Luxusausstattung kam die Bezeichnung Crown, mit Sportequipment die Zahl 300 hinzu. Zudem gab es ein Schiebedach, ein T-roof oder einen falschen Cabrioletverdeck- bzw. Vinylüberzug.

Zum Jahrgang 1980 erhielten die Le Baron einen an frühere größere Ausgaben erinnernden Kühlergrill mit feinen senkrechten Stäben, das Coupé hatte nun den gleichen kürzeren Radstand wie die Coupés → Dodge Aspen und Plymouth Volaré, neu gab es eine vereinfachte LS-Version; alle Chrysler gab es nur noch mit dem Torqueflite-Automatikgetriebe, dieses bot nebst dem Lock-up-Wandler (kein Schlupfverlust in der obersten Stufe) eine weitere Spreizung der Abstufungen und längere Untersetzungen.

Im November 1979 genehmigte die US-Regierung für Chrysler einen Milliardenkredit. Dies war ein völlig ungewöhnlicher Entscheid. Doch eine Analyse hatte erkennen lassen, dass ein Bankrott den Staat teurer zu stehen käme als eine solche Geldhilfe. Mit den K-Modellen stellte das Unternehmen für 1981 die inzwischen entwickelten Nachfolger von → Dodge Aspen und → Plymouth Volaré in Aussicht: Dank Frontantrieb und neuem 2,2-L-Vierzylindermotor sollten sie ganz dem künftigen Trend entsprechen. *Sie waren nur der erste Teil des von Iacocca ausgearbeiteten 5-Jahres-Überlebensplans. Ende 1979 versandte Iacocca je ein Foto von Sedan, Coupé und Station Wagon der K-cars an die 535 Kongressabgeordneten und Senatoren..., und die Bilder wurden auch veröffentlicht.*
Zu Iacoccas Strategie zählte auch, Anfang Januar 1980 das veraltete Werk in Hamtramck, Michigan, zu schließen; fast 3000 Mitarbeiter verloren die Stelle. Kurz darauf wurde zwischen Chrysler und PSA Peugeot-Citroën ein Vorabkommen für eine industrielle und kommerzielle Zusammenarbeit abgeschlossen. Demnach sollte Chrysler von PSA dreifache Unterstützung erhalten: durch ein in Frankreich entwickeltes neues mittelgroßes Modell, durch die Belieferung mit Dieselmotoren sowie durch einen Kredit. – Die existenzentscheidende Darlehensgarantie von Regierungsseite wurde aber erst Mitte 1980 durch den Kongress gebilligt...

Valiant Zur Beachtung: In einzelnen Ländern (wie in der Schweiz) wurde auch der → Plymouth Valiant unter der Marke Chrysler verkauft! Bei der Firma Amag in Schinznach Bad in der Schweiz waren 1971 noch 564 Valiant Sedan und 264 Valiant Sport Coupé (in den USA Duster) montiert worden; im letzten Jahr 1972 waren es 480 bzw. 144 Stück. Außer mit dem 3.7-Six und dem 5.2-V8 waren sie mit einem 2,8-L-Sechszylinder lieferbar (günstigere Versicherungsklasse; Datentabelle → Plymouth).

Chrysler USA	Zyl.	cm³	PS	bei 1/min	Gänge	Spitze km/h	Radstand/Länge	ab Jahr	Besonderheiten
LeBaron	6	3678	112-91	3600	3/A3		286/523	1978-80	
do. f. Europa			110					1980	
	V8	5210	147/137	40/36	A3		286/524°	1977	
			142/157	4000	3/A3			1978	
do. f. CH			168					1978	
-			137/157					1979	
			122	3600				1980	
do. f. Europa			170°/168					1979°/80	
-		5898	152-172	35/40	A3			1978/79	
do. Heavy dutiy			198/193	4000				1979	
°) Coupé: 286/518, Station Wagon: 286/515									
°) 1980 L: Sedan/Station Wagon: 522, Coupé: 276/511									
Cordoba	V8	5210	152-137	40/36	A3		292/547	1975/76	
			147/137					1977	
			142/157	4000				1978	
			137/157					1979	
do. f. Europa			170						
-		5898	182/193					1975	
			172/177					1976	
			152-172	36/40				1977-79	
do. Heavy duty			198/193	4000				1979	
-		6555	167-238	40/42				1975	
			243	4400				1976	
			193	3600				1977/78	
o. f. CH			202	3900				1978	
	6	3678	91	3600			286/533	1980	
do. f. Europa			110						
-	V8	5210	122						
do. f. Europa			168	4000					
		5898	188						
Newport/									
New Yorker	V8	6286	193/252	44/48	3/A3		315/570°	1971	
		7206	223/309	40/46	A3				
		5897	177	4000				1972	
		6555	193	4400					
		7206	228/248						
		6555	188	3600			315/585°	1973	
		7206	218						
°) Station Wagon Town & Country: 310/570; 1973: 310/583									
nur f. Newport		5898	203	4000			315/577	1974	
			182/193					1975	
		6555	188					1974	
Newp./New Yorker			208						
			177					1975	
		7206	233					1974	
			218					1975	
nur f. Newport		5898	172/177	4000			315/577°	1976	
-			157/172	36/40				1977/78	
		6555	177-213	36-44				1976	
			193	3600				1977/78	
		7206	208/203					1976	
			198/188					1977/78	
°) New Yorker: 315/587									
	6	3678	112/91				301/560	1979/80	
do. f. Europa			110					1980	
	V8	5210	137/157	4000				1979	
do. f. Europa			170/168					1979/80	
-			122/157	36/40				1980	
		5898	152/172					1979	
do. Heavy duty			198/193						
			132	3200				1980	

Chrysler New Yorker Fifth Avenue, 1981

Chrysler in den 80er Jahren

1981 umfasste der von Walter P. Chrysler gegründete und auf das Jahr 1924 zurückgehende Chrysler-Konzern noch die Marken Chrysler, → Plymouth und → Dodge. Bei den kleinsten in den USA verkauften Plymouth und Dodge handelte es sich inzwischen um importierte und umgetaufte (badging) Mitsubishi-Modelle; 1971 hatte Chrysler 15 Prozent des Kapitals der Mitsubishi Motor Corporation übernommen.
Von der Flaute, die durch die Ölkrise ausgelöst worden war, sah sich die Chrysler Corporation besonders stark betroffen: Während die Produktion in den USA von 1979 auf 1980 um 24 Prozent abgesackt war, erlitt die Chrysler Corporation einen Einbruch um 32 Prozent auf noch 838'535 Einheiten. Damit war das Unternehmen, dessen Existenz nur dank des Mitte 1980 durch den amerikanischen Kongress genehmigten Milliardenkredits erhalten blieb, weiter geschwächt.
Anfang 1981 gewährte die Regierung eine zusätzliche Anleihensgarantie von 400 Mio. Dollar, mit der das Unternehmen gerade noch vor dem Konkurs bewahrt werden konnte. Sie war an einen Sanierungsplan gebunden, mit dem Chrysler u. a. auf Zukunftsinvestitionen und Mitarbeiter verzichten musste. Während Plymouth und Dodge in Konkurrenz zu Chevrolet und Ford die populären Marken verkörperten, vertrat Chrysler weiterhin den Oberklasse- und Luxuspart.
Zwecks Sanierung hatte Chrysler – wie schon erwähnt – seine europäischen Fabrikationswerke an PSA Peugeot-Citroën verkauft. Im Gegenzug hatte Chrysler 15 Prozent des PSA-Kapitals erhalten. Es wurde spekuliert, dass Chrysler den Vertrieb von PSA-Modellen in den USA übernehme und dass gemeinsam ein Nachfolgemodell für die kleinsten Chrysler-Typen Horizon/Omni entwickelt würde. Dies in Parallele zur Zusammenarbeit zwischen → AMC und Renault.
Für das Modelljahr 1981 waren unter Chrysler-Generaldirektor Lee A. Iacocca, der 1978 von Henry Ford II. entlassen worden war und darauf die Chrysler Corporation systematisch aus dem Sumpf zog, die K-Modellreihe → Dodge Aries und → Plymouth Reliant lanciert worden. Sie war für das Zurückholen der amerikanischen Massen bestimmt. Sie sollte aber auch die Chrysler-Position im Kampf gegen die neue japanische Konkurrenz festigen. In dramatischen Fernsehspots hob Generaldirektor Lee Iacocca hervor, dass in den K-Modellen nicht fünf Personen Platz haben, sondern fünf Amerikaner!

Chrysler Imperial, 1981

Imperial Gleichzeitig versuchte Iacocca einem legendären Topnamen zu neuem Glanz zu verhelfen: Einen Imperial hatte es bereits Mitte der 20er Jahre gegeben. Von 1957 bis 1975 war Imperial sogar die gegen Cadillac von GM und Lincoln von Ford gerichtete Chrysler-Spitzenmarke gewesen. Nun gab es wieder ein Chrysler-Topmodell dieses Namens und zwar ein fünfsitziges Luxuscoupé. Zwar wurde durchaus an das traditionelle Imperial-Design angeknüpft, dennoch ähnelte die Front mit dem quadratischen Kühlergitter und den unter Deckeln verborgenen Scheinwerfern stark jener der Lincoln, während das schräg geschnittene Heck zumindest ein Stück weit vom Cadillac Seville inspiriert war.
Im Vergleich zum letzten Imperial von 1975 war das Chrysler-Luxuscoupé 1981 dem Zug der Zeit entsprechend bescheidener dimensioniert: 542 statt 591 cm lang, 185 statt 202 cm breit, 1790 statt 2190 kg Leergewicht. Technisch war der neue Imperial eine Ableitung des Chrysler Cordoba, mit dem er auch den Radstand teilte. Dem Antrieb diente zwar weiterhin ein V8, aber er hatte nicht mehr 7,2, sondern 5,2 Liter Hubraum. Hinzu kam eine elektronische Benzineinspritzung, die für niedrige Abgaswerte und günstigeren Verbrauch sorgte. Für die Bedienung des 3-Stufen-Automatikgetriebes Torqueflite ließ sich eine Lenkradschaltung oder ein Wählhebel auf der Mittelkonsole bestellen.
Die Aufhängung war nach Chrysler-Art ausgelegt: vorne oberer Trapez-Dreieckquerlenker, unten einfacher Querlenker und elastisch gelagerte Zugstrebe sowie längsliegender Torsionsfederstab, hinten Starrachse mit Halbelliptikfedern. Die Bremsanlage setzte sich aus vorderen belüfteten Scheiben und hinteren Trommelbremsen zusammen (Kugelkreislauflenkung mit Servo).
LeBaron Basismodellreihe von Chrysler war 1981 weiterhin der Anfang 1977 eingeführte LeBaron. Er basierte auf den Plymouth Volaré und Dodge Aspen. Gebaut wurde er als viertürige Limousine, als Coupé mit kürzerem Radstand sowie als Station Wagon Town & Country im traditionellen Woodie-Look (imitierte Holzbeplankung der Flanken). Vom Kombi abgesehen gab es die Sonderausstattungen Special, Salon und Medallion. Eingebaut wurden entweder der 3,7-L-Sechszylinder-Reihenmotor mit der Bezeichnung Slant Six oder der 5,2-L-V8. Den Abgasnormen entsprechend wurden die Antriebsaggregate für Kalifornien und Europa anders ausgelegt als für die übrigen US-Staaten. Die Kraftübertragung erfolgte ausschließlich mit dem Torqueflite-Getriebe (Fahrwerk wie beim Imperial).

Chrysler LeBaron Convertible, 1982

Chrysler Cordoba LS, 1982

Cordoba Der Cordoba war mit dem Modelljahr 1975 eingeführt worden. Er basierte damals auf dem Dodge Charger und bestach durch die Ausgewogenheit seiner Proportionen und die luxuriöse Eleganz. 1981 überzeugte er nicht mehr in gleicher Weise. Je nach Ausführung besaß er ein Opera Window in dem mit Vinyl überzogenen hinteren Dachträger. Es gab die Varianten Cordoba, Cordoba Crown und Cordoba LS, und es standen die gleichen Motoren zur Wahl wie im LeBaron. Das Torqueflite-Getriebe war auf weichere Schaltmanöver ausgelegt worden.

Newport / New Yorker Sie waren die traditionellsten Chrysler-Luxuslimousinen und sie brachten es auf rund 560 cm Länge. Wie beim Cordoba war auch bei ihnen für 1981 der 5,9-L-Motor gestrichen worden. Zur Wahl standen der 3,7-L-Slant Six und der 5,2-L-V8. Dieser war auch in einer leistungsfähigeren Ausführung mit Vierfachvergaser und 167 statt 132 PS erhältlich. Das Lenkrad war auf Wunsch verstellbar, die gesamte technische Auslegung stimmte mit jener der anderen Chrysler-Modelle überein. Der besonders luxuriös ausstaffierte und über 100 kg schwerere New Yorker Brougham bzw. Fifth Avenue unterschied sich vom Newport äußerlich durch die unter Klappen verborgenen Scheinwerfer und die teils über das hintere Seitenfenster gezogene Vinylverkleidung sowie die Kontrastfarben der Karosserie.

Im Frühling 1981 hatte Chrysler das 53 Jahre alte Montagewerk von Lynch Road in Detroit endgültig stillgelegt. Damit war auch das Schicksal der dort gebauten großen Modelle wie New Yorker und Newport, Dodge St. Regis und Plymouth Gran Fury besiegelt. Zudem verloren auch die letzten 2200 (von vorher 4500) Mitarbeiter ihre Stelle. Weitere schlechte Nachricht: *Die Mitsubishi Motor Corporation setzte ihre Absicht durch, neben den von Dodge und Plymouth unter deren Namen verkauften Mitsubishi-Modellen ab 1983 in den USA ein eigenes Vertriebsnetz aufzubauen. 1980 waren 13 Prozent aller von Chrysler verkauften Autos Mitsubishi-Modelle gewesen. Im Gegenzug bot Mitsubishi Chrysler neue Kredite.*

Ein kleiner Trost: Bereits wurden Fotos eines attraktiven Cabriolets veröffentlicht, mit dem Chrysler zum Modelljahr 1982 in die Sparte der Offenautos zurückkehren wollte. Im Frühling 1981 schloss Chrysler mit Peugeot einen (bereits früher erwähnten) Vertrag über die Entwicklung eines subkompakten Modells, dessen Produktion Ende 1985 aufgenommen werden sollte. Überdies wurde das Abkommen über die Lieferung von Peugeot-Benzinmotoren auch auf Dieselaggregate ausgedehnt. Zudem konnte Chrysler über hervorragende Spareffekte und damit »rosige Aussichten« berichten.

Als die Chrysler Corporation im Herbst 1981 die Modelle 1982 vorstellte, wies sie mit Genugtuung auf die Erhöhung ihres amerikanischen Marktanteils von 9,7 auf 12 Prozent hin. Dies war vor allem den frontgetriebenen K-cars zu verdanken, die vom US-Markt glänzend aufgenommen worden waren. Daher konnte es nicht verwundern, dass selbst unter der Nobelmarke Chrysler Modelle auf K-Basis im Programm figurierten.

LeBaron 1982 Mit dem im Trend liegenden Down-sizing, dem Verkleinern der bestehenden Modelle, wurde das Modell LeBaron nun in ganz neuer Form als Vierzylinderwagen herausgebracht. Radstand und Länge schmolzen von 286,5/522,5 cm auf noch 254/456,5 cm. Gleichzeitig nahm das Leergewicht von 1520 auf 1125 kg ab! Dass damit eine signifikante Verminderung des Verbrauchsverhaltens verbunden war, versteht sich von selbst. Der neue LeBaron wurde zunächst als zwei- und viertüriger Sedan angeboten. Diese gab es auch in der Topausführung Medallion. Mit dem in Kontrastfarbe gehaltenen Flankenunterteil und dem Vinylüberzug auf dem Dachhinterteil samt C-Pfosten (beim zweitürigen Modell mit Opera Window) wirkten sie besonders schmuck. Chrysler-typisch war der feinmaschige, nun aber deutlich schräg gestellte Kühlergrill; er wurde von einzeln versenkt angeordneten doppelten Rechteckscheinwerfern flankiert. Zum Frühjahr 1982 kamen das ungemein elegante Cabriolet sowie ein im traditionellen Holzlook gehaltener Station Wagon Town & Country dazu. Das Cabrio war zunächst als Zweisitzer präsentiert worden, doch wurde es dann doch als Vierplätzer in Serie genommen. Es wurde später als Woodie-Convertible ebenfalls im Holzlook lieferbar. Die unumgänglichen Strukturverstärkungen im Boden-, Seiten- und Rückwandbereich hatten das Leergewicht nur um 30 bis 40 kg ansteigen lassen. Allerdings sollten sich der LeBaron Convertible und sein Gegenstück auf der Basis des Dodge 400 aus europäischer Sicht nicht als besonders verwindungssteif erweisen. Immerhin waren diese Cabrios die ersten serienmäßig ab Werk erhältlichen US-Cabrios seit der letzten Offenversion des Cadillac Eldorado von 1976.

Die Motoren für die LeBaron 1982 waren der eigene 2,2-L-Vierzylinder mit obenliegender Nockenwelle und Leichtmetall-Zylinderkopf sowie der von Mitsubishi stammende 2,6-L-OHC-Vierzylinder mit zwei Schwingungsausgleichswellen. Statt des 4-Gang-Getriebes konnte das 3-Stufen-Automatikgetriebe Torqueflite bestellt werden in Verbindung mit dem größeren Motor wurde es ausschließlich eingebaut. Wenn man den LeBaron zudem mit Lenkrad-Wählhebel bestellte, wurde er voll dem sechssitzigen Innenraum gerecht. Die angetriebenen Vorderräder wurden mit Dreieckquerlenkern und Federbeinen geführt (negativer Lenkrollradius), hinten fand sich eine Starrachse mit Längslenkern und Panhardstab. Die Zahnstangenlenkung wurde auf Wunsch servobestückt.

Chrysler Executive Sedan, 1983

Chrysler E Class Sedan, 1984

New Yorker 1982 Schlauerweise hatte man für das Down-sizing die weiteren Modelle kurzerhand jeweils um eine Stufe heruntergeholt: So wurde aus dem früheren LeBaron nun der neue New Yorker – dies natürlich mit einer angepassten Optik –, während auf den Newport verzichtet wurde. Die Abmessungen reduzierten sich bei diesem Modell somit von 301/562,5 cm auf 286,5/525 cm. Das Erscheinungsbild blieb eindrücklich: breiter hinterer Dachträger mit Vinylüberzug und Chromband nach vorne abgegrenzt, weiterhin Imitations-Speichenräder und Reifen mit weißer Seitenwand sowie Chromränder. Immerhin standen nach wie vor der 3,7-L-Slant Six und ein 5,2-L-V8 zur Wahl.

Cordoba 1982 In diesem Jahrgang gab es den an sich wenig veränderten Cordoba auch in einer Ausführung mit kreuzförmig unterteiltem Kühlergrill, der an frühere Hochleistungs-Chrysler erinnerte. Der Dachaufbau sah einem Cabrioverdeck täuschend ähnlich.

In der ersten Hälfte 1982 zeichnete sich für die Chrysler Corporation ein Lichtblick ab: Lee Iacocca stellte nach vier Jahren großer Verluste erstmals wieder einen Gewinn in Aussicht. Und es sah ganz danach aus, dass Chrysler von den 1,5 Milliarden Dollar Kreditgarantie der Regierung die letzten 300 Millionen nicht beanspruchen würde. Es gab nun auch eine Bilanz der getroffenen Maßnahmen, mit denen Iacocca Chrysler vor dem Untergang bewahrt hatte: Zwanzig Produktionsstätten waren entweder geschlossen oder zusammengelegt worden; die Zahl der Angestellten war auf 20'000 halbiert und 41'800 Arbeiter waren entlassen worden. Die Mitarbeiter hatten Konzessionen im Geldwert von 1,2 Milliarden Dollar zugestehen müssen.

Auf diese Weise war die Rentabilitätsschwelle von 2,4 auf knapp 1,2 Millionen Pkw und Nutzfahrzeuge gesenkt worden. Die Produktionskapazität erreichte noch 1,6 Millionen Einheiten, und ein möglichst großer Nutzungsgrad erlaubte somit eine Rückkehr in die Gewinnzone. – Iacocca verlangte nun anderseits, dass die amerikanische Regierung auf japanische Autos eine Importsteuer von durchschnittlich 1750 Dollar erhebe. Denn soviel koste die Einfuhr eines japanischen Autos die amerikanischen Steuerzahlen wegen der damit provozierten höheren Arbeitslosigkeit und ihren Folgen. Wie er auf diesen Betrag kam, wurde vom Chrysler-Boss in einer Broschüre vorgerechnet.

E Class / New Yorker Im Modelljahr 1983 diente die K-car-Basis des LeBaron mit einem von 254 auf 261,5 cm verlängerten Radstand für neue mittelgroße Modelle. Für diese waren der Frontantrieb mit Quermotor eine eher

ungewöhnliche Eigenheit. Es gab diese 471 cm langen Sedan als E Class und New Yorker. Letzterer hatte anstatt sechs nur vier Seitenfenster, an die sich ein über das Dach führender Chrombügel und ein Vinylüberzug anschlossen. Um den Sonderstatus hervorzuheben, war dieser neue New Yorker serienmäßig mit Zentralverriegelung, Fensterheber, elektrischer Sitzverstellung, Klimaanlage, Tempomat, Stereoanlage und einer Sportaufhängung ausgestattet.
1983 bot Chrysler einen mit Texas Instruments entwickelten Electronic Voice Allert (EVA) an, der elf Warnungen sowie »Thank You« aussprechen konnte und mit einem Electronic Travel Computer kombiniert war. Der auch Spanisch und Französisch sprechende EVA fand sich beim New Yorker serienmäßig an Bord.
Weil diese Modelle mit rund 1200 kg Leergewicht im Vergleich zum LeBaron etwas schwerer waren, hatte man den 2,2-K-Vierzylindermotor in die Kur genommen: Er leistete nun auch im LeBaron 95 PS bei 5200/min statt 85 PS bei 4800/min; für den Europaexport wurden gar 102 PS bei 5800/min genannt. Anstatt des 4-Gang-Getriebes war im LeBaron alternativ zum Torqueflite-Automatikgetriebe ein neues 5-Gang-Getriebe mit Kabelzügen statt Schaltgestänge lieferbar. Es war das erste mit Frontantrieb verbundene 5-Gang-Getriebe der USA. Nach wie vor war beim LeBaron wie auch in den größeren neuen Modellen wahlweise der drehmomentstärkere 2,6-L-Motor von Mitsubishi lieferbar.
Executive Sedan / Limousine Ebenfalls Ableitungen des K-car waren diese beiden Sonderausführungen, deren Radstand und Gesamtlänge auf 317,5 und 520 bzw. 332,5 und 535 cm gestreckt worden war. Diese Chauffeurwagen boten 5/6 bzw. 7/8 Sitze. Das dritte Seitenfenster war als Opera Window in den C-Pfosten eingefügt. Beide »Stretch-Limos« wurden außerhalb der Chrysler Corporation hergestellt, doch war bei genügend großer Nachfrage für 1984 eine Integration in das reguläre Bauprogramm der Marke vorgesehen.
Der bisherige größere New Yorker erhielt die Zusatzbezeichnung Fifth Avenue Edition. – Schon im Dezember 1982 gab Chrysler das Bild von einem mit G 24 bezeichneten windschnittigen Coupé frei, das Mitte des folgenden Jahres unter den Marken Chrysler und Dodge die Pony-car-Szene beleben sollte, und zwar mit einer um 8 cm verkürzten K-Plattform und einem Turbo-bestückten 2,2-L-Vierzylindermotor mit gut 140 PS.
Turbo Convertible Anfang 1983 propagierte Chrysler unter dieser Bezeichnung ein auf zwei Sitze und 1100 kg Leergewicht reduziertes LeBaron-Cabriolet. Die Kopfstützen mündeten in aerodynamische Verkleidungen aus. Es besaß einen schwarzen Kühlergrill mit mittig platziertem fünfzackigem Chrysler-Stern, einen auch an den Flanken montierten gerillten Stoßschutz und vor allem einen per Abgasturbolader auf 145 PS gebrachten 2,2-L-Motor. – Mehr als nur ein Prototyp war hingegen der LeBaron Convertible, aus dessen Kofferraum sich in der Art der einstigen Rumble Seats zwei zusätzliche Sitzplätze aufklappen ließen. Er war im typischen Holzlook der Chrysler-Familie Town & Country gehalten, und er fand 1520 Liebhaber unter den insgesamt 9891 gebauten Cabrios dieses Jahrgangs.

Chrysler (LeBaron) Town & Country Station Wagon, 1985

Chrysler New Yorker, 1985

2. VW-Werk *Im Frühling 1983 kaufte die Chrysler Corporation von Volkswagen of America deren in Entstehen begriffenes zweites Werk in Sterling Heights, nördlich von Detroit. Während VW sich hinsichtlich des US-Marktes verrechnet hatte, sah Chrysler einen wieder wachsenden Bedarf an moderner Produktionskapazität. VW hatte die neuen Werkanlagen bereits zu 80 Prozent fertiggestellt... und dann eingemottet. – Chrysler hatte im ersten Quartal 1983, erstmals seit 1977, wieder einen Gewinn erzielt und plante nun eine vorzeitige Tilgung der von der Regierung gewährten Kreditgarantien. Inzwischen war Lee A. Iacocca zum populärsten Industriemanager Amerikas gewählt worden.*

Shelby Ebenfalls im Frühling 1983 überraschten die Pläne eines für die USA bestimmten AC (englische Sportwagenmarke) mit Shelby-Genen. Natürlich dachte man da an den legendären, einst ebenfalls von Carroll Shelby initiierten AC Cobra zurück. Shelby hatte sich neu mit Chrysler verbandelt, und neben dem → Dodge Shelby Charger sollte es nun auch einen Mittelmotor-Sportwagen mit der gleichen Antriebseinheit geben, nämlich dem getunten 2,2-L-Chrysler-Vierzylinder statt des 3-L-V6 von Ford. Mit dessen 144 PS konnte das unter 1000 kg wiegende englische Coupé Tempo 100 binnen rund 7,5 s erreichen, und es versprach eine Höchstgeschwindigkeit von knapp 210 km/h. Dieser Zweisitzer hätte an die Stelle des bereits nicht mehr gebauten → DeLorean treten und auch dem angekündigten Pontiac Fiero 2M4 die Stirn bieten können. Doch dieses Projekt, hinter dem das Chrysler Shelby Performance Center stand, verlief schließlich im Sand.

T-Wagon Hinter dieser Bezeichnung (alsbald T 115) verbarg sich ein neues Karosseriekonzept, das ungeahnte Bedeutung erhalten sollte: Der im Frühling 1983 vorgestellte T-Wagon wurde für den Herbst und somit zum Modelljahr 1984 als Dodge Caravan und Plymouth Voyager in Aussicht gestellt. Damit begründete die Chrysler Corporation die amerikanische Welle der Minivans oder Großraumkombi, wie sie bereits in Japan mit dem Nissan Prairie und dem Mitsubishi Space Wagon ausgelöst worden war. Von dem Letzteren hatte sich Chrysler-Boss Iacocca vorausschauend gleich auch die Vertriebsrechte für Amerika gesichert.

Der mit zwei Vordertüren, einer hinteren Schiebetüre rechts sowie einer Heckklappe versehene T-Wagon bzw. T 115 sollte im Werk Windsor in Kanada vom Band laufen. Er war mit seinen Außenabmessungen von 447x177x163 cm deutlich größer als der Space Wagon. Er sollte als Fünf- und Siebensitzer und wahlweise mit dem eigenen 2,2- oder dem Mitsubishi-2,6-L-Motor angeboten werden. Technisch war dieser Halbfrontlenker eng mit der K-Serie verwandt, verband also Frontantrieb und Quermotor. Es ist bemerkenswert, dass die beiden T-Wagon in Nordamerika nicht zu den Pkw, sondern wie die Geländekombi bzw. SUV und die Pick-up zu den leichten Nutzfahrzeugen gezählt wurden!

Mitte 1983 verhandelten die Chefs von Chrysler und Volkswagen, Lee A. Iacocca und Dr. Carl H. Hahn, über die Möglichkeiten einer vertieften Zusammenarbeit oder eines Joint Venture. Dies gab zu Spekulationen Anlass, dass Chrysler auch die weiteren Werkanlagen von VW of America übernehmen und Volkswagen im Auftrag herstellen werde. Ohnehin musste sich Chrysler dringend um eine Nachfolge für die Kleinmodelle Plymouth Horizon und Dodge Omni kümmern. – Nachdem Chrysler vorzeitig die Staatskredite zu tilgen vermochte, konnten jetzt auch die von der Peugeot SA gewährten Finanzhilfen schrittweise zurückbezahlt werden. Die 15 Prozent Anteil am PSA-Kapital wollte Chrysler aber behalten.

Für einen doppelten Schaueffekt sorgte Iacocca, als er Ende August 1983 nicht nur die unter dem Code G 24 angekündigten Sportcoupés Chrysler Laser und Dodge Daytona vorstellte, sondern einem Bankenvertreter gleich auch einen Scheck über die verbleibende Konzernschuld von etwas mehr als 800 Millionen Dollar übergab. Damit hatte Chrysler den mühsam erkämpften Staatskredit sieben Jahre vor Fristablauf zurückbezahlt... Ein einzigartiger Kraftakt!

Laser Das Pony-car-Duo Laser/Daytona war überaus attraktiv geformt und ganz dazu angetan, den Ford Mustang/Mercury Capri und Chevrolet Camaro/Pontiac Firebird das Grasland (bzw. den Asphalt) streitig zu machen. Technisch basierten die 2+2-sitzigen dreitürigen Fastbackcoupés auf der K-Frontantriebs-Plattform. Deren Radstand war auf 246,5 cm verkürzt worden. Länge, Breite und Höhe erreichten 444,5x176x128 cm. Der Laser war ein wenig mehr in Rich-

Chrysler Laser XT, 1986

tung Luxus, der Daytona in Richtung Sportlichkeit getrimmt. Für den Antrieb sorgte der 2,2-L-Vierzylinder, der für den Chrysler Laser und den Dodge Daytona mit einer zentralen Einspritzung versehen wurde und so auf just 100 Netto-PS Leistung kam. Mit einem Abgasturbolader Garrett T3 (Maximaldruck 0,52 bar) und Saugrohreinspritzung resultierten hingegen respektable 144 PS und ein von 164 Nm bei 3200/min auf 217 Nm bei 3600/min angehobenes Drehmoment. Dieser Motor war mit einem Klopfsensor ausgerüstet, während das Turboladerlager wassergekühlt war. Für beide Motoren standen ein 5-Gang-Getriebe und ein 3-Stufen-Automatikgetriebe Torqueflite (Wählhebel in der Mitte oder unter dem Lenkrad) zur Wahl. Fahrwerkseitig entsprach das neue Coupé den K-Modellen: Vorne Federbeine und Querlenker, hinten Starrachse mit Längslenkern und Panhardstab. Die Bremsanlage wurde verstärkt (vor allem für die Turboausführung) und die Servolenkung direkter ausgelegt. Auf Wunsch waren Breitreifen und ein Handling Package bzw. eine straffere Abstimmung erhältlich.

Der Laser war der kleinste Chrysler. Am anderen Ende der Modellskala war hingegen der Imperial bereits gestrichen worden, während mit der Einführung des Lasers das Coupé Cordoba – inzwischen zu einem traditionellen, auf viele Liebhaber zählenden Chrysler-Begriff geworden – den Zeiten der Sparsamkeit ebenfalls geopfert wurde. Das übrige Chrysler-Angebot bestand jetzt noch aus den LeBaron, den von diesen abgeleiteten Langlimousinen, den Modellen E Class, New Yorker, Newport und Fifth Avenue. Letzterer war nur noch mit dem 5,2-L-V8 zu haben; seine Ausrüstung war angereichert worden (einschließlich neuer Leichtmetallräder). Anderseits war dem Fifth Avenue eine vereinfachte Version zur Seite gestellt worden, die wieder den früheren Namen Newport trug.

Sogar mit Maserati *Recht hochtrabend waren die Pläne, die Chrysler und Maserati in einer im Frühling 1984 für sechs Jahre geschlossenen Vereinbarung festgelegt hatten: Danach übernahm Chrysler 5 Prozent des Maserati-Kapitals, und die italienische Seite sollte dafür jährlich 10'000 Luxusmodelle mit 2,2- und 2,6-L-Motor bereitstellen, wobei Motor und Kraftübertragung von Chrysler zu liefern waren. Chrysler sah damit die Möglichkeit, in Nordamerika in dieser Fahrzeugklasse gegen Cadillac und Mercedes-Benz antreten zu können. – Anderseits startete die Chrysler Corporation noch im selben Jahr mit der koreanischen Firma Samsung eine Machbarkeitsstudie über die Herstellung von jährlich 200'000 Dodge Omni bzw. dessen Nachfolgemodell.*

Chrysler LeBaron GTS, 1986

LeBaron GTS 1985 wurde zwischen Laser und LeBaron der LeBaron GTS eingeordnet (baugleich mit dem Dodge Lancer). Er wurde als H-car bezeichnet und auch er basierte auf der K-Plattform. Die Karosserieform dieses Sedans mit sechs Seitenfenster, einem zwischen Stufenheck und Fastback liegenden Heckdesign und Heckklappe war für amerikanische Verhältnisse eher ungewöhnlich. Durch Umlegen der hinteren Sitzbank ließ sich das Koffervolumen von 500 auf 1200 dm^3 erhöhen. Für den Antrieb diente der 2213-cm^3-Motor ohne oder mit Turbo. – *Produziert wurden die H-cars in den von Volkswagen übernommenen und mit großen Investitionen modernisierten Werkanlagen in Sterling Heights, Michigan.* 1985 wurde der Laser mit neuen Sitzen ausgestattet; es gab ihn auch als XT mit Targadach. Bei den LeBaron war nun selbst der Station Wagon mit dem 2,2-L-Turbomotor lieferbar. Für den New Yorker bestand nur noch die Wahl zwischen diesem und dem 2,6-L-Motor von Mitsubishi (Modell Limousine nur mit letzterem Motor). Der 5,2-L-V8 des Newport/Fifth Avenue erfuhr eine Leistungssteigerung von 132 auf 142 PS, wobei sich der Verbrauch gleichzeitig um 8 Prozent verringerte (geänderte Brennräume, Verdichtung 9,0:1 statt 8,4:1).

Im April 1985 war von einem neuen Abkommen zwischen Chrysler und Mitsubishi die Rede: Neues Werk im Mittleren Westen für ein gemeinsames Modell 1989, Jahresausstoß von 180'000 Wagen, Antriebseinheiten aus Japan, Werksleitung durch Mitsubishi; Erhöhung der Chrysler-Beteiligung am Kapital von Mitsubishi Motors von 20 auf 24 Prozent. Im Oktober wurde darauf die gemeinsame Diamond Star Motors Corporation gegründet.

Motor 2.5 Im Mittelpunkt des Chrysler-Konzernjahrgangs 1986 stand ein neuer Motor: Vom weiter erhältlichen 2213-cm³-Vierzylinder war durch Hubverlängerung von 92 auf 104 cm ein Motor mit 2501 cm³ entstanden. Nach dem Muster des 2,6-L-Vierzylindermotors von Mitsubishi, den diese neue Maschine ablöste, wurden dem 2,5-L-Motor ebenfalls zwei Lanchester-Schwingungsausgleichswellen verpasst, diese jedoch nicht seitlich im Motorblock, sondern in der Ölwanne untergebracht. Mit dem neuen Triebwerk wurde vordergründig ein günstiger Drehmomentverlauf angestrebt. Es arbeitete mit einer neuartigen Niederdruck-Zentraleinspritzung und versprach gegenüber dem 2,6-L-Motor einen um 10 Prozent abgesenkten Benzinverbrauch. Auch beim 2,2-L-Motor wurde der Verbrennungsablauf mit einem nach dem Fast-burn-Prinzip gestalteten Brennraum optimiert, was ein Anheben der Verdichtung von 9:1 auf 9,5:1 ermöglichte.
1986 verhalf der neue 2,5-L-Motor bei den Modellen Laser und LeBaron GTS zu dreifacher Motorenauswahl. Der New Yorker erfuhr kleine Änderungen an Front und Heck. Den Laser gab es neu mit herausnehmbaren Dachhälften.
Chrysler-Maserati Während → Cadillac im Dezember 1985 die Presse über die Transportlogistik für den Allanté orientierte, dessen Karosserie bei Pininfarina in Italien entstand, konnte Chrysler bereits konkret über sein leichteres Gegenstück berichten: Das luxuriöse Cabriolet Chrysler-Maserati, bislang auch als Q-car bezeichnet, sollte auf der Los Angeles Auto Show von Anfang Januar seine Weltpremiere feiern. Auch mit ihm wurde auf die in Amerika besonders erfolgreichen importierten Sportmodelle gezielt.
Chrysler-Chairman Lee A. Iacocca und Maserati-Boss Alejandro de Tomaso hatten bereits um 1970 gemeinsam dem De Tomaso Pantera unter Ford-Aegide zum Durchbruch verholfen. Allerdings war der Chrysler-Maserati nicht als zweisitziger Mittelmotor-Sportbolide, sondern als hochelegantes 2+2-sitziges Cabriolet mit Frontantrieb ausgelegt. Er teilte die Quermotormechanik mit den bekannten Modellen des Chrysler-Imperiums. Es handelte sich um den 2,2-L-Motor Turbo II, der es mit Abgasturbolader und Ladeluftkühler auf 176 PS (mit 3-Stufen-Automatikgetriebe Torqueflite auf 162 PS) brachte. Angekündigt wurde aber bereits auch eine mit 16V-De Tomaso bezeichnete Motorvariante, die 208 PS leistete und ausschließlich mit einem 5-Gang-Getriebe von Getrag verbunden wurde; Ende 1985 stand er allerdings noch in Entwicklung. Mit 236 cm war der Radstand um rund 10 cm kürzer als jener des Laser. Dennoch war der Chrysler-Maserati mit 446,5 cm um 2 cm länger als das kleinste Chrysler-Coupé. 62 Prozent des 1375 kg erreichenden Leergewichts entfielen auf die Antriebsräder.
Vorne wurde nach Chrysler-Usus eine Federbeinaufhängung mit Dreieckquerlenkern verwendet, hinten eine leichtgewichtige Starrachs mit Längslenkern und Panhardstab. Die Vierrad-Scheibenbremsen fanden in einem ABS von Teves eine wertvolle Ergänzung. In Zusammenarbeit mit Maserati sollten jährlich 5000 dieser typisch amerikanisch geformten Cabrios entstehen.
Mit dem im März 1986 gegründeten Technology Access Fund (TAF) plante Chrysler sich Wissensquellen und Gemeinschaftsprojekte an Universitäten und Forschungsinstituten zu erschließen. Es ging ebenso um künftige Antriebs- wie um neue Produktionssysteme und nicht zuletzt um eine Computerintegrierung des gesamten Unternehmens. Im Mai 1986 wurde ein weiterer Vertrag mit Maserati abgeschlossen. Anderseits entschied Chrysler, sich von den 12,5 Prozent Beteiligung an der Peugeot SA zu trennen. – Und noch eine Wirtschaftsnachricht vom Juni 1986: Chrysler hatte von Ford den Amerikaschweizer Robert A. Lutz abgeworben. Er sollte sich um die internationalen Aktivitäten, das Komponentengeschäft und die leichten Nutzfahrzeuge kümmern.
LeBaron Coupé/Cabriolet 1987 Im September 1986 wurden Coupé und Convertible der LeBaron-Serie mit neuen Karosserien vorgestellt (die ab Frühjahr 1987 lieferbar wurden): Sie zeigten sich in einem ausgeprägt eleganten Stil mit aerodynamisch niedriger Front. Das offene Cabrio wirkte rank und schlank wie ein Model. Beim Coupé fiel die weiche (statt kantig-steile) Form von C-Säule und Heckscheibe auf. Die Länge war von 455 auf 470 cm angewachsen. Als Kraftquelle wurde der 2,5-L-Vierzylinder mit zwei Ausgleichswellen eingebaut, der wahlweise mit einem 5-Gang-Getriebe oder dem 3-Stufen-Automatikgetriebe Torqueflite gekoppelt

Chrysler LeBaron Coupe, 1987

Chrysler Fifth Avenue Sedan, 1987

wurde. Dieses besaß nun (auch in den anderen Chrysler-Modellen) eine Überbrückungskupplung. Im gepflegten Innenraum fanden sich Ledersitze, und das Armaturenbrett wartete mit Digitalanzeigen auf.

Im Krisenjahr 1979 hatte sich Lee A. Iacocca in ebenso aufopfernder wie Aufsehen erregender Weise mit einem Jahresgehalt von 1 Dollar sowie Aktienvorkaufsrechten begnügt. Nachdem 1986 für die Chrysler Corporation ein Glanzjahr war, kam ihr Boss auf ein Einkommen von 11,4 Mio. Dollar plus 20,5 Mio. Dollar Aktienrechte und Tantiemen.

1987 wurde die Coupé-Reihe Laser aufgegeben (ab 1989 sollte es dann einen → Plymouth Laser geben), *während die Produktion des Chrysler Fifth Avenue und der analogen Dodge- und Plymouth-Modelle im Lohnauftrag in den von → AMC übernommenen Werkanlagen erfolgte.* Die Produktion der Limousine mit langem Radstand lief aus.

C-Modelle + Voyager Vor der internationalen Presse verkündete Robert A. Lutz auf dem Genfer Salon 1987 Chryslers Rückkehr mit einem halben Dutzend Modellen auf die europäischen Märkten. Sie trugen alle den Markennamen Chrysler, d. h. nicht nur die LeBaron Coupé und Cabriolet, sondern auch die Dodge Shadow, Lancer und Daytona sowie der als Zugpferd eingestufte Minivan bzw. Großraumkombi Plymouth Voyager. Die LeBaron hießen für Europa C 622i Turbo, später zudem C 625i, der Shadow hieß C 225i bzw. C 222i Turbo, der Lancer C 525i bzw. C 522i Turbo und der Daytona hieß GS Turbo II. Alle zeichneten sich durch eine besonders reichhaltige Ausrüstung aus. Das Cabrio wurde später auch in einer Ausführung Indy Pace Car mit 233 PS angeboten. Die eigentliche Markteinführung fand dann allerdings erst mit dem Genfer Salon 1988 statt, wobei Coupé, Limousine und Cabriolet mit dem 2,2-L-Turbomotor und der Minivan mit 3-L-V6 angeboten wurden.

AMC/Jeep + Lamborghini! *Ebenfalls im März 1987 unterzeichnete Chrysler-Boss Iacocca mit dem neuen Renault-Chef Raymond Lévy eine Absichtserklärung, wonach die Régie Renault ihren an → AMC gehaltenen 46,4-Prozent-Anteil an Chrysler verkaufte. Durch den Zukauf weiterer AMC-Aktien kam Chrysler in den Mehrheitsbesitz von American Motors und damit auch von deren Glanzstück, der Marke → Jeep! Und schon am 23. April 1987 erfolgte ein weiterer Schritt, indem der bereits bekannte Plan, die Prestigesportwagenmarke Lamborghini zu übernehmen, besiegelt wurde. Man sprach von einem 25-Mio.-$-Deal..., schließlich hatte General Motors im Vorjahr Lotus übernommen! – Noch im gleichen Jahr schloss Chrysler ein Abkommen mit den First Automobile Works (FAW) in Changchun, die diesem chinesischen Unternehmen die Herstellung von jährlich 220'000 2,2-Liter-Motoren ermöglichte.*

Chrysler New Yorker, 1988

TC by Maserati So hieß gemäß Verlautbarungen vom Juni 1987 das für das Modelljahr 1988 vorgesehene Maserati-Modell, wobei TC für Turbo Convertible stand. Der TC war im Stil des LeBaron Convertible gehalten, jedoch mit einer niedrigeren Front. Er war ein zweisitziges Cabrio mit 236 cm Radstand und von 446,5 cm Länge. Es sollte ihn sowohl mit dem 2,2-L-Turbomotor mit 176 PS von Chrysler geben wie mit einem von Maserati entworfenen DOHC-16-Ventil-Zylinderkopf und 203 PS. Für die Kraftübertragung auf die Vorderräder diente in der schwächeren Variante das 3-Stufen-Automatikgetriebe Torqueflite, während für die 16-VentiL-Version ein 5-Gang-Getriebe von Getrag vorgesehen wurde. Allerdings sollte der TC auf sich warten lassen...

GS Turbo 2 An die Stelle des früheren Laser trat 1987/88 der GS Turbo 2, der als die Exportversion des → Dodge Daytona galt. Er erhielt den 2,2-L-Turbomotor mit 177 PS und eine Abrisskante rund ums Fließheck.

New Yorker 1988 In dieser Neuauflage mit auf 265 cm verlängertem Radstand basierte der New Yorker weiterhin auf der K-Plattform mit Quermotor. Die Länge war auf 492 cm angewachsen, doch besaß der hintere Dachträger jetzt eine etwas weniger sichtbehindernde Breite. Das Design wirkte kantig, modern und schlicht und bei der Topausführung Landau besonders schmuck. Ein markentypischer Rückgriff waren die Klappen vor den Scheinwerfern. Statt der Vierzylindermotoren mit 2,5 Liter Hubraum oder mit 2,2 Liter und Turbo wurde der von Mitsubishi gelieferte 3-Liter-V6

Chrysler TC by Maserati, 1988

eingebaut, der für mehr Komfort sorgte. Auf Wunsch wurde das Fahrwerk mit hinterer Starrachse durch Vierrad-Scheibenbremsen samt ABS aufgewertet.

Anfang Februar 1988 trat Chrysler-Präsident Harold K. Sperlich überraschend zurück; der von Iacocca eingestellte ex-Ford-Manager hatte sich um die Förderung der K-cars und Minivans verdient gemacht.

Ab Frühling 1988 rüstete Chrysler als erster amerikanischer Hersteller diverse Modelle serienmäßig mit einem Airbag für den Fahrer aus: Fifth Avenue, Dodge Diplomat und Daytona, Plymouth Grand Fury sowie Chrysler LeBaron Cabrio.

Offenbar weil der im Innocenti-Werk in Lambrate bei Mailand gebaute Chrysler TC by Maserati, dessen Mechanik von Chrysler angeliefert wurde, qualitativ nicht den Vorstellungen von Chrysler entsprach, geriet seine Herstellung (s. oben) in Verzug. Im August 1988, nachdem sich eine Verspätung von eineinhalb Jahren ergeben hatte, wurde das Produktionsziel von 10'000 auf 6000 Stück reduziert, und man sprach auch nur noch von einer 1000er Serie. Die Beziehung zwischen Iacocca und Maserati-Chef De Tomaso schien sich abgekühlt zu haben, und analog dazu blieb der Chrysler-Kapitaleinsatz bei Maserati-Nuova Innocenti bei etwas über 15 Prozent stehen. Während im Januar 1989 täglich 15 TC gebaut wurden, sank die Produktion bis im Herbst auf noch sechs Einheiten täglich.

1989 wurde der Turbo-Vierzylinder ebenfalls in der 2,5-L-Version erhältlich (152 statt 148 PS; im ES waren es 146 PS). Zusammen mit dem 3-L-V6 wurde der Voyager mit einem neuen 4-Stufen-Automatikgetriebe A 604 der hauseigenen Marke Torqueflite lieferbar. Diese mit einer elektromechanisch arbeitenden Wandlerüberbrückung (Lock-up) versehene Kraftübertragung besaß eine raffinierte elektronische Steuerung, und Chrysler hatte für sie mehr als 50 Patente angemeldet.

Das Coupé GS Turbo 2 zeigte sich (parallel zum Dodge Daytona) mit einer neuen Front mit 2x2 Lufteinlassschlitzen über und unter dem Stoßschutz, Beim GTS (nun nicht mehr mit der Zwischenbezeichnung LeBaron) standen der 2,5-L-Motor ohne und mit Turbo (101 bzw. 152 PS) und der 2,2-L-Turbomotor mit Intercooler (176 PS) zur Wahl. New Yorker und New Yorker Landau erhielten zu ihrem 3-L-V6-Motor das neue 4-Stufen-Automatikgetriebe. Für die LeBaron Coupé und Cabriolet standen neben dem 2,5-L-Saugmotor ebenfalls zwei Turbomotoren zur Wahl: 2,5 bzw. 2,2 Liter samt Ladeluftkühler; zudem wurden Vierrad-Scheibenbremsen, 16-Zoll-Räder und ein Airbag montiert.

Chrysler GS Turbo 2 Shelby, 1989

Bei dem inzwischen hinzugekommenen Modell Chrysler Conquest handelte es sich um einen umbezeichneten Mitsubishi Starion. Aufgegeben wurden per Ende 1988 der große Fifth Avenue (der Newport war schon vorher verschwunden), und per Ende März wurde zudem das Ende des (LeBaron) GTS angekündigt.

Anfang 1989 strebte Chrysler gleich zwei Abkommen an: Zum einen sollte Hyundai in seinem kanadischen Werk für Chrysler eine leicht umgezeichnete Version des Sonata herstellen, zum andern wollte Chrysler gemeinsam mit Renault ein kleineres Jeep-Modell, den Junior-Jeep (JJ), herstellen. Dieser sollte in neuartiger Modulbauweise in jährlich 100'000 Einheiten in den USA und in 50'000 Exemplaren auf der iberischen Halbinsel produziert werden. Und Chrysler-Boss Iacocca dachte unglaublich zukunftsorientiert: »...selbst der Jugend in Russland wird dieses Modell gefallen.«

Doch dann trat die raue Wirklichkeit in den Vordergrund: Im August 1989 musste Chrysler den Entschluss fassen, bis Ende 1990 ein Milliarde Dollar Betriebskosten einzusparen. Hierzu sollte die Zahl der Angestellten um 8 Prozent reduziert werden (durch Nichtersatz und vorzeitige Pensionierungen). Vor allem aber wurde 2000 Managern nahegelegt, in Form einer Wette auf 5 bis 10 Prozent ihres Gehalts zu verzichten: Wurde das Sparziel um mehr als die Hälfte verpasst, gingen diese 5 bis 10 Prozent verloren, wurde das Sparziel halbwegs erreicht, wurde die Hälfte des Einsatzes zurückvergütet und wurde die Milliarde tatsächlich eingespart, sollten die freiwillig teilnehmenden Manager den doppelten Einsatz zurückerhalten...

1990 wurde das Modell ES ebenfalls nicht mehr angeboten. Mit dem Modelljahr 1990 erhielt der GS Turbo 2 einen neuartigen VNT-Abgasturbolader (variable nozzle turbo) mit verstellbaren Leitschaufeln. Die Leistung blieb zwar unverändert bei 177 PS, doch ergaben sich ein höheres maximales Drehmoment und eine wesentlich verkürzte Ansprechzeit. –

Der Innenraum des GS Turbo 2 war neugestaltet worden, zudem war ein dreistufiges Stoßdämpfersystem erhältlich.

Saratoga Einen Chrysler dieses wohlklingenden Namens hatte es bis 1960 gegeben, damals mit 6,3-L-V8-Motor und zünftigen Heckflossen. Auf der Basis des LeBaron, aber auch als Parallelmodell zu Dodge Spirit und Plymouth Acclaim, wurde dieser neue Saratoga des Modelljahrs 1990 eigens für den Export geschaffen und auf der IAA Frankfurt im September 1989 zur Premiere gebracht. Auffallend waren der feinmaschige, in der Karosseriefarbe gehaltene Kühlergrill und die wuchtige, ebenfalls mit einem Lufteinlassgitter versehene Bugschürze. Ausgestattet wurde dieses Modell mit dem 3-Liter-V6 und dem neuen Torqueflite-4-Stufen-Automatikgetriebe. Mit 460 cm Länge trat der Saratoga preisgünstig gegen die europäische Mittelklasse an, und dies mit einer Vollausstattung, die einen elektrisch verstellbaren Fahrersitz, einen elektrisch verstell- und beheizbaren Außenspiegel, Fensterheber, Bordcomputer, Tempomat und Leichtmetallfelgen mitumfasste.

LeBaron 1990 Parallel zum Saratoga gab es den LeBaron (ab Frühjahr 1990) auch wieder als Sedan und zwar mit einem in die hinteren Türen integrierten Opera Window (samt über das Dach geführtem Trennband). Dieser Sedan wurde mit dem 3-L-V6 und dem 2,5-L-Turbo-Vierzylinder angeboten. Auch die LeBaron Coupé und Convertible waren ab Modelljahr 1990 mit dem 3-L-V6 zu haben, und so motorisiert kamen sie zudem auf europäische Märkte. Alle LeBaron warteten mit einem neugestalteten Cockpit mit schwungvollem Armaturenträger auf.

3,3-Liter-V6 Im Herbst 1989 präsentierte Chrysler einen eigenen 3,3-L-V6-Motor, der 152 PS leistete und ebenfalls auf Frontantrieb mit Quereinbau ausgelegt war. Er toppte den von Mitsubishi gelieferten 3-L-V6 mit 143 PS, wenngleich er nach bewährter amerikanischer Sitte mit einer zentralen Nockenwelle und gusseisernem Block ausgerüstet war. Dieser besaß einen Gabelwinkel von 60 Grad; das neue Triebwerk war vor allem auf Durchzugskraft aus tiefen Tourenzahlen ausgerichtet. Nachdem der hinterradgetriebene Fifth Avenue 1989 als letzter V8-Chrysler frühzeitig von der Bühne abgetreten war, wurde mit diesem 3,3-Liter-V6 ein neues Zeitalter eingeläutet. Er fand Eingang in den Modellen New Yorker Fifth Avenue (und auf Wunsch auch in den beiden anderen New-Yorker-Modellen Salon und Landau) und dazu in einem neuen Imperial.

Imperial 1990 Der nur gerade in den Modelljahren 1981 bis 1983 wiedererweckte Imperial feierte mit dem Jahrgang 1990 als Luxuslimousine mit Vorderradantrieb erneut eine Rückkehr. Dies nun ebenfalls als ein Produkt auf Basis der 1981 mit dem Dodge Aries und Plymouth Reliant eingeführten K-Plattform. Wenn er auch nicht mehr ganz an den Chrysler Fifth Avenue 1989 herankam, war der jüngste Imperial mit 278 cm Radstand und 516 cm Länge doch ein imposantes Gefährt. Das typische Kühlergesicht der Chrysler-Topmodelle mit feinmaschigem Gitterrechteck und Klappscheinwerfern war bei ihm schräggestellt. Die B-Pfosten waren über das Dach hinweg mit einem Chromband verbunden, und in die Hintertüren war als drittes Seitenfenster ein Opera Window integriert. Der ab 1620 kg wiegende Imperial war sechssitzig und sein Torqueflite-4-Stufen-Automatikgetriebe wurde entsprechend mit einer Lenkradschaltung bedient. Zur Ausstattung zählten Vierrad-Scheibenbremsen, ein elektronisches Luftfederungssystem mit Niveauausgleich und ein ABS.

Chrysler Saratoga, 1990

Chrysler Imperial, 1990

Chrysler Imperial, 1991

New Yorker Fifth Avenue 1990 Dieses Modell war bei gleichem Radstand, wie ihn der Imperial besaß, 11 cm kürzer (vor allem wegen des kürzeren Frontüberhangs), bot aber ebenfalls ein Opera Window (ein ABS war mehrpreispflichtig).

TC by Maserati 1990 Mit dem Modelljahr 1990 wurde das Zweisitzercabrio auch mit dem 3-Liter-V6 von Mitsubishi lieferbar (143 PS statt der 203 PS aus dem 2213-cm³-16-Ventil-Motor, zudem mit 4-Stufen-Automatikgetriebe)... womit er sozusagen zu einer »dreikontinentalen« Konstruktion wurde. – Im November 1989 ließ Chrysler verlauten, dass der TC ab Sommer 1990 nicht mehr »in Zusammenarbeit mit Maserati« entstehen würde. Statt der errechneten 25'000 Wagen pro Jahr, waren bis zu jenem Zeitpunkt erst 1992 TC verkauft worden. Der geplante Gesamtabsatz wurde nun auf 7300 Stück zurückgenommen (mit dem Modelljahr 1991 wurde dann ausschließlich noch die V6/Automatik-Version angeboten).

Im Januar 1990 unterzeichneten Lee Iacocca und Österreichs Bundeskanzler Franz Vranitzky eine Absichtserklärung, wonach Chrysler und Steyr in Graz ein gemeinsames Werk für die Herstellung des Chrysler Voyager errichten wollten (anfänglich war von einem Nachfolgemodell die Rede). Von der Steyr-Fahrzeugtechnik AG in Graz wurden bereits die Allradeinheiten für den Voyager hergestellt. – Anderseits erklärten Chrysler und Renault im Juni 1990, dass sie auf die gemeinsame Herstellung eines Junior-Jeep (Projekt JJ) verzichten werden; amerikanische Marktforscher hatten behauptet, dass der Markt für Mini-SUV keine Zukunft habe. Iacocca bekannte kurz darauf, dass Chrysler wegen der schlechten Absatzlage den Gürtel noch enger schnallen bzw. noch weitere drastische Sparmaßnahmen einleiten müsse.

Chrysler New Yorker Fifth Avenue, 1991

Chrysler Town & Country, 1990

Chrysler USA	Bauart	Mot.	Getr.	R/ L cm	Modelljahre
Laser	**Fr.**	**a–e**	**5/A3**	**246,5/444,5**	**1984–86**
Motoren:	*Zyl.:*	*N'w.:*	*cm³:*	*PS/min:*	*Nm/min:*
a (1984/85)	4i	OHC	2213	100/5600	164/3200
b (1986– *Export)				98/5200/101*/5600	166/3200
c (*1985)	4iT			144/5600/148*/5200	217/228/3600
d (1986– *Export)				148/150*/5200	231/3600
e (1986– *Export)	4i		2501	101/105*/4800	185/2800
ES (Export)	**Fr.**	**a–c**	**5/A3**	**246,5/436**	**1988/89**
Motoren:	*Zyl.:*	*N'w.:*	*cm³:*	*PS/min:*	*Nm/min:*
a	4i	OHC	2501	98K/4400	180/2800
b (1988)	4iT		2213	148/5200	230/2400
c (1989–)			2501	146/4800	244/2000
GS Turbo 2 (Export)	**Fr.**	**–**	**5**	**246,5/455,5/453**	**1988–90**
*Motor: (*1990–)*	*4iT*	*OHC*	*2213*	*177/5200*	*276/3200/285*/32'*
LeBaron	**St.**	**a–c**	**A3**	**286,5/523**	**1981**
LeBaron Coupé				**276/512**	
Motoren:	*Zyl.:*	*N'w.:*	*cm³:*	*PS/min:*	*Nm/min:*
a	6	OHV	3678	86/91CA/3600	224/1600/1200
b	V8		5210	132/4000	312/2000
c (Calif./Europa)				167/4000	326/2000
LeBaron	**Fr.**	**a–i**	**4/A3**	**254,5/455–459**	**1982–88**
Executive Sedan				**317/516,5**	**1983/84**
Limousine		**(e/f)**		**333,5/535**	**1983–87**
a (1982)	4	OHC	2213	85/4800	151/2400
b (1983)				95/5200/102E/5600	159/3200
c (1984 *1985)	4/4i*			97/5200/100*/5600	161/164/3200
d (1986– *Export)	4i			98/5200/101*/5600	166/3200
e (1984 *1985/86)	4iT			142/148*/5200	217/228/3600
f (1987– *Export)				148/150*/5200	232/3600
g (*1983)	4		2555	93/94*/4500	178/179/2500
h (1984/85)				102/100CA/4800	190/186/2800
i (1986– *Export)	4i		2501	101/105*/4800	185/2800
LeBaron Coupé/Convert.	**Fr.**	**a–f**	**5/A3/A4**	**254,5/255/469,5**	**1987–90**
a (–1988)	4iT	OHC	2213	148/5200	231/3600
b (1989 *1990–)				176/177/5200	271/2400/285*/32'
c (*1988–)	4i		2501	101/4800	180/183*/2800
d (Export 1988–)				105/4800/97	
e (1989– *Export)	4iT			152/4800/146*/147*	244/2000
f (1990–)	V6i		2972	143/5000/136/5200	232/2800/223/2400
LeBaron GTS	**Fr.**	**a–i**	**5/A3**	**262/458**	**1985–88**
GTS / Lancer Shelby					**1989**
Motoren:	*Zyl.:*	*N'w.:*	*cm³:*	*PS/min:*	*Nm/min:*
a (1985)	4i	OHC	2213	100/5600	164/3200
b (1986–88 *Export)				98/5200/101*/5600	166/3200
c (1989–)				94/4800	165/3200
d (1985/86)	4iT			148/5200	228/3600
e (1987– *Export)				148/150*/5200	232/3600
f (Lancer Shelby '89–)				176/177/2500	271/2400
g (1986–88 *Export)	4i		2501	101/105*/4800	185/2800
h (1989–)				101/4800	183/2800
i (1989– *Export)	4iT			152/4800/146*/148*	244/2000
LeBaron / Saratoga	**Fr.**	**a–c**	**5/A4**	**262,5/460/463**	**1990**
a	4iT	OHC	2501	146/152/5200	247/2000
b (Export)	4i			97/4800	183/2800
c	V6i		2972	141/5200/143	232/2800
E Class	**Fr.**	**a–h**	**A3**	**262/475,5**	**1983/84**
New Yorker (*1986–)				**262/471/475,5***	**1983–87**
Motoren:	*Zyl.:*	*N'w.:*	*cm³:*	*PS/min:*	*Nm/min:*
a (*1984)	4	OHC	2213	95/5200/100*/5600	158/164/3200

Chrysler USA	Bauart	Mot.	Getr.	R/ L cm	Modelljahre
b (1983)	4i				162/3200
c (1984 *1985)	4iT			142/148*/5200	217/228/3600
d (1986 **87– *Export)				148/150*/5200	228/231**/3600
e (1983)	4		2555	94/4500	179/2500
f (1984/85)				102/100CA/4800	190/186/2800
g (1986 *Export)	4i		2501	101/4800/105*	185/2800
h (1987–)				101/4800	180/2800
New Yorker	**Fr.**	**a(/b)**	**A3/A4**	**265/492**	**1988–90**
New Y. Fifth Avenue		**b**		**278/504,5**	**1990**
Imperial		**c**		**278/515,5**	
a (*1989–)	V6i	OHC	2972	138/4800/143*/5000	228/232/2800
b (1990–)		OHV	3301	149/4800	246/3600
c (1990–)				152/5000/145	251/3600
Cordoba	**St.**	**a–d**	**A3**	**286,5/533,5**	**1981–83**
Motoren:	*Zyl.:*	*N'w.:*	*cm³:*	*PS/min:*	*Nm/min:*
a (–1981)	6	OHV	3678	86/91CA/3600	224/1600/1200
b (1982 *1983–)				91/3600	217/224*/1600
c	V8		5210	132/4000	312/1600
d (Calif./Europa)				167/4000	326/2000
Newport / New Yorker	**St.**	**a–c**	**A3**	**301/559,5/562,5**	**1981**
Motoren:	*Zyl.:*	*N'w.:*	*cm³:*	*PS/min:*	*Nm/min:*
a	6	OHV	3678	86/91CA/3600	224/1600/1200
b	V8		5210	132/4000	312/2000
c (Calif./Europa)				167/4000	326/2000
New Yorker	**St.**	**a/b**	**A3**	**286,5/525**	**1982**
New Yorker 5th Av. Ed.					**1983**
Newport / Fifth Avenue		**c/d**			**1984–86**
a (*1983)	6	OHV	3678	91/3600	217/224*/1600
b	V8		5210	132/167CA/4000	312/1600/326/2000
c (*1985/86)				132/4000/142*/3600	319/1600/359/1600
d (Export 1986–)				180/4000	
Fifth Avenue	**St.**	**–**	**A3**	**286/525**	**1987–89**
– (*Export)	V8	OHV	5210	142/3600/180*/4000	359/2000/–
Imperial	**St.**	**–**	**A3**	**286,5/542**	**1981–83**
Motor:	*V8i*	*OHV*	*5210*	*142/4000*	*332/2000*
Chrysler-Maserati	**Fr.**	**a**	**5/A3**	**236/446,5**	**1986/87(Prototyp)**
TC by Maserati		**a–d**	**5/A3/A4**		**1988–90**
Motoren:	*Zyl.:*	*N'w.:*	*cm³:*	*PS/min:*	*Nm/min:*
a (Turb.II *m.Aut.-88)	4iT	OHC	2213	176/4800/162*/5200	272/3200/232/3600
b (Turbo II 1989)				176/5200/164	271/2400/232
c (16V De Tomaso)		D16V		203/5500	298/3600
d (1990–)	V6i	OHC	2972	143/5000	232/2800
Voyager (Export)	**Fr.**	**a–e**	**5/A3**	**284,5/447/450,5**	**1988–90**
V. Grand Lim. (Export)				**302,5/484**	
Town & Country		**e**			**1990**
Motoren:	*Zyl.:*	*N'w.:*	*cm³:*	*PS/min:*	*Nm/min:*
a (+*1989–)	4i	OHC	2501	97/4400/101*/4800	179/183/2800
b (1989–)	4iT			152/4800/146*	244/2000
c (1988)	V6i		2972	138/4800	224/2400
d (1989– *Export)				144/5000/141*/5200	234/2800/230/2400
e (1990–)		OHV	3301	152/4800	251/3600

Chrysler Australia	Bauart	Mot.	Getr.	R/ L cm	Modelljahre
Valiant / Regal	**St.**	**a–c**	**3/4/A3**	**282/497,5/506**	**1980–82**
Motoren:	*Zyl.:*	*N'w.:*	*cm³:*	*PS/min:*	*Nm/min:*
a (Valiant)	6	OHV	4014	155/4400	282/1600
b			4342	164/4400	305/1200
c	V8		5210	145/4000	334/2000

Citicar

Citicar, 1977

Citicar (anfänglich Citycar, später CitiCar geschrieben) war die Marke eines winzigen Elektroautos der amerikanischen Sebring-Vanguard Inc. in Sebring, Florida; es wurde ab 1974 in den USA angeboten. Das zunächst auch als Vanguard Sport Coupe bezeichnete Wägelchen bot Platz für zwei Insassen plus 90 kg Gepäck. Es erreichte mit sechs 6-Volt-Batterien bis 45 km/h sowie 70 km Fahrdistanz zwischen zwei Batterieladungen.

1975 wurde der Citicar auch auf dem deutschen Markt eingeführt und Anfang 1976 in der Schweiz. Sein General-Electric-Elektromotor wurde nun von acht 6V-Batterien gespiesen. Die Spitze wurde mit 60 km/h und die Reichweite mit 70 bis 80 km angegeben. Das Chassis bestand aus einer Aluminiumrohrkonstruktion und die Karosserie wurde aus Cycolac-Kunststoff hergestellt. Der Citicar hatte vorne und hinten Starrachsen mit Blattfedern und er bot vordere Scheibenbremsen sowie ein eingebautes Ladegerät. Er war 237 cm lang, 140 cm breit und 145 cm hoch. Neben dem Zagato Zele aus Italien war der Citicar das einzige Elektroauto, das sich in diversen Ländern einen winzig kleinen Marktanteil holen konnte. Immerhin wurde es als bedeutendste Elektroautofabrikat der USA propagiert. Bis 1977 wurden rund 2300 Citicar hergestellt.

CommutaCar Infolge Konkurs wurde die Firma Sebring-Vanguard darauf von der Commuter Vehicles Inc. übernommen, womit die Bezeichnung auf CommutaCar Electric Vehicle wechselt. Bis 1982 entstanden weitere 2144 Cars and Vans dieses Elektroautofabrikats.

Citicar	Zyl.	cm³	PS	bei 1/min	Gänge	Spitze km/h	Radstand/Länge	ab Jahr	Besonderheiten
-	E	-	3,5	-	A		164/237	1975/76	
			6					1976/77	

Clénet

Der Clénet war eine typische Neoclassic-Konstruktion, ein hochluxuriöses Cabriolet im Stil der Topsportwagen aus den späten 20er oder frühen 30er Jahren. Schrittmacher dieser Fahrzeugkategorie waren die → Excalibur gewesen. Während diese aber stilistisch den Mercedes-Benz SSK nacheiferten, war der Clénet keine direkte Kopie, auch wenn sein eckiger Kühler allenfalls an jenen der englischen Railton erinnern mochte.

Die Clénet Coachworks Incorporated wurde 1975 vom 31-jährigen Franzosen Alain Clénet in Santa Barbara, Kalifornien, gegründet. Er hatte in Paris die Design-Fachhochschule absolviert, wirkte später bei → AMC am Javelin- und AMX-Programm mit, kehrte darauf nach Frankreich zurück, wurde mit 25 Designberater in Detroit (wo er u. a. beim De-Tomaso-Pantera-Projekt von Ford involviert war) und wandte sich der Zubehörherstellung zu. Den ersten Clénet schuf er in Handarbeit; er wurde an der Los Angeles Expo Auto Show im April 1976 zu einem großen Erfolg. Binnen 15 Monaten wuchs die Clénet Coachworks Incorporated vom fünfköpfigen Kleinbetrieb zum Unternehmen mit 50 Arbeitnehmern.

Um den Crashtest-Auflagen zu entgehen, wurde eine Produktion von maximal 250 Clénet vorgesehen und ein viersitziges Nachfolgemodell geplant. Die Produktionsnummer war auf einem Silberplättchen unterhalb der mit eingravierten Verzierungen versehenen Ausstell-Fensterflügelchen aufgeführt.

Die gesamte Antriebsmechanik des Clénet entstammte den → Lincoln und Mercury; es handelte sich um den 6,6-L-V8 mit Doppelvergaser und Getriebeautomatik. Aus gleicher Quelle stammten die Aufhängungsteile. Das Leiterrahmenchassis mit Versteifungselementen war eine Eigenkonstrukti-

Clénet, 1979

Clénet Series II, 1980

on. Die hochelegante Karosserie mit der ellenlangen Motorhaube wurde aus Stahlblech hergestellt, nur die lang geschwungenen Kotflügel bestanden aus Kunststoff. Im Interieur gaben Echtleder, Edelholz und Lammfell den Ton an. Zur umfangreichen Serienausrüstung zählte auch eine Klimaanlage. Das Leergewicht wurde mit 1630 kg angegeben.

Series II Unter der Bezeichnung Four-Passenger Convertible wurde im Herbst 1979 der Clénet der Zweitserie vorgestellt. Die Erstserie von 250 Exemplaren galt als nahezu abgeschlossen. Für das viersitzige Cabriolet war der Radstand auf 345 cm verlängert worden, während die Gesamtlänge imposante 561 cm erreichte. Die mechanischen Aggregate stammten weiterhin von der Lincoln-Mercury Division, doch war inzwischen (auch für den Zweisitzer) vom 6,6- auf den 5,8-L-V8 umgestellt worden. Der 1900 kg wiegende Viersitzer unterschied sich stilistisch u. a. durch den heruntergezogenen Kotflügelrand, die versenkten Scheinwerfergläser und die stark gebogene größere Windschutzscheibe.

Neues Werk In Goleta, nördlich von Santa Barbara, konnte Alain Clénet Anfang Oktober 1980 zwei neuerstellte Fabrikgebäude für Produktion und Montage in Betrieb nehmen. Auf nun verdoppelter Nutzfläche wurden in wohlorganisierter Großzügigkeit 134 Leute beschäftigt, und es wurde auch mit einer Verdoppelung der Produktion auf monatlich 20 Clénet gerechnet. Und bereits wurde der Clénet Series III entwickelt, der sich als Zweisitzer wieder an das ursprüngliche Modell anlehnen sollte. Mit dem Series IV wurde hingegen eine viertürige Limousine geplant.

Ausgangspunkt für das Clénet-Cabriolet blieb einerseits ein Leiterrahmenchassis (Längsträger und Traversen, 1980/81 neukonzipiert), anderseits entstammte nun die gesamte Mechanik dem → Mercury Marquis. Dieses Topmodell der mittleren Marke der Ford Motor Co. wurde vor Ort seiner Karosserie entledigt und mit dem Clénet-eigenen Chassis kombiniert. Dessen Radstand erreichte imposante 345,5 cm (Marquis: 290,5 cm). Die Clénet-Karosserien entstanden aus

Stahlblech und wurden in Eigenregie zusammengeschweißt. Bei aller Anlehnung an den Stil der Zwischenkriegszeit wirkten sie wohlgeformt elegant und selbstredend in hohem Grade individuell. Mit 569 cm Gesamtlänge vermochten sie aber auch Repräsentationswünsche zu erfüllen.

Beim Motor handelte es sich um einen 5,8-Liter-V8 (wie es ihn im Marquis 1981 nicht mehr gab), der auf eine Leistung von 147 PS kam. Die vier verchromten Kompressor-Auspuffrohre, die beidseits des Clénet Cabriolet aus der Motorhaube quollen und durch die langgeschwungenen vorderen Kotflügel nach unten verschwanden, waren reine Attrappen. Der Kraftübertragung diente das neue 4-Stufen-Automatikgetriebe Automatic Overdrive, wie es auch in den Topmodellen von Ford, Mercury und Lincoln Verwendung fand. Das Fahrwerk setzte sich aus vorderen Trapez-Dreieckquerlenkern und Schraubenfedern und einer hinteren Starrachse mit Längs- und Schräglenkern und Schraubenfedern zusammen. Die Bremsen wie die Kugelkreislauflenkung arbeiteten mit Servo, und zur Ausrüstung zählten, nebst ausgewähltem Leder und einem reichlich mit kreisrunden Anzeigeinstrumenten bestückten Edelholz-Armaturenbrett, diverse Luxusmerkmale wie eine automatische Klimaanlage, eine Superstereoanlage und ziselierte Ausstellfenster samt Silberplättchen mit Produktionsnummer.

Die mit viel Handarbeit gebauten Clénet schufen sich in kurzer Zeit einen so guten Ruf, dass die Mund-zu-Mund-Propaganda für volle Auftragsbücher genügte und auf Werbung verzichtet werden konnte. Wie erwähnt befanden sich ab 1980 zwei weitere Modelle in Vorbereitung: ein als Clénet Series III bezeichneter neuer offener Zweisitzer sowie als Series IV eine hochluxuriöse viertürige Limousine.

Asha Doch so weit kam es nicht. Weil die Werkanlagen einem Partner von Clénet gehörten und dieser auf der Bezahlung einer Miete beharrte, kam es zu einem Rechtsstreit. In der Folge wurden die Werkanlagen in Goleta 1982 auf Gerichtsbeschluss geschlossen. Die Produktion des viersitzigen Clénet Serie II war mangels Nachfrage ohnehin bereits Ende 1981 eingestellt worden.

Mit einer tollen Party stellte Alain Clénet darauf in Hollywood das nach seiner Tochter benannte neue Modell Asha vor. Aber dieses Cabrio erwies sich als noch nicht produktionsreif, und deshalb wurde ein Serie-III-Modell mit T-roof vorgezogen. Doch auch es verfing nicht und ebenso wenig der nachgeschobene Asha mit Hardtop. Es mag dies ebenso an der schlechten Konjunkturlage wie an der Konkurrenz durch die deutlich preisgünstigeren Excalibur und DeLorean gelegen haben. Indessen suchte Clénet verzweifelt nach einem neuen Partner und Geldgeber...

1983 musste die Produktion endgültig eingestellt werden, und bald darauf richteten Alain Clénet und der in den USA erfolgreiche Schweizer Designer Mark P. Stehrenberger in Santa Barbara ein neues internationales Design-Zentrum ein. Zur Jahreswende 1984/85 verlautete, dass unter Führung von Al DiMora, einem früheren Clénet-Mitarbeiter, eine neue

Clénet Series II, 1981

Clénet Series III Asha, 1984

Firma gegründet worden sei. Diese habe die Restbestände der Clénet Coachworks übernommen und wolle der Marke zu einer Renaissance verhelfen. Zum Inventar zählten 17 unvollendete Clénet-Wagen. Die meisten der 38 für die Neuproduktion vorgesehenen Angestellten hatten früher schon für Clénet gearbeitet. Al DiMora hatte bereits 1982 den Classic Clénet Club gegründet. Er zählte auf das hohe Renommee der Marke und den Liebhaberwert der Wagen (der angeblich teils über den Neupreisen lag).

Sportster Unter der neuen Führung wurde auch ein neues Modell herausgebracht: der Sportster, ein offener Zweisitzer, der zu einem weit günstigeren Preis angeboten wurde, weil viele Ausrüstungsteile weggelassen bzw. als Zubehöre angeboten wurden. Auf der Preisliste für 1987 figurierten somit die Modelle Series II Cabriolet, Series III Asha und Series IV Sportster. Diese Modelle wurden auch auf der Greater Los Angeles Auto Show von Anfang 1987 gezeigt; dem Antrieb diente der Ford-4,9-L-V8. – *Doch vor Mitte 1987 kam es erneut zum Konkurs.*

Clénet	Bauart	Mot.	Getr.	R/ L cm	Modelljahre
Series II	**K'r.**	**a**	**A4**	**345,5/569**	**1980–82**
Series III Asha	**(St.)**	**b**		**315/519,5**	**1981/82**
Motoren:	*Zyl.:*	*N'w.:*	*cm³:*	*PS/'min:*	*Nm/'min:*
a	V8	OHV	5766	147/3200	366/1800
b	V8i		4942	136/3400	315/2200

Clénet	Zyl.	cm³	PS	bei 1/min	Gänge	Spitze km/h	Radstand/Länge	ab Jahr	Besonderheiten
-	V8	6586	168	3800	A3		306/488	1976-78	
			161					1978/79	
Roadster		5770	142	3400	A3A4			1979/80	
Convertible							345/561	1979-	

CMC

Unter der Marke CMC wurden auf dem Genfer Salon 1976 für den VW-Käfer-Plattformrahmen geeignete Oldtimer-Imitationskarosserien aus den USA angeboten. Sie bestanden aus GfK und wurden von der Classic Motor Carriages, Inc., (CMC) in Miami, Florida, hergestellt. Durch eine Übernahme war CMC in die Fußstapfen von → Fiberfab USA getreten. Angeboten wurden die Bausatzmodelle Tiffany Bugatti, der an den Bugatti-Rennzweisitzer des Typs 35 B von 1927 erinnerte, und Tiffany Gazelle, dessen Stil vom Mercedes-Benz SS aus dem Jahre 1929 inspiriert war. Den Gazelle gab es mit oder ohne Türen, mit zwei oder vier Sitzen. In den 80er Jahren wurde er als CMC Gazelle in der Regel mit einer (gebrauchten) 2,3-L-Mechanik aus dem Ford Pinto zusammengebaut.

Classic Tiffany Mitte der 80er Jahre brachte CMC mit dem Classic Tiffany einen fertig aufgebauten, großen und luxuriösen Neoclassic-Wagen auf den Markt, der in der Art der → Excalibur, Clénet oder Baroque gehalten war: Einen Aufbau im Stil der frühen 30er Jahre kombiniert mit der Mechanik und Technik eines potenten aktuellen US-Modells.

Der Classic Tiffany basierte, abgesehen von einer eigenen Chassisstruktur, auf dem Coupé → Mercury Cougar, von dem die Fahrgastzelle, die Antriebseinheit, die Aufhängungen und die weiteren technischen Aggregate übernommen wurden. Selbst das geschwungene, sich nach oben verbreiternde zweite Seitenfenster wies auf den Cougar hin, wie er ab Modelljahr 1983 gebaut wurde. Ein kleiner Bügel am breiten hinteren Dachträger simulierte ein Cabrioverdeck, und am Heck fügte sich ein stilgerechter Kofferbehälter an. Reserveräder auf den vorderen Kotflügeln fehlten ebenso wenig wie seitlich aus der Motorhaube geführte (simulierte) Kompressor-Auspuffrohre. Eine Besonderheit aber bestand in der Schrägstellung des klassischen, zwischen den Kotflügeln und Scheinwerfern eingebetteten Kühlergrills. Zur Ausstattung zählten Lederüberzüge, ein Wurzelholz-Armaturenbrett, Speichenräder sowie die in dieser Klasse üblichen Komforteinrichtungen.

Die Leistung des 4,9-Liter-V8-Einspritzmotors wurde (1987) mit 152 PS angegeben. Der 1800 kg wiegende Fünfsitzer vermochte angeblich in 11,5 s auf Tempo 100 zu sprinten und eine Spitze von 190 km/h zu erreichen.

Es wurde eine Jahresproduktion von 350 Wagen gemeldet. 1987 mussten 200 Tiffany 1986 wegen sich verhärtender Lenkung zurückgerufen werden.

Tiffany 1988 / Executive 1988 erhielten die Classic Tiffany das vergrößerte, nach oben auslaufende zweite Seitenfenster, wie es beim Mercury Cougar mit dem Modelljahr 1987 eingeführt worden war. Zudem kam neu die noch luxuriösere Variante Classic Tiffany Executive hinzu. Bei ihr reduzierte sich das zweite Seitenfenster auf ein Opera light (kleines hochformatiges Guckfenster). Das an ein Cabriolet gemahnende Dach war ab B-Pfosten mit einem farblich kontrastierenden oder passenden Kunststoffbelag überzogen und wurde als Landau-roof bezeichnet. Über den Vordersitzen war ein elektrisches Moonroof (Glasdach) eingebaut. Auf Wunsch waren für den Kühlergrill vergoldete Einlagen erhältlich.

Swiss Finish Amerikanische Neoclassic-Konstruktionen kamen in der Regel unverändert nach Europa, wo man sich

Classic Tiffany, 1987

CMC Classic Destiny, 1990

Classic Tiffany, 1987

mit den eher komfortorientierten als fahraktiven Eigenschaften abzufinden hatte. Meist ging es ohnehin um Einzelimporte oder solche in kleiner Stückzahl. Eine Ausnahme bildeten die von F. W. Egli über seine US Car Garage in Bettwil, im Schweizer Kanton Aargau, importierten Tiffany. F. W. Egli hatte sich als Motorradspezialist einen internationalen Namen gemacht, und im Oktober 1988 wurde er Generalimporteur für den CMC Classic Tiffany für Europa. Innerhalb eines Jahres wurden durch seine noch kaum aufgebaute Organisation sieben dieser schweren Wagen an den Mann gebracht, davon drei in der Schweiz und zwei in der Bundesrepublik.

Doch Egli gab sich mit den Originalfahrzeugen nicht zufrieden, sondern unterzog sie einem aufwändigen Swiss Finish: Verstärkung an Eckpunkten der Karosseriestruktur durch Einschweißen von Knotenblech an zwölf Stellen; Einbau von zusätzlichen Streben und Traversen; Einbau anderer Schraubenfedern und Stoßdämpfer, weicherer Stabilisator; Bremsen mit Sinterbelägen; thermische Optimierung der Motorkühlung; Hohlraumbehandlung und Unterbodenschutz; Innenraum-Verfeinerungen, auf Wunsch mit Ledersitzen usw.

In einem 1989 ausgefochtenen Namensstreit, der von der Schmuckfirma Tiffany eingeleitet worden war, ging CMC siegreich hervor. Diese Autofirma bot auch noch während der Bauzeit des Classic die Bausatzmodelle an. Sie wurde sogar als einer der weltgrössten Kitcar-Hersteller bezeichnet. Nachdem für 1988 noch eine Jahresproduktion von 80 Exemplaren gemeldet worden war, lief die Herstellung des Tiffany ab 1989 allmählich aus.

CMC Classic Destiny Davon abgesehen wurde im März 1990 auf dem Genfer Salon als Cabrioletvariante des CMC Classic Tiffany der CMC Classic Destiny zur Weltpremiere gebracht. Für den Antrieb sorgte der 4,9-L-V8 von Ford, wobei die Leistung mit 225 PS (Tiffany: 175 PS) angegeben wurde. Als konstruktiver Ausgangspunkt diente das Mustang-Cabriolet, doch wurden Radstand und Länge mit imposanten 367 bzw. 567 cm angegeben. Das Werk wurde in Europa weiterhin durch die Firma F. W. Egli, US Classic Cars in Bettwil, vertreten, und auch der 1850 kg wiegende Destiny wurde einem Swiss Finish unterzogen.

*

Die US-Firma CMC gab es noch bis 1995.

Consulier

Der ab 1985 in Florida konstruierte Consulier war als eine ebenso straßen- wie rennsporttaugliche Alternative zu den Hochleistungssportwagen aus Europa und zum Chevrolet Corvette gedacht. Antriebsquelle war bloß ein als Mittelmotor eingesetzter 2,2-Liter-Turbo-Vierzylinder von Chrysler. Wegen seines eigenwilligen Designs wurde dem Consulier von der amerikanischen Fachpresse »der Prozess« gemacht. Zu der keilförmigen Front mit den in den Radhäusern versenkten Doppelscheinwerfern sowie zu dem Fastback- und Heckflügelabschluss wollte vor allem die steile Frontscheibe nicht so recht passen. Der Consulier war auf Initiative von Warren Mosler in dreijähriger Entwicklungsarbeit entstanden. Mosler hatte sich in der amerikanischen Tourenwagen-Rennsportszene einen Namen gemacht. 1985 gründete er das Mosler Auto Car Center, aus der die Consulier Industries, Inc., in Riviera Beach, Florida, hervorging.

GTP Moslers großes Vorbild war Colin Chapman, dessen Lotus-Konstruktionsphilosophie in der Kombination eines möglichst leichtgewichtigen Rahmen/Aufbau-Konzepts mit einer ausgefeilten Aufhängung und hochwertigem Motortuning bestand. Das Consulier GTP genannte Zweisitzercoupé entstand denn in Verbundbauweise mit einer Monocoque-Unter- und Aufbaustruktur aus Glas- und Kohlefasermaterial mit Schaumstoffkern, die in verschiedenen Verbindungen verklebt wurde. Die in Eigenregie entworfene Karosserieform wurde aerodynamisch optimiert, so dass sich bei zunehmender Geschwindigkeit ein wachsender Bodendruck ergab. Hierzu diente vor allem der in das Heck integrierte Flügel mit Abrisskante. Mit einem Leergewicht von unter 850 kg in der Sportversion – die Luxusversion GTP LX mit Klima- und Stereoanlagen, Recaro-Sitzen, Leder- und Teppichüberzügen sowie elektrischen Helfern wog gut 100 kg mehr – war das Leichtgewichtsziel (besonders in der überarbeiteten Auflage) klar erreicht worden. Die Gewichtsverteilung vorne/hinten wurde mit 37/63 Prozent angegeben.

Die aus unteren Dreieckquerlenkern, oberen Querlenkern und dreifach verstellbaren Stoßdämpfern bestehende Aufhängung war von Bob McKee von McKee Engineering entwickelt worden. Sie verhalf dem Consulier zusammen mit der Mittelmotor-Bauweise und dem Leichtgewicht in der Tat zu einem hohen Maß an Agilität und Kurvenfreudigkeit. Dies kompensierte die mit 176 PS vergleichsweise bescheidene Leistung aus dem hinter den Sitzen eingebauten 2213-cm³-Triebsatz Chrysler Turbo 2, wie er mit Ladeluftkühler auch für den → Chrysler-Maserati vorgesehen wurde. In der Sportversion konnte der Consulier GTP den Sprint auf 60 mph (96,5 km/h) in 5,7 s bewältigen (ursprüngliches Modell 5,2 s) und eine Spitze von 240 km/h erreichen. Später gab es die Chrysler-Turbomaschine auch mit höherer Leistung.

Wenn Warren Mosler postulierte, dass der Consulier GTP Rennstrecken schneller umrunden könne, als alle anderen straßenzugelassenen Sportwagen (später ging er darauf sogar hohe Wetten ein), so war dies keineswegs aus der Luft gegriffen. Mit den Consulier-Mittelmotorcoupés konnten je nach Streckenanlage während sechs Jahren zahlreiche US-Rennen gewonnen werden, bis sie 1991 einer Reglementsänderung zum Opfer fielen.

In der Erstauflage war der Consulier GTP in nur zehn Exemplaren gebaut worden. Die zweite Serie wurde etwas rundlicher und ohne die über die Heckscheibe gezogenen Lamellen gestaltet.

*

Bis 1993 entstanden rund 100 GTP. Darauf wurde er von Modellen mit Corvette-V8-Motor abgelöst.

Consulier GTP, 1989

Continental

Der erste Lincoln Continental war Ende 1939 für das Modelljahr 1940 nach Entwürfen von Henry Fords Sohn Edsel vorgestellt worden. Er war das mit V-12-Motor ausgerüstete neue Spitzenmodell von Lincoln, der Spitzenmarke der Ford Motor Company. Durch seine geglückte Formgebung mit niedriger Silhouette, die vornehme Eleganz ausstrahlte, und die sorgfältige Fertigung wurde der Lincoln Continental zu einem Begriff. Seine Produktion lief bis 1948 (→ Lincoln). Um das Ansehen des Namens Continental noch weiter aufzuwerten, brachte der Ford-Konzern Ende 1955 als neue Spitzenmarke den Continental Mark II auf den Markt. Er sollte nicht mehr nur ein Gegengewicht zu den Cadillac und Packard bilden, sondern sogar Rolls-Royce die Stirn bieten. Die Leitung der Continental-Division wurde Edsels jüngstem Sohn William Clay Ford anvertraut.

Für die Formgebung standen auch auswärtige Designstudios im Wettbewerb, gewählt wurde jedoch ein Entwurf des Ford-Designers John Reinhardt. Doch hat auch Gordon Buehrig beratend mitgewirkt; er hatte sich schon in der Zwischenkriegszeit einen großen Namen gemacht. Der äußere Stil ebenso wie die Wahl der Materialien – handgegerbtes Leder, ausgewählte Polsterstoffe, feine Teppiche, vier doppelte Lackierschichten – verkörperten eine glänzende Synthese aus amerikanischem Formempfinden und klassischem englischen Qualitätsverständnis. Die Mechanik des Continental Mark II stammte wie schon beim ersten Continental von Lincoln. Eigens konstruiert war nur sein Leiterrahmenchassis. Während die Lincoln Continental noch einen V-12-Motor besaßen, wurde der Mark II von einem V8-Motor angetrieben. Es war ein 6-Liter Aggregat von »nicht genannter Leistung«..., womit eine Parallele zu Rolls-Royce geschaffen wurde! Der Kraftübertragung diente die 3-Stufen-Automatik Turbo-Drive aus dem Lincoln Premiere. Der schnörkellos formvollendete Viersitzer von 553 cm Länge kostete zwischen 10'000 und 11'000 Dollar. Geplant war eine Jahresproduktion von 5000 Stück. Im Januar 1956 verkündete William Clay Ford, dass bis Ende des Jahres 4000 Mark II auf Amerikas Straßen rollen würden. Bis Anfang 1957 entstanden jedoch nur etwas über 2500 Exemplare, dies weil die ursprünglich erstaunlich große Nachfrage äußerst rasch abgeklungen war. Die Tagesproduktion musste daher im Februar 1957 von den anfänglich 15 auf nur noch drei Einheiten gedrosselt werden. *Da somit keine Hoffnung auf Rendite bestand, setzte man den Mark II und auch den Namen Continental als selbständige Marke wieder ab. Der Mark II war in insgesamt 3020 Exemplaren entstanden – er wurde zu den wertvollsten Sammelstücken Amerikas!*

Continental Mark II, 1956

Für das Modelljahr 1958 wurde der Continental Mark III herausgebracht.., als Spitzenmodell der Marke → Lincoln und mit den gleichen Karosserieformen wie die Lincoln-Reihen Capri und Premiere, zudem kam ein Cabriolet hinzu. – Lincoln Continental gab es bis 2002.

Continental	Zyl.	cm³	PS	bei 1/min	Gänge	Spitze km/h	Radstand/Länge	ab Jahr	Besonderheiten
Mark II	V8	6031	?	*	A	180	320/553	1956/57	Kastenrahmen mit Quertraversen, Mechanik Lincoln

* keine Leistungsangaben; in Lincoln: 289 PS bei 4600/min (1956)
304 PS bei 4800/min (1957)

Cord

In der überaus reichhaltigen Automobilgeschichte Amerikas zählte Cord zu den eigenwilligsten Fabrikaten. Diese Marke war 1929 von Errett Lobban Cord (1894–1974) gegründet worden, und sie hob sich durch den Vorderradantrieb und ein Chassis mit X-Traversen statt mit Leiterrahmen von der Norm ab. Der erfolgreiche Self-made-man Cord war bereits auch bei der prestigevollen Auburn Motor Company eingestiegen und übernahm 1931 die Anteilsmehrheit. Dann kaufte er mit → Duesenberg sogar die berühmteste aller US-Marken und gründete den Auburn-Cord-Duesenberg-Konzern, zu dem alsbald auch die Motorenfabrik Lycoming zählte.

Nachdem Cord zunächst einen »Baby-Duesenberg« geplant hatte, lancierte er 1935 unter seiner Eigenmarke das Modell 810, wiederum mit Frontantrieb und mit einem 4,7-L-V8-Motor von Lycoming. Der Wegfall des Kardantunnels hatte eine deutlich niedrigere und damit elegantere Bauweise ermöglicht. Das avantgardistisch-sportliche Design des Cord 810 war das Verdienst von Gordon Buehrig, der als ein Pionier moderner Autoformen in die Geschichte eingegangen war…, auch wenn sich Kritiker an der »coffine nose« (»Sargnase«) störten. Der Cord 810 besaß Schalensitze, einen strömungsgünstigen Unterbau, und er war das erste Auto mit versenkbaren Scheinwerfern! 1937 folgte die Version 812, doch insgesamt entstanden nur 2839 Exemplare. Trotz richtungweisendem Design blieb der kommerzielle Erfolg versagt.

Sportsman 8/10 Dessen ungeachtet ging die Marke Cord in die Autogeschichte ein, und dies motivierte Glenn Pray 1963 zur Entwicklung eines Cord, der sich im Sinne der Nostalgie an die amerikanischen Autoliebhabern richtete. Das seinerzeit von Gordon M. Buehrig entworfene Design des Cord 810 wurde weitgehend übernommen, dabei jedoch die Längenmaße aus praktischen Gründen auf acht Zehntel des Originals beschränkt. Daher hieß denn der neue Cord Sportsman 8/10. Die Fahrzeugbreite wurde hingegen beibehalten.

Für den Antrieb sorgte – originalgemäß in Verbindung mit Frontantrieb – der luftgekühlte Sechszylinder-Boxermotor aus dem Chevrolet Corvair. Auf Wunsch wurde die Motorversion mit dem Zentrifugalgebläse bzw. Abgasturbolader eingebaut. Man erkannte sie an den außenliegenden Kompressor-Auspuffrohren, wie sie einst der Cord 812 besessen hatte! Außerdem konnte zwischen der Powerglide-Automatik und einem 4-Gang-Getriebe mit Mittelschaltung gewählt werden. Eine Besonderheit des auferstandenen Cord lag in der Karosserie, die nicht aus dem üblichen GfK (glasfaserverstärkter Kunststoff) hergestellt wurde, sondern aus einem Material, das der Reifenhersteller United States Rubber Co. (US Rubber) entwickelt hatte. Es bestand aus einer Expanded Royalite geheißenen Sandwichkonstruktion, die nicht nur wesentlich leichter war, sondern der zudem außerordentliche Widerstandsfähigkeit nachgesagt wurde. Das neue Cord-Chassis bestand aus einem Kastenrahmen mit X-Verstrebung, die Vorderradaufhängung hatte eine Torsionsstabfederung, die hintere Starrachse war an Halbelliptikfedern abgestützt.

Cord Sportsman 8/10, 1965

Cord 815 SE, 1981

Die recht großen Produktionspläne der wiedergegründeten Auburn Cord Duesenberg Co. in Tulsa, Oklahoma, für den 8/10-Cord sollten sich nicht erfüllen; doch immerhin wurde das Liebhaberfahrzeug von 1964 bis 1966 in 91 Exemplaren gebaut.

1968 wurde von einer neuen Replika mit 4,7-Liter-V8-Motor von Ford gesprochen (Sports Automobile Manufacturing Co. = Samco in Manford, Oklahoma; Produktionsziel: 500 Replikas pro Jahr!); allerdings ging dieses Projekt sang- und klanglos unter...

3. Anlauf: 815 SE Doch Anfang 1981 wurde erneut eine Wiedergeburt der Marke Cord propagiert. Der neue Nachbau wurde von der Southeastern Replicars Inc. in Largo, Florida, verwirklicht. Diese hatte in kleiner Stückzahl bereits einen Nachbau des Auburn Speedster, einer weiteren stilistischen Meisterleistung von Gordon Buehrig, auf die Räder gestellt. Southeastern Replicas rechnete mit einem jährlich Ausstoß von nur 24 Einheiten und gab sich damit weit bescheidener als die Hersteller anderer Repliken oder Neoclassics, die oft an allzu hochfliegenden Plänen scheiterten.

Für ihren als Cord 815 SE bezeichneten Nachbau des 812 Phaeton hielten sich die Konstrukteure, soweit dies machbar war, getreulich an das Vorbild. Selbst in der Antriebsmechanik wich der Neuling prinzipiell nicht vom Urbild ab: Anstelle des 4,7-L-V8 von Lycoming, der mit Kompressor auf 170 PS bei 4250/min kam, trat ein 5-Liter-V8 von Oldsmobile mit 147 PS bei 3800/min. Unschwer zu erraten, dass auch die anderen Antriebskomponenten dem → Oldsmobile Toronado (bzw. dessen GM-Parallelmodellen Cadillac Eldorado und Buick Riviera) mit Vorderradantrieb entstammten.

Cord	Zyl.	cm³	PS	bei 1/min	Gänge	Spitze km/h	Radstand/Länge	ab Jahr	Besonderheiten
Sportsman 8/10	B6	2372	103	4400	A/4		254/422	1964	Kastenrahmen
		2684	112	4400			254/426	1965/66	Frontantrieb, Mot.
			142	5200					Chevrolet Corvair
			182	4000		190+			Abgasturbolader

Crosley

Die Marke Crosley zählte zum Ungewöhnlichsten, was die amerikanische Automobilindustrie einst zu bieten hatte. Vorgestellt worden war dieser »Volkswagen Amerikas« 1939. Sein Initiator hieß Powel Crosley junior. Er war in den 20erJahren zum weltgrößten Radiohersteller avanciert. Später produzierte er zudem die ersten Kühlschränke mit Ablagen in der Türinnenseite. Zum Multimillionär geworden, arbeitete Crosley ab 1934 in Cincinnati, Ohio, mit zwei

Crosley, 1947

Crosley Club, 1949

Crosley Hotshot, 1949

Konstrukteuren an seiner Idee von einem Minimalauto. Dieses ging 1939 als »Auto der Zukunft« in Serie..., mit luftgekühltem Zweizylindermotor von knapp 600 cm³ Inhalt und 15 PS Leistung. Bis 1942 konnten 5760 Crosley als offene Zwei- und Viersitzer, Sedan und Kombi verkauft werden, teils durch Warenhäuser.

Einfachste Bauweise war auch das Hauptmerkmal des 1946 eingeführten Nachkriegsmodells. Es war winzig nicht nur im Vergleich zu den übrigen Autos der USA, sondern selbst nach europäischen Maßstäben. Grundlage des Crosley bildete ein Kastenrahmenchassis mit Starrachsen. Es gab ihn als Zwei- und als Viersitzer mit simpel gezeichneter offener Karosserie. Ein besonderes Merkmal verkörperten die nun völlig glatten Seitenflächen des Aufbaus, auch wenn er noch keiner eigentlichen Pontonform entsprach. Er war nun als Viersitzer ausgelegt, und seine Aluminiumkarosserie war mit festem Dach versehen. Für den Antrieb sorgte jetzt ein 725-cm³-Marinemotor mit Wasserkühlung; er besaß vier Zylinder und eine obenliegende Nockenwelle (Königswellenantrieb), und er gab seine 27 PS über ein 3-Gang-Getriebe auf die Hinterräder ab. Man rechnete bei Crosley vor allem mit den »Zweiautofamilien«. Für den Export erhielt er den Namen Crosmobile, und in der Schweiz wurde er 1948 für 6800 Franken angeboten (ohne Warenumsatzsteuer; als Cabriolimousine kostete er 7050 Franken).

Für 1949 wurde die Karosserie des Crosley überarbeitet. Die vorderen Kotflügel waren nun nicht mehr abgerundet, sondern mündeten in der üblichen Art in die Scheinwerfer aus. Der Kühlergrill bestand aus horizontalen Chromstäben, und auch hinten wurde die Radhauslinie angehoben. Das Modell Club Convertible präsentierte sich nun als durchaus attraktive kleine Cabriolimousine. Es gab nun auch Nutzfahrzeugversionen. Doch noch im gleichen Jahr stellte der Hersteller aus Cincinnati ein Sportmodell in den Vordergrund: Der Typ Hotshot (soviel wie »heißer Schuss«!) war ein türloser offener Zweisitzer, bei dem für den Renneinsatz die Frontscheibe abgeklappt, die aufgesetzten Scheinwerfer und die Stoßstangen entfernt werden konnten. Nach wie vor hatte der Crosley Starrachsen, vorn mit Halb-, hinten mit Viertelelliptikfedern. Auch die Antriebseinheit war wenig verändert. Hingegen wagten die Crosley-Ingenieure mit dem Hotshot den ersten Schritt zur Vierrad-Scheibenbremse. Das war kurz bevor der → Chrysler Crown Imperial Scheibenbremsen erhielt. Allerdings kam man bei Crosley von diesem System, das erst zwei Jahrzehnte später die Autowelt erobern sollte, bald wieder ab und führte beim Hotshot die üblichen hydraulischen Trommelbremsen ein. Auch Türen waren beim Serienmodell zu haben. 1951 wurde beim 24-Stunden-Rennen von Le Mans eine Rennsportausführung des Crosley eingesetzt. Als aber die Nachfrage nach dem originellen »Zweitauto« stark absank, kam es 1952 zum finanziellen Kollaps und zum Aus für die Crosley Motors Inc.

Crosley	Zyl.	cm³	PS	bei 1/min	Gänge	Spitze km/h	Radstand/Länge	ab Jahr	Besonderheiten
(Crosmobile)	4	725	27	5400	3	96	203/368	1946-48	Kastenrahmerchassis
			28					1948/49	vordere und hintere
Hotshot*	4	725	28	5400	3	120	216/360	1949/50	Starrachsen; oben-
Super Sport		721						1950-52	liegende Nockenwelle
Sedan De Luxe							203/382		
* Kompr. 10 statt 8,7:1									

Cunningham

Cunningham C3 Continental (Vignale), 1953

Eine amerikanische Marke Cunningham hatte es zwar schon bis Mitte der 30er Jahre gegeben, die 1951 erschienenen Cunningham-Sport- und -Rennsportwagen waren jedoch das Werk des Bauunternehmers und Rennfahrers Briggs Swift Cunningham (1907–2003) in West Palm Beach, Florida. Cunningham wollte die europäische Vorherrschaft im Rennsport und insbesondere bei Langstreckenrennen brechen. Sein Ziel war ein Sieg beim 24-Stunden-Rennen von Le Mans mit von ihm selbst konstruiertem Wagen. Soweit sollte er es nicht ganz bringen, doch immerhin erreichte er 1952 zusammen mit Rick Spear den vierten Gesamtrang. Und 1953 wie 1954 belegte jeweils ein Cunningham in Le Mans sogar den ehrenvollen dritten Platz!

Vor allem aber baute die B. S. Cunningham Co. zu jener Epoche die einzigen von Grund aufgebauten eigentlichen Sportwagen Amerikas. Die auch für den Straßenverkehr geeigneten Cunningham-Modelle wurden von getunten Chrysler-V8-Motoren angetrieben, doch gab es daneben Versionen mit leistungsgesteigertem Cadillac-Motor (wie sie auch die englische Liebhabermarke Allard in ihren Hochleistungssportwagen anbot).

Die Cunningham basierten auf einem Rohrrahmenchassis mit vorderen Trapez-Dreieckquerlenkern und Schraubenfedern und einer starren Hinterachse mit Längslenkern, Schraubenfedern und Panhardstab. Der 1952 eingeführte Cunningham C3 Continental war ein Straßensportwagen. Die Le-Mans-Einsatzwagen mussten ohnehin auf Serienautos basieren. Der 5,4-Liter-V8-Motor von Chrysler des Typs Firepower wurde mit vier Zenith-Fallstromvergasern auf eine Leistung von gut 220 PS gebracht. Der Kraftübertragung diente die Fluid-Torque-Drive-Automatik von Chrysler, doch war auf Wunsch auch ein 3-Gang-Handschaltgetriebe zu haben.

Beim Aufbau handelte es sich um ein hochelegantes Fließheckcoupé der Karosseriefirma Vignale in Turin. Auch spätere, für »zivilen« Einsatz bestimmte Cunningham trugen von Giovanni Michelotti entworfene Vignale-Karosserien, die sich selbst neben einem Ferrari sehen lassen konnten. Cunningham-Erkennungsmerkmal war sein markanter Kühlergrill: zwei Dutzend senkrechte, nach innen gewölbte Gitterstäbe in einem massiven liegenden Chromoval. *Der C3 Continental wurde in 18 Exemplaren als Coupé und neun Mal als Cabriolet gebaut. Ab 1955 bot Cunningham nur noch für die Rennpiste bestimmte Wagen an.*

Cunningham	Zyl.	cm³	PS	bei 1/min	Gänge	Spitze km/h	Radstand/Länge	ab Jahr	Besonderheiten
Sports	V8	5425	223	4400	A/3	190	267/434	1952-54	Rohrrahmenchassis, Chrysler-Mechanik

De Soto

Mit der auf der New Yorker Autoschau im Januar 1929 erstmals vorgestellten Marke De Soto schloss Walter P. Chrysler die Lücke zwischen Dodge und Chrysler. Er besaß nun ein vier Marken umfassendes Automobilimperium, das auf der untersten Stufe mit Plymouth begann und auf der gesamten Bandbreite mit General Motors und Ford konkurrieren konnte. Mit diesem Namen wurde Hernandez de Soto geehrt, der den Mississippi-Fluss entdeckt hatte. Als Chrysler 1934 die revolutionären Airflow-Modelle lancierte, gab es die Marke De Soto ausschließlich in dieser aerodynamisch angehauchten Form, die sich radikal vom traditionellen kastenförmigen Design abwandte. Doch die Airflow-Linien kamen beim Publikum nicht an!

Der für 1946 aufgelegte erste Nachkrieg-De Soto basierte auf dem Modell 1942. Dieses hatte unter Klappen verborgene Scheinwerfer, eine Besonderheit, die nun aufgegeben wurde. Anderseits liefen die Vorderkotflügel jetzt nahtlos in die Vordertüren aus. Ein Markenmerkmal blieben die senkrechten Zierstäbe des Kühlergitters. Angetrieben wurden die in Standardbauweise mit Kastenrahmenchassis, vorderer Einzelradaufhängung und hinterer Starrachse konzipierten De Soto von seitengesteuerten 6-Zylinder-Motoren. Das halbautomatische Getriebe Gyrol Fluid Drive mit hydraulischer Kupplungsbedienung Tip Toe war weiter verbessert worden. Wie bei den Chrysler und Dodge gab es auch De-Soto-Modelle mit langem Radstand; sie fanden (auch in Europa) Verwendung bei Taxihaltern und Hotels.

Im Pontonstil Für das Modelljahr 1949 brachte die Chrysler Corporation neue Stufenheck-Karosserieformen heraus. Auch die De Soto hatten jetzt einen pontonähnlichen Aufbau. Bei kleineren Außenmaßen wurde mehr Innenraum geboten. Diplomat und Diplomat Custom galten nach wie vor als Exportmodelle. Sie waren mit den Plymouth verwandt und bildeten ein Pendant zu den Dodge Kingsway. Für 1950 wurde das Kühlergitter bis an die Karosserieecken verbreitert (runde statt eckige Blinkerleuchten). Neu kam das Faux-Cabriolet Sportsman hinzu. Die Diplomat-Modelle gab es auch mit 2,8-Liter-Motor. Die auf 561 cm verlängerte neunsitzige

De Soto Custom, 1947

De Soto Custom Coupé, 1949

Limousine Custom Suburban fand nur gerade 623 Käufer. Zu den in der Modellreihe 1951 eingeführten technischen Neuerungen zählten die neuen Chrysler-Stoßdämpfer Oriflow und ein Ganzstahl-Station Wagon (ohne Holzbeplankung) mit versenkbarem Heckfenster. Anstatt senkrechter Zierstäbe besaßen die De Soto nun zähneartige Rippen in der niedrigen Kühleröffnung (→ Bild rechts). Die Motorleistung war auf 117 PS gesteigert worden.

Erstmals V8 Bei den De Soto des Jahrgangs 1952 war auch – allerdings nicht von Anfang an – ein moderner V8-Motor erhältlich, der Fire Dome Eight. Konstruktionsmäßig lehnte er sich an den Chrysler-V8 an. Mit 4,5 Litern Inhalt war er zwar kleiner, doch bot er mit 35,7 PS/L die höchste amerikanische Literleistung. Besondere Merkmale waren die schräghängenden Ventile und die halbkugelförmigen Brennräume. Vorn auf der Motorhaube der De Soto prangte eine zusätzliche Einlaßöffnung für die Vergaserluft. Die De-Soto-V8-Motoren wurden in einer hochmodernen teilautomatisierten Fabrik in Dearborn hergestellt. In diesem neuen Motorenwerk gab es bereits Präzisionsautomaten, die bis 96 Arbeitsgänge in 34 Etappen ausführen konnten.

Für 1953 wurde die halbautomatische Kraftübertragung, die Chrysler unter verschiedenen Bezeichnungen in diverse Modelle einbaute, weiter verfeinert. Ihr hydraulischer Drehmomentwandler wurde nun mit dem Motorenöl versorgt und bedurfte keines eigenen Öls mehr. Der Powermaster Six löste die Modellreihen Deluxe und Custom ab, doch wurden bereits beinahe doppelt so viele Firedome 8 verkauft. Neu eingeführt wurden Servobremsen. Die hinteren Kotflügel liefen nun länger aus, und die äußeren Kühlergitterrippen zeigten sich nicht mehr um die Ecke gezogen. Eine

ellipsenförmige Kühleröffnung zeigten die Modelle 1954. Nun war das Power-Flite-Getriebe, die erste Vollautomatik des Chrysler-Konzerns, auch bei De Soto erhältlich. Mit dem Adventurer, einem formvollendeten Coupé, wurde Ende 1953 auch De Soto ein bei Ghia in Turin gebauter Traumwagen gewidmet.

»Modern times« Wesentliche Änderungen erfuhren die De Soto 1955: Die hinteren Kotflügel waren nicht mehr angesetzt und die Karosserien zeigten sich verlängert. Die »Original-De Soto« gab es nun als Modelle Firedome und Fireflite ausschließlich mit V8-Motoren, wobei jetzt die 200-PS-Grenze überschritten wurde. Für den Export gab es weiterhin die mit Plymouth verwandten Typen Diplomat und Diplomat Custom. 1956 erfolgte die Einführung des 12-Volt-Systems, der Druckknopfschaltung für die Power-Flite-Automatik und eines neuen Hochleistungs-Faux-Cabriolets

De Soto Fire Dome V8, 1953

kleinerer Auflage mit der Bezeichnung Golden Adventurer. Die De-Soto-Zähne im Kühlergrill machten nun einem üblichen Gitter Platz, und die hinteren Kotflügel waren zu Peilstegen ausgezogen.
Zum Jahrgang 1957 brachte Chrysler neue, niedrigere Karosserien mit stark vergrößerter Panorama-Windschutzscheibe und das Fahrwerk Torsion-Aire mit vorderen längsliegenden Torsionsfederstäben und neuen hinteren Blattfedern mit weit vor der Federmitte angeordneter Achse. Neben der Power-Flite- war jetzt auch die Torque-Flite-Automatik erhältlich.
Im Zeichen des »PS-Rennens«, das alle traditionellen Automarken der USA erfasst hatte, stieg das Leistungsangebot weiter an. Bei De Soto vollzog man jedoch zugleich einen Schritt zurück: Mit der Reihe Fire-Sweep (nebst den Diplomat) wurden im Radstand verkürzte Modelle angeboten. 1958 erhielten auch die De Soto Doppelscheinwerfer. Beim Spitzenmodell Adventurer waren dank Benzineinspritzung bis 360 PS Leistung erhältlich. *Doch bei De Soto zeichnete sich eine Krise ab: Der Jahresverkauf war inzwischen auf 40'000 Einheiten abgesunken, nachdem er in den Jahren 1949/50 noch über 100'000 Stück betragen hatte. Die Produktion wurde daher von Warren/Wyoming in das Chrysler-Werk Jefferson verlegt. Dort wurde im März 1959 der zweimillionste De Soto hergestellt.*
Wie bei den übrigen Chrysler-Marken (Chrysler, Dodge, Plymouth) standen als Sonderausrüstung u. a. ausschwenkbare Vordersitze für komfortables Ein- und Aussteigen im Angebot. Der Einspritzmotor war bereits wieder aufgegeben worden, doch wurden auch ohne ihn über 350 PS erreicht. Während die Dodge aus zwei »Warzen« gebildete Heckleuchten besaßen, zeigten die De Soto von 1956 bis 1959 dreiteilige Schlusslichter.

De Soto Fireflite, 1956

De Soto Fireflite Sportsman, 1957

Gerüchte Ende der 50er Jahre ließen sich immer weniger Kaufwillige für die kleinste Traditionsmarke aus dem Chrysler-Konzern finden. Im Herbst 1959 gab es daher bereits Gerüchte, dass De Soto ebenso untergehen würde wie die bloß 1958/59 gebaute Ford-Marke Edsel. Doch bereits war das Modelljahr 1960 auch für De Soto angekündigt worden. Es brachte wie bei den anderen Chrysler-Marken, angefangen mit den Plymouth, jedoch mit Ausnahme der Imperial, einen Übergang vom Kastenrahmenchassis zur selbsttragenden Bauweise. Einer Vorderradaufhängung mit Längs-Torsionsfederstäben stand eine konventionelle starre Hinterachse mit Längsblattfedern gegenüber.
Die De Soto hatten nun einen schildförmigen Kühlergrill, und es gab bloß noch die Reihen Fireflite und Adventurer und zwar als viertüriger Sedan und vier- sowie zweitürige Hardtop (Faux-Cabriolet, Sportsman). Es standen ausschließlich V8-Motoren mit 5,9 (Turboflash) und 6,3 Litern Hubraum (Ram Charge Adventurer, Adventurer Mark I und Ram Manifold) und in verschiedenen Leistungsstufen (Hi Perf) zur

De Soto Adventurer, 1960

Wahl. Der Basis-Fireflite hatte ein 3-Gang-Getriebe mit synchronisierten oberen Gängen, war aber auch mit dem Power-Flite-2-Stufen- und dem Torque-Flite-3-Stufen-Automat lieferbar. Den Adventurer gab es nur mit letzterem Getriebe. Auf Wunsch war die Sure-Grip-Differentialbremse zu haben.

De Soto, 1961

Ende der Geschichte Auch mit dem Modelljahr 1961 zeigten die De Soto ein stark den → Chrysler ähnelndes Karosseriedesign; die Doppelscheinwerfer waren jetzt schräg übereinander angeordnet. Allerdings hatte man die Modellauswahl drastisch vermindert. Es standen bloß noch zwei- und viertürige Faux-Cabriolets im Angebot, und auf Modellreihenbezeichnungen wurde verzichtet. Einheitlich wurde der 5,9-Liter-V8 in Verbindung mit dem 3-Gang-Getriebe oder dem Torque-Flite eingebaut.

Noch im Spätherbst 1960 wurde die Produktion eingestellt. Während das Modelljahr 1960 einen Absatz von 23'677 Stück gebracht hatte, waren es im Modelljahr 1961 nur noch etwas über 3000 Exemplare..., sie gelten längst als Sammelstücke.

De Soto	Zyl.	cm³	PS	bei 1/min	Gänge	Spitze km/h	Radstand/Länge	ab Jahr	Besonderheiten
Diplomat*	6	3568	96	3600	3	130	297/500	1946-48	Kastenrahmenchassis, stehende Ventile
Deluxe/Custom		3858	111		4	140	308/520		
Custom Sp					3/4	135	354/575		
Diplomat*	6	3568	98	3600	3	130	282/470	1949	
Diplomat/Custom							301/486		
Deluxe/Custom		3858					318/525		
Custom Sp							354/561		
Diplomat* (zusätzlich)		2834	86		3	120		1950	
1951: Längen 477, 492, 526 und 563 cm									
Fire Dome Eight (zus.)	V8	4524	162	4400	4	160	319/529	1952	
übrige	V8=OHV				3/4/3+S				
Diplomat*	6	3568	101	3600	3/3+S	130	290/480	1953	
		2834	86			120			
Powermaster		4106	117		4/3+S	145	319/541		
Fire Dome	V8	4524	162	4400		160			
1954: Längen + 10 cm; V8/4524 = 172 PS (3/3-S/A)									
Diplomat*	6	3770	119	3600	3/3+S/A	145	292/518	1955	
		2834	91		3/3+S	130			
	V8	3975	159	4400	3/3+S/A	160			
Firedome		4768	187			165	320/553		
Fireflite			203			170			
1956: Diplomat: 6/3770 = 127 PS; 6/2834 = 96 PS; V8/3975 = 160 PS + 4,5-Liter V8;									
Firedome: V8/5407 = 233 PS; Fireflite: V8/5407 = 258 PS									
Diplomat*	6	3770	134	3600	3/3+S/A	145	300/520	1957	
		2834	96		3/3+S	130			
	V8	3975	167	4400	3/3+S/A	155			
		4539	200			165			
Firesweep	V8	5328	248		3/A	170	310/549		
			264			175			
Firedome		5594	274	4600		175	320/554		
Fireflite			299			180			
1958: Diplomat: 2,8-Liter-Motor gestrichen; V8 nun auch 5,2 Liter/228 PS (statt 4,5 Liter)									
Firesweep: V8/5737 = 284 od. 299 PS; Firedome: V8/5907 = 299 PS;									
Fireflite: V8/5907 = 309 PS; Adventurer: V8/5907 = 350 od. 360 PS									
1959: Firesweep: V8/5907 = 299 PS; Firedome: V8/6286 = 309 od. 355 PS;									
Fireflite: V8/6286 = 330 od. 355 PS; Adventurer: V8/6286 = 355 PS									
(Längen Firedome/Fireflite nun 562 cm); Diplomat ähnlich 1958									
Fireflite	V8	5907	299	4600	3/A	170	310/547	1960	selbsttragende Karosserie
Adventurer		6286	309/314		A	190	310/551		
(Hi Perf)			330			200			
Adv. (Ram Manifold)			335	4800					
letztes Modell	V8	5907	269	4400	3/A	170	310/547	1961	
* Exportmodelle (mit Plymouth verwandt)									

Dodge

Die Brüder John und Horace Dodge begannen ihre Karriere als Hersteller von Autoteilen. 1910 bauten sie in Hamtramck, Michigan, riesige Werkanlagen. Mit 5000 Arbeitern fabrizierten sie sämtliche mechanischen Teile für Henry Ford und sein legendäres T-Modell. Aber 1914 gründeten sie ihre eigene Automarke. 1920 rangierten ihre Wagen in der Verkaufsliste bereits unmittelbar hinter der Nummer 1, dem Ford T! 1928 gelang Walter P. Chrysler der große Coup: Er übernahm Dodge und verfügte damit plötzlich über einen eigentlichen Automobilkonzern, denn fast zur gleichen Zeit rief er zudem die Marken Plymouth und De Soto ins Leben. Wenngleich die drei Marken aneinander angepasst wurden, so behielten die Dodge doch eine gewisse Eigenständigkeit. Sie manifestierte sich schließlich noch vorwiegend im Kühlergrill und in technischen Details.

Die 1942 eingeführte modernisierte Chrysler-Formgebung bildete auch bei Dodge die Grundlage für die im Oktober 1945 aufgenommene Nachkriegsproduktion. Allerdings liefen nun die vorderen Radhäuser – wie bei den Chrysler und De Soto – nahtlos in die Vordertüren aus. Die Chassis, die es mit zwei verschiedenen Radständen gab, entsprachen der üblichen Kastenrahmenkonstruktion. Die Vorderräder waren mit Dreiecklenkern und Schraubenfedern einzeln aufgehängt. Vorn wie auch in Verbindung mit der starren Hinterachse (Halbelliptikfedern) wurden Stabilisatoren eingebaut. Der Antrieb erfolgte mit seitengesteuerten 6-Zylinder-Motoren von 3,6 und 3,3 Liter Inhalt. Ab 1947 waren es Motoren von 3,8 und 3,6 Liter Hubraum. Der größere Motor war in der Regel mit einer hydraulischen Kupplung Fluid-drive kombiniert.

Zwei Details zeigen auf, dass aus Kriegserfahrung Nutzen gezogen werden konnte: Wie bei den Armeelastwagen waren die elektrischen Leitungen so weit als möglich zusammengelegt und mit einer Kunststoffmasse namens Seal-Flex überzogen; sie verhinderte Durchscheuern und Kurzschluss. Zudem wurden – wie bei anderen Chrysler-Modellen – auswechselbare Ölfilter Oilite eingebaut. Die neuen Dodge erfreuten sich großer Beliebtheit. In ihrer Ausführung mit verlängertem Radstand fanden sie auch in Exportländern als Taxis und Hotelwagen Verbreitung.

Neuer Auftritt Erst für 1949 brachte die Chrysler Corporation mit ihren Marken Plymouth, Dodge, De Soto und Chrysler gänzlich neue Modellserien heraus (→ Chrysler). Die Dodge-Typen Deluxe und Custom wurden nun durch die Modelle Wayfarer, Meadowbrook und Coronet abgelöst. Nach wie vor gab es aber auch die dem Export vorbehaltene, mit dem Plymouth verwandte Kingsway-Serie. Die neuen Wagen zeigten pontonähnliche Form, jedoch weiterhin mit angesetzten hinteren Kotflügeln. Auch die 4-Tür-Limousinen wiesen jetzt nur noch vier Seitenfenster auf. Es gab fünf Radstände und nicht weniger als vierzehn Karosserieausführungen! Die luxuriöseren Modelle waren nun mit einem halbautomatischen Getriebe Gyro-Matic Fluid-Drive (4-Gang Getriebe mit Flüssigkeitskupplung) lieferbar.

Dodge Custom Convertible, 1946

Dodge Wayfarer, 1949

Dodge Coronet, 1951

Die Modelle 1950 unterschieden sich von den Vormodellen hauptsächlich durch den geänderten Kühlergrill ohne Senkrechtstäbchen. Die Station Wagon erhielten (bei den Chrysler-Marken) als »Weltneuheit« versenkbare Hecktürfenster. Ein stärker geändertes Frontdesign mit gebogenen Lufteinlassstäben zeigten die Dodge des Modelljahrs 1951. Die Heckscheibe war großflächiger geworden. Die Kingsway-Exportmodelle waren jetzt auch mit 2,8-Liter-Motor lieferbar. Für 1952 gab es darauf ein Coronet-Faux-Cabriolet mit Panoramaheckscheibe. Im gleichen Jahr wurde der originelle, seit 1949 gebaute Wayfarer Sportabout, ein dreisitziger Roadster mit Einsteckfenstern und riesenlangem Kofferraum, aufgegeben.

Dodge Royal V8, 1954

V8-Einstieg Von besonderer Bedeutung war für Dodge das Jahr 1953: Erstmals gab es die Marke mit V8-Motor. Es war eine 4-Liter-Maschine mit der Bezeichnung Red Ram. Wie die großen V8 von Chrysler und De Soto besaß sie halbkugelige Brennräume. Ab 1953 waren bei den Dodge, ebenso wie bei den Plymouth, die angesetzten hinteren Kotflügel glattflächig durchgezogenen Radhäusern gewichen. Für das Modelljahr 1954 kamen die neuen Topmodelle Royal hinzu. Mit ihnen wurden in Bonneville neue Klasse-C-Rekorde gefahren. Zu den V8-Motoren war jetzt auch die vollautomatische Chrysler-Kraftübertragung Power-Flite erhältlich.

Dodge Custom Royal Lancer, 1956

Dodge Custom Royal, 1957

In völlig neuem Gewand zeigten sich die Dodge-Modelle 1955: nämlich mit neuen niedrigen, gestreckten Karosserien samt Panorama-Windschutzscheibe. Sie imponierten teils durch ihre zwei- oder sogar dreifarbige Lackierung. Wie bei anderen Chrysler-Modellen wurde auch bei Dodge ein Polyspheric-Zylinderkopf eingeführt, wobei der Hubraum des weiterhin Red Ram genannten V8-Motors gleichzeitig auf 4,4 Liter erhöht wurde. Mit den eine höhere Leistungsausbeute ermöglichenden, aber komplizierteren halbkugeligen Brennräumen (Hemispheric) mit zwei Kipphebelwellen pro Block waren die V8-Motoren Super Red Ram und Super Powered Super Red Ram ausgerüstet. Die mit den Plymouth verwandten Serien Kingsway und Kingsway Custom waren weiterhin dem Export vorbehalten. Bei den Modellen mit automatischem Power-Flite-Getriebe befand sich der Wählhebel nun – wie bei den übrigen Chrysler-Typen – am Armaturenbrett statt an der Lenksäule. In Turin entstand im Frühjahr 1955 der Dodge-Traumwagen Firebomb, ein formreines Cabriolet. In den Dodge-Modellen 1956 waren Motoren mit einer Leistung bis zu 233 PS zu haben, das neue Spitzencoupé Dodge 500 bot gar bis zu 264 PS! Zu den bei allen Chrysler-Typen eingeführten Neuheiten zählten die Sicherheitstürschlösser, die auch bei Aufprall ein ungewolltes Öffnen der Türen verhinderten, eine neue Servobremse (in Verbindung mit dem Powerflite-Automatikgetriebe) und die auf Wunsch lieferbaren Sitzgurten. Das Powerflite-Getriebe wurde jetzt übrigens mit Drucktasten bedient. Äußerlich erkannte man die Dodge 1956 an den in Peilstege ausmündenden hinteren Radhäusern. Deutliche Änderungen erfuhren die Modelle 1957. Die Aufbauten waren noch niedriger gezeichnet, die Peilstege zu Heckflossen angewachsen und die Frontscheiben ins Dach hineingewölbt. Auf technischem Gebiet war die neue Torsion-Aire-Aufhängung von Belang: längsliegende Torsionsfederstäbe vorn, zu der neue hintere Blattfedern mit weit vor der Federmitte platzierter Hinterachse kamen. Im Zeichen des PS-Rennens wurden zudem noch stärkere Antriebsaggregate angeboten. Neu war auch das 3-Stufen-Automatikgetriebe Torqueflite. 1958 kamen Doppelscheinwerfer hinzu, und bei den auf höchste Leistung getrimmten Motoren wurden dank Bendix-Benzineinspritzung über 400 PS erzielt!

Noch wuchtiger wurden die umstilisierten Modelle 1959. Beibehalten hatte man die in zwei übereinanderliegende »Warzen« ausmündenden Schlusslichter, die 1955 zu einem Dodge-Merkmal geworden waren. Wie bei anderen Chrysler-Wagen waren eine automatische Rückspiegel- und Scheinwerferabblendung lieferbar, und man konnte seinen Dodge mit einer Hinterachs-Luftfederung und mit ausschwenkbaren Vordersitzen bestellen. Die Vorderradaufhängung war wieder etwas härter eingestellt, und eine Dodge-»Alleinspezialität« waren ein Tachometer mit wechselnden Farben und ein von innen verstellbarer Außenspiegel. Der Spitzenmotor D 500 wurde von 5,9 auf 6,3 Liter vergrößert. Weitere Motoren waren die Ram Fire und Super Ram Fire… Wie alle Chrysler-Fabrikate (mit Ausnahme des Imperial) erhielten die Dodge zum Modelljahr 1960 selbsttragende Karosserien. Die Modellreihen waren gänzlich neu zusammengestellt worden, nur die auf sportliche Leistung ausgerichteten D-500-Typen gab es noch.

Dodge Sierra Station Wagon, 1959

Dodge Dart Phoenix Convertible Hardtop Coupé, 1960

Neuausrichtung Das Modellprogramm 1960 begann nun mit dem Dart (= Pfeil oder Wurfspieß). Diese Baureihe löste die mit den Plymouth verwandten Kingsway ab, die vor allem für den Export bestimmt waren. Der Dart war auch als Sparmodell mit einem seitwärts geneigt eingebauten 3,7-Liter-6-Zylinder-Motor namens Economy Slant Six zu haben. Daneben gab es Ausführungen mit 5,2-, 5,9- und 6,3-Liter-V8-Motoren in verschiedenen Leistungsstufen. Sie wurden in die Dart-Modelle Seneca, Pioneer und Phoenix eingebaut. Die Zusatzbezeichnungen D-500 und Super D-500 wiesen auf die stärksten Motorbestückungen hin.

310 statt bloß 300 cm Radstand besaßen die größeren Dodge-Typen Matador und Polara, die es ebenfalls mit dem Engine Package (Motorversion) D-500 gab. Die V8-Motoren trugen die Bezeichnungen Dart Red Ram (5,2-Liter), Super Red Ram (5,9-Liter), Ram Fire und (D-500) Ram Induction (6,3-Liter, mit Schwingrohr-Ansaugleitungen).
Für die Kraftübertragung dienten ein 3-Gang-Getriebe (mit noch nicht synchronisiertem erstem Gang), das Automatikgetriebe Torque-Flite mit drei Stufen und – in Verbindung mit den schwächeren V8-Motoren – auch der Power-Flite-Automat mit zwei Stufen. Während die mechanische Kraftübertragung mit einer Lenkradschaltung bedient wurde, ließen sich die Getriebeautomaten mit einer am Armaturenbrett montierten Drucktastatur betätigen.
Auf Wunsch waren eine Differentialbremse Sure Grip und eine Servolenkung erhältlich. Die Vorderräder wiesen elastisch gelagerte Längsschubstreben und längsliegende Torsionsfederstäbe auf, die starre Hinterachse hatte übliche Halbelliptikfedern. Das Karosserieangebot reichte vom zweitürigen Club-Sedan über die zwei- und viertürigen Hardtop-Sedan bis zu den Cabriolets und Station Wagons bzw. Kombi. Erstmals gab's einen Station Wagon mit pfostenlosen Seiten wie bei den Hardtop-Sedan. – Die anhin stets gewachsenen Heckflossen waren für 1960 merklich gestutzt worden!

Dodge Polara, 1960

Dodge	Zyl.	cm³	PS	bei 1/min	Gänge	Spitze km/h	Radstand/Länge	ab Jahr	Besonderheiten
Kingsway*	6	3568	96	3600	3	125	297/506	1946-48	Kastenrahmenchassis, stehende Ventile
Deluxe/Custom		3770	102			130	304/513		
Custom Sp						125	349/560		
Kingsway*	6	3568	98	3600	3	130	282/471	1949/50	
Kingsway/Custom*							301/486		
Wayfarer	6	3770	105			140	292/498		
Meadowbrook/Coronet					3/4	135	314/517		
Coronet Sp						130	349/560		
1951: Längen 477, 492, 498, 525 und 561 cm								1951/52	
Kingsway* zus. Mit	6	2834	86	3600	3	120			
Kingsway (Custom)*	6	3568	101	3600	3/3+S	130	290/480	1953	
		2834	86		3	120			
Meadowbrook/Coronet	6	3770	104		3/4/3+S	135	302/511		
Meadowbrook							289/481		
Coronet	V8	3954	142	4400	4	160	302/511		V8 = OHV
							289/481		
1954: zus. Royal. Längen + 10 cm; 6/3770 = 112 PS, V8/3954 = 152 PS, wenn mit Power-Flite-Automatgetriebe									
Kingsway/Kingsway	6	3770	119	3600	3/3+S/A	145	292/518	1955	
Custom*									
		2834	91		3/3+S	130			
		3954	159	4400	3/3+S/A	160			
Coronet	V8	3770	125	3600		145	305/539		
Coronet/Royal	6	4425	177	4400		170			
Custom Royal	V8		186			175			
			196			180			
1956: Kingsway: 6/3770 = 127 PS; 6/2834 = 96 PS; V8/3975 = 160 PS; V8/4539 = 190 od. 203 PS; V8/4425 = 182 PS;									
Coronet: 6/3770 = 133 PS; V8/4425 = 192 PS; Royal: V8/5162 = 221 od. 233 PS;									
Custom Royal: V8/5162 = 221 PS; Dodge 500: V8/5162 = 264 PS									
Kingsway*	V8	3975	167	4400	3/3+S/A	160	300/523	1957	
(+ 4,5-Liter-V8)	6	3770	134	3600		150			
		2834	96		3/3+S	130			
Coronet		3770	140	4000	3/A	145	310/538		
Coronet/Royal	V8	5328	248	4400		175			
Custom Royal			264			180			
Dodge 500			289	4800		190			
			314			200			
Kingsway*	V8	5208	228	4400	3/3+S/A	175	300/520	1958	
		3975	167			155			
	6	3770	134	3600		145			
Coronet Six			140	4000	3/A	145	310/543		
Coronet V8	V8	5328	255	4400		175			
Royal		5734	269			180			
Custom Royal			299	4600					
D 500		5907	309-		A	190			
			338	4800		210			
Royal/Custom Royal	V8	5907	-309	4600	A	190	310/552	1959	
D 500		6286	-345	5000		210			
(übrige ähnlich 1958)s									
Dart	6	3682	147	4000	3/A	145	300/529	1960	Änderung: nun selbsttragende Karosserien; 6-Zylinder mit hängenden Ventilen
(Station Wagon)							310/545		
	V8	5208	233	4400	3/A	170	300/529		
			259	4400		175	300/529		
Matador	V8	5907	299	4600	3/A	190	310/540		
Polara		6286	330			200			
auf div. Mod. (inkl. Dart) auch D-500-Motoren mit bis zu 335 PS									
* Exportmodelle (mit Plymouth verwandt)									

Dodge in den 60er Jahren

Neben De Soto – jener Marke, die 1961 verschwinden sollte – belegte Dodge im Chrysler-Konzern nach wie vor die Mittelposition zwischen Plymouth und Chrysler. Dodge bildete nicht nur eine eigene Division (Konzerntochter), sondern war während langer Zeit auch das meistverkaufte Fabrikat (vor Plymouth) innerhalb der Gruppe. Für das Modelljahr 1961 galten weiterhin all' die für den Jahrgang 1960 eingeführten Änderungen der Modellstruktur, die parallel mit der Umstellung auf die selbsttragende Bauweise erfolgt war.

Lancer Noch eine Stufe tiefer als mit dem 1960 eingeführten Dart ging Dodge im Herbst 1960: Nämlich mit der Lancierung des Lancer, dem Parallelmodell zum Valiant-Kompaktwagen von Plymouth. Die Bezeichnung Lancer war bis dahin für Faux-Cabriolets bei den großen Dodge-Modellen verwendet worden.

Bereits im Frühling 1960 war vom neuen Lancer die Rede gewesen. Er präsentierte sich mit dem Modelljahr 1961 als Compact-car – wie sie von der gesamten US-Autoindustrie eingeführt wurden – mit ähnlich originellem Karosseriedesign wie es dem bereits bekannten Valiant von Plymouth eigen war. Gegenüber diesem war der Lancer (= Lanzenreiter) etwas luxuriöser. Es gab ihn außer als zwei- und viertürige Limousine und fünftürigen Kombi gleich auch als zweitüriges Faux-Cabriolet. Bei identischem Radstand war der Lancer 11 cm länger als der Valiant.

Wie diesen gab es den Lancer mit einem 2,8-Liter-6-Zylinder-Motor von 102 oder 150 SAE-PS Leistung (Hyper Pack). Daneben wurde der Dodge-Compact-car bereits auch mit dem 3,7-Liter-Motor (längerer Hub) mit 147 PS (Power Pack) und 199 PS (Power + Hyper Pack) angeboten. Der 3,7-Liter-Motor war sowohl in Graugussausführung wie mit 23 kg leichterem Aluminiumblock erhältlich. Es bestand die Wahl zwischen einem vollsynchronisierten 3-Gang-Getriebe und dem Torque-Flite mit Drucktastenbedienung. Auf Wunsch gab es eine Servolenkung Constant Control. Die Zahl 170 wies auf die Standardausführung, die Zahl 770 auf die De-Luxe-Version hin. Der Unterbau entsprach den mittelgroßen und großen Dodge.

Große und Träume... Die »herkömmlichen« Dodge wiesen mit dem Jahrgang 1961 nur noch angedeutete Heckflossen auf. Die Doppelscheinwerfer waren jetzt ins Kühlergitter integriert. Den Matador gab es bereits nicht mehr, alle großen Dodge hießen nun Polara.

Dodge Lancer, 1961

Dodge Dart Pioneer Wagon, 1961

Dodge Polara 500 Convertible, 1962

Dodge Custom 880, 1963

Dodge Dart, 1964

Zum Modelljahr1962 erhielten die Lancer einen aus senkrechten Zierstäben zusammengefügten Kühlergrill. Es wurden nur noch die 2,8- und die 3,7-Liter-6-Zylinder-Motoren in der Normalausführung angeboten. Das Hardtopcoupé mit vorderen Einzelsitzen erhielt die Bezeichnung GT.
Bei den mittelgroßen Dodge entfielen die Modellbezeichnungen, man unterschied nach Dart, Dart 330 und Dart 440. Nur noch die inneren Scheinwerfer waren ins Kühlergitter einbezogen. Zudem hatte man den Radstand auf 298 und die Gesamtlänge auf 513 cm reduziert. Die teureren Dodge hießen neu Custom 880 und Polara 500. Während der etwas später vorgestellte Custom dem Polara 1961 glich, aber eine durchgehende Gürtellinie ohne ansteigenden Heckgrat aufwies, besaß der neue Polara eine auf Luxus getrimmte Dart-Karosserie. Der als Coupé und als Cabriolet gebaute Polara 1962 sollte als Konkurrent zum Ford Thunderbird die sogenannte Pizazz-Klasse bereichern. Neu war im Dodge-Programm ein 6,7-Liter-Motor, der mit 370, 390 und – dank Schwingrohreffekt – mit 416 SAE-PS verfügbar war! Der Power-Flite-2-Stufen-Automat war aufgegeben worden, dafür gab es jetzt in Verbindung mit den Hochleistungsmotoren auch ein vollsynchronisiertes 4-Gang-Getriebe.
Ende 1961 wurde der Traumwagen Dodge Flitewing vorgestellt, ein Versuchsfahrzeug mit in das Dach hineingreifenden Seitenfenstern. Um die Erprobung des Gasturbinenantriebs ging es hingegen beim Dart Turbo III, mit dem die USA durchquert wurden.
Lancer = Dart Mit dem Modelljahr 1963 – mit dem Dodge als erstes amerikanisches Fabrikat schon in der ersten Augusthälfte 1962 an die Öffentlichkeit trat – wurde das Modellprogramm abermals umgekrempelt: Der Lancer wurde aufgegeben, nachdem von ihm schon 1961 bloß 58'000 Exemplare abgesetzt worden waren. Anderseits wurde der Dart zu einem Senior Compact-car verkleinert. Er hatte nun noch 282 cm Radstand und eine völlig neue Karosserie mit auskragenden Einfachscheinwerfern. Es gab in dieser Serie auch ein Cabriolet (das es bei den Lancer nie gegeben hatte).
Die mittelgroßen Dodge hießen jetzt 330, 440, Polara und Polara 500. Ihr Radstand war auf 302 cm angewachsen, und das Motorenangebot reichte jetzt bis zum 7-Liter-V8. Die im Rahmen der üblichen Modellpflege Jahr für Jahr eingeführten Detailverbesserungen waren diesmal besonders zahlreich. Sie betrafen den Rostschutz, die Motorqualität, das Getriebe und die Scheibenwischer, die nun parallel liefen und bei zunehmender Fahrgeschwindigkeit stärker an die Scheibe gepresst wurden. Zudem wurde die Garantie auf fünf Jahre oder 50 000 Meilen ausgedehnt.
Die großen Dodge hießen neuerdings 880 und Custom 880 und wurden erst Ende 1963 vorgestellt. Die Front zeigte sich wesentlich schlichter gestaltet und umfasste ein nach außen statt nach innen gewölbtes Kühlergitter. – *Mit der Umgestaltung des Dodge Programms wollte Chrysler-Präsident Lynn A. Townsend die Schlagkraft seiner mittleren Marke verstärken.*
50 Jahre Dodge Das Jahr 1964 brachte der Marke Dodge das Jubiläum des 50-jährigen Bestehens. Alle Modelle erhielten ein entsprechendes Signet in der Lenkradnabe. Den Dart 1964 erkannte man äußerlich auch am Markenschriftzug quer durch die Kühlergrillmitte. Es gab die kleinste Dodge-Modellserie ab Ende 1963 auch mit einem neuen 4,5-Liter-V8-Motor. Weiterhin standen die Karosserieausführungen 170, 270 und GT im Programm. Zu Letzterer passte das jetzt auch bei ihr erhältliche 4-Gang-Getriebe mit Stockschaltung. Zu den zahlreichen kleinen Änderungen zählte der von innen verstellbare Außenspiegel. Wirksamere Bremsen, verstärkte Federn und einen zusätzlichen Torsionsstabilisator gab es bei den Dodge 330, 440, Polara und Polara 500. Die inneren Doppelscheinwerfer waren jetzt nicht mehr tiefer sondern in gleicher Höhe wie die äußeren Scheinwerfer montiert. Den 7-Liter-V8 gab es auch hier. Die Dodge 880 und Custom 880 des Jahrgangs 1964 erkannte man an dem wieder einwärts gebogenen Kühlergrill.

Dodge Monaco, 1965

Intermediate = Coronet Mit dem Modelljahr 1965 orientierte sich Dodge erneut an der Konkurrenz: zwischen die Dart und die Modelle der Größen Basic Family und Traditional kam als Vertreter der Intermediates die Coronet-Serie (= Adelskrone) hinzu. Er war die Antwort auf den Chevrolet Chevelle und den verkleinerten Ford Fairlane. Mit 297 cm Radstand war er allerdings der größte Intermediate. Es gab die Coronet, die Coronet 440 und die Coronet 500 (vordere Einzelsitze und Mittelkonsole), wobei alle üblichen Karosserievarianten lieferbar waren. Das Angebot reichte vom 3,7-Liter-Six bis zum 7-Liter-Hemicharger mit halbkugelförmigen Brennräumen, 12,5:1-Verdichtung und 431 PS.

Den Dart des Jahrgangs 1965 erkannte man an dem aus vier Reihen rechteckiger Öffnungen zusammengesetzten Kühlergrill. Der Dart 170 entfiel ebenso wie die 302-cm-Radstand-Dodge 330, 440 und Polara 500. Der Polara war jetzt in die Reihe der größten Dodge mit 307 cm Radstand (bisher 310 cm) integriert: Es gab die Modelle Polara, Custom 880 und neu Monaco. Bei allen war das Kühlergitter über den Doppelscheinwerfern nach oben gezogen. Die Limousine Custom 880 hatte wie der Chrysler Newport ein drittes Seitenfenster. Das Topmodell Monaco gab es ausschließlich als Hardtop-Coupé. Auch hier reichte die Motorenauswahl bis zum 7-Liter-Hemicharger. Polizeifahrzeuge des Typs Polara wurden mit vorderen Budd-Scheibenbremsen angeboten. *1965 war auch das Jahr, da Chrysler von der Drucktastatur für das Automatikgetriebe zum normalen Lenkrad-Wählhebel (später auch Mittelkonsolen-Wählhebel) wechselte.*

Charger II Anfang 1965 entstand unter der Bezeichnung Charger II eine Dodge-Formstudie mit langgezogenem Fastback. Mit dem Modelljahr 1966 zeigten die Dart einen verfeinerten Kühlergrill, und die Scheinwerfer hatten quadratische Umrahmungen. Vordere Budd-Scheibenbremsen waren nun bei allen Modellen erhältlich. Auch die Innenausstattungen wurden verfeinert, wobei der Akzent auf vermehrter Sicherheit lag. Hiezu zählten die Armaturenbrettpolsterungen, die vorderen und die hinteren Sitzgurten und – ausgenommen bei den Dart – neue Innentürklinken, die dem Verschluß einer Sicherheitsgurte nachgebildet waren. Die vorderen Einzelsitze des Dart GT boten vermehrten Seitenhalt. Dies galt auch für den Coronet 500.

Dodge Charger, 1966

Dodge Polara 500, 1967

Dodge Coronet, 1968

Die Coronet 1966 – es gab jetzt auch einen Coronet Deluxe – unterschieden sich von ihren Vorgängern durch den mit einer senkrechten Mittelrippe zweigeteilten Kühlergrill. Die Polara 318 (ein viertüriger Sedan mit 5,2-Liter-V8, der als Zwischenmodell 1965 lanciert worden war), Polara, Monaco und Monaco 500 (der Custom entfiel) zeigten neu ein im Mittelteil »zusammengekniffenes« Kühlergitter. Auch in anderen Bereichen hatten die Karosserien Modifikationen erfahren. Zudem war die Ausrüstung aufgewertet worden. Zu den Extras zählten nicht nur ein 7,2-Liter-Motor, sondern unter anderem auch elektrische Türverriegelungen, ein verstellbares Sicherheitslenkrad und ein schwenkbarer Drehzahlmesser.

Charger in Serie Ende 1965 wurde das Dodge-Programm durch die serienmäßige Verwirklichung der Fastbackstudie Charger II ergänzt: Das Sportcoupé Dodge Charger (= Schlachtross) reihte sich mit 297 cm Radstand bei den Coronet ein und war entsprechend (top-)motorisiert. Es bildete eine Parallele zum Plymouth Barracuda, aber auch zum Marlin von AMC. Der Charger besaß einen die volle Breite der Front belegenden Kühlergrill, hinter dem sich die Scheinwerfer verbargen. – Erst in der äußerlich kaum veränderten Ausführung 1967 konnte der Charger anstatt mit Einzelsitzen mit einer vorderen und hinteren Sitzbank mit abklappbarer Mittellehne bestellt werden.

Die weiteren Dodge-Modelle zeigten hingegen auch für das Modelljahr 1967 zahlreiche Änderungen: Die Dart besaßen ein neues, elegantes Gewand ohne Prägekante entlang der Gürtellinie. Dank nach außen gewölbten Türen und Seitenfenstern war der Innenraum geräumiger geworden. Die Coronet-Serie zeigte nun ein kreuzförmiges Motiv im Kühlergrill. Zudem war sie durch das neue Hochleistungscoupé und -cabriolet R/T (von Road and Track = Straße und Piste sowie Name einer Fachzeitschrift) bereichert worden. Diese wurden vom 7,2-Liter-Magnum-Motor angetrieben und trugen zusätzliche Verzierungen. Neu war auch ein Economy-Kombi. Die großen Modelle Polara und Monaco erkannte man an dem geänderten Kühlergrill und den senkrechten Zierleisten am vorderen Radhausende. Ihr Radstand war auf – schon einst erreichte – 310 cm verlängert worden. Sie waren nicht nur länger, sondern auch noch luxuriöser geworden, und es gab jetzt auch Coupés mit Semi-Fastback. Hinsichtlich Ausstattung war bei allen Dodge 1967 das Sicherheitsniveau erneut gesteigert worden. Vordere Scheibenbremsen (von Kelsey-Hayes) waren bei allen Modellen zu haben, doch war auch die Leistungsfähigkeit der konventionellen Trommelbremsen verbessert worden.

Mit »Hüftschwung« Als erster neuer Dodge wurde im August 1967 der Charger 1968 vorgestellt. Er hatte eine neue, längere Karosserie mit dem so modisch gewordenen

»Hüftschwung« in der Gürtellinie, auf der Höhe der Hinterachse. Die Scheinwerfer waren weiterhin hinter dem aus Kunststoff hergestellten Kühlergitter versteckt; sie waren aber nicht mehr um ihre eigene Achse schwenkbar, sondern ein Teil des Kühlergitters drehte sich bei Betätigen des Lichtschalters. Die Heckscheibe zeigte sich leicht versenkt angeordnet. Zusätzlich gab es einen Charger R/T mit dem 7,2-Liter-V8 und auf Wunsch Farbstreifen über Haube, Dach und Heck. Auch die Coronet waren neu karossiert und etwas größer. Sie hatten einen zurückversetzten Kühlergrill und glatte Seitenflächen.

An den Dart fand sich ein horizontal zweigeteiltes Kühlergitter. Mit rennsportlicher Aufmachung präsentierte sich der neue Dart GT Sports, kurz GTS, der serienmäßig nicht nur stärker motorisiert war, sondern zudem ein satter abgestimmtes Fahrwerk aufwies. Hinsichtlich Insassenschutz wurden weitere Fortschritte erzielt (verformbare Knöpfe usw., auch bei den übrigen Modellen). Ein Merkmal für den Jahrgang 1968 waren überdies die neueingeführten seitlichen Markierlichter. Die Polara erkannte man außerdem an den seitlichen Modellaufschriften, die Monaco an den durchgehenden Hecklichtern. Der Monaco 500 wartete zusätzlich mit Kurvenlampen in den vorderen Radhausenden auf.

3 Dream-cars Ende 1967 wurde der Traumwagen Charger III vorgeführt (anhebbares Dach mit 3-Seiten-Verglasung und ausfahrbaren Bremsklappen), und 1968 folgten die ebenfalls rennsportlich aufgezäumten Daroo I und II als offene Spider (mit zugepitzter Front bzw. Überrollbügel). Der serienmäßige

Dodge Challenger 1970

Charger 1969 gab sich dann allerdings wesentlich gesitteter, auch wenn er um die Varianten 500 und SE sowie R/T SE (= Special Edition) bereichert wurde. Während der Charger 500 mit dem 7-Liter-Hemicharger-Motor ausgerüstet wurde, boten die SE-Modelle zusätzlich Ledersitze und weitere »sportliche« Attribute bis hin zu chromgefassten Pedalen. Alle Charger besaßen jetzt eine senkrechte Mittelrippe auf dem Kühlergrill, beim Modell 500 waren die Scheinwerfer übrigens nicht abgedeckt.

Zwar hatte sich der Charger in zunehmendem Maße als Verkaufsschlager entpuppt, Bestseller der Dodge-Reihen war

Dodge Challenger 1970

Dodge Charger Daytona, 1969

aber nach wie vor der Coronet. Diese Reihe hatte man auf 1969 mit dem Modell Super Bee (»Superbiene«) ergänzt, einer gezähmten Ausführung des Typs R/T. Sein besonderer Gag bestand in den vom Fahrersitz aus verstellbaren Lufthutzen auf der Motorhaube! Die Coronet besaßen neuerdings einen Kühlergitterrahmen, der nach außen anstieg.

Polara und Monaco waren nochmals länger geworden. Man erkannte sie an den drei gleichmäßigen, in einen Gesamtrahmen eingebetteten Kühlergrillteilen, die mit den runderen Linien und bombierten Seiten in Einklang standen. Über den Hinterrädern stieg die Gürtellinie neu auch bei diesen Modellen leicht an. Zu den gegen Mehrpreis lieferbaren Ausstattungsdetails zählte eine Quarz-Jod-Zusatzleuchte Super-Lite; sie glich den Helligkeitsunterschied zwischen Abblendung und Fernlicht aus. Vom Monaco 500 war nicht mehr die Rede; Topausrüstung einschließlich Vinyldachüberzug bot der Monaco Brougham.

Schließlich die Dart-Reihe: Bei ihr kam der Swinger 340 hinzu, der sich wie der GTS an junge Kaufinteressenten richten sollte. Er hatte serienmäßig einen 5,6-Liter-V8, ein 4-Gang-Getriebe sowie ein sportliches Fahrwerk (ferner Lufthutzen und einen Farbstreifen rund ums Heck). Der Dart 270 wurde durch den Custom ersetzt. Den Jahrgang 1969 kennzeichneten die rechteckigen Positionsleuchten im Kühlergrill. Die zahlreichen Detailverbesserungen der Dodge 1969 gingen erneut Richtung vermehrte Sicherheit und sauberere Abgase.

Charger Daytona! Er war der wohl aufregendste Serienwagen aus amerikanischer Küche, und in Produktion ging er im Juni 1969. Zwar entsprach der Mittelteil weitgehend dem bekannten Modell Charger, doch vorne hatte man eine aerodynamische Verkleidung mit ausklappbaren Scheinwerfern angefügt, und am Heck prangten durch einen hochliegenden Flügel verbundene Leitflossen. So aufgemacht hatte der Charger bei amerikanischen Rennen (Stock-cars) bereits im Vorjahr zahlreiche Siege erzielt. Auch das Serienmodell war für Renneinsätze gedacht. Es wurde vom bekannten 7-Liter-Hemi-Motor mit schräghängenden Ventilen angetrieben, und natürlich hatte auch das Fahrwerk die nötigen Modifikationen erhalten. Der Charger Daytona wurde zum Prestigeträger und Liebhaberauto par excellence!

Challenger Das Modelljahr 1970 brachte in Form des Challenger (= Herausforderer) eine weitere neue sportliche Modellreihe. Mit 279,5 cm war sein Radstand noch kürzer als jener des Dart. Es gab diesen kompakt eleganten Viersitzer der Speciality-Compact-Klasse als Hardtopcoupé, als Hardtopcoupé Special sowie als Cabriolet und alle diese Karosserieformen zudem als Challenger R/T. Es standen acht Motoren zur Wahl, vom 5,2- bis zum 7,2-Liter-V8. Das Basis-3-Gang-Getriebe – hier mit Stock- statt Lenkradschaltung – war vollsynchronisiert, und dies galt erstmals auch für die übrigen Dodge. Bei den Dart hatte man, einem Modetrend entsprechend, die Motorhaube verlängert. Es gab nur noch den Standard-Dart, den Dart Custom und den Swinger (340). Der

Hubraum des Basis-Sechszylinders stieg von 2,8 auf 3,2 Liter. Die Bremsen wurden weiter verbessert, und zur Serienausstattung zählte jetzt auch hier ein Lenkradschloss. Hingegen reichten die Frontstoßstangen nun nicht mehr bis zum unteren Karosserieabschluss.

Auch die Coronet waren länger geworden. Der Kühlergrill war nun in eine linke und eine rechte Hälfte, beide einzeln gerahmt, unterteilt. Bei den Charger gab es ein vereinfachtes Standardmodell, anderseits war der 7,2-Liter-Motor auch in einer Ausführung Six Pack mit Hochleistungskolben, -ventilen und -pleueln sowie Doppelunterbrecher zu haben. Die Kühlergitter hatten keine senkrechte Mittelteilung mehr, jedoch eine feine horizontale Zweiteilung. Polara, Polara Custom (statt 500) und Monaco wiesen jetzt ebenfalls längere Motorhauben und kürzere Hecks auf. Die Aufhängungen wurden vom Imperial übernommen und boten somit ein erhöhtes Komfortniveau. Die kräftig umrandeten Kühlergitter waren tiefer gesetzt, und auf die zusätzlichen Lufteinlassschlitze in den Stoßstangen wurde verzichtet – *Von 1961 bis 1972 wurden bei der Firma Amag in der Schweiz 4440 Dart (1971/72 zudem 168 Dart HT = Hardtop und 1972 noch 96 Demon) montiert!*

Dodge	Zyl.	cm³	PS	bei 1/min	Gänge	Spitze km/h	Radstand/Länge	ab Jahr	Besonderheiten
Dart (Seneca, Pioneer, Poenix)	6	3682	147	4000	3/A	145	300/529	1960/61	Kombi: 310/545 cm
	V8	5210	233	4000		175			
			259	4400		180			'61: 264 PS
		5907	314	4800	A	190			'61: 309 PS
		6286	335	4800		200			
Dart	6	3682	147	4000	3/A	150	295/513	1962	
(/Dart 330/Dart 440)		5210	233	4400		189			
			264	4400	A				
		5907	309	4800	3/A	200			
			314	5200					
		6286	335	4600					
			340	5200					
		6746	370-	4600					
			-416	5400					
330/440/Polara/	6	3682	147	4000	3/A	155	302/529	1963/64	Kombi: 295/535 cm
Polara 500	V8	5210	233	4400		180			64: 533/539 cm
		6286	309-	4600	3/4/A	200			
			-335	4600					
(Export)		5907	269	4400	A	180		1963	
		6974	375-	4600		200		1963/64	
			-431	5000		230			
Matador	V8	5907	299	4600	3/A	190	310/540	1960	
Polara		6286	330	4600		200			
Matador/Polara D-500			335	4600	A				
Polara		5907	269	4400	3/A	180		1961	
Polara D-500		6286	330	4600		200			
			335	4800					
Custom 880		5907	269	4400		180	310/543	1962	
Polara 500			309	5800					
			314	5200		190			
		6286	335	4600					
			340	5200		200			
		6746	370-	4600					
			-416	5400					
880/Custom 880		5907	269	4400		180	310/546	1963/64	
		6286	309	4600		190			'64: 3/4/A
Polara/Custom 880/ Monaco			274	4400	3/4/A	185	307/539	1965	Kombi: 551 cm lang
			319	4400		195			
		6746	345	4600	A	200			
		6974	370	4800	4/A	210			
Polara 318		5210	233	4400	3/A	180	307/542	1966	Kombi: 552 lang
Polara/Monaco		6286	274-	4400		185			
			-330	4800	3/4/A	200			
		7206	355	4400	4/A				

Dodge	Zyl.	cm³	PS	bei 1/min	Gänge	Spitze km/h	Radstand/Länge	ab Jahr	Besonderheiten
Polara/Monaco		5210	233	4400	3/A	180	310/558	1967-70	Kombi: 562 cm lang
		6286	274	4400		190			ab '68: 294 PS
			330	4800	3/4/A	200		1967-69	ab '68: 335/5000
		7206	355	4400	A			1967-70	
			380	4600		210		1967-69	
Lancer	6	2789	102	4400	3/A	145	270/478	1961/62	62: 480 cm lang
			150	5200		160		1961	
		3682	147	4000		150		1961/62	
			199	5200		170		1961	
Dart	6	2789	102	4400	3/A	150	282/498	1963/64	Kombi: 269/483 cm
		3682	147	4000		165			'64: 3/4/A
		2789	102	4400	3/A	150	282/499	1965/66	Kombi: 269/483 cm;
	V8	4490	182	4200		175		1965-69	ab '68: 193/4400
			238	5200		185		1965-67	
	6	2789	117	4400	3/A	150	282/497	1967-69	
	V8	6286	284	4200	4/A	200			'68: 304/4400
		5210	233	4400	3/4/A	185		1968-70	'69: 335/5200
		5562	279	5000		200			'70: 499 cm lang
	6	3249	127	4400	3/A	160	282/499	1970	
Coronet	6	3682	147	4000	3/A	160	297/519	1965-67	Kombi: 295/532 cm
ab '66: + Charger	V8	4490	182	4200		170			ab '66: 516/528 cm
		5210	233	4400		185			ab '66: 3/4/A
		5907	269	4400	3/4/A	190		1965/66	'66: 4/A
		6286	335	4600		200		1965-67	ab '66: 330 PS, 4/A
		6974	370	4800		210		1965	
			431	6000		230		1966/67	'66: 4/A
		6286	274	4400	4/A	190		1967	
		7206	380	4600		210			
	6	3682	147	4000	3/A	160	297/525	1968-70	Kombi: 534 cm lang
	V8	4490	193	4400		180		1968	
		5210	233	4400		190		1968-70	
		6286	294	4400	4/A	200			
			335	5000	3/4/A	210			ab '69 auch 340 PS
		7206	380	4600		220			'70 auch 395 PS
		6974	431	5000		230			'70: 532/538 cm
Challenger	6	3682	147	4000	3/A	170	280/486	1970	
	V8	5210	233	4400	3/4/A	190			
		5562	279	5000	200				
		6286	294-	4400	A				
			-340	5200	3/4/A	220			
		7206	380	4600	4/A				
			395	4700					
		6974	431	5000		230			

Dodge in den 70er Jahren

Um gegenüber dem den amerikanischen Kleinwagenmarkt beherrschenden Volkswagen besser gewappnet zu sein, führte Dodge im Januar 1971 das Modell Colt ein... bei dem es sich um nichts anderes als einen umbezeichneten Mitsubishi handelte. Dieses »Rebadging« nahm in den USA alsbald ungeahnte Dimensionen an. Die Schwestermarke → Plymouth brachte gleichzeitig unter der Modellbezeichnung Cricket den englischen Sunbeam 1500 auf den Markt... (Ford und General Motors hatten mit dem Pinto bzw. Vega eigene Kleinwagen konstruiert).
Zur Erinnerung: Inzwischen besaßen alle Dodge selbsttragende Karosserieaufbauten. Wie bei allen US-Modellen des Chrysler-Konzerns bestand die vordere Radaufhängung auch bei den Dodge weiterhin aus einem oberen Trapez-Dreieckquerlenker, einem unteren einfachen Querlenker mit elastisch gelagerter Zugstrebe und längs liegendem Torsionsfederstab. Hinten kam nach wie vor eine Starrachse mit Halbelliptikfedern zum Einbau. Es wurden Trommelbremsen montiert (auf Wunsch mit Servo; je nach Modell war a. W. zudem eine Servolenkung erhältlich). – Für den Jahrgang 1971 wurde die Motorleistung teils reduziert: Die verminderte Verdichtung erlaubte den Betrieb mit bleiarmem Benzin (neue Schadstoff-Grenzwerte für die Abgase!). Die erneuerte Torqueflite-Getriebeautomatik bot eine geänderte Kickdown-Schaltvorgabe; sie bewirkte ein Zurückschalten in die

zweite Stufe schon bei leichtem Druck auf das Gaspedal anstatt erst bei Vollgas.

Colt Dieses in Japan als Mitsubishi Colt bzw. Galant verkaufte Modell wurde als zwei- und viertüriger Sedan, als Hardtop-Coupé und als fünftürigen Station Wagon angeboten (1602 cm^3, 84 DIN-PS, 4-Gang-Getriebe oder 3-Stufen-Automatik von Borg-Warner).

Dart/Demon Die von Dodge selbst gebaute Modellskala begann im Modelljahr 1971 mit dem Dart, der aus dem kompakten Segment herausgewachsen war. Ihm wurde in jenem Jahr das viersitzige Hardtop-Coupé Demon zur Seite gestellt, das auf dem kürzeren Radstand des → Plymouth Valiant basierte (Heckform analog zum ebenfalls neuen Plymouth Duster). Beim Dart begann die Motorenauswahl mit einem 3,2-Liter-Six, während im Demon ausschließlich ein 5,6-L-V8 zum Einbau kam. Es gab den Dart als viertürigen, sechssitzigen Sedan (Custom: angereicherte Ausstattung) und als fünfsitziges Hardtop-Coupé Swinger.
Die aus Schweizer Montage bei der Firma Amag in Schinznach stammenden Dart hatten serienmäßig Automatikgetriebe, vordere Scheibenbremsen, Lenk- und Bremshilfe. Zudem gab es 1971 neu den Dart Custom VIP, kurz Dodge VIP, mit

Dodge Colt Hardtop, 1971

einem Plus an Zubehör (nur 5,2-Liter-V8, mit Klimaanlage, Liegesitze, Heckscheibenheizung, Halogen-Scheinwerfern, Kunstleder- bzw. Vinyldach usw.).

Challenger Diese sportlichen Viersitzer besaßen einen Radstand, der zwischen jenem des Demon und jenem des Dart lag, konstruktiv entsprachen sie aber der etwas größeren Coronet-Baureihe. Es gab die sportlichen viersitzigen Challenger ausschließlich als Hardtop-Coupé (1971 auf Wunsch neu mit elektrischem Schiebedach) und als Cabrio-

Dodge Dart, 1971

Dodge Coronet Crestwood, 1971

let. Die Motorenauswahl reichte bis zum 7,2-Liter-V8 (mit drei Holley-Doppelvergasern, 390 SAE-PS) und 7-L-V8 (sogenannter Hemi-Motor mit hemisphärischen bzw. halbkugelförmigen Brennräumen und zwei Carter-Vierfachvergaser, 431 SAE-PS)!

Coronet/Charger Die mittelgroßen Dodge wurden 1971 unter den Modellbezeichnungen Coronet Six, Coronet Custom, Charger Coupe, Charger (alle mit Sechszylindermotor), Coronet V8, Coronet V8 Custom, Coronet Brougham, Coronet Crestwood, Charger V8 Coupe, Charger Super Bee, Charger V8, Charger 500, Charger S/E (Special Edition) und Charger R/T (Road and Track) hergestellt. Sie hatten vollständig umgezeichnete, geräumigere Karosserien erhalten. Neu wiesen die zweitürigen und die vier-/fünftürigen Modelle einen unterschiedlichen Radstand auf. Die Coronet und Coronet Custom gab es als Sedan und Station Wagon (Crestwood im Woody- = Holz-Look), den Charger Coupe als zweitüriges Coupé und alle übrigen als Hardtop-Coupé (mit fünf oder sechs Sitzen). Die Bezeichnungen bezogen sich sowohl auf den Ausstattungsumfang wie auf die Motorgröße, die vom 3,7-L-Six bis zum 7,2-L-V8 reichte (147 bis 390 SAE-PS; Hochleistungsversionen Super Bee und R/T auch mit dem 7-L-Hemi-Motor). Im Verein mit den stärkeren V8 war auch ein 4-Gang-Schaltgetriebe erhältlich.

Dodge Challenger, 1972

Dodge Polara Custom, 1972

Polara/Monaco Die großen bzw. Full-size-Dodge wurden 1971 durch die Modelle Polara, Polara Custom, Polara Brougham und Monaco verkörpert. Es gab sie als Sedan, Hardtop-Sedan (beide sechssitzig), Hardtop-Coupé (fünf- oder sechssitzig) sowie Station Wagon sechs- oder achtsitzig). Diese Kombi erreichten eine Länge von 568 cm. Nicht mehr gebaut wurde das große Polara-Cabriolet. Die Motorisierung begann mit dem 3,7-L-Six und endete mit dem 7,2-L-V8. Neu war ein 5,9-L-V8. Polara und Monaco wurden auf Wunsch mit vorderen Scheibenbremsen ausgerüstet. Neu eingeführt wurde eine verbesserte Fahrwerksisolation, wie sie die Chrysler-Luxusmarke Imperial schon seit zwei Jahren besaß.

Polara/Monaco 1972 Die großen Dodge Polara, Polara Custom und Monaco waren für 1972 an der Reihe, gänzlich neu geformte Aufbauten zu erhalten, auch wenn die Stilrichtung ähnlich geblieben war. Bemerkenswerterweise waren sie mit 557 cm Länge um 2,5 cm kürzer geworden. Die Monaco unterschieden sich nun durch Klappscheinwerfer. Sechszylindermotor und Handschaltung gab es nicht mehr; Servolenkung zählte ebenso zur Serienausrüstung wie vordere Scheibenbremsen mit Servo; Stahlgürtelreifen waren für alle Modelle außer den Station Wagon erhältlich.
1972 wurde die Zahl der Modellvarianten reduziert. Der 6,3-Liter-V8 wurde durch einen 6,6-L-V8 in zwei Versionen ersetzt. Wegen der verschärften Abgasvorschriften verschwand der leistungsorientierte 7-L-Hemi-V8 mit hemisphärischen Brennräumen vollends. Praktisch alle Motoren liefen nun mit bleifreiem 91-Oktan-Benzin. Wichtig: die PS-Angaben erfolgten jetzt anstatt in SAE in »net HP, as installed«, was fortan 1,0139 DIN-PS entsprach. Im Übrigen schien sich – abgesehen von den jährlichen Detailanpassungen – auch Dodge dem 5-Jahres-Modellrhythmus verschrieben zu haben. Abgesehen von den neuen Polara/Monaco erhielt einzig der Challenger einen deutlich erneuerten Kühlergrill mit schmälerer, höherer und trapezförmiger Kontur. – Bei der Firma Amag in der Schweiz wurden übrigens 1972 die letzten 264 Dart, 96 Dart Hardtop sowie 96 Demon montiert.

Dodge Charger SE, 1973

Dodge Monaco, 1974

Erhöhter Schutz 1973 erhielten alle Dodge wegen der vorgeschriebenen energieabsorbierenden Stoßstangen (schadenfrei bis zu einem Aufprall mit 8 km/h vorne bzw. mit 4 km/h hinten) Stoßstangenhörner mit Gummiaufsatz (sie wurden auch entsprechend länger). Die Motoren boten eine wirksamere Abgasentgiftung zusammen mit einer elektronischen Zündung. Zweitürige Modelle wurden vermehrt mit Schiebedach angeboten.
Der Dart erhielt 1973 eine verstärkte Vorderradaufhängung; zusammen mit V8-Motoren wurden vordere Scheibenbremsen verwendet; der Demon wurde durch den Dart Sport ersetzt, der mit einer umklappbaren hinteren Sitzlehne aufwartete. Der Challenger war mit dem beliebten Rallye-Ausstattungspaket erhältlich, und ab Januar wurden seine Türen mit Stahlplanken verstärkt. Bei den mittelgroßen Charger und Coronet wurden die Vorderradaufhängung modifiziert, sie war an sechs Punkten mit einem Hilfsrahmen verbunden; zudem zählten vordere Scheibenbremsen nun zur Serie. Während der Charger ein größeres hinteres Seitenfenster aufwies, zeigte der Charger S/E an dieser Stelle bloß drei adrette senkrechte Sehschlitze; auf Wunsch gab es ein Rallye-Package. Bei den großen Dodge Polara und Monaco zählten vordere Scheibenbremsen samt Servo nun zur Serienausrüstung, auf Wunsch waren Gürtelreifen erhältlich.

Monaco 1974 Ein sichtbar neues Karosseriedesign erhielten die großen Dodge bereits wieder mit dem Modelljahr 1974: Die Gürtellinie verlief tiefer und die Seitenfenster waren entsprechend höher. Die Polara-Reihe wurde aufgegeben; es gab noch Monaco, Monaco Custom und Monaco Brougham (insgesamt 13 Karosserieversionen). Die Länge schrumpfte wieder, nun auf 566 cm (Kombi 575 cm).
1974 kamen die nun auch hinten vorgeschriebenen energieabsorbierenden Stoßstangen hinzu. Der 5,6-L-V8 entfiel. Die für alle Modelle nun lieferbaren Gürtelreifen erforderten eine verbesserte Geräuschdämpfung der Karosserien. Die mittelgroßen Coronet erhielten an den Scheibenwischern montierte Waschdüsen. Der Charger war mit verschiedenen (kaschierten) hinteren Seitenfenstern erhältlich. – Völlig neu gestaltet war der von → Mitsubishi gelieferte Dodge Colt (Sedan, Hardtop auch als GT, Station Wagon auch mit Holzlookdekor, 1,6 bis 2,4 L, letztere mit Automatikgetriebe von Chrysler).
Ramcharger Diesen großen Geländekombi gab es schon früher, doch er galt »drüben« als Nutzfahrzeug; erst gegen 1975 kam er beispielsweise auch in der Schweiz auf den Markt. Es gab ihn mit 3,7-L-Sechszylindermotor oder mit V8 von 5,2, 5,9 und 7,2 Liter Hubraum. Nebst 3- und 4-Gang-Getriebe stand die Loadflite-Automatik zur Wahl. Das Kastenrahmenchassis wies fünf Traversen und Starrachsen mit Blattfedern auf.

Der Kat. kommt! 1975 wurde auch bei den Dodge-Modellen in der Regel die Katalysatortechnik zur Abgasreinigung eingeführt. Zum Ausgleich des Mehrverbrauchs gab es längere Achsuntersetzungen, Automatikgetriebe mit weniger Schlupf und angepasste Motoren. Für den Dart wurde zudem ein ab Dezember 1974 lieferbarer Overdrive in Aussicht gestellt, bei dem es sich allerdings bloß um einen 0,73:1 untersetzten vierten Gang handelte. Das 3-Gang-Getriebe war nun endlich vollsynchronisiert. Basismotor war neu ein 3,7- statt ein 3,2-Liter-Six.
Das sportliche (und von Fans geschätzte) Modell Challenger hatte man auf 1975 gestrichen! Neu gezeichnet wurden hingegen die Coupés Coronet und Charger SE; dieser war nun ein Parallelmodell zum neu hinzugekommenen → Chrysler Cordoba, wies jedoch statt dessen Opera Window im hinteren Dachträger sieben horizontale Durchsichtsschlitze auf. Basismotor bei den großen Monaco wurde der 5,2-L-V8; die Topversion erhielt (wie der Chrysler Imperial) Scheinwerfer unter Klappdeckeln; außerdem wurde eine elektrische Heckscheibenheizung erhältlich. Stahlgürtelreifen gehörten nun zur Basisausstattung.
Mitte 1975 wurde das Angebot an Japan-made Dodge Colt Coupé, Sedan und Wagon durch das Hardtop-Coupé Carousel (in Weiß mit blauem Dach und Zierstreifen) ergänzt. Die Colt wurden vom 1597-cm³-OHC-Motor mit 84 PS angetrieben. Später kam das 2-L-Aggregat Silent Shaft mit Ausgleichswellen hinzu.
Aspen Ursprünglich war das Duo Dodge Aspen und Plymouth Volare als Nachfolger der Dodge Dart/Coronet und Plymouth Valiant gedacht. Wegen der anhaltenden Nachfrage, die auf den gestiegenen Benzinpreis zurückzuführen war, blieben diese kompakten Modelle weiterhin im Programm. Der Aspen war ein klar geformter typischer »Amerikaner«. Der Radstand des Sedan war nur gerade 4 cm länger als jener des viertürigen Dart, und beim Coupé war es sogar bloß 1 cm mehr; hingegen war die Gesamtlänge um eine Spur geschrumpft, während die Breite auf 185 cm angewachsen war.
Den Aspen gab es im Gegensatz zur Dart-Reihe auch als fünftürigen Kombi und zwar in der Grundserie wie in der Special Edition (in dieser auch mit Holzimitation an Flanken und Heck; die mittlere Serie hieß Custom). Alle drei Serien gab es auch als Coupé. Nach wie vor wurde hinten eine an Blattfedern gestützte Starrachse eingebaut, doch vorne fand sich neu ein Fahrschemel mit quer (und nicht mehr längs) zur Fahrrichtung montierten Torsionsfederstäben (dazu weiterhin obere Trapez-Dreieckquerlenker und untere einfache Querlenker mit elastisch gelagerter Zugstrebe). Vorn gab es belüftete Scheibenbremsen, beim 5,9-L-V8 mit Servo, und auf Wunsch war eine Servolenkung lieferbar. Bei den teureren Ausführungen waren 60/40-%-Vordersitze lieferbar (60 % der Breite für den Fahrer, 40 % für den Beifahrer mit Trennung durch breite abklappbare Armlehne).

Dodge Dart Coupe Hardtop, 1975

Dodge Charger Sport, 1976

Dodge Aspen, 1977

Dodge Royal Monaco Brougham, 1977

1976 entfielen die teureren Dart-Ausführungen und die einfacheren Coronet; ihr Platz wurde nun zur Gänze vom Aspen ausgefüllt. Es gab jetzt auch einen besonders einfachen Dart; hinzu kam das Coupé Dart Lite, das abgemagert als Benzinsparversion angeboten wurde (auf Wunsch mit Overdrive); die Ausstattung der Coronet und Charger wurde aufgewertet, neu war eine 60/40-%-Aufteilung der Vordersitze, neu war auch ein Charger Sport mit horizontal dreifach unterteiltem Opera Window; die 6,6- und 7,2-L-V8 gab es auf Wunsch mit Lean-Burn-System statt Katalysator (→ Chrysler).
Zum Modelljahr 1977 verschwand die Dart-Reihe; den Aspen gab es außer mit dem 101-PS-Six auch mit einem 112 PS leistenden Super Six; das Lean-Burn-Verbrennungssystem wurde auf Motoren bis 5,2 L ausgedehnt; die Aspen- und Charger-Coupés waren mit dem Hatch-roof erhältlich: herausnehmbaren Dachhälften aus Rauchglas. Auffallend war die Zweifarbigkeit des Charger Daytona mit in Kontrastfarbe gehaltenen langgezogenen Flächen über dem vorderen und hinteren Radausschnitt und auf dem vorderen Dachteil. Die mittelgroße Baureihe Coronet wurde durch den Monaco abgelöst, während die große nun ausschließlich Royal Monaco hieß; die Monaco hatten übereinander liegende rechteckige Doppelscheinwerfer (die Royal Monaco hingegen weiterhin Klappscheinwerfer).

Diplomat Parallel zum → Chrysler LeBaron, der als Antwort auf den Cadillac Seville gedacht war, erschien im Februar 1977 der Dodge Diplomat. Auch er war eine Luxusausgabe des Dodge Aspen (bzw. Plymouth Volare). Es gab ihn als Sedan und Coupé; später kamen die weiter angereicherte Version Diplomat Medallion sowie ein Station Wagon (Modelljahr 1978) hinzu. Zunächst wurde der Diplomat nur mit dem 5,2-L-V8 angeboten; die Serienausrüstung war besonders reichhaltig.
1978 erhielt der Aspen einen zentral gerahmten Kühlergrill; er war nun auch als Super Coupe mit zweifarbiger Lackierung und sportlicher abgestimmtem Fahrwerk zu haben. Der

Dodge Ramcharger, 1977

Diplomat wurde zusätzlich als Station Wagon angeboten. Nachdem der Royal Monaco aufgegeben wurde, gab es keinen Standard-size-Dodge mehr! Das Torqueflite-Getriebe bot nun eine Direktverbindung Motor–Kardanwelle, womit der Schlupf des Drehmomentwandlers überbrückt wurde (→ Chrysler 1978). Bei den Importmodellen kam das Coupé Colt Challenger hinzu, auch es von Mitsubishi produziert.

Magnum XE Neues Topmodell wurde 1978 der Magnum XE, ein aus dem Challenger heraus entwickeltes Luxuscoupé mit schräg gestellter Frontpartie und sportlich abgestimmter Aufhängung. Als Option gab es wahlweise ein herausnehmbares gläsernes T-bar roof (Dachhälften über den Vordersitzen) oder ein elektrisches Sun roof (Glasschiebedach); auch das Opera Window war jeweils unterschiedlich gestaltet.

Omni Von den im Dezember 1977 vorgestellten kleinen Chrysler-Modellen war schon lange die Rede gewesen: Der Dodge Omni und der Plymouth Horizon waren gemeinsam mit dem in Frankreich gebauten Chrysler-Simca Horizon entwickelt worden, der seinerseits auf dem Simca 1100 basierte. Während der französische Horizon jedoch mit eigenen 1118- und 1294-cm³-Motoren ausgerüstet wurde, kam in den amerikanischen Pendants ein von Volkswagen aus Deutschland angelieferter OHC-Motor mit 1715 cm³ zum Einbau; dieser war durch Vergrößerung des 1,6-L-Golf-Motors entstanden (86,4 statt 80 mm Hub). Die Vorderradaufhängung bestand aus Federbeinen (ähnlich Golf) und auch hinten wurden Federbeine verwendet. Ebenso gab es Abweichungen hinsichtlich Vorderbaustruktur. Chrysler feierte diese aus drei Ländern stammende Kombination als Amerikas erste kleine Frontantriebskonstruktion.

Omni 0-24 Mit dem Modelljahr 1979 wurde dem Omni mit dem Omni 0-24 ein Coupé mit langgestrecktem Fastback und Heckklappe zur Seite gestellt. An die riesige flache Heckscheibe schlossen sich seitliche Dreieckfenster an. Das Coupé war deutlich länger, aber mit 130,5 um 6 cm niedriger als die Limousine; anderseits war der Radstand verkürzt

Dodge Magnum XE, 1978

Dodge Diplomat Station Woody, 1979

worden. Die hintere Lehne ließ sich umlegen und es war sportliches Zubehör verfügbar (wie straffere Federung und Heckspoiler). – Dieser kleine Dodge wirkte ebenso ungewöhnlich wie attraktiv.

St. Regis 1979 gab es unter der Bezeichnung St. Regis wieder einen Standard-size-Dodge. Er war (wie die großen → Chrysler 1979) eine Neukonstruktion, die trotz leichter Verlängerung um eine Spur leichter war als die aufgegebene Reihe Monaco. Im Gegensatz zu dieser wurde der St. Regis ausschließlich als viertüriger Sedan angeboten. Für ihn stand ein reiches »Hochrüstungsangebot« zur Wahl. Die nebeneinander angeordneten Doppelscheinwerfer der wuchtigen Front steckten unter Plexiglasabdeckungen.

Dodge St. Regis, 1979

Dodge	Zyl.	cm³	PS	bei 1/min	Gänge	Spitze km/h	Radstand/Länge	ab Jahr	Besonderheiten
Omni	4	1716	76/71	5600	4/A3		252/419	1978	
			71/&&	5200			°	1979/80	
°) Coupé O-24: 246/440									
Dart	6	3249	106	4000	3/A3		282/499	1971	
			101	4400				1972	
			96	4000			282/517°	1973/74	
		3678	112				282/499	1971/72	
			106				282/517°	1973/74	
			96/91	3600	3/4/A3			1975	
			101/91					1976	
	V8	5210	157		3/A3		282/499	1971	
			152					1972	
				3600			282/517°	1973/74	
			147/142	40/36	3/4/A3			1975	
			152/142					1976	
		5562	238	5000			282/499	1971	
			243	4800				1972	
							282/517°	1973	
		5898	248					1974	
			233/193	44/40				1975	
			223	4400				1976	
Demon: wie Dart							275/489	1971/72	
°) Dart Sport 1973: 275/508; 1974-76: 275/510									
Challenger Six	6	3249	106	4000	3/A3		280/486	1971	
		3678	112					1971/72	
Challenger V8	V8	5210	157					1971	
			152					1972	
							280/504	1973/74	
		5562	238/250	4500	3/4/A3		280/486	1971	
			253	4800				1972	
			243				280/504	1973	
		5898	248					1974	
		6286	193/253	40/45	A3/3/4		280/486	1972	
		7206	335	4300	4/A3			1971	
(Hemi)		6974	355	4500					
Aspen	6	3678	101/91	3600	3/4/A3		286/511°	1976/77	
			112-91					1978-80	
	V8	5210	152/142	40/36				1976	
			147/137					1977	
			142/157	4000	4/A3			1978	
do. f. CH			168						
-			137/157					1979	
do. f. Europa			170°/168					1979°/80	
-			122/157	36/40				1980	
		5898	172	4000	A3/3/4			1976	
			157	3600				1977	
			177-157	40-36				1978	
			198/172	4000				1979	
°) Coupé: 276/501: ab 1980: 286/519 und 276/509									
Diplomat	6	3678	112	3600	4/A3		286/523°	1978	
			112-91					1979/80	
		5210	142/157	4000				1978	
do. f. Europa			137/157					1979	
			170						
-			122	3600				1980	
		5898	152-172	35/40				1978/79	
do. Heavy duty			198/193	4000				1979	
°) Coupé: 286/518; Station Wagon: 286/515; 1980, Sedan/Station Wagon: 286/522, Coupé: 276/511									

Dodge USA	Zyl.	cm³	PS	bei 1/min	Gänge	Spitze km/h	Radstand/Länge	ab Jahr	Besonderheiten
Coronet	6	3678	112	4000	3/A3		300/526°	1971/72	
			106				300/541°	1973/74	
			96	3600			300/554°	1975	
			101					1976	
	V8	5210	157				300/526°	1971	
			152					1972	
							300/541°	1973/74	
			152-135	40/36			300/554°	1975/76	
		5898	203/248	40/48			300/544°	1974	
			182/193	4000	A3		300/554°	1975	
			172/177					1976	
		6286	193/253	40/45	3/4/A3		300/526°	1971	
		6555	193/259	44/48	A3/4			1972	
			264	4300			300/541°	1973	
			208/253	44/48	A3		300/544°	1974	
			167-238	40/42			300/554°	1975	
			177-243	35-44				1976	
		7206	309/335	40/43	4/A3		300/526°	1971	
			284/335	4800				1972	
			284		A3		300/541	1973	
			279	4400			300/544	1974	
(Hemi)		6974	355	4500			300/526	1971	
°) Station Wagon 1971/72: 300/542; 1973/74: 300/553									
Charger: wie Coronet +:		5562	243	4800			292/522	1971/72	
							292/540	1973/74	
(+ Coronet Coupé)							292/543	1975	
Charger: wie Coronet +:									
Charger SE		5210	147/137	40/36				1977	
		5898	157/172	36/40					
		6555	193	3600					
Charger/Magnum	V8	5210	142/157	4000	A3		292/547	1978	
			137/157					1979	
		5898	152-172	36/40				1978/79	
do. Heavy duty			198/193	4000				1979	
-		6555	193	36000				1978	
Mirada	6	3678	91	3600	A3		287/532	1980	
do. f. Europa			110						
-	V8	5210	122						
do. f. Europa			168	4000					
-		5898	188						
Polara/Monaco	6	3678	112	4000	3/A3		310/560°	1971	
(Polara bis 1973)	V8	5210	157					1971	
			152					1972	
				36/40			310/576°	1973/75	
		5897	177	4000			310/560°	1971/72	
			172	4000			310/576°	1973	
			182/203				310/566°	1974	
			182/193					1975	
		6286	193/253	40/45			310/560°	1971	
		6555	193	4400				1972	
			188	3600			310/576°	1973	
			188/208	4000			310/566°	1974	
			177/198					1975	
		7206	223		A3		310/560°	1971	
			228	4400				1972	
			223	3600			310/576°	1973	
			223/233	4000			310/566°	1974	
°) Station Wagon 1971/72ff: 310/567, Monaco: 310/564; 1973: 310/579 bzw. 310/581; 1974/75: Station Wagon: 310/575									

Dodge USA	Zyl.	cm³	PS	bei 1/min	Gänge	Spitze km/h	Radstand/Länge	ab Jahr	Besonderheiten
Monaco		5210	152				309/574°		
		5898	172/177						
		6555	177-213	36-44					
		7206	208	3600					
°) Station Wagon: 315/583									
	6	3678	112	3600			299/555°	1977/78	
	V8	5210	147/137	40/36				1977	
			142/157	4000				1978	
		5898	157/172	36/40				1877/78	
		6555	193	3600				1977/78	
°) Coupé: 292/543, Station Wagon: 299/573									
Royal Monaco		5210	147	4000			309/574°	1977	
		5898	157/172	36/40					
		6555	193	3600					
		7206	198/188						
°) Station Wagon: 315/583									
St. Regis	6	3678	112/91	3600	A3		301/560	1979/80	
	V8	5210	137/157	4000				1979	
			122/157	36/40				1980	
		5898	152/172	36/40				1979	
			132	3200				1980	
Ramcharger	6	3678	117	3600	U/3/4/A3		269/469	1978/79	
			91					1980	
do. f. Europa			11						
-	V8	5210	152/162	4000				1978/79	
			122/157	36/40				1980	
do. f. Europa		5898	177/172	40/36				1978/79	
			132/188	32/40				1980	
		6555	167	4000				1978	
		7206	223/203	40/36	U/A3				

1979 kam das preisgünstige Coupé Aspen Sunrise hinzu (vier horizontale Stäbe vor dem zweiten Seitenfenster), ebenfalls neu war der Aspen Sport Wagon (Frontspoiler, Radhausauskragungen, Breitreifen usw.); zwischen dem Diplomat und dem Diplomat Medallion gab es neu den Diplomat Salon; für den Magnum wurden die 6,6- und 7,2-L-V8 aus dem Angebot gestrichen. Als Import gab es inzwischen zusätzlich einen frontgetriebenen Colt als USA-Version des Mitsubishi Mirage. Vor Mitte 1979 kam der O-24 in Rallye-Version mit Spoilern und schwarzem Flankenunterteil hinzu; mit Cw 0,395 galt er als das windschlüpfigste US-Modell.

Dodge Omni O-24, 1980

Mirada Er löste im Modelljahr 1980 den Magnum ab und war das Parallelmodell zum ebenfalls neu aufgelegten Chrysler Cordoba. Er zeigte eine fast 20 cm kürzere und 11 cm schmälere sowie gut 200 kg leichtere Karosserie. Die Front blieb ähnlich, aber das Opera Window schloß sich jetzt an ein Hardtop-Seitenfenster an. Im Gegensatz zum Magnum gab es den Mirada bereits mit einem 3,7-L-Six, der jedoch für die sportliche Ausführung CMX nicht zu haben war. Auf Wunsch erhielt das Dach einen Kunstlederüberzug, der an ein Cabrioletdach anklang; solche Dachüberzüge aus Vinyl waren inzwischen in Amerika »industrieweit« in Mode gekommen.

1980 erhielt das Diplomat-Coupé einen kürzeren Radstand, und u. a. hatte der Omni die gleiche tiefere Leistung wie im Vorjahr nur für Kalifornien; für den Aspen wurde der 5,9-L-V8 gestrichen. Und es gab neue Sondermodelle: Omni Coupé De Tomaso (schwarze Spoiler und Radhausränder sowie Kühlergrill, Sportaufhängung) und St. Regis Touring Edition (Sportfahrwerk und sportlich abgestimmter Innenraum).

Dodge Mirada, 1980

Dodge Omni, 1981

Dodge in den 80er Jahren

Zwischen Chrysler und Plymouth positioniert galt Dodge auch in den 80er Jahren als eigene Division der Chrysler Corporation, doch entstanden die Dodge und die Plymouth mehr und mehr parallel, wobei die Dodge ein höheres Ausrüstungs-, Preis- und Prestigeniveau erreichten. 1981 umfasste das Dodge-Programm die Modellreihen Aries, Omni, Diplomat, Mirada, St. Regis und Ramcharger. Hier ein kurzer Überblick auf deren Charakteristika:

Aries Das im Frühherbst 1980 lancierte Duo Plymouth Reliant und Dodge Aries löste die weit größeren Plymouth Volaré und Dodge Aspen ab. Radstand und Länge schmolzen von 286/519 auf 253/447 cm und entsprachen damit eher jenem Automaß, das der durchschnittliche amerikanische Käufer aufgrund der Ölkrise zu kaufen bereit war. Diese K-cars eröffneten mit Frontantrieb und Vierzylindermotoren für Chrysler eine neue Welt. Diese Motoren waren nach europäischem Muster quergestellt eingebaut und besaßen eine obenliegende Nockenwelle.

Während die 2,2-L-Einheit eine Chrysler-Eigenkonstruktion war – der erste Vierzylinder seit gut einem halben Jahrhundert! –, handelte es sich beim 2,6-L-Motor um eine Mitsubishi-Konstruktion. Den für einen Vierzylinder großen Hubraum meisterten zwei Schwingungsausgleichswellen. Im Verbund mit einem 4-Gang-Getriebe benötigte der 2,2-Liter-Motor im Stadtverkehr 9,4 und bei konstanten 55 mph (88,5 km/h) 5,7 Liter/100 km. Auf Wunsch gab es zum 2,2-L-Motor – zur 2,6-L-Einheit ausschließlich – das 3-Stufen-Automatikgetriebe Torqueflite. Dank der Lenkradschaltung fanden auch auf der vorderen Sitzbank drei Personen Platz.

Das Fahrwerk umfasste vorne Federbeine mit Dreieckquerlenkern, hinten eine Starrachse mit Längslenkern und Panhardstab sowie Schraubenfedern. Die Bremsanlage – vorne mit belüfteten Scheiben – und die Zahnstangenlenkung waren auf Wunsch servobestückt. Nebst der viertürigen Stufenhecklimousine gab es von Anfang an auch eine coupéartige Zweitürversion, deren zweites Seitenfenster an ein Opera Window gemahnte, sowie einen fünftürigen Kombi. Gerade dieser erschien vielversprechend, weil es noch kaum leichtgewichtige und sparsame Station Wagons gab. Neben der Grundausführung Custom wurde eine SE-Version angeboten.

Dodge Aries Wagon, 1981

Dodge Challenger, 1981

Dodge Diplomat, 1981

Omni Der Omni und seine Plymouth-Parallele Horizon waren Ende 1977 vorgestellt worden. Entwickelt worden war das Duo gemeinsam mit dem französischen Chrysler-Simca Horizon, der seinerseits auf dem wegweisenden Simca 1100 basierte. Omni und Horizon wurden von Chrysler als Amerikas erste kleine Fronttriebler gefeiert.

Weil man die 1,1- bis 1,4-Liter-Motoren aus Frankreich als zu klein empfand, hatte Chrysler für seine Omni und Horizon einen Liefervertrag mit Volkswagen abgeschlossen. Hierzu wurde der OHC-Motor aus dem Golf von 1,6 auf 1,7 Liter vergrößert (86,4 statt 80 mm Hub). Die Vorderradaufhängung bestand aus Dreieckquerlenkern und Federbeinen (ähnlich Golf), während die hintere Einzelradaufhängung aus gezogenen Dreiecklängsschwingen und Schraubenfedern bestand. Bremsen und Lenkung wurden auf Wunsch mit Servo geliefert.

Neben der fünftürigen Limousine, die weitgehend dem französischen Pendant glich (die 22 cm zusätzliche Länge kamen von den weit vorgesetzten Stoßstangen), gab es das originelle 4/5-sitziges Fastbackcoupé O-24 mit dreiteiliger Heckscheibe, das es mit seiner Schrägfront und dem hinteren Überhang auf eine Länge von 442 statt 418,5 cm brachte, und dies trotz verkürztem Radstand.

Mit dem Modelljahr 1981 wurde im Omni und im Omni O-24 auch der eigene 2,2-L-Motor lieferbar, wie er mit dem Aries lanciert worden war. Auch er war außer mit 4-Gang-Getriebe mit dem 3-Stufen-Torqueflite erhältlich. Daneben kam die Omni-Sparausführung Miser ins Angebot, die sich vor allem durch die längere Achsuntersetzung der 4-Gang-Kraftübertragung unterschied.

Diplomat Über dem Aries rangierte in der Dodge-Skala seit 1978 der Diplomat, den es als 523 cm langen Sedan und Station Wagon sowie als 512 cm langes Coupé (kürzerer Radstand) gab. Der Diplomat ohne Zusatzbezeichnung wurde nur als Kombi gebaut, darüber rangierten die Ausstattungsvarianten Sport (1981 neu, nur Coupé), Salon und Medallion (Letztere ohne Kombi). An Motoren standen der 3,7-L-Slant Six und der 5,2-L-V8 zur Wahl. Beim Reihensechszylinder wurde die Leistung (wegen der Abgasvorschriften) für 1981 auf äußerst magere 86 PS zurückgenommen, während sie für den V8 noch 132 PS erreichte (für Kalifornien und Europa mit Vierfachvergaser 167 PS). Für die Kraftübertragung diente ausschließlich die Torqueflite-3-Stufen-Automatik mit Lenkrad- oder Mittelkonsolenschaltung. Auf Wunsch gab es kürzere und längere Achsuntersetzungen.

Das Fahrwerk des Diplomat bestand vorne aus oberen Trapez-Dreieckquerlenker und unteren einfachen Querlenkern sowie elastisch gelagerten Zugstreben und zwei einstellbaren querliegenden Torsionsfederstäben, hinten hingegen aus einer althergebrachten Starrachse mit Halbelliptikfedern. Die vorderen Scheibenbremsen waren belüftet (auf Wunsch mit Servo) und die Kugelkreislauflenkung war servobestückt.

Mirada Den Mirada gab es seit dem Modelljahr 1980, und er war ein mittelgroßes Coupé auf der Basis des → Chrysler Cordoba. Die Antriebsmechanik stimmte mit jener des Diplomat überein, hingegen waren die Torsionsfederstäbe der Vorderradaufhängung längs und nicht quer eingebaut. Die Mirada-Topversion CMX, die 1980 noch mit dem 5,9-L-V8 geliefert worden war, zeigte nun statt eines Opera Window im hinteren Dachträger einen bis zur Windschutzscheibe reichenden Stoffüberzug auf dem Blechdach, mit dem ein Cabrioletverdeck täuschend echt imitiert wurde. Solche Darstellungen falscher Tatsachen gab es auch im Zubehörhandel...

St. Regis Bei ihm handelte es sich um einen klassischen amerikanischen Sedan in Standardgröße bzw. standard size. Bei 301 cm Radstand war er 560 cm lang und wog ab 1655 kg. Der St. Regis war das Parallelmodell zum → Chrysler Newport, seine Mechanik entsprach weitgehend jener des Mirada (ebenfalls längs eingebaute Torsionsfederstäbe) und auch für ihn war mit dem Modelljahr 1981 der 5,9-L-Motor gestrichen worden. Den verbliebenen 5,2-L-V8 gab es mit 132 oder mit 167 PS (Vierfachvergaser).

Ramcharger Als Parallelmodell zum Plymouth Trail Duster bot der Geländekombi Ramcharger die Möglichkeit, auch abseits der Straße voranzukommen. Hierzu besaß er einen zuschaltbaren Vorderradantrieb, 20 cm Bodenfreiheit und kurze Überhänge. Für Robustheit sorgten ein Kastenrahmen mit fünf Traversen sowie vordere und hintere Starrachsen mit Halbelliptikfedern. 1981 standen der 3,7-L-Sechszylindermotor mit 91 PS (für Europa: mit Doppelvergaser und 110 PS) und die 5,2- und 5,9-L-V8 (122–188 PS) zur Wahl. Reich war auch die Auswahl an Kraftübertragungen: 3- und 4-Gang-Getriebe mit diversen Untersetzungen sowie das 3-Stufen-Automatikgetriebe Loadflite mit Wählhebel an der Lenksäule. Hinzu kamen eine Differenzialbremse und ein zentrales Differenzial mit zuschaltbarer Reduktion. Von der Konkurrenz unterschieden sich Ramcharger und Trail Duster durch die in das Dach hineingewölbte zweite Seitenscheibe der dreitürigen Karosserie.

Ergänzt wurde das Dodge-Angebot 1981 durch die Modelle Colt (entsprechend Mitsubishi Colt und als fünftüriger Kombi mit Hinterradantrieb entsprechend Mitsubishi Lancer) und Challenger (entsprechend Mitsubishi Sapporo und ebenfalls »umgebadged« aus Japan importiert).

Omni 1982 Mit dem Modelljahr 1982 kamen die Zusatzmodelle E-Type (mit schwarzer statt Chromzier, kürzere Achsuntersetzung, verbesserte Ausstattung), Omni O-24 Miser (Sparcoupé) und besonders bemerkenswert: Omni O-24 Charger 2.2. Mit ihm wurde der einstigen Hochleistungscoupés von Dodge gedacht. Allerdings wurde bloß der 85-PS-Motor eingebaut, und das sportliche Image beschränkte sich auf Äußerlichkeiten wie Seitenstreifen samt integrierter Aufschrift, schwarzen Einfassungen, gelochten Alufelgen, einer Abrisslippe am Heck usw.

Aries 1982 Die Vorderradaufhängung und die Bremsanlage waren verbessert worden, das maximale Drehmoment von 151 Nm des 2,2-Liter-Motors wurde schon bei 2400/min statt bei 2800/min erreicht, die Anzeigeinstrumente hatten weiße statt rote Zahlen, und die hinteren Seitenfenster waren versenkbar ausgeführt.

400 Auf der Basis der K-cars wurde für das Modelljahr 1982 der Dodge 400 eingeführt und zwar als sechssitziges Coupé und als vierplätziges Cabriolet (parallel zu den neuen → Chrysler LeBaron, die es zudem als viertürigen Sedan gab). Sie wurden wahlweise mit dem 2,2- und dem 2,6-Liter-Vierzylin-

Dodge 400, 1982

Dodge Mirada CMX, 1982

dermotor ausgerüstet (Letzterer ausschließlich mit dem Torqueflite-Automatikgetriebe). Der aus horizontalen Stäben gebildete Kühlergrill war schräggestellt, und die einzeln eingerahmten Doppelscheinwerfer waren versenkt angeordnet.
Bei der Modellreihe Diplomat gab es 1982 nur noch die viertürigen Modelle Salon und Medallion, während Coupé und Station Wagon entfielen. Der Mirada zeigte sich kaum verändert und der St. Regis entfiel ebenfalls!
Omni / Charger 1983 Mit dem Modelljahr 1983 erhielten der Omni und seine Coupéableitung als Basismotor das 1,6-L-OHV-Aggregat von Talbot bzw. PSA anstatt des 1,7-L-OHV-Motors von Volkswagen (63 statt 64 PS). Die Coupés trugen nun durchwegs den berühmten Dodge-Namen Charger (in Kanada: Expo). Weiterhin war alternativ der Chrysler-eigene 2,2-L-Motor zu haben. Dessen Leistung war für 1983 von 85 PS bei 4800/min auf 95 PS bei 5200/min gesteigert worden, im Charger 2.2 waren es gar 101 PS.
Shelby Charger Außerdem gab es – gemäß einem neuen Abkommen zwischen Chrysler-Boss Lee A. Iacocca und der Rennsportlegende Carroll Shelby – einen Dodge Shelby Charger mit 108 PS Leistung bei 5600/min. Dieses Spezialmodell war an einer geänderten Front ohne obere Kühlschlitze, aber mit Bugschürze, einer zweifarbigen Lackierung, multigelochten Felgen und einem Sportinterieur erkennbar. Den Shelby Charger gab es ausschließlich mit neuem 5-Gang-Getriebe. Dieses wurde wahlweise auch im Omni und Charger eingebaut. – Der auf 95 PS erstarkte 2,2-L-Vierzylindermotor sowie das 5-Gang-Getriebe kamen den Dodge-Modellen Aries und 400 ebenfalls zugute.
600 Mit dem Modelljahr 1983 kam der Dodge 600 hinzu (parallel zum Chrysler E Class). Er basierte auf einer verlängerten K-car-Plattform mit 262 cm Radstand und wurde als viertürige Limousine mit sechs Seitenfenstern (einschließlich Luxusversion 600 ES) gebaut. Es standen der 95-PS-2,2-L-Motor und der drehmomentstärkere 2,6-L-Motor von Mitsubishi zur Wahl; statt mit dem 3-Stufen-Automatikgetriebe konnte der 2,2-L-Motor mit dem neuen 5-Gang-Getriebe bestellt werden. Im Dodge 600 war u. a. ein Electronic Voice Alert (EVA, → Chrysler) erhältlich.
Anfang 1983 reduzierte Dodge den Preis des 400 Convertible beträchtlich und zeigte auf Ausstellungen eine Ausführung mit aus dem Kofferraum hochklappbaren Zusatzsitzen in der Art der einstigen Rumble Seats (doch auf ein 6/7-sitziges Cabrio hatte wohl niemand gewartet)..
Caravan = Minivan! Im Frühling 1983 kündigte die Chrysler Corporation unter der Bezeichnung T-Wagon eine neue Karosserieart an, die im Herbst und somit zum Modelljahr 1984 als Dodge Caravan und Plymouth Voyager auf den Markt kommen sollte. Mit diesem Duo wurde die amerikanische Minivan-Welle gestartet, die ungeahnte Dimensionen annehmen sollte! Bei 285 cm Radstand erreichten die Außenmaße 447x177x164 cm und damit neuartige Proportionen, die durch den Halbfrontlenker-Vorderteil mit abfallender Motorhaube unterstrichen wurden.

Dodge Diplomat Medallion, 1983

Dodge Daytona, 1984

Technisch basierte der als Fünf- und Siebensitzer konzipierte Caravan auf dem K-car-Konzept mit Frontantrieb und Quermotor. Wahlweise wurden der Chrysler-2,2- oder der Mitsubishi-2,6-Liter-Vierzylindermotor eingebaut, und es wurden 4- und 5-Gang-Getriebe und ein 3-Stufen-Automatikgetriebe vorgesehen. An die Vordertüre schloss sich auf der rechten Seite eine Schiebetür an (während links auf eine zweite Seitentür verzichtet wurde), und es kam eine Heckklappe hinzu.

Daytona Unter der traditionell hochsportlichen Dodge-Modellbezeichnung Daytona (nach dem Ort der berühmten Rennstrecke in Florida) wurde Ende August 1983 ein attraktiv geformtes 2+2-sitziges Fastbackcoupé mit Heckklappe (und Heckspoiler) präsentiert. Es war das Parallelmodell zum → Chrysler Laser. Technisch basierte es auf der Frontantriebs-Plattform der Chrysler-K-Modelle. Deren Radstand war auf 246,5 cm verkürzt worden, Länge, Breite und Höhe erreichten 444,5x176x128 cm.

Dodge Shelby Turbo Charger, 1985

Dodge Lancer, 1985

Für den Antrieb sorgte der 2,2-Liter-Vierzylinder, der mit einer zentralen Einspritzung versehen wurde und so auf just 100 Netto-PS Leistung kam. Mit einem Abgasturbolader Garrett T3 (Maximaldruck 0,52 bar) und Saugrohreinspritzung resultierten respektable 144 PS und ein von 164 Nm bei 3200/min auf 217 Nm bei 3600/min angehobenes Drehmoment. Dieser Motor war mit einem Klopfsensor ausgerüstet, während das Turboladerlager wassergekühlt war. Für beide Motoren standen ein 5-Gang-Getriebe und ein 3-Stufen-Automatikgetriebe Torqueflite (Wählhebel in der Mitte oder unter dem Lenkrad) zur Wahl. Fahrwerkseitig entsprach das neue Coupé den K-Modellen: Vorne Federbeine und Querlenker, hinten Starrachse mit Längslenkern und Panhardstab. Die Bremsanlage wurde verstärkt (vor allem für die Turboausführung) und die Servolenkung direkter ausgelegt. Besonders schmuck gab sich die Topausführung Daytona Turbo Z, die u. a. mit Breitreifen bestückt wurde.

Der Dodge Daytona erweiterte das Dodge-Programm in der unteren Hälfte, während am oberen Ende nun auf das Luxuscoupé Mirada verzichtet wurde. 1984 wurde das Kühlergesicht des Dodge Charger mit horizontalen Schlitzen und den in Mulden untergebrachten Scheinwerfern durch eine herkömmlichere Gestaltung mit rechteckigen Doppelscheinwerfern ersetzt. Der Aries erhielt ebenfalls eine niedrigere und strömungsgünstigere Front und zudem einen zentral im Kühlergrill angeordneten Chrysler-Pentastar. Die bisherigen Modelle der Serie 400 wurden in die Serie 600 integriert. Dabei entfiel der viertürige Sedan 400 mit 254 cm Radstand. Der im Frühling 1983 angekündigte Caravan wurde mit dem Modelljahr 1984 auf den Markt gebracht. Seine an einen (für amerikanische Begriffe kleinen) Lieferwagen gemahnenden Konturen brachten ihm die Bezeichnung Minivan. In der Tat zählte diese Karosserieart in den USA nicht zu den Pkw, sondern wie die Geländekombi (SUV) und die Pick-up zu den leichten Nutzfahrzeugen.

Dodge Lancer Shelby, 1988

Dodge Diplomat SE, 1985

600 ES Turbo Im Frühling 1984 brachte Dodge mit dem 600 ES Turbo eine aufgeladene Version des Cabriolets auf den Markt. Mit dem Garrett-Abgasturbolader T3 und einer Verdichtung von 8:1 resultierten 142 Netto-PS. Äußerlich unterschied sich dieses Cabrio u. a. durch den schwarzen Windschutzscheibenrahmen.

Lancer 1985 ließ Dodge den Modellnamen Lancer neuaufleben. So hatte der zum Modelljahr 1961 herausgebrachte Compact-car geheißen. Der neue Lancer schob sich zwischen Aries und Dodge 600 und war baugleich mit dem Chrysler LeBaron GTS. Diese beiden Neulinge wurden als H-cars bezeichnet, und auch sie basierten auf der K-Plattform. Der Radstand erreichte 262 cm und die Länge 458 cm. Mit sechs Seitenfenstern, einem zwischen Stufenheck und Fastback liegenden Heckdesign und mit Heckklappe war die Karosserieform für amerikanische Verhältnisse ungewöhnlich. Durch Umlegen der Fondbank konnte das Kofferraumvolumen von 500 auf 1200 dm³ vergrößert werden. Für den Antrieb diente ausschließlich der 2,2-Liter-Motor ohne oder mit Turbo.

Dodge Caravan, 1985

Dodge 600 Convertible, 1986

1985 kam als Omni GLH eine Version mit dem 112-PS-Motor des Charger 2+2 hinzu; zudem wurde eine Ausführung mit dem 148-PS-Motor des Shelby Turbo Charger eingeführt. Der Aries erhielt 1985 eine aerodynamisch verbesserte Front (nur noch ein feiner Chrombalken über dem Kühlergrill) und in Mulden platzierte Scheinwerfer; gleichzeitig wuchs die Länge von 447 auf 454 cm. Ab 1985 gab es die Dodge 600 nur noch mit dem Torqueflite-Automatikgetriebe. Der Diplomat erfuhr eine Leistungssteigerung um 10 PS (neue Brennräume und von 8,4:1 auf 9,0:1 erhöhte Verdichtung).
1986 verhalf der neue 2,5-Liter-Motor (→ Chrysler) bei den Daytona (die es neu auch mit einem T-roof bzw. herausnehmbaren Dachhälften gab) zu dreifacher Motorenauswahl, und er ersetzte bei den größeren Dodge-Modellen den 2,6-L-Motor von Mitsubishi. Der Dodge 600 erfuhr kleine Änderungen an Front und Heck: Das Kühlergitter trug neuerdings das markentypische Fadenkreuz zur Schau.

Shadow Ursprünglich hätte das Dodge/Plymouth-Duo Shadow/Sundance die betagten Omni/Horizon ablösen sollen. Doch auf der Chicago Auto Show im Februar 1986 wurde den kleinsten Chrysler-Modellen mit einer nach ausländischem Muster stark aufgewerteten Grundausstattung und gleichzeitig reduzierten Preisen zu neuer Attraktivität verholfen. Folgerichtig wurden sie daher weiterproduziert, und die im März vorgestellten zwei- und viertürigen P-cars Shadow/Sundance übernahmen die Zwischenposition unterhalb der K-cars Aries/Reliant. Gegenüber diesen waren Radstand und Länge von 255 auf 246,5 cm bzw. von 454 auf 436 cm verkürzt worden. Es standen die 2,2-Liter-Motoren ohne oder mit Turbo zur Wahl, was bei wenig über 1100 kg Gewicht gute Leistungsfähigkeit versprach, und die Ausstattung zeigte sich auf hohem Niveau. Die Lieferungen setzten teils erst gegen Ende 1986 ein.
1987 gab es den Omni nicht mehr mit dem von Peugeot bezogenen 1,6-L-Motor; Shelby vertrieb mit dem GLH-S-Sedan eine getunte Version über ein 73 Händler umfassendes eigenes Netz. Das 3-Stufen-Automatikgetriebe Torqueflite erhielt (für alle Chrysler-Modelle) eine Wandlerüberbrückung. Das Daytona-Coupé zeigte eine längere, aerodynamische Front mit Klappscheinwerfern; die 2,2-L-Turboversion wurde neu auch mit einem Ladeluftkühler angeboten, mit dem die Leistung von 148 auf 176 PS anstieg. Hierzu passte das Outfit der neuen Daytona-Versionen Pacifica und Shelby Z (diesen gab es u. a. mit Radhausverbreiterungen). Die Modelle 600 wurden nicht mehr als Coupé und Cabriolet hergestellt.
Ab Mitte Modelljahr 1987 gab es den Minivan bzw. Großraumkombi Caravan neu in einer Extended-Ausführung mit

Dodge Shadow, 1987

Viper R/T 10 Auf der am 7. Januar 1989 eröffneten ersten North American International Auto Show (so der neue Name) in Detroit war er unter den 13 Konzeptstudien, darunter etlichen Cabrios, der große Star: Mit der Namenswahl Viper ließ Chrysler keine Zweifel darüber offen, dass an den Cobra

Dodge Spirit ES, 1989

Dodge Dynasty, 1989

(→ Shelby) als Vorbild gedacht worden war. Für den Pkw-Bereich waren Zehnzylindermotoren eine Neuheit, aber schließlich gab es inzwischen ja auch den Fünfzylinder. Der ursächlich für den Nutzfahrzeugbereich entwickelte V10 besaß knapp 8 Liter Hubraum und verkörperte damit den größten Pkw-Motor der Weltproduktion!

Treibende Kraft hinter dem »Über-Cobra« war der als großer Sportwagenfan bekannte Chrysler-Topmanager Bob Lutz, der dem Image von Dodge und Chrysler mit dem Viper zu neuem Auftrieb verhalf. Allerdings wurde die Serienversion des auf einem Kastenrahmenchassis basierenden Viper erst drei Jahre später vorgestellt; er wurde zu einer Ikone des US-Automobilbaus der 90er Jahre...

Stealth R/T Schon früher in den Handel sollte dagegen der Dodge Stealth kommen, auch er ein Supersportcoupé, abgeleitet von der Konzeptstudie Intrepid aus dem Jahre 1988 und gleichzeitig Parallelmodell zum Mitsubishi 3000 GT, die beide ab Modelljahr 1991 erhältlich wurden.

1990 wurden Shadow und Daytona mit dem 2,2-VNT-Turbomotor lieferbar (verstellbare Turbinenräder und erhöhtes Drehmoment). Der Dynasty war auch mit 3,3-L-V6 zu haben.

Monaco Im Januar 1990 holte Dodge die bis 1978 geführte Typenbezeichnung Monaco aus der Versenkung. Mit ihr wurde ein Modell bedacht, das dem → Eagle Premier entsprach, aber den Dodge-spezifischen Kühlergrill besaß. Der 3-L-V6-Motor stammte auch beim Monaco von Renault.

Im Februar 1990 wurde das Werk an der Jefferson Avenue in Detroit geschlossen, womit die Produktion des kleinen Omni ihr Ende fand.

Dodge Viper R/T 10, 1990/91

Dodge USA	Bauart	Mot.	Getr.	R/ L cm	Modelljahre
Omni (*1985)	**Fr.**	**a–j**	**4/A3/5**	**252/418,5/412***	**1981–85**
				251,5/414,5	**1986–90**
Omni 0-24			**4/A3**	**245,5/442**	**1981–82**
Charger (*1984–)			**4/5/A3**	**245,5/440/444***	**1983–87**
Motoren:	*Zyl.:*	*N'w.:*	*cm³:*	*PS/'min:*	*Nm/'min:*
a (1983 *1984–86)	4	OHV	1592	63/65*/4800	117/3200/118/2800
b (–1982)		OHC	1716	64/5200	113/2400
c (*1983)			2213	85/4800/95*/5200	151/2800/159/3200
d (1984–87 *1988–)	4/4i*			97/5200/94*/4800	161/165/3200
e (Charger 2.2 *1984)	4			101/102*/5200	166/168/3200
f (Shelby Ch. *1984)				108/112*/5600	172/175/3600
g (O.GLH/Ch.2.2'85–87)				112/5600	175/3600
h (O.GLH/Sh.Ch.'85/86)	4iT			148/5200	228/3600
i (do. Export 1986)				150/5200	
j (Shelby T.Ch. 1987)				148/5200	231/3600
Daytona (*1987–)	**Fr.**	**a–j**	**5/A3**	**246,5/444,5/455,5***	**1984–90**
Motoren:	*Zyl.:*	*N'w.:*	*cm³:*	*PS/'min:*	*Nm/'min:*
a (–1985)	4i	OHC	2213	100/5600	164/3200
b (1986 *Export)				98/5200/101*/5600	166/3200
c (*m.Autom. (1984)	4iT			144/5600/142*/5200	217/3600
d (1985/86 *Export'86)				148/150*/5200	228/3600
e (1987)				148/5200/176/4800	231/3600/271/3200
f (Turb.Z/Pacifica'88)				148/5200	231/2400
g (Sh. Z '88/89 *'90–)				176/177*/5200	271/285/2400
h (1986– *Export)	4i		2501	101/105*/4800/95	183/2800
i (1989– *Export)	4iT			152/4800/146*	244/2000
j (1990–)	V6i		2972	143/5000	232/2800
Shadow	**Fr.**	**a–d**	**5/A3**	**246,5/436**	**1986–90**
Motoren:	*Zyl.:*	*N'w.:*	*cm³:*	*PS/'min:*	*Nm/'min:*
a (*1989–)	4i	OHC	2213	98/4200/94*/4800	166/165/3200
b (*1988)	4iT			148/5200	230/3600/2400*
c (1988– *Export)	4i		2501	101/105*/4800/95*	183/2800
d (1989– *Export)	4iT			152/4800/146*	244/2000
Aries	**Fr.**	**a–h**	**4/A3/5**	**254,5/447**	**1981–84**
				255/453,5	**1985–89**
400				**254,5/460**	**1982/83**
Motoren:	*Zyl.:*	*N'w.:*	*cm³:*	*PS/'min:*	*Nm/'min:*
a (*1983)	4	OHC	2213	85/4800/95*/5200	151/2400/159/3200
b (1984/85)				97/5200	161/3200
c (1986/87 *Exp. 1986)	4i			98/5200/101*/5600	166/3200
d (1988 *1989–)				98/4200/94*/4800	166/165/3200
e (*1983)	4		2555	93/94*/4500	178/179/2500
f (1984/85)				102/4800	190/2800
g (1986 *Export)	4i		2501	101/105*/4800	185/2800
h (1987–)				101/4800	180/2800
Lancer	**Fr.**	**a–h**	**5/A3**	**262/458**	**1985–89**
Motoren:	*Zyl.:*	*N'w.:*	*cm³:*	*PS/'min:*	*Nm/'min:*
a (1985)	4i	OHC	2213	100/5600	164/3200
b (1986/87 *Exp. 1986)				98/5200/101*/5600	166/3200
c (1988 *1989–)				98/4200/94*/4800	166/165/3200
d (1985/86 *Export'86)	4iT			148/150*/5200	228/3600
e (1987–)				148/5200	231/3600
f (Pacifica 1988–)				176/5200	271/2400
g (1986 *Export)	4i		2501	101/105*/4800	185/2800
h (1987/88 *1989–)				101/4800	180/183*/2800
600 (*1985–)	**Fr.**	**a–h**	**5/A3**	**262/475,5/474***	**1983–86**
			A3	**262,5/470,5**	**1987–88**
600 2-türig/Cabrio				**255/460,5/459*/455**	**1984–86**

Dodge USA	Bauart	Mot.	Getr.	R/ L cm	Modelljahre
Motoren:	*Zyl.:*	*N'w.:*	*cm³:*	*PS/'min:*	*Nm/'min:*
a (*1984)	4	OHC	2213	95/97*/5200	159/161/3200
b (*1984/85)	4i			95/5200/100*/5600	162/164/3200
c (1986– *Export 1986)				98/5200/101*/5600	166/3200
d (1984 *m.Autom.)	4iT			144/142*/5600	217/3600
e (1985/86 *Export'86)				148/150*/5200	228/3600
f (1987–)				148/5200	231/3600
g (*1984/85)	4		2555	94/4500/102*/4800	179/2500/190/2800
h (1986– *Export)	4i		2501	101/105*/4800	185/2800
Spirit	**Fr.**	**a–c**	**5/A3/A4**	**262,5/460**	**1989/90**
a	4i	OHC	2501	101/4800	185/2800
b (*Export)	4iT			152/4800/146*	244/2000
c (1990–)	V6i		2972	143/5000	232/2800
Dynasty	**Fr.**	**a/b**	**A3/A4**	**265/487,5**	**1988–90**
Motoren:	*Zyl.:*	*N'w.:*	*cm³:*	*PS/'min:*	*Nm/'min:*
a	4i	OHC	2501	101/4800	183/2800
b (*1989–)	V6i		2972	138/4800/143*/5000	230/232/2800
Monaco	**Fr.**	**–**	**A4**	**269,5/490**	**1990**
Motor:	*V6i*	*OHC*	*2975*	*152/5000*	*232/3600*
Diplomat (*1986–)	**St.**	**a–f**	**A3**	**286,5/522,5/519,5***	**1981–89**
Diplomat Coupé				**276/512**	**1981/82**
Mirada				**286,5/532,5**	**1981–83**
St. Regis				**301/559,5**	**1981**
Motoren:	*Zyl.:*	*N'w.:*	*cm³:*	*PS/'min:*	*Nm/'min:*
a (–1981)	6	OHV	3678	86/91C/3600	224/1600/1200C
b (1982 *1983)				91/3600	217/224*/1600
c (*1983/84)	V8		5210	132/4000	312/2000/319/16*
d (1985/86 *1987–)				142/3600	360/1600/2000*
e (CA/Eur.–83,84 Pol.)				167/4000	326/2000
f (Pol.'85– *Exp.'86–)				177/180*/4000	339/3200
Stealth	**Fr.(4)**	**–**	**5/A4**	**246,5/455/458**	**1991**
Motoren:	*V6i*	*div.*	*2972*	*166–305*	*251–417*
Caravan	**Fr.**	**a–g**	**5/A3**	**284,5/456**	**1984–87**
				284,5/447/450,5	**1987–90**
Caravan extended				**302,5/484**	
Motoren:	*Zyl.:*	*N'w.:*	*cm³:*	*PS/'min:*	*Nm/'min:*
a (*1987)	4	OHC	2213	97/5200/4800*	164/3200/179/2800
b (1986–88 *1989–)	4i		2501	101/4800	180/183*/2800
c (1989– *Export)	4iT			152/4800/146*	244/2000
d (*1986/87)	4		2555	102/105*/4800	190/193/2800
e (1987 *1988)	V6i		2972	142/138*/4800	231/2800/224/2400
f (1989– *Export)				144/5000/141*/5200	234/2800/230/2400
g (1990–)			3301	152/4800	251/3600
Ramcharger	**K'r.**	**a–k**	**3/4/A3**	**269/468–472**	**1981–90**
	(/4)		**/+R**		
Motoren:	*Zyl.:*	*N'w.:*	*cm³:*	*PS/'min:*	*Nm/'min:*
a (–1981)	6	OHV	3678	91/110E/3600	217/1600
b (1982)				96/91C/110E/3600	231/1600
c (*1982/83)	V8		5210	122/3600/142*/3600	332/1600/326/2400
d (C. –1981 /Eur. –82)				157C/4000/168E	326/2000
e (1983/84)				152/4400/145C/3600	346/2000/343/1600
f (1982/83)				172/4000/162C/3600	332/326/2000
g (1983/84 *1985–87)				169/4000/145*/3600	332/2000/339/1600
h (1988–)				172/4000	353/2000
i (–1981)			5898	132/3200/188/4000	346/373/2000
j (1982–87 *1982/83)				177/183C*/4000	353/2000
k (1988 *1989–)				188/193*/4000	384/1600/400/2000

Eagle

Eagle Premier ES, 1988

Noch bis 1987 war Eagle eine Modellbezeichnung von American Motors (→ AMC) gewesen. Doch Ende jenes Jahres lief die Produktion des letzten AMC Eagle, nämlich des vierradgetriebenen Station Wagon, aus.

Premier Doch schon auf der im Februar 1987 durchgeführten Auto Show von Chicago wurde der Renault Premier vorgestellt: Er war von AMC auf der Basis der Renault 25/21 entwickelt worden, besaß jedoch ein langgestrecktes klassisches Stufenheck (Details siehe → AMC). *Mit der Vorstellung des Modellprogramms 1988 verlautete im Herbst 1987, dass der Premier den Markennamen Eagle erhalte (geänderte Signete am Kühlergrill) und ebenso der ab Frühjahr aus Europa importierte Medallion (→ Renault 21). Entsprechend wurde AMC in Jeep-Eagle Division umbezeichnet.*

1989 wurde der Eagle ausschließlich noch mit dem Automatikgetriebe geliefert. Neben den Ausführungen LX und ES wurde auf Anfang 1989 der ES Limited Edition auf den nordamerikanischen Markt gebracht: Einschließlich Stoßschutz und Aluräder ganz in Weiß gehalten, jedoch abgedunkelte, schwarz gerahmte Fenster, Vierrad-Scheibenbremsen, Breitreifen, Lederausstattung, Klimaanlage usw.

Summit Neu hinzu kam der Summit, bei dem es sich (wie beim Medallion) zunächst um ein Importmodell handelte, nämlich den → Mitsubishi Lancer. Es war jedoch bereits bekannt, dass dieses Modell bei Diamond-Star Motors hergestellt werden sollte, der von Chrysler und Mitsubihi gemeinsam betriebenen neuen Fertigungsstätte in Normal, Illinois.

Talon Im November 1988 war das 2+2-sitzige Coupéduo → Mitsubishi Eclipse und Plymouth Laser vorgestellt worden. Im Januar 1989 kam der Eagle Talon dazu, der sich durch Vierradantrieb abhob und ebenfalls von Diamond-Star Motors gebaut wurde. Der Antrieb erfolgte durch einen 137 PS leistenden 2-Liter-Motor, und der permanente Vierradantrieb funktionierte mit einem zentralen Differenzial mit Viskobremse. Die Kraftverteilung erfolgte zu je 50 Prozent auf Vorder- und Hinterräder. Auf Wunsch wurde eine hintere Differenzialbremse eingebaut. Statt einer Verbundlenkerachse erhielt der Talon 4WD hintere Schräglenker und untere und obere Querlenker. Alsbald wurde der Eagle Talon wie seine beiden Schwesterkonstruktionen auch nur mit Frontantrieb erhältlich. *Chrysler hatte sich gegenüber Renault verpflichtet, für den Eagle Premier während fünf Jahren je 60'000 Antriebseinheiten (Motor/Kraftübertragung) zu kaufen. Doch die Verkaufserwartungen wurden kaum zur Hälfte erfüllt, auch nachdem der Premier im Januar 1990 mit dem Dodge Monaco ein Double erhielt. Somit standen Verhandlungen mit Renault über eine Vertragsverkürzung an. – Die Marke Eagle wurde im Verlaufe des Jahres 1998 aufgegeben.*

Eagle Summit DL, 1989

Eagle Talon, 1990

Eagle	Bauart	Mot.	Getr.	R/ L cm	Modelljahre
Talon	**Fr.(4)**	**a/b**	**5/A4**	**247/433/435**	**1990**
Motoren:	*Zyl.:*	*N'w.:*	*cm³:*	*PS/'min:*	*Nm/'min:*
a	4i	D16V	1997	137/6000	169/5000
b (*4WD)	4iT			193/6000/198*	276/3000

Eagle	Bauart	Mot.	Getr.	R/ L cm	Modelljahre
Premier	**Fr.**	**a/b**	**5/A4**	**269,5/490**	**1988-90**
Motoren:	*Zyl.:*	*N'w.:*	*cm³:*	*PS/'min:*	*Nm/'min:*
a (-1989)	4i0	HV	2464	113/4750	193/2500
b	V6i	OHC	2975	152/5000	232/3600

Edsel

Während General Motors zwischen Chevrolet und Cadillac drei mittlere Marken führte, nämlich Pontiac, Oldsmobile und Buick, und die Chrysler Corporation zwischen Plymouth und den Chrysler die Fabrikate Dodge und De Soto im Bauprogramm besaß, konnte Ford einzig mit dem Mercury als Zwischenstufe zum luxuriösen Lincoln aufwarten. Die Marktstrategen bei Ford hatten dies längst als Nachteil erkannt; wer keinen Mercury mochte, musste beim »Aufsteigen« notgedrungen zur Marke eines Konkurrenzkonzerns überwechseln. Dieser Sachverhalt ließ sich statistisch untermauern: So blieben Mitte der 50er Jahre 87 Prozent der Chevrolet-Fahrer beim nächsten Kauf GM treu, und 47 Prozent aller Plymouth-Käufer hielten an Chrysler fest. Bei Ford erreichte der entsprechende Wert jedoch nur 26 Prozent.

Parallel hierzu zeigte sich ein eklatanter Nachteil bezüglich Händlernetz: Während für die fünf GM-Marken rund 16'500 Händler und für die vier Chrysler-Namen 10'000 Garagen zur Verfügung standen, beschränkte sich das Netz für die drei Ford-Marken auf nur 8000 Garagenbetriebe. Um weiter wachsen zu können, wurde daher von dem neuen Ford-Management alsbald das Einführen einer zusätzlichen Marke angestrebt. Klar war, dass die zusätzliche Marke auf die mittlere der drei bestehenden Unterbaukonstruktionen ausgerichtet werden musste. Sie sollte sich aber durch eigenständige Designelemente deutlich abheben. Wohl erstmals in der Autogeschichte wurden – unter Mitwirkung der Columbia University – wissenschaftlich fundierte Marktstudien durchgeführt, und sie erbrachten eine hohe Zustim-

Edsel Ranger, 1958

mungsrate für das entworfene Formkonzept. Schwieriger wurde die Namensgebung, denn die Ford-Familie opponierte zunächst gegen den vom Management vorgeschlagenen Namen Edsel: So hieß der 1943 mit erst 49 Jahren an Magenkrebs verstorbenen Sohn von Henry Ford.
Der Ende August 1957 vorgestellte Edsel war anfänglich als Brücke zwischen Mercury und Lincoln gedacht. Entsprechend wurde Fords Nebenzweig auf Mercury-Edsel-Lincoln Division umgetauft. Doch in Wirklichkeit überlappten sich das Edsel- und das Mercury-Angebot weitgehend, wie dies auch bei den mittleren Marken der Konkurrenz der Fall war. Die Marke Edsel rangierte nun zwischen Ford und Mercury, und es wurde ein eigenständiges, 1200 Händler umfassendes Vertriebsnetz angestrebt, das man später verdoppeln wollte. In die neue Marke hatte die Ford Motor Co. 250 Mio. Dollar für Entwicklung, Produktionsvorbereitung und Werbung investiert.

Eigene Front Es gab den Edsel des Modelljahrs 1958 als Ranger und Pacer (300 cm Radstand, 5440-cm³-V8) sowie Corsair und Citation (315 cm, 6720 cm³). Das Automatikgetriebe wurde mit Drucktasten auf der Lenkradnabe bedient. Zum wuchtig-chromreichen US-Stil kam als Besonderheit ein Kühlergrill im Hochformat und zudem mit konkavem Mittelteil. Während Psychoanalytiker dem Design der Jaguar-E-Type-Motorhaube phallische Symbolkraft zum moralischen Vorwurf machten, sahen die stets in der Tiefe schürfenden Seelenforscher im Edsel-Kühlergitter nun just ein Gegenstück dazu.

Das angestrebte eigenständige Design kam vor allem in dem an ein stilisiertes Wappen erinnernden Kühlergesicht zum Ausdruck. Es fand aber nicht den erwartenden Anklang. Teils als »horse-collar« bzw. Pferdekummet/-geschirr verspottet, trug es mit dazu bei, dass der Edsel zum »größten Flop der Autogeschichte« mutierte. Für das Modelljahr 1958 hatte Ford mit einem Absatz von 250'000 Edsel gerechnet, aber es wurden nur 63'000 verkauft. Das Modell 1959 ohne hohles Kühlermittelteil kam auf 45'000 Stück; es gab nur noch die Modelle Ranger, Corsair und Villager (Station Wagon), alle mit kleineren V8-Motoren (4785, 5440, auf Wunsch 5910 cm³). Doch nach nur 2846 Exemplaren des Modelljahrs 1960 und total 110'850 Edsel wurde die mit riesigem PR-Aufwand lancierte Marke aufgegeben.

Edsel Villager, 1960

Edsel Corsair Convertible, 1959

Edsel	Zyl.	cm³	PS	bei 1/min	Gänge	Spitze km/h	Radstand/Länge	ab Jahr	Besonderheiten
Ranger/Pacer	V8	5440	307	4600	3/3+S/A	180	300/541	1958	Kastenrahmen mit
(Export)			235	4600					5 Quertraversen (Cabriolet X-Traverse).,
Corsair/Citation	V8	6719	350	4600	A	200	315/556	1958	(Station Wagon
(Export)			284	4600					kürzer
Ranger	V8	4785	203	4400	3/A	170	305/536	1959	
	6	3655	147	4000		155			
Corsair	V8	5440	228	4600	A/3	180	305/536	1959	
Mot. Super Express	V8	5911	307	4600	A/3		(Ranger/Corsair)		

Excalibur

Excalibur Series I Roadster SS, 1966

Keine Automobilsparte hat derart kontroverse Reaktionen ausgelöst, wie jene der Neoclassics. So nannte man jene luxuriös-mächtigen Cabriolets und Coupés im Stile berühmter Vorbilder der Zwischenkriegszeit. Manche Autofreunde fanden diese scheinbaren Nachbauten grandios, Puristen aber lehnten sie als Vorspiegelung falscher Tatsachen strikte ab.

Nachdem bereits seit 1952 Excalibur-Rennsportwagen entstanden waren, entwickelte die Firma David Brooks Stevens Research 1961 einen avantgardistischen Roadster dieses Namens. Er besaß einen im Heck schräg geneigt eingebauten Lincoln-Motor. Alsbald beauftragte Sherwood H. Egbert, Vorsitzender der Packard-Studebaker Corporation, Brooks Stevens mit der Kreation einiger attraktiver Dreamcars, mit denen sich für die darbende Marke → Studebaker werben ließ. So entstand 1962 mit dem Excalibur Hawk ein extravagantes Coupé mit Paxton-Kompressor, das für den Renneinsatz durch Studebaker vorgesehen war.

Erster Neoclassic Zudem schuf Stevens auf einem verkürzten und angepassten Chassis des Studebaker Lark Daytona Cabriolet mit V8-Motor einen eindrücklichen Sportroadster, zu dem er sich von dem automobilgeschichtlich berühmten Kompressor-Sportwagen Mercedes-Benz SSK von 1927/28 inspirieren ließ. Doch diese frei nachempfundene »Replika«, für die Stevens den sinnigen Namen Mercebaker fand, wurde von Studebaker zurückgewiesen. Denn inzwischen setzte die Studebaker-Führung voll und ganz auf den Designer Raymond Loewy und den von ihm gestalteten Avanti. Bitter enttäuscht mietete Brooks Stevens auf der Detroit Motor Show 1964 einen eigenen Stand um seinen Mercebaker vorzustellen. Noch ahnte niemand, dass dieser erste historische Nachbau dieser Art in den folgenden Jahren und Jahrzehnten eine erstaunlich große Zahl mehr oder weniger erfolgreicher Nachahmer finden würde. Doch der erste Neoclassic – dieser Begriff sollte sich allmählich einbürgern – war geboren!

Erste Käufer waren – noch auf der Detroit Show – die Hollywood-Filmstars Steve McQueen und John Wayne. Weil aber sowohl Studebaker wie Mercedes-Benz gegen die Bezeichnung Mercebaker ihr Veto einlegten, kam Stevens auf seinen Marke Excalibur zurück.

Der Unterbau des Excalibur SS, dieses bei der SS Automobiles Incorporated in Milwaukee, Wisconsin, hergestellten Neoclassic-Urahns, stammte wie erwähnt vom Studebaker Lark Daytona Cabriolet und umfasste einen Kastenrahmen mit Traversen und eine hinterer Starrachse mit Halbelliptikfedern. Nach dem Konkurs der nach Kanada übersiedelten Firma Studebaker konnten die Lark-Chassis preisgünstig beschafft werden!

Wie dieses Studebaker-Modell erhielt auch der Excalibur einen Chevrolet-V8-Motor, allerdings das 5,4-Liter-Aggregat aus dem Corvette mit Vierfachvergaser und 304 PS Leistung. Es bestand die Wahl zwischen einem vollsynchronisierten 4-Gang-Getriebe (in Verbindung mit serienmäßig eingebauter Differentialbremse Twin Traction) und dem zweistufigen Automatikgetriebe Powerglide.

Auf Wunsch wurden noch leistungsfähigere Chevrolet-Motoren mit 365 und – dank Rochester-Benzineinspritzung – mit 375 PS eingebaut. Zudem war ein Paxton-Gebläse zu haben, das die Leistung des zweisitzigen, hochbeinigen Roadsters gar auf gut 400 PS schraubte. Diese Version entstand allerdings in nur wenigen Exemplaren. Doch auch ohne Gebläse täuschten die mächtigen außenliegenden Auspuffrohre »Kompressorstimmung« vor. Vorne wurden Bendix-Scheibenbremsen verwendet. – Der Aufbau des Excalibur bestand aus glasfaserverstärktem Kunststoff, und die Herstellung in Kleinserie lief ab 1965 bei der SS Automobiles Incorporated in Milwaukee an.

Zum SS der SSK Und der Excalibur wurde zum Erfolg. Noch 1965 kam der SSK hinzu. Bei ihm waren die Kotflügel länger und durch ein Trittbrett verbunden. Ein Jahr später wurde den Roadsters SS und SSK der Phaeton SS beigesellt. Er bot zwei zusätzliche Sitze im Heck, auf denen es bei vollem Leistungseinsatz ungemein luftig zugegangen sein dürfte. Die Leistung wurde nun einheitlich mit 355 PS angegeben.

35 X (made in Italy) 1967 entstand unter der Ägide des in Monte Carlo niedergelassenen Excalibur-Europaimporteurs Guy Storr ein Excalibur 35 X als Nachbau des Bugatti-Rennsportwagens Typ 35 aus den 30er Jahren. Dessen formvollendetes Design war allerdings nur ansatzweise nachempfunden; insbesondere war der Kühler deutlich breiter. Aufbau und Struktur wurden vom legendären Turiner Designer Giovanni Michelotti verwirklicht. Als Antriebsmechanik diente der 2,5-Liter-Sechszylindermotor aus dem Opel Commodore. Vorgestellt wurde dieser kleinere Excalibur im Frühling 1968 auf der New Yorker Autoschau; er war auch auf den Autosalons von Paris und 1969 in Genf zu sehen. Unter der Bezeichnung Excalibur 57 entstanden in Kleinserie in den Ateliers von Michelotti nach und nach 27 Exemplare. – Eine ähnliche Replika-Idee wurde erst viel später in Frankreich wieder aufgegriffen...

Series II Von Großaufträgen eines New Yorker Chevrolet-Dealers beflügelt, lancierte Brooks Stevens zum Modelljahr 1970 die Excalibur Series II. Inzwischen hatte er zusammen mit seinen zwei Söhnen in Mequon, Wisconsin, unweit von Chicago, einen neuen Produktionsbetrieb aufgebaut, der auch der eigenen Chassisherstellung Rechnung trug. Es gab weiterhin die Roadster SSK und SS sowie den Phaeton SS. Der zweisitzige SSK unterschied sich vor allem durch die knapp über die Räder gezogenen Kotflügel, während der viersitzige SS langgezogene Kotflügel aufwies.

Neben Detailänderungen (einschließlich 5 cm längerem Radstand) kam vor allem dem Übergang zum 5,7-Liter-Motor (304 SAE-PS) und zur hinteren Einzelradaufhängung – ebenfalls aus dem Chevrolet Corvette – Bedeutung zu. Die serienmäßig montierte Servolenkung mit verstellbarem Lenkrad wies nun eine variierende Untersetzung auf, und wer das Automatik- statt das 4-Gang-Getriebe wählte, erhielt das Turbo-HydraMatic mit drei Stufen. Es wurden Vierrad-Scheibenbremsen, auf Wunsch mit Servo, eingebaut, und auch eine Differentialbremse war im recht hohen Liebhaberpreis der Wagen inbegriffen. – *Während im Jahr 1970 nur 65 Excalibur entstanden, erreichte der Jahresausstoß 1973 immerhin 121 und 1974 schon 142 Einheiten.*

Series III Zum Jahr 1975 erfolgte eine wesentliche stilistische Umstellung. In der Series III orientierten sich die Excalibur nicht mehr an den von 1927 bis 1930 gebauten Mercedes-Benz SS und SSK, sondern an den Mercedes-Benz 380 K bis 500 K der Jahre 1936 bis 1938. Für die Ähnlichkeit sorgten nicht mehr abstehend, sondern angefügt montierte vordere Kotflügel mit nach unten gezogenem Rand. Die flexiblen verchromten Kompressor-Auspuffrohrattrappen waren damit auf der Unterseite nicht mehr sichtbar. Gemäß Herstellfirma SS Automobiles Incorporated wurde

Excalibur Phaeton SS, 1973

Excalibur Series III Roadster SS, 1976

den Besitzern damit »Stunden der Reinigung" erspart. Für den Antrieb der weiterhin als Roadster SS (zweisitzig) und Phaeton SS (viersitzig) bezeichneten Modelle sorgte der 7443-cm³-V8 von Chevrolet mit 218 PS. Neu waren die Armaturenbrettauslegung, ein vergrößerter Tank aus Nylonmaterial und ein rostfreier Schalldämpfer.

Series IV Sie wurde 1979/80 eingeführt und als Replika der Mercedes-Benz 500/540 K von 1937/38 bezeichnet. Im Vergleich zum Series III wiesen die Türen keinen Ausschnitt mehr auf, sondern die Gürtellinie war horizontal zu einem neu geformten Heck durchgezogen. Den Series IV gab es nur noch 2+2-sitzig. Die Windschutzscheibe wies neu eine vorbildgemäße Pfeilteilung auf und war stärker geneigt; die neuen, aus zwei Chromstäben bestehenden Stoßstangen wirkten ebenfalls originalgemäßer. Der auffallendste Unterschied zum Original von einst lag in den niedrigeren und vor allem viel breiteren Rädern und Reifen, die zudem Kurzspeichen bzw. weiße Seitenwände besaßen. Es gab nur noch dieses als Roadster bezeichnete zweisitzige Cabriolet mit Rumble-seat (aufklappbare Notsitzbank im Heck); es wog leer eindrückliche 1990 kg.

Mit dem Series IV wurde die Motorisierung auf den 5-Liter-V8 von Chevrolet beschränkt. Dessen Leistung erreichte mit Vierfachvergaser 157 PS. Die verchromten Kompressor-Auspuffrohre, die seitlich aus der Motorhaube führten und in die langgezogenen Kotflügel mündeten, waren natürlich nach wie vor eine funktionslose Zierde. Als Kraftübertragung diente das Turbo-Hydra-Matic-Getriebe mit drei Stufen; eine Differenzialbremse wurde serienmäßig montiert.

Auch der Excalibur IV basierte auf einem Kastenrahmenchassis mit Traversen und er hatte vorne Trapez-Dreieckquerlenker und Schraubenfedern, hinten je zwei Längs- und Querlenker und eine Querblattfederung. Doch wurden inzwischen Vierrad-Scheibenbremsen und eine Kugelkreislauf-Servolenkung mit variierender Untersetzung verwendet. Die Ausstattung konnte vom Käufer mitbestimmt werden.

Excalibur	Zyl.	cm³	PS	bei 1/min	Gänge	Spitze km/h	Radstand/Länge	ab Jahr	Besonderheiten
SS	V8	5351	304	5000	4/A	190	277/426	1964-66	Kastenrahmen
SSK/SS			355	5800				1966-69	Studebaker, Motor Chevrolet
									dto. h.E.
Series II SSk/SS		5733	304	4800		200	282/432	1969-	
Series II	V8	5733	304*	4800	4/A3		282/432	1969-71	
		7443	330*					1972	
			253	4000				1973	
			274	4400				1974	
Series III	V8	7443	218	4000	A3/4		285/445	1975-80	
Series IV		5001	157/167	4000	A3/4		318/513	1980	

Excalibur Series IV Phaeton, 1980/81

Excalibur in den 80er Jahren

Aufgewertet! Auf der Greater New York Automobile Show im Januar 1981 wurde der Series IV Roadster in aufgewerteter Standardausrüstung eingeführt: »erstmals in den 19 Produktionsjahren« mit Komfortmerkmalen wie elektrischer Verdeckbetätigung, Fensterheber, sechsfacher Sitzverstellung, Klimaanlage usw. Zudem wurde der Excalibur fortan mit dem 4-Stufen-Automatikgetriebe Turbo Hydra-Matic ausgestattet.

Mit dem Jahrgang 1983 – inzwischen stand auch wieder die viersitzige Version Phaeton im Angebot – wurde u. a. das neue elektronische GM-Abgassystem eingeführt, das 15 Prozent Minderverbrauch verhieß; zudem gab es eine elektrische Türverriegelung, eine verbesserte Verdeckautomatik sowie einen verschönerten Innenraum und eine vergrößerte Auswahl an Außen- und Innenfarben.

Series V Wenngleich im Sommer 1985 die Roadster und Phaeton der Serie V mit Verbesserungen an Fahrwerk und Aufbau eingeführt und die zusätzlichen Ausführungen Royale und Limited ins Angebot aufgenommen wurden, sackte die Produktion in jenem Jahr von den 1984 erreichten 258 Excalibur auf bloß noch rund 100 Exemplare ab.

Im November 1985 kam es daher (bei weiterlaufender Produktion) zu einem Nachlassverfahren. In der Folge wurden 51 Prozent der Aktien vom Cadillac-Händler R. V. Robinson aus Atlanta übernommen, während die Stevens-Söhne David und William (mit 49 Kapital-Prozent) für die Herstellung verantwortlich blieben. Den Offenmodellen sollte nun endgültig eine zweitürige Limousine zur Seite gestellt werden.

Series V Royale Ein Importeur aus Monaco brachte die Marke Excalibur 1986 wieder einmal auf den Genfer Automobilsalon. Dort wurde der geschlossene Viersitzer Royale der Series V gezeigt, eine etwas einfacher ausgestattete und preisgünstigere Version der Offenmodelle. Auch wenn die Excalibur offiziell nur mit dem 5-Liter-V8 ausgerüstet wurden, so konnten sie doch auch mit dem 5,7-L-V8 mit angeblich bis 300 PS bestellt werden. In Genf wurden auch ein 4-door Sedan und ein Modell Limousine mit um 30 bzw. 50 cm verlängertem Radstand angekündigt.

In neuer Hand! *Im Oktober 1986 wurde die Excalibur Automobile Corporation von der Familie Stevens verkauft. Der inzwischen hochbetagte Brooks Stevens wollte sich ohnehin gesundheitshalber aus dem Geschäft zurückziehen. Neuer Besitzer wurde eine Investorengruppe, die von Henry A. Warner angeführt wurde. Warner wurde damit Hauptaktionär von Excalibur, und für ihn bedeutete dieses Unternehmen fortan die Hauptaktivität.*

Sedan Dieser viertürige Excalibur wurde im Juni 1987 vorgestellt. Zudem verlautete, dass ab Herbst 1987 auch eine Sechsfensterlimousine mit langem Radstand in das Angebot aufgenommen werde. Der Sedan basierte auf

Excalibur Series V Phaeton, 1985

einem Achsabstand von 366 cm (Roadster: 315 cm) und erreichte bereits imposante 570 cm Länge (statt 518 cm). Für den Antrieb sorgte auch bei ihm der 5-L-V8 von Chevrolet, doch wurde auf Wunsch der 5,7-L-V8 eingebaut.
Unter der neuen Führung hoffte die Excalibur Automobile Corporation im Jahr 1987 mit ihrer 72 Personen umfassenden Belegschaft auf einen Ausstoß von 200 Wagen, darunter 75 Sedan, zu kommen. 1988 sollten zusätzlich zehn Limousinen (Chauffeurwagen) hergestellt werden. Das Angebot umfasste nun neben dem Modell Royale (376 cm Radstand, 580 cm Länge) auch den Limited (436/640 cm), und alsbald kam auch noch der Grand Limousin(e) hinzu (518/721 cm).
Henry A. Warner legte großes Gewicht auf ein von Luxus und Qualität geprägtes Image der Marke Excalibur. Dem weiteren Vermarkten dieses Namens dienten eine hochwertige Gepäckserie sowie allerhand Freizeitbekleidung. Zudem wurde an eine gepflegte Männerkosmetikserie samt After-Shave-Fläschchen in Form des Markenzeichens gedacht... Wesentlich wichtiger war jedoch, dass die von »Hank" Warner und Robert Casperson gehaltene Excalibur Automobile Corporation 1989 einen Börsengang plante. Sie nannte sich stolz »viertgrößter amerikanischer Autohersteller«, dies mit einem Absatz von 125 Wagen im Jahr 1989 und einem für 1990 geplanten Verkauf von 135 Einheiten!
Für die Premiere auf dem Genfer Salon jenes Jahr wurde eine besonders sportlich ausgerichtete Hochleistungs-Lightweightversion III/90 auf Basis des Chevrolet Corvette ZR1 angekündigt. *Doch alsbald kam es zu einem Finanzdebakel, und die Produktion musste eingestellt werden. Im Verlaufe des hierauf eingeleiteten Gerichtsverfahrens wurde im Februar 1991 der Konkurs verhängt.*

Von 1965 bis 1990 dürften rund 3300 der nach dem Schwert von König Arthur genannten Marke Excalibur in den Ausführungen Phaeton, Roadster, Touring Sedan und Limousine gebaut worden sein. 1994 entstanden nochmals etwa 30 Exemplare einer »Final Edition«.

*

Ende der 80er Jahren war das Phänomen der von mehr als 20 Firmen gebauten Neoclassic-Luxusautomobile im Abklingen. Excalibur war der Pionier dieser Sparte gewesen, und die von dieser Marke 1986 veröffentlichten Marktforschungsresultate verdienen rückblickend Beachtung: Demnach waren die Besitzer solcher Wagen im Durchschnitt 48 Jahre alt, verheiratet, Geschäftsleiter oder -inhaber und bei 75 Prozent unter ihnen waren die Kinder bereits aus dem elterlichen Heim ausgezogen. Die Wagen wurden in erster Linie »for fun« gekauft, aber durchaus auch für Reisen eingesetzt, wurden mit ihnen doch durchschnittlich 50'000 km/Jahr zurückgelegt.

Excalibur Touring Sedan Caesars Palace Limited Edition, 1989

Ford

Ford V8, 1947

Nach dem Zweiten Weltkrieg war »Gründervater« Henry Ford, nun 82-jährig, physisch und psychisch am Ende seiner einzigartigen Laufbahn angekommen, und er wurde von der Familie zum Ruhestand gedrängt. Weil sein Sohn Edsel schon 1943 an Magenkrebs verstorben war, musste nun dessen ältester Sohn Henry Ford II. in die Fußstapfen treten. Und er tat, was fast naheliegend lag: Er suchte sich erfahrene Managementpartner bei der alle überragenden Konkurrenzfirma General Motors: Er engagierte Ernest E. Breech, der bereits als Nachfolger des obersten GM-Boss Alfred P. Sloan galt. Und als Executive Vice President sorgte Breech dafür, dass gleich eine ganze Reihe ausgewiesener Führungskräfte ebenfalls von GM zu Ford wechselte.

Am 7. April 1947 verstarb Henry Ford im Alter von 84 Jahren. Viele Automarken hatten auch in Amerika ihre Namen dem Gründer zu verdanken: Buick, Chevrolet, Chrysler, Dodge, Frazer, Hudson, Nash, Olds(mobile), Packard, Studebaker, Willys. Doch keiner dieser Namen war zu einem derart bedeutungsvollen Begriff sowohl für die industrielle Entwicklung wie für die individuelle Motorisierung geworden wie jener von Ford! Er war Amerikas großer Autopionier; der Mann, der das Fließband eingeführt hatte und weltweit als die »Auto-Persönlichkeit Nr. 1« galt, nahm gleichsam eine Epoche mit sich ins Grab: die Epoche der ersten Volksmotorisierung.

V8-Pionier Die in den ersten Nachkriegsjahren gebauten amerikanischen Ford basierten noch weitgehend auf der 1942 neu herausgebrachten Baureihe. Sie hatten einen niedrigen, aus horizontalen Chromstäben zusammengesetzten Kühlergrill, über dem die Motorhaube immer noch spitz nach vorn auslief. Diese Modelle mit ihrem seitengesteuerten 3,7-Liter-Sechszylinder- und 3,9-Liter-V8-Motor waren das Resultat kontinuierlicher Weiterentwicklung. Doch besaßen sie auch vorn noch Starrachsen.

Ende 1947 war - mehr oder weniger offiziell - von einem vollständig neuen Ford die Rede. Er würde einen Wechsel bringen, wie es ihn bisher nur vor zwanzig Jahren, bei der Umstellung vom legendären T-Modell auf das brave Modell A, gegeben hatte. Kurz darauf ließ Ford einen Zehnzylindermotor für die Verwendung in einem Heckmotorwagen patentieren. Mit dem neuen Modell hatte dieses Konzept jedoch nichts zu tun.

20 cm niedriger Der neue Ford begann im Juni 1948 von den Fließbändern in Dearborn zu rollen. Seine Form verkörperte gegenüber dem Vormodell in der Tat eine umwälzende Neuorientierung. Es handelte sich um die Pontonform, wie sie bereits bei den → Kaiser/Frazer verwirklicht worden war. Die Kotflügel waren nicht mehr einzeln angedeutet, sondern in die horizontal durchgezogene Gürtellinie integriert. Mit knapp 160 cm Höhe war der Wagen gleich 20 cm niedriger als sein Vorgänger. Der Kofferraum zeigte sich in der Silhouette vom Passagierraum abgesetzt. Diese später als »Stufenheck« bezeichnete Form sollte schließlich über Jahrzehnte als Norm für das übliche Automobil gelten.

Das Publikum aber musste sich zunächst noch an die neue Form gewöhnen. Wer noch an der alten Linie mit schräg abfallendem Heck hing, machte etwa geltend, dass man bei diesen »neumodischen Wagen kaum mehr wisse, was vorn und was hinten sei«.

Auch der bereits als Modell 1949 bezeichnete neue Ford besaß ein Kastenrahmenchassis. Anstatt einer X-Traverse wies es nun fünf Quertraversen auf. Vorn wurde eine Einzelradaufhängung mit Dreieckquerlenkern und Schraubenfedern eingeführt. Auf Wunsch war ein Schnellgang erhältlich. Es gab die neuen Ford sowohl als zwei- und viertürige Limousine wie auch als Coupé und Cabriolet. **Ford Canada:** Die Ford

Ford Six Coupe, 1950

Motor Company of Canada Ltd verhalf verschiedenen in den USA konzipierten Modellen zu eigenem Kühlergrill und anderen Namen. So handelte es sich bei dem 1949 lancierten Meteor um den Standard-size-Ford… Zu den weiteren von Ford of Canada geführten eigenen Modellnamen zählte später auch Richelieu.

Ab Sommer 1950 führte Ford eine zusammen mit Borg-Warner entwickelte automatische Kraftübertragung mit hydraulischem Drehmomentwandler und 3-Gang-Planetengetriebe ein. Für das Modelljahr 1951 wich das »Zyklopenauge« im Kühlergesicht einer Ausführung mit zwei »Warzen«. Für 1952 erhielten die Ford neue, größere Karosserien und einen neuen 6-Zylinder-Motor mit schräghängenden Ventilen. Im gleichen Jahr präsentierte Ford – dem Beispiel von General Motors und Chrysler folgend – ebenfalls einen »Traumwagen«, den Continental 195X; er stand später dem Thunderbird Pate.

Ford Customline V8, 1952

Product Development Center *Im Mai 1953 eröffnete Henry Ford II. in Dearborn das Ford Product Development Center. Alle Entwicklungs- und Designarbeit für amerikanische Ford-Modelle war fortan an diesem Standort konzentriert. Zudem wurde hier eine moderne Marktforschung aufgebaut.* In diesen auch architektonisch bemerkenswerten Anlagen nahm das Projekt Thunderbird Gestalt an, und hier wurden teils auch Zukunftstudien des Designtalents Alex Tremulis umgesetzt.

Nach dem Sechszylindermotor wurde 1954 auch der V8 modernisiert: Ford brachte den ersten Kurzhub-V8 mit hängenden Ventilen der populären Klasse heraus. Dies bedeutete einen großen Fortschritt im Hinblick auf höhere Leistungsausbeute, besseren Drehmomentverlauf und niedrigeren Benzinverbrauch. Auch äußerlich hatten die verschiedenen US-Ford-Modelle natürlich Änderungen erfahren. So waren die Blinkleuchten nun nicht mehr in den kräftigen Querbalken der Kühlluftöffnung einbezogen, sondern darunter angeordnet.

Thunderbird Im Herbst 1954 brachte Ford zwei äußerst gegensätzliche Neuheiten heraus: das Jeep-ähnliche Fahrzeug XM-151 und den Thunderbird. Letzterer war die Antwort auf den Chevrolet Corvette und fand dank seiner betont attraktiven, von manchen Enthusiasten sogar als sensationell empfundenen Form mit der konsequent durchgezogenen Gürtellinie sogleich weltweite Beachtung. Der »T'bird« – wie er von Insidern alsbald genannt wurde – war ein zweisitziges Sportcabriolet, das sich mit einem Hardtop in ein elegantes Coupé verwandeln ließ. Mit seinem 193 SAE-PS leistenden 4,8-Liter-V8 war der Thunderbird über 180 km/h schnell.

Vom Thunderbird-Stil profitierten auch die stark erneuerten übrigen Ford-Modelle des Jahrgangs 1955: Auch sie hatten nun eine Panoramascheibe. Der Hubraum des V8-Motors wurde auf 4,5 Liter vergrößert. Man unterschied nach den Ausstattungsreihen Mainline, Customline und Fairlane (bis dahin Crestline). Den Fairlane gab es 1956 auch mit dem 4,8-Liter-Motor, während der Thunderbird nun auf Wunsch mit einem 5,1-Liter-V8 geliefert wurde.

Nach Chrysler und Packard führte ab 1957 auch Ford eine Druckknopfschaltung für das automatische Getriebe ein. Im gleichen Jahr wurden das Leistungsangebot erneut erhöht und das Karosseriedesign stark geändert: Die Wagen waren nun über 20 cm länger und knapp 10 cm niedriger als die Vormodelle. Die Panoramascheibe war nicht mehr mit einem senkrechten, sondern mit einem nach vorn geneigten vorderen Fensterpfosten verbunden. Beim Thunderbird waren die Stoßstangenhörner nun außerhalb der Peripherie des Kühlergrills angebracht. Nachdem bereits im Vorjahr ein senkrecht am Heckabschluss montiertes Reserverad eingeführt worden war, gab es jetzt ein Hardtop mit »Bullauge« hinter dem Seitenfenster.

Rectractable Eine großartige Neuerung verkörperte das vor Weihnachten 1956 überraschend vorgestellte Coupé/Cabriolet Fairlane 500 Rectractable, dessen Hardtop sich auf Knopfdruck elektrisch im Kofferraum versenken ließ; eine solche aufwendige Dachkonstruktion hatte es bisher nur bei

Ford Crestline Skyliner, 1954

Ford Fairlane V8, 1955

Ford Thunderbird, 1955

den Peugeot Coupé mécanique von 1937 gegeben. Es gab diese Sonderkonstruktion mit dem Hide-Away-Hardtop bis 1959, zuletzt unter der Bezeichnung Galaxie Skyliner, und es wurde in den drei Jahrgängen in 48'394 Exemplaren gebaut. Neu am Unterbau war ab Modelljahr 1957 der Chassisrahmen mit nach außen geschweiften Längsträgern; er wies bloß noch vier Quertraversen auf. Es gab jetzt die Modellreihen Custom (wie schon früher), Custom 300, Fairlane und Fairlane 500. Gegen Mehrpreis war bei den Spitzenmodellen und beim Thunderbird ein Kompressor erhältlich. Mit ihm stieg die ohnehin bereits stark erhöhte Leistung in den Bereich der 300-PS-Grenze.

Das Jahr 1957 brachte Ford einen großen wirtschaftlichen Erfolg – erstmals seit über 20 Jahren konnte Chevrolet vom ersten Platz verdrängt werden: In den USA wurden 1'494'000 neue Ford-Pkw gegenüber 1'456'000 Chevrolet registriert – ein Sieg, der sich 1959 wiederholen sollte (→ Chevrolet).

T'bird als Viersitzer Zum Modelljahr 1958 wurden die Ford mit Doppelscheinwerfern ausgerüstet. Zum Ford-o-matic-Getriebe kam das weicher schaltende Cruise-o-matic hinzu. Der zweisitzige Thunderbird wurde durch einen luxuriösen Viersitzer abgelöst. Daher mutierten die 53'166 »T'bird« der Jahre 1955 bis 1957 später zu den gesuchtesten Sammelobjekten unter den US-Wagen dieser Epoche. Zusammen

Ford Fairlane 500 Rectractable, 1957

Ford Custom 300, 1958

Ford Fairlane 500 Skyliner, 1959

Ford Fairlane 500 Club Victoria, 1959

mit dem Chevrolet Corvette wichen sie trotz hergebrachter Technik am weitesten vom üblichen Bild amerikanischer Pkw ab. Der neue Thunderbird aber besaß 30 cm mehr Radstand und 60 cm zusätzliche Länge!
Die viertürigen Ford 1959 erhielten als Ergänzung nach oben die über den Fairlane 500 gestellte Modellreihe Galaxie mit scharfkantiger Silhouette im Stile des Thunderbird. Diese Modelle waren nahe der neuen, jetzt tiefergestellten Wagen der Zwischenmarke → Edsel positioniert (im selben Jahr kam dann auch das Ende des Edsel-Abenteuers). Topvarianten der Galaxie-Reihe waren das Faux-Cabriolet Victoria, das Cabriolet Sunliner und das Coupé mit zusammenklappbarem Stahldach Rectractable Skyliner, Ford-Bezeichnungen, die schon von früher bekannt waren.
Die zahlreichen Station-Wagon-Ausführungen des Ford-Programmes trugen mit Ranch und Country kombinierte Namen. – *Zum Modelljahr 1959 mutierte → Thunderbird zur Eigenmarke!*

Falcon *1959 lief der 50-millionste Ford vom Band!* Im Herbst des gleichen Jahres wurde mit dem Ford Falcon, dem ersten Compact-car der Marke, eine neue Ära eingeläutet. Mit diesem nach amerikanischen Begriffen kleinen Wagen sollte auf dem einheimischen Markt dem Erfolg der Importautos aus Europa Einhalt geboten werden. Im Gegensatz zu dem kurz darauf vorgestellten Corvair des Ford-Hauptkonkurrenten Chevrolet war der Falcon ein äußerst konventionell ausgelegtes Auto. Dennoch handelte es sich von Grund auf um eine Neukonstruktion in selbsttragender Bauweise. Es ging darum, Amerikas Autofahrern mit dem Falcon ein preisgünstiges und dennoch leistungsfähiges Fahrzeug zur Verfügung zu stellen. So wurde denn der Falcon 40 % leichter als der kleinste Ford der Standardgröße, und er wurde sogar als wesentlich sparsamer als der Compact-car-Vorreiter, der Rambler, bezeichnet.
Der vergleichsweise schlicht und gefällig geformte Falcon besaß einen 2,4-Liter-Sechszylindermotor, und er bot Platz für sechs

Ford Falcon, 1960

Personen, wie dies die amerikanischen Autokäufer wollten. Im Gegensatz zum Corvair gab es den Falcon auch zweitürig. Für die Standard-Ford wurde für 1960 eine vollständig neu gezeichnete Karosserie bereitgestellt. Die Linien waren weicher, die Doppelscheinwerfer in die Kühlerfront integriert, und von der Panoramascheibe mit nach unten zurückfliehenden Pfosten war man wieder abgegangen. Man muss übrigens Ford zugutehalten, dass dieser Konzern in jener

Ford Galaxie Town Victoria, 1960

Epoche weit weniger mit überdimensionierten Heckflossen aufzutrumpfen versuchte als General Motors und Chrysler. Nach wie vor gab es die Reihen Fairlane, Fairlane 500 und Galaxie (= Milchstraße) sowie die Kombimodelle Ranch Wagon (Tudor = allgemein verwendete Ford Bezeichnung für zwei Seitentüren, Fordor = vier), Country Sedan und Country Squire. Neben den Hardtop-Sedan Victoria und Town Victoria und dem Cabriolet Sunliner wurde als neues Spitzenmodell der Starliner eingeführt, ein Faux-Cabriolet bzw. Hardtop-Coupé mit sanft in das horizontal ausgezogene Heck abfallender Dachlinie. Die Karosserien zeigten sich vergrößert, und zudem hatte man die Spur vorne um 5, hinten um fast 10 cm verbreitert! Mit neuen Zylinderköpfen waren die Motoren – der 3,7-Liter-Sechszylinder Mileage Maker Six und die mit Thunderbird bezeichneten 4,8- und 5,8-Liter-V8 – aufgewertet, die Gesamtbremsflächen waren um 25 % vergrößert, die hinteren Blattfedern zwecks höheren Komforts verlängert worden. Für die Kraftübertragung dienten 3-Gang-Getriebe mit und ohne (halbautomatischem) Borg-Warner-Schnellgang sowie die verfeinerten Getriebeautomaten Ford-o-Matic (zwei Stufen) und Cruise-o-Matic (drei Stufen). Auf Wunsch wurden sowohl eine Servolenkung wie eine Differentialbremse geliefert.

Bald noch kleiner... Schon Anfang 1960 begannen hartnäckige Gerüchte zu zirkulieren, Ford werde in den USA selbst einen Kleinwagen bauen, der noch viel preisgünstiger sei als der Falcon und mit dem die Erfahrungen der englischen und der deutschen Ford-Werke berücksichtigt würden. – Vorerst brachte Ford allerdings den Ranchero, eine Pick-up-Version des Falcon, heraus, später kamen drei- und fünftürige Kombi hinzu. Aus dem vieldiskutierten Kleinwagenprojekt namens Cardinal sollte schlussendlich der Frontantriebs-Taunus von Ford Deutschland werden.

Ford USA	Zyl.	cm³	PS	bei 1/min	Gänge	Spitze km/h	Radstand/Länge	ab Jahr	Besonderheiten
Six	6	3700	90	3300	3	130	290/495	1946	Kastenrahmenchassis,
V8	V8	3917	100	3700	3	140	290/495	1946	Starrachse auch vorn
									(bis 1948), SV
Six	6	3706	96	3300	3/3+S	145	290/500	1949/50	
V8	V8	3917	101	3600	3/3+S	150	290/500	1949/50	
Six	6	3528	102	3500	3/3+S/A	145	292/503	1952	(nun OHV)
V8	V8	3917	111	3800	3/3+S/A	150	292/503	1952	
Six	6	3654	117	3900	3/3+S/A	150	293/504	1954	
V8	V8	3917	132	4200	3/3+S/A	155	293/504	1954	(nun OHV)
Six	6	3654	122	4000	3/3+S/A	150	293/504	1955	
V8	V8	4457	164	4400	3/3+S/A	160	293/504	1955	
			185	4400	A	170			
Thunderbird	V8	4785	193	4400	3/3+S	195	259/445	1955	
		5112	218	4600	3+S	200			
			228	4600	A	190			
Six Custom	6	3655	146	4200	3/3+S/A	155	295/512	1957	
Fairlane							300/527		
V8 Custom	V8	4457	193	4500	3/3+S/A	160	295/512	1957	
Fairlane	V8	4785	209	4500	3/3+S	165	300/527		
			215		A	155			
		5112	248	4500	3/3+S	180			
Thunderbird	V8	5112	269	4800	3/3+S/A	210	259/461	1957	
		4785	209	4500		180			
1958: V8/4457 entfällt, dafür zu V8/4785 zus. V8/5346 (235/243/269 PS) und V8/5766 (304 PS bei 4600/min									
Thunderbird		5436	235	4600	3/3+S/A	180	287/522	1958	(selbsttragende
		5766	304	4600	3/3+S/A	190			Karosserie, 4 Pläte)
Falcon	6	2364	91	4200	3/A	130	278/460	1960	(selbsttragende
									Karosserie)
Fairlane	6	3655	147	4000	3/3+S/A	150	302/543	1960	
... zahlreiche Zwischenmodelle, bis									
Galaxie	V8	5766	304	4600					
Thunderbird	V8	5766	304	4600	3/3+S/A	180	287/522	1959	nun eigene Marke!
		7045	355	4400	A	200			

Ford Galaxie Starliner, 1961

Ford in den 60er Jahren

Das Ford-Modelljahr 1961 basierte kaum verändert auf den 1959 und 1960 gründlich erneuerten Typenreihen. 1961 stand im Falcon nebst dem 2,4- ein 2,8-Liter-Motor zur Wahl. Sein Kühlergrill wölbte sich nun leicht nach außen. Bei den großen Ford verlief der obere Kühlergitterrand jetzt horizontal. Es wurden teils leicht geänderte Motoren eingebaut. Gleich 600 PS leistete ein Gasturbinenmotor, der allerdings nicht zu kaufen war, sondern einen Teil des intensiven Forschungsprogramms der Ford Motor Company verkörperte.
Im April 1961 wurde die Falcon-Reihe durch das reichhaltiger ausgerüstete Zweitürcoupé Futura mit vorderen Einzelsitzen ergänzt. Die beiden Motorvarianten kamen auf 91 bzw. 102 SAE-PS, und es bestand die Wahl zwischen einer 4-Gang-Stockschaltung und dem Ford-O-Matic. *Ende 1961 konnte Ford bereits die Auslieferung des millionsten Falcon feiern. Hinter diesem Erfolg stand der Ford-Topmanager Robert McNamara, der alsbald zum Ford-Generaldirektor (President) aufstieg, bevor er zum U.S. Defense Secretary (Verteidigungsminister) ernannt wurde.*
Die Falcon 1962 erkannte man an dem aus feinen Senkrechtstäben zusammengefügten Kühlergrill und der auf der Motorhaube aufgesetzten kleinen Lufthutze. Es gab jetzt zudem den Falcon Squire, einen Kombi mit schmucker, von vorn bis hinten unterhalb der Türgriffe durchgezogener Imitations-Holzverkleidung. Alle Station Wagons hatten zudem zusätzlich Schraubenfedern unter dem Wagenheck erhalten. Die Motoren wiesen neu einen Torsionsschwingungsdämpfer auf. Erst im Frühjahr wurde der Sports Futura lieferbar, eine luxuriössportliche Sonderausführung. *Die Falcon wurden auch in Kanada (teils unter anderen Bezeichnungen), Südamerika und Australien gebaut; hingegen waren sie den europäischen Märkten vorenthalten, um die in Deutschland und England hergestellten Ford nicht unnötig zu konkurrenzieren.*
Fairlane = Intermediate Bei den großen Ford fand zum Modelljahr 1962 eine Zweiteilung statt: Aus dem Fairlane und dem Fairlane 500 wurde eine kleinere Modellreihe, die sich zwischen den Falcon und den als »Standard-Ford« weitergebauten Galaxie einreihte. – Chevrolet hatte hingegen mit dem Chevy II einen neuen Namen geschaffen; allerdings war der Chevy II eher eine Alternative zum Corvair, während für die mit dem neuen Fairlane geschaffene, später als Intermediate bekannt gewordene Fahrzeuggröße bei Chevrolet alsbald der Chevelle kreiert wurde.
Wie der Falcon hatte auch der neue Fairlane eine selbsttragende Tudor- oder Fordor-Karosserie. Er war 40 cm länger als der Falcon und 30 cm kürzer als der Galaxie. Für den Antrieb bestand die Wahl zwischen einem 2,8-Liter-Sechszylinder und einem 3,6-Liter-V8 aus neuem, dünnwandigem und damit leichtgewichtigem Grauguss. Dieser Motor war außer mit dem Ford-O-Matic und dem 3-Gang-Getriebe auch mit 3-Gang-plus-Overdrive erhältlich. Wie bei den meisten

Ford Fairlane, 1962

Amerikaner Wagen des neuen Jahrgangs waren die Serviceintervalle drastisch verlängert worden: Ölwechsel alle 10'000, Schmierservice alle 50'000 km. Im Kühler fand sich zudem serienmäßig ein bloß alle zwei Jahre auszuwechselndes Frostschutzmittel.
Die neu geformten Galaxie (und Galaxie 500) erkannte man an einer vom oberen Kühlergrillrand ausgehenden, sich über die gesamte Flanke erstreckenden Zierschiene. Das Getriebeangebot wurde durch eine 4-Gang-Einheit mit Stockschaltung erweitert, und selbst das 3-Gang-Getriebe konnte wahlweise mit Mittelschaltung bestellt werden. Sportliche Sondermodelle mit vorderen Einzelsitzen gab's auch bei Fairlane und Galaxie, wo sie mit Fairlane 500 Sports Coupe und Galaxie 500 X/L bezeichnet wurden.
2 x Dream-car Einen Traumwagen mit aerodynamischen Aspekten stellte die Ford Motor Company unter dem Namen Ford Cougar 406 an der Autoschau von New York im Frühling 1962 vor; Hauptmerkmal waren die Flügeltüren in der Art des Mercedes-Benz 300 SL.
Ein Traumwagen ganz anderen Kalibers war hingegen der im Oktober des gleichen Jahres vorgestellte Ford Mustang: ein kleiner, rennsportlich aufgezogener Roadster mit Gitterrohrrahmen, niedriger Aluminiumkarosserie, flachem Bug, Überrollbügel, Magnesiumrädern und – vor allem! – einem von der V4-Maschine des deutschen Taunus 12 M abgeleiteten und getunten 1,5-Liter-Mittelmotor. Mit diesem in mehreren Exemplaren gebauten und auch der Fachpresse in Europa zu Probefahrten zur Verfügung gestellten Studienobjekt wollte Ford die Chancen für eine Sportwagenherstellung erkunden.

Die Serienmodelle des Jahrgangs 1963 – das Produktionsprogramm umfasste einschließlich Thunderbird 46 Modelle – zeigte vor allem äußere Modifikationen. Der Falcon-Kühlergitter wies jetzt einen horizontalen Mittelzierstab auf, und neu wurden in dieser Serie auch ein Hardtop-Coupé und ein Cabriolet angeboten. Die Fairlane erkannte man am feinmaschigeren und einwärts gebogenen Kühlergrill, und die Galaxie (einschließlich Ford 300) an der auch um die äußeren Scheinwerfer führenden Kühlergitterumrandung. Das Galaxie-Heck erinnerte zudem an das Thunderbird-Design.
Modelle 1963½ Der Konkurrenzkampf veranlasste Ford zu einem ungewöhnlichen Schritt, nämlich zur Einführung eines Jahrgangs 1963½. Er bestand in der Ergänzung der Typenreihen um sieben weitere Modelle. Sie standen im Zeichen der Leistungssteigerung, indem sie mit fünf neuen Motoren ausgestattet wurden. So gab es im neuen Modell Falcon Sprint einen 4,3-Liter-V8, im Fairlane einen 3,3-Liter-Six mit 117 PS und einen High-Performance-4,7-Liter-V8 mit 275 PS (zusammen mit der Galaxie-Hinterachse). Im Galaxie schließlich fand sich ein mit Challenger bezeichneter 4,7-Liter-Motor mit 198 oder ein wiederum mit Thunderbird umschriebener 7-Liter-Motor mit einer Verdichtung von 11,5:1 und bis zu 431 SAE-PS. Die 4,7-Liter-Maschine mit kurzem Hub sollte als ein besonders beliebter Ford-Motor in die Markengeschichte eingehen!
Das 4-Gang-Getriebe fand vermehrte Verwendung, und überdies wurde bei den Hardtop-Coupés eine neue schräg abfallende und somit strömungsgünstigere Dachform eingeführt. – Auf dem Turiner Autosalon zeigte Pininfarina ein Coupé Ford Falcon Clan; Ford selbst schuf 1963 das Fastback-Versuchscoupé Allegro mit Falcon- oder Taunus-V4-Motor. 1964 folgte die Kombiwagenstudie Aurora.
Im Zeichen des Sports Das Modelljahr 1964 stand bei Ford ganz im Zeichen der Hinwendung zum Automobilsport. Dabei spielte die Unterstützung von englischen Rennsportfirmen wie Lotus (Indianapolis-Rennwagen), Lola (zweisitzige Rennsportwagen) und AC Cobra (Hochleistungs-Sportwagen, → Shelby) eine besondere Rolle. Die Falcon hatten eine kantigere Silhouette mit höheren vorderen Radhausenden erhalten, die Fairlane wie die Galaxie zeigten nun voneinander leicht abgesetzte Doppelscheinwerfer. Der 3,6-Liter-V8 war bereits wieder aufgegeben worden, anderseits gab es die neue Automatikversion Dual-Range. Bei den größeren Modellen – neben dem Galaxie gab es inzwischen auch den einfacheren Custom – war nach wie vor eine Differentialbremse (Equa-Lock) lieferbar.

Von dem neuen Ford-Stylist Gene Bordinat war für die New Yorker Weltausstellung 1964 ein weich geformter Traumwagen, der Cougar II, entworfen worden. Noch größere Bedeutung kam jedoch dem Mustang II zu, einem nun viersitzigen Cabriolet-Prototyp mit vorne eingebautem V8-Hochleistungsmotor. Auch mit ihm sollte das Publikumsinteresse erforscht werden... Und Ford ritt weiter auf der sportlichen Welle: Anfang 1964 wurden Zeichnungen eines Ford-V8-Prototyp freigegeben, der in Zusammenarbeit mit Eric Broadley von Lola entstand. Dieses Auto sollte in Langstreckenrennen eingesetzt werden und dem Namen Ford zu neuem Ruhm verhelfen!

Der Mustang! Daß Ford einen Sportwagen namens Mustang (= Präriepferd) tatsächlich in Serie bringen würde, bestätigte sich im März 1964, und im April wurde er denn als gänzlich neue Modellreihe vorgestellt: Der Ford Mustang sollte zu einem Begriff werden, und sein rasch eintretender Verkaufserfolg brachte die gesamte amerikanische Konkurrenz dazu, in Eile »Anti-Mustang-Modelle« auf den Markt zu bringen. Man sprach alsbald von den auf junge, sportliche Autokäufer ausgerichteten »Pony Cars«. Möglich, dass das in der Mitte des Mustang-Kühlergrills prangende Chromsignet eher einem Pony als einem wilden Prairie-Pferd glich.

Der Serien-Mustang war in keiner Weise eine so ungewöhnliche Konstruktion, wie es der erste Mustang-Concept-car gewesen war. Wie schon der Mustang II basierte er weitgehend auf der Standard-Bauweise: Er besaß eine selbsttragende Coupé- und Cabriolet-Karosserie mit verwindungsfestem Plattformrahmen und eine hintere Starrachse mit Halbelliptikfedern. Vorne kam ein Kurvenstabilisator hinzu, und auf Wunsch waren vordere Scheibenbremsen Kelsey-Hayes mit hinterem Bremskraftverteiler sowie eine Servolenkung zu haben.

Es standen vier Motoren, vom 2,8-LiterSechszylinder mit 101 PS bis zum 4,7-Liter Hi-Performance-V8 mit 275 PS, zur Wahl. Beim einfachsten der fünf Getriebe war der erste Gang noch nicht synchronisiert, doch hatte auch dieses einen Mittelschalthebel; auf Wunsch war das Cruise-O-Matic erhältlich. Mit einer als Rally-Pac angebotenen sportlichen Sonderausrüstung mit größeren Reifen, Bremsservo, Differentialbremse, zentralen Radflügelmuttern, Tourenzähler und unter anderem speziellen Sitzgurten wurde der Mustang für den Einsatz an Wettbewerben propagiert.

Richtschnur Doch der Mustang bot in erster Linie ein sportliches Erscheinungsbild, ohne dass er als Sportwagen im europäischen Sinne gelten konnte. Seine relativ niedrige

Ford Mustang, 1965

Silhouette mit der langgezogenen Motorhaube und dem eher kurzen hinteren Überhang wurde zu einer Richtschnur für das US-Autodesign, und sie fand auch in der Alten Welt ihre Liebhaber. Immerhin: mit technischem und nicht nur optischem Aufwand durch ausgewiesene Spezialisten bereitgestellte Mustang bewährten sich durchaus auch bei eigentlichen Renneinsätzen, so etwa bei der Tour de France Automobile.
Mit dem Modelljahr 1965 erschien der Mustang zusätzlich in einer besonders attraktiven Fastback-Version, wie sie bereits früher vorgestellt worden war. Anstatt um einen Viersitzer handelte es sich um ein 2+2-sitziges Coupé, bei dem sich die Hintersitze zu einer Gepäckablage wandeln ließen. Die wenig Seitenhalt bietenden Einzelsitze wurden hier durch schalenförmige Vordersitze ersetzt.
Auch die Standard-size-Ford waren nun, in der viertürigen Ausführung, mit umklappbaren hinteren Sitzlehnen lieferbar. Bei den viertürigen Hardtop-Sedan wie beim Mustang 2+2 wurde eine Zwangslüftung eingeführt. Zu den weiteren Verbesserungen zählten vermehrte Geräuschdämpfung und zusätzliche Sicherheitsmaßnahmen. Unter anderem konnte (für die großen Ford) gegen Mehrpreis eine Zentralverriegelung, eine Notblinkanlage oder eine Leuchtschrift »fasten seat belts« bestellt werden. Das Motorenprogramm wurde bereinigt, und der 3,3-Liter-Sechszylinder besaß nun sieben Kurbelwellenlager. Das 3-Gang-Cruise-O-Matic löste auch bei den Falcon und den Fairlane das 2-Stufen-Ford-O-Matic ab. Der Falcon-Kühlergrill besaß jetzt eine senkrechte Mittelrippe. Der Fairlane 1965 präsentierte sich mit 2,5 cm längerem Radstand sowie 4 cm längerer und gar 4,5 cm breiterer Karosserie. Ihr Design war eckiger, und die Doppelscheinwerfer waren nun von einem Chromrahmen eingefasst. Das Fahrwerk war überarbeitet worden. Dies galt auch für die großen Custom und Galaxie, deren Starrachse neu an Schraubenfedern abgestützt wurde. Die großen Ford besaßen neuerdings übereinander angeordnete Doppelscheinwerfer. Neben der XL-Ausführung gab es als neues Spitzenmodell den LTD (Abkürzung für Limited) mit Nussbaumholzfurnier und Spezialpolsterung.
Mustang GT Anfang 1965 erhielt das Mustang-Programm eine weitere Ergänzung, und zwar in Form des → Shelby Mustang GT 350. Es handelte sich um eine vom Werk kommerzialisierte Tuningversion von Carroll Shelby, der in Los Angeles auch den Cobra präparierte. Der GT 350 basierte auf dem Fließheckcoupé und besaß nebst einer seitlichen Aufschrift zwei breite blaue Längsstreifen über Motorhaube,

Ford Falcon Futura, 1966

Dach und Wagenheck. Hinzu kamen eine Stauhutze auf der Motorhaube, eine Reserveradmulde statt der hinteren Notsitze, Sportlenkrad und Zusatzinstrumente. Vor allem aber leistete hier der 4,7-Liter-V8 (= 350 cubic inches) dank Rennansaugleitungen, Spezialvergaser, Auslass-Expansionsrohr und dem vor den Hinterrädern endenden Doppelauspuff nicht weniger als 285 PS. In der eigentlichen Rennversion standen gar 330 PS an. Für sie waren außer den Rädern, den Bremsen, der Lenkung, den Stoßdämpfern und den Torsionsstäben auch die Kühlung und weitere Details angepasst worden.
Binnen einem Jahr konnte Ford rund 400'000 Mustang absetzen (Bezeichnung in Deutschland aus Gründen des Namensschutzes: T5). Um dem Sporttrend noch besser Folge leisten zu können, wurde im Frühling 1965 ein GT-Package für alle V8-Mustang geschaffen, das einen auf über 225 PS gebrachten 4,7-Liter-Motor mit Doppelauspuff, Nebellampen, Sportinstrumenten, eine direktere Lenkung, ein holzverkleidetes Armaturenbrett sowie auch hier serienmäßige vordere Scheibenbremsen umfasste.
Gegenvorschlag Auf der New York International Automobile Show im April 1965 wurde ein italienischer Gegenvorschlag zum Mustang vorgestellt. Ein äußerst gewagtes Unterfangen in Anbetracht des riesigen Erfolgs des Original-Mustang! Der Auftrag zu diesem Designexperiment war Ende 1964 von der hochangesehenen amerikanischen Oldtimerpublikation »Automobile Quarterly« an die Carrozzeria Bertone in Turin ergangen. Deren Chefdesigner Giorgetto Giugiaro schuf der Basis des Mustang Fastback 2+2 ein ebenfalls mit Fließheck versehenes Coupé mit stark verglastem Pavillon. Auffallend war auch die niedrige Front mit vollständig kaschierten Scheinwerfern.

Ford Galaxie LTD, 1966

Ford GT... Inzwischen waren auch nähere Einzelheiten über den für Rennzwecke konstruierten Mittelmotor-Zweisitzer Ford GT bekannt geworden. Das eindrücklich geformte Coupé wurde von einer auf 385 PS gebrachten Version des 4,7-Liter-Motors angetrieben. Wenngleich dieses Rennfahrzeug bei der eigens gegründeten und vom ehemaligen Aston-Martin-Direktor John Wyer geleiteten Advanced Vehicles Ltd. in England gebaut wurde, war es Ford USA zuzurechnen.

...und Bronco Ein Vehikel völlig anderen Kalibers war der Ford Bronco, ein Mehrzweck-Geländefahrzeug mit Vierradantrieb, das in verschiedenen Ausführungen im Sommer 1965 vorgestellt wurde und den 2,8-Liter-Sechszylindermotor besaß. Mit diesem kleinen SUV-Vorläufer versuchte Ford zum erfolgreichen Jeep der Serie CJ in Konkurrenz zu treten. Der Bronco wurde für das Modelljahr 1966 als Station Wagon bzw. Kombi, Roadster und Pick-up bzw. »half-cab« angeboten. Ford-Boss Iacocca kam damit dem Rivalen GM deutlich zuvor: Der Chevrolet Blazer folgte erst 1969! – Vom italienischen Karosseriedesign- und -produktionswerk Bertone wurde indessen ein eigenes Mustang-Schrägheckcoupé geschaffen. Es wurde auf den Automobilausstellungen von New York und Turin gezeigt und fiel durch sein mit einer Fastbacklinie kombiniertes »Glaspavillon« auf.

Die Modelle 1966 wiesen eine ganze Reihe von Neuerungen auf. Falcon: über den Hinterrädern angehobene Gürtellinie, gewölbte Seitenscheiben, mehr Radstand und Gesamtlänge, auf Wunsch Servobremsen, Kombi nur noch fünftürig (Standard, Deluxe und Squire), neu Falcon und Futura Club Coupe sowie Futura Sports Coupe. Fairlane: nun auch in den Ausführungen GT und GTA sowie als 500 XL, erstmals auch Cabriolets, Kombis mit neuer Hecktüre, deren untere Hälfte

Ford Bronco, 1966

abgeklappt oder zur Seite geschwenkt werden konnte, nun ebenfalls übereinander angeordnete Scheinwerfer, Gürtellinie mit »Hüftschwung«, bombierte Seitenscheiben, Warnleuchte für kaltes und zu heißes Kühlwasser, aber auch verfeinertes Fahrwerk.

Custom/Galaxie/LTD: horizontal zweigeteilter Kühlergrill, neue Hochleistungskombination Galaxie 500 7 Litre (Hardtop-Coupé und Cabriolet) mit serienmäßigen vorderen Scheibenbremsen, gewölbte Seitenfenster, Kombi ebenfalls mit neuer Hecktüre. Mustang: GT-Armaturenbrett mit fünf kreisrunden Instrumenten nun bei allen Modellen, 14-Zoll-Reifen, vibrationsarme Motoraufhängung, Magnesium-Radattrappen, Kühlergrill ohne horizontalen Mittelstab, Lufteinlassattrappe vor Hinterrädern mit fünf Rippen. Shelby GT 350: zusätzliches hinteres Seitenfenster (statt Entlüftungsschlitze), Kühlluftschächte für hintere Trommelbremsen, Auspuffrohre nun bis hinten geführt, progressive Hinterradfederung, verstärkte Kunststoffhauben für Motor- und Koffer-

Ford Mustang GT Fastback, 1966

raum, Innenraumaufwertung, Motorleistung 306 SAE-PS, Rennaus-führung (mit weiteren Aufbauänderungen) 335 PS. – Als Shelby GT 350 H mit hinteren Notsitzen gab es diesen Sportwagen in den USA übrigens auch zur Miete... bei Hertz Rent-a-car.

GT 40 Street Version Im Verlaufe des Jahres 1966 kam der anfänglich nur mit Ford GT bezeichnete Hochleistungs-Sportwagen aus englischer Küche auch in einer Straßenversion (GT 40 Street Version) heraus. Die aufsehenerregende Rennkarosserie ruhte auf einer Halbschalen-Stahlkonstruktion mit verstärkten Kunststoffteilen. Die Trapez-Dreieckquerlenker der Vorderradaufhängung waren einstellbar, und auch hinten fand sich eine einstellbare Einzelradaufhängung mit unteren Dreieckquerlenkern und oberen Längsschubstreben. Der 4,7-Liter-V8 leistete 340 PS und verhalf dem bloß eine Tonne schweren Mittelmotorwagen zu überragender Kraft. Mit ihr im Einklang standen ein ZF-5-Gang-Getriebe und Girling-Scheibenbremsen auch hinten. Die beiden Benzintanks fassten zusammen 140 Liter.

Der Einstieg in das 102 cm (40 inches!) hohe Coupé verlangte einige Gelenkigkeit, und die Sicht so tief von der Straße durch die stark geneigte Frontscheibe war nicht optimal, doch vermittelte dieser Ford jenes einzigartige Fahrgefühl, wie es sonst Rennpiloten vorbehalten ist. Insgesamt sollten rund 100 GT 40 hergestellt werden, ein Teil davon als Street Version.

Siegestaumel Mit dem weiterentwickelten, noch länger gestreckten und mit dem 7-Liter-V8-Motor ausgerüsteten Rennzweisitzer Ford GT Mark II gelang Anfang 1966 zweimal ein Dreifachsieg, nämlich sowohl bei den 24 Stunden von Daytona wie bei den 12 Stunden von Sebring. Und Mitte 1966 folgte auch noch der Sieg bei den legendären 24 Stunden von Le Mans. Dieser Höhepunkt unter allen für Renommee sorgenden Rennerfolgen sollte sich 1967 wiederholen! Und 1968 wie 1969 kam Ford – nun mit dem GT 40 mit Weslake-Zylinderkopf auf einem 5-Liter-V8 – weitere Male zum bedeutendsten Rennsieg des Jahres!... Aber 1966 triumphierten Ford-V8-Motoren überdies auch beim legendären 500-Meilen-Rennen von Indianapolis: 1. Graham Hill, 2. Jim Clark...

1966 waren als Studienobjekte der Magie Cruiser (Fastback hob sich auf Knopfdruck zum Kombiheck; New Yorker Autoschau) und der Bordinat Cobra (schlichter, kurzer Spider mit Hardtop und versenkbaren »Froschaugen«-Scheinwerfern) entstanden. 1967 folgten der als niedriger Rennsport-Mustang gedachte Mach I und der Roadster Allegro II sowie der Mach 2 als Mittelmotorcoupé.

Mustang größer Nachdem der Mustang mit einem Absatz von 1'285'000 Exemplaren einen ungeahnten Erfolg gebracht hatte, lancierte die Ford-Gruppe 1967 unter der Marke Mercury den ähnlich gelagerten Cougar. Der Mustang 1967 seinerseits besaß eine etwas anders geformte Kühlluftöffnung, nun wieder mit horizontalem mittlerem Zierstab; der fiktive Lufteinlass vor dem hinteren Radausschnitt zeigte jetzt ein zweiteiliges Ziermotiv. Die Karosserien waren 5,5 cm länger und 7 cm breiter, und die Spur hatte um 5 cm zugelegt. Das neue Mustang-Design war dem Ford-Chefdesigner Donald F. Kopka zu verdanken.

Ford GT 40 Street Version, 1966

Vor allem das neugeformte Heck des 2+2-Fastback wirkte auch optisch wesentlich breiter. Die Lenkung war leichtgängiger geworden, und zudem ließ sich das Lenkrad nun verstellen, was auch den Einstieg erleichterte. Neu im Angebot waren ein Geschwindigkeits-Konstanthalter (»Tempomat«) und ein 6,4-Liter-Motor. – Am Shelby GT prangte nun eine Lufthutze hinter dem Türfenster, und als Typ 500 gab es ihn gar mit dem 7-Liter-Motor Cobra 428.

Die weiteren Modelle 1967: Falcon jetzt mit kreuzförmigem Ziermotiv auf dem Kühlergrill, auf Wunsch vordere Scheibenbremsen; alle Fairlane mit zusätzlichen Vertikalunterteilungen im Kühlergitter und neuen Hecklichtern, neue Versionen Fairlane GT und GTA serienmäßig mit Scheibenbremsen; Ford Custom/Galaxie/LTD in 18 Karosseriegrundformen, LTD nun auch viertürig, Längenzuwachs um 8 auf 541 cm, anstatt feinmaschiges Kühlergrill zweireihiges Quadratmotiv, verbesserte Geräuschdämmung, Zwangsentlüftung, automatische Vakuumverriegelung der Türen ab 12 km/h.

Ford Fairlane, 1967

Bemerkenswert, was Ford, ohnehin ein Pionier hinsichtlich Sicherheitsvorkehrungen, mit dem Modelljahrgang 1967 allgemein verwirklichte: zusammenschiebbare Lenksäule, Zweikreisbremsen mit Korrosionsschutz, Bremsflüssigkeitswarnlicht, Notblinker, Sicherheitstürschlösser, von innen verstellbarer Außenspiegel, Sitzgurten teils Serie, Einbaumöglichkeit für Schultergurten (Vordersitzgurten außerdem mit Aufrollvorrichtung).

Elektroautoforschung Inzwischen hatte sich die Ford Motor Company (wie auch Ford in England) intensiv mit der Entwicklung von Elektroautos befasst. Man arbeitete mit neuartigen Natrium/Schwefel-Batterien, wobei von der möglichen Kommerzialisierung eines elektrischen Stadtautos »in fünf Jahren« die Rede war. Vorerst allerdings ging man auch bei Ford daran, den amerikanischen Regierungswünschen entsprechend die Giftanteile in den Abgasen weiter zu reduzieren.

Ford Torino GT, 1969

Die Modelle 1968 erhielten anstatt des auch nachträglich einbaubaren Thermactor- nun das Imco-System (Improved Combustion, verbesserte Verbrennung). Es bedingte unter anderen Maßnahmen einen neugestalteten Zylinderkopf, einen thermostatisch geregelten Lufteintritt, einen Zündverteiler mit doppelter Steuerung und eine neue Nockenwelle.

Mit Namen Torino So präsentierten sich die Modellreihen 1968: Falcon nun mit zwei durch einen senkrechten Mittelsteg getrennten Kühlergrills; Fairlane zur Gänze neu gestylt mit Topreihe Torino und Torino GT, 10 cm länger, Hardtop-Coupés mit Fastback a la Mustang 2 +2, Doppelscheinwerfer nun wieder nebeneinander; große Ford nun mit 21 Modellen (neu das Hardtop-Coupé Galaxie 500 und als weiterer Kombi neben Country Sedan und Country Squire der Ranch Wagon Custom 500 mit 6 bzw. 10 Sitzen), auch hier wieder nebeneinander angeordnete Doppelscheinwerfer, bei den Spitzenmodellen abdeckbar (einschließlich LTD mit Brougham Ausstattung), neu auf der langen Liste der »options« (Zubehör) fand sich unter anderem ein pneumatischer Niveauausgleich für das Wagenheck.

In der nun doppelt gerahmten Kühlluftöffnung des Mustang prangte das Typensignet jetzt wieder ohne horizontalen Mittelstab, und das Zierelement vor der Lufteinlassattrappe an der Karosserieflanke war einteilig gestaltet, neu war auch das Instrumenten-Layout. Für alle Modelle neu waren ein 4,9-Liter-V8 (er löste teilweise die 4,7-Liter-Maschine ab), vermehrte Innenraumpolsterung und teils zweistufige Scheibenwischer mit Dusche.

4x4- usw. Versuche Von der englischen Forschungsfirma Ferguson wurde 1968 ein Mustang auf Vierradantrieb umgebaut und auf schwedischem Eis der Presse vorgeführt. Die Antriebskonstruktion entsprach dem 1965 vorgestellten und 1967 in Serie genommenen Luxuscoupé Jensen FF.

Gerüchte über einen neuen amerikanischen Ford-Kleinwagen und »Anti-VW« namens Delta wurden dementiert. Im Frühsommer präsentierte Ford das Experimentalfahrzeug Techna, mit dem 50 neue Ideen hinsichtlich Sicherheit, Elektronik usw. verwirklicht wurden. Der schlicht und formschön gestaltete Techna hatte einen asymmetrischen Mitteltunnel zur besseren Aufteilung des sechssitzigen Innenraums sowie parallel ausfahrende Türen.

Mitten im Sommer 1968 brachte Carroll Shelby eine weitere Extrapolation des Mustang-Themas, nämlich den GT 500 KR, der mit dem neuen Cobra-Jet-Ram-Air-Motor (Ansaugleitungen mit Schwingrohreffekt, auch als Ram-Jet bezeichnet) ausgerüstet war; KR stand für King of the Road (König der Straße)! Und zu diesem Zeitpunkt verdichteten sich auch die Gerüchte um das Delta-Kleinwagenprojekt, wobei bereits die Modellbezeichnung Maverick auftauchte...

Mustang noch größer Doch im Modellprogramm 1969, wie es traditionsgemäß im September des Vorjahres vorgestellt wurde, gab es noch keinen Maverick. Dafür waren die bereits vorhandenen Modelle teils weiter gewachsen. Mustang: weiterhin 274,5 cm Radstand, aber 476 statt 466,5 cm Länge; neuer, breiterer Kühlergrill, Hardtop-Modelle mit leicht einwärts verlegtem Heckfenster, Fastbacklinie mit Heckabrisskante, Wegfall der Ventilationsflügel, versenkte Rundinstrumente, pedalbediente Feststellbremse, Kopfstützen, Schultergurten, verformbare Frontpartie, komfortablere Vorderradaufhängung, auf Wunsch neuartiges Ventilationssystem, neben Standard und Deluxe nun Mach I (Motor Cobra Jet Ram-Air, schwarze Motorhaube mit Lufthutze, seitlicher Farbstreifen und sogar Heckflügel!), Grande (Superluxus) und Serie E. Die Motorenauswahl reichte bis zum 7-Liter-V8 mit 340 SAE-PS. – Mit dem Mach I brachte Ford den Beweis, auch hauseigene Varianten an das Leistungsniveau der teuren → Shelby Mustang heranführen zu können. Falcon: ebenfalls neue Sicherheitsmerkmale, Kombi mit Hecktüre wie die größeren Ford-Station-Wagons, Detailänderungen, Erkennungsmerkmal: rechteckige statt fünfeckige Blinkleuchten (seitlich vorne). Fairlane: wie alle Ford 1969 »27 neue Sicherheitsmerkmale«, neue 5,8-Liter-Motoren, Fahrwerkverbesserungen, neues sportliches Topmodell Cobra, auf Wunsch Differentialbremse Traction-Lok, Kühlergrill mit schmalem statt doppeltem Horizontalbalken. Große Ford: Radstand um 5 auf 307,5 cm verlängert, Breite 203 statt 198 cm, Frontscheibe stärker geneigt, Armaturenbrett mit als Flight Cockpit bezeichneter bogenförmiger Konsole, auf Wunsch intermittierend arbeitende Scheibenwischer (auch beim Mustang) sowie weiterhin Dreistufenautomat (Select Shift Cruise-O-Matic).

Die erst später vorgestellten Shelby-Mustang-Modelle der fünften Auflage wurden neu von der Ford gehörenden Shelby Automotive Company Inc. in Detroit-Dearborn, dem Stammsitz von Ford, hergestellt. Sie zeigten eine stärker modifizierte Front mit einem die gesamte Breite umrahmenden Chromband. Mechanik und Unterbau waren wiederum Richtung Hochleistung und Motorsport modifiziert worden. Das 4-Gang-Getriebe war jetzt auch in einer Ausführung mit enggestuften Gängen zu haben.

Maverick Nachdem immer mehr Details über den kommenden Ford-Kleinwagen bekannt geworden waren, erfolgte im Frühling 1969 dessen offizielle Vorstellung. Klein war der Maverick nur nach amerikanischen Begriffen. Mit 455,5 cm war er wenig kürzer als ein Falcon (468 cm), und er übertraf auch den 389 cm langen europäischen Ford Escort bei weitem. Er sollte aber vor allem den 403 cm langen VW Käfer konkurrenzieren.

Lee Iacocca, einer der Ford-Topmanager und Maverick-Hauptinitiant, rechnete damit, schon im ersten Modelljahr 300'000 bis 400'000 Maverick (= junges Rind) absetzen zu können. Sicher war, dass Ford schon wie mit dem Falcon und dem Mustang als erster unter den drei US-Autokonzernen in eine

Ford Maverick, 1970

neue Marktsparte einsprang. Der Maverick war der erste Subcompact oder eben »Unterkornpakte«. Als solcher bot er eine ansprechend elegante fünfsitzige Fastbackkarosserie, jedoch eine herkömmliche Technik: an Halbelliptikfedern abgestützte Hinterachse, 2,8- oder 3,3-Liter-Sechszylindermotor, 3-Gang-Getriebe, Halbautomat oder Automat, alle mit Lenkradschaltung.

In der im Herbst 1969 erschienenen Version 1970 besass der Maverick – wie die übrigen Modelle – das obligatorische Lenkradschloss mit dreifacher Sperrung (Zündung, Lenkung, Schaltung) sowie die mit den Blinklichtern geschalteten Seitenmarkierungsleuchten.

Am Mustang 1970 waren die Lufteinlassattrappen vor den Hinterrädern verschwunden, dafür fanden sich solche beidseits des Kühlergrills anstelle der nach innen gerückten Hauptscheinwerfer. Als Nachfolger der Shelby und ebenfalls für Rennzwecke wurden in kleiner Serie die Spezialmodelle Boss 302 mit 290-HP-4,9-Liter-V8 und Boss 429 mit gegen 400 PS starkem 7-Liter-V8 gebaut. Der Falcon war äußerlich unverändert.

Ford Falcon, 1970

Die Intermediates warteten mit gänzlich neuen Karosserien auf: Es gab nun die Reihen Fairlane 500, Torino, Torino Brougham, Torino GT und Cobra. Der Radstand war geringfügig, die Länge deutlich gestreckt worden (524 statt 511 cm); entsprechend eindrücklich-elegant wirkten die Aufbauten.

Ford XL Fastback, 1970

Ford Mustang Boss, 1970

Auffallend waren die spitz nach vorne auslaufenden Radhäuser und die Kühlergitter mit (bei den teureren Ausführungen) abgedeckten Scheinwerfern. Die Scheibenwischer waren nun versenkt angeordnet; das Motorenprogramm etwas verändert. Weniger neu wirkten die großen Ford, die nun serienmäßig auf Gürtelreifen rollten.
Um den Abstand zum Maverick zu vergrößern, wurde der bisherige Falcon Ende 1969 fallengelassen und – als Falcon 1970½! – zu einer vereinfachten Version der Fairlane/Torino...
Bereits als Modell 1971 debütierte im Spätsommer 1970 der Pinto, der nun in der Tat europäische Abmessungen besaß ...

Ford USA	Zyl.	cm³	PS	bei 1/min	Gänge	Spitze km/h	Radstand/Länge	ab Jahr	Besonderheiten
Ford Fairlane/Galaxie	6	3643	147	4000	3/3+S/A	150	302/543	1960/61	Kastenrahmenchassis
	V8	4785	188	4000		160			1961: 532 cm lang
		5766	238	4400		170			137/177/223 PS
			365	6000		200			
		6384	304-	4600		190			
			-380	6000		200		1961	
Galaxie	6	3643	140	4200		150	302/532	1962-64	
ab '64: + Custom	V8	4778	172	4200		160		1962	
ab '66: + LTD		5766	223	4300	3/3+S/A	170		1962-66	ab '64: 253/4400
ab '68: + XL		6384	304	4600		175			'66: 279/4400
			335	5000		185			'66: 319/4600
		6638	390	5800	4	200		1962	
			411	5800		215			
	V8	4267	166	4400	3/3+S/A	165		1963	
		4728	198	4400		175		1963 1/2-66	ab '65: 203 PS
		6964	416	5600	4	220			
			431	6000		230			
	6	3929	152	4000	3/3+S/A	165		1965/66	
	V8	7015	416	5600	3/4/A	220		1965	
			431	6000		230			
		6989	350-	4600	4/A	195		1966	
			-431	6000	4	220			
	6	3929	152	4000	3/3+S/A	165	303/541	1967-70	ab '69: 307/543 cm
	V8	4728	203	4400		185		1967	(Kombi: 551 cm l.)
		6384	274	4400	3/A			1967-70	ab '68: 269 PS
			319	4600	3/4/A	195		1967/68	
		6989	350	4600	4/A				
			365	5400	A	200		1967	'68: 345 PS
		6964	416	5600	4	205		1967/68	'68: 395 PS
			431	6000		210		1967	
		4942	213	4600	3/A	190		1968-70	ab '69: 223 PS
		7033	324	4400	4/A	200		1969/70	
			365	4800					
		5763	253	4600	3/A	195	307/543	1970	
Falcon	6	2365	91	4200	3/A	130	278/460	1960-64	ab 61: 86 PS
		2781	102	4400		140		1961-64	ab '63: auch 4 G
(Sports Futura)		2365	91	4200	3/4/A	145		1962	'64: auch 3+S
(Futura)	V8	3620	147	4400		160		1963 1/2	
(Sprint)		4267	166	4400		165		1962 1/2/64	Kombi: 483 cm
	6	3273	118	4400	A	150		1964	
			122	4400	3/A			1965-67	ab '66: 281/468 cm
		2781	106	4400					(Kombi: 287/505 cm)

Ford USA	Zyl.	cm³	PS	bei 1/min	Gänge	Spitze km/h	Radstand/Länge	ab Jahr	Besonderheiten
	V8	4728	203	4400	3/4/A	175			
			228	4800			281/468	1967	
	6	2781	101	4000	3/A	150		1968/69	
		3273	117	3800		160			
	V8	4728	198	4600	3/4/A	175		1968	
			233	4800		190			
		4942	223	4600	3/A			1969	
Fairlane	6	2781	102	4400	3/A	150	293/500	1962-64	(nun eigene Reihe)
	V8	3620	147	4400	3/3+S/A	160		1962/63	ab '63: auch 4 G
(Sports)		4267	166	4400		165		1962-64	Kombi: 513 cm lang
	6	3273	188	4400	A	150		1963 1/2/64	
	V8	4728	275	6000	3/4/A	200		1963 1/2	
			198	4400		175		1964	
			203-	4400	3/3+S/A		295/506	1965-67	ab '66: 501 cm lang
			-274	6000	3/4/A	200		1965	(Kombi 508 cm)
	6	3273	122	4400	3/A	155		1965-67	
	V8	6384	269-	4400	3/4/A	190	295/501	1966/67	'67: 274 PS
			-319	4600		200			'67: 324/4800
	6	3273	117	3800	3/A	155	295/511	1968	Kombi: 287/518 cm
	V8	4942	213	4600	4/A	180			
		6384	269	4400	3/4/A	190			
			340	4800		210			
		6964	395	5600	A				
	6	4093	157	4000	3/A	170		1969	
	V8	4942	223	4600		190			
		5763	253	4600	3/4/A	195			
			294	4800		200			
		6396	324	4600		210			
		7033	340	5200	4/A	220			
Fairlane/Torino/	6	4093	157	4000	3/A	170		1970	Kombi: 290/531 cm
Cobra/Falcon	V8	4942	223	4600		190			
		5763	253	4600	3/4/A	195			
			304	5400		200			
		7033	365-	4600	4/A	215			
			-380	5600		220			
Mustang	6	3273	122	4400	3/4/A	160		1964-67	ab '67: 467 cm lang
	V8	4728	203	4400		180			
			228	4800		190			
			275	6000	3/4	200			
Shelby GT 350			285	6000	4			1965	a.W. 330 PS
Shelby GT 350			310	6000		240		1966/67	a.W. 375 PS
		6384	324	4800	3/4/A	200	275/467	1967	
Shelby GT 500		6989	360	5400	4/A	210			
	6	3273	117	3800	3/A	160		1968-70	ab '69: 476 cm lang
	V8	4728	198	4600	4/A	180		1968	'70: 122 PS
		4942	233	4800	3/4/A	190		1968/69	'69: 476 cm lang
		6384	340	4800		200			'69: 234/4600, dto.
		6964	395	5600	A	220			'69: 476 cm lang
Shelby GT 350		4942	253	4800	4/A	180	275/475	1968	
Shelby GT 350			340	5200		200			
Shelby GT 500		6989	365	5400		220			
Shelby GT 500			406	5600	A				
	6	4093	157	4000	3/A	170	275/476	1969/70	
	V8	5766	253	4600	3/4/A	190			
			294	4800		200			'70: 304/5400
		7033	340	5200	4/A	220			
Shelby GT 350		5766	294	4800		200	275/484	1969	
Shelby GT 500		7033	340	5200		230			
		4942	223	4600	3/4/A	180	275/476	1970	
Boss			294	5000	4	200			
		7033	400	5500		240			
Maverick	6	2781	106	4200	3/A	160	262/456	1969/70	
		3273	122	4000		170			
Ford GT	V8	4728	385	7000	5	320	241/404	1965	Halbschalenbauweise, Mittelmotor
GT 40						300	241/407	1966	
Street Version			335	6250		260	241/429		
			340	6250		270	241/427	1967/68	
Bronco	6	2781	106	4400	2 x 3		234/386	1965-	Geländewagen

Ford Pinto, 1974

Ford in den 70er Jahren

Der Jahrgang 1971 umfasste die Modellreihen Pinto, Maverick, Mustang, Torino und die Full-size-Ford Custom, Galaxie, XL, LTD. Sie wurden in 46 Karosserieversionen und in Hunderten Motor-, Getriebe- und Ausstattungsvarianten gebaut. Bezeichnend für das neue Jahrzehnt waren die inzwischen getroffenen Maßnahmen für mehr Sicherheit (Aufhängung und Lenkung auf verbesserte Fahreigenschaften ausgerichtet) und Schadstoffbekämpfung (reduzierte Verdichtung, Verbrennung mit weniger Stickoxydausstoß, in den Ansaugtrakt entlüftete Kurbelgehäuse). Den amerikanischen Ford gemeinsam war weiterhin die Aufhängungskonstruktion vorn mit oberen Dreieckquerlenkern, unteren einfachen Querlenkern, elastisch gelagerten Zugstreben und Schraubenfedern, hinten mit Starrachse und Halbelliptikfedern.
Pinto Sein Debüt fand im Spätsommer 1970 statt. *Er war (nach amerikanischer Nomenklatur) ein Kleinwagen. Mit ihm wollte Ford dem wachsenden Erfolg der kleinen Importwagen – allen voran dem → Volkswagen – einen Riegel schieben. Der zweitgrößte Autohersteller der Welt hatte den Pinto im Gleichschritt mit der Nr. 1, General Motors, entwickelt: Fast gleichzeitig lancierte → Chevrolet aus den gleichen Marketingüberlegungen den Vega 2300, während Chrysler sich mit Importmodellen unter eigenen Marken (→ Dodge Colt und → Plymouth Cricket) begnügte.*
Der Pinto ließ sich unter den kleinen US-Neulingen hinsichtlich Karosserieform und Größe am ehesten mit dem VW-Käfer vergleichen, was wohl seinen Erfolg begründete. Es gab ihn zunächst ausschließlich mit zweitüriger, viersitziger Fastback-Karosserie. Er war in Standardbauweise gehalten und seine Vierzylindermotoren stammten von Ford Europa: 1599 cm³ (wie im Ford Cortina 1600, mit seitlicher Nockenwelle) und 1997 cm³ (analog Cortina 2000, mit oben liegender Nockenwelle, Doppelvergaser). Zusammen mit dem stärkeren Motor war der Pinto auch mit dem 3-Stufen-Cruise-O-Matic erhältlich. Für die Vorderräder konnten Scheibenbremsen bestellt werden. Ford-ungewöhnlich war die Verwendung einer Zahnstangenlenkung. Der Einbau einer Klimaanlage brachte 47 kg Mehrgewicht (1972 gemäß Werkangaben nur noch 36 kg).
Ab dem Autosalon von Chicago im Februar 1971 war der Pinto unter der Zusatzbezeichnung Runabout auch mit einer Heckklappe lieferbar. Mitte 1971 wurde bekannt, dass Ford spätestens ab 1974 die für den Pinto bestimmten Vierzylindermotor nicht mehr aus Europa beziehen, sondern in Lima, Ohio, herstellen werde.
Dem Pinto wurde recht großer Markterfolg zuteil, wenngleich 220'000 Exemplare von einer frühen spektakulären Rückrufaktion (wegen Brandgefahr) betroffen wurden; solche Aktionen erlangten unter dem Druck der amerikanischen Sicherheitsbehörde zunehmend Bedeutung.
Maverick Dieses im April 1969 vorgestellte subkompakte Modell war, wie erwähnt, schon damals vor allem »zur Abwehr der Importflut« entwickelt worden. Dies mit Erfolg, wurden von ihm doch in den ersten beiden Modelljahren rund eine halbe Million Exemplare abgesetzt. Für 1971 wurde dem 4/5-sitzigen Coupé auch ein sechssitziger Stufenheck-Sedan zur Seite gestellt (473 statt 456 cm lang). Nebst dem 2,8-L- und 3,3-L-Sechszylinder-Reihenmotor war neu auch eine 4,1-L-Version zu haben. Der 2,8-L-Motor wurde ausschließlich mit einem 3-Gang-Getriebe, der 4,1-L-Motor

Ford Mustang, 1971

nur mit dem Cruise-O-Matic kombiniert. Auf Wunsch gab es eine Servolenkung und beim 4,1-L-Modell eine verstärkte Trommelbremsanlage. Das Coupé wurde außer in einer Version GT ab 1971 als Sondermodell Grabber (bedeutungsmäßig in etwa »Sammelsüchtiger«) angeboten.

Mustang 1971 Für dieses Modelljahr erhielt die Mustang-Reihe ein gänzlich neues Design. Doch die modelltypischen Merkmale gingen nicht verloren! Immerhin zeigten sich die Mustang nun um 5 cm länger und breiter und damit noch bulliger. Anstelle der Fastback-Karosserieversion trat das waagrecht durchgezogene Sports-Roof-Coupé mit abgeschnittenem Heck. Es wurde (für amerikanische Tourenwagenrennen) auch in der Sportversion Boss angeboten (getunter 5,8-L-V8, vordere Scheibenbremsen, Sportfahrwerk, diverse Achsuntersetzungen zur Wahl usw.). Daneben gab es den Mustang als Hardtop-Coupé und als Cabriolet. Die Topmodelle trugen die Zusatzbezeichnungen Mach 1 und Grande.

Im belgischen Montagewerk wurden für das Modelljahr 1971 der Mustang in Eigenregie zur Shelby-Ausführung aufgerüstet –→ Shelby Automotive Co. hatte solche Umwandlungen aufgegeben – und als 250 GT (4,9 L), 350 GT (5,8 L) und 500 GT (5,8 oder 7 L) angeboten. Für 1971 war ein verbessertes Fahrwerk eingeführt worden. Vordere Scheibenbremsen (mit Servo) wurden aber immer noch nur auf Bestellung montiert. Modellabhängig gab es die härtere HD-Federungsabstimmung auf Wunsch oder in Serie. Auf Wunsch gab es auch eine Servolenkung (bei V8-Motor mit variierender Untersetzung), ein verstellbares Lenkrad und (ab 5,8-L-V8) eine Kaltluftinduktion. Eine solche besaß auch eine ab Juni 1971 im Mustang angebotene 5,8-L-Version des in Cleveland (daher die Bezeichnung) hergestellten V8. Trotz niedrigerer Verdichtung (für 91-ROZ-Benzin, zwecks Erfüllung der neuen Abgasnormen) kam er u. a. dank hydraulischer satt mechanischer Ventilstößel, einer Hochleistungsnockenwelle, Autolite-Vierfachvergaser usw. auf erhöhte Leistung.

In der Intermediate-Klasse waren 1971 der Fairlane und der von ihm abgeleitete »große« Falcon aufgegeben worden; neben dem 1968 eingeführten Torino gab es die Torino 500, Brougham, GT und Cobra. Die Torino wurden als Sedan, Hardtop-Coupé, Hardtop-Sedan, Fastback-Coupé, Station Wagon und Cabriolet (nur Torino GT) gebaut. Topkombi mit imitierter Holzbeplankung war der Torino Squire. Ab den stärkeren 5,8-L-Versionen hatte das Handschaltgetriebe vier Gänge; beim wahlweise erhältlichen Getriebeautomaten handelte es sich um das dreistufige Select-Shift-Getriebe. Auf Wunsch waren vordere Scheibenbremsen mit Bremshilfe, eine Servolenkung und kürzere Untersetzungen zu haben.

Ford Torino Cobra, 1971

Ford Galaxie 500, 1971

Custom/Galaxie/LTD Die Standard-size-Ford (einschließlich Custom, Custom 500, Galaxie 500, LTD und LTD Brougham) basierten auf einem Kastenrahmenchassis mit Traversen. Anstatt an Halbelliptikfedern war die hintere Starrachse an Schraubenfedern abgestützt. Sie umfasste zudem untere Längslenker und es kamen eine obere Drehmomentstütze und ein Panhardstab hinzu. Die auf Wunsch erhältlichen vorderen Scheibenbremsen mit Servo waren bei den Topmodellen LTD und Country Squire (Kombi) serienmäßig. Servolenkung und verstellbares Lenkrad sowie eine Differenzialbremse und andere Untersetzungen wurden auf Wunsch montiert. Gebaut wurden Sedan, Hardtop-Sedan, Hardtop-Coupé sowie die Station Wagon Ranch, Custom Ranch, Country Sedan und Country Squire.

Die Motorenauswahl wurde alsbald durch einen 6,6-L-V8 bereichert. Das Select-Shift-Getriebe war auf Wunsch in Heavy-Duty-Ausführung zu haben. Die neue Klimaanlage (ab 1971, Mehrpreis) hielt nicht nur die Temperatur, sondern auch die Luftfeuchtigkeit konstant. Für die Station Wagon wurde eine Heckscheiben-Reinigungsanlage erhältlich: Versenken der Scheibe (auch während der Fahrt), waschen und abwischen beim Aufwärtsfahren durch Wischerkante.

Bronco Er war 1966 vorgestellt worden und galt als reines Nutzfahrzeug (man sprach noch nicht von SUV = Sports Utility Vehicle, sondern bloß von Utility Vehicle). Es gab den dreitürigen Kombi mit Sechszylinder- und V8-Motor. Wie beim → Jeep und im Gegensatz zum Hauptkonkurrenten → Chevrolet Blazer gehörte der Vierradantrieb zur Grundausstattung.

Das Modelljahr 1972 stand im Zeichen der weiter abgasentgifteten Motoren (nun alle für bleifreies bzw. -armes 91-ROZ-Benzin; Übergang zu Netto-HP = 1,0139 DIN-PS); hinzu kamen sicherheitsrelevante Verbesserungen und die üblichen Jahrgangmodifikationen an den Karosserien.

Ford Maverick Sedan, 1972

Der Pinto mit 2-L-Motor bot serienmäßig vordere Scheibenbremsen; wie alle US-Ford hatten nun zwecks Aufprallschutz auch die Pinto Stahlschienen in den Türen. Der Maverick wurde in einer Standard- und in einer Grabber-Version angeboten; an seiner Hinterachse wurden die Stoßdämpfer auf der einen Seite vor, auf der andern hinter der Achse angeordnet (um Anfahrreaktionen zu dämpfen). Beim Mustang entfielen die großvolumigen V8; stärkster Motor war noch der 5,8-L mit bis zu 270 PS. Bei den in fünf Serien gebauten Full-size-Ford gab es neu ein elektrisches Schiebedach und eine Fernsteuerung für das Öffnen des Kofferraums.

Torino 1972 Die mittelgroßen Modellreihen – neu als Torino Gran Torino, Gran Torino Sport und Gran Torino Squire – erhielten für das Modelljahr 1972 neu gezeichnete Karosserien; bei den Gran Torino fiel das wuchtige quadratnahe Kühlermaul auf. Überraschend war der Übergang von der selbsttragenden Bauweise zum Kastenrahmenchassis mit Traversen, womit auch das Fahrwerk von den »großen« Ford übernommen wurde. Weiterhin gab es Hardtop-Sedan, Hardtop-Coupé und Station Wagon, den Torino Sport jedoch nur als Hardtop- und als Fastback-Coupé. Der 7-L-V8 leistete nur noch 208 PS statt 375 SAE-PS, während der 5,8-L-V8 immerhin auf 251 DIN-PS kam. Vordere Scheibenbremsen wurden nun bei allen Torino-Varianten serienmäßig montiert. – Ab März 1972 gab es für Pinto, Maverick und Mustang ein »Sprint Decor« in den US-Farben (beim Mustang zudem mit Rallyerädern).

Pinto 1972½ Als Modell 1972½ gab es den Pinto auch als dreitürigen Kombi; in Luxusausführung mit seitlicher Holzimitation trug er den Zusatznamen Squire. Alle Pinto erhielten eine bessere Federungsabstimmung und üppigere Sitze; zudem wurde ein Schiebedach lieferbar. – *Im August 1972 gab Ford den millionenschweren Erwerb einer weltweiten exklusiven Lizenz für die Verwendung des vom holländischen Philips-Konzerns entwickelten Stirlingmotors bekannt. Dies offensichtlich im Gegenzug zu den Wankel-Plänen des Erzkonkurrenten General Motors (→ Chevrolet).*

Ford Gran Torino Coupe Sportsroof, 1972

Ford Mustang Mach I, 1973

Custom/Galaxie/LTD 1973 Mit dem Modelljahr 1973 erhielten die Ford im großen Standardformat ebenfalls neu gestaltete Aufbauten. Der Schwung über dem hinteren Radausschnitt war einer horizontalen, in der Mitte tiefer gelegten Gürtellinie gewichen; der Mittelteil der Kühlergesichter wirkte breiter. Der Radstand blieb mit 307,5 cm unverändert, und die Länge hatte trotz der stärker vorkragenden Stoßstangen nur wenig zugelegt. Neu gestaltet wurde auch der Innenraum, dessen Auskleidung nun aus besonders feuerfestem Material bestand. Nicht mehr lieferbar waren der 3,9-L-Sechszylinder- und der 4,9-L-V8-Motor (nur noch 5,8, 6,6 und 7 L). Vordere Scheibenbremsen waren jetzt bei allen Full-size-Ford serienmäßig vorhanden, die starre Hinterachse hatte eine besser geeignete Lagerung des Panhardstabs erfahren und die Scheibenwascher befanden sich nun in den Wischerarmen. Auf Wunsch gab es Stahlgürtelreifen und eine elektronische Alarmanlage.
1973 war das Jahr mit den obligatorisch eingeführten energieabsorbierenden Stoßstangen (bis 8 km/h schadlos vorne, bis 4 km/h hinten). Die Motoren waren in Richtung vermindertem Schadstoffausstoß weiter verbessert worden. Die Doppel- und Vierfachvergaser stammten nun teils von Rawsonville statt von der hauseigenen Marke Motorcraft. Die Mustang '73 erkannte man am neuen Kühlergrill mit innen liegenden Standleuchten; ihre Vorderradaufhängung erhielt längere Federwege und eine besser Dämpfung; zusammen mit dem 5,8-L-V8 gab es vordere Scheibenbremsen (Gürtelreifen und Leichtmetallfelgen gegen Mehrpreis). Fahrwerkverfeinerungen fanden sich teils auch bei den übrigen Modellen.

Mustang II *Der erste Mustang hatte eine unerwartete Erfolgswelle ausgelöst. 1966 wurden bereits 550'000 Stück verkauft; im Jahr darauf waren es aber nur 378'000 und 1968 rund 324'000 Exemplare. 1971 fand dieses sportliche Symbolauto noch rund 127'000 Käufer. Analog hatte sich die Jugend auch von den Mustang-Konkurrenten abgewandt... Der Mustang war stetig gewachsen und gewachsen und damit immer teurer geworden. Damit hatte er seinen ursprünglichen Charme verloren, was von manchen potenziellen Käufern (und Käuferinnen!) bemängelt wurde. Da beschloss Fords Aufsichtsratvorsitzender Lee A. Iacocca eine radikale Trendumkehr.*

Ford Mustang II Ghia, 1974

Ford Mustang II Mach I, 1974

Bereits im Juni 1973 wurde der neue Mustang angekündigt. Er war kaum mehr viel größer als ein europäischer Ford Capri, basierte er doch auf dem kleinsten US-Ford, dem Pinto. Der erste Mustang von 1965 hatte noch auf dem Falcon, das Vormodell (1973) auf dem Torino-Unterbau basiert. Der Radstand schmolz somit von 277 auf 244 cm (Pinto: 239 cm) und die Gesamtlänge maß jetzt bescheidene 445 statt 492 cm (der Mustang 1965 war 463 cm lang). Doch es war reiner Zufall, dass der nun Mustang II genannte Neuling just dem alsbald von der Ölkrise diktierten Wunsch zum sparsameren Auto entsprach.

V8-Motoren gab es für den Mustang nicht mehr! Man hatte bloß noch die Wahl zwischen einem 2,3-L-Vierzylinder (aus dem 2-L-OHC des Pinto entwickelt) mit 89 PS und einem von Ford Köln gelieferten 2,8-L-V6 mit 106 PS. Wahlweise wurden ein neues 4-Gang-Getriebe oder die 3-Stufen-Automatik Cruise-O-Matic eingebaut.

Es gab den kleinen viersitzigen Mustang als Stufenheckcoupé oder dreitüriges Fastback. Die Topversionen hießen Ghia – Ford hatte ja 1970 das italienische Karosseriewerk und Designstudio Ghia übernommen – oder Grande bzw. Mach I. Es standen zahlreiche, teils sogar luxuriöse Zusatzausrüstungen zur Wahl. Vorne fanden sich obere Dreieckquerlenker und untere einfache Querlenker, hinten eine traditionelle Starrachse mit Blattfedern. Vorne wurden Scheibenbremsen montiert (auf Wunsch mit Servo); neu war immerhin die Zahnstangenlenkung (auf Wunsch mit Servo). Als Sonderausführung wurde ein Rallye-Fahrwerk angeboten.

Ford Bronco Wagon, 1974

1974 wurden Amerikas Ford allgemein noch länger und schwerer, und zudem bestückte man sie teils mit größeren Motoren; die Benzinkrise hatte die Entwicklungsarbeiten noch nicht beeinflussen können. Im Pinto wurde der gleiche 2,3-L-Vierzylindermotor erhältlich, wie er für den Mustang II eingeführt worden war, die 2-L-Version ersetzte jene mit 1,6 L. Der Maverick erhielt (wie der Pinto) verstärkte Stoßstangen, und beim Grabber wurden an Flanken und Heck neue Zierstreifen eingeführt, jeder vierte Maverick hatte inzwischen eine LDO (Luxury Decor Option); beim Torino verschwanden der 4,1-L-Six sowie das 4-Gang-Getriebe,

Ford Granada Coupe, 1975

und der 7-L-V8 wurde durch eine 7,5-L-Version ersetzt, der Benzintank wurde um 15 auf 100 L vergrößert, auf Wunsch waren ein Opera Window und hintere Radabdeckungen zu haben. Die Standard-size-Ford wurden auf Wunsch wieder mit einer Kühlerfigur und vorderen Ventilations- bzw. Ausstellflügelchen ausgestattet (ebenfalls 7,5- statt 7-L-V8).

Elite Als 1974½-Modell wurde im Frühling 1974 auf dem 290-cm-Radstand des zweitürigen Torino das Hardtop-Coupé Elite lanciert (5,8- bis 7,6-L-Motoren, sportlich-luxuriöse Note, beidseits zwei Durchsichtschlitze im hinteren Dachträger); es war als Alternative zum → Chevrolet Monte Carlo, → Pontiac Grand Prix und auch dem konzerninternen → Mercury Cougar gedacht.

Granada Nein, dieses im Juli 1974 vorgestellte, für 1975 konzipierte neue Modell hatte mit dem europäischen Ford Granada nichts zu tun und war nur für den Verkauf in Nordamerika vorgesehen. Für den Export wurde einzig das Parallelmodell → Mercury Monarch als würdig befunden. Eigentlich hätte dieses Duo den Ford Maverick und den Mercury Comet ablösen sollen, doch wegen des von der Erdölkrise ausgelösten Trends zu kleineren Modellen verkauften sich diese weiterhin so gut, dass man sie beibehielt und die Neulinge unter anderen Bezeichnungen über sie setzte.

Der US-Granada und der Monarch waren in kantigem Stil gehalten und wichen von der üblichen Bauweise nicht ab. Es gab sie als viertürige Limousine und als Coupé mit Opera

Ford Gran Torino Sedan, 1975

Window (3-Gang-Getriebe mit Lenkrad- oder Stockschaltung, ab 4,1 Liter auch 3-Stufen-Automat, mit 5,8 L ausschließlich; hinten Starrachse mit Halbelliptikfedern; Bremsen und Lenkung auf Wunsch mit Servo). Eine Besonderheit bestand darin, dass Granada und Monarch eine deutlich reichhaltigere Grundausstattung erhielten, als dies in dieser Fahrzeugklasse ansonsten üblich war (z. B. mit Einzelliegesitzen und Stahlgürtelreifen).

1975 mit Kat. *Zum Jahrgang 1975 wurde für die meisten US-Wagen der Katalysator eingeführt.* Seine leistungszehrende Wirkung wurde auch bei Ford teils durch mehr Hubraum kompensiert. Die Ford Motor Co. schuf sich zudem einen neuen 5,8-L-V8 (Cleveland 351-M = Modified), der von der 6,6-L-Einheit abgeleitet war und den auf hohe Leistung ausgerichteten 351-C ersetzte; der parallel gebaute Windsor-V8 blieb in Produktion. Für 1975 erfolgte ein fast vollständiger Übergang zu Radialreifen. Die Grundausstattungen wurden aufgewertet.

Den Pinto gab es jetzt mit 2,3-OHC-Vierzylinder oder 2,8-L-V6, und auch Servobremsen und -lenkung wurden erhältlich. Für den Mustang II wurde der 4,9-L-V8 lieferbar (was ein Vergrößern der Motorhaube bedingte), und die Stufenheckversion erhielt als Ghia ein schmäleres Opera Window. Bei den großen Ford entfielen die Modelle Custom 500 und Galaxie 500, während bei der LTD-Serie Front und Heck neu gezeichnet waren; deren Topausführungen boten schwenkbare Scheinwerfer, während die Landau geheißenen Coupés nun ein schmales Opera Window zwischen Tür- und zweitem Seitenfenster aufwiesen. Auf der LTD-Mehrpreisliste fand sich ein Geschwindigkeitskontrollgerät (»Tempomat«). – Im Juni 1975 kündigte die Ford Motor Co. mit dem Pinto MPG und dem Mustang II MPG (Abkürzung für Verbrauch in Meilen per Gallone) zwei besonders sparsame Modelle an.

1976 wurden die Motoren aller amerikanischen Ford-Modelle noch vermehrt auf Sparsamkeit ausgerichtet, dies durch mehr Vorzündung, teils höhere Verdichtung, »längere« Achsen und verbesserte Abgasrückführung bei den V8. Äußerlich auf Sport getrimmt wurden anderseits die mit dem Stallion-Paket (Zuchthengst) dotierten Pinto, Mustang II und Maverick (auffallende Zweifarbenbemalung); besonders attraktiv wirkte der Mustang II Cobra II mit Dekor und vier vertikalen Sehschlitzen statt hinteren Seitenfenstern. Vordere Scheibenbremsen zählten beim Maverick nun zur Serie; im erfolgreichen Granada waren auf Wunsch sogar Vierrad-Scheibenbremsen mit Servo, Antiblockiervorrichtung sowie elektrisch verstellbare Sitze erhältlich. Torino und Elite erhielten u. a. vordere Einzelsitze mit Liegebeschlägen. Für Flottenbesitzer gab es wieder den preisgünstigen Custom 500; den LTD konnte man ebenfalls mit Vierrad-Scheibenbremsen und zudem mit einem 30-L-Zusatztank (= 120 L) ausrüsten lassen.

Ford Elite, 1976

LTD II Mit dem Modelljahr 1977 wurde der Torino vom LTD II abgelöst; dieser zeigte sich neu karossiert (parallel zum → Thunderbird und → Mercury Cougar). Das Coupé Elite wurde bereits wieder abgesetzt bzw. durch den verkleinerten Thunderbird ersetzt. Der LTD II hatte den Radstand der Torino- und Elite-Modelle 1976 mit 289,5 cm für die zweitürigen und 299,5 cm für die viertürigen Versionen (mit 3 cm zusätzlicher Länge). Im Gegensatz zum »Hüftschwung« über dem hinteren Radauschnitt und der von dort aus zum Heck geführten Prägekante glich der Stil der LTD-II-Modelle mit durchgezogener Gürtellinie nun eher jenem des (amerikanischen) Granada, wobei auch der viertürige Sedan im hinteren Dachträger ein Opera Window aufwies. Auffallend war der vertikal zugespitzte, von übereinander liegenden rechteckigen Doppelscheinwerfern flankierte Kühlergrill. Nur die Kombiversion LTD II Squire Wagon zeigte sich (abgesehen von den Scheinwerfern) noch im alten Stil.

Für das Modelljahr 1977 waren die Motoren weiter in Richtung Sparsamkeit und Schadstoffreduktion verbessert worden (u. a. mit Variable Venturi Carburetor = veränderliches Venturirohr, weiter verfeinertes elektronisches Zündsystem Dura Spark, aber auch durch längere Achsuntersetzungen). Hinzu kamen eine verbesserte Rostschutzbehandlung und verlängerte Serviceintervalle.

Ford LTD II Brougham, 1977

Der Pinto erhielt eine Schrägfront; statt der Hecktür war eine eingefärbte Glasplatte lieferbar. Beim Granada wurde das 3-Gang- durch ein 4-Gang-Getriebe ersetzt; beim LTD entfiel der 7,5-L-Motor; bei diversen Modellen war ein Moon-Roof (Glashubdach) lieferbar und neu für Amerika war die manuelle (statt elektrische) Sitzhöhenverstellung, die bei diversen Modellen Einzug hielt.

Im Oktober 1976 hatte die amerikanische Automobilarbeiter-Gewerkschaft UAW mit einem bei Ford inszenierten Streik höhere Löhne, zusätzliche Freitage und verbesserte Sozialleistungen durchgesetzt und damit einen neuen Arbeitsvertrag, der auch für die anderen amerikanischen Hersteller maßgebend sein sollte. Bei Ford arbeitete man an einem V6-Motor, dessen eine Zylinderhälfte sich abschalten ließ.

In der Ford-Zentrale in Dearborn teilte Henry Ford II. ab 1977 seine Macht auf ein Triumvirat auf, dem neben ihm selbst als Aufsichtsratsvorsitzendem Lee A. Iacocca als Präsident und COO und Philip Caldwell als Fords Stellvertreter auftraten.

Ford LTD Landau, 1977

Ford Fairmont, 1978

Ford Pinto, 1979

Fairmont Das Modelljahr 1978 brachte den Fairmont als Nachfolger des Maverick. Er besaß für alle drei Karosserieformen einen einheitlichen Radstand. Der Stil des Fairmont war weit kantiger als jener des Maverick und die Fensterflächen waren auffallend groß. Im Gegensatz zum Maverick begann die Motorenpalette bereits mit dem 2,3-L-OHC-Vierzylindermotor. Die Vorderradaufhängung umfasste untere Dreieckquerlenker mit elastisch gelagerten Zugstreben und Dämpferbeine; die hintere Starrachse wurde an zwei Längs- und zwei Schräglenkern geführt (Schraubenfedern). In Abweichung von den amerikanischen Gepflogenheiten bot der Fairmont eine Zahnstangenlenkung (auf Wunsch mit Servo) und einen Lenkrollradius von 0°. Auf Wunsch waren eine Differenzialbremse sowie ein Bremsservo (vorne belüftete Scheiben) erhältlich. – Erst Ende 1977 kam die Coupéversion Fairmont Futura hinzu. Das zweite Seitenfenster war nach hinten abgesetzt und formte mit dem Heckfenster eine Einheit.
Bronco 1978 Er zeigte sich neu eingekleidet und mit verlängertem Radstand (vorne Starrachse mit Schraubenfedern, Schubstreben und Panhardstab, hinten Blattfedern). – Für eine Besonderheit sorgte im Modelljahr 1978 der Pinto Cruising Wagon: Er besaß eigentlich eine viersitzige Lieferwagenkarosserie mit Bullauge und Bemalung statt hinteren Seitenfenstern. Für Pinto und Mustang gab es auf Wunsch die neue Servolenkung mit variierender Untersetzung; alle Mustang-Fastback waren mit T-Roof (herausnehmbare gläserne Dachhälften) erhältlich, und Mitte Oktober 1977 kam der besonders sportiv aufgezäumte Mustang King Cobra hinzu. Der Granada erhielt ein neues Gesicht mit Zusatzlampen unter den Scheinwerfern, die Innenschalen der vorderen Radhäuser bestanden jetzt aus Kunststoff, neu gab es eine ESS-Ausführung (= European Sport Special) mit in Schwarz gehaltenem Kühlergitter, Türschwellen und Fensterrahmen und Lederlenkrad, es gab den Granada nur noch mit 4,1-L-Six und 5-L-V8. Beim LTD II wurde der Station Wagon gestrichen; den LTD gab es neu mit dem 5-L-V8.

Mustang 1979 In Ablösung des stark verkleinerten Mustang II wurde im Juli 1978 ein ganz neues Modell dieses Erfolgsnamens auf den Markt gebracht. Auch dieser Mustang war mit 255 cm Radstand und 455 cm Länge immer noch viel kleiner als die ursprünglichen Mustang mit 275,5 cm Radstand (ab 1971 277,5 cm) und 461 bis 481 cm Länge. Aber er übertraf den Mustang II (244/444 cm) doch deutlich. Die schräg gestellte, leicht zugespitzte Front mit keilförmiger Motorhaube verhalf ihm zu neuer optischer Dynamik. Es gab ihn als »einfachen« Mustang zweitürig, als Mustang Sport, Ghia und Cobra jeweils zweitürig und mit Heckklappe. Teils wurde mit Kontrastfarbe für weitere Effekte gesorgt.
Neu umfasste das Motorenangebot zusätzlich einen 2,3-L-Vierzylinder mit Garrett-Abgasturbolader: Mit ihm stieg die Leistung von 89 auf 118 PS. Ein Turbomodell gab es in den USA bis dahin nur von → Buick. Den Mustang Turbo gab es ausschließlich mit 4-Gang-Getriebe (den V6 nur mit Automatik). Das wahlweise (nebst der Getriebeautomatik) beim V8 erhältliche 4-Gang-Getriebe wies einen ins Schnelle übersetzten vierten Gang auf, der deshalb als Overdrive bezeichnet wurde. Das Fahrwerk entsprach jenem des Fairmont.
Auf Wunsch waren zu den Bremsen (vorne belüftete Scheiben) und zur Zahnstangenlenkung je ein Servo lieferbar, ferner Radial- statt Diagonalreifen, eine sportlichere Federung sowie ein TRX Handling Package (Michelin-Reifen auf Leichtmetallfelgen und noch straffere Federn/Dämpfer). Auch die Klimaanlage, ein verstellbares Lenkrad, Wisch/Waschanlage für die Heckscheibe, Tempomat, Zentralverriegelung, Radio/Stereoanlage mit Digitalanzeige, Lederausstattung und ein herausnehmbares Sonnendach standen auf der Mehrpreisliste.
LTD 1979 Für das neue Modelljahr ließ Ford das Standardsize-Modell kräftig abmagern: den Radstand um 16,5 cm, die Spur und Breite um 5 auf 158 bzw. 197 cm, die Länge gleich um 45 cm und das Gewicht um gut 350 auf noch knapp 1650 kg! Wie bei den anderen Herstellern geschah dieser Schritt vor

allem in Hinblick auf die Verbrauchsnormen. Der »große« Ford wurde als zwei- und viertürige Limousine und als Station Wagon (201 cm breit) gebaut, jedoch nicht mehr als Coupé. Das Design blieb kantig-markant mit großen Rechteckscheinwerfern neben dem karierten Kühlergrill (Luxusmodelle Landau und Country Squire mit rechteckigen Doppelscheinwerfern). Weiterhin wurden ein Kastenrahmenchassis mit Traversen und eine hintere Starrachse mit Schraubenfedern verwendet. Neu war aber die Aufhängung: vorne doppelte Trapez-Dreieckquerlenker, hinten zwei untere Längs- und zwei obere Schräglenker. Die Motorisierung reichte nur noch bis zum 5,8-L-V8. Zwecks Benzinsparens wurden von Haus aus länger übersetzte Hinterachsen eingebaut; wer höheres Beschleunigungsvermögen wünschte, konnte eine kürzere Achse bestellen.

Der Pinto erhielt 1979 eine neue Front mit in den Kühlergrill integrierten Rechteckscheinwerfern sowie ein neues Armaturenbrett, in sportlich herausgeputzter Form hieß er European Sport Special; einen solchen gab es auch bei den Granada; diese sowie die Fairmont mit 4-Gang-Getriebe wie im Mustang. Beim LTD II entfiel der 6,6-L-Motor. Ab 1. März 1979 wurde der Mustang auch mit dem betagten 3,3-L-Sechszylindermotor (rund 90 PS) lieferbar, weil Ford Köln nicht genügend 2,8-L-V6 bereitstellen konnte! Nachdem der Mustang zum Pace-car der 500 Meilen von Indianapolis auserwählt worden war, wurde im Frühling 1979 eine Serie von Mustang Indy 500 gebaut: 4,9-L-V8, Front- und Heckspoiler, breiter mattschwarzer Streifen über die Motorhaube, Recaro-Sportsitze, Lederlenkrad, Glasdach usw.

Revirement *Im Juni 1978 hatte Henry Ford II. die Positionen seines Bruders William Clay Ford und von Philip Caldwell aufgewertet, während Lee A. Iacocca, der »Vater des Mustang und des Maverick«, zurückgestuft wurde. Dies führte zu weiter erhöhter Spannung zwischen Henry Ford II. und Iacocca, so dass dieser schließlich per 15. Oktober zum Rücktritt gezwungen wurde. Es war dies eine der bedeutungsvollsten Entlassungen in der Automobilgeschichte, denn Iacocca übernahm alsbald die Spitze der → Chrysler Corporation und führte sie auf die Erfolgsschiene zurück. Im September 1978 wurde Caldwell zum neuen Ford-Präsidenten ernannt. Per 1. Oktober 1979 ließ sich Ford auch als Generaldirektor von Caldwell ablösen und dieser ersetzte den 62-jährigen Henry Ford II. im Frühjahr 1980 zudem als Vorsitzender des Aufsichtsrates. Damit oblag die Führung des zweitgrößten US-Autoherstellers erstmals einer Person außerhalb der Ford-Familie.*

Aufsehen erregte gegen Ende 1978 auch die Tatsache, dass 1,5 Mio. Pinto der Jahrgänge 1971 bis 1976 (sowie 30'000 → Mercury Bobcat) zurückgerufen und u. a. mit einem Schutzschild für den Benzintank versehen werden mussten; dieser neigte bei Kollisionen zur Explosion und hatte Ford zahlreiche Schadenersatzprozesse eingebrockt (im März 1980 wurde die Ford Motor Co. im sogenannten Pinto-Prozess als nicht schuldig befunden).

Nebst dem erwähnten Mustang 3.3 präsentierte Ford im ersten Halbjahr 1979 zwei weitere 1979½ = »neunundsiebzig-einhalb«-Modelle: Pinto als Rallye (Flankenaufschrift, Front- und Heckspoiler, Sportinstrumente usw.) und Fairmont Futura Ghia (Topausstattung). – *Im Juli 1979 preschte Ford unter den US-Unternehmen mit der Gewährung einer Dreijahresgarantie gegen Durchrostung für die Modelle ab 1979 vor; mit diesem Werbeakt ging es auch darum, die großen Lagerhalden abzubauen.*

Motorenabbau Zum Modelljahr 1980 wurde der 6,6-L-V8 generell aus dem Angebot verbannt, es gab aber einen neu konstruierten leichteren 4,2-L-V8; Pinto und Mustang waren nicht mehr mit V6-Motor erhältlich. Den Mustang gab es auf Wunsch mit Vinyl-Dachüberzug: Mit dieser in den USA bereits in Mode kommenden Ausschmückung wurde ein Cabrioletverdeck vorgetäuscht. Der Fairmont war nun auch mit 2,3-L-Turbomotor zu haben; das Modell LTD II wurde hingegen aufgegeben(!); anderseits gab es den LTD in einfacherer S-Ausführung (keine Doppelscheinwerfer); zudem wurde der LTD auf Wunsch anstatt mit 3-Stufen-Automatik Select Shift mit Automatic Overdrive (höher übersetzte vierte Stufe und Lock-up) ausgerüstet.

Ford Mustang, 1979

Ford USA	Zyl.	cm³	PS	bei 1/min	Gänge	Spitze km/h	Radstand/Länge	ab Jahr	Besonderheiten
Pinto	4	1599	76*/55	50/46	4		239/414	71*/72	
		1998	96*/87	57/54	4/A3				
		1599	55	4600	4		239/417°	1973	
		1998	84	5200	4/A3				
			81	5400			239/429°	1974	
		2301	82/84	46/48				1974/75	
	V6	2793	98	4400				1975	
	4	2301	93	5000				1976	
	V6	2793	104/100	4400					
	4		90-86	4800			240/430°	1977/78	
	V6	2793	94-89	42/40					
°) Station Wagon: 239/442; 1974-76: 239/454, 1977/78: 241/455									
	4	2301	89	4800			240/434°	1979/80	
	V6	2793	103	4400	A3			1979	
°) Station Wagon: 241/459									
Maverick (Coupé)	6	2784	101*/83	4200	3		262/456°	71*/72	
		3273	117*/92	4000	3/A3				
		4092	147*/99	40/36	A3				
	V8	4947	145	4200	3/A3			1972	
	6	3272	85	4000			262/466°	1973	
		4092	89	3200	A3				
	V8	4947	140	4200	3/A3				
	6	3273	85	3800			262/475°	1974	
			76/75	32/34				1975	
			82/79	34/33				1976	
			97/98	4400				1977	
		4092	92	3200				1974	
			73/71	29/28				1975	
			91-79	3000				1976	
			99/87	34/30				1977	
	V8	4947	142	3800				1974	
			124/117	38/36				1975	
			140/139	3600				1976	
			139/124	36/34				1977	
°) Sedan 1971/72: 279/473; 1973: 279/483; 1974-76: 279/493									
Mustang	6	4092	147*/100	40/36	3/A3		277/481	71*/72	
	V8	4947	213*/143	46/40					
		5770	243/289*	46/54	4/A3			1971	
			179/270	40/54				1972	
		7033	375/380*	54/56				1971	
1973: Motoren wie 1972							277/492	1973	
Mustang II	4	2301	89/88	5000	4/A3		244/444	1974/75	
			93					1976	
			90/89	4800				1977/78	
	V6	2793	106	4600				1974	
			98	4400				1975	
			104/101	44/46				1976	
			94/91	4200				1977/78	
	V8	4947	136-131	40-34				1975-77	
			141/135	3600				1978	
Mustang	4	2301	89	4800	4/A3		255/455	1979/80	
	4/T		118	5200					
	V6	2793	111	4800	A3			1979	
	6	3273	92	3800	4/A3			1980	
	V8	4183	120		A3				
		4947	142/145	3600	4/A3			1979	
Fairmont	4	2301	89	4800	4/A3		268/492°	1978-80	
	4/T		118	5200	A3			1980	
	6	3273	86	3600	3/A3			1978-80	
	V8	4183	120	3200	A3			1980	
		4947	141/135		A3			1978	
			142/145		4/A3			1979	
°) Coupé: 268/497; 1980: 268/497 und 268/502									

Ford USA	Zyl.	cm³	PS	bei 1/min	Gänge	Spitze km/h	Radstand/Länge	ab Jahr	Besonderheiten
Granada	6	3273	76°/82	32/34	3		279/502°	1975°/76	
		4092	73/71	29/28	3/A3			1975	
	V8	4947	131/117	38/36					
		5766	145/155	36/34	A3				
	6	4093	88-77	3000	3/A3			1976	
	V8	4947	136-132	3600					
		5770	145/142	32/34	A3				
	6	3273	97	4400	4			1977	
		4093	99/87	36-30	4/A3				
		4089	98	3200				1978-80	
f. Kalif.	V8	4183	119	3800				1980	
		4947	124/136	32-36				1977	
			141-135	3600	4/A3			1978-80	
		5770	137	3200	A3			1977	
°) 1980: 279/507									
Torino (/Cobra)	6	4092	147*	4000	3/A3		297/524°	1971	
	V8	4947	213*	4600					
		5770	243/289*	46/54	A3/4				
		7033	375*	5400					
°) Station Wagon: 290/531									
Torino	6	4092	96	3600	3/A3		°	1972	
	V8	4947	142	4000					
		5770	163/251	40/54	A3/4				
		6586	170	4200	A3				
		7033	208	4400					
°) zweitürig: 290/518-527; viertürig + Station Wagon: 300/528-547									
	6	4092	94	3200	3/A3		°	1873	
	V8	4947	139/137	4200					
		5770	161/156	4000	A3				
			249	5400	4/A3				
		6586	170/165	3800	A3				
		7033	204/200	4400					
°) zweitürig: 290/529; viertürig: 300/539; Station Wagon: 300/548 (je 2. PS-Zahl)									
		4947	142	3800	3/A3		°	1974	
		5770	165/258	42/56	A3/4				
		6586	172	3400	A3/4				
		7536	223/198	40/38					
°) zweitürig: 290/537-543; viertürig: 300/547-553; Station Wagon: 300/560-563									
		5770	150-156	3800			°	1975	
		6586	160/146	38/36					
		7536	219/220	4000					
°) zweitürig: 290/543; viertürig: 300/553; Station Wagon: 300/565									
		5770	156/154	34/38			°	1976	
		6586	183	3800					
		7536	205	3800					
°) zweitürig: 290/545; viertürig: 300/555; Station Wagon: 300/567									
Elite	V8	5770	150-156	34/38	A3		290/549	1975/76	
		6586	160/146	38/36				1975	
			183	3800				1976	
		7536	219/220	4000				1975	
			205	3800				1976	
LTD II	V8	4947	132-136	3400	A3		°	1977-79	
do. f. Export			131					1979	
-		5770	151/163	32/36				1977	
			148-154	36/38				1978/79	
		6586	175/170	3800				1977	
			168					1978	
°) zweitürig: 290/548, viertürig: 300/558; L. 1979: 552/562; Station Wagon (1977): 300/567									

Ford USA	Zyl.	cm³	PS	bei 1/min	Gänge	Spitze km/h	Radstand/Länge	ab Jahr	Besonderheiten
Custom/Galaxie/Ltd									
	6	3929	142*/104	40/38	3/A3		308/549°	71*/72	
	V8	4947	213*/142	46/40					
		5770	243*	4600				1971	
			155/165	3800				1972	
		6397	259*	4400	A3			1971	
		6586	264*/174	44/40				71*/72	
		7033	324/365*	44/48				1971	
			211	4400				1972	
°) Station Wagon: 308/557; Längen 1972; 555 bzw. 562									
		5770	163/159	4000	A3		308/558°	1973	
		6586	173/169	3600					
		7033	205/201	4400					
°) Station Wagon: 308/568 (je 2. PS-Zahl)									
		5770	165	4200	A3		308/565°	1974	
		6586	172	3400					
		7536	198	3800					
°) Station Wagon: 308/572									
LTD	V8	4947	132	3400	A3		308/570	1977	
		5770	150°/154	3800				1975°/76	
			151/163					1977	
		6586	160°/183	38/40				1975°/76	
			175/170	3800				1977	
		7536	221°/205	4000				1975°/76	
			200					1977	
		4947	136	3400			308/576	1978	
		5770	146/147	32/34					
		6586	162	3800					
		7536	205	4000					
		4947	131	3600			291/531°	1979	
			132		A3/A4			1980	
		5766	144/140	3200	A3			1979	
			142	3400	A3/A4			1980	
°) Station Wagon: 291/546									
Bronco	V8	5770	158/160	40/38	U/4/A3		264/458	1978/79	
		6586	160/158	38/40					
	6	4918	117	4000			266/451	1980	
	V8	4947	136	3600					
		5770	142	3400					

Ford in den 80er Jahren

Wegen der von der Erdölkrise bedingten schlechten Konjunktur musste die Ford Motor Co. für 1980 einen Jahresverlust von 1,5 Milliarden Dollar hinnehmen. 1981 baute Ford in den USA die Modellreihen Escort (mit den europäischen Escort verwandt, aber nicht identisch), Mustang, Fairmont, Granada (mit den europäischen Granada nicht verwandt), LTD und Bronco (Geländewagen). Diese Palette widerspiegelte das im Verlaufe der 70er Jahre eingetretene Down-sizing (Verkleinern), mit dem den strengen amerikanischen Abgas- und Verbrauchsvorschriften Rechnung getragen wurde.

Escort Der US-Escort war im September 1980 als Nachfolger des Pinto vorgestellt worden. Er war ein weiteres Resultat jener Anstrengungen, mit leichteren Fahrzeugen zu niedrigerem Benzinverbrauch beizutragen. Hierzu folgte der Escort dem in Europa entwickelten Prinzip des Frontantriebs mit Quermotor. Zwar entsprach sein Design samt Unterbau jenem des englisch-deutschen Escort, doch waren die beiden

Ford Escort, 1981

Ford Fairmont, 1981

Modelle nicht baugleich und besaßen kaum austauschbare Teile. Es gab den amerikanischen Escort dreitürig mit Stummelheck (Bezeichnung Hatchback) und als fünftürigen Kombi (als Liftgate bezeichnet) sowie nebst der Basisversion in den vier Ausrüstungsstufen L, GL, GLX und SS.

Dem Antrieb dienten die mit CVH bezeichneten 1,3- und 1,6-Liter-Vierzylinder mit obenliegender Nockenwelle und Leichtmetall-Zylinderkopf. Sie wurden mit Holley-Registervergasern bestückt und leisteten 59 bzw. 66 PS. Den stärkeren Motor gab es anstatt mit einem 4-Gang-Getriebe auch mit einem 3-Stufen-Automatikgetriebe. Die Aufhängung wies vorne Federbeine mit unteren einfachen Querlenkern und hinten Dämpferbeine, Querlenker, Zugstreben und Schraubenfedern auf. Die Bremsen (vorne Scheiben) und die Zahnstangenlenkung waren auf Wunsch mit Servo zu haben. Auch eine Klimaanlage und ein Tempokonstanthalter wurden angeboten.

Mustang Der erstmals 1964 gebaute und seit jenen Zeiten legendär gewordene Mustang war 1981 längst nicht mehr, was er einmal wahr. Immerhin hatte er die 1974 mit dem Mustang II eingeführte Minimalgröße überwunden und 1979 wieder an Format gewonnen. 1981 wurde er in den drei je viersitzigen Serien Mustang, Mustang Ghia und Mustang Cobra gebaut. Es gab ihn zweitürig mit Stufenheck und auf Wunsch herausnehmbaren vorderen Dachteilen (T-roof) und dreitürig mit Fließheck, wobei die Topversion Cobra nur in dieser Ausführung mit Heckklappe lieferbar war.

Es standen vier Motoren zur Wahl: 2,3-L-Vierzylinder mit obenliegender Nockenwelle und 89 PS, den gleichen Motor mit Garrett-Abgasturbolader und 118 PS, 3,3-L-Sechszylinder mit seitlicher Nockenwelle und 95 PS sowie 4,2-L-V8 mit zentraler Nockenwelle und 117 PS. Mit dem Basismotor gab es 4- und 5-Gang-Getriebe sowie das 3-Stufen-Automatikgetriebe Cruise-O-Matic; mit dem Turbomotor war kein Automatikgetriebe verfügbar, mit dem V8 gab es diese Kraftübertragung ausschließlich und zum Sechszylinder standen 4-Gang und Automat zur Wahl. Die Vorderradaufhängung bestand aus oberen Dreieckquerlenkern und unteren einfachen Querlenkern mit elastisch gelagerter Zugstrebe, während hinten eine Starrachse mit Halbelliptikfedern zum Einbau kam. Die Bremsen (vorne belüftete Scheiben) und Zahnstangenlenkung wurden auf Wunsch mit einem Servo ausgerüstet.

Fairmont Diese 1978 in Ablösung des Maverick eingeführte Baureihe war 1981 in der Luxusversion Futura neu auch als Station Wagon erhältlich, anderseits war die Antriebsauswahl gekürzt worden. Es gab zwei- und fünftürige Sedan und nebst dem Kombi auch ein Coupé mit ungewöhnlichem Karosseriedesign: an die einem breiten Überrollbügel ähnelnde B-Säule schloss sich eine Panoramaheckscheibe an. Alle Fairmont waren fünfsitzig und boten somit vordere Einzelsitze und Mittelschaltung.

Basismotor war der bescheidene 2,3-L-Vierzylinder mit obenliegender Nockenwelle und 89 PS (die Turboversion wurde nicht mehr geliefert). Darüber gab es den 3,3-Liter-»Reihensechser« und den 4,2-Liter-V8 mit 95 bzw. 117 PS. Während die mehrzylindrigen Fairmont mit dem 3-Stufen-Automatikgetriebe Cruise-O-Matic versehen wurden, konnte mit dem Vierzylindermotor auch eine 4-Gang-Einheit bestellt werden. Die Aufhängung stimmte mit jener des Mustang überein, doch wurden hinten Schrauben- statt Blattfedern verwendet. Zu der für 1981 aufgewerteten Grundausrüstung zählten Servobremsen. Der Fairmont bot eine Zahnstangenlenkung (auf Wunsch mit Servo).

Granada Während es bei Ford Europa schon ab 1972 einen Granada gegeben hatte, wurde dieser Name von Ford USA ja erst für das Modelljahr 1975 eingeführt. Bis 1980 basierte der amerikanische Granada auf einem Radstand von 279 cm, doch für 1981 kam ein neues Modell heraus, das den Radstand mit jenem des Fairmont teilte: 268 cm (Europa-Granada: 277 cm). Die Karosserielänge des als zwei- und viertüriger Sedan und in den Ausstattungsstufen L, GL und GLX gebauten Granada schrumpfte damit von 507 auf 499 cm, was ebenfalls dem Fairmont-Bereich entsprach. Das Karosseriedesign war moderner und schlichter geworden, doch wurde der Granada weiterhin höherwertig eingestuft als der Fairmont.
Der auch in diesem Falle dem Sparsinn gewidmeten Verkleinerung – das Leergewicht sank von minimal 1455 auf noch 1270 kg – entsprach auch die Motorenauswahl: Statt 4,2 und 4,9 Liter Hubraum waren es jetzt 2,3, 3,3 und 4,2 Liter, also wahrlich ein radikaler Abbau! Sowohl das 4-Gang-Getriebe (nur mit dem Vierzylindermotor) wie das Automatikgetriebe wurden wahlweise mit Lenkrad- oder Mittelschaltung geliefert. Das Fahrwerk war mit jenem des Fairmont identisch.

LTD Die großen Ford im traditionellen Standardformat hatten schon 1979 ein deutliches Down-sizing erfahren. Sie besaßen noch 290,5 cm Radstand und kamen auf eine Länge von 531 cm (Station Wagon 546 cm). Sie waren damit auch ein paar Zentimeter kürzer als der Hauptrivale → Chevrolet Impala. Es gab die Serien LTD S (viertüriger Sedan, zweitüriger Sedan bzw. Coupé, Station Wagon), LTD (gleich wie S), sowie die Luxusversionen Crown Victoria (viertürig), Landau (zweitürig) und Country Squire (Station Wagon), alle mit sechs Sitzen.
Für 1981 kam neu als Basismotor der 4,2-L-V8 hinzu. Nach wie vor wurden auch der altvertraute 4,9-L-V8 mit 132 PS und der 5,8-L-V8 mit 147 PS eingebaut. Für Kalifornien wurde der 4,7-L-Motor mit einer elektronischen Benzineinspritzung ausgerüstet, während es – vor allem für Polizeikräfte – den 5,8-L-V8 in einer HO-Ausführung (High Output) mit Doppelauspuff und 167 PS gab. Als Kraftübertragung diente in den LTD einheitlich das 4-Stufen-Automatikgetriebe mit der Bezeichnung Automatic Overdrive: Bei ihm war die oberste Stufe 0,67:1 untersetzt (1:1 in Stufe 3), womit eine Drehzahl- und Verbrauchsreduktion erzielt werden konnte.

Ford Granada, 1981

Ford Granada, 1981

Der Ford LTD beruhte noch auf einer Kastenrahmen-Chassiskonstruktion mit Traversen, wie sie u. a. von den amerikanischen Taxifahrern und auch von der Polizei als besonders robust bevorzugt wurde. Die Aufhängung bestand vorne aus oberen und unteren Trapez-Dreieckquerlenkern, hinten aus einer Starrachse, unteren Längslenkern und oberen Schräglenkern, und es wurden vorne wie hinten Schraubenfedern verwendet. Die Bremsanlage (vorne belüftete Scheiben) arbeitete serienmäßig, die Kugelkreislauflenkung auf Wunsch mit Servo.

Thunderbird... Um die Bestandesaufnahme zu vervollständigen, auch dieser Rückblick: Der 1954 vorgestellte erste Ford Thunderbird in Form eines zweisitzigen Cabriolets war die Antwort auf den erfolgreichen Chevrolet Corvette gewesen. Mit dem Jahrgang 1958 erwuchs der Thunderbird zum wuchtigen Viersitzer, und im Jahr darauf wurde die Modellreihe zur eigenen Marke erhoben. Im Zuge der Sparanstrengungen (Stichworte Ölkrisen, Abgas- und Verbrauchsnormen) war der T'bird in den 70er Jahren zweimal gehörig verkleinert worden: Mit dem Modelljahr 1977 von 306/574 cm (Radstand/Länge) auf 290/548 cm und per 1980 auf noch 276/509 cm.

Ford Thunderbird, 1981

Ford Mustang (T-roof), 1981

...nicht mehr Eigenmarke? *1981 galt der Thunderbird eigentlich immer noch als eigene Marke, und er war auch nicht mit Ford angeschrieben. Doch in den Konzernverlautbarungen wurde der Name Thunderbird im Verlaufe der 80er Jahre immer häufiger nicht mehr separat, sondern unter Ford aufgeführt. Darum ist er auch hier unter Ford USA eingegliedert.*

Mit dem Jahrgang 1981 zeigte sich der Thunderbird weiterhin mit wuchtigem, auf die Mitte konzentriertem Kühlergitter. Die unter Deckeln verborgenen Scheinwerfereinheiten waren nun beidseits des eckigen Kühlergrills in weiße Bänder integriert, die um die vorderen Karosserieecken bis zu den Radausschnitten verliefen. Das hintere Seitenfenster dieses fünf- oder sechssitzigen Coupés prangte als Opera Window im vinylüberzogenen breiten Dachträger. Neben dem Thunderbird Town Landau gab es die noch luxuriösere Ausführung Heritage. Gegen Mehrpreis waren digitale Anzeigen für die gefahrene Geschwindigkeit und den Benzinstand (Grafikdarstellung) zu haben.

Ford Escort GLX, 1982

Technisch war der Thunderbird seit 1980 mit dem Ford Fairmont verwandt, dem 1981 auch der US-Granada angepasst worden war. Als kleinster Motor wurde im T'bird 1981 neu der 3,3-Liter-Sechszylinder eingebaut. Mit ihm hatten äußerst bescheidene 89 PS die rund 1435 kg Leergewicht zu bewegen. Schon besser konnten dies der 4,2-L-V8 mit 117 PS und der 4,9-L-V8 mit 132 PS. Das 3-Stufen-Automatikgetriebe Select Shift gab es mit Wählhebel unter dem Lenkrad oder auf der Mittelkonsole. Mit dem 4,2-L-V8 war wahlweise, mit der 4,9-L-Einheit ausschließlich das 4-Stufen-Automatikgetriebe Automatic Overdrive (nur Lenkradschaltung) erhältlich. Vorne wies das Thunderbird-Fahrwerk untere Dreieckquerlenker mit elastisch gelagerter Zugstrebe, hinten eine Starrachse mit unteren Längslenkern und oberen Schräglenkern auf, und es wurden vorne wie hinten Schraubenfedern verwendet. Die Bremsanlage (vorne belüftete Scheiben) und die Zahnstangenlenkung arbeiteten mit Servo.

Bronco Der 1966 eingeführte Ford-Geländewagen war ein dreitürigen Kombi mit Sechszylinder- oder V8-Motor. Wie beim Jeep und im Gegensatz zum Hauptkonkurrenten Chevrolet Blazer gehörte der Vierradantrieb zur Grundausstattung.

Für den Antrieb standen je ein 4,9-L-Motor mit sechs Zylindern oder als V8 sowie ein 5,8-L-V8 zur Wahl. Für Kalifornien wurde ein 4,2-L-V8 eingebaut. Die Leistungsspanne reichte von 117 bis 142 PS. Es gab ein 4-Gang-Getriebe und das 3-Stufen-Automatikgetriebe Cruise-O-Matic; der Vorderradantrieb war zuschaltbar. Das Kastenrahmenchassis mit Traversen war vorne mit einer Einzelradaufhängung mit zwei gekreuzten Achskörpern mit Schraubenfedern verbunden, während hinten eine Starrachse mit Blattfedern zum Einbau kam (die Geländewagen von Chevrolet, Dodge und Jeep rollten vorne wie hinten auf Starrachsen). Die Bremsen (vorne Scheiben) wurden von Haus aus, die Kugelkreislauflenkung auf Wunsch servobestückt. – Auf dem Genfer Salon 1982 wurde der Bronco in der Luxusausführung XLT Ranger ausgestellt.

EXP Auf der Basis des (amerikanischen) Escort lancierte die Ford Motor Co. im März 1981 das sportliche Coupé EXP (und dessen Zwilling Mercury LN7). Er war so etwas wie ein kleiner Mustang, aber bloß als Zweisitzer ausgelegt (gegen Mehrpreis als 2+2). Das neue Duo sollte sich vor allem an junge Unverheiratete und Frauen richten. Der EXP besaß ein Stufenheck und gab sich – mit einem in dunklerer Farbe gehaltenen unteren Flankenteil – sehr adrett. Dem Frontantrieb diente der 1,6-L-OHC-Motor CVH mit 71 PS, und es standen ein 4-Gang-Getriebe und ein 3-Stufen-Automatikgetriebe zur Wahl.

3,8-Liter-V6 Ein neuer V6-Motor stand im Mittelpunkt des Ford-Jahrgangs 1982. Er folgte just 50 Jahre nach dem Lancierung des legendären Ford-V8 und füllte die Lücke zwischen dem 3,3-L-Reihensechszylinder und dem 4,2-L-V8. Wie dieser besaß er einen Zylinderwinkel von 90 Grad. Mit zueinander leicht versetzten Pleuellagern wurde er dennoch zu regelmäßigem Zünden mit jeweils 120 Grad Abstand gebracht. Weil Leichtmetall sowohl für die Zylinderköpfe wie für die Einlasskrümmer und die Gehäuse von Steuerung, Öl- und Wasserpumpe verwendet wurde, wog dieser Motor nur etwa 2 kg mehr als der 2,3-L-Vierzylinder. Die Leistung erreichte 114 Netto-PS bei 4000/min.

Escort 1982 Mit dem Jahrgang 1982 gab es den Escort auch in den USA in der Karosserievariante mit vier Seitentüren und einer Heckklappe. Zusammen mit dem Automatikgetriebe erhielt der Escort eine Klimaanlage, die sich beim Vollgasgeben automatisch ausschaltete; die Ausstattung wurde angereichert. *Wie die Ford Motor Company bekannt gab, war der Escort 1981 mit 823'000 in sechs Ländern entstandenen Exemplaren das weltweit meistgebaute Modell gewesen (davon 351'000 in den USA). Und noch zwei Statistikresultate: Mit 3 Mio. von 1970 bis 1981 verkauften Exemplaren war der Ford Pinto Amerikas meistverkaufter Kleinwagen. Und dennoch schrumpfte der Ford-Anteil am US-Automarkt von 1979 bis 1981 von 20,7 auf nur noch 16,6 %..., was eben* *gerade dem angeschlagenen Ruf des Escort-Vorgängers Pinto zuzuschreiben war!*

Mustang 5.0 Im Hinblick auf den kommenden neuen Chevrolet Camaro erhielt der Mustang als Topmotor den 4,9-L-V8. Dessen Leistung war dank Feintuning auf 157 Netto-PS angestiegen. Dieser Mustang 5.0 war nur mit 4-Gang-Handschaltung erhältlich. In Verbindung mit dem 3,3- und 4,2-L-Motor erhielt das automatische Getriebe eine Lock-up-Funktion (kein Schlupf in der obersten Stufe). Der Mustang mit 2,3-L-Motor wurde mit einem Elektrolüfter ausgerüstet.

Futura Für 1982 wurde der Fairmont in Futura umbezeichnet. Dieser zeigte sich mit einem aus zwei Reihen Quadraten bestehenden Kühlergrill. Der 4,2-L-V8 stand nur noch für Polizei- und Taxiausführungen zur Verfügung. Auch im Futura gab es nun zum 3,3-L-Six ein Lock-up-Automatikgetriebe. – Der Granada war neu als Station Wagon lieferbar; der 4,2-L-V8 wurde durch den oben beschriebenen 3,8-L-V6 ersetzt. Beim LTD war der 5,8-HO-V8 nur noch für Polizeifahrzeuge lieferbar. Zu den großen Ford-Kombi wurde ein separat hochklappbares Heckfenster erhältlich.

Thunderbird 1982 Für den Jahrgang 1982 wurde der 4,9-L-Motor aufgegeben. Anderseits kam der neukonstruierte 3,8-L-V6 hinzu. Dieser leistete 114 PS, während es der 4,2-L-V8 auf 113 PS brachte (3-Stufen-Automatikgetriebe mit Lock-up-Funktion).

Mustang 1983 Für das Modelljahr 1983 verpasste Ford dem Mustang nicht nur ein aerodynamisch günstigeres Frontdesign (gerundeter Übergang zur Motorhaubenoberseite), sondern er wurde auch wieder als Convertible erhältlich. Dieses sah bestechend elegant aus; es waren just zehn Jahre her, dass Ford das frühere Mustang-Cabrio von der Liste gestrichen hatte. Neues gab es auch auf der Motorenseite: Den 2,3-L-Vierzylinder gab es auf Wunsch wieder mit Abgasturbolader, der bewährte 3,3-L-Reihen-Sechszylinder und der 4,2-L-V8 wurden durch den ein Jahr zuvor bei anderen Modellen eingeführten 3,8-L-V6 ersetzt, und der 4,9-L-V8 leistete dank Vier- statt Zweifachvergaser satte 177 statt 159 PS. Die Bereifung war entsprechend der Motorleistung um jeweils eine Stufe angehoben worden. Zudem hatte die Innenausstattung eine Aufwertung erfahren; auf Wunsch wurden Sportsitze mit Liegebeschlag installiert. Das Cabrioletverdeck ließ sich auf Knopfdruck öffnen und besaß ein Heckfenster aus Hartglas.

1983 erhielten die Escort und EXP wahlweise einen mit Einspritzung ausgerüsteten 1,6-L-Motor und ein 5-Gang-Getriebe. Der Granada wurde stilistisch überarbeitet und erhielt die Bezeichnung LTD. Der 2,3-L-Motor war neu in einer Ausführung für den Betrieb mit Flüssiggas erhältlich. Die Standard-size-Ford hießen ausschließlich LTD Crown Victoria und LTD Country Squire (Station Wagon). Sie wurden nur noch mit dem 4,9-L-V8 mit Einspritzung angeboten; den 5,8-L-V8 gab es im Prinzip weiterhin für die Polizeiausführung.

Thunderbird 1983 Für den Jahrgang 1983 ergab sich für den T'bird eine wesentliche Veränderung, denn er zeigte sich jetzt in einem gänzlich neuen Kleid mit einem abermals, nämlich von 275,5 auf 264 cm verkürzten Radstand. Der neue Aufbau war weit weniger prätentiös, dafür wesentlich strömungsgünstiger. Sein cw-Wert war in gut 500 Stunden Windkanalarbeit von den 0,41 der Vorgängerkarosse auf 0,35 gesenkt worden. Der schlichte, chromgerahmte Kühlergrill war schräggestellt und wurde von vertieft angeordneten Doppelscheinwerfern flankiert. Statt des markanten hinteren Dachträgers mit Opera Window gab es ein sich an die Türscheibe anfügendes, hinten abgerundetes zweites Seitenfenster. Geblieben waren schmucke Felgen und die Sicke in den Flanken, die nun ein rundum geführtes Prallschutzband trug.

Zur Motorenauswahl zählte neu ein 2,3-L-OHC-Vierzylinder mit Garrett-Abgasturbolader, elektronischer Einspritzung und 147 PS, und sie beschränkte sich des Weiteren auf den 3,8-L-V6 mit 114 PS. Während der Vierzylinder ausschließlich mit einem 5-Gang-Getriebe geliefert wurde, standen mit dem V6 die Automatikgetriebe Select Shift (3 Stufen) und Automatic Overdrive (4 Stufen) zur Wahl.

Bronco II Was GM tut kann Ford nicht lassen, und dies gilt auch umgekehrt: Ebenso wie Chevrolet dem mächtigen Geländewagen Blazer mit dem Jahrgang 1983 den weit kleineren Blazer S/T zur Seite stellte, so brachte Ford neben dem Bronco dessen Verkleinerung Bronco II auf den Markt. Er basierte auf dem ebenfalls neu eingeführten kleineren Pick-up Ranger. Wie beim S/T war auch beim Bronco II das hintere Seitenfenster bis zur Dachkante hinaufgezogen.

Für den Antrieb des dreitürigen Bronco II, den es auch in einer Luxusausführung XLS gab, diente der 2,8-L-V6 mit 117 PS. Der Vorderradantrieb war zuschaltbar, die Geländeuntersetzung betrug 2,48:1 und auf Wunsch wurde vorne und hinten eine Differenzialbremse eingebaut. Die Käufer hatten die Wahl zwischen einem 4- und einem 5-Gang-Getriebe und einem 3-Stufen-Automatikgetriebe (sowie zwischen zwei Achsuntersetzungen). Das Chassis war ein Kastenrahmen mit Traversen, vorne besaß es eine Einzelradaufhängung mit zwei gekreuzten Achskörpern, hinten eine Starrachse mit Blattfedern. Die Kugelumlauflenkung arbeitete mit Servo.

Ford Tempo, 1984

Tempo Mit diesem banalen Modellnamen bedachte Ford eine im Frühling 1983 vorgestellte, bereits dem Modelljahr 1984 gewidmete Modellreihe. Sie wurde als zwei- und viertürige Stufenhecklimousinen in den Ausführungen L, GL und GLX sowie als Mercury Topaz gebaut und reihte sich zwischen Escort/EPX und Mustang ein, und sie löste den deutlich größeren Fairmont Futura ab, der oberhalb des Mustang rangiert hatte; ein weiteres Bekenntnis zum Down-sizing, also!

Dennoch war der Tempo, dessen Karosseriekonturen im Windkanal optimiert worden waren, vergleichsweise geräumig. Das Viertürmodell wies ein kleines drittes Seitenfenster auf. In der Topversion rollte der Tempo auf Alufelgen mit ungewöhnlichem kreuzförmigen Motiv. Der Tempo besaß Frontantrieb mit Quermotor, und bei diesem handelte es sich um ein neu kreiertes 2,3-L-Aggregat mit seitlicher Nockenwelle. Die Bezeichnung HSC = High Swirl Combustion wies auf die »fast-burn«-Brennraumform hin. Es standen 4- und 5-Gang-Getriebe und das 3-Stufen-Automatikgetriebe Cruise-O-Matic zur Wahl. Die Federbeinaufhängung war vorne mit einfachen Querlenkern, hinten mit Längslenkern und doppelten Querstreben versehen.

Mustang SVO Zum Modelljahr 1984 gab es einen auf 15'000 Exemplare beschränkten Mustang SVO (der Abteilung Special Vehicle Operations), dessen 2,3-L-Turbomotor dank Ladeluftkühler auf 177 statt 147 PS kam. Dieser Mustang besaß eine zwischen die Scheinwerfer heruntergezogene Motorhaube mit Lufteinlass unter statt über der Stoßstange, eine aggressiv aussehende Lufthutze auf der Haube, einen doppelten Heckspoiler und ein sportlich-luxuriös aufgewertetes Cockpit. Die elektronische Zünd- und Einspritzanlage ließ sich mit einem Schalter am Armaturenbrett auf Normal- oder Superbenzin einstellen. Das 5-Gang-Getriebe wies eine Hurst-Schaltung auf und ermöglichte es, 60 mph bzw. 97 km/h binnen 7,5 s und anderseits 215 km/h zu erreichen. Fahrwerk und Bremsanlage waren angepasst worden; die Pedalstellung erlaubte gleichzeitiges Gasgeben und Bremsen.

1984 wurden Escort und EXP mit einem 122 PS leistenden 1,6-L-Turbomotor lieferbar. Der Escort war überdies neu mit einem 2-L-Dieselmotor mit 53 PS zu haben; beide neue Antriebsvarianten wurden ausschließlich mit einem 5-Gang-Getriebe kombiniert. Alle Escort-Modelle wiesen 1984 ein neues Armaturenbrett auf; die LX-Version ersetzte den GLX. Der 2-L-Dieselmotor wurde auch im Tempo erhältlich. Die bei diversen größeren Konzernmodellen mit Hinterradantrieb vorgenommenen Neuerungen – Stoßdämpfer nicht nur in vertikaler, sondern auch in horizontaler Richtung – bewiesen, dass auch bei Standartbauweise noch Fortschritte drin lagen.

1984 wurde der Thunderbird – man kann wohl sagen »auf vielfachen Wunsch« – wieder mit einem V8-Motor lieferbar: Es handelte sich um die 4,9-L-Maschine, die es mit Zentraleinspritzung auf 142 PS brachte. Neu gab es den T'bird in einer vierten Version mit dekorativem Fila-Design (Sportswear- bzw. Sportbekleidungsmarke). – 1985 umfasste das Angebot die Grundausführung, neu den Elan, dann den Turbo Coupe (mit 5-Gang-Getriebe nun 157 statt 147 PS) und die Ausführung Fila.

Aerostar Auf der New York Auto Show im Februar 1984 konnte das Publikum den Concept Aerostar bewundern. Er war die Antwort auf das Chrysler-Großraumduo T 115 Dodge Caravan und Plymouth Voyager. Im Gegensatz zu diesen wies der Aerostar Hinterradantrieb und eine kühne Einvolumenform auf. Deren cw-Wert wurde mit günstigen 0,39 angegeben. Bei 302 cm Radstand erreichten die Außenab-

Ford Thunderbird Turbo Coupe, 1984 (© Ford)

Ford Taurus Station Wagon, 1985

messungen 445x182x185 cm. Der Aerostar sollte bis drei Sitzreihen bieten, mit Vierzylinder- oder V6-Motor erhältlich sein und in Bälde in Serien gehen... Es blieb dann allerdings ausschließlich bei einem 3-L-V6 mit 5-Gang- oder dem Automatic-Overdrive-Getriebe. Das Ford-Werk in St. Louis wurde mit hohen Investitionen stark automatisiert und auf die Produktion von jährlich 240'000 Aerostar ausgerichtet.
1985 wurde der 2,3-L-Motor des Tempo auch in einer Version mit Zentraleinspritzung und 101 PS Leistung lieferbar. Die mit Detailänderungen an der Front aufwartenden Mustang 1985 boten in der Turboausführung eine dank Feintuning auf gut 200 PS gesteigerte Leistung (mit Ladeluftkühlung für SVO) bzw. mit dem 4,9-L-V8-Motor nun 183 (Einspritzung) und 213 PS (Vierfachvergaser), wobei der Erstere ausschließlich mit dem Automatic-Overdrive-Getriebe, der Zweite mit einem 5-Gang-Getriebe geliefert wurde. Die LTD erhielten einen geänderten Kühlergrill, und der 4,9-L-V8 war nicht mehr bloß den Polizeiwagen vorbehalten. Neu wurde der Bronco II auch mit einem 2,3-L-Turbo-Dieselmotor mit 87 PS von Mitsubishi lieferbar, während der 4,9-L-V8 des Bronco auf Einspritzung umgerüstet wurde, womit die Leistung von 139 auf 193 PS emporschnellte.
Taurus Vorgestellt wurde das Duo Ford Taurus und Mercury Sable Anfang 1985 in Los Angeles, doch auf den Markt sollten sie erst im Herbst kommen. Taurus klang zwar wie Taunus (und sollte in den USA ebenso zu einem Ford-Begriff werden wie einst Taunus in Europa), doch ließ sich der Taurus größenmäßig eher mit dem Granada vergleichen. Bei den US-Ford schob er sich zwischen Tempo und LTD. Mit 269 cm war der Radstand sogar um 1 cm länger als jener des LTD, anderseits war der Taurus 478,5 cm lang (LTD: 499 cm). Und vor allem besaß der Taurus wie der Tempo Vorderradantrieb und Quermotor, dies ganz im Gegensatz zum europäischen Granada (und seinem später vorgestellten Nachfolger Scorpio). Der Taurus war in Fords neuem Aero-Look gehalten (was auch auf den Scorpio zutreffen sollte). Sein unter Fords Chefdesigner John »Jack« Telnack entwickeltes Design zeigte sich ebenso modern wie elegant. Attraktiv wirkte auch die Kombiversionen mit dem leicht gebogenen Heckabschluss, separat aufklappbaren Heckfenster und bis zu acht Sitzplätzen. Bei beiden Karosserieaufbauten boten drei Seitenfenster ausgezeichneten Rundblick.
Für den Antrieb sorgten ein von 2,3 auf 2,5 Liter vergrößerter OHC-Vierzylindermotor mit elektronischer Zentraleinspritzung und 89 PS sowie ein neuer 3-L-V6 mit 60 Grad Gabelwinkel, Graugussköpfen, zentraler Nockenwelle, Saugrohreinspritzung und 142 PS. Mit dem 2,5-L-Motor standen ein 5-Gang-Getriebe und ein 3-Stufen-Automatikgetriebe zur Wahl, während der 3-Liter-Taurus ausschließlich mit dem Automatic Overdrive (vier Stufen) kombiniert wurde. Vorne wurden einfache untere Querlenker, hinten Quer- und Längslenker verwendet.

Unter Donald E. Petersen, der zum 1. Februar 1985 – nebst seinem Job als Generaldirektor der Ford Motor Company – auch den Präsidententitel erhielt, wurde nicht nur die Zusammenarbeit mit Mazda verstärkt (kostengünstiger Bezug von Antriebsaggregaten aus Japan), sondern auch das Projekt Alpha vorangetrieben: Erarbeitung neuer Produktionsmethoden mit Modulmontage in Übereinstimmung mit den Gewerkschaften (wobei die GM-Zusammenarbeit mit Toyota und die neue GM-Tochter → Saturn den Anstoß gaben). Zudem wurde der Aufbau eines Werks in Mexiko mit einer Jahreskapazität von 130'000 Stück ab 1988 in die Wege geleitet,

1986 bestand der wichtigste Modelljahrfaktor darin, dass nun (d. h. am 26. Dezember 1985) der Taurus in Verkauf kam. Der US-Escort wurde auch als GT mit 1,9-L-Einspritzmotor und 110 Netto-PS lieferbar. Den Mustang gab es in der V8-Version nur noch mit elektronischer Saugrohr- statt Zentraleinspritzung und 203 PS Leistung. Gut die Hälfte des seit 1978 kaum verändert gebauten Mustang wurden mit dem 90 PS leistenden 2,3-L-Motor verkauft (einschließlich 6000 SVO), 12,5 Prozent entfielen auf den 3,8-L-V6 und fast ein Drittel auf den 4,9-L-V8. Den LTD gab es in seinem letzten Produktionsjahr (»künftig durch Taurus ersetzt«) nur noch mit dem 3,8-L-V6.

Beim LTD Crown Victoria wie auch beim Thunderbird stieg die Leistung des V8-Motors dank konstruktiver Verfeinerungen an den Brennräumen samt Ein- und Auslass sowie durch verringerten Reibwiderstand von 142 auf 152 PS (mit Doppelauspuff 162 PS). Der Bronco II erhielt den 2,9-L-V6 mit Einspritzung und 142 PS (weiterhin alternativ zum 2,3-L-Diesel), und er war nun auch ohne zuschaltbaren Vorderradantrieb erhältlich.

Mit Chausson Für Insider aufsehenerregend war die im Dezember 1985 verbreitete Pressemitteilung, wonach die Ford Motor Company einen zweisitzigen Mittelmotor-Sportwagen entwickelte, der vordergründig für den US-Markt bestimmt war und ab Ende der 80er Jahre bei der französischen Karosseriefirma Chausson in Creil gebaut werden sollte (bei Chausson hatte in den 60er Jahre schon der Renault Floride seinen Aufbau erhalten). Das international angelegte Entwicklungsprogramm wurde vom Deutschen Michael Kranefuß geleitet, dem Direktor der Special Vehicles Operations (SVO). Es wurde eine jährliche Produktion von 15'000 Fahrzeugen anvisiert, denn man rechnete mit einem starken Wachstum dieses Sportwagensegments.

Als die hierzu geeignete Konzeptstudie galt der im Frühling 1986 unter Ford-Designchef und Vizepräsident Donald F. Kopka entstandene Cobra 230 ME (mid-engined). Er zeichnete sich durch eine ausgeprägte Keilfront und ein Fastback mit doppeltem Heckflügel aus (Maße 408x177x119 cm, cw 0,33), und als Antriebsaggregat war der Motor des Mustang SVO vorgesehen (2301 cm³, Turbo, 230 PS). – *Aber im September 1986 wurde das Projekt abgeblasen. Als Grund wurde vor allem die Dollarschwäche angegeben. Chausson hatte viel Vorarbeit geleistet und Mittel investiert.*

1987 gab es den Escort nur noch mit Einspritzmotoren, und das im Vorjahr verschwundene Coupé EXP tauchte (vorübergehend) wieder auf; den Tempo gab es im Verein mit dem 2,3-L-Motor auch mit zuschaltbarem Hinterradantrieb, das Dieselmodell wurde schon wieder aufgegeben; beim Bronco II (den es inzwischen als XL, XLT und Eddie Bauer gab) entfiel die Dieselvariante ebenfalls; der 4,9-Liter-Sechszylindermotor des Bronco wurde auf Einspritzung umgestellt, und sein Kühlergrill wurde von 4x4 auf 4x3 Felder reduziert.

Ford Escort EXP Sport Coupe, 1986

Ford Mustang GT, 1987

Mustang 1987 Etwas mehr geschah für den Mustang-Jahrgang 1987: ausschließlich noch mit dem 2,3-L-Vierzylinder und dem 4,9-L-V8, der neu 228 statt 203 PS leistete (Turbo und SVO entfielen); serienmäßig 5-Gang-Getriebe oder 4-Stufen-Automatikgetriebe, neues Armaturenbrett, Front mit großflächigen, um die Ecken gezogenen Scheinwerfergläsern.
Thunderbird 1987 Mit dem Jahrgang 1987 erhielten die Thunderbird teils ein rechts ans Heck geklebtes Ford-Oval; damit galten sie endgültig wieder als Ford-Modell (statt als separate Marke). Die versenkten Doppelscheinwerfer neben dem leicht erhöhten Motorhauben- und Kühlergrill-Mittelteil wichen größeren Scheinwerfergläsern beidseits der vorne heruntergezogenen Motorhaube. Diese trug Luftkiemen oben in der Mitte (Turbo Coupe) bzw. einen niedrigen verchromten Grill unten zwischen den Scheinwerfern (LX). Das Heckfenster war verbreitert worden. Nebst der Basisausführung und den beiden erwähnten Versionen gab es eine Version Sport. Der 2,3-L-Turbomotor erhielt einen neuen Garrett-Abgasturbolader, dem ein Ladeluftkühler beigesellt wurde. Damit stieg die Leistung mit dem 4-Stufen-Getriebeautomat Cruise-O-Matic von 147 auf 152 PS und mit 5-Gang-Getriebe von 157 gleich auf 193 PS. Weiterhin gab es auch den 3,8-L-V6 (122 PS) und den 4,9-L-V8 (152 PS), beide mit dem Automatic-Overdrive-Getriebe.
Festiva Schon auf der Tokyo Motor Show im November 1985 war der von Mazda konzipierte Kleinwagen Festiva vorgestellt worden, der ab Frühling 1986 von → Kia in Korea hergestellt und in Japan als Ford vertrieben wurde. Ab Frühling 1987 kam er in den USA unter der Marke Ford auf den Markt (und galt bereits als Modell 1988).

Im Mai 1987 startete Ford mit Nissan eine Machbarkeitsstudie für die Herstellung eines gemeinsamen Minivans bzw. Großraumkombis. – *Anfang Juni übergab Donald F. Kopka seine Position als oberster Ford-Designchef an Jack Telnack, dem fortan rund 1000 Designmitarbeiter in den acht Zentren in Michigan, Kalifornien, England, Deutschland, Italien, Japan, Australien und Brasilien unterstanden.*
Arbeitskampf *Mit dem Modelljahr 1987 liefen auch die Arbeitsverträge zwischen der UAW, der Union der amerikanischen Automobilarbeiter, und General Motors und Ford ab. Da Ford gerade Rekordgewinne einfahren konnte, konzentrierte sich der Kampf um verbesserte Arbeitsbedingungen für die verbliebenen UAW-Mitglieder auf Amerikas Nr. 2. Die Zahl der im Stundenlohn stehenden Mitarbeiter war in den vorangegangenen Jahren wegen der Automatisierung allein bei Ford von 190'000 auf noch 104'000 zurückgegangen. Die UAW handelte nicht nur höhere Löhne aus, sondern vor allem Fords Verpflichtung, in den nächsten drei Jahren keine der 89 Fabriken zu schließen und die Zahl ihrer Arbeitsplätze nicht abzusenken. Hinzu kam ein weitgehender Schutz vor Entlassungen.*
Prestige über alles! *Nicht so recht zu diesem Sachverhalt passte Folgendes: Auf der IAA Frankfurt im September 1987 gab die Ford Motor Company bekannt, 75 Prozent der Aston Martin Lagonda Limited übernommen zu haben. Es war Fords Antwort darauf, dass General Motors Lotus und dass Chrysler Lamborghini übernommen hatten (und dass Fiat Ferrari besaß).*

Ford Thunderbird Turbo Coupe, 1987

Ford Aerostar, 1987

Ford Bronco, 1987 (© Ford)

Ford Festiva LX, 1988

1988 erhielt der Tempo nicht nur eine neue Front mit stärker um die Ecken gezogenen Leuchteinheiten, sondern in der viertürigen Ausführung einen im hinteren Bereich neu geformten Pavillon, bei dem sich das dritte Seitenfenster optisch an die Heckscheibe anschloss; der Innenraum und das Armaturenbrett waren ebenfalls umgestaltet worden, und der 2,3-L-Motor arbeitete nun mit Saugrohr- statt Zentraleinspritzung (99 PS bzw. 101 PS für HSO-Version); All Wheel Drive war nur noch für den viertürigen Tempo lieferbar. Der Taurus wurde 1988 auch mit einem 3,8-L-V6 erhältlich, der mit 142 PS zwar gleich viel leistete wie der 3-L-V6, aber weit mehr Drehmoment bot und dank einer gegenläufig rotierenden Schwingungsausgleichswelle einen feineren Lauf versprach (nur mit 4-Stufen-Automatikgetriebe; neu waren die Mittelkonsole und die Türverkleidungen).
Beim LTD Crown Victoria entfiel 1988 das Coupé, aber Limousine und Kombi Country Squire erhielten eine neue Front mit schlichterem Kühlergrill, um die Ecken gezogene Hecklichter, Breitreifen und auch einige Innenraumneuerungen. Die beiden hubraumgrößeren Motorvarianten des Thunderbird kamen 1988 auf mehr Leistung: 3,8-L-V6 mit 142 PS (mit Schwingungsausgleichswelle) und 4,9-L-V8 mit 157 PS (Doppelauspuff); der Thunderbird Sport wurde nur noch gegen Aufpreis mit Digitalinstrumenten ausgerüstet. Insider wussten, dass für 1989 ein ganz neuer T'bird vorbereitet wurde.
Der Tod von Henry Ford II. *Am 29. September 1987 verstarb Henry Ford II., der eben erst 70 Jahre alt gewordene Enkel des Firmengründers, im Henry Ford Hospital an einer Lungenentzündung. Er war der uneingeschränkte Herrscher des Ford-Imperiums gewesen. – Anfang 1988 wurden William Clay Ford jr. (damals Generaldirektor der Ford Motor Company Switzerland SA in Zürich) und sein Cousin Edsel B. Ford II. (einziger Sohn von Henry Ford II.) in den Verwaltungsrat der Ford Motor Company gewählt.*
Mit Mazda... In Flat Rock, südlich von Detroit, hatte die Mazda Motor Corporation, an der die Ford Motor Company mit 25 Prozent beteiligt war, neben einer früheren Ford-Fabrik ein neues Werk aufgebaut. Nebst der jüngsten Mazda-Limousine des Typs 626 (den es auch als Coupé gab) sollte dort auf der 626-Frontantriebsbasis ein neues Ford-Coupé gebaut werden: der Probe. Anfänglich war der Probe als Nachfolger des Mustang geplant worden. Doch dann wandelte sich der Höhenflug des Benzinpreises in einen Sinkflug, und die Freude an zugkräftigen Mustang-Modellen nahm wieder zu. Dies führte bei Ford zum Entschluss, das eine zu tun und das andere nicht zu lassen.

...Probe Mit dem im Februar 1988 vorgestellten Probe nahm Ford ein modernes auf Frontantrieb und Sparsamkeit ausgerichtetes Coupé ins Angebot. Die Modellbezeichnung Probe erinnerte an eine Reihe futuristischer Ford-Konzeptstudien. Dieses viersitzige Fastbackcoupé mit Heckklappe widerspiegelte noch klar jenen von einer kühlergrillfreien niedrigen Front mit Klappscheinwerfern geprägten Stil, der die Aerodynamik unterstrich. Die hinteren Seitenfenster waren um die Kanten gebogen und schlossen sich nahtlos an die Heckscheibe an. Die seitlich aus der Motorhaube herauswachsenden Außenspiegelgehäuse erinnerten an die Probe-Einzelstücke. Die Hecklichter formten ein durchgehendes Band unter einer Abrisskante.
Auf gelungene Weise hatten die Ford-Designer den Probe der Technik des Mazda 626 angepasst. Bei identischem Radstand von 251,5 cm war der Probe mit 449,5x172,5x131,5 cm etwas länger und breiter und deutlich niedriger als der Mazda 626, aber auch nur geringfügig kleiner als der Mustang. Für die Probe GL und LX ergab sich ein Luftwiderstandsbeiwert von cw 0,304, für den GT mit Turbomotor waren es wegen des zusätzlichen Lufteinlasses über dem Stoßschutz und der Breitreifen cw 0,32.
Mit dem Mazda-2,2-L-OHC-Motor mit drei Ventilen je Zylinder standen 112 PS zur Verfügung, in der Turboversion 147 PS

Ford Tempo GL, 1988

(IHI, max. Ladedruck 0,5–0,65 bar, Ladeluftkühler). Ohne Turbo konnte statt des 5-Gang-Getriebes ein 4-Stufen-Automatikgetriebe gewählt werden. Die Federbeinaufhängung umfasste vorne untere Dreieckquerlenker, hinten doppelte Querlenker. Der Innenraum war komfortbetont und (vor allem bei der Topversion Turbo GT) reichhaltig ausgestattet. Das Armaturenbrett lief optisch in die Türverkleidungen aus. – *Auf dem Genfer Salon 1988 leitete Ford mit dem Taurus Station Wagon ein Comeback von US-Modellen in Europa ein.*

Ford Probe LX, 1989

Ford Mustang LX Convertible, 1989

Thunderbird 1989 Verlängerter Radstand, kürzer Karosserie: So lautete die Devise des umfassend erneuerten Doppels Ford Thunderbird / Mercury Cougar für das Modelljahr 1989. Beim Thunderbird wurden aus 264,5/513,5 cm nun 287/505 cm. Daraus ergaben sich auch weit modernere und elegantere Proportionen. Der hintere Dachträger war dynamisch gestreckt und näherte sich einer Fastbackform. Das Motorhauben-Vorderende blieb schlicht zwischen den Scheinwerfern heruntergezogen. Während die Breite um 4,5 auf 185 cm zugelegt hatte, verlief die Dachlinie um 2 cm reduziert auf 134 cm Höhe.

Für den Antrieb stand ausschließlich der mit einer Schwingungsausgleichswelle versehene 3,8-L-V6 ohne oder mit Eaton-Kompressor zur Verfügung: 142 bzw. 213 PS (Ladedruck 0,8 bar, Ladeluftkühler).

Einen bedeutenden Fortschritt verkörperte der Wechsel von der hinteren Starrachse zu unteren Dreieck- und oberen einfachen Querlenkern (mit Supercharger = Modell SC zudem Vierrad-Scheibenbremsen und ABS). Vorne wie hinten fanden sich Fahrschemel; das Leergewicht stieg um 100 auf 1600 kg. Auf Wunsch gab es in dem großzügig gestalteten Armaturenbrett weiterhin Digitalanzeigen.

Taurus SHO Unter dieser Bezeichnung wurde zum Modelljahr 1989 eine Sportversion auf den Markt gebracht: Mit Hilfe der japanischen Motortuningspezialisten von Yamaha erhielt der 3-L-V6 zwei obenliegende Nockenwellen je Zylinderreihe und vier Ventile je Zylinder, dazu eine sequenzielle Einspritzung und Doppelauspuff. Daraus resultierte eine imposante, von 142 auf 223 PS gesteigerte Leistung, und Tempo 100 konnte binnen rund 7 s erreicht werden. Auch das Fahrwerk war angepasst worden, u. a. mit Vierrad-Scheibenbremsen, Leichtmetallrädern und Breitreifen. Äußerlich unterschied sich der SHO = Super High Output durch größere Luftschlitze ober- und unterhalb der Stoßfänger, markante Seitenschürzen und Fensterahmen, die auch untendurch in Schwarz gehalten waren. Es gab den SHO nur als Limousine und mit 5-Gang-Getriebe. Ein solches gab es dagegen nicht mehr beim Taurus mit 2,5-L-Vierzylindermotor.

1989 war schon der Tempo auf Wunsch mit einem Airbag zu haben. Den Mustang mit dem potenten 4,9-L-V8 gab es 1989 auch in der preisgünstigen Version LX. Der Aerostar Wagon Extended war eine von 444 auf 483 cm verlängerte Ausführung des Minivans (mehr hinterer Überhang). Der Bronco II wies einen auf zwölf Felder reduzierten Kühlergrill auf.

Ford Taurus SHO, 1989

Ford Crown Victoria, 1989

In einer wohl einzigartigen Aktion wurde 40'000 Mitarbeitern in allen 15 Ford-Montagewerken in den USA im November 1988 der Film »Wie können wir die Qualität verbessern?« vor Augen geführt. Sie hatten hierzu für zwei Stunden die Arbeit zu unterbrechen. 60'000 Mitarbeiter von 20 Zulieferfabriken bekamen den Film ebenfalls zu sehen.

Tochter Jaguar *Anderseits ergab sich für die Ford Motor Company ein Dilemma: Ihr amerikanischer Marktanteil war 1988 von 16,6 auf 21,1 Prozent emporgeschnellt, und damit war so viel Geld in die Kasse geschwemmt worden, dass nach Investitionsmöglichkeiten gesucht werden musste: Produktionsausweitung oder Erwerb von Finanzunternehmen oder von Konzernen der Elektronikindustrie, lautete die Frage. Die Antwort kam für manche überraschend: Nachdem Verhandlungen mit Saab ergebnislos verlaufen waren, übernahm Ford Anfang November 1989 Jaguar. – Im gleichen Monat gab Donald E. Peterson, Fords Aufsichtsratsvorsitzender und Generaldirektor per 1. März 1990 seinen Rücktritt bekannt; Nachfolger wurde Harold A. Poling.*

Ford Thunderbird Super Coupe, 1989

Probe 1990 Das Modell Probe wurde 1990 mit dem 2,2-L-Turbomotor mit 147 PS vom GT zum LX, während der GT den 142 PS leistenden 3-Liter-V6-Motor erhielt (der GL blieb Basismodell). Der Luftschlitz über dem vorderen Stoßschutz erstreckte sich nun über die gesamte Breite, während jener darunter beim GT von einem Karogitter geschmückt wurde; die Innenausstattung war aufgewertet worden. Ebenfalls mit dem Modelljahr 1990 wurde der Minivan Aerostar Wagon mit 4-L-V6 (157 PS) und auf Wunsch mit permanentem Vierradantrieb lieferbar (zentrales Differenzial mit Viskokupplung, Kraftverteilung vorne/hinten 33:67 Prozent).

Ford Bronco II XLT, 1989

Ford Probe GT, 1990

Ford Escort GT, 1990/91

Ford Explorer, 1990/91

Escort 1990/91 Auf der North American International Auto Show von Detroit Anfang Januar 1990 wurde der amerikanische Escort in vollständiger Neuauflage vorgestellt. Man bezeichnete ihn bereits als Modell 1991, wenngleich er schon ab April drei- und fünftürig erhältlich wurde. Mit dem europäischen Escort hatte er nun endgültig nichts mehr zu tun, denn er basierte jetzt technisch auf dem Mazda 323. Damit wuchs der Radstand von 239,5 auf 250 cm, und die Länge erreichte 432 statt 430 cm. Das Design wirkte rundlich-elegant und war hinsichtlich schlichter Frontgestaltung mit der Ford-Ellipse an den Taurus-Stil angepasst worden. Während der Mazda 323 Station Wagon noch auf der alten 240-cm-Basis weitergebaut wurde, gab es den neuen Escort bereits auch als wohlproportionierten Wagon.
Angeboten wurde der neue US-Escort mit zwei Motoren: 1859 cm³ (CVH), 89 PS, und 1840 cm³ (Mazda, DOHC, 16V), 129 PS; Letzterer mit Vierrad-Scheibenbremsen und serienmäßiger Servolenkung kombiniert. Mit dem im Werk Wayne in Michigan gebauten und zu 80 Prozent aus einheimischen Teilen bestehenden Escort der neuen Baureihe CT-20 hatte Ford mit hohen Investitionen zusammen mit der UAW-Gewerkschaft und den Zulieferanten ein hochgradiges Qualitätsdenken angestrebt.
Explorer Auch er wurde bereits als Modell 1991 bezeichnet, als er Anfang Januar 1990 auf der Auto Show in Detroit vorgestellt wurde. Er löste den Bronco II ab, der aber als Modell 1990 vorerst weiterhin verkauft wurde. Es gab den Explorer im Gegensatz zu den Bronco sowohl drei- wie fünftürig. Der Radstand wuchs von 239 auf 259 cm, beim fünftürigen Modell gar auf 302 cm. Das Chassis blieb im Prinzip unverändert, hingegen wurde ein 4-Liter-V6 mit 157 PS eingebaut, wie er im Aerostar verfügbar war. Dank der außenbündig eingepassten Scheiben reduzierte sich der Luftwiderstandsbeiwert auf cw 0,43.
Auf Wunsch ließ sich der Explorer recht luxuriös ausrüsten, darunter mit einem neuen Ford-JBL-Audiosystem samt Kassetten- oder CD-Spieler und neun Lautsprechern. Mit dem Explorer reagierte Ford auf jüngste Marktuntersuchungen, die Autos dieser Art beste Marktaussichten verhießen; bei allen Aspekten der durch sie erfüllten Abenteuerlust wollten Käufer solcher Autos aber nicht auf Komfort und den praktischen Nutzen verzichten.

Ford	Bauart	Mot.	Getr.	R/ L cm	Modelljahre
Festiva → Mazda 121					**1988–90**
Escort	**Fr.**	**a–e**	**4/A3/5**	**239,5/416/419**	**1981–84**
		f–h		**239,5/424/426,5**	**1985/86**
EXP (ab März 1981)		**c–e**		**239,5/432,5**	**1982–85**
Motoren:	*Zyl.:*	*N'w.:*	*cm³:*	*PS/'min:*	*Nm/'min:*
a (1981)	4	OHC	1296	59/5700	85/3600
b (*1982)			1599	66/5200/71*/4600	115/121/3000
c (1983/84)				71/4600/81/5400	119/2600/3000
d (1983 *'84, EXP'83)	4i			83/85*/5200	119/122/2800
e (1984/85)	4iT			122/5200	163/3400
f (1985 *1986–)	4		1859	87/4800	135/136*/3000
g (1985–)	4D		1998	53/4000	111/2400
h (L 3-türig 1986)					108/2750
Escort / EXP	**Fr.**	**a–c**	**4/5/A3**	**239,5/424/427/428**	**1987**
Escort / EXP (1988)				**239,5/430/428**	**1988/89**
a	4i	OHC	1859	91/4600	144/3400
b (GT/EXP *1988–)				117/5200/112*/5400	163/4400/156/4200
c (1987)	4D		1998	59/3600	114/3000
Escort	Fr.	a/b	5/A4	250/432/435	1990
a	4i	OHC	1859	89/4400	146/3800
b (GT)		D16V	1840	129/6500	155/4500

Ford	Bauart	Mot.	Getr.	R/ L cm	Modelljahre
Tempo	**Fr.(4)**	**a–e**	**4/5/A3**	**253,5/447,5–449,5**	**1984–90**
Motoren:	*Zyl.:*	*N'w.:*	*cm^3:*	*PS/'min:*	*Nm/'min:*
a (*1985)	4	OHV	2300	85/4400/87*/4000	160/2600/168/2800
b (1986 *1987)	4i			87/4000	168/2800/163*/32'
c (1985/86 *1987)				101/4600/95*/4000	170/171/3200
d (1988–)				99/101/4400	168/2200/176/2600
e (–1986)	4D		1998	53/3600	111/2400
Probe	**Fr.**	**a/b**	**5/A4**	**251,5/449,5**	**1988–90**
Motoren:	*Zyl.:*	*N'w.:*	*cm^3:*	*PS/'min:*	*Nm/'min:*
a	4i/4iT	012V	2184	112/4700/147/4300	176/3000/258/3500
b (1990–)	V6i	OHV	2979	142/4800	217/3000
Mustang	**St.**	**a–q**	**4/A3/5/ A4**	**255/456**	**1981–90**
Motoren:	*Zyl.:*	*N'w.:*	*cm^3:*	*PS/'min:*	*Nm/'min:*
a (1981)	4	OHC	2301	89/4600	161/2600
b (1982)				87/93/4600	159/161/2600
c (1983 *1984)				91/4600/89*/4000	166/2600/2400
d (1985/86 *1987–89)	4/4i*			89/4200/91*/3800	166/2600/176/2800
e (1990–)	4i			89/4000	180/2600
f (1981 *1983/84)	4T/4iT*			118/5200/147*/4600	183/3200/244/3600
g (SVO 1984)	4iT			177/4400	210/3000
h (SVO 1985 *1986)				203/5000	326/3000/3200*
i (*1982)	6	OHV	3273	95/4000/88/3800*	214/209/1400
j (1983 *1984–86)	V6/V6i*		3791	114/4000/122*/3600	237/2600/278/1600
k (1981 *Calif.)	V8		4183	117/122*/3400	265/2200/278/2600
l (1982)				113/3400	263/1600
m (1982 *1983/84)			4942	159/4200/177*/4000	326/332/2400
n (1984)	V8i			167/3800/208/4400	332/2000/360/3200
o (1985)				183/4200	353/2600
p (1985 *1986)				213/4400/203*/4000	366/3200/387/3000
q (1987–)				228/4200	407/3200
Fairmont		**a/d/g**	**4/A3**	**268/496,5/501,5**	**1981**
Futura		**a/d**	**4/5/A3**		**1982**
Fairmont Futura		**c/f**	**4/A3**		**1983**
Granada		**a/d/g**	**4/A3/5**	**268/499**	**1981/82**
Motoren:	*Zyl.:*	*N'w.:*	*cm^3:*	*PS/'min:*	*Nm/'min:*
a (*1982)	4	OHC	2301	89/87*/4600	160/2800/159/2600
b (1982–)				87/93/4600	166/2600
c (1983)				91/4600	
d (*1982)	6	OHV	3273	95/4000/88/3800*	214/209/1400
e (1982– *Calif.)	V6		3791	114/120*/4000	237/2600/252/2000
f (1983)				93/3800	212/1400
g (1981 *Calif.)	V8		4183	117/122*/3400	265/2200/278/2600
Taurus	**Fr.**	**a–d**	**5/A3/A4**	**269/478,5/487,5**	**1986–90**
Motoren:	*Zyl.:*	*N'w.:*	*cm^3:*	*PS/'min:*	*Nm/'min:*
a (*1987–)	4i	OHV	2498	89/4600/91*/4400	176/2800/2600
b	V6i		2979	142/4800	217/3000
c (SHO 1989–)		D24V		223/6000	271/4800
d (1988/89 *1990–)		OHV	3791	142/3800	292/2400/2200*
LTD	**K'r.**	**a–e**	**A4**	**290,5/531/536/546**	**1981/82**
Motoren:	*Zyl.:*	*N'w.:*	*cm^3:*	*PS/'min:*	*Nm/'min:*
a (–1981)	V8	OHV	4942	122/132/3400	278/2600/319/1800
a (1982–)				134/3400	320/1800
b (Calif. –1981)	V8i			132/3400	313/2200
c (1982–)	V8		4183	124/3400	284/2400
d (–1981)	V8		5766	147/3200	366/1800
e (HO)				167/3600	387/2200
LTD	**St.**	**a–d**	**4/A3/A4**	**268/499**	**1983–86**

Ford	Bauart	Mot.	Getr.	R/ L cm	Modelljahre
a (*1984–)	4	OHC	2301	91/4600/89*/4200	166/2600
b (1983)	6	OHV	3273	93/3800	212/1400
c (*1984–)	V6/V6i*		3791	114/4000/122*/3600	237/2600/278/1600
d (1984/85)	V8		4942	167/3800	332/2000
LTD Crown Victoria	**K'r.**	**a–e**	**A4**	**290,5/536**	**1983–90**
LTD (CV)Country Squire	**(*1988–)**			**290,5/546/548,5***	
a (1983)	V8i	OHV	4942	147/3600/132/3200	332/2200/326/2000
b (1984 *Canada)				142/3200/157*/3600	339/1600/360/2000
c (1985)				142/3200/157/3600	360/2000
d (1986–)				152/3200/162/3400	366/2000/380/2200
e (Exp. *Pol.+E'84–87)	V8		5766	167/3600/183*/3600	393/2200/387/2400
Thunderbird	**St.**	**a–e**	**A3/A4**	**275,5/509**	**1981/82**
Motoren:	*Zyl.:*	*N'w.:*	*cm^3:*	*PS/'min:*	*Nm/'min:*
a (*ab 1982–)	V6	OHV	3273	89/88*/3800	209/1400
b (1982– *Calif.)			3791	114/120*/4000	237/2600/252/2000
c (–1981 *Calif.)	V8		4183	117/122*/3400	265/2200/278/2600
d (1982– *Calif.)				113/122*/3400	263/278/2600
e (–1981)			4942	132/3400	319/1600
Thunderbird	**St.**	**a–g**	**5/A3/A4**	**264/502**	**1983–87**
			5/A4	**264,5/513,5**	**1987/88**
a (–1984)	4iT	OHC	2301	147/4600	244/3600
b (1985/86 *m. Autom.)				157/4600/147*/4400	258/2800/244/3000
c (1987– *m. Autom.)				193/152*/4400	326/271/3000
d (1985/86 nur n.Can.)	V6	OHV	3791	114/4000	237/2600
e (1984–87 *1988–)	V6i			122/3600/142*/3800	278/1600/292/2400
f (1984/85 *1986)	V8i		4942	142/3200/152*/3400	339/1600/366/2000
g (1987 *1988–)				152/3200/157*/3400	366/2000/359/2200
Thunderbird	**St.**	**a/b**	**A4/5**	**287/505**	**1989/90**
a	V6i	OHV	3791	142/3800	292/2400
b (Super Coupe)	V6iC			213/4000	427/2600
Aerostar Wagon	**K'r.(4)**	**a/b**	**5/A4**	**302/444**	**1985–90**
Aerostar Wg. Extended				**302/483**	**1989/90**
Motoren:	*Zyl.:*	*N'w.:*	*cm^3:*	*PS/'min:*	*Nm/'min:*
a	V6i	OHV	2979	147/4800	224/3600
b (1990–)			3958	157/4400	291/2400
Bronco II (*1989–)	**K'r.(4)**	**a–c**	**4/5/A3/ A4/+R**	**239/402,5/411***	**1983–90**
Motoren:	*Zyl.:*	*N'w.:*	*cm^3:*	*PS/'min:*	*Nm/'min:*
a (–1985)	V6	OHV	2792	117/4600	203/2600
b (1986–)			2935	142/4600	231/2600
c (1985/86)	4D	OHC	2347	87/4200	181/2000
Bronco	**K'r./4**	**a–j**	**4/A3/ A4/+R**	**266/451**	**1981–90**
Motoren:	*Zyl.:*	*N'w.:*	*cm^3:*	*PS/'min:*	*Nm/'min:*
a (*1985/86)	6	OHV	4917	117/4000/122*/3600	260/1800/339/2000
b (1987–)	6i			147/3400	360/2000
c (Calif. –1984)	V8		4183	119/3800	262/2000
d (–1984)			4942	139/3600	315/1600
e (1985)	V8i			193/3800	387/2400
f (1986 *1987–)				152/3400/188*/3800	366/2000/2400
g (*1986)			5766	142/3400/213*/4000	360/2000/414/2800
h (1987/88 *1989–)	V8/V8i*			193/213*/3800	400/2600/427/2800
i (Australia –1986)	V8		4089	136	315
j (Australia –1986)			5766	220	429
Explorer	**K'r./4**	**–**	**5/A4**	**259/443/284/468**	**1990**
Motor:	V6i	OHV	3958	157/4200	298/2400

Glassic

Glassic Roadster, 1974

Die Glassic Motor Car Co. Inc. in Palm Beach, Florida, wurde durch ihren ab 1966 in großer Zahl hergestellten Nachbau des Ford A Phaeton aus den 20er Jahren bekannt. Diese Replika basierte auf einem Chassis analog des → International-Geländewagens: Kastenrahmen, vorne wie hinten mit Starrachsen und Längsblattfedern. Der Motor dieses Glassic Model A mit Kunststoffkarosserie (= fiberglass!) war Anfang der 70er Jahre der Ford-4,9-L-V8 mit 131 PS im Verein mit dem 3-Stufen-Automatgetriebe Select Shift. Es gab den Model A als viersitziger Roadster und als 2+2-sitzigen Phaeton.

Romulus II In kleineren Serien mit weniger als hundert Exemplaren wurden nebst dem Ford A weitere Nachbauten hergestellt. Mitte 1974 wurde mit der Bezeichnung Romulus II eine sorgsame Nachbildung des legendären Auburn Speedster 852 von 1936 lanciert. Von ihm sollten gemäß Planung bis 2500 Exemplare gebaut werden! Der Romulus war groß und luxuriös, doch wurde für ihn die gleiche Ford-Mechanik verwendet wie für den Model A. Starrachsen, Trommelbremsen, das Cockpit mit den vielen kleinen Rundinstrumenten sowie das Schließfach für die Golfausrüstung waren originalgemäß; hinzu kamen Sicherheitseinrichtungen, Brems- und Lenkhilfe, elektrische Fensterheber, Radio samt Tonbandgerät. 1976 kam das Unternehmen in andere Hände und die Produktion wurde eingestellt (→ Auburn im Buchteil c).

Glassic Romulus II, 1975

Glasspar

Die ersten großformatigen Objekte aus glasfaserverstärktem Kunststoff (GfK) waren Bootsbauern zu verdanken. William Tritt aus Santa Ana in Kalifornien hatte seine Glasspar Company zum führenden Hersteller von Polyester-Booten bzw. GfK-Bootskörpern entwickelt. Die Initiative für den Bau einer GfK-Autokarosserie wurde von außen an ihn herangetragen.

Glasspar G2, 1953

Der 1951 auf einem Ford-V8-Chassis von 1939 entstandene Prototyp war ein viel beachteter eleganter offener Sportzweisitzer und das wohl erste Auto mit GfK-Karosserie. Allerdings entstanden an diversen Orten in den USA weitere Prototypen dieser Art. Glasspar lieferte zunächst nur Karosserien, während ein Konstrukteur namens Shorty Post bzw. die Firma Mameco Automotive Engineering einen passenden Chassisrahmen aus Vierkantrohren entwickelte. Die so angebotenen Bausätze konnten Fans mit GM- oder anderen US-Motoren und -Antriebskomponenten ergänzen. So sollen in Newport Beach zunächst mindestens 30 Mameco-Glasspar entstanden sein.

Wildfire Zu den ersten Kunden zählte der Dodge/Willys-Händler B. R. »Woody« Woodill in Downey, Kalifornien. Er gründete 1952 die Eigenmarke Wildfire. Hierzu ließ er einen Hot-Rod-Chassisrahmen mit einer angepassten GfK-Bausatzkarosserie des Fabrikats Alembic der Glasspar Co. in Costa Mesa, Kalifornien, kombinieren. Dem Antrieb dieser offenen Sportzweisitzer diente der gleiche 2,6-Liter-Sechszylindermotor, wie er im Willys Aero eingebaut wurde... So entstand Amerikas erste eigentliche GfK-Automarke! – Willys interessierte sich stark für dieses Projekt. Doch nachdem die ersten sieben Wildfire fertiggestellt waren, erfolgte die Nachricht von der Übernahme von Willys-Overland durch den Konkurrenten Kaiser-Frazer. Und dieser hatte bereits den eigenen Sportroadster DKF in petto, auch er mit GfK-Aufbau. Glasspar lieferte inzwischen weiteren Käufern die anfänglich links stets türlosen Aufbauten samt Rohrrahmenchassis, und es entstanden auch sieben Fertigwagen. Bis 1953 dürften 100 bis 200 G2 entstanden sein. Dieser leichtgewichtige Sportwagen ließ sich mit potentem Motor auch erfolgreich im Rennsport einsetzen. Und es kam zu einer ersprießlichen mehrseitigen Zusammenarbeit: Glasspar baute sowohl die ersten 92 von 265 Wildfire-Bausätzen wie auch die ersten 62 Exemplare des Ende 1952 von → *Kaiser-Frazer vorgestellten Roadsters DKF-161. Mit dem Mitte 1953 lancierten Chevrolet Corvette wollte Glasspar aber nicht mehr konkurrieren und beschränkte sich fortan auf den florierenden Polyesterbootsbau.*

Sportwagen mit G2-Glasfaser-Karosserien von Glasspar in diversen Ausführungen (ca. 1952).

GMC

GMC S-15 Jimmy 4WD, 1983

Die drei Buchstaben GMC standen für General Motors Corporation. Sie verkörperten von 1911 bis in die 90er Jahre auch eine Lastwagenmarke.

Ab den 70er Jahren wurde unter diesem Label als kleines Nutzfahrzeug – nach amerikanischer Nomenklatur »truck« – das Modell Jimmy hergestellt, ein Parallelmodell zum → Chevrolet Blazer und wie dieser mit offener Karosserie und Sechszylinder- oder V8-Motor. Für Vierradantrieb war ein Mehrpreis zu bezahlen. Später folgten auch größere GMC-Parallelmodelle zu Chevrolet-Nutzfahrzeugen. Als solche gelten in den USA die Gelände-Pkw, SUV, Minivans usw. Die GMC waren stets einen Hauch exklusiver und auch teurer als die Chevrolet-Parallelmodelle. Bei beiden stimmten die technischen Eigenheiten überein.

GMC Suburan 4WD, 1983

Hudson

Hudson Commodore, 1946

Der erste Hudson war 1909 in Detroit auf den Automarkt gebracht worden. Gegründet worden war die Hudson Motor Car Company von vier ehemaligen Oldsmobile-Ingenieuren, die im Warenhausbesitzer Joseph L. Hudson ihren Geld- und Namensgeber fanden. 1918 wurde die Einstiegsmarke Essex gegründet; sie wurde in den 30er Jahren durch die Marke Terraplane abgelöst. Dieses Fabrikat wurde nach dem Zweiten Weltkrieg nicht weitergeführt, wohl aber Hudson.

Ende 1945 erschien als Modell 1946 eine Verfeinerung des 1942 herausgebrachten Typs. Es hatte einen der üblichen Chassisrahmen, vordere Einzelradaufhängung, eine Einplatten-Korkkupplung im Ölbad sowie Sechs- und Achtzylinder-Reihenmotoren mit stehenden Ventilen.

»Lowest car« Ende 1947 wurde ein vollständig neuer Hudson vorgestellt. Seine Karosserie mit aerodynamisch fließenden Linien war unter Mitwirkung von Reid Railton, dem Konstrukteur des Weltrekordwagens von John Cobb, entstanden. Mit 159 cm Höhe in unbelastetem Zustand war sie ungewöhnlich niedrig. Propagiert wurde diese Neuheit mit dem Slogan *»Lowest car on the highway – dieser nur 5 Fuß hohe Sedan, in den man hinab- statt hinaufsteigt, bietet mit seinem selbsttragenden Monobuilt-Aufbau mehr Kopffreiheit als jeder andere heute gebaute Wagen«.*

Dank ihrer auffallenden Karosserielinie wurden die Hudson-Wagen auch auf den freien Märkten der Alten Welt zu einem Begriff. Aber auch in konstruktiver Hinsicht wurde Neuland beschritten: Der Aufbau war selbsttragend ausgeführt. Er basierte auf einem Kastenfachwerk mit zwei geschweißten Längsholmen, die außerhalb der Hinterräder durchführten, und sieben Quertraversen. Die vordere Einzelradaufhängung umfasste Trapez-Dreieckquerlenker, Schraubenfedern und einen Torsionsstabilisator, hinten kam eine Starrachse mit Halbelliptikfedern zum Einbau. Es wurden vier Karosserieformen angeboten: vier- und zweitürige Limousine, Coupé und (etwas später) Cabriolet. Die Normalausführung hieß wie bisher Super, die luxuriösere Version weiterhin Commodore. Ungewöhnlich war die Kraftübertragung Drive Master mit automatischer Kupplung; sie war ebenso auf Wunsch lieferbar wie ein zusätzlicher Schnellgang. – *Für die hochmodernen, teils automatisierten Produktionsanlagen der neuen Modellserie hatte die 17'000 Mitarbeiter zählende Hudson Motor Car Company 16 Mio. Dollar investiert.*

Hudson Commodore Eight six-passenger coupe, 1948

Eine kleine Besonderheit der Hudson war übrigens das innenbeleuchtete Markenschild über dem Kühlergrill, wie es auch die englischen Wolseley besaßen. Ende 1949 kündete der oberste Hudson-Boß, A. E. Barit, den Pacemaker 6 als kleineres Modell neben dem Super 6 und dem Commodore 8 an. Auch er zeigte sich in der typischen wuchtig-eleganten Hudson-Linie, wenn er auch mit 512 cm um 15 cm kürzer war. Zudem wurde ihm eine kleinere Motorversion verpasst. **Hornet** Für 1951 erhielten die Hudson ein ellipsenförmiges Kühlermotiv. Als neues Topmodell kam in diesem Modelljahr der Hornet hinzu, der bemerkenswerterweise einen auf 5 Liter Inhalt vergrößerten Sechszylindermotor – weiterhin mit stehenden Ventilen – erhielt. Mit 146 PS war er der stärkste Sechszylinder Amerikas. Der Reihen-Achtzylinder wurde ebenfalls nochmals verfeinert und besaß nun einen Leichtmetall-Zylinderkopf, wie er schon den Sechszylinderaggregaten eigen war. Aus dem Commodore 6 war inzwischen der Super-Six geworden. Er und der Hornet waren auf Wunsch mit dem vollautomatischen Hydra-Matic-Getriebe (von GM) lieferbar. Bei den übrigen Modellen gab es wahlweise den Super-Matic-Drive mit ausschaltbarem Kupplungsautomaten (vorher unter der Bezeichnung Drive-Master bekannt). Ende 1951 kam das Faux-Cabriolet Hollywood mit Panoramaheckscheibe hinzu. Neu für 1952 war der Wasp, der sich zwischen Pacemaker und Hornet einreihte. Auch alle Viertürmodelle erhielten vergrößerte Heckscheiben.

Jet und Italia Gänzlich neu waren erst wieder die für das Modelljahr 1953 herausgebrachten Jet und Super Jet. Sie präsentierten sich mit üblichem Stufenheck und rundeten das Hudson-Programm nach unten ab. Sie sollten den Marktanteil vergrößern. Obwohl deutlich kleiner, wichen die Jet-Modelle nicht von der Hudson-Bauweise ab. Auch sie waren mit zwei Sechszylindermotoren erhältlich, und sie boten eine übliche Trockenkupplung. Das bekannte Mailänder Karosseriewerk Touring schuf auf dem Jet das Traumwagencoupé Italia..., das bis 1954 25 Mal gebaut wurde (eine großartige Rarität)!

Hudson Hornet Six, 1951

Zum Modelljahr 1954 erhielten die großen Hudson-Fließheckmodelle einen vereinfachten Kühlergrill im Stile des Jet; das Dreieckmotiv war schon 1953 aufgegeben worden. Doch die Tage dieser nun bereits über sechs Jahre alten Konstruktion – für Amerika eine ungewöhnlich lange Zeit – waren gezählt. *Der Konkurrenzkampf führte zum Zusammenschluss mit Nash in der American Motors Corporation (= AMC). – Von 1909 bis 1954 hatte Hudson über 3,7 Mio. Pkw gebaut.*

Hudson Italia by Carrozzeria Touring, 1953

Hudson Hornet, 1954

Hudson Rambler Custom, 1955

American Motors Unter der Ägide von AMC gab es 1955 nun von der Nash-Seite stammenden Rambler auch als Hudson-Basismodell (→ Nash). Er ersetzte den wenig erfolgreichen Jet. Vorübergehend konnte man sogar den in England gebauten Metropolitan als Hudson ordern. Die großen Hudson Wasp, Hornet 6 und Hornet V8 zeigten hingegen deutliche Anklänge an den Nash-Stil. Während die beiden Ersteren wenigstens noch markeneigene Motoren beibehielten, wurde im stärkeren Hornet der V8-Motor samt Ultramatic-Getriebe von Packard eingebaut..., genau wie bei Nash. Für 1956 wurden die → Rambler-Modelle zu einer eigenen Marke erhoben. Die großen Hudson erhielten eine neue Kühlerfront mit V-Motiv, und es gab einen größeren Packard-Motor.

Im Sommer 1956 folgte darauf der AMC-eigene V8 mit 4,1 Liter Hubraum. Das Modelljahr 1957 brachte ein weiter bereinigtes Typenprogramm. Hudson und Nash unterschieden sich nur noch im Detail; die letzten Hudson waren »Nash-Klone«. *Ende 1957 wurde die Marke schließlich aufgegeben... Sie sollte das 50-Jahr-Jubiläum nicht erleben!*

Hudson Hornet Custom V8, 1956

Hudson	Zyl.	cm³	PS	bei 1/min	Gänge	Spitze km/h	Radstand/Länge	ab Jahr	Besonderheiten
Super Six									
Commodore Six	6	3472	102	4000	3	130	307/525	1946	Chassisrahmen:
Super Eight									stehende Ventile
Commodore Eight	8	4165	128	4200	3	140	307/525	1946	
Commodore Six	6	4286	123	4000	3+A	140	315/527	1948	selbsttragendes Fachwerk-Karosseriegerippe
Commodore Eight (beide auch Super)	8	4165	130	4200					
Pacemaker	6	3802	113	4000	3	140	302/512	1950	
Hornet 6	6	5047	146	3800	3+S/A	150	315/527	1951-53	
Wasp	6	4293	129	4000	3+S/A	145	302/514	1952	
	6	3802	113	4000	3+S/A	140	302/512	1953	
Super Wasp	6	4293	129	4000	3+S/A	150	302/514	1953	
Jet/	6	3310	105	4000	3/3+S/A	140	265/459	1953	
Super Jet			115			145			
Hornet	6	5047	172	4000	3/3+S/A	165	302/514	1954	
Rambler	6	3205	91	3800	3/3+S/A	135	254/-471	1955	
Rambler 4-türig							274/-491		
Wasp	6	3310	112	4000	3/3+S/A	145	290/-539	1955	
Hornet6	6	5047	172	4000	3/3+S/A	160	308/-557	1955	
			(162	3800)					
Hornet V8	V8	5237	211	4200	A	165	308/557	1955	
		5773	223	4600		180		1956	
Wasp	6	3310	132/122		3/3+S/A	150	290/-539	1956	
Hornet (einziges und letztes Modell)	V8	5359	258	4700	3/3+S/A	175	308/-557	1957	

Imperial

Mit dem Modelljahr 1957 wurde die bisherige Chrysler-Spitzenmodellreihe Imperial zur eigenen Marke erhoben. Als solche sollte sie im Konkurrenzkampf zu Cadillac von General Motors und Lincoln von der Ford Motor Company (auch im Export) vermehrtes Gewicht erhalten.

Zum Jahr 1950 hatte Chrysler die Luxus- und Chauffeurlimousine Crown Imperial (»Kaiserkrone«) noch oberhalb der Modellreihe New Yorker eingeführt. Die 585 cm langen Viertürwagen kosteten fast doppelt so viel wie ein Chrysler Windsor. Mit der zusätzlichen Marke verfügte die Chrysler Corporation wie General Motors über fünf Markennamen, nämlich Plymouth, Dodge, De Soto, Chrysler und Imperial. Schon 1955 hatte der Imperial als Chrysler-Modell größere Eigenständigkeit in Design und Ausstattung erhalten (→ Chrysler).

Für das Modelljahr 1957 erhielten die Imperial ein neu konzipiertes Fahrwerk mit Torsions-Aire-Aufhängung bestehend aus längsliegenden vorderen Torsionsfederstäben und neuen hinteren Blattfedern mit weit vor der Federmitte angeordneter Hinterachse. Dem Antrieb diente (wie auch dem Chrysler New Yorker) ein neuer 6,4-Liter-V8 mit 330 PS. Er war mit der automatischen Kraftübertragung Torque-Flite mit 3-Stufen-Planetengetriebe kombiniert. Dieses wurde mit einer Drucktastatur am Armaturenbrett bedient. Es gab die drei Ausstattungsvarianten Imperial IMI-1, Imperial Crown IMI-2 und Imperial Le Baron IMI-4. IMI-1 und -2 waren als Sedan sowie zwei- und viertürige Faux-Cabriolets verfügbar, der IMI-4 ausschließlich als Sedan bzw. Limousine. Mit dem Jahrgang 1957 wurden eine ins Dach hinein vergrößerte Panoramascheibe und – erstmals bei einem Serienwagen – gewölbte Seitenscheiben eingeführt.

Imperial Le Baron Southampton, 1957

Imperial Custom Southampton, 1960

Ghia Special 1958 wurde die Leistung auf 350 PS erhöht – es war die Zeit des »PS-Rennens«. Die italienische Karosseriefirma → Ghia bot mit einer auf 640 cm verlängerten Spezialversion das »längstes Auto der Welt«. Ab dem gleichen Modelljahr waren auch eine automatische Geschwindigkeitsregelung, eine elektromechanische Türverriegelung sowie ein selbstsperrendes Differential Sure Grip erhältlich. Mit Beginn des Modelljahrs 1959 konnte man für die Hinterachse eine Luftfederung mit Niveauausgleich bestellen. Bei allen Imperial zählten nun Servolenkung und -bremsen, eine Scheibenwaschanlage und Doppelauspuff zur Serienausrüstung. Auch schwenkbare Vordersitze waren alsbald zu haben. Der Motor besaß neu 6,8 Liter Inhalt und bot 355 SAE-PS Leistung (spätere Angaben 345 PS).

Für 1960 führte der Chrysler-Konzern für alle Marken selbsttragende Karosserien ein..., mit Ausnahme von Imperial! Eine damals erstaunliche Karosserieneuerung, die gewissermaßen einen Schritt zurück bedeutete: Der Imperial Le Baron erhielt ein stark verkleinertes Heckfenster, um den (Diskretion wünschenden) Fondpassagieren ein gewisses Maß an Intimsphäre zu sichern. Davon abgesehen boten die Imperial 1960 eine noch imposantere Silhouette als die Chrysler, und sie waren auch ein Stück länger. Auffallend waren die hinten ansteigenden Heckflossen, die in die Schlussleuchten ausmündeten. Die Modellbezeichnungen lauteten nun Custom, Crown und Le Baron, und es gab zudem ein Imperial-Cabriolet.

1960 wurde beim Karosseriewerk Ghia in Italien eine Serie von 25 Imperial-Repräsentationslimousinen mit auf 3,8 m verlängertem Radstand und 622 cm Gesamtlänge in Produktion genommen.

Imperial	Zyl.	cm³	PS	bei 1/min	Gänge	Spitze km/h	Radstand/Länge	ab Jahr	Besonderheiten
	V8	6423	330	4600	A	190	328/569	1957	Kastenrahmen mit Traversen (ab 1960: selbsttragende Karosserie)
			350				328/573	1958	
		6769	355				328/575	1959	

Imperial in den 60er Jahren

Mit dem Modelljahr 1961 wich die leicht V-förmig angeordnete Frontstoßstange einer üblichen geradlinigen Ausführung. Zum Jahrgang 1962 änderten sich Front- und Heckdesign. Zwar waren die Doppelscheinwerfer immer noch freistehend beidseits an den Kühlergrill angefügt, doch war dieser nun vertikal zweigeteilt, hatte sozusagen einen Mittelscheitel erhalten. Die Schlussleuchten thronten nun auf den abgeflachten Heckflossen. 1963 zeigte sich der Kühlergrill wieder zusammengewachsen, besaß aber immer noch einen senkrechten Mittelstab.

Für das Modelljahr 1964 wurden erstmals wieder größere Neuerungen angekündigt. Der Kühlergrill war jetzt deutlich zweigeteilt, doch waren die Doppelscheinwerfer nun in die Front integriert..., womit ein eigenwilliges Erkennungsmerkmal entfiel! Die Rückscheibe war nicht mehr um die Ecken gebogen, sondern nahezu flach ausgeführt. Zudem endete das gradlinig ausgezogene Heck in einer halbwegs vorstehenden Reserveradverschalung.

Designerneuerung Das neue Design war das Werk des neuen Chrysler-Chefstylisten Elwood Engel, der zuvor bei Ford tätig war und dort unter anderem den schlicht geformten Lincoln Continental '61 geschaffen hatte. Die von vorne nach hinten abfallenden Chromstreifen an den Imperial-Flanken waren verschwunden. Ebenso war die Basisreihe Custom aufgegeben worden. Chrysler sprach von 150 Einzelverbesserungen, die dem Imperial 1964 zugute-

Imperial Four Door Hardtop, 1961

gekommen seien. Wie schon im Vorjahr wurde in den USA auf Motor und Getriebe eine Garantie von 50'000 Meilen (80'000 km) oder fünf Jahren gewährt.

Bemerkenswert war die Frontgestaltung des Imperial 1965: Der Kühlergrill war durch ein Chromkreuz geviertelt, und die Doppelscheinwerfer steckten in viereckigen Chromrahmen. Neu war eine unübersehbare rote Warnleuchte namens Sentry Signal: Sie trat in Aktion bei übermäßigem Anstieg der Kühlwassertemperatur, bei fallendem Öldruck oder ausgehendem Benzinvorrat und forderte zur Überprüfung der Anzeigeinstrumente auf.

Möglicherweise zur Enttäuschung einiger Chrysler-Fans wurden die Drucktasten für das Automatikgetriebe durch einen gewöhnlichen Wählheben ersetzt. Beim Einlegen einer Getriebestufe löste sich die Feststellbremse nun automatisch.

Imperial Crown Coupe de Luxe, 1964

Imperial Crown, 1967

Zum Modelljahr 1966 wurde ein 7,2-Liter-Motor mit noch mehr Drehmoment eingeführt. Der neue Jahrgang ließ sich am durchgehenden Kühlergrill mit Karomotiv erkennen. Im Innenraum fand sich eine noch intensivere Anwendung von Nussbaumholz. Zu den Luxusmerkmalen zählten auch das schwenk- und längsverstellbare Lenkrad, der automatische Abblendschalter und die blau getönte Frontscheibe.

Selbsttragend! Mit dem Modelljahr 1967 erfolgte auch beim Imperial der Übergang zur selbsttragenden Bauweise. Imperial war die letzte Chrysler-Marke mit einem Kastenrahmen und Traversen (beim Cabriolet Kreuzverstrebung). Um dennoch bestmögliche Laufruhe zu erhalten, wurde für die Antriebsgruppe ein Fahrschemel konstruiert. Die Hinterachse erhielt einen Panhardstab. Vordere Scheibenbremsen war nun serienmäßig vorhanden, und zudem wurden zwei getrennte Bremskreisläufe montiert. Noch vermehrt auf Sicherheit ausgerichtet wurde auch der Innenraum.

Man erkannte den neuen Jahrgang an der Markenaufschrift in Kühlergrillmitte und den die vorderen Radhausenden formenden Blinkleuchten. – Wieder ein Jahr später zeigte die Kühlergrillmitte bloß noch ein kreisrundes Motiv.

Für das Modelljahr 1969 wurden die Imperial mit rundlicheren Konturen bedacht; ein Cabrio gab's jetzt nicht mehr. Die Scheinwerfer waren unter dem horizontal durchgezogenen Kühlergitter versteckt, die Wischerarme wurden vom Motorhaubenende kaschiert, und die Gesamtlänge war auf eindrückliche 583,5 cm angewachsen!

Die Imperial 1970 schließlich trugen zusätzliche seitliche Blinker, serienmäßig Gürtelreifen und eine weiter verbesserte Isolation zwischen Fahrschemel und Wagenkörper. Die Topversion Le Baron unterschied sich neu durch ein Vinyldach. Weitere Detailänderungen zeugten von der steten Suche nach einer Optimierung des Markenimages nach amerikanischem Vorstellungen. – Mit 10'753 im Jahre 1970 im Inland neuregistrierten Wagen war Imperial die kleinste US-Konzern-Marke.

Imperial Le Baron Hardtop Sedan, 1969

Imperial	Zyl.	cm³	PS	bei 1/min	Gänge	Spitze km/h	Radstand/Länge	ab Jahr	Besonderheiten
Custom, Crown,	V8	6746	355	4600	A	190	328/575	1960/61	Kastenrahmen
Le Baron			345	4600			328/577	1962/63	
Crown, Le Baron							328/579	1964/65	
		7206	355	4400		200		1966	
							323/571	1967/68	(nun selbsttrag. Karosserie)
							323/584	1969/70	

Imperial LeBaron, 1971

Imperial in den 70er Jahren

1971 beruhte das Imperial-Angebot auf den Modellen LeBaron als Hardtop-Coupé und als Hardtop-Sedan. Dem Antrieb diente der 7,2-L-V8, dessen Leistung wegen der neuen Abgasvorschriften von 355 auf 340 SAE-PS gedrosselt worden war (Verdichtung noch 8,8 statt 9,7:1). Die Kraftübertragung besorgte das traditionelle 3-Stufen-Automatikgetriebe Torqueflite.
Die mit einem Hilfsrahmen verbundene Vorderradaufhängung umfasste einen oberen Trapez-Dreieckquerlenker und einen unteren einfachen Querlenker mit elastisch gelagerter Zugstrebe und längsliegendem Torsionsfederstab. Hinten kam eine Starrachse mit halbelliptischen Längsblattfedern zum Einbau. Es wurden vordere Scheibenbremsen samt Servo eingebaut, und die verbesserte Servolenkung bot mehr Straßenkontakt. Es gab zudem neue Stoßdämpfer, und das Interieur war überarbeitet worden.
Bemerkenswert war aber in erster Linie die auf alle vier Räder wirkende elektronische Antiblockier-Bremsvorrichtung, die gegen Mehrpreis zu haben war. Dieses mit Four Wheel Sure Brake bezeichnete frühe ABS war von Chrysler und Bendix gemeinsam entwickelt worden und vorerst exklusiv den Imperial 1971 vorbehalten.
Zum Modelljahr 1972 wurde das Karosseriedesign vor allem im Frontbereich erneuert. Der Kühlergrill war nun wesentlich feinmaschiger ausgeführt. Die wie Peilstege nach vorne gestreckten Radhausenden erinnerten ein wenig an die Lincoln. Die Dreieck-Ausstellfenster entfielen nun auch bei der Marke Imperial!
Mit den Stoßstangenhörnern erreichte der Imperial von 1973 eine Länge von 598 cm! Die Innenausstattung bestand nun aus feuerfestem Material. Der 7,2-L-V8 erhielt einen neuen Carter-Vierfachvergaser und war verstärkt abgasentgiftet. Auf Wunsch war eine elektronische Alarmanlage lieferbar.
1974 wurde eine neue Karosserie mit tieferer Gürtellinie und entsprechend höheren Seitenfenstern eingeführt. Völlig neu gestaltet wurde der Kühlergrill, der sich nun (vom Lincoln Continental Mk IV inspiriert) im Hochformat auf die Mitte konzentrierte, während die Klappscheinwerfer nicht mehr ins Kühlergitter integriert waren. Der Radstand war von 322,5 auf 315 cm gekürzt worden und somit mit jenem der Marke

Chrysler identisch. Die Länge schrumpfte gar auf 587 cm. Alle Räder erhielten belüftete Scheibenbremsen (Gürtelreifen Serie, die auf Wunsch erhältliche Vierrad-Antiblockiervorrichtung wurde nicht mehr aufgeführt).
1975 war das Jahr der allgemeinen Katalysatoreinführung. Zur Serienausrüstung zählten eine hintere Niveauregulierung und ein in der Längsrichtung verstellbares Lenkrad; die Frontstoßstange wies nun unterhalb der Kühlergrillfront Luftschlitze auf.
Im Jahr darauf gab es wegen der im Vorjahr stark gesunkenen Nachfrage keinen Imperial mehr; an seiner Stelle wurde der→ Chrysler New Yorker 1976 mit der imposante Front des Imperial 1975 aufgewertet!

Imperial LeBaron, 1974

Imperial	Zyl.	cm³	PS	bei 1/min	Gänge	Spitze km/h	Radstand/Länge	ab Jahr	Besonderheiten
LeBaron	V8	7206	223	4000	A3		323/584	1971	
			228	4400			323/583	1972	
			218	3600			323/598	1973	
			233	4000			315/587	1974	
			218				315/591	1975	

International

International Scout 800, 1966

International 1100 D Travelall, 1967

Die 1902 gegründete International Harvester Co. (IHC) in Chicago hatte sich als Hersteller von Lastwagen, Traktoren und Landwirtschaftsmaschinen längst international einen großen Namen gemacht, als das Unternehmen 1960 mit der Lancierung des Scout in direkte Konkurrenz zum Jeep von Willys trat.

SUV-Ahne Allerdings war der Scout mit vollständigem und glattflächigem Karosserieaufbau auch eine Alternative zu den Willys Jeep Station Wagon. Er konnte daher weit eher der Sparte Personenwagen zugerechnet werden als der im Zweiten Weltkrieg legendär gewordene Jeep. Es gab den Scout sowohl als Pick-up (Nutzfahrzeug) wie als Kombi mit abnehmbarem Dachteil. Seine Baustruktur umfasste ein Kastenrahmenchassis mit Traversen und sowohl vorne wie hinten Starrachsen. Auf Wunsch war er mit 4-Rad-Antrieb, Reduktionsgetriebe und Power-Lock-Sperrdifferential erhältlich. Erst diese Ausrüstung machte ihn zum eigentlichen Geländepersonenwagen... Damit zählte der International Scout mit zu den Wegbereitern jener Fahrzeugsparte, der Jahrzehnte später sowohl in der Neuen wie in de Alten Welt nie geahnte Bedeutung zukommen sollte: den SUV (Sports Utility Vehicles)!

Für den Antrieb des Scout sorgte ein 2,5-Liter-Vierzylindermotor mit 93 SAE-PS Leistung, und die Basis-Kraftübertragung bestand aus einem 3-Gang-Getriebe mit unsynchronisiertem erstem Gang. 1965 kam ein vierter Gang hinzu. Von 1965 auf 1966 änderte die Typenbezeichnung von Scout 80 auf Scout 800

Der Scout wurde während langer Jahre ohne Veränderungen gebaut; seine auf Zweckmäßigkeit ausgerichtete kubische Karosserie drängte ja keine modischen Anpassungen auf. Immerhin rückte die Markenschrift im schlichten Kühlergrill 1967 von der Mitte auf die linke Seite, und die Scheinwerfer erhielten eine eckige Umrandung.

Travelall Zudem wurde 1967 das Angebot durch den Typ Travelall 1100 B erweitert, einen großen, fünftürigen Kombi mit sechs oder neun Sitzplätzen und 143 PS leistendem 3,9-Liter-Sechszylindermotor. Dieser Wagen war ausschließlich mit 4-Gang-Getriebe, 4-Rad-Antrieb und Reduktionsgetriebe zu haben, und auch er basierte auf einem Kastenrahmenchassis mit Traversen. Bereits zum Modelljahr 1969 wich dieses Karosseriedesign mit gewölbter Motorhaube und panoramaartiger Frontscheibe einer streng kubischen Form. Die Modellbezeichnung lautete nun Travelall 1000 D; sein Sechszylindermotor besaß neu 3,8 Liter Hubraum und leistete 147 PS.

Zur selben Zeit erhielt der Scout einen auf 3,2 Liter vergrößerten Vierzylindermotor mit 113 SAE-PS (104 DIN-PS). Auf Wunsch war er jetzt auch mit einem V8-Aggregat mit 5 Liter Inhalt und 196 (182) PS lieferbar! Zum Jahrgang 1970 stand der 3,8-Liter-Sechszylinder aus dem Travelall mit zur Auswahl, und überdies wurde eine Luxusausführung Aristokrat angeboten.

International	Zyl.	cm³	PS	bei 1/min	Gänge	Spitze km/h	Radstand/Länge	ab Jahr	Besonderheiten
Scout 80	4	2505	93	4400	3/2x3	112+	254/395	1960-65	Starrachsen,
					4/2x4		254/399	1965-68	a.W. 4x4
		3203	113	4000	3/2x3			1968-	ab '69: 2x3/4/A
	V8	4976	196	4400	2x3				
	6	37/99	147	4300					
Travelall 1100 B	6	3936	143	3800	2x4	125	302/475	1967/68	Starrachsen,
1000 D		3799	147	4300	2x3	140+		1968-	ab '69: 2x3/4/5/A

International in den 70er Jahren

Weiterhin galt der Scout, der 1960 von dem Lastwagen- und Landmaschinenhersteller International Harvester Co. (IHC) in Chicago eingeführte Geländewagen, als eine Jeep-Alternative. Der glattflächige kurze Kombi bewährte sich als ein Kompromiss zwischen dem → Jeep und dessen großer Station-Wagon-Version.

1971 gab es den Scout als Typ 800 mit vorderer Dreiersitzbank und als Traveltop mit hintern Längssitzbänken, beide mit Hinterrad- oder Allradantrieb; zudem stand das Modell Aristokrat mit Vierradantrieb weiter im Angebot. Das Karosserieoberteil (Hardtop) war abnehmbar. Es standen ein 3,2-L- Vierzylinder- und ein 3,8-L-Sechszylindermotor sowie ein 5-L-V8 zur Wahl. Dieser wurde ausschließlich mit dem Vierradantrieb (mit Reduktionsgetriebe) verwendet. Die 4x4-Version konnte mit Zapfwelle bestellt werden. Der Scout basierte auf einem Kastenrahmenchassis mit Traversen und hatte vorne und hinten Starrachsen mit Halbelliptikfedern. Der Travelall 1000 war wie erwähnt ein Kombi, dessen Karosseriedesign mit dem Modelljahr 1969 erneuert worden war. Er bot Vierradantrieb (mit Untersetzungsgetriebe, kombinierbar mit drei mechanischen und einem Automatikgetriebe). Dem Antrieb diente der 3,8-L-Six. Sein Kastenrahmenchassis wies vorne eine Einzelradaufhängung mit Trapez-Dreieckquerlenkern und Torsionsstabfedern auf. Auf Wunsch wurde er mit einer Servolenkung bestückt.

International Scout II, 1973

International Scout II Special Rallye, 1976

Zum Jahrgang 1971 wurde über das International-Händlernetz eine von der Stageway Coaches Inc. verlängerte Travelall-Version angeboten: mit acht oder zehn Seitentüren und 15 oder 18 Plätzen (eine Alternative zum Checker Aerobus)!

Scout II Er löste im Sommer 1971 den Scout 800 ab. Man bekam ihn auch als »Roadster« mit Stoffverdeck. Bei der Hardtop-Version fiel das vergrößerte, hinten leicht ansteigende zweite Seitenfenster auf. Der Kühlergrill war jetzt mit horizontalen Stäben verziert. Vor allem aber war die Karosserie niedriger (168 statt 177 cm hoch) und eleganter geworden. Mit längeren Blattfedern wurde zudem das Komfortniveau erhöht, ohne dass der Geländefähigkeit und auch der sprichwörtlichen Robustheit Abbruch getan wurde. Basismotorisierung bildete immer noch der höchst ungewöhnlich großkalibrige 3,2-L-Vierzylindermotor. Nebst dem 3,8-L-Six und dem 5-L-V8 wurde neu ein 5,6-L-V8 angeboten. Auch die hintere Sitzbank war längsverstellbar, und es wurde eine reichhaltige Zubehörliste vorgelegt, auf der auch eine Klimaanlage figurierte. Für die elektrische Anlage hinter den Armaturen wurden gedruckte Schaltungen verwendet.
1973 war der Vierzylindermotor nicht mehr lieferbar. Basisantriebseinheit war nun ein 4,2-L-Six. Der Kühlergrill bestand aus einer Vielzahl von Senkrechtstäben; auffallend war eine (1974 eingeführte) Topausführung des Scout II mit in drei Feldern eingeteilter Kontrastfarbe an den Flanken. Es gab u. a. die Versionen De Luxe mit 4-Gang-Handschaltgetriebe

und Grand De Luxe mit Automatikgetriebe (sowie getönten Scheiben, hinteren Schiebefenstern, Chromelementen usw.). – Mitte 1973 lancierte International das »Entwicklungshilfe-fahrzeug« WUT, eine Version der neuen internationalen Fahrzeugkategorie BTV (Basic Transportation Vehicle).

Traveler Mit dem Modelljahr 1976 wurde als Basismotor statt des Sechszylinders wieder ein Vierzylinder aufgeführt (mit 3,2 L Hubraum). Statt des fünftürigen Travelall wurde als größeres Modell neben dem Scout II der verlängerte dreitürige Traveler gebaut.

1977 wurde die Motorenauswahl durch einen 3,25-L-Sechszylinder-Dieselmotor von Nissan ergänzt. – In der Schweiz schufen Monteverdi mit dem Modell Safari ab 1976 und Felber mit dem Oasis ab 1978 auf der Basis des Scout II eigene Luxusgeländewagen. – 1978 gab es den Scout als SS II auch mit Stoffverdeck.

Produktionsende 1980 wurde der Dieselmotor a. W. mit einem Airresearch-Abgasturbolader bestückt. – *Doch im gleichen Jahr stellte International die Geländewagenproduktion ein.*

International Scout Traveler, 1980

International Scout II, 1974

International	Zyl.	cm³	PS	bei 1/min	Gänge	Spitze km/h	Radstand/Länge	ab Jahr	Besonderheiten
Scout 800	4	3203	104	4000	°		254/399	1969-71	
	6	3799	137*	4300					
Scout II	4	3203	104	4000			254/421	1972	
	6	3799	137*/115	4300				72*/73	
		4235	98	3600				1974/75	
	V8	4976	182*/139	4400				72*/73-75	
		5643	197*/146	3600					
			151					1974/75	
Travelall 1000 D	6	3799	147*	3600	°		302/475	1969-72	
a. W. div. V8									
		4235	115	4300				1973	
		5643	151	3600				1974/75	
+ div. V8									
Scout II (XLC)	4	3203	87/80	38/36	°		254/421	1976-78	
			77	3600				1979/80	
	V8	4976	146-135	36/38				1976-78	
			124	3400				1979/80	
		5653	165-148	3600				1976-80	
	6D	3253	82	3800				1979	
	6D/T		102					1980	
Traveler: wie Scout II XLC							300/468		

°) U/3/4/A3 (Travelall: U/3-5/A3)

Jeep

Jeep Commando, 1972

Anfang Februar 1970 wechselte das Fabrikat Kaiser-Jeep (wie erwähnt) zum Markennamen Jeep. Denn zu diesem Zeitpunkt war die Herstellung der Jeep-Modelle Jeep, Jeepster und Wagoneer von AMC (American Motors) übernommen worden. Erst damit mutierte Jeep von der Modell- zur eigentlichen Markenbezeichnung.

Bis 1971 wurde die Grundausführung des Jeep (neben dem immer noch hergestellten Military-Jeep) in seiner Grundausführung mit dem gegengesteuerten 2199-cm³-Vierzylindermotor namens Hurricane ausgerüstet (hängende Einlass- und stehende Auslassventile, 75 SAE-PS). Es gab den türlosen CJ-5 Universal mit Stoffverdeck (und Stofftüren). CJ stand für Civilian Jeep. Daneben gab es den CJ-6 Universal mit längerem Radstand (Ladewanne). Auf Wunsch war ein 3692-cm³-OHV-V6 (162 PS, Bezeichnung Dauntless) lieferbar. Der Kraftübertragung diente ein 3-Gang-Getriebe mit Geländeuntersetzung (auf Wunsch mit Differenzialbremse Powr-Lok). Das Kastenrahmenchassis mit Traversen wies vordere und hintere Starrachsen mit Blattfedern auf.

Renegade II Auf der im November 1970 durchgeführten Detroit Auto Show wurde die Luxusversion Renegade II des Jeep Universal CJ-5 vorgestellt: mit massivem Überrollschutz hinter den Sitzen, richtigem Armaturenbrett sowie 7-Zoll-Felgen mit Breitreifen (nur V6-Motor).

Jeepster Noch bis 1971 gab es den 1966 eingeführten Jeepster Commando (offen, Kombi, Pick-up) sowie dessen inzwischen zum Liebhaberstück gewordene Luxusversion Jeepster Convertible (Einzelsitze, Verdeck und am Heck montiertes Reserverad). Dieser war auch mit dem Turbo-Hydra-Matic-Getriebe von GM lieferbar.

Jeep CJ-5, 1973

Wagoneer Er blieb der charakteristische große Jeep Station Wagon, wie er seit Herbst 1962 in niedrigerer, aber fortan auch fünftüriger Form gebaut wurde. Es gab ihn mit und ohne Vierradantrieb. Er basierte auf einem Kastenrahmen-chassis mit fünf Traversen (Starrachsen mit Halbelliptikfedern). Für den Antrieb standen der Sechszylinder-Reihenmotor mit 3,8 L Hubraum (137 PS, Bezeichnung High Torque) und ein OHV-V8 mit 5,7 L Inhalt (233 PS) zur Wahl. Sie waren mit 3- und 4-Gang-Getriebe sowie Turbo Hydra-Matic kombinierbar. Lenkung und Bremsen waren auf Wunsch mit Servo zu haben (pedalbetätigte Feststellbremse in der Schweiz auf Kardanwelle statt Hinterräder).

M 151 A2 1971 erhielt American Motors von der amerikanischen Armee einen Auftrag für die Lieferung ab 1972 von 34'553 (und später weiteren 20'000) Military-Jeep der jüngsten Ausführung M 151 A2 mit neuer Hinterradaufhängung, neuem Bremssystem, energieabsorbierendem Lenkrad, größerer Windschutzscheibe mit verstärktem Rahmen und vielen weiteren Verbesserungen bis hin zu den Gelenken mit Dauerschmierung (Motor: 2,3-L-Vierzylinder mit 70 SAE-PS, Radstand 216 cm, 105 km/h Spitze). Für die amerikanische Post wurden übrigens Lieferwagen Jeep Dispatcher 100 mit 3,6-L-Sechszylindermotor, Getriebeautomat, Schiebetüren und wahlweise Links- oder Rechtslenkung gebaut.

1972 wurde der Hurricane-Vierzylindermotor des (zivilen) Jeep aufgegeben; alle Modelle wurden auf Wunsch mit einem V8-Motor ausgerüstet (alle Motoren stammten von → AMC). Bei den CJ-5 und CJ-6 wurde eine Servolenkung lieferbar, Brems- und Kupplungspedal waren nun hängend montiert. Die Jeepster wurden von der neuen Serie Commando abgelöst (Kombi, Roadster und Pick-up), die nebst einem längeren Radstand eine moderne Frontpartie erhielt, die in nichts mehr an das traditionelle Jeep-Gesicht erinnerte: Ein »normaler« Kühlergrill mit eingebetteten Doppellampen war von einem dicken Chromrahmen umrandet. Die Sonderversion Renegade tauchte im Frühling 1972 in neuer Konfiguration auf: 6-L-V8, 3-Gang-Stockschaltung, Max-Trac-Loc-Differenzialbremse, Zusatzinstrumente, Sonnenblenden, Farbzier und Reifen mit weißem Flankenstreifen.

Jeep Cherokee, 1974

Jeep Wagoneer, 1976

Quadra-Trac 1973 wurde als bedeutendste Neuerung der permanente Vierradantrieb Quadra-Trac mit zentralem Differenzial lieferbar und zwar (gegen Mehrpreis) im Wagoneer mit V8 und Automatikgetriebe. Auf Wunsch gabs zudem ein Reduktionsgetriebe mit Planetenrädern. Neu waren bei allen Wagoneer das Armaturenbrett mit gepolsterten Bedienungsknöpfen (auch für die CJ-5/6) und u. a. eine Sicherheits-Lenksäule. Zu den Neuerungen beim Commando zählte die Stockschaltung für das 3-Gang-Getriebe. Bei den CJ erfolgte die Kupplungsbedienung (wie beim Commando) nicht mehr durch einen Kabelzug, sondern durch ein Gestänge.

Cherokee Mit dem Jahrgang 1974 wurde der Commando-Kombi vom Cherokee abgelöst. Er war nichts anderes als eine dreitürige Version des Wagoneer, mit dem er die gesamte Technik teilte. Dessen Radstand war durch Zurückversetzen der Vorderachse um 2 auf 277 cm verkürzt worden. Beim Cherokee zählten Trommelbremsen zur Serienausstattung, während der Wagoneer von Haus aus höherwertig ausgerüstet wurde. Die CJ-5-Version Renegade wurde ins reguläre Angebot aufgenommen.

Jeep CJ-5 Renegade, 1979

1975 war das Jahr der Katalysatoreinführung (→ AMC). Beim CJ-5/6 wurde der Unterbau verstärkt, und es gab sie nun mit einer Levi's-Ausstattung. Cherokee und Wagoneer warteten mit einer erhöhten Nutzlast auf und besaßen ein entsprechend angepasstes Fahrwerk. Im Januar 1975 kam der Cherokee Chief mit verbreiteter Spur und Radhausauskragungen sowie Sportfelgen hinzu.

CJ-7 Das Modelljahr 1976 brachte im August 1975 den CJ-7. Mit 237,5 cm Radstand setzte er sich zwischen CJ-5 und CJ-6 (den er teilweise ablöste). Alle CJ erhielten ein verwindungssteiferes Chassis, längere Federpakete, ein neues Armaturenbrett, eine Sicherheitslenksäule usw. Je nach Typ waren das Turbo-Hydra-Matic-Getriebe von GM und (zusammen mit V8-Motor) der permanente Quadra-Trac-Vierradantrieb lieferbar. Auch die Sechszylindermotoren waren nun mit einem »automatischen Choke« (Kaltstart-Gemischanreicherung) ausgerüstet. Für den CJ-7 war neben dem Faltverdeck ein Hardtop aus Kunststoff mit seitlichen und hinterer Blechtüren erhältlich. Von der amerikanischen Post wurden 1975 neben normalen Jeep zu Versuchszwecken 352 Elektro-Jeep bestellt.

Jeep Wagoneer Limited, 1980

1977 erhielten die Jeep CJ-5 und CJ-7 vordere Scheibenbremsen, auf Wunsch mit Servo; auch eine Klimaanlage und ein verstellbares Lenkrad waren gegen Mehrpreis lieferbar; als Sonderausführung kam der Golden Eagle mit V8, Automat, Servobremsen und -lenkung und Sporträdern hinzu. Der Cherokee war jetzt erstmals auch mit fünf Türen erhältlich. Neuerdings gab es ihn zudem mit Normal- oder mit Breitspur (151/147 bzw. 166/158 cm). Das Ausrüstungspaket S umfasste Sportlenkrad, hintere Schiebefenster usw., während im Cherokee Chief die Breitspur und eine Zweifarbenlackierung hinzukamen. Im Vorfeld des Genfer Autosalons von 1977 erfolgte die Ankündigung, dass in den Jeep CJ-5 bis CJ-7 ab zweiter Jahreshälfte auch ein Dieselmotor angeboten werde, und zwar der 2,7-L-Vierzylinder von Perkins (England).

Sparsamer 1979 erhielten die Jeep Cherokee und Wagoneer neue, die Horizontale betonende Kühlergrills mit Rechteckscheinwerfern (die typischen vertikalen Jeep-Stäbe des Cherokee entfielen!); der 6,6-L-V8 wurde gestrichen, den 5,9-L-V8 gabs nur noch mit Doppel- statt Vierfachvergaser und den 4,2-L-Six mit Einfach- statt Doppelvergaser. Ein Golden-Eagle-Paket wurde neu auch für den Cherokee angeboten, eigens für den Export gab es Cherokee und Wagoneer als Limited mit Echtleder, Klimaanlage, Schutzplatte und Servohilfen; die CJ-5 bis CJ-7 wurde ebenfalls auf sparsamere Motoren getrimmt, sie erhielten zudem neue Verdecke.

Wie bei den → AMC kam im August 1979 auch bei den Jeep CJ-5 und CJ-7 der gusseiserne 2,5-L-Vierzylindermotor von → Pontiac ins Angebot, das 3-Gang- wurde durch ein 4-Gang-Getriebe ersetzt, das Dana-300-Verteilgetriebe der CJ erhielt vordere Freilaufnaben, neue CJ-Topausführung war der Laredo (mehr Chrom, breitere Reifen, Sitze mit höheren Lehnen).

Jeep	Zyl.	cm³	PS	bei 1/min	Gänge	Spitze km/h	Radstand/Länge	ab Jahr	Besonderheiten
Jeep/Jeepster	4	2199	75*	4000	U/3		div.	1971	
	V6	3692	162*	4200	U/3/4/A3				
CJ-5	6	3800	101	3600			213/361°	1972-75	
		4235	112	3500					
	V8	4980	152	4200					
CJ-6: do.								264/412°	
Commando: do.								264/443	
°) L. ab 1973: 353 bzw. 404									
CJ-5	6	3800	91°/86	3050	U/3/4/A3		212/351	1976°/77	
			91	3400				1978	
		4235	96°/101					1976°/77	
			104°/98	34/32				1978°/79	
	V8	4980	122°/117	3200				1976°/77	
			137°/121	32/35				1978°/79	
	4D	2699	71	3600				1978	
CJ-7: do.							237/376	1976-79	
CJ-6: do.							263/400		
CJ-5	4	2471	88	4200	U/4		212/367	1980	
	6	4235	114/116	3400	U/4/A3				
	V8	4980	121	3450					
	4D	2370	68	4200	U/4				
CJ-7: do.							237/389		
CJ-6: do.							263/402		
Wagoneer	6	3800	137*	40/35	U/3/4/A3		279/467	1971	
	V8	5724	233*	44/42					
	6	4235	112	3500			279/466	1972-75	
	V8	4980	152	4200				1972/73	
		5896	177	4000				1972-75	
			198	4400				1973/75	
		6573	238	4600				1974/75	
Cherokee: wie Wagoneer 1974/75									
Wagoneer/Cherokee	6	4235	96°/112	31/34	U/3/4/A3		276/466	1976°/77	
			119°/98	36/32				1978°/79	
		5896	142	3200				1986	
			132/172	32/35				1977	
			162/177	34/35				1978	
			121	3450				1979	
		6572	208°/198	36/35				1976°/77	
			213	3500				1978	

Jeep CJ-5 Renegade, 1981

Jeep in den 80er Jahren

Erinnern wir daran: Jeep ist die Ableitung von GP für General Purpose = Allzweckfahrzeug; dieses entstand aus amerikanischen Bedürfnissen zur Zeit des Zweiten Weltkriegs, und es wurde zum weltweiten Begriff für Geländewagen. Gebaut wurde es zunächst unter den Marken Ford und Willys und später als Kaiser. Erst als 1970 die Jeep-Produktion von → AMC (American Motors) übernommen wurde, mutierte Jeep von der Modell- zur eigentlichen Markenbezeichnung.

CJ Den Nachfahren des einstigen Militär-Jeep gab es im Modelljahr 1981 in den Varianten CJ-5, CJ-6, CJ-7 und neu (ab Anfang 1981) CJ-8. Der CJ-5 war der eigentliche urtümliche offene Jeep mit 212 cm Radstand. CJ-6 und CJ-8 hatten 263 cm Radstand, wobei der CJ-8 als Scrambler mit offener hinterer Pick-up-Wanne bzw. Längssitzen angeboten wurde. Der 1976 eingeführte CJ-7 mit 237 cm Radstand verkörperte eine Zwischenlösung, der als Laredo, Renegade oder Golden Eagle mehr Platz und Komfort mit der Jeep-typischen Geländegängigkeit verband. Die Motorskala umfasste den traditionellen 4,2-L-Sechszylinder, den von Pontiac bezogenen 2,5-L-Vierzylinder (beide mit seitlicher Nockenwelle) sowie den 5-L-V8. Seit 1980 kam zudem ein 2,4-L-Dieselmotor hinzu.

Der 4,2-L-»Reihensechser« war zum Modelljahr 1981 einer gründlichen Verjüngungskur unterzogen worden und wurde nun als »lightweight« bezeichnet: Der OHV-Maschine hatte man eine von 30 auf noch 21,5 kg abgemagerte Kurbelwelle verpasst und sie in weiteren Belangen modernisiert, so dass sie um 17% weniger wog. Nebst dem 4-Gang-Getriebe mit zuschaltbarem Vorderradantrieb und Untersetzungsgetriebe – diese Aggregate waren bereits für 1980 modernisiert worden – gab es ein 3-Stufen-Automatikgetriebe (nun mit Lock-up, ohne Diesel) und auf Wunsch den permanenten Vierradantrieb Quadra-Trac.

Die Jeep-Konstruktion basierte auf einem Kastenrahmen mit Traversen. Vorne und hinten wurden Starrachsen mit Mehrblattfedern verwendet. Die Bremsen (vorne Scheiben) sowie die Kugelumlauflenkung wurden auf Wunsch servobestückt.

Cherokee / Wagoneer Auch Cherokee (drei- und fünftürig) und Wagoneer (nur fünftürig) hatten ein Kastenrahmenchassis. Es wies fünf Traversen und vorne wie hinten Starrachsen mit Halbelliptikfedern auf. Es gab die aufgewerteten Ausführungen Cherokee Chief und Laredo bzw. Wagoneer Limited und neu Brougham (dieser mit auskragenden Radausschnitträndern, Zierstreifen und Chromzier). Zur Verringerung der Querschnittfläche und damit des Benzinverbrauchs hatte man dieses Jeep-Duo für 1981 etwas tiefergelegt und teils mit einem Bugspoiler versehen. Die Bodenfreiheit von 20 cm wurde dadurch nicht tangiert.

Es standen einerseits der 4,2-L-Sechszylinder und ein 5,9-L-V8, anderseits das 4-Gang-Getriebe und das 3-Stufen-Automatikgetriebe zur Wahl. Nur in Verbindung mit dem V8-Motor war auch der permanente Vierradantrieb Quadra-Trac lieferbar; stets war auch eine Geländereduktion dabei. Der Jahrgang 1981 brachte auch verbesserte (vordere) Scheibenbremsen und Radialreifen. Wagoneer und Cherokee waren ihrer Zeit vorausliegende Geländekombi der Superlative. Als Wagoneer Limited stand auch eine Version mit effektvoller seitlicher Holzbeplankung zur Wahl: Auch wenn das Holz längst nicht mehr echt war, kam den »Woodies« stets noch Symbolwert zu.

Jeep Cherokee Chief, 1981

Jeep CJ-7 Limited, 1982

CJ Limited Die CJ-Reihe wurde 1982 durch die luxuriöse Version Limited ergänzt: Stoßstangen mit Farbauflagen, verbreiterte Radhäuser, eine Art Speichenräder, speziell eingefärbtes Hardtop sowie Zierstreifen waren die äußeren Merkmale; innen fanden sich Einzelsitze (auf Wunsch mit Lederüberzügen), Lederlenkrad, Überrollschutz, Bodenteppiche, Stereoradio, Servobremsen und -lenkung. Der CJ war nun auch mit dem von AMC neu geschaffenen 5-Gang-Getriebe erhältlich.

Cherokee und Wagoneer wurden 1982 ebenfalls mit diesem 5-Gang-Getriebe lieferbar. – Ab Juni 1982 wurde der CJ-7 auch mit dem 2,1-L-Dieselmotor von Renault erhältlich, dessen Leistung mit 60 PS angegeben wurde. In Europa war dieser Motor nur für Frankreich und Belgien vorgesehen, wo Renault den Jeep-Import übernommen hatte.

CJ Wagon Ende 1982 erhielten die CJ-7 und CJ-8 wahlweise einen neuen Kabinenaufbau. Es handelte sich um eine Doppelwandkonstruktion aus galvanisiertem Stahlblech. Auf den in Längsrichtung installierten hinteren Klappbänken hatten vier (CJ-7) bzw. sechs Passagiere (CJ-8) Platz. Die nach rechts aufschwenkende Hecktüre gab eine Öffnung von 88 x 112 cm frei, und der Laderauminhalt wurde mit 1,6 bzw. 2,7 m^3 angegeben. Auf Wunsch waren eine Innenauskleidung und getönte Scheiben erhältlich. Wegen des 98 statt 62 cm erreichenden hinteren Überhangs reduzierte sich der Böschungswinkel beim CJ-8 Wagon von 30 auf 26,5 Grad.

Von AMC und den Beijing alias Peking Auto Works wurde im Frühling 1983 die Peking Jeep Company gegründet, aus der eine chinesische Jeep-Produktion hervorgehen sollte.

Cherokee / Wagoneer 1984 Sie trugen den internen Code XJ und waren deutlich kleiner als ihre Vorgänger: Radstand 257,5 statt 276 cm, Länge und Breite 420 und 176 statt 466 und 188 cm. Das minimale Leergewicht war von 1705 auf 1310 kg gesenkt worden! Gleichwohl boten die Neulinge 90 Prozent des Innenraums der Vorgängermodelle und sogar mehr Kofferraum. Weiterhin gab es den Cherokee drei- und fünftürig und den luxuriöseren Wagoneer ausschließlich mit fünf Türen. Basis bildete nach wie vor ein Kastenrahmenchassis mit Traversen. Die vordere Starrachse wurde hingegen mit vier Längslenkern und Panhardstab sowie außenliegenden Dämpfern aufgewertet. Zusätzlich zu den Schraubenfedern wurden Torsionsfederelemente verwendet, die für eine gleichbleibende Bodenfreiheit sorgten. Hinten fand sich weiterhin eine Starrachse mit Mehrblattfedern.

Jeep Wagoneer Limited, 1982

Entsprechend ihres Down-sizing (Verkleinerung) wurden Cherokee und Wagoneer gänzlich neu motorisiert: Basismotor war der erste von AMC selbst hergestellte Vierzylindermotor. Er besaß 2465 cm³ Inhalt und war konstruktiv mit dem hauseigenen 4,2-L-Sechszylindermotor verwandt. Wie bei diesem erfolgte der Ventilantrieb durch eine seitliche Nockenwelle. Mit 9,2:1 war die Verdichtung vergleichsweise hoch, was sich teils aus der Verbrennungsraumform mit Quetschspalten erklärte. Weitere Besonderheiten waren eine kontaktlose elektronische Zündung und ein Klopfsensor, der es erlaubte, trotz der hohen Verdichtung mit dem in den USA üblichen Normalbenzin zu fahren.

Wem dieser 106 PS leistende 2,5-L-Vierzylindermotor nicht genügte, konnte den neuen Cherokee oder Wagoneer mit einem 2,8-L-V6 von Chevrolet bestücken lassen, der 111 PS und dazu etwas mehr Drehmoment lieferte. Während mit dem kleineren Motor 4- und 5-Gang-Getriebe und ein 3-Stufen-Automatikgetriebe zur Wahl standen, entfiel im Verein mit dem V6 das 4-Gang-Getriebe. Serienmäßig wurde das Antriebssystem Command-Trac eingebaut, bei dem im Bedarfsfall die Vorderräder zugeschaltet werden konnten. Gegen Aufpreis war das Selec-Trac mit zusätzlichem mittlerem Differenzial samt automatischer Bremse erhältlich. Es ermöglichte das Fahren mit permanent eingeschaltetem Vierradantrieb, doch konnte auch bei ihm auf reinen Hinterradantrieb umgeschaltet werden.

Ebenfalls gegen Mehrpreis waren eine Niveauregulierung, Superbreitreifen, ein Lederlenkrad usw. lieferbar. Bemerkenswert war übrigens die serienmäßige Verwendung der »Wippsitze« aus dem Renault 9/11, dank denen die Fondinsassen ihre Füße seitlich der Schienen nach vorne strecken konnten.

Jeep Wagoneer Limited + Cherokee Chief, 1984

Jeep CJ-7, ca. 1985

Grand Wagoneer Der bisherige Wagoneer wurde nun unter der Bezeichnung Grand Wagoneer (er erhielt den Übernamen Grand Daddy) weitergebaut und zwar mit dem 4,2-L-Sechszylinder wie mit dem 5,9-L-V8; er wurde serienmäßig mit 3-Stufen-Automatikgetriebe (Chrysler 727, Wählhebel unter dem Lenkrad), Servolenkung, Ledersitzen, Klimaanlage, elektrisch verstellbaren Sitzen, Zentralverriegelung, Cruise-Control, verstellbarem Lenkrad, Radio/Stereoanlage und Leichtmetallrädern ausgerüstet. Gegen Mehrpreis gab es einen Glasdacheinsatz und das Quadra-Trac-System (nur mit V8).
CJ 1984 Auch die Jeep der Serien CJ-5, CJ-7 und CJ-8 wurden anstatt mit dem 2,5-L-Vierzylindermotor von Pontiac neu mit dem hauseigenen 2,5-L-Aggregat ausgerüstet; die übrige reiche Motorenauswahl blieb erhalten.
1985 wurden Cherokee und Wagoneer mit dem 86 PS leistenden 2,1-L-Turbodieselmotor von Renault lieferbar. In Mexiko wurden diese kleineren Jeep-Station Wagon auf Wunsch zudem mit dem 4,2-L-Sechszylindermotor ausgerüstet. Der Grand Wagoneer bot 1985 sechs statt fünf Sitze, zudem eine hinsichtlich Komfort und Handling verbesserte Aufhängung, außerdem ließ sich der Vierradantrieb nun während der Fahrt ein- und ausschalten. Ab Dezember 1984 übernahm Renault den Vertrieb des mit Turbodieselmotor ausgerüsteten dreitürigen Cherokee in Frankreich und weiteren Ländern Europas.
Cherokee 2WD Seit 1969 war der Vierradantrieb ein fester Bestandteil aller Jeep-Modelle gewesen. Weil nun aber auch Chevrolet und Ford mit kleineren Geländewagen auf den Markt gekommen waren, die auf Wunsch nur mit Hinterradantrieb zu haben waren, sah Jeep in diesem Bereich ebenfalls eine Chance und bot den Cherokee ab Frühling 1985 in einer preisgünstigen Ausgabe ohne angetriebene Vorderräder an. Es gab den damit um 75 kg leichter gewordenen Cherokee 2WD drei- und fünftürig und wahlweise mit dem 2,5-L-Vierzylindermotor oder dem von GM bezogenen 2,8-L-V6. – Vom Cherokee abgewandelt kam im Herbst 1985 der formschöne Pick-up Comanche hinzu.
1986 erhielt der hauseigene 2,5-L-Motor im Cherokee und Wagoneer eine elektronische Zentraleinspritzung, womit die Leistung von 106 auf 119 Netto-PS anstieg. Der Wagoneer zeigte eine neue Front mit übereinander angeordneten Doppelscheinwerfern und horizontal zweigeteiltem Kühlergrill, was ein wenig an das Frontdesign der AMC-Topmarke Ambassador der 60er Jahre erinnerte. Der Kühlergrill des Grand Wagoneer wurde horizontal in drei Felder unterteilt, und zudem thronte auf der Haube ein kleines Markensignet.
Im November 1985 gab AMC die Einstellung der Produktion der CJ-5- und CJ-7-Modelle im Werk Toledo, Ohio, zum kommenden Januar bekannt. Dadurch verloren 740 Arbeiter und Angestellte ihren Job. 1985 waren nur noch etwa 36'000 CJ-Modelle verkauft worden. Das Nachfolgemodell sollte in dem kanadischen AMC-Werk in Brampton, Ontario, entstehen.

Jeep Wagoneer Limited, 1987

YJ / Wrangler Noch war der alte Jeep zwar erhältlich, doch im Januar 1986 wurden Details über das neue als YJ bzw. Wrangler bezeichnete Modell bekanntgegeben: technisch den Cherokee/Wagoneer angeglichen, 2,5-L-Vierzylindermotor oder 4,2-L-Reihen-Sechszylinder. Auffallendste Änderung am äußeren Erscheinungsbild waren der Übergang zu rechteckigen Scheinwerfern und der leichte horizontale Knick im etwas breiter wirkenden traditionellen Jeep-Kühlergrill.

Cherokee / Wagoneer 1987 Zum Jahrgang 1987 wurde der 2,8-L-V6-Motor von GM durch einen neuen eigenen 4-L-Reihen-Sechszylinder ersetzt. Dieser aus der 4,2-L-Einheit entwickelte Motor besaß eine elektronische Saugrohreinspritzung und kam bei einer Verdichtung von 9,2:1 auf 175 PS (statt der 117 des GM-V6). Dieser Sechszylinder ließ sich mit einem 5-Gang-Getriebe von Peugeot oder einem 4-Stufen-Automatikgetriebe von Borg-Warner kombinieren. Der 2,5-L-Vierzylndermotor leistete dank Vergrößerung von Luftfilter und Ansaugtrakt 123 statt 119 PS. – 1987 erhielt der sechssitzig gebliebene Grand Wagoneer einen neuen Grill ohne sichtbare Senkrechtstäbchen; er war nur noch mit dem 5,9-L-V8 zu haben.

Im März 1987 unterzeichneten Chrysler-Boss Lee A. Iacocca und Renault-Chef Raymond Lévy eine Absichtserklärung, wonach Chrysler den 46,4 Prozent umfassenden Kapitalanteil an der Jeep-Mutterfirma → AMC übernahm. Zudem kaufte Chrysler weitere AMC-Aktien, wodurch der viertgrößte Autokonzern Amerikas in den drittgrößten integriert wurde.

1988 zeigten sich die Jeep-Modelle – die auch unter dem Chrysler-Regime das AMC-Zugpferd blieben – wenig verändert. Der CJ-Nachfolger Wrangler (YJ) wurde inzwischen in weiteren Varianten gebaut, außer als Laredo auch als Sahara (sandfarben bzw. braun) und als preiswertes S-Modell. Bei den Cherokee/Wagoneer entfiel der 2,1-L-Dieselmotor von Renault für das nordamerikanische Angebot (die Nachfrage nach Dieselmotoren hatte es dort ohnehin nie auf einen grünen Zweig gebracht). Den Cherokee gab es in einer neuen Luxusversion LTD (von Limited, mit goldfarbenen Speichenrädern und Zierlinien).

1989 kam für den Wrangler die Ausstattungsversion Islander hinzu. Cherokee und Wagoneer wurden mit einem ABS von Bendix erhältlich (zunächst nur mit dem 4-Liter-Motor, für den auf den Frühling zudem ein neues 5-Gang-Getriebe in Aussicht gestellt wurde). – *Die Marke Jeep erwies sich für Chrysler als Goldgrube: Für 1989 war geplant, den Jahresausstoß von 270'000 Jeep um 20 Prozent zu erhöhen.*

Jeep	Bauart	Mot.	Getr.	R/ L cm	Modelljahre
CJ-5 (*1983)	**K'r./4**	**a–l**	**4/A3/+R**	**212/367/363***	**1981–84**
CJ-6 (*1982–)			**/5+R**	**265/402/420***	**1981–83**
CJ-7				**237/389,5**	**1981–86**
CJ-8 (*1983–)				**265/263*/450**	
Motoren:	*Zyl.:*	*N'w.:*	*cm³:*	*PS/'min:*	*Nm/'min:*
a (1983–)	4	OHC	1995	85/5000	147/2750
b (–1983)		OHV	247[illegible]	88/86CH/4200	171/2400
c (1984 *1985–)			2464	106/4800/5000*	179/2800
d (–1983)	6		4235	112/3400	271/2000
e (Europa *1982/83)				116/103*/3400	
f (CH 1983)				117/3400	
g (1984– *m.Autom.)				114/3000/117*	271/1600
h (CH 1984– *m.Autom.)				125/126,5	
i (–1985)	V8		498[illegible]	121/3450	310/2000
j (CH *1984/85)				120/130*	–
k (1985–)	4D	OHC	2068	60/4500	126/2000
l (*1984–)		OHV	2370	60/3400/66*/3800	151/2000/147/2100
Wrangler / YJ	**K'r./4**	**a–f**	**5/A3/+R**	**237/386–389**	**1986–90**
Motoren:	*Zyl.:*	*N'w.:*	*cm³:*	*PS/'min:*	*Nm/'min:*
a (*1986/87)	4i	OHV	2464	119/123*/5000	183/191/3500
b (1988/89 *Export)				119/5000/106*	183/3500/180
c (1990– *Export)				119/5250/106*/5600	187/3500/180/3000
d (Export 1988/89)	6		3956	173/4500	298/2500
e (Renegade'90– *Exp.)				183/4750/178*/4700	298/4000/288/3850
f			4235	114/3000	285/2000
Cherokee / Wagoneer	**K'r./4**	**a–f**	**4/A3/+R**	**276,5/466**	**1981–83**
Motoren:	*Zyl.:*	*N'w.:*	*cm³:*	*PS/'min:*	*Nm/'min:*
a	6	OHV	4235	112/3400	271/2000
b (Europa *1982–)				116/103*/3400	–
c	V8		5896	157/4200	346/1400
d (Europa *1982–)				140/150*/4200	–
e (CH 1983–)				152	
f				153/4200/142/3200	339/1200/309/2000
Cherokee / Wagoneer	**K'r.(4)**	**a–i**	**4/5,A3/+R**	**257,5/420**	**1984–90**
a (–1986)	4/4i	OHV	2464	106/4800/119/5000	179/2800/183/3500
b (1987–89 +*1987)	4i			123/5000/119*	191/3500/183
c (1990–)				123/5250	191/3250
d (*1986)	V6		2838	111/117*/4800	197/204/2100
e (1987)	6i		3956	173/4500	298/2500
f (1988/89 *Export)				179/173*/4500/168	304/298/2500/294
g (1990– *Export)				179/171*/4500/168	304/2500/294/2000
h ('85–89 +*Exp.86–89)	4D	OHC	2068	86/3750/88*/4000	179/2750/181/2250
i (1990–)				80/4000	180/2500
Grand Wagoneer	**K'r./4**	**a–g**	**A3+U**	**276/473,5**	**1984–90**
Motoren:	*Zyl.:*	*N'w.:*	*cm³:*	*PS/'min:*	*Nm/'min:*
a (–1984)	6	OHV	4235	112/3400	271/2000
b (1985 *m.Autom.)				114/3000/117*	285/2000
c (CH 1985 *m.Autom.)				125/126,5*	–
d (1986)				114/3000/126,5CH	285/2000
e (–1986)	V8		5896	157/153/4200	346/1400/339/1200
f (Europa/CH –1986)				150 / 152	–
g (*1987–)				142/146*/3200	309/2000/380/1500

Aus dem Anfang 1989 als Konzeptstudie gezeigten Jeep Rubicon Wrangler mit verbreiterten Radhäusern wurde zum Modelljahr 1990 der neue Jeep Renegade.

Kaiser, Frazer

Die angesehene amerikanische Marke Graham-Paige hatte schon vor dem Kriegseintritt der USA einige Mühe, ihre Existenzgrundlage zu sichern. So wandte sich denn 1945 ihr neuer Besitzer Joseph W. Frazer (früher bei Willys) an den steinreichen Großindustriellen Henry J. Kaiser, einst Eigner von Schiffswerften, nun von Stahl- und Aluminiumwerken. Mit dessen Unterstützung wollte er eine zur Gänze neue Autoreihe auf den Markt bringen. Man sprach alsbald von einem Kaiser-Volks- und einem Frazer-Luxuswagen. Im Team von Kaiser und Frazer wirkten als Chefingenieur H. C. McCaslin (früher bei Willys einer der Jeep-Konstrukteure), der Designer Howard Darrin (der schon aufsehenerregende Spezialkarosserien geschaffen hatte) und Bill Stout (ein Flugzeugkonstrukteur und Kreateur des Stromlinien-Kunststoffwagens Scarab).

Anfang 1946 wurde anlässlich einer Präsentation im Waldorf-Astoria-Hotel in New York das Geheimnis der kommenden Kaiser und Frazer gelüftet. Aus dem Heckmotorwagen, den Stout entworfen hatte, war nichts geworden; auch von einem preisbrechenden Billigwagen wurde nicht mehr gesprochen, vielmehr sollte der Kaiser preislich sogar noch ein wenig über Chevrolet, Ford und Plymouth liegen. Dennoch wurde den amerikanischen Autokäufern mit der großen Neuheit auch Neuland versprochen: Vorderradantrieb, Torsionsstabfederung und selbsttragende Karosserie! (Kaiser hatte u. a. mit dem französischen Frontantriebpionier J. A. Grégoire Kontakt aufgenommen).

Kaiser, 1946

Kaiser-Special Als jedoch Mitte 1946 die Serienfertigung des ersten Modells, des Kaiser-Special, anlief, war von all dem nicht mehr die Rede. Geblieben war lediglich die von Howard Darrin entworfene – man könnte sogar sagen erfundene – Pontonkarosserie mit den völlig glatten Seitenflächen. Angetrieben wurde dieser Wagen von einem 100 PS leistenden 3,7-Liter-Sechszylindermotor mit stehenden Ventilen der Motorenfabrik Continental; er war in Zusammenarbeit mit Kaiser-Frazer entwickelt worden. Der Antrieb erfolgte auf die Hinterräder. Vorn besaß der Kaiser-Special eine Einzelradaufhängung mit Schraubenfedern, hinten eine Starrachse mit in Gummi gelagerten Halbelliptikfedern, vorn und hinten waren Torsionsstabilisatoren eingebaut. Der Unterbau bestand aus einem herkömmlichen Kastenrahmenchassis. Offenbar sagte dem amerikanischen Publikum ein modern geformtes Auto ohne technische »Extravaganzen« besser zu; jedenfalls führte der enorme Bestellungseingang zu langen Lieferfristen.

Für das Jahr 1946 wies die Kaiser-Frazer Corporation einen Verlust von 20 Mio. Dollar aus, doch waren bereits weitgehende Abschreibungen für die Produktionsvorbereitungen vorgenommen worden. Das Werk in Willow Run, wo Henry Ford während des Krieges die B-24-Bomber hergestellt hatte, kam nun allmählich auf Touren, und das gleiche galt für die Continental-Motorenherstellung. Die Mai-Produktion 1947 erreichte 10’000 Kaiser-Special, Frazer und Frazer Manhattan. Die Frazer besaßen einen niedrigen, horizontal durchgezogenen Kühlergrill ohne Mittelsujet, der luxuriöse Manhattan erhielt zudem ein andersfarbiges Dach und vier Stoßstangenhörner. Die beiden Frazer boten zusätzlich einen Schnellgang. Erste Änderungen wurden für das Modelljahr 1949 eingeführt: auf 112 PS gesteigerte Leistung (doppelte Saugleitungen in Verbindung mit einem Doppelvergaser und höhere Verdichtung), neue Motoraufhängung, Modifikationen an Lenkung und Bremsen. Neu gestaltet wurden auch die Kühlergesichter, und zudem erhielten die Karosserieflanken Chromstäbe unterhalb der Türen. Ein automatischer Schnellgang war nun für alle Modelle erhältlich. Neue Karosserievarianten kamen hinzu, unter ihnen der Traveler und der Vagabond, die mobile Hintersitze und eine aufklappbare Rückwand über dem sich nach unten öffnenden Kofferdeckel boten; sie waren somit ein Vorläufer der Heckklappenautos!

Henry J Der gewaltige Anfangserfolg der »revolutionären« Kaiser und Frazer begann 1949 abzuklingen. Henry J. Kaiser hatte jedoch die Idee eines Kleinwagens keineswegs aufgegeben. Für deren Entwicklung hatte der Staat sogar Kredite in Aussicht gestellt und im Februar 1950 stellte sein Sohn Edgar, nun Generaldirektor von Kaiser-Frazer, den KF-Händlern ein solches Auto vor. Der noch namenlose Kleinwagen wurde als Modell 1951 bezeichnet und zeigte eine gefällige Karosserie mit ungewohntem Fließheck und in kleine Flossen ausmündenden hinteren Radhäusern. Die Front wies eine leicht zugespitzte Mittelrippe auf. Gegenüber den großen Kaiser und Frazer war der »Kleine« rund 90 cm kürzer, nämlich nur 443 cm lang. Als Motoren waren ein Vierzylinder von 2,2 Liter Inhalt und mit 70 PS Leistung sowie ein Sechszylinder mit 2,6 Liter und 80 PS vorgesehen. Beide Aggregate stammten von Willys und hatten stehende Ventile; der Vierzylinder war eine Ableitung des berühmten Jeep-Motors! Man rechnete mit einem um 15 bis 20 Prozent niedrigeren Verkaufspreis als für die großen KF-Modelle. Nach einem Namensgebungswettbewerb wurde der kleine Kaiser schließlich als Modell Henry J bezeichnet (entsprechend den Vor-namen des populären Industriellen), und seine Serienherstellung lief im Herbst 1950 an. Das »Besondere« hatte Kaiser aber auch im Falle des Henry J nur an der Karosserieform verwirklichen lassen, während seine Kontakte zu so bekannten europäischen Konstrukteuren und Frontantriebsspezialisten wie J. A. Grégoire (Panhard) und Prof. Antonio Fessia (Lancia) keine Früchte trugen.

Anatomic Inzwischen waren aber auch die großen Kaiser und Frazer als Modelle 1951 in neuer Form vorgestellt worden. Sie trugen die Zusatzbezeichnung Anatomic und wurden bereits im Frühjahr 1950 angeboten. Die Seitenflächen zeigten nun anstatt der wohl als zu »eintönig« empfundenen Glätte markante kleine Sicken, und ihre Front präsentierte sich mit massiven Chromelementen. Dem Trend der Zeit entsprechend waren die Karosserien aber auch geräumiger geworden und boten zudem dank vergrößerten Fensterflächen verbesserte Sicht. Der Sitzkomfort für die Fondpassagiere wurde wesentlich erhöht und der Einstieg dank der in die Dachwölbung hineinreichenden Türen erleichtert. Auch ein Hydra-Matic-Getriebe – offenbar von General Motors – wurde erhältlich. Die Frazer wurden weniger stark geändert und ihr

Kaiser Henry J, 1951

Radstand im Gegensatz zu dem der Kaiser nicht verkürzt. Bemerkenswert war das viertürige Frazer-Cabriolet mit verglastem Mittelpfeiler, das es schon bei der Vorserie gegeben hatte. Die neuen großen Kaiser brachten zusammen mit dem Henry J den ersehnten Wiederaufschwung. 1951 gab es den Kaiser Henry J auch in De-Luxe-Ausführung mit Kofferdeckel (man musste beim ursprünglichen Modell das Gepäck über die Hintersitze einladen, was bei einem Zweitürauto alles andere als bequem war).

Ohne Frazer *Ab 1952 wurde die Marke Frazer aufgegeben, dafür begann man zur besseren Nutzung der Werkanlagen von Willow Run Frachtflugzeuge zu montieren; für die Autoherstellung blieben noch zwei Drittel des zur Verfügung stehenden Raumes. Im Frühling 1952 mussten aber trotz Reorganisation 3000 Leute entlassen werden...*

Das Topmodell Manhattan lief nun unter der Marke Kaiser statt Frazer; den Henry J und die Luxusausführung Virginia des Kaiser gab es ab 1952 auch mit außenliegendem Reserverad, und in Europa wurde gar ein Henry-J-Cabriolet verwirklicht. Vom Modelljahr 1953 an erhielten die Henry J die Zusatzbezeichnung Corsair und eine neue Front. Sie glich mit ihren die Horizontale betonenden Zierstäben dem Allstate, einem Pendant des Henry J, das Kaiser als separate Marke an die amerikaweit bekannte Warenhauskette Sears, Roebuck and Co. lieferte. Dem »Warenhausauto« war jedoch kein Dauererfolg beschieden: Servicemöglichkeiten und Kaufgewohnheiten sprachen dagegen. – Unter dem Mitsubishi-Konzern produzierte die erwachende japanische Automobilindustrie während kurzer Zeit eine Lizenzversion des Henry J.

Kaiser Manhattan, 1951

Kaiser DKF-161, 1953

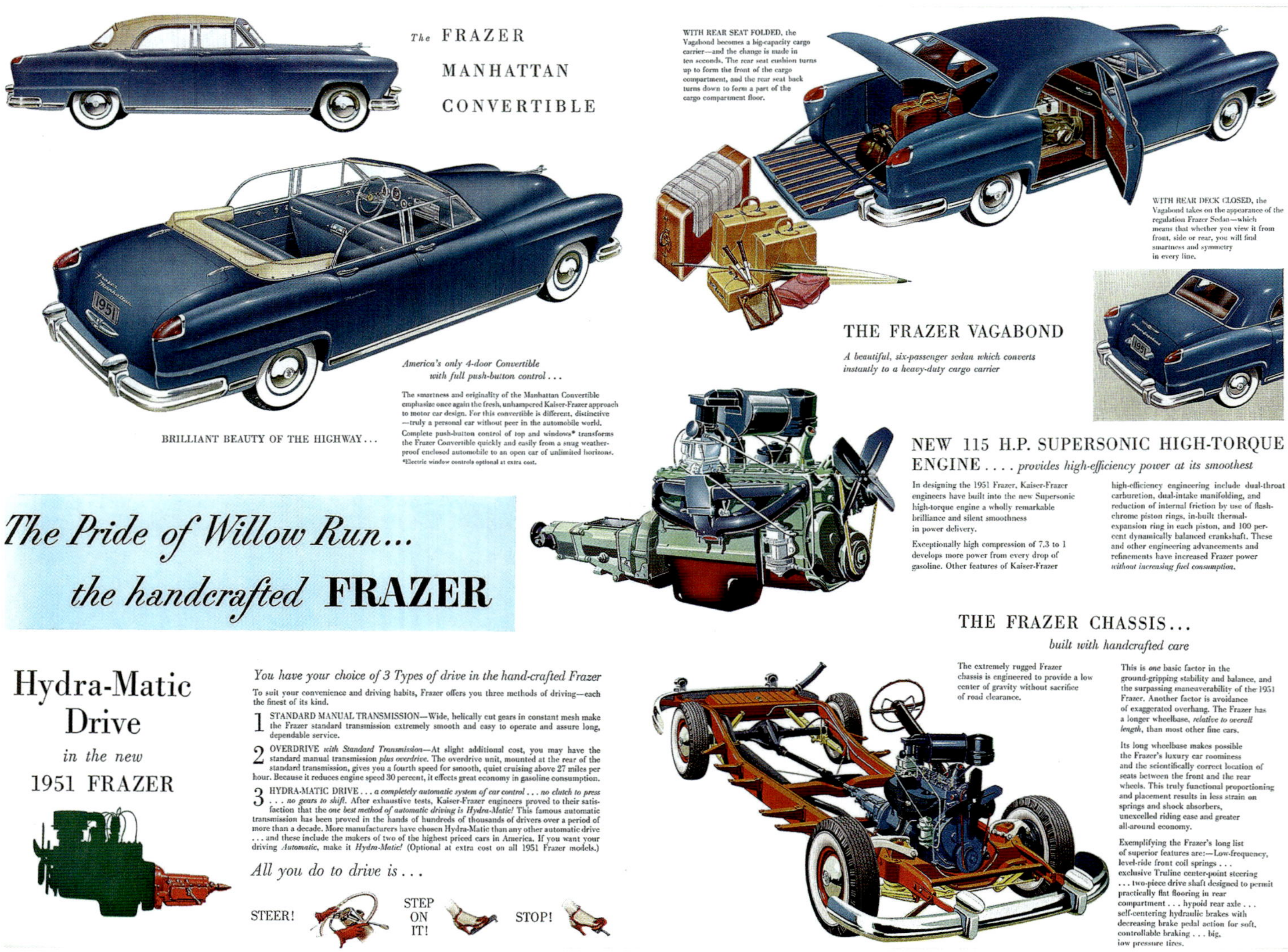

Frazer Manhattan, 1951

DKF-161 Trotz wachsendem Konkurrenzdruck hatte man bei Kaiser den Mut nicht sinken lassen. Zwar sah man sich nach jahrelangem Experimentieren mit OHV-Leichtmetallmotoren – es wurden sowohl Vier- wie Sechszylinder-Reihenmotoren wie V6 und V8 dieser Bauart getestet – noch nicht am Ziel. Dafür überraschte man die Autowelt Ende 1952 mit einem extravaganten zweisitzigen Sportcabriolet mit Kunststoffkarosserie. Für dessen Design war Howard Darrin verantwortlich. Bis dahin hatten ausschließlich kleine Außenseiterfirmen das im Bootsbau erfolgreiche Polyester bzw. den glasfaserverstärkten Kunststoff auch für den Sportwagenbau angewendet. Daher ließ man den Aufbau dieses Sportmodells für die ersten 62 Exemplare bei → Glasspar herstellen. Kaiser plante 1953 für den als Roadster DKF-161 bezeichneten Zweisitzer, der auf dem Henry J basierte, eine Produktion von 2000 Stück; und dies war bevor die Chevrolet Corvette und Ford Thunderbird das Licht der Autowelt erblickten. Ungewöhnlich waren am Kaiser DKF außer der Kunststoffkarosserie (wie sie bald darauf der Corvette haben sollte) das De-Ville-Verdeck (halb offene Position möglich) und die in die vorderen Radhäuser einschiebbaren Türen! Allerdings entstand der DKF schlussendlich in nur 497 Einheiten. Sein Preis lag mit knapp 3700 $ in Relation zum Leistungsvermögen – 90 PS aus dem 2,6-Liter-Sechszylindermotor von Willys – auf allzu hohem Niveau.

Kaiser-Willys Corporation *Die Herstellung des Henry J wurde ohnehin fallengelassen, als sich Kaiser 1953 mit Willys, dem bekannten Jeep-Hersteller, zusammenschloss (wobei Kaiser der stärkere Partner blieb).* Das Kleinwagenangebot wurde in der Kaiser-Willys Corporation nun durch den moderner wirkenden Aero-Willys bestritten (→ Willys). Den großen Kaiser gab es 1953 noch in einer verbilligten Version Carolina, und 1954 trieb man die Leistung des nach wie vor seitengesteuerten 3,7-Liter-Motors mit einem McCulloch-Kompressor auf 140 PS. Die Kaiser zeigten jetzt ein imposantes Kühlergesicht mit enggereihten, einwärts gebogenen Senkrechtstäben. Das Armaturenbrett wies ähnliche Stilelemente auf.

Kaiser Manhattan, 1955

1955, als es nur noch den Kaiser Manhattan gab, ging Amerikas bedeutungsvollste neugegründete Nachkriegsmarke unter. Von den 756'267 gebauten Autos waren 472'755 Kaiser, 151'983 Frazer, 127'103 Henry J, 3929 Allstate und 497 DKF. – *Ein Teil der Produktionseinrichtungen für die Kaiser-Wagen wurde nach Argentinien transferiert, wo die Industrias Kaiser Argentina (Marke IKA u.a.) das Modell Carabela mit Willys-Sechszylindermotor bis 1962 weiterbaute. Auf den Carabela folgte der → Rambler, während IKA 1967 an Renault überging. In den USA selbst wurde 1963 die Kaiser-Jeep Corporation gegründet, die später von American Motors übernommen wurde (→ Nash).*

Kaiser, Frazer	Zyl.	cm³	PS	bei 1/min	Gänge	Spitze km/h	Radstand/Länge	ab Jahr	Besonderheiten
Kaiser	6	3720	101	3600	3	130	314/515	1946-48	Kastenrahmenchassis, Motor Continental mit stehenden Ventilen
Frazer					3+S	135			
Kaiser, Frazer	6	3720	112	3600	3/3+S	140	314/525	1949	
Kaiser	6	3706	116	3650	3/3+S/A	145	301/530	1950/51	
Frazer							314/535	1950/51	
Henry J	4	2199	69	4000	3/3+S	125	254/443	1951-53	Längsträger und Traversen, Motoren Willys mit stehenden Ventilen
Henry J De Luxe	6	2638	81	3800		140			
Kaiser	6	3706	116	3650	3/3+S/A	145	301/-545	1952	
			120					1953/54	
(m. Kompr. McCulloch)			142	3800		155		1954/55	

Kaiser-Jeep

Im Jahre 1963 wurde → Willys Motors in Toledo, Ohio, von der Firma → Kaiser übernommen. Wie Willys hatte Kaiser noch bis wenige Jahre zuvor auch Pkws hergestellt. Inzwischen hatte sich Kaiser auf die Aluminiumherstellung und -industrie konzentriert. Bei Willys aber wurde der zum internationalen Begriff gewordene Jeep gebaut. Die neuentstandene Kaiser-Jeep Corporation führte die Herstellung dieser Geländewagenpalette mit 2- und 4-Rad-Antrieb zunächst unverändert weiter:

Neben den türlosen kompakten eigentlichen Geländemodellen gab es den kantig geformten Wagoneer mit dem für amerikanische Usanzen ungewöhnlichen OHC-Sechszylindermotor Tornado von 3,8 Litern Inhalt, der mit einem 3-Gang-Getriebe (mit oder ohne Schnellgang) oder einer Borg-Warner-Automatik kombiniert wurde. Auch die traditionellen Jeep Station Wagon wurden mit dieser Antriebseinheit oder aber mit dem 2,2-Liter-Vierzylindermotor mit stehenden Auslassventilen ausgerüstet.

Während der Wagoneer ein Kastenrahmenchassis mit fünf Traversen hatte, wiesen die Station Wagon einen Kastenrahmen mit X-Traversen auf. Mit Ausnahme des Wagoneer ohne 4-Rad-Antrieb (und Geländeuntersetzung) besaßen alle Jeep vorne wie hinten Starrachsen. Immerhin wurde der Wagoneer auf Wunsch ebenfalls mit vorderer Einzelradaufhängung geliefert. Gegen Mitte der 60er Jahre konzentrierte sich die Herstellung auf den als Nutzfahrzeug geltenden offenen Jeep, die Lieferwagen Gladiator und den Wagoneer. – *In Haifa, Israel, baute die Firma Kaiser-Ilin teils unter Verwendung eigener Teile den Jeep sowie den Studebaker Lark und den Hino Contessa.*

Mit V8 Auf der New Yorker Autoschau im Frühjahr 1965 wurde ein mit Vigilante bezeichneter V8-Motor mit kurzem Hub vorgestellt. Seine Abmessungen entsprachen dem 5,4-Liter-Aggregat von Chevrolet. Dieser Motor wurde wahlweise auch im Wagoneer lieferbar. Im Herbst des gleichen Jahres kamen weitere Motoren hinzu: ein 3,7-Liter-V6 (mit den Abmessungen des Buick-Motors), der vorerst im Jeep Tuxedo Park eingebaut wurde, und ein 3,8-Liter-Sechszylinder

Kaiser-Jeep Super Wagoneer, 1966

Kaiser-Jeep Jeepster, 1967

High Torque, der den OHC-Tornado ablöste. Beim Automatikgetriebe handelte es sich jetzt um das GM-Fabrikat Turbo-Hydramatic. Beim 4 x 2-Wagoneer war auf Wunsch weiterhin die Pow'r-Lock-Differentialbremse erhältlich.

Jeepster Da sich der Universal-Jeep mehr und mehr zu einem Freizeit- und Hobbygefährt entwickelt hatte, das manche amerikanische Familie als Zweitauto hielt, entschloss sich die Kaiser-Jeep Corporation, auf Anfang 1967 den Jeepster wieder einzuführen. Dieser war von 1948 bis 1950 von Willys Overland gebaut worden, allerdings nur mit Hinterradantrieb. Jetzt hatte man ihn vom modernisierten Jeep abgeleitet, und er hatte je eine Seitentüre und entsprach auch hinsichtlich Karosseriehinterteil einem Pkw. Neben dem Jeepster als Cabriolet mit Kurbelfenstern gab es den einfacheren Jeepster Commando als dreitürigen Kombi, Pick-up oder Roadster. Original-Jeep-gemäß waren die Starrachsen, der 4-Rad-Antrieb und die Geländeuntersetzung. Der Radstand entsprach mit 265 cm dem Jeep-Modell C6.

An Motoren standen der gegengesteuerte 2,2-Liter-Vierzylinder Hurricane und der 3,7-Liter-Dauntless-V6 zur Wahl. Letzteren konnte man anstatt mit dem 3-Gang-Getriebe mit dem Hydramatic Super Turbine 400 haben. Statt Einblattwaren hintere Mehrblattfedern (wie vorne) erhältlich. Das Cabriolet Jeepster wie auch der Kombi Jeepster Commando wurden zweifarbig lackiert. Ab 1967 wurde der Jeepster unter Lizenz und mit einem Dieselmotor ausgestattet auch in Saragossa, Spanien, hergestellt. – Ebenfalls 1967 wurde der 5,4-Liter-V8 des Wagoneer durch eine drehmomentstarke 5,7-Liter Maschine ersetzt, und auch diese Modellreihe gab es fortan ausschließlich mit 4-Rad-Antrieb.

Es war im August 1967, als Henry J. Kaiser, der als ein »Prototyp des amerikanischen Unternehmers« galt, im Alter von 85 Jahren verstarb. – Anfang Februar 1970 wurde die Jeep-Produktion von → AMC (American Motors) übernommen, und sie wurde schließlich zu deren tragendem Bein; → Jeep wurde zum Markennamen!

Kaiser-Jeep	Zyl.	cm³	PS	bei 1/min	Gänge	Spitze km/h	Radstand/Länge	ab Jahr	Besonderheiten
Station Wagon 475	4	2199	76+	4000	3+S/2x3	-105	266/448	1963/64	gegengest. Motor, a. W. 4x4
	6	3773	142	4400	3+S/2x3	130			OHC
Wagoneer	6	3773	142	4400	3/3+S/A	-140	279/466	1963-66	OHC, a. W. Einzelr.
4x4					2x3/A				
		3799	147	4300	dto.			1965-67	(OHV), a. W. 4x4
	V8	5354	253	4700		-160			
	6	3799	147	4300	2x3/A	-150		1967-	(ausschließl. 4x4)
	V8	5724	233	4400		-165			
Jeepster	4	2199	75	4000	2x3	-135	257	1966-	gegengest. Motor, 4x4
	V6	3692	162	4200	2x3/A	-145			

Kanzler

Ernest Kanzler war ehemaliger Designer bei Ford USA und zudem Architekt, bevor er 1979 mit dem Kanzler Coupe sein eigenes Auto vorstellte. Wie etliche andere damals individuell konstruierte Luxuswagen – allen voran → Excalibur, aber auch → Clénet – war der Kanzler im Stil eines Neoclassics gehalten. Die Herstellung erfolgte bei der auch für andere Konstruktionen bekannt gewordenen Firma Newport Coachworks Inc. in Santa Ana, Kalifornien.

Coupe Das »Kanzler-Coupé« erinnerte mit seinen seitlich angesetzten geschwungenen Kotflügeln an einen Prestigesportwagen der Zwischenkriegszeit. Allerdings bot dieses Coupé mit den in die Kotflügel integrierten Scheinwerfern und vor allem mit der aerodynamisch zugespitzten Front auch modernere Aspekte. Das ebenfalls langgezogene Heck mit versenkt aufgelegtem Reserverad entsprach jedoch einem klassischen Formempfinden. Während das Mittelteil der Karosserie aus Stahlblech bestand, wurden für Front und Heck GfK verwendet.

Den Unterbau lieferte der → Mercury Cougar, der 1979 noch im Großformat und mit Kastenrahmenchassis gebaut wurde. Dieser Unterbau wurde mit einem X-förmigen Rahmen verstärkt. Der Radstand wurde auf 306 cm gestreckt und die Gesamtlänge erreichte 526 cm. Aus dem 5,8-Liter-V8 standen offiziell 142 PS zur Verfügung, doch dürften auch stärkere Varianten verwendet worden sein. Man sprach von einem Preis ab 65'000 $. Natürlich umfasste die Ausrüstung nebst einem Automatikgetriebe zahlreiche weitere teils automatisch funktionierende Komforteinrichtungen sowie Lederüberzüge und sogar Teakholz. Schon Ende 1980 verlautete, dass bereits der 200. Kanzler Coupe verkauft worden sei und dass man eine Cabrioletversion in Vorbereitung habe. Vermutlich sind aber weit weniger Exemplare entstanden...

Kanzler Coupe, 1981

Lincoln

Die Lincoln Motor Company wurde 1917 von Henry M. Leland und dessen Sohn Wilfred gegründet. Als Motorenkonstrukteur hatte er ab 1902 die Autofirma Cadillac geleitet und sie 1909 in General Motors eingebracht. Inzwischen war Leland 74 Jahre alt. Seine neue Firma widmete er Abraham Lincoln, einem der berühmtesten Präsidenten der Vereinigten Staaten von Amerika. Zunächst wurden Liberty-Motoren für die im Ersten Weltkrieg eingesetzten Flugzeuge hergestellt. Nachdem diese nicht mehr benötigt wurden, setzte Leland auf Luxusautos… als Konkurrenz zu Cadillac. Das erste Lincoln-Modell erschien 1920, und 1922 übernahm Henry Ford die bereits mit finanziellen Problemen kämpfende Lincoln Motor Company, um die Marke als effizientes Gegengewicht zur Topmarke von General Motors aufzubauen.
Ab 1932 gab es die Lincoln auch mit V-12-Motor. Ende 1939, als in Europa bereits der Weltkrieg tobte, kam der Lincoln Continental hinzu. Er war nach Entwürfen von Henry Fords Sohn Edsel entstanden. Dieses Coupé verhalf der Marke zu neuem Ruhm. Sein Design wie auch seine Handfertigung galten als absolut mustergültig… Bis 1948 sollten 5320 Continental entstehen.

Lincoln Sedan, 1948

Lincoln Continental, 1948

Modernisiert Bei den 1945 wieder in Produktion genommenen Lincoln handelte es sich um Wagen, deren Struktur weitgehend den bis 1942 gebauten Modellen entsprach. Neu waren die breit gestalteten Kühlerfronten mit auffallenden Chromgittern. Die Lincoln besaßen einen 130 PS starken 5-Liter-V12-Motor und Starrachsen mit Querblattfedern sowohl hinten wie vorn. Wohl boten sie eine hydraulische Fensterbetätigung, doch automatischer Schnellgang, Radio und selbst Heizung waren in der Standardausrüstung der über 20'000 Franken kostenden Luxuswagen nicht inbegriffen.
Bereits im Mai 1948 wurden die Lincoln-Modelle 1949 angekündigt. Sie zeigten eine vollständig neue Fließform, die als charakteristische Eigenschaft wiederum vollverschalte Hinterräder umfasste. Anstatt eines Zwölfzylindermotors besaßen sie nun einen 5½-Liter-V8 mit 154 PS Leistung. Es wurde ein Kastenrahmenchassis mit X-Traverse und eine unabhängige Vorderradaufhängung mit Dreiecklenkern und Schraubenfedern sowie Halbelliptik-Hinterradfedern eingeführt. Neben dem normalen Lincoln gab es den Lincoln Cosmopolitan mit 10 cm mehr Radstand; beide Serien wurden in vier Karosserieausführungen angeboten. Ein Schnellgang Touch-o-matic war nun serienmäßig; er reduzierte die Drehzahl um 23 Prozent und den Benzinverbrauch angeblich um bis zu 20 Prozent. Ab Mitte 1949 gab es den Lincoln auch mit automatischen Hydramatic-Getriebe des Konkurrenzkonzerns GM!

Lincoln Cosmopolitan Town Sedan, 1949

Lincoln Capri, 1952

Präsidentenauto Der Lincoln 1950 wartete mit 150 Detailverbesserungen auf, darunter einem etwas einfacher gehaltenen Kühlergrill. In jenem Jahr erhielt das Weiße Haus zu Washington eine Flotte von neun Lincoln-Cosmopolitan-Limousinen und einem -Cabriolet in Spezialausführung. Lincoln sollte zur traditionellen Präsidentenmarke werden. Für 1951 kam in der nun mit durchgehendem seitlichem Zierstab versehenen Serie Cosmopolitan ein Capri genanntes Faux-Cabriolet hinzu.
Gänzlich neue Lincoln-Modelle gab es 1952. Sie zeigten sich wesentlich feingliedriger als ihre Vorgänger. Gleichzeitig sank das Leergewicht der rund 5,5 m langen Luxuswagen von 1850 auf 1760 kg. Aber auch in technischer Hinsicht gab es Neues zu vermerken: Der V8-Motor war nun ein »Kurzhuber« mit hängenden Ventilen; bei nur noch 5,2 Liter Inhalt leistete er volle 162 PS. Überdies war die vordere Radaufhängung überarbeitet worden.
Im Renneinsatz Die Modelle 1953 machten sich durch unerwarteten Renneinsatz einen Namen: Sie belegten die ersten vier Plätze in der Kategorie Tourenwagen der durch Mexiko führenden Carrera Panamericana von 1952. Dieses Rennen fand internationale Beachtung und glänzte alsbald durch europäische Werkeinsätze. Mit 205 PS waren die Lincoln nun die mit dem stärksten Motor ausgerüsteten Serienwagen. Auch 1953 und 1954 kamen die Lincoln bei der Carrera zum Tourenwagensieg.
Für das Modelljahr 1955 erhielten die Lincoln dem Trend der Zeit entsprechend einen weiteren Zuwachs an Pferdestärken: Sie boten einen 228-PS-Motor, nun wieder mit rund 5½ Liter Inhalt, zudem erhielten sie das neue hauseigene Automatikgetriebe Turbo-Drive und eine Zentralschmierung. Mit ihr konnte das Schmierfett mittels Knopfdruck vom Armaturenbrett aus durch Vakuumwirkung vom Hauptzylinder zu den elf Schmierstellen an Aufhängungen und Lenkung gepresst werden (eine auch in Europa bewährte Einrichtung).
1955 tauchte die ein Jahr zuvor vorgestellte und von der Carrozzeria Ghia in Turin verwirklichte Zukunftsstudie Lincoln Futura zu einer Propagandafahrt im Straßenbild von New York

Lincoln Premiere Convertible, 1956

auf. Gelenkt wurde sie von Benson Ford, dem Leiter der Lincoln Mercury Divison. Der mit einer Glaskuppel ausgestattete, reichlich futuristische Futura mag den Stil der weiter gewachsenen Lincoln 1956 geringfügig beeinflusst haben. Man bot die Topmarke des Ford-Konzerns nun mit 6-Liter-Motor und Panoramascheibe an.

Argument Sicherheit Mit dem Anfang September 1955 erschienenen Lincoln 1956 leitete Ford aber auch eine Pioniertat ein: Sicherheit wurde als Verkaufsargument angeführt. Hierzu dienten das Lenkrad mit versenkter Nabe zum Vermeiden von Brustverletzungen bei Kollisionen, die reflexfreien Anzeigeinstrumente, die gegen Aufspringen gesicherten Türschlösser und schließlich die beiden auf Wunsch erhältlichen Hüftgurte auf den Vordersitzen!

Ebenfalls für 1956 erschien der Continental Mark II, in seiner Formgebung eine neue Meisterleistung, wie sie von amerikanischen Herstellern nur ganz selten geboten wurde. Doch der (→ Continental) fungierte nun als Eigenmarke und damit als das Spitzenprodukt der Ford Motor Company!

Die Lincoln-Modelle 1957 hatte senkrecht angeordnete Doppelscheinwerfer, und jene von 1958 wiesen eine nochmals verlängerte Karosserie auf. Der Hubraum war inzwischen auf 7 Liter, die Leistung auf 380 PS angewachsen. Neu war 1958 auch die selbsttragende Bauweise, wobei die

Lincoln Premiere Landau, 1957

Rahmen-Bodenanlage mit der Karosserie verschweißt wurde. Auch hinten besaßen die Lincoln nun Schraubenfedern. Ab 1958 gab es eine Modellreihe Continental Mark III. Ihre Besonderheit bestand darin, dass die schräg gestellte Heckscheibe versenkbar war, und dies bei allen drei Modellversionen, Sedan, Coupé und Cabrio. Das unerwartete Attribut »versenkbare Heckscheibe« war erstmals im Vorjahr beim exklusiven Mercury Turnpike Cruiser eingeführt worden.

Lincoln Continental Mark III Landau, 1958

Ab 1959 hießen die Lincoln Continental Mark IV. Allerdings bot das Design dieser wieder unter die Marke Lincoln zurückgeholten Luxuscoupés nur noch einen Schatten der Stilreinheit, wie sie dem Mark II eigen war; sie imponierten vor allem noch durch ihre Länge.

Kleiner »Abbau« Für das Modellahr 1960 griff man bei Lincoln wieder auf die hinteren Blattfedern zurück. Die Motorleistung wurde noch mit 319 SAE-PS bei 5100/min (statt 355 bei 5400) angegeben. Die an den vorderen Stoßstangenecken angefügten Pfeilmotive entfielen. Die Karosserieauswahl umfasste inzwischen je einen Sedan, ein zwei- und ein viertüriges Faux-Cabriolet für Lincoln und Lincoln Premier. Bei der Topausführung Continental war man inzwischen beim Mark V angelangt, und ihn gab es zusätzlich als Formal Sedan, Limousine und Cabriolet...

Lincoln Premiere Landau, 1959

Lincoln	Zyl.	cm³	PS	bei 1/min	Gänge	Spitze km/h	Radstand/Länge	ab Jahr	Besonderheiten
	V12	4990	130	3600	3+S	155	317/546	1946-48	Starrachsen mit Querblattfedern vorn und hinten
Cosmopolitan	V8	5520	154	3600	3+S	155	308/541	1949	Änderungen vordere Einzelradaufhängung, hinten Halbelliptikfedern; ab 1951: A
	V8	5203	162	3900	A	155	312/544	1952	
			208	4200	A	170	312/544	1953/54	
	V8	5588	228	4400	A	180	312/548	1955	
	V8	6031	289	4600	A	180	320/566	1956	
			304	4800	A	190	320/570	1957	
	V8	7045	380	4800	A	190	333/572	1958	Änderung selbsttragend Rahmen-Bodenanlage mit Karosserie verschweißt
			299	4600	A	180			
	V8	7045	355	4400	A	180	333/577	1959	
			319	4100				1960	

Lincoln Continental Mark V, 1960

Lincoln in den 60er Jahren

Im Ford-Konzern belegte die Marke Lincoln nach wie vor die gleiche Spitzenposition wie sie bei General Motors Cadillac zukam. Doch brachten es die Lincoln bei weitem nie auf gleich hohe Verkaufszahlen wie Cadillac, der weltweit bekanntesten Luxusautomarke. Gerade daher mochte Lincoln erhöhte Exklusivität zukommen. Dem Komfort wurde oberste Priorität zugemessen, und das mochte auch der Grund gewesen sein, warum die Lincoln-Konstrukteure der hinteren Starrachse ihrer 2,3 bis 2,6 Tonnen schweren Prestigewagen zum Modelljahr 1960 erneut zu Halbelliptikfedern verholfen hatten. Kleiner Trost: ab 1961 waren die Schmierstellen wartungsfrei.

Viertürer-Cabriolet Während die Lincoln des Modelljahrs 1960 noch durch die übereinanderliegenden Scheinwerfer und die teils einwärts geneigte flache Heckscheibe auffielen – letzteres Merkmal wurde auch beim kleinen englischen Ford Anglia eingeführt! – bestachen sie im Modelljahr 1961 durch eine gänzlich neu geformte Karosserie mit völlig glatten Seitenflächen. Anstatt einer panoramaförmigen fand sich eine ins Dach hineingewölbte Frontscheibe. Die schlichte Front, in der die Doppelscheinwerfer nebeneinander angeordnet waren, wurde von abgerundet ausragenden Radhausabschlüssen flankiert. Die Hintertüren waren hinten angeschlagen, und dies galt auch für den Convertible bzw. das Cabriolet, das als einziges serienmäßiges »Offenauto« in der Tat viertürig war! Es gab für 1961 nur noch die Modellreihe Continental, und die Karossserieauswahl beschränkte sich auf den Sedan und das Cabrio.

Nicht nur die Höchstleistung wurde erneut vermindert, nämlich von 319 auf 304 SAE-PS, auch die Längenmaße wurden gekappt: 312 statt 333 cm Radstand und 539 statt 577 cm Gesamtlänge. Die Sitzverstellung erfolgte ebenso elektrisch wie die Fensterhebebedienung. Unter den technischen Änderungen stand die Einführung von wartungsfreien Schmierstellen an vorderster Stelle. Damit wurde ein Trend eingeleitet, der die gesamten 60er Jahre kennzeichnen sollte!

Präsidentenlimousine! Lincoln war auch die Marke zahlreicher amerikanischer Präsidenten. 1961 entstand ein neuer Lincoln Continental für Präsident Kennedy. Er war auf 6,4 m verlängert worden. Der Umbau wurde durch die hierfür spezialisierte Firma Hess & Eisenhardt in Cincinnati verwirklicht. Man konnte dieses Modell gänzlich offen, mit Plexiglas- oder Stahldach fahren... Als Präsident Kennedy 1963 ermordet wurde, war das Dach offen.

Die Lincoln-Front des Jahrgangs 1962 zeigte sich weiter verfeinert: Die Doppelscheinwerfer steckten in einzelnen kreisrunden Zierringen anstatt in sechseckigen Rähmchen. Zu den weiteren Neuerungen zählten Frostschutzmittel für zwei Jahre, Wasserheizung für den automatischen Choke (Gemischanreicherung), Kontrolllicht für das Schließen der Hintertüren und auf Wunsch ein von innen verstellbarer Außenspiegel und eine Innenbedienung für das Öffnen des Kofferdeckels.

Vier Tage Arbeit Es wurde festgehalten, dass der Bau eines Continental, auf den zwei Jahre oder 40'000 km Totalgarantie gewährt wurde und dessen Öl nur alle 10'000 km gewechselt werden musste, vier Arbeitstage Bauzeit in Anspruch nahm, von denen fast die Hälfte für Qualitätskontrollen aufgewendet wurde.

Lincoln Continental, 1961

Lincoln Continental Convertible, 1964

Auf 1963 erhielt das nach außen gewölbte Kühlergitter eine feine, in ein Dutzend Felder unterteilte Karomusterung. Es gab inzwischen auch eine Executive-Limousine auf verlängertem Radstand. Dem allgemeinen Trend entsprechend wurde die Motorleistung mit dem Modelljahr 1963 wieder angehoben: Es standen nun 324 SAE-PS bei 4600/min zur Verfügung, und das höchste Drehmoment von 64,3 mkp lag bei 2600 statt bei 2000/min.
Modellkonstanz wurde bei Lincoln – ganz im Gegensatz zu praktisch allen anderen amerikanischen Fabrikaten – großgeschrieben. Doch ein Teil der »Karosseriebeschneidung« von 1961 wurde wieder rückgängig gemacht. So erhielten die Modelle 1964 einen um 7,5 auf 320 cm gewachsenen Radstand. Er kam dem Innen- und dem Kofferraum zugute. Die Gesamtlänge wuchs von den inzwischen erreichten 542 auf 549 cm. Ein Kühlergitter mit Rechteckmotiven ohne prägnante horizontale Zweiteilung kennzeichnete den neuen Jahrgang. Zudem waren die Blinker nun über den Stoßstangenecken in die Radhauskanten einbezogen. Bedeutendste technische Neuerung war die Einführung von vorderen Scheibenbremsen; sie stammten von Kelsey-Hayes. Noch waren serienmäßige Scheibenbremsen bei US-Wagen kaum verbreitet!

Weitere Reform Mit dem Modelljahr 1966 erfuhr das eigenständige und unverkennbare Lincoln-Design eine Anpassung an die Mode: Die bisher nur durch einen kleinen Absatz auf der Höhe der Hintertür unterbrochene Gürtellinie erhielt den sogenannten Hüftschwung, eine Wölbung vor dem hinteren Radausschnitt. Die Seitenfenster waren leicht gewölbt, und zudem gab es jetzt wieder eine zweitürige Hardtop-Ausführung. Die Gesamtlänge wuchs um 11 auf 561 cm. Gänzlich neu gestaltet war das Armaturenbrett: Anzeigeinstrumente und Bedienungsschalter waren in einer Art Kommandopult vor dem Lenkrad zusammengefasst. Mit einem Sprung auf 7565 cm^3 (Verdichtung 10,25:1, 345 PS bei 4600/min) sicherte sich Lincoln die Führung im Hubraumrennen. Bei Chrysler und deren Cadillac/Lincoln-Konkurrenten Imperial hatte man den Hubraum gleichzeitig auf 7206 cm^3 erhöht. 1968 sollte Cadillac mit 7729 cm^3 (ab 1970 gar 8194 cm^3) die Spitze an sich reißen...
Den Lincoln-Jahrgang 1967 erkannte man an den acht senkrecht unterteilten Feldern des Kühlergrills. Zu den technischen Verfeinerungen zählte die neue Heizungs- und Lüftungsanlage mit einem Abluftventil in den Vordertüren. Zu dieser Zeit entstand der Versuchswagen Continental Coronation (= Krönung) Coupé II. Ein superluxuriöser Innenraum, ein spezielles Schiebedach sowie die Gaspedalstellung anzeigende gelbe und grüne Hecklampen waren seine Eigenheiten. – Nachdem sie 1966 von dort verschwunden waren, wanderten die Blinker und die Positionslichter auf 1968 wieder in die vorderen Radhausabschlüsse über den Stoßstangenenden.
Mark III Während das einzigartige viertürige Cabriolet 1968 nicht mehr im Modellprogramm enthalten war, tauchte als neues Spitzenmodell der Continental Mark III auf. Seine Lancierung erfolgte erst im Februar 1968. Im Gegensatz zu den selbsttragend konstruierten übrigen Lincoln basierte der Mark III überraschenderweise auf einem breitausladenden Kastenrahmenchassis. Statt der Blattfedern wies die Hinterachse Schraubenfedern und zudem untere Längslenker, eine obere Drehmomentstütze sowie einen Panhardstab auf. Der Radstand war mit 297,5 cm um 22,5 cm kürzer, doch war die Gesamtlänge nur um 12,5 cm geschrumpft.
Mit dem Mark III wollte man offensichtlich an die Sonderstellung des seinerzeitigen Continental Mark II anknüpfen. Nicht nur fand sich im Heckabschluss eine ein- bzw. ausgeprägte Reserveradsilhouette, auch die hochluxuriöse, abgesteppte Leder/Vinyl-Innenausstattung mit allen erdenklichen Komfortmerkmalen bewies, dass Ford hier ein neues Klasseauto auf den Markt brachte. Nicht zuletzt sollte zum

frontgetriebenen Eldorado-Coupé von Cadillac ein Gegengewicht geboten werden.
Ungewöhnlich war überdies die MarkIII-Frontgestaltung in Form eines stilisierten klassischen Kühlergrills, der ein Stück weit an die Vorkriegs-Lincoln erinnerte. Die sich beidseits anschließenden Doppelscheinwerfer waren unter Klappen versteckt. Zu den Besonderheiten zählte weniger die alsbald auch bei anderen Modellen aus dem Ford-Konzern anzutreffende Flo-Thru-Lüftungsanlage (Abzug der verbrauchten Luft über dem Heckfenster) als etwa die Armaturenbrettverzierung mit ostindischem Rosenholz (auf Wunsch englisches Eichenholz). Höchst unerwartet war auch die Tatsache, dass der Motor bei kaum verändertem Hubraum von 7536 cm³ neue Abmessungen besaß. Auch er war mit einem Vierfachvergaser bestückt, doch leistete er bei 10,5:1 Verdichtung jetzt 370 PS und bot ein höchstes Drehmoment von 69 statt 67 mkp bei 2800/min.
»Specials« Von der Karosseriefirma Lehmann-Peterson in Chicago wurden im Auftrag des amerikanischen Geheimdienstes zwei viertürige Continental-Cabriolets mit speziellen Sicherheitseinrichtungen für Paraden konstruiert. Sie waren unter anderem seitwärts und am Heck mit Trittbrettern und Haltestangen für Leibwächter ausgerüstet. Ihnen folgte Ende 1968 eine neue Präsidentenlimousine; diese war von Lyndon B. Johnson bestellt worden und kam unter Richard M. Nixon in Dienst. Sie wies einen auf 3,9 m verlängerten Radstand auf und erreichte eine imposante Gesamtlänge von 635 cm. Zu den Besonderheiten zählte hier das in der Mitte aufklappbare Glasdach. Die Serienmodelle 1969 waren an dem in der Mitte höhergezogenen Kühlergrill zu erkennen. Auch im Innenraum fanden sich stilistische Anpassungen an den Mark III. Gegen Mehrpreis gab es die Luxus- und Lederausstattung Town Car sowie unter anderem ein kippbares Lenkrad, eine sechsfache elektrische Sitzverstellung, eine Niveauregulierung und eine Differentialbremse Equa-Lock.
Besondere Erwähnung verdient jedoch, dass Ford ankündigte, den Mark III im kommenden Jahr auf Wunsch mit dem

Lincoln Continental Mark III, 1968

Sure-Track-Bremssystem zu liefern. Es handelte sich hierbei um eine intermittierend arbeitende Anlage mit Drehzahlfühlern an beiden Hinterrädern und elektronischer Steuerung. Der 7536-cm³-Motor mit 370 PS wurde nun in alle Lincoln eingebaut. Das Automatikgetriebe hieß jetzt Select Shift.
Continental 1970 Das Modelljahr 1970 brachte den Lincoln erneut vollständig umgezeichnete Karosserien. Bei allen Modellen blieben nun die Scheinwerfer bei Nichtgebrauch abgedeckt, und beim Continental fiel die Front durch die markanten horizontalen Rippen auf. Beim Sedan – es gab ja auch ein ebenfalls sechssitziges Hardtop-Coupé – waren fortan die Hintertüren ebenfalls in üblicher Weise vorne angeschlagen. Der Radstand hatte um 2,5, die Gesamtlänge um 2 auf 571,5 cm zugelegt.
Aber bedeutsamer – und aus kritischem Blickwinkel erstaunlich – war die Rückkehr zur Chassisbauweise, einem Kastenrahmen mit Traversen, wie ihn auch der Mark III besass. Somit erhielten auch die Continental die an Schraubenfedern abgestützte Hinterachse, zudem untere Längslenker, obere Drehmomentstütze und Panhardstab; vorne Trapez-Dreieckquerlenker, untere einfache Querlenker und elastisch gelagerte Zugstrebe.
Die Lincoln-Neuzulassungen in den USA (der Exportanteil war sehr klein) hatten 1960 mit 20'700 Einheiten einen Tiefstand erreicht, bis 1970 wuchs die Zahl auf rund 57'000 Stück, davon 22'000 Mark III.

Lincoln	Zyl.	cm³	PS	bei 1/min	Gänge	Spitze km/h	Radstand/Länge	ab Jahr	Besonderheiten
Lincoln/	V8	7045	319	4100	A	-180	333/577	1960	
L. Premiere/L.									
Continental Mark V									
Continental			304	4100			312/539	1961/62	'62: 541 cm lang
			324	4600		-190	312/542	1963	
							320/549	1964/65	
		7565	345	4600		-200	320/561	1966-68	
		7536	370	4600		-200	320/570	1969	
							323/572	1970	Kastenrahmenchassis
Continental Mark III		7536	370	4600	A	-210	298/549	1968-70	Kastenrahmenchassis

Lincoln in den 70er Jahre

Die Spitzenmarke der Ford Motor Company startete auch in die 70er Jahre mit den Modellen Continental und Continental Mark III. Mit dem Jahrgang 1971 gab es auf Wunsch ein verstellbares Lenkrad und neu eine Antiblockiervorrichtung für die Hinterräder. Dieses bereits Ende 1968 für den Mark III als Sure Track angekündigte System verhinderte ein Ausbrechen der Hinterräder. Hierzu wurde von einem elektronischen Steuergerät bei vollem Pedaldruck eine intermittierende Bremsung ausgelöst. Zur serienmäßigen Ausstattung zählten hingegen vordere Scheibenbremsen, Servolenkung, gefärbte Scheiben und eine Klimaanlage. Der 7,5-L-V8 leistete 370 SAE-PS und wurde mit dem 3-Stufen-Automatgetriebe Cruise-O-Matic kombiniert. Beim wenig veränderten Modell 1972 (nun mit eher kariert wirkendem Kühlergitter) standen wegen der verschärften Abgasbestimmungen nur noch 227 DIN-PS zur Verfügung! Der Continental Mark III von 1971 fiel weiterhin durch sein simuliertes Reserveradfach auf dem Kofferdeckel auf.

Continental Mark IV Schon im Juni 1971 wurde jedoch bekannt, dass der Lincoln Mark III durch den Mk IV abgelöst werde. Der erste Continental war 1939 erschienen, 1955 kam der Mark II heraus. *Vom Mark III waren seit 1968 rund 80'000 Exemplaren gebaut worden.* Wie der → Thunderbird besaß der Mark IV ein Kastenrahmenchassis mit von 297,5 auf 306 cm verlängertem Radstand, was vor allem dem hinteren Sitzbereich zugutekam; die Gesamtlänge wuchs um 10 auf 559 cm. An der Front fiel das in die Stoßstange eingeschnittene Kühlergitter auf. Die Gürtellinie war etwas abgesenkt worden, und an das Türfenster schloss sich ein kleines Zusatzfenster an.

Beibehalten wurden das plüschbetonte Luxusinterieur; zum serienmäßigen Lieferumfang zählte nun eine sechsfache elektrische Sitzverstellung. Angetrieben wurde der Mark IV vom 7,5-L-V8, dessen Leistung auf gerade noch 215 DIN-PS gesunken war.

Bereits Anfang 1972 war als Spezialausführung in Kleinserie der Continental Town Car hinzugekommen (mit elektrisch ausstellbaren Ventilationsflügeln, Vinyldach usw.); ihn gab es mit der Lancierung der Modelle 1973 auch als Coupé. Mit massiveren Stoßstangen wurde den neuen Vorschriften (vorne bis 8 km/h Aufpralltempo, hinten bis 4 km/h schadlos) entsprochen. Neue vordere Scheibenbremsen mit Innenbelüftung und größere Radialreifen waren jetzt serienmäßig. In den Wischerarmen integrierte Waschdüsen und eine wirksamere Abgasentgiftung waren weitere Merkmale des neuen Jahrgangs, den man vor allem an den Stoßstangenhörnern erkennen konnte. 1974 wurde beim Continental eine vom Kompressor der Servolenkung gespeiste Hydro-Servobremsanlage eingebaut, während der Continental Mark IV ein neugestaltetes Heck mit tieferer Stoßstange und liegenden Schlussleuchten erhielt. 1975 wurden die Fensterflächen größer, vor allem erhielten die Viertürwagen zusätzlich ein Opera Window. Das Kühlergitter des Continental war nun vertikal in sechs Felder unterteilt. Beim Continental Mark IV gab es neu eine Ausstattung namens Lipstick Red and White Group.

1976 erhielt der Mark IV ein neues Zündsystem CCT = computer controlled timing; der senkrechte Zierstab, der die seitlichen Fenster hinten abschloss, wurde übers Dach weitergeführt; alle Modelle rollten inzwischen auf Michelin-Gürtelreifen. 1977 präsentierte sich der Continental mit dem hohen schmalen Kühlergitter des Mark IV.

Continental Mark V Dieser erschien gleichzeitig als Nachfolger des Mark IV! Neu war ein (vor allem für Kalifornien bestimmter) 6,6-L-Motor mit 182 PS.

Lincoln Continental, 1973

Lincoln Continental Mark IV, 1973

Versailles Als »Zweitauto für die Reichen« bezeichnete Ende 1976 ein Ford-Sprecher den seit einiger Zeit geplanten kleinen Lincoln. Er war vor allem als Antwort auf den Cadillac Seville gedacht, auf den anderseits Chrysler mit dem LeBaron reagierte. Sein Debüt gab der Versailles im März 1977. Er entstand auf der Grundlage des Duos → Ford Granada (USA-Modell!) und Mercury Monarch, war jedoch länger. Dies war vor allem auf die Heckgestaltung zurückzuführen: Wie beim Continental Mark V zeigte der Kofferdeckel nämlich eine (unechte) Reserveradausbuchtung. Vorne fand sich hingegen der typische im Hochformat gehaltene Lincoln-Kühlergrill. Für den Antrieb diente der 4,9-L-V8 mit Cruise-O-Matic und die Ausstattung erreichte ein hohes Luxusniveau.
1978 wurde der Continental mit dem 6,6-L-V8 lieferbar, die hinteren Radausschnittdeckel wurden verkleinert und das Armaturenbrett zeigte sich neu gezeichnet, neu gab es auf Wunsch ein im Außenspiegelsockel integriertes beleuchtetes Thermometer und einen Benzinstandsanzeiger, der die noch mögliche Meilenstrecke anzeigte. Der Versailles war nur noch mit dem 5-L-Motor erhältlich.
1979 erhielt der Versailles eine neu geformte hintere Dachpartie (größerer Türausschnitt, Vinylüberzug ab Mittelpfosten); für den Continental und den Continental Mark V wurde der 7,5-L-Motor gestrichen; den Mark V und teils auch der Conti-Sedan waren in einer Collector-Ausführung zu haben: mit exklusiven Ausstattungsdetails u. a. von Cartier, Emilio Pucci und Bill Bless. Auch eine (inoffizielle) Cabrioletversion mit außen stehendem Reserveradbehälter am ellenlangen Heck gab es in kleiner Stückzahl als Collectors' Edition.
Verkleinert! 1980 präsentierten sich die großen Lincoln beträchtlich verkleinert: Der Continental hatte noch 298 cm Radstand und 556,5 cm Länge (1979: 323/591,5 cm); neu war ein besonders schmales drittes Seitenfenster, und die Scheinwerfer waren nicht mehr unter Deckeln verborgen... Zudem war auf Wunsch ein Schließcode zu haben, der auf fünf Nummerntasten über dem Türgriff eingetippt werden konnte und den Schlüssel ersetzte. *Für den Versailles war 1980 bereits das letzte Produktionsjahr!*

Lincoln Versailles, 1978

Continental Mark VI Aus dem Continental Mark V wurde 1980 der Continental Mark VI, den es außer als Coupé neu auch als Limousine gab; selbst diese (auf längerem Radstand) war fast 30 cm kürzer als das Vorjahrescoupé. Coupé wie Limousine zeigten im hinteren Dachträger ein kleines oval liegendes Opera Window. Statt des 6,6-L-Motors standen ein 4,9- und ein 5,8-L-V8 zur Wahl. Der 4,9-L besaß neu eine elektronische Zentraleinspritzung. Statt des 3-Stufen-Automats Select Shift wurde die neue 4-Stufen-Einheit Automatic Overdrive eingebaut (Versailles: weiterhin Cruise-O-Matic). So ausgestattet wurde mit dem Mark VI gegenüber dem Mark V ein um 38 % reduzierter Benzinverbrauch postuliert.

Lincoln Continental Mark V Givenchy Edition, 1977

Lincoln Continental Mark VI, 1980

Lincoln	Zyl.	cm³	PS	bei 1/min	Gänge	Spitze km/h	Radstand/Länge	ab Jahr	Besonderheiten
Versailles	V8	5770	151/163	32/36	A3		279/510	1977	
do. f. Kalifornien		4947	124	3400					
-			135/124	36/34				1978	
			132-135	3600				1979/80	
Continental	V8	7536	370*/227	46/44	A3		323/572	71*/72	
			222	4400			323/584	1973	
			218	4000			323/591	1974	
			209/226	38/40				1975	
			205	3800			323/592	1976	
			211	4000			323/592	1977	
do. f. Kalifornien		6586	184						
-			168	3800				1978	
			161	3400				1979	
	V8i	4947	131	3600	A4		298/557	1980	
	V8	5770	142	3400					
Continental Mk III	V8	7536	370*/227	46/44	A3		298/549	1971	
Contental Mk IV			215	4400			306/559	1972	
			211				306/567	1973	
			223	4000			306/580	1974	
			200/226	38/40				1975	
			205	3800				1976	
Continental Mk V		6586	182°/168	40/38			306/585	1977°/78	
		7536	211°/213	40/42					
		6586	161	3400				1979	
Continental Mk VI	V8i	4947	131	3600	A4		298/557°	1980	
	V8	5770	142	3400					

°) Coupé: 291/549

Lincoln in den 80er Jahren

Die Spitzenmarke der Ford Motor Company vermochte sich nie den gleichen Prestigenimbus anzueignen wie Hauptkonkurrent Cadillac. Umso mehr umgab sie ein Kennerstatus..., und zudem galt Lincoln zu Beginn der 80er Jahre stets noch als die Marke der US-Präsidenten! – Das 1977 eingeführte kleinere Modell Versailles wurde mit dem Modelljahr 1981 bereits wieder aufgegeben.

Town Car Anderseits wurde das Lincoln-Hauptmodell Continental für 1981 auf Town Car umgetauft. Mit 298 cm Radstand und 556,5 cm Länge zeigte es sich unverändert eindrücklich dimensioniert, und auch das ausgeprägt eckig-kantige Karosseriedesign blieb erhalten. Beim viertürigen Sedan fügte sich ein schmales Opera Window an das hintere Türfenster an, und beim zweitürigen Coupé sorgte ein Opera Window im vinylbespannten hinteren Dachträger für Diskretion im Wagenfond. Die Serienausrüstung war nochmals angereichert worden.

Der Town Car basierte weiterhin auf einem Kastenrahmenchassis mit Traversen. Vorn fanden sich obere und untere Trapez-Dreieckquerlenker und Schraubenfedern, hinten eine Starrachse mit unteren Längslenkern, oberen Schräglenkern und Schraubenfedern. Die Bremsen (vorne belüftete Scheiben) und die Kugelkreislauflenkung arbeiteten mit Servo.

Während der Continental auf Wunsch noch mit einem 5,8-L-V8-Motor ausgerüstet worden war, steckte unter der mächtig langen Motorhaube des Town Car ausschließlich der 4,9-L-V8 mit 132 PS. Die technische Besonderheit lag in der elektronischen Benzineinspritzung, die bei diesem Motor 1980 nur für den Lincoln Continental Mark VI eingeführt worden war. Als Kraftübertragung diente die 4-Stufen-Einheit Automatic Overdrive, bei der die 0,67:1 untersetzte oberste Stufe für verminderte Drehzahl und somit auch für einen tieferen Verbrauch sorgte.

Lincoln Town Car, 1981

Lincoln Mark VI Coupe, 1981

Continental Mark VI Die 1980 auf den Markt gebrachte Nr. 6 der Continental-Serie verkörperte das Superluxusauto der Ford Motor Company; neu gab es sie ab 1980 auch als Sedan. Wie schon zu jenem Jahrgang aufgeführt: Zu den besonderen Mark-VI-Merkmalen zählten nebst der besonders hochwertigen Ausstattung u. a. die unter Klappen verborgenen Scheinwerfer und die kleinen ovalen, horizontal gestellten Opera Windows in den hinteren Dachträgern. Auch die Mark VI boten Platz für sechs Insassen, und sie wogen leer bis 1880 kg. Das Kastenrahmenchassis und die Antriebsaggregate waren mit jenen des Town Car identisch.

Continental 1982 Als Nachfolger des Versailles wurde Anfang August 1981 ein neuer Lincoln Continental vorgestellt. Er bildete wiederum einen Abschluss nach unten, sah aber wesentlich repräsentativer aus als der wenig erfolgreiche Versailles. Stören mochte Puristen sein an den Cadillac Seville bzw. an den Daimler Limousine gemahnendes Heckdesign mit schräg abfallenden Linien. Mit diesem Modell wurde der traditionelle Modellname für das Spitzenprodukt der Ford Motor Company auf die aktuell gewordene Sparsamkeit getrimmt. Während die weitergebauten großen Lincoln immer noch mehr als 1,8 Tonnen auf die Waage brachten, wog dieser »Conti« leer weniger als 1550 kg. Ausgerüstet wurde er mit dem 3,8-Liter-V6, der auf äußerst bescheidene 114 PS kam. Die US-Verbrauchvorschriften zeigten Konsequenzen!

Doch auf Wunsch konnte dem neuen Continental auch der 4,9-Liter-V8 mit 133 PS eingebaut werden. Im Gegensatz zu den V8 besaß der V6 einen Leichtmetall-Zylinderkopf. Für die Kraftübertragung diente das 4-Stufen-Automatikgetriebe Automatic Overdrive mit Lenkradschaltung; denn der Continental bot ja ebenfalls bis sechs Personen Platz.

Selbsttragend! Technische Basis lieferten die mittelgroßen Ford- und Mercury-Modelle. Statt eines Kastenrahmenchassis hatte der Neuling somit eine selbsttragende Karosserie. Die Vorderradaufhängung setzte sich aus unteren Dreieckquerlenkern mit elastisch gelagerter Zugstrebe, Dämpferbeinen und Schraubenfedern zusammen. Hinten fand eine Starrachse mit unteren Längslenkern, oberen Schräglenkern und Schraubenfedern Verwendung. Die belüfteten Vierrad-Scheibenbremsen und die Zahnstangenlenkung waren servobedient. Neu war der Einbau von Gasdruckstoßdämpfern. Das Ausstattungsniveau entsprach dem Ruf der Luxusmarke: feinste Polsterstoffe, Fensterheber, Zentralverriegelung, Verbrauchsanzeige, Geschwindigkeitsregler, beheizte Außenspiegel usw. – 1982 wurde die Bezeichnung Continental für den Mark VI weggelassen, und den Town Car gab es nur noch als Sedan.

1983 erhielt der Continental ausschließlich noch den 4,9-L-V8 eingebaut; auf Wunsch war er nun mit einer kürzeren Achsuntersetzung (3,27:1 statt 3,08:1) lieferbar. Die großen Lincoln Town Car und Mark VI wurden auch in Sonderausführungen der namhaften Modeschöpfer Bill Blass, Emilio Pucci und Cartier angeboten. – Bereits wussten Insider, dass an einem Mark VII mit reduziertem Luftwiderstand gearbeitet wurde.

Mark VII Als erstes Modell des US-Jahrganges 1984 wurde Anfang August 1983 als Spitzenmodell der Lincoln-Mercury-Division der Mark VII vorgestellt. Er verkörperte eine weitere massive Verkleinerung: Sein Radstand erreichte noch 276 cm, und die Außenmaße standen mit vergleichsweise bescheidenen 515x180x137 cm zu Buche. Es gab ihn weiterhin nur zweitürig, die Plattform aber entsprach weitgehend jener des viertürigen, selbsttragenden Continental. Mit diesem teilte er auch den 4,9-L-V8-Motor. An der Leistungsfähigkeit änderte

sich hingegen nicht viel, weil gleichzeitig das Leergewicht von 1815 auf 1645 kg vermindert worden war.
Geblieben war das typische Kühlergesicht, und auch die Reserveradattrappe im Kofferdeckel war als Modellerkennungsmerkmal erhalten geblieben. Dank aerodynamischem Feinschliff hatte sich ein beachtlich günstiger cw-Wert von 0,38 ergeben. Statt Schraubenfedern erhielt der Mark VII ein elektronisch gesteuertes Luftfederungssystem, das in Zusammenarbeit mit Goodyear entwickelt worden war. Elektronik fand sich auch an Bord, so war außer einem Trip-Computer eine vollelektronische Anzeigeeinheit erhältlich. Neben einer Basisversion gab es den straffer gefederten LSC (= Luxury Sport Coupe) mit Breitreifen sowie die Designer-Modelle Bill Blass und Gianni Versace. – Später wurde der Mark VII wahlweise mit dem in Österreich hergestellten 2,4-Liter-Turbodieselmotor von BMW lieferbar.
Continental 1984 Mit diesem Jahrgang erhielt der kleinste Lincoln bei unverändert traditionell gestaltetem Kühlergrill eine leicht schräg gestellte Front, die somit einen etwas reduzierten Luftwiderstand versprach. Auch der Continental war nebst dem 4,9-L-V8 mit dem 2,4-L-Sechszylinder-Turbodieselmotor mit 116 PS Leistung erhältlich.
1985 wurde als aufpreispflichtiges Zubehör für Mark VII und Continental ein ABS aufgeführt. – 1986 erfuhr der 4,9-L-V8-Motor der Continental, Town Car und Mark VII eine Leistungssteigerung von 142 auf 152 Netto-PS, mit Doppelauspuff waren es im Town Car gar 162 PS.
Mark VII LSC 1986 Anstatt mit dem leistungsgesteigerten 183-PS-Motor gab es den Mark VII 1986 als LSC (Luxury

Lincoln Continental, 1982

Sport Coupe) auf Wunsch mit dem High-Output-V8 und 203 PS. Hierzu hatte der 4,9-L-V8 diverse konstruktive Verfeinerungen erfahren, und vor allem wurde die Zentraleinspritzung durch eine Saugrohreinspritzung ersetzt, die SEFI (= Sequential Electronic Fuel Injection) mit optimierter Einspritzmenge und -zeitpunkt. Der immerhin rund 1,7 Tonnen wiegende LSC imponierte nicht nur durch seine Leistungsfähigkeit, sondern ebenso durch seine straffere, computergesteuerte Druckluftfederung und durch die mit 2,5 Umdrehungen vom einen zum anderen Anschlag direkter ausgelegte Zahnstangenlenkung. Ende März 1987 erhielt der Mark VII eine weitere Leistungsspritze und zwar auf 228 PS (im Verein mit Breitreifen). – Der Town Car hatte sich zwar weiterhin mit 142 PS (mit Doppelauspuff 152 PS) zu begnügen, aber man hatte ihm zum gleichen Zeitpunkt neue Schlussleuchten und Radkappen sowie einen leicht geänderten Kühlergrill verpasst.
Continental 1988 Mit ihm wurde der erste Lincoln mit Vorderradantrieb geschaffen. Er basierte auf der verlängerten und leicht verbreiterten Plattform der Modelle Ford Taurus

Lincoln Mark VII LSC, 1987

und Mercury Sable und hob sich auch stilistisch weitgehend von seinem Vorgänger ab. Dessen arg kantiges Design war weich fließenden, langgestreckten Linien gewichen, die sich einer leicht zugespitzten, stark gerundeten Frontpartie mit Chromband über Kühlergrill und Scheinwerfern anschlossen. Der Radstand war von 275,5 auf 277 cm angewachsen, die Länge gar von 510 auf 521 cm. Zusammen mit dem Quermotor erbrachte dies einen beträchtlichen Raumgewinn. Nur schon für den Kofferraum wurden nun 540 statt 415 dm³ Inhalt genannt.

Statt 1725 kg brachte der neue »Conti« ab 1640 kg auf die Waage. Da konnte ja der 3,8-L-V6 mit 142 PS (und Schwingungsausgleichswelle) durchaus den 152 PS starken 4,9-L-V8 ersetzen. Der Kraftübertragung diente das 4-Stufen-Automatikgetriebe AXOD mit Lenkradschaltung oder wahlweise Wählhebel auf der Mittelkonsole. Die hintere Einzelradaufhängung mit Quer- und Längslenkern wurde (wie schon beim Vormodell) mit einem elektronischen Luftfederungssystem mit Niveauregulierung komplettiert, und auch Vierrad-Scheibenbremsen mit ABS zählten zur Serienausstattung. Wer's noch luxuriöser (u. a. mit Leder) wollte, konnte den Continental in der Ausführung Signature Series bestellen. *Der neue Continental erwies sich als wahrer Verkaufshit. Im ersten Halbjahr 1988 konnte er in 21'562 Exemplaren abgesetzt werden (gegenüber 7268 Stück im ersten Halbjahr 1987).*

Zum Modelljahr 1989 wurden beim Continental einige Verfeinerungen eingebracht: Ventilstößel mit Rollen, Ventildeckel aus Magnesium, neue Antriebsgelenke, weiter ausfahrbare Getriebestufen, neues Instrumentarium und Airbag. *– Nachdem 1982 Cadillac als »Hoflieferant« des Weißen Hauses Lincoln verdrängt hatte, konnte an Präsident Bush 1989 wieder ein Lincoln (mit verstärktem Chassis und stark gepanzert) geliefert werden, womit die Ehre der Ford-Spitzenmarke zurückerobert war.*

Town Car 1990 Mit dem Modelljahr 1990 erhielt auch der Town Car einen neugeformten Aufbau, der deutlich rundlicher wirkte, ohne aber an Eindrücklichkeit verloren zu haben. Die Länge hatte um 3 auf 559,5 cm, die Höhe um 2 auf 144 cm zugelegt, während die Breite mit 198,5 cm unverändert blieb. Dies galt auch für den 298-cm-Radstand des Kastenrahmenchassis. Der noch breiter chromgerahmte Kühlergrill gab sich leicht gewölbt, und das als Opera Window ausgebildete dritte Seitenfenster zeigte sich von der Hintertüre deutlicher abgesetzt. Mechanisch waren keine prinzipiellen Änderungen zu verzeichnen.

Lincoln Continental, 1988

Lincoln Town Car, 1990

Lincoln	Bauart	Mot.	Getr.	R/ L cm	Modelljahre
Town Car (*1990–)	**K'r.**	**a–d**	**A4**	**298/556,5/559,5***	**1981–90**
Continental Mark VI		**a/b**			**1981–83**
Continental M.VI Coupe				**290,5/548,5**	
Motoren:	*Zyl.:*	*N'w.:*	*cm³:*	*PS/'min:*	*Nm/'min:*
a (1981 *1982)	V8i	OHV	4942	132/136*/3400	312/315/2200
b (1983)				147/3600/132/3200	332/2200/326/2000
c (1984/85 *Canada)				142/3200/157*/3600	339/1600/360/2000
d (1986–)				152/3200/162/3400	366/2000/380/2200
Continental	**St.**	**a–e**	**A4**	**275,5/510**	**1982-87**
Motoren:	*Zyl.:*	*N'w.:*	*cm³:*	*PS/'min:*	*Nm/'min:*
a (1982)	V6	OHV	3791	114/120C/4000	237/2600/252/2000
b (1982)	V8		4942	133/3400	311/1200
c (1983 *1984/85)	V8i			132/142*/3200	326/2000/339/1600
d (1986–)				152/3200	366/2000
e (1984/85)	6D	OHC	2443	ca. 116/4800	210/2400
Continental	**Fr.**	**–**	**A4**	**277/521**	**1988–90**
/ Motor:	V6i	OHV	3791	142/3800	292/2200
Mark VII	**St.**	**a–c**	**A4**	**275,5/515**	**1984–90**
Motoren:	Zyl.:	N'w.:	cm³:	PS/'min:	Nm/'min:
a (*1986/87)	V8i	OHV	4942	142/152*/3200	339/1600/366/2000
b (1985–87 *1988–)				183/228*/4200	353/2600/407/3200
c (1984/85)	6D	OHC	2443	ca. 116/4800	210/2400

Mercury

Während die meisten Autonamen auf die Gründung durch einen Autopionier zurückgehen, zählt Mercury zu den wenigen »Retortenmarken«. Man schuf sie im Rahmen bereits etablierter Fabrikate, um der Konkurrenz auf breiterer Front begegnen zu können. Die Marke Mercury – ihr Signet zeigte den Kopf des Mercurius, des römischen Gottes des Handels – füllte die Lücke zwischen Ford und Lincoln und war dazu prädestiniert, den Buick, Oldsmobile und Pontiac von General Motors die Stirn zu bieten.

Der erste Mercury erschien Ende 1938. Gegenüber den normalen V8-Ford hatte er 10 cm mehr Radstand, einen auf 3,9 Liter vergrößerten Hubraum und ein verbessertes Bremssystem. Auch nach dem Krieg unterschied sich der Mercury durch den längeren Radstand vom Ford V8, doch hatte dieser inzwischen ebenfalls den 3,9-Liter-Motor erhalten. Äußerlich hob sich der Mercury durch den feiner ziselierten Kühlergrill und mehr Chrom ab.

Monarch: Der von Ford of Canada in den Jahren 1946 bis 1961 für den kanadischen Mart gebaute Monarch entsprach den Standard-size-Mercury der USA.

Zeitgemäß geformt Eine größere eigene Identität erhielt die noch junge US-Marke Mercury zum Modelljahr 1949: Damals führte Ford die horizontal durchgezogene Pontonform ein (→ Ford). Die Mercury hingegen zeigten eine weiche langgestreckte Linie mit in die Vordertüren auslaufenden vorderen Radhäusern. Stilistisch reihte sich die Marke damit ziemlich genau zwischen Ford und Lincoln ein. Neu war auch das Chassis mit robust dimensionierter X-Traverse und K-Verstrebungen. Die vordere Starrachse mit Querfeder wurde nun durch Einzelradfederung mit Trapez-Dreiecklenkern und Schraubenfedern ersetzt. Statt der hinteren Querfeder kamen Halbelliptikfedern zum Einbau. Die Mercury erhielten zudem einen auf 4,2 Liter Inhalt vergrößerten Motor.

Hergestellt wurden die Mercury zusammen mit den Lincoln in teils neuen Fabrikanlagen der Lincoln-Mercury Division von Ford. Ab 1951 gab es neben dem Schnellgang auch das automatische Getriebe Merco-O-matic. Während der halbautomatische Overdrive eine Konstruktion von Borg-Warner war, entsprach die automatische Schaltung mit hydraulischem Drehmomentwandler und dreistufigem Planetengetriebe dem Ford-O-matic-Getriebe.

8-fache Auswahl Für das Modelljahr 1952 wurden die Mercury vollständig umgestaltet und ihre Zahl auf acht erhöht. Hauptmerkmal waren die wesentlich kantiger gezeichneten, aber auch geräumigeren Karosserien, die zudem bessere Sicht boten. Man unterschied zwischen der Normalausführung Custom und dem luxuriöseren Monterey. Die Stoßstangen waren nun Teil des Kühlergesichts, und im Modelljahr 1953 erhielten sie nasenförmige Aufsätze.

1954 überraschte Mercury mit dem Coupé Sun Valley, dessen vordere Dachhälfte aus Plexiglas bestand. Weit mehr Bedeutung kam jedoch dem neuen Kurzhub-V8 mit hängenden Ventilen zu; bei 4,2 Liter Hubraum leistete er respektable 163 SAE-PS. Auch Chassis und Front wiesen Änderungen auf. Zudem war jetzt eine Bendix-Servolenkung erhältlich.

Mercury, 1946

Mercury six-passenger coupe, 1949

Mercury Monterey, 1956

Für 1955 wurden sowohl die Karosserien – sie wiesen nun Panoramascheiben auf – wie der Motor vergrößert: Es standen 190 PS aus 4,8 Liter Hubraum zur Verfügung. In der neu hinzu gekommenen Luxusserie Montclair waren es sogar 200 PS. Das Kastenrahmenchassis erhielt fünf Quertraversen. Während die Mercury bis dahin – dem allgemeinen amerikanischen Trend folgend – vom Flugzeugbau inspirierte Armaturenbretter hatten, hoben sie sich 1955 durch eine in Sektoren unterteilte Instrumententafel von der Konkurrenz ab. Neu war auch eine Zentralschmierung. 1956 brachte Leistungssteigerungen bis zu 264 PS und teils geschwungene statt geradlinige seitliche Zierleisten. Neu war ein viertüriges Faux-Cabriolet mit der historischen Karosseriebezeichnung Phaeton.

Turnpike Cruiser Ende 1956 und somit ebenfalls noch zum Modelljahr 1957 entsprach Mercury mit der Serienausführung eines Dreamcars dem Traum mancher amerikanischer Autofahrer: Der XM-Turnpike Cruiser ging in Kleinserie! Er wurde mit 294 PS starkem 6-Liter-V8 angeboten, und es gab ihn zwei- und viertürig sowie als Cabrio. Wenn er gegenüber dem XM auch einige Vereinfachungen erfuhr, so umfasste er doch eine ganze Anzahl extravaganter Stilelemente, von den überdachten Doppelscheinwerfern über die auskragenden, mit Radioantennen kombinierten (scheinbaren) Lufteinlässe namens Twin jet an den oberen Panoramascheibenecken bis zur elektrisch versenkbaren Breezeway-Heckscheibe. Die Getriebeautomatik wurde mit Tasten auf der Lenkradnabe bedient, und die elektrische Verstellvorrichtung Seat-O-Matic ermöglichte 49 Sitzpositionen. Mit einem Preis von 4000 $ wurde der auch 1958 noch angebotene Turnpike Cruiser allerdings zum Flopp: Die verkauften rund 23'000 Exemplare entsprachen nicht den Erwartungen. – Charakteristisch waren an allen 1957-Mercury die seitlichen Einkerbungen in den Heckflossen.

Mercury Custom Sport Coupe, 1952

Mercury Turnpike Cruiser 2-door Hardtop, 1957

Neben dem Monclair Turnpike Cruiser kam zum Modelljahr 1958 als Topfahrzeug der Mercury Park Lane Phaeton Sedan hinzu. Er zeichnete sich durch besonders reichen Chromschmuck aus. Das Angebot der vier V8-Motoren reichte bis 7 Liter Hubraum; die Version mit 405 PS wurde stolz als leistungsfähigster Motor des USA-Modelljahrs 1958 bezeichnet! Andrerseits war nun auch wieder der schon 1956 eingeführte Medalist als Mercury-Billigmodell zu haben, er war auf einen 8 bis 20 Prozent sparsameren Verbrauch ausgelegt... Bei einigen Modellen gab es ab 1958 eine Luftfederung.

Basis der Mercury-Produktion 1959 bildete weiterhin die Monterey-Reihe. Man hatte auf Chromabbau und Komfortvergrößerung gesetzt. *So war der Radstand auf imposante 320 cm angewachsen. Die Marke unterschied sich damit auch stärker von dem 1957/1958 geschaffenen Edsel, einer neuen, allerdings recht glücklosen Retortenmarke von Ford (→Edsel).*

Variantenreichtum Zum runden Jahr 1960 umfasste das Mercury-Produktionsprogramm die Modellreihen Monterey, Montclair und Park Lane. Es gab zwei- und viertürige Sedans, zwei- und viertürige Faux-Cabriolets (Hardtops) sowie Vollcabriolets und schließlich die Kombiwagen Country Cruiser, Commuter und Colony Park, letzterer mit Holzbeplankung. Die Motoren waren ausschließlich V8-Maschinen, und zwar gab es den 5,1-Liter-Economy sowie die 6,3- und 7-Liter-Marauder (Montclair und Park Lane ausschließlich mit diesem Motor). Kombiniert wurden diese Kraftquellen mit einem 3-Gang-Getriebe (nur im Monterey, erster Gang noch nicht synchronisiert) oder den Automatikgetrieben Merc-O-Matic und Multi-Drive Merc-O-Matic.

Comet Zunächst schien es, als würde er als eigene Marke propagiert: der Comet, ein Kompaktwagen, der in Parallele zum Ford Falcon im Frühling 1960 lanciert wurde. Genau wie die angestammten Mercury im Vergleich zu den Standard-Ford etwas größer und luxuriöser waren, so präsentierte sich auch der Comet – Ford hatte den Namen Comète von 1951 bis 1955 für ein Luxuscoupé in Frankreich gebraucht – repräsentativer: Er kam auf 289,5 statt 278 cm Radstand und 495 statt 460 cm Gesamtlänge.

Die Gürtellinie des Comet mündete hinten in Schwanzflossen aus. Doch die Technik war die gleiche wie jene des Falcon: selbsttragende Karosserie (im Gegensatz zu den großen Mercury, die ein Kastenrahmenchassis mit Traversen aufwiesen), hintere Starrachse mit Halbelliptikfedern, 2,4-Liter-Sechszylindermotor mit 91 SAE-PS Leistung, 3-Gang-Getriebe oder zweistufiges Ford-O-Matic. Der Comet bot überdies Doppelscheinwerfer.

Frontenac: Der 1960 von Ford of Canada für die kanadischen Mercury-Händler eingeführte Frontenac war ein Parallelmodell zum Ford Falcon.

Mercury Montclair Turnpike Cruiser, 1958

Mercury Park Lane Cruiser, 1959

Mercury	Zyl.	cm³	PS	bei 1/min	Gänge	Spitze km/h	Radstand/Länge	ab Jahr	Besonderheiten
	V8	3916	100	3800	3	140	300/510	1946	Kastenrahmenchassis Starrachse auch vorn (bis 1948), SV
	V8	4185	110	3600	3/3+S	140	300/525		
			113		3/3+S/A			1951	
			127	3700	3/3+S/A	145	300/514	1952/53	
	V8	4195	163	4400	3/3+S/A	160	300/524	1954	(nun OHV)
Custom/Monterey	V8	4785	191	4400	3/3+S/A	170	302/524	1955	
Montclair			201						
	V8	5112	213	4600	3/3+S	180	302/524	1956	
			228	4600	A	175			
	V8	5112	258	4600	3/3+S/A	180	310/536	1957	
		6031	294			190			
Turnpike Cruiser		6031	294		A				
Medalist	V8	5112	238	4600		160			
Monterey	V8	6275	257	4600	3/3+S/A	180	310/542	1958	
			316			185			
Montclair			335	4800	A	190			
Park Lane	V8	7045	365	4600	A	190			
			405	5200		200			
(min.)	V8	5113	213	4400	A/3	160	320/553	1959	
(max.)	V8	7045	350	4400	A	185	325/565		
Comet eigene Marke (1960)	6	2364	91	4200	3/A	135	290/495	1960	selbsttragende Karosserie

Mercury Comet, 1961

Mercury in den 60er Jahren

In der (amerikanischen) Ford-Hierarchie belegte die Marke Mercury in den 60er Jahren weiterhin den mittleren Platz, auch wenn 1959 mit dem Thunderbird eine vierte Marke hinzugekommen war. Zusammen mit Lincoln formierte Mercury eine eigene »Divison« in der Ford Motor Co.

Den Jahrgang 1961 des Comet – es gab ihn nach wie vor zwei- und viertürig sowie als drei- und fünftürigen Kombi, die Letzteren mit dem kürzeren Radstand des Ford Falcon – erkannte man an einem geänderten Kühlergrill ohne horizontalen Trennstab und den drei senkrechten Zierelementen an den vorderen Radhäusern. Nebst dem 2,4-Liter-Motor (nun 86 PS) gab es jetzt auch einen 2,8-Liter-Six (102 PS).

Kürzer geworden Das Angebot an großen Mercury setzte sich 1961 aus den Typen Meteor 600 und 800 sowie Monterey zusammen. Den Radstand hatte man von 320 auf 304 cm verkürzt, und entsprechend war auch die Länge geschrumpft. Die Motorpalette begann mit einem 3,6-Liter-Sechszylinder und reichte »bloß« noch bis zu einem 6,4-Liter-V8. Das Karosseriestyling war modifiziert worden, so kragten die zu Peilstegen reduzierten Heckflossen nicht mehr seitwärts, sondern nach oben aus.

Zum Modelljahr 1962 wurde auch der Monterey mit dem 3,6-Liter-Sechszylindermotor lieferbar. Zudem gab es ihn in einer luxuriöseren Ausführung Custom. Sein Kühlergrill war nicht mehr nach innen gewölbt, sondern zeigte einen mittleren horizontalen Zierstab. Die technischen Verbesserungen zielten – neben den wie stets auch bei den Ford eingeführten Neuerungen – auf die Erleichterung des Unterhalts. Den Comet 1962 erkannte man am Kühlergrill mit einer Reihe kleiner, rechteckiger Öffnungen am oberen Rand. Erst im Februar kam, neben der zweitürigen Sonderlimousine Special S-22, der Comet Villager in Produktion, ein besonders luxuriöser Station Wagon mit Seitenverkleidungen in Holzimitation; er war auch mit 3,6-Liter-Motor zu haben. Als Cabriolet und Coupé wurde etwa gleichzeitig auch eine Luxusversion des Monterey lieferbar; sie trug die Zusatzbezeichnung S-55 und bestach durch Einzelsitze und Mittelkonsole.

Meteor Ende 1961 war inzwischen ein vollständig neuer Mercury Meteor vorgestellt worden. Er löste die Meteor 600/800 ab und bildete eine Parallele zum Ford Fairlane, ebenfalls einem Zwischenmodell (= Intermediate), weder »kompakt« noch in Standardgröße. Der neue Meteor war 23 cm länger als der Comet und 29 cm kürzer als der Monterey. Er besaß eine selbsttragende Karosserie, und für den Antrieb sorgte der 2,8-Liter-Motor, wie er den Ford Fairlane antrieb. Auf Wunsch war er auch mit einem neuen, leichtgewichtigen (Ford-)3,6-Liter-V8 mit hydraulischen Ventilstößeln zu haben, und dies – ebenfalls gegen Mehrpreis – in Verbindung mit einem halbautomatischen Schnellgang. Äußerlich war auch der neue Meteor ein typischer Mercury. Er war als zwei- und als viertürige Limousine und zudem in einer gepflegteren Ausführung Custom erhältlich.

Heckscheiben-Spiele Mit dem Jahrgang 1963 präsentierte sich der Meteor mit einem sechs- statt dreifach senkrecht unterteilten Kühlergitter, während umgekehrt das Comet-Gesicht jetzt nur noch drei Senkrechtstäbe aufwies. Ganz neu eingekleidet wurde die Monterey-Reihe. Der Kühlergrill war jetzt wieder einwärts bombiert, und ebenso einen »Weg zurück« beschritten die erneut nach außen gebogenen Heckflossen. Am Heck prangten drei kreisrunde Schlussleuchten; das auffallendste Merkmal an den Limousinen aber war die einwärts geneigte Heckscheibe, die sich überdies elektrisch versenken ließ. Diese nun Breezeway genannte Besonderheit hatte es schon beim exklusiven Mercury Turnpike Cruiser von 1957 und darauf beim Lincoln Continental Mark III von 1958 gegeben. Fix montiert einwärts geneigte Heckscheiben hatte Ford darauf 1960/61 an den englischen Ford Anglia und Consul 315 eingeführt.

Mercury Monterey, 1961

Mercury Meteor Country Cruiser, 1963

Mercury Comet Caliente, 1964

Der 3,6-Liter-Sechszylinder wurde als Basismotor nun wieder durch einen V8 ersetzt, auch ein neuentwickeltes vollsynchronisiertes 3-Gang-Getriebe stand zur Verfügung. Serienmäßig eingeführt wurde ein Alternator, während ein schwenkbares Lenkrad, elektrische 6-Weg-Sitzverstellung sowie anderes Zubehör gegen Mehrpreis geliefert wurden. Hierzu zählte auch eine Differentialbremse Equa-Lock (bisher Limited Slip).

1963½ Wie Ford überraschte Anfang 1963 auch Mercury mit 1963½-Modellen. Es ging vor allem um eine Bereicherung der Angebotspalette. Zum Monterey kam das Hardtop-Coupé Marauder mit stark einwärts geneigter Heckscheibe hinzu. Monterey wie Marauder (Marauder S-55) waren mit neuen Hochleistungs-V8 von knapp 7 Litern Hubraum und mit bis zu 431 SAE-PS Leistung (zwei Vierfachvergaser) lieferbar.

Bei den Meteor-Modellen – bei denen schon zum Jahrgang 1963 neben der Spezialausführung Custom der S-33 hinzu kam – gab es neu einen 3,3-Liter-Sechszylinder und eine Ligthning Super 289 getaufte Hochleistungsvariante des Ford-4,7-Liter-V8. Auch der Comet war mit einem V8, einer Cyclone 260 geheißenen 4,2-Liter-Maschine, im neuen Hardtop-Coupé Sportster zu haben. Vordere Einzelsitze fanden in den sportlicheren Coupés zusätzlich Verbreitung.

Auf 1964 erhielten die Comet eine neugezeichnete Karosserie; die vorderen Radhäuser liefen nun mit nach oben gerichteten Ecken aus. Es gab jetzt die Reihen First Series 202, Second Series 404 und Third Series Caliente. Die Auswahl an Antriebseinheiten umfasste zwei Six und zwei V8, und zum bereits im Vorjahr eingeführten 4-Gang-Getriebe kam als weitere Variante das Multi-Drive Merco-Matic mit 3-Stufen-Planetengetriebe hinzu. Die Meteor-Serie war mangels Nachfrage bereits wieder fallengelassen worden! Anderseits tauchten – am oberen Ende der Skala – die Namen Montclair und Park Lane (auch Parklane geschrieben) wieder auf.

Vom Jahrgang 1963 unterschieden sich die neuen großen Mercury durch die nach vorne zugespitzten Radhausflanken. Es gab erstaunlich viele Varianten, und das Antriebsangebot war erneut geändert worden. Als Experimentalfahrzeug wurde im Herbst 1963 der Mercury Super Marauder gezeigt, ein um 20 cm verkürzter offener Sportwagen mit niedriger Frontscheibe und stromlinienförmigen Kopfstützen.

Mercury Park Lane Breezeway Sedan, 1965

Rekordfahrten! Inzwischen waren auf der Rennstrecke von Daytona in Florida mit vier Comet des Modelljahrs 1964 nicht weniger als 44 neue internationale Rekorde und 84 Tourenwagen-Bestleistungen aufgestellt worden. Unter anderem legte einer der mit 270 PS starken 4,7-Liter-Motoren ausgerüsteten Wagen 160'000 km mit 173,5 km/h zurück, als eindrücklicher Qualitätsbeweis!
Mit dem Jahrgang 1965 sahen die Comet abermals stark geändert aus: Sie hatten jetzt (nach dem Beispiel der großen Pontiac) übereinander angeordnete Doppelscheinwerfer. Die Karosserien waren zudem von 181,5 auf 185 cm verbreitert worden. Neue Spitzenreihe, noch über dem Caliente, war die Cyclone Series, die es allerdings nur als Hardtop-Coupé aufgelegt wurde. Die für die Schweiz bestimmten Ausführungen wurden mit Swiss Custom Sedan und Swiss Custom Station Wagon bezeichnet.
Die großen Mercury hatten zwar auch 1965 ein Kastenrahmenchassis mit Traversen (Cabriolet mit Kreuzverstrebung), doch war der Unterbau gründlich überarbeitet worden: Der Radstand wurde auf 312,5 cm gestreckt (Kombis 302 cm), die Spur verbreitert (157,5 statt 155/152 cm), die Räder vergrößert (15 statt 14 Zoll), der Wagenboden war tiefergelegt, die Vorderradaufhängung auf erhöhten Komfort ausgerichtet, und die hintere Starrachse wurde neu an Schraubenfedern abgestützt. Die Karosserien – unter ihnen mit Fastback bezeichnete Coupés, viertürige Hardtops/ Faux-Cabrios und weiterhin Ausführungen mit überdachter Heckscheibe – zeigten jetzt senkrecht abgeschnittene vordere Radhausenden.
Zur Ausstattung zählten Sicherheitsgurte, intermittierend arbeitende Scheibenwischer und eine pneumatische Türverriegelung (auf Wunsch automatisches Verriegeln der Hintertüren ab 10 km/h). Erhältlich waren auch ein in der Höhe verstellbares Lenkrad, Blinker mit Notblinkmöglichkeit und manches weitere mehr. – An einem Park Lane Experimental-car wurde der Ersatz des Lenkrades durch eine Lenkstange erprobt.

Mercury Comet Caliente Convertible, 1966

Zudem ein Capri Das Modelljahr 1966 brachte bei den Comet einen weiteren zusätzlichen Modellnamen: Capri (schon Ende 1961 war in England ein Coupé Ford Consul Capri eingeführt worden!). Der Capri trat an die Stelle des Caliente Series 404. Den Cyclone gab es nun ebenfalls als Cabriolet (Convertible) und überdies als GT mit 340 PS starkem 6,4-Liter-Motor und wahlweise Sport Shift Merc-O-Matic.
Wesentliche Bedeutung kam aber dem generellen Wachstum der Comet-Mercury zu: Sie hatten jetzt 294,5 cm Radstand (Kombi 287 cm), und auch ihre Aufbauten waren entsprechend länger. Die Spur war auf 147,5 (statt 140/142 cm) gewachsen, die Gesamtbreite auf 187,5 cm. Auffallendste Karosserieunterschiede zum Vormodell waren die auf der Höhe der Hinterräder einen leichten »Buckel« zeigende Gürtellinie und der nun horizontal zweigeteilte Kühlergrill. Auch die Groß-Mercury waren – einmal mehr – um 5 cm länger geworden. Ihr Kühlergitter zeigte einen spitzen, nasenförmigen Vorsprung in der Mitte. Auf der Zubehörliste fanden sich unter anderem vordere Scheibenbremsen, zusätzliche Luftfederung hinten sowie Kurvenlichter in den Stoßstangenecken. – Anfang 1966 machte wieder einmal ein Dream-car von sich reden: der Comet Escapade mit offener Sportkarosse und verschalten Hinterrädern. Er war wie schon der Super Marauder von der Styling-Abteilung der Lincoln Mercury Division entworfen und von der auf Phantasieautos spezialisierten Firma Barris Kustom in Hollywood verwirklicht worden.
Cougar Der Name Cougar war erstmals an der New Yorker Autoausstellung im Frühling 1962 aufgetaucht. Getragen wurde er vom Dream-car Ford Cougar 406, einem meisterlich geformten Coupé mit weichen Formen, großen Fensterflächen und – nicht zuletzt – Flügeltüren! Für die New Yorker Weltausstellung von 1964 wurde danach vom Ford-Designer Gene Bordinat ein Fastbackcoupé Cougar II entworfen.
Der im September 1966 zusammen mit den anderen Wagen des Modelljahrs 1967 vorgestellte Cougar (= Berglöwe, auch Puma) war allerdings ein Mercury, und er verkörperte ein Äquivalent zum höchst erfolgreichen Ford Mustang. Auch der Cougar wirkte mit seiner langgestreckten Motorhaube und dem vergleichsweise kurzen Heck ausgesprochen sportlich. Allerdings war er deutlich größer als der Mustang, und es gab ihn ausschließlich als zweitüriges Hardtop-Coupé. Seine Doppelscheinwerfer verbargen sich bei Nichtgebrauch hinter dem Kühlergrill. Er besaß von Haus aus vordere Einzelsitze und war in verschiedenen Leistungsstu-

fen lieferbar. Die Ausführung GT war mit vorderen Scheibenbremsen zu haben.
Die Comet 1967 unterschieden sich durch eine neue Frontgestaltung mit senkrechtem Signet in Kühlergrillmitte von der Vorjahresversion. Außer dem Villager gab es inzwischen auch einen Voyager geheißenen einfacheren Station Wagon. Bei den großen Mercury brillierten zwei neue Luxusversionen: Marquis und Brougham, beide mit vorderen Einzelsitzen, Vinyldach und viel Chromschmuck sowie besonders gepflegter Innenraumaufmachung. Hinzu kamen serienmäßige vordere Scheibenbremsen und ein neues Ventilationssystem. Die großen Mercury 1967 erkannte man an einer Längserhebung auf der Motorhaube, die sich im Kühlergrill fortsetzte. – Der 1966 entstandene Versuchswagen Mercury Astron besaß ein Glasdach, dessen Einfärbung sich der Sonneneinstrahlung anpasste. Nächster »Traum-Mercury« war 1967 der Le Grand Marquis mit vier breiten Rechteck-Scheinwerfern, nach links öffnendem Kofferdeckel und weiteren Raffinessen.

Cougar XR-7 Anfang 1967 kam mit dem Cougar XR-7 eine Luxusvariante der neuen sportlichen Mercury-Reihe hinzu. Das Modelljahr 1968 brachte dann sogar den Cougar 7 Litre GT-E. Erhöhter Sicherheit dienten bei diesem Jahrgang eine neue, verformbare Lenksäule, Zweikreis-Bremssystem und was der auch bei den übrigen Ford-Produkten eingeführten Einzelheiten mehr waren. In den vorderen Cougar-Radhäusern prangten nun unübersehbare Markierungsleuchten.
Die Bezeichnung Comet, die bei den teureren Ausführungen ohnehin bereits im Vorjahr übersprungen wurde, gab es jetzt nur noch beim zweitürigen Hardtop-Coupé Comet Sports. Die Reihen Capri und Caliente waren verschwunden, dafür gab es nun die Montego, Montego MX und Montego MX Brougham. Alle diese kleineren Mercury zeigten wieder nebeneinander angeordnete Doppelscheinwerfer. Neu waren die echten Fastback-Coupékarosserien. Bei den großen Modellen waren die Scheinwerfer nun leicht zurückversetzt angeordnet, so dass die über die Motorhaube gezogene und im Kühlergrill fortgesetzte Erhebung noch deutlicher zum Ausdruck kam.

Mercury Cougar XR-7, 1967

Mercury Montclair Marauder, 1964

Mercury Montego, 1970

Der Cougar wurde mit dem Modelljahr 1969 auch als Cabriolet erhältlich; er zeigte sich mit längerer und breiterer Karosserie, womit mehr Ellbogenfreiheit und ein größerer Gepäckraum zur Verfügung standen. Gleichzeitig waren das Komfortangebot und die Sicherheitsstruktur aufgewertet worden. Auf der Zubehörliste figurierte unter vielem anderem die Frischluftanlage Comfort Stream, und im Motorenangebot fand sich ein neuentwickelter 5,7-Liter-V8 mit Doppel- oder Vierfachvergaser. Neben einem 4-Gang-Getriebe gab es die Select-Shift-Automatik. Mit einem Sportsatz (härtere Federung, Stabilisatoren, Breitreifen usw.) konnte der Cougar – genügend Motorleistung vorausgesetzt – sogar für den Renneinsatz zubereitet werden. Bei den stärksten Motorvarianten war der Kühlluftventilator weiterhin ausschaltbar.

Filmstar! *In einem der berühmten James-Bond-Filme wurde ein Mercury Cougar XR-7 Convertible des Jahrgangs 1969 eingesetzt. Besonderes Merkmal: zwei auf dem Heckgepäckträger aufgeschnallte Paar Skis. Und dieses in Rot gehaltene mächtige Cabrio erzielte auf der Bonhams-Auktion vom 16. Dezember 2020 – nach heftigem Bieterkampf – einen Zuschlagspreis von erstaunlichen 405'705 €...*

Die mittelgroßen Mercury-Modellreihen 1969 zeigten in Kühlergrillmitte neu ein rechteckiges Wappensignet, und auch sie hatten natürlich im Zuge der laufenden technischen Erneuerungen zahlreiche Verbesserungen erfahren. An die Stelle des Cyclone GT trat der Cyclone CJ als preisgünstiger Hochleistungswagen.

Zu seiner verstärkten Aufhängung war zusätzlich ein Sports Appearance-Group genanntes Zubehörpaket erhältlich, das vordere Einzelsitze, einen strömungsgünstigen Außenspiegel und sportliche Zier umfasste.

Weitere Namen Umstellungen gab es bei den »Großen«: Der Montclair wurde durch den Monterey Custom ersetzt, der Park Lane wie auch der S-55 wurden weggelassen. Neu hinzu kamen der Marauder (diesmal kein geographischer Name, sondern »Plünderer«) und gleich auch der Marauder

Mercury	Zyl.	cm³	PS	bei 1/min	Gänge	Spitze km/h	Radstand/Länge	ab Jahr	Besonderheiten
Monterey	V8	5113	208	4000	3/A	160	320/557	1960	Kastenrahmenchassis
		6275	284	4200	A	175			
Montclair/Park Lane		7045	314	4100		180			
Meteor	6	3643	137	4400	3/3+S/A	150	305/547	1961	
600/800/Monterey	V8	4778	177	4200		160			
		5766	223	4400	3/A	170			
		6384	-335	5000		185			
Meteor	6	2781	102	4400	3/A	145	296/518	1962-63 1/2	(selbsttragende Kar.)
	V8	3620	147	4400	3/3+S/A(/4)	155			1963: 296/509 cm
Monterey	6	3643	140	4200	3/A		305/547	1962	(Kastenrahmen-
	V8	4778	172	4200		160			chassis)
		5766	223	4300		170			
		6384	-335	5000		185		1962-63 1/2	
			253	4400	3/4/A	175		1963/63 1/2	
		6638	-411	5800	4	210			
Meteor		4267	166	4400	3/3+S/4/A	160	296/518		
	6	3273	118	4400	A	150		1963 1/2	
	V8	4728	275	6000	3/3+S/4	200			
Marauder							305/547		
→ Monterey ´63+		6964	-431	6000	3/4/A	210			
Monterey/Montclair/ Park Lane usw.		6384	253	4400	3/3+S/4/A	180		1964/65	ab: '65: 313/555 cm Kombis: 302/545 cm
			-335	5000		200			
		6964	-431	6000		220	313/555	1964	
		7015	431	6000	4		313/560	1965	
		6384	269	4400		190		1966-68	nur '67: 274 PS
		6722	335	4600	3/A	200		1966/67	Kombis: 302/550 cm
		6989	350	4600	3/4/A			1966-68	nur '67: Längen wie '65
		6384	-319	4600	4/A		315/564	1968	
		6397	269	4400	A	190		1969/70	Kombis: 307/554 cm
			284	4800	3/A			1969	
		7033	-365	4800	A	210		1969/70	

X-100! Während bei den übrigen großen Mercury der Radstand auf 315 cm verlängert worden war, ruhten die Marauder wie die Kombis auf einem 307 cm langen Achsabstand. Dank der betont langen Motorhaube und dem relativ kurzen Heck wirkten sie wie eine vergrößerte Ausgabe der Cougar. Monterey und Co. brillierten wieder mal durch neue und natürlich größere Karossen. Die vorderen Stoßstangenenden waren seitlich senkrecht abgeschnitten, statt wie im Vorjahr schräg nach unten begrenzt. Die Topmodelle wiesen tagsüber unter Deckeln verborgene Scheinwerfer auf und boten vordere Kopfstützen. Eine für sportliche Wettbewerbe gedachte Variante war der Anfang 1969 präsentierte Cyclone Spoiler; er trug am Ende seines langgezogenen Fastbacks einen auffallenden Anpressflügel.
Mit dem Modelljahr 1970 zeigten sich die Mercury-Intermediates (die Mittelgroßen) in gänzlich neuem Kleid. Es gab jetzt wieder einen Cyclone GT, und er zeigte eine Art Fadenkreuz im weit vorgeschobenen Mittelteil seines Kühlergesichtes.

Bei den Montego wurde der optische Effekt der »Knudsen-Nase« (nach dem Namen von Semon E. Knudsen, einem von General Motors gekommenen Ford-Verantwortlichen) mit durchgehenden feinen Horizontalstäben etwas gemildert. Der Radstand der Intermediates war um 2,5, die Gesamtlänge um 9 cm und die Breite um 3,5 auf 196,5 cm gewachsen.
Näher bei Lincoln Der Name Comet war (vorübergehend) erloschen. Die nur um 6 cm verlängerten Cougar wiesen einen in die Motorhauben-Oberseite hineingebogenen Kühlergrill-Mittelteil auf. Neue Topversion war der Cougar Eliminator (frei übersetzt etwa Auslöscher!). Statt mit dem 5-Liter-Boss-Motor wurde er mit der neuen 7-Liter-Maschine mit Aluminium-Zylinderkopf bestückt. Die 19 Modelle umfassenden großen Mercury des Jahrgangs 1970 erkannte man am Signet in Kühlergittermitte (Monterey) und an den quadratnahen statt länglichen Seitenblinkern in den vorderen Radhäusern (übrige Modelle). – Im Laufe der Jahre hatten sich die großen Modelle der Marken stilistisch zusehends den Lincoln angenähert.

Mercury	Zyl.	cm^3	PS	bei 1/min	Gänge	Spitze km/h	Radstand/Länge	ab Jahr	Besonderheiten
Comet-Reihen	6	2364	91	4200	3/A	135	290/495	1960	Kombi: 278/487 cm
			86	4200				1961-63	ab '63: 3/4/A
		2781	102	4400		145		1961-65	ab 65: 106 PS
		3620	147	4400		160		1962	
	V8	4267	166	4400	3/4/A	170		1963 1/2 /64	
	6	3273	118	4400	A	145		1964/65	ab '65: 122 PS, 3/A
	V8	4728	221	4400	3/4/A	170			ab '65: 203 PS
			228	4800		175		1965	
	6	3273	122	4400	3/A	150	295/516	1966/67	Kombis: 287/508 cm
	V8	4728	203	4400	3/4/A	170			
		6384	269	4400		185			mit A: 279 PS;
									'67: 274 PS
			340	4800		200			'67: 324 PS
	6	3273	117	3800	3/A	150	295/524	1968	Kombis: 287/518 cm
	V8	4942	213	4600	3/4/A	175		1968/69	'69: 223 PS
			233	4800		185		1968-70	'70: länger
									(→ Six/4093)
		6384	-340	4800		200		1968/69	'69: 324/4600
		6964	395	5600	A	205		1968	
	6	4093	157	4000	3/A	170		1969/70	'70: 297/533 cm
	V8	5766	253	4600	3/4/A	190			Kombis: 290/538 cm
			294	4800		200			'70: 304/5400
		7033	340	5200	4/A	120			'70: 365/4600
			-380	5600				1970	
Cougar	V8	4728	203	4400	3/4/A	185	282/484	1967	
			228	4800		190			
		6384	324	4800		200			
		4942	213	4600		190		1968	
			233	4800		200			
		6384	-340	4800		205		1968/69	'69: 324/4600
		6964	395	5600	A	210		1968	
		5766	253	4600	3/4/A	200		1969/70	'70: 282/498 cm
			294	4800		210			'70: 304/5400
		7033	340	5200	4/A	220			

Mercury in den 70er Jahren

Wie bei den Standard-size-Modellen von Ford und Lincoln umfasste das Fahrwerk der mittleren Marke Mercury 1971 vorne obere Dreieckquerlenker und untere einfache Querlenker mit elastisch gelagerter Zugstrebe, hinten eine Starrachse mit Halbelliptikfedern. Es wurden Vierrad-Trommelbremsen verwendet, und auf Wunsch gab es eine Servolenkung. Seitenschutzplanken in den Türen zählten inzwischen bei allen Mercury (wie auch bei anderen Fabrikaten) zur Serienausrüstung.

Comet Für das Modelljahr 1971 wurde das Modellprogramm mit der Comet-Baureihe nach unten erweitert. Diese war aus dem → Ford Maverick abgeleitet, und es gab sie als Coupé und Sedan (mit längerem Radstand). Im Unterschied zum Maverick waren sie außer mit Sechszylindermotoren auch mit einem 4,9-L-V8 erhältlich. Es gab ein 3-Gang-Getriebe (auf Wunsch mit Stockschaltung) und ab 3,3 L Hubraum den 3-Stufen-Getriebeautomaten Cruise-O-Matic (mit 4,1-L-Motor ausschließlich). Für die beiden stärkeren Motoren war eine verstärkte Bremsanlage lieferbar.

Cougar 1971 Der Cougar verkörperte die Mercury-Parallele zum → Ford Mustang. Wie dieser präsentierte er sich mit dem Jahrgang 1971 deutlich vergrößert. Es gab ihn als Hardtop-Coupé und Cabriolet und zudem in den Sonderversionen XR-7 und GT (nur Coupé). Es wurden diverse 5,8- und 7-L-V8 eingebaut. In den leistungsfähigeren Varianten stand ein 4-Gang-Getriebe zur Wahl. Auf Wunsch erhältlich waren vordere Scheibenbremsen, eine HD-Federung (Heavy duty = verstärkt), eine Servolenkung (mit variierender Untersetzung, in Verbindung mit der HD-Federung) und ein verstellbares Lenkrad. Mit dem 7-L-Motor war die HD-Federung serienmäßig (beim 7-L-Cabrio zudem die vorderen Scheibenbremsen). Und hier eine Revue der weiteren Mercury:

Mercury Brougham Sedan Hardtop, 1971

Mercury Comet Coupe, 1971

Montego und Cyclone Die mittelgroße Mercury-Baureihe wurde durch die Modelle Montego (mit MX und MX Brougham) und die leistungsorientierten Cyclone (mit GT und Spoiler) gebildet. Sie wurden als Sedan, Hardtop-Coupé, Hardtop-Sedan, Station Wagon und Fastback-Coupé (Cyclone-Modelle) gebaut und zeigten 1971 eine geänderte Frontpartie. Auch bei ihnen war die Motorleistung im Hinblick auf die verschärften Abgasvorschriften teils zurückgenommen worden. Es gab sie mit lenkradgeschaltetem 3-Gang-Getriebe oder 3-Stufen-Automatik.

Monterey, Marquis, Brougham Die auf einem Kastenrahmenchassis aufgebauten Full- oder Standard-size-Mercury hießen Monterey, Monterey Custom, Marquis, Brougham und Colony Park (Station Wagon). Sie wurden ausschließlich mit V8-Motoren bestückt. Neu war für das Modelljahr 1971 eine 6,6-L-Version, die den 6,4-L-Motor ablöste. Die hintere Starrachse war mit Schraubenfedern, unteren Längslenkern und oberer Drehmomentstütze sowie Panhardstab ausgestattet. Auf Wunsch gab es vordere Scheibenbremsen mit Bremshilfe, eine Servolenkung und ein verstellbares Lenkrad. Diese Mercury waren bis 571 cm lang.

Montego 1972 Die mittelgroßen Mercury hatten für 1972 parallel zu den Ford Torino eine vollumfängliche Erneuerung erfahren. Statt einer selbsttragenden Karosserie hatten sie nun ein Kastenrahmenchassis mit Traversen, wobei hinten Schrauben- statt Blattfedern zum Einbau kamen (mit vier Längs- und Schräglenkern). Auf Wunsch war zudem eine härter abgestimmte Federung zu haben. Innenbelüftete vordere Scheibenbremsen zählten nun zum serienmäßigen Lieferumfang. Die zwei- und die viertürigen Modelle hatten unterschiedliche Radstände. Es standen insgesamt neun Modelle zur Wahl. Die Cyclone-Typen entfielen. Gebaut wurden Sedan, Hardtop-Sedan, Hardtop-Coupé und Station Wagon; der neu hinzugekommene Montego GT war ein Fastback-Coupé. Die neuen Montego unterschieden sich äußerlich vor allem durch

den schildförmigen Mittelteil des Kühlergrills von den Vorgängern. Für die Topmotorisierung sorgten ein 5,8-L-V8 mit 251 DIN-PS und ein 7-L-V8 mit nur noch 208 DIN-PS (entsprechend neuen amerikanischen »net HP«).
1972 kamen zu den üblichen jährlich neuen Karosserie-Designnuancen folgende Änderungen hinzu: Motoren an strengere Abgasvorschriften angepasst (brachte teils reduzierte Leistung), Leistungsangaben nun generell in Netto-HP statt SAE-PS (wie bei allen US-Marken), Fortschritte hinsichtlich Sicherheitsausrüstung (u. a. mit Radialreifen). Comet auch als GT (nur Coupé); Cougar-Hardtop-Modelle mit Vinylüberzug auf den vorderen drei Vierteln des Dachs; Full-size-Mercury Marquis und Monterey in 15 Varianten alle serienmäßig mit Automatikgetriebe und Servolenkung, neu auf Wunsch mit Antiblockieranlage Sure-Track für Hinterradbremsen.
Capri-Import Inzwischen wurde über das Lincoln-Mercury-Händlernetz auch der europäische Ford Capri abgesetzt. Es bestand die Wahl zwischen einem 2-L-OHC- und einem 2,6-L-V6-Motor (wegen der strengeren Abgasvorschriften mit reduzierter Leistung, anderseits mit kürzeren Achsuntersetzungen). Der US-Capri hatte Doppelscheinwerfer, eingebaute Kopfstützen und wegen der Energie absorbierenden Stoßstangen 15 cm mehr Länge. Via Lincoln-Mercury-Händler wurde in den USA auch der De Tomaso Pantera vertrieben.
Monterey und Marquis 1973 Die großen Mercury erhielten zum Modelljahr 1973 kantiger gezeichnete Karosserien mit mehr Innenraum sowie Verbesserungen am Fahrwerk. Auch der Innenraum samt Armaturenbrett war neu gestaltet worden, und zur Serienausstattung zählten jetzt innenbelüftete vordere Scheibenbremsen, ein Bremsservo, Radialreifen sowie in die Wischerarme integrierte Scheibenwaschdüsen. 1973 zählten bei allen Mercury energieabsorbierende Stoßstangen und ein weiter verminderter Schadstoffausstoß (durch Abgasrückführung) zu den Hauptmerkmalen. Der Comet wurde im Detail aufgewertet; der Cougar erhielt vier runde Schlussleuchten, eine komfortablere Vorderradaufhängung, vordere Scheibenbremsen und Bremsservo zählten bei ihm nun zur Serie; beim Montego wurde u. a. eine Innenverkleidung aus feuerfestem Material eingeführt, Radialreifen gabs für ihn auf Wunsch.
Cougar 1974 Da er nicht mehr zum → Ford Mustang II passte, wurde der Cougar 1974 dem zweitürigen Montego angepasst. Er war mit 547,5 cm um 40 cm länger als zuvor, anstatt Blattfedern besaß seine Starrachse Schraubenfedern, gebaut wurde er nur noch als Cougar XR-7, und es standen vier V8-Motoren zur Wahl. Zur Ausstattung zählte eine

Mercury Cougar XR-7, 1973

Mercury Montego MX, 1974

Servobremsanlage, vorne mit Scheiben, eine Servolenkung, Automatikgetriebe, ein Opera Window, ein Vinyldach sowie eine (nachgiebige) Kühlerfigur.
1974 erhielt der Comet ebenfalls serienmäßig vordere Scheibenbremsen und kräftigere Stoßstangen; beim Montego entfiel der 4,1-L-Sechszylindermotor, und auch er wurde mit stärkeren Stoßstangen ausgerüstet; sein Benzintank war vergrößert worden. Die großen Mercury Monterey und Marquis gabs auf Wunsch wieder mit vorderen Ventilationsflügeln; der 7-L- war durch einen 7,5-L-V8 abgelöst worden.
Monarch Er wurde im Sommer 1974 zusammen mit dem → US-Ford Granada (der mit dem europäischen Ford Granada nichts zu tun hatte) lanciert und war auch für den Export vorgesehen. Eigentlich hätte dieses Duo den Ford Maverick und den Mercury Comet ablösen sollen, doch wegen des von der Erdölkrise ausgelösten Trends zu kleineren Modellen verkauften sich diese weiterhin so gut, dass man sie beibehielt und die Neulinge unter anderen Bezeichnungen über sie setzte. Der Monarch war in kantigem Stil gehalten, es gab ihn als Sedan und als Coupé mit Opera Window.

Hinten wurde nach wie vor eine Starrachse mit Halbelliptikfedern eingebaut (vorne Scheibenbremsen). Eine Besonderheit bestand darin, dass der Monarch wie der US-Granada eine deutlich reichhaltigere Grundausstattung erhielt, als dies in dieser Fahrzeugklasse ansonsten üblich war (z. B. mit Einzelliegesitzen und Stahlgürtelreifen). Dies galt in besonderem Maß für den Monarch Ghia mit zusätzlicher Chromzier, Vinyldach, weißem Band auf den Reifenflanken, ausgekleidetem Kofferraum, Digitaluhr usw. Mehrpreispflichtig waren aber u. a. weiterhin Servobremsen und -lenkung, Heckscheibenheizung und gefärbte Scheiben.

Mit Katalysator 1975 wurde der Katalysator eingeführt. Um die von ihm bewirkte Leistungsverminderung auszugleichen, erhielten die Modelle des Ford-Konzerns teils größere Motoren. Der bisherige auf eine hohe Leistungsausbeute ausgelegte 5,8-L-V8 mit 258 PS konnte die Abgasbestimmungen nicht mehr erfüllen und wurde durch eine neue Version mit noch 156 PS ersetzt! Bei den großen Mercury verschwanden die Bezeichnungen Monterey und Monterey Custom und die Marquis-Reihe war nun auf Wunsch mit Vierrad-Scheibenbremsen erhältlich. Beim Cougar XR-7 kam ein analog zur Karosseriefarbe eingefärbtes elektrisches Glasschiebedach auf die Optionenliste. Stahlgürtelreifen zählten jetzt bei praktisch allen Mercury zur Standardausrüstung.

Bobcat Dieser kleinste Mercury kam im Januar 1975 »an den Start«. Er war ein Pendant zum → Ford Pinto und wurde mit 2,3-L-Vierzylindermotor und 2,8-L-V6 angeboten. – 1976 wurde durch neu abgestimmte Motoren mit mehr Vorzündung, teils höherer Verdichtung, »längeren« Achsen und (bei den V8 mit einer verbesserten Abgasrückführung) dem Trend zum niedrigeren Verbrauch gefolgt. Den Bobcat und den Comet gabs in auffallender Zweifarbenbemalung; beim Monarch waren Vierrad-Scheibenbremsen mit Servo und Antiblockiervorrichtung sowie elektrisch verstellbare Sitze

Mercury Bobcat Station Wagon, 1976

Mercury Monarch Ghia, 1975

lieferbar, neue Topversion war der Grand Monarch Ghia; beim Montego und beim Cougar XR-7 wurden vordere Einzelsitze mit Liegesitzbeschlägen montiert; den Marquis gab es auf Wunsch ebenfalls mit Vierrad-Scheibenbremsen und zudem mit einem 30-L-Zusatztank (= 120 L).

Cougar 1977 Mit dem Modelljahr 1977 wurde die Baureihe Montego zusammen mit dem Cougar XR-7 kurzerhand in Cougar umbenannt. Dies parallel zum → Ford LTD II und dem neuen kleineren → Thunderbird. Diese als Coupé (weiterhin auch als Topmodell XR-7), Sedan und Station Wagon (mit Topausführung Villager) aufgelegte Cougar-Reihe basierte auf dem Montego-Radstand mit 289,5 cm für die zweitürigen und 299,5 cm für die viertürigen Modelle. Unter Aufgabe des »Hüftschwungs« über dem hinteren Radauschnitt glich der Stil mit durchgezogener Gürtellinie eher jenem des kleineren Monarch, wobei nun auch der viertürige Sedan im hinteren Dachträger ein Opera Window aufwies. Nur die Cougar-Kombiversion zeigte sich noch im alten Stil. Für dieses Modelljahr 1977 waren die Ford-/Mercury-Motoren weiter in Richtung Sparsamkeit und Schadstoffreduktion getrimmt worden (u. a. mit *Variable Venturi Carburetor* = veränderliches Venturirohr, weiter verfeinertes elektronisches Zündsystem Dura Spark, aber auch durch längere Achsuntersetzungen usw.); hinzu kamen eine verbesserte Rostschutzbehandlung und verlängerte Serviceintervalle. Der Bobcat konnte anstatt mit der Hecktüre mit einer eingefärbten Glasplatte bestellt werden; beim Monarch wurde das 3-Gang- durch ein 4-Gang-Getriebe ersetzt; bei diversen Modellen war ein Moon-Roof (Glashubdach) lieferbar und neu für Amerika war die manuelle (statt elektrische) Sitzhöhenverstellung, die bei diversen Modellen anzutreffen war.

Zephyr Mit dem Modelljahr 1978 wurde der Zephyr als Nachfolger des Comet eingeführt, dies in Parallele zum → Ford Fairmont, der den Maverick ablöste. (Ein Modell Zephyr war Ende 1935 bereits von Lincoln eingeführt worden, und ab

Mercury Cougar Brougham, 1977

Mercury Zephyr, 1979

1950 gab es den englischen Ford Zephyr Six. Statt wie der Comet mit zwei Radständen wurde der Zephyr zwei- und viertürig sowie als Kombi und (später) Coupé einheitlich mit 268 cm Radstand gebaut.
Der Stil des Zephyr war kantig-gestreckt, und die Fensterflächen waren auffallend groß. Die Zephyr-Motorenpalette begann bereits mit dem 2,3-L-OHC-Vierzylindermotor. Die Vorderradaufhängung umfasste untere Dreieckquerlenker mit elastisch gelagerten Zugstreben und Dämpferbeine; die hintere Starrachse wurde an zwei Längs- und zwei Schräglenkern geführt. In Abweichung von den amerikanischen Gepflogenheiten bot der Zephyr eine Zahnstangenlenkung (auf Wunsch mit Servo) und einen Lenkrollradius von 0°. Auf Wunsch war ein Bremsservo (vorne belüftete Scheiben) erhältlich. – Erst gegen Ende 1977 wurde das Angebot durch das Coupé Zephyr Z-7 ergänzt. Sein mittlerer Dachpfosten lief gleich einem Überrollschutzbügel über das Dach, während das zweite Seitenfenster mit dem Heckfenster eine optische Einheit bildete.
1978 gab es für den Bobcat auf Wunsch eine neue Servolenkung mit variierender Untersetzung; der Monarch erhielt ein neues Gesicht mit Zusatzlampen unter den Scheinwerfern, die Innenkotflügel bestanden nun aus Kunststoff, beim Coupé wich das Opera Window zwei Sehschlitzen, neu gab es eine ESS-Ausführung (Europa Sport Special) mit in Schwarz gehaltenem Kühlergitter, Türschwellen und Fensterrahmen sowie mit Lederlenkrad, der 3,3-L-Six und der 5,8-L-V8 entfielen; der Cougar Station Wagon wurde ebenfalls gestrichen, den XR-7 gab es in besonders luxuriöser Ausstattung; beim Marquis wurde das Motorenangebot mit dem 5,8-L-V8 nach unten ausgeweitet.
Capri 1979 Mit dem im Juli 1978 vorgestellten Modelljahr 1979 wurde der aus Deutschland importierte Capri durch ein eigenes Modell ersetzt. Es war eine Parallelausführung zum Ford Mustang, wurde aber ausschließlich in der Karosserieausführung mit Fastback und Heckklappe gebaut. Es gab ihn als Capri, Capri Ghia und Capri RS. Auch die neue Turboversion des 2,3-L-Vierzylindermotors stand wie beim Mustang im Angebot.
Marquis 1979 Parallel zum neuen → Ford LTD wurde der Marquis ebenfalls tüchtig abgemagert und mit neuen Aufhängungen versehen. Doch wurde er immer noch in vier Modellreihen gebaut: Marquis, Marquis Brougham, Grand Marquis und Colony Park (Luxus-Station Wagon). Statt einer zweitürigen Ausführung gab es nach wie vor ein Coupé. Die 6,6- und 7,5-L-V8 wurden gestrichen!
Der Jahrgang 1979 brachte dem Bobcat einen neuen Kühlergrill mit integrierten Doppelscheinwerfern; Zephyr und Monarch erhielten ein 4-Gang-Getriebe mit Overdrive (= »ins Schnelle« übersetzter oberster Gang); beim Cougar entfiel der 6,6-L-V8.
Cougar XR-7 1980 Er wurde parallel zum → Thunderbird wesentlich verkleinert. Gleichzeitig wurden die viertürige Limousine und die zweitürige Basisversion aufgegeben. – Und hier in Stichworten weitere Änderungen für 1980: Bobcat ohne V6; Capri auch mit 3,3-L-Six (statt 2,8-L-V6) und 4,2-L-V8 (statt 4,9 L), zudem mit falschem Cabriodach; Zephyr ebenfalls mit 2,3-L-Turbomotor sowie 4,2-L-V8 (statt 4,9 L); Marquis auf Wunsch mit Automatic Overdrive (zusätzliche lange vierte Stufe).
Mit dem Ende des Modelljahrs im August 2002 wurde der Cougar ganz aus dem Angebot gestrichen

Mercury Marquis Brougham, 1979

Mercury	Zyl.	cm³	PS	bei 1/min	Gänge	Spitze km/h	Radstand/Länge	ab Jahr	Besonderheiten
Bobcat	4	2301	84	4800	4/A3		240/429°	1975	
			93	5000				1976	
			90-86	4800				1977-80	
	V6	2793	98	4400				1975	
			101	48/44	A3			1976	
			94-89	42/40				1977/78	
°) Station Wagon: 240/454-459			103	4400				1979	
Capri	4	2301	89	4800	4/A3		255/455	1979/80	
	4/T		118	5200					
	V6	2793	111	4800	A3			1979	
		3273	92	3800	4/A3			1980	
	V8	4183	120	3800	A3				
		4947	142/145	3600	4/A3			1979	
Comet Coupé	6	2796	101*/83	42/44	3		262/462°	71*/72	
		3273	117*/92	4000	3/A3				
			85	3800				1973/74	
			76	3200				1975	
			82/79	34/33				1976	
			97/98	4400				1977	
		4092	147*/99	40/36	A3			71*/72	
			89	3200				1973	
			92		3/A3			1974	
			73/71	29/28				1975	
			91-79	3000				1976	
			99/87	36-30				1977	
	V8	4947	213*/145	46/42				71*/72	
			140	4200				1973	
			142	3800				1974	
			124/115	38/36				1975	
			140/139	3600				1976	
			139/124	36/34				1977	
°) Sedan: 279/479: Längen 1973: 471 bzw. 489, 1974: 483 bzw. 500; 1975-77: 481 bzw. 499									
Zephyr	4	2301	89	4800	4/A3		268/492°	1978-80	
	4/T		118	5200	A3			1980	
	6	3273	86	3600	3/A3			1978-80	
	V8	4183	121	3800				1980	
		4947	141/135	3500	A3			1978	
			142/145					1979	
°) Coupé: 268/497: L. 1979: 495/500, 1980: 497/502									
Monarch	6	3273	76	3200	3		279/508	1975	
			82	3400			279/502	1976	
			97	4400				1976	
		4092	73/71	29/28	3/A3		279/508	1975	
			88-77	3000			279/502	1976	
			99-87	34-30	4/A3			1977-80	
	V8	4947	131/117	38/36	3/A3		279/508	1975	
			136-132	3600			279/502	1976	
			136-124	36-32	4/A3			1977/78	
			139/140	36/38				1979	
			136/119		A3			1980	
		5770	145/155	38/34			279/508	1975	
			145/142	32/34			279/502	1976	
			137	3200				1977	
Montego/Cyclone	6	4092	147*	4000	3/A3		297/533°	1971	
	V8	4947	213*	4600					
		5770	243/289*	46/54	A3/4				
°) Station Wagon: 290/538		7033	375*	5400	4/A3				
Montego	6	4092	96	3600	3/A3		°	1972	
								1973	
	V8	4947	142	4000				1972/74	
			139/137	4200				1973	
		5770	163/251	40/54	A3/4			1972	
			161/249					1973	
			165/258	42/56	A3			1974	
			150-156	3800				1975	
			156/154	34/38				1976	
		6586	170/172	4200				1972/74	
			170/165	3800				1973	
			160/146	38/36				1975	
			183	3800				1976	
		7033	208	4400				1972	
			204/200	4400				1973	
			223/198	40/38				1974	
		7536	219/220	4000				1975	
			205	3800				1976	
°) 1972 - zweitürig: 290/518-527; viertürig/Station Wagon: 300/529-547;									
1973 - zweitürig: 290/537; viertürig/Station Wagon: 300/547 bzw. 300/555; 2. PS-Zahl: Station Wagon.									
1974-76 - zweitürig: 290/547; viertürig: 300/558; Station Wagon: 300/570									
Cougar	V8	5770	243/289*	46/54	3/A3/4		285/500	1971	
		7033	375*	5400	4/A3				
			166	4000				1972	
			249/270	5400					
		5770	170/270	40/54	A3/4		285/507	1973	
nur noch C. XR-7			165/258	42/56	A3		290/547	1974	

Mercury	Zyl.	cm³	PS	bei 1/min	Gänge	Spitze km/h	Radstand/Länge	ab Jahr	Besonderheiten
			150-156	3800				1975	
			156/154	34/38				1976	
		6586	172	3400				1974	
			160/146	38/36				1975	
			183	3800				1976	
		7536	223	4000				1974	
			219/220					1975	
			205	3800				1976	
Cougar	V8	4947	136-131	3400	A3		290/548°	1977-79	
		5766	151/163	32/36				1977	
			146/154					1978	
			137-153	32-38				1979	
		6586	175/170	3800				1977	
			168					1978	
°) viertürig: 300/558, Station Wagon (1977): 300/567; ab 1979: 290/552 und 300/562									
Cougar XR-7	V8	4183	117	3800	A3		276/509	1980	
		4947	133	3800	A3/A4				
Monterey/Marquis (+ Colony Park; Monterey bis 1974)	V8	5770	243*/165	46/38	3/A3/4		315/571°	71*/72	
			163/159	4000				1973	
			147	3400				1978	
		6586	264*/174	44/40	A3			71*/72	
			173/169	3600				1973	
			172	3400				1974	
			160/146	38/36				1975	
			183	3800				1976	
			175/170					1977	
			162					1978	
		7033	324/365	44/48				1971	
			211	4400				1972	
			201					1973	
			195	3800				1974	
		7536	221	4000				1975	
			205	3800				1976	
			200	4000				1977	
			205					1976	
°) Station Wagon: 308/560; 1973: 315/565 bzw. 308/568; 1974: 315/576 bzw. 308/573; 1975-78: 315/582 bzw, 308/580									
Marquis	V8	4947	131/132	3600	A3/A4		291/539°	1979/80	
		5770	140/142	32/34					
°) Station Wagon Colony Park: 291/553									

Mercury in den 80er Jahren

Die von Ford 1938 ins Leben gerufene Marke Mercury füllte die Lücke zwischen den → Ford- und den Lincoln-Modellen. Später wurde sie mit Lincoln zur Lincoln-Mercury Division vereint. 1981 gab es die Modellreihen Lynx (Parallellinie zu den US-Ford Escort), Capri (identisch mit den Ford Mustang), Zephyr (= Fairmont), Cougar (entsprechend US-Granada), Cougar XR-7 (= Thunderbird) und Marquis (= LTD). Alle waren besser ausgestattet und preis- wie prestigemäßig eine Stufe höher angesiedelt als die entsprechenden Ford-Modelle. Hier eine Übersicht:

Mercury Lynx, 1981

Lynx Der Lynx war gleichzeitig mit dem amerikanischen Ford Escort im September 1980 auf den Markt gebracht worden und zwar als Nachfolger des Bobcat. Escort und Lynx waren wohl konstruktiv mit dem europäischen Escort eng verwandt, doch waren die Teile nicht austauschbar. Auch der Lynx wurde als dreitürige Limousine mit Schrägheck und Stummelheck sowie als fünftüriger Kombi hergestellt; es gab ihn in den Ausführungen Lynx, Lynx GL, GS, LS und RS. Der Top-Station Wagon zeigte sich mit einer Simili-Holzbeplankung. Angetrieben wurden diese mit quer eingebautem Frontantriebssatz versehenen, für amerikanische Verhältnisse

Mercury Capri und Capri Black Magic T-Roof, 1981

winzigen Wagen vom 1,6-L-Motor des Ford-Typs CVH mit obenliegender Nockenwelle, Leichtmetallzylinderkopf und 66 PS Leistung. Nebst 4-Gang-Getriebe stand ein 3-Stufen-Automatikgetriebe zur Wahl. Die Aufhängung mit vorderen Federbeinen und unteren einfachen Querlenkern und hinteren Dämpferbeinen, Querlenkern, Zugstreben und Schraubenfedern entsprach der beim europäischen Kompakt-Ford getroffenen Lösung. Die Bremsen (vorne belüftete Scheiben) und die Zahnstangenlenkung waren mit Servo erhältlich.

Capri Mit ihm erhielt Mercury Mitte 1978 ein Parallelmodell zum Mustang, denn der Cougar (XR-7) war dem enormen Down-sizing zum Mustang II nicht gefolgt. Während es den Mustang auch zweitürig mit Stufenheck gab, wurde der Mercury Capri ausschließlich in der dreitürigen Fastback-Ausführung mit Heckklappe hergestellt. Es gab ihn auch als GS und RS und mit T-roof (herausnehmbare vordere Dachhälften). Äußerlich unterschied er sich vom Mustang u.a. durch das senkrechte anstatt windschlüpfig nach hinten geneigte Kühlergitter.

Wie im Mustang standen vier Motoren zur Wahl: 2,3-L-Vierzylinder mit obenliegender Nockenwelle und 89 PS, gleicher Motor mit Garrett-Abgasturbolader und 118 PS, 3,3-L-Sechszylinder mit seitlicher Nockenwelle und 95 PS sowie 4,2-L-V8 mit zentraler Nockenwelle und 117 PS. Mit dem Basismotor gab es 4- und 5-Gang-Getriebe sowie das 3-Stufen-Automatikgetriebe Cruise-O-Matic; mit dem Turbomotor gab es kein Automatikgetriebe, mit dem V8 gab es diese Kraftübertragung ausschließlich und zum Sechszylinder standen 4-Gang und Automat zur Wahl. Die Vorderradaufhängung bestand aus oberen Dreieckquerlenkern und unteren einfachen Querlenkern mit elastisch gelagerter Zugstrebe, während hinten eine Starrachse mit Halbelliptikfedern zum Einbau kam. Die Bremsen (vorne belüftete Scheiben) und die Zahnstangenlenkung wurden auf Wunsch mit einem Servo ausgerüstet.

Zephyr Parallel zum Ford Fairmont wurde er als zwei- und fünftüriger Sedan (dieser mit sechs Seitenfenstern), als Station Wagon sowie als Coupé mit ungewöhnlichem Design aufgelegt. Bei dem mit Z-7 bezeichneten Coupé schloss sich an die einem breiten Überrollbügel ähnelnde B-Säule eine dreiteilige Panoramaheckscheibe an. Alle Zephyr waren fünfsitzig und boten somit vordere Einzelsitze und Mittelschaltung. Basismotor war der bescheidene 2,3-L-Vierzylinder mit obenliegender Nockenwelle und 89 PS (die Turboversion wurde nicht mehr geliefert). Darüber gab es den 3,3-L-»Reihensechser« und den 4,2-L-V8 mit 95 bzw. 117 PS. Während die mehrzylindrigen Fairmont mit dem 3-Stufen-Automatikgetriebe Cruise-O-Matic ausgerüstet wurden, konnte mit dem Vierzylindermotor auch eine 4-Gang-Einheit bestellt werden. Die Aufhängung stimmte mit jener des Capri überein, doch wurden hinten Schrauben- statt Blattfedern verwendet.

Cougar Ab 1967 war Cougar die Bezeichnung für ein sportlich-luxuriöses, über dem Ford Mustang platziertes viersitziges Coupé (oder Cabriolet) gewesen. 1977 wurde dieser exklusive Name aber auch auf Limousinen ausgedehnt, und mit dem Modelljahr 1981 erhielt die Nachfolgereihe des Mercury Monarch diesen Namen. Dieser neue Cougar (mit Kombiversion Villager) war das Parallelmodell zum US-Ford Granada, und als solcher war er deutlich kleiner als die Monarch-Modelle. Dies hatte mit dem allgemeinen Trend zum Sparen und Verkleinern zu tun, von dem die amerikanische Automobilindustrie in der Folge der Ölkrisen und der strengen Abgas- und Verbrauchsvorschriften erfasst worden war. Der Cougar-Radstand stimmte nun mit jenem des Zephyr überein, und das Leergewicht sank von minimal 1460 auf noch 1270 kg. Es gab diese Cougar als zwei- und viersitzige Fünfsitzer-Sedans. Die Motorenauswahl entsprach der Verkleinerung: 2,3-L-Vierzylinder, 3,3-L-Sechszylinder und 4,2-L-V8; 3-Stufen-Automatikgetriebe Cruise-O-Matic und zum Vierzylinder auch 4-Gang-Handschaltung (Schalt- bzw. Wählhebel unter dem Lenkrad oder auf der Mittelkonsole). Das Fahrwerk entsprach jenem des Zephyr.

Cougar XR-7 Dieser basierte hingegen noch auf dem Unterbau mit 275,5 cm Radstand. Er war ein luxuriöses fünf- oder sechssitziges Coupé, das es auch mit einem auf Opera-Window-Größe reduzierten zweiten Seitenfenster gab (angeboten wurden die Zusatzausführungen LS und GS). Für 1981 war die Front etwas feingliedriger gestaltet worden. Sein Parallelmodell war der Ford Thunderbird. Es standen drei Motoren zur Wahl: 3,3-L-Sechszylinder, 4,2- und 4,9-L-V8. Die beiden kleineren Motoren wurden mit dem 3-Stufen-Automatikgetriebe Select Shift verbunden, der größere V8 mit der 4-Stufen-Einheit Automatic Overdrive, bei der eine 0,67:1

Mercury Zephyr Z-7 Sport Coupe, 1981

Mercury Cougar, 1981

Mercury Cougar XR-7. 1981

untersetzte oberste Stufe für eine Reduktion der Tourenzahl und des Verbrauchs sorgte.
Diese Kraftübertragung war auf Wunsch auch zusammen mit dem 4,2-L-V8 lieferbar. Es wurde mit einem an der Lenksäule angewinkelten Wählhebel bedient, während die 3-Stufen-Automatik auf Bestellung mit einem Mittelwählhebel zu haben war. Die Aufhängung umfasste vorne untere Dreieckquerlenker, Dämpferbeine und Schraubenfedern, hinten eine Starrachse mit unteren Längslenkern und oberen Schräglenkern sowie ebenfalls Schraubenfedern. Die Bremsen (vorne belüftete Scheiben) und die Zahnstangenlenkung funktionierten mit Servo.

Marquis Größte Mercury waren auch 1981 die Modelle der Baureihe Marquis. Sie wurden als sechssitziger Sedan und fünfsitziges Coupé (beide auch als Marquis Brougham und Grand Marquis) sowie als sechssitziger Station Wagon (auch Colony Park) gebaut. Bei 290,5 cm Radstand erreichten sie eine Länge von 539 cm bzw. 554 cm (Station Wagon). Es gab sie mit drei V8, nämlich 4,2, 4,9 und 5,8 Liter Hubraum. Das mittlere Aggregat wurde für Kalifornien mit einer elektronischen Benzineinspritzung dotiert, und den 5,8-L-V8 konnte man auch in einer HO-Version mit Doppelauspuff und 20 Zusatz-PS bestellen. Der Kraftübertragung diente die 4-Stufen-Einheit Automatic Overdrive.
Die Marquis basierten noch auf einem Kastenrahmenchassis mit Traversen. Vorne wurden obere und untere Trapez-Dreieckquerlenker verwendet, hinten eine Starrachse mit unteren Längs- und oberen Schräglenkern sowie ebenfalls Schraubenfedern. Es wurde eine (servobestückte) Kugelkreislauflenkung eingebaut.

LN 7 Zusammen mit dem Ford EXP wurde im März 1981 das kleine 2+2-sitzige Coupé Mercury LN 7 vorgestellt. Es basierte auf dem Escort alias Lynx und wirkte recht attraktiv. Es unterschied sich vom EXP durch einen markanteren Kühlergrill, Seitenschutzleisten und die als Bubble bezeichnete Panoramaheckscheibe. Dies stempelte ihn zum Fastbackcoupé und verhalf zu einem von cw 0,37 auf 0,36 verminderten Luftwiderstandsbeiwert. Zudem war er reichhaltiger ausgestattet, unter anderem mit einer Digitalanzeige für diverse abrufbare Werte. Das gesamte technische Umfeld stimmte mit jenem des Lynx überein, doch war der LN 7 mit 432,5 cm um 16,5 cm länger.

Lynx 1982 Zum Modelljahr 1982 wurde der Lynx auch als fünftürige Limousine (vier Seitentüre und Heckklappe) erhältlich. Zusammen mit dem Automatikgetriebe erhielt der Lynx eine Klimaanlage, die sich beim Vollgasgeben automatisch ausschaltete; die Ausstattung wurde angereichert.

Capri 5.0 Ebenfalls mit dem Modelljahr 1982 wurde der Capri auch mit dem 4,9-L-V8-Motor lieferbar. Dank geänderten Steuerzeiten, mehr Ventilhub, größerem Doppelvergaser, voluminöserem Auspuffsystem sowie widerstandsärmerem Luftfilter war die Leistung auf 157 Netto-PS angestiegen. Es gab den Capri auch als Sondermodell Black Magic mit T-roof. Die übrigen kleinen Änderungen entsprachen jenen, wie sie bei den Parallelmodellen von Ford USA eingeführt wurden. Die bedeutendste Neuheit unter ihnen bestand im neuentwickelten leichtgewichtigen 3,8-L-V6-Motor mit 90 Grad Zylinderwinkel. Er wurde im Cougar und Cougar XR-7 lieferbar. – Bei den großen Kombi war neu ein separat hochklappbares Heckfenster erhältlich.

Mercury LN 7, 1982

Grand Marquis 1983 erhielten die Lynx und LN 7 wahlweise einen mit Einspritzung ausgerüsteten 1,6-L-Motor und ein 5-Gang-Getriebe. Der Cougar wurde stilistisch überarbeitet und auf Marquis umbezeichnet. Die Standard-size-Mercury hießen nun ausschließlich Grand Marquis und Marquis Brougham Station Wagon. Sie wurden nur noch mit dem 4,9-L-V8 mit Einspritzung angeboten; den 5,8-L-V8 gab es in der Regel noch für Polizeiwagen.

Cougar 1983 Um die Verwirrung komplett zu machen, gab es ein neues Coupé Cougar, das aber nicht mehr die Zusatzbezeichnung XR-7 trug. Im Vergleich zu diesem war der Radstand von 275 auf 265 cm verkürzt worden, und die Länge erreichte 502 statt 509 cm. Vor allem aber war die Front aerodynamisch weit besser ausgeformt. Eigenwillig gab sich der Heckbereich mit fast senkrecht stehender Rückscheibe und zweitem Seitenfenster in einer sich bogenförmig nach oben verbreitender Dreieckform. Der hintere Dachträger war dadurch auffallend breit. Der cw-Wert wurde mit 0,36 angegeben. Als Einheitsmotor wurde der 3,6-L-V6 eingebaut, und es bestand lediglich die Wahl zwischen den Automatikgetrieben Select Shift und Automatic Overdrive mit drei bzw. vier Stufen.

Topaz Mit diesem feinen Namen bedachte Ford eine im März 1983 vorgestellte neue Modellreihe, die als zwei- und viertürige Stufenheck-Sedans in den Ausführungen GS und LS gebaut wurde und im Ford Tempo ihre Parallele fand. Sie reihte sich zwischen Lynx und Capri und löste den deutlich größeren Zephyr ab, der oberhalb des Capri rangiert hatte. Im Gegensatz zum entsprechenden Tempo wies der viertürige Topaz nur vier statt sechs Seitenfenster auf. Wie der Lynx besaß der Topaz Frontantrieb mit Quermotor, und bei diesem handelte es sich um ein 2,3-L-Aggregat mit seitlicher Nockenwelle. Es standen 4- und 5-Gang-Getriebe und das 3-Stufen-Automatikgetriebe Cruise-O-Matic zur Wahl. Die Federbeinaufhängung war vorne mit einfachen Querlenkern, hinten mit Längslenkern und doppelten Querstreben versehen.

Mercury Topaz GS, 1985

1984 wurde der LN 7 (das Parallelcoupé zum Ford EXP) bereits wieder aufgegeben. Der Lynx konnte auch mit einem 2-Liter-Dieselmotor mit 53 PS bestellt werden, zudem wurde auf eine verbesserte Lärm- und Vibrationsdämmung hingewiesen. Neue Topmotorisierung des Capri war der 4,9-L-V8 in HO-Version (High Output) mit geänderter Nockenwelle, bei Vollgas ausgekuppeltem Alternator und Doppelauspuff; er kam auf 208 PS bei 4400/min.

Das Coupé Cougar gab es 1984 wieder in der sportlichen XR-7-Aufmachung; nebst dem 3,8-L-V6 standen im Cougar-Motorenangebot neu der 2,3-L-Turbo-Vierzylinder und der 4,9-L-V8. Beim Marquis entfiel der 3,3-Liter-Six, und bei den Grand Marquis und Marquis Brougham Station Wagon reduzierte sich die Motorenauswahl auf den 4,9-L-V8 und (nur außerhalb der USA) den 5,8-L-V8.

1985 wurde der 2,3-L-Motor des Topaz auch in einer Version mit Zentraleinspritzung und 101 PS Leistung lieferbar. Die Capri 1985 boten in der Ausführung mit dem 4,9-L-V8-Motor dank Feintuning 183 (Einspritzung) und 213 PS (Vierfachvergaser), wobei der Erstere ausschließlich mit dem Automatic-Overdrive-Getriebe, der Zweite mit einem 5-Gang-Getriebe geliefert wurde. Der Marquis erhielt einen grobmaschigeren Kühlergrill.

Sable Ganz dem Aero-Look der jüngsten Modelle aus dem Ford-Konzern folgte der Anfang 1985 zusammen mit dem Ford Taurus in Los Angeles vorgestellte (aber noch nicht lieferbare) Sable. Mit 269 cm Radstand und 478,5 cm Länge war er nur wenig kleiner als der Marquis. Wie der Topaz besaß er Vorderradantrieb und Quermotor. Die Karosserien – viertürig mit Stufenheck und sechs Seitenfenstern sowie fünftüriger Kombi – waren attraktiv modern und elegant. Vom Taurus hob sich der Sable durch eine durchgehende Plexiglasabdeckung der Front ab.

Dem Antrieb dienten ein von 2,3 auf 2,5 Liter vergrößerter OHC-Vierzylindermotor mit elektronischer Zentraleinspritzung und 89 PS Leistung sowie ein neuer 3-L-V6 mit 60 Grad Gabelwinkel, Graugussköpfen, zentraler Nockenwelle, Saugrohreinspritzung und 142 PS. Mit dem 2,5-L-Motor standen ein 5-Gang-Getriebe und ein 3-Stufen-Automatikgetriebe zur Wahl (während der 3-L-Taurus ausschließlich mit dem vier Stufen umfassenden Automatic Overdrive ausgerüstet wurde). Vorne wurden einfache untere Querlenker verwendet, hinten Quer- und Längslenker. – Auf dem Markt eingeführt wurde der Sable erst am 26. Dezember 1985.

1986 erhielt der Lynx in der nun mit XR3 bezeichneten Topversion einen 1,9-L-Einspritzmotor mit 110 SAE-Netto-PS. Im Capri

Mercury Cougar XR-7, 1985

Mercury Marquis, 1985

Mercury Lynx XR3, 1986

Mercury Sable, 1986

mit V8-Motor wurde einheitlich eine 203 PS leistende Ausführung mit Saugrohreinspritzung eingebaut. Im Cougar stieg die Leistung des 4,9-L-V8 dank konstruktiver Verfeinerungen und reduzierter Reibwiderstände von 142 auf 152 PS. Mit Doppelauspuff kam der 4,9-L-V8 im Grand Marquis gar auf 162 PS. Im Modelljahr 1987 gab es die Lynx nur noch mit Einspritzmotoren; der Topaz wurde mit zuschaltbarem Hinterradantrieb lieferbar (AWD); das Mustang-Double Capri wurde mit diesem Jahrgang abgesetzt!

Cougar 1987 Verändert wurden für 1987 die Cougar-Coupés: luftwiderstandsärmere Front mit Scheinwerfern unter Deckgläsern, Kühlergrill mit integriertem Cougar-Symbol, vergrößertes, in ungewohnter Weise nach oben auslaufendes zweites Seitenfenster, weniger steil gestellte Heckscheibe und neugeformtes Heck.

Tracer Im Frühjahr 1987 wurde der Lynx durch den Tracer (Modell 1988) abgelöst, bei dem es sich um einen umbezeichneten, in einem Ford-Werk im mexikanischen Hermosillo gebauten Mazda 323 handelte. Es gab ihn auch als fünftürigen Kombi.

1988 erhielt der Topaz ein neues Kühlergesicht mit stärker um die Ecken gezogenen Leuchteinheiten, und der viertürigen Version wurde ein kleines drittes Seitenfenster angefügt; neu war die sportliche Zweitürversion XR5 anstelle des GS; Innenraum und Armaturenbrett waren ebenfalls umgestaltet worden, und der 2,3-L-Motor arbeitete nun mit Saugrohr- statt Zenraleinspritzung (99 PS bzw. 101 PS für HSO-Version); All Wheel Drive war weiterhin erhältlich. Den Sable gab es 1988 neu mit einem 3,8-L-V6, der mit 142 PS zwar gleich viel leistete wie der 3-L-V6, aber weit mehr Drehmoment und dank einer gegenläufig rotierenden Schwingungsausgleichswelle einen feineren Lauf erbrachte. Den gleichen Motor gab es neu auch im Cougar. Der Grand Marquis und sein Station-Wagon-Bruder

Mercury Cougar LS, 1987

Mercury Grand Marquis, 1987

Colony Park zeigten eine neue Front (Kühlergrill ohne senkrechten Mittelbalken) und geänderte Schlussleuchten.

Cabrio Capri 1989 Dieser neue, völlig andere Capri wurde bereits im Frühling 1988 vorgestellt, wenngleich seine Serienherstellung erst auf den Herbst angesetzt war und zwar bei Ford Australia! Das kleine sportliche 2+2-sitzige Cabriolet basierte auf der Mechanik des Mazda 323, seine attraktive Form war von der inzwischen zum Ford-Konzern gehörenden Designfirma → Ghia in Italien entworfen worden, und das Interieur mit schwungvollem Armaturenbrett war eine Schöpfung von Ital-Design. In den USA sollte es unter der Marke Mercury vertrieben werden. Es wurden zwei 1,6-L-Motoren vorgesehen: acht Ventile und 85 PS; DOHC, 16 Ventile, Abgasturbolader und 135 PS. Diese leistungsfähige Version wurde nach europäischem Fiesta-Beispiel mit XR2 bezeichnet, und sie hob sich durch Leichtmetallfelgen, Zweitonlackierung, Nebellampen und Heckflügel von der Basisversion ab. Statt des 5-Gang-Getriebes sollte mit dem 85-PS-Motor auch ein 3-Stufen-Automatikgetriebe erhältlich sein.

Wegen des für die USA vorgeschriebenen passiven Rückhaltesystems in Form eines Airbags oder sich automatisch anlegender Gurten ergaben sich Verzögerungen, sodass der Export von Australien in die USA erst im Frühjahr 1990 einsetzen konnte.

Cougar 1989 Radstand länger, Karosserie aber kürzer, so lautete die Devise des umfassend erneuerten Doppels Ford Thunderbird / Mercury Cougar für das Modelljahr 1989. Beim Cougar wurden aus 264,5/510 cm nun 287/505 cm. Daraus

Mercury Tracer 4-door Hatchback, 1988

ergaben sich modernere und elegantere Proportionen. Die Cougar-Heckscheibe war im Gegensatz zu jener des Thunderbird wiederum fast senkrecht gestellt, doch das zweite Seitenfenster war nicht mehr dreieckig, sondern quadratisch geformt. Der schwarze Kühlergrill war schlicht und niedrig. Während die Breite um 4,5 auf 185 cm zugelegt hatte, verlief die Dachlinie um 2 cm reduziert auf 134 cm Höhe.

Für den Antrieb stand nur noch der mit einer Schwingungsausgleichswelle versehene 3,8-L-V6 ohne oder mit Eaton-Kompressor zur Verfügung: 142 bzw. 213 PS (im XR7, Ladedruck 0,8 bar, Ladeluftkühler). Einen bedeutenden Fortschritt verkörperte auch der Wechsel von der hinteren Starrachse zu unteren Dreieck- und oberen einfachen Querlenkern. Der XR7 (nun ebenfalls ohne Bindestrich geschrieben) bot nebst dem Supercharger Vierrad-Scheibenbremsen und ABS. Vorne

Mercury Topaz LS Sport, 1988

Mercury Sable LS Wagon, 1989

Mercury Cougar XR7, 1989

Mercury Capri by Ford Australia, 1990

wie hinten fanden sich Fahrschemel; das Leergewicht stieg um 100 auf 1600 kg. Auf Wunsch gab es in dem großzügig gestalteten Armaturenbrett weiterhin Digitalanzeigen. Der XR7 zeigte einen besonders luxuriösen Innenraum.
1990 wurde der Tracer (erhältlich ab Juni und somit im Modelljahr 1991) in Neuauflage herausgebracht: Parallelmodell zum neuen Ford Escort, auf der Basis des neuen Mazda 323; Produktion aber weiterhin in Hermosillo, Mexiko. Der Sable wurde 1990 auf Wunsch mit einem ABS ausgerüstet.

Mercury Tracer LTS, 1990

Mercury	Bauart	Mot.	Getr.	R/ L cm	Modelljahre
Lynx	**Fr.**	**a–d**	**4/A3**	**239,5/416/419**	**1981–84**
		e–i	**4/5/A3**	**239,5/424/426,5**	**1985–87**
LN 7		**b**	**4/A3**	**239,5/432,5**	**1982/83**
Motoren:	*Zyl.:*	*N'w.:*	*cm³:*	*PS/'min:*	*Nm/'min:*
a (–1981)	4	OHC	1296	59/5700	85/3600
b (*1982)			1599	66/5200/71*/4600	115/3000/121/3000
c (1983/84)				71/4600/81/5400	119/2600/3000
d (1983 *1984)	4i			83/85*/5200	119/2800/122/2800
e (1985/86	4		1859	87/4800	135/3000
f (XR3 1986 *1987–)	4i			110/117*/5200	155/4000/163/4400
g (1984 *1985/86)	4D		1998	53/3600/4000*	111/2400
h (L 3-t. 1986)				53/4000	108/2750
i (1987–)				59/3600	114/3000
Tracer → Mazda 323					**1988–90**
Topaz	**Fr.(4)**	**a–e**	**4/5/A3**	**253,5/448/449,5**	**1984–90**
Motoren:	*Zyl.:*	*N'w.:*	*cm³:*	*PS/'min:*	*Nm/'min:*
b (1985/86)	4i			101/4600	170/3200
c (1987)				87/95/4000	163/171/3200
d (1988–)				99/101/4400	168/2200/176/2600
e (*1985/86)	4D	OHC	1998	53/3600/4000*	111/2400
Capri	**St.**	**a–n**	**4/5/A3/A4**	**255/455**	**1981–86**
Motoren:	*Zyl.:*	*N'w.:*	*cm³:*	*PS/'min:*	*Nm/'min:*
a (*1982)	4	OHC	2301	89/87*/93*/4600	161/159/2600
b (1983 *1984/85)				91/4600/89*/4200	166/2600/2400
c (1986–)	4i			89/4200	166/2600
d (–1981)	4T			118/5200	183/3200
e (1983 *1984)	4iT			147/4600/177*/4400	244/3600/210/3000
f (*1982)	6	OHV	3273	95/4000/88*/3800	214/209/1400
g (1983)	V6		3791	114/4000/122*/3600	237/2600/278/1600
h (1984–)	V6i			122/3600	278/1600
i (1981)	V8		4183	117/122CA/3400	265/2200/278/2600
j (1982)				113/3400	263/1600
k (1982 *1983/84)			4942	159/4200/177*/4000	326/2400/332/2400
l (1984 *1985)				208/213*/4400	360/366/3200
m (1984 *1985)	V8i			167/3800/183*/4200	332/2000/353/2600
n (1986–)				203/4000	387/3000
Capri → Ford Austral.					**1989/90**
Zephyr	**St.**	**a–f**	**4/A3**	**268/496,5/501,5**	**1981–83**
Zephyr Z-7				**268/501,5**	
Motoren:	*Zyl.:*	*N'w.:*	*cm³:*	*PS/'min:*	*Nm/'min:*
a (1981)	4	OHC	2301	89/4600	161/2600
b (1982)				87/93/4600	159/161/2600
c (1983)				91/4600	166/2600
d (*1982)	6	OHV	3273	95/4000/88*/3800	214/209/1400
e (1983)				93/3800	212/1400
f (1981)	V8		4183	117/122CA/3400	265/2200/278/2600

Mercury	Bauart	Mot.	Getr.	R/ L cm	Modelljahre
Sable	**Fr.**	**a–c**	**5/A3**	**269/485/487,5/492**	**1986–90**
Motoren:	*Zyl.:*	*N'w.:*	*cm³:*	*PS/'min:*	*Nm/'min:*
a (1986)	4i	OHV	2498	89/4600	176/2800
b	V6i		2979	142/4800	217/3000
c (1988/89 *1990–)			3791	142/3800	292/2400/2200*
Cougar	**St.**	**a–d/g**	**4/A3**	**268/499**	**1981/82**
Cougar XR-7 (*81: c–e)		**c/d/f/g**	**A3**	**275,5/509**	
Motoren:	*Zyl.:*	*N'w.:*	*cm³:*	*PS/'min:*	*Nm/'min:*
a (*1982–)	4	OHC	2301	89/87*/93*4600	160/159/161/2800
b (*1982–)	6	OHV	3273	95/4000/88*/3800	214/209/1400
c (*1982–)				89/88*/3800	209/1400
d (1982–)	V6		3791	114/120C/4000	237/2600/252/2000
e (–1981)	V8		4183	117/122C/3400	265/2200/278/2600
f (1982–)				113/122C/3400	278/2600
g (–1981)			4942	132/3400	319/1600
Cougar (*1987–)	**St.**	**a–e**	**5/A3/A4**	**264,5/502/510***	**1983–88**
a (XR-7 1984)	4iT	OHC	2301	147/4600	244/3600
b (1985/86 *m. Autom.)				147*/4400/157/4800	244/3000/258/2800
c (*1984–87)	V6/V6i*	OHV	3791	114/4000/122*/3600	237/2600/278/1600
d (1988)	V6i			142/3800	292/2200
e (XR-7 1985–88)	V8i		4942	142/152*/3200/3400	339/1600/366/2000
Cougar	**St.**	**a/b**	**A4**	**287/505**	**1989/90**
a	V6i	OHV	3791	142/3800	292/2400
b (XR7)	V6iC			213/4000	427/2600
Marquis / Grand Marq.	**K'r.**	**a–d**	**A4**	**290,5/539**	**1981/82**
Colony Park				**290,5/554**	
Motoren:	*Zyl.:*	*N'w.:*	*cm³:*	*PS/'min:*	*Nm/'min:*
a (*1982–)	V8	OHV	4183	122/124*/3400	278/2600/284/2400
b (*1982–)			4942	132/3900/134*/3400	319/320/1800
c (Calif. –1981)	V8i				312/2200
d (Export 1982–)	V8		5766	167/3600	387/2200
Marquis	**St.**	**a–d**	**4/A3/A4**	**268/499**	**1983-85**
a (*1984–)	4	OHC	2301	91/4600/89*/4200	166/2600
b (1983)	6	OHV	3273	93/3800	212/1400
c (*1984–)	V6/V6i*		3791	114/4000/122*/3600	237/2600/278/1600
d (1985)	V8i		4942	167/3800	332/2000
Grand Marquis (*1985–)	**K'r.**	**a–d**	**A4**	**290,5/543**	**1983–90**
Marq. Brougham St. Wg.				**290,5/553,5**	**1983/84**
Colony Park (St. Wg.)				**/556,5 (1989)**	**1985–90**
a (1983)	V8i	OHV	4942	147/3600/132/3200	332/2200/326/2000
b (1984/85 *CAN)				142/3200/157*/3600	339/1600/360/2000
c (1986–)				152/3200/162/3400	366/2000/380/2200
d (Export *1984–87)	V8		5766	167/3600/183*/3600	393/2200/387/2400

Muntz

Der Muntz Jet basierte auf einem Sportwagen des Rennwagenkonstrukteurs Frank Kurtis. Dieser entwickelte in Glendale, Kalifornien, nebst Wettbewerbsfahrzeugen auch straßentaugliche Liebhaberautos. Das Modell Kurtis Kraft Sport mit Ford-V8-Motor verkaufte sich bis 1950 in drei Dutzend Exemplaren. Doch schon 1949 übernahm der Geschäftsmann Earl Muntz von Kurtis dessen Produktionsanlagen samt Sportwagenprojekt in Glendale, Kalifornien. Hierzu gründete er 1950 die Muntz Car Company.

Der aus dem zweisitzigen Kurtis-Modell entwickelte viersitzige Muntz Jet besaß eine hochmoderne Kunststoffkarosserie in Pontonform, die sich stilistisch mit den → Kaiser- und Frazer-Wagen oder auch dem projektierten Kleinwagen → Playboy vergleichen ließ. Dem Antrieb diente nun der 5,4-Liter-V8-Motor von Cadillac. Als Sportfahrzeug war der Muntz im amerikanischen Straßenbild eine einzigartige Erscheinung.

Um die Produktion erhöhen zu können, zog Earl Muntz bereits 1950 in neue Werkanlagen in Evanston, Illinois. Dort erhielt der Jet alsbald eine Stahlblechkarosserie; nur das Dach bestand weiterhin aus Polyester. Es war abnehmbar (was den Jet zu einem Coupé-Cabrio-Vorläufer stempelte). Der Unterbau bestand aus einem Kastenrahmen mit Rohrtraversen und Kreuzverstrebung. Hinten fand sich eine Starrachse mit Schraubenfedern. Aus Kostengründen wurde dem Muntz ab 1953 der 5,2-Liter-V8 aus dem Lincoln einverleibt. Das automatische Hydramatic-Dual-Range-Getriebe stammte allerdings (wie bei den Lincoln selbst) weiterhin von General Motors. »Amerikas schnellster Serienwagen« – gemäß Werkangaben erreichte er 180 km/h – wurde in Evanston bis 1954 nur 366 Mal gebaut; in Glendale waren zuvor 28 Wagen entstanden. Offenbar hatte der Muntz Jet die Rentabilitätsschwelle nie erreicht... und 1953 wurde der Chevrolet Corvette zum neuen Star der Sportwagenliebhaber.

Muntz Jet, 1953

Muntz Jet, 1953

Muntz	Zyl.	cm³	PS	bei 1/min	Gänge	Spitze km/h	Radstand/Länge	ab Jahr	Besonderheiten
Jet	V8	5517	156	3600	A	190	295/460	´951	Rohrrahmen und
		5203	162	3900				´952	halbselbsttragende
			208	4200				´953/54	Karosserie; mechanische Elemente Lincoln (bis 1951 SV, ab 1952 OHV)

Nash

Die Nash Motor Co. in Kenosha, Wisconsin, war 1916 aus der Thomas B. Jeffery Co. hervorgegangen. Charles W. Nash, früher Generaldirektor bei General Motors, taufte die Jeffery, die früher Rambler hießen, 1918 auf seinen eigenen Familiennamen um. Die Marke Nash hielt sich im dicht besetzten Konkurrenzfeld amerikanischer Wagen recht gut, und so konnte die Produktion in den inzwischen nach Chicago verlegten Fabrikanlagen nach dem Zweiten Weltkrieg in guter Ausgangslage wieder aufgenommen werden.

Mit den neuen Nash-Modellen wurde Amerikas Öffentlichkeit erstmals konfrontiert, als Ende 1945 eine Serie von 200 Wagen des Jahrgangs 1946 an die Händler in allen Teilen der USA übergeben wurde. Als Besonderheiten hatte der Nash 600 ein selbsttragendes Karosseriegerippe, vordere Einzelradaufhängung und Schraubenfedern auch hinten; dieses moderne Konzept hatte Nash schon zum Jahrgang 1941 eingeführt. Auf den Typ 600 mit 2,8-Liter-Sechszylindermotor folgte bald auch ein neuer Ambassador mit 3,9-Liter-Sechszylinder und 114 statt 83 PS. Statt stehender hatte diese Maschine nun obenhängende Ventile. Die beiden Modelle kosteten damals in der Schweiz 12'800 bzw. 14'900 Franken. Der Ambassador besaß freilich bei »gleich« verwindungssteifer Karosserie noch ein Chassis mit seitlichen Längsträgern; er war 23 cm länger als der »600«.

Nash Ambassador, 1946

Nash Statesman Airflyte, 1950

Nash Rambler, 1950

Stromlinie Ebenfalls selbsttragend wurde die Karosserie des Ambassador ab 1949, als Nash beide Modelle mit vollständig neuentworfenen stromlinienartigen Karosserien versah. Ihretwegen trugen die neuen Nash nun die Bezeichnung Airflyte. Auffallend waren die vollverschalten Vorderräder, für die man die Vorderspur um 5 bzw. 7 cm verschmälert hatte. Die tiefere Schwerpunktlage machte diesen Nachteil wieder wett. Die Anzeigeinstrumente waren nun – fast wie bei einem Motorrad – über der Lenksäule in einem Gehäuse gruppiert. Zwei schon aus der Vorkriegszeit bekannte Nash-Spezialitäten wurden beibehalten: Die Vordersitzlehnen ließen sich zu Betten abklappen (mit speziellen Matratzen), und die »Klimaanlage« Weather Eye war besonders wirksam. Hier profitierte Nash von seiner Zweigfirma Kelvinator, die u. a. Luftkonditionierungsanlagen herstellte. – Ab 1950 ersetzte das Modell Statesman mit 3-Liter-Motor den »600«.

Metropolitan und Rambler Am 4. Januar 1950 führten Nash-Generaldirektor George W. Mason und seine Entwicklungsexperten einem ausgewählten Kreis den Prototyp eines zweisitzigen Kleinwagens vor, den NXI, aus dem später der → Metropolitan werden sollte. Am 14. April des gleichen Jahres kam jedoch der Nash Rambler, eine für amerikanische Maßstäbe recht kleine Cabriolimousine, hinzu, mit dem Nash einen neuen Marktsektor anvisierte. Die Bezeichnung Rambler (= Wanderer) hatte es bereits ab 1902 gegeben; es war der »Ur-Markenname«, der Nash vorangegangen war. Mit 447 cm Länge war der Rambler die Pionierkonstruktion für die ein Jahrzehnt später eingeführte Kompaktklasse. Mit seiner selbsttragenden Karosserie und den verschalten vorderen und hinteren Rädern sowie im technischen Konzept entsprach er durchaus den großen Nash-Modellen. Er bot vorn drei und hinten zwei Sitze, und sein Verdeck ließ sich elektrisch betätigen. Für den Antrieb sorgte der 2,8-Liter-Sechszylindermotor aus dem früheren Typ 600. Dem Rambler wurden auch für den Export große Chancen zugeschrieben. Ab Sommer 1950 gab es ihn auch als Station Wagon.

Zum Modelljahr 1951 erhielten die großen Nash neben Detailmodifikationen kleine hintere Kotflügelstummel, und inzwischen waren sie auch mit dem automatischem Hydramatic-Getriebe von GM lieferbar. Den Rambler gab es nun auch als zweitürige Limousine mit festem Dach.

Mit Pinin Farina 1952 führte Nash auch bei den großen Modellen wieder die Karosserieform mit abgestuftem Heck ein. An den neuen wuchtigen Golden Airflyte Statesman und Ambassador hatte das berühmte italienische Karosserie-Designstudio Pinin Farina mitgewirkt. Die Vollverschalung der Räder war beibehalten worden. Mit dieser höchst eindrucksvollen »Synthese amerikanischer und italienischer Ideen« wurden verbesserte Sicht- und Innenraumverhältnisse geschaffen. Auch die Motoren waren angewachsen, nämlich auf 3,2 und 4,1 Liter Inhalt.

Nash Ambassador Custom Golden Airflyte, 1952

Nash Rambler Custom, 1955

Nash Ambassador, 1957

1953 erschien zusätzlich eine Faux-Cabriolet-Ausführung Country Club. Eine Spezialausführung gab es auch bei den Motoren, nämlich den Le Mans Dual Jetfire, mit dem die in den → Nash-Healey gewonnenen Rennerfahrungen ausgewertet wurden.

Mitte 1953 zeigte sich auch der Rambler im Pinin-Farina-Stil; die Motorhaube wurde abgeflacht und die Gürtellinie höher gezogen. Zudem wurden Kühlergesicht und Armaturenbrett modernisiert. Auffallendstes Merkmal war jedoch das nach alter Väter Sitte hinter dem Kofferraum freistehend angeordnete Reserverad. Ende des gleichen Jahres kam eine viertürige Rambler-Version hinzu, und auf dem Genfer Salon 1954 wurde eine vereinfachte Zweitürlimousine als »preisgünstigster Amerikaner überhaupt« gezeigt. Damit nicht genug, gab es nun auch einen neuen, vom viertürigen Rambler abgeleiteten Station Wagon. Für die großen Modelle brachte Nash eine echte Klimaanlage (Kelvinator All-Season) mit Kühlaggregat auf den Markt, und sie trugen nun ebenfalls das am Heck stehende verschalte Reserverad.

American Motors *Das Jahr 1954 hatte jedoch ganz besondere Bedeutung für Nash, denn zu diesem Zeitpunkt erfolgte der Zusammenschluss mit Hudson zur American Motors Corporation (→ AMC). Der Rambler als das meistverkaufte Modell wurde damit zum Basistyp beider Marken. Die großen Nash erhielten eine Panorama-Frontscheibe Scena-Ramic und in den neuen ellipsenförmigen Kühlergrill versetzte Scheinwerfer. Von Packard wurde der 5,2-Liter-V8-Motor und mit ihm das Ultra-matic-Getriebe übernommen.*

Während die → Rambler ab Modelljahr 1956 als eigene Marke geführt wurden, warteten Statesman und Ambassador abermals mit Änderungen auf. Im Statesman wurde der hochbetagte Sechszylinder mit stehenden Ventilen endlich durch den modernen Motortyp Typhoon mit hängenden Ventilen abgelöst; die Abmessungen des 3,2-Liters blieben unverändert. *Im März 1956 meldete American Motors den Bau des zweimillionsten nach dem selbstragenden Nash-Prinzip hergestellten Wagens: Nash, Hudson, Rambler und Metropolitan waren in dieser Hinsicht in Amerika immer noch Pioniere.* Mitte 1956 brachte AMC einen eigenen V8 von 4,1 Liter Hubraum ins Spiel. Im Modelljahr 1957 wurde er auch als 5,4 Liter im Nash Ambassador eingebaut. Dieser erhielt in die Radhäuser zurückversetzte, übereinander angeordnete Doppelscheinwerfer. Der Statesman figurierte nicht mehr im Programm.

Nash Ambassador Custom, 1957

Zum Modelljahr 1958 wurde die traditionsreiche Marke Nash – nach 40 »Lebensjahren« – aufgegeben... und durch den Ambassador als Markenname ersetzt. Dieser trat gleichzeitig das Erbe von Hudson an. Weil aber die einzelnen neuen Markennamen von American Motors nicht die gleiche Bedeutung erreichten, wie jene der drei Großkonzerne, wird hier über deren weiteres Schicksal unter dem Begriff → AMC weiterberichtet.

Nash Ambassador Custom, 1958

Nash	Zyl.	cm³	PS	bei 1/min	Gänge	Spitze km/h	Radstand/Länge	ab Jahr	Besonderheiten
600	6	2830	83	3800	3	122	285/507	1946-48	selbsttragendes Karosseriegerippe
Ambassador	6	3855	114	3600	3/3+S	146	307/530		(Ambassador mit Normalrahmen); 600: SV
									Änderungen: selbsttragende Karosserie
Airflyte 600	6	2830	83	3800	3/3+S	132	287/510	1949	
Airlfyte Ambassador	6	3855	114	3400	3+S	145	310/533		
Statesman	6	3015	86	3800	3+S	135	284/511	1950	
Ambassador	6	3850	117	3400	3+S	145	307/533		
(beide)					+A			1951	
Rambler	6	2835	83	3800	3/3+S	130	254/447	1951	
Golden Airflyte									
Statesman	6	3203	89	3800	3/3+S/A	135	290/514	1952	
Ambassador	6	4138	122	3700	3+S/A	145	308/531		
Statesman a.W.			101	3800		140		1953	
Ambassador a.W.			142	4000		150			
Rambler	6	3016	86	3800	3/3+S/A	130	254/-471	1954	
Rambler Sedan	6	3205	91				274/-491		
Statesman	6	3205	112	4000		140	290/-539		
Ambassador	6	4139	132	3700		150	308/-557		
Rambler	6	3205	91	3800	3/3+S/A	135	s. oben	1955	
Ambassador V8	V8	5237	211	4200	A	308/557		1955	
		5773	223	4600	A	180		1956	
		5359	258	4700	3/3+S/A	175		1957	
Statesman	6	3205	132	4500	3+S/A	140	290/-539	1956	Änderung: nun OHV
Ambassador (eig. Marke)	V8	5359	274	4700	3/3+S/A	170	297/508	1958	

Oldsmobile

Ransom Eli Olds hatte schon im Jahre 1887 mit einem dampfgetriebenen Dreiradwagen experimentiert. Doch erst 1891 erzielte er mit einem weiteren Prototyp brauchbare Resultate. 1896 entstand sein erstes Auto mit Einzylinder-Verbrennungsmotor. Das Olds-Familienunternehmen konzentrierte sich zunächst auf die Motorenherstellung, doch 1897 erfolgte in Lansing, Michigan, die Gründung der Olds Motor Vehicle Company. Bekannt wurde die Marke Oldsmobile mit dem durch seine robuste Einfachheit überzeugenden Modell Curved Dash (was sich in etwa mit »gebogenem Schwung« interpretieren lässt. Dieses Einzylinder-Offenfahrzeug entstand 1901 in 425 Exemplaren, und 1904 waren es bereits 5500..., womit dieser Oldsmobile Amerikas erstes massenproduziertes Automobil war. – 1908 entstand durch den Zusammenschluss von Oldsmobile und Buick die General Motors Corporation.

In der GM-Hierarchie belegte Oldsmobile auch in der Nachkriegszeit den mittleren Rang zwischen Chevrolet und Pontiac einerseits, Buick und Cadillac andererseits.

In der technischen Entwicklung lehnte sich Oldsmobile häufig an Cadillac an. So wurden die Ende 1945 präsentierten Oldsmobile-Nachkriegsmodelle Club Sedan 76 und 78 – sie zählten zu den ersten US-Fabrikaten, die damals zum Neustart antraten – mit dem automatischen Hydra-Matic-Getriebe angeboten, wie es auch bei den Cadillac gegen Mehrpreis zu haben war. Man rechnete sogar damit, dass bereits 75 Prozent der Oldsmobile-Käufer dem 1939 erstmals – und zwar in einem »Olds« – vorgestellten GM-Getriebeautomaten den Vorzug geben würden.

Wie alle GM-Wagen basierten die Oldsmobile-Nachkriegsmodelle auf den 1942 herausgebrachten Konstruktionen. Nur Einzelheiten, u.a. auch der Kühlergrill, waren modernisiert worden. Die ersten Nachkriegs-»Olds« besaßen somit ein übliches Kastenrahmenchassis, jedoch (wie die Buick) eine an Schraubenfedern abgestützte hintere Starrachse. Die Motoren waren seitengesteuerte Reihen-Sechs- und -Achtzylinder. Letzterer trieb die Modelle der Serien 78 und 98 an, während der Sechszylinder in die Serien 66 und 76 eingebaut wurde. Es gab Karosserien mit abgestuftem wie auch solche mit Fließheck (wie bei den anderen GM-Marken).

Oldsmobile Dynamic 70, 1948

Oldsmobile Futuramic 98 Club, 1949

Im März 1948 erschienen die Oldsmobile in der völlig neuen Karosserieform Futuramic. Sie zeigten sich in ähnlichem Stil, wie ihn bereits die Cadillac des Jahrgangs 1948 aufwiesen. Dieses Design wurde per 1949 auch für Chevrolet, Pontiac und Buick übernommen. Zwar handelte es sich um keine eigentliche Pontonform, denn noch waren die hinteren Kotflügel deutlich konturiert. GM hatte jedoch den großen Nachkriegserfolg nicht zuletzt dem allgemein als formvollendet empfundenen Futuramic-Design zu verdanken. Diese Oldsmobile gab es nun in den Serien 76, 88 und 98; weiterhin standen Ausführungen mit abgesetztem Heck und mit Fließheck zur Wahl.

Oldsmobile Futuramic 98, 1950

Oldsmobile Super 88, 1951

OHV-V8 Das Modelljahr 1949 brachte dann auch eine bedeutende technische Neuerung: die Einführung des obengesteuerten V8-Motors Rocket, der die Reihen-Achtzylindermaschinen Fire-Power ablöste. Er wurde von der Oldsmobile-Werbung als *»The Power Sensation of the Nation«* gefeiert und war in der Tat das Resultat jahrelanger GM-Forschungsarbeit auf dem Gebiet hochverdichteter Motoren. Der OHV-V8 kam gleichzeitig mit einer ähnlichen V8-Konstruktion für Cadillac auf den Markt. Während bei diesem die zentrale Nockenwelle durch Zahnräder angetrieben wurde, wies die Nockenwelle des ersten Oldsmobile-V8 einen Kettenantrieb auf. Im Übrigen gab sich der »Olds«-V8 mit 5 Liter Inhalt und 136 PS Leistung etwas bescheidener. Für 1950 wurden die hinteren Radhäuser des Oldsmobile 98 gestreckt, womit sie sich von den preisgünstigeren Versionen abhoben. Gleichzeitig wurde das Hydramatic-Getriebe (Flüssigkeitskupplung und 4-Gang-Planetengetriebe, zwei Fahrstufen: Low und High) verfeinert. *1950 lief auch der dreimillionste Oldsmobile vom Band.* 1951 wurde die Herstellung des Sechszylindermodells 76 aufgegeben und 1952 mit Vierfachvergasern die V8-Motorleistung auf 146 bis 152 PS gesteigert. Gleichzeitig erhielt das vollautomatische Hydramatic-Getriebe eine dritte Fahrstufe. Karosserieretuschen (mit dem Kühlergesicht kombinierte Stoßstangenhörner) und höhere Leistungen standen auch für 1953 auf dem Programm, bevor 1954 ein neues Karosseriedesign mit Panoramascheibe und ein 5,3-Liter Motor eingeführt wurden. 1955 wurden – dem allgemeinen Trend entsprechend – die Leistungen erhöht und die Scheinwerfer überdacht. 1956 wurde das Kühlergesicht unter Einbezug der Stoßstangen zu einem imposanten, in der Mitte geteilten Oval gewandelt. Die Leistung erreichte nun bei 9,25:1 Verdichtung 243 SAE-PS. Im Modell 98 de Luxe Holiday zählte nicht nur ein neues Jetaway-Hydramatic-Getriebe mit zweiter Flüssigkeitskupplung für noch sanftere Schaltübergänge zur Ausrüstung, sondern auch eine Sitzverstellung in Länge, Höhe und Neigungswinkel der Rückenlehne. Hinzu kam eine Vorrichtung zum automatischen Verschieben der vorderen Sitzbank beim Öffnen der Türen.

Im PS-Rennen Das Modelljahr 1957 brachte den Oldsmobile größere Karosserien mit nach unten zurückfliehenden Seitenpfosten der Panoramascheibe und ausgeprägtem seitlichem Wulst über den hinteren Radhäusern. Im gleichen Jahr erhielten die »Olds« 6,1-Liter-Motoren, womit sie selbst die Cadillac in den Schatten stellten! Im Zuge des PS-Rennens wurde nun – gegen Mehrpreis – ein System von drei Doppelvergasern angeboten, das nicht nur der Leistungssteigerung, sondern auch der Verbrauchsminderung diente.

Ab Modelljahr 1958 waren die Oldsmobile auch mit Luftfederung lieferbar: Mit Druckluft gefüllte Gummibälge traten an die Stelle der Schraubenfedern. Zusätzlich zum selbsttätigen Niveauausgleich konnte der Fahrer über einen Hebel die Karosserie um 10 cm anheben. Äußerlich fielen die »Olds« 1958 durch die Doppelscheinwerfer und die mit Chromstreifen übersäten Seitenwände auf.

Oldsmobile Super 98, 1954

Oldsmobile Super 88 Holiday, 1957

Im Herbst 1958 erschienen die mächtigen GM-Karosserien des Jahrgangs 1959; auch die Oldsmobile traten nun mit ins Dach hineingewölbte Panorama-Windschutzscheiben auf. Die Aufbauten waren niedriger und länger geworden, und auch bei ihnen zeigten sich die Heckflossen zu »Rockschößen« angewachsen. Eine Oldsmobile-Besonderheit bildeten jedoch die weit auseinanderliegenden Doppelscheinwerfer. Erstmals wurden auch wieder Motoren zweier verschiedener Zylinderinhalte angeboten: die Serien Super 88 und 98 erhielten eine 6,5-Liter-Maschine, deren Bohrung von 101,60 auf 104,77 vergrößert worden war. Zu den Änderungen technischer Art zählten auch der verstärkte X-förmige Rahmen, die verbesserte Bremskühlung und die auf größere Wirtschaftlichkeit und längere Lebensdauer ausgerichtete Konstruktion der Motoren... deren Leistung war nun bei 319 SAE-PS angelangt.

Zurückhaltender Die Modelle 1960 zeigten bei gleichen Abmessungen ein überarbeitetes Karosseriedesign mit wieder zusammengerückten (aber leicht vorgesetzten inneren) Doppelscheinwerfern. Vor allem aber hatten die GM-Designer auch bei den »Olds« die Ende der 50er Jahre sozusagen in den Himmel gewachsenen Heckflossen auf eine horizontal durchgezogene Linie abgeflacht. Überdies war die zerklüftete Frontgestaltung einer einfacheren Formgebung gewichen.

Das Produktionsprogramm 1960 setzte sich aus den Typen Dynamic 88, Super 88 und dem längeren und luxuriöseren Typ 98 zusammen. Die zwei- oder viertürigen Faux-Cabriolets trugen die Bezeichnung Holiday, die Kombis (ohne »98«) hießen Fiesta. Auf der Basis des Super 88 und des 98 gab es zudem je ein Cabriolet.

Oldsmobile 98 Convertible, 1958

Oldsmobile Dynamic 88 Holiday, 1959

Oldsmobile Super 88 Celebrity, 1960

Oldsmobile 98 Holiday Sport, 1960

Für den Antrieb der mit Kastenrahmen und X-Traversen versehenen Wagen sorgten ausschließlich V8-Motoren, und zwar mit 6,1 (Rocket) und 6,5 Litern (Premium Rocket) Inhalt; es gab sie in verschiedenen Leistungsstufen. Mit dem Zweifachvergaser Econ-O-Way (243 SAE-PS) war der Dynamic 88 auf Sparsamkeit ausgelegt. Neben einem 3-Gang-Getriebe stand je nach Modell eine automatische Kraftübertragung Hydramatic Controlled Coupling (zwei hydraulische Kupplungen und 4-Gang-Planetengetriebe) zur Wahl. Die Rotomatic-Lenkhilfe war bei den teureren Modellen serienmäßig. Neu war eine pedalbediente Feststellbremse.

Ein Replika-Pionier Es mag von Interesse sein, dass damals eine Firma in Florida eine Nachbildung des Oldsmobile von 1901 – des historisch bedeutsamen »Curved Dash Runabout« – in Produktion nahm. Einen krasseren Gegensatz zwischen jenem einst erfolgreichen »Ur-Olds« und den riesigen Nachfahren von 1959/60 konnte man sich schwerlich vorstellen. Die Replikawelle sollte nicht umsonst zum Durchbruch kommen...

Oldsmobile	Zyl.	cm³	PS	bei 1/min	Gänge	Spitze km/h	Radstand/Länge	ab Jahr	Besonderheiten
Serie 66	6	3902	101	3400	3/A	130	302/517	1946/47	Kastenrahmenchassis (hintere Starrachse mit Schraubenfedern), stehende Ventile
76							316/536		
78	8	4210	111	3600	3/A	135	316/536		
98							323/540		
1948: 6-Zyl. = 4210 cm³									
76	6	4210	107	3400	3/A	130	305/513	1948/49	8-Zyl. nun OHV
88	V8	4974	136	3000	A	145			
98							317/534		
Super 88	V8	4974	154	3600	A	150	305/517	1952/53	
De Luxe 88			146		3				
Classic 98			162		A	155	315/541		
1953: Leistungen = 157, 152 und 172 PS									
Super 88 (US)	V8	5314	187	4000	A/3	165	310/521	1954-56	
(CH)			177		A	160			
88			172						
98 (US/CH wie S. 88)							320/544		
1955: Leistungen = 205, 189 und 187 PS									
1956: Leistungen = 243, 223 und 233 PS (4400/min)									
Super 88 (US)	V8	6076	281	4400	A/3	195	310/529	1957/58	
(CH)			264		A	180			
Golden Rocket 88			281		A/3	195			
98			281		A		320/550		
1958: Leistungen = 316, 274 und 269 PS									
Super 88 (US)	V8	6466	319	4600	A/3	190	312/555	1959	
(CH)			284		A	180			
Dynamic 88		6076	274/304		A/3	175			
98		6466	319		A	180	321/567		
Dynamic 88 (übrige: wie 1959)		6076	243/264		A/3	180	312/553	1960	

Oldsmobile F-85 Jetfire, 1962

Oldsmobile in den 60er Jahren

In der Hierarchie der amerikanischen General-Motors-Marken belegte Oldsmobile weiterhin zwischen Chevrolet, Pontiac einerseits und Buick, Cadillac anderseits die Mittelposition. Dabei kam Oldsmobile der sportlichere und Buick der luxuriösere Part zu.

Mit dem Jahrgang 1961 wurden neue Stylingelemente eingeführt: Die Frontscheibe war jetzt nicht mehr als eigentliche Panoramascheibe ausgelegt, und anstatt Zierkerben in den Flanken, von denen sich die untere beim hinteren Radausschnitt zur Karosseriebasis senkte, zeigten die Seiten nun ein langgestrecktes, symmetrisches Raketenmotiv. Zudem wurden die Gesamtlängen von 553 auf 539 cm bzw. von 561 auf 553 cm verkürzt! Bedeutendste technische Änderung war die Rückkehr zu der mit Schrauben- statt Halbelliptikfedern abgestützten Hinterachse. Sie wurde in Verbindung mit einem neuausgelegten Kastenrahmenchassis mit Traversen eingeführt.

Mit dem Accel-A-Rotor-System des Hydramatic-Getriebes wurde das 4-Gang- durch ein 3-Gang-Planetengetriebe ersetzt. Den 6,5-Liter-Motor gab es unter der Bezeichnung Skyrocket nun auch mit einer Verdichtung von 10:1 und 330 PS. Er wurde auch in einem Hochleistungs-Cabriolet eingebaut, das unter dem Namen Starfire auf dem GM-Motorama im Januar 1961 in San Francisco vorgestellt und in Detroit in Kleinserie aufgelegt wurde.

F-85 Mit dem Modelljahrgang 1961 präsentierte General Motors im Herbst 1960 auch die erwarteten neuen Compact-cars, die dem bereits in Serie gebauten Chevrolet Corvair zur Seite gestellt wurden: Es handelte sich um das Trio Pontiac Tempest, Oldsmobile F-85 (anfänglich F 85) und Buick Special. Sie besaßen identische Karosseriegrundformen, nämlich einen selbsttragenden viertürigen Aufbau mit drittem Seitenfenster (zudem ein fünftüriger Kombi). Diese Kompaktmodelle waren deutlich kleiner als die üblichen Amerikaner Wagen, für europäische Begriffe aber immer noch recht stattlich.

Während der Corvair einen luftgekühlten Boxermotor im Heck besaß und der Tempest ein im Heck angeordnetes Getriebe erhielt, entsprachen der Oldsmobile F-85 und der Buick Special der Standard-Konstruktionsweise. Ihrem Antrieb diente ein 3,5-Liter-V8-Aluminiummotor (wie er auch im Tempest erhältlich war), und für die Kraftübertragung bestand die zwischen 3-Gang- und Automatikgetriebe. Letzteres war im F-85 allerdings anders konzipiert als im Special: Wie bei den großen Oldsmobile fand sich im F-85 das Hydramatic Controlled Coupling mit 3-Gang-Planetengetriebe, bei dem ein zusätzliches Leitrad in der untersten Getriebestufe als Drehmomentwandler wirkte.

In markentypischer Weise war der kleine Oldsmobile ein wenig sportlicher ausgelegt als sein Pendant von Buick. Er besaß nicht nur eine leicht härter abgestimmte Federung (bei identischer Aufhängung mit hinterer Starrachse und

Schraubenfedern), sondern auch eine auf geringfügig höhere Drehzahlen abgestimmte Motorauslegung (eigene Zylinderköpfe, max. Drehmoment 29,0 mkp bei 3200 statt 30,4 bei 2400/min). Diese Maschine wurde von Oldsmobile mit dem Namen Rockette bedacht. – Die seitlichen Karosserieprägekanten und der Kühlergrill zeigten ein Design, wie es auch bei den großen »Olds« anzutreffen war.

Im Frühling 1961 feierte man bei Oldsmobile die Herstellung des fünfmillionsten Hydramatic-Getriebes. Oldsmobile war ja ein Pionier in der Entwicklung automatischer Getriebe; schon 1939 hatte es Wagen dieser Marke mit Getriebeautomat gegeben. Das Hydramatic wurde auch für die europäischen Wagen von GM, Opel Kapitän und Vauxhall Cresta, geliefert.

Ebenfalls noch im Frühling 1961 tauchte der Name Cutlass (Entermesser oder kurzer Dolch) auf. So hieß die Luxusversion des F-85-Coupés, während die einfachere Variante Club Coupé genannt wurde. Im Gegensatz zu diesem besaß der F-85 Cutlass einen auf 188 SAE-PS gebrachten Motor.

Mit Abgasturbolader! Bereits Anfang September 1961 wurde die Herstellung in kleiner Serie eines »Kompressor-Oldsmobile« F-85 angekündigt. Es handelte sich allerdings nicht um ein Modell mit mechanischem Kompressor, sondern um ein Fahrzeug mit Abgasturbolader, wie er erst zwei Jahrzehnte später in Europa populär werden sollte!

Zu Recht wurde der auf der New Yorker Automobilschau im Frühling 1962 vorgestellte Oldsmobile F-85 Jetfire – so hieß dieses Sondermodell – als der »erste serienmäßige Pkw mit auspuffgetriebenem Auflader« bezeichnet. Dieser Abgasturbolader wurde bereits von der Garrett Corp. geliefert. – Abgasturbinen fanden bis dahin erst bei Nutzfahrzeug-Dieselmotoren Verwendung. Zwei Monate nach dem Jetfire ging bei Chevrolet der Corvair Monza Spyder mit Abgasturbolader in Produktion.

Im Jetfire standen bei einer Verdichtung von 10,25:1 218 SAE-PS zur Verfügung. Damit der Turbo-Rocket-Motor dieser ungewöhnlichen Leistungssteigerung gewachsen war, kombinierte man den Vergaser mit einem Einspritzsystem, mit dem ein je zur Hälfte aus destilliertem Wasser und Methylalkohol bestehendes Antiklopfmittel Turbo Rocket Fluid in die Ansaugleitung gespritzt wurde. Der Jetfire wurde als Hardtop-Coupé gebaut und hob sich äußerlich von dem mit Mittelpfosten gebauten Cutlass-Coupé zusätzlich durch einen Kontraststreifen ab.

Dieser erste Abgasturbolader-Wagen fand in der Fachpresse hinsichtlich Leistung und Verbrauch gute Noten. Doch

Oldsmobile 98 Holiday, 1963

schienen seine Fahreigenschaften nicht mehr Schritt zu halten. Er wurde 1962 in 3765 Exemplaren abgesetzt; 1963 kamen 5842 Jetfire hinzu, worauf dieses Modell aus dem Angebot gestrichen wurde...

Mit dem Modelljahr 1962 wurde auch eine Cabrioletvariante des F-85 eingeführt. Der Markenschriftzug fand sich jetzt ober- statt unterhalb des Kühlergitters. Den Motor gab es in weiteren Leistungsstufen. Auf Wunsch wurde die Hinterachse mit einer Differentialbremse bestückt. Die großen Modelle dieses Jahrgangs erkannte man an senkrechten, die Horizontalstreifen unterbrechenden Zierelementen am Ansatz der Vordertüre. Neu hinzu kam die Serie Starfire Coupé und Cabriolet mit Einzelsitzen, Mittelkonsole und besonders reichhaltiger serienmäßiger Ausrüstung. Ein Starfire-Cabrio war bereits im Januar 1961 lanciert worden; mit diesem sportlichen Modell zielte man nicht zuletzt auf den Thunderbird von Ford. Zu den Dream-cars zählte der Fire Rocket mit Roadsterkarosserie und Turbolader.

Längenzunahme Das Modelljahr 1963 brachte den kompakten F-85 um 10 cm verlängerte Karosserien. Die Flanken waren nun glattflächig ausgeführt, und der Markenschriftzug zog sich über die Kühlergrillmitte. Es gab zusätzliche Leistungsvarianten, und in den mit einer Klimaanlage ausgestatteten Modellen wurde der Kühlerventilatorantrieb thermostatisch gesteuert. Flachere Flanken zeigten jetzt auch die großen Oldsmobile Dynamic 88, Super 88, Starfire und (Super) 98. Zudem verliefen die Windschutzscheibenpfosten nicht mehr gebogen, sondern geradlinig. Neu war die geänderte Hinterachsführung, und wie bei anderen GM-Wagen fanden sich jetzt ein in der Neigung verstellbares Lenkrad, ein Alternator (statt Dynamo) und weitere Verbesserungen.

Oldsmobile F-85 Vista Cruiser, 1964

F-85 = Intermediate! 1963 entstanden auf der Basis des kompakten F-85 (nebst einem El Torero getauften Spezialinnenraum für das Starfire-Cabriolet) der experimentelle Sportwagen X-215 mit verkürztem Radstand und dem Turbomotor sowie das etwas weniger aufsehenerregende experimentelle Cabriolet J-TR auf Cutlass-Basis mit viereckigen Scheinwerfergehäusen. Doch die serienmäßigen F-85 des Modelljahrs 1964 waren keine Compact-cars mehr! Viel mehr hatten sie nun eine Länge von 516 cm und waren damit gleich lang wie elf Jahre zuvor der Typ Super 88. Die gegenüber dem ursprünglichen F-85 um 38 cm angewachsene Länge ließ offenbar die Abkehr von der selbsttragenden Bauweise angezeigt erscheinen. Somit hatten die Oldsmobile ab 1964 wieder ein Kastenrahmenchassis mit Traversen!
Der nun zu den Intermediates zählende F-85 erhielt einen neuen Basismotor, der sich kostengünstiger herstellen ließ und wiederum von der Parallelmarke Buick geliefert wurde. Es handelte sich um einen 3,7-Liter-V6. Wer mehr Leistung wollte, konnte seinen F-85 mit neuentwickeltem 5,4-Liter-V8-Motor bestellen. Neu war auch das Automatikgetriebe Jetaway mit verstellbaren Leitschaufeln.

Oldsmobile Jetstar I, 1965

Kombi mit Dachfenster Ab der Chicago Auto Show im Februar 1964 konnte auf F-85-Basis, jedoch mit verlängertem Radstand, eine Vista Cruiser geheißene zusätzliche Serie von Station Wagons (parallel zum Buick Sports Wagon) bestellt werden: Ihre Besonderheit bestand in dem im hinteren Bereich erhöhten Dachverlauf samt »oberen Frontfenstern«. Diese ungewöhnliche Designidee stempelte sie zu nachhaltigen Liebhaberstücken. – Die auf Wunsch erhältliche Differentialbremse hieß nun – wie bei anderen GM-Modellen – Positraction.
Bei den großen Oldsmobile wuchs die Auswahl 1964 auf sechs Modellreihen: Jetstar 88 (besonders preisgünstig, 5,4-Liter-V8 des F-85, jedoch mit Doppelvergaser), Dynamic 88 (6,6-Liter), Super 88 (Luxusausführung), Jetstar I (Sportcoupé) , Starfire (Luxusportcoupé) und 98 (langer Radstand). Neben dem Holiday-Hardtop-Sedan gab es weiterhin den viertürigen Celebrity mit üblichem Mittelpfosten. Die neuen großen »Olds« erkannte man am ehesten an ihren einwärts nach unten gezogenen vorderen Stoßstangenecken. – Und noch ein Nachtrag zum Jahr 1964: *Beim Brands Hatch International Trophy Race in England siegte Bruce McLaren auf einem Cooper mit Oldsmobile-V8-Motor!*
Erneutes Wachstum Mit dem Modelljahr 1965 erhielten die Standard-size-Oldsmobile ein breiter ausladendes Chassis, die Gesamtlänge wuchs – den anderen B-Karosserien von GM entsprechend – auf rund 5 ½ m, jene des Typs 98 – C-Karosserie wie Buick Electra und Cadillac – auf 566 cm. Auch die Bremsbelagflächen wurden vergrößert.
Neuer Topmotor war die 7-Liter-Maschine Super-Rocket, die in verschiedenen Leistungsstufen aufgelegt wurde. Wie im Cadillac wurde nun das Automatikgetriebe Turbo-Hydramatic (hydraulischer Wandler mit verstellbaren Leitschaufeln und 3-Gang-Planetengetriebe) eingebaut.

Die größten Oldsmobile waren der 98 Luxury Sedan und der 98 Sport Coupé. An die Stelle des Super 88 trat der Delta 88. Anstatt der horizontal durchgezogenen Gürtellinie zeigten die großen Modelle der Marke über dem hinteren Radausschnitt nun einen »Hüftschwung«. Die F-85-Typenreihen – GM-A-Karosserie – erkannte man an dem wieder einmal in Kühlergrillmitte gerutschten Markenschriftzug.

4-4-2 Neu war das Hochleistungs-Package 4-4-2 (= 400 cubic-inch entsprechend 6,5 Liter Hubraum, 4-barrel carburetor bzw. Vierfachvergaser und Doppelauspuff) mit verstärktem Unterbau, das für den F-85 Club Coupé und die Cutlass lieferbar war. Mit dieser Sonderausführung erhoffte man den kommerziellen und prestigemäßigen Erfolg des Pontiac GTO kopieren zu können.

Eine weitere Angebotserweiterung brachte das Modelljahr 1966. Bei den Cutlass gab es zusätzlich den Luxus-Hardtop-Sedan Supreme, gleichzeitig wurde der F-85-Basismotor, der 3,7-Liter-V6, nun durch einen 4,1-Liter-Reihen-Sechszylinder ersetzt. Auch die A-Karosserien zeigten jetzt den modischen »Hüftschwung« in der Gürtellinie. Zu den weiteren technischen Verbesserungen zählte ein neues vollsynchronisiertes 3-Gang-Getriebe. Es war auch für die großen »Olds« lieferbar. Bei diesen waren die seitlichen vorderen Stoßstangenecken wiederum nach unten einwärtsgebogen, statt senkrecht abgeschnitten. Zahlreiche Detailverbesserungen zielten auf eine erhöhte Innenraumsicherheit. Zu dem zahlreichen Zubehör zählte eine neue Heiz- und Frischluftanlage Confortron.

Toronado: Frontantrieb! Die geradezu sensationelle Neuheit, mit der Oldsmobile zum Modelljahr 1966 überraschte, war jedoch das auf Vorderradantrieb ausgelegte Coupé Toronado. Zwar waren in den USA bereits in der Zwischenkriegszeit Pkw mit Frontantrieb gebaut worden, so von der Marke → Cord. Aber der Toronado verkörperte das große technische Novum des Jahres 1966!

An diesem Projekt war seit langen Jahren gearbeitet worden, und es waren keineswegs nur technische, sondern auch wirtschaftliche Probleme, die ihm zunächst im Wege standen: So befürchteten die Verantwortlichen, dass zahlreiche neue Komponenten eigens für dieses Fahrzeug entwickelt werden müssten. Doch die Ingenieure fanden Wege, auch den Toronado kostengünstig herstellen zu können. Dafür sorgte auch der Umstand, dass für den Toronado die gleiche Plattform verwendet werden konnte wie für den Buick Riviera der zweiten Auflage..., trotz dessen konventionellem Hinterradantrieb. Und das Resultat war verblüffend: Der bei weitem größte jemals gebaute Personenwagen mit Frontantrieb ließ sich nicht nur ausgezeichnet fahren, sondern er bot mit seiner unter Designer David North entstandenen formvollendeten Karosserie auch ein äußerst attraktives Aussehen. Er zeigte eine langgestreckte Fastbacklinie, stark auskragende Radhausränder und einen schlicht gestalteten Kühlergrill mit abgedeckten Scheinwerfern. Den Antrieb – auf die Vorderräder! – besorgte der auf 390 PS gebrachte 7-Liter-Motor, und zwar über das Turbo-Hydramatic-Getriebe. Die Kraftübertragung erfolgte von der Wandlereinheit mit einer breiten Kette auf das um 180° gedrehte Planetengetriebe. Aus Platzgründen wurden für die Vorderradfederung längsliegende Drehfederstäbe verwendet, während die starre Hinterachse an Einblattfedern geführt wurde. Das Kastenrahmenchassis mit Quertraversen endete unterhalb der Fondsitze, denn die Heckpartie der Karosserie war selbsttragend konstruiert! *– Übrigens feierte General Motors am 16. März 1966 die Herstellung des 100-millionsten Automobils; und Oldsmobile zählte zusammen mit Buick zu den Gründermarken!*

Das Styling des Toronado schimmerte 1967 auch bei verschiedenen Oldsmobile-Modellen der Standardbauweise durch. Der Toronado selbst hatte für sein zweites Modelljahr einen aus drei Reihen Karos bestehenden Kühlergrill erhalten. Zudem war er mit Scheibenbremsen von Kelsey-Hayes an den Vorderrädern lieferbar.

Die übrigen »Olds« des neuen Jahrgangs erkannte man an den zwischen den Doppelscheinwerfern angeordneten Positions- und Blinkleuchten. Der Jetstar 88 und der Dynamic 88 wurden durch den Delmont 88 abgelöst. Zum Delta 88 gesellte sich der luxuriösere Delta 88 Custom. Einen Starfire gab es ebenfalls nicht mehr. Zahl und Wirkung der Sicherheitsvorrichtungen (energieabsorbierende Lenksäule, Polsterungen, getrennte Bremskreisläufe) wurden weiter erhöht. Außer Scheibenbremsen für die Vorderräder waren Transistorzündanlagen für die Hochleistungsmotoren erhältlich.

Oldsmobile Toronado, 1966

Oldsmobile Delta 88 Royale, 1969

Gepflegtes Wachstum Die Modelle 1968 bis 1970 widerspiegelten vor allem das Bemühen um Detailpflege. Der Jahrgang 1968 stand vordergründig im Zeichen des Wachstums: Die A-Modelle erhielten einen von 292 auf 294,5 cm verlängerten Radstand (Kombi Vista Cruiser von 305 auf 307,5 cm), und der 5,4-Liter-V8 wurde durch eine auf höhere Wirtschaftlichkeit und noch bessere Laufruhe ausgerichtete 5,7-Liter-Maschine ersetzt. Neu war die Ausführung Cutlass S, die es gleich mit zwölf Motor/Getriebe-Kombinationen und als Coupé, Hardtop und Cabriolet gab.
Die neuen kleineren Oldsmobile erkannte man an den fließenderen Linien und dem noch ausgeprägteren »Hüftschwung«, der auch den Verlauf der hinteren Fensterlinie deutlich tangierte. Bei den großen Modellen der Marke waren die Positions- und die Blinkleuchten nun in die nach vorne ausragenden Radhaus-Vorderenden einbezogen. Größere Motoren auch hier: 5,7 statt 5,4 Liter und 7,4 statt 7 Liter Hubraum!

Oldsmobile 4-4-2, 1970

Der Toronado erhielt einen horizontal geteilten wuchtigen Kühlergrill, und zu den zahlreichen Detailverfeinerungen, die sich in verschiedenen Modellen fanden, zählte auch die Climatic Combustion Control zur Verminderung der schädlichen Abgasbestandteile.
Auf 1969 erhielten die F-85 und die Cutlass ebenfalls ein zweiteiliges Kühlergitter mit in der Karosseriefarbe gehaltenem breitem Mittelsteg, während die Scheinwerferpaare wieder zusammengerückt waren. Die Hochleistungsausführung 4-4-2 besaß anstatt des senkrechten Farbstreifens an den Flanken (Vorjahr) zwei rechteckige, über die Motorhaube gezogene Ausbuchtungen. Auch bei ihr gab es auf Wunsch die Geschwindigkeits-Regulieranlage Cruise Control.
Die noch länger gewordenen größeren Modelle besaßen nun (weiterhin zweiteilige) Kühlergrills, die höher waren als die Scheinwerferumrahmungen. Ein neues Luxusmodell war der Delta 88 Royale mit Vinylüberzug auf seinem Hardtop-Coupédach und zusätzlichem Chromschmuck. Einen Delmont gab es hingegen bereits nicht mehr.
Neu waren die in die Türen eingebauten kastenförmigen Blechprofile, mit denen ein erhöhter Insassenschutz bei Seitenaufprall geschaffen wurde. Beim Toronado wurde zwar der Radstand nicht verändert, doch war auch er deutlich länger geworden (545,5 statt 534 cm). Damit wich die strenge Fastbacklinie einem sanft abfallenden Stufenheck. Der Typ 98 wie der Toronado erhielten neu eine Servolenkung (von der GM-Firma Saginaw) mit variierender Untersetzung, die bei zunehmendem Radeinschlag direkter wirkte.
2 x »Special« Auf der Basis des Toronado baute die Firma American Quality Coach Corporation den Oldsmobile Jetway 707 Limousine, eine 854 cm lange neuntürige Dreiachslimousine mit erhöhtem Dach und bis zu 15 Sitzen. – Auf der

Chicago Auto Show im März 1969 sorgte der Dream-car Olds 4-4-2 Apollo, ein Cabriolet mit vier Kopfstützen, für Furore. 1970 erhielt der Toronado einen neuen, ungeteilten Kühlergrill mit nicht mehr kaschierten Doppelscheinwerfern. Vordere Scheibenbremsen waren jetzt serienmäßig; dies galt auch für den Ninety-Eight (98). Erkennungsmerkmal für die großen »Olds« des Modelljahrs 1970 waren die Frontstoßstangen mit »Durchsichtfenster« auf die zweiteiligen Kühlergitter. Bedeutendste Änderungen erfuhren die F-85/Cutlass/4-4-2: In den teilweise neugeformten Karosserien fanden sich feinmaschige Kühlergrills statt der Senkrechtstäbe (4-4-2 nun mit Lufthutzen auf der Motorhaube). Den Cutlass Supreme gab es auch in einer Superluxusausführung SX mit dem 7,4-Liter-Motor, der nun ebenso den 4-4-2 antrieb und auch im Vista Cruiser erhältlich war. Der weiteren Abgasentgiftung diente ein neues TCS-System (Transmission Controlled Spark System, vom Getriebe gesteuerte Vakuumzündverstellung). Die variierende Servolenkung fand nun auch bei den übrigen Modellen Eingang, und alle Oldsmobile-Typen erhielten Gürtelreifen mit Diagonalkarkasse.

Oldsmobile	Zyl.	cm³	PS	bei 1/min	Gänge	Spitze km/h	Radstand/Länge	ab Jahr	Besonderheiten
Dynamic 88	V8	6076	243	4400	3/A	175	313/553	1960	Kastenrahmen
			264	4400					
Super 88		6466	319	4600		180			
			284	4600					(Export)
Dynamic 88			253	4200		175	313/539	1961	
			278	4400		180			
			330	4600		190			
Super 88			330	4600				1961-63	ab '62: 335 PS
			284	4600		180			(Export)
Dynamic 88			264	4400		175	313/543	1962/63	'63: 545 cm lang
			-335	4600		190			
Starfire			350	4800	A	200		1963	
Jetstar 88		5404	248	4600	3/4/A	180	313/547	1964	a.W. 294/4800
Dynamic 88		6466	264-	4400	3/A	175			
			-335	4600		190			
Super 88 /Jetstar I/Starfire			335	4600					
			350	4800		195			
			294	4800		180			(Export)
Jetstar 88		5404	264	4800	3/4/A		313/551	1965	a.W. 319/5200
Dynamic/Delta 88		6965	304-	4400				1965/66	
			-365	4800		195			
Delta 88			289	4400	A	175		1965	(Export)
Jetstar I/Starfire			375	4800	3/4/A	200			
Jetstar 88		5404	253-	4800		175		1966	
			-324	5200		195			
Starfire		6965	380	4800		200			
Delmont 88		5404	253	4800	3/4	180		1967	
			264	4800	A				
Delmont/Delta 88		6965	304-	4400	3/A				
			-380	4800	A	200			
Delmont 88		5736	253	4400	3/A	190	313/553	1968	a.W. 314/4800
Delmont/Delta 88		7446	314-	4200		200			
			-370	4600	A	210			
Delta 88		5736	253	4400	3/A	190	315/555	1969/70	'70: 557 cm lang
		7446	314-	4200		200			
			-395	5000	A	220			
98	V8	6466	319	4600	A	180	320/561	1960	Kastenrahmen
			284	4600					(Export)
			330	4600		190	320/553	1961	
			284	4600		180			(Export)
			335	4600		190	320/559	1962/63	'63: 563 cm lang
			350	4800		195		1963	
			335	4600			320/565	1964	
			350	4800		200			
		6965	365	4800			320/566	1965-67	ab '66: 370 PS
			375	4800					ab '66: 380 PS
		7446	370	4600		210	320/568	1968/69	'69: 323/570 cm
							323/572	1970	

Oldsmobile in den 70er Jahren

Zum Modelljahr 1971 wurden auch für die Oldsmobile Motorverdichtung und -leistung zwecks Verwendung bleiarmen Benzins herabgesetzt. Sämtliche Modelle basierten weiterhin auf einem Kastenrahmenchassis mit Traversen. Vorn wurden Trapez-Dreieckquerlenker, hinten – ebenfalls in der GM-üblichen Art – eine Starrachse mit Schraubenfedern, unteren Längslenkern und zum Differenzial führenden Schräglenkern montiert. Für 1971 war die Aufhängungsabstimmung verfeinert worden. Die Kugelkreislauflenkung war auf Wunsch mit Servo samt variierender Untersetzung sowie einem verstellbaren Lenkrad erhältlich.

F 85, Cutlass, Cutlass Supreme Diese aus der ehemaligen Kompaktreihe F 85 herausgewachsene mittelgroße Baureihe wurde als zwei- und viertüriger Sedan, Hardtop-Coupé, Hardtop-Sedan, zweitüriges Cabriolet und fünftüriger Station Wagon gebaut. Sie hatten sechs oder fünf Sitze und die zweitürigen Modelle wiesen 10 cm weniger Radstand auf. 1971 präsentierte sich der Oldsmobile-like vertikal geteilte Kühlergrill optisch erhöht. Basismotor war der 4,1-L-Six, darüber rangierten zwei 5,7-L- und ein 7,4-L-V8. Es wurden Trommelbremsen eingebaut, doch waren auf Wunsch vordere Scheibenbremsen verfügbar. Ein Bremsservo und eine Differenzialbremse figurierten ebenfalls auf der Mehrpreisliste.

Oldsmobile Vista Cruiser, 1970

4-4-2 Diese Bezeichnung für ein Hochleistungsmodell war mit dem Modelljahr 1965 eingeführt worden. Die Ziffern standen für 400 cubic-inches (6,6 L), 4-barrel carburetor (Rochester-Vierfachvergaser) und Doppelauspuff. Der 4-4-2 basierte auf den zweitürigen F 85/Cutlass-Modellen, besaß jedoch ein strafferes Fahrwerk. Er wurde als Hardtop-Coupé und Cabriolet gebaut. Die Motorleistung wurde 1971 mit 345 SAE-PS angegeben (Vorjahr noch 370 PS); allerdings wurde seit 1970 der 7,4-L-V8 eingebaut! 3-Gang-, 4-Gang- und Automatgetriebe Turbo Hydra-Martic wurden alle mit Mittelschaltung bedient (gleiche technische Zusatzausrüstungen wie bei F 85/Cutlass).

Oldsmobile Toronado, 1971

Vista Cruiser So wie der 4-4-2 ein sportliches Sondermodell der F 85/Cutlass war, so war der Vista Cruiser ein ungewöhnlicher Kombi: Seine Besonderheit bestand in dem über den Hintersitzen erhöhten Dach (mit Glaseinsatz nach vorne). Dies gestaltete ihn besonders attraktiv! Sein Radstand war gegenüber dem Chassis der vier-/fünftürigen F 85/Cutlass um 12 auf 307 cm verlängert worden. Es gab ihn mit sechs oder acht Sitzen, und es standen ein 5,7-L- und zwei 7,4-L-V8 zur Wahl. Vorn wurden Scheibenbremsen (mit Servo) montiert und auf Wunsch gab es eine Servolenkung sowie ein verstellbares Lenkrad.
Delta 88 Der Typ 88 war eigentlich das Basismodell der großen Oldsmobile. Mit dem Modelljahrgang 1971 wurden gänzlich neue, geräumigere Karosserien eingeführt. Sie hatten eine tiefere Gürtellinie und größere Fensterflächen. Man erkannte sie vor allem an den höheren, jetzt quadratischen Kühlergrills der vertikal zweigeteilten Front. Nebst dem Delta 88 gab es die teureren Ausführungen Delta 88 Custom und Delta 88 Royale. Das Karosserieangebot umfasste Sedan, Hardtop-Sedan, Hardtop-Coupé, Cabriolet; viertürig waren sie jeweils sechs-, zweitürig je fünfsitzig. Neu kam der Station Wagon Custom Cruiser hinzu (sechs oder neun Sitze). Zur Verfügung standen die gleichen Motoren wie im Vista Cruiser, jedoch ausschließlich in Verbindung mit Automatikgetriebe. Nicht nur die vorderen Scheibenbremsen samt Bremsservo, sondern auch die Servolenkung waren hier serienmäßig vorhanden (verstellbares Lenkrad auf Wunsch).
Ninety-Eight Er war das traditionelle Spitzenmodell der Marke Oldsmobile. Mit dem Jahrgang 1971 war es mit tieferer Gürtellinie und entsprechend größeren Fensterflächen vollständig neugestaltet worden. Die zweigeteilte Front wies nun quadratförmige Kühlergrills auf, und die Länge hatte nochmals leicht zugelegt (nun 575 cm). Den 98 gab es als Hardtop-Sedan und Hardtop-Coupé, beide auch in einer Luxury-Ausführung. Im 98 wurde ausschließlich der 7,4-L-V8 mit 324 SAE-PS eingebaut. Turbo Hydra-Matic, vordere Scheibenbremsen und Bremshilfe sowie Servolenkung mit variierender Untersetzung gehörten zur Serie (verstellbares Lenkrad gegen Mehrpreis).

Oldsmobile Omega Hatchback Coupe, 1973

Oldsmobile Ninety Eight Coupe, 1972

Toronado Als er 1966 auf den Markt gebracht wurde, war er ein Unikum, ja sogar eine Sensation. Dazu passte das zwar typisch amerikanische, aber doch ungewöhnlich formreine Design dieses langgestreckten Fastbackcoupés. Schrittweise war die Ausdruckskraft dieser Form aber abgeschwächt worden. Zum Modelljahr 1971 präsentierte sich der Toronado mit einer neuen Karosserie mit normalem Stufenheck. Auch für sie hatte man die Gürtellinie tiefer gelegt und es resultierte gleichzeitig mehr Innenraum (vorne/hinten 13 cm zusätzlichen Schulterraum!). Auf einen sichtbaren Kühllufteinlass wurde verzichtet.
Wie im Ninety-Eight war im Toronado der 7,4-L-V8 eingebaut, jedoch (1971) mit 355 SAE-PS. Diese Kraftquelle war mit dem Automatikgetriebe Turbo Hydra-Matic verblockt. Das heißt, der Wandler war hinten, das Planetengetriebe jedoch befand sich links neben dem Motorblock, wobei die Drehmomentübertragung mittels Kette erfolgte. Und zur Erinnerung: eine eigene Kombination war auch der Unterbau: vorne Kastenrahmen mit Traversen, hinten selbsttragend. Vorn wurden Trapez-Dreieckquerlenker und untere längsliegende Torsionsfederstäbe, hinten eine Starrachse mit Schraubenfedern, unteren Längs- und oberen Querlenkern eingebaut. Vorn wurden Scheibenbremsen mit Servo verwendet und für die Hinterräder war auf Wunsch eine Antiblockiervorrichtung erhältlich. Die Servolenkung arbeitete mit einer variierenden Untersetzung (verstellbares Lenkrad auf Wunsch). Der Toronado besaß bereits einen negativen Lenkrollradius.

1972 wurde das Angebot von 27 auf 25 Modelle verkürzt. Die Motoren waren noch stärker abgasentgiftet und ihre Leistungsangaben erfolgten in Netto-HP (= 1,0139 PS). Für alle Modelle wurde u. a. das Automatikgetriebe Turbo Hydra-Matic sowie das Kühlsystem verbessert. Die Intermediate-Modelle erhielten vergrößerte vordere Trommelbremsen und der Toronado eine akustische Warnvorrichtung für abgenützte Scheibenbremsklötze. Das Modell 4-4-2 wurde nur noch als sportliches Ausstattungspaket für die Cutlass-Serien bezeichnet. Der Basis-Sechszylinder wich einem 5,7-L-V8. Bei den großen »Olds« entfiel der Delta 88 Custom. Alle Modelle besaßen geänderte Kühlergrills und teils vergrößerte Heckleuchten. Im Frühjahr 1972 lancierte die Zubehörfirma Hurst unter der Bezeichnung Hurst/Olds eine Kleinserie des Cutlass Supreme mit dem 7,5-L-V8, getuntem Fahrwerk, Zierstreifen und goldfarbenem Vinyldach.

Omega Dieses mit dem Modelljahr 1973 lancierte kleinere Zusatzmodell basierte auf dem → Chevrolet Nova und war als Sedan, Coupé und Hatchback-Coupé (mit Heckklappe) lieferbar. Auffallend war das in die Motorhaube abgekantete Kühlergitter (es war markentypisch vertikal zweigeteilt). Es bestand die Wahl zwischen einem 4,1-L-Six (von Chevrolet) und einem 5,7-L-V8.

Cutlass und Vista Cruiser 1973 Die »Intermediate-Olds« hießen nurmehr Cutlass, Cutlass Supreme und Vista Cruiser (die 1961 für das erste Oldsmobile-Kompaktmodell eingeführte Bezeichnung F 85 entfiel damit endgültig) und zeigten ein neues Karosseriedesign mit längeren Aufbauten und großzügigeren Fensterflächen. Statt Doppel- wurden nur noch Einfachscheinwerfer verwendet. Das Kastenrahmenchassis war versteift, die Aufhängungen waren verfeinert worden; innenbelüftete vordere Scheibenbremsen wurden serienmäßig montiert. Für den Hardtop-Sedan Cutlass Supreme Colonnade gab es eine Salon geheißene Innenausstattung. Zum Jahrgang 1973 erhielten alle Oldsmobile vorschriftsgemäß energieabsorbierende Stoßstangen (große Modelle mit dem Delco-Teleskopdämpfersystem), und sie boten eine weitere Schadstoff-Reduzierung. Bei den 16 Modelle umfassenden großen Oldsmobile war für den Ninety-Eight die besonders luxuriöse Version Regency Sedan hinzugekommen.

1974 wurden auch für das Heck bis 8 km/h Energie absorbierende Stoßstangen eingeführt. Den Omega gabs mit sportlichem S-Paket, und für den Cutlass konnten Liegesitze bestellt werden. Den Delta 88 gab es als neu gezeichnetes Hardtop-Coupé bzw. als Delta Royal Hardtop-Coupé mit abgesetztem hinterem Seitenfenster. Der Ninety-Eight erhielt

Oldsmobile Cutlass Sedan, 1973

Oldsmobile Delta 88 Royale Hardtop Coupe, 1974

den gleichen Radstand wie die Delta 88. Für Spitzenmodelle konnten ab 1974 Airbags bestellt werden.

»Kat.-Startjahr« 1975 war das Jahr der Katalysatoreinführung (was teils weiter verminderte Leistung brachte). Zum Cutlass war das Luxusausstattungspaket Salon erhältlich (u. a. mit Liegesitzen) und das Motorenprogramm begann nun mit dem 4,1-L-Six, gefolgt vom neuen GM-V8 mit 4,3 L Hubraum. Die großen Olds Delta 88 und Delta 88 Royale sowie Ninety-Eight erhielten als Hardtop-Sedan ein drittes Seitenfenster. 88, 98 und Toronado waren weiterhin mit Luftkissen statt Sitzgurten lieferbar.

Starfire Der im August 1975 präsentierte Starfire kam parallel zum → Chevrolet Monza 2+2 und zum → Buick Skyhawk. Auffallend an dieser Coupéserie waren die deutlich vom → Ferrari 365 GTB Daytona inspirierte Silhouette und Fastbackform; diese glanzvolle Pininfarina-Schöpfung verhalf auch den drei GM-Coupés zu Attraktivität. Es gab den Starfire ausschließlich mit 3,8-L-V6 und 112 PS (von Buick). Vorn wurden Trapez-Dreieckquerlenker, hinten eine Starrachse mit Schraubenfedern, Längslenkern und Panhardstab montiert. Die Bremsanlage umfasste vorne Scheiben und auf Wunsch einen Servo; gegen Mehrpreis gabs zudem die Servolenkung mit variierender Untersetzung.

Omega 1975 Er bot eine neu gezeichnete, aber in den Hauptdimensionen unveränderte Karosserie mit größeren Fensterflächen. Er war nun auch mit dem neuen 4,3-L-V8 erhältlich, zudem war das Fahrwerk im Detail ausgefeilt worden.

1976 gab es den Starfire neu als SX (luxuriös) und GT (mit Flankenstreifen und -aufschrift); Omega und Cutlass wurden mit 5-Gang-Getriebe angeboten, beim Cutlass S fiel die oben strömungsgünstig abgewinkelte Kühlschlitzpartie auf (die Bezeichnung Hardtop-Sedan wurde für Limousinen mit Mittelpfosten missbraucht), einige Cutlass-Coupés waren mit herausnehmbaren Dachhälften (T-roof) erhältlich; anderrerseits entfiel die Cabrioversion bei der großen Modellreihe Delta, als Ersatz erschien der Delta 88 Royale Crown Landau mit quer über das Dach gezogenem Stahlband; Cutlass, 88, 98 und Toronado waren mit hinterer Niveauregulierung lieferbar.

Oldsmobile Starfire Sport Coupe, 1975

Oldsmobile Cutlass S Colonnade Hardtop Sedan, 1976

Schon im Vorfeld des Jahrgangs 1977 wurde für den Toronado der Einbau eines Microprocessors (Computer) angekündigt, der anhand von Sensoren via elektronische Zündverstellung den optimalen Zündzeitpunkt herausfand und so den Verbrauch reduzierte. Wesentlich verkleinert wurden für 1977, wie alle GM-Standard-size-Modelle, die Delta 88 und Ninety-Eight (Details → Buick Le Sabre und Electra 1977).
Im Starfire (nun mit markentypischem Kühlergrill mit Längsstäben) war neu der 2,3-L-OHC-Vierzylindermotor aus dem Chevrolet Vega erhältlich; der Omega erhielt ein neues Armaturenbrett und den 3,8-L-V8 statt des 4,1-L-Six als Basismotor. *Der Cutlass hatte sich 1976 als Amerikas meistverkauftes Modell etabliert(!),* und er erhielt für 1977 ein neues Armaturenbrett und kleinere Motoren, neu gab es den 4,3-L-V8 mit 5-Gang-Getriebe. Im frontgetriebenen Toronado wich der 7,4-L- einem 6,6-L-Motor, Niveauregulierung, Schiebedach oder gar wegnehmbare Dachhälften (T-roof) waren weitere auf Wunsch erhältliche Neuerungen (teils auch für die anderen Oldsmobile).
Schlankheitskur 1978 war das Modelljahr, mit dem GM die Intermediates (mittelgroßen Modelle) einer Abmagerungskur unterzog. Dies geschah bei den Oldsmobile Cutlass (viertürig, Coupé und Station Wagon) parallel zu den → Chevrolet Malibu und Monte Carlo, allerdings mit dem wesentlichen Unterschied, dass die viertürigen Limousinen und Coupés der Serie Salon nun ein auffallendes, Plainback genanntes Fastbackdesign zeigten, während die Coupés Supreme und Calais nach wie vor ein Stufenheck besaßen (zudem waren die »Olds«-Aufbauten länger als jene der »Chevy« und der 3,2-L-V6 wurde nicht angeboten); beim Starfire wurde der 2,3-L-Vega- durch den 2,5-L-Pontiac-Motor ersetzt, neu war er auch mit 5-L-V8 zu haben; dieser Motor fand sich auch im Omega (nur noch fünf statt sieben Modelle).
88 und 99 Diesel! Mit dem Modelljahr 1978 wurden die großen Oldsmobile-Modelle mit einem »hauseigenen« 5,7-L-V8-Dieselmotor erhältlich. Dieser Motor wurde auch in einigen Chevrolet-Nutzfahrzeugen eingesetzt. Er kam bei einer Verdichtung von 22,5:1 auf 122 PS und wurde ausschließlich mit Getriebeautomat kombiniert. Er wurde mit zwei Batterien ausgerüstet und war gemäß Werksangaben um 25 % sparsamer als ein vergleichbar motorisierter Oldsmobile mit Benzinmotor. *Einen Dieselmotor in US-Pkw hatte es bis dahin nur bei den Checker-Taxi gegeben..., zehn Jahre zuvor und aus England importiert. Der »Olds-Diesel« stand im folgenden Jahr auch in zwei Cadillac-Modellen zur Wahl!*

Oldsmobile Delta 88 Royale Coupé, 1977

Oldsmobile Cutlass Salon Brougham Slantback Coupe, 1978

Oldsmobile 98 Regency Sedan, 1977

Toronado 1979 Mit diesem Jahrgang wurde der Toronado parallel zum → Cadillac Eldorado einer radikalen Magerungskur unterzogen. Zudem wurde der → Buick Riviera als Dritter im Bunde diesem Frontantriebsduo beigesellt. Der Radstand schrumpfte um 20 cm, die Länge gar um 56 cm! Damit ergab sich ein Gewicht von noch 1750 statt über 2150 kg (und ein Beitrag zur staatlich vorgeschriebenen Verbrauchsverminderung). Auffallend war das senkrecht stehende Heckfenster; die Topausführung hieß weiterhin Brougham. Das Kastenrahmenchassis wies jetzt eine hintere Einzelradaufhängung mit schräg gestellten Längslenkern und pneumatischer Niveauregulierung auf. A. W. wurden Vierrad-Scheibenbremsen eingebaut; das Lenkrad war verstellbar. Dem Antrieb diente der 5,7-L-V8 mit Rochester-Vierfachvergaser oder in der Dieselversion. 1979 kam eine Dieselversion des 4,3-L-V8 hinzu, die in den Cutlass-Sedan und -Coupés angeboten wurde; in Verbindung mit dem 5-Gang-Getriebe wurden gemäß Werkangabe weniger als 9 L/100 km verbraucht; den 2,5-L-Vierzylinder im Starfire gab es zusätzlich in Crossflow-Konfiguration (91 statt 86 PS), der Starfire hatte nur noch Einfachscheinwerfer neben einem neuen Kühlergrill aus feinmaschigen Senkrechtschlitzen (GfK-Front), Topversion war der Firenza (diesen Namen gabs auch schon bei der englischen GM-Marke Vauxhall); der Kombi Cutlass Cruiser war als Brougham erhältlich, das Coupé Calais als Hurst (goldene Zweitfarbe und Alu-Felgen, Hurst-Schalthebel) und den Delta 88 als Holiday Coupé (Rallye-Aufhängung, vordere Einzelsitze, Sportlenkrad).

Omega 1979/80 Im März 1979 wurde die völlig neue X-body-Baureihe von General Motors vorgestellt. Der Omega wurde damit nicht nur wesentlich kompakter, sondern besaß nun Frontantrieb und Quermotor (alle Details → Chevrolet Citation). Dieser neue Omega wurde als Stufenheck-Coupé und als viertüriger Sedan gebaut. Er unterschied sich vor allem durch den markentypisch vertikal zweigeteilten Kühlergrill mit beidseits feinen Senkrechtstäben. Die Topversion hieß SX. 1980 verschwand der V8-Motor aus dem Starfire-Angebot; der Cutlass Sedan erhielt ein Stufenheck statt des Fastbacks; Delta 88 und 98 brillierten mit im Windkanal »geschliffenen« Karosserien (abgesenkte Front, kantiger Dachabschluss, höheres Heck und Wegfall der Auskragungen am Radhausausschnitt); der Toronado erhielt einen 5-L-V8 als Basismotor, der 6,6-L-V8 entfiel (auch bei den Modellen 88 und 98).

Oldsmobile Toronado, 1979

Oldsmobile	Zyl.	cm³	PS	bei 1/min	Gänge	Spitze km/h	Radstand/Länge	ab Jahr	Besonderheiten
Cutlass/Vista Cruiser	V8	5736	182/162	3800	3/4/A3		°	1973	
			182/203	38/42				1974	
		7446	253/274	4200	4/A3			1973	
			233/279	40/42				1974	
	6	4093	106	3800	3/A3			1975/76	
	V8	4269	112	3400				1975-77	
		5736	172	3800	A3				
		7446	193	3400				1975/76	
	V6	3791	106		3/A3			1977	
	V8	6598	188	3600	A3				
°) viertürig: 295/536-541; zweitürig: 285/526-531, Station Wagon: 295/557;									
1974-77: 295/547, 285/537, 295/559									
Cutlass	V6	3791	106-117	3400	3/5/A3	275/502°		1978-80	
	V8	4269	112/106	34/35	5/A3				
		5001	162°/157	4000				1979°/80	
		5733	162	3800	A3			1976/79	
	V8D	4269	91	3600	5/A3			1979/80	
		5737	127°/106	36/32	A3			1979°/80	
°) ab 1980: 275/506									
Delta 88	V8	5736	162	4000	A3		315/559°	71/72	
			182					1972	
		7446	188	3600				1971	
			228					71/72	
°) Station Wagon Custom Cruiser: 323/572; 1972: 315/564 bzw. 323/577									
		5736	162	3800			°	1973	
		7446	228/253	36/40					
°) 315/572-575, Station Wagon Custom: 323/580									
Ninety-Eight	V8	7446	228	3600	A3		323/575	1971	
			228/253	36/42			323/579	1972	
							323/585	1973	
Delta 88/Ninety-Eight	V8	5736	182/203	38/42	A3		315/575°	1974	
			172	3800			°	1975/76	
		7446	213/233	35/40				1974	
			193/187	34/36				1975/76	
°) Station Wagon Custom Cruiser: 323/587, Ninety-Eight: 323/590									
Delta 88/Ninety-Eight	V6	3791	106	3400	A3		295/553°	1977/78	
			117°/112	3800				1979°/80	
	V8	4269	112	3400				1977/78	
			106	3600				1979	
		4942	132	3800					
		5033	152	3600				1980	
		5737	172	3800				1977/78	
			162					1979/80	
		6598	188	3600				1977/78	
			177					1979	
	V8D	5737	122°/127					1978°/79	
			106	3200				1980	
°) Station Wagon Custom Cruiser: 295/552, Ninety-Eight: 303/560									
Tornado	V8	7446	279	4200	A3		310/559	1971	
			269				310/561	1972	
			253	4000			310/576	1973	
			233	3800			310/579	1974	
			218	3600			310/578	1975/76	
		6598	203					1977	
			193					1978	
		5033	152	3600			290/522	1980	
		5737	167°/162					1979°/80	
	V8D		127°/106	36/32					
Starfire	4	2287	85	4400	4/5/A3		247/456	1977	
		2471	86					1978/79	
do. Crossflow			91					1979	
			91/87	44/40	4/A3			1980	
-	V6	3791	112	4000				1975	
			106	3400	4/A3/5			1976-78	
			117°/112	3800				1979°/80	
	V8	5001	147°/132	38/32	4/A3			1978°/79	
Omega	V6	3791	106	3400	3/A3/5		282/507	1977/78	
			117	3800				1979	
	6	4093	101	3600	3/A3		282/502°	1973/74	
	V8	4269	112	3400				1975-77	

Oldsmobile	Zyl.	cm³	PS	bei 1/min	Gänge	Spitze km/h	Radstand/Länge	ab Jahr	Besonderheiten
		5001	147°/132	38/32				1978°/79	
		5736	182/203	38/42				1973/74	
		5724	167/147	38/32				1975	
			157/142	34/32				1976	
		5737	172	3800	A3			1977	
°) 1974-78: 282/507			162					1978/79	
Omega	4	2471	91	4000	4/A3		267/460	1980	
	V6	2838	117	4800					
F 85/Cutlass	6	4093	112	3800	3/A3		295/527°	1971	
	V8	5736	162/182	4000					
			162/177					1972	
			182/203						
		7446	253	4200	A3			1971	
			253/274	42/44	4/A3			1972	
			304	4700					
°) zweitürig: 285/517; Station Wagon: 295/542									
4-4-2	V8	7446	274/304	44/47	3/4/A3		285/517	1971	
Vista Cruiser	V8	5736	162	4000	3/A3		307/555	71/72	
			182					1972	
		7446	188/253	36/42	A3			1971	
			228	3600				1972	

Oldsmobile in den 80er Jahren

Erinnern wir uns kurz: Die Olds Motor Vehicle Company war 1897 von Ransom Eli Olds gegründet worden; zu Beginn des 20. Jahrhunderts wurde Oldsmobile zur meistgebauten Automarke Amerikas, und 1908 vereinten sich Oldsmobile und Buick zur General Motors. In der Konzernhierarchie belegte Oldsmobile später die Mittelposition zwischen Chevrolet und Pontiac einerseits, Buick und Cadillac anderseits. Oldsmobile hatte in etlichen technischen Belangen, so im Bereich hoher Leistungsausbeute, als Initialmarke für das automatische Hydra-Matic-Getriebe und im Bereich der ganz großen Frontantriebswagen eine Vorreiterrolle belegt...

1981 gab es das kleinste Modell Starfire nicht mehr in Jahrganganpassung, da bereits das Nachfolgemodell der J-car-Reihe angekündigt worden war. So reichte das Modellspektrum zu Beginn der 80er Jahre vom Omega über die zahlreichen Cutlass-Versionen und den Delta 88 bis zum 98 und Toronado. Zeittypisch waren auch bei den Oldsmobile die seit etlichen Jahren fortgeführten Bemühungen um Gewichtsreduktionen und sparsamere Motoren; die »Olds« waren generell kleiner und PS-ärmer geworden.

Oldsmobile Omega Sedan, 1981

Omega Der Omega zählte zu den im April 1979 von General Motors auf den Markt gebrachten kompakten X-cars mit selbsttragender Karosserie. Dank Vorderradantrieb und Quermotor waren sie bei gleichem Raumangebot deutlich kleiner und leichter als frühere Modelle. Für 1981 hatte man dem Omega ein neues Kühlergitter verliehen (zu den senkrechten Gitterstäbchen kamen drei feine horizontale Stäbe hinzu). Neben den Spezialausführungen SX, Sport und Brougham gab es neu den ES »im europäischen Look«, der sich durch ein schwarzes Kühlergitter, schwarze Fenstereinfassungen und einen zusätzlichen Lufteinlassschlitz unter dem Stoßschutz abhob. Gebaut wurden fünfsitzige Sedan und Coupé, beide mit Stufenheck.

Die Motorauswahl bestand aus einem 2,5-L-Vierzylinder mit seitlicher Nockenwelle (der 1981 bloß noch 85 statt 91 PS leistete), und einem 2,8-L-V6 mit zentraler Nockenwelle (112 statt 117 PS). Statt des 4-Gang-Getriebes mit Mittelschaltung konnte das 3-Stufen-Automatikgetriebe Turbo Hydra-Matic mit Wählhebel unter dem Lenkrad gewählt werden. Vorne wurden Federbeine und untere Dreieckquerlenker, hinten eine Starrachse mit Längslenkern, Panhardstab und Schraubenfedern verwendet. Der Omega bot vordere Scheibenbremsen (belüftet, auf Wunsch mit Servo) und eine Zahnstangenlenkung (auf Wunsch mit Servo).

Cutlass Ein Oldsmobile-Schwergewicht waren die Cutlass-Modelle, die als (Basis-)Sedan, Station Wagon Cruiser und Cruiser Brougham, Cutlass Supreme (Sedan und Coupé), Cutlass Calais (Coupé) und Cutlass Supreme Brougham

Oldsmobile Cutlass Calais, 1981

Oldsmobile Cutlass LS, 1981

Oldsmobile Cutlass Ciera Brougham Sedan, 1982

Oldsmobile Delta 88 Royale Coupe, 1982

(Sedan und Coupé) gebaut wurden, und zwar alle sechssitzig. Im Gegensatz zum Omega basierten die Cutlass auf einer traditionellen Chassiskonstruktion mit Kastenrahmen und Traversen; vorne Trapez-Dreieckquerlenker und Schraubenfedern, hinten Starrachse mit unteren Längslenkern, oberen, zum Differenzial führenden Schräglenkern und Schraubenfedern; vorne Scheibenbremsen, belüftet, auf Wunsch mit Servo, ebenfalls auf Wunsch Servolenkung mit variierender Untersetzung.
Basismotor war der 3,8-L-V6 von Buick mit nur noch 112 PS. Sogar bloß 106 PS bot der 4,3-L-V8, während der 5-L-V8 mit 147 PS nur noch in die Station Wagons eingebaut wurde. Nach wie vor gab es aber auch den hauseigenen 5,7-L-Diesel-V8 mit 106 PS. Diese 1978 von Oldsmobile eingeführte und auch von den anderen GM-Marken verwendete »Sparmaschine« musste ohne Abgasturbolader auskommen, war für die USA ein Unikum und konnte sich keiner besonderen Wertschätzung erfreuen. – Nur für den preisgünstigen Cutlass Sedan gab es ein 3-Gang-Getriebe, ansonsten wurde das Automatikgetriebe Turbo Hydra-Matic eingebaut, bei den Coupés auf Wunsch mit Mittelwählhebel.
Wie bei den analogen Modellreihen der anderen GM-Marken war auch das Cutlass-Coupé neu karossiert worden: Die Dachlinie war aerodynamischer und die seitlichen Sicken, die Radhauslinien angedeutet hatten, waren durch glatte Flächen ersetzt worden, und vor allem war die Front niedriger und windschlüpfiger, so dass sich ein verminderter Luftwiderstand und ein günstigeres Verbrauchsverhalten ergaben.

Delta 88 Die traditionellen großen bzw. Standard-size-Oldsmobile hießen seit Jahrzehnten »88« und »98«. Den Delta 88 von 1981 gab es in der Grundausführung (Sedan und Coupé), als Custom Cruiser (Station Wagon), Delta 88 Royale (Sedan und Coupé) und Delta 88 Royale Brougham (Sedan und Coupé). Chassis und Fahrwerk stimmten mit der bei den Cutlass getroffenen Lösung überein, die Station Wagon besaßen jedoch hinten eine Starrachse mit Blattfedern. Kleinster (aber nicht schwächster) Motor war der 3,8-L-V6 mit 112 PS, gefolgt vom 4,3-L-V8 mit 106 PS, dem 5-L-V8 mit 147 PS und dem 5,7-L-Diesel mit 106 PS. In der Delta-88-Reihe wurde ausschließlich ein Automatikgetriebe eingebaut, wobei zusammen mit den V8-Benzinmotoren auch die neue GM-4-Stufen-Einheit bestellt werden konnte, bei welcher die oberste Stufe ins Schnelle übersetzt war und daher mit Overdrive bezeichnet wurde (bei den 3-Stufen-Automaten besaß die direkte Stufe in der Regel inzwischen eine Lock-up-Funktion, die den Schlupf unterband und somit ebenfalls einen Spareffekt bot).

Ninety-Eight (98) Top of the range waren bei den Oldsmobile die Standard-size-Wagen des Typs 98. Es gab sie als Sedan Luxury und als Sedan und Coupé Regency. Bei ihnen erreichte der Radstand 302 statt 294,5 cm und sie waren 561,5 statt 554 cm lang. Zudem gab es für sie einen größeren Basismotor, nämlich den 4,1-L-V6 von Buick mit 127 PS, der ausschließlich mit dem neuen 4-Stufen-Automatikgetriebe kombiniert wurde. Ansonsten waren 88 und 98 identisch.

Toronado Das Coupé Toronado war 1966 als spektakuläre erste Vorderrad-Antriebskonstruktion von General Motors eingeführt worden. Aber man hatte dieses Liebhabermodell im Verlaufe der Jahre etappenweise abgemagert. Auch für den Toronado war 1981 der 5,7-L-Benzin-V8 gestrichen worden. Neu gab es hingegen den 4,1-L-V6 von Buick und außerdem, wie schon im Vorjahr, den 5-L-V8 und den 5,7-L-Diesel-V8. Der Kraftübertragung diente das 3-Stufen-Automatikgetriebe Turbo Hydra-Matic. Zur Erläuterung: Wegen der Frontantriebskonfiguration waren der Wandler hinter und das Planetengetriebe links neben dem Motorblock angeordnet und die Drehmomentübertragung erfolgte mit Kette. Der Wählhebel war an der Lenksäule angewinkelt, doch war auch eine Mittelschaltung erhältlich; eine Differenzialbremse wurde serienmäßig eingebaut.

Das Kastenrahmenchassis mit Traversen wies vorne Trapez-Dreieckquerlenker und untere längsliegende Torsionsfederstäbe auf, während die hintere Einzelradaufhängung schräggestellte Längslenker, Schraubenfedern sowie einen pneumatischen Niveauausgleich umfasste. Bremsen (vorne belüftete Scheiben) und Kugelkreislauflenkung arbeiteten mit Servo.

4,3-L-V6-Diesel Im Hinblick auf das Modelljahr 1982 wurde im Herbst 1981 diese zusätzliche Version des in verschiedenen GM-Modellen verwendeten Oldsmobile-Dieselmotors vorgestellt. Sie besaß zwar die gleichen Zylinderabmessungen wie der V8-Diesel, war aber in vielen Details ausgefeilt worden. Bei Quereinbau für Vorderradantrieb erhielt dieser V6 Leichtmetall-Zylinderköpfe, bei Längseinbau blieb man beim Grauguss.

Omega 1982 Den Omega des neuen Jahrgangs erkannte man an dem grobmaschigeren, aber niedrigeren Kühlergrill, der nicht mehr oberhalb der Scheinwerfer durchlief. Grundlegend erneuert wurde die Vorderachse, u. a. arbeitete jetzt der 2,5-L-Motor mit Einspritzung statt Vergaser, was eine Verminderung des Verbrauchs verhieß. Nebst dem 2,8-L-V6 mit 114 PS wurde nun auch eine Version mit Doppelvergaser und 137 PS angeboten.

Die Cutlass-Baureihe wurde für 1982 umstrukturiert. Einige preisgünstige Modelle wurden mit Hinblick auf den zur Jahreswende in Aussicht gestellten Cutlass Ciera eingestellt. Anderseits gab es den Cutlass Supreme außer als Coupé auch viertürig, jedoch mit einem konventionellen statt unten nach vorne gebogenem Kühlergrill. Das Motorenangebot wurde durch den hauseigenen 4,3-L-V6-Diesel ausgebaut (s. oben).

Die 1982er Ausgabe der großen Oldsmobile 88 und 98 wies neue feinmaschigere Kühlergitter auf; beim 88 bestand dieses aus horizontalen Stäben. Dem Ninety-Eight wurde die Ausführung Regency Brougham hinzugefügt. Auch das Coupé Toronado erhielt 1982 das 4-Stufen-Automatikgetriebe und gegen Mehrpreis den Memory-Seat (automatische elektrische Fahrersitz-Anpassung an zwei vorgewählte Staturen).

Cutlass Ciera Eingeführt wurde diese neue Modellreihe zwischen Omega und Cutlass Ende November 1981. Die als A-bodies bezeichneten Modelle wurden parallel als → Chevrolet Celebrity, Pontiac 6000, Oldsmobile Cutlass Ciera und Buick Century hergestellt. Sie basierten auf den frontgetriebenen X-body-Modellen und teilten mit diesen den Radstand von 266,5 cm. Die Länge erreichte jedoch 478,5 statt 464,5 cm (Omega). Im Vergleich zu den ab 1465 kg wiegenden Cutlass brachte der Cutlass Ciera nur etwa 1215 kg auf die Waage. Er wurde als viertürige Limousine mit sechs Seitenfenstern und als zweitüriges, ebenfalls fünfsitziges Stufenheckcoupé gebaut.

Wie beim Omega begann die Motorisierung mit dem nun auf Einspritzung umgestellten 2,5-L-Grauguss-Vierzylinder mit seitlicher Nockenwelle von Pontiac. Darüber rangierten ein neuer 3-L-V6 und der erwähnte hauseigene 4,3-L-V6-Diesel. Für die Kraftübertragung auf die Vorderräder sorgte das 3-Stufen-Automatikgetriebe Turbo Hydra-Matic 125 mit Wählhebel unter dem Lenkrad. Vorn fanden sich Federbeine mit unteren Dreieckquerlenkern, hinten eine Starrachse mit Längslenkern, Schraubenfedern und Panhardstab.

Firenza Ein Modell Firenza (= Florenz) hatte es bei General Motors schon von 1971 bis 1975 unter der englischen Marke Vauxhall gegeben. Knapp ein Jahr nachdem GM die J-car-Serie als Chevrolet, Pontiac und Cadillac lanciert hatte, wurde

Oldsmobile Firenza SX Coupe, 1983

diese mit dem Opel Ascona verwandte Konstruktion im Februar 1982 auch als Oldsmobile Firenza und als Buick Skyhawk auf den amerikanischen Markt gebracht. Statt des 1841-cm³-OHV-Graugussmotors wurde im Firenza anfänglich eine 1796-cm³-OHC-Maschine mit Leichtmetall-Zylinderkopf aus brasilianischer Produktion eingebaut. Mit Einspritzung ausgestattet kam dieser die Vorderräder antreibende Quermotor auf 85 PS Leistung. Zusammen mit einem 5-Gang-Getriebe und einer kürzeren Achsuntersetzung sorgte er für etwas höhere Leistungsfähigkeit. Allerdings war für den Omega (wie für den Buick Skyhawk) in erster Linie eine neue auf 2 Liter Hubraum vergrößerte und mit Einspritzung versehene Version des US-1,8-L-Motors vorgesehen worden (die zunächst auf sich warten ließ).
Es gab den Firenza als Sedan, als bemerkenswert sportlich geformtes Fastbackcoupé S und als Station Wagon; zusätzlich gab es LX-Versionen bzw. SX beim Coupé. Beide Motoren konnten mit einem 3-Stufen-Automatikgetriebe bestellt werden. Vorne wurden Federbeine und untere Dreieckquerlenker, hinten Längsschwingen verwendet. Die Zahnstangenlenkung wurde auf Wunsch mit einem Servo versehen (mit dem OHC-Motor war sie serienmäßig dabei).
Hurst/Olds Zum Modelljahr 1983 brachte Oldsmobile das auf 2500 Exemplare limitierte Sondermodell Hurst/Olds auf den Markt. Mit ihm wurde an sportliche Olds-Modelle der 60er und 70er Jahre erinnert. Eine auffallende Lackierung mit Schwarz über Silber (untere Flanken- und Stoßschutzteile), Chromräder und ein Heckflügel sorgten im Verein mit einem 183 PS starken 5-L-V8 für den besonderen Auftritt.
Den Firenza gab es 1983 auch als Cruiser Wagon und den Omega als ES (European Special) mit HO-V6 (High Output). Auch den Cutlass Ciera gab es als ES, und zudem wurden die hochkant gestellten Rückleuchten durch eine durchgehende Blende ergänzt. Die Cutlass erhielten geänderte Kühlergrills, und ihr 4,3-L-V8 stand nicht mehr im Angebot. Dieser Motor wurde auch bei den Oldsmobile 88 und Ninety-Eight gestrichen. Beim Toronado gab es ein neues Sound-System. Dank des vermehrten Einsatzes von Leichtmetall und Kunststoffen war das Leergewicht (auch) bei den Oldsmobile um ein paar Kilos reduziert worden.
Absatzmäßig war Oldsmobile 1983 hinter Chevrolet GMs Nr. 2! 1984 erhielt der Firenza ein neues Gesicht: Der Kühllufteinlass unterhalb des Stoßschutzes war nicht mehr zweigeteilt und weniger auffällig; auch den Firenza gab es jetzt in einer europäischen Ausführung ES. Der Omega-Grill war grobmaschiger geworden. Zur Ciera-Reihe zählte neu der

Oldsmobile Ninety-Eight Regency Brougham, 1985

Cutlass Cruiser Wagon (Kombi); es gab sie jetzt auf Wunsch mit 3,8-L-V6 und 127 PS. Beim hinterradgetriebenen Cutlass wurde für 1984 der Kombi aufgegeben. Für die großen »Olds« 88 bzw. Delta und 98 bzw. Ninety-Eight war der 4,1-L-V6 aufgegeben worden.
Ninety-Eight 1984 Im März 1984 wurde Oldsmobiles Toplimousine in technisch ganz neuer Auslegung vorgestellt: Statt des Kastenrahmenchassis mit Hinterradantrieb besaß er einen selbsttragenden Aufbau, Vorderradantrieb und Quermotor. Gleichzeitig ergab sich damit ein beträchtliches Down-sizing bzw. eine erhebliche Verkleinerung: Radstand 282 statt 302 cm, Länge 498 statt 562 cm, Breite 182 statt 194 cm. Dennoch ging im Innenraum nur sehr wenig Platz verloren. Hingegen hatte das Kofferraumvolumen von 580 auf unter 500 dm³ abgenommen. Das neue Design mit Oldsmobile-typisch zweigeteiltem Kühlergrill war schlichter geworden. Auffallend war die fast senkrecht stehende Heckscheibe. Der cw-Wert wurde mit 0,38 angegeben. – Die Modelle der Olds-Topreihe waren nun kleiner als jene der im zweitobersten Rang stehenden Delta 88!
Gebaut wurde der den neuen GM-C-bodies entsprechende Ninety-Eight als Regency und Regency Brougham. Ausgerüstet wurden sie mit dem 3-L-V6-Motor (112 PS), dem 3,8-L-V6 (Bosch-Einspritzung, 127 PS) oder dem 4,3-L-Diesel-V6 (86 PS), alle mit neuem 4-Stufen-Automatikgetriebe THM 440-T4 (Wählhebel unter dem Lenkrad). Ungewöhnlich für einen US-Hersteller waren die Beschleunigungsangaben für den 0–100-km/h-Sprint der drei Motortypen, nämlich 15, 13 und ca. 16 s. Es wurden Feder- bzw. Dämpferbeine und untere Dreieckquerlenker verwendet. Neu war auch die Zahnstangenlenkung. Auf Geräuschreduzierung und Vibrationsarmut war besonders großer Wert gelegt worden.

Calais Zum Modelljahr 1985 lancierte General Motors mit der N-bodies-Serie für Pontiac, Oldsmobile und Buick je ein Coupé: Ausgangspunkt J-car mit von 257 auf 262,5 cm verlängertem Radstand, aerodynamisch ausgefeilte Fünfsitzer mit großzügigen seitlichen Fensterflächen, altbekannter 2,5-L-Gusseisenmotor mit seitlicher Nockenwelle zur Tech IV engine aufgewertet (weiterhin 93 PS), alternativ dazu 3-L-V6 von Buick mit einer dank Einspritzung auf 127 PS gesteigerten Leistung, 5-Gang-Getriebe oder 3-Stufen-Automatikgetriebe THM 125. Es gab den Calais auf Wunsch in Luxusausführung Supreme.

1985 wurde der Firenza auch mit 2,8-L-V6-Einspritzmotor lieferbar, der dieser Modellreihe zu einem wesentlich erhöhten Potenzial verhalf. Der Einbau dieses Quermotors bedingte zusätzliche Lufteinlässe in der Front und eine in der Mitte erhöhte Motorhaube. Die Modellreihe Omega wurde demgegenüber aufgegeben! Beim Cutlass Ciera wurde die Vorderkante der Motorhaube abgerundet. Meistverkaufte Oldsmobile waren nach wie vor die Hinterrad-angetriebenen Cutlass Supreme; nebst dem eigenen 5033-cm³-V8 mit 142 PS gab es einen 5001-cm³-V8 mit 183 PS, der für das Coupé 4-4-2 reserviert war. Das 5033-cm³-Aggregat war auf geringere innere Reibung ausgelegt worden, brachte eine Verbrauchsreduktion um bis zu 10 Prozent und ein höheres maximales Drehmoment. Dieser Motor war auch im Custom Cruiser, Delta 88 und Toronado verfügbar; bei Letzterem entfiel der 4,1-L-V6.

Ebenfalls überarbeitet worden waren die von Oldsmobile für alle GM-US-Marken hergestellten Dieselmotoren. Im Vordergrund stand eine elektronisch gesteuerte Abgasrückführung, die zusammen mit anderen Maßnahmen für eine »weitgehend rußfreie« Verbrennung sorgte. Bei den V6-Diesel waren zudem die Leichtmetall-Zylinderköpfe neugestaltet worden.

Toronado 1986 Der Olds-Jahrgang 1986 wurde vor allem vom gänzlich neuen Toronado geprägt. Er war selbsttragend statt mit Kastenrahmen und Traversen konstruiert. Mit ihm nahm (parallel mit den Buick Riviera und Cadillac Eldorado) das GM-Downsizing (Verkleinern) seinen Fortgang: Der Radstand schmolz von 289,5 auf 274,5 cm und die Länge sogar um rund einen halben Meter auf noch 476 cm. Die aerodynamisch geformte Front bestand aus durchgezogenen horizontalen Lamellen, hinter denen sich die Scheinwerfer verbargen, die typische Coupésilhouette war jedoch erhalten geblieben.

Schluss mit Diesel! Dass der Innenraum bei weitem nicht im Gleichschritt mit dem Äußeren abgenommen hatte, war dem Übergang vom Längsmotor zum quer eingebauten Antriebsaggregat mitzuverdanken. Bei diesem handelte es sich ausschließlich um den 3,8-L-V6 mit elektronischer Bosch-Einspritzung. *Den 1978 von Oldsmobile eingeführten und für US-Pkw als epochal empfundenen 5,7-Liter-Dieselmotor gab's nicht mehr (was auch für die weiteren Modelle von Buick, Cadillac und Oldsmobile galt)! Und auch der 4,3-L-V6-Dieselmotor verschwand sozusagen geräuschlos von der Bildfläche.*

Vorn besaß der Toronado 1986 eine Federbeinaufhängung mit Querlenkern, während sich die hintere Einzelradaufhängung aus Querlenkern und einer quer angeordneten Fiberglas-Blattfeder wie im Chevrolet Corvette zusammensetzte. Erhalten geblieben war die pneumatische Niveauregulierung, und Vierrad-Scheibenbremsen zählten ebenfalls zur Serie.

Delta 88 1986 Neu konzipiert war in diesem Modelljahr auch die Baureihe Delta 88. Sie besaß jetzt wie die Ninety-Eight-Modelle Vorderradantrieb und Quermotor. Das Kastenrahmenchassis wich einer selbsttragenden Bauweise, Radstand und Länge verminderten sich von 294,5/555 cm auf 281,5/498 cm. Danach entsprach die Außengröße wieder der Modellhierarchie. Es gab die Delta 88 noch mit V6-Einspritzmotoren von 3 und 3,8 Liter Inhalt. Gebaut wurden sie als sechssitzige Coupés und Sedans. – Von altem Schrot und Korn zeigte sich hingegen der Custom Cruiser Wagon mit Kastenrahmenchassis und 5-L-V8 samt Rochester-Vierfachvergaser.

Oldsmobile Calais, 1986

Oldsmobile Delta 88 Coupe, 1986

1987 wurde der Firenza mit neuen Motoren angeboten: 1991-cm³-OHV-Vierzylinder mit Leichtmetall-Zylinderkopf (91 statt 86 PS), 1998-cm³-OHC-Motor von GM Brasil mit 97 PS, ebenfalls modernisierter 2,8-Liter-V6 mit 127 statt 122 PS (der 1,8-L-Motor entfiel); 2,5-L-Vierzylinder im Calais mit 99 statt 93 PS; Cutlass Ciera mit neuer Front (durchgehende statt doppelte Scheinwerfergläser), Coupé mit rundlich statt kantig geformtem hinteren Pavillonteil; Delta 88 nur noch mit 3,8-L-V6; Ninety-Eight auch als Touring Sedan (sportlich und mit Flankenschutz, Scheinwerfer nicht mehr in Nischen versenkt).

Quad-4-Motor Bedeutung kam dem von Oldsmobile für verschiedene GM-Modelle gebauten Quad-4-Motor zu: Er wurde im Herbst 1987 für die N-Modelle eingeführt, besaß 2260 cm³ Hubraum, vier Zylinder und vor allem vier Ventile je Zylinder. Diese wurden durch zwei obenliegende Nockenwellen über eine doppelte Rollenkette aktiviert. Bei einer Verdichtung von 9,5:1 resultierten aus diesem hochmodernen US-Motor 152 PS. – *Mit dem ultraflachen Stromlinienfahrzeug Oldsmobile Aerotech, das mit einem »turbobefeuerten« 1993-cm³-Quad-4-Motor bestückt war, fuhr der altbewährte Indy-Rennfahrer Anthony Joseph Foyt in Texas mit 413,133 km/h einen inoffiziellen Rundenweltrekord.*

Cutlass Supreme 1988 Mit diesem Modelljahr wurde dem Doppelnamen Cutlass Supreme eine neue Bedeutung zugemessen. Er stand jetzt nämlich nur noch für ein hochmodern geformtes und konstruiertes Coupé, während die kantige Supreme-Limousine der Vergangenheit angehörte. Deren Kastenrahmenchassis mit Traversen und Hinterradantrieb war einer selbsttragenden Konstruktion mit Vorderradantrieb samt Quermotor gewichen. Dies erbrachte bei geringfügig gekürztem Radstand, aber deutlich weniger Länge, eine wesentlich verbesserte Raumnutzung. Das Gewicht des vier- bis sechssitzigen neuen Coupés erreichte 1340 kg, während die frühere Supreme-Limousine 1480 kg wog. Auch die betont strömungsgünstige Form versprach Verbrauchseinsparungen, ganz abgesehen davon, dass nun ausschließlich der (von Chevrolet stammende) 2,8-L-V6-Einspritzmotor mit 127 PS statt der 3,8-L-V6- und 5-L-V8-Vergasermotoren eingebaut wurde. Dieser neue Supreme war das GM-10-Parallelmodell zum bereits Anfang 1987 vorgestellten Buick Regal und zum nun ebenfalls präsentierten neuen Pontiac Grand Prix. – Die bisherige Coupéversion des Supreme wurde als Cutlass Supreme Classic weitergebaut. 1988 wurden die Firenza-Auswahl auf 2-Liter-Motoren reduziert und das Hatchback-Coupé aufgegeben; die Front war aerodynamischer geformt und zeigte durchgehende Gläser auf den Doppelscheinwerfern. Dem Calais wurde die Bezeichnung Cutlass vorangesetzt; in dieser Reihe wurde der neue Quad-4-Motor lieferbar. Ninety-Eight und Toronado erhielten den weiterentwickelten 3800-V6: Dessen Kurbelzapfen mit 90 Grad Gabelwinkel wurden zwecks gleichmäßiger Zündfolge paarweise zueinander versetzt, und zudem wurde eine gegenläufig rotierende Schwingungsausgleichwelle eingebaut. So standen jetzt 167 PS bei 5200/min statt 152 PS bei 4400/min zur Verfügung (0–100 km/h in unter 11 s, 190 km/h). Die nach wie vor die Scheinwerfer kaschierende Toronado-Front bestand nunmehr aus zwei horizontalen schwarzen Bändern. Zusätzlich gab es die Sonderausführung Toronado Trofeo. Neu war zudem die Bezeichnung International Series für die gegen Mehrpreis erhältliche sportliche Aufrüstung (straffer abgestimmtes Fahrwerk mit Niederquerschnittreifen) von Calais, Ciera und neuem Supreme.

Oldsmobile Cutlass Supreme SL, 1988

1989 entfiel die Firenza-Reihe vollständig. Der Cutlass Supreme Classic wurde ebenfalls aufgegeben, so dass als einziger klassischer großer Oldsmobile mit Kastenrahmenchassis nur noch der Custom Cruiser Wagon mit 5-L-V8 verblieb. Der Cutlass Calais erhielt Retouchen an Front und Heck, sein 2,5-L-Vierzylinder leistete 112 statt 99 PS, und der 3-L-V6 wurde durch eine 3,3-L-Version mit 162 statt 127 PS ersetzt; zum 2,3-L-Quad-4-Motor mit 152 PS kam eine auf 183 PS gebrachte HO-Ausführung (High Output, u. a. Kompression 10:1 statt 9,5:1), die in den Calais International Series eingebaut wurde (16-Zoll-Räder, Schürzen).
Der Cutlass Ciera Sedan erhielt eine neugeformte Dach- und Heckpartie (nur noch vier Seitenfenster); sein Vierzylindermotor bekam ebenfalls eine Leistungsspritze von 99 auf 112 PS, während der 3,8-L-Topmotor mit 152 PS durch den 3,3-L-V6 mit 162 PS abgelöst wurde (auf Wunsch mit kürzerer Achsuntersetzung). Das Coupé Cutlass Supreme erhielt eine Luxusausstattung SL und wurde zum Frühjahr mit 140 PS leistendem 3,1-L-V6 in Aussicht gestellt. Beim Oldsmobile 88 entfiel die Bezeichnung Delta, und beim 88 wie beim 89 wurde das klappbare viereckige Markenzeichen vorne auf der Motorhaube weggelassen...

Rückgaberecht! *Weil die Oldsmobile Division GM am meisten Kummer machte (ihr Anteil an der GM-US-Produktion war von 1983 bis 1988 von 25 auf unter 20 Prozent gesunken), erhielt sie gegen Mitte 1989 in J. Michael Losh einen neuen Chef; dieser hatte zuvor Pontiac zum Höhenflug verholfen. Als einen besonderen Schritt, der den Gepflogenheiten völlig widersprach, führte er zum Modelljahr 1990 ein Rückgaberecht für neue Oldsmobile-Modelle ein; sie galt binnen 30 Tagen und bei einer maximal zurückgelegten Fahrstrecke von 1500 Meilen.*

Silhouette Der Minivan Silhouette wurde Anfang 1989 zusammen mit dem Chevrolet Lumina APV und dem Pontiac Trans Sport als Modell 1990 angekündigt. Dieser futuristisch geformte Großraumkombi gelangte als Pontiac Trans Sport auch nach Europa (alle Details → Chevrolet Luminia APV und → Pontiac Trans Sport).

Cutlass Supreme Convertible Abgesehen vom Silhouette verkörperte dieses erste Olds-Cabrio seit 15 Jahren die größte Neuheit der mittleren GM-Marke. Es besaß parallel zum Chevrolet Beretta Convertible einen schwarzen Überrollschutzbügel auf der Höhe der B-Säule. Zudem gab es den Cutlass Supreme mit dem Modelljahr 1990 auch als viertürige Limousine. Die Supreme-Motorenauswahl war erneuert worden.

Oldsmobile Custom Cruiser Wagon, 1988

Oldsmobile Toronado, 1988

Toronado 1990 Bemerkenswert war der Übergang zur verlängerten Karosserie beim Toronado und Toronado Trofeo, wie sie bereits die Parallelmodelle Cadillac Eldorado und Buick Riviera erhalten hatten. Die Länge wuchs damit von 476 auf nicht weniger als 509 cm, und die Front erhielt ein neues, chromloses Design.
1990 wurde der 2,8-L-V6 im Cutlass Ciera gestrichen. Beim 88 Royale wurde der Stoßschutz bis zu den Radausschnitten gezogen, und beim Ninety-Eight zeigte sich die Ausstattung aufgewertet.

Bravada Parallel zu dem neu auch fünftürig gebauten → Chevrolet Blazer S (und GMC Jimmy S-15) gab es ab der North American International Auto Show von Detroit von Anfang 1990 erstmals einen Oldsmobile-Geländekombi bzw. -SUV. Er wurde ausschließlich fünftürig und mit Vollausrüstung gebaut, und er hob sich durch seine Olds-typische Kühlermaske und eine ringsum geführte Zierlinie ab.

Oldsmobile Bravada, 1990

Oldsmobile Cutlass Supreme, 1990

Oldsmobile Cutlass Silhouette, 1990

Oldsmobile	Bauart	Mot.	Getr.	R/ L cm	Modelljahre
Firenza	**Fr.**	**a–f**	**4/5/A3**	**257/447,5/442,5**	**1983–88**
Motoren:	*Zyl.:*	*N'w.:*	*cm³:*	*PS/min:*	*Nm/min:*
a (–1987)	4i	OHC	1796	83/5200	138/2800
b (*1986)		OHV	1991	89/86*/4800	149/2400
c (1987–)				91/5600	147/3200
d (1987–)		OHC	1998	97/4800	160/3600
e (1985 *1986)	V6i	OHV	2838	132/122*/4800	217/210/3600
f (1987)				127/4500	217/3600
Calais	**Fr.**	**c/e**	**5/A3**	**262,5/452–454**	**1985–87**
Cutlass Calais (*1990)		**a–f**		**262,5/454/455,5***	**1988–90**
Motoren:	*Zyl.:*	*N'w.:*	*cm³:*	*PS/min:*	*Nm/min:*
a (1988/89 +*1989)	4i	D16V	2260	152/5200/187/6200	217/4000/5200
b (1990– *m.Autom.)				183/162*/6200	217/210/5200
c (*1987–89)		OHV	2471	93/4400/99*/4800	179/2800/183/3200
d (1990–)				112/5200	183/3200
e (–1988)	V6i		2966	127/4900	203/2400
f (1989–)			3340	162/5200	251/3200
Omega (*ab 1982)	**Fr.**	**a–d**	**4/A3**	**266,5/462/464,5***	**1981–84**
Motoren:	*Zyl.:*	*N'w.:*	*cm³:*	*PS/min:*	*Nm/min:*
a (*1982)	4	OHV	2471	85/91*/4000	170/182/2400
b (1983–)				93/4000	182/2800
c (*1982)	V6		2838	112/4800/114*/5100	197/201/2400
d (1983–)				114/4800/132/5400	197/2100/197/2400
Cutlass Ciera	**Fr.**	**a–i**	**A3/A4**	**266,5/478,5/485**	**1982–84**
				266,5/483,5/493,5	**1985–90**
Motoren:	*Zyl.:*	*N'w.:*	*cm³:*	*PS/min:*	*Nm/min:*
a (*1983–86)	4i	OHV	2471	91/93*/4000	182/2400/2800
b (1987– +*1989–)				99/4800/112*/5200	183/3200
c (–1985)	V6		2966	112/4800	197/2600
d (1986)			2838	114/4800/109CH	197/2100
e (1986 *1987–89)	V6i			122/4800/127*/4500	210/217/3600
f (1989–)			3340	162/5200	251/3200
g (1984 *1985)			3791	127/4400	265/278*/2000
h (1986–88)				152/4400	271/2000
i (–1985)	V6D		4302	86/3600	224/1600
Cutlass (Supreme)	**K'r.**	**a–j**	**3/A3/A4**	**274,5/503–509**	**1981–85**
Cutlass Supreme			**A3/A4**	**274,5/509/508**	**1986/87**
Cutlass Supr. Classic		**d/h**	**A3**	**274,5/508**	**1988**
Motoren:	*Zyl.:*	*N'w.:*	*cm³:*	*PS/min:*	*Nm/min:*
a	V6	OHV	3791	112/3800	258/1600
b (1981/*1982)	V8		4269	106/3400/101*/3600	265/258/1600
c (Export 1982)			4389	117/4000	278/2400
d (*1983/84)			5033	147/3800/142*/3600	326/2000/1600
e (1985–)				142/3200	346/2000

Oldsmobile	Bauart	Mot.	Getr.	R/ L cm	Modelljahre
f (Coupe Hurst '83/84)				183/4000	332/2000
g (4-4-2 1985/86)				183/4800	305/3200
h (4-4-2 1987–)			5001	172/4000	339/2600
i (1982–85)	V6D		4302	86/3600	224/1600
j (*1982–85)	V8D		5737	106/3200	278/271*/1600
Cutlass Supreme	**Fr.**	**a-c**	**5/A4**	**273/488**	**1988–90**
a (1990– *m.Autom.)	4i	D16V	2260	183/162*/6200	217/210/5200
b (*1989)	V6i	OHV	2838	127/132*/450	217/231/3600
c (1989–)			3128	137/4500	244/3600
Delta 88 /Cust.Cruiser	**K'r.**	**a/c–e**	**A3/A4**	**294,5/554/560**	**1981–85**
Ninety-Eight		**b/d/e**		**302/561,5**	**1981–84**
Motoren:	*Zyl.:*	*N'w.:*	*cm³:*	*PS/min:*	*Nm/min:*
a	V6	OHV	3791	112/3800	258/1600
b (–1983)			4128	127/4000	278/2000
c (1981/*1982)	V8		4269	106/101*/3400	265/258/1600
d (*1982–)			5033	147/3800/142*/3600	326/2000/1600
e (*1982–)	V8D		5737	106/3200	278/271*/1600
Delta 88 (*1988–)	Fr.	a–e	A4	281,5/498/499*	1986–88
88 Royale				**281,5/499**	**1989/90**
Ninety-Eight					**1985–90**
a (1985 *–1986)	V6/V6i*	OHV	2966	112/4800/127*/4900	197/2600/203/2400
b (*1986 **1987)	V6i		3791	127/142*/152**/44'	265/271/2000
c (D.88 *1989–)				152/4400/167*/5200	271/2000/285/2000
d (N-E 1988/89 *1990–)				167/5200/4800*	285/2000
e (1985)	V6D		4302	86/3600	224/1600
Custom Cruiser Wagon	**K'r.**	**–**	**A4**	**294,5/559,5**	**1986–90**
/ Motor: (*'88– **90–)	V8	OHV	5033	142/3600/3200**	326/1600/346*/20'
Toronado (*ab 1982)	**K'r./Fr.**	**a–d**	**A3/A4***	**289,5/523**	**1981–85**
Motoren:	*Zyl.:*	*N'w.:*	*cm³:*	*PS/min:*	*Nm/min:*
a (–1984)	V6	OHV	4128	127/4000	278/2000
b (*1982–84)	V8		5033	147/3800/142*/3600	326/2000/1600
c (1985–)				142/3200	346/2000
d (*1982–)	V8D		5737	106/3200	278/271*1600
Toronado	**Fr.**	**a/b**	**A4**	**274,5/476**	**1986–89**
				274,5/509	**1990**
a (+*1987)	V6i	OHV	3791	142/152*/4400	271/2000
b (1988/89 *1990–)				167/5200/4800*	285/2000
Silhouette	**Fr.**	**–**	**A3**	**279/493**	**1990**
/ Motor:	V6i	OHV	3128	122/4200	231/2200
Bravada	**K'r./4**	**–**	**A4**	**272/454**	**1990**
/ Motor:	V6i	OHV	4300	162/4000	312/2400

Packard

Eine unter Fans gerne erzählte Episode aus der Neuzeit findet ihre Parallele schon in den Urzeiten des Automobils: Weil ein Kunde namens Lamborghini mit seinem Ferrari nicht ganz zufrieden war, baute er ab 1963 sein eigenes Auto. Doch schon 1898 war ein Mr. Packard einen analogen Weg gegangen: Weil er seinen Winton – eine hochangesehene Automarke – verbesserungswürdig fand, entschloss er sich zur Eigenkonstruktion. Auch James Ward Packard zählte dabei auf die Mithilfe von Mitarbeitern des gekauften, aber beanstandeten Fabrikats. So entstand 1899 in Warren, Ohio, der erste Packard in Form eines offenen Runabout.
1903 zog die Packard Motor Car Company nach Detroit, Michigan,,.. und sie schuf sich im Verlaufe der Jahre ein weltweites Renommee als Hersteller luxuriöser Klassewagen. Man nannte den Namen Packard im gleichen Atemzug mit Duesenberg, Pierce-Arrow, Cadillac oder Lincoln. Erst 1935 wandten sich die Packard-Werke auch der mittleren Preisklasse zu. Während des Zweiten Weltkriegs entstanden bei Packard in Rolls-Royce-Lizenz Zehntausende von Flugmotoren.
Verjüngt 1946 wurde die vor dem Kriegseintritt der USA herausgebrachte Clipper-Serie in verjüngter Form in Produktion genommen. Sie wurde von robusten, seitengesteuerten 6- und 8-Zylinder-Reihenmotoren angetrieben.
Deren größter Exponent, der 5,8-Liter-Achtzylinder mit 165 PS, zählte zu den stärksten serienmäßigen Automobilmotoren. Zum 3-Gang-Getriebe war ein automatisches Schnellganggetriebe erhältlich; der Schnellgang schaltete sich im direkten Gang bei über 34 km/h ein, wenn das Gaspedal kurz losgelassen wurde, und beim Durchtreten des Gaspedals wurde er wieder ausgeschaltet.
Wie es sich damals gehörte, basierten die Packard auf einem Chassis mit massiver Kreuzverstrebung. Die vordere Einzelradaufhängung wies ungleich lange Querlenker und Schraubenfedern auf, hinten wurde eine Starrachse mit langen, gummigelagerten Halbelliptikfedern verwendet. Es gab auch ein verlängertes Fahrgestell für siebensitzige Repräsentationsaufbauten. – *1947 lief der millionste Packard vom Band!*
Ein spezielles Super-8-Chassis mit neuem 5,3-Liter-Motor wurde ab Modelljahr 1948 für Cabrioletaufbauten hergestellt. Deren Besonderheit war das Dura Hydro-Lectric-System, mit dem das Verdeck, die vier Seitenfenster und die vordere

Packard Clipper, 1946

Sitzbankverstellung elektrohydraulisch betätigt wurden. In ihrer äußeren Linie schlossen sich die Modelle 1948 dem schon im August 1947 erschienenen Cabriolet an und die Packard zeigten damit eine moderne, fließende Karosseriekontur. Die Hinterräder waren überdies verschalt. Ein kleines Extra: Die Zahlen und Zeiger der Instrumente wurden nachts durch ultraviolettes Licht erhellt.
Ultramatic-Getriebe Eine große technische Neuerung brachte Packard im August 1949 mit dem Ultramatic-Getriebe, einem vollautomatischen, hydraulischen Drehmomentwandler mit Zweistufen-Planetengetriebe und zusätzlichem »direkten« Gang, der eine mechanische Verbindung zwischen Motor und Antriebsrädern ermöglichte.
Packard feierte 1949 das goldene Jubiläum. – Die Herstellung des Sechszylindermotors wurde per 1950 eingestellt. Äußerlich erkannte man den neuen Jahrgang am seitlichen Zierstab.
Zum Jahrgang 1951 erschienen die Packard mit gänzlich neu gezeichneter Karosserie. Sie besaßen nun eine horizontal durchgezogene Gürtellinie und wieder angedeutete hintere Kotflügelansätze. Auffallend waren die wuchtige Chromfront und die teils dreiteilige Panorama-Heckscheibe. Die luxuriöseste Ausführung erhielt die Bezeichnung Patrician. Man erkannte die teureren Typen an den drei Luftauslassattrappen an den hinteren Kotflügeln; bei den Spitzenmodellen kam ein viertes solches Zierelement hinzu... Ähnliche Spielchen trieb Buick mit den vorderen Radhäusern.

Packard Custom, 1950

Ebenfalls für die Packard-Modelle 1952 wurde die neue Unterdruck-Bremshilfe Easamatic angeboten; mit ihr konnte der Pedaldruck um 40 % reduziert werden. Ab Modelljahr 1953 wurde eine im eigenen Haus entwickelte Servolenkung lieferbar. Da auch die Bremsen bereits eine Servohilfe besaßen, waren die Packard vollkommen »ladylike«. Neben dem nun »bullaugenfreien« Patrician gab es auch einen Cavalier, während das Faux-Cabriolet (schon 1952) Mayfair und das von einem Traumwagen abstammende Cabriolet Caribbean hießen. Damit bahnte sich eine Trennung in echte Luxus-Packard und Mittelklasse-Clipper-Serien an. Die Leistung stieg bei den teureren Typen von 152 auf 183 PS, bei den Clipper von 139 auf 152 bis 162.

Diesel-Pläne Zu jener Zeit plante Packard die Einführung eines Diesel-Personenwagens: Packard-Marine-Dieselmotoren hätten hierzu in verkleinerter Ausführung gebaut werden müssen. Verwirklicht wurden diese Pläne nie. Zu den Serienwagen zählte ab 1953 wieder eine Repräsentationslimousine mit bis zu acht Sitzen. Sie galt als längster Serien-Pkw der Welt. Die Weltspitze in Motorgröße hielt der per 1954 herausgekommene 5,9-Liter-Achtzylinder, der in den Modellen Patricia, Pacific und Caribbean eingebaut wurde. Packard produzierte als letzte Marke noch seitengesteuerte Reihen-Achtzylinder! Anfang 1954 wurde in New York mit dem Packard Panther ein dreisitziger Roadster-Prototyp mit Kunststoffkarosserie (!) und 279 PS Leistung gezeigt.

Studebaker-Packard Corporation *In der ersten Hälfte der 50erJahre hatte sich die Marktlage für die kleineren amerikanischen Autohersteller – zu denen auch Packard zählte – allmählich verschlechtert. Daher schloss sich 1954 die für ihre Qualitätswagen berühmte Firma, mit der durch ihr Styling weltbekannt gewordenen Marke Studebaker zur Studebaker-Packard Corporation zusammen. Im gleichen Jahr fand auch die Fusion von Nash und Hudson zur American Motors Corporation (AMC) statt.*

Endlich OHV-V8 Die Packard-Modelle 1955 zeigten sich mit Panoramascheibe und überdachten Scheinwerfern. Bedeutende Neuerungen waren auf technischem Gebiet zu verzeichnen: Die Reihen-Achtzylinder waren endlich durch V8-Motoren ersetzt worden. Damit erfolgte auch der Übergang von SV zu OHV (von *side valves* zu *overhead valves* bzw. von seitlichen zu obenhängenden Ventilen). Gleichzeitig wurde trotz Leistungssteigerung eine Verbrauchsminderung um rund 20 % erzielt. Mit einem Versuchsmodell wurde über eine Distanz von 40'000 km eine Durchschnittsgeschwindigkeit von 168 km/h herausgefahren. Für die teureren Packard und den Clipper Custom – die Clipper-Reihe trug übrigens den Namen Packard nicht mehr zur Schau – wurde eine neue Federung nach System Allison eingeführt: Verbindung der vorderen und hinteren Aufhängungselemente durch

Packard 400, 1951

Packard Caribbean, 1955

Packard Clipper, 1956

Längstorsionsstäbe; zusätzlich elektromotorisch regelbare Torsionsfederung auf die Hinterachse, womit sich das Fahrzeug stets in waagrechter Lage hielt. Verfeinert wurde überdies die nun Twin Ultramatic genannte automatische Kraftübertragung. Im zweiten Halbjahr 1955 brachte Packard eine neue Klimaanlage heraus, nachdem sich die Marke bereits als Pionier auf diesem Gebiet ausgezeichnet hatte. Ebenfalls per 1956 kamen eine elektrische Druckknopfsteuerung für das Ultramatic-Getriebe und ein Sperrdifferential hinzu. Über letztere Errungenschaft verfügten die Packard als erste Serien-Pkw. Anlass zum Einbau des Non-slip-Differentials gaben die auf 243 bis 314 PS erhöhten Motorleistungen! Neues Zwischenmodell war der Packard Executive mit elektrischer Türverriegelung.

Das Ende der Marke *Doch 1956 erreichte der Ausstoß nur noch 13'000 Stück. Aus der für 1957 geplanten sensationellen neuen Packard-Reihe Predictor mit ultraniedriger Karosserielinie sollte daher nichts werden. Dafür zeitigte der Zusammenschluss mit Studebaker zur Studebaker-Packard Corporation Ende 1956 seine ersten Konsequenzen: Im Sommer jenes Jahres hatte der Curtiss-Wright-Konzern die in ernste Finanznot geratene Doppelmarke übernommen. Um der notwendigen Rationalisierung Rechnung zu tragen, wurde auf Anordnung des Flugmotorenherstellers die Packard Clipper 1957 in den Studebaker-Werken in South Bend hergestellt.*

In Wahrheit handelte es sich bei den neuen Packard um modifizierte Studebaker mit 4,7-Liter-Kompressormotor, angepasstem Kühlergitter und luxuriöseren Seitenstreifen (→ Studebaker). Die Produktion der großen Packard-Modelle wurde hingegen eingestellt. Ab Modelljahr 1958 gab es den Packard Hawk mit 279 SAE-PS leistendem Kompressor-V8. Doch waren die Packard endgültig zu Luxusausführungen der Studebaker geworden.

1959 erlosch der Name Packard. Studebaker bestand noch fünf Jahre weiter.

Packard Hawk, 1958

Packard Clipper Town Sedan, 1957

Bayliff Packard Convertible, 1981

Packard by Bayliff Die legendäre Luxusmarke Packard sollte gemäß der zur Jahreswende 1979/80 veröffentlichten Pläne wieder aufleben: Die Bayliff Coach Corporation in Lima, Ohio, verwendete für ihre Prototypen den Packard-Originalnamenszug samt -wappen.

Diese Packard Custom Coupé und Sedan basierten auf den → Cadillac De Ville, von denen auch der Mittelteil übernommen wurde, während Motorhaube, Vorder- und Hinterkotflügel, Kofferdeckel, Flankenprägung und vor allem die Front dem traditionellen Packard-Design nachempfunden waren. Das Kühlergitter war den Packard der 30er Jahre nachgebildet. Bayliff entwickelte dieses Projekt während längerer Zeit weiter.

Packard	Zyl.	cm³	PS	bei 1/min	Gänge	Spitze km/h	Radstand/Länge	ab Jahr	Besonderheiten
Clipper Six	6	4015	107	3600	3/3+S	130	305/530	1946/47	Kastenrahmenchassis, stehende Ventile
Clipper De Luxe	8	4610	125			135			
Super Clipper		5834	165			155	323/547		
Custom Super Clipper						140	376/575		
Six	6	4015	107	3600	3/3+S	130	305/520	1948/49	
»8«/De Luxe 8	8	4610*	132			140			
Super 8		5358	147			145			* auch 4719 cm³
Custom 8		5834	162			155	322/540		
						140	376/594		
Eight	8	4610	136	3600	3/3+S/A	140	305/520	1950	
Super Eight		5358	152			145	322/538		
						140	358/573		
Custom Eight		5834	167		A	150	322/542		
200	8	4719	139	3600	3+S/A	150	310/532	1951/52	
300		5358	152*			160	323/553		* auch 157 PS
400 Patrician			157			165			
1952: zus. Typ 250 (wie 300)									
Clipper	8	4719	152	4000	3+S	150	310/541	1953	
Clipper De Luxe		5358	162	3600		155			
Custom			183	4000		150	378/610		
Mayfair/Caribbean						160	310/541		
Cavalier/Patrician							323/553		
Clipper Special	8	4710	152	4000	3/3+S/A	150	310/545	1945	
Clipper Super/De Luxe		5358	167	3600		155			
Custom			188	4000		150	378/606		
Cavalier						160	323/555		
Pacific/Convertible							310/536		
Patrician		5883	215	4000	A	160	323/550		
Caribbean							310/562		
Clipper Super/De Luxe	V8	5237	228	4600	3/3+S/A	170	310/546	1955	(nun OHV)
Clipper Custom/ Constellation		5773	248			175			
Packard Patrician »400«			264		A	180	323/555		
Packard Caribbean			279	4800		185			
1956: Leistungssteigerungen auf 243/279/294/314 SAE-PS									
(Packard) Clipper	V8	4736	279	4800	A/3+S	180	306/538	1957	mit Radialkompressor (Mechanik Studebaker)
dto. Station Wagon							296/520		
Sedan	V8	4736	228	4500	A/3+S	175	306/542	1958	
Faux-Cabr./Station							296/528		
Hawk (mit Kompr.)			279	4800		200	306/521		

Playboy

Im Jahre 1946 wurde in Buffalo, New York, die Playboy Motor Car Corporation gegründet. Hinter ihr standen drei Initianten: Louis Horwitz, von General Motors kommend, als Firmenleiter, Ing. Charles Thomas, früher bei Pontiac, Fisher Body und Amphibian Car, als Chefkonstrukteur, sowie Norman Richardson. Sie hatten einen mit 394 cm Länge selbst für europäische Begriffe kleinen Wagen entwickelt, für den sie die Produktionsreife nun kommen sahen. Nach Vorbereitungen wurden Mitte 1948 mit Großinseraten Aktionäre für 20 Millionen Dollar gesucht. Künftige Händler hatten bereits etliche Geldmittel aufgebracht. Als Produktionsstätte war ein bei Buffalo gelegenes großes Werk vorgesehen, das von der amerikanischen Regierung errichtet worden war und in dem Chevrolet während des Krieges Flugmotoren montiert hatte. »Vorläufig« musste man allerdings mit kleineren Produktionsanlagen vorlieb nehmen ...

Coupé/Cabrio-Ahne Das ursprüngliche Playboy-Projekt eines *Combination Convertible Coupe* sah einen Heckmotorwagen mit Automatikgetriebe vor. Man wandte sich dann aber der Standardbauweise mit normalem 3-Gang-Getriebe zu. Immerhin war man mit der selbsttragend konstruierten Karosserie und vorderer Einzelradaufhängung schon recht fortschrittlich. Der Playboy besaß zudem reine Pontonform mit verschalten Hinterrädern und ein Metalldach, das sich auf das Heck legen ließ. Damit war der Playboy ein bemerkenswerter Vorläufer jener Coupé-Cabrio-Modelle, wie sie erst ab 1996 mit dem kompakten Mercedes-Benz SLK in Schwung kamen! Bei geschlossenem Dach fanden hinter der zwei- bis dreisitzigen Bank noch Kinder Platz. Für den Antrieb sorgte ein 38 PS leistender 1,5-Liter-Vierzylindermotor mit stehenden Ventilen von Continental.

Seine Hersteller scheuten sich nicht, den Playboy als das »fortschrittlichst konstruierte Auto Amerikas« anzupreisen. Hinsichtlich moderner Formgebung konnten sich die Promotoren durchaus neben → Kaiser/Frazer sehen lassen! Man muss ihnen zugutehalten, dass sie Projekt- und Geschäftssituation nicht zu beschönigen versuchten. So vermochten sie sich zunächst in Wartestellung über die Runden zu bringen, ohne dass es wie bei anderen Neugründungen gleich zum Eklat kam. Als Prototyp entwickelten sie auch einen adrett geformten Station Wagon. Das Coupé/Cabriolet wurde schrittweise verfeinert und zunächst auch etwas geräumiger gemacht. Es wurde in den USA preisgünstig angeboten und auch von einzelnen Kaiser-Frazer-Händlern verkauft, während diese noch auf den Produktionsbeginn ihrer Marke warteten. Per 1949 wechselte man auf einen 47 PS leistenden 2,2-Liter-Motor von Hercules und tauschte die Schraubenfedern der hinteren Starrachse gegen gewöhnliche Längsblattfedern.

Der große Sprung sollte der Marke Playboy trotz aller Bemühungen nicht gelingen. Die Werkanlagen für einen Ausstoß von jährlich 100'000 Wagen sowie das entsprechende Händlernetz hätten sich zwar realisieren lassen, nicht aber die hierzu benötigten Finanzen. Daher geriet die Playboy Motor Car Corporation nach nur 97 entstandenen Coupé/Cabrios 1951 in Konkurs. – (Das bekannte Magazin »Playboy« gab es übrigens erst ab 1953).

Playboy, 1948

Playboy	Zyl.	cm³	PS	bei 1/min	Gänge	Spitze km/h	Radstand/Länge	ab Jahr	Besonderheiten
	4	1489	38	3400	3/3+S	105	228/394	1947/48	selbsttragende Karosserie, Motor Continental (SV)
		2178	47	3200	4	125		1949-51	

Plymouth

Die Marke Plymouth wurde 1928 von der Chrysler Corporation ins Leben gerufen. Mit ihr trat der drittgrößte Autokonzern in der populären Klasse gegen Ford und Chevrolet in Konkurrenz. Mit dem Namen Plymouth wurde an die Landestelle des Segelschiffs Mayflower in Massachusetts erinnert, mit dem englische Pilgerväter 1620 nach Amerika auswanderten.

Das erste Nachkriegsmodell von 1946 unterschied sich nur in Details von der 1942 eingeführten neuen Linie. Das übliche Kastenrahmenchassis besaß vordere Einzelradaufhängung mit Dreiecklenkern und Schraubenfedern sowie Torsionsstabilisator, hinten fand sich eine Starrachse mit Halbelliptikfedern und Stabilisator. Für den Antrieb sorgte eine seitengesteuerte 3,6-Liter-Sechszylindermaschine mit 96 PS Leistung.

1949 versah die Chrysler Corporation (Chrysler, Plymouth, Dodge, De Soto) ihre sämtlichen Modelle mit zur Gänze neu gezeichneten, geräumigeren und kompakteren Karosserien. Sie zeigten keine eigentliche Pontonform, denn die hinteren Kotflügel waren noch deutlich angesetzt. Mechanisch wurden keine Neuerungen eingeführt, abgesehen von einer auf 7,0:1 erhöhten Verdichtung. Hingegen gab es nun auch eine vereinfachte Plymouth-Serie mit kürzerem Radstand und einer Fließheckversion. Noch ungewöhnlich war auch ein Station-Wagon mit Ganzstahlkarosserie bzw. ohne Holzbeplankung. Neu war ferner das kombinierte Zünd-Anlass-Schloss.

Die Modelle 1950 warteten mit vereinfachtem Kühlergrill (nur noch ein Horizontalbalken in der niedrigen Öffnung), gestreckten hinteren Radhäusern, Ölbadluftfilter und automatischer Gemischanreicherung (elektrischer »Choke«, erstmals in der populären Klasse) auf. Nochmals einen Jahrgang später erhielten die Plymouth eine niedrigere Motorhaube mit seitlich abgerundetem Kühllufteinlass, und die Scheibenwischer arbeiteten nun elektrisch statt mit Unterdruck (womit unabhängig von der Gaspedalstellung eine gleichmäßige Wischbewegung erreicht wurde).

Namensgebung Die Typenbezeichnungen Standard, Deluxe und Super Deluxe wurden 1951 ersetzt durch Concord, Cambridge und Cranbrook. Der Cranbrook Belvedere war das erste Plymouth-Faux-Cabriolet; es besaß eine dreiteilige Panorama-Heckscheibe. Bald war auch ein halbautomatischer Borg-Warner-Schnellgang lieferbar. Mit ihm konnte die Drehzahl um 23 % reduziert werden.

Mit dem Modelljahr 1953 erhielten die Plymouth eine echte Pontonkarosserie, bei der die hinteren Kotflügel nur noch durch Zierstäbe angedeutet waren. Die Frontscheibe war nun einteilig und deutlich gewölbt. Die Serie Concord mit kürzerem Radstand wurde fallengelassen. Cambridge und Cranbrook warteten nun ihrerseits mit reduziertem Radstand und verbesserter Hinterradaufhängung (wie alle Chrysler-Limousinen) auf. Die Motorleistung wurde auf 101 PS gesteigert. 1953 wurde auch das auf Wunsch lieferbare Hy-Drive-Getriebe (hydraulischer Drehmomentwandler, Einplatten-Trockenkupplung und 3-Gang-Getriebe) eingeführt, und bei der Autoausstellung von Chicago fand der von Ghia im Auftrag karossierter Plymouth XX-500 – trotz eher traditionellem Stil – viel Beachtung.

Plymouth Special Deluxe, 1946

Plymouth Deluxe suburban, 1949

Plymouth Ghia Explorer, 1954

Gasturbinen-Prototyp In der Ausführung 1954 wurden die Plymouth in Plaza, Savoy und Belvedere (nicht mehr bloß zweitürige Luxusversion) umgetauft. Es gab nun Servolenkung und die vollautomatische 2-Stufen-Kraftübertragung Power-Flite. In einem Plymouth wurde die von Chrysler gebaute erste amerikanische Gasturbine für Autos erprobt. Weit moderner als der XX-500 wirkte der von Ghia in Italien gebaute Explorer Traumwagen. Für den Sommer 1954 wurde der alte Sechszylindermotor mit stehenden Ventilen auf 3,8 Liter Inhalt und 112 PS Leistung gebracht (wie für Dodge, Bezeichnung Powerflow).

Seit 1951 gab es aber auch einen 2,8-Liter-Motor für den Export. Er wurde nicht zuletzt in den aus schweizerischer Montage stammenden Plymouth eingebaut. In der Tat wurden einzelne Plymouth-Modelle bei der Amag in Schinznach-Bad zusammengebaut, wie ja auch Chevrolet-Typen in Biel für den einheimischen Markt montiert wurden.

Ebenfalls mit V8 Im November 1954 wurden die völlig neuen Plymouth 1955 präsentiert. Sie zeigten einen weit moderneren, wuchtig großen Karosseriestil mit überdachten Scheinwerfern, Panorama-Windschutzscheibe und teils bunter Bemalung. Es gab nun drei Karosserieserien mit sieben Karosserietypen, drei Getriebearten und fünf Motoren: Neben dem geänderten Sechszylinder von 3,8 Liter Inhalt und dem Exportmotor (in der Schweiz als »14 PS« bezeichnet) war in den Plymouth nun eine V8-Maschine zu haben. Es handelte sich um eine Konstruktion mit Polyspheric-Zylinderkopf, wie sie auch im Chrysler Windsor eingebaut wurde (→ Chrysler). Sie hieß Hy-Fire und wurde mit 4 Liter Inhalt und 159 PS Leistung sowie mit 4,2 Liter Hubraum und 169 oder 179 PS Leistung angeboten (letztere als Power Package). Zu den technischen Neuerungen der von Chefdesigner Virgil Exner entworfenen neuen Plymouth zählten das verstärkte Chassis, die verbesserte Federung und Lenkung, die schlauchlosen Reifen und neue Scheibenwischer. Nebst der Servolenkung Coaxial war jetzt auch eine Klimaanlage erhältlich.

Neuer Name Fury Per 1956 erhielten die Plymouth ein feines Mittelgitter statt Mittelrippen im Kühlergesicht sowie kecke Heckflösschen. Es gab nun auch ein viertüriges Faux-Cabriolet. Die V8-Motoren wurden bereits deutlich vergrößert und verstärkt. Ein Zusatzmodell war das Faux-Cabriolet Fury mit vergoldetem Aluminium-Seitenstreifen und 5-Liter-Motor. Der Name Fury (Wut, Jähzorn, Toben) war leicht merkbar, konnte aber auch provokativ wirken; er sollte bei den Plymouth-Topmodellen Karriere machen!

Plymouth Cranbrook, 1953

Dort wo das Power-Flite-Automatikgetriebe eingebaut war, erfolgte die Bedienung über Tasten statt mit Wählhebel, und diese Wagen erhielten auch eine neue vakuumverstärkte Servobremse. Allgemein eingeführt wurden Sicherheitsschlösser, während Sitzgurte nun als Zubehör angeboten wurden.
Es war im Januar 1957, als die Chrysler Corporation die Produktion des zehnmillionsten Plymouth feierte. – Im Jahrgang 1957 präsentierten sich die Plymouth mit weiter gewachsenen Karosserien und Heckflossen. Die Windschutzscheiben waren nun auch ins Dach hineingewölbt. Auf Wunsch war jetzt die dreistufige Torqueflite-Getriebeautomatik erhältlich. Wie die übrigen Chrysler-Fabrikate hatten auch die Plymouth eine neue Vorderradaufhängung namens Torsion-Aire mit längsliegenden Torsionsfederstäben und neue hintere Blattfedern mit weit vor der Federmitte liegender Achse erhalten. – In der Schweiz wurden die viertürigen Limousinen Belvedere und Savoy montiert.
Leistungsplus Im Zeichen des PS-Rennens war für die Plymouth des Modelljahrs 1958 auf Wunsch ein 5,7-Liter-V8 lieferbar. Wurde dieser Motor zusammen mit elektronischer Benzineinspritzung (von Bendix) bestellt, so standen 320 PS zur Verfügung! Dem Modetrend folgend waren die Plymouth nun mit Doppelscheinwerfern ausgerüstet, nachdem bereits im Vorjahr die Blinker in scheinwerferähnlichen Zweitgehäusen untergebracht worden waren. 1959 wurde eine Zusatzluftfederung der Hinterachse auf die Zubehörliste gesetzt, und es gab jetzt sogar das Chrysler-Konzernnovum in Form halb zur Seite schwenkbarer Vordersitze, was das Ein- und Aussteigen erleichterte. Im neuen Spitzenmodell von Plymouth, dem Sport Fury, der als Cabriolet und Faux-Cabriolet angeboten wurde, waren solche Sitze sogar serienmäßig eingebaut. Mit einer Überarbeitung der Motoren wurde erstmals ein bescheidenerer Benzinverbrauch angestrebt. Immerhin standen im neuen Golden-Commando-Motor von 5,9 Liter Inhalt 309 SAE-PS zur Verfügung.
Die Plymouth 1960 zeigten sich mit deutlich überarbeiteten Karosserien. Die Haifischflossen am Heck waren noch stärker akzentuiert, und die Dachlinie war um nochmals 5 cm abgesenkt worden. Neben den Baureihen Savoy, Belvedere und Fury gab es nach wie vor die Kombimodelle Suburban mit längerem Radstand. Den hochbetagten 3,8-Liter-Sechszylinder mit stehenden Ventilen hatte man für das Modelljahr 1960 endlich durch eine 3,7-Liter-Maschine mit hängenden Ventilen (Bezeichnung Economy Six) abgelöst! Neu stand

Plymouth Belvedere 2-door Sport Sedan, 1955

Plymouth Belvedere, 1958

zudem ein 6,3-Liter-V8 (namens Sono Ramie Commando) im Angebot. Wichtigste Neuerung war aber der Übergang zur selbsttragenden Bauweise, wie sie zu diesem Zeitpunkt bei allen Chrysler-Wagen eingeführt wurde. Beibehalten wurden die längsliegenden vorderen Torsionsfederstäbe und die blattgefederte hintere Starrachse.

Valiant Am 27. Oktober 1959 wurde in New York der Valiant vorgestellt. Er galt zunächst als eigene Marke und war die Antwort auf den Chevrolet Corvair und den Ford Falcon. Wie Letzterer war er in Standardbauweise gehalten, also mit Frontmotor und Hinterradantrieb. Auch er besaß eine selbsttragende Karosserie, doch sie wich mit ihrem sechsfenstrigen Aufbau stark vom herkömmlichen Design ab; ja man war sogar versucht, Parallelen zum Studebaker-Design zu ziehen. Zudem zeigte der Valiant mit seinem von Doppelscheinwerfern flankierten, leicht nach vorne geschobenen schildförmigen Kühlergrill ein auffallend eigenständiges Gesicht.
Hinzu kam eine im Kofferdeckel eingeprägte Reserveradkontur. Der in fünfjähriger Entwicklung entstandene Valiant war deutlich größer als der Falcon und der Corvair. Es gab ihn in den Ausführungen V-100 (Standard) und V-200 (Luxus). Angetrieben wurde der kleinste Plymouth von einem um 30 Grad geneigt eingebauten 2,8-Liter-Sechszylindermotor. Er war damit auch kräftiger motorisiert als die anderen neuen Compact-Cars der Konkurrenz. Die Leistung wurde mit 102 SAE-PS bei 4400/min angegeben. Die mit Ram Induction bezeichneten langen, schwach gebogenen Saugrohre sorgten für gute Zylinderfüllung auch im niedrigen Drehzahlbereich. Für besonders leistungsbeflissene Käufer wurde

Plymouth Fury, 1960

eine Hyper Pack genannte Tuningversion mit Vierfachvergaser und Doppelauspuff angeboten, mit der die Leistung auf 150 PS bei 5200/in anwuchs. Es standen ein 3-Gang-Getriebe mit Mittelschaltung und ein 3-Stufen-Automat mit Drucktasten zur Wahl. Die 102-PS-Ausführung gab es auch mit Servolenkung.

Mit Alternator Eine mit dem Valiant verwirklichte Pionierleistung war der Übergang vom Gleichstromdynamo zum Wechselstromalternator. Dieser brachte den Vorteil, die Batterie schon bei niedriger Drehzahl aufzuladen. Er sollte sich im Verlaufe der folgenden Jahre weltweit durchsetzen.

Valiant, 1960

Noch im November 1959 kam – als erster Kombi unter den neuen amerikanischen Kompaktwagen – der Suburban mit nach hinten abgewinkeltem drittem Seitenfenster hinzu; auffallend war vor allem seine seitlich abgesetzte dreiteilige Panoramaheckscheibe.
Damals stand die amerikanische Automobilindustrie noch mitten in ihrer »Traumwagenepoche«.

Im Frühjahr 1960 trumpfte die Plymouth De Soto Valiant Division der Chrysler Corporation mit einer XN R genannten extravaganten Karosseriestudie in Form eines Rennsport-Zweisitzer auf. Er zeigte unverkennbar extrapolierte Stylingmerkmale des Valiant und war die Schöpfung des Chryslers-Designchefs Virgil M. Exner.

Plymouth	Zyl.	cm³	PS	bei 1/min	Gänge	Spitze km/h	Radstand/Länge	ab Jahr	Besonderheiten
Deluxe/Special Deluxe	6	3567	96	3600	3	130	297/500	1946-48	Kastenrahmenchassis, stehende Ventile
Deluxe	6	3567	98	3600	3	130	282/470	1949/50	
Deluxe/Special Deluxe							301/489		
Concorde	6	3567	98	3600	3	130	282/447	1951/52	
Cambridge/Cranbrook							301/492		
Cranbrook		2834	86			120			
Cambridge/Cranbrook	6	3567	101	3600	3/3+S	130	290/480	1953	
Cranbrook		2834	86		3	120			
Plaza/Savoy/Belvedere	6	3567	101	3600	3/3+S	130	290/491	1954	
		2834	86		3	120			
(spätere Mod.)		3770	112			135			
Plaza/Savoy/Belvedere	6	3770	119	3600	3/3+S	145	292/518	1955	
		2834	91	4400		130			
	V8	3950	159		3/3+S/A	160			
		4261	169			165			
Plaza/Savoy/Belvedere	6	3770	127	3600	3/3+S/A	145	292/520	1956	
		2834	96	4400	3/3+S	130			
	V8	3975	160		3/3+S/A	165			
		4424	182						
		4539	190						
Fury		4936	245	4800					
1957: Radstand 300 cm, Station Wagon Suburba 310 cm; Motoren 6/3770 mit 134 PS; 8/3975 mit 167 PS; 8/4539 mit 200 PS; 8/4936 mit 218 od. 239 PS; 8/5220 mit 294 PS									
1958: kein 6/2834 mehr; V8 bis 5737 cm³ m. 319 PS									
1959: V8 bis 5907 cm³ m. 309 PS. Längen: 528 cm (Station Wagon 545)									
Valiant (eig. Marke)	6	2789	102	4400	3/A	135	271/467	1960	
dto. (Hyper Pack)			150	5200		165			
Six		3682	147	4000		145	300/532		
V8	V8	5208	233	4400		170			
dto. (Super Pack)			264		A	180			
V8 (Golden Commando				4600					
V8 (Sono Ramic)			314						
(weitere Versionen bis			335	4800)					
Änderungen: nun selbsttragende Karosserien; 6-Zylinder mit hängenden Ventilen; Station Wagon länger (310/546)									

Plymouth in den 60er Jahren

Plymouth blieb die traditionelle Basismarke des Chrysler-Konzerns und konkurrierte als populärste Marke der Chrysler Corporation in erster Linie gegen die Marktleader Chevrolet und Ford, vermochte aber auf dem US-Markt nur ausnahmsweise den dritten Platz zu halten.

Auch mit dem Modelljahr 1961 figurierte der Kompaktwagen Valiant in manchen Registern noch als Eigenmarke. Mit dem Dodge Lancer erhielt er nun einen »Vetter«. Die Valiant-Modelle 1961 trugen am Heck nun den Markenhinweis Plymouth und besaßen einen stärker kontrastierenden Kühlergrill mit neuem Valiant-Signet. Es gab jetzt auch einen preisgünstigen zweitürigen Sedan und eine elegante Hardtopausführung bzw. zweitüriges Faux-Cabriolet.

Neu geformte »Große« Zur Gänze neu gestylt präsentierten sich die Standard-size-Plymouth 1961: Die »Haifischflossen« waren weggeschnitten. An ihre Stelle traten nach außen gebogene Gräten, die an der Front eine Parallele fanden und dort in eine schwungvolle Scheinwerferüberdachung ausmündeten. Mit ihnen war auch die Motorhaube verlängert worden, während der hintere Überhang leicht geschrumpft war. Die Gesamtlänge blieb mit 531 cm (Kombi 552 cm) unverändert, hingegen wuchs die Breite von 200 auf 203 cm. Die großen Plymouth-Modelle Savoy, Belvedere und Fury wurden weiterhin in einer Vielzahl von Versionen gebaut, so als sechssitziger Sedan mit zwei oder vier Türen, als Hardtop bzw. Faux-Cabriolet mit sechs Sitzen und zwei oder vier Türen sowie als Station Wagon (Suburban) mit 6 oder 9 Sitzplätzen. Das Motorenangebot begann mit dem 3,7-Liter-Sechszylinder Economy Six mit 147 PS und führte über die 5,2- und die 5,9-Liter-V8 zum 6,3-Liter-V8. Deren Leistungsspektrum reichte von 233 bis 335 PS. Diese Antriebsaggregate trugen malerische (aus europäischer Sicht vielleicht eher prahlerische) Namen: Super Fury, Golden Commando (Vierfachvergaser, Hochleistungsnockenwelle, 305 PS), Sonoramic Commando (2 Vierfachvergaser, Schwingrohr-Ansaugleitungen, 330 PS). Bei letzterem 6,3-Liter-Motor handelte es sich um die identische Kraftquelle, wie sie im Chrysler Windsor für den Antrieb sorgte. Hinzu kam zudem eine analoge Motorkonstruktion mit mechanischen Ventilstößeln, die eigens für Polizeifahrzeuge bereitgestellt wurde.

An Kraftübertragungen standen ein 3-Gang-Getriebe mit Lenkradschaltung und nicht synchronisiertem erstem Gang, das Power-Flite-Getriebe (2-Gang-Planetengetriebe) und das Torque-Flite-Getriebe (3-Gang), zur Verfügung; die Stufenwahl erfolgte mit einer Drucktastatur am Armaturenbrett, und auf Wunsch waren sowohl eine Servolenkung wie auch eine Sure-Grip-Differentialbremse erhältlich.

Im Verlaufe des Jahres entstand in der Turiner Konstruktionswerkstätte Nardi als Einzelstück für einen amerikanischen Kunden ein von Giovanni Michelotti entworfenes langgestrecktes Coupé auf Plymouth-Basis, jedoch mit Rohrrahmen und vorderen Scheibenbremsen.

Detailpflege Mit dem Jahrgang 1962 erhielt der Hardtop-Valiant die Bezeichnung Signet 200. Er zeigte einen in Schwarz gehaltenen Kühlergrill, der – ebenso wie bei den anderen Modellen – eine kräftige Chromumrandung aufwies. Anstelle der Motorisierungsvariante Hyper Pack, die sich auch nachträglich einbauen ließ, gab es auf Wunsch den Power Pack, nämlich den 3,7-Liter-Sechszylindermotor aus den großen Plymouth. Diese zeigten wiederum neugezeichnete Karosserien mit horizontal verbundenen statt einzeln abgebogenen Radhausgräten über den Scheinwerfern und einem siebartigen, nach innen gebogenen Kühlergitter. Die Pavillonformen waren überdies kantiger, und der Innenraum war etwas geräumiger ausgebildet; dies obwohl Radstand, Länge und Breite (noch 192 cm) deutlich reduziert worden waren!

Topmodell war der Sport Fury (als Hardtop und Cabriolet), der »als erster Wagen der mittleren Preisklasse« mit serienmäßigen vorderen Einzelsitzen aufwartete. Der 2-Stufen-Automat Powerflite entfiel.

Zum Modelljahr 1963 verschwanden die Auskragungen an den Karosserieflanken der großen Plymouth, die abermals ein stark geändertes Gesicht zeigten. Wie bei den übrigen Chrysler-Produkten wurde die Garantie auf 50'000 Meilen oder fünf Jahre erstreckt, der Rostschutz verbessert und die Serviceintervalle verlängert. Neu im Angebot standen ein 7-Liter-V8, der in unterschiedlichen Leistungsstufen zu haben war, sowie ein 4-Gang-Getriebe mit Mittelschaltung. Auf Bestellung wurde überdies der thermostatisch gesteuerte Kühlluftventilator Silent-Flite eingebaut.

Valiant 2. Auflage In ganz neuem Kleid präsentierte sich mit dem Modelljahr 1963 der Valiant, den es nun auch als Cabriolet gab. Er zeigte brave Linien ohne drittes Seitenfenster. Im Gegensatz zu den Standard-size-Modellen der Marke war die Valiant-Gesamtlänge nur geringfügig angewachsen, nämlich um 6 auf 473 cm. Nach wie vor gab es auf Wunsch die Servolenkung Constant Control. – In einigen Ländern mit Lizenzherstellung durch Chrysler-Tochterfirmen galt Valiant übrigens weiterhin als Markenname, so in Argentinien und Australien.

Plymouth Valiant V-200, 1961

Plymouth Fury, 1961

Plymouth Fury Station Wagon, 1962

1964 entfiel der Rahmen um den Valiant-Kühlergrill; die Scheinwerfer waren jetzt durch horizontale Stäbe verbunden. Der kleinste Plymouth war nun ebenfalls mit vollsynchronisiertem 4-Gang-Getriebe mit Mittelschaltung sowie mit der Sure-Grip-Differentialbremse erhältlich. Die großen Plymouth hatten jetzt ein nach außen gewölbtes Kühlergitter, das in sechs horizontale Felder eingeteilt war. Ihre hintere Radspur war von 146 auf 151,5 cm verbreitert worden (vorne weiterhin 151 cm). Zur Jahreswende wurde der Valiant mit einem neuen 4,5-Liter-V8-Motor mit keilförmigen Brennräumen lieferbar.

Barracuda An der New Yorker Autoschau im Frühling 1964 stellte die Chrysler-Plymouth Division (so die neue Organisation seit Verschwinden der Marke De Soto) den sportlichen, (knapp) viersitzigen Barracuda vor. Er verkörperte Chryslers Einstand in einem Marktsegment, das unter der Bezeichnung »Pony Cars« unerwartete Bedeutung erlangen sollte. Wohl hatte es sich hinter den Kulissen der Autoindustrie Detroits längst herumgesprochen, dass Ford auf der Basis des kompakten Falcon ein die jungen Autofahrer ansprechendes, attraktiv geformtes Sportmodell in petto hatte.

Die Vorstellung des Barracuda erfolgte noch zwei Wochen vor dem ersten offiziellen Auftritt des Mustang. Im Gegensatz zu diesem besaß der Barracuda ein langgestrecktes Fastback mit großflächiger Panorama-Heckscheibe, und die hintere Sitzlehne ließ sich umklappen, so dass ein auf 210 cm verlängerter Kofferraum resultierte. Den Mustang gab es erst zum Jahrgang 1965 in der attraktiven Fastbackversion, und in jenem Jahr trat auch General Motors mit dem Chevrolet Camaro an...

De Belvedere is — evenals de overige typen — niet alleen mooier en luxueuzer geworden zowel in- als uitwendig — hij onderging bovendien tal van technische en kwaliteitsverbeteringen die zijn voorsprong op andere wagens in deze kategorie nog groter maakt. De nieuwe deursloten zijn steviger en veiliger. De electrische voorruitsproeier is betrouwbaar en handig. Een nieuwe automatische choke maakt een snelle start mogelijk. De nieuwe, geheel synchrone 4-versnellingsbak (op speciale bestelling leverbaar) hoort tot de beste industriële produkten. De verbeteringen aan de Torqueflite 6 gangwissel maakt hem duurzamer en geruislozer. Op de Sport Fury met 4-versnellingsbak kan de gangwisselpook op de console aangebracht worden. En nog tal van andere kenmerken, te veel om hier op te noemen.

De Belvedere bestaat in vijf modellen — 2 deurs sedan — 4 deurs sedan — 2 deurs hardtop en de 4 deurs station wagon met 6 of 9 plaatsen. Met uitzondering van de stationwagons, die uitsluitend met V-8 motor geleverd worden, zijn alle overige modellen hetzij met 6-cylinder hetzij met V8 motor te verkrijgen. Behalve de 4 deurs sedan met 6 cylinder motor worden de overige Belvedere modellen uitsluitend op speciale bestelling geleverd.

BELVEDERE - 2 deurs hardtop

BELVEDERE - 4 deurs sedan

Plymouth Belvedere, 1964

Der Barracuda (= Pfeilhecht) basierte auf dem Unterbau des Valiant. Diese warteten 1965 mit einem neuen Kühlergrill auf, dessen Mittelteil stärker nach vorne verschoben war und beidseits von einem horizontalen Mittelzierstab flankiert wurde. Die Heckleuchten waren wie beim Barracuda senkrecht angeordnet. Die Valiant/Barracuda- Motorenauswahl wurde durch eine High-Performance-Version des 4,5-Liter-V8 ergänzt (Verdichtung 10,5:1, Spezialnockenwelle, domförmige Kolben, Vierfachvergaser, Doppelunterbrecher und -auspuff), überdies war für das Fahrwerk ein Rallye-Package lieferbar. Zu den »Options«, dem auf Wunsch lieferbaren Zubehör des Barracuda, zählte außerdem ein über Motorhaube, Dach und Kofferdeckel gezogener Farbstreifen.

Belvedere als Intermediate Bei den großen Plymouth fand 1965 eine Zweiteilung statt: Die Fury-Reihe erhielt einen um 7,5 auf 302,5 cm verlängerten Radstand sowie eine um 7,5 cm verlängerte und um 6 cm verbreiterte Karosserie. Diese zeigte neue Designeigenheiten mit nach vorne zugespitzten oberen Radhausenden, unter denen sich übereinander angeordnete Doppelscheinwerfer verbargen. Es gab nun die Fury I, II, III und Sport Fury.

Demgegenüber behielt die Serie Belvedere nicht nur den bisherigen Radstand, sondern ihre Aufbauten wurden auf 509 cm verkürzt. Sie zeigten ein ähnliches Design wie die neuen Fury, jedoch mit Einfachscheinwerfern. Damit verkörperten die Belvedere I, II und neu Satellite (Coupé und Cabrio mit Einzelsitzen und Mittelkonsole) eine Alternative zu den Intermediate-cars Chevrolet Chevelle und Ford Fairlane. Ihre Motorenskala reichte bis zum 431-PS-7-Liter-V8. – Die Savoy-Reihe wurde aufgegeben.

Plymouth Valiant V-200, 1965

Plymouth Barracuda, 1964

Bei allen Plymouth des Jahrgangs 1965 musste die schon fast traditionelle Drucktastatur für die Bedienung des Automatikgetriebes einem üblichen Lenkrad-Wählhebel weichen. Für Rennzwecke schuf die Chrysler Corporation alsbald einen King Kong geheißenen Hochleistungsmotor mit 500 PS, der in teils aerodynamisch eingekleideten Plymouth SS eingesetzt werden sollte.

Im Frühling 1965 wurde wieder einmal ein Traumwagen vorgestellt, der Plymouth XP-VIP. Mit diesem Coupé mit photochromatischem Glaskuppeldach beidseits eines Längsträgers wurden nicht mehr bloß stilistische Phantasielinien geboten, sondern auch mögliche Zukunftslösungen aufgezeigt.

Gestreckter und genauer Das Modelljahr 1966 brachte den Valiant eine gestrecktere Dachlinie, wodurch sie größer wirkten. Die Scheinwerfer waren nun stärker ins Kühlergitter integriert. Zu den zahlreichen technischen Verbesserungen zählte ein genau anzeigender Tachometer. Neu war der Barracuda (Formula) S. In den Barracuda fand sich erstmals ein Unterdruckmesser als Sparhilfe (an seiner Stelle war in den Modellen mit V8-Motor ein Drehzahlmesser erhältlich). Die Belvedere 1966 warteten mit einem überarbeiteten Karosseriedesign auf, bei dem die Gürtellinie samt dem vorderen und dem hinteren Abschluss der Radhäuser leicht nach außen gewölbt war. Die Länge war auf 509 cm verkürzt worden, die Breite erreichte noch 192 cm. Die Fury 1966 erkannte man an zwei gegeneinander gerichteten Pfeilmotiven im Kühlergrill. Die verschiedenen technischen Neuerungen zielten nicht zuletzt Richtung vermehrte Sicherheit: Windschutzscheiben durch Auflage einer glasklaren Kunststoffschicht von 0,4 mm an der Innenseite nun resistenter (statt in Grün oberer Teil der Frontscheibe nun in Blau gefärbt), besser gepolsterte Armaturenbretter, bessere Scheibenwischer (zwei Geschwindigkeiten und Wascher), Rückfahrlichter, flache SafeGuard-Türgriffe usw. Das Motorenangebot reichte jetzt bis zum 7-Liter-Hemicharger mit halbkugelförmigen Brennräumen und zur 7,2-Liter-Hochleistungsmaschine mit keilförmigen Brennräumen; Basis-V8 blieb jedoch weiterhin der 4,5-Liter-Typ namens Commando.

Plymouth Sport Fury VIP, 1966

Plymouth Valiant Signet, 1967

In stetem Wandel Zum Jahrgang 1967 wurden auch der Valiant und der Fury neu eingekleidet. Der Valiant wies einen von 269 auf 274 cm verlängerten Radstand auf. Während die Länge unverändert blieb, wuchs die Breite um 3 auf 180,5 cm. Der Kühlergrill war nun horizontal zweigeteilt, und es gab jetzt nur noch zwei- und viertürige Sedans; die Zwischenausführung 200 entfiel.
Beim Fury wuchs nicht der Radstand, sondern die Gesamtlänge, und zwar auf 541,5 cm. Die Kühlergitter zeigten ein kreuzförmiges Motiv, und der vertikale vordere Radhausabschluss ragte an den Scheinwerfern vorbei nach vorne. Neu war eine zugfreie Lüftung, und der Umfang der serienmäßigen Sicherheitseinrichtungen war erneut vergrößert worden. An erster Stelle waren hier die Lenksäule und das Schaltrohr für die Gangwahl zu nennen, die beide teleskopisch deformierbar waren.
Allgemein mehr Sicherheit Von diesen Sicherheitsverbesserungen profitierten alle Plymouth (wie ja auch alle US-Wagen zu jener Zeit ähnliche Einrichtungen erhielten). Die Belvedere hatten jetzt ebenfalls Doppelscheinwerfer; sie waren allerdings in üblicher Weise horizontal nebeneinander untergebracht. Neues Spitzenmodell der Belevedere-Baureihe, noch über dem Satellite, war der GTX, der ebenfalls als Hardtop-Coupé und als Cabriolet aufgelegt wurde.

In Anpassung an den neuen Valiant wurde im November 1966 auch ein neugezeichneter Barracuda angekündigt. Es gab nun nicht mehr bloß das Sports Hardtop geheißene Fastbackmodell, sondern man unterschied nach Hardtop Fastback und Hardtop Coupé (mit sanft abfallendem Stufenheck) sowie Cabriolet! Auch beim neuen Barracuda waren die Seitenfenster gewölbt, außerdem stieg die Gürtellinie auf der Höhe des Hinterrades geringfügig an. Neu war überdies die Armaturenbrettgestaltung.
Der sich »vorwiegend an die Jugend« richtende »'Cuda« wirkte damit weit wuchtiger. Entsprechend umfasste die Motorisierungsauswahl neuerdings auch einen 6,3-Liter-V8, und auf Wunsch war nach wie vor das Formula S Package (= härteres Fahrwerk) zu haben.
Bei den Barracuda 1968 waren die Typenanschriften hinter den vorderen Radausschnitt gewandert. Der 6,3-Liter-Super-Commando-Motor hatte neue Zylinderköpfe erhalten. Wie bei den anderen Modellen sorgte das Cleaner Air System mit Luftpumpe für sauberere Abgase. Die Valiant-Kühlergrills besaßen die horizontalen Mittelzierstreifen nicht mehr. Es gab sie (wie den Barracuda) zusätzlich mit 5,2-Liter-V8.
Die mittelgroße Plymouth-Reihe setzte sich neu aus den Typen Belvedere, Satellite, Sport Satellite, Road Runner (nur Coupé) und GTX zusammen. Sie waren leicht länger und zeigten weichere Dachlinien sowie ein Kühlergitter mit zwei Reihen von je sieben rechteckigen Öffnungen (GTX mit Farbstreifen zwischen den Radausschnitten). Die Fury 1968 ließen sich an der Modellplakette erkennen, die hinter dem vorderen Radausschnitt im Karosserieblech versenkt angebracht war. Die Hinterräder steckten nun teils unter Abdeckungen. Zur Karosserieform Fast Top kam als weitere

Plymouth Barracuda, 1967

Plymouth Sport Satellite, 1968

»Sonderform« die Simili-Holzbeplankung beim Kombi Sport Suburban hinzu (es gab inzwischen auch einen Custom Suburban). Nebst dem Tempokonstanthalter Speed Control Unit gab es neuerdings einen Temperaturkonstanthalter. Erneute Feinarbeit war für die Modelle 1969 geleistet worden, dies sowohl im technischen wie im stilistischen Bereich. Für die Valiant, *von denen seit 1959 über 1,2 Millionen Exemplare gebaut worden waren,* war ein 200 Decor Package erhältlich. Der Kühlergrill wies die in der Karosseriefarbe gehaltene vertikale Zweiteilung nicht mehr auf. Im Gegensatz hierzu zeigten die Barracuda ein auch die Motorhauben-Oberseite umfassendes »Nasenprofil«. Neue Spitzenversion war der Cuda 340.
Bei den mittelgroßen Plymouth ab Belvedere standen jetzt noch mehr Varianten zur Auswahl. Es gab die Tuningsätze Track Pack und Super Track Pack, und bei den sportlichen Modellen Road Runner (jetzt auch als zweitüriger Sedan und Cabriolet) und GTX prangte auf der mattschwarzen Motorhaube eine vom Fahrer verstellbare Lufthutze (bereits im Vorjahr eingeführt), die mit Air Grabber bzw. Coyote Duster bezeichnet wurde. Die Kühlerverzierungen waren nun unterschiedlich. Die Fury hatten neue, größere Karosserien (Radstand 305 statt 302,5 cm, Station Wagon nach wie vor 310 cm) mit glatten Seitenflächen und nun wieder nebeneinander angeordneten Doppelscheinwerfern. Mit den neuen Aufbauten gingen zahlreiche technische Verbesserungen einher.
Neuer Barracuda Völlig neu karossiert, breit und wuchtig, präsentierten sich die Barracuda des Jahrgangs 1970. Der Kühlergrill lag in einer Vertiefung, die nur durch eine schmale, senkrechte Mittelrippe unterbrochen wurde, und die Gürtellinie stieg auf der Höhe des Hinterrades schwungvoll an. Bei unverändertem Radstand waren die Länge von 464,5 auf 474 und die Breite von 177 auf 190 cm angewachsen. Die Motorenauswahl umfasste weiterhin bloß noch einen Sechszylinder, jedoch nicht weniger als acht V8 mit Leistungen bis zu 431 PS. Zwischen dem Barracuda und dem Cuda gab es ein Gran Coupe (amerikanische Bezeichnung für Coupé); die Fastbackversion entfiel! Der bzw. das Gran Coupe bot serienmäßig Lederpolsterung sowie eine am Dachhimmel angebrachte Konsole mit Warnlampen für nicht umgelegte Gurten, ungeschlossene Türen und zur Neige gehenden Benzinvorrat.
Duster Den Valiant 1970 erkannte man an dem wieder leicht vorversetzten Kühlergrill-Mittelteil. Es gab ihn nur noch viertürig, an seine Seite trat jedoch ein neuer zweitüriger Compact-car, das Coupé Duster, das als Duster 340 auch mit Hochleistungs-V8 angeboten wurde. Bei diesem zählten – wie inzwischen auch bei anderen Plymouth-Modellen – vordere Scheibenbremsen zur Serienausstattung.
Die Intermediate-Modelle Belvedere bis GTX erkannte man an der im Mittelteil zwischen den Doppelscheinwerfern nach oben gezogenen unteren Kühlergitterumrandung. Auch der Innenraum war überarbeitet worden. Wie beim Duster war das 3-Gang-Basisgetriebe nun vollsynchronisiert. Die Fury-Baureihe war um den Sport Fury GT mit sportlicherem Fahrwerk bereichert worden. Der Kühlergrill war außerhalb der Doppelscheinwerfer in die vorkragenden Radhausenden gezogen. Zu den generellen Verbesserungen des Plymouth-Jahrgangs 1970 zählte eine wirkungsvollere Abgasentgiftung.
Bei der Firma Amag in Schinznach Bad in der Schweiz wurden (unter der Chrysler-Marke) bis 1972 (seit 1960) 13'860 Valiant und (ab 1970) 624 Valiant-Coupés montiert, zudem (von 1967 bis 1969) 216 Barracuda.

Plymouth Fury III, 1969

Plymouth	Zyl.	cm³	PS	bei 1/min	Gänge	Spitze km/h	Radstand/Länge	ab Jahr	Besonderheiten
Savoy/Belvedere/ Fury	6	3682	147	4000	3/A	145	300/532	1960/61	St. Wg. 310/546 cm
	V8	5210	233	4400		180			
			264	4400					
		5907	309-	4600		190			
			-335	4600		200			
		6286	-335	4600					(auch 335/5200)
	6	3682	147	4000		150	295/513	1962-64	St. Wg. 305/533 cm
	V8	5210	233	4400		180			'63: 521/534 cm
			264	4400				1962	'64: 525/537 cm
		5907	309	4800		190		1962-64	ab '63: 269/4400
		6286	324	4600		200		1962/63	ab '63: 3/4/A
			335	4600				1962-64	(auch 330/5200)
		6974	370-	4600				1963/64	
			431	5600		230			
Belvedere/Satellite (ab '67 + GTX, ab '68 + Road Runner)	6	3682	147	4000	3/A	160	295/517	1965-70	St. Wg. 530 cm lang
	V8	4490	182	4200		175		1965-67	ab '66: 509 cm lang
		5210	233	4400		185		1965-70	St. Wg. 297/526 cm
		5907	269	4400	3/4/A	190		1965/66	'68: 515/529 cm
		6286	335	4600		200		1965-67	'66: 330/4800; 68
		6974	370-	4800	4/A	210		1965/66	auch: 274/4400
			-431	5600		230		1965-70	
		7206	380	4600		200		1967-70	'70 auch: 395/4700
		4490	193	4400	3/A	180		1968	
		6286	294	4400	4/A	196		1968-70	auch: 340/5200
Fury (ab '66 + VIP)	6	3682	147	4000	3/A	160	303/532	1965-68	St. Wg. 308/549 cm
	V8	5210	233	4400		185			'67: 303/541
		6286	274	4400	3/4/A	190		1965-67	und 310/549 cm
			335	4600		200			ab '66: 330/4800
		6974	370	4800	4/A	210		1965	
		7206	370	4600				1966-68	ab ca. '67: 355/4400+380
		6286	294	4400		195		1968	auch: 335/5000
	6	3682	147	4000	3/A	160	305/545	1969-70	St. Wg. 310/557 cm
	V8	5210	233	4400		190			'70: 546/560 cm
		6286	294	4400		200			auch: 335/5000
		7206	355	4400	A	210			auch: 380/4600
									'70: 395/4700
Valiant	6	2789	102	4400	3/A	135	271/467	1960-62	
			150	5200		165		1960/61	
		3682	147	4000		155		1962	
		2789	102	4400		145	269/473	1963/64	'64: 269/4778 cm,
		3682	147	4000		155			ab '64: 3/4/A
	V8	4490	182	4200		170		1964	
Valiant/Barracuda	6	2789	102	4400	3/A	145	269/478	1965/66	
		3682	147	4000	3/4/A	160			
	V8	4490	182	4200		175			
			238	5200		186			
Valiant (ab '70 + Duster)	6	2789	117	4400	3/A	150	274/479	1967-69	
		3682	147	4000		160		1967-70	
	V8	4490	182	4200	3/4/A	175		1967-69	ab '68: 193/4400
			238	5200	4/A	190		1967	
		5210	233	4400				1968-70	
	6	3249	127	4400		155		1970	
	V8	5562	279	5000	3/4/A	210			
Barracuda	6	3682	147	4000	3/A	155	274/490	1967-70	'70: 274/474 cm
	V8	4490	182	4200	3/4/A	175		1967	
			238	5200	4/A	190			
		6286	284	4200		200		1967/68	'68: 304/4400
		5210	233	4400	3/4/A	190		1968-70	'69: 335/5200
		5562	279	5000	4/A	195			'70: 294-340 PS
		7206	380	4600		210		1970	auch 395/4700
		6974	431	5000		230			

Plymouth Satellite, 1971

Plymouth Barracuda, 1971

Plymouth in den 70er Jahren

Zur Erinnerung: Plymouth war die 1928 gegründete »Einsteigermarke« der Chrysler Corporation. Um dem wachsenden Erfolg der Importautomobile – allen voran dem VW-Käfer – entgegenzuwirken, führte Plymouth 1971 als Kleinwagen den Cricket ein. Während Ford mit dem Pinto und Chevrolet mit dem Vega eigens entwickelte Neukonstruktionen auf den Markt brachten, war der Plymouth Cricket bloß ein aus England importierter und umgetaufter → Sunbeam 1500 (analog gabs von der mittleren Chrysler-Marke Dodge einen umbenannten Mitsubishi). Die übrigen Modellreihen erstreckten sich 1971 vom Kompaktmodell bis zum »Standard-size-Amerikaner«. Eine Plymouth- (bzw. Chrysler-) Eigenheit war die Vorderradaufhängung mit oberem Trapez-Dreieckquerlenker und unterem einfachem Querlenker mit elastisch gelagerter Zugstrebe und längsliegendem Torsionsfederstab. Die hintere Starrachse war hingegen in der üblichen Weise an Halbelliptikfedern aufgehängt. Je nach Modellreihe wurde auf Wunsch ein Bremsservo (Trommelbremsen auch vorne) und eine Lenkhilfe eingebaut.

Cricket Der erwähnte, für die USA umbezeichnete Hillman Avenger bzw. Sunbeam 1500 wurde als viertürige Stufenhecklimousine kommerzialisiert (OHC-Motor, 1,5 L, 58 oder 71 SAE-PS, a. W. 3-Stufen-Automat von Borg-Warner, vorn Scheibenbremsen). 1972 kam die Kombiversion hinzu. Doch nach dem Modelljahr 1973 verschwand der Cricket (nicht zuletzt wegen Qualitätsproblemen) aus dem Plymouth-Angebot.

Valiant/Scamp/Duster Der kompakte Valiant hatte ab den 60er Jahren unter der Markenbezeichnung → Chrysler dank lokaler Montage beispielsweise auch in der Schweiz große Verbreitung erfahren. Als eigene Marke wurde der Valiant auch in Australien und Südafrika gebaut. Um 1971 hieß in den USA nur der Sedan Valiant, während das Coupé die Bezeichnung Duster trug. Neu hinzu kam damals der Scamp als Hardtop-Coupé. Es wurden 3,2- und 3,7-L-Sechszylindermotoren sowie 5,2- und 5,6-L-V8 eingebaut. Als Kraftübertragung diente in der Grundversion ein 3-Gang-Getriebe mit synchronisiertem 2. und 3. Gang und auf Wunsch mit Stockschaltung oder einem 3-Stufen-Getriebeautomaten Torqueflite. In Verbindung mit dem 5.2-V8 war nebst dem Automatikgetriebe ein Vollsynchron-3-Gang-Getriebe verfügbar, mit dem 5.6-V8 zudem eine 4-Gang-Einheit, auch sie mit Stockschaltung.

Barracuda/'Cuda Der Barracuda war die Antwort von Plymouth auf den → Ford Mustang und den → Chevrolet Camaro. Auch er war ein viersitziges Coupé von betont aggressiver Form. Er hatte zum Modelljahr 1970 eine neue, größere Karosserie erhalten. 1971 wurde die breite Kühleröffnung in mehrere Felder unterteilt. Es gab die Ausführungen Barracuda Coupé, Barracuda (Hardtop-Coupé und Cabriolet), Gran Coupé (Hardtop-Coupé), 'Cuda (Hardtop-Coupé und Cabriolet) und AAR 'Cuda (Hardtop-Coupé). Unterbau und Radstand entsprachen der Valiant-Serie, doch standen noch leistungsfähigere Motoren zur Wahl: 6,3-, 7,2- und 7,0-L-V8; die beiden Letzteren dank drei Holley-Doppelvergasern mit 390 SAE-/335 DIN-PS bzw. zwei Carter-Vierfachvergasern mit 431 SAE-/355 DIN-PS (Hemi-Motor). Auch diese Modelle waren außer mit einer automatischen Kraftübertragung mit einem 4-Gang-Getriebe zu haben.

Satellite/Road Runner Die mittelgroßen Plymouth der Satellite-Serie hatten für das Modelljahr 1971 vollständig neue Aufbauten mit unterschiedlich langen Radständen für die vier- und die zweitürigen Ausführungen erhalten. Es gab sie als sechssitzige Sedan, sechssitzige Station Wagon (als Satellite Custom zusätzlich als neunsitziger Station Wagon) und als fünfsitziges Hardtop-Coupé Sebring. Als Basismodell fungierte der sechssitzige Satellite Coupe. Mit V8-Motor kamen der Road Runner (Hardtop-Coupé), der Satellite Brougham (luxuriöser Sedan), der Satellite Regent (sechs- oder neunsitziger Station Wagon), der Sebring Plus (Hardtop-Coupé) und der GTX (Hardtop-Coupé) hinzu. Die Technik entsprach jener der weiteren Plymouth, und die Motorpalette reichte vom 3,7-L-Six bis zu den 7,2- und 7-L-Hemi-V8. Letzterer kam dank hemisphärischer Brennräume auf 355 DIN- bzw. 431 SAE-PS.

Fury Der große Plymouth der Reihe Fury wurde in den Serien I, II und III gebaut, wobei die römischen Zahlen die Anreicherung der Ausstattung widerspiegelten. Bei den Wagen mit V8-Motor kamen die Ausführungen Sport Fury, Sport Fury GT und die sechs- oder neunsitzig erhältlichen Station Wagons Suburban, Custom Suburban und Sport Suburban hinzu. Nebst zwei- und viertürigen Sedans sowie zweitürigen Hardtop-Coupés wurden als Topversionen viertürige Hardtop-Sedans gebaut.

Insgesamt waren 19 Fury-Modelle erhältlich. Sie erhielten für 1971 die Torsion-Quiet-Ride-Federung (wie sie schon beim → Imperial eingeführt worden war) und gleichzeitig eine verbesserte Geräuschisolation. Für die Modelle mit versenkten Scheinwerfern kam ein Scheinwerfer-Waschsystem auf die Mehrpreisliste. Auf Ausstellfenster wurde nunmehr verzichtet. Neu wurde ein 5,9-L-V8 angeboten, anderseits war der besonders sportliche 7-L-Hemi-Motor in der Fury-Serie nicht erhältlich. Wegen der Abgasvorschriften war im Übrigen auch die Leistung der Plymouth-Motoren teils gedrosselt worden. – Für die mit Automatikgetriebe ausgestatteten sportlichen Modelle konnte die Schaltung statt mit einem an der Lenksäule angewinkelten Wählhebel auf Wunsch auch mit einem Bedienhebel auf der Mittelkonsole erfolgen.

Mit dem Modelljahr 1972, das an neuen Kühlergrills (Satellite) und anderen Details zu erkennen war, wurde die Zahl der Modellvarianten reduziert. Zu den zahlreichen Verbesserungen kam eine Hubraumvergrößerung des 6,3-L-V8 auf 6,6 Liter. Der Hemi-Hochleistungsmotor (7-L-V8 mit hemisphärischen Brennräumen) war nun gänzlich aufgegeben worden. Alle Motoren kamen mit bleiarmem 91-Oktan-Benzin aus. Die Leistungsangaben erfolgten branchengerecht neu in net HP statt SAE-PS (1 HP = 1,0139 DIN-PS). Bei den Barracuda/'Cuda entfiel das Cabriolet; statt neun standen nur noch drei Motorisierungsvarianten zur Verfügung; die 'Cuda-Motorhaube erhielt Lufthutzen.

Plymouth Satellite Sebring Hardtop, 1972

Plymouth Fury Gran Coupe, 1972

Fury 1972 Die ganz neu karossierte Topmodellreihe zeigte ein chromgerahmtes, vertikal zweigeteiltes Kühlergesicht und ausgeprägte Flanken auf der Höhe der Hinterräder. Die Aufbaustruktur war sicherer und der Innenraum größer geworden. Neu war das Hardtop-Coupé Gran Coupe. Anstatt des 3,7-L-Six war nun ein 5,2-L-V8 die »Minimalmotorisierung« und das (3-Gang-)Handschaltgetriebe entfiel. Eine Servolenkung war zwar serienmäßig, doch wurden Bremshilfe, vordere Scheibenbremsen und eine verstellbare Lenksäule noch nicht bei allen Ausführungen von Haus aus eingebaut. Nachdem bereits auch die Plymouth Barracuda durch teils zweifarbige Karosserielackierungen aufgefallen waren, setzte sich 1972 der Plymouth Road Runner mit einem über die C-Säule gezogenen Kontraststreifen in Szene.

Die Hauptänderung für 1973 bestand in den neu vorgeschriebenen energieabsorbierenden Stoßstangen. Alle Motoren hatten nun elektronische Zündanlagen, die Abgasentgiftung war noch effizienter geworden. Außer bei den Sechszylinder-Kompaktmodellen zählten vordere Scheibenbremsen zur serienmäßigen Ausrüstung.

Der Valiant erhielt ein Kühlergitter mit breiterem vorstehendem Mittelteil, der Duster bekam eine umklappbare hintere Sitzlehne. Allen Valiant/Scamp/Duster gemeinsam war die stärkere Torsionsstab-Vorderachse; auch der Valiant war nun mit dem stärksten Motor (240 PS) zu haben. Barracuda/'Cuda erkannte man ebenfalls an den kräftigen Stoßstangenhörnern mit Gummipuffern; ihre neuen Innenauskleidungen waren weitgehend feuersicher; die Sechszylinderversionen wurden aufgegeben und zum 'Cuda gabs ein Performance Axle Package. Die mittelgroßen Plymouth wurden in 15 Versionen angeboten, alle mit neu gestalteter Front (und Stoßstangenhörnern); bei den zweitürigen Modellen fiel die neue, hinten höhere Dachlinie auf; ab 1. Januar wurden in den Türen Stahlplanken eingebaut. Die Fury erhielten Innenausstattungen aus feuerfestem Material; neu waren die Luxusausstattungen Gran Coupe und Gran Sedan.

Fury 1974 Mit dem Modelljahr 1974 erhielten die Fury erneut ein geändertes Karosseriedesign: Die Gürtellinie war tiefer gezogen und entsprechend ergaben sich großzügigere seitliche Fensterflächen. Der Radstand wuchs um 5 cm, doch die Länge schmolz um 1,5 cm! Kleinster Motor war nun ein 5,9-L- statt ein 5,2-L-V8. Es gab nur noch das Automatikgetriebe.

Bei allen Plymouth 1974 entfiel der 5,6-L-V8; auch die hinteren Stoßstangen mussten fortan einen 5-mph-Aufschlag schadlos überstehen. Der dadurch um eine Spur länger gewordene Barracuda erlebte nun sein letztes Jahr (die Ponycar-Nachfrage war dahingeschwunden). Es wurden noch 6745 Barracuda und 4989 'Cudas hergestellt. *Gleichwohl eroberte sich Plymouth 1974 in der US-Verkaufsstatistik den dritten Platz vor Oldsmobile und Pontiac!*

Trail Duster Erstmals verkaufte Plymouth im Modelljahr 1974 unter der Bezeichnung Trail Duster einen Geländewagen.

Plymouth Trail Duster, 1974

Plymouth Road Runner, 1975

Schließlich baute Chevrolet den Blazer und Ford den Bronco. Der Trail Duster besaß eine offene Karosserie mit Überrollschutzbügel und bot permanenten Vierradantrieb. Angetrieben wurde er von einem 5,2-L-V8, doch waren auch größere V8-Motoren und alsbald eine Kombikarosserie erhältlich. Der Quadra-Trac-Antrieb (wie es ihn auch bei den Jeep gab) wurde mit einem Untersetzungsgetriebe und einer Differenzialsperre kombiniert, doch war der Trail Duster bald einmal auch bloß mit Hinterradantrieb zu haben. Vorerst galt er als Nutzfahrzeug (→ Dodge Ramcharger).

Mit Kat. 1975 wurde auch bei den Plymouth in der Regel die Katalysatortechnik zur Abgasreinigung eingeführt. Zum Ausgleich des Mehrverbrauchs gab es längere Achsuntersetzungen, Automatikgetriebe mit weniger Schlupf und angepasste Motoren. Der Valiant basierte neu auf dem längeren Radstand des Scamp (Duster weiterhin mit kürzerem Radstand). Für den Valiant wurde zudem ein ab Dezember 1974 lieferbarer Overdrive in Aussicht gestellt, bei dem es sich allerdings bloß um einen 0,73:1 untersetzten vierten Gang handelte. Das 3-Gang-Getriebe war nun endlich auch für die Basis-Valiant vollsynchronisiert. Basismotor war neu ein 3,7-L- statt ein 3,2-L-Six. *Als Folge der Erdölkrise verkaufte sich der Valiant, von dem es seit Frühling 1974 ebenfalls eine Luxusvariante Brougham gab, vergleichsweise gut.*

Statt des für viele Fans (auch in Europa) zum Begriff gewordenen sportlichen (und oft zweifarbig gespritzten) Barracuda gab es ab 1975 neu gezeichnete Hardtop-Coupés Fury, Fury Sport und Road Runner. Denn die mittelgroße Plymouth-Baureihe hieß jetzt Fury anstatt Satellite! Die Standard-sized (großen) Plymouth wurden hingegen neu als Gran Fury bezeichnet; Stahlgürtelreifen waren nun selbstverständlich.

Plymouth Feather Duster, 1976

Volare *Ursprünglich war das Duo Plymouth Volare und Dodge Aspen als Nachfolger der Plymouth Valiant und Dodge Dart gedacht. Weil aber wegen der gestiegenen Benzinpreise die Nachfrage nach kompakten Modellen angewachsen war, verblieben Valiant und Dart weiter in Produktion.* Der Volare war ein gefällig geformter typischer »Amerikaner«, dessen Kühlergrill allerdings ein wenig an jenen der Mercedes-Benz erinnerte. Diesen kleinen Vorwurf hatten bereits die → Studebaker-Modelle von 1962 auf sich gezogen. Der Radstand des Sedan war nur gerade 4 cm länger als jener des viertürigen Valiant und beim Coupé war es sogar bloß 1 cm mehr; hingegen war die Gesamtlänge um eine Spur geschrumpft, während die Breite auf 185 cm angewachsen war. Den Volare gab es im Gegensatz zur Valiant-Serie auch als fünftürigen Kombi, und zwar in der Grund- wie in der Premier-Serie (in dieser mit Holzimitation an Flanken und Heck; die mittlere Serie hieß Custom). Topmodell war das sportlich angehauchte Coupé Volare Road Runner. Nach wie vor wurde hinten eine an Blattfedern gestützte Starrachse eingebaut, doch vorne fand sich neu ein Fahrschemel mit quer (und nicht mehr längs) zur Fahrrichtung montierten Torsionsfederstäben

Plymouth Fury Salon, 1977

(dazu weiterhin obere Trapez-Dreieckquerlenker und untere einfache Querlenker mit elastisch gelagerter Zugstrebe). Vorn gab es belüftete Scheibenbremsen, beim 5,9-L-V8 mit Servo, und auf Wunsch war eine Servolenkung lieferbar. Für die teureren Ausführungen wurden 60/40-%-Vordersitze angeboten (60 % der Breite für den Fahrer, 40 % für den Beifahrer mit Trennung durch breite abklappbare Armlehne).
1976 wurde in der Modellskala Platz für den Volare geschaffen, indem einerseits die luxuriösesten Valiant-Varianten, anderseits die preisgünstigsten Fury aufgegeben wurden. Den Valiant gab es nun auch in einer besonders einfachen Ausführung, und der Feather Duster war eine abgemagerte Benzinsparversion (auf Wunsch mit Overdrive). Die Ausstattung der verbliebenen Fury wurde aufgewertet, neu war die 60/40-%-Vordersitzaufteilung; der Fury Sport war nicht mehr ein Hardtop-Coupé, sondern er besaß ein senkrecht zweigeteiltes Opera Window; an der Front des Gran Fury prangte weniger Chrom. Die Topmodelle gab es auf Wunsch mit 6,6- oder 7,2-L-V8 mit Lean-Burn-System statt Katalysator (→ Chrysler). Als »Import« diente der Plymouth Arrow, ein »Badging« des Mitsubishi Colt Celeste; er war mit dem 2-L-Motor Astron 80 mit gegenläufigen Ausgleichwellen ausgestattet.
Modellreihenabbau! 1977 gab es keine Valiant mehr. In der Volare-Reihe hatte der Station Wagon einen Anteil von 40 % erreicht (es gab sonst kaum US-Kombi dieser Größenordnung); als Super Six leistete der 3,7-L-Motor 112 statt 101 PS. Der Volare Road Runner war nun mit herausnehmbaren Dachhälften aus Rauchglas erhältlich, man sprach von Hatch-roof. Ein solches gab es auch für den Fury Sport. Die Fury hatten übereinander liegende rechteckige Doppelscheinwerfer erhalten; bei den Gran Fury entfiel die Custom-Reihe. Das Lean-Burn-Verbrennungsverfahren wurde auf Motoren bis 5,2 L ausgedehnt.

Plymouth Sport Suburban, 1978

Plymouth Volare, 1978

Plymouth Horizon, 1979

Mit dem Jahrgang 1978 erhielt der Kühlergrill des Volare ein Wabenmotiv, und es gab ihn nur noch in einer einzigen Ausstattungsversion (dafür mit erweiterter Zubehörliste). Die Leistung des 5,2-L-V8 wurde (für Kalifornien und den Export) mittels Vierfach- statt Doppelvergasers angehoben. Besonders bedeutsam war, dass der Gran Fury ersatzlos gestrichen wurde, was das Ende der Standard-size-Plymouth bedeutete! Bei den Imports kam das elegant geformte 4/5-sitzige Coupé Sapporo von Mitsubishi hinzu. Das Torqueflite-Automatikgetriebe bot nun eine Direktverbindung Motor–Kardanwelle, die den Schlupf des Drehmomentwandlers überbrückte (→ Chrysler 1978).

Horizon Schon längere Zeit war von neuen kleinen Chrysler-Modellen die Rede gewesen. Im Dezember 1977 wurden sie vorgestellt: Der Plymouth Horizon und der → Dodge Omni waren gemeinsam mit dem Chrysler-Simca Horizon entwickelt worden, der seinerseits auf dem Simca 1100 basierte. Während der französische Horizon jedoch mit eigenen 1118- und 1294-cm³-Motoren ausgerüstet wurde, kam in den amerikanischen Pendants ein von Volkswagen aus Deutschland angelieferter OHC-Motor mit 1715 cm³ zum Einbau; dieser war durch Vergrößerung des 1,6-L-Golf-Motors entstanden (86,4 statt 80 mm Hub). Ebenso gab es Abweichungen hinsichtlich Struktur des vorderen Karosserieaufbaus. Die Vorderradaufhängung bestand aus Federbeinen (ähnlich Golf) und auch hinten wurden Federbeine verwendet. Chrysler feierte das Duo als erste kleine Fronttriebler Amerikas.

Horizon TC-3 Mit dem Modelljahr 1979 wurde dem Horizon als Horizon TC-3 ein Coupé mit langgestrecktem Fastback und Heckklappe zur Seite gestellt. An die riesige flache Heckscheibe schlossen sich seitliche Dreieckfenster an. Das Coupé war deutlich länger, aber mit 130,5 um 6 cm niedriger als die Limousine; anderseits war der Radstand verkürzt worden. Die hintere Lehne ließ sich umlegen und es war sportliches Zubehör verfügbar (wie straffere Federung und Heckspoiler). 1979 wurde auch die mittelgroße Modellreihe Fury ersatzlos gestrichen, womit die Volaré (nun mit Accent aigu geschrieben!) zu den Topmodellen der Marke vorrückten; preisgünstig angeschrieben war das Volaré-Coupé Duster (mit horizontalen Stäben vor dem zweiten Seitenfenster) und neu war der Volaré Sport Wagon (Frontspoiler, schwarzer Kühlergrill usw.). Als Importmodell gab es inzwischen auch den Plymouth Champ als USA-Version des Mitsubishi Mirage (in Europa und bei Dodge = Colt).

Während langer Jahre war Plymouth die Bestsellermarke des Chrysler-Konzerns gewesen. 1957 wurden beispielsweise noch gut 760'000 Plymouth gebaut. Doch 1979 waren es nur noch 372'000 und Plymouth wurde (erstmals) von Dodge überholt!

Im Modelljahr 1980 leistete der 1,7-L-Motor im Horizon nur noch 66 PS (wie im Vorjahr bereits für Kalifornien), neu eingeführt wurde der Horizon Turismo (Sportpaket). Für den Volaré (neu Ausführung Custom) wurde der 5,9-L-V8 gestrichen; neu gab es wieder einen Gran Fury (parallel zum → Dodge St. Regis)!

Plymouth Gran Fury, 1980

Plymouth	Zyl.	cm³	PS	bei 1/min	Gänge	Spitze km/h	Radstand/Länge	ab Jahr	Besonderheiten
Horizon	4	1714	76/71	5600	4/A3		252/419	1978	
			71/66	5200				1979/80	
TC-3							246/439		
Valiant/Duster	6	3249	106	4400	3/A3		275/479	1971	
			101						
			96	4000			275/498	1973/74	
		3678	112				275/479	1971/72	
			107/106				275/498	1973/74	
			96/91	36/38			282/505	1975	
			101/91	3600				1976	
	V8	5210	157	4000			275/479	1071	
			152						
							275/498	1973/74	
			147/142	40/36			282/505	1975	
			152/142					1976	
		5562	238	5000	3/4/A3		275/479	1971	
			243	4800				1972	
							275/498	1973	
		5898	248	4800			275/500	1974	
			233/193	44/40			282/505	1975	
			223	4000				1976	
(zus. F. die Schweiz)	6	2789	117*	4400			275/379	1971/72	
Scamp: wie Valiant							282/488		
							282/507	1973-76	
Duster: wie Valiant							275/498	1975/76	
Barracuda/'Cuda	6	3249	106	4400	3/A3		275/474	1971	
		3678	112	4000				1971/72	
	V8	5210	157					1971	
			152					1972	
		5562	238	5000	3/4/A3			1971	
für AAR 'Cuda			294*		4/A3				
			243	4800	3/4/A3			1972	
		6286	193/253	44/48	A3/3/4			1971	
		7205	335	4700	4/A3				
(Hemi)		6974	355	5000					
		5210	152	3600	3/A3		275/490	1973	
		5562	243	4800	3/4/A3				
		5210	152	4000			275/497	1974	
		5898	248	4800					
Volare	6	3678	101/91	3600	3/4/A3		286/512°	1976	
			112-91					1977-80	
	V8	5210	152/142	40/36				1976	
			147/137					1977	
			137-157	4000				1978/79	
			122/157	36/40				1980	
do.f. Europa			170/168		A3/3/4			1979/80	
		5898	172	4000				1976	
			157-177	36/40				1977/78	
			198/172	4000				1979	
°) Coupé: 276/501									
Satellite/Road	6	3678	112	4000	3/A3		297/520°	1971/72	
Runner/GTX/Sebring			107/106				297/542°	1973/74	
	V8	5210	157				297/520°	1971	
			152					1972	
			152/172	36/40	3/4/A3		297/542°		
		5562	243	4800	4/A3		297/520°	1972/73	
		5898	203	4000			297/539°	1974	
		6286	193/253	44/48			297/520°	1971	
		6555	193/259		A3/3/4			1972	
			177/264	36/48			297/542°	1973	
			208/253	44/48			297/539°	1974	
		7206	309/335	46/47	4/A3		297/520°	1971	

Plymouth TC 3 Miser, 1982

Plymouth Reliant Custom, 1982

Plymouth in den 80er Jahren

Die Modelle der 1928 gegründeten »Einsteigermarke« der Chrysler Corporation wurden zunehmend parallel zu den etwas luxuriöseren Dodge gebaut...

Reliant Dies galt auch für die im Frühherbst 1980 lancierte Reihe Reliant, die den Typ Volaré ablöste. Die zusammen mit dem Dodge Aries als K-car bezeichneten und in drei Karosserieversionen lancierten Reliant sollten mit zur Genesung der in arge Bedrängnis geratenen Chrysler Corporation beitragen. Sie hatten Frontantrieb mit quer eingebautem Vierzylindermotor. Während die 2,2-L-Einheit eine Chrysler-Eigenentwicklung war, handelte es sich beim 2,6-L-Vierzylinder mit zwei Schwingungsausgleichwellen um eine Mitsubishi-Konstruktion. Es gab den Plymouth Reliant in der Basisversion Custom und als aufgewertete SE-Modelle. Das Reliant-Kühlergitter gemahnte ein wenig an jenes der Mercedes-Benz.

Die K-cars hatte Chrysler-Generaldirektor Lee A. Iacocca als ersten Schritt zur Rettung des Konzerns schon Ende 1979 in Aussicht gestellt. Sie erfüllten den dringenden Bedarf an kostengünstigen und vor allem sparsamen US-Modellen (Importwagen gab es bereits mehr, als für die amerikanische Industrie gut war!). Im Verbund mit 4-Gang-Getriebe benötigte der 2,2-L-Motor im Stadtverkehr 9,4 und bei konstanten 55 mph (88,5 km/h) 5,7 Liter Benzin auf100 km. Auf Wunsch gab es zum 2,2-L-Motor – zur 2,6-L-Einheit ausschließlich – das 3-Stufen-Automatikgetriebe Torqueflite. Dank der Lenkradschaltung fanden auch auf der vorderen Sitzbank drei Personen Platz.

Das Fahrwerk umfasste vorne Federbeine mit Dreieckquerlenkern, hinten eine Starrachse mit Längslenkern und Panhardstab sowie Schraubenfedern. Die Bremsanlage – vorne mit belüfteten Scheiben – und die Zahnstangenlenkung wurden auf Wunsch servobestückt. Nebst der viertürigen Stufenhecklimousine gab es von Anfang an auch eine coupéartige Zweitürversion, deren zweites Seitenfenster an ein Opera Window gemahnte, sowie einen fünftürigen Kombi. Gerade dieser erschien vielversprechend, weil es noch kaum leichtgewichtige und sparsame Station Wagons gab. Eine kleine Besonderheit der K-Reihe: Statt eines Kurbelfensters fand sich in den Hintertüren nur ein kleiner Ausstellflügel. – *Nachstehend eine Repetition der übrigen Modelle, die 1981 unter dem Label Plymouth hergestellt wurden:*

Horizon Seine Bezeichnung wies darauf hin, dass der Plymouth Horizon (wie sein Parallelmodell Dodge Omni) gleichzeitig mit dem französischen Chrysler-Simca Horizon entwickelt worden war. Dieser basierte auf dem richtungsweisenden Simca 1100. Das Ende 1977 vorgestellte Duo wurde von Chrysler als Amerikas erste kleine Fronttriebler gefeiert. Für den Plymouth Horizon wurde von Volkswagen der OHC-Motor des Golf geliefert, der zu diesem Zweck von 1,6 auf 1,7 Liter Hubraum vergrößert wurde (86,4 statt 80 mm Hub). Die Vorderradaufhängung bestand aus Dreieckquerlenkern und Federbeinen (ähnlich wie beim Golf), während sich die hintere Einzelradaufhängung aus gezogenen Dreiecklängsschwingen und Schraubenfedern zusammensetzte. Bremsen und Lenkung wurden auf Wunsch mit Servo geliefert.

Neben dem fünftürigen Horizon, der weitgehend dem französischen Pendant glich (die 22 cm zusätzliche Länge kamen von den weit ausragenden Stoßstangen), gab es das originelle 4/5-sitzige Fastbackcoupé Horizon TC 3 mit dreiteiliger Heckscheibe. Trotz eines um 6 cm kürzeren Radstandes brachte es dieses Coupé mit Schrägfront und hinterem Überhang auf eine Länge von 442 statt 418,5 cm.

Mit dem Modelljahr 1981 wurden die beiden US-Horizon auch mit dem eigenen 2,2-L-Motor lieferbar, wie er bereits im Reliant seinen Dienst versah. Auch er ließ sich außer mit einem 4-Gang-Getriebe mit dem 3-Stufen-Torqueflite kombi-

nieren. Der fünftürige Plymouth Horizon zeigte 1981 einen leicht geänderten Kühlergrill ohne horizontalen Mittelbalken.
Gran Fury Mit seinen Abmessungen von 301 cm Radstand und 560 cm Länge verkörperte der Gran Fury die klassische amerikanische Standardgröße (standard size). Er war das Parallelmodell zu den teureren Dodge St. Regis und Chrysler Newport. Der 5,9-L-Motor war für das Gran-Fury-Modelljahr 1981 aufgegeben worden, und so standen noch der 3,7-L-Reihen-Sechszylinder (mit seitlicher Nockenwelle) und der 5,2-L-V8 zur Wahl. Die Leistung des »Six« war wegen der Abgasvorschriften auf bloß noch 86 PS gedämpft worden, während der V8 nun etwas mehr, nämlich 132 PS, leistete (für Kalifornien und Europa dank Vierfachvergaser 167 PS). Es war ausschließlich das 3-Stufen-Automatikgetriebe Torqueflite verfügbar. Die Aufhängung war Chrysler-typisch: Vorne oberer Dreieckquerlenker und unterer einfacher Querlenker mit elastisch gelagerter Zugstrebe und längsliegendem Torsionsfederstab, hinten die altbackene Starrachse mit Halbelliptikfedern. Die Bremsanlage (vorne belüftete Scheiben) und die Kugelkreislauflenkung arbeiteten mit Servo.
Trail Duster Als Parallelmodell zum Dodge Ramcharger lud der Trail Duster zum »Ausritt« abseits der Straße. Hierzu bot er einen zuschaltbaren Vorderradantrieb, 20 cm Bodenfreiheit und kurze Überhänge. Für Robustheit sorgten ein Kastenrahmen mit fünf Traversen sowie vordere und hintere Starrachsen mit Halbelliptikfedern. Äußerlich glichen sich Trail Duster und Ramcharger wie ein Ei dem andern.
1981 standen der 3,7-L-Sechszylindermotor mit 91 PS (für Europa mit Doppelvergaser und 110 PS) und die 5,2- und 5,9-Liter-V8 (122–188 PS) zur Wahl. Reich war auch die Auswahl an Kraftübertragungen: 3- und 4-Gang-Getriebe mit diversen Untersetzungen sowie das 3-Stufen-Automatikgetriebe Loadflite mit Wählhebel am Lenkrad. Hinzu kamen eine Differenzialbremse und ein zentrales Differenzial mit zuschaltbarer Reduktion. Von der Konkurrenz unterschieden sich die Chrysler-»Zwillinge« durch die in das Dach hineingewölbte zweite Seitenscheibe der dreitürigen SUV-Kombikarosserie. Topausführung war der Trail Duster Macho. – Allerdings überließ Plymouth das Feld der Geländekombi alsbald der Schwestermarke Dodge.
Ebenfalls unter der Marke Plymouth gab es in Nordamerika den Kleinwagen Champ (= Mitsubishi Colt) und das Coupé Sapporo (auch dieses von Mitsubishi aus Japan geliefert).
Varianten für 1982 Das Modelljahr 1982 brachte in der Horizon-Reihe einerseits die vereinfachten Modelle Horizon Miser und TC 3 Miser, anderseits die Varianten E-Type

Plymouth Gran Fury, 1983

(= Europa, mit schwarzer statt Chromzier, kürzerer Achsuntersetzung, verbesserter Ausstattung) und TC 3 Turismo (mit sportlichem Outfit). Bei den Reliant waren die Vorderradaufhängung und die Bremsanlage verbessert worden, das maximale Drehmoment von 151 Nm des 2,2-L-Motors wurde schon bei 2400/min statt bei 2800/min erreicht, die Anzeigeinstrumente besaßen weiße statt rote Zahlen, und die hinteren Seitenfenster waren versenkbar ausgeführt.
Gran Fury 1982 Für 1982 wurde der Gran Fury stark verkleinert: Sein Unterbau entsprach noch jenem des früheren Volaré. Radstand und Länge verkürzten sich damit von 301/559,5 cm auf 286,5/522,5 cm. Nach wie vor standen ein 3,7-L-Reihensechszylinder und ein 5,2-L-V8 zur Wahl.
Horizon / Turismo 1983 Mit dem Modelljahr 1983 wurden in den Basisausführungen des Horizon und seiner Coupéableitung das 1,6-L-OHV-Aggregat von Talbot bzw. PSA anstatt des 1,7-L-OHC-Motors von Volkswagen (63 statt 64 PS) eingebaut. Die Coupés trugen nun die Bezeichnung Turismo (statt TC 3). Weiterhin war alternativ der Chrysler-eigene 2,2-L-Motor erhältlich. Dessen Leistung war für 1983 von

Plymouth Turismo Duster, 1985

Plymouth Reliant, 1985

Plymouth Caravelle, 1985

85 PS bei 4800/min auf 95 PS bei 5200/min gesteigert worden. Neu stand zusätzlich ein 5-Gang-Getriebe (mit Kabelzügen statt Gestänge) zur Wahl. – Der erstarkte 2,2-Liter-Vierzylindermotor sowie das 5-Gang-Getriebe kamen auch den Plymouth Reliant zugute.

Voyager als Minivan Im Frühling 1983 kündigte die Chrysler Corporation unter der Bezeichnung T-Wagon eine neue Karosserieart an, die im Herbst und somit zum Modelljahr 1984 als Plymouth Voyager und als Dodge Caravan auf den Markt kommen sollte. Unter der Bezeichnung Plymouth Voyager war bis dahin ein Kleinbus hergestellt worden. Mit diesem Duo wurde die amerikanische Minivan-Welle begründet, der eine ungeahnte Bedeutung zukommen sollte. Bei 285 cm Radstand erreichten die Außenmaße 447x177x164 cm und damit ungewohnte Proportionen, die durch den Halbfrontlenker-Vorderteil mit abfallender Motorhaube zusätzlich unterstrichen wurden. Nebst zwei Vordertüren gab es eine hintere Schiebetüre rechts sowie eine Heckklappe. Technisch basierte der als Fünf- und Siebensitzer konzipierte Voyager auf dem K-car-Konzept mit Frontantrieb und Quermotor. Wahlweise wurden der Chrysler-2,2- oder der Mitsubishi-2,6-Liter-Vierzylindermotor eingebaut, und es wurden 4- und 5-Gang-Getriebe und ein 3-Stufen-Automatikgetriebe vorgesehen.

1984 erhielt der Turismo eine geänderte Front mit rechteckigen Doppelscheinwerfern. Die Reliant-Front bestand aus einem chromgefassten schwarzen Gitter mit mittig eingelegtem Chrysler-Pentastar; außerdem waren das Instrumentarium und die Ausrüstung verbessert worden. Den Gran Fury gab es ausschließlich noch mit dem 5,2-Liter-V8.

Caravelle So hieß ein Zusatzmodell, das im September 1984 lanciert, aber erst 1985 lieferbar wurde. Es war eine preiswertere Ausführung des → Dodge 600, zeigte sich in der Version SE aber ebenfalls reichhaltig ausgerüstet. Dieser sechssitzige Sedan mit sechs Seitenfenstern und 262,5 cm Radstand füllte die Lücke zwischen den Modellen Reliant und Gran Fury. Angetrieben wurde er über die Vorderräder vom 2,2-L-Motor ohne oder mit Turbo (Zentral- bzw. Multiport-Einspritzung und 100 bzw. 148 PS) oder vom 2,6-L-Motor. Es gab ihn ausschließlich mit dem 3-Stufen-Automatikgetriebe Torqueflite.

1985 präsentierten sich die Reliant mit einer neuen, aerodynamisch verbesserten Front ohne den dicken Chromstreifen über dem Kühlergrill. Die Scheinwerfer wanderten in Mulden, und die Länge wuchs von 447 auf 454 cm. Der Gran Fury erfuhr eine Leistungssteigerung um 10 PS.

1986 ersetzte der neue 2,5-L-Motor (→ Chrysler) bei den Reliant und Caravelle den 2,6-L-Motor von Mitsubishi. Der Caravelle erfuhr kleine Änderungen an der Front (höherer Stoßbalken, Chrysler-Pentastar in Kühlergittermitte) und am Heck.

Sundance Ursprünglich hätte das Plymouth/Dodge-Duo Sundance/Shadow die betagten Horizon/Omni ersetzen sollen. Doch auf der Chicago Auto Show im Februar 1986 wurden die kleinsten Chrysler-Modelle mit einer nach ausländischem Muster stark aufgewerteten Grundausstattung und gleichzeitig reduzierten Preisen auf Vordermann gebracht. Dies mit Erfolg, denn nun konnten sie weiterproduziert werden, und die im März vorgestellten, zwei- und viertürigen P-cars Sundance/Shadow übernahmen eine Zwischenrolle unterhalb der K-cars Reliant/Aries. Gegenüber diesen waren Radstand und Länge von 255 auf 246,5 cm bzw. von 454 auf 436 cm verkürzt worden. Es standen die 2,2-L-Motoren ohne oder mit Turbo zur Wahl, was bei wenig über 1100 kg Leergewicht gute Leistungsfähigkeit versprach, und die Ausstattung zeigte sich auf vergleichsweise hohem Niveau. Die Auslieferungen begannen teils erst gegen Ende 1986.

1987 gab es den Horizon (in Kanada hieß er Expo) nicht mehr mit dem von Peugeot gelieferten 1,6-L-Motor; das 3-Stufen-

Automatikgetriebe Torqueflite erhielt eine Wandlerüberbrückung; der Minivan bzw. Großraumkombi Voyager wurde neu in einer Extended-Ausführung mit 302,5 cm Radstand und 484 cm Länge angeboten, zudem gab es ihn mit einem 3-Liter-V6, der von Mitsubishi bezogen wurde.
1988 entfiel die Coupéableitung Turismo des Horizon; neu gab es vom Sundance eine RS-Version mit 2,5-L-Motor, 5-Gang-Getriebe, Zweitonlackierung und Heckspoiler.
Acclaim Dieser löste im Herbst 1988 den Caravelle ab. Zusammen mit dem Spirit von Dodge verkörperte er die neuen A-Modelle. Sie basierten auf dem 262,5-cm-Radstand von Caravelle und Dodge 600, waren aber mit 460 cm um 10,5 cm kürzer. Bei gleich gebliebener Breite von 173 cm erreichte die Dachhöhe 141 statt 135 cm, und statt Sechsfensterkarosserien besaßen sie noch vier Seitenfenster. Das Design war schlichter und klarer geworden. Es gab den Acclaim mit 2,5-L-Vierzylinder, ohne oder mit Turbo (102 bzw. 152 PS). Zusammen mit dem 3-L-V6 (nun 143 statt 138 PS) wurde das neue Torqueflite-Getriebe A 604 mit vier Stufen und elektronisch gesteuertem Schaltmanagement eingebaut. Diese Motor-/Getriebekombination wurde auch im Voyager erhältlich.
1989 wurde der dicht unter dem Acclaim liegende Reliant noch in der preisgünstigen America-Ausführung zwei- und viertürig (also ohne Kombi) weitergebaut. Per Ende 1988 wurde die Herstellung des großen Plymouth Gran Fury aufgegeben. *Die Produktion des kleinen Horizon wurde hingegen an die Jefferson Avenue in Detroit verlegt (weil das frühere AMC-Werk in Kenosha, Wisconsin, geschlossen wurde).* Der Sundance erhielt Änderungen an Front und Heck, die Turboversion hatte nun 2,5 Liter Hubraum.
Laser *Ein schon Anfang 1987 mit Mitsubishi abgeschlossener Vertrag sah die Entwicklung neuer kleiner US-Modelle für Chrysler vor. Zum Jahreswechsel 1987/88 wurde die Skizze eines Coupés veröffentlicht, das bei der neuen Firma Diamond-Star Motors in Bloomington-Normal, Illinois, zu bauen war.* Als erstes Resultat dieser Entwicklung wurden im November 1988 die bis auf die Namen und einige Details identischen 2+2-sitzigen Coupézwillinge Plymouth Laser und Mitsubishi Eclipse vorgestellt. Technisch basierten sie auf dem frontgetriebenen Mitsubishi Galant mit auf 247 cm verkürztem Radstand. Für die Formgebung – Front mit Klappscheinwerfern und auf Schlitze unter dem Stoßschutz beschränktem Lufteinlass, Semi-Fastback mit Heckklappe und dreiteiliger Panorama-Heckscheibe – war jedoch das Designzentrum Chrysler Pacifica in Carlsbad, Kalifornien, verantwortlich gewesen. Das Basismodell besaß einen 1,8-L-OHC-Motor (90 PS), RS und RS Turbo boten den 2-L-DOHC-16-V-Motor ohne und mit Turbo (140 bzw. 190 PS). 1990 wurde der Sundance auch mit dem 176 PS starken 2,2-Liter-Turbomotor mit Abgasturbolader Garrett T3 und Intercooler lieferbar. Im Februar 1990 erfolgte die Schließung des Werks an der Jefferson Avenue in Detroit... womit der Horizon endgültig aus der Produktion verschwand.

Plymouth Horizon America, 1987

Plymouth Sundance Liftback, 1987

Plymouth Acclaim LX, 1989

Plymouth	Bauart	Mot.	Getr.	R/ L cm	Modelljahre
Plymouth	**Bauart**	**Mot.**	**Getr.**	**R/L cm**	**Modelljahre**
Horizon (*1985)	**Fr.**	**a–e**	**4/A3/5**	**252/418,5/412***	**1981–85**
				251,5/414,5	**1986–90**
Horizon TC 3		**b/c**		**245,5/441,5**	**1981/82**
Turismo		**c–f**		**245,5/440/444**	**1983–87**
Motoren:	*Zyl.:*	*N'w.:*	*cm³:*	*PS/'min:*	*Nm/'min:*
a (1983 *1984–86)	4	OHV	1592	63/65*/4800	117/3200/118/2800
b (*1982/83)		OHC	1716	64/5200/4800*	113/2400
c (–1982)			2213	85/4800	151/2800
d (*1984–87)				95/97*/5200	159/161/3200
e (1988–)	4i			94/4800	165/3200
f (Turismo 2.2 '84–86)	4			112/5600	175/3600
Laser	**Fr.**	**a/b**	**5/A4**	**247/433**	**1989/90**
Motoren:	*Zyl.:*	*N'w.:*	*cm³:*	*PS/'min:*	*Nm/'min:*
a	4i	OHC	1755	93/5000	142/3500
b	4i/4iT	D16V	1997	137/193/6000	169/5000/276/3000
Sundance	**Fr.**	**a–d**	**5/A3**	**246,5/436**	**1986–90**
Motoren:	*Zyl.:*	*N'w.:*	*cm³:*	*PS/'min:*	*Nm/'min:*
a (*1989–)	4i	OHC	2213	98/4200/94*/4800	166/165/3200
b (*1988)	4iT			148/5200	230/3600/2400*
c (1988– *Export)	4i		2501	101/105*/4800/95	183/2800
d (1989–)	4iT			152/4800/146	244/2000
Reliant	**Fr.**	**a–f**	**4/A3/5**	**255/447,5**	**1981–84**
				255/454	**1985–88**
Motoren:	*Zyl.:*	*N'w.:*	*cm³:*	*PS/'min:*	*Nm/'min:*
a (1981/*1982)	4	OHC	2213	85/4800	151/2800/2400*
b (1983 *1984/85)				95/97*/5200	159/161/3200
c (1986–88 *1989–)	4i			98/5200/94*/4800	166/165/3200
d (1987/88 *1989–)			2501	101/4800	185/180*/2800
e (*1983)	4		2555	93/94*/4500	178/179/2500
f (1984/85 *1986/87)	4/4i*			102/101*4800	190/180/2800
Caravelle (*1986–)	**Fr.**	**a–e**	**A3**	**262,5/474/470,5***	**1985–88**
Motoren:	*Zyl.:*	*N'w.:*	*cm³:*	*PS/'min:*	*Nm/'min:*
a (1985)	4i	OHC	2213	100/5600	164/3200
b (1986– *Export 1986)				98/5200/101*/5600	166/3200

Plymouth	Bauart	Mot.	Getr.	R/ L cm	Modelljahre
c (**1987– *Exp. 1986)	4iT			148/150*/5200	228/231**/3600
d (1986– *Export 1986)	4i		2501	101/105*/4800	180/2800
e (–1985)	4		2555	102/4800/100CA	190/2800/186
Acclaim	**Fr.**	**a–c**	**5/A3/A4**	**262,5/460**	**1989/90**
Motoren:	*Zyl.:*	*N'w.:*	*cm³:*	*PS/'min:*	*Nm/'min:*
a	4i	OHC	2501	101/4800	183/2800
b	4iT			152/4800/146	244/2000
c	V6i		2972	143/5000	232/3600
Gran Fury	**St.**	**a/b**	**A3**	**301/559,5**	**1981**
Motoren:	*Zyl.:*	*N'w.:*	*cm³:*	*PS/'min:*	*Nm/'min:*
a	6	OHV	3678	86/91C/3600	224/1600/1200
b	V8		5210	132/167C+E/4000	312/326/2000
Gran Fury (*1986–)	St.	a–e	A3	286,5/522,5/519,5*	1982–89
a (*1983)	6	a/b	3678	91/3600	217/224*/1600
b (–1983)	V8		5210	132/167C/4000	312/326/2000
c (1984 *Police)				132/167*/4000	313/1600/326/2000
d (1985–87 *1988–)				142/3600	360/1600/2000*
e (Pol.'85–+*Exp.'87–)				177/180*/4000	339/3200
Voyager	**Fr.**	**a–g**	**5/A3**	**284,5/456**	**1984–87**
			5/A3/A4	**284,5/447/450,5**	**1987–90**
Grand Voyager				**302,5/484**	
Motoren:	*Zyl.:*	*N'w.:*	*cm³:*	*PS/'min:*	*Nm/'min:*
a (*1987)	4	OHC	2213	97/5200/4800*	164/3200/179/2800
b (1986–88 *1989–)	4i		2501	101/4800	180/183*/2800
c (1989– *Export)	4iT			152/4800/146*	244/2000
d (*1986/87)	4		2555	102/105*/4800	190/193/2800
e (1987 *1988)	V6i		2972	142/138*/4800	231/2800/224/2400
f (1989– *Export)				144/5000/141*/5200	234/2800/230/2400
g (1990–)			3301	152/4800	251/3600
Trail Duster	**K'r./(4)**	**a–d**	**3/4/A3/+R**	**269/469**	**1981**
Motoren:	*Zyl.:*	*N'w.:*	*cm³:*	*PS/'min:*	*Nm/'min:*
a	6	OHV	3678	91/110E/3600	217/1600
b	V8		5210	122/3600	332/1600
c (Calif./Europa)				157/168/4000	326/2000
d			5898	132/3200/188/4000	346/373/2000

Pontiac

Die Marke Pontiac war 1926 aus dem Fabrikat Oakland hervorgegangen und war damit von Anfang an ein General-Motors-Produkt. Pontiac war der Name eines Häuptlings der Ottawa-Indianer, die sich den britischen Neusiedlern entgegensetzten. Die Stadt Pontiac liegt im Oakland County, einem Teil des Staates Michigan. In Pontiac wurde 1907 die Oakland Motor Car Company gegründet. Diese wurde 1909 in General Motors integriert. Im Krisenjahr 1932 beschloss GM dieses Fabrikat aufzugeben. Doch als deren Nebenprodukt war schon 1926 die Neumarke Pontiac erblüht. Sie erhielt 1935 mit dem Silver Streak ihr Erkennungsmerkmal: ein aus parallelen Chromstreifen zusammengefügtes Band längs über die Motorhaube und später auch übers Heck.
In Kanada entwickelte sich die zwischen Chevrolet und Oldsmobile rangierende GM-Marke Pontiac mit teils ausschließlich in diesem Land montierten Modellen zum »Nationalfabrikat«.

Der »Über-Chevy« Schon vor dem Krieg hatte sich Pontiac allmählich zum »luxuriösen Chevrolet« entwickelt, und diese Position behauptet die Marke auch ab 1945 auf der ganzen Linie: Die Pontiac waren stets ein wenig teurer als die entsprechenden Chevrolet-Modelle; häufig kostete ein Pontiac einer unteren Modellreihe etwa gleich viel wie ein Chevrolet der nächsthöheren Serie. Preise und Prestigewert der beiden Marken überschnitten sich somit in einem weiten Bereich.

Als Ende 1945 die Pontiac-Produktion wieder anlief, wurden die Karosserieversionen Torpedo und Streamliner angeboten. In dieser Fließhecklinie stand neben dem 3,9-Liter-Sechszylindermotor mit 90 PS Leistung auch ein Reihen-Achtzylinder mit 4,1 Liter Hubraum und 103 PS zur Wahl. Beide Motoren waren noch seitengesteuert. Als besonderes Erkennungsmerkmal besaßen die Pontiac weiterhin das über die Motorhauben-Längsachse und den Kofferdeckel gezogene Chromband (die erwähnten Silver Streaks). Auch an den Flanken trugen sie Chromzier zur Schau und hoben sich so von den Chevrolet ab. Ab 1948 war auf Wunsch die automatische Hydra-Matic-Kraftübertragung mit Flüssigkeitskupplung und 4-Gang-Planetengetriebe lieferbar. Das Kühlergesicht wies zusätzliche Senkrechtstäbe auf.

Pontiac Streamliner Coupe, 1946

Pontiac Chieftain Deluxe Eight Sedan, 1950

Pontiac Dual Streak Chieftain DeLuxe Catalina, 1952

Pontiac Dual Streak Chieftain Custom Catalina, 1953

Pontiac Star Chief Safari, 1957

Zugleich mit den Chevrolet erhielten die Pontiac zum Jahrgang 1949 eine stark modernisierte, formschöne Karosserie, die aber 13 cm länger war als jene von Chevrolet. Zudem maß der Radstand 305 statt 292 cm. Der Unterbau wurde modernisiert, doch sorgte immer noch der SV-Motor von knapp 4 Liter Inhalt für den Antrieb; der Achtzylinder kam nun auf 4,4 L Hubraum. Die Modelle 1950 präsentierten sich mit vier Vertikalstäben in der Kühlluftöffnung; per 1951 wichen sie einem V-förmigen Motiv.

Eine wesentlich veränderte Karosserie mit 5 cm längerem Radstand kam zum Modelljahr 1953. Die Windschutzscheibe war nun ungeteilt, der Kofferraum wesentlich vergrößert. Die Leistung des bereits auf 102 PS gebrachten Sechszylindermotors wurde um weitere 15 PS angehoben, und die Vorderradaufhängung war verbessert worden.

Dreamcars Von den meisten US-Marken wurden damals den Publikumsgeschmack anpeilende Traumwagen als Einzelstücke vorgestellt. Auf Pontiac-Basis gab es 1953 ein Parisienne genanntes Coupé de Ville mit kleinen Schwanzflößchen. Diese fanden sich am Serienmodell von 1954 wieder. Neues Spitzenmodell war der Star Chief mit längerem Radstand und höherer Leistung. Im Kühlergesicht prangte nun ein horizontaler Schlitz. Vom Reihen-Achtzylinder gab es eine noch stärkere Ausführung. *In jenem Jahr rollte der fünfmillionste Pontiac vom Fließband.*

Erster V8 Doch Ende 1954 waren die Tage der seitengesteuerten Pontiac-Motoren gezählt. In die weiter vergrößerten und modernisierten Karosserien – sie besaßen nun Panoramafrontscheiben und in der Viertürversion sechs Seitenfenster – wurde der speziell für Pontiac entwickelte V8-Kurzhubmotor Strato Streak eingebaut. Aus 4,7 Liter Inhalt und bei einer bereits hohen Verdichtung von 8:1 resultierten 183 PS. Die Pontiac wurden weiterhin in zwei verschiedenen Längen und in zahlreichen Karosserievarianten gebaut.

Zum Modelljahr 1956 wurde der V8-Motor auf 5,2 Liter vergrößert und das Leistungsangebot entsprechend erhöht. Der in Kanada gebaute Laurentian, der die Pontiac-Sechszylinder-Tradition fortführte, wurde jetzt u. a. auch in die Schweiz exportiert. Diese Maschine war jedoch ein modernes OHV-Aggregat von 4,3 Liter Inhalt mit 147 PS Leistung. Es war mit dem (bei Chevrolet verwendeten) Powerglide-Automatikgetriebe kombinierbar (USA-Pontiac: Hydramatic und für Star Chief neuerdings Strato-Flight mit zweiter Flüssigkeitskupplung). Auch andere technische Einzelheiten stimmten mit jenen der Chevrolet-Modelle überein.

Pontiac Super Chief Catalina Coupe, 1957

Pontiac Star Chief Catalina, 1958

Pontiac Bonneville, 1958

Pontiac Bonneville Safari, 1959

Im Modelljahr 1957 erhielten die Pontiac ausgeprägtere Peilstege über den hinteren Radhäusern, und die bereits große Auswahl an Leistungsvarianten wurde durch einen über 300 PS starken Einspritzmotor erweitert. Freilich waren die entsprechend bestückten, als Sportcabriolet bezeichneten 1500 Bonneville-Luxusmodelle zunächst bloß als Versuchswagen für die Händler gedacht. Die Pontiac-Freunde vermissten aber vor allem die nun verschwundenen Silver

Pontiac	Zyl.	cm³	PS	bei 1/min	Gänge	Spitze km/h	Radstand/Länge	ab Jahr	Besonderheiten
Torpedo 6/25	6	3920	91	3200	3	125	302/519	1946/47	Kastenrahmenchassis, seitliche Ventile
Streamliner 6/26							308/534		
Streamliner 8/28	8	4078	104	3500		130			
					3/A			1948	
Serie 25	6	3920	91	3400	3/A	130	305/514	1949-52	
Serie 27	8	4396	110	3800		135			
(1951: 97/117 PS; 1952: 102/119 PS)									
53-25	6	3920	117	3800	3/A	135	310/515	1953/54	
53-27	8	4396	119	3600					
(54-27: bis 129 PS)									
54-28 (Star Chief)							315/542	1954	
55-27 (CH)	V8	4706	175	4400	3/A	170	310/516	1955	Änderungen: nun obenhängende Ventile
(US)			183		A				
55-28							315/534		
56-27	V8	5188	-208	4400	A/3	170	310/522	1956	
			-230				315/540		
Laurentian	6	4278	147	3800	3/A	145	292/502	1956	(Kanada)
(Einfachmodell: Pathfinder; 1957: Länge 512; 1958: 299/526)									
57-27	V8	5690	-274	4800	3/A	-180	310/526	1957	
							315/543		
Bonneville (Einspritzung)			-300				310/526		
(div. Mod.)	V8	6063	-310	4800	3/A	-200	310/535	1958	
							315/547		
Six	6	4278	152	4000	3/A	145	302/537	1959	(Kanada)
Catalina	V8	6364	-304	4600	A/3		310/543	1959/60	
übrige Mod.			-345	4800			315/561		

Pontiac Catalina Vista Hardtop Sedan, 1960

Streaks, die traditionellen Motorhauben-Zierstreifen (sie waren 1955/56 sogar doppelt appliziert worden).
Das Modelljahr 1958 brachte neue, noch größere Karosserien mit Doppelscheinwerfern und Z-förmigen Panorama-Scheibenpfosten. Bei der normalen Limousine (Sedan), die nicht als viertüriges Faux-Cabriolet ausgelegt war, fand man von der 6-Fenster- zur 4-Fenster-Ausführung zurück. Auf Wunsch war nun eine Hinterachs-Luftfederung zu haben.
Noch mächtiger wurden die Pontiac – wie die anderen GM-Wagen – jedoch mit dem Modelljahr 1959, als man auch

Pontiac Bonneville Convertible, 1959

Pontiac Tempest, 1961

wieder 6-Fenster-Limousinen anbot: Für die größten Versionen lauteten nun die Grundmaße 560 x 205 cm! Die Windschutzscheibe war ins Dach hineingebogen, und die Heckflossen zeigten sich noch stärker akzentuiert. Erstaunlich, dass nun dennoch auch ein »Sparmotor« angeboten wurde, ein auf niedrigen Verbrauch ausgerichteter 6,3-Liter-V8 mit 217 SAE-PS.

Pontiac in den 60er Jahren

Auch in den 60er Jahren spielte Pontiac – die Marke mit dem Indianerkopf im Wappen – weiterhin die Rolle des »individualisierten Chevrolet«. 1961 setzte sich das Pontiac-Bauprogramm aus den Typenreihen Catalina, Ventura (1960 neu hinzugekommen), Star Chief und Bonneville zusammen; insgesamt erbrachten sie 16 verschiedene Modelle, die es in unterschiedlichen Aufbau/Motor/Getriebe-Kombinationen gab. Hinzu kamen die kleineren Pontiac aus kanadischer Produktion: Six Canadian und V8 Canadian. Sie waren direkte Chevrolet-Ableitungen und wurden in den Ausführungen Strato Chief, Laurentian und Parisienne hergestellt.
Allen Pontiac gemeinsam war der aus feinen horizontalen Chromstäben zusammengesetzte, leicht zugespitzte Kühlergrill, der von den obligaten Doppelscheinwerfern flankiert wurde. Mit dem Modelljahr 1961 erhielt dieses »Gesicht« wieder eine markentypische vertikale Zweiteilung, dies mit einer V-förmigen, in der Karosseriefarbe gehaltenen Mittelrippe.
Sonderfall Tempest Doch das Modelljahr 1961 brachte auch eine bedeutende Neuheit, der man keine Nähe zu Chevrolet nachsagen konnte: den Pontiac Tempest (= Sturm; diese Bezeichnung war bis dahin für den 6,4-Liter-V8-Motor verwendet worden). Er besaß zwar das gleiche Karosseriedesign wie die ebenfalls im Herbst 1960 herausgebrachten Oldsmobile F-85 und Buick Special. Doch bot der Tempest eine in wesentlichen Punkten eigenständige Technik. Ihr Hauptmerkmal lag in der mit Transaxle umschriebenen Kraftübertragung, die auf einer mit Motordrehzahl arbeitenden, leicht nach unten durchgebogenen Kardanwelle und der mit dem Differential verbundenen Kupplung/Getriebe-Einheit beruhte.
Durch das Verlegen des Getriebes an die Hinterachse ließ sich eine verbesserte Gewichtsverteilung erzielen. Nach diesem Konstruktionsprinzip wurden zu jenem Zeitpunkt lediglich die Lancia Flaminia gebaut, doch gab es andere Anwendungsbeispiele, so in den 50er Jahren bei den spanischen Pegaso und später – ab 1972 – bei den Alfa Romeo Alfetta.

Pontiac (Canada) Parisienne, 1963

Pontiac Tempest Sedan, 1964

Vieles ungewöhnlich Der zu den Compact-cars zählende Tempest bot als weitere Überraschung einen 3,2-Liter-Vierzylindermotor! Nicht nur war er der einzige Vierzylinder amerikanischer Pkw-Produktion, sondern überdies war er mit diesem für die Epoche rekordmäßigen Hubvolumen ein Unikum. Der Grund lag darin, dass dieses Antriebsaggregat aus der rechten Hälfte des Trophy geheißenen 6,4-Liter-V8 von Pontiac entwickelt worden war. Dies erlaubte eine rationelle Herstellung!

Der ungewöhnliche Vierzylinder wurde in entsprechender Schräglage eingebaut. Er gab seine Kraft über die flexible Transaxle-Kardanwelle – mit der Unwuchten absorbiert werden sollten – an das hinten liegende Getriebe ab, je nach Wunsch eine übliche 3-Gang-Einheit oder eine 2-Stufen-Automatik Tempest Torque. Deren Kraftfluss führte zuerst in das Planetengetriebe und von dort über den Drehmomentwandler zum Achsantrieb. Wie bei dem ein Jahr vorher erschienenen, ebenfalls höchst ungewöhnlichen Chevrolet Corvair waren die Hinterräder mit Schräglenkern einzeln aufgehängt. Nach üblicher amerikanischer Art gab es auch den Tempest in verschiedenen Motor/Getriebe-Kombinationen. So wurde der mit fünf Kurbelwellenlagern versehene Vierzylindermotor gleich in fünf Leistungsstufen hergestellt, und zwar in je drei für das Automatik- und das Handschaltgetriebe. Darüber hinaus gab es den Tempest mit dem gleichen 3,5-Liter-V8-Motor, wie er in den Buick Special und Oldsmobile F-85 angeboten wurde. Auch der Tempest zeigte die für Pontiac typische Zweiteilung des Kühlergesichts. Im April 1961 erhielten der viertürige Sedan und der fünftürige Kombi (beide sechssitzig) ein Coupé zur Seite gestellt (6- oder 5-sitzig). In einer Sonderausführung trug dieses Coupé die stolze Bezeichnung Le Mans. 1962 kamen die Bezeichnung Custom Coupé Sport und für den Station Wagon der Name Safari hinzu, Zudem gab es den Tempest auch als elegantes Cabriolet (5- oder 4-sitzig). Die Tempest erhielten mit dem Jahrgang 1962 neue Gummilager für die Kardanwelle und eine dem Übersteuern entgegenwirkende Geometrie der Hinterradaufhängung. Zusätzlich war jetzt auch ein vollsynchronisiertes 4-Gang-Getriebe erhältlich. Den zweiten Tempest-Jahrgang erkannte man an dem »Verbindungsgitter« zwischen dem linken und dem rechten Kühlergrill.

Grand Prix An den großen Pontiac 1962 fiel die in Kühlergrillmitte eingefügte »Nase« auf. Neben Detailverfeinerungen war eine Verlängerung der Serviceintervalle zu verzeichnen, und das Hydramatic-Automatikgetriebe war zu sanfterem Schalten gebracht worden. Das Angebot wurde durch das sportliche Hardtop-Coupé Grand Prix bereichert. Es wurde mit dem 6,4-Liter-V8 bestückt, der in fünf Leistungsstufen (230 bis 348 PS) zu haben war. Nach wie vor gab es auf Wunsch eine Differentialbremse Safe-T-Track. – Als Hochleistungs-Studienfahrzeug wurde Anfang 1962 der Tempest Monte Carlo vorgestellt, eine dachlose Rennsportversion mit Kompressor.

Schwerpunkt Technik Der Jahrgang 1963 brachte für die großen Pontiac übereinander statt nebeneinander angeordnete Doppelscheinwerfer, leichtere V8-Motoren, selbstnachstellende Bremsen, modifizierte Aufhängungen (vereinfachter Unterhalt, hinten 4 cm breitere Spur) und den Übergang zum Alternator. Doch besonders eingehend überarbeitet wurde der Tempest: Er zeigte jetzt eine um 12,5 cm längere und um 5 cm breitere Karosserie. Zudem es gab ihn auch mit einem 5,3-Liter-V8-Motor. Die Hinterradgeometrie war erneut geändert, Kardanwelle und Differentiallager verstärkt worden. Der größte Motor der Standard-size-Pontiac, der 6,9-Liter-V8, leistete nun serienmäßig bis 375 SAE-PS. Im Modell Grand Prix standen für Renneinsätze sogar 425 PS zur Verfügung. Damit ergaben sich Beschleunigungszeiten, die selbst Ferrari- und Jaguar-Fahrer erstaunen ließen. Gemäß Werkangaben wurden für den Spurt von 0 auf 100 km/h 6,3 s benötigt..., und dies mit einem mächtigen »Straßenkreuzer«, der normalerweise rund 1,9 Tonnen wog und Komforteinrichtungen wie etwa die in allen Richtungen elektrisch verstellbaren Sitze an Bord hatte.

Und noch ein Superlativ: Mit 159 cm vorne und 163 cm hinten besaßen die großen Pontiac die breiteste Spur aller Pkw. – *Unter der aktiven Leitung von Semon Knudsen hatte die GM-Marke Pontiac innerhalb weniger Jahre einen Nimbus besonderer Leistungsfähigkeit und Sportlichkeit erworben.*

Angepasster Tempest Die Pontiac 1964 erkannte man an den nicht mehr überdachten, sondern in einem senkrecht abgeschnittenen Gehäuse vertieft (und stets noch übereinander) angeordneten Doppelscheinwerfern. Zu den Detailneuerungen zählte ein Geschwindigkeitsregler Electro-Cruise. Viel weiter gingen die Änderungen beim Tempest. Dieser trat nicht mehr als eigentlicher Compactcar in Erscheinung, sondern zählte zu den mittelgroßen amerikanischen Wagen. Zudem war er jetzt keineswegs mehr eine bemerkenswerte Sonderkonstruktion. Transaxle und Vierzylindermotor waren aufgegeben worden, und statt der selbsttragenden Bauweise ruhte die um 22 cm verlängerte Karosserie auf einem Kastenrahmenchassis mit Traversen. In dieser Konfiguration diente es auch bei gleichem Radstand dem gleichzeitig lancierten Chevrolet Chevelle und ebenso den geänderten Buick Special und Oldsmobile F-85. Damit wich gleichzeitig die neuzeitliche hintere Einzelradaufhängung der altbekannten Bauweise mit Starrachse!

Pontiac Catalina Coupé, 1966

Pontiac Grand Prix Convertible, 1967

Es gab neuerdings die Modellreihen Tempest, Tempest Custom und Tempest Le Mans. Letztere standen ausschließlich als Coupé und Cabriolet zur Wahl. Hinzu kam eine Sonderausführung mit der von Ferrari »entlehnten« Bezeichnung GTO (der 250 GTO aus Italien wurde später zum höchst bewerteten Serienauto). Die Motorisierung der neuen Tempest begann mit einem 3,5-Liter-Sechszylindermotor und reichte beim Typ Le Mans GTO bis zum 6,4-Liter-V8 mit 353 SAE-PS!

Wachsen, wachsen! Wieder ein Jahr später, bei dem im September 1964 präsentierten Jahrgang 1965, zeigten auch die Tempest übereinander angeordnete Doppelscheinwerfer. Bei den Le Mans gab es jetzt auch einen viertürigen Sedan, und der GTO zeigte eine kleine Lufthutzenattrappe auf der Motorhaube. Die Tempest-Längen waren erneut um 7 cm angewachsen. Für die großen Pontiac war überdies der Radstand verlängert worden. Nützlicherweise besaßen sie auch um 10 % vergrößerte Bremsflächen, ein breiteres Chassis mit tiefergelegtem Wagenboden sowie diverse weitere Verbesserungen.

Das 3-Gang-Getriebe war nun ebenfalls vollsynchronisiert, und in den Ausführungen mit Automatikgetriebe wurde jetzt das Turbo-Hydramatic eingebaut, wie es auch die Oldsmobile und die Cadillac besaßen. Bei den Catalina kam die Version Two plus Two (2+2) mit schräg abfallendem Coupédach hinzu. Äußerlich erkannte man die Pontiac 1965 an den auch in ihrem oberen Abschluss bis zu den Radausschnitten gezogenen Frontstoßstangen. *Das Jahr 1965 sollte für Pontiac übrigens den Cabriolet-Höhepunkt bringen: Es wurden 73'000 Cabrios der Modelle Tempest Custom, Tempest Le Mans, Tempest Le Mans GTO, Catalina und Bonneville gebaut!*

OHC-Sechszylinder Noch im Sommer 1965 überraschte die zweite GM-Marke mit einem neukonstruierten Sechszylindermotor, der nicht nur eine obenliegende Nockenwelle besaß, sondern überdies einen Zahnriemenantrieb und eine automatische Ventilspielregulierung. Es war ein 3,8-Liter, den es in zwei Leistungsstufen gab und der für den Einbau in die Tempest-Modelle bestimmt war. Sowohl Le Mans wie GTO und 2+2 wurden mit dem Modelljahr 1966 als selbständige Modellreihen geführt, neu war bei den »Großen« der Star Chief Executive. Zusammen mit weiteren Karosserievarianten erhöhte sich dadurch das Angebot von 26 auf 33 Modelle. Anstatt horizontal verliefen nun die beidseitigen Kühlergrills gegen die Mitte hin sich verjüngend; bei jeder Modellreihe waren sie wieder ein bisschen anders gestaltet. – Auf der New Yorker Autoschau im Frühling 1966 gab es unter ande-

Pontiac GTO, 1968

rem wieder einmal einen Pontiac-Traumwagen. Es war das Banshee-Coupé mit ungewöhnlichem Einstieg: Schiebetüren und sich anhebende Dachklappen. Seine Grundform sollte sich als Vorbote für den Firebird erweisen...

Doch das Modelljahr 1967 kündigte sich vorerst wiederum mit Karosserieänderungen an. Merkmale waren die teils senkrechten Ziermotive in den Kühlergrills der kleineren Pontiac (GTO mit Waffelmotiv) und die ins Kühlergesicht integrierten Stoßstangen bei den großen Modellen (Grand Prix mit hinter Klappen versteckten Scheinwerfern). Die »Großen« besaßen zudem hinter der leicht hochgezogenen Motorhaube verborgene Scheibenwischer. Der Star Chief hieß nur noch Executive (bei den kanadischen Pontiac gab es inzwischen auch einen Grand Parisienne). Das Angebot der Safari-Kombiwagen war nach unten erweitert worden, und die Luxusversion Brougham blieb weiterhin der Bonneville-Reihe vorbehalten. Die V8-Motoren zeigten teilweise einen weiteren Hubraumanstieg und reichten nun bis zu 7 Litern Inhalt. Auf Wunsch gab es erstmals vordere Scheibenbremsen (Delco-Moraine)!

Pontiac Firebird, 1968

Firebird Als Parallele zu dem im Herbst 1966 vorgestellten sportlichen → Chevrolet Camaro wurde Anfang 1967 der Pontiac Firebird (Feuervogel) auf den Automarkt gebracht. Er besaß die gleiche attraktive Karosserielinie wie der Camaro und wurde ebenfalls als Coupé und als Cabriolet aufgelegt. Er ergänzte das Angebot der auf sportliches Image ausgerichteten amerikanischen Spezialmodelle, deren Schrittmacher der im Frühling 1964 lancierte Ford Mustang gewesen war. Mit dem Firebird wurde bei Pontiac wieder die selbsttragende Bauweise eingeführt, wie sie schon den ersten Tempest eigen war. Ansonsten entsprach auch der Firebird amerikanischer Norm, ja die hintere Starrachse begnügte sich sogar mit Blattfedern, im Gegensatz zu den mit Schraubenfedern dotierten übrigen Pontiac.

Die Unterschiede zum Camaro bestanden in der markentypischen Front mit vorstehender Mittelrippe und in weiteren Karosseriedetails. Doch wurde für den Firebird das Motorisierungsangebot weiter ausgedehnt. Daher wurden die 140 cm langen Monoblattfedern durch Schubstreben ergänzt. Außerdem waren auf Wunsch Scheibenbremsen Delco-Moraine erhältlich. Neben dem 3,8-Liter-OHC-Sechszylinder standen V8-Motoren mit 5,3 und 6,6 Litern Inhalt im Angebot, auch sie in verschiedenen Leistungsstufen. Je nach Motorwahl ließ sich unter 3- und 4-Gang-Getrieben – mit Lenkrad- oder Stockschaltung – sowie unter den Getriebeautomaten Tempest Torque und Turbo-Hydramatic wählen.

Sicherheitsmerkmale Zu den nun in den USA üblichen Sicherheitseinrichtungen wie Zweikreis-Bremsanlage, Sicherheitslenksäule, verformbares Armaturenbrett, Hüftgurten und Notblinklicht war zahlreiches Zubehör wie Servobremsen, Servolenkung, Heckscheibenentfroster und Klimaanlage lieferbar. Eine serienmäßige Besonderheit war das mit Freongas aufblasbare Reserverad von kofferraumsparender Abmessung, das teils erst viel später in ähnlicher Art weitere Verbreitung finden sollte.

Das Modelljahr 1968 brachte für die Firebird unter anderem nach außen gerückte Positionslampen, den Wegfall der Ausstellfenster (neues Lüftungssytem) und ein luxuriöseres Interieur, für die Tempest-Reihe neue Karosserien mit verlängerten Motorhauben und verkürztem Heck (nach Firebird-Vorbild!), noch breitere Spur, unterschiedliche Radstände für zwei- und viertürige Modelle, beim GTO zudem eine energieabsorbierende Kunststofffront anstelle der Stoßstange sowie abgedeckte Scheinwerfer.

Alle Pontiac präsentierten sich jetzt wieder mit nebeneinanderliegenden Doppelscheinwerfern! Ein Summer erinnerte

Pontiac Firebird 400 Convertible, 1969

Pontiac Executive Wagon, 1970

nun an den steckengelassenen Zündschlüssel. Der Hubraum des OHC-Sechszylinders war von 3,8 auf 4,1 Liter vergrößert worden, jener des kleinsten V8 von 5,3 auf 5,8 Liter; nach wie vor gab es von diesem auch eine Version Sprint.

Statt Fitch-Bird Anfang 1968 wurde amerikanischen Fachmedien von dritter Seite der Fitch-Bird vorgestellt. Er basierte auf dem Pontiac Firebird und war für den Einsatz bei den Tourenwagenrennen der Trans-Am-Serie gedacht. Auf die Räder gestellt hatte ihn John → Fitch, einst Mitglied des Briggs-Cunningham Racing-Teams (→ Cunningham). Das Fahrwerk war überarbeitet und die Karosserie aerodynamisch verfeinert worden. John → DeLorean, der damalige General Manager der Pontiac Motor Division, hegte jedoch eigene Pläne, um dem Firebird zu Renntauglichkeit zu verhelfen. Es ging darum, in der Tourenwagen-Rennserie Trans Am Werbeerfolge einzuheimsen. Hierzu rief DeLorean eine Special Project Group ins Leben, deren Führung er dem jungen Ingenieur Herb Adam anvertraute.

Inzwischen wurden von privater Seite bereits erfolgreiche getunte Firebird bei den Trans-Am-Rennläufen eingesetzt. Die erste Vorstellung des werkseitig entwickelten Firebird Trans Am erfolgte Ende 1968 auf der Rennstrecke von Riverside; im März 1969 konnte auch das breite Publikum diesen »Sports-Firebird« in Augenschein nehmen. Und der Firebird Trans-Am sollte den Ambitionen seiner Promotoren gerecht werden: Beim 24-Stunden-Rennen von Daytona im Februar 1969 resultierte der dritte Platz der Gesamtwertung..., noch vor den Ferrari- und Porsche-Rennboliden!

Immer Neues Für den Jahrgang 1969 wartete Pontiac wieder einmal mit einer Neuheit auf, nämlich mit der in die Windschutzscheibe integrierten Radioantenne, die kaum sichtbar von der Scheibenmitte aus nach oben führte und sich beidseits unter dem oberen Scheibenrand ausdehnte. Neu bei den Firebird war der auffallende zweigeteilte Chromrahmen zwischen den Doppelscheinwerfern; die Luxusausführung Custom erhielt ein gepolstertes Dreispeichen-Lenkrad, und es fanden sich allgemein zusätzliche Sicherheitsmerkmale. Mit dem Ram Air Package standen bis über 340 PS zur Verfügung. Auch bei den Tempest gab es einen Ram Air Kit zur Leistungssteigerung, sie hatten geänderte Kühlergrills, und auch bei ihnen waren an Stelle der Zugschalter sicherere Kippschalter getreten. Während Catalina/Executive/Bonneville einen 2 cm längeren Radstand aufwiesen, wartete der Grand Prix überraschend mit einer Radstandverkürzung um 8 cm sowie deutlich verkürzter Karosserie auf.

Allen großen Pontiac (außer Grand Prix) gemeinsam war die in der Karosseriefarbe gehaltene stoßabsorbierende Nase aus Endura-Kunststoff. Beim neugezeichneten Grand Prix gab es auch eine Luxusversion SJ, die unter anderem eine hintere Niveauregulierung bot. Die Servolenkungen arbeiteten neuerdings mit einer variierenden Untersetzung. Nachträglich kam beim GTO die besonders sportliche Version Judge (Experte) hinzu. – Und nebenbei bemerkt: 1969 entwickelten Pontiac-Ingenieure einen durchaus fahrbaren Kleinstwagen mit Dampfmotor!

Stete Designarbeit Schließlich die Modelle 1970: Die längst vom einstigen Compact-car zum Intermediate aufgerückten Tempest und Le Mans erhielten neugezeichnete Aufbauten. Deren Front mit kräftigem Chromrahmen und Mittelteilung glich jener der vorjährigen Firebird. Die Frontverschalung bestand aus glasfaserverstärktem Kunststoff. Der OHC-Motor entfiel (!) und wurde durch eine konventionelle OHV-Maschine aus dem Chevrolet-Programm abgelöst.

Der Innenraum wurde vor allem Richtung Sicherheit aufgewertet, und in den Türen fanden sich nun Stahlschienen zum Schutz bei Seitenkollisionen. Besonders Firebird-ähnlich wirkte die Endura-Front des ebenfalls erneuerten GTO. Dieses Sportmodell wurde nun mit Motoren mit bis zu 7,5 Litern Hubraum ausgerüstet. Dieser Topmotor war natürlich auch bei den großen Modellen der Marke erhältlich. Deren Wagenfronten

Pontiac	Zyl.	cm³	PS	bei 1/min	Gänge	Spitze km/h	Radstand/Länge	ab Jahr	Besonderheiten
Strato Chief	6	4278	152	4000	3/A	145	302/539	1960-62	ähnl. Chevrolet
Laurentian	V8	4637	172	4000		165		1960/62	
Parisienne			153	4000		150		1961	(Export)
(Canadian)		5354	253	4400		180		1962	
	6	3768	142	4400		150		1963/64	
	V8	4637	198	4800		170			
		6702	304	4800	3/4/A	190			
			431	6000		230			3 Leistungsstufen
								1965-68	→ Chevrolet
Catalina, Ventura	V8	6364	218	3600	3/A	175	310/543	1960	Chassis, 7 Leistungs-
			-353	4600		200			stufen, Export: 254 PS
							302/533	1961	
Star Chief, Bonneville	V8	6364	218	3600	3/A	175	315/561	1960	Chassis,
			-353	4600		200			6 Leistungsstufen
							312/550	1961	
Catalina, Grand Prix	V8	6364	218	3600	3/4/A	175	305/537	1962	Kastenrahmenchassis
Star Chief* (bis 1966)			-352	4800		200	*312/555		9 Leistungsstufen
Bonneville*			-317	4600		195		1963	6 dto.
Executive* (ab 1967)		6899	358	5000		200			
			375	5200		210			
		6364	238	4000		170	305/541	1964	
			-335	4600		200	*312/560		6 Leistungsstufen
		6913	324	4400		195			
			-375	5200		210			3 dto.
		6364	260	4600		180	308/545	1965/66	1966: auch 2+2
			-343	4800		195	*315/563		5 Leistungsstufen
		6913	343	4600		200			
			-381	5000		210			3 dto.
		6558	269	4600		180	308/548	1967/68	1967: 4, 1968:
			-355	4800		195	*315/563		2 Leistungsstufen
		6998	365	4600		200			1968: 380/4800
			381	5100		210			1968: 395/5200
		6558	269	4600		180	310/553	1969	GP: 300/534 cm
			294	4600		190	*318/568		
		6998	365	4600		200			
			-395	5200		220			
		5799	259	4600		180	310/553	1970	GP: 300/534 cm
		6558	269	4600		185	*318/570		
			-355	5000		200			4 Leistungsstufen
		7462	365	4600					
			375	4600					
Tempest	4	3185	112	3800	3/A	135	285/481	1961	Transaxle,
			-157	4800		165			5 Leistungsstufen
			-168		3/4/A	170		1962	
	V8	3531	157	4600	3/A	165		1961	
			-188	4800		180		1962	
	4	3185	117	4000	3/4/A	140		1963	
			-168	4800		170			4 Leistungsstufen
	V8	5340	264	4800	3/A	190			Export: 253 PS
	6	3529	142	4200	3/4/A	160	292/516	1964	Kastenrahmenchassis
	V8	5340	253	4600		180			(fortan o. Transaxle)
			284	4800		185			
Le Mans GTO		6364	330	4800		200			1965: 340/5000
			353	4900					365/5200
							292/524	1965	1967: 292/540 cm
Tempest/Le Mans	6	3769	167	4700		165		1966/67	OHC
			210	5200		175			1967: 218 PS
	V8	5340	253	4600		180			
			289	5000		190			
GTO		6364	340	5000		200		1966	
			365	5200					
		6558	259	4400		180		1967-69	1968: 269 PS, länger
			-365	5100		200			1969: -375/5500, dto.
Tempest/Le Mans	6	4093	177	4800		170		1968/69	OHC
			218	5200		180			1969: + 233/5400
	V8	5799	269	4600		190			
			324	5100		200			1969: 335 PS
	6	4093	157	4200	3/A	165	295/525	1970	(OHV)
	V8	5799	259	4600	3/4/A	180			
		6558	-335	4800		200			

Pontiac	Zyl.	cm^3	PS	bei 1/min	Gänge	Spitze km/h	Radstand/Länge	ab Jahr	Besonderheiten
GTO			-375	5500		210			
		7462	365	4000					
Firebird	6	3769	167	4700	3/A	170	275/480	1967	OHC
			218	5200	3/4/A	180			
	V8	5340	253	4600		185			
			289	5000		190			
		6558	330	4800		200			
	6	4093	177	4800		175		1968/69	1969: 275/486 cm
			218	5200		180			1969: + 233/5400
	V8	5799	269	4600		185			
			324	5100		200			1969: 330 PS
		6558	335	4800					
			340	5000					1969: + 350/5400
	6	4093	157	4200	3/A	165	275/489	1970	(OHV)
	V8	5799	259	4600	3/4/A	185			
		6558	269	4600		190			(+ 335/4800)
			-350	5000		205			

zeigten jetzt einen geradezu klassisch hochformatigen Kühlergrill, der in der Mitte durch einen breiten vertikalen Chrombalken geteilt war (beim Typ Grand Prix wenig verändert, hingegen keine Speichenmotivräder mehr). Das Fahrwerk hatte ebenfalls Modifikationen erfahren. – *Zur Jahreswende feierte Pontiac übrigens die Herstellung des 14-millionsten Autos!*

Neuer Firebird Erst zu Beginn des Jahres 1970 wurde auch ein neuer Firebird vorgestellt. Er erhielt (parallel zum Chevrolet Camaro) eine vollständig neu gezeichnete – und glanzvoll gelungene – Karosserieform. Neu war die Einteilung nach Untermodellreihen: Standard, Esprit, Formula 400 und Trans-Am. Die Cabrioletausführung entfiel. Basismotor war wie schon im Vorjahr der 4,1-Liter-Sechszylinder von Chevrolet, doch selbstverständlich standen nach wie vor besonders kraftvolle V8-Maschinen zur Wahl. Es wurden jetzt serienmäßig vordere Scheibenbremsen eingebaut und weichere Blattfedern verwendet. Auch zahlreiche weitere Details belegten die Bemühungen um die technische Weiterentwicklung dieser auch bei vielen europäischen Fans beliebten Modellserie.

Pontiac Firebird, 1970

Pontiac in den 70er Jahren

In der Hierarchie der fünf traditionellen amerikanischen General-Motors-Begriffen belegte die jüngste, erst 1926 ins Leben gerufene Marke Pontiac stets den zweituntersten Platz über der »Basismarke« Chevrolet. Technisch blieben die Pontiac und die Chevrolet nahe miteinander verwandt. Ja, man konnte sagen, dass die Pontiac etwas feinere »Chevy« waren. Vor allem aber umschwebte ihr Image ein Hauch von Sportlichkeit. Dies kam ebenso in äußeren Merkmalen wie in noch höheren PS-Zahlen zum Ausdruck. Die teureren Modelle trugen inzwischen ein Vinyldach (Kunstlederüberzug auf dem Blech).

Im Herbst 1970 wurde Pontiac vom 67 Tage dauernden Streik bei GM mitbetroffen und verlor vorübergehend den dritten Platz hinter Chevrolet und Ford unter den meistverkauften Marken Amerikas. Im Modelljahr 1971 war die durchschnittliche Leistung auch der Pontiac – zwecks der vorgeschriebenen Verwendung von bleiarmem Benzin mit niedrigem Oktangehalt – reduziert worden. Die Pontiac-Palette umfasste in jenem Jahr 36 Modelle.

Ventura II Er war 1971 ein neu eingeführtes Kompaktmodell der Pontiac Divison und basierte auf dem → Chevrolet Chevy Nova, hatte jedoch eine deutlich längere Karosserie (fünfsitziges Coupé und sechssitziger Sedan). Angeboten wurde er mit dem 4,1-L-Sechszylindermotor wie auch mit dem 5-L-V8 von Chevrolet. Nebst einem 3-Gang-Getriebe (auf Wunsch mit Stockschaltung) wurde für den Six ein kurz Automatic geheißenes 2-Stufen-Automatgetriebe, für den V8 die 3-Stufen-Konstruktion Turbo Hydra-Matic angeboten. Das Fahrwerk bestand vorne aus Trapez-Dreieckquerlenkern, hinten aus einer Starrachse mit Einblattfedern. Vordere Scheibenbremsen, Bremsservo und Servolenkung gab es nur gegen Mehrpreis.

Firebird'71 Während sie in Nordamerika selbst nur eine untergeordnete Rolle spielten, fanden die viersitzigen Firebird-Coupés in etlichen europäischen Ländern zahllose Liebhaber. Sie waren mit dem Chevrolet Camaro verwandt, boten aber zum Teil noch potentere Motoren. Vor allem diesen wurde von Liebhabern in der Alten Welt große Anerkennung und Begeisterung gezollt. Die Skala reichte 1971 bis zum 7,5-L-V8 mit Vierfachvergaser und 340 SAE-PS. Als Einstiegmotor diente aber auch hier der 4,1-L-Six, über dem diverse 5,8- und 6,6-L-V8 rangierten. Sie wurden je nach Käuferwunsch und Leistung mit einem 3-Gang-Getriebe (Lenkradschaltung, auf Wunsch mit Sportabstimmung), mit einer 4-Gang-Einheit (mit Stockschaltung, teils eng gestuft), dem Automatic-2-Stufen-Getriebe (nur Six) oder dem 3-Stufen-Automat Turbo Hydra-Matic kombiniert. – Während 1970 rund 3200 Trans Am gebaut wurden, waren es 1971 nur noch 2116. Im Gegensatz zum Vorjahr war die Mehrheit nun mit Automatikgetriebe bestückt.

Das einfach gehaltene Fahrwerk setzte sich vorne aus Trapez-Dreieckquerlenkern und hinten aus einer Starrachse mit Halbelliptikfedern zusammen. Vorn wurden Scheibenbremsen montiert; Servobremsen und -lenkung waren mehrpreispflichtig (Servolenkung auf Wunsch zusammen mit variierender Untersetzung sowie verstellbarem Lenkrad). Gebaut wurde der Firebird in den vier Ausstattungsvarianten Standard, Esprit, Formula (350, 400, 455, je nach Hubraum in cubic-inches) und Trans Am.

Pontiac T-37 Hardtop Coupe, 1971

T-37, Le Mans, Le Mans Sport Auch hier zur Erinnerung: Sie repräsentierten die mittelgroßen Pontiac. Man baute sie noch mit einem Kastenrahmenchassis (vorne Trapez-Dreieckquerlenker und Schraubenfedern, hinten Starrachse mit Schraubenfedern, unteren Längslenkern und oberen zum Differenzial führenden Schräglenkern). Sie wurden mit dem 4,1-L-Sechszylindermotor oder dann mit einem V8 von 5,8, 6,6 oder 7,5 L Hubraum ausgerüstet; Kraftübertragung: je nach Modell 3-Gang-Getriebe (auch sportlich), 4-Gang-Getriebe (auch eng gestuft), Automatic (nur Six), Turbo Hydra-Matic. Es gab sie als zwei- oder viertüriger Sedan, Hardtop-Sedan, Hardtop-Coupé, Station Wagon sowie Cabriolet (nur Le Mans Sport). Außer den fünfsitzigen Hardtop-Coupés und dem Cabrio waren alle sechssitzig (den Kombi gabs auch mit acht Sitzen). Mehrpreispflichtig waren die Bremshilfe, vordere Scheibenbremsen, die Servolenkung mit variierender Untersetzung, das verstellbare Lenkrad, das sportlich abgestimmte 3-Gang-Getriebe mit Stockschaltung (je nach Modell, für Station Wagon beschränkte Getriebeauswahl), ferner (wie bei den anderen Pontiac) die Positraction-Differenzialbremse. Im Sportpaket GT-37 waren eine verstärkte Aufhängung, Doppelauspuff und ein Dekorset enthalten.

GTO Ausgesprochen sportlich gab sich der seit 1966 geführte Pontiac GTO, der als fünfsitziges Hardtop-Coupé und Cabriolet produziert wurde. Er war sozusagen die Großausgabe des Firebird und schaffte sich selbst unter den Kennern der Alten Welt ein gutes Renommee: 6,6- oder 7,5-L-V8, 4-Gang, 4-Gang eng gestuft, Turbo Hydra-Matic; Unterbau wie Le Mans, jedoch vordere Scheibenbremsen und Bremsservo sowie Servolenkung mit variierender Untersetzung in Serie (verstellbares Lenkrad auf Wunsch). Das Sportpaket GTO Judge umfasste eine härtere Aufhängungsabstimmung, Doppelauspuff und Sportdekor.

Catalina, Bonneville, Grand Ville Analog zu den Full-size-Modellen der übrigen GM-Marken waren die großen Pontiac mit dem Modelljahrgang 1971 mit völlig neuen Karosserien bedacht worden. Sie waren geräumiger, boten bessere Sicht und waren zudem wieder ein wenig gewachsen. Auffallend waren vor allem die tiefere Gürtellinie im Verbund mit größeren Fensterflächen sowie die etwas weniger verchromten Kühlerfronten. Das Modell Executive war abgesetzt worden, neu kam als Topausführung der Grand Ville hinzu. Die Catalina und Catalina Brougham hatten 314 cm Radstand, die Bonneville und Grand Ville 320 cm und die Station Wagon 322,5 cm (diese erreichten 585 cm Gesamtlänge). Gebaut wurden Sedan, Hardtop-Sedan, Hardtop-Coupé,

Cabriolet (sowohl Catalina wie Grand Ville) und Station Wagon (Catalina und Bonneville), alle mit sechs Sitzen (Kombi auch mit acht Plätzen).
Am Fahrwerk hatte man – bei unveränderter Konstruktionsweise wie die Le-Mans-Baureihe – ebenfalls Verbesserungen eingebracht. Neu war die hintere Starrachse der Station Wagon mit Blattfedern und auf Wunsch einer Niveauregulierung. Die Motorauswahl umfasste fünf V8 mit 5,8, 6,6 und 7,5 L Inhalt. Nebst einem 3-Gang-Getriebe wurden das 2-Stufen-Automatikgetriebe Automatic (nur mit dem 5,8-L-V8) und der 3-Stufen-Automat Turbo Hydra-Matic verwendet.
Die vier größeren Motoren waren auch mit Doppelauspuff zu haben. Vordere Scheibenbremsen und Bremshilfe waren Serie, die Servolenkung mit variierender Untersetzung bei Bonneville und Grand Ville ebenfalls (verstellbares Lenkrad auf Wunsch). Für die Station Wagon blieb die Getriebeauswahl eingeschränkt und es gab für sie auch keinen Doppelauspuff.
Grand Prix Das für 1971 hinsichtlich Karosserie und Fahrwerk im Detail überarbeitete Spitzenmodell der Marke Pontiac wurde ausschließlich als fünfsitziges Hardtop-Coupé gebaut. Erkennungsmerkmal des neuen Jahrgangs waren das schlichtere Kühlergesicht und der Übergang von Doppel- zu Einfachscheinwerfern. Der Grand Prix basierte auf dem Catalina, hatte aber just 300 cm Radstand. Es bestand die Wahl zwischen einem 6,6- und einem 7,5-L-V8. Bei der schwächeren Variante waren außer dem Turbo Hydra-Matic auch ein 3- oder ein 4-Gang-Getriebe verfügbar (beide mit Stockschaltung). Bremsservo und vordere Scheibenbremsen zählten zur Serienausstattung, nicht aber die Servolenkung mit variierender Untersetzung, das verstellbare Lenkrad und die hintere Niveauregulierung.
1972 erfolgte der industrieweite Übergang zu Net-HP (= 1,0139 DIN-PS), alle Motoren waren nun auf 91 ROZ bleiarm ausgelegt. Die Zahl der Modellvarianten hatte man von 37 auf 32 reduziert, teils wurde das Kühlgrilldesign geändert. Ventura neu mit hauseigenem 5,7-L-V8 sowie sportlicher

Pontiac Bonneville Sedan Hardtop, 1971

Sprint-Option (3-Gang mit Stockschaltung, mattschwarzer Kühlergrill usw.); Firebird Trans Am nun serienmäßig mit direkterer Servolenkung samt variierender Untersetzung und weiteren technischen Aufwertungen; T-37 gestrichen, neu Luxury Le Mans, GTO nur noch als Ausstattungsvariante des Le Mans; neue Spezialaufhängung samt direkterer Servolenkung für alle mittelgroßen Zweitürmodelle lieferbar; große Pontiac mit stärkeren Stoßstangen, Bonneville serienmäßig mit 7,5-L-V8, vorderen Scheibenbremsen mit Servo usw.; Grand Prix mit verstärkten Stoßstangen usw., zudem SJ-Version (u. a. mit wartungsfreier Elektro- bzw. Zündanlage).
Le Mans, GTO, Grand Am 1973 Mit dem Jahrgang 1973 wurden die mittelgroßen bzw. Intermediate-Pontiac neu aufgelegt. Ihre Karosserien waren länger und zeigten großzügigere Fensterflächen. Neu war die Luxusserie Grand Am mit spitzer Nase in Kühlergrillmitte. Das Coupé Le Mans fiel anderseits durch das im Profil spitz auslaufende Heck auf. Es gab die Serien Le Mans, Le Mans Sport (nur Coupé), GTO (Coupé), Luxury Le Mans, Le Mans Safari (Station Wagon) und Grand Am. Das Kastenrahmenchassis mit Traversen war versteift und die Aufhängungen waren optimiert worden, womit ein präziseres Fahrverhalten und ein erhöhtes Komfortniveau angepeilt wurden. Vordere innenbelüftete Scheibenbremsen zählten nun zur Standardausrüstung. Die Motorisierung reichte vom 4,1-L-Six bis zum 7,5-L-V8 mit 310 PS.

Pontiac Ventura Custom Hatchback Coupe, 1973

Pontiac Grand Am Colonnade Hardtop Sedan, 1973

Pontiac (Firebird) TransAm, 1974

Allen Pontiac des Jahrgangs 1973 gemeinsam waren die Energie absorbierenden Stoßstangen und ein weiterer Abbau der Schadstoffe im Abgas. Die Ventura 1973 erkannte man an den etwas größeren Seitenscheiben ohne Ventilationsflügel. Sie hatten zudem Stahlplanken in den Türen und Mehr- statt Monoblattfedern für die Hinterachse erhalten. Neu war das Hatchback-Coupé mit umlegbarer Rücksitzbank. Beim Luxuscoupé Grand Prix war das hintere Seitenfenster nun von der Türscheibe abgesetzt im Dachträger integriert, und das gänzlich neue Armaturenbrett erhielt ein Mahagonifurnier.

Astre *Von GM Kanada* wurde 1973 für den einheimischen Markt der Pontiac Astre lanciert: Eine Version des → Chevrolet Vega mit Pontiac-Kühlergitter als Sedan, Station Wagon Safari, Panel Van (Lieferwagen), Hatchback-Coupé sowie Hatchback GT (mit breiten Farbstreifen); Motor 2,3 L, 72 und 85 PS, vordere Scheibenbremsen. – Eigene Bezeichnungen trugen übrigens auch die kanadischen Pontiac Catalina, nämlich Laurentian und Parisienne Brougham.

Zum Modelljahr 1974 erhielten alle Modelle auch hinten den 8-km/h-Stoßschutz. Den Ventura gab es als Coupé und Coupé Hatchback neu mit einem GTO-Package (5,8 L mit 203 PS und 3-Gang-Getriebe). Beim Firebird war die Frontpartie schräg gestellt und sie trug unter den Kühleröffnungen eine Stoßstange (10 cm Längenzuwachs); Topmotor war der Super Duty 455. Der Grand Am erhielt eine auf Gürtelreifen abgestimmte RTS = Radial Tuned Suspension, die bei den anderen mittelgroßen Pontiac auf Wunsch zu haben war. Das Hardtop-Coupé Catalina zeigte ein abgesetztes hinteres Seitenfenster. Catalina, Bonneville und Grand Ville konnten mit einer Pedalverstellung bestellt werden.

Pontiac Astre Hatchback Coupe, 1975

Ab August 1974 wurde der (kanadische) Astre zu einem »allgemeinen« US-Modell mit 79 oder 88 PS (Kalifornien: 80 PS). SJ bezeichnete (wie auch beim Ventura) die Luxusausführung. Mit dem im September 1974 eingeführten Jahrgang 1975 hielt auch bei Pontiac der Katalysator Einzug. Der Luxury Le Mans hieß nun Grand Le Mans und der Grand Ville trug die Zusatzbezeichnung Brougham. Dieser sowie der Bonneville erhielten Rechteckscheinwerfer (zuvor in den USA nicht zugelassen) sowie als Hardtop-Sedan ein zusätzliches Seitenfenster. Beim Firebird entfiel zunächst der 7,5-L-Topmotor mit 294 PS (maximal noch 188 PS aus 6,6 L), feierte aber im Frühling 1975 (außer in Kalifornien) im Trans Am ein Comeback: mit 4-Gang-Getriebe, Doppelauspuff und Sintermetall-Bremsbelägen.

Ventura 1975 Die Ventura-Reihe erhielt (bei unveränderten Abmessungen) eine neue Karosserie mit größeren Fensterflächen und verbessertem Fahrwerk. In ihr stand nun auch der neue GM-4,3-L-V8 zur Wahl.

Sunbird Im September 1975 wurde als Parallelmodell zum → Chevrolet Monza Towne Coupe der Pontiac Sunbird auf den Markt gebracht.

Astre, Sunbird (schwächerer 2,3-L-Motor noch ohne Katalysator) und Ventura waren ab Jahrgang 1976 wie der Le Mans auch mit 5-Gang-Getriebe erhältlich; auch die Le-Mans-Modelle erhielten rechteckige Doppelscheinwerfer; nicht mehr aufgeführt wurde der Grand Am; zum 50-Jahr-Jubiläum von Pontiac gab es nebst dem Sunbird V6 einen besonders luxuriös ausstaffierten Grand Prix und als neue Toplimousine den Bonneville Brougham; dem Grand Prix wurde ein feinmaschigeres, noch stärker zugespitzt wirkendes Kühlergitter verpasst.

Pontiac Catalina Sedan, 1975

Acadian 1976 Nachdem GM 1963 mit dem Acadian eigens eine Marke für den kanadischen Markt geschaffen hatte, fand dieser Name für eine kanadische Pontiac-Version des → Chevrolet Chevette 1976 neue Verwendung (wenn auch nur noch als Modellbezeichnung).
1977 war das Jahr, da die großen Pontiac-Modelle Catalina, Bonneville und Bonneville Brougham deutlich kleinere und leichtere Karosserien erhielten, dies parallel zu den → Chevrolet Impala und Caprice 1977! Entsprechend wurden sie mit kleineren Motoren ausgerüstet, darunter einem 3,8-L-V6.
Der Astre wurde als Hatchback und als (Safari) Station Wagon mit einem neuen 2,5-L-Motor dotiert; auch im Sunbird gabs diesen Motor, Astre und Sunbird Hatchback gab es auch als Formula; im Ventura taten kleinere Motoren ihren Dienst (ab 2,5 L); den Firebird 1977 erkannte man an den rechteckigen Doppelscheinwerfern im neu gestalteten Kühlergesicht, an die Stelle des 4,1-L-Six trat ein 3,8-L-V6; als Bestseller im Pontiac-Programm hatte sich inzwischen der Grand Prix entpuppt (der Firebird wurde nur halb so viel verkauft), er erhielt kleinere Motoren und eine neue Topausführung LJ; neu war der CanAm als Topvariante des Le Mans Sport, statt eines Opera Windows trug er am hinteren Dachträger eine Jalousie, zudem bot er (nebst dem 6,6-L-V8) Sportinstrumente und eine verstärkte Aufhängung. Übrigens übernahm beim Firebird 1977 erstmals ein durch einen Bayflex-Polyurethan-Schaumblock abgestütztes Soft-Face die Funktion des Stoßschutzes; bei Aufprall konnte sich diese flexible Karosseriepartie verformen, um anschließend wieder die ursprüngliche Form anzunehmen.

Pontiac Grand Ville Brougham Convertible, 1975

Pontiac Sunbird, 1976

Pontiac Grand Prix, 1976

Pontiac Bonneville Brougham, 1977

Pontiac Grand Le Mans Coupé, 1978

Phoenix Ende Februar 1977 kam der Phoenix hinzu, ein auf dem Ventura aufgebauter Sedan mit einer die Vertikale unterstreichenden Frontpartie, luxuriöserer Ausstattung und einem Armaturenbrett, das jenem des Modells Grand Prix glich. Seine Rechteckscheinwerfer entsprachen erstmals dem metrischen Maß (142 x 200 mm).
1978 war das Modelljahr, mit dem GM die Intermediates (mittelgroßen Modelle) einer Abmagerungskur unterzog. Dies geschah bei den Le Mans (viertürig, Coupé und Station Wagon) und Grand Prix (Coupé) parallel zu den → Chevrolet Malibu und Monte Carlo, sie waren jedoch etwas länger und der 3,2-L-V6 wurde nicht angeboten. Der Astre wurde aufgegeben, seine Kombiversion Safari in die Sunbird-Reihe integriert; die Bezeichnung Ventura wurde endgültig zugunsten von Phoenix aufgegeben.
Das Modelljahr 1979 brachte wenig Neuerung: 2,5-L-Gusseisenmotor mit neuem Querstrom-Zylinderkopf (für Sunbird und Phoenix); Firebird mit gänzlich neuer Frontpartie: rechteckige Doppelscheinwerfer einzeln in der Schrägfront versenkt, Kühlergitter im Stoßschutz darunter, Formula und Trans Am auf Wunsch mit Vierrad-Scheibenbremsen.
Phoenix 1979/80 Im März 1979 wurde die völlig neue X-body-Baureihe von General Motors eingeführt. Der Phoenix wurde durch sie nicht nur wesentlich kompakter, sondern bot jetzt

Pontiac Firebird, 1978

Frontantrieb und Quermotor (alle Details → Chevrolet Citation). Der neue Phoenix wurde als Stufenheck-Coupé und als fünftüriger Sedan mit Fließheck gebaut. Der karierte, in der Mitte leicht zugespitzte verchromte Kühlergrill machte ihn leicht länger als die anderen X-Modelle. Bei den Topversionen (SJ) war der untere Teil der Flanken oder das Dach in Kontrastfarbe gehalten.

Pontiac Firebird Formula, 1979

Pontiac	Zyl.	cm³	PS	bei 1/min	Gänge	Spitze km/h	Radstand/Länge	ab Jahr	Besonderheiten
Astre	4	2287	79-88	42/44	3/4/A3		247/446	1975	
			71-85	4400			247/451	1976	
			85		4/5/A3			1977	
		2471	88						
Sunbird	4	2287	71-88	4400	3-5/A3		247/452	1976	
			85		4/5/A3			1977	
		2471	88-86					1977-79	
do. Crossflow			91					1979/80	
-	V6	3791	106	3400	4/5/A3			1976-78	
			117	3800				1979/80	
	V8	5001	147/137		4/A3			1978	
			132/127	3200				1979	
Ventura II	6	4093	112	3800	3/A2		282/494	1971/72	
	V8	5025	132	4400	3/A3			1972	
		5792	162		A3				
Ventura	6	4093	101	3600	3/A3		282/500	1973	
	V8	5792	152/177	40/44	3/4/A3				
	6	4093	101	3600	3/A3		282/506	1974	
	V8	5801	157-203	36-44	3/4/A3				
	6	4093	106	3800	3/A3		282/507	1975	
	V8	4269	112	3400				1975/76	
		5724	147/167	32/38	A3			1975	
	6	4083	112	3600	3/A3			1976	
		5724	142/157	32/34	A3				
	4	2471	88	4400	5/A3			1977	
	V6	3791	106	3200	3/A3				
	V8	4942	137	4000	4/A3				
		5001	147	3800	A3				
Phoenix	4	2471	86	4400	4/5/A3		282/517	1978	
	V6	3791	106°/117	34/38	3/A3			1978°/79	
		5001	147	3800	4/A3			1978	
			132/127	3200				1979	
		5733	162	3800	A3			1978	
			167/162					1979	
Phoenix	4	2471	91	4000	4/A3	267/460		1980	
	V6	2838	117	4800					
Firebird	6	4093	112	3800	3/A2/A3	275/487		1971/72	
	V8	5792	167/182	42/44	3/4/A2/A3			1971	
			162/177	44/40				1972	
		6547	182/253	38/44	A3/3/4			1971	
			177/253	40/44				1972	
		7462	259/309					1971	
			304	4000	4/A3			1972	
	6	4093	101	3600	3/A3	275/488		1973	
	V8	5792	152/177	40/44	3/4/A3				
		6547	172/233	36/44	A3/4				
		7475	253/31	4000	4/A3				
	6	4093	101°/106	36/38	3/A3	275/498		1974°/75	
	V8	5801	157-177	36/40	3/4/A3			1974/75	
		6558	177-228		A3/4			1974	
			188	3600				1975	
		7475	253/294	4000				1974	
Firebird	6	4093	112	3600	3/A3	257/500		1976	
	V6	3791	106	3200				1977/78	
			117	3800				1979/80	
	V8	4344	122	3600	A3			1980	
		4942	137/152	38/40	4/A3			1979	
			152/172	40/44				1980	
	V8/T		213	4000	A3				
	V8	5001	147°/127	38/32	4/A3			1978°/79	
		5801	162/167	4000	A3			1976	
			172					1977	
		5737	172-162	3800	A3/4			1977-79	

Pontiac	Zyl.	cm³	PS	bei 1/min	Gänge	Spitze km/h	Radstand/Länge	ab Jahr	Besonderheiten
		6558	188	3600	A3/4			1976	
			183/203	36/40				1977	
			183/223					1978	
			223	4000				1979	
		6598	188	3600	4/A3			1977-79	
nur für Trans Am		7473	203	3500	4			1976	
(T-37)/Le Mans	6	4093	112	3800	3/A2/A3		295/525°	71/72	
(1972 mit GTO/Luxury	V8	5792	167/182	42/44	3/4/A2/A3			1971	
			162/177	44/40				1972	
		6547	182/203	38/40	A3/4			1971	
			177/203	4000	A3			1972	
			203/253	40/44	3/4/A3				
		7462	264/314	40/44				1971	
			253/304	36/40	A3/4			1972	
nur Station Wagon			233	4400					
°) zweitürig: 285/515; Station Wagon: 295/536; Getr.:									
GTO	V8	6547	259	4400	4/A3		285/517	1971	
		7462	264/314	40/44	A3/3/4				
Le Mans/GTO (bis 1973)/									
Grand Am (bis '75)	6	4093	101	3600	3/A3		295/537°	1973	
	V8	5792	152	4000	3/4/A3				
		6547	172/233	36/44	A3/3/4				
		7475	253/310	4000	A3/4				
°) zweitürig: 285/527; Station Wagon: 295/542									
	6	4093	101	3600	3/A3		295/538°	1974	
	V8	5801	157-203	36-44	3/4/A3				
		6558	177-228	36-40	A3/4				
		7475	253	4000	A3				
	6	4093	106	3800	3/A3		295/538°	1975	
	V8	5801	157/177	4000	A3				
		6558	172/188	40/36				1975/76	
		7473	203	3500					
	6	4093	112	3600	3/A3			1976	
	V8	4269		3400	3/A3/5				
		5801	162/167	4000	A3				
	V6	3791	106	3200	3/A3			1977	
	V8	4942	137	4000	A3				
		5737	172	3800					
		5801		4000					
		6558	183	3600					
f. Kalifornien		6598	188						
°) zweitürig: 285/528; Station Wagon: 295/548									
Grand Am (bis 1975) viertürig: 295/546, zweitürig: 285/536									
Le Mans	V6	3791	106	3400	3/4/A3		275/504	1978	
			117	3800				1979/80	
	V8	4344	122	3600	A3			1980	
f. Le Mans Grand Am		4942	147/152	38/40				1978	
			137/152					1979	
			152/172	40/44				1980	
		5001	147/137	3800				1978	
			157°/152	40/38				1979°/80	
f. Station Wagon		5733	162	3800				1978	
			167	3600				1979	
Catalina	V8	5792	167	4200	3/A2/A3		314/560°	1971	
		6547	188	3800	3/A3				
			203/253	40/44	A3				
			177/203	4000				1972	
			203/253	40/44					
		5792	152/177				315/571	1973	
		6547	172/188	36/40					

1980 entfielen beim Sunbird der Kombi und der 5-L-Motor; Firebird mit neuem 4,3-L-V8 und mit 4,9-L-V8 in einer Version mit Abgasturbolader = Turbo Formula und Turbo Trans Am (Adlerdekor auf Motorhaube wie zuvor Trans Am Limited Edition), 5,7- und 6,6-L-V8 gestrichen! Le Mans und Grand Prix neu mit 4,3-L-V8, Grand Prix ohne Handschaltung; Catalina und Bonneville mit stömungsgünstigeren Karosserien (→ Oldsmobile 88/98) und neu mit 4,3-L-V8 und 5,7-L-Diesel, 6,6-L-V8 abgesetzt.

Pontiac Phoenix SJ Coupe, 1980

Pontiac	Zyl.	cm³	PS	bei 1/min	Gänge	Spitze km/h	Radstand/Länge	ab Jahr	Besonderheiten
Bonneville	V8	7462	193/233	32/40	3/A3		320/570°	1971	
			188/203	4000				1972	
		6547	172/188	36/40			315/571	1973	
°) Station Wagon Safari/Grand Safari: 323/585; 1973: 323/585									
Grand Ville	V8	7462	233/259	44/40	3/A3		320/570	1971	
			223/253	3600	A3			1972	
		7475	218/253	36/40			315/571°	1973	
°) Station Wagon Grand Safari: 323/585									
Catalina Bonneville/ Grand Ville	V8	6558	177/203	36/40	A3		315/571°	1974	
(bis 1975)		7475	218/253						
		6558	172/188	40/36			315/574°	1975/73	
		7475	203	3500					
°) Station Wagon Safari/Grand Safari: 323/585; 1975: 323/588									
Catalina/Bonneville	V6	3791	106	3200	A3		295/543	1977/73	
			117	3800				1979/80	
	V8	4344	122	3600				1980	
		4942	137°/142	40/36				1977°/78	
			132/152	32/40				1979	
		5724	157	3400				1978	
		5737	172	3800				1977/73	
			162°/127	3600				1979°/30	
		6598	183/188					1977/73	
			177					1979	
Grand Prix	V8	6547	259°/253	4400	3/4/A3		300/541	1971°/72	
			233				295/550	1973	
		6558	228°/188	40/36				1974°/75	
		7462	264/253	40/36	A3		300/543	1972	
		7475	253/314	4000			295/550	1973	
			253°/203	40/35				1974°/75	
Grand Prix	V8	5801	162/167	4000	A3		295/541	1976	
		6558	172/188	40/36					
		7475	203	3500					
		4942	137	4000				1977	
		5801	172						
f. Kalifornien		5737		3800					
-		6558	183	3600					
f. Kalifornien		6598	188						
Grand Prix	V6	3791	106	3400	3/A3		275/511	1978	
			117	3800				1979/80	
	V8	4344	122	3600	A3			1980	
		4942	137-152	36-40				1978/79	
			152/172	40/44				1980	
f. Kaliforinien		5001	137-157	38/40				1978-80	

Pontiac in den 80er Jahren

Erinnern wir uns: In der Hierarchie der fünf traditionellen amerikanischen General-Motors-Marken belegte Pontiac das zweitunterste Podest über Chevrolet, mit denen die Pontiac-Modelle technisch identisch oder zumindest verwandt waren. In der Regel waren die Pontiac »etwas feinere Chevy«. Dies galt 1980 auch für den auslaufenden Typ Sunbird, für den es bis zum Erscheinen der J-car-Serie keine Neuerungen mehr gab. Die bei → Chevrolet im Detail festgehaltenen prinzipiellen Änderungen und Bemerkungen zum Jahrgang 1981 gelten daher auch für Pontiac.

Phoenix Kleinstes Modell in der für 1981 im Herbst 1980 angekündigten Jahrgangs war der im April 1979 als Teil der X-car-Reihe vorgestellte Phoenix. Mit Frontantrieb und Quermotor bedeuteten die X-cars eine radikale Abkehr von den amerikanischen Gepflogenheiten: Kleinere Abmessungen und niedrigeres Gewicht entsprachen den dringenden Anforderungen der Zeit. Den Phoenix gab es 1981 als fünftürige Fließhecklimousine mit sechs Seitenfenstern (Sedan Hatchback) und als zweitüriges Stufenheckcoupé (Coupe Notchback) sowie zusätzlich als LJ (luxuriöser ausgerüstet) und SJ (sportlich angehaucht). Die Frontpartie war neugestaltet worden. Basismotor war der markeneigene 2,5-L-Grauguss-Vierzylinder mit seitlicher Nockenwelle. Darüber rangierte der GM-2,8-L-V6 mit zentraler Nockenwelle. Beide Antriebsaggregate wurden entweder mit einem 4-Gang-Getriebe mit Mittelschaltung oder mit dem Automatikgetriebe Turbo Hydra-Matic mit Lenkradschaltung kombiniert. Vorne wurden Federbeine und untere Dreieckquerlenker, hinten eine Starrachse mit Längslenkern, Panhardstab und Schraubenfedern verwendet. Der Phoenix erhielt vordere Scheibenbremsen (belüftet, auf Wunsch mit Servo) und eine Zahnstangenlenkung (auf Wunsch mit Servo).

Pontiac Grand Le Mans Safari, 1981

Le Mans Die Baureihe Le Mans besaß immer noch ein Kastenrahmenchassis mit Traversen. Sie war mittelgroß, aber bereits in den zurückliegenden Jahren zwecks Gewichts- und Verbrauchseinsparung verkleinert und abgemagert worden. Für 1981 hatte man die Front und den Dachabschluss aerodynamischer gestaltet. Auffallend war die Schrägstellung des niedriger gestalteten Kühlergrills, das aber weiterhin von einer marken- bzw. modelltypischen Mittelrippe zweigeteilt wurde. Es gab den Le Mans und den Grand Le Mans, beide Linien als viertürige Limousine, zweitüriges Coupé und als fünftürigen Kombi mit der Bezeichnung Safari; alle boten sechs Sitze.

Die Motorisierungsskala begann mit dem Buick-V6 mit 3,8 Liter Hubraum; hinzu kamen drei V8 mit 4,3, 4,9 (nur Station Wagons) und 5,7 Liter Inhalt. Bei Letzterem handelte es sich um den 1978 von Oldsmobile eingeführten Dieselmotor, der es wegen der Abgasvorschriften auf bloß noch 106 PS brachte. Wer statt des dreistufigen Automatikgetriebes Turbo Hydra-Matic eine Handschaltung wollte, musste sich auf drei Gänge und die Limousinen mit V6-Motor beschränken. Zur Aufhängung zählten vorne Trapez-Dreieckquerlenker und Schraubenfedern, hinten eine Starrachse mit Schraubenfedern, unteren Längslenkern und oberen zum Differenzial führenden Längslenkern. Servobremsen waren nur für die Station Wagons serienmäßig, und nur bei den Modellen mit V8-Motor zählte die Kugelkreislauf-Servolenkung mit variierender Untersetzung zur Grundausstattung.

Grand Prix So hieß die Coupéversion des Le Mans. Wie der Chevrolet Monte Carlo erhielt dieses Coupé mit dem Jahrgang 1981 eine neue Karosserie mit geglätteten Seitenflächen statt der angedeuteten Radhauskontursicken, zudem mit niedrigerer Front und geänderter Dachform. Dies erbrachte eine wesentlich verbesserte Aerodynamik (angeblich um ein Fünftel reduzierter Luftwiderstand) und damit die anvisierte Verbrauchsreduktion. Das Coupé wurde außer in einer Grundausführung mit den Ausstattungslevels LJ und neu Brougham angeboten. Wie beim Le Mans wirkten die zweifarbigen Ausführungen besonders schmuck. Die Technik stimmte mit jener des Le Mans überein, doch beschränkte sich das Motorenangebot auf den 3,8-L-V6, den 4,3-L-V8 und den 5,7-L-Diesel-V8.

Catalina und Bonneville Bei diesem Duo handelte es sich um die in der traditionellen Standardgröße gehaltenen Pontiac. Sie waren auf einem Kastenrahmen mit Traversen aufgebaut und besaßen die gleiche Fahrwerkskonstruktion wie die Baureihe Le Mans, doch war für die Hinterachse auf

Pontiac Catalina Coupe, 1980

Wunsch eine Niveauregulierung erhältlich. Es gab den Catalina, den Bonneville und den Bonneville Brougham als viertürige Limousinen und zweitürige Coupés. Hinzu kamen die Station Wagons Catalina Safari und Bonneville Safari. Diese Kombis hatten eine an Blattfedern geführte hintere Starrachse, waren anstatt mit sechs auch mit acht Sitzen lieferbar und sie übertrafen mit ihren Abmessungen (550 cm Länge, 203 cm Breite) die Limousinen noch deutlich (544 bzw. 194 cm). Sie waren nur mit dem 5-L-V8 oder dem 5,7-L-Diesel-V8 zu haben, während in Limousine und Coupé auch der 3,8-L-V6 und der 4,3-L-V8 eingebaut wurden (s. Le Mans).
Zusammen mit dem 5-L-V8 wurde statt des ebenfalls noch neuen Lock-up-Automatikgetriebes (Schlupfunterbindung in der 1:1-Stufe) ohne Mehrpreis das neue 4-Stufen-Automatikgetriebe eingebaut: Die als Overdrive bezeichnete zusätzliche Stufe lag über dem direkten Gang und reduzierte die Drehzahl im Sinne des Treibstoffsparens. Für 1981 zeigte sich der Kühlergrill feinmaschiger und in der Mitte nach oben leicht zugespitzt.

Firebird Dem Firebird (»Feuervogel«), das seit 1967 gebaute Parallelmodell zum Chevrolet Camaro, kam inzwischen ein Kultstatus zu, der unter den Fans in Europa fast noch mehr gepflegt wurde als in den USA. Das viersitzige Coupé zeichnete sich ebenso durch seine wuchtige Eleganz wie durch Modellkonstanz aus. Vom Camaro hob es sich durch die eigenständige Front- und Heckgestaltung deutlich ab. Charakteristisch war das 1979 eingeführte kühlergitterfreie »Gesicht« mit den in Vertiefungen lauernden rechteckigen Doppelscheinwerfern. Der zweiteilige Lufteinlass war in den Stoßschutz integriert.
1981 gab es die Ausführungen Firebird, Esprit, Formula und TransAm. Die Motorisierung begann mit dem 3,8-Liter-V6 von Buick (112 PS, nur Firebird und Esprit), führte über den 4,3-L-V8 (122 PS, ohne TransAm) zu den 4,9- und 5-Liter-V8. Den 4,9-L-V8 gab es mit 152 PS nur in Firebird und Esprit, während der 5-L-V8 mit 147 PS Formula und TransAm vorbehalten war. Stärkste Maschine war seit 1980 (nun mit 203 PS) jedoch eine Chevy-Version des 4,9-L-V8, die mit einem Abgasturbolader bestückt wurde (max. Ladedruck 0,6 bar).
Je nach Motor wurden ein 3-Gang-Getriebe (nur mit dem V6), das Turbo Hydra-Matic (V6, 4,3- und 4,9-L-V8) und ein 4-Gang-Getriebe (nur 5-L-V8) eingebaut, alle mit Mittelschaltung. Das Firebird-Fahrwerk umfasste vorne Trapez-Dreieckquerlenker und Schraubenfedern, hinten eine Starrachse mit Halbelliptikfedern. Die Bremsanlage (vorne belüftete Scheiben) war bei den V8-Modellen in Serie mit einem Servo dotiert. Die Kugelkreislauflenkung arbeitete mit Servo und variierender Untersetzung. Auf Wunsch gab es auch Vierrad-Scheibenbremsen.
Da die Marke Pontiac in Kanada besonders stark verankert war, wurden von der in Oshawa, Ontario, niedergelassenen General Motors of Canada Limited teils eigene große Modelle auf Chevrolet- und Pontiac-Basis kreiert.

T 1000 Nachdem ein analoges Modell (unter der Bezeichnung Acadian) bereits für den kanadischen Markt geschaffen worden war, kam der T 1000 im Februar 1981 auch auf den US-Markt: Er war eine mit entsprechendem Kühlergesicht und weiteren Details auf Pontiac getrimmte Version des → Chevrolet Chevette, der seinerseits aus dem früheren Opel Kadett hervorgegangen war. Es gab dieses kleine Fastbackmodell sowohl drei- wie fünftürig. Der Antrieb erfolgte durch einen 1,6-L-OHC-Vierzylinder, und es standen 4- und 5-Gang-Handschaltgetriebe sowie das 3-Stufen-Turbo Hydra-Matic zu Wahl. Die Aufhängung: vorne Dreieck-Querlenker mit Schraubenfedern, hinten Starrachse, Kardanwelle in kurzem Schubrohr mit Zentralgelenk, Längslenker, Panhardstab und Schraubenfedern. Für Bremsen und Lenkung waren je ein Servo erhältlich.

J 2000 Im April 1981 wurde neben dem → Chevrolet Cavalier und dem → Cadillac Cimarron der zu GM's J-cars zählende Pontiac J 2000 vorgestellt. Konstruktiv glich er dem Opel Ascona, hatte also ebenfalls Frontantrieb, Quermotor und eine hintere Einzelradaufhängung, und er war nicht zuletzt als eine Antwort auf die japanische Modelloffensive auf dem amerikanischen Markt gedacht.
Den J 2000 gab es in den Zusatzausstattungen LE und SE, und er wurde als viertürige Stufenhecklimousine, ebensolches Coupé, fünftüriger Station Wagon und als besonders attraktives dreitüriges Fastbackcoupé gebaut. Dieses glich von hinten betrachtet stilistisch dem Opel Monza. Die J 2000 besaßen eine attraktiv geformte markentypisch zweigeteilte Front mit rechteckigen Doppelscheinwerfern, und sie wurden auch zweifarbig angeboten.
Wie den Chevrolet Cavalier gab es den J 2000 vorerst ausschließlich mit einem neuen 1,8-L-Motor in Grauguss und mit seitlicher Nockenwelle (89 PS), der wahlweise mit einem 4-Gang-Getriebe oder einem 3-Gang-Automatikgetriebe THM 125 vereint wurde. Vorne wurden Federbeine und untere Dreieckquerlenker, hinten Längsschwingen verwendet. Die Servobremsen hatten belüftete Bremsscheiben (vorne), und die Zahnstangenlenkung wurde auf Wunsch ebenfalls mit einem Servo dotiert.
Zum Modelljahr 1982 wurde der J 2000 wahlweise mit 1,8-L- OHC-Motor mit Leichtmetall-Zylinderkopf von Chevrolet Brasilien lieferbar. Mit Einspritzung dotiert kam dieses Aggregat auf 85 PS, versprach aber dank 5-Gang-Getriebe und kürzerer Untersetzung erhöhtes Spurtvermögen. Auch zusammen mit diesem Motor ließ sich das Automatikgetriebe bestellen.
Vor den Sommerferien 1981 lief im Montagewerk Norwood, Ohio, einer der letzten Firebird TransAm vom Band. Seit 1967 waren 1'456'790 Firebird-Coupés und anfänglich auch -Cabriolets gebaut worden, davon seit 1969 immerhin 459'913 Exemplare des besonders sportlichen TransAm. Nun stand eine abgespeckte Neuauflage mit mehr Innenraum in Aussicht...

Bonneville 1982 Während das Modell Catalina 1982 in den USA entfiel, wurden die großen Pontiac Parisienne von GM Canada auf Händlerwunsch beibehalten. Der Bonneville wurde im Sinne des allgemeinen Down-sizing (Verkleinern) der US-Modelle auf die Plattform des Typs Le Mans reduziert. Sein Kastenrahmenchassis wies damit noch 274,5 statt 294,5 cm Radstand auf, und es ergab sich eine entsprechende Karosserieverkürzung.
1982 entfiel der Pontiac Le Mans seinerseits zugunsten des zum Jahresbeginn angekündigten Pontiac 6000. Der Phoenix erhielt eine grundlegend erneuerte Vorderradaufhängung und ein neues Auspuffsystem. Zudem arbeitete sein 2,5-Liter-Motor mit Einspritzung statt Vergaser, was verbesserte Anwärm-Laufeigenschaften und einen günstigeren Verbrauch brachte. Der Grand Prix war wie der neue Bonneville nicht mehr mit einem V8-Benzinmotor zu haben.
6000 Parallel mit dem Chevrolet Celebrity und den analogen Oldsmobile- und Buick-Modellen wurde Ende November 1981 die seit geraumer Zeit erwartete neue Modellreihe zwischen Phoenix (X-bodies) und Bonneville (früher Le Mans) vorgestellt. Diese neuen A-bodies basierten auf den frontgetriebenen X-body-Modellen, teilten mit diesen auch den Radstand von 266,5 cm, waren aber rund 30 cm länger. Der Pontiac 6000 war mit einem Leergewicht ab 1220 kg über 200 kg leichter als der nun als Intermediate geltende Bonneville. Es gab ihn als viertürige Limousine mit sechs Seitenfenstern und als zweitüriges, ebenfalls fünfsitziges Stufenheckcoupé.
Wie beim Phoenix begann die Motorisierung beim Pontiac 6000 mit dem auf Einspritzung umgestellten hauseigenen 2,5-L-Grauguss-Vierzylinder mit seitlicher Nockenwelle. Darüber rangierten ein 2,8-L-V6 und der von Oldsmobile beigesteuerte neue 4,3-L-V6-Diesel. Für die Kraftübertragung auf die Vorderräder sorgte ausschließlich das 3-Stufen-Automatikgetriebe Turbo Hydra-Matic 125 mit Lenkradschaltung. Vorn fanden sich Federbeine mit unteren Dreieckquerlenkern, hinten eine Starrachse mit Längslenkern, Schraubenfedern und Panhardstab.

Pontiac J 2000 LE Coupe, 1982

Pontiac Phoenix LJ Coupe + Phoenix Hatchback, 1982

Pontiac Firebird TransAm, 1982

Pontiac 6000 STE, 1983

Firebird 1982 Gleichzeitig mit dem Pontiac 6000 wurde auch der längst erwartete neue Firebird vorgestellt. Nein, er hatte keinen Vorderradantrieb, wie dies von manchen Fans befürchtet worden war. Und er sah wiederum hervorragend aus: im typischen Firebird-Stil mit vertikal geteilter Schnauze (einem Hauptunterscheidungsmerkmal zum Chevrolet Camaro), neu aber mit Klappscheinwerfern. Die Gesamtlinie war noch aerodynamischer und das kuppelförmige, nun aufmachbare Heckfenster noch großflächiger geworden. Im Windtunnel von General Motors ließ sich ein cw-Wert von 0,33 nachweisen, mit dem aufgesetzten Heckflügel des CanAm sogar nur 0,323.
Auf den ersten Blick fiel gar nicht auf, dass der Radstand von 275 cm recht beträchtlich auf noch 256,5 cm gekappt worden war. Die Gesamtlänge erreichte 483,5 gegenüber 503 cm beim Vormodell. Breite und Höhe standen mit 184 und 126,5 cm gegenüber 185,5 und 128 cm zu Buche. Das Leergewicht hatte sich von minimal 1535 auf just 1300 kg reduziert. Analog dazu und im Trend der auf Sparsamkeit ausgerichteten Zeit liegend war die Hubraumspanne nach unten verschoben worden: Für den Einstieg diente der 2,5-L-Einspritzmotor; vier Zylinder und 91 PS in einem Firebird, das klang beängstigend mager! Wegen des geringeren Gewichts reduzierte sich aber die Leistungsfähigkeit des Basismodells nur geringfügig. Die weiteren Motoren im neuen Firebird waren ein 2,8-L-V6 und immerhin zwei 5-Liter-V8, wobei es die nur im TransAm lieferbare Einspritzversion auf respektable 167 PS brachte (V8 mit Rochester-Vierfachvergaser Quadrajet: 147 PS).
Zu allen Versionen waren ein 4-Gang-Getriebe oder ein 3-Stufen-Automatikgetriebe Turbo Hydra-Matic 200c mit Lenkradschaltung lieferbar. Die Aufhängung bestand vorne aus unteren Dreieckquerlenkern und Dämpferbeinen, hinten aus einer Starrachse mit Längslenkern, Schraubenfedern und Panhardstab. Die Kugelkreislauflenkung arbeitete ebenso wie die Bremsanlage mit Servo. Wiederum waren verschiedene Fahrwerkabstimmungen erhältlich. Sie gipfelten im Performance package mit direkter ausgelegter Lenkung, Breitreifen auf LM-Felgen, dickeren Stabilisatoren, Drehmomentstützen, Vierrad-Scheibenbremsen und Differenzialbremse.
Der Pontiac TransAm 1982 sollte als KITT (Knight Industries Two Thousand) in der Fiktions-Fernsehserie Knight Rider zu einer Kultlegende werden. Zu seinen besonderen Merkmalen zählte ein hin und her pendelndes rotes Scannerlicht an der Front. Zudem reagierte er nicht nur auf Sprechbefehle des Fahrers, sondern konnte sie auch »intelligent« beantworten. Dazu besaß er ein gewaltiges futuristisches Digital-Armaturenbrett mit Flugzeug-inspirierter Lenkeinheit anstelle eines Lenkrades. Von 17 gebauten Exemplaren blieben am Ende vier unversehrt und gingen an Sammler.

Pontiac T 1000, 1983

Pontiac Bonneville, 1983

Pontiac Parisienne 1984

6000 STE Mit dem Modelljahr 1983 kam die Modellvariante 6000 STE hinzu. Sie bestach durch ihr aggressives Kühlergitter mit je einer zusätzlichen quadratischen Nebellampe auf der Innenseite der doppelten Rechteckscheinwerfer. Dieses Modell mit 132 PS leistendem 2,8-L-V6, 6 Zoll breiten Leichtmetallrädern und reichhaltiger Ausstattung war als eine Antwort auf die erfolgreichen Audi 5000, BMW 528e und Saab 900 gedacht.
1983 kam beim T 1000 ein 1,8-L-Dieselmotor ins Angebot; beim J 2000 bestand die Wahl zwischen dem 1,8-L-OHC-Motor und einem 2-L-Einspritzmotor mit seitlicher Nockenwelle; der 4,1-L-V6 von Bonneville und Grand Prix wurde wieder durch den 5-L-V8 ersetzt: ein bemerkenswertes Comeback, mit dem den Käuferwünschen nach mehr Leistung und Komfort entsprochen wurde.
Firebird 1983 Vor allem getriebeseitig wurde auf erhöhte Wirtschaftlichkeit gezielt: 5- statt 4-Gang-Getriebe, 4-Stufen-Automatikgetriebe einschließlich Overdrive und Wandlerkupplung. In der High-Output-Version leistete der 2,8-L-V6 127 statt 103 PS. Für den TransAm wurde der Luftwiderstandsbeiwert nach einer Kur im Windkanal mit cw 0,312 angegeben. Daneben gab es den TransAm Daytona 500 25th Anniversary Limited Edition mit einem Aeropaket, das einen cw-Wert von 0,305 erbrachte.
Bereits war aber auch vom Mittelmotor-P-car die Rede: Er sollte Pontiac Fiero 2M4 (= Zweisitzer, Mittelmotor, Vierzylinder) heißen. Im Frühling 1983 machten vorerst einige andere Pontiac-Modelle von sich reden, mit denen der lädierte sportliche Ruf der Marke wieder aufpoliert werden sollte. So wurde auf der J-car-Basis, ebenso wie bei Chevrolet und bei Buick, aber mit der Bezeichnung Sunbird, ein vier- bis fünfsitziges Pontiac-Cabriolet vorgestellt. Ein Pontiac Convertible war zuletzt 1975 in 4519 Exemplaren auf dem Grand Ville gebaut worden.
Parisienne Ebenfalls im Frühling 1983 wurde mit dem Parisienne nach kanadischem Muster auch für die USA wieder ein Full-size-Pontiac ins Angebot aufgenommen. Technisch entsprach er dem → Chevrolet Caprice und es gab ihn als sechssitzigen Sedan und achtsitzigen Station Wagon mit 3,8-L-V6 (nur Sedan), 5-L-V8 und 5,7-L-Dieselmotor.
Firebird TransAm HO Ein neues Firebird-Derivat, das auf der Auto-Expo von Los Angeles im Mai 1983 für Furore gesorgt hatte, war der Super-Duty-Firebird mit auffallenden Anbauteilen an der Front und an den Seiten, einem mächtigen Motorhaubenaufsatz und in Kontrastfarbe gehaltenen unteren Flankenpartien. Dem Antrieb diente freilich nicht ein mächtiger V8, sondern ein getunter 2,7-L-Vierzylindermotor. Dieser TransAm HO fand jedoch keinen Eingang in die Verkaufskataloge.
Hingegen kam im Juli 1983 der neue Firebird TransAm ganz offiziell in einer hochsportlichen High-Output-Version auf den Markt. Bei ihm wurde der Vierfachvergaser Rochester Quadrajet durch eine von 8,6:1 auf 9,5:1 erhöhte Verdichtung, eine schärfere Nockenwelle, Kolben aus dem Crossfire-V8, einen elektrischen Lüfter und ein widerstandsärmeres Auspuffsystem ergänzt, woraus 190 Netto-PS resultierten. Mit diesem HO-Motor konnte sich der Firebird wieder durchaus sehen lassen. Das Fahrwerk war mit einer strafferen Abstimmung und Breitreifen auf 7 Zoll breiten Leichtmetallrädern angepasst worden.
Fiero 2M4 Mit dem Modelljahrgang 1984 lancierte Pontiac das angekündigte Mittelmotor-Zweisitzercoupé. Abgesehen von italienischen Hochleistungsportwagen hatte es bis just zu jenem Jahr auch von Talbot Matra einen erschwinglichen Mittelmotor-Sportwagen gegeben, und man mochte sich noch an den VW-Porsche erinnern. Zum Zeitpunkt der Fiero-Markteinführung gab es den teuren Lotus Esprit und den kleineren Bertone X 1/9 (sowie einige brasilianische Spezialitäten). Inzwischen wussten Insider, dass auch Toyota einen Sportwagen dieser Konzeption in petto hatte. Der 2M4 war bei 407 cm Länge 175 cm breit und 119 cm niedrig. Es wurde ein cw-Wert von 0,377 genannt.

Pontiac Fiero, 1984

Der selbsttragend mit Stahlskelett und Kunststoffteilen konstruierte Aufbau des Fiero besaß eine völlig glatte Fronthaube mit Klappscheinwerfern. Sie ließ sich mit jener der Mazda RX-7 und Porsche 924 vergleichen. Hinzu kamen ein ausgeprägtes Stufenheck und eine als Farbstreifen betonte seitliche Längssicke, die in die Front bzw. in die Schlusslichter ausmündete. Nur ein kleines Luftloch vor dem linken hinteren Radausschnitt wies auf die Motorlage hin. Unter der Fronthaube waren der Kühler mit elektrischem Lüfter, die Servobremsanlage, die Heizung sowie das Ersatzrad untergebracht. Als Kofferraum verblieben 170 dm^3 hinter dem Motorabteil.

Für den Antrieb hatte man die Frontantriebsgruppe der GM-X- und A-Modelle vor den angetriebenen Hinterrädern eingepflanzt. Die hintere Radaufhängung entsprach mit den an einem Hilfsrahmen angelenkten Dreieckquerlenkern und Federbeinen der vorderen X-body-Einheit. Vorne fanden sich doppelte Dreieckquerlenker. Der bloß 38,5 Liter fassende Benzintank fand sich unter dem hinteren Teil der Mittelkonsole. Die Ziffer 4 in der Bezeichnung stand für den gusseisernen 2,5-Liter-Vierzylindermotor mit seitlicher Nockenwelle. Immerhin hatte man ihm neue Swirlport-Einlässe verpasst, womit sich die Verdichtung von 8,2:1 auf 9:1 anheben ließ. Die Leistung blieb zwar bei 93 PS, doch wirkte sich diese Maßnahme günstig auf den Verbrauch aus. Es standen ein 4-Gang-Getriebe (mit kurzem oder langem obersten Gang) und ein 3-Stufen-Automatikgetriebe THM 125 (mit Lenkradschaltung und Lock-up) zur Wahl. Tempo 100 vermochte der leer 1115 kg wiegende Fiero in etwa 12 s zu erreichen, und als Spitze waren 170 km/h zu erwarten.

2000 Sunbird 1984 erhielten die J 2000 die sympathischere Bezeichnung 2000 Sunbird. Am meisten verdiente sie die jetzt in Produktion genommene Cabrioletversion. Neuerdings war die mit dem Opel Ascona verwandte Serie auch mit 1,8-Liter-Turbomotor erhältlich. Hierzu wurden die aus Brasilien stammenden OHC-Vierzylinder außer mit Zentraleinspritzung in den USA mit einem Abgasturbolader aufgerüstet (Airesearch T2, Ladedruck 0,6 bar, Verdichtung 8:1). Mit 152 PS distanzierte sich diese Motorisierungsart deutlich von den beiden anderen.

Pontiac Grand Am, 1986

Der Pontiac 6000 der A-Serie war ab 1984 auch als Station Wagon erhältlich; dieser wirkte vor allem in zweifarbiger Ausführung ansprechend elegant. Damit konnte beim mittelgroßen Bonneville auf ein Kombimodell verzichtet werden, dies umso mehr, also es mit dem ein halbes Jahr zuvor neu eingeführten Parisienne Brougham ohnehin wieder einen großen Station Wagon gab.

Nachdem der Fiero als erstes Vierzylindermodell seit 1912(!) zum Official Pace Car des 500-Meilen-Rennens von Indianapolis vom 27. Mai 1984 erwählt worden war, wurden von diesem u. a. mit einem Aero package (erhöhter Bodeneffekt) und einer Ansaughutze über dem Dachende ausgerüsteten Sondermodell eine Serie von 2000 Replikas aufgelegt.

Grand Am Mit dem Modelljahr 1985 lancierte General Motors für Pontiac, Oldsmobile und Buick je ein Coupé der N-bodies-Serie: Ausgangspunkt J-car mit von 257 auf 262,5 cm verlängertem Radstand, aerodynamisch ausgefeilte Fünfsitzer mit großzügigen seitlichen Fensterflächen, 2,5-Liter-Gusseisenmotor mit seitlicher Nockenwelle zur Tech IV engine aufgewertet (weiterhin 93 PS), alternativ dazu 3-Liter-V6 von Buick mit einer dank Einspritzung auf 127 PS gesteigerten Leistung, 5-Gang-Getriebe oder 3-Stufen-Automatikgetriebe THM 125. Der Grand Am war auch mit einer sportlichen Fahrwerkabstimmung erhältlich.

1985 wurde das Pontiac-Angebot in Kanada vom Modell Firefly angeführt, bei dem es sich um einen umgetauften Suzuki Swift handelte; dieser wurde in den USA als Chevrolet Sprint verkauft... Ebenfalls in Kanada hatte man übrigens den Chevrolet Corsica unter den altvertrauten Namen Pontiac Tempest kommerzialisiert.

Angebotsbereinigung Für den Pontiac 1000 gab es 1985 ein sportliches Fahrwerk, der 1,8-L-Dieselmotor wurde hingegen bereits wieder aus dem Angebot gestrichen. Gleich gesamthaft aufgegeben wurde die Modellreihe Phoenix! Bei den Pontiac 6000 stand der 2,8-L-V6-Motor neu mit Einspritzung (132 PS) zur Wahl.

Nachdem der Fiero bereits in annähernd 100'000 Exemplaren abgesetzt werden konnte, wurde ihm für 1985 ein 5-Gang-Getriebe spendiert (alternativ zum 3-Stufen-Automatikgetriebe). Gleichzeitig gab es ihn neu mit 2,8-L-V6-Einspritzmotor und 142 PS (jedoch nur 4-Gang-Getriebe sowie 3-Stufen-Automatikgetriebe). So konnte Tempo 100 binnen 9 s erreicht werden.

Als GT besaß er ein Aero package (das die Länge auf 420 cm anwachsen und den cw-Wert von 0,38 auf 0,35 sinken ließ) und wurde ausschließlich mit dem V6-Motor ausgerüstet.
Für die Firebird stand das Modelljahr 1985 im Zeichen von Leistungssteigerungen (abgesehen vom 2,5-L-Vierzylinder, der noch auf 89 statt 93 PS kam): 2,8-L-V6 nur mit Einspritzung und 137 statt 108/127 PS, 5-L-V8 nun 157 bis 208 PS (letztere dank elektronischer Saugrohreinspritzung); der TransAm (jetzt mit Rundum-Spoilerwerk und Lüftungsschlitzen in der Motorhaube) ließ sich jetzt in 8 s auf Tempo 100 beschleunigen. Bei Bonneville und Grand Prix entfiel der 5,7-L-Dieselmotor. Der Grand Prix erhielt einen wuchtigeren, wieder senkrecht stehenden Kühlergrill. Beim großen Parisienne löste ein 4,3-L-V6 mit Einspritzung den 3,8-L-V6 ab (142 statt 112 PS).
1986 gab es den Sunbird neu auch als GT mit aerodynamischer Front samt Klappen über den Scheinwerfern; für den in diesen Modellen eingebauten 1,8-L-Turbomotor mit 152 PS wurde eine Zeit von 9 s für den Sprint auf Tempo 100 genannt; auf den altmodischen 2-L-Motor wurde bei den Sunbird verzichtet. Der Grand Am stand jetzt auch als viertürige Limousine zur Wahl; in der Ausführung SE mit Bugschürze und in diese integriertem zusätzlichem Kühlergrill wirkte er besonders attraktiv.
Der 6000 STE erhielt ein schlichter gestaltetes Kühlergitter ohne senkrechte Mittelrippe; der Luftwiderstandsbeiwert reduzierte sich so von 0,385 auf 0,37; bedeutungsvoll war die Tatsache, dass für den 6000 STE gegen Aufpreis ein ABS in Aussicht gestellt wurde (samt Vierrad-Scheibenbremsen). Die Leistungsskala des Firebird reichte neu bis 210 Netto-PS, und schon die Grundausführung wurde reichhaltiger ausgerüstet: mit Rally-Rädern samt Breitreifen, Heckspoiler, Zierstreifen, Sportspiegeln usw.
Fiero GT 1986 Nachdem die GT-Version des Fiero bereits eine aerodynamisch gestaltete Front aufwies, wurde ihr 1986 zudem ein zur Gänze eigenständiges Heck verpasst. Anstatt

Pontiac Fiero GT, 1986

mit Stufenheck zeigte sich der GT in der Silhouette eines Fastbackcoupés mit markantem Heckflügel. An auffallend breite B-Säulen fügte sich ein Dreieckfenster an. Doch dieses stand außen wie innen »im Freien«, denn die Heckscheibe schloss sich unmittelbar und senkrecht stehend an das zweisitzige Cockpit an.

Pontiac Grand Prix 2+2, 1986

Grand Prix 2+2 Parallel zum Chevrolet Monte Carlo SS Fastback kam Anfang 1986 der Pontiac Grand Prix 2+2 auf den Markt. Es ging darum, in den prestigevollen Stock-car-Rennen (mit gänzlich modifizierten Tourenwagen) gegen die aerodynamisch ausgefeilten Thunderbird besser bestehen zu können. Daher wurde der Grand Prix außer mit Stufenheck auch mit einem Fastbackaufbau gebaut. Die Änderungen bestanden aus einer kuppelförmigen dreiteiligen Heckscheibe, einer Abrisskante sowie einem strömungsgünstig geformten niedrigen Wagenbug. Damit war ein Design vorgegeben, das sich leichtgewichtig nachgeformt für den Renneinsatz eignete.
1987 wurde im Sunbird der 1,8-L-Motor durch das von GM Brasilien gelieferte 2-L-Aggregat ersetzt (auf Wunsch ebenfalls mit Turbo, 97 statt 85 PS bzw. 167 statt 152 PS); diesen Turbomotor gab es neu auch im Grand Am; Fiero V6 nun mit Leichtmetall-Zylinderköpfen und Getrag-5-Gang-Getriebe (0–97 km/h in 8 s); Firebird ohne 2,5-L-Vierzylinder, aber auf Wunsch neu als TransAm GTA mit 5,7-L-V8 mit 213 PS (0–97 km/h in 6,5 s); großer Standard-size-Parisienne aufgegeben, nur noch als Safari Wagon weitergebaut.
Bonneville 1987 Mit dem Jahrgang 1987 wurden die luxuriösen Bonneville-Limousinen den Frontantriebsmodellen Sunbird, Grand Am und 6000 mit Quermotor angeschlossen. Bei

Pontiac Bonneville LE, 1987

281,5 cm Radstand erreichten sie 505 cm Länge (vorher mit Kastenrahmenchassis 274,5 bzw. 508,5 cm). Das Design zeigte sich vor allem im Frontbereich stark modernisiert mit einer niedrigen, schwungvollen Kühlergrill-/Scheinwerfer-Einheit. Es gab die neuen Bonneville ausschließlich mit dem 3,8-L-V6, der statt mit Rochester-Doppelvergaser mit elektronischer Einspritzung versehen war und auf 152 statt 112 PS kam.
LeMans aus Südkorea Im Verlaufe des Jahres 1987 erlebte die Pontiac-Modellbezeichnung LeMans (nun zusammengeschrieben) Auferstehung: *Es handelte sich um eine Lizenzkonstruktion des viertürigen Opel Kadett von Daewoo in Südkorea. Hierzu hatte General Motors 1984 mit der Daewoo Motor Co. Ltd. in Südkorea eine 50:50-%-Beteiligung an einem neuen Werk in Pupyong beschlossen. Auf diese Weise konnten die für japanische Wagen verhängten Importrestriktionen umgangen werden, und in Korea ließ es sich ohnehin noch preisgünstiger produzieren als in Japan. Der LeMans ersetzte gleichzeitig den Pontiac 1000.*
Grand Prix 1988 Bereits auf der L. A. Auto Show von Anfang 1987 hatte GM mit dem neuen → Buick Regal die Modellreihe GM-10 eingeläutet, die im Herbst 1987 auch unter den Bezeichnungen Pontiac Grand Prix und Oldsmobile Cutlass Supreme auf den Markt kam. Die Neuausrichtung dieser nur noch fünf- oder vier- statt sechssitzigen Coupés war radikal: selbstragende Karosserie mit vorderem Hilfsrahmen statt Kastenrahmen mit Traversen, Vorderradantrieb mit quer eingebautem 2,8-L-V6 statt Hinterradantrieb mit größeren V6- und V8-Motoren, Radstand/Länge nur noch 273/492,5 statt 274,5/512,5 cm, Leergewicht ab 1335 statt ab 1470 kg. Außerdem war die neue Karosserie wesentlich strömungsgünstiger geformt, denn die kantige Steilfront war einem schlichten, niedrigen Rundbug gewichen und das Heckfenster war stark schräg gestellt. Der von Chevrolet stammende V6 erreichte mit elektronischer Saugrohreinspritzung eine Leistung von 132 PS, und er ließ sich mit einem 5-Gang-Getriebe oder dem 4-Stufen-Automatikgetriebe THM 440-T4

Pontiac Grand Prix SE, 1988

Pontiac LeMans Aerocoupe, 1988

verbinden. Vorn fanden sich Federbeine und untere Dreieckquerlenker, hinten eine neuartige Konstruktion, die sich aus Dämpferbeinen, Quer- und Längslenker sowie einer Querblattfeder aus Fiberglas zusammensetzte. Es wurden Vierrad-Scheibenbremsen verwendet (für die ein aufpreispflichtiges ABS in Aussicht gestellt wurde), und die Kugelkreislauflenkung wurde durch eine Zahnstangenlenkung ersetzt. Gegen Aufpreis waren vorne wie hinten erhöhten Seitenhalt bietende Sportsitze lieferbar.
1988 wurde das Heckklappencoupé des Sunbird aufgegeben, während das zweitürige Coupé einen fließend geformten Pavillonabschluss erhielt. Die Aufhängungen samt Vierrad-Scheibenbremsen des Fiero waren gründlich in die Kur genommen worden: Servo-Zahnstangenlenkung, Antriebsräder durch Längslenker, Querlenker, Spurstangen und Federbeine exakt geführt, 2,5-L-Motorversion mit zwei Schwingungsausgleichwellen. Grand Am: 2,5-L-Motor ebenfalls mit zwei Schwingungsausgleichswellen, Ersatz des 3-L-V6 mit 127 PS durch den neuen Quad-4-Motor (2,3 Liter, DOHC, 16 Ventile, 152 PS, von Oldsmobile). Bonneville: Nebst bisherigem 3,8-L-V6 mit 152 PS neuer 3800-V6 mit versetzten Kurbelzapfen (gleichmäßige Zündintervalle trotz 90-Grad-Gabelwinkel) und gegenläufig drehender Schwingungsausgleichswelle und damit 167 PS; neu besonders sportlicher Bonneville SSE (16-Zoll-Breitreifen, ABS, Spoilerwerk und

Doppelauspuff). Firebird: der 5-Liter-V8 wurde in der Grundversion von Vierfachvergaser auf Zentraleinspritzung umgestellt (weiterhin 172 PS), während die Ausführung mit Saugrohreinspritzung dank geändertem Ansaugsystem 5 bzw. 10 PS Mehrleistung bot (193 PS mit 4-Stufen-Automatikgetriebe, 218 PS mit 5-Gang-Getriebe).

6000 AWD Auf den Frühling 1988 kam der Pontiac 6000 mit Vierradantrieb hinzu, womit auch General Motors dem internationalen Trend folgte, eine 4x4-Limousine im Angebot zu haben. Der auf Frontantrieb mit Quermotor ausgelegte Typ 6000 musste gründlich angepasst werden: breiter Mitteltunnel (nun wieder Kardantunnel), umgestellter Katalysator, neues Getriebegehäuse für den Abtrieb zur Hinterachse, hydromechanisches Differenzialsystem (starre Verbindung zwischen mindestens je einem Vorder- und Hinterrad auf Knopfdruck), hinterer Hilfsrahmen mit aufwändiger Einzelsradaufhängung (statt Starrachse) aus Querlenkern und quer eingebauter Fiberglas-Blattfeder sowie Niveauregulierung. Dem Antrieb diente ein von 2,8 auf 3,1 Liter vergrößerter V6 mit 137 PS (der auch im 6000 STE erhältlich wurde). Hingegen blieb es beim 3-Stufen-Automatikgetriebe. Die Vierrad-Scheibenbremsanlage wurde durch ein ABS Teves Mk II ergänzt (galt auch für den 6000 STE).

Ende August 1988 wurde die Produktion der Fiero-Coupés endgültig eingestellt. Binnen fünf Jahren waren 370'168 Fiero gebaut worden, zu wenig, um für GM rentabel zu sein.

1989 erhielten die Sunbird in einigen Ausführungen flache Breitbandscheinwerfer (statt Klappen), während der Kombi aufgegeben wurde. Der Grand Am erhielt eine schräggestellte Front, sein 2,5-Liter-Motor leistete nun 112 statt 99 PS, und als neue Topmotorisierung wurde eine zusätzliche, 10:1 verdichtete High-Output-Version des Quad-4-Motors mit 183 PS in Aussicht gestellt. Den Grand Prix gab es gleich mit zwei Zusatzmotoren: 3,1-L-V6 ohne und mit Turbo, 142 bzw. 208 PS; der Grand Prix Turbo war nur in Rot oder Schwarz erhältlich, und er wurde mit 16-Zoll-Rädern, Ringsum-Schürzen, Ledersitzen und Sonnendach ausgerüstet.

Pontiac Firebird Formula, 1989

Der auch als AWD erhältliche Pontiac 6000 Sedan besaß nur noch vier Seitenfenster, ein runder gerahmtes Heckfenster und eine feine Abrisskante am Kofferdeckelende; seine Motoren waren leistungsfähiger geworden. Den Bonneville gab es ausschließlich mit dem stärkeren 3,8-L-V6. Neben dem mächtigen, in Chassisbauweise gehaltenen Safari Wagon besaß bei Pontiac nur noch der Firebird Hinterradantrieb.

Firebird Turbo 1989 / Trans Am GTA 1989 Zum 20. Geburtstag des Firebird wurde eine Sonderserie von wenigen hundert Exemplaren mit 3,8-L-V6-Turbomotor angekündigt. Diese 248 PS liefernde Maschine entstammte, von den Pontiac-Ingenieuren getunt, dem Buick Regal Grand National. Aber noch spezieller war die Spezialausführung des TransAm GTA: Außer mit der üblichen kuppelförmigen Heckscheibe gab es dieses Modell (nur) 1989 nämlich auf Wunsch mit Notchback, einer als Stufenheck wirkenden Heckklappe mit leicht vertieft angeordneter und schräg stehender Rückscheibe, die anstatt der Glaskuppel montiert wurde und dem Firebird zu einer deutlich geänderten Silhouette verhalf. Dem Antrieb diente auch in diesem Fall der 5,7-L-V8 mit Tuned-port injection (TPI, Saugrohreinspritzung) und 228 oder 238 PS (Doppelauspuff) sowie 4-Stufen-Automatikgetriebe.

Trans Sport, der Minivan! 1986 hatte General Motors unter der Bezeichnung Pontiac Trans Sport einen Concept-car gezeigt, der einen überaus futuristisch geformten Großraumkombi bzw. Minivan verkörperte. Designliebhaber und Ästheten waren begeistert! Auf der ersten North American International Auto Show, wie die Detroiter Autoausstellung ab Anfang Januar 1989 hieß, wurde darauf der Pontiac Trans Sport SE 1990 als das kommende Serienmodell vorgestellt, und dieses wich erstaunlicherweise nur in einigen praktischen Belangen von der Konzeptstudie ab (hinten rechts Schiebe- statt Flügeltüre, Dachlinie höher, Stoßschutz ausladender). Unter der gleichen Schale wurden bereits auch der Chevrolet Lumina APV und der Oldsmobile Silhouette angekündigt.

Der Trans Sport besaß Einvolumenform. Seine riesige dreiteilige Frontscheibe verlief in gleicher Linie wie die nach vorne absinkende Motorhaube und wölbte sich ins Dach hinein. Der markentypische zweiteilige Frontgrill war in den Stoßschutz integriert und dessen horizontale Rippenstruktur fand in den Flanken ihre Fortsetzung. An die Vordertür schloss sich auf der rechten Seite (wie bei den Dodge/Plymouth/Chrysler-Minivans) eine Schiebetür an. Bei 279 cm Radstand besaß der fünf- bis siebensitzige Trans Sport deutlich größere Überhän-

Pontiac Sunbird Le Convertible, 1990

Pontiac Grand Prix STE, 1990

Pontiac Firebird TransAM GTA, 1990/91

ge als die Konkurrenz. Seine Außenmaße von 494x188x166 cm machten ihn recht wuchtig.
Während die elastischen Stoßschutzflächen einschließlich der vorderen Radhäuser aus RRIM hergestellt wurden, bestand die Karosserieaußenhaut aus GfK-Material. Sie wurde auf eine Rahmenstruktur aus galvanisiertem Stahl montiert. Damit ergab sich einerseits eine Parallele zum Chevrolet Corvette (Kunststoffkarosserie) und anderseits zum Renault Espace (Stahlgerippe und Kunststoffkarosserie).
Im Gegensatz zu Corvette und Espace war der Aufbau des Trans Sport allerdings nicht selbsttragend konstruiert, sondern ruhte auf einem Kastenrahmen mit Traversen. Für den Vorderradantrieb wurde der 3,1-Liter-V6 mit 120 PS vorgesehen, was bei dem Leergewicht von gegen 1600 kg keine besondere Leistungsfähigkeit versprach. Für die Kraftübertragung sorgte das 3-Stufen-Automatikgetriebe THM 125. In die Luxusversion SE wurden sechs Einzelsitze eingebaut, wobei sich die hinteren Sitze umlegen oder herausnehmen ließen bzw. die mittleren Sitze als Tischchen dienen konnten. – Anders als der Chevrolet Lumina APV wurde der Pontiac Trans Sport auch nach Europa exportiert (weitere Hinweise → Chevrolet Lumina APV).
Grand Prix Sedan Parallel zum Buick Regal gab es mit dem Modelljahr 1990 auch den Pontiac Grand Prix als sechssitzigen Sechsfenster-Sedan. Das Design gefiel durch seine großzügigen Fensterflächen, die seitlich durch die tiefgeführte Gürtellinie erreicht wurden. Die Grand-Prix-Motorauswahl begann jetzt mit dem 2,3-L-Quad-4 (Vierzylinder, DOHC, 16 Ventile, 162 PS). Darüber rangierten die beiden 3,1-L-V6 ohne und mit Turbo. – 1990 leistete der Quad-4-Motor im Grand Am 162 statt 152 PS (mit 5-Gang-Getriebe als High-Output-Quad-4 183 PS).
Firebird 1990/91 Bereits zur Jahreswende 1989/90 war eine mit dem Jahrgang 1991 bezeichnete Neuausgabe des Firebird vorgestellt worden. Die Produktion setzte im Februar 1990 im kalifornischen Werk von Van Nuys ein. Der Basismotor hatte nun 3,1 statt 2,8 Liter Hubraum und leistete 142 statt 137 PS. Die meisten Pontiac hatten 1990 kleine Karosserieänderungen erfahren. Nur beim Firebird fielen sie auf: Die Frontlichter unterhalb der Klappscheinwerfer waren in schlitzartigen, zur Frontmitte auslaufenden Vertiefungen untergebracht. Hinzu kamen stilistisch analoge, bei den Topausführungen besonders ausgeprägte Frontschürzen und Schwellerverbreiterungen. Damit wurde dem Firebird zu einem Auftritt verholfen, den ihn noch stärker vom Chevrolet Camaro abhob.

*

Nachdem rund 2,5 Millionen Exemplare gebaut worden waren, wurde die Produktion des Firebird im August 2002 eingestellt. Damit fand für die Fans eine Epoche ihr Ende; manche hatten ihre Verbundenheit mit dem über die Motorhaube aufgezogenen »TransAm-Adler« bzw. »Screaming chicken« zum Ausdruck gebracht. – Im Frühling 2009 kündete General Motors an, die Marke Pontiac im Herbst 2010 aufzugeben; nach dem im Frühsommer durchgezogenen GM-Konkursverfahren lief die Pontiac-Produktion schon 2009 aus.

Pontiac Trans Sport SE, 1990

Pontiac	Bauart	Mot.	Getr.	R/ L cm	Modelljahre
T1000 / 1000 (1984–)	**St.**	**a/b**	**4/5/A3**	**239,5/411/247/419**	**1981–86**
Motoren:	*Zyl.:*	*N'w.:*	*cm³:*	*PS/'min:*	*Nm/'min:*
a	4	OHC	1599	66/5200	109/3200
b (1983/84)	4D		1818	52/5000	98/2000
LeMans –> Daewoo					1987–90
J2000	**Fr.**	**a/b/d**	**4/A3**	**257/446,5/441**	**1981–83**
2000 Sunbird / Sunbird	**(*1989–)**	**b–f**	**4/5/A3**	**257/445,5/449/460***	**1984–90**
Motoren:	*Zyl.:*	*N'w.:*	*cm³:*	*PS/'min:*	*Nm/'min:*
a (–1982)	4	OHV	1841	89/5100	135/2800
b (*1985/86)	4i	OHC	1796	85/5200	138/133*/2800
c (1984–86)	4iT			152/5600	204/2800
d (–1985)	4i	OHV	1991	89/4800	149/2400
e (1987–)		OHC	1998	97/4800	160/3600
f (1987–)	4iT			167/5600	237/4000
Grand Am (*1989–)	**Fr.**	**a–f**	**5/A3**	**262,5/451/461***	**1985–90**
Motoren:	*Zyl.:*	*N'w.:*	*cm³:*	*PS/'min:*	*Nm/'min:*
a (1987–)	4iT	OHC	1998	167/5600	237/4000
b (1988/89 +*HO 1989)	4i	D16V	2260	152/5200/182*/6200	217/4000/244/5200
c (1990– *m.Autom.)				183/162*/6200	217/210/5200
d (*1987)		OHV	2471	93/4400/103*/4800	182/2800/183/3200
e (1988 *1989–)				99/4800/112*/5200	183/3200
f (–1987)	V6i		2966	127/4900	203/2400
Phoenix	**Fr.**	**a–e**	**4/A3**	**266,5/456/462,5**	**1981–84**
Motoren:	*Zyl.:*	*N'w.:*	*cm³:*	*PS/'min:*	*Nm/'min:*
a (–1981)	4	OHV	2471	85/4000	170/2400
b (1982 *1983)	4i			91/95*/4000	182/2400/183/2800
c (1984–)				93/4400	179/2800
d (*1982–)	V6		2838	112/114*/4800	197/2400
e (SJ 1982/83 *SE'84–)				137/132*/5400	
6000	**Fr.(4)**	**a–j**	**A3/5/A4**	**266,5/480/490,5**	**1982–90**
Motoren:	*Zyl.:*	*N'w.:*	*cm³:*	*PS/'min:*	*Nm/'min:*
a (*1983)	4i	OHV	2471	91/95*/4000	182/2400/183/2800
b (1984 *1985/86)				93/4400	179/182*/2800
c (1987/88 *1989–)				99/4800/112*/5200	183/3200
d (–1986)	V6		2838	114/4800	197/2400
e (STE –1984)				132/5400	
f (STE 1985 *1986–88)	V6i			132/127*/4800	224/217/3600
g (1989)				132/4500	231/3600
h (STE/AWD 1988 *1989)			3121	137/142*/4800	244/3600/251/3200
i (1990–)				137/4400	244/3600
j (–1985)	V6D		4302	86/3600	224/1600
Le Mans	**K'r.**	**a–d**	**3/A3**	**275/504**	**1981**
Grand Prix		**a/b/d**	**A3**	**275/512**	
Motoren:	*Zyl.:*	*N'w.:*	*cm³:*	*PS/'min:*	*Nm/'min:*
a	V6	OHV	3791	112/3800	258/1600
b	V8		4344	122/4000	278/2000
c (St. Wg. Safari)			4942	137/3600	319/1600
d	V8D		5737	106/3200	278/1600
Catalina / Bonneville	**K'r.**	**a–d**	**A3/A4**	**294,5/544/550**	**1981–***
***teils Weiterbau in...**					**...Kanada**
Motoren:	*Zyl.:*	*N'w.:*	*cm³:*	*PS/'min:*	*Nm/'min:*
a	V6	OHV	3791	112/3800	258/1600
b	V8		4344	122/4000	278/2000
c			5033	147/3800	326/2000
d	V8D		5737	106/3200	278/1600
Bonneville (*1984–)	**K'r.**	**a–f**	**A3/A4**	**274,5/504/503/509***	**1982–86**
Grand Prix				**274,5/512,5**	**1982–87**
Motoren:	*Zyl.:*	*N'w.:*	*cm³:*	*PS/'min:*	*Nm/'min:*

Pontiac	Bauart	Mot.	Getr.	R/ L cm	Modelljahre
a	V6	OHV	3791	112/3800	258/1600
b (1982)			4128	127/4000	278/2000
c (1987–)	V6i		4300	142/4200	305/2000
d (1983–)	V8		5001	152/4000	326/2400
e (Gr. Prix 2+2 1986)				167/4200	332/2400
f (–1984)	V8D		5737	106/3200	271/1600
Grand Prix (*1990–)	**Fr.**	**a–d**	**5/A4**	**273/492,5/494***	**1989/90**
Motoren:	*Zyl.:*	*N'w.:*	*cm³:*	*PS/'min:*	*Nm/'min:*
a (1990–)	4i	D16V	2260	162/6200	210/5200
b (1989)	V6i	OHV	2837	132/4500	230/3600
c (*1990–)			3128	142/4500/137/4400	251/244/3600
d	V6iT			208/4800	298/3200
Bonneville	**Fr.**	**–**	**A4**	**281,5/504,5**	**1987–90**
/ Mot.:('87/88 +*'88–)	V6i	OHV	3791	152/4400/167*/5200	271/285/2000
Parisienne	**K'r.**	**a–g**	**A3/A4**	**294,5/539**	**1984–86**
Station Wagon Safari				**294,5/546,5**	**1984–89**
Motoren:	*Zyl.:*	*N'w.:*	*cm³:*	*PS/'min:*	*Nm/'min:*
a (1984)	V6	OHV	3791	112/3800	258/1600
b (1985)	V6i		4238	142/4000	295/2400
c (1986)			4300	132/3600	285/2000
d (–1984)	V8		5001	152/4000	326/2400
e (1985/86)				167/4200/163CH	332/2400
f (1987–)				142/3200	346/2000
g (–1985)	V8D		5737	106/3200	271/1600
Fiero (*1987–)	**M.**	**a–c**	**4/5/A3**	**237/407,5/414***	**1984–88**
Motoren:	*Zyl.:*	*N'w.:*	*cm³:*	*PS/'min:*	*Nm/'min:*
a (*1987)	4i	OHV	2471	93/4400/4800*	182/2800/183/3200
b (1988–)				99/4800	183/3200
c (GT 1985/86 *1987–)	V6i		2838	142/5200/137*/4500	231/224/3600
Firebird	**St.**	**a–e**	**3/4/A3**	**275/503**	**1981**
Motoren:	*Zyl.:*	*N'w.:*	*cm³:*	*PS/'min:*	*Nm/'min:*
a	V6	OHV	3791	112/3800	258/1600
b	V8		4344	122/4000	278/1600
c			4942	152/4000	326/2000
d (Formula/TransAm)			5001	147/3800	326/2400
e (Formula/TransAm)	V8T		4942	203/4000	461/2000
Firebird	**St.**	**a–t**	**4/A3/5/A4**	**256,5/483/484/487**	**1982–89**
			5/A4	**256,5/478/487**	**1990**
a (*1983)	4i	OHV	2471	91/93*/4000	179/182/2800
b (1984 *1985/86)				93/89*/4400	179/2800
c (*1983/84)	V6		2838	103/108*/4800	193/2400/197/2100
d (1983/84)				127/5400	197/2400
e (1985/86 *Export'85)	V6i			137/114*/5100	224/3600/202/2100
f (1987–89)				137/4900	217/3900
g (1990–)			3128	142/4400	244/3600
h (1989)	V6iT		3791	248/4400	461/2800
i (*1983/84)	V8		5001	147/152*/4000	326/2000/2400
j (1985 *1986)				157/152*/4200	332/319/2000
k (1987 *1988–)	V8/V8i*			172/4000	339/2600/346*/24'
l (TransAm *1983)	V8i			167/177*/4200	326/2400/339/2800
m (TransAm 1984–86)	V8			193/4800	326/3200
n (TransAm 1985)	V8i			208/4400	366/3200
o (1987 *m. Autom.)				208/4400/188*/4000	387/3200/393/2800
p (1988/89 *m. Autom.)				218/4400/193*/4000	387/3200/400/2800
q (1989)				228/4600	407/3200
r (1990–)				208/228/4400/202	387/400/3200
s (1987 *1988–)			5733	213/228*/4400	448/3200
t (1989 *1990–)				238/4400/4000*	461/3200/2800
Trans Sport	**Fr.**	**–**	**A3**	**279/494**	**1990**
/ Motor:	V6i	OHV	3128	122/4200	231/2200

Rambler

Der erste Wagen der Marke Rambler war 1902 auf der Chicago Auto Show verkauft worden (einen Prototyp gab es schon 1897). Gebaut wurde dieses 750 $ kostende Einzylindermodell in Kenosha, Wisconsin. 1914 wurden die Rambler auf den Namen ihres Konstrukteurs, Jeffery, umbenannt. Zwei Jahre später ging diese Firma an Nash über, und 1918 erhielten deren Wagen den Namen Nash.

1950 gab es als kleinstes Modell von → Nash erneut einen Rambler. Er wurde für das Modelljahr 1956 zur Basismarke der American Motors Corporation aufgewertet; die AMC war 1954 aus der Fusion von Nash und Hudson hervorgegangen (kurze Zeit hatte es auch einen Hudson Rambler gegeben).

Gleichzeitig mit dem Aufstieg zur eigenen Marke wurde der Rambler zur Gänze neu ausgerichtet. Er erhielt eine neue, wiederum eigenständig geformte und weiterhin selbsttragende Karosserie. Deren auffälligstes Merkmal bestand in einem breiten, in Kontrastfarbe gehaltenen Band, das den oberen Rand des Heckfensters bildete und in den Flanken seine Fortsetzung fand. Bei den luxuriöseren Ausführungen prangte das Reserverad in einer am Heck angesetzten »Raddose«. Der 3,2-Liter-Sechszylindermotor besaß nun hängende Ventile, womit einer der letzten SV-Motoren verschwand..., vorübergehend, wie sich zeigen sollte.

American Motors plante für 1956 einen Ausstoß von 160'000 Rambler, um in der populären Klasse ernsthaft gegen Chevrolet, Ford und Plymouth anzutreten. Im Vergleich zu diesen mächtigen Konkurrenten war der Rambler immer

Rambler Cross Country Hardtop Station Wagon, 1957

Rambler Custom Hardtop, 1956

noch um einige Zentimeter kleiner, auch wenn er seit seinem ersten Auftreten 1950 kräftig gewachsen war. Zugute kamen ihm hierbei die verbesserte Fahreigenschaften versprechende breitere Spur und der Einbau von Schraubenfedern auch hinten (mit Schubrohr und Panhard-Stabilisator wie die großen Nash und Hudson) sowie die auf gut 120 PS gestiegene Leistung. Bald war für den Rambler auch ein rund 200 PS starker 4,1-Liter-V8-Motor lieferbar.

Rebel Auf der New Yorker Automobilausstellung von Ende 1956 präsentierte AMC den Rambler Rebel, ein Hochleistungsmodell mit dem größeren AMC-V8-Motor, wie er im Nash Ambassador und Hudson Hornet eingebaut wurde. Es war sogar der wahlweise Einbau der neuen Bendix-Benzineinspritzung geplant, mit der er auf eine Leistung von 291 SAE-PS kam. Der Rebel ging im Mai 1957 in Serie. Während im Rebel ein 4,1-Liter-V8 eingebaut wurde, besorgte im Ambassador ein 5,4-Liter-V8 den Antrieb. Im American und im Six fanden sich je ein 3,2-Liter-Sechszylindermotor mit identischen Abmessungen; während aber die Maschine im American noch seitengesteuert war, hatte jene im Six oben hängende Ventile. Im Gegensatz zu anderen amerikanischen Marken wiesen sämtliche Rambler eine selbsttragende Karosserie auf, und außer beim American war die starre Hinterachse zudem an Schraubenfedern abgestützt und mit einer Seitenstabilisierung durch Panhardstab versehen; auf Wunsch war zusätzlich eine hintere Luftfederung zu haben. – Im Modelljahr 1958 erhielten die Rambler Doppelscheinwerfer und niedrigere Motorhauben.

Rambler American, 1958

American Die Rückkehr zum ursprünglichen kompakten Rambler-Format brachte jedoch das 1958 eingeführte Zusatzmodell Rambler American. Es füllte die Lücke zwischen dem Metropolitan und dem Rambler. In ihm feierte der alte Motor mit stehenden Ventilen ein unerwartetes Comeback. Verbessert gegenüber dem Rambler 1953 war aber wenigstens das Fahrwerk, das zudem eine breitere Spur aufwies (was dank der nicht mehr verschalten Räder ermöglicht wurde). Für die großen Rambler-Modelle war inzwischen eine der Niveauregulierung dienende zusätzliche Luftfederung für die Hinterachse erhältlich. Vom American gab es ab Herbst 1958 zusätzlich einen dreitürigen Station Wagon, und ein Jahr später kam eine Viertürversion mit sechs Seitenfenstern hinzu. Im Modelljahr 1960 erhielten die großen Modelle neue Front- und Heckscheiben.

Ambassador V8 *Doch schon 1959 wurde der Ambassador, der vorübergehend als selbständige Marke gegolten hatte (→ Nash), Topmodell der neuen AMC-Einheitsmarke Rambler.* Mit 297 cm Radstand und 508 cm Länge lag er klar am anderen Ende der mit dem American (254/453) beginnenden Rambler-Skala. Als Rambler-Topmodell gab es ihn in den Karosserieausführungen Sedan Super und Custom, Faux-Cabriolet Custom, Station Wagon Cross Country und Country Club. Sein 5,4-Liter-V8 kam auf 274 SAE-PS und wurde mit den drei Kraftübertragungsvarianten kombiniert: 3-Gang-Getriebe ohne oder mit halbautomatischem Warner-Schnellgang, 3-Stufen-Automatikgetriebe Flash-O-Matic mit Drucktastatur am Armaturenbrett.

Mit über 422'000 im Jahre 1960 in den USA neuregistrierten Rambler hatte die vom nachmaligen Gouverneur von Michigan, George W. Romney, geführte AMC ihren höchsten Marktanteil, nämlich 6,4 %, erreicht. Daneben wurde als zweisitziger Kleinwagen der originelle, bei Austin (BMC) in England hergestellte → Metropolitan angeboten.

Rambler Custom Rebel V8, 1959

Rambler Ambassador V8, 1960

Rambler	Zyl.	cm³	PS	bei 1/min	Gänge	Spitze km/h	Radstand/Länge	ab Jahr	Besonderheiten
	6	3205	122	4200	3/3+S/A	140	274/-505	1956-58	selbsttragende Karosserie
(V8)	V8	4097	193	4900	3/3-S/A	165	274/-505	1967	
Rebel	V8	5359	258	4700	3/3+S/A	175	274/-505	1957	
	V8	4097	218	4900	3/3+S/A	165	274/486	1958/59	
American	6	3205	91	3800	3/3+S/A	135	254/453	1958-60	(stehende Ventile)
Six	nun 140 PS (mit 129 PS weiterhin erh.)							1959/60	
Ambassador	V8	5359	274	4700	A/3+S	170	297/508	1959	
			253			160		1060	
Rebel	nun 203 und 218 PS								

Rambler in den 60er Jahren

Den Start in die 60er Jahre vollzog die Marke Rambler mit den Modellen American, Classic und Ambassador. Letztere Baureihe wurde vom Hersteller, der American Motors Corporation (→ AMC), zu jenem Zeitpunkt und bis 1962 und erneut ab 1965 als eigene Marke positioniert. Hier werden zwecks besserer Übersicht alle Ambassador unter dem Namen Rambler erfasst... bis dieses Fabrikat 1968 auslief.

Fortschritte Das wie üblich im Frühherbst vorgestellte Modelljahr 1961 brachte einige markante Neuerungen. Vor allem hatte man den American noch kompakter gemacht: Bei 254 cm Radstand war er nur noch 439 statt 453 cm lang und 178 statt 185 cm breit. Trotz dieser neuen Maße, die sich etwa mit jenen eines Opel Rekord vergleichen ließen, ging kein Innenraum verloren. Außer als zwei- und als viertürigen Sedan (diese seit 1960) sowie als dreitürigen Station Wagon gab es den American nun auch als adrettes Cabriolet. Das neue Karosseriestyling war durch die sich nach hinten verbreiternde Sicke in der Gürtellinie gekennzeichnet. Die Deluxe- und die Super-Ausführungen hatten weiterhin den hochbetagten Motor mit stehenden Ventilen, doch war auf Wunsch auch für sie die im Custom serienmäßige OHV-Maschine lieferbar. Als Kraftübertragung wurde je nach Ausführung ein 3-Gang-Getriebe, ein 3-Gang-Getriebe mit halbautomatischem Overdrive oder ein Automatikgetriebe Flash-o-Matic verwendet.

Die neu mit Rambler Classic bezeichneten mittelgroßen Modelle mit 274 cm Radstand erhielten nicht nur eine neue Front mit innerhalb statt über dem Kühlergitter angeordneten Doppelscheinwerfern, sondern in der Sechszylinder-Ausführung auch einen gänzlich neuen 3,2-Liter-Motor. Diese in langjähriger Entwicklungsarbeit entstandene hochmoderne Antriebseinheit bot erstmals in den USA einen Motorblock aus Aluminium. Damit konnten 36 kg Gewicht eingespart werden. Er stand in 129- oder 140-PS-Version zur Verfügung. Daneben gab es den Classic V8 mit 4,1-Liter-Motor und 203 oder 218 PS. Neu war auch die pneumatische Zentralverriegelung, die neben anderem Luxuszubehör gegen Mehrpreis erhältlich war. Gänzlich neu gezeichnet war der Bug des auf 297 cm Radstand und 505 cm Länge kommenden Ambassador. Die tiefer gesetzten Doppelscheinwerfer flankierten ein schlichtes trapezförmiges Kühlergitter aus Horizontalstäben, und an die vorderen Radausschnitte fügte sich eine geschwungene Sicke an. Bemerkenswert an allen neuen Rambler waren die Auspuffanlagen mit keramischem Schutzüberzug, für die in den USA eine lebenslängliche Garantie versprochen wurde.

Stilverfeinerungen 1962 zeigten die American einen doppelten Kühlergitterrahmen, die Classic einen die Horizontale unterstreichenden statt wabenförmigen Kühlergrill und die Ambassador ein jetzt ebenfalls rechteckiges statt trapezförmiges Gitter. Den American gab es neuerdings auf Wunsch mit einer automatischen Kupplung E-Stick. Die Classic wurden ausschließlich noch mit Sechszylindermotoren ausgerüstet, anderseits wurde der Ambassador jetzt auf dem kürzeren Classic-Unterbau aufgebaut. Es gab zusätzliche Zweitürausführungen. Bei allen Modellreihen war als neue Luxuversion neben dem Custom ein Typ 400 erhältlich. Die Ambassador- und Classic-Kombi hießen einheitlich Cross Country.

Mit dem Modelljahr 1963 wurde für die Classic Six und die Ambassador V8 eine neue Produktionstechnik eingeführt, mit der die Zahl der Karosserieteile um ein Drittel reduziert wurde. Bei dieser Gelegenheit wurden auch der Radstand verlängert und der Aufbau neu gestylt. Dieser erhielt leicht gewölbte Seitenfenster, und die Panoramaheckscheibe wich einer konventionelleren Ausführung. Originell war der durchgehend konkave Kühlergrill, der den neuen größeren Rambler ein unverwechselbares Aussehen verlieh. Beim Automatikgetriebe Flash-O-Matic wich die Druckknopfschal-

Rambler American, 1961

Rambler Classic Cross Country, 1961

Rambler Ambassador, 1961

Rambler Classic 770, 1963

tung wiederum einer üblichen Lenkradschaltung. Nach wie vor waren auf Wunsch (und je nach Modell) ein Overdrive (nun mit separatem zweitem Mittelschalthebel = Twin Stick) oder die automatische Kupplung E-Stick sowie die Differentialbremse Twin-Grip erhältlich.
Den American gab es jetzt auch als Hardtop bzw. Faux-Cabriolet mit einer einem Cabriodach nachempfundenen Querrippe. Im Zuge der Zeit standen die Service-Intervallverlängerungen.
Blick nach Europa Schon 1962 hatte Renault im belgischen Werk Haren erfolgreich die Montage des Rambler Classic Six aufgenommen. Er wurde serienmäßig mit Gürtelreifen sowie der Bremsanlage des V8-Modells ausgerüstet und war auf Wunsch auch mit dessen Motor lieferbar.
Im März 1963 kündigte AMC einen völlig neu konstruierten V8-Motor mit 4,7 Litern Zylinderinhalt an; er wurde im Modell Classic erhältlich. Auf das Modelljahr 1964 erhielt der American eine gefällige neue Karosserie. Sie war wieder um 10 cm länger und fiel durch die aus »Röhren« großen Durchmessers blickenden Scheinwerfer auf. Die größeren Modelle – für amerikanische Begriffe waren sie noch keineswegs groß – wiesen anstatt des konkaven ein flaches Kühlergitter auf. Es gab sie neu auch als sportliche Faux-Cabriolets. Die Ausstattungsbezeichnungen reichten jetzt von 220 beim American bis 990 H beim Ambassador.
Unter Zugzwang Rascher Modellwechsel war auch die Devise des viertgrößten amerikanischen Autokonzerns (der vorübergehend sogar den dritten Platz vor Chrysler belegt hatte). So wurde denn für das Modelljahr 1965 der Ambassador neu karossiert; er erhielt zudem einen gegenüber dem Classic um 10 cm längeren Radstand. Die neuen Ambassador fielen durch die übereinander angeordneten Doppelscheinwerfer mit Trennrippe auf. Die Classic 1965 unterschieden sich von den Vormodellen durch die drei Senkrechtstäbe im Kühlergrill. Es gab nun zehn American-Modelle (ebenfalls drei Senkrechtstäbe, neu auch mit 3,8-Liter-Sechszylinder), elf Classic (neuer 3,8-Liter-Six zur Wahl) und acht Ambassador. Auf Wunsch waren bei den Classic und den Ambassador vordere Bendix-Scheibenbremsen erhältlich; solche wurden in den USA bis dahin erst beim Chevrolet Corvette (vorne und hinten) und beim Lincoln Continental eingebaut. Im Rambler Renault Classic waren sie gar serienmäßig vorhanden!.
Marlin Anfang 1965 stieg American Motors in die amerikanische Sportcoupéwelle ein. Dies mit dem Rambler Marlin, einem auffallend eindrücklichen Fastbackcoupé auf dem Classic-Unterbau. Er sollte eine Alternative zu den ebenfalls mit langgezogenem Heck gebauten neuen Ford Mustang und Plymouth Barracuda verkörpern. Der Marlin (= große Schwertfischart) war die Serienausführung der im Herbst des Vorjahres gezeigten Tarpon-Studie. Auffallend war die spitz auslaufende seitliche Fensterlinie. Der Marlin wurde mit allen Komfortmerkmalen, einschließlich Weather-Eye-Heizungs- und Lüftungs-Spezialanlage, ausgestattet und war mit Sechszylindermotor oder V8 in verschiedenen Leistungsstufen zu haben. Schon 1958 hatte der Ambassador als selbständige Marke gegolten. Ab Modelljahr 1966 mutierte er erneut zum eigenständigen Fabrikat innerhalb der American Motors Corporation. Ebenso avancierte Marlin zum Markennamen. Weitere neue AMC-Marken sollten noch folgen; Näheres dazu unter dem Kapitel → AMC. – Der Rambler wurde in Lizenz auch von der Firma Industrias Kaiser in Argentinien gebaut; 1965 erhielt er dort einen eigenen Motor.
Weitere Namen Nachdem die zweitürigen Faux-Cabriolets von AMC zu einem großen Erfolg geworden waren, wurden für 1966 gleich drei neue Modellvarianten aufgelegt; sie hießen DPL (Ambassador), Rebel (Classic) und Rogue (American). Den Classic 1966 erkannte man an dem in zwölf Felder unterteilten Kühlergrill. Stärker verändert wurde der American: Er hatte nun eine weiter verlängerte Karosserie und zudem rechteckig eingefasste Scheinwerfer. Der 90-HP-Motor war aufgegeben worden; er war der letzte Personenwagenmotor mit stehenden Ventilen der Welt

gewesen! Auf der New Yorker Autoausstellung im April 1966 wurde der Rambler American Rogue Typhoon V8 vorgestellt. *Im Jahre 1966 investierte der Kaufmann Robert B. Evans sein Geld in die mit hohen Verlusten arbeitende American Motors. Er gab aber die Leitung des Unternehmens bald darauf an Roy D. Chapin jr. ab (dessen Vater 1909 am ersten Hudson mitgewirkt hatte).*

Während die American 1967 praktisch unverändert waren, erhielt die größere Rambler-Modellreihe einen um 5 cm längeren Radstand. Zudem erfolgte ein Namenswechsel von Classic zu Rebel. Dessen neue Topausführungen (Faux-Cabriolet und Cabriolet) trugen die Zusatzbuchstaben SST. Die Motorisierung begann nach wie vor mit dem Torque Command geheißenen Sechszylindermotor mit 3,3 und 3,8 Liter Hubraum. Daneben gab es neue Typhoon-V8. Die Hinterachsführung mit Schubrohr und Schraubenfedern wich einer Ausführung mit vier Längslenkern. – *1967 lief der Montagevertrag mit Renault aus. Seit 1962 waren in Haren bei Brüssel 6342 Rambler aufgebaut worden, wobei 30 Wertprozente von belgischen Zulieferanten stammten.*

Rambler-Abbau Zum Modelljahr 1968 wurde auch der Rebel zur eigenen AMC-Marke. Somit verblieb unter dem Fabrikatnamen Rambler noch der American. Er wies Modifikationen an Front und Heck auf (Querstab im Kühlergrill) und bot nun ein vollsynchronisiertes 3-Gang-Getriebe als Basis-Kraftübertragung. Nachdem 1968 nur noch die einfacheren Rambler die Modellbezeichnung American getragen hatten, verschwand dieser Name 1969 ganz. Je nach Ausstattung sprach man nun vom Rambler Standard, 440 oder Rogue. Schließlich debütierte im August 1969 der Hornet als Nachfolger der Marke Rambler (⟶ AMC), welcher Name noch für den Export beibehalten wurde. Im Frühling jenes Jahres war noch ein in Zusammenarbeit mit der Tuningfirma Hurst entstandener, besonders leistungsfähiger SC/Rambler Hurst mit 6,4-Liter-V8-Motor, spezieller Aufhängung und Sportbemalung (einschließlich imposanter Lufthutze auf der Motorhaube) vorgestellt worden. *Der Name Rambler lebte vorerst noch in Argentinien weiter.*

Rambler American 330 Station Wagon, 1965

Marlin, 1966

Rambler Rebel SST, 1967

Rambler Hurst, 1969

Rambler	Zyl.	cm³	PS	bei 1/min	Gänge	Spitze km/h	Radstand/Länge	ab Jahr	Besonderheiten
American	6	3205	91	3800	3/3+S/A	-135	254/453	1960	SV!
							254/440	1961-63	
			127	4200		-145			
		2828	83	3800		-130		1961/62	SV! Export
		3205	140	4500		-155		1963	
			91	3800		-140	269/450	1964/65	SV!
			127	4200		-150			
			140	4500		-155		1964	
		3799	157	4400		-160		1955	
		3257	130	4400		-150	269/460	1966	
		3799	157	4400		-160			1967: auch 147 PS
	V8	4749	203	4600	3/4/A	-180			1967: auch 228 PS
		5622	284	4800	4	-190		1967	
Standard/American/ Rogue	6	3257	130	4000	3/3-S/A	-155		1968/69	
		3799	147	4300	3/A	-160			
1969: Standard/440/ Rogue	V8	4749	203	4600	3/4/A	-175			
			208	4700	4	-180			
ab 1970 neue Marke Hornet → AMC, American Motors (Export weiterhin Rambler, auch → IKA)									
Six	6	3205	129	4200	3/3+S/A	-140	274/481	1960	
			140	4500		-150			
Rebel V8	V8	4097	203	4900		-160			
			218	4900		-165			
Classic Six	6	3205	129	4200		-145	274/482	1961-64	1963: 284/480 cm
			140	4500		-155			1964: 284/483 cm
Classic V8	V8	4097	203	4900		-160		1961	
			218	4900		-165			
	V8	4706	201	4700			284/483	1964	
	6	3257	130	4400		-150	284/496	1965	
		3799	-157	4400		-160		1965/66	auch 147 PS
	V8	4706	201	4700		-175			1966: auch 4-Gang
		5354	274	4700		-185			1966: auch 257 PS
Rebel	6	3799	147	4300		-160	290/501	1967	
			157	4400		-165			
	V8	4749	203	4600	3/3+S/4/A	-180			
		5622	238	4400	A				
			284	4800	4/A	-185			
ab 1968 eigene Marke → AMC, American Motors									
Ambassador V8	V8	5354	253	4700	3/3-S/A	-165	297/505	1960/61	
			274	4700		-175			
			253	4700		-165	274/483	1962-64	1963: 284/480 cm
			247	4700		-175			1964: 284/483 cm
Ambassador	6	3799	157	4400		-160	295/508	1965	
	V8	4706	201	4700		-175			
		5354	274	4700		-185			
ab 1966 eigene Marke → AMC, American Motors									
Marlin	6	3799	157	4400	3/3+S/A	-170	284/496	1966	
	V8	4706	201	4700		-180			
		5354	274	4700		-190			
ab 1966 eigene Marke → AMC, American Motors									
Renault Classic Six	6	3205	140	4500	3/3-S/A	150	247/483	1963	belg. Montage
Classic		3257	130	4400			284/496	1965	
Rebel		3799	157	4400	3/A	160	290/501	1967	

X Saturn

Im November 1983 enthüllte General Motors ihr Projekt Saturn. Es verdankte seine Existenz dem japanischen Konkurrenzdruck. Ziel war ein nach richtungsweisenden Methoden hergestelltes Subcompact-Modell, das unter neuem Markennamen den amerikanischen Markt erobern sollte. Ausgangspunkt war die J-car-Plattform, wie sie den Opel Ascona, Chevrolet Cavalier, Pontiac J 2000, Oldsmobile Firenza, Buick Skyhawk und Cadillac Cimarron diente. Bei gleich viel Innenraum sollte der Saturn kürzer und vor allem leichter, hinsichtlich Technik, Qualität und Preis aber allen Importwagen zumindest ebenbürtig sein. An die Zulieferanten ergingen höchste Anforderungen. Zwecks rationell optimierter Montage sollten Produktionsteams ihre Arbeit in Eigenverantwortung unter sich aufteilen. Man sprach denn von Modular- statt Fließbandarbeit, und von Anstellungen außerhalb der bestehenden Tarifvertragsregelung.

Standort-Wettbewerb Die Anfang 1985 gegründete Saturn Corporation galt nicht bloß als weitere GM-Division, sondern als maßgebende neue Tochtergesellschaft. Um den Standort bewarben sich 25 Bundesstaaten; das Werk entstand dann in Spring Hill, Tennessee.

Doch vorgestellt wurde der Saturn erst im Oktober 1990... für das Modelljahr 1992. *Und um dieses GM-Kapitel kurz abzuschließen, muss somit auf die 90erJahre vorgegriffen werden: Saturn-Sedan, -Coupé und -Kombi zeigten sich in einem schlicht-eleganten Design, und wenn sich auch nicht alle Pläne vollumfänglich umsetzen ließen, so erklomm die Saturn-Qualität doch ein überdurchschnittliches Niveau.*

Nach dem im Jahr 2002 mit 332'000 Exemplaren erreichten Höhepunkt fiel der Saturn-Verkauf stärker ab als jener anderer GM-Marken. Der GM-Konkurs führte 2009 zur Entscheidung, die Marke zu verkaufen. Weil Penske Automotive ein Angebot zurückzog, wurde die Produktion im Oktober 2009 eingestellt.

Saturn SL, 1992

Studebaker

Im Gegensatz zu den meisten amerikanischen Automobilfirmen war Studebaker nicht in Detroit im Staate Michigan angesiedelt, sondern in South Bend, Indiana. Dort waren die Gebrüder Henry und Clement Studebaker bereits erfolgreiche Pferdewagen- und Karosseriehersteller, als sie sich 1902 auch dem Automobilbau zuwandten: Bis 1912 mit von Thomas Edison entworfenem Elektroantrieb, 1903–1905 mit Zweizylinder-Boxermotor, 1905–1919 mit Vierzylinder-, ab 1913 mit Sechszylinder- und ab 1928 zudem mit Achtzylindermodellen.

Ende 1945 nahm die Studebaker Corporation zunächst die Produktion des 1939 lancierten Modells Champion wieder auf. Dieses bestach durch seine recht fortschrittliche, trittbrettfreie Karosserie. In der Grundversion wurde es von einem seitengesteuerten 2,7-Liter-Sechszylindermotor angetrieben, und es hatte vordere Einzelradaufhängung mit Querfeder.

Stilrevolution! Bis dahin unterschieden sich die Studebaker in Stil und Machart kaum von anderen US-Fabrikaten. Aber dann, mit den im Frühsommer 1946 vorgestellten Modellen des Jahrgangs 1947, revolutionierte Studebaker die Autowelt: Die von Raymond Loewy, dem Pionier des modernen Industriedesigns, entworfenen Karosserien waren nur noch 155 bis 158 cm hoch und zeigten ungewohnte Stilelemente. Besonders futuristisch wirkte die ringsum gezogene vierteilige Heckscheibe des zweitürigen Sedan. Der niedrige Luftwiderstand dieser Studebaker war im Windkanal der Universität Michigan anhand von Modellen bestätigt worden. Raymond Loewy war 1919 aus Frankreich nach New York ausgewandert. Die von ihm geschaffenen Studebaker-Karosserien trugen mit zu seinem Ruf als der bedeutendste Industriedesigner der Geschichte bei...

Doch nicht nur das Karosseriedesign des Studebaker-Jahrgangs 1947 war neu, auch die Technik hatte eine mit dem äußeren Erscheinungsbild der Studebaker im Einklang stehende Modernisierung erfahren: Der Motor war stark nach vorn gerückt und gestattete die wesentlich tiefere Anordnung der hinteren Sitzbank vor der Hinterachse. Um den Fußboden tiefer zu legen, wurde die Kardanwelle zweigeteilt; dies brachte den angestrebten niedrigeren Schwerpunkt.

Neu waren zudem das verstärkte Kastenrahmenchassis, die Breitfelgen, die weiche Federung, die leichtgängige Kupplung und die automatische Nachstellung der hydraulischen Bremsen. Auf Wunsch war ein Schnellgang erhältlich. Gebaut wurden die Modelle Champion mit 2,8-Liter- und Commander mit 3,7-Liter-Motor, beides seitengesteuerte Sechszylinder. Das stärkere Modell wies auch einen größeren Radstand auf.

Studebaker Commander, 1947

Viel Auswahl Beim Champion wie beim Commander trug die luxuriösere Version die Zusatzbezeichnung Regal. Neben einer viertürigen Limousine gab es ein dreisitziges Coupé mit zweiteiliger Heckscheibe, ein fünfsitziges Coupé mit höchst auffallender vierteiliger Panorama-Heckscheibe und ein ebenfalls fünfsitziges Cabriolet. Auch eine einfachere zweitürige Limousine war alsbald erhältlich sowie die viertürige Luxusversion Land-Cruiser.

Zu den Raffinessen der bis 1949 praktisch unveränderten Studebaker-Modelle zählten teils auch Liegesitze und eine elektromagnetische Rückrollsicherung. Übrigens führte diese Marke als erste eine vom Flugzeugbau bekannte indirekte Beleuchtung der Instrumente ein.

Die von Loewy geschaffene Form wurde in der Neuen wie in der Alten Welt als mustergültig und richtungweisend bezeichnet, so dass sich für 1949 noch längst kein Wechsel aufdrängte. Immerhin hatte man die Kühlergitter geringfügig modifiziert und die Stoßstangen um die Karosserieecken herumgezogen. Neu waren auch das senkrecht im Kofferraum platzierte Reserverad und der auf 4 Liter vergrößerte Commander-Motor.

Flugzeugnase Heftige Diskussionen löste die bei den Modellen 1950 eingeführte vollständig neue Front aus: In der Art von Flugzeugnasen lief der Mittelteil der Motorhaube spitz nach vorn in ein minimalisiertes Propellermotiv aus, und die auskragend in die Radhäuser integrierten Scheinwerfer waren von analog zugespitzter Form. Dieses eigenwillige Design bedingte auch eine neue Vorderradaufhängung. Sie bestand nun in üblicher Weise aus oberen Dreieck- und unteren Trapezlenkern mit Schraubenfedern statt den aus der Zwischenkriegszeit stammenden doppelten Querlenkern und Querblattfedern. Die Motorleistungen waren erneut leicht angehoben worden. In der ersten Hälfte 1950 waren die Studebaker erstmals mit vollautomatischer Kraftübertragung erhältlich: dem Automatic Drive mit hydraulischem Drehmomentwandler und dreistufigem Planetengetriebe. Es handelte sich um eine von Borg-Warner eigens für Studebaker entwickelte Konstruktion. Sie enthielt zusätzlich eine Reibungskupplung, die in der obersten Gangstufe eine direkte Verbindung zur Hinterachse herstellte und somit den Benzinverbrauch verminderte. Noch im gleichen Jahr lief bereits der millionste Nachkriegs-Studebaker vom Band.
Mit V8 Per 1951 wurde das zweiteilige Gitter unterhalb der Flugzeugnase weiter heraufgezogen und zudem zwischen Stoßstange und Kühlerverkleidung eine Abdeckung eingeführt. Unter den zahlreichen Detailverbesserungen stach eine wesentliche Neuerung hervor: Der 4-Liter-Sechszylindermotor des Commander wurde durch eine V8-Maschine mit obenhängenden Ventilen abgelöst. Diese moderne Kurzhubkonstruktion leistete bei 3,8 Liter Inhalt 121½ PS. Auch Chassis und Aufhängungen wurden angepasst. Im Modelljahr 1952 erhielten die Studebaker anstelle der ungewöhnlichen Flugzeugfront eine niedrige zweigeteilte Kühlluftöffnung vor stark abfallender Motorhaube. Mit der Bezeichnung Starliner wurde das erste Faux-Cabriolet der Marke eingeführt; es besaß eine dreiteilige Panorama-Heckscheibe.

Studebaker Commander Starliner, 1952

Loewys 3. Coup Während die anderen USA-Wagen inzwischen teils beträchtlich gewachsen waren, zeigten die Studebaker immer noch gemäßigte, sozusagen europagerechte Abmessungen. Dies änderte sich auch kaum, als die völlig neu geformten Studebaker des Jahrgangs 1953 vorgestellt wurden. Sie waren wiederum von Raymond Loewy geformt worden, und sie fielen durch ihre konsequente Form mit ungewohnt niedriger Gürtel- und Dachlinie auf. Das Faux-Cabriolet Starlight war nur noch 142 cm hoch und konnte sich hinsichtlich Bauhöhe durchaus mit europäischen Sportwagen messen. – Die Studebaker konnten nicht mehr bestiegen werden, man musste in sie hinabsteigen! Ungewöhnlich war auch die stilistisch an das Vormodell anknüpfende, aber noch stärker abfallende Motorhaube. Sie brachte abermals verbesserte Sichtverhältnisse. Originell waren die leicht versenkt angeordneten kreisrunden Anzeigeinstrumente im Armaturenbrett. Sie hatten eine ähnliche Überdachung wie die Scheinwerfer, und dieses letztere Detail sollte später allgemein Schule machen. Ohne Zweifel hat aber auch das Gesamterscheinungsbild dieser neuen Studebaker das Formempfinden jener Epoche stark beeinflusst.

Studebaker Champion, 1950

Studebaker Land Cruiser, 1954

Studebaker Commander Regal, 1954

Studebaker President Classic, 1956

Studebaker Golden Hawk, 1957

Studebaker Commander, 1958

Studebaker-Packard Corporation Die Modelle 1954 zeigten nur wenig Änderungen, wie etwa feine vertikale Rippen in der zweigeteilten Kühlluftöffnung. Als Programmergänzung war ein dreitüriger Station Wagon namens Conestoga hinzugekommen. *Von großer wirtschaftlicher Bedeutung war 1954 jedoch der Zusammenschluss von Studebaker mit → Packard zur Studebaker-Packard Corporation. Im gleichen Jahr vereinten sich zuvor Nash und Hudson zur American Motors. Vereint hoffte man effizienter gegen die drei Großen – General Motors, Ford und Chrysler – ankämpfen zu können.*

Zum Modelljahr 1955 wurden die Studebaker-Karosserien bei unveränderter Grundform stark überarbeitet. Sie zeigten nun eine durchgehende Kühlluftöffnung mit breiter Chrombandeinfassung und teils hervorgehobene seitliche Zierleisten. Neu waren die Motorgrößen: 3 Liter (SV-Sechszylinder), 3,7 und 4,2 Liter (V8). Letzterer wurde in die Topreihe President eingebaut, die den Land-Cruiser ablöste. Der President State Sedan erhielt eine Panorama-Frontscheibe. Diese modische Neuerung wurde Anfang 1955 auch den übrigen Viertürmodellen und Station Wagons verpasst. Außerdem war der 4,2-Liter-Motor nun auch im Commander lieferbar. In der President-Reihe kam ein Faux-Cabriolet Speedster mit Chromband über dem oberen Rand der Heckscheibe hinzu. Bei den Faux-Cabriolet- bzw. Coupémodellen wurde die formschöne flache Frontscheibe beibehalten. Alle Modelle waren nun mit Klimaanlage, elektrischen Fensterhebern und Sitzverstellung zu haben, Servobremsen und -lenkung waren bereits vorher erhältlich.

Unterschiedliche Fronten Ab Modelljahr 1956 wich die marken-typisch gewordene niedrige Front bei den Limousinen und Kombis einem unauffällig normalen Kühlergrill, während die Coupés ein nach hinten fliehendes quadratnahes Maschengitter erhielten. Sämtliche Coupés trugen jetzt die Bezeichnung Hawk (Habicht oder Falke). Sie wurden vom Golden Hawk angeführt, einem Faux-Cabriolet mit 5,8-Liter-V8- Motor von Packard! Damit konnte Studebaker im PS-Rennen mithalten, standen doch nun 279 SAE-PS zur Verfügung. Der Sky Hawk bot 213 PS, der Power Hawk 172, der Flight Hawk 102 PS. Das neue Flightomatic-Getriebe bot keine Direktkupplung mehr, war dafür jedoch »schaltstoßärmer«. Neu waren überdies bei den Limousinen ein auf dem oberen Rand des Armaturenbretts aufgesetzter Tachometer mit Drehskala statt Zeiger und bei den Coupés Sportinstrumente. Ferner wurde von Studebaker eine kräftigere Bremswirkung versprochen.

Studebaker Lark Regal, 1959

100 Mio. $ gesucht *Es war aber auch im Jahr 1956, als die Studebaker-Packard Corporation trotz – oder vielleicht wegen? – der Fusion in eine kritische Finanzlage geriet. Man suchte eine langfristige Anleihe von 100 Millionen Dollar, teils um neue Modellreihen zu verwirklichen. Da sich die Banken nicht interessiert zeigten, blieb nur noch die Anlehnung an einen kräftigen Industriekonzern. Dieser fand sich im Sommer jenes Jahres in Gestalt der Firma Curtiss-Wright, und so nahm der Flugmotorenproduzent den Autohersteller unter seine Fittiche.* 1957 warteten die Studebaker mit kammartigen Heckflossen, einem McCulloch-Kompressor im Golden Hawk und – ab Mai – mit dem Modell Champion Scotsman, dem »preisgünstigsten Wagen der USA«, auf. Das obere Ende der Skala belegten inzwischen die spärlich verbliebenen Packard-Modelle (→ Packard). Eine Sonderversion wurde aber immerhin noch im Studebaker-Programm 1958 aufgeführt: Der vom Modell President abgeleitete Marshall Police Car, jedoch mit dem kürzeren Radstand von 296 cm.

Preishit Lark Zu einer im Vergleich zum Scotsman noch wirksameren Waffe gegen die Konkurrenz der Importwagen – denen Studebaker als erste US-Marke offiziell die Stirn bot – wurde der im Herbst 1958 herausgebrachte Studebaker Lark

Studebaker Hawk, 1960

(Lerche). Er verband eine kompakt gehaltene Karosserie mit dem bisherigen quadratnahen Maschengitter der Coupés. Das Chassis bestand in üblicher Weise aus Längsträgern und Traversen, die vordere Einzelradaufhängung wies die inzwischen von Studebaker eingeführten progressiven Schraubenfedern auf, während hinten Blattfedern verwendet wurden. Man verzichtete also auf den Übergang zur selbsttragenden Karosserie. Mit 444 cm Länge war der Lark volle 70 cm kürzer als die Vormodelle. Von diesen wurden nur noch die Coupés Silver Hawk angeboten.
Gebaut wurde der kleine Studebaker als Lark VI und als Lark VIII, womit auf die Anzahl Zylinder hingewiesen wurde: 2,8-Liter-Six mit 91 PS bzw. 4,2-Liter-V8 mit 182 oder 198 PS. Es gab die Karosserieversionen Sedan, Hardtop (Faux-Cabriolet) und Station Wagon (6 oder 9 Sitze) und die Ausstattungen Deluxe und Regal Deluxe. Bemerkenswert war die Sonderversion Lark Econ-o-Miler Taxicab, ein viertüriger Sedan auf der Basis des mit längerem Radstand versehenen Station Wagons. An Besonderheiten wies er (zwecks Reparatur) schneller demontierbare Radkasten, straffere Hinterradfedern und eine robustere Innenraumausstattung auf. Der Econ-o-Miler war eine Herausforderung an den traditionellen Taxihersteller → Checker; 1960 sollten in New York bereits mehr als 1000 dieser Studebaker-Taxis im Einsatz stehen. – Schon zum Modelljahr 1960 wurde das Lark-Angebot auch um ein fünfsitziges Cabriolet erweitert.

Studebaker	Zyl.	cm³	PS	bei 1/min	Gänge	Spitze km/h	Radstand/Länge	ab Jahr	Besonderheiten
Champion	6	2786	81	4000	3/3+S	135	284/485	1947-49	Kastenrahmenchassis,
Commander		3704	95	3600		145	302/518		stehende Ventile
dto. Land-Cruiser							312/530		
1949: Commander = 4024 cm³ und 101 PS									
Champion	6	2786	86	4000	3/3+S/A	130	287/501	1950	
Commander		4024	103	3200		140	305/528		
dto. Land-Cruiser							315/538		
Champion	6	2779	86	4000	3/3+S/A	135	292/502	1951/52	
Commander	V8	3811	121	4000	3/3+S/A	145	292/502	1951/52	größerer Motor nun mit obenhängenden Ventilen
Champion	6	2779	86	4000	3/3+S/A	130	296/504	1953/54	
dto. Coupés						135	306/513		
Commander	V8	3811	121			140	296/504		
dto. Coupés und						145	306/515		
Land-Cruiser									
Champion	6	3042	102	4000	3/3+S/A	135	296/514	1955 (/56)	
dto. Coupés						140	306/519		
Commander	V8	3677	142	4500		150	295/514		
dto. Coupés						155	306/519		
Commander H		4249	-184			170	295/514		
dto. Coupés						175	306/519		
President			-188			170	306/522		
1956: Commander nur noch mit 4,2-Liter-Motor, 172 PS und 188 PS									
President	V8	4737	-213	4200	3/3+S/A	180	306/522	1956/57	
Golden Hawk		5773	279	4600	A/3+S	200			
(Mot. Packard)									
1957: Golden Hawk mit Kompressor; Silver Hawk mit 4,7-Liter-Motor 228 PS									
Scotsman	6	3042	102	4000	3/3+S	140	296/514	1958	
Champion					3/3+S/A				
dto. Silver Hawk							306/518		
Commander	V8	4249	-198	4500		170	296/514		
dto. Silver Hawk							306/518		
President		4737	-228			175	306/525		
dto. Faux-Cabriolet							296/514		
Golden Hawk			279	4800	3+S/A	200			
Lark 6	6	2779	91	4000	3/3+S/A	135	276/445	1959/60	
Lark 8	V8	4249	-198	4500		160			
Silver Hawk 6	6	2779	91	4000		140	306/518		
Silver Hawk 8	V8	4249	-198	4500		170			
1960: auch 4,7-Liter-Motor mit bis 225 PS									
Anmerkung: Station Wagon teils andere Maße; PS-Angaben mit Strich (-): für Export geringere Leistung									

Studebaker in den 60er Jahren

Studebaker Lark, 1962

Studebaker Lark Daytona Convertible, 1963

Im Modelljahr 1961 bot Studebaker weiterhin die Modellreihen Lark (Lerche) und Hawk (Falke) an. Die kompakten Lark gab es mit 276 cm Radstand (Sedan, Faux-Cabriolet, Cabriolet) und mit 287 cm Achsabstand (Station Wagons, als Ersatz des Regal neu hinzu gekommener Luxus-Sedan Lark Cruiser). Letzterer wurde auf Wunsch mit einer auf 210 PS gebrachten Hochleistungsvariante des 4,2-Liter-V8-Motors ausgestattet. Der Lark VI Regal Convertible (Cabriolet) entstand übrigens in nur 979 Exemplaren.

Endlich OHV-Six! Die wesentliche Neuerung bestand jedoch in dem längst erwarteten moderneren Sechszylindermotor. Er war im Herbst 1960 in Produktion genommen worden und trug den Namen Skybolt. Er hatte weiterhin 2,8 Liter Hubraum, kam aber auf 113 statt 91 SAE-PS. Zu den Verbesserungen bei den Lark zählte die leichtgängigere Lenkung, und überdies war bei dieser Studebaker-Modellreihe nun eine Servolenkung zu haben. Weiterhin bestand die Wahl zwischen einem 3-Gang-Getriebe mit oder ohne halbautomatischem Borg-Warner-Schnellgang sowie der automatischen Kraftübertragung Flightomatic. Auf Wunsch war ein Twin-Traction-Sperrdifferential erhältlich. Man erkannte die Lark 1961 an den Doppelscheinwerfern. – Die größeren, adrett geformten Silver Hawk gab es mit den gleichen Motoren sowie einem 4,7-Liter-V8 mit 213 oder 228 PS. Im Modelljahr 1961 wurden sie auch mit 4-Gang-Getriebe verfügbar, zudem erhielten sie ein gepolstertes Armaturenbrett und ein neues Lenkrad.

2 Spezialkarosserien Ein viersitziges Studebaker-Coupé mit vorstehenden Doppelscheinwerfern wurde auf dem Turiner Salon 1960 von der Karosseriefirma Lombardi zur Diskussion gestellt. Auf dem Genfer Salon 1961 folgte als weiteres Einzelstück ein von Pietro Frua entworfenes und von der Genfer Karosseriefirma Italsuisse verwirklichtes 2+2sitziges Studebaker-Coupé mit großen Fensterflächen und eigenwilligem Frontdesign.

Unter dem neuen Regime von Generaldirektor Sherwood H. Egbert verzeichnete die Studebaker-Packard Division einen Aufwärtstrend. Zudem hatte das Unternehmen den Vertrieb der deutschen Prestigemarke Mercedes-Benz in den USA übernommen.

»Stuttgarter Front« Deshalb wahrscheinlich wurde den Studebaker des Modelljahrs 1962 ein stark an die Stuttgarter Marke erinnerndes Kühlergrill verliehen. Das galt besonders für die Lark, deren stumpf wirkende Karosserien jetzt etwas verlängert worden waren. Zudem gab es nun auch bei ihnen in Verbindung mit dem V8-Motor ein 4-Gang-Getriebe. Die Hardtop-Coupés und die Cabriolets waren mit vorderen Einzelsitzen erhältlich und trugen in dieser sportlicheren Ausführung die Zusatzbezeichnung Daytona. Die größeren Modelle hießen nicht mehr Silver Hawk, sondern Hawk GT. Dieser Hawk Gran Turismo zeigte eine gänzlich neu gestylte Hinterpartie mit breitem hinterem Dachträger und bis zum Heckabschluss gradlinig verlaufender Gürtellinie statt der bis dahin stets noch »hochgehaltenen Flossentradition«. Neugestaltet war auch das Armaturenbrett mit zahlreichen Rundinstrumenten. Der Studebaker Hawk GT war – wie die Modelle mit der Mercedes-ähnlichen Front – eine Neuschöpfung des amerikanischen Industrial-Designers Brooks Stevens (der bald auch durch seine Neoclassic-Liebhaberautos → Excalibur bekannt werden sollte).

Avanti Doch es war der noch berühmtere Designer Raymond Loewy, der einem vollständig neu entworfenen Studebaker zu einer sensationellen Individualform verhalf, nämlich dem Avanti. Er wurde auf der New Yorker Automobilausstellung im April 1962 präsentiert. Loewy hatte nicht nur den Studebaker der Nachkriegszeit das unverkennbare, vielbewunderte, oft aber auch mit Skepsis aufgenommene futuristische Design verliehen, sondern auch als Formgeber zahlreichen Gebrauchsartikeln. Als Autor des Werks »Hässlichkeit verkauft sich schlecht« galt er als Begründer des modernen Industriedesigns schlechthin.

Mit dem als Prestige-car bezeichneten Avanti (= vorwärts) hatte es Studebaker-Boss Egbert auf den inzwischen ebenfalls vier Sitze bietenden Thunderbird von Ford, aber auch auf den zweisitzigen Chevrolet Corvette abgesehen. Der Avanti verband Leistung mit sportlichem Design, und er besaß – wie der Corvette – eine Kunststoffkarosserie. Hinsichtlich des Innendesigns hatte sich Loewy von der Flugzeugsparte inspirieren lassen. Dies bezeugte die Form der Bedienungshebel, die sich auch auf der Mittelkonsole und sogar an der Dachwölbung fanden.

In seinem technischen Grundkonzept war der Avanti weit weniger avantgardistisch als mit seinem kühlergrillfreien äußeren Erscheinungsbild. Er basierte auf einem Kastenrahmenchassis mit X-Verstrebung (wie die Lark Station Wagons und Cabriolets), und die hintere Starrachse war auf Halbelliptikfedern abgestützt, verfügte aber wenigstens über zusätzliche Führungselemente. Für den 4,7-Liter-V8 mit 10,25:1 Verdichtung wurden keine Leistungsangaben gemacht; die mit Jet Thrust bezeichnete Maschine wurde im Modelljahr 1963 auch in den Lark und im Hawk GT erhältlich.

Mit Kompressor Zusätzlich gab es die Motorvariante Super Jet Thrust mit Paxton-Kompressor, einer Hochleistungsnockenwelle und ebenfalls Vierfachvergaser. Im Vorfeld der offiziellen Präsentation hatte man diesem Motor 350 PS nachgesagt; spätere Schätzungen lauteten auf 290 PS mit Kompressor (R-2) und 240 PS ohne Kompressor (R-1). Bei Werkversuchen sollen 250 km/h Spitze und eine Spurtzeit für 0 bis 100 km/h von 6,7 Sekunden erreicht worden sein. Weitere Besonderheiten beim Avanti GT – wie er anfänglich ebenfalls hieß – waren die erstmals bei einem amerikanischen Auto serienmäßig eingebauten vorderen Scheibenbremsen, Zapfen-Türschlösser (nach deutschem Vorbild), ein integrierter Überrollschutzbügel, vordere Schalensitze, der thermostatisch gesteuerte Kühlluftventilator sowie einstellbare Stoßdämpfer.

Im Herbst 1962, für das Modelljahr 1963, lancierte Studebaker den Station Wagon Wagonaire (von Jeep wurde gleichzeitig der Station Wagon Wagoneer auf den Markt gebracht!). Bei ihm konnte außer der Heckklappe der hinterste Teil des Daches geöffnet werden, woraus sich besonders vielfältige Belademöglichkeiten ergaben. Mit ihrem gleichmäßigen Schachbrettmuster zeigten die Lark-Kühlergesichter jetzt etwas weniger Mercedes-Anklang.

Zum Modelljahr 1964 erhielten die kleineren Studebaker-Karosserien ein deutlich modernisiertes, schlichteres Design. Kühlergrill und Scheinwerfer waren nun in einer Ebene angeordnet. Damit ging freilich auch ein Stück Identität verloren. Gleichzeitig wurde der traditionell klingende Name Lark aufgegeben. Die kompakten Modelle hießen nun Challenger, Commander 6 und V8, Daytona und Cruiser. Nach wie vor gab es den Sechszylindermotor Skybolt Six mit 2,8 Litern Hubraum und die 4,2- und 4,7-Liter-V8. Diese Antriebsaggregate ließen sich mit vier Getrieben kombinieren.

Studebaker Daytona Wagonaire, 1964

Studebaker Hawk Gran Turismo, 1964

Studebaker Commander, 1966

Made in Canada *Wenngleich in den Vorjahren durchaus positive Absatzzahlen die Runde gemacht hatten, war die Packard-Studebaker Corporation den roten Zahlen noch nicht entflohen. Daher sah sich das Mutterhaus Curtiss-Wright veranlasst, im Dezember 1963 die Produktion in South Bend, Indiana, einzustellen. Studebaker war eine der wenigen Autofirmen, die ihren Hauptsitz nicht im Raum Detroit, Michigan, angesiedelt hatte, sondern seit je im Bundesstaat Indiana niedergelassen war. Die gesamte Herstellung wurde nun in das kanadische Zweigwerk in Hamilton, Ontario, verlegt, und dieses firmierte noch unter dem Namen Studebaker Corporation.*

Die Produktion der Hawk und Avanti wurde in Kanada nicht mehr fortgesetzt. Sie wurden zuletzt auch noch mit einem auf 5 Liter vergrößerten Jet-Thrust-V8 (R3 und R4) angeboten. Auch für sie wurden (in vornehmer Rolls-Royce-Manier) keine Leistungsangaben gemacht. Vom Avanti, dessen aufwändig konstruierte Kunststoffkarosserie anfänglich einige Produktionsprobleme verursacht hatte, waren 1962/63 in South Bend 4634 Exemplare gebaut worden, davon 1833 mit Paxton-Kompressor. Erfreulicherweise sollte er unter eigenem Markennamen (→ Avanti) weiterleben!

Die Schlussetappe Ungutes ließ sich hingegen aus der Nachricht erahnen, dass für den Jahrgang 1965 der verbliebenen Studebaker-Modelle keine eigenen Antriebsaggregate mehr verwendet würden. Im Zuge der unumgänglichen Rationalisierung hatte man nicht nur das Modellangebot weiter vermindert, sondern gleich auch die Motorenherstellung aufgegeben. Für den Antrieb sorgten nun der 3,2-Liter-Sechszylinder, wie er im Chevrolet Chevy II Verwendung fand, und ein 4,6-Liter-V8, der aus diversen größeren Chevrolet bekannt war. Als neue Karosserievariante kam der Sports Sedan mit Vinyldach hinzu. Alle Studebaker des Modelljahrs 1965 zeigten einen feinen Zierstab zwischen den Heckleuchten.

Ganz neu war das zweistufige, durch eine senkrechte Mittelrippe geviertelte Kühlergrill der Studebaker 1966. Originell war, am anderen Karosserieende, ein Luftabsauggitter über den Heckleuchten für die wirksame Innenraumentlüftung. Doch dies war die letzte Neuerung, die unter dem Namen Studebaker in die Geschichte einging. Im Frühjahr 1966 wurde auch im kanadischen Hamilton die Produktion eingestellt. Zwar hatte man errechnet, dass sich das Werk in Kanada auch mit einer Produktion von bloß 20'000 Wagen pro Jahr rentieren konnte, doch selbst diese äußerst bescheidene Zahl war 1965 nicht mehr erreicht worden. Längst hatte man bei Studebaker diversifiziert: auf Haushalt- und Industrieprodukte. Ihnen ausschließlich galt nun – neben dem Ersatzteilgeschäft – die Zukunft.

Studebaker	Zyl.	cm³	PS	bei 1/min	Gänge	Spitze km/h	Radstand/Länge	ab Jahr	Besonderheiten
Lark VI	6	2779	91	4000	3/3+S/A	135	277/445	1960	SV! (Station Wagons 287/469)
			114	4500		145		1961	(nun OHV)
Lark VIII	V8	4248	182	4500		160		1960/61	
			198	4500		170			
Lark Cruiser			182	4500		160	287/469	1961	
			198	4500		170			
	6	2779	114	4500		145			
Silver Hawk 6			91	4000		140	306/518	1960	SV!
			114	4500		150		1961	(dto, nun OHV!)
Silver Hawk V8	V8	4248	182	4500		170		1960/61	
			198	4500		175			
		4737	213	4500		175			
			228	4500		180			
Lark VI	6	2779	114	4500	3/3+S/A	145	277/467	1962/63	
							287/478		(= 4-türig + Stations)
VIII/Cruiser	V8	4248	182	4500	3/3+S/A/4	175			
			198	4500		180			
		4737	213	4500		185			
			228	4500		190			
			?					1963	2 Mot. m/o Kompr.
Hawk Gran Tourismo	V8	4737	213	4500	3	170	306/518	1962-64	
			228	4500	3+S/4/A	180			1963: auch 3-Gang
		4248	182	4500		170			
	6	2779	114	4500	3/3+S/A	140			
	V8	4737	?		3/3+S/4/A			1963/64	2 Mot. m/o Kompr.
		4973	?		4/A			1964	2 Mot. m/o Kompr.
Avanti GT	V8	4737	?		3/4/A	225	277/489	1962/63	Kunststoffkarosserie
			?			290			+ Kompressor
		4973	?					1963	2 Mot. m/o Kompr.
Challenger/Comm./ Daytona /Cruiser	6	2779	114	4500	3/3+S/A	145	277/483	1964	
							287/493		4-türig (Station 490 cm)
	V8	4247	182	4500	3/3+S/4/A	175			
			198	4500		180			
		4737	213	4500		185			
			228	4500		190			
			?		4/A				2 Mot. m/o Kompr.
			4973						2 Mot. m/o Kompr.
Commander/ Daytona /Cruiser	6	3186	122	4400	3/3+S/A	150	277/483	1865/66	Chevrolet-Motor
							287/493		4-türig (Station 490 cm)
	V8	4637	198	4800		180			Chevrolet-Motor
	6	3767	142	4400	155	155		1966	Chevrolet-Motor

Thunderbird

Zum Modelljahr 1959 mutierte Thunderbird zur Eigenmarke. Wie im Kapitel Ford bereits festgehalten, war der erste Ford Thunderbird (= Donnervogel) im Februar 1954 als Antwort auf den erfolgreichen und vielbeachteten Chevrolet Corvette vorgestellt worden. Wie dieser war er ein Zweisitzer-Sportcabriolet (mit aufsetzbarem Hardtop). Als solches wurde er bis 1957 hergestellt. Dann entschloss sich die Ford Motor Company, nicht nur das eigentliche Sportwagendesign aufzugeben und einen sportlichen Viersitzer zu kreieren, sondern den Namen Thunderbird auch gleich zu einer neuen Marke neben Ford, Mercury und Lincoln aufzuwerten.

Den Thunderbird des Jahrgangs 1959 gab es als Cabriolet und als Hardtop-Coupé (auch als Faux-Cabriolet bezeichnet). Sein Aufbau war selbsttragend, und die hintere Starrachse wurde in üblicher Manier an Halbelliptikfedern abgestützt. Es bestand die Wahl zwischen einem 5,2-Liter- und einem 7-Liter-V8 mit 304 bzw. 355 SAE-PS. Während die stärkere Ausführung ausschließlich mit dem Cruise-O-Matic-Getriebe lieferbar war, konnte der kleinere Motor auch mit einem 3-Gang-Getriebe mit oder ohne Schnellgang geordert werden. Wenngleich der Thunderbird vier Einzelsitze aufwies, waren sowohl Schalt- wie Wählhebel an der Lenksäule angewinkelt. Dem Preisniveau dieses mit 521,5 cm Länge eindrücklichen Personal-cars (Wagen einer besonderen Klasse) entsprechend war der T-bird, wie er auch kurz genannt wurde, mit besonders vielen Komfortmerkmalen einschließlich Servolenkung, elektrischer Sitzverstellung usw. ausgestattet. Im Verlaufe der Jahre erhielt auch er jene zusätzlichen Sicherheitsattribute, wie sie den Ford-Modellen zuteilwurden.

New Design Mit dem Modell 1961 wurde die an Front und Flanken zerklüftete Karosserie von einem bemerkenswert klaren neuen Design abgelöst. Die flache Motorhaube war an ihrem Vorderende nach unten gebogen, und von ihrer horizontalen Frontkante aus bog sich der Kühlergrill nach unten einwärts. Die Gürtellinie lief raketenartig ins Heck aus. Trotz der um 2½ auf 193 cm reduzierten Breite war die Spur deutlich verbreitert worden. Der neue Thunderbird wurde mit einem 304 PS starken 6,4-Liter-Motor ausgerüstet; ein Handschaltgetriebe stand nicht mehr zur Wahl. – Noch die frühere Karosserieform besaß ein Thunderbird, der Ende

Thunderbird, 1961

1960 zu Ausstellungszwecken aus nichtrostendem Stahl vorgestellt wurde.

Die Thunderbird 1962 erkannte man an den drei hintereinander gereihten Zierelementen am Flankenende. Als Sonderversionen gab es einerseits den Typ Landau Hardtop mit Kunstlederüberzug auf dem Dach und Cabriolet-Klappbügel vortäuschenden Verzierungen an den hinteren Dachträgern, anderseits den Sports Roadster mit Tonneau-cover, ein Zweisitzer-Cabriolet mit nahtlos in den Kofferraumdeckel übergehendem Abdeckblech über den Hintersitzen (es ließ sich bei zusätzlichem Platzbedarf entfernen). Nach vorne stieg diese Abdeckung schwungvoll zu Kopfstützen an, so dass dieser T-bird in der Tat rennsportlich wirkte. Den Motor gab es jetzt auch mit 345 PS (drei Doppel- anstatt ein Vierfachvergaser!), und das ausschwenkbare Lenkrad Swing-Away wurde serienmäßig eingebaut.

1963 zeigten die Thunderbird nach vorne an die Türen gerückte seitliche Ziersignete, wiederum drei hintereinander, es gab Holzimitationen im Innenraum, einen Alternator statt Dynamo und verlängerte Serviceintervalle (Schmierdienst alle 10'000 km, größerer Service alle 160'000 km oder alle drei Jahre). Für den Anfang 1963 von Ford lancierten Modelljahrgang 1963½ kam die Superluxusausführung Landau Special hinzu. An der Autoschau von Los Angeles – ebenfalls Anfang

1963 – wurde ein in Italien spezialkarossiertes T'bird-Coupé mit sanft abfallendem Heck gezeigt. *1962 waren 1427 Sports Roadster gebaut worden, 1963 noch 455,* doch wurde die aus Kunststoff hergestellte Tonneau-Abdeckung später auch als Zubehör für das Cabriolet angeboten.

Detailpflege Abermals in einer neuen Form präsentierten sich die Thunderbird 1964. Die Doppelscheinwerfer waren nun zuäußerst in den Radhäusern angeordnet. Die Breite erreichte 196 cm. Auf der Mittelkonsole prangte eine Leuchte »fasten your seatbelts« (Gurte umlegen), und die hintere Lehnenpolsterung ging in die Seitenwände über. Die Parkbremse wurde beim Einlegen einer Getriebestufe durch Vakuumdruck gelöst, und im Coupé fand sich eine Zwangsentlüftung namens Silent-Flo. Vom stärkeren Motor war nicht mehr die Rede.

Einen bemerkenswerten technischen Fortschritt brachte das Modelljahr 1965: der Thunderbird wurde serienmäßig mit vorderen Scheibenbremsen ausgerüstet. An den vorher chromfreien Flanken sah man jetzt hinter dem vorderen Radausschnitt eine kleine Luftauslassattrappe. Die breitgezogene Markenschrift über dem Kühlergrill war dem Markensignet gewichen. Mit dem Modelljahr 1966 gab es wieder eine 7-Liter-Version, doch auch der 6,4-Liter-V8 brachte es nun auf noch mehr PS. Als Sonderausführungen gab es jetzt den

Thunderbird Sports Roadster Convertible, 1962

Town Landau und den Town Hardtop, beide ohne zweites Seitenfenster, was den Fondinsassen mehr Diskretion, dem Fahrer aber auch eine verschlechterte Rundsicht brachte. Das Markenzeichen war vergrößert worden und prangte jetzt in Kühlergrillmitte.

Auch 4-türig Ein völlig neues, nun wieder besonders klares Karosseriedesign brachten die Modelle 1967: Ungemein wuchtig-elegant wirkte die Front mit dem die gesamte Fläche einnehmenden, vertieft angeordneten Kühlergrill, das tagsüber auch die Scheinwerfer kaschierte. Der Radstand war von 287 auf 292 cm verlängert worden, und die Gesamt-

Thunderbird Convertible, 1962

Thunderbird Landau, 1964

Thunderbird Landau Hardtop, 1967

Thunderbird Landau 4-door, 1968

länge wuchs von 522 auf 525,5 cm. Außerdem gab es neu eine viertürige Ausführung mit 297 cm Radstand und 532 cm Länge. Deren teils in die hinteren Dachstützen eingeschnittenen Hintertüren öffneten – wie es dies sonst nur noch bei den Lincoln 4-Door-Sedan gab – nach hinten. Und wie schon beim 2-Door Landau fanden sich auch an der C-Säule des 4-Door Landau falsche Verdeckspriegel!
Offenbar weil die Thunderbird nun aber noch größer geworden waren, hatten sich die verantwortlichen Konstrukteure zu einer Rückkehr zur Bauweise mit Kastenrahmenchassis samt Traversen entschlossen. Neben dem erwähnten 4-Door Landau bot die Marke Thunderbird nun die Modelle Hardtop, Landau Hardtop sowie Brougham, Letzterer ebenfalls viertürig. Das Cabriolet figurierte hingegen nicht mehr im Programm. – In nur fünf Exemplaren wurde Ende 1966 eine Spezialausführung in leuchtendblauer Farbe und mit allen möglichen Luxusmerkmalen bis hin zu Büroeinrichtung, Fernseher und Rasierapparat aufgelegt; sie hieß Apollo.
1968 zeigten die Thunderbird einen grobmaschigen Kühlergrill und an die Stoßstangenecken anschließende Seitenleuchten. Unter dem Namen Flight Bench wurde eine neue vordere Sitzbank mit klappbarer Mittelarmlehne geboten. Der erneuerte, stark überquadratische 7-Liter-Motor war nun Standardausrüstung. Zu den laufenden technischen Verfeinerungen zählten beim Jahrgang 1969 Änderungen an der Radführung und am Lüftungssystem. Erstmals war beim T'bird eine heizbare Heckscheibe lieferbar. Die jüngste Ausführung erkannte man an dem nun wieder feinmaschigen Kühlergrill mit einer horizontalen und vier senkrechten Unterteilungen.
Gänzlich neue Karosserien brachte der Jahrgang 1970: Die Front zeigte eine weit vorkragende Nase; von ihr aus verliefen Prägekanten über die Motorhaube bis zu den versenkt angeordneten Scheibenwischern. Mit der sogenannten Knudsen-Nase (Semon Knudsen war von Pontiac zu Ford gekommen) wuchsen die Gesamtlängen der zwei- und der viertürigen Thunderbird auf 540 bzw. auf 546 cm. Die Dachlinie sank an ihrem Ende nun schräg nach hinten ab. Auch das Innenraumdesign war neu, und auf Wunsch gab es jetzt sogar einen 7,5-Liter-V8. Besondere Erwähnung verdient jedoch, dass der T'bird 1970 mit einem Antiblockiersystem (ABS) für die Hinterradbremsen lieferbar war. (Dieses damals höchst fortschrittliche Sure-Track-Bremssystem war bereits ein Jahr zuvor für die Lincoln als bestellbares Zubehör eingeführt worden.)

Thunderbird	Zyl.	cm³	PS	bei 1/min	Gänge	Spitze km/h	Radstand/Länge	ab Jahr	Besonderheiten
-	V8	5166	304	4600	3/3+S/A	180	287/522	1960	
		7045	355	4400	A	200			
		6384	304	4600		190		1961-65	
			345	5000		200		1962/63	
			319	4600		195		1966	
		6989	350	4600		205			
		6384	319	4600		195	292/526	1967	Kastenrahmen
		6989	350	4600		205			4-türig: 298/532 cm
		7033	365	4600		210		1968/69	dto.
							292/540	1970	4-türig: 298/546 cm
		7536	370	4600					dto.

Thunderbird in den 70er Jahren

Der seit 1959 als Eigenmarke positionierte Thunderbird basierte 1971 weiterhin auf einem Kastenrahmenchassis mit Traversen. Er wurde von einem 365 SAE-PS leistenden 7-L-V8 mit Autolite-Vierfachvergaser über das 3-Stufen-Cruise-O-Matic angetrieben. Es gab die Hardtop-Coupés sowie die Luxusversion Landau nach Wahl vier- oder fünfsitzig und den Landau zudem als viertürigen Hardtop-Sedan mit 6,5 cm mehr Radstand (298 cm) und 6 cm Zusatzlänge (546 cm). Die Aufhängung war verfeinert worden, und neu waren gegen Mehrpreis Michelin-X-Reifen und eine Antiblockiervorrichtung für die Hinterradbremsen (→ Lincoln!; vorne Scheiben) erhältlich.
1972 erhielt der T'bird das neue Kastenrahmenchassis und die geänderte hintere Starrachse der ebenfalls erneuerten mittelgroßen → Ford Torino. Damit wuchs der Radstand der zweitürigen Version von 291,5 auf 306 cm. Der viertürige Thunderbird (298 cm Radstand) wurde hingegen gestrichen! Auffallend an dem hinteren (wie das Dach vinylüberzogenen) Dachträger war das geschwungene Chromzierelement, das an den Verdeckspriegel eines Cabriolets erinnerte. Die seit 1970 mächtig vorstehende »Knudsen-Nase« im Kühlergrill zeigte sich abgeflacht (von einem Ford-Boss eingeführtes Stilelement). Es standen nun ein 7-L- und ein 7,5-L-V8 zur Wahl, beide mit nur noch 215 DIN-PS (der größere mit etwas mehr Drehmoment).
1973 präsentierte sich der T'bird mit einem aus karierten statt horizontalen Stäben gebildeten Kühlergrill. Die neuen, energieabsorbierenden Stoßstangen trugen gummibewehrte Hörner, und im hinteren Dachträger war statt des kleinen Pseudo-Verdeckbügels ein rechteckiges Fensterchen eingelassen. Hinzu kamen Fahrwerksverbesserungen und eine wahlweise erhältliche Heckscheibenheizung.

Thunderbird Hardtop Coupe, 1972

1974 wuchs die Länge um 15 auf 571 cm, und das Leergewicht stieg um 170 auf 2300 kg; der Tank wurde entsprechend um 15 auf 100 Liter vergrößert und statt des 7-L- wurde ein 7,5-L-V8 eingebaut; im Übrigen war die Heckpartie neu geformt worden, und auf Wunsch gab es ein gläsernes Moon-Roof bzw. Schiebedach.
1975 war der Thunderbird mit Vierrad-Scheibenbremsen, Alu-Rädern sowie silber- oder kupferfarbenem Interieur lieferbar.
1976 wurden die Motoren u.a. durch eine verbesserte Abgasrückführung auf größere Sparsamkeit ausgelegt.
Abmagerungskur 1977 basierte der Thunderbird – deutlich kleiner geworden – auf den mittelgroßen Modellreihen → Ford LTD II und → Mercury Cougar (die 1977 ihrerseits die Reihen Torino/Elite bzw. Montego ablösten). Statt des Opera Windows im hinteren Dachträger prangte nun ein kleines Zwischenfenster im mittleren Dachpfosten, der optisch über das Dach gezogen war. Der Radstand schmolz von 306 auf 289,5 cm und die Außenmaße reduzierten sich von 573,5 x 202,5 x 134 auf 547,5 x 199,5 x 134,5 cm.

Thunderbird, 1974

Zudem ergab sich eine Gewichtseinsparung von fast 400 kg (noch ab 1875 kg Leergewicht). Statt des 7,5-L-V8 versahen im neuen Thunderbird wahlweise V8 mit 4,9, 5,8 oder 6,6 L Hubraum ihren Dienst (132 bis 175 statt 205 PS). Vordere belüftete Scheibenbremsen mit Bremshilfe und Servolenkung zählten zwar weiterhin zum Lieferumfang, doch waren für elektrische Fensterheber, Radio, Klimaanlage, Vinyldach usw. wieder Mehrpreise fällig! Andererseits lag der Basispreis deutlich tiefer.
1978 wurde das feine Karomotiv des Kühlergrills durch horizontale Stäbe abgelöst.
1979 wurde ein grobmaschiges Kühlergitter eingeführt und auf den 6,6-L-Motor verzichtet.
Noch kleiner! 1980 zeigte sich der T'bird (parallel mit dem Mercury Cougar XR-7) erneut tüchtig geschrumpft: 14 cm weniger Radstand und 43 cm kürzer! Statt 1825 brachte er knapp 1500 kg auf die Waage. Die massive Chassiskonstruktion war einer selbsttragenden Bauweise gewichen, jener des → Ford Fairmont. Damit fand auch eine Zahnstangenlenkung Einzug. Statt mit 4,9 oder 5,8 L Hubraum gabs den Thunderbird noch mit 4,2 oder 4,9 L. Der größere Motor wurde auf Wunsch statt mit der 3-Stufen-Automatik Select Shift mit der 4-Stufen-Einheit Automatic Overdrive (mit Lock-up) kombiniert. Das Instrumentarium umfasste Digitalanzeigen. Neu gab es a. W. den schlüssellosen Zugang: Über dem Türgriff waren Nummerntasten eingelassen, mit denen ein Code eingetippt werden konnte. Der chromgerahmte karierte Kühlergrill und die unter Deckeln verborgenen Scheinwerfer waren erhalten geblieben, aber insgesamt wirkte der Thunderbird nun weit weniger wuchtig!

Thunderbird, 1977

Thunderbird, 1980

Thunderbird	Zyl.	cm³	PS	bei 1/min	Gänge	Spitze km/h	Radstand/Länge	ab Jahr	Besonderheiten
-	V8	7033	365*	4600	A3		292/540°	1971	
°) 4-türig: 298/546									
-			215	4400			306/549	1972	
		7536							
		7033	214				306/556	1973	
		7536	211						
			223	4000			306/571	1974	
			197-227	38/40			306/574	1975	
			205	3800				1976	
Thunderbird	V8	4947	132-136	3400	A3		290/548°	1977-79	
do. f. Export			131					1979	
-		5770	151/163	32/36				1977	
			146/154					1978	
			137-153	32-38				1979	
		6586	175/170	3800				1977	
			168					1978	
°) ab 1979: 290/552									
Thunderbird	V8	4183	117	3800	A3		276/509	1980	
		4947	133	3600	A3/A4				

Tojan

Vorgestellt wurde dieses amerikanische Sportcoupé im Jahre 1985, und es sollte eine Alternative zum dominierenden Chevrolet Corvette verkörpern. Initianten waren Russell A. Knudsen, alsbald Generaldirektor der Tojan Division von Knudsen Automotive, Inc., in Omaha, Nebraska, die u. a. bereits auch die Neoclassic-Marke → Baroque geschaffen hatte, Harry Bradley, der in den 60er Jahren GM-Designer und danach Schöpfer diverser Sportwagen war, und Gale Banks, der mit Rekordfahrzeugen einschlägige Erfahrungen gesammelt hatte. Der Tojan sollte sich an die Yuppies richten, jene Generation dynamischer Jungmanager, denen eine Vorliebe für potente V8-Mobile nachgesagt wurde.

TransAm Die anfänglich vorgesehene Modellbezeichnung TransAm wurde zwar weggelassen, aber sie wies darauf hin, dass der Tojan auf dem Unterbau des → Pontiac Firebird TransAm basierte. Schon 1984 entstand ein Prototyp, dessen V8-Motor mit zwei Abgasturboladern bestückt wurde, und der durch spektakuläre Leistungsdemonstrationen für Furore sorgte. Die Produktionsausführung erhielt den 5-Liter-V8-Motor mit elektronischer Einspritzung und 208 PS Leistung, wie er im Top-Firebird von 1985 zur Verfügung stand.

Was das Karosseriedesign betraf, war unschwer zu erkennen, dass die Formgebung für den Tojan von italienischen Supersportwagen inspiriert war. Offensichtlich war anderseits auch, dass die Türen vom Pontiac Firebird übernommen worden waren. Das Dach war allerdings tiefer gesetzt, und alle übrigen Karosserieteile wurden ebenfalls eigens angefertigt: langgezogene Keilfront mit gleichmäßig um den Bug herumgezogener Schürze und Klappscheinwerfern, konsequent als Fastback ausgebildete Dachlinie, in die das Heckfenster senkrecht eingeschnitten war. Die Dachteile über den Türen ließen sich entfernen (T-roof) und die Dachpartie hinter dem Cockpit konnte für das Beladen des Kofferraums als gesamte Einheit angehoben werden.

Die stilistische Besonderheit bestand jedoch in den Radhäusern: Diese ragten nicht nur als starke Verbreiterungen vom Wagenkörper ab, sondern besaßen zudem Radausschnitte, die vor den Rädern gerundet und hinter ihnen rechteckig waren. Dies dürfte wohl kaum von allen Kaufinteressenten goutiert worden sein. 1986/87 wich diese eigenwillige Lösung harmonisch der Radrundung folgenden Ausschnitten. Auf

Tojan, 1985

Carralo, 1988

Wunsch war ein mächtiger dreieckförmiger Heckflügel zu haben. Der mit einer von Gale Banks entwickelten Sportfederung, Differenzialbremse, Digitalinstrumenten und zahlreichen Luxusmerkmalen bis hin zum Walnussholz ausgestattete Tojan wurde von Knudsen Automotive *bis 1990 in rund 300 Exemplaren gebaut, wobei auch noch etwa 15 Cabriolets hinzukamen.*

Carralo 1988 stellte Russell A. Knudsen dem Tojan den Carralo zur Seite. Er basierte auf dem Chevrolet Camaro des Jahrgangs 1988 und konnte mit dessen 5- oder 5,7-L-V8-Mechanik bestellt werden. Der Carralo zeigte eine langgestreckte niedrige Front mit halbwegs versenkten doppelten Rechteckscheinwerfern. Die Radhäuser waren nicht nur verbreitert, sondern schwungvoll an den Karosseriekörper angefügt. Am Heck prangte ein in die Karosserie integrierter Luftleitflügel. Hinzu kamen eigenwillig geformte Fünfspeichen-Aluräder. Der Innenraum war besonders gepflegt ausgekleidet, Armaturenbrett und Mittelkonsole trugen Holzauflagen. Und vervollständigt wurde der luxuriöse Auftritt durch ein Ornament vorne auf der Motorhaube, das in 24 Karat Gold gehalten war.
– Bis ca. 1990 dürften rund 100 Carralo gebaut worden sein.

Tucker

Die Aufbruchstimmung nach dem Ende des Zweiten Weltkriegs hatte auch in den USA zur Verwirklichung gänzlich neu durchdachter Autokonstruktionen angeregt. Es entstanden diverse Projekte vom Kleinstauto bis zum Luxusmobil. Die meisten verliefen im Sand, denn die angestammte Automobilindustrie verstand es ihrerseits neue Ideen umzusetzen. Zwar waren diese weniger radikal, aber dafür marktnäher ausgerichtet. Zudem konnten die traditionellen Autohersteller auf ihren Erfahrungen und bestehenden, nun wieder auf Zivilproduktion umgestellten Werkanlagen aufbauen.

Geniestreich Unter den Newcomer-Projekten war keines so spektakulär wie jenes von Preston Thomas Tucker..., und es endete ebenso aufsehenerregend, wie es begonnen hatte: Man sprach von Skandal, doch wäre der Ausdruck Tragödie zutreffender gewesen. Alles war vorbereitet, um aus dem Tucker eine große neue Automarke Amerikas zu generieren. Doch was Henry Kaiser zumindest vorübergehend gelang, sollte Preston Thomas Tucker versagt bleiben. Dabei hatte er – so seine Werbeaussage – den »ersten wirklich neuen Wagen seit 50 Jahren« auf die Räder gestellt.

Ohne Zweifel war Tucker nicht bloß ein Phantast, sondern ein hochbegabter Initiant. Seine Sporen hatte er als Partner von Harry Miller, dem berühmtesten Rennwagenkonstrukteur Amerikas, abverdient. 1938 konstruierte er einen Hochgeschwindigkeits-Panzerwagen mit dem ersten durch Motorkraft angetriebenen Geschützdrehturm. Letzterer und weitere Entwicklungen wurden von der Armee übernommen. Doch noch während der Krieg tobte, arbeitete Tucker längst an seinem Autoprojekt, einem neue Wege aufzeigenden Sechssitzer mit Heckmotor. Dieses Auto sollte die Leistungsfähigkeit eines Duesenberg mit dem Preis eines Ford vereinen und wegen seines geringen Gewichts zudem besonders wenig Treibstoff benötigen.

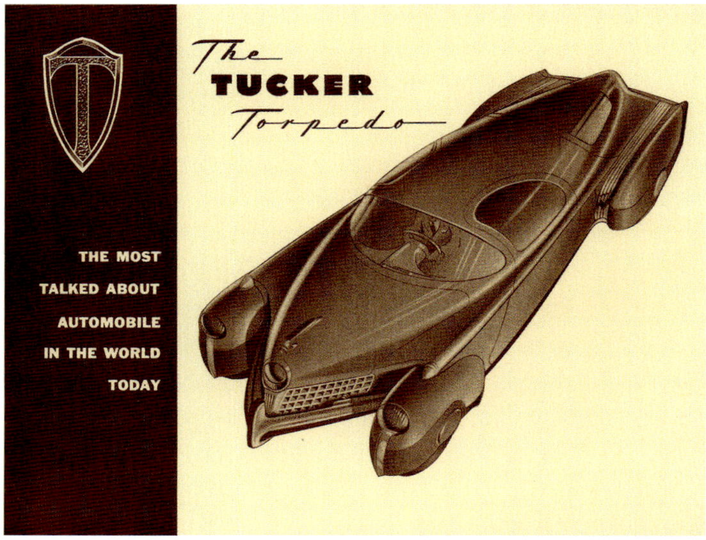

Tucker Torpedo (1. Prototyp), 1946

Preston Tucker verstand es, ausgewiesene Fachleute aus der angestammten Automobilindustrie für sein Projekt zu begeistern. So ernannte er den genialen Designer Alex Tremulis von der ohnehin untergegangenen Duesenberg-Auburn-Cord-Gruppe zum Chefkonstrukteur. Fred Rockelman, früherer Plymouth-Generaldirektor und Ford-Verkaufschef, sollte hingegen seine rechte Hand werden.

Revolutionär Der von Tremulis entworfene futuristisch geformte Tucker Torpedo wurde Ende 1946 noch in Form eines Modells vorgestellt. Zu diesem Zeitpunkt war die Produktion bei der etablierten Autoindustrie bereits wieder angelaufen. Doch von deren Erzeugnissen unterschied sich der Tucker radikal! Er war ein revolutionäres Auto, ein Fahrzeug, das futuristische äußere Linien mit verblüffenden technischen Neuerungen verband. Die Form war aerodynamisch ausgebildet. Die während des Kriegs vorangetriebene Flugzeugentwicklung hatte hierzu Erkenntnisse aus dem Windkanal geliefert. Die zugespitzte Karosseriefront glich einer Flugzeugnase und trug einen zusätzlichen mittleren Scheinwerfer, der auch als ausschwenkende Kurvenleuchte diente.

Automobile mit Fließheck hatte es schon in der Zwischenkriegszeit gegeben, so etwa mit dem ab 1936 gebauten Lincoln Zephyr. Doch in der niedrigen Silhouette des Tucker Torpedo mündete das Dach hinten in das sich verschmälernde Ende einer Rakete aus. Die Frontscheibe war bereits als Panoramascheibe ausgebildet, und über das Heck wölbte sich ein zweigeteiltes Rückfenster. Man sprach von splitterfreiem Sicherheitsglas. Die beiden Seitentüren waren weit in das Dach hineingeschnitten und erleichterten den Einstieg, die Kotflügel umhüllten die Räder vorn wie hinten bis über ihre Naben.

Die technische Seite präsentierte sich nicht minder ungewöhnlich: Sechszylinder-Boxermotor aus Leichtmetalllegierung, quer im Heck eingebaut, 9,6 Liter Hubraum, 150 PS Leistung bei nur 1800/min, hydraulische Ventilsteuerung, direkte Benzineinspritzung, versiegeltes Kühlsystem mit Dauerfrostschutz, 24-Volt-Anlage, Kraftübertragung von jedem Kurbelwellenende über je einen Drehmomentwandler auf die Hinterräder, Einzelradaufhängung rundum, Federung mit Gummielementen, Scheibenbremsen... und nicht zuletzt Mittellenkung, wie sie bis dahin nur der Panhard Dynamic von 1936/37 besaß.

Preston Tucker fand Geldgeber u. a. in der Flugzeugbranche, wo man den Tucker-Ideen gegenüber besonders aufgeschlossen war. Es gelang Tucker, die ehemaligen Dodge-Flugmotorenwerke in Chicago, während des Kriegs aufgebaute riesige Fabrikanlagen, in 5-Jahres-Miete mit Kaufoption zu übernehmen. Tuckers Leute begannen alsbald in den gesamten USA und weltweit Vertretungen unter Vertrag zu nehmen. Hierzu hatten die Händler und Werkstätten Wagen zu bestellen und teils vorauszubezahlen. Zur weiteren Beschaffung von Geldmitteln wurden Aktien aufgelegt, wobei sich außer Zulieferanten auch kleine Sparer unter den Käufern fanden.

Ernüchterung Inzwischen hatte der Tucker Torpedo in technischer Hinsicht etliche Probleme aufgegeben, was in Anbetracht seiner Extravaganz wohl kaum verwundern konnte. Nachdem die Mittellenkung mit den schwenkbaren Nebensitzen bereits zugunsten einer üblichen Linkslenkung aufgegeben und auch die auf den Plänen vorgesehenen schwenkbaren vorderen Radkästen nicht verwirklicht worden

Tucker (Heck), 1948

Tucker, 1948

waren, fand man nun stufenweise auf den Boden der Realität zurück: Der 9½-Liter-Riesenmotor wich einem auf Wasserkühlung umkonstruierten Franklin-Flugmotor, ebenfalls ein Sechszylinder-Boxer. Er war in normaler Längsachse eingebaut und bot bei 5½ Liter Inhalt 168 PS Leistung.

Weil die Benzineinspritzung nicht funktionierte, baute man einen gewöhnlichen Doppelvergaser ein. Die Kraftübertragung schließlich besorgte ein 4-Gang-Getriebe mit elektromagnetischer Vorwahl und Flüssigkeitskupplung, wobei auch weitere Getriebevarianten erprobt wurden. Als ungeeignet erkannt, mussten zudem die Scheibenbremsen aufgegeben werden. Ursprünglich hatte Tucker davon geschwärmt, mit seinem Antriebssystem bis zu 800 Einzelteile einzusparen, jetzt glänzte vor allem noch die Kardanwelle durch Abwesenheit.

Tucker '48 Tucker und seine Leute hatten überdies erkennen müssen, dass ihr Modell Torpedo auch äußerlich einen Schritt zu weit ging. 1947 wurde aus dem Tucker daher eine viertürige Limousine mit sechs Seitenfenstern. Geblieben waren die aerodynamische Heckform und die ebenfalls stromlinienbetonten Radhausverkleidungen, doch wurden die vollen Radverschalungen aufgegeben. Die Front mit den drei Scheinwerfern wirkte nun etwas konventioneller, aber auch eleganter und harmonischer als beim Torpedo-Modell. Ebenfalls beibehalten wurden die flugzeugähnliche Nase vor dem geräumigen Frontkofferraum sowie die nun vier ins Dach hinein verlängerten Türen. Die Panoramafrontscheibe – ihre Zeit war schon aus fertigungstechnischen Gründen noch nicht gekommen! – war einer herkömmlichen zweigeteilten Windschutzscheibe gewichen.

Immerhin: Auch in dieser »normalisierten« Form war der Tucker stets noch ein ungewöhnlich modernes, niedriges Auto mit höchstem Auffälligkeitsgrad. Neben dem damals als zukunftweisend betrachteten Heckmotor, der Einzelradaufhängung auch hinten und einer Torsionsstabfederung mit doppelt wirkenden Stoßdämpfern bot der Tucker '48, wie er alsbald genannt wurde, die ersten durchdachten Sicherheitsmerkmale, nämlich ein stoßabfangendes Armaturenbrett mit Schaumgummibelag, nach außen wegschlagbare Windschutzscheiben und erste Ansätze eines entschärften Innenraums sowie Sitzgurte! – Für die Aerodynamik des Tucker '48 wurde später ein Spitzenwert von cw 0,27 ermittelt.

Ausgebremst Trotz weitgehender Vorbereitungen verzögerte sich die stets wieder in Aussicht gestellte Produktionsaufnahme immer von neuem, obwohl Fabrikationseinrichtungen in großem Umfang angeschafft und eine Riesenbelegschaft eingestellt worden war. Wie sich später nachweisen ließ, trugen Detroits angestammte Autokonzerne zur Problemlage des unerwünschten neuen Konkurrenten maßgebend bei, indem sie auf die Zulieferindustrie Einfluss nahmen: Etliche Hersteller unverzichtbarer Teile verweigerten die Tucker-Belieferung. Tucker suchte sich daher u.a. ein eigenes Stahlwerk zu sichern, wie es auch Kaiser zur Verfügung stand... In der Zwischenzeit musste er sich aber neue Gelder beschaffen, denn die Belegschaftslöhne fraßen große Löcher in die Kasse. Auf einer Vertreterversammlung konnten die Finanzprobleme ein weiteres Mal gelöst werden.

Preston Thomas Tucker verstand es mit cleveren PR-Maßnahmen das Heer der Händler und die Öffentlichkeit bei Laune zu halten. Hierzu dienten nebst Prospektmaterial die Monatshefte »Tucker Topics«, die mit Fließbandbildern, Testberichten und Aktionärsinfos der Realität vorauseilten.

Inzwischen hatten jedoch die amerikanischen Finanzkontrollbehörden gegen Tucker eine Untersuchung wegen ungetreuer Geschäftsführung eingeleitet. Dass dies der Kreditwürdigkeit des Jungunternehmens nicht förderlich war, versteht sich von selbst! Anderseits galt es, vor allem auch die Kleinaktionäre zu schützen.

Schließlich aber flog das gesamte Tucker-Unternehmen trotz angelaufener Nullserie endgültig auf. Am 9. Juli 1948 wurde das Werk geschlossen, rund 2000 Angestellte und Arbeiter standen auf der Straße, 1872 Tucker-Vertretungen und nahezu 50'000 Tucker-Aktionäre, die zusammen 25 Millionen Dollar in die Tucker Corporation gesteckt hatten, waren um eine Hoffnung ärmer. Einem Trupp getreuer Tucker-Mitarbeiter war es in einer Tag-und-Nacht-Aktion noch gelungen, die Zahl der fertiggestellten Tucker '48 auf 50 aufzurunden.

Illusion Preston Tucker wurde zwar in einem viel beachteten Gerichtsverfahren freigesprochen. Doch der offene Brief, den er an die Autoindustrie und die amerikanischen Autofahrer richtete und worin er sich zur Fortführung seiner Produktionspläne verpflichtete, verkam zur Illusion. Sein Name fiel unter den Begriff Skandal und füllte als solcher manche Zeitungsseite. Es folgten zahlreiche Prozesse und Liquidationsverfahren. Sie zogen sich über viele Jahre hin, und sowohl Tucker wie den Geldgebern wurde nur zu einem geringen Teil Entschädigung zuteil.

Tucker befasste sich später noch mit einem Sportwagenprojekt für Brasilien, starb jedoch um die Jahreswende 1956/57 im Alter von 53 Jahren an Lungenkrebs, bevor diese Pläne abgeschlossen werden konnten. – Die fast vollzählig erhaltenen Tucker '48 brillierten durch hervorragende Fahreigenschaften und Zuverlässigkeit; sie zählen längst zu gesuchtesten Sammelstücken.

Kinofilm! Die Tucker-Geschichte war so ungewöhnlich, dass sie 1988 sogar ins Kino kam: Topregisseur Francis Ford Coppola zählte schon als Achtjähriger zu den Tucker-Fans. Später wurde er ebenso Besitzer eines Tucker-Oldtimers wie Filmproduzent George Lucas...

Der Tucker '48 mit seinem Erbauer, Preston Tucker.

Tucker	Zyl.	cm³	PS	bei 1/min	Gänge	Spitze km/h	Radstand/Länge	ab Jahr	Besonderheiten
'48	6	5340	168	2700	4/A	180	325/557	1948	Kastenrahmenchassis, Heckmotor, Boxer, Einzelracaufhängung auch hinten

Vector

Nachdem er schon zu Beginn der 70er Jahre seine Träume von einem Supersportwagen umzusetzen versucht hatte, schuf der 32-jährige Industriedesigner Gerald Wiegert 1977 mit seiner Firma Wiegert Aeromotive in Venice, Kalifornien, ein weiteres hochfliegendes Autoprojekt: den Vector W2. Aeromotive im Firmennamen bezog sich nicht nur auf die Herkunft aus dem Flugzeugbau, sondern verwies auch auf die für die Autokonstruktion angestrebte Aerodynamik. Vorgestellt werden konnte vorerst allerdings nur ein 1:1-Modell.

W2 W stand für Wiegert und die Zahl 2 für zwei Abgasturbolader. Das war insofern bemerkenswert, als das erste Serienauto mit zwei Turbos, nämlich der Maserati Biturbo, erst im Herbst 1981 auf den Markt kam. Wie es sich für einen Supersportwagen gehörte, war auch beim W2 das Antriebsaggregat als Mittelmotor eingebaut. Es handelte sich um den quer vor der Hinterachse untergebrachten 5,7-Liter-V8 aus dem Chevrolet Corvette, der es mit dem Doppelturbo angeblich auf 600 PS bei 6500/min brachte. Wiegert hatte hierzu neue Zylinderköpfe konstruiert. Für die Kraftübertragung wurde das Automatikgetriebe aus dem frontgetriebenen Oldsmobile Toronado vorgesehen, später war aber von einem »speziellen« 3-Stufen-Automatikgetriebe und einer De-Dion-Hinterachse die Rede.

Der ultraniedrige Zweisitzer war auf hohe Sicherheitsanforderungen ausgerichtet: Monocoque mit ausgeschäumten Hauptholmen, Querschoten in Sandwichbauweise mit wabenförmiger Zwischenschicht, Kunststoffkarosserie, Gummisicherheitstank, automatische Feuerlöschanlage, Vierrad-Scheibenbremsen von Hurst/Airheart. Zu den innovativen Besonderheiten zählte überdies ein flugzeuginspiriertes Armaturenbrett mit Digitalinstrumenten.

Vector W2, 1980

Testphase 1979 wurden intensive Versuchsfahrten aufgenommen. Ein 437 cm langer, 193 cm breiter, aber nur 108 cm hoher und 1135 kg leichter Prototyp wurde schrittweise ausgefeilt. – Von seinen Plänen, bereits im dritten Jahr 75 Wagen der Vorserie zu verkaufen, darauf die Jahresproduktion auf 150 und anschließend auf 300 Exemplare zu erhöhen, blieb Initiant Wiegert allerdings weit entfernt. Denn noch immer suchten er und seine Mitarbeiter hierzu die Finanzmittel..., auch in Europa und im Mittleren Osten hatten sich die erhofften Financiers nicht finden lassen.

Gegen Mitte 1980 wurde dann berichtet, dass die Produktion der ersten 200 Exemplare des zweisitzigen Stromliniencoupés gegen Ende des Jahres oder Anfang 1981 anlaufen werde. Allerdings waren Wiegert und seine Mitarbeiter auch jetzt noch auf der Suche nach Geldgebern. Nachdem 1980 rund 40'000 Testmeilen zurückgelegt waren, stellte Wiegert eine Vorstellung auf der IAA Frankfurt im Herbst 1981 in Aussicht... Während der Prototyp schließlich auf über 100'000 Testmeilen kam, wurde daneben offenbar nur noch ein einziges weiteres Exemplar auf die Räder gestellt.

Weiterentwicklung Ende 1983 wurden neue Konstruktionsdetails bekannt: Kevlar-Aufbau über Alu-Monocoque, 5,7-L-Donovan-Chevy-Block, zwei Garrett-Turbolader, 600 PS (wie bisher), Tempo 100 binnen 4 s, Spitze 320 km/h, Bedienung der automatischen Kraftübertragung in der linken Türkonsole. Die Innenraumgestaltung wurde vom Cockpit des F-15-Kampfflugzeugs inspiriert. U.a. wurde die momentane Geschwindigkeit wie bei diesem in die Frontscheibe eingespiegelt. Es handelte sich somit um das 1. Head-up-Display bei einem Auto! Auch der Bordcomputer entstammte der F-15. Statt eines Zündschlüssels wurde ein Zahlencode verwendet. Das Leergewicht erreichte nun 1250 kg, und die Firma Auto-Becker in Düsseldorf hatte den Europavertrieb übernommen.

Mitte 1985 machte das Bild einer weiter ausgefeilten Version die Runde: Radhausausbuchtungen, speziell geformter Heckflügel (auf Wunsch). Genauer erwähnt wurde nun auch

Vector W2, 1990

die Bedienung des Automatikgetriebes, nämlich mit einer Art Ratsche in der linken Türkonsole, über der sich, zum Fahrer abgewinkelt, zudem die elektronische Armaturentafel befand. Zu sehen war auch ein Gitterrohrrahmen aus Vierkantrohren (Blechteile dienten als Teil der vorderen und hinteren Hilfsrahmen). *Doch hiervon abgesehen war Wiegert inzwischen mit sich akkumulierenden Verlusten und Rechtsfällen konfrontiert.*

W8. Bereits totgeglaubt, feierte die Marke Vector auf der Greater Los Angeles Auto Show im Januar 1989 ein Comeback. Gerald A. Wiegert teilte mit, dass seine Vector Aeromotive Corp. nach der Zeichnung eines neuen Aktienkapitals nun Bestellungen annehme. Aus dem W2 Twinturbo mit 600 PS leistendem 6-Liter-V8 wurde im gleichen Jahr die Weiterentwicklung W8 mit 7-L-V8 und rund 700 PS. Sie entstand bis 1992 in 17 superteuren Exemplaren.

W2 1990 Auf der Los Angeles Auto Show von Anfang 1990 stand dann mit der Bezeichnung W2 das »erste Produktionsmodell des stärksten exotischen Seriensportwagens der Welt«. Ab April sollte es in monatlich vier Exemplaren gebaut werden. *Inzwischen hatte Wiegert zwei Spitzenleute als Mitglieder des Beratungsausschusses der Vector Aeromotive Corporation gewonnen: Peter W. Schutz, früher Aufsichtsratsvorsitzender der Porsche AG, und Ronald B. Tonkin, Präsident des US-Autohändlerverbandes.*

*

Um vorgreifend die **Vector-Geschichte** weiter zu schildern: *Auf dem Genfer Salon 1991 wurde erneut ein W8 gezeigt, und 1992 folgte in Weltpremiere ein A-WX-3 mit 7-L-Motor. Bis zu jenem Jahr sollen immerhin 17 Vector verkauft worden sein. Auf dem Genfer Salon 1993 kamen dann die Prototypen WX-3 und WX-3R (eine Roadsterversion) zur Vorstellung. Doch gleichzeitig übernahm die indonesische Firma Mega-Tech die Kontrolle über die Vector Aeromotive Corporation, und Gerald Wiegert wurde ausgeschaltet... Darauf lebte die Marke Vector in Florida weiter (wo bis 1999 noch 14 Vector M12 mit Lamborghini-Motor entstanden).*

Vector W8, 1991

Vector	Zyl.	cm³	PS	bei 1/min	Gänge	Spitze km/h	Radstand/Länge	ab Jahr	Besonderheiten
W8					A3		-/-	1990-92	
Motor: V8/2T					5973		634/5700	874/4900	

Willys

Jeep Station Wagon, 1947

John North Willys leitete die Overland Co. in Toledo, Ohio, ab 1907, zwei Jahre später wurde sie in Willys-Overland umbenannt. Doch erst 1914 gab es Automobile seines Namens, und im gleichen Jahr kam das Modell Willys-Knight hinzu. Knight war der Inbegriff für ventillose Motoren bzw. Schiebermotoren. Sie bedeuteten eine revolutionäre Konstruktion, deren Vor- und Nachteile während Jahrzehnten die Fachwelt entzweite. Bis 1932 sollte Willys mit dem Knight-Schiebermotor verbunden bleiben, und kein anderes Fabrikat schuf je mehr Autos mit solchen Motoren, denen sich auch einige europäische Oberklassemarken widmeten.

Doch Mitte der 30er Jahre geriet Willys-Overland in finanzielle Schwierigkeiten und musste das Geschäftsvolumen stark reduzieren. Im Januar 1939 wurde Joseph W. Frazer, von Chrysler kommend (früher GM), Generaldirektor von WO, und unter seiner Ägide wurde der berühmte Jeep zur Produktionsreife entwickelt. Die Jeep-Idee ging auf die amerikanische Kleinwagenmarke Bantam zurück; auch Ford wurde von der Regierung mit der Jeep-Herstellung für die Armee betraut. Die Willys-Belegschaft stieg im Zeitraum 1939 bis 1944 von 1100 auf über 16'000. 1944 wandte sich Frazer eigenen Geschäften zu; mit Henry J. Kaiser gründete er 1945 die Marken → Kaiser und Frazer.

Der legendäre Jeep Weil der Jeep einen äußerst wertvollen Beitrag zum siegreichen Vormarsch der alliierten Truppen geleistet hatte, wurde er nach dem Zweiten Weltkrieg gleich in zwei Exemplaren im hochangesehenen Museum der Smithsonian Institution in Washington aufgestellt. In der Tat ist der Jeep als vielseitig einsetzbares Transportgerät für das Militär zur Legende geworden. Sein Name leitet sich schlicht aus den Buchstaben GP für General Purpose (»für jeden Einsatz«) ab. Um die Vielseitigkeit dieses ersten kompakten Geländewagens sind viele, keineswegs an der Wahrheit vorbeigehende Legenden entstanden.

Willys nahm nach dem Krieg die Pkw-Herstellung zunächst nicht mehr auf, sondern wandte sich Zivilversionen des Jeep zu. Zudem wurden Fabrikationslizenzen vergeben, u. a. an Hotchkiss in Frankreich und an Mitsubishi in Japan. In

Willys Universal Jeep CJ-3B, 1953

Willys Jeepster, 1950

Willys Jeep Surrey Gala, 1959

europäischen Armeen fanden anfänglich von der US-Army überlassene Jeep eine neue Bestimmung. Anderseits entstanden auf Jeep-Basis unzählige zivile Versionen, u.a. mit zusammengebastelten »Komfortaufbauten«.

Genial einfach Die Konstruktion des Jeep war von genialer Einfachheit. Das Besondere an ihm waren eigentlich nur der Vierradantrieb und die offene Karosserie. Er hatte ein normales Kastenrahmenchassis mit Quertraversen und vordere wie hintere Starrachsen mit Halbelliptikfedern. Für amerikanische Verhältnisse handelte es sich jedoch um ein sehr kleines Fahrzeug, und seine Stärke lag in der »alles vertragenden« Robustheit, die ihm gerade im Armee-Einsatz den guten Ruf eintrug. Beim Motor handelte es sich um die angepasste Vierzylindermaschine, wie sie seit 1937 in die Willys-Pkw eingebaut wurde: ein 2,2-Liter mit stehenden Ventilen. Das Dreiganggetriebe war durch ein der Geländeuntersetzung dienendes Zusatzgetriebe und den zuschaltbaren Vorderradantrieb ergänzt.

Universal-Jeep 1946 kam der Universal-Jeep als eine Weiterentwicklung des Armee-Jeeps u.a. auch auf den Schweizer Markt. Er war das erste serienmäßig gebaute Geländefahrzeug, das jedermann erwerben konnte. In Amerika hatte es sich bereits als Allroundauto für die Farmer bewährt. Es bot (anfänglich) Lenkradschaltung, Zapfwellen- und Riemenscheibenantrieb und konnte mit 60 PS aus 2,2 Liter Hubraum etwa 95 km/h erreichen (Armee-Jeep bei längeren Untersetzungen: 105 km/h).

Station Wagon Neben dem offenen Universal-Jeep mit Verdeck gab es schon ab 1946 auch einen dreitürigen Station Wagon mit der in den USA für diese noch junge Karosserieart traditionellen Holzbeplankung, jedoch ohne Vierradantrieb. Dieses Jeep-Modell präsentierte sich wesentlich größer: Radstand 264 statt 205,5 cm, Spur 140/145 statt 122,5 cm, Länge 442 statt 313 cm, Breite 192 statt 157 cm... Die Leistung des 2,2-Liter-Vierzylinders war auf 63 PS gesteigert worden, und der Kraftübertragung diente ein 4-Gang-Getriebe mit als Schnellgang ausgelegtem oberstem Gang. Zudem fand sich vorne eine Einzelradaufhängung. Dem Jeep Station Wagon sollte eine einzigartige Karriere bevorstehen! Er war sozusagen der Urvater der SUV (Sport Utility Vehicle), die Jahrzehnte später die Autowelt zu erobern begannen.

Jeepster statt Pkw Ende 1946 wurde ein neuer Willys-Pkw, der Typ 6-70 mit Sechszylindermotor und – als einziger Wagen Amerikas – mit vorderen und hinteren Schwingachsen, vorgestellt. Mit 2,5 Liter Hubraum und 265 cm Radstand zählte er zu den kleinsten USA-Modellen. Weil jedoch angeblich Ungewissheit über die benötigten Rohstofflieferungen herrschte, verzichtete Willys-Overland (vorläufig) darauf, die kalkulierten zehn Millionen Dollar für Werkzeugmaschinen zu investieren... Dafür wurde im Sommer 1948 ein Jeepster herausgebracht, sozusagen eine Sportversion des Jeeps. Wie der Station Wagon hatte er einen verlängerten Radstand, vordere Einzelradaufhängung und ein Dreiganggetriebe mit Schnellgang, jedoch weder Vierradantrieb noch Geländeuntersetzung. Als damals einziger offener Serien-Personenwagen Amerikas war er vor allem für gutsituierte Jugendliche (»for the boys and girls out for play«) bestimmt. Statt durch die Türen konnte man mit sportlichem Elan auch via eine

Trittstufe zu den Hintersitzen gelangen. Die Front war Jeep-typisch gestaltet und verlieh diesem »Hochschuljugendauto« die besondere Note. – Zum Modelljahr 1949 gab es den Willys Station Wagon auch mit der 4x4-Antriebsmechanik des Universal und zudem in einer luxuriösen Version mit 73 PS leistendem 2,4-Liter-Sechszylindermotor.
1950 intensivierte die Willys-Overland Motors Inc. ihre Motorenherstellung weiter, indem nun in Toledo auch das Antriebsaggregat für den kleinen → Kaiser Henry J gebaut wurde. Im Frühling jenes Jahres brachte Willys aber auch gleich zwei neue Motoren heraus: einen auf 2,6 Liter Inhalt vergrößerten Sechszylinder mit 75 PS (weiterhin mit stehenden Ventilen) und, als überraschende Neuheit, einen gegengesteuerten Vierzylinder, das heißt mit hängenden Einlass- und stehenden Auslassventilen, wie sie auch schon von Rolls-Royce und Rover entwickelt worden waren. Diese Konstruktionsart erlaubte Verdichtungs- und damit Leistungserhöhung, ohne gesteigerte Ansprüche an die Treibstoffqualität zu stellen. Dies war gerade für die auch in wenig entwickelten Gebieten zum Einsatz kommenden Jeep von Bedeutung. Allerdings war der 73 PS leistende Hurricane-Motor, wie das gegengesteuerte 2,2-Liter-Aggregat (mit unveränderten Abmessungen) hieß, vorläufig nur für die zweiradgetriebenen Jeep-Modelle bestimmt. Der Jeepster erhielt für 1950 übrigens eine neue Front und leicht geänderte Karosseriedetails.
Aero (Wing) Mitte 1950 wurde bekannt, dass Willys 1951 einen neuen Personenwagen auf den Markt bringen werde. Er wurde jedoch erst im Dezember jenes Jahres offiziell vorgestellt. Seine Modellbezeichnung wurde mit Aero Wing angegeben. Es war eine zweitürige, sechssitzige Limousine von ansprechender Form mit leicht angehobenem hinterem Radhausabschluss. In der Größe reihte er sich zwischen die kleinen Rambler und Henry J einerseits und die Chevrolet, Ford und Plymouth üblicher Größe andrerseits. Seine Besonderheiten waren die selbsttragende Karosserie – eine solche gabs in der US-Autoindustrie erst bei Hudson und Nash – und der gegengesteuerte 6-Zylinder-Motor von 2,6 Liter Hubraum mit 91 PS Leistung. Nebst der spezifisch hohen Leistung wurde dieser Kraftquelle auch ungewöhnliche Sparsamkeit zugesprochen. Dieser neue Personenwagen wurde alsbald als Aero-Willys 685 bezeichnet; daneben wurde ein Aero-Willys 475 mit dem Hurricane-4-Zylinder-Motor angeboten.
Kaiser-Willys Corp. 1952 folgte eine Einfachausführung Aero Lark mit dem seitengesteuerten Sechszylindermotor Lightning Six des Station Wagon, und für 1953 kamen eine Viertürversion und ein Faux-Cabriolet Eagle hinzu. *Im gleichen Jahr wurde auch die Kaiser-Willys Corporation gegründet: Kaiser hatte Willys-Overland übernommen!* Die Motivation hierzu kam allerdings von den Jeep-Modellen und nicht von den Aero-Pkw. In Letztere wurde für das Modelljahr 1954 in den USA der seitengesteuerte Vierlitermotor von Kaiser und auf Wunsch das Hydramatic-Getriebe von General Motors eingebaut. Für den Export war der 2,6-Liter-Motor mit 90 PS Leistung weiterhin erhältlich. Bis 1954 waren eine halbe Million Nachkriegs-Jeep mit Vierradantrieb gebaut worden. Den Aero wurde 1954 eine Panorama-Heckscheibe und 1955 eine neue Frontgestaltung verpasst. Doch 1956 wurde die Aero-Produktion ohne großen Kommentar eingestellt.
Jeep CJ-5/CJ-6 *Bis 1954 waren eine halbe Million Nachkriegs-Jeep mit Vierradantrieb gebaut worden.* Schon zum Modelljahr 1955 wurde jedoch ein neuer Willys Jeep, der Typ CJ-5, eingeführt. Er besaß – wie sein Vorgänger seit 1953 – den gegengesteuerten Hurricane-Motor, doch war sein Radstand um 2,5 auf 205,7 cm vergrößert worden.

Willys Aero Bermuda, 1955

Willys Jeep CJ-6, 1957

Ein Jeep mit langem Radstand war jedoch der Ende 1955 hinzugekommene CJ-6 mit 256,5 cm Achsabstand; er bot erweiterte Transportmöglichkeiten und war ein Zwischenmodell zum Station Wagon.
Sozusagen als ein »Sommerfrischefahrzeug« kam 1959 der Jeep Surrey mit buntem Baldachin hinzu; er war als Ersatz für den nicht mehr gebauten Jeepster gedacht und eignete sich als Hotel- und Mietfahrzeug in heißen Regionen.
Natürlich hatte es im Laufe der Zeit auch etliche weitere Sonder- und Nutzfahrzeug-Versionen auf Jeep Basis gegeben. Der Jeep aber sollte schließlich die Überlebensbasis für Kaiser-Willys bilden... bis der Jeep 1970 – bis dahin trug er die Marke Kaiser – in der American Motors Corporation (→ AMC) aufging.
In reicher Auswahl 1960 befand sich im Produktionsprogramm neben den verschiedenen nur teilweise als Personenwagen betrachteten Jeep-Typen (darunter der Typ Universal, die vereinfachte Ausführung Dispatcher und als tropischer Hotelzubringer mit gestreiftem Baldachin der Jeep Gala bzw. Surrey) weiterhin der seit 1947 gebaute Willys Station Wagon, ein vergrößertes Jeep-Derivat mit oder ohne 4-Rad-Antrieb und Untersetzungsgetriebe. An die typische Jeep-Front schloss sich eine geräumige dreitürige, bis zu acht Sitzplätze bietende Kombikarosserie mit an Holzbeplankung erinnernder Seitenprägung an, die je nach Ausführung und Jahrgang unterschiedlich aussah.
Dieser Aufbau basierte nach wie vor auf einem Kastenrahmen mit X-Traversen und vorderer wie hinterer Starrachse samt Halbelliptikfedern. Für den Antrieb bestand stets noch die Wahl zwischen dem Hurricane geheißenen 2,2-Liter-Vierzylinder mit hängenden Einlass- und stehenden Auslassventilen – dem eigentlichen Jeep-Motor – und einer 3,7-Liter-6-Zylinder-Maschine mit stehenden Ventilen der Motorenfabrik

Continental. Bei den Ausführungen bloß mit Hinterradantrieb stand zum 3-Gang-Getriebe zusätzlich ein halbautomatischer Schnellgang zur Verfügung. 1961 war auch von einem englischen Perkins-Dieselmotor für den Jeep die Rede. Er war ein Vierzylinder von 3,15 Litern Inhalt und mit 62 PS Leistung.

Mit Eigenmotor Im Frühling 1962 wurde der Continental-Motor durch eine Neukonstruktion aus eigenem Hause ersetzt. Sie war das Werk des neuen Chefkonstrukteurs N. A. Sampietro, ein Ingenieur italienischer Herkunft, der sich bereits bei europäischen Herstellern einen Namen gemacht hatte. Ganz im Gegensatz zu üblichen amerikanischen Motoren besaß dieses Tornado 230 genannte Antriebsaggregat eine obenliegende Nockenwelle. Die Ventile waren schräghängend angeordnet und sowohl die Kolben wie die Brennräume halbkugelförmig geformt. Bei geringfügig vergrößertem Hubraum standen nun 146 statt 117 SAE-PS zur Verfügung.

Wagoneer Im Herbst 1962 kam erstmals seit langem ein gänzlich neues Willys-Jeep Fahrzeug auf den Markt: der fünftürige Kombiwagen Wagoneer (dem mit dem Gladiator auch gleich eine Pick-up-Version zur Seite gestellt wurde). Der Wagoneer zeigte ein stilisiertes und verchromtes Jeep-Kühlergitter in moderner Wagensilhouette. Natürlich erfolgte der Antrieb durch den neuen Motor, dessen Leistung nun mit 142 PS angegeben wurde. Wie den Willys Station Wagon gab es den Wagoneer mit oder ohne 4-Rad-Antrieb. Als überraschende Neuheit stand aber als Alternative zum 3-Gang-Getriebe (das bei Hinterradantrieb mit halbautomatischem BorgWarner-Schnellgang, bei 4-Rad-Antrieb mit Geländeuntersetzung zur Verfügung stand) ein 2-Stufen-Automatikgetriebe (ebenfalls von Borg-Warner, bei 4-Rad-Antrieb ohne Geländeuntersetzung) zur Wahl. Auf Wunsch waren Differentialsperren bzw. eine Differentialbremse Pow'r Lock sowie eine Servolenkung erhältlich.

Das Chassis bestand beim Wagoneer aus einem Kastenrahmen mit fünf Traversen. Vorne wurde eine Einzelradaufhängung mit längsliegenden Torsionsstäben eingebaut (bei 4-Rad-Antrieb nur auf Wunsch)! Der komfortable Innenraum der charaktervollen kantigen Karosserie bot Platz für sechs bis sieben Personen. Am Armaturenbrett fand sich ein Kompass.

1963 wurde Willys Motors von der neugegründeten Kaiser-Jeep Corporation übernommen (nachdem Henry J. Kaiser bei Willys bereits ein Jahrzehnt zuvor eingestiegen war). Damit wechselte auch der Markenname auf → Kaiser-Jeep!

Willys	Zyl.	cm³	PS	bei 1/min	Gänge	Spitze km/h	Radstand/Länge	ab Jahr	Besonderheiten
Jeep Universal	4	2199	60	4000	3+3	95	203/337	1946	4-Rad-Antrieb (ausschaltbar), Kastenrahmen, vorn
							313	1949-52	und hinten Starrachsen, türlose Offenkarosserie
Jeep Station Wagon	4	2199	64	4000	3+S	105	267/444	1947	vorn Einzelradaufhängung (kein 4-Radantrieb)
Jeepster (wie Station Wagon)						112	267/453	1948-50	
Station Wagon 6	6	2420	73	4000	3+S	120	267/444	1948-50	
Station Wagon 4x4	4	2199	64	4000	3+3	95	265/440	1949-	4-Rad-Antrieb (ausschaltbar), Kastenrahmen, vorn und hinten Starrachsen
Jeepster 6 (wie Station Wagon)						125	267/432	1950-	
Station Wagon 6	6	2622	75	4000	(später auch 4x4			1950-54	
Jeepster 6	6	2622	75	4000				1950/51	
Station Wagon 4	4	2199	73	4000				1950-	
Jeepster 4	4	2199	73	4000				1950/51	
Aero 685	6	2638	91	4200	3/3+S	145	274/459	1951-55	
Aero 474	4	2199	76	4400		135		1951/52	
Aero Lark	6	2622	75	4000				1952-54	
Jeep Universal	4	2199	76	4400				1953/54	
Aero (Mot. Kaiser)	6	3706	117	3650	3/3+S/A	160	274/459	1954/55	
Station Wagon 685	6	3706	117	3650	3/3+S	130	264/448	1955-	
CJ-5/CJ-6	4	2199	76	4400	3+3	120	206+257	1955-	

Willys	Zyl.	cm³	PS	bei 1/min	Gänge	Spitze km/h	Radstand/Länge	ab Jahr	Besonderheiten
Station Wagon 475	4	2199	76+	4000	3+S/2x3	110	266/448	1955-63	Kastenrahmen, Starrachsen, gegengest. Mot., a.W. 4x4
Wagoneer	6	3773	142	4000	3/3+S/A/ 2x3	130	279/467	1962/63	Kastenrahmen, a.W. 4x4

Zimmer

Zimmer Golden Spirit, 1981

Nach dem Muster des in Wisconsin gebauten → Excalibur und des in Kalifornien entstandenen → Clénet erhielt Anfang 1981 auch Florida seine auf der Nostalgiewelle reitende Neoclassic-Automarke: In Pompano Beach nahm die Zimmer Motor Cars Corporation ihr im Stile der frühen 30er Jahre gehaltenes Superluxusauto Golden Spirit in Serienproduktion. Paul Zimmer hatte 1978 einen Excalibur erstanden und wollte nun ein »noch besseres« Produkt bauen (so wie einst Lamborghini auf seinen Ferrari reagierte). *Hinter der neuen Firma steckte die Zimmer Homes Corporation, die sieben Herstellwerke für Fertighäuser, Motorhomes, Nutzfahrzeug-Spezialaufbauten und Freizeitprodukte besaß.*

Golden Spirit Der Neoclassic aus Florida hatte somit einen soliden Hintergrund. Es war geplant von dem als Cabriolet kaschierten Coupé »vorläufig 300 Exemplare pro Jahr« zu produzieren. Wie im Falle des Clénet bezog sich sein Design auf kein konkretes Vorbild, er war jedoch in gleicher Weise imposant und mit riesenlanger Motorhaube entworfen worden. Auch wenn er mit 544 cm Länge etwas kürzer war als sein kalifornischer Konkurrent, so wirkten die Räder wegen des ungewöhnlich langen Radstands von 361 cm ein wenig zu klein. Wie Excalibur und Clénet zeigte auch der Zimmer seitlich aus der Motorhaube quellende Kompressor-Auspuffrohr-Imitationen, und bei ihm kamen zudem »falsche« Reserveradkapseln hinzu, die vor den Türen in den langgezogenen Kotflügeln staken.

Wie der Clénet besaß der Zimmer eine Mechanik aus dem Ford-Konzern. Man beschränkte sich jedoch auf einen 4,2-Liter-V8 mit Doppelvergaser; auf Wunsch ließ er sich mit einem Abgasturbolader bestücken. Aber der Ausschmückung kam offensichtlich weit mehr Gewicht zu als irgendwelchen sportlichen Ambitionen...

Die klassische Front des Zimmer Golden Spirit prangte nicht nur in jeder Menge Chrom – in Form des dick umrandeten Hochformatkühlers, der prunkvollen Scheinwerfer, der vier Fanfaren, und der geschwungenen Stoßstangen –, sondern auf ihr thronte zudem ein mit 18 Karat vergoldeter Adler als Kühlerfigur. Überdies trugen vergoldete Medaillen der Typenbezeichnung Rechnung.

Zur Serienausstattung zählten nebst Automatikgetriebe und Servolenkung auch Klimaanlage, Stereoradio mit Kassettenspieler, eingelegtes Teakholz, Schaffellteppiche, deutsche Kristallvasen (innen an den hinteren Dachpfosten, anschließend an die Opera Windows), anatomisch geformte deutsche Ledersitze, ein handgefertigtes Holzlenkrad, ein Werkzeugsatz in eingebautem Lederetui, zahlreiche Anzeigeinstrumente inklusive Digitaluhr und Deluxe-Sitzgurten. Hinzu kamen (nebst falschen Verdeckspriegeln) echte Lederriemen auf dem angefügten Gepäckkoffer und nicht zuletzt Speichenräder. Es wurde festgehalten, dass der Acryllack in mehreren Schichten auf die Karosserie aufgetragen würde. Über das verwendete Karosseriematerial verlautete nichts, was auf GfK schließen ließ.

Quicksilver Nachdem der Ausstoß an Golden Spirit 1984 immerhin 267 und 1985 noch 251 Einheiten erreicht hatte, stellte ihm die Zimmer Motor Cars Corporation 1985/86 ein im modernen Stil gehaltenes kleineres Modell zur Seite: den Zimmer Quicksilver. Dieser war ein ebenso formschönes wie elegantes Zweisitzercoupé mit Mittelmotor. Letztere Eigenheit war ihm allerdings nicht anzusehen, trug er doch eine lange Fronthaube mit auffallend hochformatigem Kühlergrill, das an ein vermeintlich traditionelles Zimmer-Image anklang. Diese extravagante Frontgestaltung verhalf ihm zu jener optischen Attraktivität, die für einen kommerziellen Erfolg unabdingbar war. Noch 1986 wollte man die ersten 300 Quicksilver auf die Räder stellen, und ab 1987 sollten es jährlich 1000 sein.

Zwar wurde es nicht mitgeteilt, doch die technischen Daten ließen darauf schließen, dass der Quicksilver auf den technischen Aggregaten bzw. auf der Plattform des → Pontiac Fiero basierte. Der Radstand war mit 278 cm allerdings deutlich länger, aber die Spur von 148/150,5 cm entsprach jener des Fiero ebenso wie der 2,8-Liter-V6-Motor mit zentraler Nockenwelle und elektronischer Bosch-Einspritzung, die automatische 3-Stufen-Kraftübertragung, die Aufhängungen sowie der hintere Hilfsrahmen. Nur die Leistung wurde mit 142 PS um 5 PS höher angegeben. Der Aufbau wurde selbsttragend aus GfK und Kohlefasermaterial gefertigt, und für den Innenraum fanden Leder und Edelholz Verwendung.

Allerdings wurden nur 170 Quicksilver gebaut, denn die inzwischen ein Dutzend Firmen umfassende Mutterfirma Zimmer Manufacturing geriet 1987 in finanzielle Schwierigkeiten, die 1988 zum Konkurs führten. Die Abteilungen Hausbau und Luxusvan-Transformationen wurden darauf verkauft, doch kam auch der rentable Autozweig in andere Hände. Von 1980 bis 1988 waren über 1400 Golden Spirit gebaut worden, Sportcoupés, Cabriolets und auch viertürige Limousinen.

Golden Hawk Anstatt eines Zimmer Golden Spirit wurde 1989 von der ebenfalls in Florida niedergelassenen Firma World Class Motorcars, Inc., ein ähnlicher Neoclassic namens Golden Hawk angeboten und zwar als mächtiger Touring Sedan mit vier Türen und sechs Sitzen.

*

2. Nachspiel: Und 1997 kam es unter Art Zimmer zu einem Neustart. Der Selfmademan Art war aber nicht mit Paul Zimmer verwandt, sondern war rein zufällig auf ein ihn begeisterndes Auto seines Namens gestoßen...

Zimmer Quicksilver, 1986
Zimmer Golden Spirit

»HALBAMERIKANER«, SONDERFÄLLE, PROJEKTE

Arnolt

Im Frühling 1952 wurden auf dem Automobilsalon von Turin zwei spezialkarossierte MG TD vorgestellt, ein Cabriolet und ein Coupé. Ihr Aufbau stammte von der Carrozzeria Bertone und unterschied sich fundamental von dem Original-MG-Sportwagen jener Epoche, denn der TD basierte stilistisch noch weitgehend auf den altmodisch-kantigen Vorkriegsmodellen, auch wenn er nun eine vordere Einzelradaufhängung aufwies. Die von Bertone-Chefdesigner Franco Scaglione entworfenen Versionen jedoch bestachen durch ihre moderne Eleganz; nur der im traditionellen Hochformat gehaltene Kühlergrill wies noch klar und deutlich auf die Marke MG hin, dem auch in den USA populärsten Sportwagenfabrikat. Während das Cabrio eine stilistische Ähnlichkeit mit früheren, bei Bertone auf der Basis italienischer Sportwagenmarken geschaffener Sportwagen besaß, bestach das Coupé durch seine sanfte Stufenhecksilhouette.

Arnolt-MG im Duo Dieses Betone-Duo fand in der Fachwelt große Beachtung und zudem die Aufmerksamkeit von Stanley H. Arnolt, dem in Chicago niedergelassenen, für den Nordosten der USA bedeutenden MG-Importeur. Es bedurfte jedoch am Sitz des MG-Herstellers, der Nuffield-Gruppe in England – die sich noch im selben Jahr mit Austin zur British Motor Corporation zusammenschloss – etlicher Überzeugungskraft, um den Export von MG-TD-Chassis nach Turin sicherzustellen.

Arnolt-MG Coupé, 1952

Doch die von Nuccio Bertone entwickelte Idee, zwei moderne MG zu formen, wurde zum durchschlagenden – und für die Firma Bertone zukunftssichernden – Erfolg.

Der MG TD Midget des Jahrgangs 1952 besaß ein Kastenrahmenchassis mit Rohrtraversen und eine hintere Starrachse mit Halbelliptikfedern. Sein Vierzylindermotor mit seitlicher Nockenwelle holte aus 1250 cm³ 55 PS bei 5200/min (mit dem Motor des Mark II resultierten bei einer Verdichtung von 8,6:1 statt 7,25:1 immerhin 63 PS). – *Von Oktober 1952 bis Juni 1954 wurden 67 Arnolt-MG-Coupés und von Juni 1953 bis Mai 1954 zudem 36 Arnolt-MG-Cabrios in die USA geliefert.*

Arnolt-Bristol Coupé, 1954

Arnolt-Bristol de Luxe Spider, 1955

Arnolt-Gesamtprogramm, ca. 1955

Arnolt-Bristol Noch während in Turin die moderne »Einkleidung« der MG TD für den US-Markt lief, entstand im Design- und Entwicklungsstudio der Carrozzeria Bertone im Auftrag von Stanley H. »Wacky« Arnolt ein ebenso attraktiver Spider bzw. Roadster auf der Basis des Bristol 404. Die englischen Bristol-Wagen wurden ab 1947 von der Bristol Aeroplan Co. Ltd hergestellt. Sie basierten technisch auf den BMW-Sportwagen der Zwischenkriegszeit, und das Recht zu dieser »Lizenz« ergab sich aus deutscher Reparationsleistung. Das 1953 herausgebrachte Zweisitzercoupé Bristol 404 zeigte deutlich auf den Flugzeugbau hinweisende Stilelemente und begeisterte Designfans.

Mit der Bristol-Offenversion verfolgten Bertone und Scaglione allerdings eine völlige andere Stilrichtung. Neben dem in flacher Front tiefgesetzten Kühlergrill fanden sich Mulden, die gleichzeitig der Luftführung wie auch der Montage der Scheinwerfer dienten. Die Gürtellinie zog sich schwungvoll über die vorderen und hinteren Radhäuser. Da die Bristol auf einem Plattformrahmen mit Kastenträgern aufgebaut waren, ließen sie sich vergleichsweise einfach mit der leichtgewichtigen Bertone-Spiderkarosserie vereinen.

Der 1971-cm³-Sechszylindermotor mit seitlicher Nockenwelle und schräghängenden Ventilen in V kam mit drei Solex-Fallstromvergasern auf 107 PS bei 5000/min (höhergezüchtete Version mit Spezialnockenwelle: 127 PS bei 5500/min). Der Arnolt-Bristol erlebte seine Premiere auf der London Motor Show 1953, und er wurde Anfang 1954 anlässlich der Motor

Sports Show in New York auf dem amerikanischen Markt eingeführt. Nach den Vorstellungen seines Auftraggebers S. H. Arnolt auch für den Renneinsatz gedacht, eigneten sich seine MG dafür weniger gut. Der »Offen»-Bristol entstand in drei Versionen, nebst dem Roadster auch als Deluxe Competition sowie als Bolide mit lang nach hinten gezogenem vorderem Radausschnitt. Die beiden Letzteren erwiesen sich in hohem Maß als renntauglich. So resultierten u. a. beim 12-Stunden-Rennen von Sebring 1955 der Sieg in der 2-Liter-Klasse.

Arnolt-Bristol Coupé Schon 1954 gab es den Arnolt Bristol auch als überaus attraktiv geformtes Coupé. Auf dem Automobilsalon von Paris 1955 wurde es als Arnolt-Bristol Coupé Mk II vorgestellt, mit dem die Leistung des auch in anderen englischen Sportwagen eingebauten Sechszylindermotors nun 132 PS erreichte. Eine Besonderheit dieses Coupé waren die Klappscheinwerfer, die sich bei Bedarf aus der flachen Front herausdrehten. Klappscheinwerfer gab es zwar erstmals bei dem Ende 1935 von der US-Marke → Cord vorgestellten Modell 810, aber beim Arnolt-Bristol war die Funktionsweise neuartig. Bei amerikanischen Autos tauchten sie erst 1965 beim Ford-Mustang-Einzelstück von Bertone (!) und 1966 beim → Dodge Charger Hardtop Fastback wieder auf. – *Bis 1959 entstanden in Bristol und Turin 142 Arnolt-Bristol Roadster und Coupé, zum weit überwiegenden Teil handelte es sich allerdings um »Offenmodelle». Da es die Größe des Motorraums zuließ, wurden später einige Arnolt-Bristol mit Chevrolet-V8-Motoren bestückt.*

S. H. Arnolt ließ bei Bertone schon 1953 für seinen Privatgebrauch einen Bentley R-Type zur mächtigen Limousine aufbauen, und er plante auch einen Arnolt Aston Martin zu kommerzialisieren. Doch die Bertone Aston Martin blieben Einzelstücke, weil die Aston-Martin-Herstellerfirma ihr Veto einlegte.

Arnolt, 1953

Arnolt Bristol, 1960

Brubaker

Zwar war sein Fahrzeug wesentlich kleiner und vor allem niedriger, doch Curtis M. Brubaker brachte als Erster einen Minivan auf den Markt... lange bevor Nissan den Prairie schuf! Brubaker war Absolvent des Art Center College of Design in Kalifornien und er arbeitete ein Jahr im GM-Designstudio in Detroit, bevor er in Los Angeles seine Firma Brubaker Industries gründete. Diese leistete u. a. Entwicklungsarbeit für die Flugzeugindustrie.

Box Auf der International Motorsports Show von Anfang 1972 in L. A. sorgte Brubaker mit seinem Autoprojekt für großes Aufsehen: Ein Einvolumen-Schrägfrontlenker auf dem VW-Käfer-Plattformrahmen mit 120 cm langer Schiebetüre rechts als einzigem Zugang (was für eine steife Struktur sorgte), vorne zwei Schalensitze, hinten ein herausnehmbares Sofa samt Seitenpolstern (keine hinteren Seitenfenster). Zu den diversen Sicherheitsmaßnahmen zählten eine in die Kunststoffkarosserie integrierte Stahlrohrkonstruktion mit Knieschutzschiene und energieabsorbierende, vorstehende Stoßstangen (jene vorne sollte einen Aufprall bis 11 km/h schadlos überstehen). Der Brubaker Box (so die Bezeichnung) rollte auf mächtigen Sporträdern. Dem Antrieb diente der VW-1600-Motor, doch waren Versionen mit Porsche-Motor ebenso vorgesehen wie solche mit Schiebedach und Heckklappe usw.

Bereits im Februar 1972 wurden in einer Montagehalle die ersten drei Brubaker hergestellt, und im Dezember des gleichen Jahres sollte der Ausstoß 100 Stück pro Woche erreichen. Doch Curtis M. Brubaker war nicht der erste Autokonstrukteur, der zu hoch gegriffen hatte. Seine Pläne scheiterten vor allem daran, dass Volkswagen am Ende nicht bereit war, fabrikneue Plattformen zu liefern...

Roamer Sports Van *1973 wurden alle Rechte am Brubaker Box durch die Firma AutoMecca Industries im kalifornischen Tujunga aufgekauft.* Mit einigen Änderungen – vor allem wurden die hässlichen Superstoßstangen ersetzt – kam diese wegweisende Konstruktion später unter der Bezeichnung Roamer Sports Van in den Handel. Sie wurde sowohl in Bausatzform wie als vollendetes Fahrzeug angeboten und es gab sogar eine Geländeversion. Einen Heck- (und Motor-) zugang gab es zwar immer noch nicht, doch ließ sich das an sechs Punkten befestigte Sonnendach herausnehmen und sorgte so für eine bessere Durchlüftung (es diente auch als Notausstieg, falls der Wagen nach einem Überschlag ausgerechnet auf der Türseite liegen bleiben sollte). Geblieben war auch der beschwerliche Zugang von rechts auf den Fahrersitz.

Von AutoMecca (ab 1977 in Chatsworth) wurden in den 70er Jahren 32 Exemplare des Sports Van hergestellt, alle auf revidierten gebrauchten VW-Käfer-Plattformrahmen (wie all die Buggies, die ihren Ursprung ja ebenfalls in Kalifornien hatten); wieviele Kits es bis zum Straßeneinsatz schafften, ist nicht bekannt.

Brubaker Box, 1972

Cizeta Moroder

Im November 1988 ließen die Daten eines für das Jahr 1990 verheißenen italienischen Sportwagens der Superlative die Fachwelt aufhorchen: Der Cizeta V16 T sollte gemäß seiner Bezeichnung einen Motor mit 16 Zylindern haben, der als Mittelmotor quer hinter dem Cockpit eingebaut und mit einem längs angefügten 5-Gang-Getriebe von ZF verbunden war, woraus sich eine T-förmige Anordnung ergab. Mit den von je zwei obenliegenden Nockenwellen angetriebenen 64 Ventilen, 5995 cm³ Hubraum und 560 Brutto-PS bei 9000/min ergaben sich Zahlen, die einem Supersportwagen mehr als nur würdig waren. V16-Motoren hatte es bis 1940 von Cadillac gegeben. Vorgestellt wurde der Cizeta am 5. Dezember 1988 auf der Los Angeles Auto Show.

V16 T Das Cizeta-Projekt war 1986 von Claudio Zampolli (C. Z. = Cizeta), einem in Los Angeles tätigen, aus Italien stammenden Händler und Tuningspezialisten für Ferrari, Lamborghini und Maserati, aufgegleist worden. Er war 1973 von Lamborghini nach den USA entsandt worden, um das Händlernetz an der Ost- und an der Westküste neu zu organisieren. Für seinen erträumten Supersportwagen hatte er zwei Firmen gegründet: die Cizeta Srl in Modena, die von seinem Bruder Fabio Zampolli geleitet wurde, und die Cizeta Automobili USA Inc. in Santa Monica.

Diese Firma wurde zum 1. Januar 1989 auf Cizeta Moroder Automobili USA Inc. umbezeichnet. Denn mit Giorgio Moroder, einem berühmten, ebenfalls aus Italien stammenden Schlagerkomponisten (»Flashdance«, »Top Gun«, »Hand in Hand«), war ein Geldgeber für die ambitiösen Pläne gefunden worden. Entsprechend wurde die Markenbezeichnung auf Cizeta Moroder verlängert.

Die Cizeta Motors war in einem 500-m²-Gebäude in Modena untergebracht, der Stadt und Region, wo auch Maserati, Lamborghini, De Tomaso und neu Bugatti angesiedelt waren. Die spektakuläre Form des Cizeta V16 T war vom früheren Bertone-Chefdesigner Marcello Gandini entworfen worden. Abgesehen vom 269 cm erreichenden Radstand ließen sich die Abmessungen mit jenen des Ferrari F 40 vergleichen: 444x111,5x206 cm (443x113x198 cm); auch hinsichtlich der Spur wurde der F 40 mit 161/166,5 cm deutlich übertroffen.

Cizeta Moroder V16T, 1990 (Foto: Craig Howell, CC BY 2.0)

Cizeta Moroder V16T, 1990

Der V16-Motor war von der Firma Tecnostyle entwickelt worden. Diese war 1973 von den früheren Lamborghini-Mitarbeitern Pedrazzi, Benedetti und Bovini gegründet worden. Inzwischen hatte sich dieses Trio allerdings von der neuen Bugatti Automobili SpA engagieren lassen. Der mit einer zehnfach gelagerten Kurbelwelle versehene Motor besaß einen Mittenabtrieb und eine mechanisch ausbalancierte doppelte Bosch-K-Jetronic-Einspritzung.
Während dieses einzigartige Antriebsaggregat bei der Cizeta Motors in Modena hergestellt wurde, entstand das Gitterrohrrahmenchassis bei der ebenfalls in Modena ansäßigen, hochspezialisierten Firma Marchesi. Die aus Aluminium bestehenden Karosserieteile und die beiden 60-Liter-Benzintanks aus Aluminium wurden im Cizeta-Werk montiert. Die Aufhängungen bestanden aus Trapez-Dreieckquerlenkern, die progressiv wirkenden Schraubenfedern und die Koni-Dämpfer waren hinten doppelt vorhanden. – Für 1989 wurde eine Pilotserie von 25 Wagen und für Mitte der 90er Jahre ein jährlicher Ausstoß von 100 Wagen angepeilt. In jenem Jahr war auch bereits von 50 fix vorliegenden Bestellungen die Rede.
Der in Los Angeles vorgestellte Supersportwagen entsprach auch äußerlich den zum Voraus bekanntgegebenen technischen Eigenheiten: Ein ultraflaches und extrabreites Zweisitzercoupé mit einer keilförmigen, an den Lamborghini Countach gemahnenden Front mit doppelten, übereinanderliegenden Klappscheinwerfern, einer in der gleichen Linie geneigten Windschutzscheibe, vorne tief heruntergezogenen, nach hinten ansteigenden Türfenstern und mächtigen, schräg gestellten waagerechten Lufteinlassschlitzen vor den verbreiterten hinteren Radhäusern. Diese waren asymmetrisch nach hinten ansteigend ausgeschnitten, eine kleine Spezialität des Designers Gandini (der 1971 bei Bertone auch den Countach entworfen hatte). Ebenso auffallend war das nach hinten ansteigende Heck mit Längsluftschlitzen auf der Unterseite. Im Innenraum fanden sich Leder, Klimaanlage und selbstredend ein hochwertiges Musiksystem.
Der Cizeta konnte gemäß Werkangaben Tempo 100 binnen 4 s und eine Spitze von 328 km/h (204 mph) erreichen. Man kann ihn als »Urvater« jener Hypercars betrachten, die nach der Jahrtausendwende zusehends von sich reden machten.

*

Hergestellt wurden die Cizeta (nun ohne Moroder) erst in den 90er Jahren. 1991 wurde ein Verkaufspreis von 800'000 $ genannt. Einer der Käufer war der für seine Autosammlung bekannte Sultan von Brunei; sein Exemplar wurde bei Pininfarina mit einem Ferrari-V-12-Motor ausgestattet. Für 1992 war der Bau von 20 Exemplaren geplant... doch 1995 kam es zum Konkurs des Unternehmens. Insgesamt entstanden nur elf Wagen... nach anderen Quellen sogar nur acht Exemplare.

Davis

Erste Meldungen über das Davis-Dreiradprojekt tauchten Anfang 1948 auf. Demnach wollte die neue Firma Davis Motorcar Co. in Los Angeles einen Dreiradwagen herstellen, und zwar mit einem Tagesausstoß von 150 bis 200 Exemplaren! Es erschienen mehrere Prototypen, darunter gegen Ende 1948 ein Coupé mit vier Vorder- und drei Hintersitzen... Die Davis-Initianten waren Flugzeugexperten, was schon an der Form dieses – höchstens nach amerikanischem Maßstab als klein zu bezeichnenden – Fahrzeugs mit einzelnem Vorderrad, Rohrrahmenchassis, Scheibenbremsen (!) und aerodynamisch geformter Aluminiumkarosserie zu erkennen war. Die weiteren projektierten Karosserievarianten waren ein Divan-Sedan genanntes Coupé mit vier Sitzen nebeneinander, ein Station Wagon mit Holzbeplankung und ein Pick-up. Später legte man sich auf ein Hardtop-Coupé mit abnehmbarem Dach fest. Abgesehen von dem an das Bugrad eines Flugzeugs erinnernden vorderen Aufhängungskonzept hatte man zu üblicheren Konstruktionsmethoden zurückgefunden, so zu einem Zentralrohrrahmen und zu hydraulischen Trommelbremsen.

Für den Antrieb sorgte ein Hercules-Vierzylindermotor mit stehenden Ventilen, der mit 60 PS Leistung dem nur 630 kg

Davis Divan, 1949

Davis Divan-Annonce mit vier namentlich genannten Starlets, 1949

schweren Wagen angeblich zu einer Spitze von 160 km/h verhalf. Später wurde auch ein 2,6-Liter-Vierzylinder von Continental verwendet, doch entstanden nur 17 dieser unkonventionell durchdachten und offenbar auch gründlich erprobten Dreiradautos. Danach hatte Gary Davis – nach einem Finanzskandal (es gab sogar Lohnschulden) und Verhaftung – seinen Traum ausgeträumt.

Davis	Zyl.	cm³	PS	bei 1/min	Gänge	Spitze km/h	Radstand/Länge	ab Jahr	Besonderheiten
493	4	2650	58	3000	3/3+S	140	278/466	1949	s. Text

DeLorean

Dies ist die schier endlose Geschichte einer Automarke, die manch einer in seinen Erinnerungen den USA zuspricht, die aber am Ende in Nordirland ihre (magere) Erfüllung fand.

John Z. DeLorean war Ingenieur bei Studebaker-Packard, wo er von Semon E. Knudsen, Chef der Pontiac-Division von General Motors, entdeckt und zum Leiter des Advanced Engineering von Pontiac gemacht wurde. Dank seiner Initiative wandelte sich das Image von Pontiac binnen kurzer Zeit, und die Marke avancierte zu Amerikas Nummer drei hinter Chevrolet und Ford. 1969 belohnte GM den damals 44-jährigen DeLorean mit dem Chefposten der Chevrolet-Division, wo er auch dieser Abteilung zum Vorwärtsschub verhalf. Zudem schuf er Ausbildungsprogramme für Unterprivilegierte und er verhalf den Afroamerikanern zu neuen Chancen. Doch daneben galt DeLorean keineswegs als reiner Altruist. Nachdem er bereits als Anwärter für die Nachfolge von GM-Präsident Edward N. Cole gehandelt worden war, gab der hochbezahlte Manager im Mai 1973 unerwartet seinen Rücktritt bekannt...

DSV DeLorean widmete sich darauf der Entwicklung eines Autos, das seinen Idealvorstellungen entsprach. Im September 1975 wurde bekannt, dass es in Nordamerika neben dem → Bricklin bald einmal ein weiteres in mittelgroßer Serie gebautes »Sicherheitsauto« geben würde. John Z. DeLorean und seine Mitarbeiter hatten inzwischen einen ersten Prototyp mit niedriger aerodynamischer Linie, Kunststoffkarosserie und Heckmotor geschaffen. Der vorne liegende Kofferraum sollte Aufschläge bis 40 mph (65 km/h) absorbieren können. Die vorläufige Bezeichnung lautete DSV für DeLorean Safety Vehicle. Die Produktion sollte 1978 mit einem Jahresausstoß von 25'000 bis 30'000 Einheiten starten.

DMC-12 Anfang 1976 wurde ein Prototyp mit dem Codename DMC-12 vorgestellt. Er war von der John Z. DeLorean Corporation in Bloomfield Hill, Michigan, zusammen mit der Allstate Insurance Company erarbeitet worden. Mit Computerhilfe hatte man die Möglichkeiten einer auf optimalen Insassenschutz ausgerichteten und gleichzeitig leichtgewichtigen Struktur ausgelotet. Das Resultat war ein Flügeltürencoupé mit aerodynamisch günstiger flacher Front und quer hinter den Sitzen eingebauter Antriebseinheit. Bei dieser handelte sich um einen Ford-V6 mit Abgasturbolader und 5-Gang-Getriebe.

Das formvollendete Design stammte von Giorgetto Giugiaro, ex-Bertone-Stardesigner und Gründer von Ital-Design in Turin. Auffallend waren die breiten hohen Türschwellen und die dicken Prallpolster im Cockpit. Als Unterbau sollte eine mehrschichtige ERM-Sandwichkonstruktion dienen (Epoxyharz und Urethanschaum komprimiert zwischen Glasfaser-Graphitschichten). Zum Sicherheitskonzept zählte nebst Vierrad-Scheibenbremsen der vorgesehene Einbau von Airbags.

Für den Verkauf hatte DeLorean ein raffiniertes System von 35 »Dealer-Investors« ausgeheckt, also Händler, die sich je nach Beteiligungshöhe eine oder mehrere Exklusivvertretungen sichern konnten. Weitere 365 Händler hatten je 100 Wagen fest zu bestellen. Für den Standort des DeLorean-Werks aber bewarben sich drei US-Staaten, zwei kanadische Provinzen und spanische Industrielle...

Neue Details wurden Anfang 1977 bekannt: Motor aus europäischer Quelle und Karosserie aus rostfreiem Stahl und Kunststoff ohne Farbschicht; das Werk sollte 50'000 m² Bodenfläche beanspruchen, 1600 Arbeiter und 400 Angestellte beschäftigen und im ersten Jahr 20'000, später 30'000 Wagen produzieren. Im Februar 1978 schloss DeLorean den Vertrag über die Errichtung einer Fabrik in Puerto Rico ab. Noch aber war die Finanzierung nicht endgültig gesichert. Im August sickerte dann durch, dass DeLorean ein noch besseres Angebot von Nordirland erhalten habe. Demnach sollte die Produktion im letzten Vierteljahr 1979 in einem neuen Werk in Twinbrok bei Belfast starten (und zu 80 % in die USA exportiert werden). Im Oktober 1978 war der dortige Fabrikbau auf einem 300'000 m² umfassenden Werkgelände im Gang. DeLorean meldete, dass 220 DeLorean-Vertreter in den USA 30'000 DeLorean bestellt hätten. Für die katholischen und die protestantischen Arbeiter wurden übrigens getrennte Fabriktore vorgesehen (sowie eine neue Zufahrtsstraße, damit Katholiken nicht durch Protestantengebiet gehen mussten).

Weiterentwicklung Im November 1978 beauftragte John Z. DeLorean den Lotus-Patron Colin Chapman mit der Weiterentwicklung. Dieser ersetzte den vorgesehenen ERM-Unter-

bau durch eine Kombination von Zentralrohrrahmen mit vorderem und hinterem Hilfsrahmen, an denen die von Lotus entwickelten Einzelradaufhängungen angelenkt wurden. Darauf wurde die aus zwei Hälften bestehende Kunststoffkarosserie montiert. Diese entstand nach dem von Lotus verwendeten Kunstharz-Vakuum-Einspritzverfahren.
Der blanken Außenhaut aus gebürstetem rostfreiem Stahlblech ohne Lack kam damit nur noch optische Funktion zu. Die Flügeltürfenster waren nun weniger tief heruntergezogen, ihre Unterlinie verlief auf gleicher Höhe wie jene des hinteren Seitenfensters. Beim Heckmotor handelte es sich endgültig um die (ab Sommer 1980 auch für Volvo) auf 2,8 L vergrößerte Version des PRV-V6 (→ Peugeot/Renault/Volvo) aus Douvrin, Frankreich. Diese wesentlichen und weitere Änderungen sowie die Typprüfungen verzögerten die Markteinführung des DeLorean bis 1981!

Insgesamt wurden bis 1982 nur 8583 DeLorean gebaut. Die riesigen Investitionen des britischen Staates erwiesen sich am Ende als ein Schlag ins Wasser.

*

Hinweis: *Die gesamte, ungewöhnlich spannende Geschichte um die Marke DeLorean (die ja grundsätzlich nicht zu den US-Fabrikaten gezählt werden kann) findet sich im Buch »Alle Autos der 80er Jahre« des gleichen Autors – John Z. DeLorean (1925–2005) verfasste seinerseits das 1979 erschienene Erfolgsbuch »On A Clear Day You Can See General Motors«, in dem er mit seinem früheren Arbeitgeber abrechnete.*

DeLorean, 1981

Duesenberg

Die 1913 gegründete Duesenberg Motor Company der Brüder Fred und Augie Duesenberg baute Marinemotoren und während des Ersten Weltkriegs Flugtriebwerke. Mit dem Duesenberg-Reihen-Achtzylindermotor mit obenliegender Nockenwelle resultierten ab 1920 zahlreiche Rekordfahrten und Rennsiege. Höhepunkte waren die Indy-Siege von 1924, 1925 und 1927. Indianapolis war auch der Standort der Duesenberg Automobile and Motor Co., die ab 1921 Luxustourenwagen baute.

Weil ihnen die geschäftliche Seite weniger gut lag, verkauften die Duesenberg-Brüder ihr Unternehmen 1926 an den Geschäftsmann Errett Logan Cord, der bereits die Marke Auburn übernommen hatte. Cord beauftragte Fred und Augie Duesenberg mit der Konstruktion des »besten Autos der Welt«: Der 1928 lancierte Duesenberg J überbot hinsichtlich Leistungsfähigkeit, Materialqualität und Zuverlässigkeit alles andere. Der Achtzylindermotor von Lycoming (einer weiteren Cord-Firma) kam mit 6,9 L Hubraum und 32 Ventilen auf 265 PS, und die handgefertigten Aufbauten stammten von den besten Karosserieherstellern. Die 2,3 Tonnen schweren Supermobile erreichten bis 185 km/h. 1932 kam mit dem Duesenberg SJ ein Kompressormodell mit 320 PS hinzu. Bis 1936 entstanden 480 J und SJ.

Neugeburt 1965 nahmen Pläne für eine Wiedergeburt der Nummer-1-US-Marke konkrete Formen an. Es ging um eine mächtige Luxuslimousine mit klassischem Kühlerschild. Für das Design zeichnete Virgil M. Exner, Ex-Designchef von Chrysler, verantwortlich. Mit dem Bau des Prototyps wurde → Ghia in Turin betraut. 1966 fertiggestellt, präsentierte er sich mit nach hinten öffnenden Fondtüren und Radhäusern mit schwungvollem Zierrand. Für den Antrieb sorgte ein 7-Liter-V8-Motor von Chrysler.

Unter Fred Duesenberg, Sohn von August, wurde am Sitz der einstigen Duesenberg-Werke in Indanapolis, Indiana, eine neue Duesenberg Corporation gegründet. Deren »president« wurde Fred McManis, als größter Geldgeber. Bereits 1966 sollten nach den Plänen jährlich 300, später 2000 Wagen gebaut werden. Diese Zahl hätte sich wohl kaum mehr mit der vorgesehenen »vollständigen Handarbeit von ungeahnter Qualität« in Einklang bringen lassen. Man rechnete mit einem Preis von 19'500 Dollar; dafür hätte man zwei Cadillac des Typs 75 Fleetwood anschaffen können. Nebst der Leistung (431 SAE-PS bei 5000/min) waren auch der Radstand (349 cm) und die Länge (rund 620 cm, wovon 203 cm auf die Motorhaube entfielen) imposant. Das »world-longest production automobile«, das auch hinsichtlich Kopffreiheit einen neuen Maßstab setzte, konnte zudem bezüglich Ausstattung auftrumpfen: vierfache Scheibenbremsen, Chromspeichenräder, verstellbares Lenkrad, elektrisch verstellbarer Fahrersitz, »four season automatic climate control«, 20-Dezibel-AM/FM-Radio, »auto pilot« (was immer man sich damals darunter vorstellen konnte), ferner Höhenmesser und Amperemeter. Die Innenraumausstattung sollte jeweils nach Käuferwunsch verwirklicht werden.

Doch es kam alles anders: Das einbezahlte Kapital reichte schlicht nicht, um den aufgegleisten Aufwand finanzieren zu können. Nach der mit großformatigen Werbeanzeigen gekonnt inszenierten Vorstellung der neugeborenen Prestigemarke Duesenberg trafen bloß zehn verbürgte Bestellungen ein..., und das bei Ghia entstandene Einzelstück musste verpfändet werden! – Immerhin fristete es darauf sein Dasein im Auburn Cord Duesenberg Museum.

Der Prototyp des Duesenberg Model D existiert heute noch und sollte 2019 versteigert werden.

Duesenberg Model D, 1966.

Zweiter Neustart 1971 wurde von der neugegründeten The Duesenberg Motor Corp. in Gardena, Kalifornien, versucht, eine Replika des berühmten Duesenberg J aus der Zwischenkriegszeit in Serie zu bringen. Der »1971 Duesenberg SSJ Roadster« basierte auf einem Dodge-Truck-Chassis und erhielt einen 6,3-L-V8-Motor von der Dodge-Produktionslinie für Industrie- und Marineaggregate, der es mit einem Paxton-Kompressor auf 500 PS brachte. Er sollte in jährlich bis 300 Exemplaren gebaut werden (Vertrieb durch Classic Cars of California in Sacramento).

Dritter Versuch Ende 1976 planten auch Kenneth und Harlan Duesenberg, Großneffen von Fred und August Duesenberg, eine Wiedergeburt des Duesenberg J. Technischer Leiter dieses Projekts war Robert W. Peterson von Lehman/Peterson, Hersteller von »Stretched Limousines« (verlängerte Chauffeurlimousinen). Als Unterbau diente der Cadillac Fleetwood Brougham 1977 mit 7-L-V8. Von dem Luxusgefährt mit 338 cm Radstand sollten jährlich höchstens 40 Exemplare gebaut werden.

Anfang 1979 wurde in Evanston, Illinois, ein Prototyp vorgestellt: wuchtig-kantige Viertürkarosserie, Entwurf Kenneth W. Duesenberg (Industriedesigner in Kalifornien), Luxusausstattung, 7-L-V8 auf Wunsch mit zwei Turbos = 650 PS. Aber inzwischen hatte General Motors die 338-cm-Radstand-Plattform aufgegeben...

...doch eine indirekte Erfüllung der Duesenberg-Träume erbrachte der schon 1970 lancierte neue → Stutz!

Fiberfab

Die 1964 in Kalifornien gegründete Firma Fiberfab zählte zu den Pionieren der Bausatzautomobile. Sie entwarf und produzierte Kunststoffkarosserien – unter Gründer Warren G. Goodwin schon seit 1952 –, die sich auf die Chassis und Plattformen von Gebrauchtwagen montieren ließen und diesen so zu einem zweiten Leben verhalfen. Fiberfab wurde zum bedeutendsten Hersteller von Kitcars (Bausätzen) und fand vor allem in England zahlreiche Nachahmer Als Grundlage für die Fiberfab-Aufbauten diente in der Regel der → VW-Käfer-Plattformrahmen, in den diverse VW- oder Porsche-Motoren eingebaut werden konnten. Dazu kamen speziell für die Sportwagenchassis von MG A, Triumph TR 3 und Austin-Healey geeignete Karosserien. Die Fiberfab-Kits wurden unter den Modellbezeichnungen Jamaican, Aztec, Bonanza, Banshee, Caribee und weiteren Namen verkauft. Die Hinterpartie des Jamaican war so konstruiert, dass sie in Verbindung mit einem VW-Plattformrahmen den Sechszylinder-Boxermotor des Chevrolet Corvair aufnehmen konnte. Später kam der Jamaican V8 hinzu. Sein Bausatz umfasste nebst der Karosserie samt Motorhaubenausbuchtung ein eigens entwickeltes Chassis; die zu verwendenden Einzelteile stammten von verschiedensten Fabrikaten: Aufhängungen aus diversen Chevrolet-Modellen, Frontscheibe vom Corvette Stingray, Heckscheibe vom Porsche 911 usw.

Fiberfab Aztec, 1965

Fiberfab Bonanza GT, 1968

Valkyrie Das 1966 dazugekommene Modell Valkyrie 500 wurde als einziges Fiberfab-Modell voll aufgebaut verkauft. Sein hochsportliches Design war vom Ford GT 40 inspiriert, der im Vorjahr für großes Aufsehen gesorgt hatte. Entsprechend besaß der Valkyrie (= Walküre) einen Mittelmotor, nämlich einen 7-Liter-V8 von Chevrolet, dessen Leistung mit 450 SAE-PS angegeben wurde. Hierfür sorgten eine Hochleistungsnockenwelle, eine Verdichtung von 11:1, eine Magnetzündung sowie ein Holley-Vierfachvergaser. Der Kraftübertragung dienten ein vollsynchronisiertes 5-Gang-Getriebe sowie das Transaxle aus dem Heckmotormodell Chevrolet Corvair. Die Höchstgeschwindigkeit erreichte gegen 290 km/h, und das Beschleunigen auf 100 km/h war angeblich binnen 4 s möglich.

Fiberfab Valkyrie, 1966

Zwar wurden im Valkyrie Airheart-Scheibenbremsen eingebaut, doch diente zum Abbremsen ab über 140 mph (225 km/h) zusätzlich ein Bremsfallschirm. Klar, dass dieses Ausrüstungsbestandteil für besonderes Aufsehen sorgte!

Die strömungsgünstige Zweisitzer-Coupékarosserie aus glasfaserverstärktem Kunststoff besaß in ihrer stark abfallenden Front Doppelscheinwerfer unter Plexiglas. Als Unterbau diente ein Fachwerkrahmen; vorne wie hinten wurden Trapez-Dreieckquerlenker und Schraubenfedern verwendet.

Leider ist nicht bekannt, wie viele Valkyrie gebaut wurden; sie ließen sich wahrscheinlich an den Händen abzählen. Als Verkaufspreis wurden 10'000 $ genannt. Gemäß Wikipedia erzielte die Firma Fiberfab mit allen Modellen einen Jahresumsatz von bis zu 2 Mio. $.

Fiberfab Deutschland *Von 1967 bis 1973 gab es in Ditzingen bei Stuttgart einen Zweigbetrieb, womit Fiberfab-Aufbauten mit den Modellen Bonanza GT und Bonito fortan auch in Europa Verbreitung fanden. Zudem wurde auch in England ein Fiberfab-Ableger aufgebaut.*

Avenger Im amerikanischen Fiberfab-Stammwerk, das seit 1966 in Santa Clara niedergelassen war, wurde 1970 als Quintessenz aller gesammelten Erfahrungen die Avenger-Serie lanciert. Deren Karosserie – auch sie natürlich aus glasfaserverstärktem Kunststoff – verkörperte eine Evolution der

früheren Aztec-Serie und sollte besonders leicht zu montieren sein. Der bloß 104 cm hohe Avenger GT-12 bot im Fond zwei Sitze für Kinder. Sein Karosseriedesign entsprach jenem des Valkyrie 500, dem Prestigeprodukt von Fiberfab. Dieses gab es inzwischen ebenfalls in Bausatzform (für Chevrolet-V8 mit »nur« noch bis zu 350 PS). Daneben stand der Avenger GT-15 im Angebot, bei dem ein Stahlträger-Chassisrahmen für die Aufnahme der luftgekühlten Heckantriebseinheit aus dem früheren Chevrolet Corvair diente.
Schon 1971 wurde Fiberfab Teil der Firma Concept Design America, und 1974 wurde der Kithersteller von der ATR Incorporated aus Pennsylvania übernommen. Zum Angebot zählten inzwischen auch Bausätze für einen Dune-Buggy namens Glodhopper und – ebenfalls auf VW-Käfer-Plattformbasis – für eine Art Jagdwagen mit der Bezeichnung Vagabond. 1973 wurde sogar eine Oldtimer-Sportwagenkarosserie ins Programm aufgenommen. – Für das Geschäftsjahr 1976/77 wurde der Fiberfab-Umsatz weltweit auf über 12 Mio. $ geschätzt.
MiGi (»Maitschi« ausgesprochen) hieß ein wiederum für den VW-Käfer-Plattformrahmen bestimmtes Fiberfab-Modell, das seinen Weg 1976 auch nach Europa fand. Er war eine gelungene Imitation des ab 1950 gebauten MG TC. Der Bausatz umfasste den stahlverstärkten Karosserierumpf, der aus einem Stück mit allen Zwischenwänden, Befestigungsflanschen, hinteren Kotflügeln und einer Kofferraumschale bestand. Hinzu kamen die vorderen Kotflügel und ein als MG-Kühlergrill geformtes vorderes Abdeckteil, eine stahlverstärkte Fronthaube mit zwei Seitenteilen, Doppelwandtüren, ein als Motorhaube dienender hinterer Kofferdeckel, eine Windschutzscheibe usw.
Nachdem die Fiberfab Incorporated 1979 nach Minneapolis disloziert war, wurde sie 1983 von ihrem Hauptkonkurrenten, der Firma Classic Motor Carriages (→ CMC) übernommen.

Valkyrie 500, 1968 (by Fiberfab)

Fiberfab Bonito, 1970

Fiberfab	Zyl.	cm³	PS	bei 1/min	Gänge	Spitze km/h	Radstand/Länge	ab Jahr	Besonderheiten
Bonanza GT	B4	1493	44	4000	4	135	240/420		VW-Unterbau!
Aztec GT							240/390		(Bausätze)
Bonito								1969-	1200-1600 cm³

Fitch Phoenix

Fitch Phoenix, 1966

Im Sommer 1966 stellte die Firma eines berühmten Rennfahrers, die John Fitch & Co. in Falls Village, Connecticut, den Fitch Phoenix vor, ein niedriges Coupé mit auffallend flacher Front, Klappscheinwerfern und beeindruckenden Reserveradausbuchtungen in der Fronthaube beidseits hinter den vorderen Radausschnitten. Der Vorderteil des Daches war abnehmbar, und daher wurde die »in Turin entworfene« Karosserie mit Landau Coupé bezeichnet (in Anlehnung an eine historische Karosserieform). Auf Knopfdruck versank die Heckscheibe im Kofferraum.
Die im Heck installierte Antriebseinheit entstammte dem Chevrolet Corvair und bestand entsprechend aus einem luftgekühlten 6-Zylinder-Boxermotor in Verbindung mit einem 4-Gang-Vollsynchrongetriebe oder mit einer 2-Stufen-Automatik Powerglide. Die Leistung der 2683-cm^3-Maschine war mittels Hochleistungsnockenwelle, Transistorzündung und vier Fallstromvergasern von 97 auf 170 SAE-PS gesteigert worden. In einer Ausführung Fitch Phoenix II war sie auf 160 PS gedrosselt. Anstatt Girling-Scheibenbremsen an den Vorderrädern wies der Phoenix II herkömmliche Trommelbremsen auf. Zum Jahrgang 1968 wurde die Leistung mit 172 bzw. 162 PS angegeben. Es wurden allerdings nur Prototypen gebaut. Die geplante Serienherstellung von 500 Stück pro Jahr fiel den neuen amerikanischen Sicherheitsbestimmungen zum Opfer!

Fitch Phoenix, 1966

Geo

Für das Modelljahr 1989 hatte General Motors beschlossen, den Namen → Chevrolet sozusagen reinzuwaschen: Im Mai 1984 war im Westen der USA mit dem Sprint ein erster winziger Suzuki als Chevrolet eingeführt worden, und nach und nach waren weitere japanische Modelle unter dem Chevrolet-Markenzeichen auf den US-Markt gelangt. Manche Käufer bevorzugten jedoch ehrlich als japanische Konstruktionen gekennzeichnete anstatt auf Chevy »umgebadgte« Fahrzeuge. Das zeigte sich besonders am Beispiel des Chevrolet Nova, dem Parallelmodell des sich weit besser verkaufenden Toyota Corolla. Mit dem gewählten Markennamen Geo wollte die General Motors Corporation auf ihre weltweiten Aktivitäten und Beziehungen hinweisen.

Zum Modelljahr 1989 wurden daher alle diese vertrackten Japan-Chevrolet auf die neue Marke Geo umbezeichnet. Aus dem Chevrolet Sprint wurde so der Geo Metro (Suzuki Cultus / Swift 1989), aus dem Chevrolet Spectrum der Geo Spectrum (neuer Isuzu Gemini), aus dem Chevrolet Nova der Geo Prizm, und als Neuheit kam der Geo Tracker (Suzuki Escudo / Vitara) hinzu. – *Der Geo Prizm entstand immerhin im neuen Toyota-Werk in Kalifornien und war somit »US-made«!*

Storm 2+2 Dieses Coupé wurde Anfang Januar 1989 auf der North American International Auto Show von Detroit vorgestellt. Es sollte von Isuzu gebaut zum Modelljahr 1990 (ausschließlich) auf den nordamerikanischen Markt kommen und vor allem dem Honda CRX Paroli bieten: 1,6-L-16-Ventil-Motor, 0–60 mph in 6 s. – Bei dem auf der »Konkurrenzausstellung«, der Greater Los Angeles Auto Show, vorgestellten Prizm LS handelte es sich hingegen um das Parallelmodell des jüngsten Toyota Corolla mit Stufenheckkarosserie.

Metro Cabrio Den Metro (alias Suzuki Swift) gab es ab 1990 als attraktives 2+2-sitziges Cabriolet. Dieses sollte gemäß Planung in jenem Jahr in einigen sonnenreichen US-Staaten in rund 4000 Exemplaren abgesetzt werden.

*

GM-Modelle der Marke Geo wurden bis im Modelljahr 1997 angeboten.

Geo Metro LSI Cabrio, 1990

Geo Prizm GSI, 1990

Geo Storm GSI + Geo Storm, 1990

Ghia

Noch während des Ersten Weltkriegs mietete Giacinto Ghia in Turin eine kleine Werkstatt, aus der ein angesehenes Werk für Spezialkarosserien und Kleinstserien-Sportwagen entstand. Giacinto Ghia erlag 1944 einer Krankheit, und sein nach dem Krieg neu aufgebautes Werk wurde durch Felice Mario Boano und Luigi Segre zu neuen Höhepunkten geführt.

1950 kam es zu den ersten Kontakten mit Chrysler, und auf einem Plymouth-Chassis entstand der mächtige viertürige Dream-car XX-500. Sein Design war eine Boano-Schöpfung. 1951 folgte der → Chrysler K 310. Doch bald trat auch der Amerikaner Virgil Exner in Erscheinung: In ihm fand Chrysler einen neuen Chefdesigner, während Luigi Segre die Ghia-Mehrheit übernommen hatte, Diese beiden Männer kreierten darauf gemeinsam eine Reihe einzigartiger Traumwagen, Zukunftsstudien und Versuchsfahrzeuge. Sie basierten abwechseln auf den verschiedenen Marken des Chrysler-Konzerns: Plymouth, De Soto, Dodge, Chrysler. Etliche dieser meisterlichen Schöpfungen wurden gar in mehreren Exemplaren gebaut:

Ghia GS / Adventurer Auf der Basis des noch von Mario Boano entworfenen Ghia GS-1 Special von 1953 entstanden 1954/55 ungefähr 40 Exemplare des Luxuscoupés GS (= Ghia Special) auf Chrysler-Basis. – Ebenso ging der aus dem De Soto Adventurer von 1954 abgeleitete, arg in die Länge gestreckte Adventurer II von 1956 in Kleinstserie. Auch die Einzelstücke – wie z.B. die formvollendeten Ghia ST – gelangten meist in Privatbesitz.

Dodge Firearrow I Roadster Concept, 1953

In erster Linie schuf das Karosseriewerk Ghia allerdings teils spektakuläre Konzeptstudien sowie Serienwagenentwürfe auf europäischer Basis. Wichtigste Kunden waren Fiat und Alfa Romeo. Am bekanntesten wurde der ab 1955 vom deutschen Karmann-Karosseriewerk gebaute Volkswagen Karmann-Ghia. Doch die Verbindung zu Chrysler brachte Ghia im Vergleich zu den anderen Turiner Autodesignfirmen Pininfarina, Bertone, Vignale, Touring oder Michelotti eine Sonderstellung, die sich auch in der Art der Kleinstserienproduktion spiegelte.

Dual Ghia Von 1956 bis 1958 entstanden auf dem Kastenrahmenchassis des Chrysler 300 immerhin 117 Luxuscabrios Dual Ghia. Sie waren mehr fürs Auge als für den Gasfuß gebaut.

Ghia L 6.4 1960 folgte das qualitativ verbesserte, 533 cm lange Coupé Ghia L 6.4, das bis 1963 nur 26 Mal entstand. Dieses mächtige Superluxuscoupé wurde unter der Marke Ghia in Zusammenarbeit mit der Karosseriefirma Osi in rund 50 Exemplaren gebaut. Es war in erster Linie für die USA bestimmt, basierte auf einem Chrysler-Unterbau und besaß daher einen 6,4-Liter-V8-Motor mit 340 SAE-PS Leistung. Die Kraftübertragung erfolgte über ein Torqueflite-Automatikgetriebe, und die Karosserie war selbsttragend aufgebaut. Die vordere Einzelradaufhängung besaß längsliegende Torsionsfederstäbe, die hintere Starrachse Halbelliptikfedern. Das 533 cm lange Fahrzeug besaß eine wuchtige Front mit ins Kühlergesicht einbezogenen Scheinwerfern, eine weitflächige Chrysler-Frontscheibe und eine dreiteilige Panorama-Heckscheibe, wie man sie später auch beim ebenfalls von Ghia entworfenen Fiat 2300 Coupé antraf.

Ebenfalls 1960 wurde beim Karosseriewerk Ghia auf der Basis der Chrysler-Spitzenmarke Imperial eine Serie von 25 Repräsentationslimousinen mit auf 3,8 m verlängertem Radstand und 622 cm Gesamtlänge in Produktion genommen.

Valiant Asimmetrica 1961 hatte Ghia zwei Prototypen für eine Herstellung in Kleinserie in petto: einen Ghia Maserati 5000 GT und den Ghia Plymouth Valiant Asimmetrica, der in Liebhaberkreisen tatsächlich eine kleine Verbreitung finden sollte. Er erinnerte an den vom Chrysler-Designer Virgil M. Exner entworfenen Traumwagen XNR aus dem Vorjahr. Wie

Ghia Valiant Asimmetrica, 1962

die Bezeichnung verrät, basierte er auf dem Compact-car Valiant. Im Gegensatz zum L 6.4 war der Radstand unverkürzt, und die Länge des zweisitzigen Cabriolets erreichte sogar 489 statt der 468 cm beim Original-Valiant. Der Antrieb erfolgte durch den 3,7- Liter-Sechszylinder mit 147 SAE-PS über ein 3-Gang- oder ein Automatikgetriebe.
Die Karosserie wirkte äußerst ungewöhnlich, wie dies nur bei einer Ghia-Kreation der Fall sein konnte. Auf der Motorhaube fand sich ein auf der linken Seite bis zum Lenkrad hingezogener Buckel (daher die Bezeichnung Asimmetrica!), und die Hauptscheinwerfer waren außen an die vorstehende Front angefügt.
Eine Anfang 1962 vorgestellte Coupéableitung des Asimmetrica hieß St. Regis.
1964 folgte unter der Bezeichnung Chrysler V 280 ein auf dem Plymouth Valiant basierendes viersitziges Coupé. *Unter Ing. Giacomo Bianco waren – nach dem Tod des energievollen, erst 44-jährigen Ghia-Chefs Ing. Luigi Segre im Jahre 1963 – bei Ghia etliche der talentiertesten Designer tätig.*
Ghia 450 SS Von 1965 bis 1967 entstand darauf wiederum in Kleinstserie der Ghia 450 SS, ein vor allem für den amerikanischen Markt bestimmtes formschönes 2+2-sitziges Cabriolet auf der Grundlage des Plymouth Barracuda S, jedoch mit Gitterrohrrahmen. Für den Antrieb diente der 238 SAE-PS liefernde 4,5-Liter-V8. Gegenüber dem Barracuda war der Radstand um 20 auf 249 cm verkürzt worden. Den 450 SS gab es auch mit Hardtop.
Doch Ghia war – ebenso wie Pininfarina oder Bertone – eine markenunabhängige Karosserie-Design-, Entwicklungs- und Produktionsfirma geblieben. So entstanden 1965 für → Shelby ein Cobra Special mit 7-Liter-Motor, der durch seine plexiglasverschalten Rechteckscheinwerfer auffiel, sowie der Prototyp der ins Leben zurückgerufenen Prestigemarke → Duesenberg. Aber kurz danach wurde die Ghia SpA von der amerikanischen Firma Rowan übernommen. Für sie realisierte Ghia unter anderem den Prototyp eines Elektroautos, dessen Antrieb über Riemen auf die Hinterräder erfolgte und das angeblich 70 km/h oder 300 km Distanz erreichen konnte; dies zu einer Zeit, da der Elektroantrieb bloß als eine exotische Alternative zum Verbrennungsmotor betrachtet wurde.
An Ford! *Als oberster Ghia-Leiter amtierte nun Alejandro de Tomaso, für dessen Hochleistungs-Sportwagen Ghia diverse Karosserien entwickelt hatte. 1967 wurde die Ghia-eigene Serienfertigung aufgegeben... Und im Mai 1970 übernahm die Ford Motor Company, der international zweitgrößte Autokonzern, von Rowan die Mehrheit an der Carrozzeria Ghia SpA und dies gleich zusammen mit Vignale, einem weiteren historisch Berühmten der Karosseriebauzunft.*

Dual Ghia L6.4 Coupe, 1961

Ghia	Zyl.	cm³	PS	bei 1/min	Gänge	Spitze km/h	Radstand/Länge	ab Jahr	Besonderheiten
L 6.4	V8	6277	340	4600	3/A	225	292/533	1960-62	Chrysler Mechanik
Plymouth Valiant Asimmetrica	6	3682	147	4000	3/A		271/489	1961/62	
450 SS	V8	4490	238	5200	4/A	200	249/457	1965-67	Gitterrahmen, Motor Plymouth Barracuda S

GM LeSabre

GM Le Sabre, 1951

Der Le Sabre (Säbel) war ein Vorläufer all der zahlreichen Traum- und Versuchsfahrzeuge der amerikanischen Automobilindustrie. Diese Dream- bzw. Concept-cars prägten in hohem Maße die amerikanische Nachkriegszeit. Sie waren ein Symbol für den Neubeginn und Aufbruch in die Zukunft.
Der Le Sabre war das 1951 vorgestellte Werk des GM-Stylingchefs Harley J. Earl und eines umfangreichen Teams von General-Motors-Ingenieuren. Die in ihm vereinigten Ideen hatten größeren Einfluss auf die Autoentwicklung als die meisten anderen Schöpfungen dieser Art. Mit 3½ Litern Inhalt war der von Buick entwickelte V8-Motor weit kleiner als damals üblich. Dank quadratischem Hub/Bohrungs-Verhältnis, halbkugeliger Brennraumform, schräghängenden Ventilen und Roots-Kompressor kam er dennoch auf 300 PS Leistung. Die Gemischaufbereitung erfolgte über zwei unabhängige Vergaser, von denen der eine mit Benzin, der andere mit Methylalkohol versorgt wurde.
Ungewöhnlich war auch die Anordnung des Getriebes – einer Sonderversion des Dynaflow-Drehmomentwandlers von Buick – an der Hinterachse, die damit zu einer De-Dion-Konstruktion wurde. Sie war an nur je ein Blatt umfassenden Blattfedern aufgehängt, und die luftgekühlten Bremsen waren direkt am Differential angeschlossen. Die vordere Einzelradaufhängung besaß Gummi-Torsionsfedern. Manche Bauteile waren zwecks Gewichtsersparnis aus Aluminium oder Magnesiumguss angefertigt worden.
Der zweisitzige Sabre war ein Cabriolet mit elektrisch betätigtem Verdeck. Er hatte nicht nur eine futuristische Form, sondern wies eine Vielzahl von raffinierten – teils vielleicht auch ein wenig verspielten – technischen Einzelheiten auf. An eine Produktion wurde nicht gedacht, vielmehr war dieses international beachtete Fahrzeug ein wohl einzigartiger Versuchsträger für künftige Lösungen in allen möglichen Sparten des Automobils. 1954 begann General Motors, im Rahmen des »Traumwagenprogrammes«, mit der Präsentation der Firebird-Gasturbinen-Versuchswagen, die weitere Schritte in dieser Richtung verkörperten.

Erhebendes Fahrgefühl Unter diesem Titel berichtete der Autor dieses Buches in der »Automobil Revue« vom 14. Februar 2002 von seinen Fahreindrücken: *»Da saß man nun recht unerwartet im Cockpit des Le Sabre und durfte dieses Urgestein aller amerikanischen Dream- und Concept-cars – zwar sachte aber immerhin! – über eine abgesperrte Rundstrecke pilotieren. Es war ein erhebendes Gefühl, diese historische Konstruktion bewegen zu können. Auffallend die Aussicht über die riesige gewölbte Motorhaube und der Anblick der zahllosen Anzeigen und Bedienhebelchen. Das Lenkrad mit riesigem Durchmesser und kleinfingerdünnem Kranz liegt dem Fahrer direkt vor der Brust. Doch dies habe dem Wunsch von Harley J. Earl entsprochen, der dieses Auto seinerzeit am intensivsten gefahren hatte.*
Der Motor reagiert dumpf gurgelnd spontan aufs Gasgeben. Der Seitenhalt auf den Sitzen ist (epochgemäß) schlecht, und die Servolenkung vermittelt kaum Fahrgefühl.
Doch solche Einwände sind im Grunde bedeutungslos. Wesentlich ist, dass dieses epochale Auto nach mehr als einem halben Jahrhundert erhalten geblieben ist und mit all seinen revolutionären Novitäten rundum funktioniert.«
Natürlich waren bei diesem Anlass weitere Einzelheiten zu erfahren: Der Le Sabre wurde Ende 1950 nach vierjähriger Arbeit fertiggestellt. 1951 wurde er auf verschiedenen Ausstellungen in den USA sowie auf dem Autosalon von Paris gezeigt. Die Bezeichnung Le Sabre stammte von dem 1947 eingeführten ersten Düsenjet Amerikas; er inspirierte auch zu dem flugzeugartigen Bug. Die Leistung des Kompressor-V8-Motors wurde inzwischen mit 335 PS angegeben.

Intermeccanica

Intermeccanica Torino, 1967

Eine ganze Reihe europäischer Hersteller baute ab den 60er Jahren in Kleinserien Hochleistungs-Sportwagen mit amerikanischen V8-Motoren. Neben den in Liebhaberkreisen bekannten europäischen Marken zählte zu ihnen auch die vor allem auf den amerikanischen Markt ausgerichtete Firma Costruzione Automobili Intermeccanica im Raume Turin. Es war Frank A. Reisner, Kanadier ungarischer Herkunft, der dieses Unternehmen 1959 gegründet hatte. Zunächst konstruierte er Tuningsätze und Formel-Junior-Rennwagen, und 1961 versuchte er mit dem Projekt eines kleinen Sportwagens in Europa Fuß zu fassen.

Apollo Auf dem amerikanischen Markt tauchte der Name Intermeccanica 1963 im Zusammenhang mit einem von dem Konstrukteur Milt Brown entworfenen Sportwagen auf. Er basierte technisch auf dem mittelgroßen Buick Special Skylark (3,5-Liter-V8, 200 SAE-PS, 4-Gang-Getriebe oder Automatik), während das von europäischen Sportwagen inspirierte Design von Ron Plesca stammte, später aber von Franco Scaglione überarbeitet wurde.

Das Apollo 3500 GT geheißene wohlgeformte zweisitzige Coupé mit eigenem Rohrrahmenchassis und Aluminiumaufbau wurde bei Intermeccanica in Turin verwirklicht und von 1962 bis 1968 über diverse amerikanische Vertriebskanäle abgesetzt. 1965 kam eine Version 5000 GT hinzu. Insgesamt entstanden 88 Apollo, davon 11 Cabrios. Anfang 1983 sollte der Markenname Apollo erneut auftauchen (s. Kapitel »Diverse Kleinfabrikate und Spezialkarosserien«).

Griffith Daneben lieferte die Carrozzeria Intermeccanica auch Aufbauten an den amerikanischen Autohändler Jack Griffith. Der 1964/65 entstandene Entwurf des sportlich-eleganten Griffith-Coupés stammte von dem amerikanischen Designer und Fachjournalisten Robert W. Cumberford (der 1982 unter eigenem Namen ein Superluxusauto im Stil der 30er Jahre konstruieren sollte). Nur rund ein Dutzend Karosserien gelangten an Griffith, der sechs Einheiten mit einem 5,2-Liter-Unterbau von Plymouth versah und die übrigen ohne Motor verkaufte. Jack Griffith verkaufte unter seiner Eigenmarke auch von der englischen Sportwagenmarke TVR gebaute Coupés mit amerikanischem V8-Motor.

Omega Im Mai 1966 wurde von Steve Wilder in New York die Marke Omega ins Leben gerufen. Für sie wurde das von Robert Cumberford für Griffith entworfene Design übernommen. Hierzu lieferte Intermeccanica weitere 33 Karosserien. Die Mechanik stammte nun von Ford, zunächst mit einem

Intermeccanica Ford Mustang 260 Station Wagon, 1966

Intermeccanica Italia IMX (Prototyp), 1969

4,7-Liter-V8, für das Modell 1969 mit 4,9 Liter Hubraum; doch noch im gleichen Jahr wurde die Marke Omega aufgegeben.

Torino/Italia Doch schon zur Jahreswende 1966/67 begann Intermeccanica bereits an einen dritten USA-Kunden, die Firma Genser-Forman in Union, New Jersey, identische Karosserien zu liefern. Von diesem Triumph-Händler wurden die so entstandenen V8-Sportcoupés zunächst unter der Marke Torino und nach 1967 als Italia verkauft.

Darauf Importmarke! Die Rohkarosserien hatte Intermeccanica bis dahin von verschiedenen italienischen Zulieferbetrieben bezogen. Nachdem Firmenchef Frank A. Reisner im Herbst 1969 für sein Unternehmen in Trofarello bei Turin ein neues Domizil fand, erfolgte der Vertrieb vorwiegend unter der Eigenmarke. Intermeccanica zählte nun – ebenso wie De Tomaso oder Iso, die ebenfalls Hochleistungssportwagen mit amerikanischen V8-Motoren bestückten – auf dem amerikanischen Markt zu den reinen Importmarken.

Porsche, Mustang... Nachdem von 1968 bis 1975 unter der Marke Intermeccanica in Italien rund 550 Luxussportwagen entstanden waren, verlegte Reisner den Firmensitz nach Kalifornien. Dort entstand u. a. der Porsche-Nachbau Speedster. Von diesem entstanden bis 1980 rund 600 Exemplare. Danach wurden die Speedster-Nachbaurechte von der Firma Apal in Belgien übernommen.

1980 kam die eingetragene Handelsmarke Cábrio hinzu: eine Cabrioletversion des Ford Mustang (welche Namen nicht erwähnt wurden) mit eigener Verdeckentwicklung samt Abdeckung im europäischen Stil. Der Cábrio erhielt eine Rahmenverstärkung entlang der Türschwellen und bis zum oberen Windschutzscheibenrahmen. Die Partien hinter den Türen wurden mit eingeschweißten Stahlplatten verstärkt. Das Kühlergitter war schwarz statt kariert. Nebst den letzten 190 Speedster entstanden 1980 bereits 150 solche Cabriolets, und für 1981 war ein Gesamtausstoß von 500 Stück geplant..., einschließlich des Viva SX, eines Vollcabriolets auf dem Datsun 280 ZX.

1981 übernahm Intermeccanica die Arntz Engineering in San Francisco, die (ab 1974) als erstes Unternehmen eine Nachbauproduktion des AC Cobra aufgenommen hatte (→ *Seite 540*).

Intermeccanica	Zyl.	cm³	PS	bei 1/min	Gänge	Spitze km/h	Radstand/Länge	ab Jahr	Besonderheiten
Apollo 3500 GT	V8	3532	203	5000	4/A	-226	248/450	1963	(Projekt)
Italia IMX	V8	5769	314	5500	4	217	240/444	1968-	(halbselbsttragend)
						265	240/465	1969-	
Murena 429 GT	V8	7033	365	4600	A	240	293/521	1969/70	
Italia	V8	5766	314	5500	4/A3		240/444	1968-71	
Indra		5354	250/230	5000			250/445°	1971-74	
(f. Coupé Fastback		5733	280	5600			250/453	1972-74	
			253	5200				1974/75	
	6	2784	190	6200	4			1971/72	
			165	5600				1972-74	

°) Coupé Fastback: 250/453

Keller

Die Marke Keller widerspiegelte einen Versuch, Autos europäischer Dimensionen auf den amerikanischen Markt zu bringen. Ausgangspunkt war das ab 1945 von dem ex-Chrysler-Ingenieur J. S. Liefeld in San Diego, Kalifornien, entwickelte Bobbi-Kar-Kleinautoprojekt. Es bestand aus zwei Modellen, einem Zweisitzer mit 206 cm Radstand und Zweizylinder-Heckmotor und einem Fünfsitzer als Station Wagon mit vorne eingebautem Vierzylindermotor. Schon bald war von einem »gewaltigen« Bestellungseingang und einer 1946 anlaufenden Serienherstellung die Rede.

»Neue Größe« Doch erst eine Zusammenarbeit mit George D. Keller, zuvor Verkaufs-Vizedirektor von Studebaker, brachte die Pläne einen Schritt weiter. Die 1947 in Huntsville, Alabama, gegründete Keller Motors Corporation hatte zum Ziel, Amerika zu Autos »neuer Größe« zu verhelfen. Nach insgesamt 24 Monaten Entwicklungs- und Testzeit wurden die Keller-Modelle im Oktober 1947 in New York vorgestellt. Trotz unterschiedlicher Motorlage besaßen beide Modelle eine ähnliche Front mit tief angeordneten horizontalen Lufteinlassschlitzen. Das Cabrio, dessen Sitzbank bis drei Insassen aufnehmen konnte, überraschte durch seine hochmoderne Pontonform mit durchgehend glatten Seitenflächen. Der kantig gezeichnete fünftürige Kombi wies hingegen, wie für Station Wagons üblich, holzbeplankte hintere Karosserieflächen auf. Ein Holzaufbau erwies sich auch als willkommene Antwort auf die Stahlknappheit. Und so ließ sich auch das Bestellen von Karosseriepressen aufschieben.

Das Kastenrahmenchassis war durch eine Kreuztraverse und Querstreben verstärkt. Alle vier Räder waren an Längsarmen einzeln aufgehängt und mit Gummielementen abgefedert. Die wartungsfreie »Craddled-in-Rubber»-Federung wurde als einer der Hauptvorteile der Keller-Konstruktion herausgehoben. Das auch als Torsi-Lastic bezeichnete System bestand in torsionsbeanspruchten Gummizylindern, die in Längsarmen unterhalb der Radmitte angelenkt waren. Dies erbrachte einen günstigen Gierwinkel. Hinsichtlich Komfortverhalten versprach Keller einen Fortschritt, der jenem des einstigen Übergangs von Vollgummi- zu Luftreifen entspreche... Später wurde hinten eine Starrachse mit Halbelliptikfedern verwendet.

Keller Super Chief Convertible und Station Wagon, 1948

Varianten Auch der Motor war gummigelagert. Im Cabrio war er vor und das Getriebe zwischen den Hinterrädern angeordnet; es handelte sich somit eigentlich um ein Mittelmotorauto! Wahlweise waren ein 1,1-Liter- und ein 2,2-Liter-Motor on Hercules – beide mit stehenden Ventilen – vorgesehen. Das Modell mit dem größeren Motor hieß Super Chief statt bloß Chief.

George D. Keller konnte in Huntsville zwei moderne, für Kriegsmaterial und Flugzeuge errichtete Werkanlagen für 15 Jahre preisgünstig in Pacht übernehmen. Er rechnete jährlich 75'000, später mit 7000 Arbeitern 150'000 Wagen herzustellen. Von privaten Investoren sowie von Händlerseite waren 1,5 Mio. $ zugeflossen, und man sprach alsbald von 1523 gewonnenen Händlern und 110'000 bestellten Station Wagons. Die Preisliste sollte bei 848 $ beginnen.

Prospekt für den nie realisierten Keller Sedan für Europa, 1950

Jähes Ende 1949 wurde die Frontgestaltung der Keller-Wagen wesentlich modernisiert. Nachdem bereits auch ein Lieferwagen mit Heckmotor und nur gerade einem Fahrersitz geplant worden war, wurde für 1950 zusätzlich ein viertüriger Sedan mit fortschrittlich großen Fensterflächen angekündigt. Dem Antrieb sollte nun bei allen Modellen ein vorn eingebauter Continental-Motor mit 2,7 Liter Hubraum, ebenfalls mit stehenden Ventilen, dienen. – Doch das Schicksal wollte es anders: Im Oktober 1949 erlag George D. Keller einem Herzinfarkt!
Zwar wurden die Aktivitäten der Keller Motors Corporation eingestellt. Nur gerade 18 Prototypen waren bis dahin entstanden. Dennoch feierte diese Konstruktion auf der Automobilausstellung von Brüssel Anfang 1950 eine Europapremiere, und es war sogar vorgesehen, in Belgien eine Montage aufzuziehen. Vier Jahre später, im Januar 1954, wurden erneut in Brüssel unter der Marke PLM ein Chassis und ein dreitüriger Kombi gezeigt, wobei es sich um überarbeitete Keller-Konstruktionen mit Continental-Motor handelte.

Keller Station Wagon, 1949

Keller (Prototypen)	Zyl.	cm³	PS	bei 1/min	Gänge	Spitze km/h	Radstand/Länge	ab Jahr	Besonderheiten
Chief	4	1065	25	4000	3	90	234/434	1948	Kastenrahmenchassisunabhängige Radaufhängung auch hinten (Gummifederung); Motoren mit stehenden Ventilen (Hercules, 2,7 L = Continental); Cabriolet mit Heckmotor
Super Chief		2173	48	3200		100		1948	
		2655	59	3250		110	234/545	1949	

LaForza

Bevor hier direkt auf LaForza eingegangen werden kann, braucht es die vielfältige Vorlaufgeschichte: Die Karosseriefirma Fissore in Savigliano, Italien, zählte zu den traditionellen Herstellern von Kleinserien-Karosserieaufbauten. Parallel zu ihr gab es ab 1976 die Firma Rayton Fissore SpA in Cherasco, Cuneo. Bei ihr entstanden u.a. die Lancia Gamma 2500 Protecta (gepanzerte Versionen für den Personenschutz) und die Luxus-SUV Monteverdi Safari, zudem Prototypen und Sondermodelle.

Im September 1983 wurde das im Auftrag der Stadt Turin entstandene Projekt Taxi Torino vorgestellt, das nach einem Rayton-Fissore-Patent einen leichtgewichtigen geschraubten, aber dennoch selbsttragenden Aufbau aufwies.

Magnum 4x4 Als eine Konkurrenz zum Range Rover und anderen Geländekombi der Luxusklasse gedacht war der im Juli 1984 lancierte Magnum 4x4, mit dem sich Rayton Fissore zum eigentlichen Hersteller aufschwingen wollte. Man plante jährlich 2000 bis 3000 Exemplare herzustellen. Analog zum Taxi-Projekt war der Magnum nach dem Univis-Prinzip aufgebaut. Mit 457 cm Länge und 198 cm Breite übertraf er das Format des Range Rover deutlich. Das kubische fünftürige Design stammte von dem bekannten Karosserieformer Tom Tjaarda. Der Unterbau mit 270 cm Radstand der selbsttragenden Karosserie war der Nutzfahrzeugkonstruktion Iveco Special 4x4 entliehen. Dazu zählten ein 5-Gang-Getriebe, ein Reduktionsgetriebe und ein zuschaltbarer Vorderradantrieb; hinten wurde eine Starrachse mit doppelten Dämpferbeinen verwendet. Der minimale Bodenabstand erreichte 20 cm.

Beim Motor handelte es sich um das 2-L-DOHC-Aggregat mit Kompressor von Fiat des Typs Volumex mit Weber-Doppelvergaser, Ölkühler und 138 PS Leistung. Als Alternative stand der 2,4-L-Turbo-Dieselmotor von Sofim mit 105 PS Leistung zur Wahl. Der rund 1800 kg wiegende Magnum 4x4 bot bis zu sieben Sitze, und seine Ausstattung war auf Komfort und Luxus ausgerichtet. Der Preis lag in Italien zwischen jenen des drei- und des fünftürigen Range Rover.

LaForza, 1989

Magnum VIP Auf dem Genfer Salon 1986 kam die Topversion VIP hinzu: 2,5-L-V6-Alumotor von Alfa Romeo mit 160 PS, Lederinterieur, Klimaanlage und weitere Luxusmerkmale. Für die USA wurde inzwischen eine Version mit dem 4,9-L-V8 von Ford mit 188 PS gebaut. – Der Magnum war bis zum Salon von Turin 1986 in über 1000 Exemplaren gebaut worden. Um die Jahreswende 1986/87 entstand in Oakland, Kalifornien, die Firma Rayton Fissore of North America mit einem Absatzziel von 1000 Magnum/Jahr.

Rayton Mit dem Turiner Salon im April 1988 entfielen sowohl der Zuname Fissore wie die Modellbezeichnung Magnum. Der mit einem schmucken karierten Kühlergrill dotierte Rayton war außer mit dem 2,4-L-Vierzylinder-Dieselmotor von VM mit zwei BMW-Sechszylindermotoren lieferbar.

LaForza Ebenfalls 1988 entstand in Hayward, Kalifornien, das Automobilwerk LaForza Automobiles Inc. Es übernahm die Montage des Rayton für den US-Markt. Die nun vermehrt aus Stahl konstruierte Karosserie wurde samt Fahrwerk zur Lackierung und für den Innenausbau zum Pininfarina-Werk San Giorgio bei Turin gebracht und zwar in einer Kadenz von 10 bis 15 Wagen pro Tag. Der Einbau von Motor und Mechanik erfolgte darauf bei der US-Firma Cars & Concepts. Beim Motor handelte es sich um den drehmomentstarken 4,9-Liter-V8 mit 188 PS, wie er auch im Ford Bronco eingebaut wurde. Die Kraftübertragung umfasste ein 4-Stufen-Automatikgetriebe, ein Reduktionsgetriebe, einen zuschaltbaren Vorderradantrieb, ein zentrales Differenzial mit Viscokupplung und eine hintere Differenzialbremse.

Allerdings geriet der LaForza-Absatz schon 1989 in Stocken. In der Folge blieb die potenzielle »Range-Rover-Alternative« auf Halde stehen... Und 1992 ging auch die Marke Rayton unter..., aber ab dem Jahr 2000 gab's in Kalifornien LaForza-Lagerwagen »neu aufgebaut mit 1989/2000 assembly date«. Dies zu 34'500 $ in der Basisversion und für 59'500 $ in einer 325-PS-Super-Variante mit Kompressor!

Größer als der Range Rover, klares Design von Tom Djaarda.

Merkur

Im August 1984 gründete die Ford Motor Co. die neue Eigenmarke Merkur. Ihr Vertrieb erfolgte über das Lincoln-Mercury-Händlernetz, doch die deutsche Schreibweise wies darauf hin, dass es sich um ein Importfabrikat handelte.
XR4Ti Genau hieß dieser Wagen Merkur XR4Ti, und er war eine Ableitung des deutschen Ford Sierra XR 4i, der zum Genfer Automobilsalon 1983 vorgestellt worden war und durch sein futuristisch wirkendes Design allzu biedere Ford-Käufer schreckte. Der XR4Ti besaß eine dreitürige Karosserie mit ungewohnter seitlicher Fensteraufteilung und einem zweistöckigen Heckflügel. Statt des V6-Motors wurde ihm aber der amerikanische 2,3-Liter-Vierzylinder eingepflanzt und zwar in Verbindung mit einem Abgasturbolader Garrett T03B. In der Ausführung mit 5-Gang-Getriebe standen 177 Netto-PS, mit 3-Stufen-Automatikgetriebe C3 142 PS zur Verfügung. Mit dem Handschaltgetriebe ließen sich Tempo 100 in 8,4 s sowie eine Spitze von 210 km/h erreichen. Durch die Umrüstung auf die US-Vorschriften war der XR4Ti nicht nur 80 kg schwerer geworden, sondern (wegen des längeren Stoßschutzes) zudem 453 statt 446 cm lang. Fast tausend Teile waren eigens angepasst worden, und daher erfolgte die Herstellung nicht bei Ford in Köln, sondern bei der bekannten deutschen Karosseriefirma Karmann. Es wurde zunächst eine Serie von 10'000 Einheiten geplant. Von der amerikanischen Fachpresse wurde der XR4Ti bald einmal mit viel Lob bedacht.
Scorpio Auf dem Genfer Salon 1987 vermeldete Karmann, inzwischen 30'000 Merkur hergestellt zu haben. Doch Ford hatte mehr erwartet. Auch der Rennsporteinsatz brachte der Marke Merkur nicht das gewünschte Ansehen. Ende Mai 1987 kam unter der Marke Merkur der fünftürige Scorpio mit 2,9-Liter-V6, ohne oder mit Vierradantrieb, hinzu. *Für ihn garantierte Ford in zwei bis vier Jahren einen mit jenem des Mercedes-Benz 190 vergleichbaren Wiederverkaufswert!*
*
Mit dem Modelljahr 1989 verzichtete die Ford Motor Co. auf die Einfuhr des Merkur XR4Ti in die USA; ein Jahr darauf wurde auch der Scorpio aus dem nordamerikanischen Verkaufsprogramm gestrichen, und der Restbestand wurde mit 14 Prozent Rabatt verkauft.

Merkur XR4Ti, 1985

Metropolitan

Metropolitan 1500 Convertible, 1960

Der 1955 zur Eigenmarke erhobene Metropolitan war 1954 als Nash vorgestellt worden, und alsbald gab es ihn auch als Hudson, denn im gleichen Jahr hatten sich Nash und Hudson zur American Motors Corporation zusammengeschlossen. Unter den beiden AMC-Markennamen wurde er ab 1956 beispielsweise auch in der Schweiz angeboten. Später kam er als Austin in weiteren europäischen Ländern auf den Markt. Denn bei Austin, der Leadermarke der British Motor Corporation, und deren Karosseriewerk Fisher and Ludlow wurde dieser US-Kleinwagen auf einer eigens eingerichteten Montagelinie hergestellt, und er war somit ein englisches Produkt.

Der in strenger Pontonform mit halb verschalten Rädern gehaltene Stil des Metropolitan war von Pinin Farina maßgebend mitgestaltet worden und lehnte sich an die Form der großen Nash-Modelle an. Sein Design glich einem Rambler »en miniature«, doch bot er nur zwei Personen bequem Platz, höchstens ein Kind konnte als dritter Insasse noch mitgeführt werden. Den selbsttragend konstruierten Aufbau gab es sowohl als Coupé wie als Cabriolet, beide mit dreiteiliger Panorama-Heckscheibe aus Glas bzw. Plastikmaterial. Die 1,2-L-Antriebsmechanik und das Fahrwerk entstammten dem Austin A 40, ab 1956 wurde jedoch der 1,5-L-Motor aus dem A 50 eingebaut. Gleichzeitig erhielt der »Met« eine originell abgestufte zweifarbige Lackierung.
1957 wurde der in Birmingham gebaute Sonderling in reichhaltiger Ausstattung auch auf dem britischen Markt eingeführt. Aber erst im Frühling 1959 erhielt er einen Kofferdeckel (zuvor nur Zugang von innen), vordere Ausstell-

Nash Metropolitan Convertible, 1954

fenster, zudem verbesserte Sitze und u.a. auf 13 Zoll vergrößerte Räder. Die Leistungsangabe für den 1,5-Liter-Motor war inzwischen von 51 über 53 auf 60 PS angestiegen. *Weil aber die amerikanischen Autokäufer zusehends Geschmack an vier- bis fünfsitzigen Kleinwagen aus Europa fanden – allen voran dem Volkswagen-Käfer – und der Metropolitan nicht die erhofften rentablen Absatzzahlen erreichte, strich American Motors dieses amerikanisch-britische Individualwägelchen 1962 aus dem Angebot. Von 1954 bis 1962 war das kleine Liebhaberauto immerhin in 103'000 Exemplaren entstanden: rund 94'500 gelangten nach Nordamerika, die übrigen Wagen wurden ab 1957 in Europa und in den Commonwealth-Staaten verkauft.*

Nash Metropolitan Hardtop Coupe, 1959 (Bonhams)

Metropolitan Convertible Royal Runabout, 1961

Metropolitan	Zyl.	cm³	PS	bei 1/min	Gänge	Spitze km/h	Radstand/Länge	ab Jahr	Besonderheiten
			56	4600		130		1960-62	
(Nash Metropolitan)	4	1200	43	4500	3	115	216/379	1954/55	Entwurf Nash, bei Austin für American Motors Corp gebaut
	4	1489	51	4400	3	120	216/379	1956	
			(48	4100)					
			53	4500	3	125	216/379	1957	
			60	4600				1958/59	
			52	4250	3	120-130	216/380	1960-62	

Nash-Healey

Nein, die Marke Nash-Healey zählte nicht zu den Automobilen amerikanischer Herkunft. Denn sein Chassis stammte aus England und die Karosserie alsbald aus Italien. Aber weil er für viele Fans eben doch eine amerikanische »Seele« hatte – nämlich einen Nash-Motor – ist ihm hier gleichwohl ein Kapitel gewidmet.

Der 1950 auf den Autosalons von Paris und London gezeigte, Anfang 1951 auf der Chicago Automobile Show lancierte Nash Healey schrieb sich noch ohne Bindestrich. In Rennversion hatte er beim 24-Stunden-Rennen von Le Mans 1950 mit einem vierten Rang und 141 km/h Schnitt bereits für Furore gesorgt. Konstruiert wurde er bei Donald Healey im englischen Warwick. Wie bei den Healey bestand sein Chassis aus einem Kastenrahmen mit Rohrtraversen und einer Kreuzverstrebung und besaß eine eigene Vorderradaufhängung sowie eine hintere Starrachse mit Schraubenfedern. Auch die strömungsgünstig-attraktiv geformte Aluminiumkarosserie mit Nash-Kühlerstäben war englisch; sie entstand bei der Firma Panelcraft Sheet Metal nach einem Design von Donald Healey. Dennoch wurde der Nash Healey als »einziger amerikanischer Sportwagen« propagiert (Kaiser DKF und Chevrolet Corvette gab's noch nicht). Immerhin stammte der Antriebsstrang von Nash: der 3850-cm³-Sechszylinder Dual Jet, dank zwei SU-Vergasern mit 126 statt 117 PS, und ein 3-Gang-Getriebe mit Overdrive. Es wurde eine Höchstgeschwindigkeit von 200 km/h in Aussicht gestellt.

Nash Healey Roadster, 1952

Mit Pinin Farina Zum Modelljahr 1952 führte die von George Mason geleitete Nash Motor Co. die mächtigen Stufenhecklimousinen Golden Airflyte ein, an deren Form Pinin Farina mitgewirkt hatte. Um gegen den neuen, hochattraktiven Jaguar XK 120 besser bestehen zu können, erhielt der Sportzweisitzer 1952 ebenfalls ein bei Pinin Farina entworfenes Kleid. Die Marke Nash-Healey schrieb sich fortan mit Bindestrich. Dem Antrieb diente nun der 4138-cm³-Sechszylinder mit 135 PS. Die aus Kenosha, Wisconsin, angelieferte Antriebseinheit wurde weiterhin in Warwick in das Chassis eingebaut, worauf dieses in Turin seine Cabrio- oder – ab 1953 – Coupékarosserie erhielt.

Nash-Healey Convertible und Le Mans Hardtop, 1953

Nash Healey Roadster, 1951

Ab 1953 leistete der inzwischen Le Mans Dual Jetfire bezeichnete Motor aus dem Nash Ambassador 142 PS. Doch gab es auch leistungsgesteigerte Versionen mit SU- statt der amerikanischen Horizontalvergaser. Nachdem mit einem Nash Healey beim 24-Stunden-Rennen von Le Mans 1950 bereits ein vierter Rang resultiert hatte, holte sich ein Nash-Healey Special 1953 gar den dritten Rang bei diesem Traditionsrennen von höchstem Prestigewert! 1954 verlieh Pinin Farina der Coupéversion eine Panorama-Heckscheibe.

Käufer der Serienmodelle fanden sich überwiegend in den USA: Auf 104 Nash Healey mit Karosserie von Panelcraft folgten 302 Nash-Healey mit Pinin-Farina-Cabrioaufbau sowie 100 Coupés.

Nash Healey Roadster, 1951

Nash-Healey	Zyl.	cm^3	PS	bei 1/min	Gänge	Spitze km/h	Radstand/Länge	ab Jahr	Besonderheiten
	6	3847	126	4000	3+S	175+	259/432	1951	Kastenrahmenchassis
	6	4138	135	4000	3+S	180	259/432	1952	
			142					1953/54	

Shelby

Neben dem Chevrolet Corvette und dem Ford Mustang kam in der amerikanischen Automobil-Nachkriegsgeschichte einem weiteren Begriff sportliche Bedeutung zu: dem Cobra! Die Fans nennen ihn liebevoll die Cobra, ebenso wie sie von der Corvette sprechen. Aus europäischer Sicht musste der Automobilname Cobra vordergründig dem englischen Lager zugerechnet werden. Denn die Herkunft einer Automarke oder eines Modells hängt in erster Linie von seinem Chassis ab..., so jedenfalls gilt die traditionelle Regel, die zu einer Zeit aufgestellt wurde, da die Automobile noch keine selbsttragenden Karosserien auf einem zur Plattform reduzierten Unterbau aufwiesen.

Die Shelby American Inc. wurde 1961 von Carroll Shelby in Los Angeles, Kalifornien, gegründet. Der erste Shelby (AC) Cobra wurde im Herbst 1962 vorgestellt... AC stand für Auto-Carrier, denn diese kleine englische Marke hatte die Autoherstellung 1904 mit einem offenen Dreirad-Lieferwagen begonnen. 1953 lancierte AC das Modell Ace, einen attraktiven offenen Sportzweisitzer, dessen Design vom Ferrari 166 mit Karosserie der Karosseriefirma Touring inspiriert war. Dem Antrieb diente ein eigener 2-Liter-Sechszylindermotor.

Die Firma A.C. Cars Ltd in Thames Ditton, Surrey, wurde von den Gebrüdern Hurlock geführt. Das Geschäft verlief nicht gerade rosig, als sich ein rettender Kontakt mit dem amerikanischen Rennfahrer und Sportwagenkonstrukteur Carroll Shelby ergab. Dieser fand im leichten, aber verwindungssteifen Rohrrahmen des Ace – der seinerzeit von John Tojeiro konstruiert worden war – die ideale Grundlage für den ihm vorschwebenden Sportzweisitzer mit potentem amerikanischem V8-Motor. Damit war die Idee des AC Cobra geboren, der in den USA als Shelby Cobra Furore machen sollte. Allerdings waren schon vorher einzelne AC Ace mit US-V8-Motoren bestückt worden.

Ein Rennsportfan Der Texaner und Farmer Carroll Shelby (1923–2012) machte sich zunächst als Rennfahrer einen Namen. Später betrieb er am Los Angeles International Airport einen auf Serienherstellung ausgerichteten Produktionsbetrieb. Für den Cobra wurde das englische Design des Ace mit Aluminiumaufbau weitgehend beibehalten. Dies galt auch für die Fahrwerkstechnik: Rundum Einzelradaufhängung waren für Amerika allerdings noch höchst ungewohnt, und dies traf erst recht auf die Vierrad-Scheibenbremsen von Girling zu. Vorne wie hinten kamen obere Querblattfedern zum Einbau. Bei einem mit dem Typ Ace übereinstimmenden Radstand von 229 cm wurde die Spur vorne auf 129,5 cm verbreitert, hinten auf 122 cm verschmälert.

Dem Antrieb des im Herbst 1962 vorgestellten Cobra diente zunächst der 4260-cm³-V8 von Ford. Dessen Leistung stand mit 264 SAE-PS bei 5800/min zu Buche. Doch wurde bereits auf die Möglichkeit einer Leistungssteigerung auf bis 339 PS hingewiesen, dies indem man eine Hochleistungs-Nockenwelle und vier Weber-Doppelvergaser einbaute. Schon 1963 wurde der Ford-4,7-Liter-V8 zum Standardmotor. Damit wuchs die Leistung in der Basisausführung auf 284 SAE-PS. Es ist klar, dass der rund 950 kg leichte Cobra sich so auch mit Spitzensportwagen aus Italien und England oder auch dem Mercedes-Benz 300 SL Roadster messen ließ.

Die Cobra-Herstellung basierte auf einem Abkommen von Shelby mit AC einerseits und der Ford Motor Co. anderseits. Rund 90 % aller Cobra entstanden im Auftrag von Shelby American bei AC Cars in Thames Ditton, England, von wo sie nach dem Shelby-Werk in Venice, Kalifornien, verschifft wurden. Dort erhielten sie die von Ford gelieferten V8-Motoren und Borg-Warner-Kraftübertragungen eingebaut. Shelby American verkaufte diese Sportwagen über ein eigenes Vertriebsnetz.

Die weiteren 10 % Wagen wurden durch AC Cars in voll aufgebautem Zustand auf den europäischen Märkten verkauft. Alle von AC gebauten Cobra-Chassis erhielten eine Chassis-Identifikationsnummer und sind im AC-Werkregister aufgeführt. Für sein Werk in Kalifornien erhielt Carroll Shelby für Shelby American von der FIA und der SCCA eine Anerkennung als Hersteller.

Coupé Daytona Shelby setzte während der 60er Jahre Cobra-Wagen erfolgreich bei Rennen ein. Für den Renneinsatz gab es mit dem Cobra Daytona eine von Jack Lane bestechend elegant entworfene Fastback-Coupéversion, die sich schon 1964 mit den Schnellsten – lies Ferrari – messen konnte. U. a. holte das Fahrerduo Dan Gurney / Bob Bondurant bei den 24 Stunden von Le Mans von 1964 den dritten Gesamtrang und den Sieg in der Kategorie GT.

Cobra II Ende 1964 folgte der (AC) Cobra II. Anstatt Querblattfedern besaß er vorne und hinten Schraubenfedern, und er war auch in weiteren Bereichen modernisiert worden. Außer mit dem 4,7-Liter-V8 gab es den Cobra II (wie auch das Renncoupé) mit dem mächtigsten Motor von Ford, dem 7-Liter-V8. Damit standen nun 425 SAE-PS bei 5800/min oder gar 485 SAE-PS bei 6000/min zur Verfügung. Für letztere Version wurde eine Höchstgeschwindigkeit von 300 km/h genannt. Das Leergewicht lag bei rund 1100 kg. Für den »zivilen« Gebrauch gab es ab August 1965 auch den Typ 427 Street Cobra.

Allmählich hatte die auf den AC Ace zurückgehende Grundform des Cobra, dem verbreiterten Platzbedarf des Rohrrahmens und des V8-Motors entsprechend, auskragende vordere Radhausausschnitte erhalten, und auch hinten begannen sich die Radhäuser kräftig auszuwölben. So wandelte sich italienische Eleganz schrittweise zu amerikanischer Wucht. Und es war dieser Ausdruck imposanter Kraft, die dem Cobra zu dauerndem Erfolg verhalf. Im Oktober 1967 erfolgte die letzte Auslieferung eines Original-Cobra; die Produktion des Cobra-Chassis in England hatte ihr Ende gefunden. Insgesamt soll AC etwa 1100 Chassis an Shelby in den USA geliefert haben. Hinzu kamen gut hundert Exemplare für Europa. Die große Mehrheit, nämlich gegen 900 Wagen, wurden mit dem 4,7-Liter-Motor bestückt.

Cobra-Replikas Der Cobra wurde zu einer Legende der jüngeren Automobilgeschichte. *Daher konnte es nicht verwundern, dass diese unkompliziert ausgelegte Konstruktion eine Vielzahl von Bausatzherstellern dazu verlockte, diesen Hochleistungs-Sportwagen nachzubauen. Den Anfang machte 1974 Steven Arntz (→ »Diverse Hersteller« im Buchanhang!).* Später folgten ERA (→ »Diverse») und in Kanada GRX Aurora (→ »Diverse»). Allein in den 80er Jahren zählten man 17 Fabrikate; davon aus England: BRA, Brightwheel, Contemporary, Dax (Tojeiro), GE, RAM, SRV und Viper; aus Deutschland: Knapp, Lorenz & Rankl (baute auch eigene Sportwagen), Mohr, Phoenix, Stallion; aus Frankreich: PGO (auch eigene Sportwagen), Australien: Taipan, und aus der Schweiz: Weinem. Eine Art »offizieller Nachbau« ergab sich, als AC = AutoCraft in England 1982 die Produktion des AC Mk IV Cobra aufnahm. – Ab 1991 folgte dann der Bau der »427 Cobra S/C Completion« durch Carroll Shelbys Firma in den USA... und die Cobra-Geschichte sollte beidseits des Atlantiks ihren Fortgang nehmen...

Shelby Cobra 427, 1966

Shelby Cobra, ca. 1965 (Shelby American Inc.)

*

Mustang Bereits 1965 hatte Shelby mit Ford ein Abkommen getroffen, nach welchem er eine serienmäßig getunte Version des Ford Mustang in der Fastback-Karosserieform kommerzialisieren konnte. Im Mustang Shelby Cobra GT 350 leistete der 4,7-Liter-V8 zunächst 285, ab 1966 310 SAE-PS. Er wurde ausschließlich mit dem 4-Gang-Schaltgetriebe kombiniert. Die Karosserie war leichter ausgeführt und die Radaufhängung modifiziert. Hinzu kam eine auffallende Lackierung in Weiß mit blauen Streifen. Ab Modelljahr 1966 war der Shelby Mustang in weiteren Farben erhältlich, und vorübergehend stand er als Hertz »Rent-A-Racer« sogar zur Miete.

1967 wurden dem Shelby Mustang noch mehr äußerliche Abweichungen vom Großserien-Mustang zu Teil. Zudem war er nun das erste US-Serienauto mit integriertem Überrollschutzbügel. Für die Leistungsenthusiasten war aber vor allem entscheidend, dass er nun auch als Shelby Mustang GT 500 zu haben war, das heißt mit dem 7-Liter-V8 und 335 bis 450 SAE-PS. 100 km/h ließen sich nun binnen 6,7 s erreichen.

1968 verlor Shelby die Pacht seiner Werkanlage in Los Angeles. Darauf lief die Herstellung unter Ford-Eigenregie in Ionia, Michigan, weiter. Der Hubraum des GT 350 hatte sich inzwischen über 4,9 auf 5,8 Liter erhöht. Ab 1970 wurde die Modellbezeichnung Mustang Shelby bzw. zuletzt Shelby GT 350 und GT 500 nicht mehr geführt. Hingegen wurde im belgischen Ford-Montagewerk in Antwerpen für das Modelljahr 1971 der Mustang in Eigenregie zur Shelby-Ausführung aufgerüstet und als 250 GT (4,9 L), 350 GT (5,8 L) und 500 GT (5,8 oder 7 L) angeboten.

*

In den 80er Jahren pflegte Carroll Shelby eine seinen Namen nutzende Beziehung mit → Chrysler bzw. → Dodge.

(Ford) Shelby GT 350, 1966

Sondermodell Shelby Mustang GT 350 H (1000 Stück für den Autovermieter »Hertz«), 1966

Shelby GT 500, 1969

Stutz

Vor und nach dem Ersten Weltkrieg hatte Stutz zu den renommiertesten sportlichen Marken Amerikas gezählt. Die ursprünglichen Stutz waren von 1911 bis 1936 von der Stutz Motor Company in Indianapolis, Indiana, gebaut worden. Hergestellt wurden jährlich meist nur um die 1000 Exemplare. Man konzentrierte sich auf Exklusivmodelle mit Achtzylinder-Reihenmotor von 4,7 bis 5,3 Liter Hubraum. Auch nachdem Gründer Henry C. Stutz bereits 1919 sein Unternehmen verkauft hatte, erntete die Marke Anerkennung sowohl hinsichtlich fortschrittlicher Technik wie sportlicher Erfolge. 1927 stellte Stutz mit 68 mph (109,5 km/h) während 24 Stunden einen Weltrekord auf, und 1928 platzierte sich ein Stutz auf dem zweiten Gesamtrang der 24 Stunden von Le Mans.

Zu den Konkurrenten von Stutz zählte in vorderster Reihe → Duesenberg. Nachdem für die amerikanische Prestigemarke Nr. 1 im Jahr 1965 ein Revival aufgegleist worden war, das aber nicht über das Prototypenstadium herauskam, ergab sich eine neue Chance, einer US-Automarke mit großartigem historischem Hintergrund zur Rückkehr zu verhelfen: Der New Yorker Bankier James O'Donnell griff das Konzept des Duesenberg und vor allem das von Virgil Exner geschaffene Design wieder auf, als er das Unternehmen Stutz Motor Car of America gründete. Damit brachte er seinerseits das Revival der traditionsreichen Luxus-Hochleistungsmarke Stutz auf den Weg. Auch in diesem Fall wurde amerikanische Großserientechnik mit klassischen Designelementen verbunden; die Karosserie wurde, wie es schon für den Duesenberg vorgesehen war, in Italien in reiner Handarbeit hergestellt. Anders als die Duesenberg Corporation war die neue Firma Stutz solide finanziert, und ihre Wagen sollten sich ein Jahrzehnt lang am Markt halten.

Blackhawk II Anfang 1970 propagierte die am New Yorker Broadway domizilierten Stutz Motor Car of America einen Superluxuswagen mit der historischen Modellbezeichnung Blackhawk. Seine Form mit »Retro-Elementen« stammte – wie erwähnt – von dem auf auffallende Kreationen spezialisierten Designer Virgil Exner. Während die ersten Aufbauten in Handarbeit bei → Ghia in Italien entstanden, stammte der Unterbau mit Kastenrahmenchassis vom → Pontiac Grand Prix (mit auf 431 SAE-PS gebrachtem 6,6-L-V8). Alsbald wurde die Produktion in Kleinserie bei der neu gegründeten Firma Saturn mit Sitz in Cavallermaggiore, Cuneo, aufgenommen. Die Karosserie erhielt in einer sechs

Stutz Blackhawk VI, 1978

Stutz Blackhawk VII Coupe, 1982

Wochen dauernden Prozedur 22 (später 30) Lackschichten, und Nerzteppiche zählten zur typischen Ausstattung. Gekauft wurde der neue Stutz u. a. von etlichen Größen aus dem Show-Business (Elvis Presley kaufte gleich drei, und auch Dean Martin, Isaac Hayes und Sammy Davies jr. zählten zu den Kunden). Man konnte ihn auch mit vergoldeten Chromteilen bestellen, womit er seinem Ruf als »teuerstes Auto der Welt« erst recht entsprach. Während der ersten drei Jahre wurden lediglich 117 Exemplare gebaut, und der Jahresausstoß sollte 60 Wagen nicht überschreiten.
Mitte der 70er Jahre wurde dem 526 cm langen zweitürigen Blackhawk GT der knapp 6 m lange viertürige Stutz Duplex Sedan zur Seite gestellt. Diese Repräsentationslimousine basierte auf dem → Cadillac Fleetwood Sixty Brougham. Auch das zweitürige Modell wurde inzwischen von einem 7,7-L-V8 angetrieben. 1976 wurde auf der Auto-Expo in Los Angeles abermals als »teuerstes Auto der Welt« der Stutz d'Italia, ein Cabriolet mit Hermelinteppichen und Armaturen aus 24-karätigem Gold sowie Bordbar, ausgestellt. – *Bis im Herbst 1977 entstanden an die 300 Stutz; man rechnete mit durchschnittlich 920 Arbeitsstunden.*

IV porte Im Oktober 1978 wurde eine neue Stutz-Limousine angekündigt, nun auf der Grundlage des Pontiac Bonneville (da das Modell Grand Prix zu kurz geworden war). Statt des 7,5-L-V8 standen neu ein 6,6-L-Oldsmobile- oder ein 5,7-L-Pontiac-Motor zur Wahl, doch wurde der IV porte auch mit Cadillac-Motoren angeboten. Die viertürige Limousine zeigte nun schmälere hintere Dachträger, doch wurden alle Wagen weiterhin aus speziell dickem Stahlblech gebaut und mit extravaganter Luxusausrüstung versehen.
Es gab den Stutz alsbald auch als Diplomatic Sedan mit 348 cm Achsabstand und als Limousine Royale mit nicht weniger als 752 cm Gesamtlänge. Je ein solches Modell kaufte König Khaled von Saudi-Arabien; im Fond des Royale wurde ein um 360° drehbarer Polsterthron eingebaut, der sich durch ein Schiebedach anheben und bei Gefahr blitzschnell wieder absenken ließ... – Auch ein Cabriolet mit Überrollschutzbügel kam 1980 ins Angebot; es trug den legendären Stutz-Modellnamen Bearcat.
Nach den bis im Herbst 1977 gebauten rund 300 Stutz-Wagen begann die Nachfrage abzusinken; vielleicht stand der Name Stutz bei der Jet-set-Welt nicht mehr in Mode. Allerdings hatte die Stutz Motor Car of America Inc. im November 1980 melden können, dass Kronprinz Fahd von Saudi-Arabien 30 viertürige Chevrolet Caprice Convertible (Cabrios) mit Styling by Stutz bestellt habe. Hierzu musste in Detroit eine eigene Produktionseinheit errichtet werden.

Stutz Victoria LWB-Sedan, 1984

Victoria Dann, Anfang 1982, wurden im Hotel Waldorf Astoria zu New York zwei neue Stutz-Limousinen vorgestellt: Das erneuerte Modell Diplomatic Sedan und neu der Victoria Sedan. Dieser war mit 320 cm Radstand und 594 cm Gesamtlänge zwar etwas länger, aber bemerkenswerterweise doch auch etwas preiswerter als der Diplomatic Sedan. Die Stutz-Werbung legte Wert darauf, dass man die Wagen im Gegensatz zu allen anderen in Amerika gebauten Fabrikaten nicht kleiner gemacht habe, sondern weiterhin auf groß stehe. Immerhin musste sich nun auch Stutz mit weniger Hubraum bescheiden...

Nach wie vor bestanden die Stutz-Aufbauten aus besonders dickem Stahlblech. Die Messingbeschläge wurden zuerst vernickelt, bevor sie verchromt wurden. Ihr Innenraum strotzte von Edelmetall und Edelholz, und es gab Vergoldungen und feinstes Leder sowie Pelz- statt gewöhnliche Teppichbeläge. Im Fond des Diplomatic fanden sich eine Bar, ein Fernseher, Spiegel und andere Besonderheiten. Wer wollte, konnte sich den Diplomatic Sedan zudem zeitgemäß kugelsicher bauen lassen.

Bear Auch wenn inzwischen rund 500 Stutz entstanden waren, so schienen die Tage dieses einzigartigen Markennamens Anfang der 80er Jahre infolge des weiter stark rückläufigen Absatzes gezählt zu sein. Dessen ungeachtet erschien 1983 als neues Modell der Bear: Er war ein extralanges viertüriges Geländecabriolet auf der technischen Basis

Stutz Bear, 1986

des (zu den Nutzfahrzeugen zählenden) Chevrolet Suburban mit V8-Motor von 5 bis 7,4 Liter Hubraum und auf Wunsch mit Vierradantrieb. Die Außenmaße wurden bei 329 cm Radstand mit 572x209x183 cm angegeben, und die B-Säulen waren durch einen Überrollschutzbügel verbunden. An der Front prangte der hochformatige verchromte Stutz-Kühlergrill. *Bislang hatte es von englischen Karosseriespezialisten auf der Basis des Range Rover für den arabischen Markt konstruierte Geländecabrios gegeben. Mit dem Stutz Bear erhielt diese winzige Marktnische buchstäblich eine neue Dimension...*

Victoria 1987 Überraschend kam die Exklusivmarke Stutz auf dem Genfer Automobilsalon 1987 mit einer viertürigen Limousine und einem Cabriolet erneut zum Auftritt. Bei diesem von einem Stutz-Importeur in Monaco veranlassten Comeback wurde festgehalten, dass seit 1969 zwischen 600 und 700 Stutz gebaut worden seien. Von den drei neu angebotenen, unterschiedlich langen und ausgestatteten Stutz-Limousinen wurde in Genf der Typ Victoria gezeigt. Er besaß den 5-Liter-V8 aus dem Oldsmobile Delta mit vergleichsweise bescheidenen 160 PS, doch konnte er auch mit bis zu 220 PS leistendem V8-Motor bestellt werden.

Bearcat II Sehenswert war aber ebenso das neue Stutz-Cabriolet mit der Bezeichnung Bearcat II (der 1912–1924 gebaute Bearcat war das berühmte Sportmodell der Marke gewesen). Diesem Zweisitzer mit schmissig ansteigender Verdeckabdeckung hinter dem Cockpit diente als Kraftquelle der 220 PS leistende 5,7-L-V8 aus dem Pontiac Firebird. Doch wurde er auch mit dem noch potenteren V8 aus dem Chevrolet Corvette angeboten und konnte so bis 205 km/h erreichen. Von Herstellerseite wurde hervorgehoben, dass der Bearcat II Convertible eine Karosserie aus Diamond Fiber Comp besitze, eine Variante jenes Kohlefasermaterials, wie es in der Raumfahrt u. a. für die Voyager-Raumfähre verwendet werde. Zudem wurde festgehalten, dass für die Herstellung eines Bearcat II über 1500 Mannstunden Handarbeit benötigt werden. *1988 wurde die Stutz-Produktion eingestellt.*

Stutz Bearcat II Convertible, 1987

Stutz	Zyl.	cm³	PS	bei 1/min	Gänge	Spitze km/h	Radstand/Länge	ab Jahr	Besonderheiten
Blackhawk	V8	6558	431		A3		300/526	1970-	Motor Pontiac GP
Blackhawk (*1982-)	V8	5733-			A3		294,5/576,5/496,5*	1980-88	
(1981-)		5,0-8,2							
Blackhawk Victoria							320/595	1981-88	
Blackhawk Diplomatic							348/663/628	1980-88	
Blackhawk Royale							437/752		
Bear	V8	5,0-7,4			A3		329/572	1984-88	

Swallow Doretti

Swallow Doretti, 1955

Der Swallow Doretti war ein 1954/55 vor allem für den amerikanischen Markt gebauter englischer Sportwagen. Hersteller war die Swallow Coachbuilding Co. (1935) Ltd in Walsall, Staffordshire (England). Sie war von William Lyons, dem Gründer der Marke Jaguar, nach dem Weltkrieg verkauft worden. Konstruiert wurde der Swallow von Frank Rainbow. Den italienisch klingenden Zusatznamen Doretti erhielt er angeblich, weil die Tochter des kalifornischen Auftraggebers Dorothy hieß.

Der hübsch geformte, ein wenig an die Austin-Healey anklingende Roadster besaß ein eigenes Rohrrahmenchassis, während die mechanischen Elemente einschließlich Fahrwerk vom Triumph TR 2 stammten. Dessen 1991-cm³-Vierzylindermotor mit seitlicher Nockenwelle leistete 91 PS, doch konnte der Zweisitzer auch mit getuntem Antriebsaggregat bestellt werden. Bei den meisten Exemplaren wurde das 4-Gang-Getriebe mit dem zusätzlichen Laycock-de Normanville-Overdrive ergänzt. Zudem wurden rennsportliche Verschalungen für das Cockpit, die Unterseite und die Hinterräder sowie eine niedrige Rennfrontscheibe angeboten. Im Prinzip sollte der Swallow Doretti jedoch eine komfortablere und luxuriösere Alternative zum eher spartanisch ausgerichteten Original-Triumph TR 2 sein. – *Es wurden 276 Swallow Doretti gebaut, einschließlich einiger weniger Coupés.*

Swallow Doretti, 1955

Swallow Doretti	Zyl.	cm³	PS	bei 1/min	Gänge	Spitze km/h	Radstand/Länge	ab Jahr	Besonderheiten
(Mk I)	4	1991	91	4800	4+S/4	160+	241/386	1954/55	Rohrrahmenchassis, Mechanik Trimph TR 2

Towne Shopper

Hinter dem Towne Shopper steckte der zweite Versuch von S. A. Williams, Amerika mit einem Kleinstauto zu beglücken. Williams hatte bereits den Bobbi-Kar geschaffen, aus dem später die ebenfalls gescheiterte Marke → Keller erwuchs. Ein Carter Town Shopper (noch ohne »e«) war bereits 1942 entwickelt worden. Für den Ende 1947 vorgestellten Towne Shopper hatte der 33jährige Williams die International Motor Car Co. gegründet. Sie sollte dieses Kleinstauto in den Werkanlagen der Harvey Motor Corporation in San Diego, Kalifornien, in Großserie bringen. Man sprach bereits von einer Tagesproduktion von 2000 Einheiten, wobei man sich zu Beginn mit einem Ausstoß von 100 Stück bescheiden wollte...

Der Towne Shopper – wie der Name besagte, war er als Stadteinkaufsvehikel vornehmlich für die Hausfrau gedacht – bestand einschließlich der Chassisstruktur aus Aluminium. Er war ein türloses, offenes Wägelchen mit zwei Sitzen, großem Frontkofferraum und Heckmotor. Dieser wurde eigens von der Onan Motor Co. in Minneapolis hergestellt und war eine luftgekühlte 2-Zylinder-Boxermaschine, deren Leistung mit 7, später 10,5 PS angegeben wurde. Die Kraftübertragung erfolgte über ein 2-Gang-Getriebe und Automatikkupplung. Man sprach dem rund 330 cm kurzen und 270 kg leichten Towne Shopper viele nützliche Einsatzmöglichkeiten zu. Kosten sollte er 595 Dollar, und somit weniger als halb so viel wie ein Standard-size-Auto. Doch auch der Werbeslogan »Das Auto, auf das Amerika gewartet hat« blieb eine Illusion. Angeblich wurde eine halbe Million Dollar für Produktionseinrichtungen investiert und auch ein erstes Händlernetz aufgebaut... Entstanden sind schließlich bloß einige wenige Prototypen.

Towne Shopper, 1948

Towne Shopper, 1948

Towne Shopper	Zyl.	cm³	PS	bei 1/min	Gänge	Spitze km/h	Radstand/Länge	ab Jahr	Besonderheiten
(Harvey)	2	?	7		2(A)	80	/295	1947/48	Aluminiumchassis und -aufbau: luftgekühlter Boxer-Heckmotor Onan

KLEINFABRIKATE UND SPEZIALKARROSSIERS

C

Acadian

Eigenmarke von General Motors Products of Canada Ltd für den kanadischen Markt; es handelte sich um umbenannte → Chevrolet/ Pontiac.

Acadian Invader, 1967.

Airway

1948 wurde von der Airway Motors Inc. in San Diego, Kalifornien, ein Kleinstwagen mit 10-PS-Heckmotor und Flüssigkeitskupplung entwickelt. Chassis und Karosserie sollten aus Aluminium und Kunststoff gefertigt werden. Das 80 km/h Spitze bietende Wägelchen war als Kurzstrecken-fahrzeug für den Pendelverkehr gedacht. Doch auch der Airway blieb im Prototypenstadium stecken.

Allard

Die berühmte, von 1947 bis Ende der 50er Jahre gebaute »harte« englische Sportwagenmarke Allard erfuhr 1981 mit der in Mississauga in Ontario neu gegründeten Allard Motor Company Ltd eine Wiedergeburt. Auch das Original-Markenzeichen war von Alan Allard übernommen worden. Die Replika Allard J2X2 war ein genauer Nachbau des spektakulär-altmodischen J2. Man plante 250 Exemplare mit 5,2-L-V8 von Chrysler (Chassis mit Längsträgern und Traversen, GfK- und Alu-Aufbau, Chrysler-Aufhängungselemente, 4-Gang-Getriebe, Speichenrädern mit Schnellverschluss, Lederinterieur, Sportinstrumentarium). Der Prototyp war vielversprechend, im September 1982 wurde die Produktionsaufnahme gemeldet.

Airway, 1948

Allen

Von der Allen Motorcar Corp. aus Fort Lauderdale, Florida, wurde 1980 ein Pursuit geheißenes Coupé in fantasievollem Vorkriegsstil mit geschwungenen Flanken und traditioneller Kühlerfront geschaffen, das auf dem Chevrolet Corvette aufgebaut war. Gleichzeitig wurde ein zum zweisitzigen Cabriolet verkürzter Cadillac Seville angeboten (ebenfalls mit hochformatigem Kühler), bei dem beidseits in die Flanken vor der Windschutzscheibe Reserveräder integriert waren.

Almquist

Die Almquist Engineering Co. Inc. in Milford, Pennsylvania, bezeichnete sich (in den 60er Jahren) als »Americas largest Custom body maker«. Ihr Speedster zeigte »Sculptured European Styling that never grows old«. Zudem verkörperte er »Americas only full sized lifetime Fiberglass Sport Bodies«.

Almquist-Annonce, 1963

Amante GT, 1968

Amante GT

Unter dieser Bezeichnung bot die amerikanische Voegele Industries, Inc., eine Kunststoffkarosserie (auf Wunsch mit Verstärkungskäfig), die sich auf dem VW-Käfer-Plattformrahmen oder auch auf jenem des VW 1600 (mit Flachmotor) aufbauen ließ. Auch Porsche- oder Chevrolet-Corvair-Motoren konnten verwendet werden. Überdies gab es einen Bausatz, mit dem sich die VW-Plattform zu einem Rohrrahmenchassis für die Aufnahme eines Mittelmotors (VW, Porsche, Corvair oder V8) wandeln ließ.

Antique and Classics Inc.

Diese US-Firma in Buffalo, New York, fabrizierte preisgünstige Replicars-Bausätze für Imitationen von Klasserennwagen des Typs Bugatti 35 B und Alfa Romeo P3 für den Aufbau auf dem VW-Käfer-Plattformrahmen. Bis 1975 sollen bereits 1400 solche Kits verkauft worden sein.

Replicar-Programm der Firma Antique and Classics, ca. 1978

Apollo 3500 GT, 1963

Apollo

Als ein weiteres Beispiel der Kitcar- und Replicarwelle darf der Apollo Verona Roadster gelten. Unter dem Markennamen Apollo stellte Milt Brown von 1962 bis 1968 rund 100 wohlgeformte Sportcoupés her. Ihre Karosserien wurden von der Firma -> Intermeccanica in Italien geliefert (→ Seite 515), während für den Antrieb Aggregate von Buick verwendet wurden: vom 3,5-Liter-V6 bis zum 3,5-Liter-V8, und für den 5000 GT auch mit stärkerem V8.
Der zwei Jahrzehnte später 1983 gezeigte offene Zweisitzer Apollo Verona erinnerte an den englischen Merlin, besaß ein Chassis aus zwei Längsträgern mit Traversen und hinterer Starrachse. Er wurde von einem 3,8-L-V6-Turbomotor von Buick via ein 5-Gang-Getriebe von Borg-Warner angetrieben. Er wurde auch in Deutschland angeboten.

AR-1

Er wurde Anfang 1980 von der Firma Commonwealth Custom Coach Builders aus Holbrook, New York, vorgestellt: ultraniedriger Mittelmotor-Supersportwagen mit GM-V6-Motor, Stahlrahmen, Kunststoffkarosserie, schräg gestellte, in Nischen versenkte Rechteckscheinwerfer (Halogen, in den

The Apollo 3500 Gran Turismo Sports Coupe is the first sports car to combine exotic Italian coachwork with the economy and reliability of an American production car engine and mechanical components. Apollo features a hand-formed steel body, luxurious interior and comprehensive instrument panel, and includes as standard equipment many items offered as extras on other luxury sports cars. Every mechanical component is from the highly successful Buick Special V-8.

USA noch ungewohnt), alle denkbaren Extras, 20 handpolierte Lackschichten; es wurde eine Jahresproduktion von 50 Stück geplant. Nach einer Zeitungsmeldung aus dem Jahr 2012 sollte der AR-1, gebaut von der Firma Alessi Fiberglass, wieder neu erstehen, diesmal mit dem 6,2-L-V8 aus der Chevrolet Corvette und einer Leistung von über 600 PS.

Argonaut

1956 wurde in Cleveland, Ohio, die Argonaut Motor Machine Corporation gegründet. Ihr Ziel: die Entwicklung des zweisitzigen Superluxus-Stromliniencoupes Argonaut Smoke. Es sollte Ende 1959 vorgestellt werden, besaß langgestreckte aerodynamische Radhäuser und einen verglasten Pavillon. Es basierte auf einem Rohrrahmen und war bei 322 cm Radstand 559 cm lang. Sein handgefertigter 7,5-Liter-V8-Motor sollte 320 km/h Spitze ermöglichen. Es waren sechs weitere Karosserieversionen geplant, und es wurden vier Jahre Garantie in Aussicht gestellt…, dies bei einem Preis ab 26.000 $! Doch das hochtrabende Projekt löste sich in Rauch auf (Smoke!).

Argonaut Smoke, 1959

Armaretta Convertible, 1986 (Foto: Alden Jewell, CC BY-SA 2.0)

Armaretta

Eine Neoclassic-Konstruktion mit unverkennbaren Anklängen an den → Cord 812 von 1937: Von der Lerini Coach Corporation in North-Hollywood unter Les Lerner ab 1985 gebaut und bis Ende 1986 in 100 Exemplaren geplant, zwei- und viertürig und als Cabrio, verlängertem GM-Chassisunterbau mit V8 (Hinterradantrieb). Das Cabriolet kostete $ 49.995,-; rund 30 Fahrzeuge entstanden.

Armbruster

Die in Fort Smith, Arkansas, niedergelassene Karosseriefirma Armbruster verlängerte US-Sedans durch Einsetzen eines Zwischenstücks zu Chauffeurlimousinen (1923 hatte sie für eine Busfirma »the world's first extended wheelbase automobile« geschaffen). Mit rund 1000 solchen Umwandlungen pro Jahr war sie Amerikas größter »Limo«-Hersteller. 1975 beispielsweise wurde eine solche sechstürige Limousine von Chrysler im Angebot geführt. 1981 trat Armbruster erstmals auf dem Genfer Salon an: mit einem auf 652 cm verlängerten und mit sechs Türen bestückten neunsitzigen Cadillac De Ville. Auf der IAA Frankfurt 1987 brillierte Armbruster/Stageway mit dem Silverstar Mercedes (mittlere MB-Baureihe mit sechs Türen) und dem Toyota Executive Silverhawk (Camry). Auch die verlängerten und superluxuriös ausgestatteten Cadillac, Lincoln usw. hießen Silverhawk oder Silvereagle, Manhattan usw.

Arntz

Die Arntz Industries in San Francisco war wohl die erste Firma, die einen Nachbau des AC Cobra schuf. Der 1971 lancierte Arntz 427 Cobra Replica war von einem Original-Cobra kaum zu unterscheiden, auch wenn sein Rohrrahmenchassis mit einer Kunststoffkarosserie aufwartete (V8, 4,7 bis 7,4 Liter, von Ford oder Chevrolet, Vorderradaufhängung MG B, Hinterradaufhängung Jaguar E-Type). Laut Eigenwerbung war die Cobra Replica des Jahres 1978 dann die beste, die je gebaut worden war.

Prospekttitel Arntz 427 Cobra, 1978

Armbruster Silverhawk (Cadillac Brougham), 1988

(Foto: Alden Jewell, CC BY-SA 2.0)

Asardo Type 1500 AR-S, 1959

Asardo

1959 vorgestelltes, 610 kg leichtes Sportcoupé mit Fachwerkrahmen und im Windkanal ausgeformter Karosserie; auf 1,5 Liter Hubraum und 135 PS gebrachter Motor aus dem Alfa Romeo Giulietta; Projekt der Asardo Co., North Bergen, New Jersey.

ASC

Von der American Sunroof Company, Inc. in Southgate, Michigan, wurden neben Glas-Schiebedächern Cabriolet-Transformationen entwickelt und hergestellt, wobei selbst Konzeptstudien entstanden. ASC arbeitete mit Autoherstellern aller Kontinente zusammen. Auf der IAA Frankfurt 1985 wurde beispielsweise der Prototyp eines Daihatsu Charade Convertible vorgestellt, dessen Verdeck sich unter einer großflächigen Klappe versenken ließ. Auf dem Genfer Salon 1988 wurde mit dem vom Ford Mustang Cabrio abgeleiteten ASC/McLaren eine eigene Marke propagiert. Im Frühling 1988 übernahm die von Heinz D. Prechter geführte ASC Inc. zunächst 50 % der Karosseriewerke Weinsberg GmbH: Mit der neuen ASC Europe GmbH sollten in Heilbronn jährlich 3000 bis 4000 Porsche 944 S Cabrio gebaut werden.

Auburn

Ab 1969 wurde in Broken Arrow, Oklahoma, der berühmte Auburn Speedster 851 von 1935 nachgebaut. Dessen rassige Linien waren einst von Gordon Buehrig entworfen worden. Im Vergleich zum Original wurde der Radstand von 323 cm beibehalten, die Spur um 5 cm verbreitert und die Höhe um 8 cm reduziert. Für den Antrieb sorgte der 7-Liter-V8 aus dem Thunderbird mit 365 SAE-PS und 4-Gang-Getriebe. Die Produktion erfolgte in kleiner Stückzahl. Eine Replika des Cord gab es zu jenem Zeitpunkt bereits. Anfang 1972 wurde ein weiterer Nachbau des Auburn angekündigt, die von der Auburn Speedster Co. Inc. in Buffalo kommen sollte. Die Ford-Antriebseinheit wurde bestätigt (wahlweise mit Handschalt- oder Automatikgetriebe), und es wurde eine Einzelradaufhängung auch hinten vorgesehen (vorne Scheibenbremsen). Im ersten Jahr sollten bereits 50 Exemplare gebaut werden. Auburn-Speedster kamen auch von Glassic, das seinen Auburn 1973/74 als »Romulus II« vermarktete.

Pontiac Grand Prix mit ASC Canopy Roof, 1978

Auburn Speedster Romulus II, 1974

Autocycle

So hieß ein 1982 in Missouri angeblich binnen weniger Monate in 300 Stück gebautes Motorrad mit Auslegerrädern. Es hatte die zugespitzte Form einer Flugzeugkabine und die Verglasung ließ sich zum Ein- und Ausstieg in das Tandemcockpit zurückschieben. Der Chassisrahmen bestand aus Stahl und Aluminium, der Aufbau aus Urethan. Es ließen sich diverse japanische Motorradmotoren einbauen.

Automotive

Die Automotive Gull-Wing Inc. im amerikanischen Gardena stattete um 1986/87 die Ford Thunderbird, Chrysler Daytona, Mitsubishi Starion und Mazda RX-7 mit Flügeltüren aus.

Autodynamics

Einer der amerikanischen Hersteller von VW-Buggy (→ Meyers Manx): Der Autodynamics Deserter wurde ab 1970 sogar von dem zum Europa-Vertreter ernannten Basler Garagisten Jean-Pierre Läubin montiert. Auf dem Genfer Salon 1971 wurde der attraktiv-niedrig und strömungsgünstig geformte Deserter GT ausgestellt; er war sogar mit einem Hardtop samt Flügeltüren und Vinyldach zu haben.

Autodynamics Deserter GT, 1971

Bancroft

Von der kalifornischen Bancroft Motorsport Inc. wurde auf dem Genfer Salon 1990 ein Neoclassic-Cabrio namens Bancroft Roadster vorgestellt. Bancroft hatte auch die Basis für den in Deutschland gebauten GFG Elisar geliefert, der an die Kompressor-Mercedes-Benz der 30er Jahre anklang. Der Bancroft basierte auf einem Leiterrahmenchassis, und den GfK-Karosserieteilen kam mittragende Funktion zu. Die Antriebsmechanik entstammte modernen Mercedes-Benz-V8. Es war geplant, in Gronau 300 solche Roadster zu bauen (womit es sich um ein deutsches Produkt gehandelt hätte).

Bancroft Roadster, 1990

Boa

Unter diesem Namen wurden 1978/79 in mehreren hundert Exemplaren bei der Aerocon California Inc. in Ventura bei Santa Barbara, Kalifornien, ein Sportwagen mit Aluminiumkarosserie und T-roof (herausnehmbare Dachhälften) hergestellt, dessen Konzept und 1,8-L-Motor der → VW-Porsche 914 lieferte. Vorderachsaufhängung, Bremsen und Lenkung steuerte der Triumph Spitfire bei.

Aerocon Boa, 1978

Bobbi-Kar, 1946

Bocar XP-4, 1959

Bobbi-Kar

→ Keller (Seite 517) + → Towne Shopper (Seite 535)

Bocar

Die Bocar Manufacturing Co. in Denver, Colorado, war zwischen 1958 und 1962 aktiv. Gründer war Bob Carnes, der sein erstes Fahrzeug zur Teilnahme an Bergrennen baute und als Antriebsquelle einen Chevrolet-V8-Motor nutzte. Erstes Serienfahrzeug war der XP-4 mit Gitterrohr-Rahmen und Kunststoff-Karosserie im Stil des Jaguar D-Type. Die Vorderachse stammte von VW, Bremsanlage und Hinterachse von Chevrolet. Der Radstand betrug 2284 mm. Der folgende XP-5 hatte bessere Bremsen, sie stammten von Buick. Die ähnlich konzipierten Typen XP-6 und XP-7 schlossen sich an, ohne sich dramatisch vom ersten Entwurf zu unterscheiden. Letztes Produkt, bevor die Firma 1962 niederbrannte, war der radikal anders gezeichnete Stiletto mit Turbo-V8 von Chevrolet. Verschiedene Renneinsätze, insgesamt 15 Fahrzeuge gebaut.

Bradford

Die Bradford Motorcars Inc. in Dania Beach, Florida, bestand von 1977 bis 1985. Sie schuf 1979/80 ein Cadillac-Cabriolet auf dem um 23 cm verkürzten Radstand des Seville; phantasievoll gab sich ein Caballista geheißenes Targacoupé auf der Basis des Chevrolet Corvette. 1982/83 wurde ein offener Sportzweisitzer im Stile der 30er Jahre angeboten.

Bradford Caballista, 1980

Bradley GT, 1972

Bradley GT

Er war eigentlich eine Mischung zwischen Buggy und Corvette, doch von Letzterem stammten lediglich die Windschutzscheibe (Modelljahre 1963–1967) und die Art der versenkt zwischen den Radhäusern angeordneten Scheinwerfer. Ansonsten basierte der Bradley GT auf dem VW-Käfer-Plattformrahmen. Angeboten wurde er ab 1972 als Bausatz von der Firma Bradley Automotive, einer Division der Glasfaser-Kunststofffirma Thor Corporation in Minneapolis. Die äußerst schwungvolle, auf Sicherheit durchdachte Karosserie war ein Targacoupé mit demontablen Flügeltüren-Dacheinsätzen aus Plexiglas. Für den Antrieb eigneten sich die Heckmotoren aus den VW, den Porsche oder dem Chevrolet Corvair. Für das Interieur wurden alle möglichen sportlichen Features angeboten.

Briggs & Stratton

Eigentlich bekannt für den Bau von Einbaumotoren für alle möglichen Einsatzbereiche wie Boote und Rasenmäher, hat das Unternehmen aus Milwaukee zwischen 1919 und 1924 den Smith Flyer gebaut, die Fahrzeugproduktion dann aber eingestellt. 55 Jahre später trat das Unternehmen mit einem dreiachsigen Hybrid-Pkw in Erscheinung, in welchem ein 694 cm^3 großer Zweizylinder-Motor mit 18 PS über einen Generator die Batterien für den 8 PS starken Baldor-Elektromotor speiste.

Briggs & Stratton, 1979

Brillante

Er brillierte auf der Greater Los Angeles Auto Show vom Januar 1989 und war die Cabriovariante eines imitierten Ferrari Testarossa. Gebaut wurde er mit GfK-Aufbau von der Firma Classic International im kalifornischen Fountain Valley, und deren Chef Nick Giacobono hielt fest, dass es sich um eine ideale Mischung von europäischem Design und »high-tech American hardware« handle: 5,7-L-V8 aus dem Corvette mit 240 PS, auf Wunsch als Vendetta mit 283 PS.

Brogan

1946 vorgestellter amerikanischer Kleinstwagen ohne Dach und Türen; zwei Sitze, eng nebeneinander angeordnete Vorderräder; 10-PS-Onan-Motor; Projekt der B. & B. Speciality Co.

Bug

1959 bis 1961 von der Firma Crofton Marine Engine Co. in San Diego, Kalifornien, angebotener »Buggy-Vorläufer« mit offener Karosserie ähnlich Jeep. Der Entwurf ist dem Crosley »Farm O'Road« (1950-1952) wie aus dem Gesicht geschnitten, mutmaßlich hat Crofton die Rechte übernommen und den Entwurf überarbeitet. Zwischen 200 und 250 Fahrzeuge wurden gebaut. Das genaue Produktionsende ist schwer zu datieren, weil auch nach 1961 noch eingehende Bestellungen abgearbeitet wurden. Für Vortrieb sorgte der modifizierte Crosley-Motor. Neben dem Bug wurde auch der »Brawny Bug« – Aufpreis 450 US-Dollar – angeboten. Der war die Heavy-Duty-Ausführung mit größerem Motor und 10 PS Mehrleistung, größeren Rädern, Unterfahrschutz, Differenzial und Geländeuntersetzung, was die Anzahl der zur Verfügung stehenden Fahrstufen von drei auf sechs (+ zwei Rückwärtsgänge) erhöhte. Als Zubehör gab es außerdem einen Schneepflug und eine Anhängerkupplung.

Crofton Bug, 1960

Callaway Corvette Twin Turbo (B2K), 1989

Callaway

Der Tuningspezialist Reeves Callaway in Old Lyme, Connecticut, machte sich schon ab den 70er Jahren vor allem durch die gekonnte Leistungssteigerung für Chevrolet Corvette einen Namen. So versah er beispielsweise 1987 den Chevy-V8 mit zwei IHI-Abgasturboladern und erzielte zusammen mit weiteren Maßnahmen 345 PS. Die Serie von 210 dieser Callaway-Corvette war im Handumdrehen ausverkauft. Im Modelljahr 1988 wurden aus dem 5,7-L-V8 mit den beiden Ladern (0,6 bar Ladedruck) samt Ladeluftkühlern (neue Luftführung an der Motorhauben-Innenseite), speziellen Nockenwellen und neuer Elektronik gar 382 PS bei 4250/min geholt. Unter der Order-Nummer B2K wurde der Callaway-Tuningsatz dann von GM als offizielle Serienoption für die Corvette angeboten.

Camelot Phariance, 1984

Camelot

Ein Neoclassic der Superlative war der 1984 entstandene Phariance der amerikanischen Camelot Classic Corporation (CCC): Chassis mit US-Mechanik, 5,5 m lange Karosserie mit echtem Mahagoniholz und Bootsheck im Stil der Skiff-Aufbauten des französischen Karossiers Henri Labourdette aus den 20er Jahren.

CCC

Auch von der Californian Custom Coach, Inc. (CCC) wurde in den späten 70er Jahren ein Nachbau des legendären Auburn (s. oben) hergestellt. Auf der Los Angeles Auto Show von Anfang 1988 zeigte sie zudem einen nachgebauten Ferrari 365 GTB Daytona Spyder. Der CCC Daytona America bzw. California Daytona Spyder wurde im Februar 1989 Gegenstand eines von Ferrari angestrengten gerichtlichen Prozesses, bei dem es um den Musterschutz von Originalformen

CCC Auburn Speedster, 1979

ging. Zudem hatte die McBurnie Coachcraft in San Diego an ihre bis dahin gebauten 80 Imitate das Ferrari-Markenzeichen angebracht. Ferrari siegte in erster Instanz, doch McBurnie reichte – erfolglos – Berufung ein.

Cimbria

Als Cimbria SS wurde ein Bausatzcoupé bezeichnet, das von der Amore Cars Inc. in Milwaukee hergestellt wurde. Sein Design ging auf den 1971 erstmals gezeigten englischen Nova zurück. Die Kunststoffkarosserie wurde auf der VW-Käfer-Plattform aufgesetzt und besaß eine Keilfront mit Klappscheinwerfern, eine großflächige Windschutzscheibe mit Einzelwischer, Flügeltüren und ein nach vorne versetztes senkrechtes Heckfenster. Für den Antrieb konnten VW-Käfer-Motoren unterschiedlichen Kalibers dienen. In England hieß diese Konstruktion Eagle.

Cimbria SS, 1972

Comet Roadster, 1951

Comet

Der Comet wurde 1947 von der General Developing Company in New York vorgestellt. Er war ein dach- und türloses Zweckfahrzeug mit vorderem Einzelrad und luftgekühltem 4½- PS-Heckmotor. Man konnte ihn als Bausatz bestellen. Er besaß einen raffinierten Rohrrahmenunterbau und eine Kunststoffkarosserie. Sie kaschierte die vollverschalten Speichenräder vom Fahrradtyp. Nach zwei Jahren verschwand das Kleinstvehikel wieder in der Versenkung. Das Leergewicht wurde mit 79 kg angegeben. Mit dem Modell 1951 wurde eine modernisierte Vierrad-Version lanciert; ihr Frontteil präsentierte sich im Stil eines Kleintraktors.

Cortez

So lautete der Markenname eines geplanten voll ausgewachsenen US-Wagens, den 1948 Harry Bennet als Direktor der neu gegründeten North American Motors auf den Markt bringen wollte. Bennet war die – umstrittene – rechte Hand von Henry Ford I. gewesen; nach dessen Ableben hatte er gehen müssen...

Corsair

Der Corsair der Firma Roaring Twenties Motor Car Co. aus El Cajon, Kalifornien (nach 1991: Addison, Illinois) war als Bausatz wie auch als Fertigfahrzeug zu haben. Gegründet 1979 und bis 1997 aktiv, war dieses Fahrzeug der bekannteste Kit-Car des Hauses. Die Basis spendete ein Lincoln Mercury Cougar bzw. der Ford Thunderbird. Die Karosserie bestand aus Stahl, die Kotflügel aus Fiberglas.

Corsair, 1982

Cumberford

Mitte 1982 wurde das Projekt für einen Neoclassic-Sportwagen der Superlative des Designers Robert Cumberford aus Stamford, Connecticut, bekannt: Der Cumberford Martinique war ein zweisitziges Cabrio im Stile der 30er Jahre, jedoch mit nach hinten geneigtem Kühlergrill im klassischen Hochformat, in die Kotflügel integrierten Scheinwerfern und mit zweifarbiger Lackierung des Aluminiumaufbaus. Die Chassisstruktur war aus einzelnen Gussteilen zusammengeschraubt und -geklebt, und das Fahrwerk samt Hydropneumatic-Federung, Bremssystem und Lenkung stammte von Citroën. Für den Antrieb hatte Cumberford hingegen den 174 PS leistenden 3,2-L-Sechszylinder aus dem BMW 733i gewählt. Mangels Geldgeber verliefen die Produktionspläne für dieses anspruchsvolle Projekt im Sande.

Cumberford, 1982

Custom Cloud

Dabei handelte es sich um einen Chevrolet Monte Carlo mit Rolls-Royce-Kühlergesicht. Präsentiert wurde er auf der Greater New York Automobile Show von Anfang 1976 als Kleinserienprodukt durch die Firma Custom Cloud Motors aus Miami, die dann in Classic Coach umbenannt wurde. Allerdings trat als Hersteller auch die Firma Standard Motors Inc., ebenfalls Miami, in Erscheinung. Das Unternehmen existierte zwischen 1974 und 1978, zuletzt als Teil der United Auto Sales Inc.

Classic Coach auf Basis Chevrolet Monte Carlo, 1976

DaBryan

Die 1979 gegründete Firma DaBryan Coach Builders in Springfield, Ohio, spezialisierte sich auf die Herstellung von Reisebussen und verlängerten luxuriös ausgerüstete Pkw, darunter ebenso Lincoln-Modelle wie beispielsweise Jeep.

DaBryan Jeep Grand Wagon Limousine, 1985

Dale, 1975

Dale

1975 hatten in Kalifornien einige tausend Leute eine Anzahlung geleistet auf das großmäulig angekündigte »beste je entwickelte Auto«. Es war ein konsequent aerodynamisch geformtes niedriges Dreirad mit Antrieb des Hinterrades durch einen 850-cm³-Motorradmotor von BMW. Es wurde von der Firma XXth Century Motor Car Corporation unter dem Namen Dale als das ideale Pendlerfahrzeug propagiert. Initiant und Konstrukteur war Elizabeth Carmichael, die 1975 bereits 88.000 Dale bauen wollte. Doch Elizabeth Carmichael verschwand mit den Anzahlungen ... und wurde schließlich vom FBI als Jerry Dean Michael entlarvt, der sich vier Jahre zuvor einer Geschlechtsumwandlung unterzogen hatte und seit 1961 auf der Fahndungsliste figurierte.

Daytona

Der Moya der Daytona Automobile Fiberglass Inc. aus Holly Hill, Florida, kam 1982 in zwei Ausführungen zum Kit-Car-begeisterten Publikum: als Basisversion »Debut Special« zu $ 5495,- oder als vormontierter und komplett verdrahteter »De Luxe« ($ 6495,-), wobei der Kunde jeweils selbst für den VW-Plattformrahmen sorgen musste. Daytona war zuvor schon mit einer MG-TD-Replika in Erscheinung getreten. Der Moya indessen sollte, so sein Schöpfer, »den Geist und die Einmaligkeit der Jaguar, Bugatti und Morgan der 1940er Jahre« in origineller Weise vereinen«… .

Daytona Moya, 1982

Del Mar, 1949

Devin, 1966

Del Mar

Die Del Mar Motors Inc. in San Diego, Kalifornien, plante die Herstellung eines Kleinwagens in verschiedenen Karosserieausführungen mit 63-PS-Motor von Continental. Trotz seiner für die Nachkriegszeit fortschrittlichen Pontonform blieb dieses Projekt im Prototypstadium stecken.

Devin

Ein Bausatzauto in Form eines eleganten Spiders, der von Bill Devin entworfen wurde. Diese auf die VW-Käfer-Plattform passende Kunststoffkarosserie wurde ab 1960 unter Lizenz auch in Belgien hergestellt. Zur Verstärkung diente ein Rohrrahmen; so konnten auch mechanische Elemente von Porsche eingebaut werden.

Diamante

Die Mathews Motor Coach Corp. aus Camarillo, Kalifornien, war zwischen 1978 und 1985 aktiv. Typische Kit-Car-Produktion, völlig untypisch dagegen der Diamante als Neo-Klassiker – weniger wegen der Formen als vielmehr wegen des nahezu dekadenten Luxus, der optional verfügbar war. Der in zwei Varianten lieferbare Diamante (Basis Cadillac) bot als Spitzenmodell Coupe de Roi (Towncar) Teppiche aus Vicuna- oder Biberpelz und Chinchilla-Applikationen. Der Wagen entstand auf einem verlängerten – Radstand 345 cm – Cadillac-Fahrgestell und kostete zunächst $ 65.000,-. 13 Stück sollen entstanden sein.

Matco Diamante, 1981

Di Napoli Coupé, 1979

Di Napoli

Er war ein im typischen Neoclassicstil (also in der Art der 30er Jahre) gehaltenes Luxusauto, das 1979 von Nicholas Di Napoli konstruiert und durch die Firma Pacific Coachworks in Goleta bei Santa Barbara, Kalifornien, gebaut wurde. Es wurde auf die aktuellen amerikanischen Sicherheitsbestimmungen ausgelegt und bot besonders großzügige Knautschzonen; ein Exemplar war sogar dem Crash-Test geopfert worden (was bei der anvisierten Produktion von nur 200 Exemplaren nicht nötig gewesen wäre). Für den Di Napoli war der Radstand des vom Buick Regal stammenden Unterbaus deutlich verlängert worden.

Doran, 1989

Doran

U. a. auf der Greater Los Angeles Auto Show vom Januar 1989 wurde der zweisitzige Dreirad-Kleinwagen Doran gezeigt: eigenwillig bauchige, sich nach hinten verjüngende GfK-Karosserie, Dachkonstruktion mit abnehmbaren Einsätzen, Abstand zwischen Vorderachse und Hinterrad 229 cm, Abmessungen 366x170x117 cm, Antrieb durch 1,8-L-Boxermotor mit 82 PS auf die Vorderräder (Subaru), 580 kg Leergewicht.

Doval

So hieß ein Luxuscoupé der Replikasparte, das im Oktober 1981 auf der Londoner Motorfair gezeigt wurde. Es basierte auf dem Unterbau des amerikanischen Ford LTD mit V8-Mechanik und wurde von einer Firma in Connecticut hergestellt.

Doval, 1981

Duesenberg II, 1979

ACI Duntov Turbo Spider, 1981

Eagle Mark IV Phaeton, 1972

Duesenberg II

Über die »offizielle« Marke Duesenberg, wie sie von den Nachfahren der Familie Duesenberg wieder eingeführt wurde, wird im Hauptteil b dieses Buches berichtet. Daneben gab es weitere Versuche, die Marke Duesenberg wiederzubeleben. Dem Original am nächsten kamen die Nachbauten der Elite Heritage Motors in Elroy, Wisconsin. Dahinter stand Richard Braund, der einen Restaurierungsbetrieb leitete und für das Harrah's Auto Museum tätig war. Seine Nachbauten entsprachen exakt den Originalen und basierten auf eigenen Rahmenkonstruktionen, Ford-Fahrwerk und Lincoln-Motoren. Verwendet wurden nur hochwertige Teile, und die Fertigungsqualität war über jeden Zweifel erhaben. Insgesamt bot die Firma bis 1999 fünf Modelle an.

Duntov

Unter der Bezeichnung Duntov Turbo Spider brachte die US-Firma ACI 1980/81 ein Corvette-Derivat auf den Markt, mit der an den Corvette-Konstrukteur Artus Duntov erinnert wurde. Mit Abgasturbolader wurde der 5,7-L-V8 auf 240 PS gebracht, die Cabriokarosserie war breiter und erhielt eine eigene Front mit eingebetteten Rechteckscheinwerfern. Es war eine Auflage von 200 Exemplaren geplant.

Eagle

Die Eagle Coach Co. in Dallas, Texas, gehörte zu jenen Unternehmen, sich auf die Veredelung und den Umbau von amerikanischen Prestige-Limousinen, vornehmlich von Lincoln Continental, aber auch Cadillac, spezialisiert hatten. Diese Fahrzeuge versah Eagle mit dem Zusatz Phaeton, wobei es keine Rolle spielte, ob der Lincoln mit Continental-Mark-IV-Front mit einem Radstand von 414 cm auf 671 cm Länge gebracht worden war oder sonstige Umbauten auf Normal-Chassis durchgeführt worden waren: »Phaeton« hießen sie alle.

Electracar

Die Jet Industries, Inc., in Austin, Texas, ging auf eine 1963 erfolgte Gründung von William I. Bales zurück. Ab 1972 wurden Großserienfahrzeuge auf Elektroantrieb umkonstruiert und ab 1977 wurden solche Elektroautos in Serienproduktion genommen. Zu den umgebauten großen amerikanischen Vans, Kleinbussen, Pick-ups und kleineren japanischen Einheiten kam um 1980 der Electracar 007 hinzu, bei dem es sich um den → Dodge Omni Coupé O-24 handelte: 30-PS-Elektromotor, 600 kg Blei/Säure-Batterien, 80 km Reichweite, 115 km/h Spitze. Monatlich entstanden 60 Electracar der Typen 600 bis 1400 sowie Electracar 007.

Electracar auf Basis Dogde Omni, 1981

Electrek

Als Folge der Ölkrise begann die 1967 gründete Firma Unique Mobility in Englewood, Colorado, mit der Entwicklung eines Elektrofahrzeugs mit GfK-Karosserie, das 1979 vorgestellt wurde. Der Electrek Uncar, mit dem 32 PS starken General-Electric-Motor ausgestattet, verfügte über eine Viergang-Handschaltung (aus dem US-VW Rabbit) sowie Bremsenergie-Rückgewinnung; das Batteriepaket bestand aus 16 in Reihe geschalteten 6-Volt-Batterien. Die Reichweite lag bei rund 160 km. Zwischen 35 und 50 Fahrzeuge wurden gebaut, angeboten wurden drei Varianten: 2+2, Kastenwagen und Fließheck.

Electrek 2+2, 1980

Emess Lincoln Continental Mark V Convertible, 1977

Electrodyne

Ab 1971 wurde von der Boeger Electrodyne Inc. in Garden Grove, Kalifornien, serienmäßig das Elektro-Kleinstauto Electrodyne Mark II hergestellt (zweisitzige Kunststoffkarosserie auf winzigen Rädern, Cabrio oder Hardtop, 259 cm kurz, sechs 6-Volt-Batterien im Heck, Reichweite 80–120 km).

Elegant Auburn

Mitte 70er Jahre gab es von der amerikanischen Firma Elegant Motors Inc. in Indianapolis eine weitere Replika des Auburn (s. oben). Der sorgsam nachgeformte Elegant Auburn 856 Speedster und seine viersitzige Abwandlung Elegant Auburn 898 Phaeton wurden als Bausatz oder fertig gebaut angeboten. Die Kunststoffkarosserien wurden mit einem zusätzlichen Chassisrahmen auf diversen Plattformen amerikanischer Fabrikate (Ford ebenso wie Cadillac) aufgebaut, und es gab auch Exemplare auf verlängertem Corvette-Unterbau. Sie waren auch noch während der 80er Jahre erhältlich. Angeblich wurden jährlich bis 200 Stück gebaut.

Emess

Nachdem die Cabrioletherstellung 1977 von den USA-Autowerken gänzlich eingestellt worden war, lancierte die Firma Emess Coach Builders in Clearwater, Florida, eine Serie von Umbauten von Coupés zu Cabriolets, so den Ford Mustang Classic II (auch der Chrysler Cordoba und der Lincoln Continental Mark V wurden transformiert).

Enterra

Unter diesen Namen wurde auf der Los Angeles Auto Show von Anfang 1988 eine Art Spezialkarosserie auf dem Pontiac Fiero angeboten. Noch stärker an einen Ferrari (308) erinnerte der auf der gleichen Ausstellung gezeigte Mera, auch er, sowie ein Delta 204 T, auf Fiero-Basis.

Enterra VR6, 1988

ERA Ford GT 40 Replica, ca. 1970

ERA

Die Firma Era Replica Automobiles in New Britain, Connecticut, zählte zu jenen zahlreichen Herstellern, die sich einem Nachbau des (AC) Cobra verschrieben hatten. Doch sie bot später zudem eine Replica des ab 1966 offiziell von Ford gebauten Supersportwagens GT 40 an.

Eshelman

Ab 1953 baute Cheston L. Eshelman in Baltimore den »Child's Sport Car« für zwei Kinder und den »Adult Sport Car« für einen Erwachsenen. Er konnte zum Beispiel für das Einkaufen dienen, und dem Antrieb diente ein Motor von Briggs & Stratton. Ab 1955 gab es einen vergrößerten Adult Sport Car für zwei Insassen, und ab 1957 den durch die Briddel Co. in Criesfield, Maryland, gebauten Sportabout. Ab 1959 bot die neue Eshelman Motors Corp. die Modelle 902 (Lieferwagen), 903 (Coupé) und 904 (Pick-up) an. Für den 903 stand in der Werbung: »...believed to be

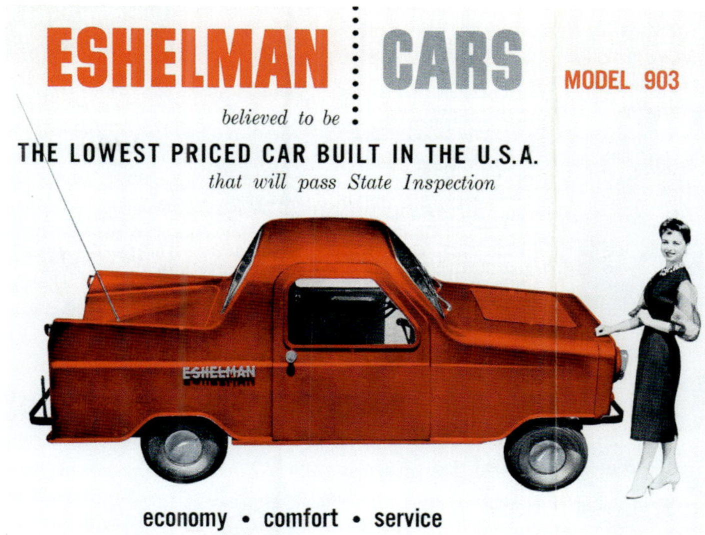

Eshelman Model 903, 1960

(ganz klein gedruckt)... the lowest priced car built in the USA«. Später bot Eshelman unter der Bezeichnung »Eshelman Eagle – America´s prestige car« mit protzigen Emblemen versehene Chevrolet Corvair an, wobei er die Wagen nicht über offizielle Wege erhielt. GM schob dieser Praxis aber alsbald einen Riegel vor.

Fina-Sport

Diese Wagenmarke wurde von dem New Yorker Perry Fina zur zweiten Annual World Motor Sports Show von 1954 in New York vorbereitet. Der Entwurf stammte angeblich von ihm, die Umsetzung erfolgte bei der Karosseriefirma Vignale in Italien, während der Unterbau von einem Cadillac mit 210-PS-V8-Motor stammte. Hinsichtlich Design und Originalität konnte sich dieser Prototyp durchaus sehen lassen; schade, dass er nicht in Serie ging.

Fina-Sport (Vignale), 1954

FireAero — An Exotic Sport-Touring Vehicle

Professionally designed to provide the attention to detail and elegant simplicity of construction so often missing from most owner-built vehicles.

Using the ready available Honda 750cc motorcycle, the **FireAero** provides exciting performance with convenience and comfort at a cost that all of us can afford.

The transition from motorcycle to **FireAero** is suprisingly straight-forward, incorporating readily available proven parts and components.

Now the exotic vehicle experience is no longer just an expensive dream.

Vehicle features:

FireAero can be modified to accept a variety of motorcycles with both air and water cooled engines of 750cc and larger.

1. Side by side seating for driver and passenger
2. Can be driven as an open "T" top or fully enclosed coupe.
3. Optional, diagonally hinged, gull-wing type doors
4. Remotely latched tail section lifts up for motorcycle maintenance and repair
5. Retractable headlamps for aerodynamic efficiency
6. Ram and ducted air for engine cooling permits operation without a fan
7. Rack and pinion steering
8. Adequate space for luggage
9. All parts and hardware not provided with the kit are readily available
10. Center spine rectangular steel tube frame
11. Seats molded into fromt body section with removable pads
12. Motorcycle can be removed and returned to use as motorcycle
13. Designed to accept windshield wiper and interior ventilation system
14. Interior comes finished in textured black gel-coat
15. Complete list and specifications of all required parts and components
16. Specifications for all fasteners and hardware
17. Sourcing schedule of vendors and addresses
18. Fully detailed exploded view drawings of all assemblies
19. Written guidelines for assembly procedures

INDUSTRIAL DESIGN RESEARCH, INC. P.O. BOX 1156 LAGUNA BEACH, CA 92652-1156

FireAero, 1989

FireAero

Das um 1988/89 in Laguna Beach, Kalifornien gebaute dreirädrige Kleinstauto FireAero der Industrial Design Research war 375 cm lang, mit den angefügten vorderen Radhäusern aber immerhin 190,5 cm breit; Zweisitzer mit Flügeltüren und T-roof, Honda CB 750- oder – als GT-Variante – 1,2-L-Honda-Boxermotor als Hinterradtriebsatz, 510 kg leicht, Werk eines früheren GM-Designers.

Free-Way

Er wurde zwar als Motorrad deklariert, war jedoch eine einsitzige Dreiradkabine mit angetriebenem Hinterrad (und Heckklappe), die 1979 von H-M-Vehicles Inc. in Brunsville, Minnesota, propagiert wurde; Stahlrohrrahmen, strömungsgünstiger Kunststoffaufbau, Türe links, Einzylindermotor, luftgekühlt, 340–450 cm³, auch Diesel- oder Elektroantrieb.

Free-Way II, 1979

Gaylord

Der Gaylord Gladiator war ein 1955 entwickeltes zweisitziges Coupé mit 300-PS-Chrysler-V8-Mechanik. Das extravagante Design stammte von Brooks Stevens (→ Excalibur). Der Prototyp dürfte im Karosseriewerk Spohn in Ravensburg entstanden sein (wie 1954 bereits weitere auffallende Stevens-Kreationen). 1956 hätte die Gaylord Cars Ltd. in Chicago die Serienherstellung aufnehmen sollen.

Gaylord Gladiator, 1955

Globe-Union Endura, 1978

Grandeur Opera Coupé auf Basis Cadillac Seville, 1977

Globe-Union Endura

Die Firma Globe-Union war 1911 in Milwaukee, Wisconsin, gegründet worden. Sie entwickelte sich zum bedeutendsten Hersteller von Fahrzeug-Ersatzbatterien. In ihrem Auftrag entwickelte Bob MacKee 1977/78 das Elektroauto Endura. Durch Austausch der Hinterpartie konnte die Karosserie vom Sportwagen zum Kombi gewandelt werden. Es war ein Fahrtempo von über 100 km/h möglich, und bei Stadtfahrten reichte eine Batterieladung für bis zu 160 km.

Gordon

Ungewöhnliches Limousinen-Konzept von H. Gordon Hansen, San Lorenzo, Kalifornien. Der Diamond entstand zwischen 1945 und 1947 auf einem trapezförmigen Stahlrahmen mit Rädern an allen vier Ecken. Vorder- und Hinterrad waren lenkbar, der Ford-V8 wirkte auf die beiden Räder der Mittelachse.

Grandeur

Während andere amerikanische Firmen USA-Sedans zu »Stretchlimos« verlängerten, schuf die Kleinfirma Grandeur Motor Car Corp. eine zweitürige und zweisitzige Kurzversion des Cadillac Seville: Das Opera Coupé war bis Anfang 1978 angeblich bereits in über 100 Exemplaren verkauft worden.

Gregory

Ben. F. Gregory in Kansas City, Missouri, war ein Flugzeug- und Frontantriebspionier. Er schuf 1947 den »Mighty Mite«, einen kleinen Geländewagen, der viele Jahre später von AMC für die Armee gebaut wurde. 1948 entstand ein Prototyp-Kleinwagen in Pontonform, der einen Heckmotor über Kardanwelle mit Frontantrieb verband! 1953 folgte ein kleiner Sportroadster.

Gordon Diamond, 1946

Gregory Front Drive, 1948

GRX Aurora, 1981

Guanci SJJ 1, 1979

GRX Aurora

So hieß eine Replika des Cobra, die ab 1981 von der gleichnamigen Firma in Richmond Hill, Ontario, in Kleinserie gebaut wurde. Sie basierte auf einer aufwändigen zwei Ebenen umfassenden Rohrrahmenkonstruktion; als Antrieb diente ein 4,9-L-V8 von Ford mit mindestens 132 PS. GRX Aurora war offiziell als Motorfahrzeugkonstrukteur für die USA registriert (im so genannten Auto Pact) und war (damals) der einzige selbständige Autohersteller Kanadas.

Guanci

1979 lancierte der Geschäftsmann John Guanci aus Illinois mit dem Guanci SJJ 1 einen bemerkenswert gut durchkonstruierten Sportwagen, zu dessen Bau er anerkannte Spezialisten zugezogen hatte. Er wollte europäische Spitzenmodelle konkurrenzieren. Im eigenen Zentralrohrrahmen mit 257 cm Radstand war quer hinter den Sitzen ein 5,7-L-V8 von Chevrolet samt Automatikgetriebe eingebaut. Die elegant geformte Kunststoffkarosserie in Form eines Fastback-Coupés mit Überrollschutz und Klappscheinwerfern war mit einem Monocoque-Unterbau kombiniert (Vierrad-Scheibenbremsen, hinten doppelte Schraubenfedern, Zahnstangenlenkung, Nascar-Sicherheitstank). Der 1400 kg wiegende Zweisitzer wurde ab Oktober 1979 in einer neuen Fabrik bei Chicago gebaut; es war ein Jahresausstoß von 50 Exemplaren geplant…

Griffith

Die Griffith Company in Fort Lauderdale, Florida, spezialisierte sich um 1980/81 auf die Transformation von AMC-Modellen zu Cabriolets mit Targabügel. Sie wurden als Sundancer bezeichnet. Es gab einen AMC Concord Sundancer ebenso wie einen Eagle Sundancer ... und damit das wohl einzige Cabriolet mit Vierradantrieb. Griffith lieferte seine Cabrio-Bausätze auch für andere Fahrzeugtypen, etwa das Toyota Celica Coupé 1981/82. Diese Umbauten hießen dann »Sunchaser«. (Der Name Griffith findet sich auch im Buchhauptteil b → Intermeccanica).

AMC Concord Sundancer, 1981

Gullwing

So hieß der perfekte Nachbau des Mercedes-Benz 300 SL mit Flügeltüren (= Gullwings), der auf der IAA Frankfurt 1987 von der Gullwing Car Inc., in Gardena, Kalifornien, gezeigt wurde. Selbst der Gitterrohrrahmen war weitgehend originalgemäß nachkonstruiert worden. Die Karosserie bestand aus Kunststoff, und im Kühlergrill prangte statt des Sterns ein G als Markenzeichen. Dem Antrieb diente ein moderner Sechszylinder von Mercedes-Benz mit Automatik- oder 4-Gang-Getriebe.

Hess & Eisenhardt

Die Firma in Cincinnati, Ohio, zählte zu jenen Karosserieunternehmen, die Limousinenverlängerungen anboten und beispielsweise 1979 das Coupé Cadillac de Ville zum Vollcabriolet wandelten.

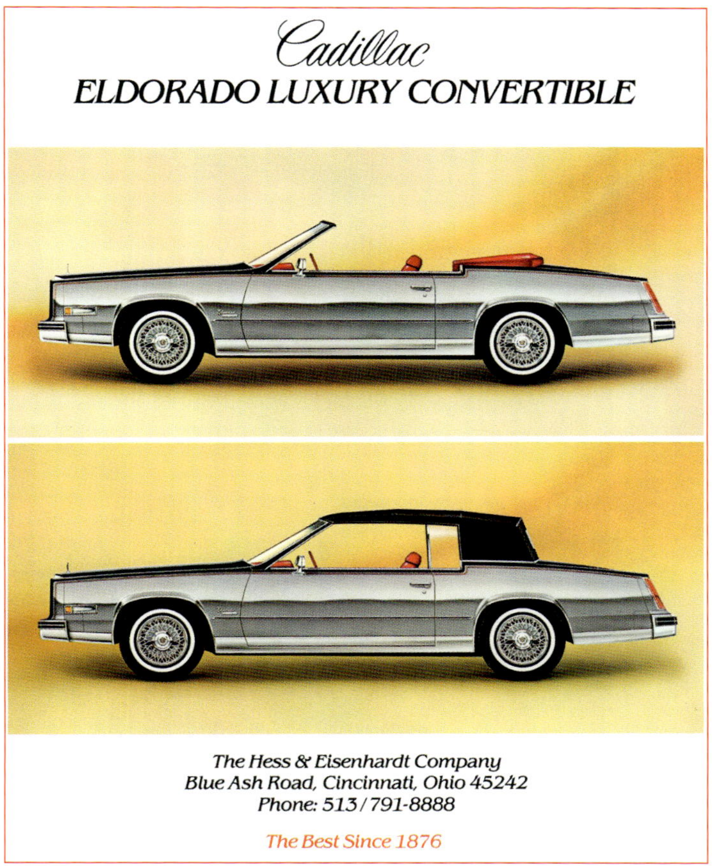

Hess & Eisenhardt Cadillac Eldorado Convertible, 1979. Cadillac selbst hatte in jenem Jahr kein Cabrio im Angebot.

Annonce für den Hoppenstand, 1950

Hoppenstand

Diese Marke basierte auf der → Gregory-Kleinwagenidee: Die von Colonel David Hoppenstand gegründete Hoppenstand war 1949/50 in Greenville, Pennsylvania, tätig. Sie plante eine Serienherstellung des »Only Car With All Aluminium Body«. Er wurde in drei Versionen angeboten: 555 Open Car, 690 Coupe, 790 Convertible. Als Unterbau diente ein geschweißter Stahlrahmen. Der Eigenmotor namens Firebug war ein luftgekühlter Zweizylinder-Viertakter mit 8,5 PS. Die Kraftübertragung auf die Hinterräder erfolgte mit Hydraulikgetriebe und -kupplung. Bei 229 cm Radstand erreichte die Länge 412 cm. Als Spitze wurden 50 mph (80 km/h) genannt. Es ist nicht bekannt, wie viele Prototypen entstanden sind.

Imp, 1950

Horseless

Horseless Carriage Shop nannte sich eine in Dunedin, Florida, niedergelassene Firma, die nicht nur Oldtimer restaurierte, sondern auch Rolls-Royce, Mercedes-Benz oder andere Limousinen zu sechs- bis achtsitzigen Langversionen umbaute.

Hummer

Dies war die Aussprechweise von HMMWV = High Mobility Multipurpose Wheeled Vehicle, das vom amerikanischen Verteidigungsministerium im März 1983 bei der AM General Corporation in Auftrag gegeben worden war. Diese sollte binnen fünf Jahren 55'000 Stück zur Ablösung der altgedienten Militär-Jeep vom Typ M 151 liefern. Mitte 1984 ergaben sich bei der Erprobung noch technische Probleme... Doch schon 1983 war AM General von → AMC an die LTV Corporation verkauft worden. Die Heeresverwaltung erhöhte den Auftrag alsbald auf 70'000 Einheiten und im Herbst 1989 kamen nochmals 33'000 Bestellungen dazu. Bereits setzten auch einige kleinere Armeen in Asien auf den Hummer (1999 ging AM General bzw. die »Nicht-Pkw«-Marke Hummer an General Motors; zehn Jahre später erfolgte ein Weiterverkauf).

Imp (1)

Er wurde ab 1949 von der International Motor Products Co. in Glendale, Kalifornien, gebaut und war ein türloser Kleinstwagen mit tief ausgeschnittenem Einstieg. Hauptangaben: 2 Sitze, 7 PS, 220 kg, Kaufpreis 600 $.

Imp (2)

Hinter diesem Buggy, der es auch in Europa zu einiger Bekanntheit brachte, steckte die 1954 gegründete Firma Empi (Engineered Motor Products Inc.) in Riverside, Kalifornien, ein bis heute existierender amerikanischer VW-Vertrags- und Teilehändler (der zum Beispiel einen knapp 196 km/h schnellen Käfer-Dragster baute). Der Imp basierte auf der verkürzten Bodengruppe des VW 1200/1300 und verfügte zuerst über eine Metallkarosserie, danach erfolgte die Umstellung auf Kunststoff. Die Entwicklung von Empi-Chef Joe Vittone galt als der vielleicht beste und hochwertigste aller Buggys, die Fertigung unterlag hohen Qualitätsstandards. Der Buggy war einer der Stars der IAA 1969, die Lizenz dafür erwarb das Autohaus Südhannover, das ihn dann auch mit TÜV-konformen Kotflügeln versah. Der Verkauf in Deutschland erfolgte unter der Bezeichnung »AHS Imp« als Komplettfahrzeug, zu beziehen über VW-Vertragshändler.

Imp, 1969 (Volkswagen AG)

Innovari II, 1970

Innovari

So lautete der Name eines Dream-cars, der im Juni 1966 von United States Steel, dem großen Stahlkonzern und Lieferanten der Autoindustrie, propagiert wurde. Er war ein Schrägheck-Sportkombi mit Vorderradantrieb und Drehgrifflenkung. Der Innovari II von 1970 hingegen nahm die Ära der Minivans vorweg.

Invader

Bruce Weeks wollte bessere Kits und vor allem besser verständliche Bauanweisungen liefern und gründete hierzu in Oakland, Kalifornien, die Autokit Industries. Auf seine diversen Invader-Bausätze folgte gegen Ende 1975 der in größere Serie genommene Invader GT 5, ein zweisitziges Sportcoupé in italienischem Stil mit tiefliegender Front, Plexiglas-Flügeltüren und Lamellenabdeckung auf der

Invader GT 5, 1975

Heckscheibe. Als Unterbau für die Kunststoffkarosserie (zwei Plastikschichten mit Füllschicht) diente – einmal mehr – der VW-Käfer-Plattformrahmen. Es ließ sich auch der Sechszylinder-Boxer aus dem Chevrolet Corvair sowie einiger Luxus einbauen.

Johnson Presidential Rumble-Seat Convertible, 1983

Johnson

Das Rezept war inzwischen reichlich bekannt: Man nehme eine bewährte US-V8-Mechanik und stecke sie in ein Luxuscabrioletkleid im Stile der späten 20er oder frühen 30er Jahre und fertig ist das Neoclassic-Superauto. Diesen Weg beschritt auch Bruce Johnson mit der Johnson Motor Cars Limited Inc. in Fort Lauderdale, Florida, als er den Mitte 1983 vorgestellten Johnson Presidential Rumble-Seat Convertible (Cabriolet mit aufklappbarer Hecksitzbank) kreierte: 518 cm lang und 1520 kg schwer, GM-V8-Mechanik, falsche Kompressorrohre aus dem Motorraum, echte Reserveradbehälter auf den langgestreckten Vorderkotflügeln, »feinstes Leder, Holz und Material sowie Handarbeit höchster Vollendung«.

Kelmark GT, 1982

Kellison

Die Firma Kellison Engineering and Manufacturing wurde von Jim Kellison in Folsom, Kalifornien, gegründet und begann 1959 mit der Herstellung von Pkw und Kit-Cars. Erste Modelle waren extra niedrige Roadster und Coupés, die als J-2/J-4 auf US-Chassis, als K-2 auf dem VW-Käfer-Plattformrahmen und als K-3 auf das MG-Chassis aufbauten. Von Chuck Manning wurde überdies ein eigener Chassisrahmen entworfen. In den späteren 60er Jahren wurde der Markenname Panther verwendet. Es wurden alsbald auch VW-Buggy-Karosserien hergestellt und man baute zudem erste Repliken des von Ford ab 1966 hergestellten Supersportwagens GT-40, zudem Repliken von Corvette, Jaguar D- und E-Type, Lotus Elite sowie Hot-Rods. 1969 verließ Jim Kellison sein Unternehmen und gründete → Kelmark Engineering; die Kellison Inc. bestand bis 1972.

Kelmark GT

Unter dieser Bezeichnung wurden ab 1969 Sportwagenkarosserien angeboten, deren Stil vom (Ferrari) Dino 246 inspiriert war. Sie ließen sich auf VW-Chassis mit Heckmotor aufbauen, doch entstanden auch Versionen mit Hochleistungsmotoren, wie z. B. Oldsmobile-V8. Hersteller war die Firma Kelmark Engineering in Okemos, Michigan, und die wiederum war von Jim Kellison gegründet worden.

King Midget, 1959

tor mit 375 cm³ Hubraum und 8½ PS (später auch ein etwas stärkerer Motor). Dieser lieferte seine Kraft via Ketten und ein eigenes 2-Stufen-Automatikgetriebe.

Kolb

Dass es auch in den USA ein nicht bloß auf Äußerlichkeiten beschränktes Tuning gab, bewies 1985 beispielsweise die Kolb-American Motorcars, Inc. in Blauvelt, New York. Dort entstanden Hochleistungs-Ford, die außer Aerodynamikteilen für die Karosserie (so ein zum Kolb Aero GT gewandelter Thunderbird mit eigener Front) auch Fahrwerks- und Antriebsverbesserungen erhielten (so der Boss GT Mustang mit 5-L-V8).

King Midget

Der in den 50er Jahren längere Zeit mit Erfolg gebaute King Midget – er war diesbezüglich eine Ausnahme – war eine Art verkleinerter Jeep. Er war die Konstruktion der Midget Motors Mfg. Co. in Athens, Ohio, und es gab ihn in verschiedenen Ausführungen. Allen gemeinsam war ein Stahlrohrrahmen, die Einzelradaufhängung, der zweisitzige, offene und türlose Grundaufbau und der luftgekühlte 1-Zylinder-Heckmo-

Kurtis

Ende der 40er Jahre stellte Frank Kurtis in Glendale, Kalifornien, verschiedene Rennwagen und Sportwagen-Prototypen her. Nach dem Bau einer kleinen Anzahl Sportwagen mit Kunststoffkarosserie verkaufte er dieses Projekt an → Muntz, um sich fortan auf Wettbewerbsfahrzeuge zu konzentrieren; darunter befanden sich auch ebenso modern wie individuell geformte Straßensportwagen.

Kurtis, 1956

La Dawri Conquest, 1960

La Dawri

La Dawri Coachcraft mit Sitz in Long Beach, California, produzierte Kunststoff-Karosserien, zu montieren auf Bodengruppen von Corvette, Thunderbird, Henry J, Jeepster und anderen Chassis, mit Anpassungen (Frontabsenkung) zudem für den MG A. Im Unterschied zu anderen Produzenten konnte der Kunde bei La Dawri lediglich die Karosserie beziehen, für den Rest hatte der Käufer zu sorgen. So wie es scheint, handelte es sich dabei um Formen, welche zuvor von anderen Produzenten, etwa Victress, angeboten worden waren.

Lands

Die Lands Motor Company in Elkhart, Indiana, entwickelte 1985/86 mit dem Lands Precedent einen Minivan bzw. Großraumkombi der Luxusklasse, zu dem der Schweizer Mark Stehrenberger und der Franzose Alain → Clénet das Design lieferten. In das eigene Chassis wurde ein Ford-V8 eingebaut. Der 508x200x179 cm große Lands Precedent sollte auf dem Markt der Individualautomobile eine Alternative zu den zahlreichen Neoclassic-Konstruktionen verkörpern. Doch er war wahrscheinlich verfrüht.

Lands Precedent, 1986

Laser 917 Annonce, ca. 1975

Laser 917

Ein weiterer Bausatzwagen, der sich auf dem VW-Käfer-Plattformrahmen montieren ließ und (ab Anfang 1974) von der Firma Elite Enterprises in Cokato, Minnesota, angeboten wurde. Die Zahl 917 erinnerte (wie auch ein wenig das Design) an den erfolgreichen Rennsport-Porsche 917. Man konnte das Flügeltüren-Kunststoffcoupé in verschiedenen Kitphasen erstehen. Bei Phase III war schon fast alles dabei. Zudem ließen sich auch ein Buick-V6 oder gar ein Chevy-V8 einbauen.

Le Fevre

Unter den Neoclassic-Konstruktionen der USA zählte der Le Fevre zu den Spätzündern, wurde er doch erst Ende der 80er Jahre propagiert. Die Karosserie wurde aus Stahlblech gefertigt, und der leicht schräg gestellte traditionelle Kühlergrill war breit chromgerahmt.

Le Reve de Simon, 1987

Le Reve

Die Neoclassic-Szene der USA erlebte 1987 mit dem auf der New York Auto Show gezeigten Le Reve de Simon einen weiteren Exzess: Dieses 5,5 m lange Coupé mit einem ein wenig an die Pierce-Arrow erinnerndem Kühlergrill, Rechteckscheinwerfern und extravagant-kantig geführten Kotflügellinien war die Traumverwirklichung von Simon Zarour, dem sich seine Geschwister zur Gründung der Le Reve Inc. in Lyndhurst, New Jersey, angeschlossen hatten. Basis lieferte ein Lincoln-Chassis mit 4,9-L-V8 und Vergaserbestückung; mit Stahl verstärkte GfK-Karosserie mit Chromstoßstangen, Chrombänder, Goldzier, das meiste in sehr viel Handarbeit verwirklicht, Connolly-Leder und Edelholz sowie Innenluxus und daher sehr hoher Preis.

Lectras

Ab 1980 transformierten diverse US-Firmen Serienautos zu Fahrzeugen mit Elektroantrieb. So z. B. die Electric Car Co. of California Inc. in Beverly Hills, die bereits in den 1960er Jahren mit einem »Electric Shopper« in Erscheinung getreten war. Ihr Grundmodell basierte auf dem Datsun Cherry, doch wurden auch größere Datsun »elektrifiziert«. Der unter der Marke Lectras kommerzialisierte Cherry erlaubte eine Reisegeschwindigkeit von 55 mph (88,5 km/h, Spitze bis 120 km/h, Reichweite zwischen zwei Batterieladungen 110 bis 160 km; alles Werkangaben).

Electric Shopper, 1960

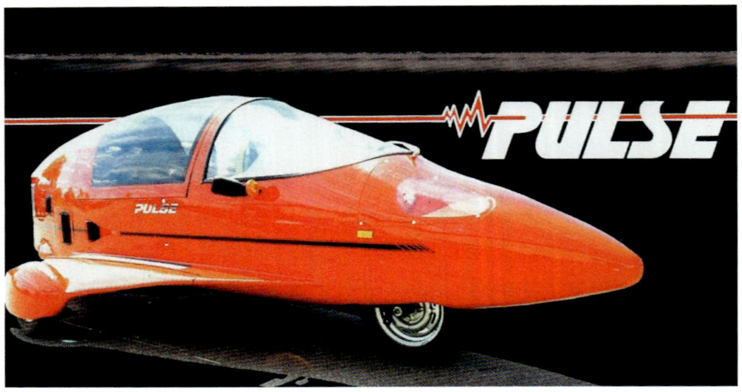

Litestar/Pulse, 1986

Marbon CRV, 1966

Litestar

Auf dem amerikanischen Markt angeboten wurde 1986 ein mit Litestar bzw. Pulse bezeichnetes Fahrzeug, das optisch Flugzeug, Auto und Motorrad verband: Raketenform mit Stummelflügeln für Stützräder, Tandemsitze in Glascockpit mit zurückschiebbarem Dach- und Einstiegteil, Einspurfahrwerk, flüssigkeitsgekühlter 700-cm³-V2-Motor mit Kardanwelle, 5-Gang-Getriebe mit zusätzlichem Overdrive, Stahlrohrschutzrahmen, Verbundmaterialien, 400 kg, hervorragende Aerodynamik und Leistungsfähigkeit; Konstrukteur war James R. Bede, der 1980 den flugzeuginspirierten BD-car geschaffen hatte. 1987 fand der in Chicago gebaute Pulse sogar einen deutschen Importeur, nun mit 400-cm³-Yamaha-Motor.

Marbon

Die Marbon Chemical Division der Borg-Warner-Gruppe, nach einer in Deutschland erschienenen Werbung der größte Produzent von ABS-Kunststoffen der Welt, gab zu Demonstrationszwecken in den 1960ern diverse Versuchsfahrzeuge in Auftrag, welche Dann Deaver, Mitbegründer der Firma Centaur Engineering, entwickelte. Centaur war eine Rennwagenschmiede, der Marbon CRV nutzte einen Gitterrohrahmen von Centaur. Im Mai 1967 wurde von Osi und Alpine ein Spider aus Cyclolac-Kunststoff präsentiert.

Mardikian

Albert Mardikian besaß Wurzeln in Frankreich und Syrien und gründete in Mesa im Süden von Los Angeles die Mardikian Motor Co. Inc., wo nach Kundenwunsch Serienautos zu Cabrios (z. B. Honda Prelude), Targas (Lamborghini) oder Luxuslimos verwandelt wurden. Prunkstück letzterer Gattung war ein zur superlangen Limousine gestreckter Ferrari 400, der 1984 vorgestellt wurde. 1986 wurde Multimillionär Mardikian zu langwährender Sozialarbeit verurteilt, weil er bei der Selbstabnahme (die ihm wegen der großen Anzahl verkaufter Fahrzeuge gewährt wurde) hinsichtlich Abgaswerte geschummelt hatte.

Mardikian (Prospektabbildung), 1983

Marathon

Die kanadische Firma Marathon Electric Vehicles Ltd. In Montreal entwickelte Anfang 1976 den Elektro-Kleinwagen C-300. Die kantige Karosserie war auf einer Stahlrohrkonstruktion aufgebaut und hatte ein hinteres Stoffverdeck. Der Zweisitzer mit großem Laderaum war für eine Serienherstellung bestimmt.

Matthews

Um 1970 einzelstückweise gebautes luxuriös-imposantes amerikanisches Neoclassic-Zweisitzer-Cabriolet mit ellenlanger Motorhaube, 7,4-L-V8, Automatikgetriebe und aufklappbarem »Schwiegermuttersitz« im Heck.

Meyers Manx

Diese Bezeichnung trug der erste VW-Buggy…, der zu einer eigenen Fahrzeuggattung werden sollte! Entwickelte wurde er von Bruce Meyers von der B. F. Meyers & Co. in Fontain

Marathon C-300, 1980

Valley, Kalifornien. Der Radstand des VW-Käfer-Blattformrahmens wurde um 36 cm verkürzt. Aufsehen erregte der Sieg mit einem solchen Fahrzeug bei der Mexican 1000 (Vorgänger des legendären Baja-1000-Rennens). Bis 1971 sollen 6000 Meyers Manx entstanden sein. Weil ein Patentschutz abgewiesen wurde, hatte sich eine Vielzahl von Nachahmern der Buggy-Idee angenommen; schließlich standen alte VW-Käfer in Masse zur Verfügung.

Meyers Manx, 1969 (Volkswagen AG)

Momo Mirage, 1971

Mirage

Bei der Officina Stanguellini in Modena, Italien, wo einst Renn- und Sportwagen entstanden waren, wurde im Herbst 1971 im Auftrag der New Yorker Momo Corporation der Bau von vier 2+2-sitzigen Luxuscoupés Mirage aufgenommen. Sie basierten auf einer Plattform mit Vierkantrohren als Seitenholme, während die Karosserien bei Frua in Turin entstanden. Dem Antrieb diente ein 5,7-L-V8 von GM (+ GM-Automatgetriebe, doch waren auch Wagen mit ZF-5-Gang-Getriebe geplant). Bei 264 cm Radstand war der Mirage 496 cm lang.

Moloney

Die Firma Moloney in Palatine, Illinois, war ein Karosseriewerk, das beispielsweise 1974 den 680 cm langen sechssitzigen Lincoln Executive Limousine anbot.

Moloney Cadillac Fleetwood, 1990

Motorette mit optionalem Windschild, 1946

Molsheim II

1975 schuf der kalifornische Psychiater Dr. Paul Barkman in Pasadena einen Nachbau seines Traumwagens, nämlich den Molsheim II Bugatti Type 35. Die in San Juan, Puerto Rico, zu montierenden Wagen besaßen Aluminiumkarosserieteile, die vom englischen Bugatti-Restaurator A. M. Goldie geformt worden waren. Auch weitere Teile, einschließlich des Bugatti-Kühlers, entstanden in England oder nach Originalplänen in den USA. Die Vorderradaufhängung hatte zwar Scheibenbremsen, entsprach aber sonst ebenso dem Original wie die Hinterachse. Den Antrieb besorgte ein 2,5-L-OHC-Vierzylindermotor von Ford, der mit Propangas lief (!) und mit Kompressor auf 285 PS kam.

Motorette

Ein offenes Zwergauto mit vorderem Einzelrad für Personentransport und Lieferdienst, hergestellt von der 1945 gegründeten Motorette Corp. in Buffalo, New York; von Flugtechnikern entworfen und 1947 angeblich bereits in 4000 Exemplaren gebaut.

Navajo

1954 von einer New Yorker Firma propagierter »Familiensportwagen« mit dreisitziger Karosserie und den mechanischen Teilen aus der amerikanischen Großserie. Die Daten verhießen hohes Leistungsvermögen und exzellente Fahreigenschaften.

Noels Classics

Noels Classics aus Tulsa, Oklahoma, präsentierte Mitte der 80er den Calais. Der Neo-Klassiker basierte auf dem Oldsmobile Cutlass, hatte den 5-Liter-V8-Motor samt Automatikgetriebe und jeden denkbaren Luxus. Das Dach war herausnehmbar, wobei ein Mittelsteg stehen blieb.

Noels Classics Calais, 1985

Omega-Gesamtprogramm, 1980

Omega

Die Omega Motors, Huntington Beach, Kalifornien, schuf ab 1978 Elektrofahrzeuge in Form der Kleinstautos TriStar (Dreirad) und Alpha und der elegant bzw. spektakulär geformten Sportcoupés Thor und Brio, letzteres mutmaßlich auf Basis Datsun Z. Die Produktion erfolgte jedoch nur einzelstückweise.

Omohundro

Unter diesem Namen entstanden ab 1947 Prototypen eines attraktiven Sportroadsters, der von dem Rennwagenkonstrukteur Frank Kurtis (→ oben + Kapitel Muntz) entworfen worden war. Tom Omohundro versuchte vergeblich die Ford Motor Company für die Lieferung von Chassis zu gewinnen. Der Vertrieb hätte ab 1948 durch die Comet Co. in Los Angeles beginnen sollen. Die aus Aluminiumteilen bestehende Karosserie war deutlich leichter als die Originalkarosserien von Ford und Mercury.

Omohundro Comet, 1948

Pegasus Daytona America Spyder, 1986

Pathfinder

So hieß ein offenes, türloses, nur 234 cm langes Kleinstfahrzeug, das ab 1970 von Jen Products in Grand Ledge, Michigan, angeboten wurde: Viertaktmotor Briggs & Stratton, Drehmomentwandler, Niederdruck-Schwimmreifen, Kunststoffkarosserie aus ABS-Plastic.

Pegasus

Thomas W. McBurnie gründete 1986 ein Unternehmen und fertigte dort eine Replica des Ferrari 250 GTO, auch als Cabrio, auf Basis des Datsun 280 Z. Später kam das Luxussportcabrio Pegasus Daytona America Spyder, und dieses ähnelte dem Ferrari Daytona. Es wurde in Handarbeit auf dem Unterbau fabrikneuer Chevrolet Corvette aufgebaut und über die Pegasus Corporation of North America in Vero Beach, Florida, vertrieben. 1989 setzten über zehn Händler vor allem an Amerikas Ostküste 49 dieser hochluxuriösen Zweisitzer ab. 1990 sollte ein weiteres Modell auf der Basis des Toyota Supra erscheinen, dazu kam es aber nicht, weil Ferrari gegen diese dreisten Nachbauten vor Gericht zog und den Rechtsstreit gewann.

Phaeton

Die Phaeton Coach Corp. in Dallas, Texas, war in den 70er Jahren eine bekannte Adresse für verlängerte Limousinen. Der mit rund 7,5 m rekordverdächtig lange Phaeton Royal Cadillac wurde 1977 in einem Dutzend Exemplaren für das saudische Königshaus gebaut. Es gab auch sechstürige Limousinen oder (mit um 106 cm verlängertem Mittelteil und Superluxuseinrichtung) etwa den Phaeton Formal Sedan Mini-Limousine (auf GM-Basis). Der kürzer gewordene Lincoln Mark VI wurde 1979/80 um bis 106 cm verlängert (= Double Stretch Presidential); der Mercedes-Benz 450 SEL wurde auf knapp 620 cm gestreckt. Anderseits bot Phaeton 1980 merkwürdig proportionierte Coupés, nämlich den (Chrysler) New Yorker Sports Car mit um 56 cm verkürztem Radstand und analog dazu den (Lincoln) Mark VI Mirage Sports Car. Ende 1981 entstand unter Phaeton-Generaldirektor und -Chefdesigner R. J. Harris ein neues Prunkstück, nämlich ein Rolls-Royce mit um 81 cm verlängerter Mittelpartie und einer weiteren Verlängerung um 25,5 cm auf der Höhe des hinteren Türpfostens. Etwa die Hälfte der verlängerten Luxus-Cadillac, -Lincoln, -Mercedes-Benz und -Rolls-Royce wurde in den Vorderen Orient geliefert. Für das saudiarabische Königshaus wurde 1983 ein Lang-Cadillac mit 7,4-L-Motor und großformatigen Geländereifen unter geschickt vergrößerten Radhäusern realisiert.

Phaeton Chrysler New Yorker Presidental Limousine, 1979

Phillips

Der ab 1979 gebaute Phillips Berlina Coupe der Phillips Car Corporation in Pompano Beach, Florida, war eine Schöpfung von Charles W. Phillips, dessen Grandeur Motor Corporation ab 1976 bereits das Opera Coupe, eine verkürzte Ausführung des Cadillac Seville gebaut hatte. Der 1980 präsentierte Phillips Berlina Coupe mit GfK-Karosserie und V8-Mechanik zeigte eine deutlich an den Mercedes-Benz 540 K angelehnte Kühlerfront, herausnehmbare Dachteile, Speichenräder (auch in den seitlichen Reserveradbehältern) und als Markensignet einen stilisierten Greifvogel; seine gesamte Mechanik sowie weitere Teile stammten vom Chevrolet Corvette.

Phillips-Annonce, ca. 1981

Publix

Der Publix-Dreirad-Kleinstwagen war 1947 von B. McCloskey entworfen und von der Publix Motor Car Co. in Wilmington, Delaware, lanciert worden. Es handelte sich um einen keilförmigen Zweisitzer mit aufsetzbarem Plexiglasdach. Das Einzelrad war vorne montiert, und dem Antrieb war ein im Heck eingebauter luftgekühlter 1- oder 2-Zylinder-Kleinmotor vorgesehen. Doch dieses 183 cm kurze Zwergauto kam nicht zum Erfolg, trotz des anfangs auf 250 $ angesetzten Preises.

Redline

Der Redline Sebring 6000 wurde Anfang 1988 auf der Los Angeles Auto Show gezeigt und war unverkennbar ein Nachbau des Sechszylinder-Austin-Healey. Es hatte ihn bereits in Kitform gegeben, von da an wurde er zudem als Fertigauto angeboten. Auskragende Radhausränder und breite Alu-Speichenräder verrieten die Imitation.

Creighton, 1981

Renaissance

Unter der Bezeichnung verkaufte eine Firma in Minnesota, zu Beginn der 80er Jahre diverse Pseudo-Repliken: So den von der American Custom Cars Inc. entwickelten Empress, eine MG-TD-Kopie für VW-Plattformrahmen; den Mini Mark, ein zweisitziger Roadster mit abnehmbarem Hardtop (Verdeck-imitation) und Kühlergrill à la → Clénet, ebenfalls für Käfer-Plattformrahmen; sowie den Creighton.

Rockefeller, 1953

Rockefeller

Jim Rockefeller, Inhaber einer Karosseriewerkstatt und weitläufig verwandt mit der berühmten Familie, und sein Partner Warren Shiber gründeten 1949 die Rockefeller Sports Car Corporation. Der erste Prototyp des Yankee-Sportwagens (gekürztes Fahrgestell und V8-Motor stammten von Ford) hatte noch eine Metallkarosserie. Die nächsten Karosserien entstanden bei Lunn Laminates auf Long Island, jenem Unternehmen, das kurz darauf die Corvette-Karosserien von 1953 baute. Die Yankee-Karosserie war sehr dick, wahrscheinlich etwa fünfmal so dick wie die Corvette-Karosserie. Da der Yankee die erste von Lunn produzierte GfK-Karosserie hatte, geht man davon aus, dass Lunn die beim Yankee gewonnenen Erfahrungen bei der Corvette-Fertigung nutzte. Die Präsentation erfolgte auf der Auto Show 1953 im Madison Square Garden, N.Y.. Ungefähr zur gleichen Zeit wurde der Chevrolet Corvette auf der GM Motorama in New York vorgestellt, was das Ende für den Yankee deutete.

Ruger

Er war ein Nachbau der legendären Bentley des Le-Mans-Typs aus der Zwischenkriegszeit, und er hätte eigentlich in Kleinserie (analog zum Excalibur) hergestellt werden sollen. Das Chassis mit mittlerer Kreuzverstrebung wies auch vorne eine Starrachse auf, und alle Räder waren mit halbelliptischen Blattfedern kombiniert. Beim Motor handelte es sich freilich um einen Ford-V8 mit 7 L Hubraum, zwei Vierfachvergasern und 430 PS-Leistung (4-Gang-Vollsynchrongetriebe). Doch schließlich blieb diese aufwendige Konstruktion (mit stahlverstärkter GfK-Karosserie) der Firma Sturm, Ruger & Co., Inc., in Southport, Connecticut, ein Einzelstück.

Sceptre 6.6 S, 1981

Sceptre

In Santa Barbara, Kalifornien, baute ab 1978/79 die Sceptre Motor Car Company den Neoclassic-Luxusroadster Sceptre 6.6 S, für dessen Form klassische französische Karosserieschöpfungen aus den 30er Jahre Pate gestanden hatten. Der Unterbau des Sceptre stammte von den Lincoln/Mercury-Modellen und die Chassislängsträger wurden durch innere Rahmen und eine zusätzliche Traverse verstärkt. Die Karosserie bestand aus einer Kombination von Epoxyharz und von Hand aufgetragenem, mehrschichtigen Glasfasermaterial. Es wurde ein Monatsausstoß von bis zu acht Exemplaren erreicht. Nach 15 gebauten Exemplaren wurden die Formen an Gatsby weitergegeben. Dort wurden etwa 50 weitere Exemplare gebaut und unter der Bezeichnung »Griffin« verkauft.

Scorpion, 1954

Scorpion

Unter dieser Bezeichnung wurde 1954 in San Francisco, Kalifornien, ein nett geformter türloser Sportroadster mit Karosserie aus glasfaserverstärktem Kunststoff vorgestellt. Der Prototyp besaß einen Crosley-Motor, doch sprach man vom Einbau eines Jeep-Motors für die Serie. – Der Scorpion war immerhin eines der ersten »Plastikautos».

Shay

Die Shay Motors Corp. von Harry Shay war der größte Hersteller einer Replika des Ford A (ursprünglicher Firmenname Model A and Model T Car Reproduction Corp.). Bis Ende 1981 hatte sie in Battle Creek, Michigan, über 5000 Stück gebaut. Doch dann wurde auf den Nachbau des Ford Thunderbird 1955 umgestellt. Nachdem dieser in nur noch etwas über 250 Einheiten abgesetzt werden konnte, geriet Shay Motors im Frühling 1982 in Finanzprobleme und musste die Produktion aufgeben.

Sparks

Ab Ende der 70er Jahre konstruierte R. E. Sparks in San Marcos, Kalifornien, die Neoclassic-Superluxuswagen Sparks Turbo Phaeton und d'Elegance. Die Cabrios mit Rumble-seat basierten auf Cadillac-Unterbau und erinnerten mit den unter den langgestreckten Vorderkotflügeln herausquellenden Auspuffrohren an die Kompressor-Mercedes der Zwischenkriegszeit (→ Spartan, Seite 575).

Sparks II, 1977

Spartan II, ca. 1986 (Frank C. Müller, CC-By-SA 2.5)

Spartan

In den 80er Jahre schuf R. E. Sparks (→ Seite 574) die Marke Spartan. Für sie wurde das Neoclassic-Karosseriedesign vollständig modernisiert: Statt Kanten nun langgezogene niedrige Stromlinienfront, Scheinwerfer halbversenkt, die vorderen in die hinteren Kotflügel einfließend, Stilelemente der 40er Jahre. Der GfK-Aufbau (mit modernem Armaturenbrett und teils mit herausnehmbaren Dachhälften bzw. T-roof) basierte auf dem verlängerten Unterbau des Nissan 300 ZX. Auf der Greater Los Angeles Auto Show von Anfang 1987 wurde festgehalten, dass im Vorjahr 105 Spartan II verkauft worden seien.

Squire SS 100 Roadster, 1973

Squire SS 100

1971 ließ die Firma Auto Sports Importers Inc. in Philadelphia, Pennsylvania, in Kleinserie einen Nachbau des SS 100 Jaguar (aus den späteren 30er Jahren) herstellen. Beauftragt wurde hierzu die Firma Intermeccanica (→ Buchhauptteil b), deren Sitz mit New Westminster, Kanada, angegeben wurde. Die aus GfK hergestellten Replika-Karosserien wurden von der Carrozzeria Ramponi aus Mailand geliefert. Alle technischen Aggregate stammten jedoch aus Nordamerika. Der Motor war ein Ford-Sechszylinder mit 4,1 L Hubraum (mit 4-Gang-Getriebe oder Cruise-o-Matic). Die Aufhängungen des Kastenrahmenchassis waren vorne mit Torsionsfederstäben, hinten mit Halbelliptikfedern kombiniert (Bendix-Trommelbremsen und ZF-Kugelkreislauflenkung). Auf der Greater New York Automobile Show von Anfang 1976 wurde als Hersteller des 380 cm langen Squire SS 100 die McGregor's Custom Coach Inc. in Brooklyn genannt. Insgesamt soll die SS-100-Replika in 50 Exemplaren entstanden sein.

Stout Scarab III, 1946

Stout

William Bushell Stout war ein anerkannter Pionier unter den Automobilkonstrukteuren. Er schuf ab 1932 unter der Modellbezeichnung Scarab eine Reihe von zukunftsweisenden, spektakulären Stromlinienwagen. 1946 trat er mit einem neuen Prototyp an die Öffentlichkeit: Eine großformatige, zweitürige 6-Fenster-Limousine mit vollverschalten Rädern, zweiteiliger Panorama-Frontscheibe und spitz auslaufendem Heck. Karosserie und Unterbau bestanden aus Fiberglas. Zu dieser Pioniertat trug die Firma Owens Corning bei. Für den Antrieb sorgte ein 75-PS-Motor von Skinner. Zu den weiteren Besonderheiten zählten langer Radstand, kurze Überhänge, Luftfederung, als Wohn- und Schlafraum ausgestaltetes Interieur! Dieser frühe »Concept-car« soll in fünf oder sechs Exemplaren entstanden sein.

Stuart, 1962

Stuart

1961 gründete der 29-jährige Barry Stuart die Stuart Motors Inc. in Kalamazoo, Michigan, mit dem Zweck, 1962 die Serienherstellung eines netten viersitzigen Elektroautos zu starten. Dieses besaß eine kubische Kunststoffkarosserie von 292 cm Länge, und seine Batterie sollte zwischen zwei Aufladungen eine Fahrstrecke von 56 km ermöglichen.

Sunrise

Die von Ross Vick in Des Moines, Washington, 1980 gegründete Sunrise Automobile Corporation baute Neoclassic-Limousinen mit der Besonderheit, dass sich an die übliche wuchtige Front im Stile von Luxuswagen der 30er Jahre ein breiter hinterer Aufbau anschloss, bei dem die hinteren Radhäuser nur noch durch Ausbuchtungen markiert waren. Vor dem Phantasiekühler prangten doppelstöckige Stoßstangen und vier Kompressorhupen. Auch die seitlichen Simili-Kompressorrohre und Reserveradbehälter fehlten nicht. Als zehnter Neoclassic entstand 1987 ein auf 747 cm verlängerter Sunrise Royale auf (alter) Cadillac-Fleetwood-Basis.

Super Car

Projekt eines offenen Kleinstautos mit Pontonkarosserie, hinterem Einzelrad (was bessere Fahrstabilität verspricht als ein vorderes Einzelrad) und luftgekühltem 15-PS-Motor, 1946 von Louis Elrad in Cleveland, Ohio, vorgestellt.

Talon GT 2+2, 1983

Talon

Auf der Los Angeles Auto Expo 1971 zeigte Ed Matula die von ihn für seine Firma Talon Automotive Products in Panorama City, Kalifornien, geschaffene Kunststoffkarosserie Talon GT, die sich auf einem verkürzten VW-Käfer-Plattformrahmen montieren ließ. Sie besaß eine eigenwillig kantige Form mit in der Schrägfront versenkten Doppelscheinwerfern und Schrägheck. Später folgte u.a. auch ein Modell Talon GT 2+2.

The Phantom

Dieses Dreirad mit Motorradtriebsatz am Hinterrad war in den 70er Jahre entstanden. 1978 kam der Turbo Phantom hinzu, bei dem der 1-Liter-Motor der Honda Gold Wing mit einem Abgasturbolader auf 110 PS gebracht wurde. Gebaut wurde dieses »Geschoss« auf Bestellung von The Phantom Vehicle Co. in New Beach, Kalifornien. Der 427 cm lang Kunststoffaufbau glich einem Flugzeug mit abgesägten Flügeln. Der Verbrauch wurde mit 3 L/100 km, die Höchstgeschwindigkeit mit 200 km/h angegeben.

The Renaissance

hieß ein in Kanada konstruierter Viersitzer im Stile der frühen 30er Jahre, der auf der London Motorfair 1977 vorgestellt wurde: Kastenrahmenchassis mit Kreuzverstrebung, mit Stahlelementen verstärkte Kunststoffkarosserie mit Bügelverdeck, 6,5-L-V8 von Ford und Getriebeautomat.

The Turbo Phantom, 1978

Titan Elf Electric, 1975

Thrift-T

Kleinstfahrzeug mit vorderem Einzelrad und ein bis drei Sitzen für Personentransport und Lieferdienst; um 1950 von der Tri-Wheel Motor Corp. in Oxford, Mississippi, hergestellt.

Thunderbird Classic

1979/80 wurde von der Motor Car Reproduction Corp. in Los Angeles der Thunderbird Classic lanciert, ein perfekter Nachbau des Ford Thunderbird von 1957. Alle Außen- und Innenteile sowie das Chassis waren exakt nachgebildet, doch wurden Ford-Fahrwerkskomponenten des Jahrgangs 1980 verwendet. Es wurden die Ausstattungsvarianten Standard (mit Vierzylindermotor), Deluxe, Super und Custom (mit V8) angeboten und der Vertrieb erfolgte über »teilnehmende« Ford- und Lincoln-Mercury-Händler.

Titan

In Temple City, Kalifornien, 1975/76 angebotenes Elektro-Kleinstauto mit drei Sitzen und Stauraum (»multi-purpose«); Modellbezeichnung Elf (Elfe) als passender Name für das gelungene Karosseriedesign.

Total

Ab 1977/78 bot die Total Performance Inc. in Wallingford, Connecticut, Nachbauten der Ford T und A. Das Besondere: Sie wurden mit der modernen V8-Mechanik samt Automatikgetriebe des Ford-Erzrivalen Chevrolet ausgerüstet. Der Unterbau wurde jedoch originalgemäß nachgebaut, die Karosserie bestand aus Kunststoff. Von außen fielen vor allem die Breitreifen auf.

Traditional

Eine überaus interessante Geschichte hat die Traditional Coach Works in Los Angeles. Sie baute in den Jahren 1975/76 insgesamt 500 Cadillac Fleetwood zu Kombiwagen um. Auftraggeber und Financier war die kuwaitische Regierung, welche im Auftrag der Herrscherfamilie agierte und sechs ehemalige Cadillac-Ingenieure verpflichtete. Ob der sauberen Arbeit beeindruckt, baute Cadillac dann selbst einige Fleetwood-Kombis, stellte den Bau mit dem Modellwechsel 1977 aber wieder ein. Traditional baute auch rund 450 Cadillac-Pickup (Mirage Sports Wagon).

Traditional Castilian Fleetwood Estate Wagon, 1976

Transformer I, 1977

Transformer I

Unter den verschiedenen amerikanischen Elektroautoprojekten hob sich der Transformer I von 1975 ab. Statt eines kleinen Stadtautos war er eine Luxuslimousine auf der Basis der GM-Intermediate-Coupés. Zwischen zwei Batterieladungen konnte mit ihm bei 80 km/h 80 km und bei 50 km/h gegen 150 km weit gefahren werden. Er wog 2,7 Tonnen und kostete etwa gleich viel wie ein Lincoln Mark IV. Auf Wunsch war ein Anhänger mit Schnelllader für die Blei-Kobalt-Batterien erhältlich. Als Hersteller trat die Electric Fuel Propulison Corp. in Michigan in Erscheinung, die 1972 den AMC Hornet als »Electricar« vorgestellt hatte.

Tri-Car, 1955

Tri-Car

Bei diesem Dreirad-Kleinstwagen von 1955 handelt es sich um einen Entwurf des ehemaligen GM-Designers H. Roy Jaffe, der vier Jahre mit Harley Earl zusammenarbeitete und die Front- und Heckgestaltung des Oldsmobile-Jahrgangs 1954 verantwortete. Sein Suburbanette-Entwurf hingegen schaffte es nie auf die Straße.

Trihawk /Tryker

1983 wurde in Kalifornien ein offenes und türloses Dreiradfahrzeug vorgestellt, das überraschenderweise nicht über ein angetriebenes Hinterrad verfügte, sondern den Frontantriebssatz des Citroën GSA besaß. Dieser wurde mit Aufhängungskomponenten der kleinen Renault kombiniert. Zwar wurde eine gute Gewichtsverteilung erzielt, aber über starkes Untersteuern geklagt. Das Fahrzeug scheint auch unter anderem Namen (Tryker) verkauft worden zu sein.

Tryker als Bausatz mit Honda-Accord-Mechanik, ca. 1984

Trivette, 1976

Trivette

Kalifornisches Dreirad (Frontrad), ultraschlank, Tandemsitze, zu drei Vierteln Fiat-Teile (850 cm³), Flügeltüre; 1975 von Ing. Robert Keyes in Ventura als Bausatz geplant. Bis 1978 sollen 27 Stück gebaut worden sein.

Vaughan

1954 wurde ein amerikanisches Projekt publik, das die Produktion eines Coupés Super Sports mit strömungsgünstiger Zweisitzerkarosserie von Ghia vorsah (eine analoge Karosserie war im Vorjahr für einen Fiat Abarth entstanden). Als Motor war ein 1,5-Liter-V8 mit obenhängenden Ventilen geplant. Propagiert wurde dieses kleine Sportcoupé von der Vaughan Motors Inc. in New York City. – Es gab zu jener Zeit in den USA etliche weitere Projekte dieser Art.

Vaughan Super (Ghia), 1954

Victress

Ab Anfang 50er Jahre wurden von der früh auf Fiberglass (Polyester-Kunststoff) spezialiserten Firma Victress Sportwagenkarosserien verwirklicht, die im italienischen Stil gehalten waren und sich auf Ford-Chassis oder eigens konstruierten Unterbauten der Mameco Corp. (→ Glasspar) montieren liessen. Das 1954 herausgebrachte Modell S1A mit 5426-ccm-V8-Motor von Chrysler war spezifisch auf den Rennsporteinsatz ausgerichtet; er soll in 15 Exemplaren entstanden sein.

Williams Steamer, 1968

Williams Steamer

Die Williams Engine Company, 1936 gegründet von Calvin C. Williams und seinen Zwillingssöhnen, versuchte nach 1940, das längst tot geglaubte Konzept des Dampfantriebs für Straßenfahrzeuge neu zu beleben. Um 1957 wurde mindestens ein solches Dampffahrzeug mit der Victress-Glasfaserkarosserie gebaut; es blieb im Firmenbesitz und lief über 100'000 Meilen ohne jegliche Störung. 1966 bot die Firma Williams einen von Benzin- auf Dampfantrieb umgebauten Chevrolet Chevelle für 10'250 US-Dollar an und erhielt Bestellungen für neun Exemplare, zudem wurde von der Ford Motor Company ein analog umgebauter Ford Fairlane in Auftrag gegeben. Die Kapitaldecke war aber zu dünn, daher verabschiedeten sich Ende 1968 die Brüder Williams von ihrer Geschäftsidee, die bereits über zwei Millionen Dollar verschlungen hatte. Letzte Schlagzeilen machte das Projekt 1970, als im Zuge der einsetzenden Diskussionen zur Luftreinhaltung einer dieser Wagen in Washington präsentiert wurde.

XK-1

Unter dieser Bezeichnung wurde das wohl ungewöhnlichste und futuristischte Dreirad propagiert, das man sich vorstellen konnte: Vorderrad unter einer raketenförmigen, langgestreckten Front mit halbwegs auskragenden weit zurückversetzten Rechteckscheinwerfern, Dach samt Seitenteilen und Frontscheibe für Ein- und Ausstieg nach vorne hochklappbar, luftgekühlter Heckmotor (z. B. von Briggs & Stratton), weitere mechanische Teile von diversen japanischen Modellen. Angeboten wurde dieser Bausatz mit eigens entwickeltem Chassis-Stahlrahmen und vormontierter GfK-Karosserie 1981 von der Western Front Inc. in San Antonio, Texas.

MICHIGAN
28 M228
FEB
MANUFACTURER
PLATE